1896	**Becquerel** descubre la radiactividad.
1897	**Thomson** establece que los rayos catódicos son corpúsculos negativos (electrones).
1900	**Planck** presenta la idea cuántica.
1905	**Einstein** presenta el concepto de corpúsculo de luz (fotón).
1905	**Einstein** presenta la teoría de la relatividad especial.
1911	**Rutherford** descubre el átomo nuclear.
1913	**Bohr** formula una teoría cuántica del átomo de hidrógeno.
1915	**Einstein** presenta la teoría de la relatividad general.
1923	**Compton** confirma con experimentos la existencia del fotón.
1924	**de Broglie** presenta la teoría ondulatoria de la materia.
1925	**Goudsmith** y **Uhlenbeck** establecen el espín del electrón.
1925	**Pauli** formula el principio de exclusión.
1926	**Schrödinger** desarrolla la teoría ondulatoria de la mecánica cuántica.
1927	**Davisson**, **Germer** y **Thomson** comprueban la naturaleza ondulatoria de los electrones.
1927	**Heisenberg** propone el principio de incertidumbre.
1928	**Dirac** combina la relatividad y la mecánica cuántica en una teoría del electrón.
1929	**Hubble** descubre que el universo se expande.
1932	**Anderson** descubre la antimateria en forma del positrón.
1932	**Chadwick** descubre al neutrón.
1932	**Heisenberg** describe la explicación de la estructura nuclear como neutrones y protones.
1934	**Fermi** propone una teoría de la aniquilación y la creación de la materia.
1938	**Meitner** y **Frisch** interpretan los resultados de **Hahn** y **Strassman** como fisión nuclear.
1939	**Bohr** y **Wheeler** presentan una teoría detallada de la fisión nuclear.
1942	**Fermi** construye y opera el primer reactor nuclear.
1945	**Oppenheimer** y su equipo, en Los Álamos, produce una explosión nuclear.
1947	**Bardeen**, **Brattain** y **Shockley** desarrollan el transistor.
1956	**Reines** y **Cowan** identifican al antineutrino.
1957	**Feynman** y **Gell-Mann** explican todas las interacciones débiles con un neutrino "izquierdo".
1960	**Maiman** inventa el láser.
1965	**Penzias** y **Wilson** descubren la radiación de fondo en el universo, residuo del Big Bang.
1967	**Bell** y **Hewish** descubren los pulsares, que son estrellas de neutrones.
1968	**Wheeler** bautiza a los agujeros negros.
1969	**Gell-Mann** sugiere que los quarks son los bloques constructivos de los nucleones.
1977	**Lederman** y su equipo descubren el quark "bottom" (fondo).
1981	**Binning** y **Rohrer** inventan el microscopio de barrido y tunelización.
1987	**Bednorz** y **Müller** descubren la superconductividad a alta temperatura.
1995	**Cornell** y **Wieman** crean un "condensado Bose-Einstein" a 20 milésimas de millonésimas de un grado.
2000	**Pogge** y **Martini** demuestran la existencia de agujeros negros supermasivos en otras galaxias.

Física
CONCEPTUAL

NOVENA EDICIÓN

Evaluadores de la obra:
Ing. José Luis Torres Sandoval
Universidad Nacional Autónoma de México
Coordinador de Física
Escuela Nacional Preparatoria Núm. 9
"Pedro de Alba"

Ing. Bernabé Meléndez Marcos
Instituto Politécnico Nacional
Profesor de Física
Escuela Nacional Preparatoria Núm. 9
"Pedro de Alba"

Física
CONCEPTUAL

NOVENA EDICIÓN

City College of San Francisco

TRADUCCIÓN:
Virgilio González Pozo
Traductor profesional

REVISIÓN TÉCNICA:
Juan Antonio Flores Lira
Doctor en Física, Universidad Nacional Autónoma de México
Colegio de Ciencias y Humanidades, Universidad Nacional Autónoma de México
Instituto Tecnológico y de Estudios Superiores de Monterrey,
campus Estado de México

Nelson Mayorga Sariego
Profesor de Física, Facultad de Ciencias
Universidad de Santiago de Chile
Colegio Santiago College

PEARSON
Educación ®

México • Argentina • Brasil • Colombia • Costa Rica • Chile • Ecuador
España • Guatemala • Panamá • Perú • Puerto Rico • Uruguay • Venezuela

Datos de catalogación bibliográfica

HEWITT, PAUL G.

Física conceptual, novena edición

PEARSON EDUCACIÓN, México, 2004

ISBN: 970-26-0447-8
Área: Bachillerato

Formato: 20×25.5 cm   Páginas: 816

Authorized translation from the English Language edition, entitled *Conceptual physics 9th ed.,* by Paul G. Hewitt published by Pearson Education Inc., publishing as Benjamin Cummings., Copyright © 2002. All rights reserved.
ISBN 0-321-05185-8

Traducción autorizada de la edición en idioma inglés, titulada *Conceptual physics 9/e*, de Paul G. Hewitt, publicada por Pearson Education, Inc., publicada como BENJAMIN CUMMINGS, Copyright © 2002. Todos los derechos reservados.

Esta edición en español es la única autorizada.

Edición en español
Editor: Enrique Quintanar Duarte
                                     e-mail: enrique.quintanar@pearsoned.com
Editor de desarrollo: Jorge Bonilla Talavera
Supervisor de producción: Enrique Trejo Hernández

Edición en inglés
Acquisitions Editor: Adam Black, Ph.D.
Assistant Editor: Liana Allday
Marketing Manager: Christy Lawrence
Managing Editor: Diane Southworth
Manufacturing Buyer: Stacey Weinberger
Cover Designer: Tony Asaro
Cover Logo: Ernie Brown
Cover Credit: G. Brad Lewis/Stone
Project Management, Composition, Pre Press Services: The GTS Companies

NOVENA EDICIÓN, 2004

D.R. © 2004 por Pearson Educación de México, S.A. de C.V.
          Atlacomulco Núm. 500-5° piso
          Col. Industrial Atoto
          53519, Naucalpan de Juárez, Edo. de México
          E-mail: editorial.universidades@pearsoned.com

Cámara Nacional de la Industria Editorial Mexicana. Reg. Núm. 1031.

Addison Wesley es una marca registrada de Pearson Educación de México, S.A. de C.V.

ISBN: 970-26-0447-8
Impreso en México. *Printed in Mexico.*
1 2 3 4 5 6 7 8 9 0 - 03 02 01

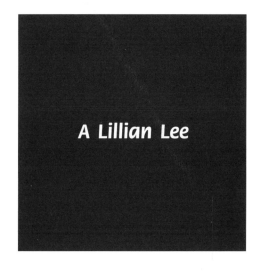

A Lillian Lee

Resumen de contenido

Contenido

parte II   Propiedades de la materia   201

parte V   **Electricidad y magnetismo**   **411**

parte VIII   **Relatividad**   **685**

El *álbum fotográfico* de Física conceptual

Física conceptual es un libro muy personal, lo que se refleja en tantas fotos familiares y de amigos que ilustran sus páginas. Muy cercano a esta edición está Ken Ford, anterior director ejecutivo del American Institute of Physics, a quien le dediqué la octava edición. El pasatiempo de Ken es el de volar en planeadores, como se muestra en la figura 20.18, página 392, y también su dedicación a la enseñanza se ve en la fotografía inicial del capítulo 35, en la página 686, en un aula de enseñanza media superior, de la academia Germantown en Pennsylvania. También Lillian Lee ayudó a producir esta edición, y a ella se le dedica este libro. Se ve en el capítulo 1, fotografía inicial en la página 2, y en las figuras 16.18 y 20.3, páginas 316 y 383. En la página 523 se ve con su mascota.

La foto inicial de la página 1 es de Charlie Spiegel, con su bisabuela, Sarah Stafford. La primera edición de *Conceptual Physical Science* estuvo dedicada al vivaz Charlie, que ya falleció. Su toque personal en las primeras ediciones perdura hasta ahora. Se vuelve a ver en la página 502.

Las figuras iniciales en cada parte, con propaganda para la física en estilo de caricatura son de la familia y de amigos cercanos. La parte 1, en la página 19, muestra a Debbie y Natalie Limogan, hijos de Hideko y Herman Limogan, mis queridos amigos de San Francisco. El pequeño al centro es Genichiro Nakada. En la segunda parte, en la página 201 está Chucky Clement, nieto del querido y difunto Mac Richardson, mi asistente educativo junto con Lillian, en 1978. La tercera parte comienza en la página 289, con Terrence Jones, hijo de mi sobrina Corina Jones. En la cuarta parte, página 361, está mi nieto Alexander Hewitt, y en la quinta parte, página 411, mi nieta Megan, hija de Leslie y Bob Abrams. En la parte 6, página 495, está la sobrina de Lillian, Serena Sinn. Mis nietos Alexander y Grace Hewitt abren la séptima parte, en la página 623. Alexander sólo abre la octava parte, en la página 685.

Para celebrar esta novena edición, las fotografías iniciales de capítulo son de profesores amigos, la mayor parte de ellos en sus aulas. Sus nombres aparecen en los pies de foto. En la mayor parte de los casos demuestran física relacionada con el material del capítulo.

Los amigos y colegas del City College of San Francisco abren los capítulos 3 a 7, 13 y 23. En la página 96 vemos a Will Maynez con la pista de aire que diseñó y construyó, y de nuevo quemando un cacahuate (maní) en la página 323. Dave Wall se ve junto a mi hija en la página 600. La hija de Dave, Ellender, quien apareció en la cuarta edición cuando era niña trabajando en asuntos electrónicos, ahora es coautora, con su padre, de un texto de física (el que ilustró su "tío Paul"). La "karateca" de la página 91 era Cassy Cosme, alumna del CCSF. Es una foto en blanco y negro, que adornó tres ediciones de este libro antes de aparecer a todo color en la séptima edición.

Mis amigos y colegas de la universidad de Hawaii en Hilo aparecen en las fotos iniciales de los capítulos 25, 30, 33 y 36.

Entre los profesores de física de preparatoria están Marshall Ellenstein, gran amigo de Chicago, que camina descalzo sobre pedacería de vidrio en la página 263. Marshall, con aportaciones a *Conceptual Physics* desde hace mucho tiempo, editó la serie de video *Conceptual Physics Alive!* que en fecha reciente pasó de cintas a DVD. Se ve de nuevo al comienzo del capítulo 9, en la página 125. La página 117 muestra a mi querido amigo y dedicado profesor de física en San Mateo, Pablo Robinson, arriesgando su cuerpo en aras de la ciencia en la cama de clavos. Se vuelve a ver en la página 515, y es el autor del manual de laboratorio que complementa este libro. Ellyn, su esposa, abre el capítulo 15, página 290. Una vieja foto de sus hijos David y Kristen, en blanco y negro, se ve en la página 152.

Las fotos de la familia comienzan con una conmovedora, la figura 5.15 de la página 76, de mi hijo Paul y su hija Grace. La anterior, de la octava edición, con mi hermano Steve con su hija Gretchen en su finca cafetalera de Costa Rica está ahora en la página 82. Paul hijo aparece de nuevo en las páginas 308 y 345. Su querida esposa, Ludmila, sostiene los polarizadores cruzados en la página 579, y su perro Hanz jadea en la página 325. La cautivadora niña de la página 204 es mi hija Leslie, ahora madre, maestra y coautora del texto *Conceptual Physical Science*, en ciencias de la Tierra. Esta foto de Leslie, que ahora está iluminada, fue un signo distintivo de *Conceptual Physics* desde la tercera edición. En la página 600 se ve una foto más reciente de ella, con Bob Abrams, su esposo. Sus hijos Megan y Emily aparecen en el colorido conjunto de fotos de la página 522. Mi difunto hijo James se ve en las páginas 144, 401 y 555. Me dejó a Manuel, mi primer nieto, que aparece en las páginas 236, 389 y 790. Manuel ayuda a su abuelo con problemas de cómputo y vive en Hilo, conmigo y Millie Hewitt, mi esposa, que valientemente sostiene la mano sobre la olla de presión en funcionamiento, en la página 308. Dave, mi hermano (no es un gemelo) y Barbara su esposa demuestran la presión atmosférica en la página 272. Mi hermana, Marjorie Hewitt Suchocki (se pronuncia Suhocki, sin la *c*), autora y teóloga en una escuela de posgrado en los Claremont Colleges, ilustra la reflexión en la página 535. Su hijo, John Suchocki, mi coautor de *Conceptual Physical Science*, Addison Wesley, 1999, en química, camina valerosamente sobre carbón caliente, véase la página 305, al iniciar el capítulo 16. Para remachar, David Willey hace lo mismo en la página 336). Mi sobrino John acaba de escribir *Conceptual Chemistry*, Benjamin Cummings, © 2001. El grupo que escucha la música en la página 406 está en la fiesta nupcial de John y Tracy; de izquierda a derecha: Butch Orr, Cathy Candler, mi sobrina; la novia y el novio, la novia Joan Lucas, su hermana Marjorie, Sharon y David Hopwood, padres de Tracy; Kellie Dippel y Mark Werkmeister, profesores amigos, y yo.

Los amigos personales comienzan con Tenny Lim, que tensa su arco, ver la página 108; lo ha estado haciendo desde la sexta edición. Tres queridos amigos de la escuela son Howie Brand, en la página 86, Bob Hulsman en la página 458 y Dan Johnson en la página 341. Mi camarada Tim Gardner demuestra el principio de Bernoulli en la página 278. Paul Ryan, amigo de toda la vida, pasa el dedo sobre plomo derretido, ver la página 336. Mi amigo y mentor desde la época en que pintábamos letreros, Burl Grey, se ve en la página 20. Praful Shah, amigo reciente, se ve en la página 154, John Hubisz, compañero en la física, aparece abriendo el capítulo 12, página 226, y de nuevo en la foto sobre entropía, en la página 356. Los amigos David Vasquez y Helen Yan demuestran la conservación de la cantidad de movimiento en la página 116; David es un operador clave en el sitio de Red que acompaña a esta edición. Helen, quien ahora vigila los lanzamientos de satélite en Lockheed Martin, aparece de nuevo en la página 314, posando con la caja por primera vez en la quinta edición, cuando era mi asistente. Suzanne Lyons, editora de física con gran talento, aparece con Tristan y Simone, sus hijos, en la página 531. Simone se vuelve a ver en la página 575. La familia Hu de Honolulú, queridos amigos de Hawaii, se ven en varias ilustraciones, comenzando con Meidor en las páginas 392 y 433, que tomaron muchas fotos para las dos ediciones anteriores que perduran en ésta. Ping Hu, la madre, aparece en la página 131 con Wai, el padre, en la página 432; Tin Hoy, el hermano, en la página 461, Mei Tuck, la hermana con su esposo Gabe Vitelli, en la página 352, y el tío Chiu Man Wu en la página 325, y Andrea, su hija, en la página 123. Hasta Beezes, el conejo de la familia, aparece en la página 517. Alexei Cogan, amigo y anterior alumno en San Francisco, demuestra el centro de gravedad en la página 137. En la página 144, se ve otro amigo de San Francisco, Cliff Braun, a la izquierda de la figura 8.50, con su sobrino Robert Baruffaldi a la derecha. Por último, la caricatura de la página 750 es de Ernie Brown, amigo de toda la vida y a su vez caricaturista, que diseñó el logo de la física.

Incluir estas fotos, que me son tan queridas, hace que *Conceptual physics* haya sido ante todo una tarea de amor.

Al *alumno*

Ya sabes que no puedes gozar de un juego a menos que conozcas sus reglas, sea de pelota, de computadora, o tan sólo de salón. Igualmente no puedes apreciar bien tu entorno, sino hasta que comprendas las reglas de la naturaleza. La física es el estudio de estas reglas, que te enseñarán la manera tan bella en que se relaciona todo en la naturaleza. Entonces, la razón principal para estudiar la física es ampliar la forma en que observas el mundo físico. Verás la estructura matemática de la física en numerosas ecuaciones, pero más que recetas de cálculo, verás esas ecuaciones como *guías para pensar*.

Yo disfruto de la física, y tú también lo harás, porque la comprenderás. Si te detienes y tomas clases de regularización, entonces puedes enfocarte hacia los problemas matemáticos. Ahora trata de comprender los conceptos y, si después vienen los cálculos, los harás comprendiéndolos.
¡Disfruta la física"

Paul G. Hewitt

Al profesor

Uno de los pequeños cambios en esta edición puede causar un cambio enorme en su curso de física. Es la demora, de un capítulo, en el estudio de la cinemática. Después del capítulo inicial tradicional (Sobre la ciencia) comienzo con la primera de las leyes de Newton del movimiento, en lugar de comenzar la mecánica con la cinemática, como en las ediciones anteriores. Con mucha frecuencia la cinemática ocupa la parte del león de un curso de introducción a la física, y a veces es el "agujero negro" de la enseñanza de la física: mucho tiempo para poca ganancia. Es común que los cursos que comienzan a mediados de agosto todavía estén con la cinemática en el Día de muertos. Para un curso dedicado a comprender conceptos esto es absurdo, porque los conceptos *rapidez, velocidad* y *aceleración* no pueden ser lo más excitante que pueda ofrecer su curso. Además, para el alumno las ecuaciones cinemáticas es lo más intimidante del libro. Aunque el ojo adiestrado no las ve así, los alumnos las ven así:

$$\varsigma = \varsigma_o + \delta\not\exists$$
$$\zeta = \varsigma_o\not\exists + 1/2 \; \delta\not\exists^2$$
$$\varsigma^2 = \varsigma_o{}^2 + 2\delta \; \zeta$$
$$\varsigma\alpha = (\varsigma_o + \varsigma)/2$$

Si de lo que se trata es reducir el tamaño del grupo, muéstrelas el primer día y anuncie que con las clases del siguiente par de meses quedará explicado su sentido. ¿No hacemos casi lo mismo con los símbolos normales?

Mientras que las leyes de Newton se explicaron en un solo capítulo en las ediciones anteriores, ahora cada una tiene su capítulo. La primera ley de Newton comienza con una perspectiva histórica breve, desde Aristóteles hasta Galileo, y a continuación entra al tema principal del capítulo —el concepto del *equilibrio mecánico*—. De este modo los alumnos se encuentran con la mecánica a través del concepto de fuerza, mucho más familiar y comprensible que los conceptos de velocidad y aceleración. También es más fácil captar la combinación vectorial de fuerzas que la de las velocidades. Así, los alumnos entrarán a una parte cómoda de la física, antes de encontrarse con las ecuaciones de la cinemática.

Entrarán a esa parte en el segundo capítulo de mecánica (movimiento rectilíneo), donde se presenta el concepto de aceleración, necesario para la segunda ley de Newton. Este capítulo puede servir de interludio a la serie de capítulos sobre las leyes de Newton, y en consecuencia, ameritar menos tiempo de clase. Haga las dos preguntas siguientes a una persona educada y verá que su educación se concentró al estudiar física. Primero, pregunte cuál es la aceleración de la caída libre. Después, pregunte qué mantiene caliente al interior de la Tierra. Habrá muchos más que contesten en forma correcta la primera pregunta, que los que contesten bien la segunda. Es probable que los cursos que tomaron hayan sido fuertes en cinemática, pero débiles o nulos en física moderna. La desintegración radiactiva casi nunca llama la atención que se presta a la caída de los cuerpos.

El tercer capítulo de mecánica comienza con la segunda ley de Newton, en general fundamental a la mecánica, que bien merece un capítulo por separado. Claro que se puede asignar más tiempo a este capítulo, si evita detenerse en la enseñanza de las matemáticas de la cinemática en el capítulo anterior. Notará que los conceptos de velocidad, velocidad terminal y aceleración se explican al final de este capítulo, lo cual justifica un tratamiento anterior menos profundo.

El cuarto capítulo sobre mecánica continúa con la tercera ley de Newton. Como en este caso la explicación es menor que en los capítulos anteriores, al final del capítulo se presenta la regla del paralelogramo para combinar vectores, tanto de fuerza como de velocidad. También explica las componentes de los vectores.

El siguiente capítulo sobre mecánica, como en las ediciones anteriores, presenta la cantidad de movimiento. Si bien en muchos libros se explica la energía, antes que la cantidad de movimiento, yo prefiero que la cantidad de movimiento siga de inmediato a la tercera ley de Newton, porque la conservación de la cantidad de movimiento es su extensión lógica. También, la cantidad de movimiento mv es mucho más simple y fácil de comprender que la energía cinética, $\frac{1}{2}mv^2$. Y en especial para esta edición se emplean los vectores, que se explicaron apenas en el capítulo anterior, con la cantidad de movimiento, y no con la energía.

Mientras que en la edición anterior se explicaba el movimiento balístico inmediatamente después del capítulo sobre movimiento rectilíneo, aquí se pospone hasta lo último de la mecánica, y se combina con el movimiento de satélites. La ventaja principal de esto es posponer un tema difícil para muchos alumnos. Pero, principalmente, el movimiento balístico conduce al movimiento de los satélites. Todo proyectil, cuando se mueve con la velocidad suficiente, se puede transformar en un satélite. Si se mueve con más rapidez, puede transformarse en un satélite del Sol. El movimiento balístico y el movimiento de satélites se corresponden.

Los capítulos que siguen de la mecánica tienen el mismo orden que en las ediciones anteriores. Todos han sido mejorado, tienen selecciones de nuevos ejercicios y, cuando es necesario, incluyen problemas nuevos.

Sobre los problemas: siempre me ha parecido que hay demasiado énfasis en la resolución de problemas; es la principal falacia en la instrucción de la física. Mi batallar contra este abuso comenzó no incluyendo problemas en absoluto en las primeras ediciones de este libro. Para un alumno que no se dedicará a las ciencias, la física es muy interesante y básica para lograr una educación amplia. Pero, cuando se acopla con la resolución problemas, el precio de la admisión es simplemente demasiado elevado. De aquí las bajas inscripciones tradicionales en los cursos de física, en comparación con otros cursos de ciencia. Para mí eso siempre ha sido intolerable, porque la física es la espina dorsal de todas las demás disciplinas científicas. Si una persona instruida sólo tuviera que aprender una disciplina científica, la física sería la elección lógica.

Por física quiero decir el estudio de las relaciones en la naturaleza. ¿No es cierto que toda persona instruida debería conocer la relación entre el movimiento rectilíneo y el movimiento de los satélites? ¿No deberían conocer la relación entre los átomos radiactivos y el poder de los volcanes? ¿No deberían saber cómo se relacionan la electricidad y el magnetismo con la luz? Pero cuando el enfoque de un curso es aprender las técnicas de resolución de problemas algebraicos, se degrada la fascinación de la física.

Un aspecto nuevo de esta edición es la inclusión de recuadros con material adecuado para complementar el capítulo. Contienen ensayos cortos en temas como energía y tecnología, ruedas de ferrocarril, bandas magnéticas en tarjetas de crédito y trenes con levitación magnética. Hay otros dedicados a algunas de las falacias de aceptación actual de la pseudociencia, que incluyen el poder de los cristales, el efecto placebo, la radiestesia y la terapia magnética. También hay recuadros nuevos sobre el miedo a las ondas electromagnéticas que rodean a las líneas de transmisión, y la fobia a la radiación y a todo lo que sea nuclear. A las personas que trabajan en la ciencia, que conoce el cuidado, las verificaciones y las comprobaciones cruzadas necesarias para comprender una cosa, esas falacias y concepciones erróneas son risibles. Pero para quienes no trabajan con la ciencia, incluyendo hasta los mejores alumnos, la pseudociencia puede parecer atractiva, cuando sus promotores evitan con ingenio a los científicos y enmascaran su mercancía en ropajes de ciencia. Espero que estos cuadros puedan ayudar a detener esta marea que va en aumento.

Para respaldar esta edición contamos con: *Instructor's Manual*, *Laboratory Manual*, *Transparencies* y el *Test Bank* (apoyos disponibles sólo en inglés). La particularidad más novedosa de esta novena edición, y quizá la más importante, es el sitio Web de apoyo, www.physicsplace.com.

Para tener más información sobre los auxiliares de apoyo, revise el sitio Web o llámeme, Pghewitt@aol.com, o a su representante de Pearson Educación.

Agradecimientos

Estoy enormemente agradecido a Ken Ford, por revisar la exactitud de esta edición y por sus abundantes y perspicaces sugerencias. Hace muchos años que admiro los libros de Ken, uno de los cuales, *Basic Physics* me inspiró para escribir la primera *Conceptual Physics*. Hoy es un honor para mí que me haya dedicado tanto de su tiempo y energías para ayudarme a que esta edición fuera la mejor de todas. En forma invariable, aparecen errores después de presentar el manuscrito, por lo que yo asumo toda la responsabilidad por los que hayan sobrevivido a este escrutinio.

Por sus valiosas sugerencias, agradezco a mis amigos Howie Brand, Marshall Ellenstein, Jonh Hubisz, Bob y Lotte Hulsman, Burl Grey, Mike Kan, Jules Layugan, Dan Johnson, Jack y Marianne Ott, Nancy Shah, Kenn Sherey, Josip Slisko, Chuck Stone y Pablo Robinson. Gracias a Jojo Dijamco, por algunas sugerencias novedosas. Agradezco a mi corresponsal, Marylyn Hromatko, por sus perspicaces ideas. Gracias a Vern Beardslee, Henry Kolm y Paul Kinion por ayudar a corregir los errores de la edición anterior, que de otro modo hubieran aparecido aquí. Estoy agradecido con mis amigos y colegas del Exploratorium, Paul Doherty, Ron Hipschman y Modesto Tamez. Por las fotos agradezco a Dave, mi hermano, Paul mi hijo, y a Keith Bardin, Burl Grey, Will Maynez, Milo Patterson, Jay Pasachoff y David Willey. Estoy agradecido con mi nieto, Manuel Hewitt, y mi sobrino, John Suchocki, por haber procesado varias fotos en computadora. Por ayudarme con el banco de pruebas agradezco a Robert Hudson. Por la revisión de pruebas agradezco a Jinnie Davis.

Agradezco a los autores de los libros que hace muchos años influyeron en este libro y me sirvieron de referencia: Theodore Ashford, *From Atoms to Stars;* Albert Baez, *The New College Physics—A Spiral Approach;* John N. Cooper y Alpheus W. Smith, *Elements of Physics;* Richard P. Feynman, *The Feynman Lectures on Physics;* Kenneth Ford, *Basic Physics;* Eric Rogers, *Physics for the Inquiring Mind;* Alexander Taffel, *Physics: Its Methods and Meanings;* UNESCO, *700 Science Experiments for Everyone*, y Harvey E. White, *Descriptive College Physics*. En esta edición agradezco a Bob Park, cuyo libro *Voodoo Science* me animó a incluir los cuadros sobre la pseudociencia.

Doy las gracias en forma muy especial a Lillian Lee por su ayuda en todas las fases de la preparación de este libro y su material auxiliar. Gracias a mi amigo de toda la vida, Ernie Brown, por diseñar el logo de física.

Extiendo mis sinceras gracias a los siguientes colegas, por sus sugerencias para las mejoras que aparecen en esta edición.

Royal Albridge, Vanderbilt University

A. F. Barghouty, Roanoke College

Elizabeth Behrman, Wichita State University

Terry M. Carlton, Stephen F. Austin University

David E. Clark, University of Maine

Jefferson Collier, Bismark State College

James R. Crawford, Southwest Texas State University

Yuan Ha, Temple University

Teresa Hein, American University

Robert Hudson, Roanoke College

P. Jena, Virginia Commonwealth University
Ronald H. Kaitchuck, Ball State University
R. L. Kernell, Old Dominion University
Jim Knowles, North Lake College
Allen Miller, Syracuse University
Fred Otto, Winona State University
Robert G. Packard, Baylor University
Joseph Pizzo, Lamar University
David Raffaelle, Glendale Community College
Phyllis Salmons, Embry-Riddle Aeronautical University
Mikolaj Sawicki, John A. Logan College
Julius Sigler, Lynchburg College
Barbara Z. Thomas, Brevard Community College
David Wright, Tidewater Community College

Por su dedicación en esta edición agradezco al personal de Addison Wesley en San Francisco. Doy especiales gracias al editor *senior* Ben Roberts por prestarme el gran equipo formado por Adam Balck, Diane Southworth y Liana Allday. Agradezco en especial los toques editoriales de gran calidad de Suzanne Lyons. Una nota de aprecio para Linda Davis, quien promovió el sitio Web que acompaña a esta edición. Gracias a Claire Masson por supervisar ese sitio, y a mi gran amigo de muchos años, David Vasquez, por sus perspicaces consejos. ¡Qué afortunado soy, al contar con este gran equipo!

Paul G. Hewitt
Hilo, Hawaii

NOVENA EDICIÓN

www.pearsoneducacion.net/hewitt
*Usa los variados recursos del sitio Web,
para comprender mejor la física.*

1

ACERCA DE LA CIENCIA

Las manchas circulares de luz que rodean a Lillian son imágenes del Sol,
producidas por pequeñas aberturas entre las hojas de arriba. Durante un
eclipse parcial, las manchas tienen la forma de Luna creciente.

En primer lugar, la ciencia es el cuerpo de conocimientos que describe el orden dentro
de la naturaleza, y las causas de ese orden. En segundo lugar, la ciencia es una actividad
humana dinámica que representa los esfuerzos, hallazgos y sabiduría colectivos de la
raza humana, dedicados a reunir conocimientos acerca del mundo y a organizarlos y
condensarlos en leyes y teorías demostrables. La ciencia se inició antes que la historia
escrita, cuando las personas descubrieron regularidades y relaciones en la naturaleza,
como la disposición de las estrellas en el cielo nocturno y las pautas climáticas, cuando
se iniciaba la estación de lluvias, o cuando los días son más largos. A partir de estas
regularidades las personas aprendieron a hacer predicciones que les permitían tener algo
de control sobre su entorno.

La ciencia hizo grandes progresos en Grecia, en los siglos III y IV a.C. Se difundió por
el mundo mediterráneo. El avance científico casi se detuvo en Europa, cuando cayó el
Imperio Romano en el siglo V d.C. Las hordas de bárbaros destruyeron casi todo en su
ruta por Europa, y comenzó la llamada Edad del Oscurantismo. En esa época, los chinos
y los polinesios cartografiaban las estrellas y los planetas, y las naciones arábigas
desarrollaban las matemáticas y aprendían a producir vidrio, papel, metales y diversas
sustancias químicas. Regresó la ciencia griega a Europa por influencia islámica, que
penetró en España durante los siglos X al XII. Surgieron universidades en Europa, en el

siglo XIII, y la introducción de la pólvora cambió la estructura social y política de ese continente en el siglo XIV. El siglo XV vio la bella combinación de arte y ciencia lograda por Leonardo da Vinci. El pensamiento científico fue impulsado en el siglo XVI con el advenimiento de la imprenta.

Nicolás Copérnico, astrónomo polaco del siglo XVI causó gran controversia al publicar un libro donde proponía que el Sol es estacionario y que la Tierra gira a su alrededor. Estas ideas eran contrarias al sentir popular de que la Tierra es el centro del universo, y como se oponían a las enseñanzas de la Iglesia, fueron prohibidas durante 200 años. Galileo Galilei, físico italiano, fue arrestado por propagar la teoría de Copérnico, así como sus demás contribuciones al pensamiento científico. Sin embargo, un siglo después fueron aceptadas las ideas de los seguidores de Copérnico.

Esta clase de ciclos se repiten era tras era. A principios de los años 1800, los geólogos se encontraron ante una violenta condena, por diferir de la explicación de la creación dada por el Génesis. Después, en el mismo siglo, fue aceptada la geología, pero fueron condenadas las teorías de la evolución, y se prohibió su enseñanza. Cada era ha tenido grupos de rebeldes intelectuales, que fueron condenados y a veces perseguidos en su tiempo, pero que después se consideran inofensivos y con frecuencia esenciales para elevar las condiciones humanas. "En cada encrucijada del camino que conduce hacia el futuro, a cada espíritu progresista se le oponen mil hombres nombrados para defender el pasado."[1]

Mediciones científicas

El distintivo de una buena ciencia es la medición. Lo que conozcas acerca de algo suele relacionarse con lo bien que lo puedas medir. Esto lo enunció acertadamente Lord Kelvin, famoso físico del siglo XIX: "Con frecuencia digo que cuando puede usted medir algo y expresarlo en números, quiere decir que conoce algo acerca de eso. Cuando no lo puede medir, cuando no lo puede expresar en números, su conocimiento es escaso y no satisfactorio. Puede ser el comienzo de un conocimiento, pero en cuanto a su pensamiento, usted apenas ha avanzado hasta llegar a la etapa de la ciencia, sea cual sea." Las mediciones científicas no son algo nuevo, sino que se remontan a la antigüedad. Por ejemplo, en el siglo III a.C., se hicieron medidas bastante exactas de los tamaños de la Tierra, la Luna y el Sol, así como de las distancias entre ellos.

El tamaño de la Tierra

En Egipto fue donde Eratóstenes, geógrafo y matemático, midió por primera vez la circunferencia de la Tierra aproximadamente en el año 235 a.C.[2] La calculó de la siguiente manera: sabía que el Sol está a la máxima altura en el cielo a mediodía del 22 de junio, el solsticio de verano. En ese momento, una estaca vertical arroja una sombra de longitud mínima. Si el Sol está directamente arriba, una estaca vertical no arroja sombra alguna, y

---

[1]De *Our Social Duty*, del conde Maurice Maeterlinck.

[2]Eratóstenes era el segundo bibliotecario de la Universidad de Alejandría, en Egipto, fundada por Alejandro Magno. Eratóstenes era uno de los sabios más destacados de su época y escribió sobre filosofía y asuntos científicos y literarios. Como matemático inventó un método para encontrar números primos. Era inmensa su reputación entre sus contemporáneos. Arquímedes le dedicó uno de sus libros. Como geógrafo escribió *Geografía*, el primer libro en proporcionar bases matemáticas a la geografía, y en considerar que la Tierra es un globo dividido en zonas frígidas, templadas y tórridas. Perduró durante mucho tiempo como trabajo de referencia, que fue usado un siglo después por Julio César. Eratóstenes pasó la mayor parte de su vida en Alejandría, y allí murió en el año 195 a.C.

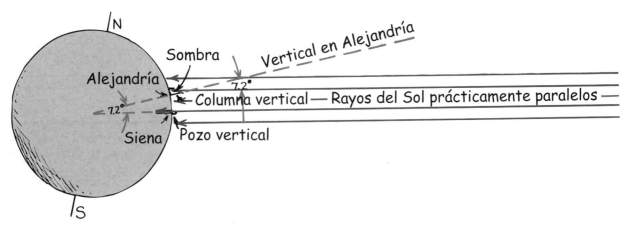

FIGURA 1.1   Cuando el Sol está directamente arriba de Siena no está directamente arriba de Alejandría, a 800 km al norte. Cuando los rayos solares caen directamente a un pozo vertical en Siena, producen una sombra de una columna vertical en Alejandría. Las verticales en ambos lugares se prolongan hasta el centro de la Tierra, y hacen el mismo ángulo que forman los rayos del Sol con la columna en Alejandría. Eratóstenes midió este ángulo, y vio que abarcaba 1/50 de un círculo completo. Por consiguiente, la distancia de Alejandría a Siena es 1/50 de la circunferencia terrestre. (También, la sombra producida por la columna tiene 1/8 de la altura de la misma, y eso quiere decir que la distancia entre ambos lugares es 1/8 del radio de la Tierra.)

eso sucede en Siena, una ciudad al sur de Alejandría (donde hoy está la represa de Asuán). Eratóstenes sabía que el Sol estaba directamente arriba de Siena por información bibliográfica, que le indicaba que en este único momento la luz solar entra verticalmente a un pozo profundo en Siena y se refleja en su fondo. Eratóstenes razonó que si los rayos del Sol se prolongaran en esa dirección, llegarían al centro de la Tierra. De igual forma, una recta vertical que penetrara en la Tierra en Alejandría (o en algún otro lugar) también pasaría por el centro de la Tierra.

A mediodía del 22 de junio, Eratóstenes midió la sombra producida por una columna vertical en Alejandría, y vio que era la octava parte de la altura de la columna (Figura 1.1). Esto corresponde a un ángulo de 7.2 grados entre los rayos del Sol y la vertical de la columna. Como 7.2° es igual a la 7.2/360 o 1/50 parte de un círculo, Eratóstenes dedujo que la distancia entre Alejandría y Siena debe ser 1/50 de la circunferencia de la Tierra. Entonces, la circunferencia de la Tierra es 50 veces mayor que la distancia entre esas dos ciudades. Esta distancia es bastante llana y se recorría con frecuencia. Al medirla los topógrafos resultó de 5000 estadios (800 kilómetros). Así fue como Eratóstenes calculó que la circunferencia de la Tierra debe ser 50 × 5000 estadios = 250,000 estadios. Esto coincide, dentro de un 5%, con el valor aceptado en la actualidad para la circunferencia de la Tierra.

Se obtiene el mismo resultado pasando por alto los grados, y comparando la longitud de la sombra producida por la columna con la altura de la misma. Se demuestra en geometría que, con mucha aproximación, la relación *longitud de la sombra/altura de la columna* es igual que la relación de la *distancia entre Alejandría y Siena/radio de la Tierra*. Así, como la columna es 8 veces mayor que su sombra, el radio de la Tierra debe ser 8 veces mayor que la distancia de Alejandría a Siena.

Como la circunferencia de un círculo es 2π multiplicada por su radio ($C = 2\pi r$), el radio de la Tierra no es más que su circunferencia dividida entre 2π. En unidades modernas, el radio de la Tierra es 6370 kilómetros, y su circunferencia es 40,000 km.

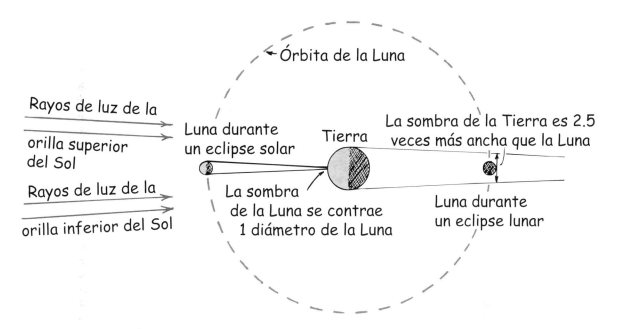

FIGURA 1.2 Durante un eclipse lunar, se observa que la sombra de la Tierra es 2.5 veces más ancha que el diámetro de la Luna. Como el tamaño del Sol es enorme, la sombra de la Tierra debe ser cónica. La conicidad es evidente durante un eclipse solar, cuando la sombra de la Luna se contrae todo el diámetro entre la Luna y la Tierra. Entonces, la sombra de la Tierra disminuye la misma cantidad en la misma distancia. En consecuencia, el diámetro de la Tierra debe ser 3.5 veces el diámetro de la Luna.

El tamaño de la Luna

Quizá Aristarco fue quien primero sugirió que la Tierra gira diariamente en torno a un eje, y que eso explica el movimiento diario de las estrellas. También supuso que la Tierra gira en torno al Sol en órbita anual, y que los demás planetas hacen lo mismo.[3] Midió en forma correcta el diámetro de la Luna y su distancia a la Tierra. Esto fue más o menos en el año 240 a.C., siete siglos antes de que sus hallazgos tuvieran aceptación completa.

Aristarco comparó el tamaño de la Luna con el de la Tierra observando un eclipse de Luna. La Tierra, como cualquier otro cuerpo a la luz solar, arroja una sombra. Un eclipse de Luna no es más que el evento en el que la Luna pasa por esta sombra. Aristarco estudió con cuidado este evento y determinó que el ancho de la sombra de la Tierra en la Luna era 2.5 veces el diámetro de la Luna. Esto parecía indicar que el diámetro de la Luna es 2.5 veces menor que el de la Tierra. Pero como el tamaño del Sol es gigantesco, la sombra de la Tierra es cónica, como se ve durante un eclipse de Sol. (La figura 1.2 muestra lo anterior en una escala exagerada.) En el caso del eclipse del Sol, la Tierra intercepta apenas la sombra de la Luna. La sombra de la Luna disminuye su diámetro hasta ser

FIGURA 1.3 Los eclipses de Sol y de Luna en escala correcta, donde se ve por qué los eclipses son raros. (Son más raros todavía porque la órbita de la Luna en torno a la Tierra está inclinada unos 5° respecto a la órbita de la Tierra en torno al Sol.)

[3] Aristarco no estaba seguro de su hipótesis heliocéntrica, posiblemente porque las estaciones en la Tierra son diferentes y no apoyaban la idea de que la Tierra describe un círculo en torno al Sol. Lo más importante es que notó que la distancia de la Luna a la Tierra varía, lo cual es una evidencia clara de que la Luna no describe un círculo perfecto en torno a la Tierra. Si sucede así, era difícil sostener que la Tierra sigue una trayectoria circular en torno al Sol. La explicación, con trayectorias elípticas de los planetas, no fue descubierta sino varios siglos después por Johannes Kepler. Mientras tanto, los epiciclos propuestos por otros astrónomos explicaban estas discrepancias. Es interesante suponer cuál habría sido el curso de la astronomía si no existiera la Luna. Su órbita irregular no habría contribuido a la temprana decadencia de la teoría heliocéntrica ¡que pudo haberse establecido varios siglos antes!

casi un punto en la superficie terrestre, prueba de que la conicidad (disminución del diámetro) de esa sombra es un diámetro de la Luna. Entonces, durante un eclipse lunar, la sombra de la Tierra, después de recorrer la misma distancia, también debe disminuir un diámetro de la Luna. Si se tiene en cuenta la conicidad producida por los rayos solares, el diámetro de la Tierra debe ser (2.5 + 1) diámetros de la Luna. De este modo demostró Aristarco que el diámetro de la Luna es 1/3.5 diámetro terrestre. El diámetro que hoy se acepta para la Luna es 3640 km, que coincide dentro del 5% con el valor calculado por Aristarco.

Distancia a la Luna

Con una cinta adhesiva, pega una moneda en el vidrio de una ventana, y ve con un ojo de tal modo que apenas cubra a la Luna llena. Esto sucede cuando tu ojo se encuentra aproximadamente a 110 diámetros de la moneda del vidrio. Entonces, la relación de *diámetro de moneda/distancia a la moneda* es aproximadamente 1/110. Con deducciones geométricas que emplean triángulos semejantes, se demuestra que esa relación también es la de *diámetro de la Luna/distancia a la Luna* (Figura 1.4). Entonces, la distancia a la Luna es 110 veces el diámetro de ésta. Los antiguos griegos lo sabían. La medición de Aristarco del diámetro de la Luna era todo lo que se necesitaba para calcular la distancia de la Tierra a la Luna. Por consiguiente, los antiguos griegos conocían tanto el tamaño de la Luna como su distancia a la Tierra.

Con esta información Aristarco hizo la medición de la distancia de la Tierra al Sol.

Distancia al Sol

Si repitieras el ejercicio de la moneda en la ventana y en la Luna, esta vez con el Sol (lo cual sería peligroso, por su brillo), adivina qué. La relación de *diámetro del Sol/distancia al Sol* también es igual a 1/110. Esto se debe a que tanto el Sol como la Luna tienen el mismo tamaño aparente. Los dos abarcan el mismo ángulo (más o menos 0.5°). Entonces, aunque los griegos conocían la relación del diámetro a la distancia, debían determinar sólo el diámetro o sólo la distancia con algún otro método. Aristarco encontró una forma de hacerlo e hizo una estimación tosca. Lo que hizo fue lo siguiente.

Esperó a que la fase de la Luna fuera *exactamente* cuarto (creciente o menguante, es decir, cuando hay media Luna), estando visible el Sol al mismo tiempo. Entonces, la

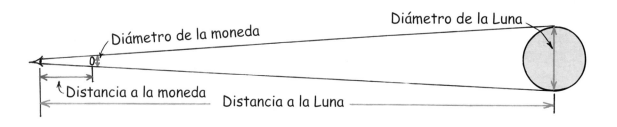

$$\frac{\text{Diámetro de la moneda}}{\text{Distancia a la moneda}} = \frac{\text{Diámetro de la Luna}}{\text{Distancia a la Luna}} = \frac{1}{110}$$

FIGURA 1.4 Ejercicio con relaciones: Cuando la moneda apenas "eclipsa" a la Luna, el diámetro de la moneda entre la distancia de tu ojo y la moneda es igual al diámetro de la Luna entre la distancia de ti y la Luna (no está a escala aquí). Estas mediciones dan como resultado 1/110 en ambos casos.

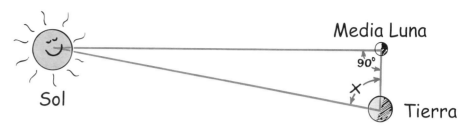

FIGURA 1.5 Cuando la Luna se ve exactamente como media Luna, el Sol, la Luna y la Tierra forman un triángulo rectángulo (aquí no está a escala). La hipotenusa es la distancia de la Tierra al Sol. Con operaciones trigonométricas sencillas, se puede calcular la hipotenusa de un triángulo rectángulo si se conoce alguno de los ángulos no rectos o alguno de los catetos. La distancia de la Tierra a la Luna es un cateto conocido. Si mides el ángulo X puedes calcular la distancia de la Tierra al Sol.

$$\frac{d}{h} = \frac{D}{150,000,000 \ Km} = \frac{1}{110}$$

FIGURA 1.6 La mancha redonda de luz producida por el agujerito de alfiler es una imagen del Sol. La relación de su diámetro entre su distancia es igual que la relación del diámetro del Sol entre la distancia al Sol: 1/110. El diámetro del Sol es 1/110 de su distancia a la Tierra.

luz solar debe caer en la Luna formando ángulo recto con su *visual*, o línea de visión. Esto quiere decir que las rectas entre la Tierra y la Luna, entre la Tierra y el Sol, y entre la Luna y el Sol forman un triángulo rectángulo (Figura 1.5).

La trigonometría establece que si conoces todos los ángulos de un triángulo rectángulo y la longitud de cualesquiera de sus lados, puedes calcular la longitud de cualquier otro lado. Aristarco conocía la distancia de la Tierra a la Luna. En el momento de la media Luna, también conocía uno de los ángulos, 90°. Todo lo que debía hacer era medir el segundo ángulo entre la visual a la Luna y la visual al Sol. El tercer ángulo, que es muy pequeño, es 180° menos la suma de los dos primeros ángulos (ya que la suma de los ángulos de cualquier triángulo es igual a 180°).

Es difícil medir el ángulo entre las visuales a la Luna y al Sol, sin tener un tránsito (teodolito) moderno. Por un lado, tanto el Sol como la Luna no son puntos, sino tienen un tamaño relativamente grande. Aristarco tuvo que ver hacia sus centros (o hacia alguna de sus orillas) y medir el ángulo entre ellos, que es muy grande, casi también un ángulo recto. De acuerdo con las medidas modernas, su determinación fue muy tosca. Midió 87°, mientras que el valor real es 89.8°. Calculó que el Sol está 20 veces más lejos que la Luna, cuando de hecho está 400 veces más lejos. Así, aunque su método era ingenioso, sus mediciones no lo eran. Quizá Aristarco encontró increíble que el Sol estuviera tan lejos y su error fue del lado más cercano. No se sabe.

Hoy se sabe que el Sol está a un promedio de 150,000,000 kilómetros. Está un poco más cerca en diciembre (a 147,000,000 km) y más lejos en junio (152,000,000 km).

El tamaño del Sol

Conocida la distancia al Sol, la relación de su diámetro/distancia igual a 1/110 permite medir su diámetro. Otra forma de medir la relación 1/110, además del método de la figura 1.4, es medir el diámetro de la imagen del Sol producida por una abertura hecha con un alfiler. Debes intentarlo. Haz un agujerito en una hoja de cartulina opaca y deja que la luz solar pase por el agujero. La imagen redonda que se forma en una superficie tras el cartón es en realidad una imagen del Sol. Verás que el tamaño de la imagen no depende del tamaño del agujero, sino de lo alejado que está de la imagen. Los agujeros grandes forman imágenes más brillantes, pero no más grandes. Claro que si el diámetro del agujero es muy grande no se forma ninguna imagen. Con mediciones cuidadosas verás que la relación del tamaño de la imagen al agujero de alfiler es 1/110, igual que la relación de *diámetro del Sol/distancia de la Tierra al Sol* (Figura 1.6).

FIGURA 1.7   Renoir pintó con fidelidad las manchas de luz solar sobre los vestidos de sus personajes: imágenes del Sol producidas por aberturas relativamente pequeñas entre las hojas arriba de ellos.

FIGURA 1.8   Manchas de luz solar en forma de Luna creciente; son imágenes del Sol cuando está parcialmente eclipsado.

Es interesante que cuando hay un eclipse parcial de Sol, la imagen producida por el agujerito de alfiler tendrá forma de Luna creciente ¡la misma que la del Sol parcialmente cubierto! Esto permite contar con una interesante forma de contemplar un eclipse parcial sin mirar el Sol.

¿Has notado que las manchas de luz solar que ves en el piso, bajo los árboles, son perfectamente redondas cuando el Sol está directamente arriba, y que son elípticas cuando el Sol está bajo en el cielo? Son imágenes del Sol producidas por agujeritos de alfiler, cuando la luz llega pasando por aberturas, entre las hojas, que son pequeñas en comparación con la distancia al suelo. Una mancha redonda de 10 cm de diámetro la produce una abertura que está a 110 $\times$ 10 cm del suelo. Los árboles altos producen imágenes grandes, y los bajos producen imágenes pequeñas. Y en el momento de un eclipse solar parcial, las imágenes tienen la forma de Luna creciente (Figura 1.8).

Matemáticas: el lenguaje de la ciencia

Desde que las matemáticas y la ciencia se integraron hace unos cuatro siglos, la ciencia y las condiciones de vida han progresado en forma dramática. Cuando se expresan las ideas de la ciencia en términos matemáticos, son concretas. Las ecuaciones de la ciencia son expresiones compactas de relaciones entre conceptos. No tienen los dobles sentidos que con tanta frecuencia confunden la discusión de las ideas expresadas en lenguaje cotidiano. Cuando se expresan matemáticamente los hallazgos en la naturaleza, son más fáciles de comprobar o de rechazar mediante experimentos. La estructura matemática de la física se hace evidente en las muchas ecuaciones que encontrarás en este libro. Las ecuaciones son guías de razonamiento, que demuestran las conexiones entre los conceptos en la naturaleza. Los métodos de las matemáticas y la experimentación han guiado hacia un éxito enorme a la ciencia.[4]

---

[4]Distinguiremos entre la estructura matemática de la física y la práctica matemática de resolver problemas —que es el enfoque de los cursos no conceptuales—. Nótese la cantidad relativamente pequeña de problemas al final de los capítulos en este libro, en comparación con la cantidad de ejercicios. La física conceptual antepone la comprensión a los cálculos.

El *método* científico

Galileo Galilei, físico italiano, y Francis Bacon, filósofo inglés, suelen tener el crédito de ser los principales fundadores del **método científico**, método extremadamente eficiente para adquirir, organizar y aplicar nuevos conocimientos. Se basa en pensamiento racional y experimentación, y se propuso en los trabajos del siglo XVI como sigue:

1. Reconocer una duda o problema.
2. Hacer una proposición educada, una **hipótesis**, de cuál sea la respuesta.
3. Predecir las consecuencias que deben poderse observar si la hipótesis es correcta, y las que deben estar *ausentes* si la hipótesis no es correcta.
4. Hacer experimentos para comprobar si están presentes las consecuencias pronosticadas.
5. Formular la regla general más sencilla que organice los tres ingredientes: hipótesis, efectos predichos y determinaciones experimentales.

Si bien este método clásico es poderoso, la ciencia de calidad no siempre lo sigue. Muchos avances científicos se han hecho por tanteos (prueba y error), es decir, experimentos sin una hipótesis clara, o simplemente por descubrimientos por accidente. Sin embargo, es esencial una observación diestra para detectar las dudas, en primer lugar, y para que la evidencia tenga sentido. Pero más que un método en particular, el éxito de la ciencia tiene que ver con una actitud común de los científicos. Esa actitud es de interrogación, experimentación y humildad, o sea la voluntad de admitir los errores.

La *actitud* científica

Es común considerar que un hecho es algo permanente y absoluto. Pero en la ciencia un **hecho** suele ser una concordancia estrecha entre observadores, de una serie de observaciones del mismo fenómeno. Por ejemplo, cuando antes era un hecho que el universo es inalterable y permanente, hoy es un hecho que el universo se está expandiendo y evolucionando. Por otra parte, una hipótesis científica es una proposición educada que sólo se supone será un hecho cuando la demuestren los experimentos. Cuando se haya probado una y otra vez una hipótesis y no se haya encontrado ninguna contradicción, entonces puede transformarse en una **ley** o *principio*.

Si un científico encuentra pruebas que contradicen una hipótesis, ley o principio, de acuerdo con el espíritu científico hay que cambiarla o abandonarla, independientemente de la reputación o autoridad de las personas que la propusieron (a menos que se vea después que las pruebas contradictorias, al experimentarlas, resulten equivocadas, lo cual sucede a veces). Por ejemplo, Aristóteles (384-322 a.C.), el filósofo griego tan venerado, afirmaba que un objeto cae con una velocidad proporcional a su peso. Esta idea se aceptó durante casi 2000 años, sólo por la gran autoridad que tenía. Se dice que Galileo demostró la falsedad de esta afirmación con un experimento donde demostraba que los objetos pesados y ligeros, dejados caer desde la Torre Inclinada de Pisa, lo hacían con velocidades casi iguales. En el espíritu científico un solo experimento verificable que demuestre lo contrario puede más que cualquier autoridad, por reputada que sea o por la gran cantidad de seguidores o partidarios que tenga. En la ciencia moderna tiene poco valor el argumentar citando alguna autoridad.[5]

Los científicos deben aceptar sus determinaciones experimentales, aunque quisieran que fueran distintas. Deben tratar de distinguir entre lo que ven y lo que quieren ver, porque, como la mayoría de las personas, tienen una capacidad vasta para engañarse a sí

---

[5] ¡Pero recurrir a la *belleza* sí tiene valor en la ciencia! Más de un resultado experimental en tiempos modernos ha contradicho una agradable teoría que, con más investigaciones resultó equivocada. Esto ha impulsado la fe de los científicos en que la descripción de la naturaleza, correcta en última instancia, implica la concisión de expresión y la economía de los conceptos, y que esta combinación merece ser bella.

mismos.[6] Las personas siempre han tendido a adoptar reglas, creencias, credos, ideas e hipótesis generales sin cuestionar detalladamente su validez, y a retenerlas mucho tiempo después de que se haya demostrado que no tienen sentido, y que son falsas o cuando menos dudosas. Las hipótesis más extendidas son con frecuencia las menos cuestionadas. Lo más frecuente es que cuando se adopta una idea se presta atención especial a los casos que parecen respaldarla, mientras que los que parecen refutarla se distorsionan, empequeñecen o ignoran.

Los científicos usan la palabra *teoría* en una forma distinta a la de la conversación cotidiana. En la conversación diaria una teoría no es distinta de una hipótesis: una suposición que no se ha comprobado. Por otra parte, una **teoría** científica es una síntesis de un gran cuerpo de información que abarca hipótesis bien comprobadas y verificadas acerca de ciertos aspectos del mundo natural. Por ejemplo, los físicos hablan de la teoría de quarks en los núcleos atómicos; los químicos hablan de la teoría del enlace metálico y los biólogos hablan de la teoría celular.

Las teorías de la ciencia no son fijas, sino que cambian. Las teorías científicas evolucionan al pasar por estados de redefinición y refinamiento. Por ejemplo, durante los últimos 100 años se ha refinado varias veces la teoría del átomo a medida que se reúnen más pruebas del comportamiento atómico. En forma parecida, los químicos han refinado su idea de la forma en que se enlazan las moléculas, y los biólogos han refinado la teoría celular. El refinamiento de las teorías es un punto fuerte de la ciencia, no es una debilidad. Muchas personas piensan que cambiar de ideas es signo de debilidad. Los científicos competentes deben ser expertos en cambiar sus ideas. Sin embargo lo hacen sólo cuando se confrontan con evidencia experimental firme, o cuando hay hipótesis conceptualmente más simples que los hacen adoptar un punto de vista nuevo. Más importante que defender las creencias es mejorarlas. Las mejores hipótesis las hacen quienes son honestos al confrontar las pruebas experimentales.

Fuera de su profesión, los científicos no son, en forma inherente, más honestos o éticos que la mayoría de los demás. Pero en su profesión trabajan en un entorno que premia mucho la honestidad. La regla cardinal en la ciencia es que todas las hipótesis se deben poder probar; deben ser susceptibles, al menos en principio, a demostrar que están *equivocadas*. En la ciencia es más importante que haya un medio de demostrar que una idea está equivocada o que es correcta. Es un factor principal que distingue lo que es ciencia de lo que no lo es. A primera vista puede parecer extraño, porque cuando nos asombramos con la mayor parte de las cosas, nos preocupamos por encontrar las formas de encontrar si son ciertas. Las hipótesis científicas son distintas. De hecho, si quieres distinguir si una hipótesis es científica o no, trata de ver si hay una prueba para demostrar que es incorrecta. Si no hay prueba alguna de equivocación posible, entonces la hipótesis no es científica. Albert Einstein concretó esto al decir, "Con ninguna cantidad de experimentos se puede demostrar que estoy en lo cierto; un solo experimento puede demostrar que estoy equivocado".

Por ejemplo, la hipótesis biológica de Darwin que las formas de vida evolucionan de estados más simples a más complejos. Esto se podría demostrar que está equivocado si los paleontólogos hubieran encontrado que parece que formas más complejas de vida aparecieron antes que sus contrapartes más simples. Einstein supuso que la gravedad flexiona a la luz. Esto podría demostrarse que no es cierto si la luz de una estrella que rozara al Sol y pudiera verse durante un eclipse solar no se desviara de su trayectoria normal. Sucede que se ha determinado que las formas menos complejas de vida anteceden a sus contrapartes más complejas, y que se determinó que la luz de una estrella de esas se flexiona al pasar cerca del Sol, todo lo cual respalda las afirmaciones. Si, y cuando se con-

Los hechos son datos acerca del mundo que se pueden revisar.

Las teorías interpretan a los hechos.

---

[6]En tu educación no es suficiente percatarte que otras personas te tratarán de engañar; es más importante percatarte de tu propia tendencia a engañarte.

firma una hipótesis o una afirmación científica, se considera útil como un escalón más para adquirir conocimientos adicionales.

Examinemos esta hipótesis: "El alineamiento de los planetas en el firmamento determina el mejor momento para tomar decisiones." Muchas personas la creen, pero no es científica. No se puede demostrar que está equivocada ni que es correcta. Es una *especulación*. De igual manera, la hipótesis de "Existe vida inteligente en otros planetas, en algún lugar del universo" no es científica. Aunque se pueda demostrar que es correcta por la verificación de un solo caso de vida inteligente que exista en algún lugar del universo, no hay manera de demostrar que está equivocada, si es que no se encontrara nunca esa vida. Si buscáramos en los confines del universo durante millones de años y no encontráramos vida, no demostraríamos que no existe "a la vuelta de la esquina". Una hipótesis que es capaz de ser demostrada como correcta, pero que no se pueda demostrar que es incorrecta, no es científica. Hay muchas afirmaciones de esta clase que son muy razonables y útiles, pero quedan fuera del dominio de la ciencia.

Nadie de nosotros tiene el tiempo, la energía o los recursos necesarios para demostrar todas las ideas, por ello la mayor parte de las veces aceptamos la palabra de alguien más. ¿Cómo sabemos cuáles palabras hay que aceptar? Para reducir la probabilidad de error, los científicos sólo aceptan la palabra de aquellos cuyas ideas, teorías y descubrimientos se pueden probar, si no en la práctica al menos en principio. Las especulaciones que no se pueden demostrar se consideran "no científicas". Lo anterior tiene el efecto a largo plazo de impulsar la honestidad, porque los hallazgos muy publicados entre los científicos conocidos en general se someten a más pruebas. Tarde o temprano se encuentran las fallas (y la decepción) y queda al descubierto el razonamiento anhelante. Un científico desacreditado ya no tiene otra oportunidad entre la comunidad de colegas. La honestidad, tan importante para el progreso de la ciencia, se vuelve así materia de interés propio de los científicos. Hay relativamente poca oportunidad de tratar de engañar en un juego en el que se usan todas las apuestas. En los campos de estudio en los que no se establecen con tanta facilidad lo correcto y lo equivocado, es mucho menor la presión para ser honesto.

EXAMÍNATE

¿Cuáles de las siguientes hipótesis son científicas?

a)   Los átomos son las partículas más pequeñas de materia que existen.

b)   El espacio está permeado con una esencia que no se puede detectar.

c)   Albert Einstein fue el físico más grande del siglo XX.

COMPRUEBA TU RESPUESTA   Sólo la *a*) es científica, porque hay una prueba para demostrar su falsedad. La afirmación no sólo es *susceptible* de demostrarse que está equivocada, sino *de hecho* se ha demostrado que está equivocada. La afirmación *b*) no cuenta con una prueba de su posible falsedad, y en consecuencia no es científica. Sucede igual con cada principio o concepto para el que no hay métodos, procedimiento o prueba mediante los cuales se pueda demostrar que es incorrecto (si es que lo es). Algunos pseudocientíficos y otros aspirantes al conocimiento ni siquiera reparan en alguna prueba de la posible falsedad de sus afirmaciones. La afirmación *c*) es una aseveración para la cual no hay pruebas para demostrar su posible falsedad. Si Einstein no fuera el físico más grande, ¿cómo lo podríamos saber? Es importante hacer notar que debido a que en general se tiene en gran estima a Einstein, es un favorito de los pseudocientíficos. Entonces no nos debe sorprender que el nombre de Einstein, como el de Jesús o de algún otro prohombre destacado sea citado con frecuencia por charlatanes que desean adquirir respeto para ellos y para sus puntos de vista. En todos los campos es prudente ser escéptico respecto a quienes desean crédito para ellos mismos, citando la autoridad de otros.

Con frecuencia, las ideas y los conceptos más importantes en nuestra vida cotidiana no son científicos; en el laboratorio no se puede demostrar su veracidad o falsedad. Es interesante que parece que las personas creen, honestamente, que sus propias ideas acerca de las cosas son correctas, y casi todos conocen a personas que sostienen puntos de vista totalmente contrarios, por lo que las ideas de algunos (o de todos) deben ser incorrectas. ¿Cómo sabes que *tú* no eres de los que sostienen creencias erróneas? Hay una forma de probarlo. Antes de que puedas convencerte en forma razonable de que estás en lo correcto acerca de una idea determinada, debes estar seguro de comprender las objeciones y las posiciones que debes presentar a tus antagonistas. Debes encontrar si tus puntos de vista están respaldados por conocimientos firmes de las ideas contrarias, o por tus *ideas erróneas* de las ideas contrarias. Puedes hacer esta distinción viendo si puedes o no enunciar las objeciones y posiciones de tus oponentes a *su* entera satisfacción. Aun cuando puedas hacerlo con éxito, no podrás estar absolutamente seguro de si tus propias ideas son las correctas, pero la probabilidad de que estés en lo correcto es considerablemente mayor si pasas esta prueba.

EXAMÍNATE

Supón que dos personas, A y B, no se ponen de acuerdo, y que notas que la persona A sólo describe y vuelve a describir un punto de vista, mientras que la persona B describe con claridad su propio punto de vista y también el de la persona A. ¿Quién es más probable que esté en lo correcto? (*¡Piensa bien antes de leer la respuesta de abajo!*)

Aunque la noción de estar familiarizado con puntos de vista opuestos parece razonable a la mayoría de las personas con razonamiento, la mayoría practica exactamente lo contrario: protegernos a nosotros y a los demás contra las ideas contrarias. Se nos ha enseñado a despreciar las ideas no difundidas sin comprenderlas en el contexto adecuado. Con una visión perfecta de 20/20 retrospectiva podemos ver que muchas de las "grandes verdades" que eran referencia de civilizaciones enteras no eran más que reflexiones superficiales de la ignorancia prevaleciente en la época. Muchos de los problemas que padeció la ciencia se originaron en esta ignorancia y las ideas equivocadas que resultaban; mucho de lo que se sostenía como verdadero simplemente no lo era. Esto no se confina al pasado. Todo adelanto científico es, por necesidad, incompleto y en parte inexacto, porque el descubridor ve con las persianas del momento, y sólo puede evitar una parte del bloqueo de las mismas.

Ciencia, arte y religión

La búsqueda de orden y sentido en el mundo que nos rodea ha tomado diversas formas; una de ellas es la ciencia, otra es el arte y otra es la religión. Aunque las raíces de las tres se remontan a miles de años, las tradiciones de la ciencia son relativamente recientes. Lo más importante es que los dominios de la ciencia, el arte y la religión son distintos, aunque

---

COMPRUEBA TU RESPUESTA ¿Quién puede estar seguro? La persona B puede tener la astucia de un licenciado que puede enunciar diversos puntos de vista, y seguir estando equivocado. No podemos estar seguros del "otro". La prueba de verdad o falsedad que sugerimos aquí es una prueba de otros, sino una de *ti*. Puede ayudarte en tu desarrollo personal. Cuando trates de articular las ideas de tus antagonistas prepárate, como los científicos que se preparan para cambiar sus creencias, a descubrir pruebas de lo contrario a tus propias ideas, pruebas que pueden cambiar tus ideas. Con frecuencia, el crecimiento intelectual sucede de esta manera.

con frecuencia se traslapan. La ciencia se ocupa principalmente de descubrir y registrar los fenómenos naturales; las artes se ocupan de la interpretación personal y la expresión creativa, y la religión busca la fuente, el objetivo y el significado de todo lo anterior.

La ciencia y las artes son comparables. En literatura encontramos lo que es posible en la experiencia humana. Podemos aprender acerca de las emociones que van de la angustia al amor, aunque no las hayamos experimentado. Las artes no nos dan necesariamente esas experiencias, pero nos las describen y sugieren lo que puede estar reservado para nosotros. Un conocimiento de la ciencia, de igual manera, nos dice lo que es posible en la naturaleza. El conocimiento científico nos ayuda a pronosticar posibilidades en la naturaleza, aun antes de que se hayan experimentado esas posibilidades. Nos da una forma de relacionar cosas, de ver relaciones entre y con ellas, y de encontrar el sentido a la infinidad de eventos naturales que nos rodean. La ciencia amplía nuestra perspectiva del ambiente natural, del cual somos parte. Un conocimiento de las artes y las ciencias forma una totalidad que afecta la forma en que apreciamos el mundo y las decisiones que tomamos acerca de él y de nosotros. Una persona realmente educada tiene conocimientos tanto de artes como de ciencias.

También la ciencia y la religión tienen semejanzas, pero son básicamente distintas, más que nada porque sus dominios son diferentes. La ciencia se ocupa del ámbito físico y la religión se ocupa del ámbito espiritual. Dicho en forma sencilla, la ciencia pregunta *cómo* y la religión pregunta *por qué*. También son distintas la práctica de la ciencia y la de la religión. Mientras que los científicos experimentan para encontrar los secretos de la naturaleza, quienes practican la religión adoran a Dios y tratan de construir una comunidad. En estos aspectos la ciencia y la religión son tan distintas como las manzanas y las naranjas, y no se contradicen entre sí. La ciencia y la religión son dos campos distintos, aunque complementarios, de la actividad humana.

Cuando más adelante estudiemos la naturaleza de la luz, consideraremos a la luz primero como una onda y después como una partícula. La persona que conoce algo acerca de la ciencia, las ondas y las partículas son contradictorias: la luz sólo puede ser una u otra, y debemos escoger entre ellas. Pero para la persona de mente abierta, las ondas y las partículas se complementan entre sí y permiten tener una comprensión más profunda de la luz. De forma parecida, son principalmente las personas ya sea que estén o no bien informadas acerca de las naturalezas profundas de la ciencia y de la religión quienes sienten que deben escoger entre creer en la religión o creer en la ciencia. A menos que uno tenga un conocimiento superficial de una de ellas o de ambas, no hay contradicción en ser religioso y ser científico en el razonamiento.[7]

Muchas personas se inquietan cuando no conocen las respuestas a preguntas religiosas y filosóficas. Algunas evitan la incertidumbre aceptando sin criticar casi cualquier respuesta. Sin embargo, un mensaje importante en la ciencia es que la incertidumbre se puede aceptar. Por ejemplo, en el capítulo 31 aprenderás que no es posible conocer con certidumbre la cantidad de movimiento y la posición de un electrón en un átomo al mismo tiempo. Mientras más conoces una de ellas, menos conoces la otra. La incertidumbre es una parte del proceso científico. Está bien no conocer las respuestas a preguntas fundamentales. ¿Por qué las manzanas son atraídas gravitacionalmente hacia la Tierra? ¿Por qué los electrones se repelen entre sí? ¿Por qué los imanes interactúan con otros imanes? ¿Por qué tiene masa la energía? En el nivel más profundo los científicos no conocen las respuestas a estas preguntas; al menos todavía no. En general, los científicos se sienten cómodos al no saber. Conocemos mucho acerca de dónde estamos, pero en realidad nada acerca de *por qué* estamos. Es admisible no conocer las respuestas a estas cuestiones religiosas, en especial si mantenemos una mente y un corazón abiertos con los cuales podamos seguir explorando.

---

[7]Claro que esto no se aplica a ciertos fundamentalistas, sean cristianos, musulmanes o de otra religión, quienes tenazmente aseguran que uno no puede abarcar su religión y la ciencia al mismo tiempo.

Pseudociencia

En los tiempos precientíficos, todo intento de dominar la naturaleza significaba forzarla contra su voluntad. Había que subyugarla, casi siempre con alguna forma de magia o por medios superiores a ella: es decir, sobrenaturales. La ciencia hace exactamente lo contrario y trabaja con las leyes naturales. Los métodos de la ciencia han desplazado la confianza en lo sobrenatural, aunque no por completo. Persisten las viejas tradiciones, con toda su fuerza en las culturas primitivas y sobreviven también en culturas tecnológicamente avanzadas, a veces disfrazadas de ciencia. Esta ciencia falsa es la **pseudociencia**. La etiqueta de una pseudociencia es que carece de los ingredientes clave de las pruebas y de contar con una prueba para las equivocaciones. En los ámbitos de la pseudociencia se restringe o se ignora por completo el escepticismo y las pruebas de posibles equivocaciones.

Hay varias formas de considerar las relaciones de causa a efecto en el universo. Una de ellas es el misticismo, que quizá sea adecuado en la religión, pero que no se aplica a la ciencia. La astrología es un antiguo sistema de creencias que supone que hay una correspondencia mística entre los individuos y la totalidad del universo; que todos los asuntos humanos están influidos por las posiciones y los movimientos de los planetas y de otros cuerpos celestes. Esta postura no científica puede ser muy agradable. No importa lo insignificantes que nos sintamos a veces, los astrólogos nos aseguran que estamos íntimamente relacionados con el funcionamiento del cosmos, que fue creado para los humanos, en particular los que pertenecen a la tribu, comunidad o grupo religioso de uno. La astrología como magia antigua es una cosa y la astrología disfrazada de ciencia es otra. Cuando se considera como una ciencia relacionada con la astronomía, entonces se transforma en pseudociencia. Algunos astrólogos presentan sus actividades con un disfraz científico. Cuando usan información astronómica actualizada, y computadoras que muestran los movimientos de los cuerpos celestes, los astrólogos están operando dentro de la ciencia. Pero cuando usan esos datos para tramar revelaciones astrológicas quiere decir que ya se desplazaron hacia la pseudociencia declarada.

La pseudociencia, como la ciencia, hace predicciones. Las predicciones que hace un *varólogo* o *radiestesista* para localizar agua subterránea con una vara, tienen éxito con frecuencia, casi del 100%. Siempre que el individuo despliega su ritual y apunta a un lugar del suelo, está seguro de encontrar agua. La radiestesia funciona. Claro que el varólogo casi no puede equivocarse, porque bajo casi todos los puntos en la Tierra hay agua freática a menos de 100 metros de la superficie. (¡La verdadera prueba de un varólogo sería encontrar agua en un lugar donde no la hay!)

Un chamán que estudia las oscilaciones de un péndulo colgado sobre el abdomen de una embarazada, puede pronosticar el sexo del feto con una exactitud del 50%. Esto quiere decir que si ensaya la magia muchas veces con muchos fetos, la mitad de las predicciones serán correctas y la otra mitad equivocadas; es la certeza de la adivinación ordinaria. En comparación, la determinación del sexo por métodos científicos tiene una frecuencia de éxitos del 95%, con los sonogramas, y del 100% con la amniocentesis. Lo mejor que se puede decir de un chamán es que el 50% de éxito es bastante mejor que el de los astrólogos, los lectores de la palma de la mano y de otros pseudocientíficos que predicen el futuro.

Un ejemplo de la pseudociencia que tiene cero de éxito es el de las máquinas multiplicadoras de energía. Estas máquinas, de las que se dice que pueden producir más energía de la que consumen, también se nos dice que "están todavía en los planos y necesitan fondos para desarrollarlas". Son las que describen los charlatanes que venden acciones a un público ignorante que sucumbe a las grandes promesas de éxito. Esto es ciencia chatarra. Los pseudocientíficos están en todos lados, por lo general tienen éxito para reclutar dinero o mano de obra, y pueden convencer mucho, inclusive a las personas aparentemente razonables. Sus libros son mucho más numerosos que los que hay de ciencia en las librerías. La ciencia chatarra prospera.

Nosotros los humanos hemos aprendido mucho en los últimos cuatro siglos, desde que se estableció la ciencia. El adquirir estos conocimientos y desechar las supersticiones constituyó un gran esfuerzo de la humanidad, y una penosa experimentación. Nos deberíamos regocijar de lo que hemos aprendido. Hemos avanzado mucho en la comprensión de la naturaleza y en nuestra liberación de la ignorancia. Ya no tenemos que morir cuando se nos declara una enfermedad infecciosa. Ya no vivimos con el miedo a los demonios. Ya no vertemos plomo derretido en el calzado de las mujeres acusadas de brujería, como se hizo casi durante tres siglos, en los tiempos medievales. Hoy no necesitamos pretender que la superstición no es más que eso, ni que las nociones chatarra no son más que nociones chatarra, ya sea que procedan de chamanes, charlatanes en una esquina, o pensadores descarriados que escriben libros de la salud llenos de promesas.

Sin embargo, hay razón para temer que aquello por lo que alguna vez batallaron las personas, la siguiente generación se rinde a ello. El vasallaje que tuvo la creencia de las personas en la magia y la superstición tardó siglos en superarse. Sin embargo, en la actualidad hay cada vez más personas fascinadas con la magia y la superstición. James Randi dice en su libro *Flim-Flam!* que en Estados Unidos hay más de 20,000 practicantes de la astrología que dan servicio a millones de ingenuos creyentes. Martin Gardner, escritor científico, dice que actualmente es mayor el porcentaje de estadounidenses que creen en la astrología y en los fenómenos ocultos que el porcentaje de los habitantes de la Europa de la Edad Media. Algunos periódicos sólo publican una columna diaria sobre temas científicos, pero casi todos muestran los horóscopos del día. Y además han aparecido los psíquicos de la televisión, que día con día ganan más adeptos.

Muchos creen que la condición humana es resbalar y retroceder a causa de la creciente tecnología. Sin embargo, es más probable que retrocedamos porque la ciencia y la tecnología son medios para presentar la irracionalidad, las supersticiones y la demagogia del pasado. Cuídate de los charlatanes. La pseudociencia es un negocio gigantesco y lucrativo.

Ciencia
y tecnología

También la ciencia y la tecnología son distintas entre sí. La ciencia se ocupa de reunir conocimientos y organizarlos. La tecnología permite al hombre usar esos conocimientos para fines prácticos, y proporciona las herramientas que necesitan los científicos en sus investigaciones.

Pero la tecnología es una espada de dos filos, que puede resultar útil o perjudicial. Por ejemplo, contamos con la tecnología para extraer combustibles fósiles del suelo, para después quemarlos y producir energía. La producción de energía con combustibles fósiles ha beneficiado a nuestra sociedad de incontables maneras. Por otro lado, la quema de combustibles fósiles pone en peligro al ambiente. Es tentador echar la culpa a la tecnología misma por problemas como la contaminación, el agotamiento de los recursos y hasta por la sobrepoblación. Sin embargo, estos problemas no son por culpa de la tecnología, como una herida de bala no es por culpa de la pistola. Los humanos usamos la tecnología, y los humanos somos responsables de cómo se usa.

Es notable que ya poseamos la tecnología para resolver muchos problemas del medio ambiente. Es probable que el siglo XXI vea un cambio de combustibles fósiles a fuentes de energía más sustentables, como la fotovoltaica, heliotérmica o la conversión de la biomasa. Si bien el papel usado en este libro proviene de los árboles, pronto provendrá de maleza

Evaluación de riesgos

Las numerosas ventajas de la tecnología están apareadas con los riesgos. Cuando se ve que las ventajas de una innovación tecnológica superan a los riesgos, se acepta y aplica la tecnología. Por ejemplo, los rayos X se continúan usando en el diagnóstico médico, a pesar de su potencial de causar cáncer. Pero cuando se percibe que los riesgos de una tecnología superan a sus ventajas, se debe usar raras veces o nunca.

El riesgo puede variar según grupos distintos. La aspirina es útil para los adultos, pero en los niños pequeños pueden causar un estado potencialmente letal, llamado *síndrome de Reye*. El hecho de arrojar aguas residuales a un río de la localidad puede originar riesgos menores para un pueblo aguas arriba, pero es un riesgo mayor para la salud de los pueblos aguas abajo de esa descarga. De igual modo, el almacenar residuos radiactivos en subterráneos ocasionará poco peligro para nosotros actualmente, pero esos riesgos serán mayores para las futuras generaciones, si hay fugas hacia las aguas subterráneas. Las tecnologías que impliquen diversos riesgos para personas distintas, al igual que distintas ventajas, dan lugar a dudas que con frecuencia se debaten acaloradamente. ¿Qué medicinas deben venderse al público general sin receta y cómo se deben identificar? ¿Se deben irradiar los alimentos para que terminen las intoxicaciones que matan a más de 5000 estadounidenses cada año? Se deben tener en cuenta los riesgos de todos los miembros de la sociedad, cuando se deciden las políticas públicas.

No siempre los riesgos de la tecnología son evidentes. Nadie se dio cuenta de lo peligroso de los productos de la combustión cuando se optó por el petróleo como combustible en los automóviles de principios del siglo pasado. En retrospectiva con una visión perfecta de 20/20, hubieran sido mejores los alcoholes obtenidos de la biomasa, desde el punto de vista del medio ambiente; pero fueron prohibidos por las corrientes prohibicionistas de

esos días. Al tener más en cuenta los costos ambientales de la combustión de materias fósiles, los combustibles de biomasa están regresando lentamente. Es crucial tener en cuenta los riesgos de una tecnología, a corto y a largo plazos.

Parece que las personas aceptan con dificultad la imposibilidad de que haya cero riesgos. No es posible hacer que los aviones sean perfectamente seguros. Los alimentos procesados no se pueden fabricar totalmente libres de toxicidad, porque todos los alimentos son tóxicos hasta cierto grado. Tú no puedes ir a la playa sin arriesgarte a adquirir un cáncer de la piel, sin importar cuántos filtros solares uses. No puedes evitar la radiactividad, porque está en el aire que respiras y en los alimentos que ingieres, y siempre ha sido así antes de que los humanos comenzaran a caminar sobre la Tierra. Hasta la lluvia más prístina contiene carbono 14 radiactivo, para no mencionar el de nuestros propios organismos. Entre cada latido del corazón humano siempre ha habido unas 10,000 desintegraciones radiactivas naturales. Podrías esconderte en las montañas, comer los alimentos más naturales, practicar una higiene obsesiva y así morir del cáncer causado por la radiactividad que emana de tu propio cuerpo. La probabilidad de una muerte final es 100%. Nadie está exento.

La ciencia ayuda a determinar qué es lo más probable. A medida que mejoran las herramientas de la ciencia, la evaluación de lo más probable se acerca más al objetivo. Por otro lado, la aceptación del riesgo es un asunto social. Establecer cero riesgo como meta social no sólo es impráctico, sino egoísta. Toda sociedad que trate de tener una política de cero riesgo consumiría sus recursos económicos actuales y futuros. ¿No es más noble aceptar riesgos distintos de cero, y minimizarlos todo lo posible dentro de los límites de lo posible? Una sociedad que no acepta riesgos no recibe beneficios.

de crecimiento rápido y se necesitará menos papel, si es que se necesitará cuando se popularicen las pantallas pequeñas y de fácil lectura. Cada vez reciclamos más los productos de desecho. En algunas partes del mundo se avanza en el control de la explosión poblacional humana que agrava casi todos los problemas con que se enfrentan hoy los humanos. El máximo obstáculo para resolver los problemas actuales es más de inercia social que de carencia de tecnología. La tecnología es nuestra herramienta. Lo que hagamos con ella depende de nosotros. La promesa de la tecnología es un mundo más limpio y más saludable. Las aplicaciones adecuadas de la tecnología *pueden* guiarnos a un mundo mejor.

EXAMÍNATE

¿En cuáles de las actividades siguientes interviene lo máximo de la expresión humana, el talento y la inteligencia?

a) pintura y escultura **b)** literatura **c)** música **d)** religión **e)** ciencia

---

Física: la ciencia básica

La ciencia alguna vez se llamó *filosofía natural*, y abarca el estudio de las cosas vivientes y no vivientes: las ciencias de la vida y las ciencias físicas. Entre las ciencias de la vida están la biología, la zoología y la botánica. Entre las ciencias físicas están la geología, la astronomía, la química y la física.

La física es más que una parte de las ciencias físicas. Es la ciencia *básica*. Es acerca de la naturaleza de cosas básicas como el movimiento, las fuerzas, la energía, la materia, el calor, el sonido, la luz y el interior de los átomos. La química explica cómo se acomoda la materia entre sí, cómo se combinan los átomos para formar moléculas y cómo se combinan las moléculas para formar los materiales que nos rodean. La biología es más compleja, y se ocupa de la materia que está viva. Por lo anterior, en la base de la biología está la química, y en la base de la química está la física. Los conceptos de la física llegan hasta estas ciencias, más complicadas. Es la razón por la que la física es la ciencia más fundamental.

La comprensión de la ciencia comienza con el entendimiento de la física. Los capítulos que siguen presentan la física en forma conceptual, para que puedas disfrutarla comprendiéndola.

En perspectiva

Sólo hasta hace algunos siglos, los artistas, arquitectos y artesanos más talentosos y más hábiles del mundo dirigían su genio y sus esfuerzos a la construcción de grandes catedrales, sinagogas, templos y mezquitas. Algunas de esas estructuras arquitectónicas tardaron siglos en construirse, y eso significa que nadie atestiguó tanto su comienzo como su término. Hasta los arquitectos y los primeros constructores que vivieron hasta la madurez o

---

COMPRUEBA TUS RESPUESTAS ¡En todas ellas! Sin embargo, el valor humano de la ciencia es el que menos entiende la mayoría de los individuos de nuestra sociedad. Las causas son diversas y van de la noción común que la ciencia es incomprensible para personas con capacidad promedio, hasta la idea extrema de que la ciencia es una fuerza deshumanizadora en nuestra sociedad. La mayor parte de las ideas erróneas acerca de la ciencia surgen, probablemente, de la confusión entre los *abusos* de la ciencia y la ciencia misma.

La ciencia es una actividad fascinante que comparte una gran variedad de personas que, con los medios y conocimientos actuales, avanzan y encuentran más acerca de ellas mismas y de su ambiente que lo que podían hacer las personas en el pasado. Mientras más conozcas acerca de la ciencia, más apasionado te sentirás hacia tus entornos. En todo lo que ves, oyes, hueles, gustas y tocas ¡hay física!

hasta una edad avanzada nunca vieron el resultado ya terminado de su trabajo. Vidas enteras transcurrieron a la sombra de la construcción que debe haber parecido sin principio ni fin. Este enorme enfoque de la energía humana estaba inspirado por una visión que salía de los afanes mundanos, una visión del cosmos. A las personas de esos tiempos, las estructuras que erigieron fueron sus "naves espaciales de fe", ancladas con firmeza, pero apuntando hacia el cosmos.

En la actualidad, los esfuerzos de muchos de nuestros científicos, ingenieros, artistas y artesanos más hábiles se dirigen a construir las naves espaciales que ya giran en órbita alrededor de la Tierra, y otras que viajarán más allá de ésta. El tiempo necesario para construir estas naves es breve en extremo, en comparación con el que tardaban en construirse las estructuras de piedra y mármol del pasado. Muchas personas que trabajan en las naves espaciales actuales ya vivían antes de que el primer avión a reacción transportara pasajeros. ¿Hacia dónde se dirigirán las vidas más jóvenes cuando pase un mismo tiempo?

Parece que estamos en la aurora de un gran cambio en el crecimiento humano, porque como dice Sara en la foto del principio de este libro, podemos ser como los pollitos que salen del cascarón, que han agotado los recursos del interior de su huevo y que están a punto de entrar a toda una nueva variedad de posibilidades. La Tierra es nuestra jaula y nos ha servido bien. Pero las jaulas, no importa lo confortables que sean, algún día serán estrechas. Así, con la inspiración que en muchas formas se parece a la inspiración de quienes construyeron las antiguas catedrales, sinagogas, templos y mezquitas, aspiraremos al cosmos.

¡Vivimos tiempos emocionantes!

Resumen de términos

Hecho Fenómeno acerca del cual concuerdan observadores competentes que han hecho una serie de observaciones.

Hipótesis Conjetura educada; una explicación razonable de una observación o resultado experimental que no se acepta totalmente como hecho, sino hasta que se prueba una y otra vez con experimentos.

Ley Hipótesis o afirmación general acerca de las relaciones de cantidades naturales, que se han probado una y otra vez y que no se ha encontrado se contradigan. También se llama *principio*.

Método científico Método ordenado para adquirir, organizar y aplicar los nuevos conocimientos.

Teoría Síntesis de un gran conjunto de información que abarca hipótesis bien probadas y verificadas acerca de los aspectos del mundo natural.

Lecturas sugeridas

Bronowski, Jacob. *Science and Human Values.* New York: Harper & Row, 1965.

Cole, K. C. *First You Build a Cloud.* New York: Morrow, 1999.

Feynman, Richard P. *Surely You're Joking, Mr. Feynman*, New York: Norton, 1986.

Sagan, Carl. *The Demon-Haunted World.* New York: Random House, 1995.

Preguntas de repaso

1. En forma breve, ¿qué es la ciencia?
2. A través de las eras, ¿cuál ha sido la reacción general hacia las nuevas ideas acerca de las "verdades" establecidas?

Mediciones científicas

3. Cuando el Sol estaba directamente arriba de Siena, ¿por qué no estaba directamente arriba de Alejandría?
4. La Tierra, como todo lo que ilumina el Sol, produce una sombra. ¿Por qué es cónica esa sombra?
5. ¿Cómo se compara el diámetro de la Luna con la distancia de la Tierra a la Luna?
6. ¿Cómo se compara el diámetro del Sol con la distancia de la Tierra al Sol?
7. ¿Por qué Aristarco hizo sus mediciones de la distancia al Sol en el momento de la media Luna?
8. ¿Qué son las manchas circulares de luz que se ven en el piso bajo un árbol, en un día soleado?

Matemáticas, el lenguaje de la ciencia

9. ¿Cuál es el papel de las ecuaciones en este curso?

El método científico

10. Describe los pasos del método científico.

La actitud científica

11. Describe la diferencia entre hecho, hipótesis, ley y teoría científicos.

12. En la vida diaria con frecuencia, por el "coraje de sus convicciones", se alaba a las personas que mantienen determinado punto de vista. Se considera que un cambio de actitud es un signo de debilidad. ¿Es así en la ciencia?

13. ¿Cuál es la prueba para determinar si una hipótesis es científica o no?

14. En la vida diaria se ven muchos casos de personas a las que se les descubre malinterpretando las cosas, que después pronto son disculpadas y aceptadas por sus contemporáneos. ¿Es diferente en la ciencia?

15. ¿Qué prueba puedes hacer para aumentar las probabilidades de que tus propias ideas acerca de algo sean correctas?

Ciencia, arte y religión

16. ¿Por qué a los alumnos de artes se les recomienda estudiar ciencias, y a los estudiantes de ciencias se les recomienda estudiar artes?

17. ¿Por qué muchas personas creen que deben optar entre la ciencia y la religión?

18. La paz psicológica es una de las ventajas de tener respuestas firmes a preguntas religiosas. ¿Qué ventaja acompaña a una posición de no conocer las respuestas?

Ciencia y tecnología

19. Describe con claridad la diferencia entre ciencia y tecnología.

20. ¿Por qué la física se considera la ciencia básica?

Proyecto

Haz un agujerito en un cartón, y sostenlo a los rayos del Sol. Observa la imagen del Sol que se forma abajo. Para convencerte de que la mancha redonda de luz es una imagen del Sol redondo, prueba con agujeros de distintas formas. Un agujero cuadrado o uno triangular producirá una imagen redonda si la distancia a la imagen es grande en comparación con el tamaño del agujero. Cuando los rayos del sol y la superficie donde llegan son perpendiculares, la imagen es un círculo; cuando los rayos del Sol forman un ángulo con la superficie de la imagen, esa imagen es un "círculo estirado", es decir, una elipse. Deja que la imagen del Sol caiga en una moneda. Coloca el cartón de modo que la imagen apenas cubra la moneda. Es una forma cómoda de medir el diámetro de la imagen; es del mismo diámetro que el de la moneda, que se puede medir con facilidad. A continuación mide la distancia entre el cartón y la moneda. La relación del tamaño de la imagen entre la distancia a la imagen debe ser más o menos 1/110. Es la relación del diámetro del Sol entre la distancia del Sol a la Tierra. Con el dato que el Sol está a 150,000,000 de kilómetros de la Tierra, calcula el diámetro del Sol.

Ejercicios

1. ¿Cuáles de las siguientes son hipótesis científicas? a) La clorofila hace que el pasto sea verde. b) La Tierra gira en torno a su eje, porque los seres vivientes necesitan una alternancia de luz y sombra. c) Las mareas son causadas por la Luna.

2. Para responder la pregunta "cuando crece una planta, ¿de dónde proviene su materia?". Aristóteles propuso, por lógica, que toda la materia proviene del suelo. ¿Consideras que esta hipótesis es correcta, incorrecta o parcialmente correcta? ¿Qué experimentos propones para respaldar tu opción?

3. Bertrand Russell (1872-1970), gran filósofo y matemático, escribió acerca de las ideas en las primeras etapas de su vida, que después rechazó. ¿Crees que éste es un signo de debilidad o de fuerza en Bertrand Russell? (¿Crees que tus ideas actuales acerca del mundo que te rodea cambiarán cuando aprendas más y tengas más experiencia, o crees que los conocimientos y experiencia adicionales robustecerán tus percepciones actuales?)

4. Bertrand Russell escribió: "Creo que debemos sostener la creencia de que el conocimiento científico es una de las glorias del hombre. No digo que nunca el conocimiento puede hacer daño. Creo que esas proposiciones generales casi siempre pueden refutarse con ejemplos bien elegidos. Lo que sostengo, y sostendré con vigor, es que el conocimiento es útil con mucho más frecuencia que dañino, y que el miedo al conocimiento es dañino con mucho más frecuencia que útil." Imagina ejemplos que respalde esta afirmación.

5. Cuando sales de la sombra a la luz solar, el calor del Sol es tan evidente como el que procede del carbón caliente en un anafre que esté en un recinto frío. Sientes el calor del Sol no por su alta temperatura (hay mayores temperaturas en algunos sopletes de soldar), sino porque el Sol es grande. ¿Qué crees que sea mayor, el radio del Sol o la distancia de la Tierra a la Luna? Comprueba tu respuesta en los datos del interior de la contraportada. ¿Crees que es sorprendente tu respuesta?

6. La sombra que produce una columna vertical en Alejandría, a mediodía y durante el solsticio de verano, es 1/8 de la altura de la columna. La distancia entre Alejandría y Siena es 1/8 del radio de la Tierra. ¿Hay alguna relación geométrica entre estas dos relaciones iguales a 1/8?

7. ¿Qué es probable que malentienda una persona que dice "eso es sólo una teoría científica"?

8. Los científicos llaman "bella" a una teoría que une a muchas ideas en una forma sencilla. La unidad y la simplicidad, ¿están entre los criterios de belleza fuera de la ciencia? Justifica tu respuesta.

P a r t e I

MECÁNICA

No puedes tocar sin ser tocado — ¡es la tercera ley de Newton!

www.pearsoneducacion.net/hewitt
*Usa los variados recursos del sitio Web,
para comprender mejor la física.*

2

PRIMERA LEY DE NEWTON DEL MOVIMIENTO-INERCIA

Burl Grey fue quien primero introdujo al autor en el concepto de la tensión. Aquí muestra que una bolsa de 2 lb produce una tensión de 9 N.

Hace más de 2000 años, los científicos griegos estaban familiarizados con algunas de las ideas de la física que estudiamos hoy en día. Comprendían bien algunas de las propiedades de la luz, pero no lograban entender el movimiento. Uno de los primeros en estudiar con seriedad el movimiento fue Aristóteles, el filósofo y científico más sobresaliente de la Grecia antigua. Aristóteles trató de aclarar el movimiento clasificándolo.

El movimiento, según Aristóteles

Aristóteles dividió el movimiento en dos clases principales: el *movimiento natural* y el *movimiento violento*. Describiremos cada uno en forma breve, no como material de estudio, sino sólo como fondo de presentación de las ideas actuales acerca del movimiento.

Aristóteles aseguraba que el movimiento natural se presenta a partir de la "naturaleza" de un objeto, dependiendo de qué combinación tenía de tierra, agua, aire y fuego, ya que los cuatro elementos formaban al objeto. Según él, todo objeto en el universo tiene un lugar propio, determinado por esta "naturaleza", y cualquier objeto que no está en su lugar propio "tratará" de ir a su sitio. Al estar en la Tierra, un terrón de arcilla no soportado cae al suelo; al estar en el aire, una bocanada de humo no restringida se eleva; como una pluma es una mezcla de tierra y aire, pero principalmente de tierra, la pluma cae al suelo, pero no con tanta rapidez como un terrón de arcilla. Afirmaba que los objetos más pesados opondrían resistencia con más fuerza. Por consiguiente, decía, los objetos deben caer a rapideces proporcionales a sus pesos: mientras más pesado es un objeto, más rápido debe caer.

Aristóteles (384-322 a.C.)

Aristóteles, filósofo, científico y educador griego era hijo de un médico, al servicio personal del rey de Macedonia. A los 17 años de edad entró a la Academia de Platón, donde trabajó y es-tudió durante 20 años, hasta la muerte de Platón. Fue tutor del joven Alejandro el Grande y ocho años después formó su propia escuela. Su objetivo era sistematizar los conocimientos de la época, así como Euclides había sistematizado la geometría. Hizo observaciones críticas, reunió especímenes y recopiló, re-sumió y clasificó, la mayor parte del conocimiento del mundo físico de su tiempo. Su método sistemático se transformó en el método del cual surgió después la ciencia occidental. Después de su muerte se conservaron sus extensos cuadernos de notas en cuevas cerca de su casa, que fueron vendidos después a la bi-blioteca de Alejandría. La actividad escolástica cesó en la mayor parte de Europa durante la Edad del Oscurantismo, y se olvi-daron o se perdieron los trabajos de Aristóteles en la escolástica que continuó en los imperios bizantino e islámico. Algunos tex-tos fueron reintroducidos a Europa durante los siglos XI y XII, y traducidos al latín. La Iglesia, principal fuerza política y cultural en Europa Occidental, prohibió las obras de Aristóteles, pero después las aceptó e incorporó en la doctrina cristiana.

El movimiento natural podía ser directo hacia arriba o directo hacia abajo, como en el caso de todas las cosas sobre la Tierra; o podía ser circular, como en el caso de los ob-jetos celestes. A diferencia del movimiento hacia arriba o hacia abajo, el movimiento circu-lar no tiene principio ni fin, y se repite sin desviarse. Aristóteles creía que en los cielos rigen reglas distintas, y aseguró que los cuerpos celestes son esferas perfectas hechas de una sustancia perfecta e inalterable, a la que llamó *quintaesencia*.[1] (El único objeto celes-te con variación discernible en su cara era la Luna. Los cristianos medievales, todavía ba-jo la influencia de las enseñanzas de Aristóteles, explicaban esto diciendo que debido a la proximidada de la Luna, está algo contaminada por la corrompida Tierra.)

El movimiento violento, la otra clase de movimiento de Aristóteles, se debía a fuer-zas de empuje o de tracción. El movimiento violento es impuesto. Una persona que empu-ja un carrito o levanta un peso impone movimiento, al igual que quien lanza una piedra o gana en una competencia de tirar de una cuerda. El viento impone movimiento a los barcos. Las inundaciones imponen movimiento a las rocas y a los troncos de los árboles. Lo esencial acerca del movimiento violento es que es causado externamente y se impar-te a los objetos. No se mueven por sí mismos ni por su "naturaleza", sino por medio de empujes o de tirones (tracciones).

El concepto del movimiento violento tiene sus dificultades, porque no siempre son evidentes los empujes o los tirones. Por ejemplo, la cuerda de un arco mueve la flecha hasta que sale del arco; después, para seguir explicando el movimiento de la flecha se re-quiere que haya otro agente de empuje. En consecuencia, Aristóteles imaginaba que el hendimiento del aire por el movimiento de la flecha causaba un efecto como de apriete de la parte trasera de la flecha, a medida que el aire regresaba para evitar que se forma-ra el vacío. La flecha se impulsaba por el aire como cuando un jabón se impulsa en la ti-na de baño al apretar uno de sus lados.

---

[1]La quintaesencia es la *quinta* esencia; las otras cuatro son tierra, agua, aire y fuego.

En resumen, Aristóteles enseñaba que todos los movimientos se deben a la naturaleza del objeto en movimiento, o a un empuje o tracción sostenidos. Siempre que un objeto está en su lugar propio no se moverá, sino cuando se le someta a una fuerza. A excepción de los objetos celestes, el estado normal es el de reposo.

Las afirmaciones de Aristóteles acerca del movimiento fueron el comienzo del pensamiento científico, y aunque él no creía que fueran definitivas acerca del tema, sus seguidores durante casi 2000 años consideraban sus ideas como fuera de toda duda. La noción de que el estado normal de los objetos es el de reposo estaba implícito en el pensamiento antiguo, medieval y de principios del Renacimiento. Como era evidente para la mayoría de los pensadores hasta el siglo XVI, de que la Tierra debe estar en su lugar propio, y como es inconcebible que haya una fuerza capaz de moverla, resultaba bastante claro que la Tierra no se movía.

EXAMÍNATE ¿No es sentido común imaginar que la Tierra está en su lugar propio y que es inconcebible que haya una fuerza que la mueva, como afirmaba Aristóteles, y que la Tierra está en reposo en este universo?

Copérnico y la Tierra en movimiento

Nicolás Copérnico
(1473-1543)

Galileo y la Torre Inclinada

En este clima Nicolás Copérnico, astrónomo polaco, formuló su teoría sobre el movimiento de la Tierra. Dedujo que la forma más sencilla de explicar los movimientos observados del Sol, la Luna y los planetas por el cielo es suponiendo que la Tierra describe círculos alrededor del Sol. Durante años elaboró sus ideas sin hacerlas públicas, por dos razones. La primera fue que tenía miedo de ser perseguido; una teoría tan distinta de la opinión común con seguridad se tomaría como un ataque al orden establecido. La segunda razón fue que él mismo tenía serias dudas, porque no podía reconciliar la idea de una Tierra en movimiento con las ideas que prevalecían acerca del movimiento. Finalmente, en los últimos días de su vida, y urgido por sus amigos más íntimos, mandó a la imprenta su *De revolutionibus*. El primer ejemplar de su famosa exposición llegó a él el día de su muerte: el 24 de mayo de 1543.

La mayoría de nosotros conoce la reacción de la Iglesia medieval contra la idea de que la Tierra se mueve alrededor del Sol. Como las ideas de Aristóteles se habían integrado de manera tan formidable a la doctrina de la Iglesia, contradecirlas era cuestionar a la Iglesia misma. Para muchos dignatarios de la Iglesia la idea de una Tierra en movimiento no sólo amenazaba su autoridad, sino también a las bases mismas de la fe y de la civilización. Para bien o para mal, esta nueva idea iba a derrumbar su concepción del cosmos, aunque al final la Iglesia la adoptó.

Fue Galileo, el principal científico de principios del siglo XVII, quien dio crédito a la idea de Copernico de una Tierra en movimiento. Lo logró desacreditando las ideas aristotélicas sobre el movimiento. Aunque no fue el primero en señalar las dificultades en las ideas de Aristóteles, sí fue el primero en proporcionar refutación contundente mediante la observación y el experimento.

COMPRUEBA TU RESPUESTA Las ideas de Aristóteles eran lógicas y consistentes con las observaciones cotidianas. Entonces, a menos que te familiarices con la física que presentamos en este libro, las ideas de Aristóteles acerca del movimiento sí tienen sentido común. Pero a medida que adquieras más información acerca de las reglas de la naturaleza, es probable que progrese tu sentido común más allá del pensamiento aristotélico.

Galileo Galilei (1564-1642)

Galileo nació en Pisa, Italia, el mismo año en que nació Shakespeare y que murió Miguel Ángel. Estudió medicina en la Universidad de Pisa, pero después se dedicó a las matemáticas. Mostró un interés temprano en el movimiento, y pronto tuvo dificultades con sus contemporáneos, quienes se apegaban a las ideas aristotélicas sobre la caída de los cuerpos. Dejó Pisa para enseñar en la Universidad de Padua y se volvió partidario de la nueva teoría copernicana sobre el sistema solar. Fue uno de los primeros en construir un telescopio, y el primero en dirigirlo al cielo nocturno, y descubrir montañas en la Luna y las lunas de Júpiter. Como publicó sus hallazgos en italiano y no en latín como era de esperarse de un sabio tan reputado, y debido a la invención reciente de la imprenta, sus ideas fueron muy leídas. Pronto tuvo dificultades con la Iglesia, y se le indicó que no enseñara ni respaldara las ideas de Copérnico. Se abstuvo de toda publicidad durante 15 años, y después publicó de manera desafiante sus observaciones y conclusiones, que eran contrarias a la doctrina de la Iglesia. El resultado fue un juicio en el que se le encontró culpable, y fue obligado a renunciar a sus descubrimientos. Para entonces ya era anciano, con salud y espíritu quebrantados; fue sentenciado a un arresto domiciliario perpetuo. Sin embargo, terminó sus estudios sobre el movimiento, y sus escritos salieron clandestinamente de Italia y se publicaron en Holanda. Ya antes se había dañado los ojos al observar el Sol por medio de un telescopio, y a los 74 años de edad quedó ciego. Murió cuatro años después.

Galileo demolió con facilidad la hipótesis de Aristóteles acerca de la caída de los cuerpos. Se dice que Galileo dejó caer objetos de varios pesos desde lo más alto de la Torre Inclinada de Pisa, y luego comparó las caídas. Al contrario de la aseveración de Aristóteles, Galileo encontró que una piedra con el doble de peso que otra no caía con el doble de rapidez. A excepción del pequeño efecto de la resistencia del aire, encontró que los objetos de distinto peso, cuando se sueltan al mismo tiempo, caían juntos y llegaban al suelo en el mismo momento. Se dice que en una ocasión, Galileo reunió a una gran cantidad de personas para que atestiguaran la caída de dos objetos de distinto peso que lanzaría desde la torre. Dice la leyenda que muchos de quienes observaron que los objetos llegaban al suelo al mismo tiempo, se mofaron del joven Galileo y continuaron apegándose a las enseñanzas aristotélicas.

FIGURA 2.1 La famosa demostración de Galileo.

Los planos inclinados de Galileo

Pendiente de bajada: aumenta la rapidez

Pendiente de subida: disminuye la rapidez

Sin pendiente: ¿cambia la rapidez?

FIGURA 2.2 Movimiento de esferas en diversos planos.

Aristóteles era un observador astuto de la naturaleza, y acometió problemas de su entorno más que estudiar casos abstractos que no se presentaban en su ambiente. El movimiento siempre implicaba un medio resistente, como el aire o el agua. Creía que es imposible el vacío, y en consecuencia no dio gran importancia al movimiento en ausencia de un medio en interacción. Era básico para Aristóteles que un objeto requiere de un empuje o un tirón para mantenerlo en movimiento. Y fue este principio básico el que rechazó Galileo al decir que si no hay interferencia para un objeto en movimiento, se mantendrá moviéndose en línea recta siempre; no es necesario un empujón, ni tracción ni fuerza.

Galileo demostró esta hipótesis experimentando con el movimiento de varios objetos sobre planos inclinados. Observó que las esferas que ruedan cuesta abajo en planos inclinados aumentaban su rapidez, mientras las que rodaban cuesta arriba perdían rapidez. Dedujo entonces que las esferas que ruedan por un plano horizontal ni se aceleran ni se desaceleran. La esfera llega al reposo finalmente no por su "naturaleza", sino por la fricción. Esta idea estaba respaldada por la observación del Galileo mismo, del movimiento sobre superficies más lisas: cuando había menos fricción, el movimiento de los objetos persistía más; mientras menos fricción, el movimiento se aproximaba más a una rapidez constante. Dedujo que en ausencia de la fricción o de otras fuerzas contrarias, un objeto en movimiento horizontal continuaría moviéndose indefinidamente.

A esta aseveración la apoyaban un experimento distinto y otra línea de razonamiento. Galileo colocó dos de sus planos inclinados uno frente a otro. Observó que una esfera soltada desde el reposo en la parte superior de un plano inclinado hacia abajo, rodaba hacia abajo y después hacia arriba por la pendiente inclinada hacia arriba, hasta que casi llegaba a su altura inicial. Dedujo que sólo la fricción evita que suba hasta llegar exactamente a la misma altura, porque mientras más lisos eran los planos, la esfera llegaba más cerca a la misma altura. A continuación redujo el ángulo del plano inclinado hacia arriba. De nuevo, la bola subió hasta la misma altura, pero tuvo que ir más lejos. Con reducciones adicionales del ángulo obtuvo resultados parecidos: para alcanzar la misma altura, la esfera tenía que llegar más lejos cada vez. Entonces se preguntó: "Si tengo un plano horizontal largo, ¿hasta dónde debe llegar la esfera para alcanzar la misma altura?" La respuesta obvia es "hasta la eternidad; nunca llegará a su altura inicial".[2]

Galileo analizó lo anterior todavía de forma diferente. Como el movimiento de bajada de la esfera en el primer plano es igual en todos los casos, su rapidez, al comenzar a subir por el segundo plano es igual en todos los casos. Si sube por una pendiente más inclinada pierde su rapidez rápidamente. En una pendiente más gradual la pierde con más lentitud, y rueda durante un tiempo más largo. Mientras menor sea la pendiente de subida, con más lentitud pierde su rapidez. En el caso extremo en el que no hay pendiente, esto es, cuando el plano es horizontal, la esfera no debería perder rapidez alguna. En ausencia de fuerzas de retardo, la tendencia de la esfera es a moverse eternamente sin desacelerarse. A la propiedad de un objeto de mantenerse moviendo hacia adelante en línea recta la llamó *inercia*.

El concepto de la inercia, debido a Galileo, desacreditó la teoría aristotélica del movimiento. Aristóteles no se dio cuenta del concepto de la inercia porque no se imaginó qué sería el movimiento sin fricción. Según su experiencia, todo movimiento estaba sometido a resistencias, y esta idea fue el hecho central de su teoría de movimiento. La falla de Aristóteles en reconocer la fricción por lo que es, una fuerza como cualquier otra, impidió el progreso de la física durante casi 2000 años, hasta la época de Galileo. Una apli-

---

[2]De la obra de Galileo: *Diálogos relacionados con las dos nuevas ciencias.*

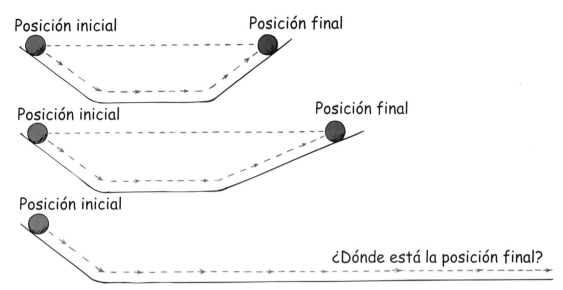

FIGURA 2.3 Una esfera que baja rodando por un plano inclinado tiende a subir rodando hasta su altura inicial, en el de la derecha. La esfera debe rodar mayor distancia, a medida que se reduce el ángulo de inclinación en la derecha.

cación del concepto de la inercia, según Galileo, hubiera demostrado que no se requiere fuerza alguna para mantener moviéndose a la Tierra. Se había abierto el camino para que Isaac Newton sintetizara una nueva visión del universo.

EXAMÍNATE ¿Es correcto decir que la inercia es la *razón* por la que un objeto en movimiento continúa moviéndose cuando no hay fuerza que actúe sobre él?

En 1642, varios meses después de la muerte de Galileo, nació Isaac Newton. A los 23 años ya había desarrollado sus famosas leyes del movimiento, que terminaron de derrumbar las ideas aristotélicas que habían dominado el razonamiento de las mejores mentes durante casi dos milenios. En este capítulo explicaremos la primera de ellas. Es un replanteamiento del concepto de inercia que propuso Galileo. (Las tres leyes de Newton del movimiento aparecieron por primera vez en uno de los libros más importantes de todos los tiempos: los *Principia* de Newton.)

COMPRUEBA TU RESPUESTA En el sentido estricto, no. No conocemos la razón por la que los objetos persisten en su movimiento cuando no hay fuerzas que actúen sobre ellos. Se llama *inercia* a la propiedad de los objetos materiales de comportarse en esta forma predecible. Comprendemos muchas cosas y tenemos nombres y etiquetas para ellas. Hay muchas cosas que no comprendemos, y también les ponemos nombres y etiquetas. La educación no consiste tanto en conocer nombres y etiquetas nuevas, sino en aprender lo que comprendemos y lo que no comprendemos.

Isaac Newton (1642-1727)

Isaac Newton nació prematuramente el día de Navidad de 1642, y apenas pudo sobrevivir. Su lugar de nacimiento fue la granja de su madre en Woolsthorpe, Inglaterra. Como su padre había muerto pocos meses antes, creció bajo el cuidado de su madre y su abuela. De niño no mostró indicios de brillantez, y a la edad de 14 años y medio lo sacaron de la escuela para que trabajara en la finca de su madre. Fue un fracaso como granjero, y prefería leer los libros que le prestaba un boticario vecino. Un tío captó el potencial educativo del joven Isaac y lo animó a estudiar en la Universidad de Cambridge, lo cual hizo durante cinco años, graduándose sin distinciones especiales.

Una peste azotó a Londres y Newton se retiró a la finca de su madre, esta vez para continuar sus estudios. Allí, a los 23 años, estableció las bases del trabajo que lo haría inmortal. Al ver caer una manzana al suelo, meditó que la fuerza de gravedad se extiende hasta la Luna, y más allá, y formuló la ley de la gravitación universal (que después demostró); inventó el cálculo, herramienta matemática indispensable de la ciencia. Amplió los trabajos de Galileo y formuló las tres leyes fundamentales del movimiento; también formuló una teoría sobre la naturaleza de la luz, y demostró, con prismas, que la luz blanca está formada por todos los colores del arcoiris. Fueron sus experimentos con los prismas los que lo hicieron famoso en un principio.

Cuando cesó la peste, Newton regresó a Cambridge, y pronto estableció su reputación como matemático de primera línea. Su maestro de matemáticas renunció en su favor, y Newton fue contratado como profesor Lucasiano de matemáticas. Conservó este puesto durante 28 años. En 1672 fue elegido miembro de la Real Sociedad, donde demostró al mundo su primer telescopio reflector, el cual todavía se conserva en la biblioteca de la Real Sociedad, en Londres, con la inscripción: "El primer telescopio reflector, inventado por Sir Isaac Newton y lo hizo con sus propias manos."

No fue sino hasta los 42 años de edad en que comenzó a escribir lo que en general se considera el libro científico más grande que se haya escrito, *Principia Mathematica Philosophiae Naturalis*. Lo escribió en latín y lo terminó en 18 meses. Salió de la imprenta en 1687, y no se imprimió en inglés, sino hasta 1729, dos años después de su muerte. Cuando se le preguntaba cómo pudo hacer tantos descubrimientos, contestaba que llegó a las soluciones de los problemas no por repentina inspiración, sino meditando continua e intensamente durante mucho tiempo acerca de ellos, hasta que los pudo manejar.

A la edad de 46 años sus energías se apartaron algo de la ciencia cuando fue electo miembro del Parlamento. Asistió durante dos años a esas sesiones, y nunca pronunció un discurso. Una vez se levantó y los asistentes quedaron en silencio para escuchar al gran hombre. El "discurso" de Newton fue breve; tan solo pidió se cerrara una ventana, porque había una corriente de aire.

Se siguió apartando de sus trabajos científicos cuando fue contratado como supervisor, y después como director de la Casa de Moneda. Newton renunció a su profesorado y dirigió sus esfuerzos para mejorar mucho los trabajos de la Moneda, para pesadilla de los falsificadores que florecían en esa época. Mantuvo su membresía en la Real Sociedad y fue elegido presidente, y reelegido cada año hasta su muerte. A los 62 años escribió *Opticks*, donde resumió sus trabajos sobre la luz. Nueve años después escribió una segunda edición de sus *Principia*.

Aunque el cabello de Newton se volvió cano a los 30 años, se conservó abundante, largo y ondulado durante toda su vida, y a diferencia de otros contemporáneos no usó peluca. Era modesto, muy sensible a la crítica y nunca se casó. Permaneció saludable en cuerpo y alma hasta la vejez. A los 80 conservaba todos los dientes, su vista y oído eran agudos y su mente alerta. En su vida fue considerado por sus compatriotas como el más grande científico de todos los tiempos. En 1705 fue armado caballero por la reina Ana. Newton murió a los 85 años, y fue enterrado en la abadía de Westminster, junto con reyes y héroes de Inglaterra.

Newton demostró que el universo se rige por leyes naturales, que no son caprichosas ni malévolas, conocimiento que despertó la esperanza y la inspiración de científicos, escritores, artistas, filósofos y personas de todos los andares de la vida que entraban a la Edad de la Razón. Las ideas y puntos de vista de Isaac Newton cambiaron verdaderamente al mundo, y elevaron la condición humana.

Primera ley del movimiento de Newton

La idea aristotélica de que un objeto en movimiento debe estar impulsado por una fuerza continua fue demolida por Galileo, quien dijo que en *ausencia* de una fuerza, un objeto en movimiento continuará moviéndose. La tendencia de las cosas a resistir cambios en su movimiento fue lo que Galileo llamó *inercia*. Newton refinó esta idea de Galileo, y formuló su primera ley, que bien se llama **ley de la inercia**. En los *Principia* de Newton (traducido del original en latín):

> **Todo objeto continúa en su estado de reposo o de movimiento uniforme en línea recta a menos que sea obligado a cambiar ese estado por fuerzas que actúen sobre él.**

La palabra clave de esta ley es *continúa*: un objeto *continúa* haciendo lo que haga a menos que sobre él actúe una fuerza. Si está en reposo *continúa* en un estado de reposo. Esto se demuestra muy bien cuando un mantel se retira con habilidad por debajo de una vajilla colocada sobre una mesa y los platos quedan en su estado inicial de reposo. Si un objeto se mueve, *continúa* moviéndose sin girar ni cambiar su rapidez. Esto se ve en las sondas espaciales que se mueven continuamente en el espacio exterior. Se deben imponer cambios del movimiento contra la tendencia de un objeto a retener su estado de movimiento. A esta propiedad de los objetos de resistir cambios en su movimiento se le llama **inercia**.

FIGURA 2.4 Ejemplos de la inercia.

¿Caerá la moneda al vaso cuando una fuerza acelere la tarjeta?

¿Por qué el movimiento hacia abajo, y la parada repentina del martillo aprietan su cabeza?

¿Por qué un aumento lento y continuo en la fuerza hacia abajo rompe el hilo de arriba de la pesada bola, pero un aumento repentino rompe el hilo de abajo?

EXAMÍNATE Un *puck* (disco) de hockey resbala por el hielo y al final se detiene. ¿Cómo interpretaría Aristóteles este comportamiento? ¿Cómo lo interpretarían Galileo y Newton? ¿Cómo lo interpretas tú? (*¡Piensa bien antes de leer las respuestas de abajo!*)

COMPRUEBA TUS RESPUESTAS Es probable que Aristóteles diría que el disco resbala y se para porque busca su estado propio y natural, que es el reposo. Galileo y Newton dirían probablemente que una vez en movimiento, el *puck* continuaría moviéndose y que lo que evita que continúe el movimiento no es su naturaleza ni su estado propio de reposo, sino la fricción que encuentra. Esta fricción es pequeña en comparación con la que hay entre el *puck* y un piso de madera, y es la causa de que se deslice mucho más lejos sobre el hielo. Sólo tú puedes contestar la última pregunta.

Ensayo personal

Cuando estaba en secundaria mi tutor me aconsejó no inscribirme en clases de ciencias y de matemáticas, y que mejor me enfocara hacia lo que parecía estar dotado: el arte. Seguí su consejo, y me interesé en dibujar caricaturas y en el boxeo, pero en ninguno de los dos campos tuve mucho éxito. Después de cumplir con mi servicio militar probé suerte de nuevo pintando letreros, pero los fríos inviernos de Boston me empujaron hacia el cálido Miami, en la Florida. Allí, a los 26 años, conseguí un trabajo para pintar carteles, y encontré a Burl Grey, mi mentor intelectual. Al igual que yo, Burl nunca había estudiado física en la enseñanza intermedia. Pero le apasionaba la ciencia en general, y expresaba su pasión con muchas preguntas, cuando pintábamos juntos.

Recuerdo que Burl me preguntaba sobre las tensiones en las cuerdas que sostenían los andamios donde estábamos. Eran simples tablas horizontales colgadas de un par de cuerdas. Burl tiraba de la cuerda de su lado y me pedía hacer lo mismo de mi lado. Comparaba las tensiones de ambas cuerdas, para ver cuál era mayor. Burl era más pesado que yo, y creía que la tensión de la cuerda de su lado era mayor. Como una cuerda de guitarra más tensada, la cuerda con mayor tensión vibraba con un tono más alto. La determinación de que la cuerda de Burl tenía más altura de tono parecía razonable, porque sostenía más carga.

Cuando caminaba hacia Burl para que me prestara alguna de sus brochas, se preguntaba si cambiaban las tensiones en las cuerdas. ¿Aumenta la tensión de su cuerda al acercarme yo? Concordamos en que debía aumentar, porque esa cuerda sostenía cada vez más peso. ¿Y la cuerda de mi lado? ¿Disminuiría su tensión? Concordamos en que sí, porque estaba sosteniendo una parte menor de la carga total. No sabía entonces que estaba discutiendo sobre física.

Burl y yo exagerábamos para reforzar nuestras ideas (igual que hacen los físicos). Si ambos nos parábamos en uno de los extremos del andamio y nos inclinábamos hacia afuera, era fácil de imaginar que el extremo opuesto de la tabla sería como el de un sube y baja, y que la cuerda opuesta quedaría floja. Quiere decir que no había tensión en ella. A continuación dedujimos que la tensión en mi cuerda disminuiría en forma gradual al caminar hacia Burl. Era divertido hacernos estas preguntas y ver si las podíamos resolver.

Fuerza neta

Los cambios de movimiento son producidos por una fuerza, o por una combinación de fuerzas (en el siguiente capítulo llamaremos *aceleración* a los cambios de movimiento). Una **fuerza**, en el sentido más sencillo, es un empuje o un tirón (*tracción*). Su causa puede ser gravitacional, eléctrica, magnética o simplemente esfuerzo muscular. Cuando sobre un objeto actúa más que una sola fuerza, lo que se considera es la fuerza *neta*. Por ejemplo, si tú y un amigo tiran de un objeto en la misma dirección con fuerzas iguales, esas fuerzas se combinan y producen una fuerza neta que es dos veces mayor que tu propia fuerza. Si cada uno de ustedes tiran en direcciones *opuestas* con fuerzas iguales, la fuerza neta es cero. Las fuerzas iguales, pero con dirección opuesta, se anulan entre sí. Se puede considerar que una de las fuerzas es el negativo de la otra, y que se suman algebraicamente para dar cero, así que la fuerza neta resultante es cero.

La figura 2.5 muestra cómo se combinan las fuerzas para producir una fuerza neta. Un par de fuerzas de 5 N en la misma dirección produce una fuerza neta de 10 N. Si las fuerzas de 5 N tienen direcciones opuestas, la fuerza neta es cero. Si se ejercen 10 N a la derecha y 5 N a la izquierda, la fuerza neta es 5 N hacia la derecha. Se representan las fuerzas con flechas. Una cantidad, como las fuerzas, que tiene magnitud y también dirección se llama *cantidad vectorial*. Las cantidades vectoriales se pueden representar por flechas cuya longitud y dirección indican la magnitud y la dirección de la cantidad (diremos más sobre vectores en el capítulo 5).

san y se obtiene cero. Así, la suma de las fuerzas hacia arriba, ejercidas por las cuerdas de soporte, sí son la suma de nuestros pesos más el peso de la tabla. Una disminución de 50 N en una debe acompañarse de un aumento de 50 N en la otra.

Una pregunta que no pudimos contestar fue si la disminución de la tensión en mi cuerda, al retirarme de ella, se compensaría *exactamente* con un aumento de tensión en la cuerda de Burl. Por ejemplo, si en mi cuerda disminuía en 50 N, ¿aumentaría en 50 N en la cuerda de Burl? (Entonces razonábamos en libras, pero aquí usaremos la unidad científica de fuerza, el *Newton*, que se abrevia N.) La ganancia, ¿sería *exactamente* 50 N? En ese caso, ¿sería una gran coincidencia? No conocí la respuesta, sino un año después, cuando por estímulo de Burl abandoné mi oficio de pintor de tiempo completo y fui a la escuela para aprender más acerca de la ciencia.*

Ahí aprendí que se dice que cualquier objeto en reposo, como el andamio de pintor donde trabajaba con Burl, está en equilibrio. Esto es, todas las fuerzas que actúan sobre él se compen-

Cuento todo esto, que es verídico, para señalar que las ideas de uno son muy distintas cuando no hay reglas que las guíen. Vemos a la naturaleza en forma distinta cuando conocemos sus reglas. Sin las reglas de la física tendemos a ser supersticiosos, y a ver magia donde no la hay. Es maravilloso que todo está relacionado con todo lo demás, mediante una cantidad sorprendentemente pequeña de reglas, y en una forma bellamente sencilla. Las reglas de la naturaleza es lo que estudia la física.

*Tengo deuda eterna con Burl Grey, por su estímulo, porque cuando continué con mi educación formal, fue con entusiasmo. Perdí contacto con Burl durante 40 años. Jayson Wechter, alumno de mi clase en el Exploratorium de San Francisco, detective privado, lo localizó en 1998 y nos puso en contacto. Con renovada amistad de nuevo continuamos las fogosas conversaciones.

FIGURA 2.5 La fuerza neta.

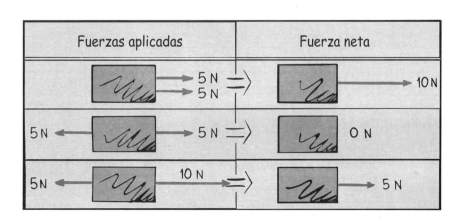

La regla del equilibrio

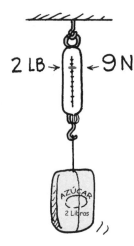

FIGURA 2.6 La tensión del cordón, que es hacia arriba, tiene la misma magnitud que el peso de la bolsa, por lo que la fuerza neta sobre la bolsa es cero.

FIGURA 2.7 La suma de los vectores hacia arriba es igual a la suma de los vectores hacia abajo. ΣF = 0, y la tabla está en equilibrio.

Si con un cordón atas una bolsa con 2 libras de azúcar y la cuelgas de una báscula de mano (Figura 2.6), el resorte de la báscula se estira hasta que ésta indica 2 libras. El resorte estirado está bajo una "fuerza de estiramiento" llamada *tensión*. Es probable que la misma báscula en un laboratorio científico indique que la misma fuerza es 9 N. Tanto las libras como los Newton son unidades de peso, que a su vez son unidades de *fuerza*. La bolsa de azúcar es atraída hacia la tierra con una fuerza gravitacional de 2 libras, o lo que es igual, de 9 N. Si cuelgas dos bolsas de azúcar iguales a la primera, la indicación será 18 N.

Nota que aquí son dos las fuerzas que actúan sobre la bolsa de azúcar: la fuerza de tensión que actúa hacia arriba, y su peso que actúa hacia abajo. Las dos fuerzas sobre la bolsa son iguales y opuestas y se anulan; la fuerza neta es cero. Por consiguiente la bolsa permanece en reposo.

Cuando la fuerza neta que actúa sobre algo es cero, se dice que ese algo está en *equilibrio mecánico*.[3] En notación matemática, la regla del equilibrio es

$$\Sigma F = 0$$

El símbolo Σ representa "la suma vectorial de" y F representa "fuerzas". La regla dice que las fuerzas que actúan hacia arriba sobre algo que está en reposo deben estar equilibradas por otras fuerzas que actúan hacia abajo, para que la suma vectorial sea igual a cero. (Las cantidades vectoriales tienen en cuenta la dirección, por lo que las fuerzas hacia arriba son + y las fuerzas hacia abajo son −; cuando se suman en realidad se restan.)

En la figura 2.7 vemos las fuerzas que intervienen cuando dos personas pintan un letrero sobre una tabla. La suma de tensiones hacia arriba es igual a la suma de sus pesos más el peso de la tabla. Observa cómo las magnitudes de los dos vectores hacia arriba son iguales a las magnitudes de los tres vectores hacia abajo. La fuerza neta sobre la tabla es cero, por lo que decimos que está en equilibrio mecánico.

EXAMÍNATE Observa la gimnasta que cuelga de las argollas.

1. Si cuelga con su peso dividido por igual entre las dos argollas, ¿qué indicarían unas básculas colocadas en las cuerdas, en comparación con el peso de ella?
2. Supón que su peso cuelga un poco más de la argolla izquierda. ¿Cómo indicaría una báscula en la cuerda derecha?

[3]En el capítulo 8 explicaremos que otra condición para el equilibrio mecánico es que el *momento de torsión* neto sea igual a cero.

Fuerza de soporte

Imagina un libro descansando sobre una mesa. Está en equilibrio. ¿Qué fuerzas actúan sobre él? Una es la que se debe a la gravedad y que es el *peso* del libro. Como el libro está en equilibrio, debe haber otra fuerza que actúa sobre él que haga que la fuerza neta sea cero: una fuerza hacia arriba, opuesta a la fuerza de gravedad. La mesa es la que ejerce esta fuerza hacia arriba. A esta fuerza se le llama *fuerza de soporte*, o fuerza del apoyo. Esta fuerza de soporte, hacia arriba, se llama con frecuencia *fuerza normal* y debe ser igual al peso del libro.[4] Si a la fuerza normal la consideramos positiva, el peso es hacia abajo, por lo que es negativo, y las dos se suman y resulta cero. La fuerza neta sobre el libro es cero. Otra forma de decir lo mismo es $\Sigma F = 0$.

Para comprender mejor que la mesa empuja hacia arriba al libro, imagínate cuando pones al libro sobre un cojín. El libro comprime al cojín hacia abajo, y queda estacionario, porque el cojín comprimido empuja hacia arriba sobre el libro. Una cubierta rígida de mesa hace lo mismo, pero no en una forma tan perceptible.

Otro ejemplo; compara el caso del libro sobre una mesa con el de la compresión de un resorte (figura 2.8). Comprime el resorte hacia abajo, y podrás sentir que el resorte empuja tu mano hacia arriba. De igual forma, el libro que yace sobre la mesa comprime los átomos de ella, que se comportan como resortes microscópicos. El peso del libro comprime a los átomos hacia abajo, y ellos comprimen hacia arriba al libro. De esta forma los átomos comprimidos producen la fuerza de soporte.

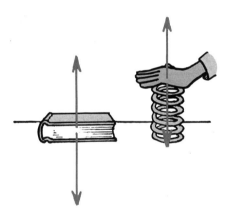

FIGURA 2.8 (Izquierda) La mesa empuja el libro hacia arriba, con igual fuerza que la de gravedad, que tira del libro hacia abajo. (Derecha) El resorte empuja tu mano hacia arriba, con tanta fuerza como la que ejerzas para oprimir el resorte.

COMPRUEBA TUS RESPUESTAS *(¿Estás leyendo esto antes de haber formulado respuestas razonables en tu mente? Si es así, ¿qué ejercitas así tu cuerpo, viendo que otros hacen lagartijas? Ejercita tu mente: cuando encuentres las numerosas preguntas de Examínate que hay en este libro, ¡medita antes de comprobar más abajo las respuestas!)*

1. La indicación de cada báscula sería la mitad de su peso. La suma de las indicaciones de las dos básculas es igual, por consiguiente, a su peso.

2. Cuando la argolla izquierda sostiene más de su peso, la indicación en la izquierda es menos de la mitad de su peso. No importa cómo se cuelgue, la suma de las indicaciones de la báscula es igual a su peso. Por ejemplo, si una báscula indica las dos terceras partes de su peso, la otra indicará un tercio de su peso. ¿Comprendiste?

---

[4]Esta fuerza actúa formando ángulo recto con la superficie de la mesa. Cuando se dice que es "normal a" significa que está "en ángulo recto con", por lo cual a la fuerza de arriba la llamamos fuerza normal.

Cuadro de práctica

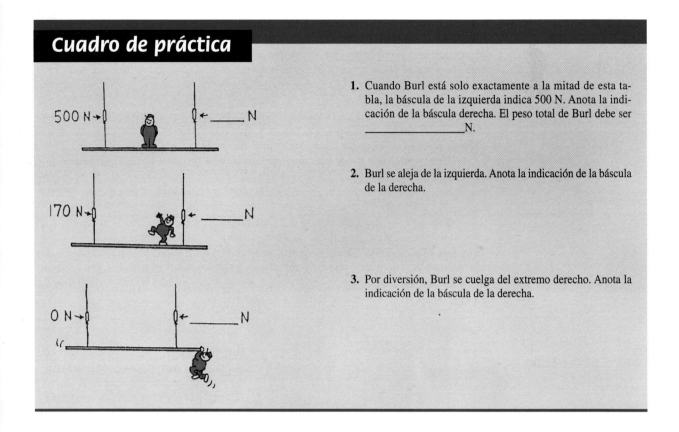

1. Cuando Burl está solo exactamente a la mitad de esta tabla, la báscula de la izquierda indica 500 N. Anota la indicación de la báscula derecha. El peso total de Burl debe ser _____N.

2. Burl se aleja de la izquierda. Anota la indicación de la báscula de la derecha.

3. Por diversión, Burl se cuelga del extremo derecho. Anota la indicación de la báscula de la derecha.

Cuando te subes en una báscula de baño hay dos fuerzas que actúan sobre ella. Una es el tirón de la gravedad, hacia abajo, que es tu peso, y la otra es la fuerza de soporte, hacia arriba y sobre el piso. Estas fuerzas comprimen un resorte calibrado para indicar tu peso (Figura 2.9). De hecho, la báscula indica la fuerza de soporte. Cuando te pesas en una báscula de baño en reposo, la fuerza de soporte y tu peso tienen la misma magnitud.

FIGURA 2.9 El soporte hacia arriba es igual a tu peso.

EXAMÍNATE

1. ¿Cuál es la fuerza neta sobre una báscula de baño cuando en ella se para una persona que pesa 150 libras?

2. Supón que te paras en dos básculas, y que tu peso se reparte por igual entre ellas. ¿Cuánto indicará cada una? ¿Y si descansas más de tu peso en un pie que en el otro?

Fuerza de fricción de 75 N   Fuerza aplicada de 75 N

FIGURA 2.10   Cuando el empuje sobre la caja es igual que la fuerza de fricción entre la caja y el piso, la fuerza neta sobre la caja es cero, y se desliza con una rapidez constante.

Equilibrio de cosas en movimiento

El reposo sólo es una forma de equilibrio. Un objeto que se mueve con rapidez constante en una trayectoria rectilínea también está en equilibrio. El equilibrio es un estado donde no hay cambios. Una bola de boliche que rueda a rapidez constante en línea recta también está en equilibrio, hasta que golpea los bolos. Si un objeto está en reposo o rueda uniformemente en línea recta, $\Sigma F = 0$.

De acuerdo con la primera ley de Newton, un objeto que sólo esté bajo la influencia de una fuerza no puede estar en equilibrio. La fuerza neta no podría ser cero. Sólo cuando actúan sobre él dos o más fuerzas puede estar en equilibrio. Podemos probar si algo está en equilibrio o no, observando si sufre cambios en su estado de movimiento o no. Imagina una caja que es empujada horizontalmente por el piso de una fábrica. Si se mueve a una rapidez constante, y su trayectoria es una línea recta, está en equilibrio. Esto nos indica que sobre la caja actúa más de una fuerza. Existe otra, que es probablemente la fuerza de fricción entre la caja y el piso. El hecho de que la fuerza neta sobre la caja sea igual a cero, significa que la fuerza de fricción debe ser igual y opuesta a la fuerza de empuje.

Hay distintas formas de equilibrio. En el capítulo 8 hablaremos sobre el equilibrio en rotación, y en la parte 4 del equilibrio térmico asociado con el calor.

COMPRUEBA TUS RESPUESTAS

1. Cero, porque la báscula permanece en reposo. La báscula indica la *fuerza de soporte* en libras, que tiene la misma magnitud que el peso; no indica la fuerza neta.

2. La indicación de cada báscula es la mitad de tu peso. Esto se debe a que la suma de las indicaciones de las básculas, que es igual a la fuerza de soporte que ejerce el piso, debe equilibrarse con tu peso, para que la fuerza neta sobre ti sea cero. Si descansas más sobre una báscula que sobre la otra, la primera indicará más de la mitad de tu peso, pero la segunda menos de la mitad, y la suma de las dos indicaciones seguirá siendo tu peso. Al igual que el ejemplo de la gimnasta que cuelga de las argollas, si una báscula indica dos tercios de tu peso, la otra indicará un tercio.

Respuestas del cuadro de práctica

¿Tus respuestas ilustran la regla del equilibrio? En la pregunta 1, la cuerda debe tener una tensión de 500 N, porque Burl está a la mitad de la tabla, y ambas cuerdas sostienen por igual a su peso. Como la suma de las tensiones hacia arriba es 1000 N, el peso total de Burl y la tabla debe ser 1000 N. Llamaremos +1000 N a las fuerzas de tensión, que son hacia arriba. Entonces los pesos, que son hacia abajo, son −1000 N. ¿Qué sucede si sumas +1000 N y −1000 N? La respuesta es que esa suma es igual a cero. Vemos así que $\Sigma F = 0$.

Para la pregunta 2, ¿llegaste a la respuesta correcta, que es 830 N? Razona: por la pregunta 1 se sabe que la suma de las tensiones en la cuerda es igual a 1000 N, y como la cuerda de la izquierda tiene 170 N de tensión, la otra debe tener la diferencia: 1000 N − 170 N = 830 N. ¿Comprendes? Bien si lo comprendes. Si no, habla de eso con tus amigos. Después lee más.

La respuesta a la pregunta 3 es 1000 N. ¿Ves cómo todo esto ilustra que $\Sigma F = 0$?

EXAMÍNATE Un avión vuela a rapidez constante en una trayectoria recta y horizontal. En otras palabras, el avión al volar está en equilibrio. Sobre él actúan dos fuerzas horizontales. Una es el empuje de la hélice, que lo impulsa hacia adelante. La otra es la resistencia del aire, que actúa en la dirección opuesta. ¿Cuál de ellas es mayor?

La Tierra en movimiento

FIGURA 2.11 ¿Puede dejarse caer el pájaro y atrapar al gusano, si la Tierra se mueve a 30 km/s?

Cuando Copérnico anunció su idea de una Tierra en movimiento, en el siglo XVI, no se comprendía el concepto de la inercia. Había muchos argumentos y debates acerca de si la Tierra se mueve o no. La cantidad de fuerza necesaria para mantener la Tierra en movimiento escapaba a la imaginación. Otro argumento contra una Tierra en movimiento era el siguiente: imaginemos un pájaro parado en reposo en la copa de un árbol alto. En el suelo, abajo de él, está un gusano gordo y jugoso. El pájaro lo ve y se deja caer verticalmente y lo atrapa. Si Copérnico tuviera razón, la Tierra tendría que viajar a una rapidez de 107,000 kilómetros por hora para describir un círculo alrededor del Sol en un año. Al convertir esta rapidez en kilómetros por segundo el resultado es 30 kilómetros por segundo. Aun si el pájaro pudiera descender de su rama en un segundo, el gusano habría sido arrastrado a 30 kilómetros por el movimiento de la Tierra. Sería imposible que un pájaro se dejara caer directamente y atrapara al gusano. Pero los pájaros sí atrapan gusanos desde las ramas altas de los árboles, y eso parecía una prueba evidente de que la Tierra debe estar en reposo.

¿Puedes refutar este argumento? Puedes hacerlo, si invocas la idea de la inercia. Ya ves, no sólo la Tierra se mueve a 30 kilómetros por segundo, sino también el árbol, su rama, el pájaro parado en ella, el gusano que está en el suelo y hasta el aire que hay entre los dos. Todos se mueven a 30 kilómetros por segundo. Las cosas que se mueven siguen en movimiento si no actúa sobre ellas alguna fuerza no equilibrada. Entonces, cuando se deja caer el pájaro desde la rama, su velocidad inicial lateral de 30 kilómetros por segundo no cambia. Atrapa al gusano sin que lo afecte el movimiento de su entorno total.

COMPRUEBA TU RESPUESTA Las dos fuerzas tienen la misma magnitud. Llamemos positiva a la fuerza de avance que ejerce la hélice. La resistencia del aire es negativa. Como el avión está en equilibrio, ¿puedes ver que las dos fuerzas se combinan y que el resultado es cero?

FIGURA 2.12 Cuando lanzas una moneda dentro de un avión a alta velocidad, se comporta como si el avión estuviera en reposo. La moneda sigue contigo. ¡Es la inercia en acción!

Párate junto a una pared. Salta de manera que tus pies no toquen al piso. ¿El muro te golpea a 30 kilómetros por segundo? No lo hace, porque también tú te mueves a 30 kilómetros por segundo, antes, durante y después de tu salto. Los 30 kilómetros por segundo es la velocidad de la Tierra en relación con el Sol, y no la del muro en relación contigo.

Hace 400 años las personas comprendían con mucha dificultad ideas como éstas, no sólo porque desconocían el concepto de la inercia, sino porque no estaban acostumbradas a moverse en vehículos de gran velocidad. Los viajes lentos y agitados en carruajes tirados por caballos no se prestaban a hacer experimentos que indicaran los efectos de la inercia. Hoy podemos lanzar una moneda en un automóvil, en un autobús o en un avión que se mueva a gran velocidad, y la atrapamos, con un movimiento vertical, como si el vehículo estuviera en reposo. Vemos la evidencia de la ley de la inercia cuando el movimiento horizontal de la moneda es igual antes, durante y después de atraparla. La moneda sigue con nosotros. La fuerza vertical de la gravedad sólo afecta al movimiento vertical de la moneda.

Hoy nuestras nociones sobre el movimiento son muy distintas a las de nuestros ancestros. Aristóteles no se dio cuenta del concepto de la inercia porque no vio que todas las cosas en movimiento siguen las mismas reglas. Imaginó que las reglas del movimiento en los cielos son muy diferentes a sus correspondientes en la Tierra. Vio que el movimiento vertical es natural, pero el horizontal no es natural porque requiere de una fuerza sostenida. Por otro lado, Galileo y Newton vieron que todas las cosas en movimiento siguen las mismas reglas. Para ellos, las cosas en movimiento *no* requieren fuerza que las mantenga en movimiento, si no hay fuerzas que se opongan al mismo como la fricción. Podemos imaginar cuán distinto hubiera avanzado la ciencia si Aristóteles hubiera reconocido la unidad de todas las clases de movimiento.

Resumen de términos

Equilibrio mecánico   Estado de un objeto o sistema de objetos en el que no hay cambios de movimiento. Si están en reposo, persiste el estado de reposo. Si están en movimiento, el movimiento continúa sin cambiar.

Fuerza   En el sentido más simple, un empuje o un tirón.

Inercia   La propiedad de las cosas de resistir cambios de movimiento.

Regla del equilibrio   En cualquier objeto o sistema de objetos en equilibrio, la suma de las fuerzas que actúan es igual a cero. En forma de ecuación, $\Sigma F = 0$.

Preguntas de repaso

En este libro, cada capítulo termina con un conjuntos de preguntas y ejercicios de repaso, y de problemas, en algunos capítulos.

*Las **preguntas de repaso** tienen por objeto ayudarte a fijar tus ideas y captar la esencia del material en el capítulo. Observarás que puedes encontrar en el capítulo las respuestas a estas preguntas.*

*Los **ejercicios** hacen hincapié en las ideas, más que sólo recordar la información y pedir la comprensión de las definiciones, principios y relaciones en el material del capítulo. En muchos casos la intención de determinados ejercicios es ayudarte a aplicar las ideas de la física a casos familiares. A me-*

nos que sólo estudies unos pocos capítulos de tu curso, es probable que debas acometer sólo algunos ejercicios en cada capítulo. Debes expresar las respuestas en oraciones completas, explicando esquemas cuando sea necesario. La gran cantidad de ejercicios que hay es para permitir a tu maestro escoger una gran variedad de tareas.

*Los **problemas** son acerca de conceptos que se comprenden con más claridad con valores numéricos y cálculos directos. Asegúrate de incluir en tus respuestas las unidades de medida. Estos problemas son relativamente pocos, para evitar un énfasis inadecuado en la solución de problemas que pudiera ocultar el fin principal de Física conceptual: desarrollar un buen sentido de los conceptos de la física en tu lenguaje cotidiano. Los cálculos son para aumentar el aprendizaje de los conceptos, y no a la inversa, que los conceptos aumenten el aprendizaje de los cálculos.*

El movimiento, según Aristóteles

1. Describe las ideas de Aristóteles acerca del movimiento natural y del movimiento violento.

2. ¿Qué clase de movimiento, natural o violento, atribuía Aristóteles a la Luna?

3. ¿Qué estado de movimiento atribuía Aristóteles a la Tierra?

Copérnico y la Tierra en movimiento

4. ¿Qué relación formuló Copérnico entre el Sol y la Tierra?

Galileo y la Torre Inclinada

5. ¿Qué descubrió Galileo en su legendario experimento en la Torre Inclinada?

Los planos inclinados de Galileo

6. ¿Qué descubrió Galileo acerca de los cuerpos en movimiento y las fuerzas, en sus experimentos con planos inclinados?

7. ¿Qué significa decir que un objeto en movimiento tiene inercia? Describe un ejemplo.

8. ¿Es la inercia la *razón* de que los objetos en movimiento se mantengan en movimiento, o es el *nombre* que se da a esta propiedad?

Primera ley de Newton del movimiento

9. Cita la primera ley de Newton del movimiento.

Fuerza neta

10. ¿Cuál es la fuerza neta sobre un carro que es tirado con 100 libras hacia la derecha y con 30 libras hacia la izquierda?

11. ¿Por qué se dice que la fuerza es una cantidad vectorial?

La regla del equilibrio

12. ¿Se puede expresar la fuerza en libras y también en newton?

13. ¿Cuál es la fuerza neta sobre un objeto del cual se tira con 100 N hacia la derecha y con 30 N hacia la izquierda?

14. ¿Cuál es la fuerza neta sobre una bolsa de la cual tira la gravedad hacia abajo con 18 N, y de la cual tira una cuerda hacia arriba con 18 N?

15. ¿Qué significa decir que algo está en equilibrio mecánico?

16. Enuncia la regla del equilibrio con símbolos.

Fuerza de soporte

17. Un libro que pesa 15 N descansa sobre una mesa plana. ¿Cuántos N de fuerza de soporte debe ejercer la mesa? ¿Cuál es la fuerza neta sobre el libro en este caso?

18. Cuando te paras sin moverte sobre una báscula de baño, ¿cómo se compara tu peso con la fuerza de soporte que hace esta báscula?

Equilibrio de cosas en movimiento

19. Una bola de boliche en reposo está en equilibrio. ¿Está también en equilibrio cuando se mueve con una rapidez constante en trayectoria rectilínea?

20. ¿Cuál es la prueba para decir si un objeto en movimiento está o no en equilibrio?

21. Si empujas una caja con una fuerza de 100 N, y se desliza a velocidad constante, ¿cuánta fricción actúa sobre la caja?

La Tierra en movimiento

22. ¿Qué concepto faltaba en el pensamiento de las personas del siglo XVI, que no podían creer que la Tierra está en movimiento?

23. Un pájaro parado en un árbol se mueve a 30 km/s en relación con el lejano Sol. Cuando se deja caer al suelo bajo él ¿todavía va a 30 km/s, o esa rapidez se vuelve cero?

24. Párate junto a un muro que se mueva a 30 km/s en relación con el Sol, y salta. Cuando tus pies están sobre el piso, también tú te mueves a 30 km/s. ¿Sostienes esta velocidad cuando tus pies dejan el piso? ¿Qué concepto respalda tu respuesta?

25. ¿De qué no pudo darse cuenta Aristóteles acerca de las reglas de la naturaleza para los objetos en la Tierra y en los cielos?

Ejercicios

No te intimide la gran cantidad de ejercicios en este libro. Si el objetivo de tu curso es estudiar muchos capítulos, es probable que tu profesor sólo te pida resolver unos pocos de cada capítulo.

1. Una bola rueda cruzando una mesa de billar, y se detiene lentamente. ¿Cómo interpretaría Aristóteles esta observación? ¿Cómo la interpretaría Galileo?

2. Copérnico postuló que la Tierra se mueve en torno al Sol, y no lo contrario; pero se le dificultó la idea. ¿Qué conceptos de la mecánica le faltaron (que después fueron introducidos por Galileo y Newton) que hubieran disipado sus dudas?

3. ¿Qué idea aristotélica desacreditó Galileo en su legendaria demostración de la Torre Inclinada?

4. ¿Qué idea aristotélica demolió Galileo con sus experimentos con planos inclinados?

5. ¿Quién introdujo primero el concepto de inercia, Galileo o Newton?

6. Los asteroides han estado moviéndose por el espacio durante miles de millones de años. ¿Qué los mantiene en movimiento?

7. Una sonda espacial puede ser conducida por un cohete hasta el espacio exterior. ¿Qué mantiene el movimiento de la sonda después de que el cohete ya no la sigue impulsando?

8. Contestando la pregunta ¿qué mantiene a la Tierra moviéndose alrededor del Sol? Un amigo tuyo asegura que la inercia la mantiene en movimiento. Corrige esa aseveración errónea.

9. Tu amigo dice que la inercia es una fuerza que mantiene las cosas en su lugar, sea en reposo o en movimiento. ¿Estás de acuerdo? ¿Por qué?

10. Otro de tus amigos dice que las organizaciones burocráticas tienen mucha inercia. ¿Se parece a la primera ley de Newton de la inercia?

11. Una bola está en reposo en medio de un coche de juguete. Cuando se hace avanzar al coche, la bola rueda contra su parte trasera. Interpreta esta observación en términos de la primera ley de Newton.

12. Al tirar de una toalla de papel o una bolsa de plástico para desprenderlas de un rollo, ¿por qué es más efectivo un tirón brusco que uno gradual?

13. En términos de la primera ley de Newton (la ley de la inercia), ¿cómo puede ayudar la cabecera del asiento en un auto a proteger la nuca en un choque por atrás?

14. ¿Por qué caminas hacia adelante dentro de un autobús que se detiene de repente? ¿Caminas hacia atrás cuando acelera? ¿Qué leyes se aplican en este caso?

15. Cada vértebra de la serie que forma tu columna dorsal está separada por discos de tejido elástico. ¿Qué sucede entonces cuando saltas desde un lugar elevado y caes de pie? (Sugerencia: Imagínate la cabeza del martillo de la figura 2.4.) ¿Puedes imaginar alguna causa de que seas un poco más alto por la mañana que la noche anterior?

16. Empuja un carrito y se moverá. Cuando dejas de empujarlo, se detiene. ¿Viola esto la ley de inercia de Newton? Defiende tu respuesta.

17. Suelta una bola por una mesa de boliche, y verás que con el tiempo se mueve con más lentitud. ¿Viola eso la ley de inercia de Newton? Defiende tu respuesta.

18. En un par de fuerzas, una tiene 20 N de magnitud y la otra 12 N. ¿Cuál fuerza neta máxima es posible tener con estas dos fuerzas? ¿Cuál es la fuerza neta mínima posible?

19. ¿Puede un objeto estar en equilibrio mecánico cuando sólo hay una fuerza que actúe sobre él? Explica por qué.

20. Cuando se arroja una bola hacia arriba, se detiene momentáneamente en la cumbre de su trayectoria. ¿Está en equilibrio durante este breve instante? ¿Por qué?

21. Un disco (*puck*) de hockey se desliza por el hielo a rapidez constante. ¿Está en equilibrio? ¿Por qué?

22. El esquema de abajo muestra un andamio de pintor en equilibrio mecánico. La persona en medio de ella pesa 250 N, y las tensiones en cada cuerda son de 200 N. ¿Cuál es el peso del andamio?

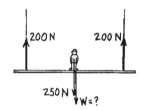

23. Otro andamio pesa 300 N y sostiene a dos pintores, uno que pesa 250 N y el otro 300 N. La indicación del medidor de la izquierda es 400 N. ¿Cuál es la indicación del medidor de la derecha?

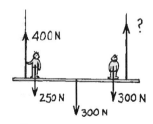

24. Nelly cuelga en reposo de los extremos de la cuerda, como muestra la figura. ¿Cómo se compara la indicación de la báscula con su peso?

25. Enrique el pintor se cuelga de su silla año tras año. Pesa 500 N y no sabe que la cuerda tiene una tensión de ruptura de 300 N. ¿Por qué no se rompe la cuerda cuando lo sostiene como se ve en el lado izquierdo de la figura de abajo? Un día Enrique pinta cerca de un astabandera, y para cambiar, amarra el extremo libre de la cuerda al asta, en lugar de a su silla, como en la derecha. ¿Por qué tuvo que adelantar sus vacaciones?

26. Para el sistema con polea que se ve abajo, ¿cuál es el límite superior de peso que puede levantar el fortachón?

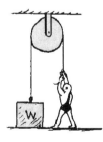

27. La cuerda sostiene una linterna que pesa 50 N. La tensión en la cuerda, ¿es menor, igual o mayor que 50 N? Defiende tu respuesta.

28. La cuerda anterior se vuelve a colocar como en la figura de abajo y sigue sosteniendo la linterna de 50 N. La tensión en la cuerda, ¿es menor, igual o mayor que 50 N? Defiende tu respuesta.

29. Cuando te paras ¿el piso ejerce una fuerza hacia arriba contra tus pies? ¿Cuánta fuerza ejerce? ¿Por qué esa fuerza no te mueve hacia arriba?

30. Coloca un libro pesado sobre una mesa; la mesa lo empuja hacia arriba. ¿Por qué esa fuerza no hace que el libro se levante de la mesa?

31. ¿Puedes decir que ninguna fuerza actúa sobre un cuerpo que está en reposo? O, ¿es correcto decir que ninguna fuerza *neta* actúa sobre él? Defiende tu respuesta.

32. Una jarra vacía con peso W descansa sobre una mesa. ¿Cuál es la fuerza de soporte que la mesa ejerce sobre la jarra? ¿Cuál es la fuerza de soporte cuando se vierte en la jarra agua que pesa w?

33. Tira horizontalmente de una caja con una fuerza de 200 N, y la caja se desliza por el piso en equilibrio dinámico. ¿Cuánta fricción actúa sobre la caja?

34. Sobre un paracaidista que desciende en el aire actúan dos fuerzas: su peso y la resistencia del aire. Si el descenso es uniforme sin ganancia ni pérdida de rapidez, el paracaidista está en equilibrio dinámico. ¿Cómo comparas las magnitudes del peso y de la resistencia del aire?

35. Antes de la época de Galileo y Newton, algunos sabios pensaban que una piedra dejada caer desde la punta de un mástil alto de un barco en movimiento caería verticalmente y llegaría a la cubierta atrás del mástil, a una distancia igual a la que había avanzado el barco mientras la piedra caía. A la vista de lo que captas de la primera ley de Newton, ¿qué piensas acerca de esto?

36. Como la Tierra gira una vez cada 24 horas, la pared oeste de tu recámara se mueve en una dirección hacia ti, con una rapidez que probablemente sea más de 1000 km/h (la rapidez exacta depende de la latitud a la que te encuentres). Cuando te paras frente a ese muro estás siendo arrastrado a la misma velocidad, y por ello no lo notas. Pero cuando saltas hacia arriba, cuando tus pies ya no están en contacto con el piso, ¿por qué no te golpea la pared a gran velocidad?

37. Un niño aprende en la escuela que la Tierra viaja a más de 100,000 kilómetros por hora en torno al Sol, y con miedo pregunta por qué no hemos sido barridos. ¿Cuál es tu explicación?

38. Si lanzas una moneda hacia arriba estando dentro de un tren en movimiento, ¿dónde cae cuando el movimiento del tren es uniforme en línea recta? ¿Y cuando el tren desacelera mientras la moneda está en el aire? ¿Y cuando el tren está tomando una curva?

39. La chimenea de un tren de juguete estacionario es un cañón de resorte vertical que dispara un balín de acero a una altura aproximada de un metro, directamente hacia arriba, tan recto que el balín siempre regresa a la chimenea. Supón que el tren se mueve a rapidez constante por un tramo recto de vía. ¿Crees que el balín seguirá regresando a la chimenea si es disparado desde el tren en movimiento? ¿Y si el tren acelera por el tramo recto? ¿Y si recorre una vía circular a velocidad constante? ¿Por qué son distintas tus respuestas?

40. Un avión se dirige hacia el este en un tramo, y cuando regresa vuela hacia el oeste. Al volar en una dirección, sigue la rotación de la Tierra, y cuando va en la dirección contraria, va en contra de la rotación de la Tierra. Pero cuando no hay viento, los tiempos de vuelo son iguales en cualquier dirección. ¿Por qué?

www.pearsoneducacion.net/hewitt
*Usa los variados recursos del sitio Web,
para comprender mejor la física.*

3 MOVIMIENTO RECTILÍNEO

Chelcie Liu pide a los estudiantes que consulten con sus compañeros vecinos y predigan qué bola llegará primero al final de las pistas que tienen la misma longitud.

En este capítulo aprenderemos las reglas del movimiento, que abarcan tres conceptos: *rapidez, velocidad y aceleración.* Sería bueno dominar estos conceptos, pero bastará que te familiarices con ellos y puedas distinguirlos. En los siguientes capítulos te familiarizarás más con ellos. Aquí sólo estudiaremos la forma más sencilla del movimiento: la que es a lo largo de una trayectoria en línea recta, el *movimiento rectilíneo.*

El movimiento es relativo

Todo se mueve. Hasta lo que parece estar en reposo se mueve. Todo se mueve en relación con el Sol y las estrellas. Mientras estás leyendo este libro, te mueves a unos 107,000 kilómetros por hora en relación con el Sol. Y te mueves todavía más rápido con respecto al centro de nuestra galaxia. Cuando describimos el movimiento de algo, lo que describimos es el movimiento con relación a algo más. Si caminas por el pasillo de un autobús en movimiento, es probable que tu rapidez con respecto al piso del vehículo sea bastante distinta de tu rapidez con respecto al camino. Cuando se dice que un auto alcanza una rapidez de 300 kilómetros por hora, queremos decir que es con respecto a la pista de carreras. A menos que indiquemos otra cosa, al describir la rapidez de cosas de nuestro entorno lo haremos en relación con la superficie terrestre. El movimiento es relativo.

Rapidez

FIGURA 3.1 Al sentarte en una silla, tu rapidez es cero con respecto a la Tierra, pero 30 km/s respecto al Sol.

La **rapidez** es una medida de qué tan rápido que se mueve algo, y se determina con unidades de distancia divididas entre unidades de tiempo. La rapidez se define como la distancia recorrida en la unidad de tiempo.

$$\text{Rapidez} = \frac{\text{distancia}}{\text{tiempo}}$$

Cualquier combinación de unidades de distancia entre tiempo es legítima para medir la rapidez: para los vehículos de motor, o en grandes distancias se suelen usar las unidades de kilómetros por hora (km/h) o millas por hora (mi/h, o mph). Para distancias más cortas se usan con frecuencia las unidades de metros por segundo (m/s). El símbolo diagonal (/) se lee *por*, y quiere decir "dividido entre". En este libro usaremos principalmente metros por segundo. La tabla 3.1 muestra la comparación de rapideces, en distintas unidades.[1]

Rapidez instantánea

No siempre un automóvil se mueve con la misma rapidez. Puede recorrer una calle a 50 km/h, detenerse hasta 0 km/h en el alto del semáforo, y acelerar sólo hasta 30 km/h debido al tráfico. Puedes conocer en cada instante la rapidez del automóvil viendo el velocímetro. La rapidez en cualquier instante es la *rapidez instantánea*. En general, cuando un automóvil va a 50 km/h, sostiene esa velocidad durante menos de una hora. Si lo hiciera durante toda una hora, recorrería 50 km. Si durara media hora a esa velocidad, recorrería la mitad de esa distancia: 25 km. Si sólo durara 1 minuto, recorrería menos de 1 km.

Rapidez promedio

Cuando se planea hacer un viaje en auto, quien maneja desea conocer el tiempo de recorrido. Lo que considera es la *rapidez promedio*, o *rapidez media* en el viaje. La rapidez promedio se define como sigue:

$$\text{Rapidez promedio} = \frac{\text{distancia total recorrida}}{\text{tiempo de recorrido}}$$

Se puede calcular la rapidez promedio con mucha facilidad. Por ejemplo, si recorremos 80 kilómetros de distancia en un tiempo de 1 hora, decimos que nuestra rapidez promedio fue de 80 kilómetros por hora. De igual modo, si recorriéramos 320 kilómetros en 4 horas,

$$\text{Rapidez promedio} = \frac{\text{distancia total recorrido}}{\text{tiempo de recorrido}} = \frac{320 \text{ km}}{4 \text{ h}} = 80 \text{ km/h}$$

Vemos que cuando una distancia en kilómetros (km) se divide entre un tiempo en horas (h), el resultado está en kilómetros por hora (km/h).

Como la rapidez promedio es la distancia total recorrida dividida entre el tiempo total del recorrido, no indican las diversas rapideces y sus variaciones que pueden haber sucedido durante intervalos de tiempo más cortos. En la mayor parte de nuestros viajes avanzamos con varias rapideces, por lo que la rapidez promedio es muy distinta a la rapidez instantánea.

Si conocemos la rapidez promedio y el tiempo de recorrido es fácil determinar la distancia recorrida. Si la definición anterior se ordena de otro modo, se obtiene

$$\text{Distancia total recorrida} = \text{rapidez promedio} \times \text{tiempo}$$

Si tu rapidez promedio es 80 kilómetros por hora durante un viaje de 4 horas, recorres una distancia de 320 kilómetros.

TABLA 3.1 Rapideces aproximadas en distintas unidades

20 km/h =	12 mi/h =	6 m/s
40 km/h =	25 mi/h =	11 m/s
60 km/h =	37 mi/h =	17 m/s
65 km/h =	40 mi/h =	18 m/s
80 km/h =	50 mi/h =	22 m/s
88 km/h =	55 mi/h =	25 m/s
100 km/h =	62 mi/h =	28 m/s
120 km/h =	75 mi/h =	33 m/s

FIGURA 3.2 Este velocímetro indica en millas por hora y también en kilómetros por hora.

---

[1]La conversión se basa en 1 h = 3600 s y 1 mi = 1609.344 m.

EXAMÍNATE

I. ¿Cuál es la rapidez promedio de un güepardo que recorre 100 m en 4 s? ¿Y si recorre 50 m en 2 s?

2. Si un automóvil se mueve con una rapidez promedio de 60 km/h durante una hora, recorre una distancia de 60 km.

   (a) ¿Cuánto hubiera recorrido si se moviera con esa rapidez durante 4 h?

   (b) ¿Durante 10 h?

3. Además del velocímetro en el tablero de instrumentos, en los automóviles se instala un odómetro, que muestra la distancia recorrida. Si se ajusta la distancia inicial a cero, al principio de un viaje, y media hora después indica 40 km, ¿cuál fue la rapidez promedio?

4. ¿Sería posible alcanzar esta rapidez promedio sin ir en algún momento con más rapidez que 80 km/h?

Velocidad

En el lenguaje cotidiano usamos las palabras *rapidez* y *velocidad* en forma indistinta. En física haremos la distinción entre las dos. Es muy sencillo. La diferencia es que la velocidad es la rapidez en determinada *dirección*. Cuando decimos que un automóvil va a 60 km/h, lo que especificamos es su rapidez. De lo que se ocupa principalmente un piloto deportivo es de la rapidez, de lo rápido que se mueve; de lo que se ocupa un piloto de aeronave es con qué rapidez y en qué dirección se mueve. Cuando se describe la rapidez y la *dirección* del movimiento, estamos especificando la **velocidad**.

Al igual que en el caso de la rapidez, haremos la distinción entre velocidad media o promedio, y la velocidad instantánea. Por costumbre se entiende que la palabra *velocidad* a secas se refiere a la velocidad instantánea. Es igual para la palabra *rapidez* solamente. Si algo se mueve entonces a una velocidad invariable, o constante, sus velocidades promedio e instantánea tendrán el mismo valor. Lo mismo sucede con la rapidez. Cuando algo se mueve a velocidad constante o con rapidez constante, entonces recorre *distancias iguales* en intervalos iguales de tiempo. Sin embargo, la velocidad constante y la rapidez constante pueden ser muy distintas. La velocidad constante indica rapidez constante sin cambiar de dirección. Un automóvil que describe un círculo con una rapidez constante no tiene una velocidad constante. Su velocidad cambia porque cambia su dirección.

FIGURA 3.3 El automóvil en la trayectoria circular puede tener una rapidez constante, pero su velocidad cambia a cada instante. ¿Por qué?

COMPRUEBA TUS RESPUESTAS (¿Estás leyendo esto antes de haber meditado las respuestas? Como dijimos en el capítulo anterior, cuando te encuentres con las preguntas de Examínate que hay en este libro, detente y **piensa** antes de leer las respuestas en el final de la página. No sólo aprenderás más, sino disfrutarás del mayor aprendizaje.)

I. En ambos casos, la respuesta es 25 m/s:

$$\text{Rapidez promedio} = \frac{\text{distancia recorrida}}{\text{intervalo de tiempo}} = \frac{100 \text{ metros}}{4 \text{ segundos}} = \frac{50 \text{ metros}}{2 \text{ segundos}} = 25 \text{ m/s}$$

2. La distancia recorrida es igual a la rapidez promedio × tiempo del viaje, y así

   (a) Distancia = 60 km/h × 4 h = 240 km

   (b) Distancia = 60 km/h × 10 h = 600 km

3. $$\text{Rapidez promedio} = \frac{\text{distancia total recorrida}}{\text{intervalo de tiempo}} = \frac{40 \text{ km}}{0.5 \text{ h}} = 80 \text{ km/h}$$

4. No si el viaje parte del reposo y termina en el reposo. Hay veces que las rapideces instantáneas son menores que 80 km/h, por lo que el conductor debe manejar, por momentos, con rapidez mayor que 80 km/h para obtener un promedio de 80 km/h. En la práctica las rapideces promedio suelen ser mucho menores que las máximas rapideces instantáneas.

Examínate

1. "Se mueve con una rapidez constante en una dirección constante." Di lo mismo con menos palabras.

2. El velocímetro de un automóvil que va hacia el este indica 100 km/h. Se cruza con otro que va hacia el oeste a 100 km/h. ¿Tienen la misma rapidez los dos coches? ¿Tienen la misma velocidad?

3. Durante cierto intervalo de tiempo, el velocímetro de un automóvil indica 60 km/h constantes. ¿Equivale a una rapidez constante? ¿A una velocidad constante?

Aceleración

Se puede cambiar la velocidad de algo si se cambia su rapidez, si se cambia su dirección o si se cambian las dos. Qué tan rápido cambia la velocidad es la **aceleración**:

$$\text{Aceleración} = \frac{\text{cambio de velocidad}}{\text{intervalo de tiempo}}$$

Estamos familiarizados con la aceleración de un automóvil. Al manejarlo la sentimos cuando tendemos a recargarnos más en los asientos. La idea clave que define a la aceleración es el *cambio*. Supongamos que al manejar aumentamos, en un segundo, nuestra velocidad de 30 a 35 kilómetros por hora, y en el siguiente segundo a 40 kilómetros por hora, a 45 en el siguiente y así sucesivamente. Cambiamos la velocidad en 5 kilómetros por hora cada segundo. Este cambio de velocidad es lo que entendemos por aceleración.

$$\text{Aceleración} = \frac{\text{cambio de velocidad}}{\text{intervalo de tiempo}} = \frac{5 \text{ km/h}}{1 \text{ s}} = 5 \text{ km/h·s}$$

En este caso la aceleración es 5 kilómetros por hora por segundo (y se escribe 5 km/h·s). Nótese que entran dos veces unidades de tiempo: una por la unidad de velocidad, y de nuevo por el intervalo de tiempo en el que cambió la velocidad. Nótese también que la aceleración no sólo es el cambio total de la velocidad; es la *razón de cambio* de la velocidad con respecto al tiempo, o el *cambio* de velocidad *por segundo*.

El término *aceleración* se aplica tanto a disminuciones como a aumentos de la velocidad. Por ejemplo, decimos que los frenos de un automóvil producen grandes desaceleraciones, esto es, que hay una gran disminución de la velocidad del vehículo en un segundo. Con frecuencia se llama a esto *desaceleración*. Sentimos la desaceleración cuando nos sentimos impulsados hacia adelante del asiento.

Aceleramos siempre que nos movemos en trayectorias curvas, aun cuando nos movamos a rapidez constante, porque nuestra dirección cambia y por consiguiente cambia nuestra velocidad. Sentimos esta aceleración cuando algo nos impulsa hacia el exterior de

FIGURA 3.4 Decimos que un cuerpo tiene aceleración cuando hay un *cambio* en su estado de movimiento.

Comprueba tus respuestas

1. "Se mueve con velocidad constante."

2. Ambos vehículos tienen la misma rapidez, pero sus velocidades son contrarias porque se mueven en direcciones contrarias.

3. La indicación constante en el velocímetro indica que la rapidez es constante, pero la velocidad puede no ser constante porque el vehículo puede no estarse moviendo en una trayectoria rectilínea. Si sucede eso, quiere decir que está acelerando.

FIGURA 3.5 El conductor siente una rápida desaceleración, al ser impulsado hacia adelante (de acuerdo con la primera ley de Newton).

EXAMÍNATE

1. Un automóvil puede pasar del reposo a 90 km/h en 10 s. ¿Cuál es su aceleración?

2. En 2.5 s, un automóvil aumenta su rapidez de 60 a 65 km/h, mientras que una bicicleta pasa del reposo a 5 km/h. ¿Cuál de los dos tiene la mayor aceleración? ¿Cuál es la aceleración de cada vehículo?

la curva. Por este motivo hacemos la distinción entre rapidez y velocidad, y definimos la *aceleración* como la razón con la que cambia la velocidad en el tiempo, y con ello abarcamos tanto a la rapidez como a la dirección.

Quien ha estado de pie en un autobús lleno de pasajeros ha sentido la diferencia entre la velocidad y la aceleración. A excepción de los saltos en un camino irregular, tú puedes estar de pie, sin esfuerzos adicionales, dentro de un autobús que se mueve a una velocidad constante, independientemente de lo rápido que vaya. Puedes lanzar una moneda hacia arriba y atraparla exactamente del mismo modo que si el vehículo estuviera parado. Sólo cuando acelera el autobús, sea que aumente o disminuya su rapidez, o que tome una curva, es cuando tienes algunas dificultades.

En gran parte de este libro sólo nos ocuparemos de los movimientos a lo largo de una línea recta. Cuando se describe el movimiento rectilíneo, se acostumbra usar los términos *rapidez* y *velocidad* en forma indistinta. Cuando no cambia la dirección, la aceleración se puede expresar como la razón de cambio de la *rapidez* en el tiempo.

$$\text{Aceleración (en línea recta)} = \frac{\text{cambio en la rapidez}}{\text{intervalo de tiempo}}$$

COMPRUEBA TUS RESPUESTAS

1. Su aceleración es 9 km/h · s. Hablando con propiedad, sería su aceleración promedio, porque puede haber cierta variación en esta tasa de aumento de rapidez.

2. Las aceleraciones del automóvil y de la bicicleta son iguales: 2 km/h · s.

$$\text{Aceleración}_{coche} = \frac{\text{cambio de velocidad}}{\text{intervalo de tiempo}} = \frac{65 \text{ km/h} - 60 \text{ km/h}}{2.5 \text{ s}} = \frac{5 \text{ km/h}}{2.5 \text{ s}} = 2 \text{ km/h·s}$$

$$\text{Aceleración}_{bici} = \frac{\text{cambio de velocidad}}{\text{intervalo de tiempo}} = \frac{5 \text{ km/h} - 0 \text{ km/h}}{2.5 \text{ s}} = \frac{5 \text{ km/h}}{2.5 \text{ s}} = 2 \text{ km/h·s}$$

Aunque las velocidades que intervienen son muy distintas, las tasas de cambio de la velocidad son iguales. Por consiguiente, las aceleraciones son iguales.

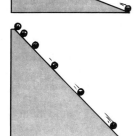

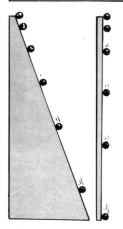

La aceleración en los planos inclinados de Galileo

Galileo desarrolló el concepto de aceleración con sus experimentos en planos inclinados. Su principal interés era el de la caída de los objetos, y como carecía de cronómetros adecuados, usó planos inclinados para disminuir el movimiento acelerado e investigarlo con más cuidado.

Encontró que una esfera que rueda bajando por un plano inclinado aumenta en la misma cantidad su velocidad en los segundos sucesivos; esto es, que rueda sin cambiar su aceleración. Por ejemplo, veríamos que una esfera que rueda por un plano con cierto ángulo de inclinación aumenta su rapidez en 2 metros por segundo cada segundo que rueda. Este aumento por segundo es su aceleración. Su rapidez instantánea a intervalos de 1 segundo, con esta aceleración, será entonces 0, 2, 4, 6, 8, 10, etc. metros por segundo. Se puede ver que la rapidez o la velocidad instantánea de la esfera, en cualquier tiempo después de haber sido soltada desde el reposo, no es más que su aceleración multiplicada por ese tiempo:[2]

$$\text{Velocidad adquirida} = \text{aceleración} \times \text{tiempo}$$

Si sustituimos la aceleración de la esfera en esta ecuación podremos ver que al final de 1 segundo, viaja a 2 metros por segundo; al final de 2 segundos viaja a 4 metros por segundo; al final de 10 segundos se mueve a 20 metros por segundo, y así sucesivamente. La rapidez o velocidad instantánea en cualquier momento no es más que la aceleración multiplicada por la cantidad de segundos que ha estado acelerando.

Galileo determinó que mayores inclinaciones producen mayores aceleraciones. Cuando el plano es vertical, la esfera alcanza su aceleración máxima. Entonces la aceleración es igual a la de un objeto que cae (Figura 3.6). Independientemente del peso o del tamaño, Galileo descubrió que cuando la resistencia del aire es lo suficientemente pequeña como para no ser tomada en cuenta, todos los objetos caen con la misma aceleración, la que es invariable.

FIGURA 3.6 Mientras mayor sea la inclinación del plano, la aceleración de la esfera es mayor. ¿Cuál es la aceleración si el plano es vertical?

[2]Nótese que esta relación es consecuencia de la definición de la aceleración. Se parte de $a = v/t$, y si se multiplican ambos lados de la ecuación por t el resultado es $v = at$.

Caída libre

TABLA 3.2 Caída libre desde el reposo

Tiempo de caída (segundos)	Velocidad adquirida (metros/segundo)
0	0
1	10
2	20
3	30
4	40
5	50
.	.
.	.
.	.
t	10 t

Qué tan rápido

Las cosas caen a causa de la fuerza de gravedad. Cuando un objeto que cae es libre de toda restricción: sin fricción de aire o de cualquier otra especie, y cae bajo la sola influencia de la gravedad, ese objeto se encuentra en **caída libre**. (En el capítulo 4 describiremos los efectos de la resistencia del aire sobre la caída.) La tabla 3.2 muestra la rapidez instantánea de un objeto en caída libre a intervalos de 1 segundo. Lo importante que se nota en esos números es la forma en que cambia la rapidez. *Durante cada segundo de caída el objeto aumenta su velocidad en 10 metros por segundo.* Esta ganancia por segundo es la aceleración. La aceleración de la caída libre es más o menos 10 metros por segundo cada segundo; en notación compacta es 10 m/s^2 (se lee 10 metros por segundo al cuadrado). Nótese que la unidad de tiempo, el segundo en este caso, aparece dos veces, una por ser la unidad de rapidez, y otra por ser el intervalo de tiempo durante el cual cambia la rapidez.

En el caso de los objetos en caída libre se acostumbra el uso de la letra *g* para representar a la aceleración (porque la aceleración se debe a la *g*ravedad). El valor de *g* es muy distinto en la superficie lunar o en la superficie de los demás planetas. Aquí en la Tierra *g* varía muy poco en distintos lugares, y su valor promedio es igual a 9.8 metros por segundo cada segundo, o en notación compacta, en 9.8 m/s^2. Esto lo redondearemos a 10 m/s^2 en esta explicación y en la tabla 3.2, para presentar las ideas con más claridad. Los múltiplos de 10 son más obvios que los de 9.8. Cuando sea importante la exactitud, se debe usar el valor de 9.8 m/s^2.

Observaremos que en la tabla 3.2 la rapidez o velocidad instantánea de un objeto que cae partiendo del reposo es consistente con la ecuación que dedujo Galileo con sus planos inclinados:

Velocidad adquirida = aceleración × tiempo

La velocidad instantánea v de un objeto que cae desde el reposo[3] después de un tiempo t se puede expresar en notación compacta como sigue:

$$v = gt$$

Para cerciorarte de que esta ecuación tiene sentido, toma un momento para comprobarla en la tabla 3.2. Observa que la velocidad o rapidez instantánea en metros por segundo no es más que la aceleración $g = 10$ m/s^2 multiplicado por el tiempo t en segundos.

La aceleración de la caída libre es más clara si uno se imagina un objeto que cae equipado con un velocímetro (Figura 3.7). Supongamos que se deja caer una piedra por un acantilado muy alto, y que tú la observas con un telescopio. Si enfocas tu telescopio en el velocímetro notarías un aumento en su indicación, mientras el tiempo pasa. ¿Cuánto? La respuesta es en 10 m/s cada segundo sucesivo.

EXAMÍNATE ¿Qué indicaría el velocímetro de la piedra que cae en la figura 3.7, 5 s después de partir del reposo? ¿Y 6 s después de dejarlo caer? ¿Y a los 6.5 s?

COMPRUEBA TUS RESPUESTAS Las indicaciones del velocímetro serían 50 m/s, 60 m/s y 65 m/s, respectivamente. Lo puedes deducir en la tabla 3.2, o usar la ecuación $v = gt$, donde g es 10 m/s^2.

---

[3]Si en lugar de partir del reposo en su caída, al objeto se le arroja hacia abajo con una rapidez v_o, la rapidez v al cabo de cualquier tiempo transcurrido t es $v = v_o + gt$. No nos ocuparemos aquí de esta complicación adicional, y en su lugar aprenderemos todo lo posible con los casos más sencillos. ¡De todos modos será mucho!

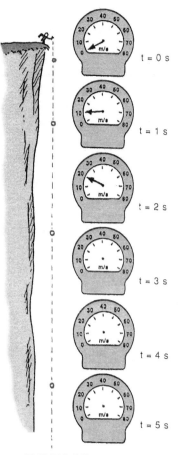

FIGURA 3.7 Imagínate que la piedra que cae tuviera un velocímetro. En cada segundo sucesivo de su caída verías que la rapidez de esa piedra aumenta la misma cantidad: 10 m/s. Dibuja la aguja de cada velocímetro cuando $t = 5$ s. (La tabla 3.2 muestra las rapideces que indicaría en los distintos segundos de caída.)

Hasta ahora hemos estado describiendo objetos que se mueven directo hacia abajo, en dirección de la gravedad. ¿Y si se arroja un objeto directo hacia arriba? Una vez lanzado continúa moviéndose hacia arriba durante algún tiempo, y después regresa. En su punto más alto, al cambiar su dirección de movimiento de hacia arriba a hacia abajo, su rapidez instantánea es cero. A continuación comienza a ir hacia abajo *exactamente como si se hubiera dejado caer desde el reposo a esa altura.*

Durante la parte de subida de este movimiento el objeto se desacelera al subir. No debe sorprendernos que desacelere a razón de 10 metros por segundo cada segundo; es la misma aceleración que adquiere cuando va hacia abajo. Así, como muestra la figura 3.8, la rapidez instantánea en puntos de igual altura en la trayectoria es igual, sea que el objeto se mueva hacia arriba o hacia abajo. Naturalmente que las velocidades son opuestas, porque tienen direcciones opuestas. Obsérvese que las velocidades hacia abajo tienen signo negativo, para indicar que la dirección es hacia abajo (se acostumbra llamar positivo a *hacia arriba* y negativo a *hacia abajo*). Sea que se mueva hacia arriba o hacia abajo, la aceleración es 10 m/s^2 hacia abajo todo el tiempo.

EXAMÍNATE Arrojas una pelota directamente hacia arriba, que sale de tu mano a 20 m/s. ¿Qué predicciones puedes hacer acerca de esa pelota? (¡Medita tu respuesta antes de leer los destinos sugeridos!)

Hasta dónde

Es muy distinto *hasta dónde* cae un objeto de *qué tan rápido* cae. Con sus planos inclinados, Galileo determinó que la distancia que recorre un objeto que acelera uniformemente es proporcional al *cuadrado del tiempo*. Los detalles de esta relación están en el apéndice B. Aquí sólo reseñaremos los resultados. La distancia recorrida por un objeto uniformemente acelerado que parte del reposo es

$$\text{Distancia recorrida} = \frac{1}{2} (\text{aceleración} \times \text{tiempo} \times \text{tiempo})$$

Esta relación aplica a la distancia de algo que cae. La podemos expresar para el caso de un objeto en caída libre, en notación compacta, como sigue:

$$d = \frac{1}{2} gt^2$$

COMPRUEBA TUS RESPUESTAS Hay varias. Una es que se desacelerará a 10 m/s un segundo después de haber salido de tu mano, que se detendrá en forma momentánea 2 segundos después de dejar tu mano, cuando llega a la cúspide de su trayectoria. Esto se debe a que pierde 10 m/s cada segundo que sube. Otra predicción es que 1 segundo después, a los 3 segundos en total, se estará moviendo hacia abajo a 10 m/s. En otro segundo más habrá regresado a su punto de partida, moviéndose a 20 m/s. Entonces, el tiempo en cada dirección es 2 segundos, y el tiempo total en el aire es 4 segundos. En la siguiente sección veremos hasta dónde llega en la subida y en la bajada.

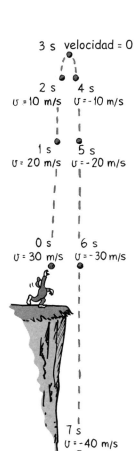

3 s velocidad = 0

2 s   4 s
υ = 10 m/s υ = -10 m/s

1 s   5 s
υ = 20 m/s υ = -20 m/s

0 s   6 s
υ = 30 m/s υ = -30 m/s

7 s
υ = -40 m/s

FIGURA 3.8 La tasa con que cambia la velocidad cada segundo es la misma.

en donde *d* es la distancia que algo cae cuando se sustituye el tiempo de su caída, en segundos, por *t* al cuadrado.[4] Si se usa 10 m/s^2 como valor de *g*, la distancia recorrida en diversos tiempos de caída se ve en la tabla 3.3.

Vemos que un objeto cae sólo 5 metros de altura durante el primer segundo de la caída, aunque en el último momento su rapidez es 10 metros por segundo. Esto puede confundirnos, porque se puede pensar que el objeto debe caer 10 metros de altura. Pero para que lo hiciera en el primer segundo de la caída debería caer con una rapidez *promedio* de 10 metros por segundo durante todo el segundo. Comienza a caer a 0 metros por segundo, y su rapidez es 10 metros por segundo sólo en el último instante del intervalo de 1 segundo. Su rapidez promedio durante este intervalo es el promedio de sus rapideces inicial y final, 0 y 10 metros por segundo. Para calcular el valor promedio de estos dos números, o de cualquier par de números simplemente se suman los dos y se divide el resultado entre 2. De este modo se obtienen 5 metros por segundo en nuestro caso, que durante un intervalo de tiempo de 1 segundo da como resultado una distancia de 5 metros. Si el objeto continúa cayendo en los siguientes segundos lo hará recorriendo cada vez mayores distancias, porque su rapidez aumenta en forma continua.

EXAMÍNATE   Un gato baja de una cornisa y llega al piso en 1/2 segundo.

a) ¿Cuál es su rapidez al llegar al suelo?

b) ¿Cuál es su rapidez promedio durante el 1/2 segundo?

c) ¿Qué altura tiene la cornisa sobre el piso?

COMPRUEBA TUS RESPUESTAS

a) Rapidez: $v = gt = 10$ m/s^2 × 1/2 s = 5 m/s.

b) Rapidez promedio: $\bar{v} = \dfrac{\text{inicial } v + \text{final } v}{2} = \dfrac{0 \text{ m/s} + 5 \text{ m/s}}{2} = 2.5$ m/s.

Hemos puesto una raya arriba del símbolo para indicar que la rapidez es instantánea: $\bar{v}$.

c) Distancia: $d = vt = 2.5$ m/s × 1/2 s = 1.25 m.

O también

$d = 1/2\, gt^2 = 1/2 \times 10 \text{ m/s}^2 = (1/2 \text{ s})^2 = 1/2 \times 10 \text{ m/s}^2 \times 1/4 \text{ s}^2 = 1.25$ m.

Observa que se puede calcular la distancia por cualquiera de estas dos ecuaciones, ya que son equivalentes.

TABLA 3.3 Distancia recorrida en la caída libre

Tiempo de caída (segundos)	Distancia recorrida (metros)
0	0
1	5
2	20
3	45
4	80
5	125
.	.
.	.
.	.
t	$\frac{1}{2}$ 10 t^2

[4]$d = velocidad\ promedio \times tiempo$

$d = \dfrac{velocidad\ inicial + velocidad\ final}{2} \times tiempo$

$d = \dfrac{0 + gt}{2} \times t$

$d = \dfrac{1}{2}\, gt^2$ (En el apéndice B se presenta una explicación más detallada.)

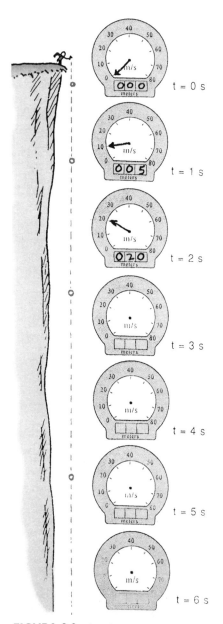

FIGURA 3.9 Imagínate que una piedra que cae tuviera un velocímetro y un odómetro. Las indicaciones de velocidad aumentan en 10 m/s y las de distancias en $\frac{1}{2}gt^2$. ¿Puedes anotar las posiciones de aguja del velocímetro y las distancias medias del odómetro?

Lo común es observar que muchos objetos caen con aceleraciones distintas. Una hoja de árbol, una pluma o una hoja de papel pueden dirigirse con lentitud hacia el suelo, con una especie de vaivén. El hecho de que la resistencia del aire es la causa de esas aceleraciones distintas se puede demostrar muy bien con un tubo de vidrio hermético que contenga objetos livianos y pesados, por ejemplo una pluma y una moneda. En presencia del aire, ambas caen con aceleraciones muy distintas. Pero si con una bomba de vacío se saca el aire del tubo, al invertirlo rápidamente se ve que la pluma y la moneda caen con la misma aceleración (Figura 3.10). Aunque la resistencia del aire altera mucho el movimiento de cosas como plumas que caen, el movimiento de los objetos más pesados, como piedras y bolas de béisbol, en las bajas rapideces del mundo cotidiano no es afectado en forma apreciable por el aire. Se pueden usar las ecuaciones $v = gt$ y $d = \frac{1}{2}gt^2$ con mucha aproximación con la mayor parte de los objetos que caen por el aire desde el reposo.

FIGURA 3.10 Una pluma y una moneda caen con iguales aceleraciones en el vacío.

Qué tan rápido cambia de rapidez

Gran parte de la confusión que surge al analizar el movimiento de los objetos que caen proviene de que es fácil confundir "qué tan rápido" y "hasta dónde". Cuando queremos especificar qué tan rápido cae algo, estamos hablando de la *rapidez* o de la *velocidad*, que se expresan con $v = gt$. Cuando se desea especificar de qué altura cae algo, estamos hablando de *distancia*, que se expresa con $d = \frac{1}{2}gt^2$. La rapidez o la velocidad (qué tan rápido), y la distancia (hasta dónde), son cosas completamente distintas.

Un concepto que confunde mucho, y que es probable que sea el más difícil que se encuentre en este libro, es "qué tan rápido cambia de rapidez", que es la aceleración. Lo que hace tan complicada a la aceleración es que es una *razón de cambio de una razón de cambio*. Con frecuencia se confunde con la velocidad, que es en sí una razón de cambio (la razón de cambio de la posición). La aceleración no es velocidad, ni siquiera es un cambio de velocidad. La aceleración es la razón de cambio con la que cambia la velocidad misma.

Recuerda que las personas tardaron casi 2000 años, desde Aristóteles hasta Galileo, en tener una noción clara del movimiento; en consecuencia ¡ten paciencia contigo mismo si ves que necesitas algunas horas para entenderlo!

Rapidez = $\dfrac{\text{distancia}}{\text{tiempo}}$

San Francisco ×

Tiempo = 1 hora

×- - - × Livermore

Rapidez = $\dfrac{80 \text{ km}}{1 \text{ h}}$ = 80 km/h

Velocidad = $\left\{\begin{array}{l}\text{rapidez } y \\ \text{dirección}\end{array}\right\}$

San Francisco ×

E

Velocidad = 300 km/h, hacia el este

Aceleración = $\left\{\begin{array}{l}\text{Tasa de} \\ \text{cambio de} \\ \text{velocidad}\end{array}\right\}$ *debido a* $\left\{\begin{array}{l}\text{cambio de rapidez} \\ \text{y/o dirección}\end{array}\right\}$

40 km/h   80 km/h   0 km/h

Cambio de rapidez
pero *no* de dirección

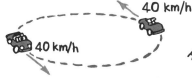

40 km/h

40 km/h

Cambio de dirección
pero *no* de rapidez

Cambio de rapidez *y*
también de dirección

Aceleración = $\dfrac{\text{Cambio de velocidad}}{\text{tiempo}}$

Tiempo = 0, velocidad = 0

Tiempo = 1 s, velocidad = 10 m/s

Aceleración = $\dfrac{20 \text{ m/s}}{2 \text{ s}}$

$a = 10 \dfrac{\text{m/s}}{\text{s}}$

$a = 10 \text{ m/s s}$

$a = 10 \text{ m/s}^2$

Tiempo = 2 s, velocidad = 20 m/s

FIGURA 3.11 Análisis del movimiento.

Tiempo en el aire

Algunos atletas y bailarines tienen gran habilidad para saltar. Al saltar directo hacia arriba parece que están "colgados en el aire" y desafían la gravedad. Pide a tus amigos que estimen el "tiempo en el aire" de los grandes saltadores, el tiempo durante el cual el que salta tiene los pies despegados del piso. Podrán decir que 2 o 3 segundos. Pero ¡sucede que el tiempo en el aire de los saltadores más grandes es casi siempre menor que 1 segundo! Un tiempo mayor es una de las muchas ilusiones que vemos en la naturaleza.

Una ilusión parecida es la altura vertical que un hombre puede alcanzar. Es probable que la mayoría de tus compañeros de clase no salten más que 0.5 metros. Podrán salvar una altura de 0.5 metros, pero al hacerlo su cuerpo sube ligeramente. La altura de la barrera es distinta de la que sube el "centro de gravedad" de un saltarín. Muchas personas pueden saltar sobre una cerca de 1 metro de alto, pero casi nadie sube 1 metro el "centro de gravedad" de su cuerpo. Hasta Michael Jordan, estrella del básquetbol no puede subir su cuerpo 1.25 m, aunque con facilidad puede llegar bastante más arriba que la canasta, que está a 3 m sobre el piso.

La capacidad de salto se mide mejor estando parado y dando un brinco vertical. Párate de cara a un muro, con tus pies asentados en el piso y tus brazos extendidos hacia arriba. Haz una marca en la pared, en la punta de tus dedos. A continuación salta y en lo más alto haz otra marca. La distancia entre las dos marcas

es la medida de tu salto vertical. Si es más de 0.6 metros (2 pies), eres excepcional.

La física es la siguiente: al brincar hacia arriba, la fuerza del salto sólo se aplica mientras tus pies tocan el piso. Mientras mayor es esa fuerza, tu rapidez de despegue será mayor, y el salto será más alto. Cuando tus pies dejan el piso, de inmediato tu rapidez vertical hacia arriba disminuye, a la tasa constante de g, 10 m/s². En lo más alto de tu salto tu velocidad hacia arriba disminuye a cero. A continuación comienzas a caer, y aumenta tu rapidez exactamente con la misma tasa, g. Si tocas tierra como empezaste, de pie y con las piernas extendidas, el tiempo de subida es igual al tiempo de caída; el tiempo en el aire es igual al tiempo de subida más el tiempo de bajada. Mientras estás en el aire no habrá movimientos de agitar piernas ni brazos, ni de cualquier clase de movimiento en el cuerpo, que puedan cambiar tu tiempo en el aire.

La relación entre el tiempo de subida o de bajada, y la altura vertical es:

$$d = \frac{1}{2} g t^2$$

Si se conoce d, la altura vertical, esta ecuación se puede ordenar como sigue:

$$t = \sqrt{\frac{2d}{g}}$$

Spud Webb, estrella del básquetbol estadounidense, alcanzó un salto de pie de 1.25 m, en 1986. En ese momento fue el récord mundial. Usaremos su altura de salto, de 1.25 metros* como d y el valor más exacto de 9.8 m/s² como g. Al sustituir en la ecuación anterior, se obtiene t, la mitad del tiempo en el aire:

$$t = \sqrt{\frac{2d}{g}} = \sqrt{\frac{2(1.25 \text{ m})}{9.8 \text{ m/s}^2}} = 0.50 \text{ s}$$

Esto se multiplica por dos (por ser el tiempo de una dirección en un viaje redondo, de subida y de bajada), y vemos que el tiempo récord de Spud en el aire es 1 segundo.

Aquí hablamos de movimiento vertical. ¿Y los saltos con carrera? El tiempo en el aire sólo depende de la rapidez vertical del saltador al despegarse del suelo. Mientras está en el aire, su rapidez horizontal permanece constante, mientras que la vertical tiene aceleración. ¡Es interesante la física!

---

*El valor de d = 1.25 m representa la altura máxima que sube el centro de gravedad del saltador, y no la altura de la barra. La altura que sube el centro de gravedad del saltador es importante para determinar su capacidad de salto. En el capítulo 8 describiremos el centro de gravedad.

Resumen de términos

Aceleración Razón con la que cambia la velocidad de un objeto al paso del tiempo; el cambio de velocidad puede ser en la magnitud (rapidez), en la dirección o en ambas.

Caída libre Movimiento sólo bajo la influencia de la gravedad.

Rapidez La prontitud con que se mueve algo; la distancia que un objeto recorre por unidad de tiempo.

Velocidad Rapidez de un objeto con su dirección de movimiento.

Resumen de fórmulas

$$\text{Rapidez} = \frac{\text{distancia}}{\text{tiempo}}$$

$$\text{Rapidez promedio} = \frac{\text{distancia total recorrida}}{\text{intervalo de tiempo}}$$

$$\text{Aceleración} = \frac{\text{cambio de velocidad}}{\text{intervalo de tiempo}}$$

$$\text{Aceleración (a lo largo de una línea recta)} = \frac{\text{cambio de rapidez}}{\text{intervalo de tiempo}}$$

Velocidad adquirida en la caída libre, partiendo del reposo $v = gt$

Altura recorrida en la caída libre, partiendo del reposo $d = \frac{1}{2}gt^2$

Preguntas de repaso

El movimiento es relativo

1. Mientras lees esto, ¿con qué rapidez te mueves, con relación a la silla donde te sientas? ¿Y con relación al Sol?

Rapidez

2. ¿Cuáles son las dos unidades de medida necesarias para describir la rapidez?

3. ¿Qué clase de rapidez indica el velocímetro de un automóvil, la rapidez promedio o la rapidez instantánea?

4. Describe la diferencia entre rapidez instantánea y rapidez promedio.

5. ¿Cuál es la rapidez instantánea, en kilómetros por hora, de un caballo que galopa 15 kilómetros en 30 minutos?

6. ¿Qué distancia recorre un caballo si galopa con una rapidez promedio de 25 km/h durante 30 minutos?

Velocidad

7. Describe la diferencia entre rapidez y velocidad.

8. Si un automóvil se mueve con velocidad constante, ¿también se mueve con rapidez constante?

9. Si un coche se mueve a 90 km/h y toma una curva también a 90 km/h, ¿mantiene constante su rapidez? ¿Mantiene constante su velocidad? Defiende tus respuestas.

Aceleración

10. Describe la diferencia entre velocidad y aceleración.

11. ¿Cuál es la aceleración de un automóvil que aumenta su velocidad de 0 a 100 km/h en 10 s?

12. ¿Cuál es la aceleración de un automóvil que mantiene una velocidad constante de 100 km/h durante 10 s? (¿Por qué algunos de tus compañeros que contestaron bien la pregunta anterior tuvieron equivocada esta respuesta?)

13. ¿Cuándo te das cuenta más del movimiento en un vehículo, cuando se mueve en forma continua en línea recta, o cuando acelera? Si el auto se moviera con una velocidad absolutamente constante (sin baches), ¿te darías cuenta del movimiento?

14. Se suele definir a la aceleración como la rapidez de cambio de la velocidad con respecto al tiempo. ¿Cuándo se puede definir como la rapidez de cambio de la rapidez con respecto al tiempo?

La aceleración en los planos inclinados de Galileo

15. ¿Qué descubrió Galileo acerca de la cantidad de rapidez que gana una esfera cada segundo cuando baja rodando por un plano inclinado? ¿Qué le dijo eso acerca de la aceleración de la esfera?

16. ¿Qué relación descubrió Galileo para la velocidad adquirida en un plano inclinado?

17. ¿Qué relación descubrió Galileo entre la aceleración de una esfera y la pendiente de un plano inclinado? ¿Qué aceleración se obtiene cuando el plano es vertical?

Caída libre

Qué tan rápido

18. ¿Qué quiere decir exactamente un objeto en "caída libre"?

19. ¿Cuál es el aumento de rapidez, por segundo, de un objeto en caída libre?

20. ¿Qué velocidad adquiere un objeto en caída libre a los 5 s después de dejarse caer desde el reposo? ¿Y cuál es a los 6 s después?

21. La aceleración aproximada de la caída libre es 10 m/s². ¿Por qué aparece dos veces la unidad "segundo"?

22. Cuando un objeto se lanza hacia arriba, ¿cuánta rapidez pierde cada segundo?

Hasta dónde

23. ¿Qué relación descubrió Galileo entre la distancia recorrida y el tiempo, para los objetos con aceleración?

24. ¿Cuál es la altura que cae un objeto en caída libre a los 5 s después de haber sido dejado caer desde el reposo? ¿Y después de 6 s?

25. ¿Qué efecto tiene la resistencia del aire sobre la aceleración de los objetos que caen? ¿Cuál es la aceleración de ellos sin resistencia del aire?

Qué tan rápido cambia de rapidez

26. Para las siguientes mediciones: 10 m, 10 m/s y 10 m/s^2 ¿cuál es una medida de distancia, cuál es de rapidez y cuál es de aceleración?

Proyecto

Párate junto a un muro y haz una marca en la altura máxima que puedas alcanzar. A continuación salta verticalmente y marca lo más alto que puedas. La distancia entre las dos marcas es la altura de tu salto. Con ella calcula tu tiempo en el aire.

Ejercicios

1. ¿Cuál es la rapidez de impacto de un auto que se mueve a 100 km/h y que golpea por detrás a otro que va en la misma dirección a 98 km/h?

2. Enrique puede remar en una canoa, en agua estancada, a 8 km/h. ¿Tendrá caso que reme contra la corriente de un río que corre a 8 km/h?

3. Las multas por exceso de rapidez, ¿son por la rapidez promedio o por la rapidez instantánea? Explica por qué.

4. Un avión vuela hacia el norte a 300 km/h, mientras que otro vuela hacia el sur a 300 km/h. ¿Son iguales sus rapideces? ¿Son iguales sus velocidades? Explica por qué.

5. La luz viaja en línea recta con una rapidez constante de 300,000 km/s. ¿Cuál es su aceleración?

6. ¿Puede un automóvil que tiene velocidad hacia el norte, tener al mismo tiempo una aceleración hacia el sur? Explica cómo.

7. ¿Puede invertir un objeto su dirección de movimiento y al mismo tiempo mantener una aceleración constante? En caso afirmativo, describe un ejemplo. Si no, explica por qué.

8. Vas manejando en carretera, hacia el norte. A continuación, sin cambiar la rapidez, giras hacia el este. a) ¿Cambió tu velocidad? b) ¿Aceleraste? Explica por qué.

9. Corrige a tu amigo que dice "el auto siguió la curva con una velocidad constante de 100 km/h".

10. Enrique dice que la aceleración es la rapidez con que uno va. Carolina dice que la aceleración es la rapidez con que uno adquiere rapidez. Los dos te miran y te piden tu opinión. ¿Quién tiene la razón?

11. Partiendo del reposo, un automóvil acelera hasta llegar a una rapidez de 50 km/h, y otro acelera hasta 60 km/h. ¿Puedes decir cuál de ellos tuvo la mayor aceleración? ¿Por qué sí o por qué no?

12. Describe un ejemplo de algo que tenga una rapidez constante y al mismo tiempo una velocidad variable. ¿Puedes describir un ejemplo de algo que tenga una velocidad constante y una rapidez variable? Defiende tus respuestas.

13. Describe un ejemplo de algo que acelere y que al mismo tiempo se mueva con rapidez constante. ¿Puedes describir también un ejemplo de algo que acelere y al mismo tiempo tenga una velocidad constante? Explica por qué.

14. a) ¿Puede moverse un objeto cuando su aceleración es cero? b) Puede acelerar un objeto cuando su velocidad es cero? En caso afirmativo, describe un ejemplo.

15. ¿Puedes describir un ejemplo en el que la aceleración de un cuerpo sea opuesta a la dirección de su velocidad? En caso afirmativo, ¿cuál es tu ejemplo?

16. ¿En cuál de las pendientes de abajo la bola rueda con rapidez en aumento y aceleración en disminución? (Usa este ejemplo si deseas explicar a alguien la diferencia entre rapidez y aceleración.)

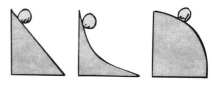

17. Supón que las tres bolas del ejercicio 16 parten al mismo tiempo de las partes superiores. ¿Cuál llega primero al suelo? Explica por qué.

18. ¿Cuál es la aceleración de un automóvil que se mueve con velocidad constante de 100 km/h durante 100 segundos? Explica tu respuesta.

19. ¿Cuál es mayor, una aceleración de 25 a 30 km/h, o una de 96 a 100 km/h, si las dos suceden durante el mismo tiempo?

20. Galileo hizo experimentos con esferas que ruedan en planos inclinados en ángulos que iban de 0 a 90°. ¿Qué intervalo de aceleraciones corresponde a este intervalo de ángulos?

21. Sé estricto y corrige a tu amigo que dice "en la caída libre, la resistencia del aire es más efectiva para desacelerar una pluma que una moneda".

22. Supón que un objeto en caída libre tuviera un velocímetro. ¿Cuánto aumentaría su indicación de velocidad en cada segundo de la caída?

23. Supón que el objeto en caída libre del ejercicio anterior también tuviera un odómetro. Las indicaciones de la distancia de caída cada segundo, ¿serían iguales o distintas en los segundos sucesivos?

24. Para un objeto en caída libre, que parte del reposo, ¿cuál es la aceleración al terminar el quinto segundo de caída? ¿Al terminar el décimo segundo? Defiende tus respuestas.

25. Si se puede despreciar la resistencia del aire, ¿cómo se compara la aceleración de una pelota que se ha lanzado directamente hacia arriba con su aceleración cuando tan sólo se deja caer?

26. Cuando un jugador de béisbol lanza directamente una bola hacia arriba, ¿cuánto disminuye la rapidez de ésta cada segundo cuando va hacia arriba? En ausencia de aire, ¿cuánto aumenta cada segundo al descender? ¿Cuánto tiempo necesita para subir en comparación con el necesario para bajar?

27. Alguien que está parado al borde de un precipicio (como en la figura 3.8) lanza una pelota casi directamente hacia arriba, con determinada rapidez, y otra casi directo hacia abajo con la misma rapidez inicial. Si se desprecia la resistencia del aire, ¿cuál pelota tiene mayor rapidez cuando llega hasta el fondo de la barranca?

28. Contesta la pregunta anterior cuando la resistencia del aire *no* es despreciable; cuando esa resistencia afecta al movimiento.

29. Si dejas caer un objeto, su aceleración hacia el piso es 10 m/s^2. Empero si lo lanzas hacia abajo, ¿será mayor su aceleración que 10 m/s^2? ¿Por qué?

30. En el ejercicio anterior ¿te puedes imaginar una causa por la que la aceleración del objeto arrojado hacia abajo, por el aire, pueda ser bastante menor que 10 m/s^2?

31. Mientras rueden esferas por un plano inclinado, observa Galileo que recorren un codo (la distancia del codo a la punta de los dedos) mientras cuenta hasta 10. ¿Hasta dónde habría llegado la esfera, desde su punto de partida, cuando hubiera contado hasta 20?

32. Un proyectil se lanza verticalmente hacia arriba, y la resistencia del aire es despreciable. ¿Cuándo es mayor la aceleración de la gravedad: cuando sube, en la parte más alta o cuando desciende? Defiende tu respuesta.

33. Si no fuera por la resistencia del aire, ¿sería peligroso salir a la intemperie en días lluviosos?

34. Amplía las tablas 3.2 y 3.3 para que incluyan tiempos de caída de 6 a 10 segundos, suponiendo que no hay resistencia del aire.

35. Dos esferas se sueltan al mismo tiempo, desde el reposo, en el extremo izquierdo de las pistas A y B, de igual longitud, que se ven abajo. ¿Cuál de ellas llega primero al final de su pista?

36. Para el par anterior de pistas: a) ¿en cuál de ellas la rapidez promedio es mayor? b) Por qué es igual la rapidez de las esferas al final de las pistas?

37. En este capítulo hemos estudiado casos ideales de esferas que ruedan sobre planos lisos, y objetos que caen sin resistencia del aire. Supón que un compañero se queje de que todos estos conceptos de casos idealizados no tienen valor, simplemente porque los casos ideales no se presentan en el mundo real. ¿Qué responderías a su queja? ¿Cómo supones que respondería el autor de este libro?

38. ¿Por qué un chorro de agua se hace más angosto a medida que se aleja de la llave?

39. El tiempo en el aire de una persona sería bastante mayor en la Luna. ¿Por qué?

40. Formula dos preguntas de opción múltiple para comprobar la distinción que hacen tus compañeros entre velocidad y aceleración.

Problemas

1. En la actualidad, el nivel del mar está subiendo más o menos 1.5 mm por año. A esta tasa, ¿dentro de cuántos años estará el nivel del mar 3 metros más alto?

2. ¿Cuál es la aceleración de un vehículo que cambia su velocidad de 100 km/h hasta paro total, en 10 s?

3. Se lanza una bola directamente hacia arriba, con una rapidez inicial de 30 m/s. ¿Hasta qué altura llega y cuánto tiempo está en el aire (sin tener en cuenta la resistencia del aire)?

4. Se lanza una bola directo hacia arriba, con rapidez suficiente para permanecer varios segundos en el aire. a) ¿Cuál es la velocidad de la bola cuando llega al punto más alto? b) ¿Cuál es su velocidad 1 s antes de llegar al punto más alto? c) ¿Cuál es su cambio de velocidad durante este intervalo de 1 s? d) ¿Cuál es su velocidad 1 s después de haber alcanzado su punto más alto? e) ¿Cuál es su cambio de velocidad durante este intervalo de 1 s? f) ¿Cuál es su cambio de velocidad durante el intervalo de 2 s (1 antes y 1 después de llegar hasta arriba)? (¡Cuidado!) g) ¿Cuál es la aceleración de la bola durante cualquiera de esos intervalos de tiempo, y en el momento cuando tiene velocidad cero?

5. ¿Cuál es la velocidad instantánea de un objeto en caída libre 10 s después de haber partido del reposo? ¿Cuál es su velocidad promedio durante este intervalo de 10 s? ¿Qué altura habrá caído durante ese tiempo?

6. Un automóvil tarda 10 s en pasar de $v = 0$ a $v = 30$ m/s con una aceleración aproximadamente constante. Si deseas calcular la distancia recorrida con la ecuación $d = \frac{1}{2}at^2$, ¿qué valor usas de a?

7. Un avión de reconocimiento se aleja 600 km de su base, volando a 200 km/h, y regresa a ella volando a 300 km/h. ¿Cuál es su rapidez promedio?

8. Un coche recorre cierta carretera con una rapidez promedio de 40 km/h, y regresa por ella con una rapidez promedio de 60 km/h. Calcula la rapidez promedio en el viaje redondo. (¡No es 50 km/h!)

9. Si no hubiera resistencia del aire, ¿con qué rapidez caerían las gotas que se formaran en una nube a 1 km sobre la superficie del suelo? (¡Por suerte, esas gotas sienten la resistencia del aire cuando caen!)

10. Es sorprendente, pero muy pocos atletas pueden saltar a más de 2 pies (60 cm) sobre el piso. Usa $d = \frac{1}{2}gt^2$ y despeja el tiempo que tarda uno en subir en un salto vertical de 2 pies. A continuación multiplícalo por 2 para conocer el "tiempo en el aire": el tiempo que los pies de uno no tocan el piso.

www.pearsoneducacion.net/hewitt
*Usa los variados recursos del sitio Web,
para comprender mejor la física.*

4

SEGUNDA LEY DE NEWTON DEL MOVIMIENTO

Efraín López muestra que cuando dos fuerzas se equilibran en cero, no hay aceleración.

En el capítulo 2 describimos objetos en equilibrio mecánico, en reposo o moviéndose con velocidad constante. Sin embargo, la mayor parte de las cosas no se mueven con velocidad constante, sino que sufren cambios de movimiento. Entonces, se dice que tienen movimiento *acelerado*.

Recuerda que en el capítulo anterior la aceleración determina qué tan rápido cambia el movimiento. La aceleración es el cambio de velocidad durante cierto intervalo de tiempo. En este capítulo describiremos lo que causa la aceleración: la *fuerza*.

La fuerza causa aceleración

Todo objeto se acelera bajo la acción de un empuje o un tirón, una fuerza de algún tipo. Puede ser un empuje repentino, como al patear un balón de fútbol, o puede ser el tirón continuo de la gravedad. La aceleración es causada por la fuerza.

Con frecuencia hay más de una fuerza que actúa sobre un objeto. Recuerda que la suma de fuerzas que actúan sobre un objeto es la *fuerza neta*. La aceleración depende de la fuerza neta. Por ejemplo, si empujas con el doble de fuerza sobre un objeto y la fuerza neta es el doble, el objeto aumentará su velocidad dos veces más rápido. La aceleración sube al doble cuando la fuerza neta es el doble. Tres veces la fuerza neta produce tres veces la aceleración. Se dice que la aceleración producida es directamente proporcional a la fuerza neta, y se escribe así:

Aceleración $\sim$ fuerza neta, o también aceleración μ fuerza neta

FIGURA 4.1 Patea el balón y éste acelera.

El símbolo ~ quiere decir "es directamente proporcional a". Es cuando cualquier cambio en una produce la misma cantidad de cambio en la otra.[1]

EXAMÍNATE

1. Estás empujando una caja que está sobre un suelo liso, y acelera. Si aplicas cuatro veces esa fuerza neta, ¿cuánto aumentará la aceleración?

2. Si empujas con la misma fuerza mayor sobre la misma caja, pero está en un suelo muy áspero, ¿cómo se comparará la aceleración con la que hubo en el suelo liso? (¡*Piensa antes de leer la respuesta más adelante!*)

Fricción

La fuerza de la mano acelera el ladrillo

Si la fuerza es el doble, la aceleración es el doble

Si la fuerza es el doble y la masa es el doble se produce la misma aceleración

FIGURA 4.2 La aceleración es directamente proporcional a la fuerza.

Cuando las superficies de dos objetos se deslizan entre sí o tienden a hacerlo, actúa una fuerza de **fricción** o **rozamiento**. Cuando aplicas una fuerza a un objeto que se encuentran sobre una superficie, hay una fuerza de fricción que suele reducir la fuerza neta y la aceleración que resulta. La fricción se debe a las irregularidades en las superficies que están en contacto mutuo, y depende de los materiales y de cuánto se opriman entre sí. Hasta las superficies que parecen muy lisas tienen irregularidades microscópicas que estorban el movimiento. Los átomos se adhieren entre sí en muchos puntos de contacto. Cuando un objeto se desliza contra otro debe subir sobre los picos de las irregularidades, o se deben desprender los átomos por la fricción. En cualquiera de los casos se requiere una fuerza.

La dirección de la fuerza de fricción siempre es la opuesta al movimiento. Un objeto que se deslice *de bajada* por un plano inclinado está sometido a una fricción dirigida *de subida* por el plano; un objeto que se desliza hacia la *derecha* está sometido a una fricción dirigida hacia la *izquierda*. Así, si se debe mover un objeto a velocidad constante se le debe aplicar una fuerza igual a la fuerza opuesta de la fricción, para que las dos fuerzas se anulen exactamente entre sí. La fuerza neta igual a cero causa entonces una aceleración cero.

No existe fricción en una caja que descansa sobre un suelo horizontal. Pero cuando se perturban las superficies de contacto al empujar la caja en dirección horizontal, se produce la fricción. ¿Cuánta? Si la caja sigue en reposo, la fricción que se opone al movimiento es justo la necesaria para anular el empuje. Si empujas horizontalmente con, digamos, 70 N, la fricción es 70 N. Si empujas más, por ejemplo con 100 N y la caja está a punto de resbalar, la fricción entre la caja y el suelo opone 100 N a tu empuje. Si los 100 N es lo más que pueden resistir las superficies, entonces cuando empujes con un poco más de fuerza se rompe la adherencia y la caja resbala.[2]

COMPRUEBA TUS RESPUESTAS

1. Tendrá una aceleración cuatro veces mayor.
2. Tendrá menos aceleración, porque la fricción reducirá la fuerza neta.

---

[1]En algunas instituciones educativas esta definición se indica como: "Dos magnitudes son directamente proporcionales cuando el cociente entre ellas es constante."

[2]Aun cuando no lo parezca todavía, la mayor parte de los conceptos en física en realidad no son complicados. Pero la fricción es distinta. A diferencia de esa mayor parte de los conceptos, la fricción es un fenómeno muy complicado. Las determinaciones son empíricas (y se adquieren con una gran variedad de experimentos), y las predicciones son aproximadas, y también se basan en experimentos.

Fuerza de
fricción de 75 N   Fuerza aplicada
de 75 N

FIGURA 4.3 La caja se desliza hacia la derecha, por la fuerza aplicada de 75 N. Una fuerza de fricción de 75 N se opone al movimiento, y el resultado es que sobre la caja la fuerza neta es cero, y se desliza con una velocidad constante (con cero aceleración).

Un hecho interesante es que la fricción en el deslizamiento es algo menor que la fricción que se acumula antes de que haya deslizamiento. Los físicos y los ingenieros hacen la diferencia entre fricción estática y fricción de deslizamiento o cinética. Para no cargarnos de información ya no subrayaremos esta diferencia, pero citaremos un ejemplo importante: el frenado de un vehículo en una parada de emergencia. Cuando los neumáticos se inmovilizan patinan y proporcionan menor fricción que si siguen rodando hasta pararse. Mientras ruede el neumático, su superficie no resbala por la superficie del pavimento, y la fricción es estática y en consecuencia es mayor que la de deslizamiento. La diferencia entre las fricciones estáticas y de deslizamiento también se aprecia cuando el automóvil toma una curva con mucha rapidez. Una vez que los neumáticos comienzan a patinar, se reduce la fuerza de fricción, y ¡sale uno patinando! Un conductor hábil (o un sistema de frenos antibloqueo) mantiene a los neumáticos abajo del umbral de inmovilizarse en un patinazo.

También es interesante que la fuerza de fricción no depende de la rapidez. Un automóvil que se patina a baja velocidad tiene, aproximadamente, la misma fricción que con alta rapidez. Si la fuerza de fricción de una caja que se desliza sobre el suelo es 90 N a baja rapidez, será también, con mucha aproximación, de 90 N a mayor rapidez. Puede ser mayor cuando la caja está en movimiento y a punto de resbalar, pero una vez en movimiento, la fuerza de fricción permanece aproximadamente igual.

Todavía más interesante es que la fricción no dependa del área de contacto. Si la caja se desliza sobre su cara más pequeña todo lo que haces es concentrar el mismo peso sobre una superficie menor, y como resultado la fricción es la misma. Entonces, los neumáticos extraanchos que ves en algunos vehículos no proporcionan más fricción que los angostos. El neumático ancho lo que hace es repartir el peso del vehículo sobre más superficie, para reducir el calentamiento y el desgaste. De igual modo, la fricción entre un camión y el pavimento es igual sin importar si el camión tiene 4 o ¡18 neumáticos! Cuando hay más neumáticos la carga se reparte sobre más pavimento y se reduce la presión en cada neumático. Es interesante que la distancia de frenado al aplicar los frenos no está afectada por la cantidad de neumáticos. Pero el desgaste de éstos depende mucho de su cantidad.

La fricción no se restringe a sólidos que se deslizan entre sí. También se presenta en líquidos y gases, que colectivamente se llaman **fluidos** (porque fluyen). La fricción en los fluidos se llama también *resistencia*. Del mismo modo que la fricción entre superficies sólidas depende de la naturaleza de las mismas, en los fluidos depende de la naturaleza del fluido; por ejemplo, la fricción es mayor en el agua que en el aire. Pero a diferencia de la fricción entre sólidos, como cuando una caja se desliza sobre el suelo, en los líquidos *sí* depende de la rapidez y del área de contacto. Esto tiene sentido, porque la cantidad de fluido que se aparta cuando pasa un bote o un avión depende del tamaño y la forma del vehículo. Un bote o un avión que se muevan con lentitud encuentra menos resistencia que si se mueve con mayor rapidez. También, los botes o los aviones anchos deben apartar más fluido que los angostos. Para un movimiento lento dentro del agua, la resistencia es directamente proporcional a la rapidez del objeto. En el aire, para movimientos con grandes rapideces, la resistencia es directamente proporcional al cuadrado de la rapidez. Es decir, si un avión aumenta su rapidez al doble se encuentra con cuatro veces más resistencia. Sin embargo, cuando la velocidad es muy alta estas reglas sencillas dejan de ser válidas, porque el flujo del fluido se vuelve errático y se forman cosas como vórtices y ondas de choque.

FIGURA 4.4 La fricción entre el neumático y el pavimento casi es igual cuando el neumático es ancho que cuando es angosto. El objeto de la mayor superficie de contacto es reducir el calentamiento y el desgaste.

Masa y peso

FIGURA 4.5 Un yunque en el espacio exterior, por ejemplo entre la Tierra y la Luna, perdería peso, pero no perdería su masa.

FIGURA 4.6 El astronauta ve que en el espacio es difícil agitar el yunque "sin peso" y es igual de difícil que en la Tierra. Si el yunque tiene más masa que el astronauta, ¿qué se agitará más, el yunque o el astronauta?

La aceleración que adquiere un objeto depende no sólo de las fuerzas aplicadas y de las fuerzas de fricción, sino también de la inercia del objeto. La cantidad de inercia que posee un objeto depende de la cantidad de materia que hay en él; mientras más materia más inercia. Para indicar cuánta materia tiene algo se usa el término *masa*. Mientras más masa tiene un objeto, su inercia es mayor. La **masa** es una medida de la inercia de un objeto material.

La masa corresponde a nuestra noción intuitiva de **peso**. De ordinario decimos que algo tiene mucha materia cuando pesa mucho. Pero hay una diferencia entre masa y peso. Definiremos cada término como sigue:

Masa: La cantidad de materia en un objeto. También, la medida de la inercia o indolencia que muestra un objeto en respuesta a algún esfuerzo para ponerlo en movimiento, detenerlo o cambiar de cualquier forma su estado de movimiento.

Peso: La fuerza sobre un objeto debida a la gravedad.

La masa y el peso son directamente proporcionales entre sí en un punto fijo dentro de un campo gravitacional.[3] Si la masa de un objeto sube al doble, también su peso sube al doble; si la masa baja a la mitad, el peso baja a la mitad. Es por esto que con frecuencia se intercambian masa y peso. También, a veces se confunde entre ellos, porque se acostumbra medir la cantidad de materia en las cosas (la masa) con su atracción gravitacional hacia la Tierra (el peso). Pero la masa es más fundamental que el peso; es una cantidad fundamental que escapa por completo a la noción de la mayoría de las personas.

Hay veces que el peso corresponde a nuestra noción inconsciente de inercia. Por ejemplo, si tratas de determinar cuál de dos objetos pequeños es más pesado, los podrías agitar en tus manos, o moverlos de alguna manera, en lugar de levantarlos. Al hacer ese movimiento estás apreciando cuál de los dos es más difícil de poner en movimiento; estás viendo cuál de los dos resiste más a un cambio de movimiento. En realidad estás comparando la inercia de los objetos.

[3]El peso y la masa son directamente proporcionales entre sí, y la constante de proporcionalidad es *g*. Entonces, peso = *mg* y 9.8 N = (1 kg)(9.8 m/s^2). Después, en el capítulo 9, refinaremos nuestra definición de peso: es la fuerza de un cuerpo que se recarga en un soporte (por ejemplo, en una báscula).

FIGURA 4.7 ¿Por qué un aumento lento y continuo de la fuerza hacia abajo rompe el hilo sobre la esfera masiva, mientras que un tirón repentino rompe el hilo inferior?

En Estados Unidos, la cantidad de materia en un objeto se suele describir a través del tirón de la gravedad entre éste y la Tierra, es decir, por su *peso*, que se acostumbra expresar en *libras*. Sin embargo, en la mayor parte del mundo la medida de la materia se expresa normalmente en **kilogramos**, que son unidad de masa. En la superficie de la Tierra, un ladrillo con 1 kilogramo de masa pesa 2.2 libras. En el sistema métrico, la unidad de fuerza es el **newton** cuyo símbolo es **N**, igual a un poco menos de un cuarto de libra (como el peso de una hamburguesa de un cuarto de libra *después* de cocinarla). Un ladrillo de 1 kilogramo pesa más o menos 10 N (con más exactitud, 9.8 N).[4] Lejos de la superficie terrestre, donde es menor la influencia de la gravedad, un ladrillo de 1 kilogramo pesa menos. También pesaría menos en la superficie de planetas con menor gravedad que la de la Tierra. Por ejemplo, en la superficie de la Luna, un objeto de 1 kilogramo pesa más o menos 1.6 N (o 0.36 libras). En planetas con mayor gravedad pesaría más. Pero la masa del ladrillo es igual donde quiera. El ladrillo ofrece la misma resistencia a acelerarse o a desacelerarse, independientemente de si está en la Tierra, en la Luna, o en cualquier cuerpo que lo atraiga. En una nave espacial a la deriva, donde la báscula indicaría cero para un ladrillo, éste sigue teniendo masa. Aun cuando no oprima el plato de la báscula, tiene la misma resistencia a cambiar de movimiento que la que tiene en la Tierra. Un astronauta debe ejercer exactamente la misma fuerza para agitar el ladrillo de aquí para allá, en una nave espacial que en la Tierra. Tendrías que ejercer la misma cantidad de empuje para acelerar un camión grande hasta determinada rapidez, sobre una superficie horizontal en la Luna que en la Tierra. La dificultad de *levantarlo* contra la fuerza de la gravedad (el peso) es algo distinto. La masa y el peso son diferentes (Figuras 4.5 y 4.6).

Una buena demostración de la diferencia entre masa y peso es una esfera masiva colgada con hilo como se ve en la figura 4.7. El hilo de arriba se revienta cuando se tira del hilo de abajo con una fuerza que aumenta lentamente, pero cuando se da un tirón brusco al hilo, el que se revienta es el de abajo. ¿Cuál de estos casos ilustra el peso de la esfera, y cuál la masa de ésta? Nótese que sólo el hilo de arriba sostiene el peso de la esfera. Así, cuando se tira lentamente del hilo de abajo, la tensión que provoca el tirón se transmite al hilo de arriba. Entonces, la tensión total en el hilo de arriba es igual al tirón más el peso de la esfera. El hilo de arriba se rompe cuando se llega a su esfuerzo de ruptura. Pero cuando se da un tirón brusco al hilo de abajo, la masa de la esfera, que es su tendencia a permanecer en reposo en este caso, es la responsable de que se rompa el hilo de abajo.

EXAMÍNATE Pide a un amigo que clave un clavo pequeño en un trozo de madera que esté sobre una pila de libros y sobre tu cabeza. ¿Por qué no te daña?

COMPRUEBA TU RESPUESTA La masa relativamente grande de los libros y del bloque sobre tu cabeza se resiste al movimiento. La fuerza que puede meter bien el clavo no tiene el mismo efecto para acelerar los libros y el bloque, que son masivos y no se mueven mucho al golpear el clavo. ¿Puedes ver la semejanza de este ejemplo con la demostración con la esfera masiva colgada, cuando no se rompe el hilo de arriba al momento de tirar violentamente del hilo de abajo?

[4]Entonces, 2.2 lb equivalen a 9.8 N, o sea que 1 N equivale aproximadamente a 0.22 lb; más o menos el peso de una manzana. En el sistema métrico se acostumbra especificar la materia en unidades de masa (en gramos o kilogramos masa, y casi nunca en unidades de peso (o newton). En Estados Unidos y en lugares donde se usa el sistema inglés de unidades, las cantidades de materia se suelen especificar en unidades de peso (en libras). (No se conoce mucho la unidad de masa en el sistema inglés; el *slug*.) Véase el apéndice I, con más explicaciones acerca de los sistemas de medidas.

También es fácil confundir la masa con el **volumen**. Cuando imaginamos un objeto masivo con frecuencia lo vemos como un objeto grande. Sin embargo, el tamaño (volumen) de un objeto, no es siempre una buena forma de juzgar su masa. ¿Qué es más fácil de poner en movimiento, un acumulador de automóvil o una caja vacía de cartón que tenga el mismo tamaño? Entonces se ve que la masa no es igual al peso ni es igual al volumen.

Una masa se resiste a acelerar

Si empujas a un amigo que está sobre una patineta, tu amigo acelera, pero si empujas a un elefante que está sobre una patineta, su aceleración será mucho menor. Verás que la cantidad de aceleración no sólo depende de la fuerza, sino también de la masa que empujas. La misma fuerza aplicada al doble de masa produce la mitad de la aceleración. Con tres masas, la aceleración es la tercera parte. Se dice que la aceleración que produce determinada fuerza es inversamente proporcional a la masa; esto es,

$$\text{Aceleración} \sim \frac{1}{masa}$$

Inversamente quiere decir que los dos valores cambian en dirección contraria. Cuando aumenta el denominador, toda la cantidad disminuye. Por ejemplo, $\frac{1}{100}$ es menor que $\frac{1}{10}$.

Segunda ley de Newton del movimiento

Todos los días vemos cosas que no tienen un estado constante de movimiento: objetos que al principio están en reposo se pueden mover después; objetos que se mueven describiendo trayectorias que no son líneas rectas; cosas en movimiento que se pueden detener. La mayor parte de los movimientos que observamos cambian, como resultado de que hay una o más fuerzas aplicadas. La fuerza neta general, ya sea causada por una sola fuente o por una combinación de ellas, produce aceleración. La relación entre la aceleración, fuerza e inercia está dada por la segunda ley de Newton:

La aceleración de un objeto es directamente proporcional a la fuerza neta que actúa sobre él, tiene la dirección de la fuerza neta y es inversamente proporcional a la masa del objeto.[5]

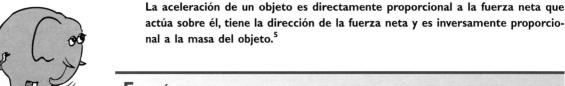

FIGURA 4.8 Mientras mayor masa, se debe ejercer mayor fuerza para obtener la misma aceleración.

Examínate

1. La *inercia* de un bloque de hierro de 2 kg, ¿es el doble que la de un bloque de hierro, de igual densidad de 1 kg? Su *masa*, ¿es el doble? Su *volumen*, ¿es el doble? Su *peso*, ¿es el doble?
2. ¿Sería más fácil levantar un camión cargado con cemento en la Tierra, que en la Luna?

Comprueba tus respuestas

1. Las respuestas de todas las partes son *sí*. Un trozo de hierro de 2 kg tiene doble cantidad de átomos de hierro, y en consecuencia dos veces la materia y la masa. En el mismo lugar, también su peso es doble. Y como ambos trozos tienen la misma densidad (la misma masa/volumen), también el trozo de 2 kg tiene el doble de volumen.

2. Un camión de cemento se levantaría con más facilidad en la Luna, porque allí la fuerza de gravitación es menor. Cuando *levantas* un objeto, estás actuando contra la fuerza de gravedad (su peso). Aunque su masa es igual en la Tierra, en la Luna o en cualquier lugar, su peso sólo es 1/6 en la Luna, por lo que sólo se requiere 1/6 de la fuerza para levantarlo. Sin embargo, para moverlo horizontalmente no actúas contra la gravedad. Cuando la masa es el único factor, fuerzas iguales producen aceleraciones iguales, sea que el objeto esté en la Tierra o en la Luna.

[5]En algunas instituciones educativas esta definición se indica como: "La fuerza neta sobre un objeto es directamente proporcional a la aceleración que adquiere y el valor de la constante de proporcionalidad corresponde a la masa."

La fuerza que ejerce la mano acelera al ladrillo

La misma fuerza acelera la mitad a 2 ladrillos

Con 3 ladrillos, la aceleración es $1/3$ de la original

FIGURA 4.9 La aceleración es inversamente proporcional a la masa de los cuerpos.

En resumen, esto dice que:

$$\text{Aceleración} \sim \frac{\text{fuerza neta}}{\text{masa}}$$

En notación simbólica es:

$$a \sim \frac{F_{neta}}{m}$$

Usaremos la línea ondulada $\sim$ como símbolo que indica "es proporcional a". También se usa el signo μ. Se dice que la aceleración a es directamente proporcional a la fuerza neta general F_{neta} e inversamente proporcional a la masa m. Eso quiere decir que si F_{neta} aumenta, a aumenta con el mismo factor (si F_{neta} es doble, a es doble); pero si m aumenta, a disminuye con el mismo factor (si m se duplica, a se reduce a la mitad). Con las unidades adecuadas de F_{neta}, m y a, la proporcionalidad se puede convertir en una ecuación exacta:

$$a = \frac{F_{neta}}{m}$$

Un objeto se acelera en la dirección de la fuerza que actúa sobre él. Si se aplica en la dirección de movimiento del objeto, la fuerza aumentará la rapidez del objeto. Si se aplica en dirección contraria, disminuirá su rapidez. Si se aplica en ángulo recto, desviará al objeto. Cualquier otra dirección de aplicación dará como resultado una combinación de cambio de rapidez y de dirección. *La aceleración de un objeto tiene siempre la dirección de la fuerza neta.*

Entonces, la aceleración de un objeto depende tanto de la fuerza neta que se ejerce sobre él como de su masa.

EXAMÍNATE En el capítulo anterior se definió la aceleración como la razón de cambio de la velocidad con respecto al tiempo; esto es, a = (cambio de v)/tiempo. En este capítulo, ¿estamos diciendo que la aceleración es más bien la relación de la fuerza entre la masa, esto es, que $a = F/m$? ¿Cuál de las dos es cierta?

Cuando la aceleración es g (caída libre)

Aunque Galileo usó los conceptos de inercia y de aceleración, y fue quien primero midió la aceleración de objetos que caen, no pudo explicar por qué los objetos de diversas masas caen con aceleraciones iguales. La segunda ley de Newton es la explicación.

Sabemos que un cuerpo que cae acelera hacia la Tierra debido a la fuerza de atracción gravitacional entre el objeto y la Tierra. Cuando la fuerza de gravedad es la única que actúa, esto es, cuando fricciones como la del aire son despreciables, se dice que el objeto está en un estado de **caída libre**.

COMPRUEBA TU RESPUESTA La aceleración se define como la razón de cambio de la velocidad con respecto al tiempo, y la produce una fuerza. La magnitud de fuerza/masa (la causa) determina la razón de cambio de v/tiempo (el efecto). Así, si bien definimos la aceleración en el capítulo 3, en este capítulo definimos lo que produce la aceleración.

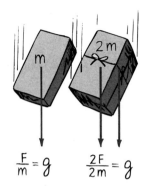

$$\frac{F}{m} = g \qquad \frac{2F}{2m} = g$$

FIGURA 4.10 La relación del peso (*F*) entre la masa (*m*) es igual para todos los objetos en el mismo lugar; por consiguiente, cuando no hay resistencia del aire sus aceleraciones son iguales.

Cuanto mayor sea la masa de un objeto, tanto mayor es la fuerza gravitacional de atracción entre él y la Tierra. Por ejemplo, el ladrillo doble de la figura 4.10 tiene el doble de atracción gravitacional que el ladrillo único. ¿Por qué, entonces, como suponía Aristóteles, la caída del ladrillo doble no tiene el doble de rapidez? La respuesta es que la aceleración de un objeto no sólo depende de la fuerza, en este caso el peso, sino también de la resistencia del cuerpo a moverse, o sea su inercia. Mientras que una fuerza produce una aceleración, la inercia es una *resistencia* a la aceleración. Así, el doble de fuerza que se ejerce sobre el doble de inercia produce la misma aceleración que la mitad de la fuerza ejercida sobre la mitad de la inercia. Los dos cuerpos aceleran por igual. La aceleración debida a la gravedad tiene el símbolo *g*. Usaremos este símbolo, y no *a*, para indicar que la aceleración sólo se debe a la gravedad.

La relación de peso a masa en objetos en caída libre es igual a una constante: *g*. Se parece a la relación constante de la circunferencia al diámetro de los círculos, que es igual a la constante π. La relación del peso a la masa es igual para objetos pesados y livianos, del mismo modo que la relación de la circunferencia al diámetro es igual para círculos grandes y pequeños (Figura 4.11).

Ahora comprendemos que la aceleración de la caída libre es independiente de la masa de un objeto. Una piedra 100 veces más masiva que un guijarro cae con la misma aceleración que el guijarro, porque aunque la fuerza sobre la piedra (su peso) es 100 veces mayor que la fuerza sobre el guijarro (su peso), la resistencia (la masa) a cambiar el movimiento es 100 veces mayor que la del guijarro. La mayor fuerza se compensa con la masa igualmente mayor.

EXAMÍNATE En el vacío, una moneda y una pluma caen igual, lado a lado. ¿Es correcto decir que actúan fuerzas iguales de gravedad en la moneda y en la pluma, cuando están en el vacío?

Cuando la aceleración es menor que g (caída no libre)

Una cosa son los objetos que caen en el vacío, y otra los casos de objetos que caen en el aire. Aunque una pluma y una moneda caen con igual aceleración en el vacío, lo hacen en forma muy distinta en el aire. ¿Cómo se aplican las leyes de Newton a objetos que caen en el aire. La respuesta es que las leyes de Newton se aplican a *todos* los objetos, caigan libremente o caigan en presencia de fuerzas resistentes. Sin embargo, las aceleraciones son muy diferentes en los dos casos. Lo importante que se debe tener en mente es la idea de una *fuerza neta*. En el vacío, o en los casos en que se puede despreciar la resistencia del aire, la fuerza neta es igual al peso, porque es la única fuerza. Sin embargo, en presencia de la resistencia del aire, la fuerza neta es menor que el peso: es el peso menos la resistencia del aire.[6]

[6]En notación matemática

$$a = \frac{F_{\text{neta}}}{m} = \frac{mg - R}{m}$$

donde *mg* es el peso y *R* la resistencia del aire. Observa que cuando *R* = *mg*, entonces *a* = 0; así, cuando no hay aceleración, el objeto cae con velocidad constante. Con operaciones del álgebra elemental podemos dar otro paso y obtener

$$a = \frac{F_{\text{neta}}}{m} = \frac{mg - R}{m} = g - \frac{R}{m}$$

Se ve que la aceleración *a* siempre será menor que *g* si la resistencia del aire *R* impide la caída. Sólo cuando *R* = 0 entonces *a* = *g*.

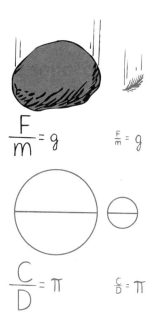

$$\frac{F}{m} = g \qquad \frac{F}{m} = g$$

$$\frac{C}{D} = \pi \qquad \frac{C}{D} = \pi$$

FIGURA 4.11 La relación del cociente entre el peso (*F*) y entre la masa (*m*) es igual en la piedra grande que en la pluma; de igual manera, la razón entre el perímetro de la circunferencia (*C*) y el diámetro (*D*) es igual para el círculo grande y para el pequeño.

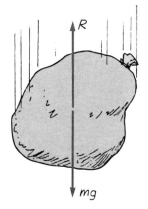

FIGURA 4.12 Cuando el peso *mg* es mayor que la resistencia del aire *R*, el saco que cae acelera. A mayores velocidades *R* aumenta. Cuando *R* = *mg*, la aceleración vale cero y el saco llega a su velocidad terminal.

La fuerza de resistencia del aire que actúa sobre un objeto que cae depende de dos factores. En primer lugar depende de su área frontal y de su forma, esto es, de la cantidad de aire que debe hender en su caída. En segundo lugar depende de la rapidez del objeto que cae: mientras mayor sea la rapidez, la cantidad de moléculas con que se encuentra un objeto en cada segundo es mayor, y las fuerzas debidas a los impactos moleculares son mayores. La resistencia del aire depende de la superficie y de la rapidez del objeto que cae.

En algunos casos la resistencia del aire afecta mucho la caída, y en otros no. La resistencia del aire es importante en la caída de una pluma. Como la pluma tiene tanta superficie en comparación con su peso tan bajo, no cae mucho antes de que la resistencia del aire, con dirección hacia arriba, anule el peso que actúa hacia abajo. La fuerza neta sobre la pluma es cero, entonces, la aceleración termina. Al terminarse la aceleración se dice que el objeto alcanzó su **rapidez terminal**. Si nos ocupamos además de la dirección, que es hacia abajo para los objetos que caen, decimos que el objeto llegó a su **velocidad terminal**. La misma idea se aplica a todos los objetos que caen por el aire. Por ejemplo, en el paracaidismo. Cuando se lanza un paracaidista, aumenta su rapidez, y por tanto aumenta la resistencia del aire hasta que se iguala al peso de la persona. Cuando eso sucede, la fuerza *neta* es cero, y la aceleración del paracaidista se anula porque ha alcanzado su velocidad terminal. Para una pluma la velocidad terminal es algunos centímetros por segundo, mientras que para un paracaidista es de unos 200 km/h (60 m/s). El paracaidista puede variar esa velocidad cambiando de posición. En la posición de cabeza o de pie se encuentra con menos aire y en consecuencia con menos resistencia del mismo, y alcanza su velocidad terminal máxima. Una velocidad terminal menor se alcanza si uno se extiende, del mismo modo que lo hace una ardilla voladora. Cuando se abre el paracaídas se alcanza la velocidad terminal mínima.

Supongamos que un hombre y una mujer se lanzan en paracaídas desde la misma altura y al mismo tiempo (Figura 4.13) y que el hombre pesa el doble que la mujer, pero que sus paracaídas tienen el mismo tamaño. Se abren los paracaídas al principio. El paracaídas del mismo tamaño quiere decir que con rapidez igual la resistencia del aire es igual en cada uno. ¿Quién llega primero al suelo, el hombre pesado o la mujer ligera? La respuesta es que la persona que cae con mayor rapidez llega primero al suelo; esto es, la persona que tiene la mayor rapidez terminal. Al principio creeríamos que como los paracaídas son iguales, las rapideces terminales de los dos serían iguales, y que en consecuencia los dos llegarían juntos al suelo. Eso no sucede, porque también la resistencia del aire depende de la rapidez. Una mayor rapidez equivale a una mayor fuerza de impacto en el aire. La mujer llegará a su rapidez terminal cuando la resistencia del aire contra su paracaídas sea igual a su peso. Cuando eso sucede, la resistencia del aire contra el paracaídas del hombre no habrá igualado a su peso todavía. Debe caer con más rapidez que ella, para que la resistencia del aire coincida con su peso mayor.[7]

COMPRUEBA TU RESPUESTA   No, ¡mil veces no! Estos objetos tienen la misma aceleración, pero no porque las fuerzas de gravedad que actúan sobre ellos sean iguales, sino porque las *relaciones* de sus pesos entre sus masas son iguales. Aunque en el vacío no hay resistencia del aire, sí hay gravedad (bien que lo sabrías, si pusieras tu mano en una cámara de vacío y sobre ella pasara un camión marca Mack). Si contestaste sí a esta pregunta, considera que es una alarma para que tengas más cuidado cuando pienses la física.

[7]Puede ser que la rapidez terminal del hombre, que pesa el doble, sea aproximadamente 41% mayor que la de la mujer, porque la fuerza de retardo debida a la resistencia del aire es directamente proporcional a la rapidez elevada al cuadrado ($v_{\text{hombre}}^2 / v_{\text{mujer}}^2 = 1.41^2 = 2$).

Resistencia del aire

Resistencia del aire

Peso

Peso

FIGURA 4.13 El paracaidista más pesado debe caer con más rapidez que la paracaidista liviana, para que la resistencia del aire iguale a su peso, que es mayor.

EXAMÍNATE Una paracaidista salta de un helicóptero que vuela muy alto. Al caer cada vez con mayor rapidez por el aire, su aceleración, ¿aumenta, disminuye o permanece igual?

Imagina un par de pelotas de tenis, una hueca y la otra rellena de balines de acero. Aunque tienen el mismo tamaño, la rellena con balines es bastante más pesada que la otra. Si las sujetas arriba de la cabeza y las dejas caer, verás que llegan al suelo al mismo tiempo. Pero si las dejas caer desde más altura, digamos desde la azotea de un edificio, verás que la pelota más pesada llega primero al suelo. ¿Por qué? En el primer caso, las pelotas no aumentan mucho de rapidez porque su caída es corta. La resistencia del aire con que se encuentran es pequeña, en comparación con sus pesos, aun con la pelota normal. No se nota la diminuta diferencia en sus momentos de llegada. Pero cuando se dejan caer desde una altura mayor, las mayores rapideces de caída se encuentran con mayores resistencias del aire. A igual rapidez cada pelota se encuentra con la misma resistencia del aire porque tienen el mismo tamaño. Esta misma resistencia del aire puede ser mucho mayor en comparación con el peso de la pelota más liviana, pero puede que sea pequeña en comparación con el peso de la pelota más pesada (como los paracaidistas de la figura 4.13). Por ejemplo, 1 N de resistencia de aire actuando sobre un objeto que pesa 2 N reduce su aceleración a la mitad, pero 1 N de resistencia de aire actuando sobre un objeto de 200 N sólo disminuye muy poco su aceleración. Así, aun cuando las resistencias del aire sean iguales, las aceleraciones de cada cuerpo pueden ser distintas. La moraleja en este caso es: siempre que se considera la aceleración de algo, se debe usar la segunda ley de Newton para normar el criterio; la aceleración es igual al cociente entre la fuerza *neta* y la masa. Para las pelotas de tenis que caen, la fuerza neta sobre la bola hueca se reduce en forma apreciable a medida que crece la resistencia del aire, mientras que en comparación, la fuerza neta sobre la pelota rellena de acero sólo se reduce muy poco. La aceleración disminuye a medida que disminuye la fuerza neta, y esa fuerza a su vez disminuye al aumentar la resistencia del aire. Si aumenta la resistencia del aire hasta igualar el peso del objeto que cae, cuando lo haga la fuerza neta se vuelve cero y la aceleración desaparece.

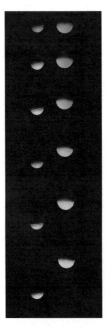

FIGURA 4.14 Fotografía estroboscópica de una pelota de golf (izquierda) y una pelota de poliuretano (derecha) cayendo en el aire. La resistencia del aire es despreciable para la pelota más pesada, y su aceleración es aproximadamente igual a *g*. La resistencia del aire no es despreciable para la pelota ligera de poliuretano, la cual alcanza su velocidad terminal muy pronto.

COMPRUEBA TU RESPUESTA La aceleración disminuye, porque la fuerza neta sobre ella disminuye. La fuerza neta es igual a su peso menos la resistencia del aire, y como la resistencia del aire aumenta al aumentar su rapidez, la fuerza neta, y en consecuencia la aceleración, disminuyen. De acuerdo con la segunda ley de Newton,

$$a = \frac{F_{\text{neta}}}{m} = \frac{mg - R}{m}$$

en donde mg es su peso y R es la resistencia del aire que encuentra. Cuando R aumenta a disminuye. Observa que si cae con la suficiente rapidez para que $R = mg$, entonces $a = 0$ y no hay aceleración; por tanto, cae con rapidez constante.

Resumen de términos

Caída libre Movimiento bajo la sola influencia de la fuerza de atracción gravitacional.

Fricción La fuerza de resistencia que se opone al movimiento, o a intentos de movimiento de un objeto en relación con otro con el que está en contacto, o a través de un fluido.

Fuerza Es interacción que pueda causar aceleración en un objeto; su unidad es el newton en el SI.

Inercia La propiedad que tienen las cosas de resistir a cambios de movimiento.

Kilogramo Unidad SI fundamental de masa. Un kilogramo (símbolo kg) es equivalente a la masa de 1 litro (L) de agua a 4°C.

Masa La cantidad de materia en un objeto. En forma más específica, la medida de la inercia o indolencia del objeto a cambiar de movimiento en respuesta a los esfuerzos para ponerlo en movimiento, detenerlo, desviarlo o cambiar en cualquier forma su estado de movimiento.

Newton Es la unidad SI de fuerza. Un newton (símbolo N) es la fuerza que produce una aceleración de 1 m/s^2 a un objeto con masa de 1 kg.

Peso La fuerza de gravedad sobre un objeto.

Rapidez terminal La rapidez a que llega un cuerpo que cae cuando la aceleración se hace cero debido a que la resistencia del aire balancea al peso del objeto.

Volumen La cantidad de espacio que ocupa un objeto.

Preguntas de repaso

La fuerza causa aceleración

1. ¿Es la aceleración proporcional a la fuerza neta, o es igual a la fuerza neta?

Fricción

2. ¿Cómo influye la fricción sobre la fuerza neta sobre un objeto?

3. ¿Cuál es la magnitud de la fricción, en comparación con tu empuje sobre una caja que no se mueve sobre el suelo horizontal?

4. Si aumentas tu empuje, ¿aumentará también la fricción en la caja?

5. Una vez que la caja se desliza, ¿con qué fuerza debes empujarla para mantenerla en movimiento a velocidad constante?

6. ¿Cuál suele ser mayor, la fricción estática o la fricción cinética, sobre el mismo objeto?

7. ¿Cómo varía la fuerza de fricción cuando varía la rapidez?

8. Desliza un bloque sobre su cara grande, y a continuación voltéalo para que se deslice sobre su cara pequeña. ¿En cuál caso es mayor la fricción?

9. ¿Varía la fricción en los fluidos con la rapidez y con el área de contacto?

Masa y peso

10. ¿Qué relación tiene la masa con la inercia?

11. ¿Qué relación tiene la masa con el peso?

12. ¿Qué es más fundamental, la *masa* o el *peso*? ¿Cuál varía con el lugar?

13. Llena los espacios: Cuando se agita un cuerpo, se mide su _____. Cuando ese cuerpo se levanta contra la gravedad, se está midiendo su _____.

14. Llena los espacios: La unidad internacional (SI) de masa es _____. La unidad internacional de fuerza es _____.

15. ¿Cuál es el peso aproximado de una hamburguesa de un cuarto de libra ya cocinada en la superficie de la Tierra?

16. ¿Cuál es el peso de un ladrillo de un kilogramo en la superficie de la Tierra?

17. En los tirones del hilo de la figura 4.7, un tirón gradual del hilo inferior hace que se rompa el hilo superior. Ese fenómeno, ¿está relacionado con el peso o la masa de la esfera?

18. En los tirones del hilo de la figura 4.7, un tirón brusco del hilo inferior hace que se rompa el hilo inferior. Ese fenómeno, ¿ilustra el peso o la masa de la esfera?

19. Describe con claridad la diferencia entre *masa*, *peso* y *volumen*.

Una masa se resiste a acelerar

20. La aceleración, ¿es directamente proporcional a la masa, o es inversamente proporcional a la masa? Describe un ejemplo.

Segunda ley de Newton del movimiento

21. Enuncia la segunda ley de Newton del movimiento.
22. Si se dice que una cantidad es *directamente proporcional* a otra, ¿quiere decir que son *iguales* entre sí? Explícalo en forma breve, usando masa y peso en un ejemplo.
23. Si la fuerza neta que actúa sobre un bloque que se desliza aumenta al triple, ¿cuánto aumentará su aceleración?
24. Si la masa de un bloque que se desliza aumenta al triple, mientras se le aplica la misma fuerza, ¿cuánto disminuye la aceleración?
25. Si la masa de un bloque que se desliza aumenta al triple, y al mismo tiempo la fuerza neta aumenta al triple, ¿cómo se compara la aceleración que resulta con la aceleración original?
26. ¿Cómo se compara la dirección de la aceleración con la de la fuerza que la produce?

Cuando la aceleración es g (caída libre)

27. ¿Qué quiere decir *caída libre*?
28. La relación circunferencia/diámetro es π en todos los círculos. ¿Cuál es la relación fuerza/masa en todos los objetos que caen libremente?
29. ¿Por qué un objeto pesado no acelera más que uno ligero, cuando ambos caen libremente?

Cuando la aceleración es menor que g (caída no libre)

30. ¿Cuál es la fuerza neta que actúa sobre un objeto de 10 N en caída libre?
31. ¿Cuál es la fuerza neta que actúa sobre un objeto de 10 N de peso cuando al caer se encuentra con una resistencia de aire igual a 4 N?
32. ¿Cuáles son los dos factores principales que afectan la fuerza de resistencia del aire sobre un objeto que cae?
33. ¿Cuál es el valor de la aceleración de un objeto que cae y ha llegado a su velocidad terminal?
34. ¿Por qué un paracaidista robusto cae con más rapidez que uno más ligero, si los dos usan paracaídas del mismo tamaño?
35. Si dos objetos del mismo tamaño caen por el aire con distintas velocidades, ¿cuál encuentra la mayor resistencia del aire?

Proyectos

1. Deja caer al mismo tiempo una hoja de papel y una moneda. ¿Cuál llega primero al suelo? ¿Por qué? Ahora haz una bola con la hoja de papel y déjala caer de nuevo con la moneda. Describe la diferencia que observes. ¿Caerían igual si se dejaran caer desde la ventana de un segundo, tercer o cuarto piso? Inténtalo y describe tus observaciones.
2. Deja caer un libro y una hoja de papel, y observa que el libro tiene mayor aceleración (*g*). Coloca el papel bajo el libro, y será impulsado por éste cuando ambos caen, por lo que ambos caen con *g*. ¿Cómo se comparan sus aceleracio-

nes si colocas el papel sobre el libro levantado y dejas caer ambos? Te sorprenderá, así que prueba y observa. A continuación explica tu observación.
3. Deja caer dos pelotas con distintos pesos desde la misma altura. Cuando sus rapideces son pequeñas, caen prácticamente juntas. ¿Rodarán iguales por el mismo plano inclinado? Si se cuelga cada una de un hilo con igual longitud, formando un par de péndulos y soltándolas desde el mismo ángulo, ¿oscilarán al unísono? Prueba y observa; a continuación explícalo mediante las leyes de Newton.
4. La fuerza neta que actúa sobre un objeto, y la aceleración que resulta, siempre tienen la misma dirección. Lo puedes demostrar con un carrete. Si tiras del carrete horizontalmente hacia la derecha, ¿en qué dirección rodará?

Ejercicios

1. ¿Cuál es la fuerza neta sobre un auto Mercedes convertible que viaja por una carretera recta con velocidad constante de 100 km/h?
2. ¿Puede invertir su dirección la velocidad de un objeto mientras mantiene aceleración constante? En caso afirmativo describe un ejemplo. Si no, explica por qué.
3. Si un objeto no acelera, ¿se puede decir que ninguna fuerza actúa sobre él? Defiende tu respuesta.
4. En una pista larga, una bola de boliche se desacelera cuando rueda. ¿Está actuando alguna fuerza horizontal sobre ella? ¿Cómo lo sabes?
5. Se necesita 1 N para empujar tu libro horizontalmente y hacerlo deslizar a velocidad constante. ¿Cuánta fuerza de fricción actúa sobre el libro?
6. ¿Es posible describir una curva en ausencia de una fuerza? Defiende tu respuesta.
7. Un astronauta lanza una piedra sobre la Luna. ¿Cuál(es) fuerza(s) actúa(n) sobre la piedra durante su trayectoria curva?
8. Mientras tú lanzas una pelota hacia arriba, ¿qué es mayor: el peso de la pelota o la fuerza hacia arriba que ejerces sobre ella? Defiende tu respuesta.
9. Un oso de 400 kg se desliza hacia abajo por el tronco de un árbol del cual se agarra, con velocidad constante. ¿Cuál es la fuerza de fricción que actúa sobre el oso?
10. Una caja permanece en reposo en el suelo de una fábrica, cuando la empujas con una fuerza horizontal *F*. ¿De qué magnitud es la fuerza de fricción que ejerce el suelo sobre la caja? Explica por qué.
11. Estando el transbordador espacial en órbita, en su interior te dan dos cajas idénticas; una está llena de arena y la otra está llena de plumas. ¿Cómo puedes saber cuál es cuál, sin abrirlas?

12. Tu mano vacía no se lesiona cuando la golpeas con suavidad contra un muro. ¿Por qué se lesiona si lo haces sujetando en ella una carga pesada? ¿Cuál es la ley de Newton que se aplica aquí?

13. ¿Por qué un cuchillo masivo es más efectivo para cortar verduras que una navaja igualmente afilada?

14. Cuando a un vehículo viejo se le transforma en chatarra y se compacta en forma de cubo, ¿cambia su masa? ¿cambia su peso? Explica por qué.

15. La gravedad en la superficie de la Luna sólo es la sexta parte que sobre la Tierra. ¿Cuál es el peso de un objeto de 10 kg sobre la Luna y sobre la Tierra? ¿Cuál es la masa de cada lugar?

16. Qué es más correcto decir de una persona que sigue una dieta, ¿está perdiendo masa o perdiendo peso?

17. ¿Qué sucede a tu peso cuando aumenta tu masa?

18. ¿Cuál es tu masa en kilogramos? ¿Cuál es tu peso en newton?

19. Es cada vez más fácil acelerar un cohete cuando se mueve por el espacio. ¿Por qué? (Sugerencia: Como el 90% de la masa de un cohete recién disparado es de combustible.)

20. ¿Qué necesita menos combustible, lanzar un cohete desde la Luna o desde la Tierra? Defiende tu respuesta.

21. Aristóteles afirmaba que la rapidez de un cuerpo que cae depende de su peso. Hoy sabemos que los objetos en caída libre, independientemente de su peso, tienen el mismo aumento de rapidez. ¿Por qué el peso no afecta la aceleración?

22. En un bloqueo de fútbol americano, un liniero trata con frecuencia que su cuerpo esté más bajo que el del contrario, para empujarlo hacia arriba. ¿Qué efecto tiene eso sobre la fuerza de fricción entre los pies del liniero contrario y el terreno?

23. Un auto de carreras va por una pista a velocidad constante de 200 km/h. ¿Qué fuerzas horizontales actúan sobre él y cuál es la fuerza neta que actúa sobre él?

24. Para tirar de un carro por un prado, con velocidad constante, debes ejercer una fuerza constante. Relaciona esto con la primera ley de Newton, que dice que el movimiento con velocidad constante no requiere fuerza.

25. Tres bloques idénticos son arrastrados como se ve en la figura, sobre una superficie horizontal sin fricción. Si la tensión en la cuerda que la mano sujeta es 30 N, ¿cuál es la tensión en las demás cuerdas?

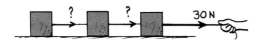

26. La caída libre es el movimiento en el que la gravedad es la única fuerza que actúa. a) Un paracaidista que ha llegado a su rapidez terminal, ¿está en caída libre? b) Un satélite que describe círculos en torno a la Tierra, ¿está en caída libre?

27. ¿Cuál es la fuerza que te impulsa hacia arriba al brincar verticalmente sobre el suelo?

28. Al brincar hacia arriba, en posición parada, ¿cómo se comparan la fuerza que ejerces sobre el suelo y tu peso?

29. Cuando saltas verticalmente del suelo, ¿cuál es tu aceleración cuando pasas por el punto más alto?

30. ¿Cuál es la aceleración de una piedra en la cúspide de su trayectoria, cuando se lanza verticalmente hacia arriba? ¿Está de acuerdo tu respuesta con la segunda ley de Newton?

31. Un refrán dice: "No es la caída la que duele, es la parada tan repentina." Traduce lo anterior en términos de las leyes de Newton del movimiento.

32. Un amigo dice que mientras un automóvil está en reposo no actúa fuerzas sobre él. ¿Qué le dirías para corregirlo?

33. Cuando tu auto avanza por la carretera con velocidad constante, la fuerza neta sobre él es cero. ¿Por qué entonces debes mantener funcionando el motor?

34. Una "estrella fugaz" suele ser un grano de arena procedente del espacio, que se quema y emite luz al entrar a la atmósfera. ¿Qué es exactamente lo que causa que se queme?

35. ¿Cuál es la fuerza neta sobre una manzana de 1 N cuando la sujetas en reposo por arriba de tu cabeza? ¿Cuál es la fuerza neta después que la sueltas?

36. ¿Contiene fuerzas un cartucho de dinamita?

37. Un paracaidista, después de abrir el paracaídas, baja suavemente y no aumenta su velocidad. Sin embargo, siente el tirón del arnés hacia arriba, mientras que la gravedad tira de él hacia abajo. ¿Cuál de las dos fuerzas es mayor? ¿O tendrán la misma magnitud?

38. ¿Por qué una hoja de papel cae más despacio que otra que se ha hecho en forma de bola?

39. La resistencia del aire, será mayor sobre una hoja de papel que cae, o sobre el mismo papel hecho una bola, la cual cae con una rapidez terminal mayor. (¡Ten cuidado!)

40. Con una mano sujeta una pelota de ping-pong y con la otra una pelota de golf. Suéltalas al mismo tiempo. Verás que caen al suelo casi al mismo tiempo. Pero si las dejas caer desde arriba de una escalera alta, verás que la de golf llega primero. ¿Cómo explicas lo sucedido?

41. ¿Cómo se compara la fuerza de gravedad sobre una gota de lluvia con la resistencia del aire que se encuentra en su caída, cuando cae la gota a velocidad constante?

42. Cuando un paracaidista abre el paracaídas, ¿en qué dirección acelera?

43. ¿Cómo se comparan la rapidez terminal de un paracaidista, antes de abrir el paracaídas con su velocidad terminal después de abrirlo? ¿A qué se debe la diferencia?

44. ¿Cómo se compara la fuerza gravitacional sobre un cuerpo que cae con la resistencia que encuentra antes de llegar a la velocidad terminal? ¿Y después de llegar a ella?

45. ¿Por qué un gato que por accidente cae desde arriba de un edificio de 50 pisos, llega al suelo con la misma rapidez que si el edificio tuviera 20 pisos?

46. ¿Bajo qué condiciones estará en equilibrio una esfera de metal que cae por un líquido viscoso?

47. Ciertamente cuando Galileo dejó caer dos pelotas desde arriba de la Torre Inclinada de Pisa, la resistencia del aire no era despreciable. Suponiendo que ambas tuvieran el mismo tamaño pero una fuera de madera y la otra de metal, ¿cuál de ellas llegaría primero al suelo? ¿Por qué?

48. Si dejas caer un par de pelotas de tenis, al mismo tiempo, desde la azotea de un edificio, llegarán al suelo al mismo tiempo. Si rellenas una de ellas con balines de plomo y las dejas caer al mismo tiempo, ¿cuál llegará primero al suelo? ¿Cuál tendrá mayor resistencia del aire? Defiende tus respuestas.

49. Cuando no hay resistencia del aire, si una pelota se lanza verticalmente hacia arriba, con cierta rapidez inicial, al regresar a su altura original tendrá la misma rapidez. Cuando se tienen en cuenta la resistencia del aire, ¿la pelota se moverá más rápido, igual o más lento cuando regrese al mismo nivel? ¿Por qué? (Con frecuencia, los físicos usan un "principio de exageración" para ayudarse a analizar un problema. Examina el caso exagerado de una pluma, y no de una pelota, porque el efecto de la resistencia del aire sobre la pluma es más pronunciado y en consecuencia es más fácil de visualizar.)

50. Si se lanza una pelota verticalmente al aire en presencia de la resistencia de éste, ¿crees que el tiempo durante el cual sube será más largo o más corto que su tiempo de bajada? (Aplica de nuevo el "principio de la exageración".)

Problemas

1. ¿Cuál es la aceleración máxima que puede adquirir un corredor si la fricción entre los pies y el pavimento es el 90% de su peso?

2. ¿Cuál es la aceleración de un bloque de cemento de 40 kg que se encuentra sobre una superficie sin roce, al tirar de él lateralmente con una fuerza neta de 200 N?

3. ¿Cuál es la aceleración de una cubeta con 20 kg de cemento de la cual se tira hacia arriba (¡no lateralmente!) con una fuerza de 300 N?

4. Si una fuerza de 1 N acelera una masa de 1 kg con 1 m/s^2, ¿cuál será la aceleración de 2 kg sobre los cuales obre una fuerza de 2 N?

5. ¿Cuánta aceleración tiene un Jumbo 747 con 30,000 kg de masa, al despegar, cuando el empuje de cada uno de sus cuatro motores es 30,000 N?

6. Se ve que dos cajas aceleran igual cuando se aplica una fuerza F a la primera, y se aplica $4F$ a la segunda. ¿Cuál es la relación de sus masas?

7. Un bombero de 80 kg de masa se desliza por un poste vertical con una aceleración de 4 m/s^2. ¿Cuál es la fuerza de fricción entre el poste y el bombero?

8. ¿Cuál será la aceleración de un paracaidista cuando aumenta la resistencia del aire hasta la mitad de su peso?

9. Al acelerar cerca del final de una carrera, un corredor con 60 kg de masa pasa de una rapidez de 6 m/s a otra de 7 m/s en 2 s. a) ¿Cuál es la aceleración promedio del corredor durante este tiempo? b) Para aumentar su rapidez, el corredor produce una fuerza sobre el suelo dirigida hacia atrás, y en consecuencia el suelo lo impulsa hacia adelante y proporciona la fuerza necesaria para la aceleración. Calcula esta fuerza promedio.

10. Antes de entrar en órbita, una astronauta tiene 55 kg de masa. Al estar en órbita, se determina con una medición que una fuerza de 100 N hace que se mueva con una aceleración de 1.90 m/s^2. Para recobrar su peso inicial, ¿debe adoptar una dieta, o comenzar a ingerir más dulces?

Recuerda, con las preguntas de repaso compruebas si captas las ideas básicas del capítulo. Los ejercicios y los problemas son "lagartijas" adicionales para que te ejercites después de haber comprendido el capítulo, cuando menos en forma satisfactoria, y puedas manejar las preguntas de repaso.

5

TERCERA LEY DE NEWTON
DEL MOVIMIENTO

Diane Linenger ilustra el uso de los vectores al estudiar las
tensiones relativas en los cordones.

Deja caer una hoja de papel de seda frente al campeón mundial de boxeo de peso
completo y rétalo a que la golpee cuando está en el aire, aunque sea con 222 N o
sea 50 libras de fuerza. Discúlpalo, porque no lo puede hacer. De hecho, su mejor golpe
ni siquiera se podría acercar a esa cantidad. ¿Por qué? En este capítulo veremos que el
papel de seda no tiene la inercia suficiente como para tener una interacción de 222 N
con el puño del campeón.

Fuerzas
e interacciones

Hasta ahora hemos descrito la fuerza en su sentido más sencillo: como un empuje o un
tirón. En un sentido más amplio, una fuerza no es una cosa en sí, sino que constituye una
interacción entre una cosa y otra. Si empujas una pared con los dedos sucede más que
eso. La pared también te empuja. ¿De qué modo podrías explicar que los dedos se doblan? Los dedos y la pared se empujan entre sí. Interviene un par de fuerzas: tu empuje
sobre el muro y el empuje que te devuelve el muro. Estas fuerzas son de igual magnitud
pero de dirección contraria, y forman una interacción simple. De hecho no puedes empujar la pared a menos que ésta te regrese el empujón.[1]

[1]Tendemos a imaginar que sólo lo viviente empuja y jala. Pero las cosas inanimadas pueden hacer lo mismo. Así
que no tengas problema con la idea de que algo inanimado te empuja. Lo hace, del mismo modo que haría otra
persona que se recargara contra ti.

FIGURA 5.1 Cuando te recargas contra una pared, ejerces sobre ella una fuerza. Al mismo tiempo, la pared ejerce una fuerza igual y opuesta sobre ti. Por eso es que no te caes.

Imagínate a un boxeador golpeando un saco de arena. Su puño golpea el saco de arena (y lo dobla), y al mismo tiempo el saco pega contra el puño (y detiene el movimiento). Al pegar al saco de arena hay una interacción con él, donde interviene un par de fuerzas. El par de fuerzas puede ser muy grande. Pero, ¿y si quiere golpear una hoja de papel de seda, como dijimos antes? El puño del boxeador sólo puede ejercer una fuerza sobre el papel que iguale la fuerza que el papel ejerce sobre el puño. Además, el puño no puede ejercer fuerza alguna, a menos que aquello a lo que pegue devuelva la misma cantidad de fuerza. Una interacción requiere de un *par* de fuerzas actuando en *dos* objetos.

FIGURA 5.2 Puede golpear el saco de arena con gran fuerza, pero con el mismo golpe sólo puede ejercer una fuerza diminuta sobre el papel de seda en el aire.

FIGURA 5.3 En la interacción entre el mazo y la estaca, cada uno ejerce la misma fuerza sobre el otro.

Otros ejemplos: tiras de un carrito y éste acelera. Pero al hacerlo el carrito tira de ti, como quizá lo puedas sentir si te envuelves la mano con la cuerda. Un mazo le pega a una estaca y la mete en el suelo. Al hacerlo, la estaca ejerce una cantidad igual de fuerza sobre el mazo, lo cual hace que se pare en forma abrupta. Una cosa interacciona con otra; tú con el carrito o el mazo con la estaca.

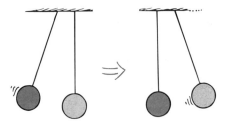

FIGURA 5.4 Las fuerzas de impacto entre las esferas de la izquierda y de la derecha mueven la de la derecha y detienen la de la izquierda.

¿Qué ejerce la fuerza y qué la recibe? La respuesta de Isaac Newton fue que ninguna de las fuerzas necesita identificarse como la que se ejerce o la que recibe, y llegó a la conclusión de que ambos objetos se deben considerar por igual. Por ejemplo, cuando tiras del carrito, al mismo tiempo el carrito tira de ti. Este par de fuerzas, tu tirón al carrito y el tirón del carrito sobre ti forma una interacción entre tú y el carrito. En la interacción entre el mazo y la estaca; el mazo ejerce una fuerza contra la estaca, pero se para en el proceso. Estas observaciones condujeron a Newton a formular su tercera ley del movimiento.

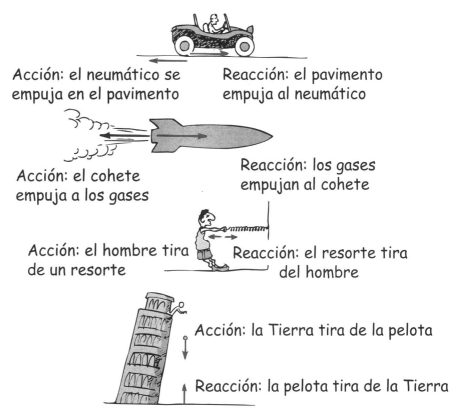

Acción: el neumático se empuja en el pavimento

Reacción: el pavimento empuja al neumático

Acción: el cohete empuja a los gases

Reacción: los gases empujan al cohete

Acción: el hombre tira de un resorte

Reacción: el resorte tira del hombre

Acción: la Tierra tira de la pelota

Reacción: la pelota tira de la Tierra

FIGURA 5.5 Fuerzas de acción y reacción. Observa que cuando la acción es "A ejerce fuerza sobre B", la reacción es simplemente "B ejerce fuerza sobre A".

Tercera ley de Newton del movimiento

La tercera ley de Newton dice:

Siempre que un objeto ejerce una fuerza sobre un segundo objeto, el segundo objeto ejerce una fuerza de igual magnitud y dirección opuesta sobre el primero.

Con frecuencia, la tercera ley de Newton se enuncia como sigue: "A cada acción siempre se opone una reacción igual." En cualquier interacción hay un par de fuerzas de acción y de reacción, cuya magnitud es igual y sus direcciones son opuestas. Ninguna fuerza existe sin la otra; las fuerzas se dan en *pares*, una es la acción y la otra la reacción. El par de fuerzas de acción y reacción forma una interacción entre dos cosas.

Tú interactúas con el piso al caminar sobre él. Tu empuje contra el piso se acopla al empuje del piso contra ti. El par de fuerzas se forma al mismo tiempo. De igual manera, los neumáticos y el asfalto empujan unos hacia el otro. Al nadar interaccionas con el agua, la cual la empujas hacia atrás mientras que el agua te empuja hacia adelante; y tú y el agua se empujan entre sí. En cada caso hay un par de fuerzas, una acción y una reacción, que forman una interacción. En estos casos, las fuerzas de reacción son las que causan el movimiento. Esas fuerzas dependen de la fricción; una persona o un automóvil en el hielo, por ejemplo, podrían no llegar a ejercer la fuerza de acción que produzca la fuerza de reacción necesaria. No importa a cuál fuerza llamemos *acción* y a cuál *reacción,* lo importante es que ninguna de ellas existe sin la otra.

FIGURA 5.6 Cuando la manzana tira de la naranja, la naranja acelera. Al mismo tiempo la naranja tira de la manzana. ¿Se anulan las fuerzas?

FIGURA 5.7 Cuando la naranja es el sistema (dentro de la línea punteada) actúa sobre ella una fuerza externa que proporciona la manzana. Las fuerzas de acción y de reacción no se anulan, y el sistema acelera.

FIGURA 5.8 Cuando tanto la manzana como la naranja forman el sistema (ambas dentro de la línea punteada) no actúa fuerza externa sobre él. La acción y la reacción están dentro del sistema y sí se anulan.

Definición de tu sistema

Con frecuencia surge una interesante pregunta: si las fuerzas de acción y de reacción son iguales en magnitud y dirección opuesta, ¿por qué no se anulan? Para contestarla debemos definir el *sistema* que interviene. Veamos el par de fuerzas entre la manzana y la naranja de la figura 5.6. La manzana ejerce una fuerza sobre la naranja, y ésta acelera. Primero consideraremos que el sistema es la naranja, y lo definiremos con una línea punteada que la rodee (Figura 5.7). Observa que hay una fuerza externa que actúa sobre el sistema, y esa fuerza la suministra la manzana. El hecho de que la naranja ejerza al mismo tiempo una fuerza sobre la manzana, que es externa al otro sistema, puede afectar a la manzana (que es otro sistema), pero no a la naranja. La fuerza sobre la naranja no se anula con la fuerza sobre la manzana. Así que, las fuerzas de acción y de reacción no se anulan.

Sin embargo, si definimos que el sistema encierre tanto a la naranja como a la manzana, el par de fuerzas es interno a este sistema. Entonces las fuerzas sí se anulan entre sí. La manzana y la naranja se acercan, pero el "centro de gravedad" del sistema está en el mismo lugar antes y después del tirón. No hay fuerza neta, y en consecuencia no hay aceleración neta. De igual modo, los muchos pares de fuerzas entre las moléculas de una pelota de golf pueden mantenerla unida, formando un sólido cohesivo, pero no tienen papel alguno en la aceleración de la pelota. Se necesita una fuerza externa para acelerarla.

Así, es necesaria una fuerza externa tanto a la manzana como a la naranja para producir la aceleración de ambas (como la fricción del piso y los pies de la manzana). En general, cuando el cuerpo A dentro de un sistema interactúa con el cuerpo B fuera del sistema, cada uno puede sentir una fuerza neta. Las fuerzas de acción y de reacción no se anulan. No puedes anular una fuerza que actúa sobre el cuerpo A con otra que actúe sobre el cuerpo B. Las fuerzas sólo se anulan cuando actúan sobre el *mismo* cuerpo, o dentro del mismo sistema. Las fuerzas de acción y de reacción actúan *siempre* sobre cuerpos distintos. Cuando las fuerzas de acción y de reacción son *internas* en un sistema, sí se anulan entre sí y no producen aceleración del sistema.

Si te confunde lo anterior, no te apures porque Newton también tuvo problemas con su tercera ley.

EXAMÍNATE

1. En un día frío y lluvioso el acumulador de tu automóvil está "muerto", y debes empujarlo para que arranque. ¿Por qué no lo puedes empujar sentado cómodamente en el interior y empujando contra el tablero?
2. ¿Por qué un libro que descansa sobre una mesa nunca acelera "espontáneamente" como respuesta a los miles de miles de millones de fuerzas interatómicas dentro de él?
3. ¿Tiene fuerza un misil que acelera?
4. Sabemos que la Tierra tira de la Luna. ¿Quiere decir que en consecuencia la Luna también tira de la Tierra?
5. ¿Puedes identificar las fuerzas de acción y de reacción en el caso de un objeto que cae en el vacío?

Acción y reacción sobre masas distintas

Por extraño que te parezca, un objeto que cae tira de la Tierra hacia arriba, tanto como la Tierra tira de él hacia abajo. El tirón hacia abajo sobre el objeto parece lo normal, por-

FIGURA 5.9 La Tierra es tirada hacia arriba por la piedra, con igual fuerza que la piedra es tirada hacia abajo por la Tierra.

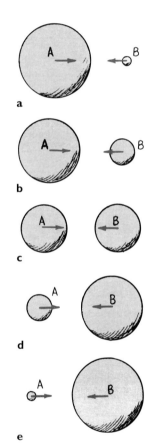

FIGURA 5.10 ¿Cuál cae hacia cual, A o B? ¿Las aceleraciones de cada uno se relacionan con sus masas relativas?

que se aprecia bien la aceleración de 10 metros por segundo cada segundo. La misma cantidad de fuerza, cuando actúa sobre la inmensa masa de la Tierra, produce una aceleración tan pequeña que no se puede notar ni medir.

Podemos ver que la Tierra acelera una mínima parte como respuesta a un objeto que cae si examinamos los ejemplos exagerados de dos cuerpos planetarios, de *a* hacia *e* en la figura 5.10. Las fuerzas entre A y B son de igual magnitud y dirección opuesta en *cada* caso. Si la aceleración del planeta A no se nota en la parte *a*, entonces se nota más en *b*, donde la diferencia entre las masas es menos extrema. En *c*, donde ambos cuerpos tienen igual masa, la aceleración del objeto A es evidente, al igual que la de B. Continuando, vemos que la aceleración de A se hace cada vez más evidente en la parte *d*, y todavía más en *e*. Entonces, hablando con propiedad, cuando bajas de la acera a la calle, ésta sale a tu encuentro, de manera imperceptible.

El papel de las masas distintas es evidente al disparar un rifle. Al hacerlo hay una interacción entre el rifle y la bala (Figura 5.11). Un par de fuerzas actúa tanto en el rifle como en la bala. La fuerza que se ejerce sobre la bala es tan grande como la fuerza de reacción que se ejerce sobre el rifle; por eso éste da un culatazo. Como las fuerzas son de igual magnitud, ¿por qué el rifle no retrocede con la misma rapidez con que sale la bala? Al analizar los cambios de movimiento, recordamos que la segunda ley de Newton nos dice que también hay que tener en cuenta las masas que intervienen. Supongamos que *F* representa el valor de las fuerzas de acción y reacción, *m* la masa de la bala y m la masa, que es mayor, del rifle. Las aceleraciones de la bala y del rifle se calculan con la relación de fuerza entre masa. La aceleración de la bala es:

$$\frac{F}{m} = a$$

COMPRUEBA TUS RESPUESTAS

1. En este caso, el sistema que se debe acelerar es el auto. Si te quedas en el interior y empujas el tablero, el par de fuerzas que produces son acción y reacción dentro del sistema. Estas fuerzas se anulan en lo que concierne al movimiento del vehículo. Para acelerarlo debe haber una interacción entre él y algo externo a él, por ejemplo, que lo empujes desde fuera impulsándote en el piso de la calle.

2. Cada una de esas fuerzas interatómicas es parte de un par de acción y reacción dentro del libro. Estas fuerzas se suman y dan cero, independientemente de lo numerosas que sean. Es lo que hace que la *primera* ley de Newton se aplique al libro. El libro tiene aceleración cero, a menos que una fuerza *externa* actúe sobre él.

3. No, una fuerza no es algo que *tenga* un objeto, como su masa, sino que es parte de una interacción entre un objeto y otro. Un misil que acelera puede poseer la capacidad de ejercer una fuerza sobre otro objeto cuando sucede la interacción, pero no posee una fuerza como cosa propia. Como veremos en los capítulos siguientes, un misil que acelera posee impulso y energía cinética.

4. Sí, ambas fuerzas forman un par de fuerzas de acción y reacción, asociado con la interacción gravitacional entre la Tierra y la Luna. Se puede decir que 1) la Tierra tira de la Luna, y 2) la Luna tira también de la Tierra; pero es mejor imaginar que sólo se trata de una sola interacción: que la Tierra y la Luna tiran simultáneamente entre sí, cada una con la *misma* cantidad de fuerza.

5. Para identificar en cualquier caso un par de fuerzas de acción y reacción, primero se identifica el par de los objetos que interactúan: el cuerpo A y el cuerpo B. El cuerpo A, el objeto que cae, está interactuando (gravitacionalmente) con el cuerpo B, que es toda la Tierra. Entonces, la Tierra tira hacia abajo del objeto (lo llamaremos acción) mientras que el objeto tira hacia arriba de la Tierra (reacción).

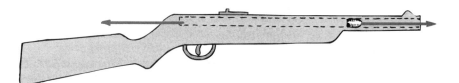

FIGURA 5.11 La fuerza que se ejerce contra el rifle y que lo hace retroceder es exactamente igual en magnitud que la fuerza que impulsa a la bala. ¿Por qué, entonces, la bala acelera más que el rifle?

mientras que la aceleración del retroceso del rifle es

$$\frac{F}{m} = a$$

Vemos por qué el cambio en el movimiento de la bala es gigantesco, en comparación con el cambio de movimiento del rifle. Una fuerza dada dividida entre una masa pequeña produce una aceleración grande, mientras que la misma fuerza dividida entre una masa grande produce una aceleración pequeña. Usamos símbolos de distintos tamaños para indicar las diferencias en las masas y en las aceleraciones resultantes. Regresando al ejemplo del objeto que cae, si usáramos símbolos igualmente exagerados para representar la aceleración de la Tierra como reacción a un objeto que cae, el símbolo m de la Tierra tendría un tamaño astronómico. La fuerza F, que es el peso del objeto que cae, dividido entre esta gran masa produciría una a microscópica que representaría la aceleración de la Tierra hacia el objeto que cae.

Si ampliamos la idea del retroceso o culatazo del rifle por la bala que dispara, podremos comprender la propulsión en los cohetes. Imagínate una ametralladora con su retroceso cada vez que dispara una bala. Si se sujeta de modo que pueda deslizarse libremente sobre un alambre vertical (Figura 5.12), acelera hacia arriba a medida que dispara balas hacia abajo. Un cohete acelera del mismo modo. Continuamente recibe culatazos a causa del gas que expulsa. Cada molécula de gas de escape es como una bala diminuta que dispara el cohete (Figura 5.13).

Una idea errónea común es que el impulso del cohete se debe al impacto de los gases de escape contra la atmósfera. De hecho, a inicios de 1900, antes de la aparición de los cohetes, muchas personas pensaban que era imposible mandar un cohete a la Luna, por la ausencia de una atmósfera contra la que se apoyara el cohete. Pero es como decir que una ametralladora no puede tener retroceso porque las balas no tienen contra qué empujar. ¡No es verdad! Tanto el cohete como la ametralladora no aceleran por empujes sobre el aire, sino por las fuerzas de reacción debidas a las "balas" que disparan, haya aire o no. De hecho, un cohete funciona mejor sobre la atmósfera, donde no hay resistencia de aire que se oponga a su movimiento.

Si aplicamos la tercera ley de Newton comprenderemos cómo un helicóptero obtiene su fuerza de sustentación. Las aspas de la hélice tienen una forma tal que empujan hacia abajo a las partículas de aire (acción), y el aire empuja a las aspas hacia arriba (reacción). Esta fuerza de reacción hacia arriba se llama *sustentación*. Cuando la sustentación es igual al peso del vehículo, el helicóptero se suspende en el aire. Cuando la sustentación es mayor, el helicóptero asciende.

Esto sucede con las aves y los aeroplanos. Las aves empujan el aire hacia abajo. A su vez, el aire las empuja hacia arriba. Cuando el ave asciende, las alas presentan una forma tal que el movimiento de las partículas de aire se desvía hacia abajo. Las alas de un aeroplano, con una inclinación ligera que desvía hacia abajo el aire que les llega, producen la sustentación del avión. El aire impulsado hacia abajo es el que mantiene la susten-

FIGURA 5.12 La ametralladora retrocede por las balas que dispara, y sube.

FIGURA 5.13 El cohete retrocede debido a las "balas moleculares" que dispara, y sube.

tación en forma constante. El abastecimiento de aire se obtiene con el movimiento del avión hacia adelante, debido a que las hélices o los cohetes empujan el aire hacia atrás. Cuando las hélices o los cohetes empujan el aire hacia atrás, el aire a su vez empuja a las hélices o a los cohetes hacia adelante. En el capítulo 14 veremos que la superficie curva de un ala es aerodinámica, lo cual aumenta la fuerza de sustentación.

FIGURA 5.14 Los patos vuelan en formación V, porque el aire que empujan hacia abajo con las puntas de sus alas se regresa, y al subir crea una corriente de aire hacia arriba que tiene más intensidad fuera del costado del ave. Un ave retrasada tiene más sustentación si se coloca en esta corriente ascendente; empuja el aire hacia abajo y crea otra corriente ascendente para el siguiente pato, y así sucesivamente. El resultado es un vuelo en escuadrón, con formación en V.

EXAMÍNATE

1. Un automóvil acelera por una carretera. Identifica la fuerza que lo mueve.

2. Un autobús muy veloz y un inocente insecto chocan de frente. La fuerza del impacto aplasta al pobre insecto en el parabrisas. La fuerza correspondiente que ejerce el insecto sobre el parabrisas, ¿es mayor, menor o igual al que ejerce el parabrisas sobre él? La desaceleración del autobús, ¿es mayor, menor o igual que la del insecto?

Vemos que la tercera ley de Newton se aplica en cualquier parte. Un pez empuja el agua hacia atrás con las aletas, y el agua empuja al pez hacia adelante. El viento empuja contra las ramas de un árbol, y las ramas le regresan el empuje al viento, produciendo silbidos. Las fuerzas son interacciones entre cosas distintas. Todo contacto requiere cuando menos una paridad; no hay forma de que un objeto ejerza una fuerza sobre nada. Las fuerzas, sean grandes empellones o leves codazos, siempre se dan en pares, y cada una de ellas es opuesta a la otra. No podemos tocar sin ser tocados.

COMPRUEBA TUS RESPUESTAS

1. Es el asfalto lo que impulsa al automóvil. ¡De veras! Aparte de la resistencia del aire, sólo la carretera proporciona la fuerza horizontal al automóvil. ¿Cómo lo hace? Los neumáticos que giran impulsan a la carretera hacia atrás (la acción). Al mismo tiempo, la carretera impulsa los neumáticos hacia adelante (reacción). ¿Qué te parece?

2. Las magnitudes de las dos fuerzas son iguales, porque forman un par de fuerzas de acción y reacción que constituye la interacción entre el autobús y el insecto. Sin embargo, las aceleraciones son muy distintas, porque las masas que intervienen son distintas. El insecto sufre una desaceleración enorme y letal, mientras que el autobús sufre una desaceleración muy diminuta, tan diminuta que los pasajeros no perciben la desaceleración del autobús. Pero si el insecto tuviera más masa, por ejemplo la masa de otro autobús ¡sería muy evidente esa desaceleración!

FIGURA 5.15 No puedes tocar sin ser tocado, tercera ley de Newton.

Resumen de las tres leyes de Newton

Un objeto en reposo tiende a permanecer en reposo; un objeto en movimiento tiende a permanecer en movimiento con rapidez constante y con trayectoria rectilínea. A esta tendencia de los objetos para resistir cambios de movimiento se le llama *inercia*. La masa es una medida de la inercia. Los objetos sufren cambios de movimiento sólo en presencia de una fuerza neta.

Cuando una fuerza neta actúa sobre un objeto, el objeto acelera. La aceleración es directamente proporcional a la fuerza neta, e inversamente proporcional a la masa. En símbolos, $a \sim F/m$. La aceleración siempre tiene la dirección de la fuerza neta. Cuando los objetos caen en el vacío, la fuerza neta no es más que el peso, y la aceleración es g (el símbolo g representa que la aceleración sólo se debe a la gravedad). Cuando los objetos caen en el aire, la fuerza neta es igual al peso menos la resistencia del aire, y la aceleración es menor que g. Si y cuando la resistencia del aire es igual al peso de un objeto que cae, la aceleración termina y el objeto cae con rapidez constante (que se llama *rapidez terminal*).

Siempre que un objeto ejerce una fuerza sobre un segundo objeto, el segundo objeto ejerce una fuerza de igual magnitud y dirección opuesta sobre el primero. Las fuerzas se presentan en pares, una es la acción y la otra la reacción, y ambas forman la interacción entre un objeto y el otro. La acción y la reacción siempre actúan sobre objetos distintos. Ninguna fuerza existe sin la otra.

Vectores

Hemos aprendido que cualquier cantidad que requiera de magnitud y dirección para su descripción completa es una **cantidad vectorial**. Entre los ejemplos de cantidades vectoriales están la fuerza, la velocidad y la aceleración. En contraste, una cantidad que se describe sólo con su magnitud, y no implica dirección, se llama **cantidad escalar**. La masa, el volumen y la rapidez son cantidades escalares.

Una cantidad vectorial se representa por medio de una flecha. Cuando la longitud (a escala) de la flecha representa a la magnitud de la cantidad, y la dirección indica la dirección de la cantidad, se dice que la flecha es un **vector**.

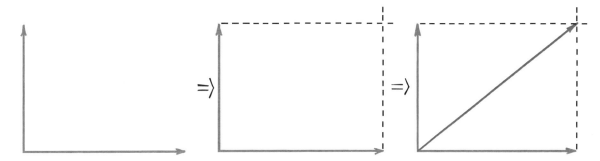

La suma de vectores con direcciones paralelas es sencilla: si tienen la misma dirección, se suman; si tienen direcciones opuestas se restan. La suma de dos o más vectores se llama la **resultante**. Para determinar el (o la) resultante[2] de dos vectores que no tienen exactamente la misma dirección o la opuesta, se usa la *regla del paralelogramo*.[3] Se traza un paralelogramo en el que los dos vectores sean lados adyacentes, y la diagonal del paralelogramo representa la resultante. En la figura 5.17, los paralelogramos son rectángulos.

FIGURA 5.16 Este vector tiene una escala tal que 1 cm equivale a 20 N, y representa una fuerza de 60 N hacia la derecha.

FIGURA 5.17 El par de vectores que forman un ángulo recto también forma dos lados de un rectángulo. La diagonal del rectángulo es su resultante.

En el caso especial en que los dos vectores son de igual magnitud y perpendiculares entre sí, el paralelogramo es un cuadrado. Ya que para todo cuadrado la longitud de una diagonal es igual $\sqrt{2}$, o 1.41 por uno de los lados, la resultante es igual a $\sqrt{2}$ por uno de los vectores. Por ejemplo, la resultante de dos vectores iguales con magnitud 100 que forman entre sí ángulo recto es 141.

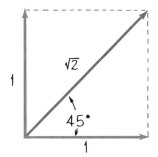

FIGURA 5.18 Cuando dos vectores de igual longitud y en ángulo recto se suman, forman un cuadrado. La diagonal del cuadrado es la resultante, y en este caso es $\sqrt{2}$ la longitud de cualquiera de los lados.

Vectores fuerza

En la figura 5.19 se muestra la vista superior de un par de fuerzas horizontales que actúan sobre una caja. Una es de 30 N, y la otra es de 40 N. Sólo con medir se demuestra que la resultante es 50 N.

La figura 5.20 muestra a Nellie Newton colgando en reposo de un par de cuerdas que forman distintos ángulos con la vertical. ¿Cuál cuerda tiene la mayor tensión? Al examinar el sistema se verá que sobre Nellie actúan tres fuerzas: su peso, una tensión en la cuerda izquierda y una tensión en la cuerda derecha. Como las cuerdas tienen distintos ángulos, sus tensiones son distintas. La figura 5.21 muestra una solución paso a paso. Como Nellie cuelga en equilibrio, su peso debe estar soportado por las tensiones en las cuerdas, que se deben sumar vectorialmente para igualar su peso. Al aplicar la regla del paralelogramo se demuestra que la tensión en la cuerda de la derecha es mayor que la de la izquierda. Si mides los vectores verás que la tensión en la cuerda de la derecha es más o menos el doble que la tensión en la de la izquierda. ¿Cómo se compara la tensión en la cuerda derecha con su peso?

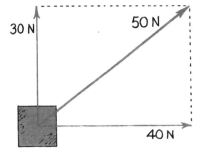

FIGURA 5.19 La resultante de estas fuerzas de 30 N y 40 N es 50 N.

[2]N. del T.: El género de la palabra "resultante" puede ser masculino o femenino. El contexto determina (algunas veces; otras la costumbre) si es "el resultante" o "la resultante", según hable uno del vector ["el (vector) resultante"] o de la suma ["la (suma) resultante"]. Todas las cantidades vectoriales tienen esta ambivalencia de género; en realidad no es ambigüedad si se sigue el contexto.

[3]Un paralelogramo es una figura con cuatro lados, donde los lados opuestos son paralelos entre sí. En el caso normal puedes obtener la longitud de la diagonal midiéndola; pero en el caso especial en el que dos vectores V y H son perpendiculares entre sí, puedes aplicar el teorema de Pitágoras $R^2 = V^2 + H^2$, para obtener la resultante: $R = \sqrt{(V^2 + H^2)}$.

FIGURA 5.20 Nellie Newton cuelga inmóvil, con una mano en el tendedero. Si la cuerda está a punto de romperse, ¿de qué lado es más probable que lo haga?

FIGURA 5.21 a) El peso de Nellie se representa con el vector vertical hacia abajo. Para que haya equilibrio se necesita un vector igual y opuesto, y se representa con el vector interrumpido. b) Este vector interrumpido es la diagonal de un paralelogramo definido por las líneas de puntos. c) Las dos tensiones de la cuerda se indican con los vectores obtenidos. La tensión es mayor en la cuerda de la derecha, que será la que se rompa con más probabilidad.

Vectores velocidad

Recuerda que en el capítulo 3 se describió la diferencia entre rapidez y velocidad: la rapidez es una medida de "qué tan rápido"; la velocidad es una medida de qué tan rápido *y también* "en qué dirección". Si el velocímetro del auto indica 100 kilómetros por hora, conoces tu *rapidez*. Si en el auto también hay una brújula en el tablero, que indique que el vehículo se mueve hacia el norte, por ejemplo, entonces sabes que tu *velocidad* es de 100 kilómetros por hora hacia el norte. Si conoces tu velocidad conoces tu rapidez *y también* tu dirección.

Imagina que una avioneta vuela hacia el norte, a 80 kilómetros por hora en relación con el aire que la rodea. Supón que la atrapa un viento cruzado (viento que sopla perpendicular a la dirección de la avioneta) de 60 kilómetros por hora que la empuja desviándola del curso trazado. Este ejemplo se representa con vectores en la figura 5.22, con los vectores velocidad a la escala de 1 centímetro a 20 kilómetros por hora. Entonces, la velocidad de la avioneta de 80 kilómetros por hora se representa con el vector de 4 centímetros, y la del viento cruzado de 60 kilómetros por hora se representa con el vector de 3 centímetros. La diagonal del paralelogramo que trazaste (en este caso es un rectángulo) mide 5 cm, y representa 100 km/h. Entonces, en relación con el suelo, la avioneta se mueve a 100 km/h en una dirección intermedia entre el norte y el noreste.

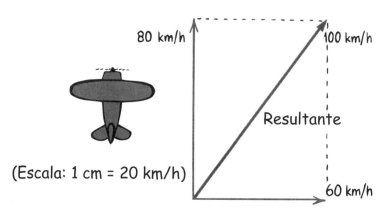

FIGURA 5.22 El viento transversal de 60 km/h impulsa a la avioneta que vuela a 80 km/h y la desvía de su curso.

80 km/h

100 km/h

Resultante

(Escala: 1 cm = 20 km/h)

60 km/h

Práctica de la física

Ésta es una vista superior de un avión que es desviado de su ruta por vientos de varias direcciones. Con un lápiz, y aplicando la regla del paralelogramo, traza los vectores que muestren las velocidades resultantes en cada caso. ¿En cuál caso viaja el avión con más rapidez respecto al suelo? ¿En cuál viaja más lento?

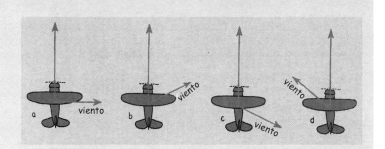

EXAMÍNATE Una lancha de motor, que normalmente viaja a 10 km/h en aguas tranquilas, cruza un río y pone la proa perpendicular a la otra orilla. El río corre también a 10 km/h, ¿cuál será la velocidad de la lancha con respecto a la orilla?

Práctica de la física

Éstas son vistas superiores de tres lanchas de motor que cruzan un río. Todas tienen la misma rapidez con respecto al agua, y todas están en la misma corriente de agua. Traza los vectores resultantes que indiquen la rapidez y la dirección de las lanchas. A continuación contesta lo siguiente:

a) ¿Cuál lancha sigue la trayectoria más corta para llegar a la orilla opuesta?

b) ¿Cuál lancha llega primero a la orilla opuesta?

c) ¿Cuál lancha tiene la mayor rapidez?

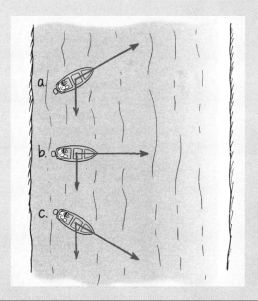

COMPRUEBA TU RESPUESTA Cuando la lancha pone la proa directamente hacia la orilla (perpendicular a la corriente del río), su velocidad es 14.1 km/h, a 45 grados aguas abajo (de acuerdo con la figura 5.18).

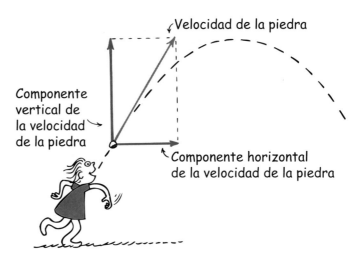

FIGURA 5.23 Componentes horizontal y vertical de la velocidad de una piedra.

Componentes de vectores

Así como se pueden combinar dos vectores perpendiculares en un vector resultante, también, a la inversa, se puede "descomponer" cualquier vector en dos vectores *componentes* perpendiculares entre sí. A estos dos vectores se les llama componentes del vector que reemplazan. El proceso de determinar los (o las) componentes de un vector se llama *descomposición*. Cualquier vector trazado en un papel se puede descomponer en un componente vertical y uno horizontal.

En la figura 5.24 se ilustra la descomposición de un vector V, que se traza con la dirección correcta para representar una cantidad vectorial. Entonces, las líneas (*ejes*) vertical y horizontal se trazan en la cola del vector. A continuación se traza un rectángulo que tenga a V como diagonal. Los lados de este rectángulo son los componentes deseados, los vectores X y Y. Al revés, observa que la suma vectorial de X y Y es igual a V.

En el capítulo 10 regresaremos a los componentes de un vector al describir el movimiento de proyectiles.

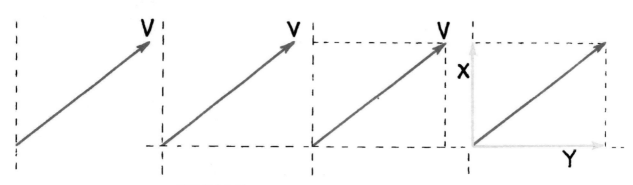

FIGURA 5.24 Construcción de las componentes vertical y horizontal de un vector.

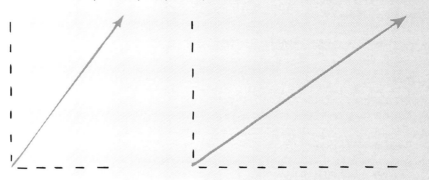

EJERCICIO Con una regla, traza las componentes vertical y horizontal de los dos vectores que ves. Mide los componentes y compara lo que determinaste con las respuestas de abajo.

(Vector de la izquierda: el componente horizontal tiene 3 cm; el componente vertical tiene 4 cm. Vector de la derecha: el componente horizontal tiene 6 cm; el componente vertical tiene 4 cm.)

Resumen de términos

Cantidad escalar Cantidad que tiene magnitud, pero no dirección. Como ejemplos están la masa, volumen y rapidez.

Cantidad vectorial Una cantidad que tiene magnitud y dirección al mismo tiempo. Como ejemplos están la fuerza, velocidad y aceleración.

Resultante El resultado neto de una suma de dos o más vectores.

Vector Una flecha que se traza a escala, y se usa para representar una cantidad vectorial.

Preguntas de repaso

Fuerzas e interacciones

1. Cuando empujas los dedos contra un muro, se doblan, porque están sometidos a una fuerza. Identifica esa fuerza.

2. Un boxeador puede golpear con gran fuerza un saco de arena. ¿Por qué no puede golpear un trozo de papel de seda en el aire, con la misma fuerza?

3. ¿Cuántas fuerzas se requieren en una interacción?

Tercera ley de Newton del movimiento

4. Enuncia la tercera ley de Newton del movimiento.

5. Un bate golpea a una pelota de béisbol. Si llamamos fuerza de *acción* a la del bate contra la bola, describe a la fuerza de *reacción*.

6. Acerca de la manzana y la naranja de la figura 5.7, si se considera que el sistema sólo es la naranja, ¿hay una fuerza neta sobre el sistema cuando jala la manzana?

7. Si se considera que el sistema abarca a la manzana y a la naranja, ¿hay una fuerza neta sobre el sistema cuando jala la manzana?

8. Para producir una fuerza neta sobre un sistema, ¿debe haber una fuerza externa aplicada?

Acción y reacción sobre masas distintas

9. La Tierra tira de ti hacia abajo, con una fuerza gravitacional que es tu peso. ¿Tiras de la Tierra con la misma fuerza?

10. Si las fuerzas que actúan sobre una bala y el fusil en retroceso que la dispara tienen igual magnitud, ¿por qué la bala y el arma tienen aceleraciones tan distintas?

11. Describe la fuerza que impulsa a un cohete.

12. ¿De dónde obtiene su fuerza de sustentación un helicóptero?

13. ¿Puedes tocar físicamente a otra persona, sin que esa persona te toque con una fuerza de igual magnitud?

Resumen de las tres leyes de Newton

14. Llena los espacios: con frecuencia, a la primera ley de Newton se le llama ley de _____; la segunda ley de Newton es la ley de _____; y la tercera ley de Newton es la ley de la _____ y de la _____.

15. ¿En cuál de las tres leyes se define el concepto de interacción de fuerzas?

Vectores

16. Describe tres ejemplos de cantidad vectorial.

17. Describe tres ejemplos de cantidad escalar.

18. ¿Por qué a la rapidez se le considera escalar y a la velocidad se le considera vector?

19. Según la regla del paralelogramo, la diagonal de un paralelogramo, ¿qué cantidad representa?

20. Nellie cuelga en reposo en la figura 5.20. Si las cuerdas fueran verticales, paralelas, ¿cuál sería la tensión en cada una?

21. Cuando las cuerdas forman un ángulo, ¿qué cantidad debe ser igual y opuesta a su peso?

22. Cuando un par de vectores forman ángulo recto, ¿siempre es la resultante mayor que cualquiera de los dos vectores por separado?

Proyecto

Saca la mano estando dentro de un automóvil en movimiento y colócala como si fuera un ala horizontal. A continuación inclina un poco hacia arriba el lado delantero, y siente el efecto de sustentación. ¿Sientes cómo actúan las leyes de Newton en este caso?

Ejercicios

1. La foto de abajo muestra a Steve Hewitt y a su hija Gretchen. ¿Es Gretchen la que toca a su padre, o su padre la toca a ella? Explica por qué.

2. En cada una de las siguientes interacciones, define cuáles son las fuerzas de acción y de reacción. a) Un martillo golpea a un clavo. b) La gravedad de la Tierra tira hacia abajo en un libro. c) Un aspa de helicóptero impulsa el aire hacia abajo.

3. Sujeta una manzana sobre la cabeza. a) Identifica todas las fuerzas que actúan sobre la manzana, con sus fuerzas de reacción. b) Cuando la dejas caer, identifica todas las fuerzas que actúan sobre ella en su caída, y las fuerzas de reacción correspondientes. No tengas en cuenta la resistencia del aire.

4. Identifica los pares acción-reacción en los siguientes casos: a) Bajas de una acera. b) Das golpecitos en la espalda al profesor. c) Una ola golpea una costa rocosa.

5. Un jugador de béisbol golpea una pelota. a) Describe los pares de acción y reacción al golpear la bola, y b) cuando la bola está en el aire.

6. Cuando dejas caer al piso una pelota de goma, rebota casi hasta su altura original. ¿Qué hace que la bola rebote?

7. Cuando un libro descansa sobre una mesa, en su interior hay miles de millones de fuerzas que empujan y tiran de todas las moléculas. ¿Por qué esas fuerzas nunca, ni por casualidad, se suman y producen una fuerza neta en una dirección, haciendo que el libro se mueva "espontáneamente" por toda la mesa?

8. Dos pesas de 100 N se sujetan a un dinamómetro (una báscula de resorte), como se ve en la figura siguiente. ¿Qué indica el dinamómetro, 0, 100 o 200 N o alguna otra cantidad? (Sugerencia: ¿Indicaría distinto si una de las cuerdas se amarrara a la pared, en lugar de tener colgada una pesa de 100 N?)

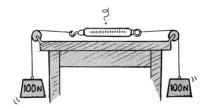

9. Cuando un atleta levanta pesas, la fuerza de reacción es el peso de la barra sobre la mano. ¿Cómo varía esta fuerza cuando las pesas se aceleran hacia arriba? ¿Cuando se aceleran hacia abajo?

10. Sobre la persona parada e inmóvil de la figura actúan dos fuerzas, que son el tirón de la gravedad hacia abajo y la que hace el piso sobre él, hacia arriba. ¿Son iguales y opuestas esas fuerzas? ¿Forman un par de acción y reacción? ¿Por qué?

11. ¿Por qué puedes ejercer mayor fuerza sobre los pedales de una bicicleta si te aferras al manubrio?

12. Cuando golpea la pelota, ¿se desacelera el bate? Defiende tu respuesta.

13. ¿Por qué un escalador tira hacia abajo de la cuerda para subir?

14. Estás empujando un auto pesado. A su vez, éste te regresa el empuje con una fuerza igual y opuesta. ¿No significa esto que las fuerzas se anulan entre sí, haciendo imposible la aceleración? ¿Por qué sí o por qué no?

15. Un campesino arrea a su caballo para que tire de una carreta. El caballo se rehúsa, diciendo que sería inútil, porque violaría la tercera ley de Newton. Llega a la conclusión de que no puede ejercer una fuerza mayor sobre la carreta, que la que la carreta ejerce sobre ella, y en consecuencia no podrá acelerar la carreta. ¿Qué le explicarías para convencerlo que comience a tirar?

16. El fortachón empuja dos furgones de igual masa que están sobre una vía, inicialmente inmóviles, antes de caer al suelo. ¿Es posible que haga que alguno de los dos furgones tenga una rapidez mayor que el otro? ¿Por qué sí o por qué no?

17. Supón que hay dos carritos, uno con el doble de masa que el otro, salen despedidos cuando se suelta el resorte comprimido entre ellos. ¿Con qué rapidez rueda el carrito más pesado, en comparación con el más ligero?

18. Si ejerces una fuerza horizontal de 200 N para hacer deslizar una caja por el piso de una fábrica, a velocidad constante, ¿cuánta fricción ejerce el piso sobre la caja? ¿Es la fuerza de fricción igual y con dirección opuesta a tu empuje de 200 N? Si la fuerza de fricción no es la fuerza de reacción a tu empuje, ¿cuál es?

19. Si chocaran de frente un camión Mack y un automóvil, ¿en cuál de los dos vehículos sería mayor la fuerza de impacto? ¿Cuál de los dos vehículos experimenta mayor aceleración? Explica tus respuestas.

20. Juan y Yolanda son astronautas que flotan a cierta distancia en el espacio. Los une una cuerda de seguridad, cuyos extremos están atados a la cintura. Si Juan comienza a jalar la cuerda. ¿Yolanda será jalada hacia él, o él se habrá jalado hacia Yolanda, o se moverán los dos astronautas? Explica por qué.

21. ¿Cuál equipo gana un desafío de tirar de la cuerda: el que tira más fuerte de ella, o el que empuja con más fuerza sobre el suelo? Explica cómo.

22. En un juego de tirar de la cuerda entre dos alumnos de física, cada uno tira de ella con 250 N de fuerza. ¿Cuál es la tensión en la cuerda? Si los dos no se mueven, ¿qué fuerza horizontal se ejerce contra el suelo?

23. En un juego de tirar de la cuerda sobre un piso liso, entre hombres que usan calcetines y mujeres que usan zapatos con suela de caucho, ¿por qué ganan las muchachas?

24. Dos personas con igual masa juegan a tirar de una cuerda de 12 m, parados sobre un hielo sin fricción. Cuando tiran de la cuerda cada uno se desliza hacia el otro. ¿Cómo se comparan sus aceleraciones y hasta dónde se desliza cada uno antes de detenerse?

25. ¿Qué aspecto de la física no conocía el que escribió este editorial, donde ridiculizaba los primeros experimentos de Robert H. Goddard con la propulsión cohete sobre la atmósfera de la Tierra? "El profesor Goddard ... no conoce la relación entre la acción y la reacción, ni la necesidad de tener algo mejor que un vacío contra el cual reaccionar ... parece que le faltan los conocimientos que imparten diariamente nuestras escuelas de educación media."

26. Redacta tres preguntas de opción múltiple, una para cada una de las leyes de Newton, con las que se compruebe que tus compañeros comprenden esas leyes.

27. ¿Cuáles de las siguientes son cantidades escalares, cuáles son cantidades vectoriales y cuáles no son ni unas ni otras? a) velocidad; b) edad; c) rapidez; d) aceleración; e) temperatura.

28. Cuando dos vectores suman cero, ¿cuál debe ser la relación entre ellos?

29. ¿Qué se rompe con mayor probabilidad, una hamaca tirante entre dos árboles, o una que cuelga entre ellos, cuando uno la usa?

30. Cuando un ave se posa sobre un conductor estirado de alta tensión, ¿cambia la tensión del conductor? En caso afirmativo, ¿ese cambio será mayor, menor o igual al peso del ave?

31. ¿Por qué la lluvia que cae verticalmente traza rayas inclinadas en la ventana de un automóvil en movimiento? Si las rayas forman un ángulo de 45°, ¿qué indican acerca de la rapidez relativa del automóvil y de la lluvia que cae?

32. Si estás parado en un autobús que se mueve con velocidad constante, y dejas caer una pelota, observas que su trayectoria es una recta vertical. ¿Cómo verá esta trayectoria un amigo parado en la acera?

33. Una piedra está en reposo sobre el suelo. Hay dos interacciones donde interviene la piedra. Una es entre ella y la Tierra; la Tierra tira hacia abajo de la piedra (su peso) y la piedra tira de la Tierra hacia arriba. ¿Cuál es la otra interacción?

34. Se ve en la figura una piedra en reposo sobre el piso. a) El vector representa el peso de la piedra. Completa el diagrama vectorial, indicando otro vector que dé como resultado una fuerza neta sobre la piedra. b) ¿Cuál es el nombre convencional del vector que trazaste?

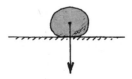

35. Aquí la piedra cuelga en reposo de un cordón. a) Traza vectores fuerza que representen todas las fuerzas que actúan sobre la piedra. b) Tus vectores ¿deben tener una resultante cero? c) ¿Por qué sí o por qué no?

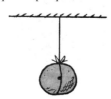

36. Aquí, la misma pieza es acelerada verticalmente hacia arriba. a) Traza los vectores fuerza, con una escala adecuada para mostrar las fuerzas relativas que actúan sobre la piedra. b) ¿Cuál es el vector más largo, y por qué?

37. Supón que se rompe el cordón del ejercicio anterior, y que la piedra desacelera su movimiento hacia arriba. Traza un diagrama vectorial de fuerzas, para la piedra cuando llega hasta la cúspide de su trayectoria.

38. ¿Cuál es la aceleración de la piedra del ejercicio 37, cuando está en la cúspide de su trayectoria?

39. Aquí la piedra resbala por un plano inclinado sin fricción. a) Identifica las fuerzas que actúan sobre ella, y traza los vectores fuerza apropiados. b) Con la regla del paralelogramo traza la fuerza resultante sobre la piedra (con cuidado, para indicar que tiene una dirección paralela a la del plano inclinado), que tiene la misma dirección que la aceleración de la piedra.

40. Aquí la piedra está en reposo, interactuando con la superficie del plano inclinado y también con un bloque. a) Identifica todas las fuerzas que actúan sobre la piedra, y traza los vectores fuerza adecuados. b) Demuestra que la fuerza neta sobre la piedra es cero. (Sugerencia 1: Hay dos fuerzas normales sobre la piedra. Sugerencia 2: Asegúrate de que los vectores que traces representen fuerzas que actúan *sobre* la piedra, y no que representen fuerzas *ejercidas* por la piedra sobre las superficies.)

Problemas

1. Un boxeador golpea una hoja de papel en el aire, y la pasa del reposo hasta una rapidez de 25 m/s en 0.05 s. Si la masa del papel es 0.003 kg, ¿qué fuerza ejerce el boxeador sobre ella?

2. Si te paras junto a un muro, sobre una patineta sin fricción, y empujas al muro con 30 N de fuerza, ¿qué empuje hace la pared sobre ti? Si tu masa es 60 kg, ¿cuál es tu aceleración?

3. Si las gotas de lluvia caen verticalmente con una rapidez de 3 m/s, y corres a 4 m/s, ¿con qué rapidez golpean tu cara?

4. Sobre un bloque con 2.0 kg de masa actúan fuerzas de 3.0 N y 4.0 N, que forman ángulo recto. ¿Cuánta aceleración producen?

5. Un avión cuya rapidez normal es 100 km/h, pasa por un viento cruzado del oeste hacia el este de 100 km/h. Calcula su velocidad con respecto al suelo, cuando su proa apunta al norte, dentro del viento cruzado.

6. Vas remando en una canoa, a 4 km/h tratando de cruzar directamente un río que corre a 3 km/h, como se ve en la figura. a) ¿Cuál es la rapidez resultante de la canoa, en relación con la orilla? b) Aproximadamente, ¿hacia qué dirección debe apuntar la canoa para que llegue a la otra orilla y su trayectoria sea perpendicular al río?

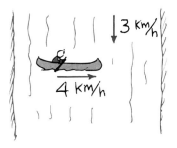

www.pearsoneducacion.net/hewitt
*Usa los variados recursos del sitio Web,
para comprender mejor la física.*

6 CANTIDAD DE MOVIMIENTO

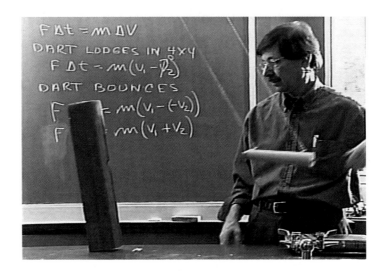

Howie Brand demuestra los distintos resultados que se obtienen cuando un dardo rebota en una tabla de madera en lugar de pegarse a él.

En el capítulo 2 describimos el concepto de la inercia, debido a Galileo, e indicamos cómo se incorpora a la primera ley de Newton del movimiento. Describimos la inercia en términos de objetos en reposo y de objetos en movimiento. En este capítulo sólo nos ocuparemos de la inercia de los objetos en movimiento. Cuando se combinan las ideas de inercia y de movimiento se maneja la cantidad de movimiento. La *cantidad de movimiento* es propiedad de las cosas que se mueven.

Cantidad de movimiento

Todos sabemos que es más difícil detener a un camión pesado que a un automóvil pequeño que se muevan con la misma rapidez. Expresamos lo anterior diciendo que el camión tiene más cantidad de movimiento que el auto. Por **cantidad de movimiento** se indica la inercia en movimiento. En forma más específica, se define la cantidad de movimiento como el producto de la masa de un objeto por su velocidad, esto es

$$\text{Cantidad de movimiento} = \text{masa} \times \text{velocidad}$$

O bien, en notación compacta

$$\text{Cantidad de movimiento} = mv$$

Cuando no importa la dirección, se puede decir que

$$\text{Cantidad de movimiento} = \text{masa} \times \text{rapidez}$$

que también se abrevia como *mv.*

86

FIGURA 6.1 ¿Por qué se suelen parar los motores de un supertanque petrolero unos 25 km antes de llegar a puerto?

De la definición se puede ver que un objeto en movimiento puede tener una gran cantidad de movimiento si su masa o su velocidad son grandes, o si tanto su masa como su velocidad son grandes. El camión tiene más cantidad de movimiento que el automóvil que se mueve con la misma rapidez, porque tiene mayor masa. Se puede apreciar que un buque gigantesco que se mueva a una velocidad pequeña puede tener una gran cantidad de movimiento, igual que una bala pequeña que se mueva a gran velocidad. También, naturalmente, un objeto gigantesco que se mueva a gran velocidad, como puede ser un camión masivo que baja una pendiente pronunciada, sin frenos, tiene una cantidad de movimiento gigantesca, mientras que el mismo camión en reposo no tiene ninguna cantidad de movimiento porque la parte v de mv es cero.

Impulso

Los cambios de cantidad de movimiento pueden suceder cuando hay un cambio en la masa del objeto, un cambio de su velocidad, o ambas cosas. Si la cantidad de movimiento cambia y la masa permanece igual, como es el caso más frecuente, entonces la velocidad cambia. Se presenta una aceleración. Y, ¿qué produce una aceleración? La respuesta es: una fuerza. Mientras mayor es la fuerza que actúa sobre un objeto, será mayor el cambio de la velocidad y en consecuencia el cambio en la cantidad de movimiento.

Pero hay algo más que importa cuando cambia la cantidad de movimiento: el tiempo, o sea durante cuánto tiempo actúa la fuerza. Aplica una fuerza durante un corto tiempo a un automóvil parado y producirás un cambio pequeño de su cantidad de movimiento. Aplica la misma fuerza durante largo tiempo y resultará un mayor cambio de su cantidad de movimiento. Una fuerza sostenida durante largo tiempo produce más cambio de cantidad de movimiento que la misma fuerza cuando se aplica durante un lapso breve. Así, para cambiar la cantidad de movimiento de un objeto importan tanto la magnitud de la fuerza como el tiempo durante el cual actúa la fuerza. El producto de la fuerza por este intervalo de tiempo se llama **impulso**.

$$\text{Impulso} = \text{fuerza} \times \text{intervalo de tiempo}$$

O bien, en notación compacta,

$$\text{Impulso} = Ft$$

Siempre que tú ejerces una fuerza neta sobre algo, también ejerces un impulso. La aceleración que resulta depende de la fuerza neta; el cambio de cantidad de movimiento que resulta depende tanto de la fuerza neta como del tiempo durante el cual actúa esa fuerza.

EXAMÍNATE

1. ¿Qué tiene más cantidad de movimiento, un automóvil de 1 tonelada que avance a 100 km/h o un camión de 2 toneladas que avance a 50 km/h?

2. ¿Tiene impulso un objeto en movimiento?

3. ¿Tiene cantidad de movimiento un objeto en movimiento?

El impulso cambia la cantidad de movimiento

El impulso cambia la cantidad de movimiento de la misma manera que la fuerza cambia la velocidad. La relación entre impulso y cantidad de movimiento proviene de la segunda ley de Newton ($a = F/m$). El intervalo de tiempo del impulso está "enterrado" en la parte de la aceleración (cambio de velocidad/intervalo de tiempo). Si se reordena la segunda ley de Newton se obtiene[1]

Fuerza × intervalo de tiempo = cambio de (masa × velocidad)

o bien, lo que es lo mismo,

Impulso = cambio de cantidad de movimiento

Se pueden expresar todos los términos de esta relación en notación compacta, introduciendo el símbolo delta, Δ (una letra del alfabeto griego que se usa para indicar "cambio de" o "diferencia de"):

$$Ft = \Delta (mv)$$

que se lee: "la fuerza multiplicada por el tiempo durante el cual actúa es igual al cambio en la cantidad de movimiento".

La relación entre impulso y cantidad de movimiento ayuda a analizar muchos ejemplos en los que las fuerzas actúan y cambia el movimiento. A veces se puede considerar que el impulso es la causa de un cambio de movimiento. En algunas otras se puede considerar que un cambio de cantidad de movimiento es la causa de un impulso. No importa la forma en que uno se la imagine. Lo importante es que el impulso y la cantidad de movimiento siempre vienen relacionados. Aquí describiremos algunos ejemplos ordinarios, en los que el impulso se relaciona con 1) un aumento de cantidad de movimiento; 2) una disminución de cantidad de movimiento durante largo tiempo, y 3) una disminución de la cantidad de movimiento durante un corto tiempo.

COMPRUEBA TUS RESPUESTAS

1. Ambos tienen la misma cantidad de movimiento.

2. No, el impulso no es algo que *tenga* un objeto. Es lo que puede *suministrar* o puede *sentir* un objeto cuando interactúa con otro objeto. Un objeto no puede tener impulso, al igual que no puede poseer fuerza.

3. Sí, pero como la velocidad, en sentido relativo, esto es, con respecto a un marco de referencia que con frecuencia se toma como la superficie de la Tierra. La cantidad de movimiento que posee un objeto en movimiento, con respecto a un punto estacionario sobre la Tierra puede ser muy distinta de la que posee con respecto a otro objeto en movimiento.

---

[1] En la segunda ley de Newton ($F/m = a$) se puede introducir la definición de aceleración (a = cambio de v/t) para obtener F/m = (cambio de v)/t. A continuación se rearregla esta ecuación multiplicando sus dos lados por mt. Así se obtiene Ft = cambio de (mv), o bien, en notación con delta, $Ft = \Delta(mv)$.

Caso 1: Aumento de la cantidad de movimiento

FIGURA 6.2 La fuerza del impacto contra una pelota de golf.

Si quieres aumentar la cantidad de movimiento de algo hasta donde sea posible, no sólo aplicarás toda la fuerza que puedas, sino también prolongarás hasta donde sea posible el tiempo de aplicación de la fuerza. Es la causa de los resultados diferentes de empujar un instante un automóvil parado o darle un empuje sostenido.

Los cañones de gran alcance son largos. Mientras más largo es el cañón, la velocidad de la bala que sale de él es mayor. ¿Por qué? La fuerza de la explosión de la pólvora en un cañón largo actúa sobre la bala durante un tiempo más prolongado. Este mayor impulso produce mayor cantidad de movimiento. Claro que la fuerza que actúa sobre el proyectil no es constante: primero es grande y se debilita a medida que se dilatan los gases. En este y en muchos otros casos varían las fuerzas al paso del tiempo. La fuerza que actúa sobre la pelota de golf de la figura 6.2, por ejemplo, aumenta con rapidez cuando la pelota se deforma, para disminuir después a medida que la pelota adquiere velocidad y regresa a su forma original. Cuando en este capítulo se habla de fuerzas de impacto, se indican las fuerzas *promedio* de impacto.

Caso 2: Disminución de la cantidad de movimiento durante largo tiempo

Imagina que estás en un automóvil sin ningún control, y puedes optar por chocarlo contra un muro de concreto o contra un montón de paja. No necesitas saber mucha física para optar por lo mejor, pero ciertos conocimientos de esta ciencia te ayudarán a comprender por qué pegar contra algo suave es muy distinto a pegar contra algo duro. En el caso de chocar contra el muro o contra un pajar tu cantidad de movimiento disminuirá la *misma* cantidad, y eso quiere decir que el impulso necesario para detenerte es el mismo. El mismo impulso significa igual producto de fuerza y tiempo, no la misma fuerza ni el mismo

FIGURA 6.3 Un gran cambio de cantidad de movimiento durante un tiempo largo requiere una fuerza pequeña.

tiempo. Puedes escoger. Si chocas contra el montón de paja en lugar de contra el muro, ampliarás el tiempo del impacto; ampliarás el tiempo durante el cual tu cantidad de movimiento baja a cero. El tiempo mayor se compensa con la fuerza menor. Si prolongas 100 veces el tiempo del impacto, reduces 100 veces la fuerza del impacto. Así, cuando desees que sea pequeña la fuerza del impacto, prolonga el tiempo del impacto.

FIGURA 6.4 Un gran cambio de cantidad de movimiento durante un tiempo corto requiere una fuerza grande.

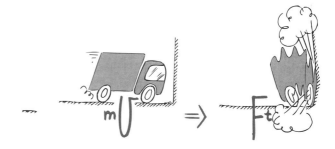

FIGURA 6.5 Un cambio grande de cantidad de movimiento durante un tiempo largo requiere una fuerza promedio pequeña.

Un luchador lanzado al piso trata de ampliar su tiempo de caída relajando sus músculos y repartiendo el choque en una serie de impactos al tocar el suelo los pies, las rodillas, la cadera, las costillas y los hombros, uno tras otro. El mayor tiempo de impacto reduce la fuerza del impacto.

Una persona que salta desde un sitio alto hasta el piso dobla las rodillas al hacer contacto con éste, aumentando así el tiempo durante el cual la cantidad de movimiento se reduce, 10 o 20 veces, en comparación con el tiempo cuando llega al suelo con las piernas rígidas. La flexión de las rodillas reduce 10 o 20 veces las fuerzas que llegan a los huesos. Naturalmente que es preferible caer en un colchón que en un piso duro, porque el colchón también aumenta el tiempo del impacto.

El salto *bungee* es una forma divertida de poner a prueba la relación entre impulso y cantidad de movimiento (Figura 6.5). La cantidad de movimiento ganada durante la caída debe disminuir a cero mediante un impulso de igual magnitud. El largo tiempo de extensión de la cuerda asegura que sea pequeña la fuerza promedio para llevar al saltador a una parada sin peligro. Las cuerdas de *bungee* suelen estirarse al doble de su longitud original durante la caída.

Las bailarinas de ballet prefieren un piso de madera con "cedencia" a uno duro, con poca o ninguna "cedencia". El piso de madera permite a las bailarinas tener un tiempo mayor de impacto, por lo que se reduce así la fuerza del impacto y la probabilidad de resultar con alguna lesión. Los acróbatas usan una red de seguridad que es un ejemplo obvio de una fuerza pequeña de impacto que actúa durante largo tiempo, para obtener el impulso necesario y reducir la cantidad de movimiento de la caída.

Si estás jugando béisbol y vas a atrapar una bola rápida a mano limpia, pones la mano hacia adelante para tener mucho lugar para que retroceda después de hacer contacto con la bola. Así, prolongas el tiempo de impacto y en consecuencia reduces la fuerza del impacto. De igual modo, un boxeador se flexiona o cabecea el golpe, para reducir la fuerza del impacto (Figura 6.6).

FIGURA 6.6 En ambos casos la quijada del boxeador proporciona un impulso que reduce la cantidad de movimiento del golpe. a) El boxeador se aleja cuando lo golpea el guante, y así se aumenta el tiempo de contacto. b) El boxeador sale al encuentro del golpe, y así disminuye el tiempo de contacto. Esto quiere decir que la fuerza es mayor que si no se hubiera movido el boxeador.

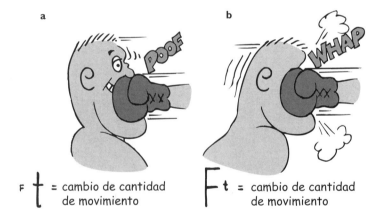

a

b

$F \quad t$ = cambio de cantidad de movimiento

$F \quad t$ = cambio de cantidad de movimiento

Caso 3: Disminución de la cantidad de movimiento durante corto tiempo

Si estás boxeando y avanzas al encuentro de un golpe en vez de alejarte, te buscas problemas. Igualmente, si atrapas una bola rápida moviendo la mano hacia ella en lugar de retrocederla después del contacto estás en problemas. O cuando en el auto sin control lo chocas contra un muro de concreto en vez de contra un montón de paja. En esos casos de tiempos cortos de impacto, las fuerzas de impacto son grandes. Recuerda que para que un objeto se detenga hasta el reposo, el impulso es igual, sin importar cómo fue el paro. Pero si el tiempo es corto, la fuerza será grande.

La idea del tiempo corto de contacto explica cómo una experta en karate puede romper una pila de ladrillos con el golpe de la mano desnuda (Figura 6.7). Lleva el brazo y la mano con energía contra los ladrillos, con una cantidad de movimiento apreciable. Esta cantidad de movimiento se reduce con rapidez al comunicar un impulso a los ladrillos. El impulso es la fuerza de la mano contra los ladrillos, multiplicada por el tiempo que hace contacto con ellos. Si la ejecución es rápida, hace que el tiempo de contacto sea muy breve y, en consecuencia, la fuerza de impacto es gigantesca. Si hace que la mano rebote en el impacto, la fuerza es todavía mayor.

FIGURA 6.7 Cassy imparte un gran impulso a los ladrillos, durante un tiempo corto, y produce una fuerza considerable.

Examínate

1. Si el boxeador de la figura 6.6 puede prolongar tres veces la duración del impacto cabeceando el golpe, ¿en cuánto se reducirá esa fuerza del impacto?

2. Si en lugar de ello el boxeador se encuentra con el golpe para disminuir la duración del impacto a la mitad, ¿cuánto aumentará la fuerza de impacto?

3. Un boxeador es alcanzado por un golpe, y lo cabecea para aumentar el tiempo y alcanzar los mejores resultados, mientras que un experto en karate entrega su fuerza durante un intervalo corto, para obtener mejores resultados. ¿No hay aquí una contradicción?

4. ¿En qué caso el impulso es igual a la cantidad de movimiento?

Rebote

Sabes muy bien que si un florero cae de un armario hasta tu cabeza, tendrás problemas. Y aunque lo sepas o no, si rebota en tu cabeza el problema será más grave. Los impulsos son mayores cuando hay un rebote. Esto se debe a que el impulso necesario para hacer que algo se detenga para después, de hecho, "devolver el golpe", es mayor que el necesario tan sólo para detener algo. Por ejemplo, supón que atrapas el florero con las manos. En ese caso proporcionas un impulso para que al atraparlo se reduzca su cantidad de movimiento a cero. Pero si después tuvieras que lanzar el florero hacia arriba, deberías proporcionarle un impulso adicional. Por consiguiente, se necesitaría más impulso para atraparlo y lanzarlo de nuevo hacia arriba que sólo para atraparlo. El mismo (mayor) impulso es administrado a tu cabeza cuando el florero rebota en ella.

Una aplicación interesante del mayor impulso en el rebote se empleó en California, con mucho éxito, en los días de la fiebre del oro. Las ruedas hidráulicas que se usaban en minería para la extracción del oro no eran eficientes. Un hombre llamado Lester A. Pel-

Comprueba tus respuestas

1. La fuerza del impacto será tres veces menor que si no retrocediera.

2. La fuerza del impacto será dos veces mayor que si tuviera su cabeza inmóvil. Los impactos de este tipo son causa frecuente de nocauts.

3. No hay contradicción, porque los mejores resultados en cada caso son muy distintos. El mejor resultado para el boxeador es que la fuerza se reduzca, lo cual se logra maximizando el tiempo. El mejor resultado para la karateca es que la fuerza sea grande, y se entregue en el tiempo mínimo.

4. En general, el impulso es igual al cambio de cantidad de movimiento. Si la cantidad inicial de movimiento de un objeto es cero al aplicar el impulso, entonces el impulso = cantidad de movimiento final. Y si un objeto se lleva al reposo, entonces impulso = cantidad de movimiento inicial.

FIGURA 6.8 La rueda de Pelton. Las cubetas curvadas hacen que el agua rebote y haga una vuelta en U, lo cual produce mayor impulso para hacer girar a la rueda.

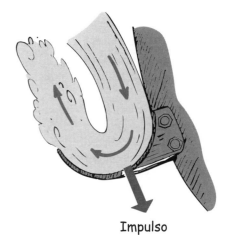

Impulso

ton observó que el problema eran las paletas planas de las ruedas. Entonces diseñó unas paletas curvas que hacían que el agua describiera una vuelta en U al impacto con ellas, es decir, que "rebotara". De este modo, el impulso ejercido sobre la rueda aumentó bastante. Pelton patentó su idea, la rueda de Pelton, e hizo más dinero con ella que la mayoría de los mineros con el oro que extrajeron.

Examínate

1. Acerca de la figura 6.7 ¿cómo se compara la fuerza que ejerce la mujer sobre los ladrillos con la fuerza que se ejerce en su mano?

2. ¿Cómo variará el impulso resultante del impacto, si la mano rebotara al pegar en los tabiques?

Conservación de la cantidad de movimiento

Recordaremos lo que en el capítulo 4 nos dijo la segunda ley de Newton: si deseamos acelerar un cuerpo, debemos aplicar una fuerza. En este capítulo hemos dicho casi lo mismo, al decir que para cambiar la cantidad de movimiento de un objeto debemos aplicar un impulso. En cualquier caso, se debe ejercer la fuerza del impulso sobre el objeto, o sobre cualquier sistema de objetos, *por medio de algo externo* al objeto o sistema. Las fuerzas internas no cuentan. Por ejemplo, las fuerzas moleculares en el interior de una pelota de béisbol no tienen efecto alguno sobre la cantidad de movimiento de ella, así como una persona sentada dentro de un automóvil y que empuja el tablero de instrumentos, éste a su vez empuja hacia atrás y el efecto de cambiar la cantidad de movimiento del automóvil es nulo. Esto se debe a que en estos casos las fuerzas son internas, esto es, fuerzas que

Comprueba tus respuestas

1. Según la tercera ley de Newton, las fuerzas son iguales. Sólo la elasticidad de la mano y el adiestramiento que ha adquirido ella para fortalecer la mano le permiten hacer esta demostración, sin que se le fracturen los huesos.

2. El impulso será mayor si la mano rebotara en los ladrillos al golpearlos. Si no aumenta en forma proporcional el tiempo del impacto, se ejerce entonces una fuerza mayor sobre los ladrillos (¡y sobre la mano!).

actúan y reaccionan dentro de los sistemas mismos. Se requiere una fuerza externa que actúe sobre la pelota o el automóvil. Si no hay fuerza externa alguna, no es posible cambiar la cantidad de movimiento.

Cuando un rifle dispara una bala, las fuerzas que hay son internas. La cantidad de movimiento total del sistema que comprende la bala y el rifle, en consecuencia, no sufre un cambio neto (Figura 6.9). De acuerdo con la tercera ley de Newton de la acción y la reacción, la fuerza ejercida sobre la bala es igual a la fuerza ejercida sobre el rifle. Las fuerzas que actúan sobre la bala y el rifle actúan durante el mismo tiempo, y causan impulsos iguales, pero con dirección opuesta, y en consecuencia cantidades de movimiento iguales pero con dirección opuesta. El rifle que retrocede tiene tanta cantidad de movimiento como la bala que acelera.[2] Aunque tanto la bala como el rifle ganaron una cantidad de movimiento apreciable, la bala y el rifle juntos, como sistema, no experimentan cambio de cantidad de movimiento. Antes del disparo la cantidad de movimiento era cero; después del disparo, la cantidad de movimiento neta sigue siendo cero. No se ganó ni se perdió cantidad de movimiento.

FIGURA 6.9 La cantidad de movimiento antes del disparo es cero. Después del disparo, la cantidad de movimiento neta sigue siendo cero porque la cantidad de movimiento del rifle es igual y opuesta a la de la bala.

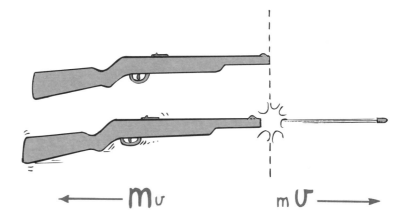

Del ejemplo del rifle y la bala debemos aprender dos cosas importantes. La primera es que la cantidad de movimiento, como la velocidad, se describe con una magnitud y una dirección; se mide "cuánto" y "en qué dirección". La cantidad de movimiento es una *cantidad vectorial*. En consecuencia, cuando las cantidades de movimiento actúan en la misma dirección, tan sólo se suman; cuando actúan en direcciones contrarias, se restan.

El segundo concepto importante que se aprende en el ejemplo del rifle y la bala es la idea de la *conservación*. La cantidad de movimiento antes y después del disparo es la misma. Para el sistema de rifle y bala no aumentó la cantidad de movimiento; tampoco se perdió. Cuando una cantidad física permanece inalterada durante un proceso, se dice que esa cantidad se *conserva*. Se dice que la cantidad de movimiento se conserva.

---

[2]No estamos tomando en cuenta la cantidad de movimiento de los gases expulsados, procedentes de la pólvora que explotó; esa cantidad de movimiento puede ser apreciable. El disparo de balas de salva (es decir, sin bala) a corta distancia se debe prohibir en definitiva, por la cantidad de movimiento de los gases expulsados. Más de una persona ha sido muerta por disparos cercanos con balas de salva. En 1998 un ministro de Jacksonville, Florida, al dramatizar su sermón frente a varios cientos de fieles, entre ellos su familia, se disparó en la cabeza con salva de una Magnum calibre .357. Aunque no salió algún sólido por el cañón, los gases sí salieron con cantidad de movimiento —suficiente para ser letales—. Así, en sentido estricto, la cantidad de movimiento de la bala (si hay bala) + la de los gases de escape es igual a la cantidad de movimiento contraria a la del arma o rifle en retroceso.

EXAMÍNATE

1. Un autobús con gran rapidez choca de frente contra un inocente insecto. El cambio repentino de cantidad de movimiento del insecto lo estampa en el parabrisas. El cambio de cantidad de movimiento del autobús ¿es mayor, menor o igual que el del desafortunado insecto?

2. Una nave de guerra de Klingon persigue al *Enterprise*, y las dos naves se mueven con la misma rapidez. ¿Qué sucede a la nave de Klingon cuando dispara un proyectil a la *Enterprise*? ¿Qué sucede al *Enterprise* si devuelve el fuego?

Choques

La cantidad de movimiento se conserva en los choques (o colisiones o impactos); esto es, la cantidad de movimiento neta de un sistema de objetos que chocan no cambia antes, durante y después de la colisión. Esto se debe a que las fuerzas que actúan durante el choque son fuerzas internas, que actúan y reaccionan dentro del sistema mismo. Sólo hay una redistribución o partición de la cantidad de movimiento que haya antes de la colisión.

En cualquier choque se puede decir que

Cantidad de movimiento neta antes del choque = cantidad de movimiento neta después del choque

Esto es cierto, independientemente de la forma en que se muevan los objetos antes de chocar.

FIGURA 6.10 Choques elásticos entre bolas de igual masa. a) Una bola oscura choca con una clara que está en reposo. b) Un choque de frente. c) Un choque entre bolas que tienen la misma dirección. En todos los casos se transfiere cantidad de movimiento de una bola a otra.

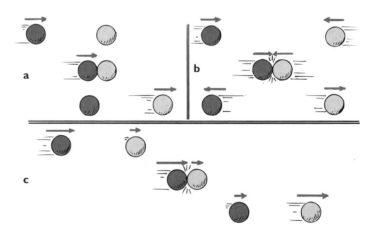

COMPRUEBA TUS RESPUESTAS

1. Las cantidades de movimiento del insecto y del autobús cambian la misma cantidad, porque son iguales tanto la cantidad de fuerza como el tiempo, y en consecuencia el impulso. Se conserva la cantidad de movimiento. Con la rapidez es otra historia. A causa de la gigantesca masa del autobús la reducción de su rapidez es diminuta, demasiado pequeña para que la noten los pasajeros.

2. Baja la rapidez de la nave de Klingon, porque su cantidad de movimiento se reduce una cantidad igual a la cantidad de movimiento del proyectil que dispara, y que se dirige hacia adelante. Para el *Enterprise* la dirección de fuego es hacia atrás y aumenta de rapidez; su cantidad de movimiento aumenta una cantidad igual a la que comunica al proyectil que dispara hacia atrás. El efecto general es aumentar la separación entre las dos naves; de hecho haciendo que se aparten. Si alguno de los proyectiles da en su blanco, la separación será todavía mayor.

Cuando una bola de billar rueda y choca de frente contra otra que está en reposo, la que rodaba se detiene y la otra bola avanza con la rapidez que tenía la bola que la chocó. A esto se le llama **choque elástico** o **colisión elástica**; en el caso ideal, los objetos que chocan rebotan sin tener deformación permanente, y sin generar calor (Figura 6.10). Pero la cantidad de movimiento se conserva hasta cuando los objetos que chocan se embrollan entre sí durante el choque. A esto se le llama **choque inelástico** o **colisión inelástica**, y se caracteriza por la deformación permanente o la generación de calor, o por ambas cosas. En un choque perfectamente inelástico, ambos objetos se adhieren. Por ejemplo, imagina el caso de un furgón que se mueve por una vía y choca con otro furgón en reposo (Figura 6.11). Si los dos furgones tienen igual masa y en el choque se enganchan, ¿se puede calcular la velocidad de los carros enganchados después del impacto?

FIGURA 6.11 Choque inelástico. La cantidad de movimiento del furgón, de la izquierda, se combina con la del furgón de la derecha, después del choque.

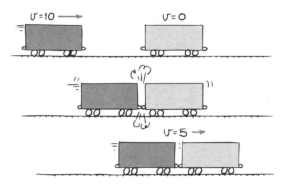

Supongamos que el primer furgón se mueve a 10 metros por segundo, y que la masa de cada furgón es m. Entonces, de acuerdo con la conservación de la cantidad de movimiento,

$$(\text{neta } mv)_{\text{antes}} = (\text{neta } mv)_{\text{después}}$$

$$(m \times 10)_{\text{antes}} = (2m \times V)_{\text{después}}$$

Con operaciones algebraicas se llega a $V = 5$ m/s. Esto tiene sentido, porque después del choque se mueve doble masa, y la velocidad debe ser la mitad de la que había antes del choque. En consecuencia, los dos lados de la ecuación son iguales.

Observa la importancia de la dirección en estos casos. Como en el caso de cualquier par de vectores, las cantidades de movimiento en la misma dirección tan sólo se suman. Si dos objetos se están acercando, se considera que una de las cantidades de movimiento es negativa y las dos se combinan por sustracción o resta.

Observa las colisiones inelásticas de la figura 6.12. Si A y B se mueven con cantidades de movimiento igual, pero en direcciones opuestas (A y B chocan de frente), entonces se considera que una de ellas es negativa y las dos se suman algebraicamente (el resultado es cero). Después del choque, la chatarra unida queda en el punto del impacto, y su cantidad de movimiento es cero.

FIGURA 6.12 Choques inelásticos. La cantidad de movimiento neta de los camiones antes y después del choque es la misma.

Si, por otro lado, A y B se mueven en la misma dirección (A alcanza a B), la cantidad de movimiento neta no es más que la suma de las cantidades de movimiento individuales.

Sin embargo, si A se mueve hacia el este con, por ejemplo, 10 unidades más de cantidad de movimiento que B, que se mueve hacia el oeste (no aparece en la figura), después del choque la chatarra enredada se mueve hacia el este con 10 unidades de cantidad de movimiento. El montón llega finalmente al reposo, en forma natural, por la fuerza externa de fricción sobre el piso. Sin embargo, el tiempo del impacto es corto, y la fuerza del impacto del choque es mucho mayor que la fuerza externa de fricción, por lo que la cantidad de movimiento inmediatamente antes y después del choque se conserva, para fines prácticos. La cantidad de movimiento justo antes de que choquen los camiones (10 unidades) es igual a la cantidad de movimiento combinada de la chatarra de camiones inmediatamente después del impacto. Se aplica el mismo principio a las naves espaciales que se estacionan en un transbordador. Su cantidad de movimiento justo antes del atraque se conserva como cantidad de movimiento justo después del atraque.

EXAMÍNATE Ve la pista de aire de la figura 6.13. Supón que un carrito de 0.5 kg de masa se desliza y choca con un carrito en reposo, quedando sujeto a él. La masa del carrito estacionario es 1.5 kg. Si la rapidez del carrito que se desliza antes del impacto es v_{antes}, ¿qué rapidez tendrán los carritos unidos al deslizarse después del choque?

FIGURA 6.13 Una pista de aire. Unos chorros de aire salen de agujeros diminutos, y forman una superficie sin fricción para que sobre ella se deslicen los carritos.

COMPRUEBA TU RESPUESTA Según la conservación de la cantidad de movimiento, la cantidad de movimiento del primer carrito antes del choque = cantidad de movimiento de los dos carritos unidos, después del choque.

$$0.5 \, v_{antes} = (0.5 + 1.5) \, v_{después}$$
$$v_{después} = (0.5/2.0) \, v_{antes} = v_{antes}/4$$

Esto tiene sentido, porque después del choque se moverá cuatro veces más masa, y así los carritos unidos se deslizarán con más lentitud. Para mantener igual la cantidad de movimiento, cuatro veces la masa se desliza a 1/4 de la rapidez.

Presentaremos un ejemplo numérico de la conservación de la cantidad de movimiento. Un pez nada hacia otro más pequeño, que está en reposo, y se lo come (Figura 6.14). Si el pez mayor tiene 5 kg de masa y nada a 1 m/s hacia el otro, cuya masa es de 1 kg, ¿cuál es la velocidad del pez mayor inmediatamente después de su bocado? No tendremos en cuenta los efectos de la resistencia del agua.

Cantidad de movimiento neta antes del bocado = cantidad de movimiento neta después del bocado

$$(5 \text{ kg}) (1 \text{ m/s}) + (1 \text{ kg}) (0 \text{ m/s}) = (5 \text{ kg} + 1 \text{ kg}) \, v$$

$$5 \text{ kg m/s} = (6 \text{ kg}) \, v$$

$$v = 5/6 \text{ m/s}$$

Se ve aquí que el pez pequeño no tiene cantidad de movimiento antes de que se lo coman, porque su velocidad es cero. Después del bocado, la masa combinada de los dos peces se mueve a una velocidad v, que de acuerdo con operaciones algebraicas sencillas resulta ser 5/6 m/s. Esta velocidad tiene la misma dirección que la que tenía el pez mayor.

FIGURA 6.14 Dos peces forman el sistema de "el pez grande se come al chico". Este sistema tiene la misma cantidad de movimiento justo antes del bocado y justo después del bocado.

Ahora supón que el pez pequeño en el ejemplo anterior no está en reposo, sino que nada hacia la izquierda con una velocidad de 4 m/s. Nada en dirección contraria a la del pez mayor; su dirección es negativa si se considera que la dirección del pez mayor es positiva. En este caso,

Cantidad de movimiento neta antes del bocado = cantidad de movimiento neta después del bocado

$$(5 \text{ kg}) (1 \text{ m/s}) + (1 \text{ kg}) (-4 \text{ m/s}) = (5 \text{ kg} + 1 \text{ kg}) \, v$$

$$(5 \text{ kg m/s}) - (4 \text{ kg m/s}) = (6 \text{ kg}) \, v$$

$$1 \text{ kg m/s} = 6 \text{ kg} \, v$$

$$v = 1/6 \text{ m/s}$$

Observamos que la cantidad de movimiento negativa del pez pequeño, antes del bocado, tiene más eficacia para frenar al pez mayor, después del bocado. Si el pez menor se moviera con el doble de velocidad, entonces

Cantidad de movimiento neta antes del bocado = cantidad de movimiento neta después del bocado

$$(5 \text{ kg}) (1 \text{ m/s}) + (1 \text{ kg}) (-8 \text{ m/s}) = (5 \text{ kg} + 1 \text{ kg}) \, v$$

$$(5 \text{ kg m/s}) - (8 \text{ kg m/s}) = (6 \text{ kg}) \, v$$

$$-3 \text{ kg m/s} = 6 \text{ kg} \, v$$

$$v = -1/2 \text{ m/s}$$

Vemos en este caso que la velocidad final es −1/2 m/s. ¿Qué significa el signo menos? Quiere decir que la velocidad final es *contraria* a la velocidad inicial del pez mayor. Que después del bocado, el sistema de los dos peces se mueve hacia la izquierda. Dejaremos como problema de final de capítulo calcular la velocidad inicial que debe tener el pez menor para detener al mayor y dejarlo inmóvil.

Choques más complicados

La cantidad de movimiento neta permanece sin cambio en cualquier choque, independientemente del ángulo que forman las trayectorias de los objetos que chocan. Para determinar la cantidad de movimiento neta cuando intervienen distintas direcciones se puede usar la regla del paralelogramo, para sumar vectores. No describiremos aquí esos casos complicados con mucho detalle, sino describiremos algunos ejemplos sencillos para ilustrar el concepto.

En la figura 6.15 se ve un choque entre dos automóviles que se mueven en ángulo recto entre sí. El auto A tiene su cantidad de movimiento hacia el este, y la del auto B se dirige hacia el norte. Si cada cantidad de movimiento tiene igual magnitud, su cantidad de movimiento combinada tiene dirección noreste. Es la dirección de los autos unidos después del choque. Vemos que así como la diagonal de un cuadrado no es igual a la suma de los dos lados, la magnitud de la cantidad de movimiento resultante tampoco será igual a la suma aritmética de las dos cantidades de movimiento antes del choque. Recordaremos la relación entre la diagonal de un cuadrado y la longitud de uno de sus lados (Figura 5.18, capítulo 5): la diagonal es $\sqrt{2}$ por la longitud de uno de los lados del cuadrado. Entonces, en este ejemplo, la magnitud de la cantidad de movimiento resultante será igual a $\sqrt{2}$ por la cantidad de movimiento de uno de los vehículos.

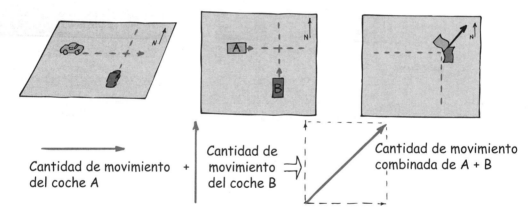

FIGURA 6.15 La cantidad de movimiento es una cantidad vectorial.

La figura 6.16 representa un cohete pirotécnico que explota al caer y se parte en dos. Las cantidades de movimiento de los fragmentos se combinan mediante suma vectorial, para igualar a la cantidad de movimiento original del cohete que caía. La figura 6.17*b* amplía este concepto al mundo microscópico, donde se visualizan las trayectorias de partículas subatómicas en una cámara de burbujas con hidrógeno líquido.

Sea cual sea la naturaleza de un choque, o por complicado que éste sea, la cantidad total de movimiento antes, durante y después de él permanece invariable. Esta ley tiene extrema utilidad, y permite aprender mucho en los choques, sin conocer detalle alguno de las fuerzas de interacción que actúan durante el choque. En el siguiente capítulo veremos que se conserva tanto la energía como la cantidad de movimiento. Si se aplica la conservación de la energía y de la cantidad de movimiento a las partículas subatómicas que se observan en diversas cámaras de detección, se puede calcular las masas de esas diminutas partículas. Esa observación se obtiene midiendo cantidades de movimiento y energías antes y después de los choques. Es notable que se alcanzó este logro sin conocer exactamente las fuerzas que actúan.

FIGURA 6.16 Después de explotar el cohete, las cantidades de movimiento de sus fragmentos se suman (vectorialmente) e igualan a la cantidad de movimiento original.

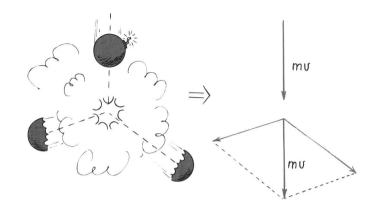

La conservación de la cantidad de movimiento y de la energía (véase el siguiente capítulo) son herramientas poderosas de la mecánica. Su aplicación proporciona información detallada que va de los hechos acerca de las interacciones de las partículas subatómicas hasta la estructura y movimiento de todas las galaxias.

FIGURA 6.17 La cantidad de movimiento se conserva en las bolas de billar que chocan, así como se conserva en partículas nucleares que chocan en una cámara de burbujas de hidrógeno líquido. a) La bola de billar A golpea a la B, que inicialmente estaba en reposo. En la parte b), el protón A choca consecutivamente con los protones B, C y D. Los protones en movimiento dejan trazas de diminutas burbujas.

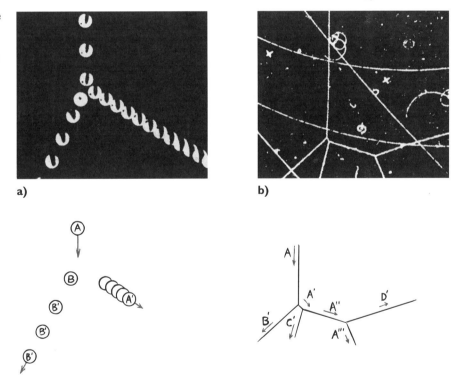

a)

b)

Resumen de términos

Cantidad de movimiento   Es el producto de la masa de un objeto por su velocidad.

Choque elástico   Choque, colisión o impacto en el que los objetos que chocan rebotan sin tener deformación permanente ni generar calor.

Choque inelástico   Choque en el que los objetos que chocan se deforman, generan calor y posiblemente quedan pegados.

Conservación de la cantidad de movimiento   Cuando no actúa fuerza externa alguna sobre un objeto o sistema de objetos, no hay cambio de cantidad de movimiento. Por consiguiente, la cantidad de movimiento antes de un evento donde sólo intervengan fuerzas internas, es igual a la cantidad de movimiento después del evento:

$$mv_{\text{(antes del evento)}} = mv_{\text{(después del evento)}}$$

Impulso Es el producto de la fuerza que actúa sobre un objeto por el tiempo durante el cual actúa. En una interacción, los impulsos son iguales y opuestos.

Relación entre el impulso y la cantidad de movimiento El impulso es igual al cambio en la cantidad de movimiento del objeto sobre el cual actúa. En notación simbólica

$$Ft = \Delta(mv)$$

Preguntas de repaso

Cantidad de movimiento

1. ¿Qué tiene mayor cantidad de movimiento, un pesado camión parado o una patineta en movimiento?

Impulso

2. ¿En qué se diferencian impulso y fuerza?
3. ¿Cuáles son las dos formas de aumentar el impulso?

El impulso cambia la cantidad de movimiento

4. ¿Tiene algo que ver la relación entre impulso y cantidad de movimiento con la segunda ley de Newton?
5. ¿Por qué es incorrecto decir que el impulso es igual a la cantidad de movimiento?
6. Para impartir la máxima cantidad de movimiento a un objeto, ¿debes ejercer la máxima fuerza posible, prolongar esa fuerza hasta donde puedas, o ambas cosas? Explica por qué.
7. Con la misma fuerza, ¿qué cañón imparte mayor rapidez a una bala de cañón, uno largo o uno corto? Explica por qué.
8. Cuando estás en el camino de un objeto en movimiento y tu destino es sufrir una fuerza de impacto, ¿es mejor que disminuyas la cantidad de movimiento de esa cosa, durante corto tiempo o durante largo tiempo?
9. ¿Por qué un vaso de vino podría sobrevivir a una caída sobre una alfombra, pero no sobre un piso de concreto?
10. ¿Por qué se aconseja extender tu mano hacia adelante cuando te preparas a cachar una bola rápida de béisbol a mano limpia?
11. ¿Por qué no sería buena idea recargar el dorso de tu mano en la barda del "jardín" del parque de béisbol para atrapar un *fly* muy largo?
12. En el karate, ¿por qué es mejor que la fuerza se aplique durante un tiempo corto?
13. En el boxeo, ¿por qué es mejor girar con el golpe?

Rebote

14. ¿Qué sufre el cambio mayor en cantidad de movimiento: 1) una bola de béisbol al ser atrapada, 2) una bola de béisbol que es lanzada o 3) una bola de béisbol que es atrapada y a continuación regresada, si en todos los casos las bolas tienen la misma rapidez justo antes de ser atrapadas e inmediatamente después de ser lanzadas?
15. En la pregunta anterior, ¿en qué caso se requiere el mayor impulso?

Conservación de la cantidad de movimiento

16. ¿Puedes producir un impulso neto en un automóvil si te sientas y empujas hacia adelante el tablero de instrumentos? ¿Pueden las fuerzas internas en un balón de fútbol producir un impulso que cambie la cantidad de movimiento del balón?
17. ¿Es correcto decir que si no se ejerce impulso neto sobre un sistema entonces no habrá cambio alguno de la cantidad de movimiento del sistema?
18. ¿Qué significa decir que la cantidad de movimiento (o que cualquier otra cantidad) se *conserva*?
19. Cuando se dispara una bala ¡cambia la cantidad de movimiento de esa bala! También cambia la cantidad de movimiento del rifle, al tener retroceso. Por consiguiente, la cantidad de movimiento no se conserva para la bala, y tampoco para el rifle. ¿Por qué, sin embargo, se puede decir que cuando un rifle dispara una bala *sí* se conserva la cantidad de movimiento?
20. ¿Se conservaría la cantidad de movimiento del *sistema* de rifle y bala, si no fuera una cantidad vectorial? Explica.

Choques

21. Describe la diferencia entre choque *elástico* y choque *inelástico*. ¿En cuál clase de choque se conserva la cantidad de movimiento?
22. El carro de ferrocarril A rueda con determinada rapidez, y tiene un choque perfectamente elástico con el carro B, de la misma masa. Después del choque se observa que el carro A queda en reposo. ¿Cómo se compara la rapidez del carro B con la rapidez inicial del carro A?
23. Si los carros de igual masa de la pregunta anterior quedan enganchados después de chocar inelásticamente, ¿cómo se compara su rapidez después del choque con la rapidez inicial del carro A?

Choques más complicados

24. Supón que una bola de mastique rueda horizontalmente, que su cantidad de movimiento es 1 kg m/s y choca y se pega a otra bola idéntica que se mueve verticalmente con cantidad de movimiento de 1 kg m/s. ¿Por qué su cantidad de movimiento combinada no es tan sólo la suma aritmética, 2 kg m/s?
25. En la pregunta anterior, ¿cuál es la cantidad total de movimiento de las bolas de mastique antes y después del choque?

Proyecto

Cuando estés muy adelantado en tus estudios, tómate una tarde libre, entra a un billar cercano y nota la conservación de la cantidad de movimiento. Observa que sin importar lo complicado de los choques entre las bolas, la cantidad de movimiento a lo largo de la línea de acción de la bola sin número (blanca) es igual a la cantidad de movimiento combinada de todas las demás bolas, en la misma dirección anterior, después del impacto, y que los componentes de las cantidades de movimiento perpendiculares a esta línea de acción se anulan a cero después del impacto. Apreciarás tanto la naturaleza vectorial de la cantidad de movimiento como su conservación, cuando no se imparten efectos de giro a la bola blanca. Cuando se imparten efectos golpeando la bola fuera de su centro, también se conserva la cantidad de movimiento de rotación, lo cual complica algo el análisis. Pero independientemente de cómo se golpee la bola blanca, en ausencia de fuerzas externas siempre se conservan tanto la cantidad de movimiento lineal como la de rotación. El pool o la carambola son una demostración de primera línea de la conservación de la cantidad de movimiento en acción.

Ejercicios

1. Para detener un supertanque petrolero suelen parar sus motores más o menos a 25 km del puerto. ¿Por qué es tan difícil detener o virar un supertanque?

2. En términos de impulso y cantidad de movimiento, ¿por qué los tableros de instrumentos acojinados hacen que los autos sean más seguros?

3. En términos de impulso y de cantidad de movimiento, ¿por qué las bolsas de aire de los automóviles reducen las probabilidades de lesiones en los accidentes?

4. ¿Por qué los gimnastas usan colchones muy gruesos en el piso?

5. En términos de impulso y cantidad de movimiento, ¿por qué los escaladores prefieren las cuerdas de *nailon*, que se estiran bastante bajo tensión?

6. Una persona puede sobrevivir a un impacto de pie, con una rapidez aproximada de 12 m/s (27 mi/h) sobre concreto; a 15 m/s (34 mi/h) sobre tierra y a 34 m/s (76 mi/h) sobre agua. ¿Por qué los valores diferentes en las superficies diferentes?

7. En términos de impulso y cantidad de movimiento, ¿por qué es importante que las aspas de un helicóptero desvíen al aire hacia abajo?

8. Un vehículo lunar se prueba en la Tierra, con una rapidez de 10 km/h. Cuando viaje a esa velocidad sobre la Luna, su cantidad de movimiento será, ¿mayor, menor o igual?

9. En general es mucho más difícil detener un camión pesado que una patineta, cuando se mueven con la misma rapidez. Describe un caso en el que la patineta pueda necesitar más fuerza de frenado (considera tiempos relativos).

10. Si lanzas un huevo crudo a una pared lo romperás, pero si lo lanzas con la misma rapidez hacia una sábana colgante no se romperá. Explica esto usando los conceptos explicados en este capítulo.

11. ¿Por qué es difícil para un bombero sujetar una manguera que lanza grandes chorros de agua con alta rapidez?

12. ¿Tendrías inconveniente en disparar un arma de fuego cuyas balas fueran 10 veces más masivas que el arma? Explica por qué.

13. ¿Por qué los impulsos que ejercen entre sí los objetos que chocan son iguales y opuestos?

14. Si se lanza una pelota hacia arriba, desde el piso, con una cantidad de movimiento de 10 kg m/s, ¿cuál es la cantidad de movimiento del retroceso del mundo? ¿Por qué no la sentimos?

15. Cuando una manzana cae de un árbol y golpea el piso sin rebotar, ¿qué destino tuvo su cantidad de movimiento?

16. ¿Por qué un golpe es más intenso cuando se da con el puño limpio que con un guante de boxeo?

17. ¿Por qué se golpea más fuerte con guantes de boxeo de 6 onzas que con guantes de 16 onzas?

18. Un boxeador puede golpear un costal pesado durante más de una hora sin cansarse, pero se cansa con rapidez, en unos minutos, al boxear contra un oponente. ¿Por qué? (Sugerencia: Cuando el puño del boxeador se apunta al costal, ¿qué suministra el impulso para detener los golpes? Cuando su puño se dirige al oponente, ¿qué o quién suministra el impulso para detener los golpes antes de que conecten?)

19. Los carros del ferrocarril se enganchan con holgura, para que haya una demora apreciable desde que la locomotora mueve al primero hasta que mueve al último. Describe la ventaja de este enganche holgado y la flojedad entre los carros, desde el punto de vista del impulso y de la cantidad de movimiento.

20. Si sólo una fuerza externa puede cambiar la velocidad de un cuerpo, ¿por qué los frenos pueden detener un automóvil?

21. Estás en la proa de una canoa que flota cerca de un muelle. Saltas, esperando que caerás fácilmente en el puente, pero en lugar de ello caes al agua. Explica por qué.

22. Explica cómo un enjambre de insectos voladores puede tener una cantidad de movimiento neta igual a cero.

23. Un persona totalmente vestida está en reposo en la mitad de un estanque, sobre hielo perfectamente sin fricción, y debe llegar a la orilla. ¿Cómo lo puede hacer?

24. Si lanzas una pelota horizontalmente estando parado sobre patines, rodarás hacia atrás con una cantidad de movimiento que coincide con la de la pelota. ¿Rodarás hacia atrás si haces los movimientos de lanzamiento, pero no lanzas la bola? Explica por qué.

25. Se pueden explicar los ejemplos de los dos ejercicios anteriores en términos de conservación de la cantidad de movimiento y en términos de la tercera ley de Newton. Supongamos que los hayas contestado en términos de la conservación de la cantidad de movimiento, contéstalos en términos de la tercera ley de Newton (o al revés, si los contestaste en términos de la tercera ley de Newton).

26. En el capítulo 5 explicamos la propulsión por cohete en términos de la tercera ley de Newton. Esto es, que la fuerza que impulsa un cohete se debe a que los gases de escape empujan contra el cohete; es la reacción a la fuerza que ejerce el cohete sobre los gases de escape. Explica la propulsión a reacción en términos de la conservación de la cantidad de movimiento.

27. Explica cómo la conservación de la cantidad de movimiento es una consecuencia de la tercera ley de Newton.

28. Regresa al ejercicio 17, del capítulo 5, y contéstalo en términos de conservación de la cantidad de movimiento.

29. Tu amigo dice que se viola la ley de la conservación de la cantidad de movimiento cuando una pelota rueda cuesta abajo y gana cantidad de movimiento. ¿Qué le contestas?

30. Coloca una caja en un plano inclinado, y aumentará su cantidad de movimiento al resbalar hacia abajo. ¿Qué es lo que provoca este cambio de cantidad de movimiento?

31. Deja caer una piedra desde el borde de un barranco profundo. Identifica el sistema en el que la cantidad neta de movimiento es cero cuando cae la piedra.

32. Un automóvil se desbarranca y choca con el fondo del cañón. Identifica el sistema en el que la cantidad neta de movimiento sea cero durante el choque.

33. Bronco se lanza desde un helicóptero suspendido en el aire y ve que aumenta su cantidad de movimiento. ¿Viola esto la conservación de la cantidad de movimiento? Explica por qué.

34. En una película el héroe salta directo hacia abajo desde un puente y cae en un bote pequeño, que sigue moviéndose sin cambiar su velocidad. ¿Qué principios físicos se violan en este caso?

35. Un velero en el hielo se queda inmóvil sobre un lago congelado, en un día sin viento. El tripulante prepara un ventilador como se ve abajo. Si todo el aire rebota en la vela y se va hacia atrás, ¿se pondrá en movimiento el velero? En caso afirmativo, ¿en qué dirección?

36. ¿Cambiaría tu respuesta en el ejercicio anterior si el aire llegara a la vela y se detuviera sin rebotar?

37. Describe la ventaja de quitar la vela en los ejercicios anteriores.

38. ¿Qué ejerce más impulso sobre una placa de acero: balas de ametralladora que rebotan en ella, o las mismas balas que se aplastan y se pegan a ella?

39. Cuando vas en tu automóvil a cierta velocidad en una carretera, de repente la cantidad de movimiento de un insecto cambia, al estrellarse en tu parabrisas. En comparación con el cambio de la cantidad de movimiento del insecto, ¿en cuánto cambia la cantidad de movimiento de tu auto?

40. Si tuvieran un choque de frente un camión Mack y un auto Ford Escort, ¿cuál vehículo sentiría la mayor fuerza del impacto? ¿El mayor impulso? ¿El mayor cambio de cantidad de movimiento? ¿La mayor aceleración?

41. Un choque de frente entre dos automóviles, ¿sería más dañino a sus ocupantes si los autos se pegaran los dos que si rebotaran en el choque?

42. Cuando un chorro de arena que cae verticalmente llega a un carrito que se mueve horizontalmente, el carrito se desacelera. Describe dos razones de esto, una en términos de una fuerza horizontal que actúe sobre el carrito, y una en términos de la conservación de la cantidad de movimiento.

43. Supón que hay tres astronautas fuera de una nave espacial, y que van a jugar a las atrapadas. Todos ellos pesan igual en la Tierra, y tienen iguales fuerzas. El primero lanza al segundo hacia el tercero, y comienza el juego. Describe el movimiento de los astronautas cuando avanza el juego. ¿Hasta cuándo dura el juego?

44. Para lanzar una pelota ¿ejerces algún impulso sobre ella? ¿Ejerces un impulso para atraparla a la misma velocidad? ¿Más o menos qué impulso ejerces, en comparación, si la atrapas y de inmediato la regresas? (Imagínate sobre una patineta.)

45. Con referencia a la figura 6.7, ¿el impulso al impacto diferirá si la mano de Cassy rebotará al golpear los ladrillos? En cualquier caso, ¿cómo se compara la fuerza ejercida sobre los ladrillos con la fuerza ejercida sobre la mano?

46. La luz consiste en "corpúsculos" diminutos llamados *fotones*, que poseen cantidad de movimiento. Eso se puede demostrar con un radiómetro, que se ve abajo. Unas paletas metálicas están pintadas de negro en una cara y de blanco en la otra, y pueden girar libremente en torno a la punta de una aguja montada en el vacío. Cuando los fotones llegan a la superficie negra son absorbidos; cuando llegan a la superficie blanca son reflejados. ¿En cuál superficie es mayor el impulso de la luz incidente y en qué dirección girarán las paletas? (Giran en la dirección opuesta en los radiómetros más difundidos, donde hay aire dentro de la cámara de vidrio; tu profesor te dirá por qué.)

47. Un deuterón es una partícula nuclear de masa única, formada por un protón y un neutrón. Supón que se acelera hasta determinada rapidez, muy alta, en un ciclotrón, y que se dirige hacia una cámara de observación, donde choca con una partícula que inicialmente estaba en reposo, y se queda pegada en ella. Se observa que el conjunto se mueve exactamente con la mitad de la rapidez del deuterón incidente. ¿Por qué los observadores dicen que también la partícula que sirvió de blanco es un deuterón?

48. Cuando un núcleo estacionario de uranio sufre la fisión, se rompe y forma dos partes desiguales, que salen despedidas. ¿Qué puedes decir acerca de las cantidades de movimiento de las partes? ¿Qué puedes decir acerca de las rapideces de las partes?

49. Una bola de billar se detiene cuando choca de frente con una bola en reposo. Sin embargo la bola no puede detenerse por completo si el choque no es exactamente de frente; esto es, si la segunda bola se mueve formando un ángulo con la trayectoria de la primera. ¿Sabes por qué? (Sugerencia: Ten en cuenta la cantidad de movimiento antes y después del choque, en la dirección inicial de la primera bola y también en la dirección perpendicular a la dirección inicial.)

50. Tienes un amigo que dice que después de que una pelota de golf choca con una bola de boliche en reposo, aunque la rapidez que adquiere la bola de boliche es muy pequeña, su cantidad de movimiento es mayor que la cantidad de movimiento inicial de la de golf. Además, tu amigo afirma que eso se debe a la cantidad de movimiento "negativa" de la pelota de golf después del choque. Otro amigo dice que eso es charlatanería porque así se violaría la conservación de la cantidad de movimiento. ¿Con quién estarías de acuerdo?

Problemas

1. ¿Cuál es el impulso necesario para detener una bola de boliche de 10 kg que se mueve a 6 m/s?

2. Un automóvil con 1000 kg de masa se mueve a 20 m/s. ¿Qué fuerza deben ejercer los frenos para detenerlo en 10 s?

3. Un automóvil choca contra un muro a 25 m/s, y se detiene en 0.1 s. Calcula la fuerza promedio ejercida por un cinturón de seguridad sobre un maniquí de 75 kg.

4. Una grúa deja caer por accidente un automóvil de 1000 kg, y llega al suelo a 30 m/s, deteniéndose en forma abrupta.

Se presentan dos preguntas, a y b. ¿Cuál se puede contestar con estos datos, y cuál no se puede contestar? Explica por qué. a) ¿Qué impulso actúa sobre el automóvil cuando choca? b) ¿Cuál es la fuerza de impacto sobre el coche?

5. En un juego de béisbol, una pelota de masa m = 0.15 kg cae directamente hacia abajo con una rapidez v = 40 m/s, en las manos de un fanático. ¿Qué impulso Ft debe suministrarse para que se detenga la bola? Si la bola se detiene en 0.03 s, ¿cuál es la fuerza promedio en la mano de quien la atrapa?

6. Liliana (40.0 kg de masa) se para sobre hielo resbaladizo y atrapa a su perro (15 kg de masa) que brinca horizontalmente a 3.0 m/s. ¿Cuál es la rapidez de Liliana y su perro después de atraparlo?

7. Una bola de mastique de 2 kg se mueve hacia la derecha y tiene un choque de frente, inelástico, con una bola de 1 kg, también de mastique, que se mueve hacia la izquierda. Si la masa combinada no se mueve inmediatamente después del choque, ¿qué se puede decir acerca de sus rapideces relativas antes de que chocaran?

8. Una locomotora diesel pesa cuatro veces más que un furgón de carga. Si la locomotora rueda a 5 km/h y choca con un furgón que inicialmente está en reposo, ¿con qué rapidez siguen rodando los dos después de engancharse?

9. Un pez de 5 kg nada a 1 m/s cuando se traga a un distraído pez de 1 kg que a su vez nada en sentido contrario a una velocidad que hace que los dos peces queden parados inmediatamente después del bocado. ¿Cuál es la velocidad V del pez pequeño antes de que se lo traguen?

10. Superman llega a un asteroide en el espacio exterior y lo lanza a 800 m/s, la velocidad de una bala. El asteroide es 1000 veces más masivo que Superman. En los dibujos animados, se ve que Superman queda inmóvil después del lanzamiento. Si entra la física en este caso, ¿cuál sería su velocidad de retroceso?

11. Dos automóviles, cada uno con 1000 kg de masa, se mueven con la misma rapidez, 20 m/s, cuando chocan y quedan pegados. ¿En qué dirección y qué rapidez se moverá la masa a) si uno de ellos iba hacia el norte y el otro hacia el sur? b) Si uno iba hacia el norte y el otro hacia el este (como en la figura 6.15)?

12. ¿Puedes correr con la rapidez suficiente para tener la misma cantidad de movimiento que un automóvil cuando rueda a 1 mi/h? Haz estimaciones razonables que justifiquen tu respuesta.

7

ENERGÍA

www.pearsoneducacion.net/hewitt
*Usa los variados recursos del sitio Web,
para comprender mejor la física.*

Annette Rappleyea usa un péndulo balístico para calcular la rapidez de un balín que es disparado.

Quizá el concepto más importante de toda la ciencia sea la energía. La combinación de energía y materia forma el universo: la materia es sustancia, y la energía es lo que mueve la sustancia. Es fácil captar la idea de materia. La materia es lo que podemos ver, oler y sentir. Tiene masa y ocupa espacio. Por otra parte, la energía es abstracta. No podemos ver, oler ni sentir la mayor parte de las formas de energía. Es sorprendente que la idea de energía no fuera conocida por Isaac Newton, y que todavía se debatiera su existencia en la década de 1850. Aunque la energía nos es familiar, es difícil de definir, porque no sólo es una "cosa", sino es cosa y proceso a la vez, como si fuera a la vez un nombre y un verbo. Las personas, los lugares y las cosas tienen energía, pero normalmente observamos la energía sólo cuando se transfiere o se transforma. Nos llega en forma de ondas electromagnéticas del Sol, y la sentimos como energía térmica; es capturada por las plantas y une las moléculas de la materia; está en el alimento que comemos y la recibimos mediante la digestión. Hasta la misma materia es energía condensada y embotellada, como se estableció en la famosa fórmula de Einstein, $E = mc^2$, a la cual regresaremos en la última parte de este libro. Por ahora comenzaremos nuestro estudio de la energía explicando un concepto relacionado: el trabajo.

Trabajo

FIGURA 7.1 Se efectúa trabajo para levantar las pesas. Si el pesista fuera más alto tendría que gastar proporcionalmente más energía para levantar las pesas sobre la cabeza.

En el capítulo anterior explicamos que los cambios en el movimiento de un objeto dependen tanto de la fuerza como de cuánto tiempo actúa la fuerza. "Cuánto tiempo" equivale a tiempo. A la cantidad "fuerza × tiempo" la llamamos *impulso*. Pero no siempre "cuánto tiempo" equivale a tiempo. También puede equivaler a distancia. Cuando se considera la cantidad fuerza × distancia se habla de una cantidad totalmente distinta: el **trabajo**.

Cuando levantamos una carga contra la gravedad terrestre hacemos trabajo. Mientras más pesada es la carga, o mientras más alto la levantemos, hacemos más trabajo. Siempre que se efectúa trabajo entran dos cosas en el cuadro: 1) la aplicación de una fuerza y 2) el movimiento de algo debido a esa fuerza. Para el caso más sencillo, cuando la fuerza es constante y el movimiento es en una línea recta en dirección de la fuerza,[1] se define el trabajo efectuado por una fuerza aplicada sobre un objeto como el producto de la fuerza por la distancia en que se mueve el objeto. En forma abreviada:

$$\text{Trabajo} = \text{fuerza} \times \text{distancia}$$
$$T = Fd$$

Si subimos un piso con dos cargas hacemos el doble de trabajo que si lo subimos sólo con una, porque la *fuerza* necesaria para subir el doble de peso es el doble también. De igual modo si subimos dos pisos con una carga, en vez de un piso, hacemos el doble de trabajo, porque la *distancia* es el doble.

Vemos que en la definición de trabajo intervienen una fuerza y una distancia. Un pesista que sujeta unas pesas de 1000 N sobre la cabeza no hace trabajo sobre las pesas. Se puede cansar de hacerlo, pero si las pesas no se mueven por la fuerza que haga, no hace trabajo *sobre las pesas*. Se puede hacer trabajo sobre los músculos, que se estiran y se contraen, y ese trabajo es la fuerza por la distancia, en una escala biológica; pero ese trabajo no se hace sobre las pesas. Sin embargo, el levantar las pesas es distinto. Cuando el pesista sube las pesas desde el piso, sí efectúa trabajo.

En la unidad de medición del trabajo se combinan una unidad de fuerza (N) con una unidad de distancia (m); la unidad de trabajo es el newton-metro (N·m), que también se llama *joule* (J). Se efectúa un joule de trabajo cuando se ejerce una fuerza de 1 newton durante una distancia de 1 metro, como cuando levantas una manzana sobre la cabeza. Para los valores grandes se habla de kilojoules (kJ, miles de joules) o de megajoules (MJ, millones de joules). El levantador de pesas de la figura 7.1 efectúa kilojoules de trabajo. La energía liberada por 1 kilogramo de gasolina se expresa en megajoules.

Potencia

FIGURA 7.2 Puede gastar energía al empujar el muro, pero si no lo mueve, no efectúa trabajo sobre el muro.

En la definición de trabajo no se dice cuánto tiempo se emplea para hacer el trabajo. Se efectúa la misma cantidad de trabajo al subir una carga por un tramo de escaleras si se camina o si se corre. Entonces, ¿por qué nos cansamos más al subir las escaleras apresuradamente, en unos pocos segundos, que al subirlas durante algunos minutos? Para comprender esta diferencia necesitamos hablar de una medida de qué tan rápido se hace el trabajo; es la **potencia**. La potencia es igual a la cantidad de trabajo efectuado entre el tiempo en el que se efectúa:

$$\text{Potencia} = \frac{\text{trabajo efectuado}}{\text{intervalo de tiempo}}$$

---

[1] En el caso más general, el trabajo es el producto sólo de la componente de la fuerza que actúa en dirección del movimiento, por la distancia recorrida. Por ejemplo, cuando una fuerza actúa en ángulo recto a la dirección del movimiento y no hay componente de fuerza en dirección del movimiento, no se hace trabajo. Un ejemplo común es el de un satélite en órbita circular: la fuerza de gravedad está en ángulo recto con su trayectoria circular y no se efectúa trabajo en el satélite. En consecuencia sigue en órbita sin cambiar de rapidez.

Un motor de gran potencia puede efectuar trabajo con rapidez. Un motor de automóvil que tenga el doble de potencia que otro no necesariamente produce el doble de trabajo ni hace que el auto avance al doble de velocidad que un motor con menos potencia. El doble de potencia quiere decir que podemos hacer la misma cantidad de trabajo en la mitad del tiempo, o el doble de trabajo en el mismo tiempo. Un motor más potente puede acelerar a un automóvil hasta determinada rapidez en menor tiempo que el empleado por un motor menos potente.

He aquí otra forma de considerar a la potencia: un litro (L) de combustible puede efectuar cierta cantidad de trabajo, pero la potencia que se produce cuando lo quemamos puede tomar cualquier valor, que depende de lo *rápido* que se queme. Puede hacer trabajar una podadora de césped durante media hora, o un motor de reacción, 3600 veces más potente, en medio segundo.

La unidad de la potencia es el joule por segundo (J/s), que también se llama watt (en honor de James Watt, el ingeniero que desarrolló la máquina de vapor en el siglo XVIII). Un watt (W) de potencia se ejerce cuando se efectúa un trabajo de 1 joule en 1 segundo. Un kilowatt (kW) es igual a 1000 watts. Un megawatt (MW) equivale a 1 millón de watts. En Estados Unidos se acostumbra evaluar los motores de combustión en caballos de fuerza, y los aparatos eléctricos en kilowatts, pero se puede usar cualquiera de las dos unidades. En el sistema métrico los automóviles se clasifican en kilowatts (un caballo de fuerza equivale a las tres cuartas partes de un kilowatt, por lo que un motor de 134 caballos es de 100 kW).

FIGURA 7.3 Los tres motores principales de un transbordador espacial pueden desarrollar 33,000 MW de potencia al quemar combustible a la gigantesca tasa de 3400 kg/s. Es como vaciar una alberca de tamaño mediano en 20 s.

Energía mecánica

Se efectúa trabajo al levantar el pesado pilón de un martinete hincador de pilotes y, en consecuencia, el pilón adquiere la propiedad de poder efectuar trabajo sobre un pilote abajo de él cuando cae. Cuando un arquero efectúa trabajo al tensar un arco, el arco tensado tiene la capacidad de efectuar trabajo sobre la flecha. Cuando se efectúa trabajo al dar cuerda a un mecanismo de cuerda, la cuerda adquiere la capacidad de efectuar trabajo sobre los engranajes que impulsan a un reloj, hacen sonar una campana o una alarma. En cada caso se ha adquirido algo. Ese "algo" que se da al objeto le permite efectuar trabajo. Ese "algo" puede ser: una compresión de átomos en el material de un objeto, una separación física de cuerpos que se atraen y un reacomodo de cargas eléctricas en las moléculas de una sustancia. Este "algo" que permite a un objeto efectuar trabajo es *energía*.[2] Al igual que el trabajo, la energía se expresa en joules. Aparece en muchas formas, que describiremos en los siguientes capítulos. Por ahora nos enfocaremos en la *energía mecánica*, que es la forma de energía debida a la *posición* relativa de cuerpos que interactúan (energía

---

[2]Hablando con propiedad, lo que permite que un objeto efectúe trabajo es su energía disponible, porque no toda la energía de un objeto se puede transformar en trabajo.

potencial), o a su *movimiento* (energía cinética). La energía mecánica puede estar en forma de energía potencial o de energía cinética, o de ambas.

Energía potencial

Un objeto puede almacenar energía debido a su posición con respecto a algún otro objeto. A esta energía se le llama **energía potencial** (EP) porque en su estado almacenado tiene el potencial de efectuar trabajo. Por ejemplo, un resorte estirado o comprimido tiene el potencial de hacer trabajo. Cuando se tensa un arco, éste almacena energía. Una banda de goma estirada tiene energía potencial debido a su posición, porque si es parte de una resortera, es capaz de efectuar trabajo.

La energía química de los combustibles también es energía potencial, debida a las posiciones relativas de los átomos en las moléculas de combustible; es energía de posición desde el punto de vista microscópico. Esa energía caracteriza los combustibles fósiles, los acumuladores eléctricos y el alimento que ingerimos. Está disponible cuando se reacomodan los átomos, esto es, cuando se produce un cambio químico. Cualquier potencia que pueda efectuar trabajo por medio de acciones químicas posee energía potencial.

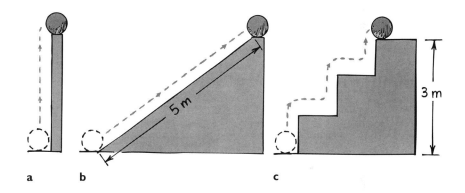

FIGURA 7.4 La energía potencial de la esfera de 10 N es igual, 30 J, en los tres casos, porque el trabajo que se efectúa para subirla 3 m es el mismo si a) se eleva con 10 N de fuerza, b) es empujada hacia arriba con una fuerza de 6 N por el plano inclinado de 5 m, o c) si se sube con 10 N por escalones de 1 m. No se efectúa trabajo (si no se tiene en cuenta la fricción) para moverla horizontalmente.

Se requiere trabajo para elevar objetos en contra de la gravedad de la Tierra. La energía potencial de un cuerpo a causa de su posición elevada se llama *energía potencial gravitacional*. El agua de una presa y el pilón de un martinete tienen energía potencial gravitacional. La cantidad de energía potencial gravitacional que posee un objeto elevado es igual al trabajo efectuado para elevarlo en contra de la gravedad. El trabajo efectuado es igual a la fuerza necesaria para moverlo hacia arriba, por la distancia vertical que sube ($W = Fd$). Una vez que comienza el movimiento hacia arriba, la fuerza hacia arriba para mantenerlo en movimiento a rapidez constante es igual al peso mg del objeto. (Hay un poco de trabajo adicional para hacer que el cuerpo comience a moverse, pero se contrarresta con el "trabajo negativo" efectuado cuando se detiene arriba.) Entonces, el trabajo efectuado para subir un objeto que pesa mg a una altura h es el producto mgh:

$$\text{Energía potencial gravitacional} = \text{peso} \times \text{altura}$$

$$EP = mgh$$

Observa que la altura h es la distancia arriba de un nivel de referencia, por ejemplo el suelo, o el piso de un edificio. La energía potencial mgh es relativa a ese nivel, y sólo depende de mg y de la altura h. Puedes ver en la figura 7.4 que la energía potencial de la pelota sobre la pieza depende de la altura, pero no depende de la trayectoria que siguió para subir.

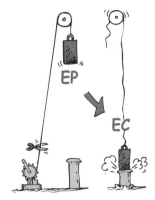

FIGURA 7.5 La energía potencial del pilón subido se convierte en energía cinética cuando se suelta.

La energía potencial, sea gravitacional o cualquiera otra, tiene importancia sólo cuando *cambia*, cuando efectúa trabajo o se transforma en energía de alguna otra forma. Por ejemplo, si la pelota de la figura 7.4 cae de su posición elevada y efectúa 20 joules de trabajo al llegar abajo, entonces perdió 20 joules de energía potencial. La energía potencial *total* que tenga la pelota cuando se elevó, respecto a algún nivel de referencia no importa. Lo que importa es la cantidad de energía potencial que se convierte en alguna otra forma. Sólo tienen significado los *cambios* de energía potencial. Una de las formas de energía en que se puede transformar la energía potencial es energía de movimiento, o *energía cinética*.

Examínate

1. ¿Cuánto trabajo efectúas sobre una bola de boliche de 75 N al cargarla horizontalmente cruzando un salón de 10 m de ancho?

2. ¿Cuánto trabajo efectúas sobre ella cuando la elevas 1 m? ¿Cuánta potencia ejerces si haces lo anterior en 1 s?

3. ¿Cuál es la energía potencial gravitacional de la bola cuando está arriba?

FIGURA 7.6 La energía potencial del arco tenso de Tenny es igual al trabajo (fuerza promedio × distancia) que efectuó al retrasar la flecha hasta su posición de disparo. Cuando la suelta, la mayor parte de la energía potencial del arco tensado se transformará en energía cinética de la flecha.

FIGURA 7.7 La "caída" cuesta abajo de la montaña rusa produce una rapidez vertiginosa, y esta energía cinética la utiliza el carro para trepar por la empinada pista que conduce a la siguiente joroba.

Comprueba tus respuestas

1. No efectúas trabajo. Se necesita un poco de trabajo para hacer que la bola se mueva, y un poco de trabajo negativo para detenerla. Así, con más precisión, no se efectúa trabajo *neto*, y prueba de ello es que la bola no tiene más EP después de cruzar el salón que antes.

2. Efectúas 75 J de trabajo al levantarla 1 m (Fd = 75 N × 1 m = 75 N·m = 75 J). Potencia = 75 J/1 s = 75 W.

3. Depende. Con respecto a su posición inicial es 75 J; con respecto a cualquier otro nivel de referencia tendría otro valor.

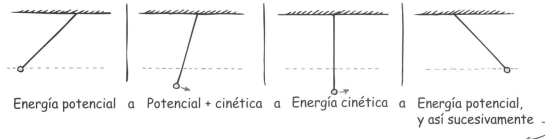

Energía potencial   a   Potencial + cinética   a   Energía cinética   a   Energía potencial, y así sucesivamente

FIGURA 7.8 Transiciones de la energía en un péndulo. La EP es en relación con el punto más bajo del péndulo, cuando está vertical.

Energía cinética

Si empujamos un objeto lo podemos poner en movimiento. En forma más específica, si efectuamos trabajo sobre un objeto podemos cambiar la energía de movimiento de ese objeto. Si un objeto se mueve, entonces, en virtud de ese movimiento es capaz de efectuar trabajo. Llamaremos **energía cinética** (EC) a la energía de movimiento. La energía cinética de un objeto depende de la masa y de la rapidez. Es igual a la mitad de la masa multiplicada por el *cuadrado* de la rapidez.

$$\text{Energía cinética} = \tfrac{1}{2}\,\text{masa} \times \text{rapidez}^2$$

$$\text{EC} = \tfrac{1}{2}\,mv^2$$

La cantidad de energía cinética, como la cantidad de rapidez, depende del marco de referencia desde donde se mide. Por ejemplo, cuando vas en un auto veloz tienes energía cinética cero en relación con él, pero tienes bastante energía cinética en relación con el asfalto. Observa que la velocidad se eleva al cuadrado en la definición de EC, por lo que si sube al doble la rapidez de un objeto, su energía cinética se cuadruplica ($2^2 = 4$). Esto quiere decir que un automóvil que vaya a 100 kilómetros por hora tiene cuatro veces la energía cinética que si va a 50 kilómetros por hora. La rapidez se eleva al cuadrado para la energía cinética; esta elevación al cuadrado quiere decir que la EC sólo puede ser cero o positiva, pero nunca negativa.

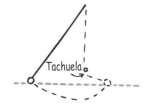

FIGURA 7.9 La lenteja del péndulo oscila hasta su altura original, haya tachuela o no.

Teorema del trabajo y la energía

Cuando un auto acelera, su aumento de energía cinética se debe al trabajo que se efectúa sobre él. También, cuando desacelera, se efectúa trabajo para reducir su energía cinética. Entonces, se puede decir que[3]

$$\text{Trabajo} = \Delta \text{EC}$$

El trabajo es igual al cambio de energía cinética. Éste es el **teorema del trabajo y la energía.**

En esta ecuación el trabajo es el trabajo *neto*, es decir, el trabajo basado en la fuerza neta. Por ejemplo, si empujas un objeto y también la fricción actúa sobre el objeto, el cambio de energía cinética es igual al trabajo efectuado por la fuerza neta, que es tu empuje menos la fricción. En este caso sólo parte del trabajo que haces cambia la energía cinética del objeto. El resto se transforma en calor. Si la fuerza de fricción es igual y opuesta a tu empuje, la fuerza neta sobre el objeto es cero, y no se hace trabajo neto. El cambio de la energía cinética del objeto es cero.

---

[3]Esto se puede deducir como sigue: si multiplicamos los dos lados de $F = ma$ (la segunda ley de Newton) por d, obtenemos $Fd = mad$. Recuerda que en el capítulo 3, para la aceleración constante $d = \tfrac{1}{2}at^2$, por lo que se puede decir que $Fd = ma(\tfrac{1}{2}at^2) = \tfrac{1}{2}maat^2 = \tfrac{1}{2}m(at)^2$; y al sustituir $\Delta v = at$, se obtiene $Fd = \Delta\tfrac{1}{2}mv^2$. Esto es, trabajo $= \Delta$EC.

El teorema del trabajo y la energía también se aplica cuando disminuye la rapidez. Mientras más energía cinética tenga algo, más trabajo se requiere para detenerlo. El doble de energía cinética equivale al doble del trabajo. Cuando oprimes el pedal del freno de un auto y lo haces patinar, es porque el asfalto hace trabajo sobre él. El trabajo es la fuerza de fricción multiplicada por la distancia durante la cual actúa esa fuerza de fricción.

Es interesante que la fuerza de fricción entre un neumático que derrapa y el asfalto es igual cuando el automóvil se mueve despacio o aprisa. La fricción no depende de la rapidez. La variable es la *distancia* necesaria para detenerse. Esto significa que un auto que avanza con el doble de rapidez que otro tiene cuatro veces la energía cinética de éste, y necesita cuatro veces el trabajo para detenerse, y en consecuencia necesita cuatro veces la distancia para detenerse. En las investigaciones de los accidentes se tiene muy en cuenta que un automóvil que vaya a 100 kilómetros por hora patinará cuatro veces más lejos, en una frenada de pánico, que si fuera a 50 kilómetros por hora. Los automóviles modernos, con frenos antibloqueo no derrapan, pero se les aplica el mismo principio. Para parar un automóvil que vaya al doble de velocidad que otro se necesita cuatro veces el trabajo y se necesita cuatro veces la distancia.

Examínate

1. Cuando estás conduciendo un auto a 90 km/h, ¿qué tanta distancia necesitas para detenerte que si estuvieras conduciendo a 30 km/h?
2. ¿Puede tener energía un objeto?
3. ¿Puede tener trabajo un objeto?

El teorema del trabajo y la energía se aplica a más que cambios de la energía cinética. El trabajo puede cambiar la energía potencial de un dispositivo mecánico, la energía térmica de un sistema térmico, o la energía eléctrica en un aparato eléctrico. El trabajo no es una forma de energía, sino una forma de transferir energía de un lugar a otro, o de una forma a otra.

La energía cinética y la energía potencial son dos entre las muchas formas de energía, y son la base de otras como la energía química, la energía nuclear, el sonido y la luz. La energía cinética promedio del movimiento molecular aleatorio se relaciona con la temperatura; la energía potencial de las cargas eléctricas con el voltaje y las energías cinética y potencial del aire en vibración definen la intensidad del sonido. Hasta la luz se origina en el movimiento de los electrones dentro de los átomos. Toda forma de energía se puede transformar en cualquier otra forma.

Comprueba tus respuestas

1. Nueve veces más lejos. El auto tiene nueve veces energía cinética cuando se desplaza tres veces más aprisa $\frac{1}{2}m(3v)^2 = \frac{1}{2}m9v^2 = 9(\frac{1}{2}mv^2)$. La fuerza de fricción comúnmente será la misma en ambos casos; por consiguiente, para hacer nueve veces el trabajo requiere nueves veces de distancia.

2. Sí, pero en un sentido relativo. Por ejemplo, un objeto elevado puede poseer EP relativa al suelo, pero no relativa a un punto a la misma elevación. De manera similar, la EC que tiene un objeto es con respecto a un marco de referencia, usualmente la superficie terrestre. (Veremos que los objetos materiales tienen energía de ser, la energía congelada que forma su masa.) Lee más.

3. No, a diferencia de la cantidad de movimiento o de la energía, el trabajo no es algo que *tiene* un objeto. El trabajo es algo que *hace* un objeto a otro objeto. Un objeto puede *hacer* trabajo sólo si tiene energía.

Conservación de la energía

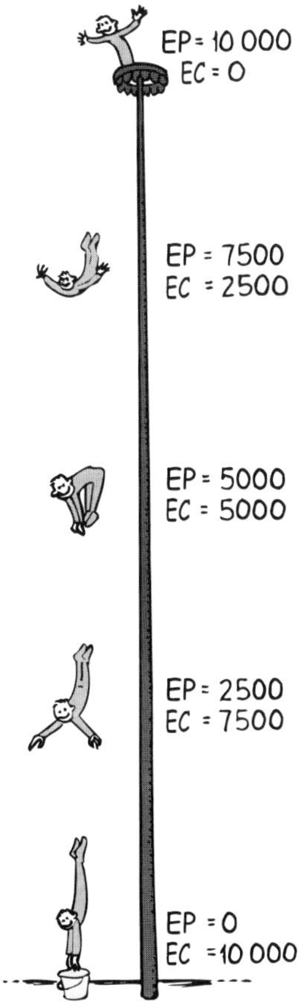

FIGURA 7.10 Un acróbata en la punta de un poste, en el circo, tiene una energía potencial de 10,000 J. Al lanzarse su energía potencial se convierte en energía cinética. Observa que en las posiciones sucesivas a la cuarta parte, mitad, tres cuartas partes y la totalidad de la bajada, la energía total es constante. (Adaptado de K. F. Kuhn y J. S. Faughn, *Physics in Your World*, Philadelphia: Saunders, 1980.)

Más importante que poder decir *qué es la energía* es comprender cómo se comporta, *cómo se transforma*. Podemos comprender mejor los procesos y los cambios que suceden en la naturaleza si los analizamos en términos de transformaciones de energía de una a otra forma, o de transferencias de energía de un lugar a otro. La energía es la forma que tiene la naturaleza de llevar la cuenta. Los procesos naturales se comprenden mejor cuando se analizan en función de *cambios* de energía.

Examinemos los cambios de energía cuando trabaja el martinete de la figura 7.5. El trabajo efectuado para subir el pilón y darle energía potencial se transforma en energía cinética cuando se suelta el pilón. Esta energía se transfiere al pilote abajo de él. La distancia que penetra el pilote en el terreno, multiplicada por la fuerza promedio del impacto, es casi igual a la energía potencial inicial del pilón. Decimos casi, porque algo de la energía se emplea en calentar el terreno durante la penetración. Si se tiene en cuenta la energía térmica, se ve que la energía se transforma sin pérdida ni ganancia neta. ¡Notable!

El estudio de las diversas formas de energía y sus transformaciones entre sí ha conducido a una de las grandes generalizaciones de la física: la ley de la **conservación de la energía**:

> **La energía no se puede crear ni destruir; se puede transformar de una forma a otra, pero la cantidad total de energía nunca cambia.**

Cuando examinamos cualquier sistema en su totalidad, sea tan sencillo como un péndulo que oscila o tan complejo como una supernova, hay una cantidad que no se crea ni se destruye: la energía. Puede cambiar de forma, o simplemente se puede transferir de un lugar a otro, pero hasta donde se puede deducir, la cuenta total de la energía permanece igual. Esta cuenta de energía considera el hecho de que los átomos que forman la materia son ellos mismos paquetes de energía. Cuando los núcleos de los átomos se reacomodan pueden liberar cantidades enormes de energía. El Sol brilla porque algo de su energía nuclear se transforma en energía radiante.

PREGUNTAS DE DESAFÍO

1. Un automóvil, ¿consume más combustible cuando se enciende el aire acondicionado? ¿Cuando se enciende los faros? ¿Cuando se enciende el radio estando estacionado?

2. En diversos lugares ventosos se ven filas de generadores accionados por el viento, para producir energía eléctrica. La electricidad que generan, ¿afecta la rapidez del viento? Esto es, atrás de los "molinos de viento", ¿habría más viento si no estuvieran allí?

COMPRUEBA TUS RESPUESTAS

1. La respuesta a las tres preguntas es sí, porque la energía que consumen en último término proviene del combustible. Aun la energía que suministra el acumulador se le debe regresar a través del alternador, al cual hace girar el motor, el cual trabaja con la energía del combustible. ¡No hay comidas gratis!

2. Los molinos de viento generan potencia tomando EC del viento, por lo que el viento se desacelera en su interacción con las aspas del molino. Así que sí; detrás de los molinos habría más viento si no estuvieran allí.

La compresión enorme debida a la gravedad, y las temperaturas extremadamente altas en lo profundo del Sol funden los núcleos de los átomos de hidrógeno y forman núcleos de helio.[4] Es la *fusión termonuclear,* proceso que libera energía radiante, y una pequeña parte de ella llega a la Tierra. Parte de la energía que llega a la Tierra la absorben las plantas, y a su vez parte de ella se almacena en el carbón. Otra parte sostiene la vida en la cadena alimenticia que comienza con las plantas, y parte de esta energía se almacena después en forma de petróleo. Parte de la energía solar se consume en evaporar agua de los mares, y parte de esa energía regresa a la Tierra en forma de lluvia, que puede regularse en una presa. En virtud de su posición elevada, el agua detrás de la cortina tiene energía que se puede usar para impulsar una planta generadora abajo de la presa, donde se transformará en energía eléctrica. Esta energía viaja por líneas de transmisión hasta los hogares, donde se usa para el alumbrado, la calefacción, la cocina y para hacer funcionar diversos aparatos eléctricos. ¡Qué bello es que la energía se transforme de una a otra forma!

Máquinas

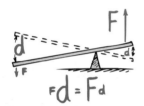

FIGURA 7.11 La palanca.

Una *máquina,* o *mecanismo,* es un dispositivo para multiplicar fuerzas, o simplemente para cambiar la dirección de éstas. El principio básico de cualquier máquina es el concepto de *conservación de la energía.* Veamos el más sencillo de los mecanismos, la **palanca** (Figura 7.11). Al mismo tiempo que efectuamos trabajo en un extremo de la palanca, el otro efectúa trabajo sobre la carga. Se ve que cambia la dirección de la fuerza, porque si empujamos hacia abajo, la carga sube. Si el calentamiento debido a las fuerzas de fricción es tan pequeño que se puede despreciar, el trabajo alimentado, o *trabajo de entrada,* será igual al trabajo obtenido, o *trabajo de salida.*

Trabajo de entrada = trabajo de salida

Como el trabajo es igual a la fuerza por la distancia, fuerza de entrada × distancia de entrada = fuerza de salida × distancia de salida.

(Fuerza × distancia)$_{entrada}$ = (fuerza × distancia)$_{salida}$

El punto de apoyo respecto al cual gira una palanca se llama *apoyo, fulcro, pivote, eje fijo* o *charnela.* Cuando el punto de apoyo de una palanca está relativamente cerca de la carga, una fuerza de entrada pequeña producirá una fuerza de salida grande. Esto se debe a que la fuerza de entrada se ejerce en una distancia grande, y la carga se mueve sólo una distancia corta. Entonces una palanca puede ser un multiplicador de fuerza. ¡Pero ninguna máquina puede multiplicar ni el trabajo ni la energía. Esto último es una negación absoluta debida a la conservación de la energía!

Arquímedes, famoso científico griego del siglo III a.C., comprendió el principio de la palanca. Dijo que podría mover el mundo si tuviera una palanca con longitud suficiente y un lugar donde poner el punto de apoyo.

Hoy un niño puede aplicar el principio de la palanca para levantar el frente de un automóvil usando un gato. Ejerciendo una fuerza pequeña durante una distancia grande puede producir una gran fuerza que actúe durante una distancia pequeña. Examina el ejemplo ideal de la figura 7.12. Cada vez que baja 25 cm la manija del gato, el automóvil sube la centésima parte, pero con una fuerza 100 veces mayor.

FIGURA 7.12 Fuerza aplicada × distancia aplicada = fuerza producida × distancia producida.

[4]Es interesante que la fusión de los núcleos es un proceso casual, porque la distancia entre ellos es vasta, aun a las grandes presiones en el centro del Sol. Es la causa de que el Sol tarde unos 10,000 millones de años para consumir su hidrógeno combustible.

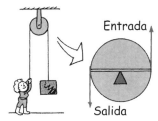

FIGURA 7.13 Esta polea funciona como una palanca. Cambia la dirección de la fuerza de (o "a la") entrada.

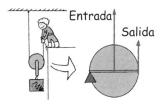

FIGURA 7.14 En este dispositivo se puede subir una carga con la mitad de la fuerza de entrada.

Otra máquina simple es la polea. ¿Puedes ver que es una "palanca disfrazada"? Cuando se usa como en la figura 7.13 sólo cambia la dirección de la fuerza. pero cuando se usa como en la figura 7.14, aumenta al doble la fuerza obtenida. Aumenta la fuerza y disminuye la distancia del movimiento. Como en cualquier máquina, pueden cambiar las fuerzas, pero el trabajo que entra y el que sale no cambian.

Un aparejo, motón, polipasto, diferencial o garrucha es un sistema de poleas que multiplica la fuerza más de lo que puede hacer una sola polea. Con el sistema ideal de poleas de la figura 7.15, el hombre tira 7 metros de una cuerda con una fuerza de 50 newton y sube 500 newton una distancia vertical de 0.7 metros. La energía que gasta el hombre en tirar de la cuerda es numéricamente igual a la mayor energía potencial del bloque de 500 newton. La energía sólo se transforma.

Toda máquina que multiplique una fuerza lo hace a expensas de la distancia. De igual modo, toda máquina que multiplica la distancia, como en el caso de tu antebrazo y el codo, lo hace a expensas de la fuerza. Ninguna máquina o mecanismo puede dar más energía que la que le entra. Ninguna máquina puede crear energía; sólo la puede transformar de una forma a otra.

Energía y tecnología

Trata de imaginar la vida antes que los humanos pudieran controlar la energía. Imagínate la vida hogareña sin luces eléctricas, refrigeradores, sistemas de calefacción y de enfriamiento, teléfonos, radios y TV, para no mencionar el automóvil familiar. Podemos imaginar como romántica una vida mejor sin estas cosas, pero sólo cuando no tenemos en cuenta las horas del día lavando, cocinando y calentando el hogar. También habría que no tener en cuenta lo difícil que era conseguir un doctor en una emergencia antes de que llegara el teléfono. Y en aquellos días el doctor casi no contaba más que con su maletín con laxantes, aspirinas y píldoras dulces; las muertes de niños eran impactantes.

Estamos tan acostumbrados a las ventajas de la tecnología que sólo apenas percibimos nuestra dependencia de ella. Dependemos de presas, plantas eléctricas, transporte masivo, electrificación, medicina y agricultura modernas, tan sólo para existir. Cuando nos deleitamos con un platillo sabroso casi no pensamos en la tecnología que se empleó en el crecimiento, cosecha y entrega de sus ingredientes y la entrega en nuestra mesa. Cuando encendemos una lámpara reparamos poco en la red eléctrica con control centralizado que enlaza a centrales generadoras mediante largas líneas de transmisión. Estos cables proporcionan electricidad, la fuerza vital de la industria, el transporte y la miríada de comodidades de nuestra sociedad. Quien imagine que la ciencia y la tecnología son inhumanas no puede captar las formas en las que nos ayudan para desarrollar nuestro potencial humano.

Eficiencia

FIGURA 7.15 Fuerza aplicada $\times$ distancia aplicada = fuerza producida $\times$ distancia producida.

En los tres ejemplos anteriores se describieron *máquinas ideales*; el 100% del trabajo que les entra aparecía a la salida. Una máquina ideal trabajaría con 100% de eficiencia. Eso no sucede en la práctica, y nunca se puede esperar que suceda. En cualquier transformación se disipa algo de energía en forma de energía cinética molecular, que es la energía térmica. Esta última calienta un poco la máquina y sus alrededores.

Hasta una palanca que gire en su punto de apoyo convierte una pequeña fracción de la energía de entrada en energía térmica. Podremos efectuar en ella 100 joules de trabajo, y obtener de ella 98 joules de trabajo. En ese caso, la palanca es eficiente en 98%, y sólo se degradan 2 joules de trabajo en forma de energía térmica. Si la niña de la figura 7.12 efectúa 100 joules de trabajo y aumenta la energía potencial del coche en 60 joules, el gato tiene una eficiencia de 60%; 40 joules de los que se le aplicaron se gastaron en la fricción, y aparecieron como energía térmica.

En un sistema de poleas una fracción considerable de la energía de entrada suele convertirse en energía térmica. Si se efectúan sobre él 100 joules de trabajo, las fuerzas de fricción actúan en las distancias de giro de las poleas, y las frota contra sus ejes; pueden disipar 60 joules de energía en forma de energía térmica. En ese caso, la producción de trabajo sólo es de 40 joules, y el sistema de poleas tiene una eficiencia de 40%. Mientras menor sea la eficiencia de una máquina, el porcentaje de energía que se degrada a energía térmica es mayor.

Se presentan ineficiencias siempre que se transforma la energía de una forma a otra en el mundo que nos rodea. La **eficiencia** o **rendimiento**[5] se puede expresar con la relación

Eficiencia = (energía útil producida)/(energía total alimentada)

Un motor de automóvil es una máquina que transforma la energía química almacenada en el combustible, en energía mecánica. Los enlaces entre las moléculas del hidrocarburo se rompen cuando se quema el combustible. Los átomos de carbono del mismo se combinan con el oxígeno del aire, para formar dióxido de carbono, y los átomos de hidrógeno del combustible se combinan con el oxígeno para formar agua, y se desprende energía. Sería bueno que toda esta energía se pudiera convertir en energía mecánica útil, esto es, nos gustaría un motor que fuera 100% eficiente. Eso es imposible, porque gran parte de la energía se transforma en energía térmica, y de ella se usa un poco para man-

FIGURA 7.16 Transiciones de energía. La tumba de la energía cinética es la energía térmica.

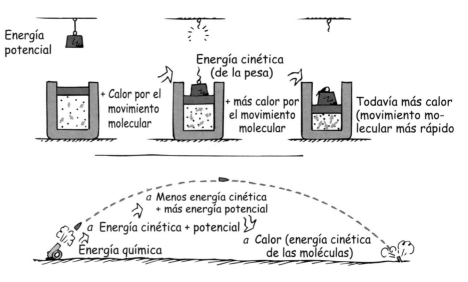

[5]N. del T.: "Rendimiento" es una palabra de uso normal en España y otros países, para indicar lo que se acaba de explicar. En esos países casi se desconoce la palabra "eficiencia" para indicar lo que nos ocupa. Al revés, en muchos países de Latinoamérica casi siempre se usa "eficiencia" y se suele desconocer "rendimiento" para indicar lo que nos ocupa. En Latinoamérica usamos "rendimiento" para indicar lo que "rinde" algo, por ejemplo un litro de gasolina en un automóvil.

tener calientes a los pasajeros durante el invierno; pero su mayor parte se desperdicia. Algo de ella sale en los gases de escape y algo se disipa al aire a través del sistema de enfriamiento o directamente desde las partes calientes del motor.[6]

PREGUNTA DE DESAFÍO Imagínate un auto maravilloso que tiene un motor con 100% de eficiencia, y que quema un combustible cuyo contenido de energía es 40 megajoules por litro. Si la resistencia del aire y las fuerzas totales de fricción sobre el vehículo, cuando viaja en carretera, son 500 N, ¿cuál es la distancia máxima por litro (el "rendimiento") que puede alcanzar el coche con esa rapidez?

Considera la ineficiencia que acompaña a la transformación de energía, de esta manera: En cualquier transformación hay una atenuación de la *energía útil* disponible. La cantidad de energía utilizable disminuye con cada transformación hasta que ya no queda nada, sino sólo la energía térmica a temperatura ordinaria. Cuando estudiemos termodinámica, veremos que la energía térmica es inútil para realizar trabajo a menos que pueda ser transformada a una temperatura inferior. Una vez que llega a la temperatura práctica más baja, o sea la del ambiente, no puede usarse. Nuestro entorno es el cementerio de la energía útil.

Comparación de la energía cinética y la cantidad de movimiento[7]

La energía cinética y la cantidad de movimiento son propiedades del movimiento. Pero son distintas. La cantidad de movimiento, como la velocidad, es una cantidad vectorial. Por otro lado, la energía es una cantidad escalar, como la masa. Cuando dos objetos se acercan, sus cantidades de movimiento se pueden anular en forma parcial o total. Su cantidad de movimiento es menor que la cantidad de movimiento de cualquiera de ellas. Pero sus energías cinéticas no se pueden anular. Como las energías cinéticas siempre son positivas (o cero), la energía cinética total de dos objetos en movimiento es mayor que la energía cinética de cualquiera de ellos.

Por ejemplo, las cantidades de movimiento de dos automóviles justo antes de un choque de frente se puede sumar y resultar exactamente cero, y la chatarra combinada después del choque tendrá el mismo valor cero como su cantidad de movimiento. Pero las energías cinéticas se suman, y en este caso la energía cinética queda después del choque, aunque está en distintas formas, principalmente como energía térmica. O también, las cantidades de movimiento de dos fuegos pirotécnicos que se acercan puede anularse, pero cuando explotan no hay forma de anular sus energías. La energía se presenta en muchas formas; la cantidad de movimiento sólo tiene una forma. La cantidad vectorial "cantidad de movimiento" es distinta de la cantidad escalar "energía cinética".

COMPRUEBA TUS RESPUESTAS Al rearreglar la definición trabajo = fuerza × distancia, se obtiene distancia = trabajo/fuerza. Si todos los 40 millones de J de energía que hay en 1 L se usaran para efectuar el trabajo de vencer la resistencia del aire y las fuerzas de fricción, la distancia sería:

$$\text{Distancia} = \frac{\text{trabajo}}{\text{fuerza}} = \frac{40,000,000 \text{ J/L}}{500 \text{ N}} = 80,000 \text{ m/L} = 80 \text{ km/L}$$

(que aproximadamente es 190 millas/galón). Lo importante aquí es que aun con un motor hipotético perfecto hay un límite superior del rendimiento de combustible, que es el que establece la conservación de la energía.

---

[6]Cuando estudies termodinámica en el capítulo 18 aprenderás que un motor de combustión interna *debe* transformar algo de la energía de su combustible en energía térmica. Por otra parte, una celda de combustible, de las que podrían impulsar los vehículos del futuro, no tiene esta limitación. ¡Espera los automóviles del futuro, impulsados por celdas de combustible!

[7]Esta sección puede saltarse en un curso superficial de mecánica.

La bala de metal penetra

La bala de goma rebota

FIGURA 7.17 En comparación con la bala de metal y con la misma cantidad de movimiento, la bala de goma es más eficaz para voltear el bloque porque rebota al chocar. La bala de goma sufre mayor cambio de cantidad de movimiento, y en consecuencia imparte más impulso o "empujón" al bloque. ¿Cuál bala provoca mayores daños?

Otra diferencia es cómo se relacionan las dos con la velocidad. Mientras que la cantidad de movimiento es proporcional a la velocidad (mv), la energía cinética es proporcional al cuadrado de la velocidad ($\frac{1}{2}mv^2$). Un objeto que se mueve con el doble de velocidad que otro, de la misma masa, tiene el doble de cantidad de movimiento, pero tiene cuatro veces la energía cinética. Puede proporcionar el doble de impulso a lo que encuentre en su camino, pero puede efectuar cuatro veces más trabajo.

Imaginemos que una bala se dispara contra un bloque de madera muy grande (Figura 7.17). Cuando choca la bala, voltea un poco al bloque, porque le transfiere su cantidad de movimiento. Si la misma bala llega con el doble de velocidad, tiene el doble de posibilidad de voltear al bloque (lo que podríamos decir, tiene "doble empujón"). Pero ten en cuenta que la bala con velocidad doble tiene cuatro veces la energía cinética, y que penetrará en el bloque cuatro veces más profundamente. Entrega doble empujón, pero hace cuatro veces más daños.

Si nuestra bala es de goma en lugar de metal, para que rebote en el bloque en lugar de penetrar en él, tendrá todavía más eficacia para voltearlo que una bala de metal. Veamos por qué. Si las cantidades de movimiento son iguales para las balas de metal y de goma, y si sólo se detienen hasta el reposo, entonces el cambio de cantidades de movimiento y los impulsos respectivos serán iguales; pero sólo la bala de metal es llevada hasta el reposo. La bala de goma rebota, lo cual significa que su cambio de cantidad de movimiento y el impulso correspondiente son mayores que los de la bala de metal. Si la de goma rebota elásticamente, sin perder rapidez en absoluto, su cambio de cantidad de movimiento y el impulso que entrega son el doble que los de la bala de metal. Pega con dos veces el empujón que una bala que penetre y tenga la misma cantidad de movimiento. Pero no penetra, y en este sentido causa pocos daños. Se trata de un caso ideal. En la práctica esos choques son menos que perfectamente elásticos. Pero ahora tienes mejor idea de por qué la policía usa balas de goma para derribar a las personas inflingiéndoles daños mínimos.

Lo anterior se demuestra con más seguridad en la figura 7.18. Cuando el dardo con nariz de caucho y con una punta afilada choca contra el bloque de madera, el choque es inelástico. El impulso no basta para voltear el bloque. Pero cuando se quita la punta y queda la nariz de goma, el dardo oscila con la misma cantidad de movimiento y *rebota* en el bloque. El impulso casi sube al doble y voltea al bloque.

a   b   c   d

FIGURA 7.18 a) Dave suelta el dardo, que es detenido al quedar pegado al bloque de madera. b) A continuación Dave quita la punta metálica del dardo y queda la nariz de goma y c) de nuevo suelta el dardo desde la misma altura. d) El dardo *rebota* en el bloque, que esta vez se voltea. Dave dice "el impulso es mayor cuando hay rebote, porque el dardo es más que solamente detenido: es lanzado hacia atrás". En términos de cantidad de movimiento Helen agrega: "si el dardo golpea con, por ejemplo, cantidad de movimiento positiva, entonces rebota con cantidad de movimiento negativa. El *cambio* de cantidad de movimiento, de positiva a negativa al rebotar, es mayor que de positiva a cero, cuando se queda pegada. El mayor cambio de cantidad de movimiento es lo que produce el impulso mayor".

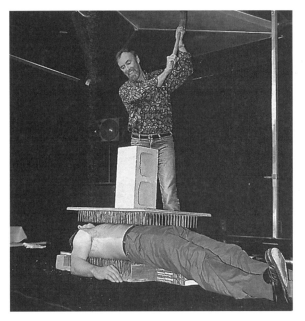 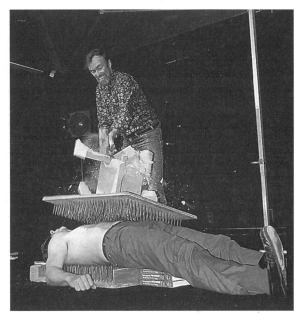

FIGURA 7.19 El autor imparte energía cinética y cantidad de movimiento al marro, que pega con el bloque que descansa en su colega Paul Robinson, profesor de física, que valientemente está como un emparedado entre camas de clavos. Paul no sufre lesiones. ¿Por qué? Aparte de los fragmentos de concreto que salen despedidos, la cantidad de movimiento íntegra del marro es entregada a Paul en el impacto, y a continuación a la cama y al terreno que la soporta. Pero la cantidad de movimiento sólo proporciona el empujón; la energía es la que daña. La mayor parte de la energía cinética nunca le llega porque se gasta en romper el bloque, y como energía térmica. La energía sobrante se distribuye en los más de 200 clavos que tocan a su cuerpo. La fuerza de impulsión por clavo no es suficiente para perforar la piel.

EXAMÍNATE Supón que un cazador hace frente a un oso que le ataca. ¿Qué tendría más eficacia para derribarlo, una bala de goma o una de plomo, con la misma cantidad de movimiento?

Supón que acarreas el balón del fútbol americano, y que estás a punto de chocar con un defensa cuya cantidad de movimiento es igual y opuesta a la tuya. La cantidad de movimiento combinada, la tuya y la del oponente antes del impacto, es cero, y con seguridad ambos se detendrán en el impacto. El empujón ejercido en cada uno de ustedes es igual. Esto es válido cuando eres derribado por un tacleador pesado y lento, o por un corredor ligero y rápido. Si el producto de su masa por su velocidad es igual que el tuyo, te detendrás en el lugar. El poder de parada es una cosa, pero, ¿y los daños? Todo jugador sabe que duele más ser detenido por un corredor ligero y veloz que por un defensa pesado y lento. ¿Por qué? Porque un corredor ligero que se mueva con la misma cantidad de movimiento tiene más energía cinética. Si tiene la misma cantidad de movimiento que un jugador pesado, pero tiene la mitad de la masa, tiene el doble de velocidad. Con el doble de velocidad y la mitad de la masa, el jugador ligero tiene el doble de energía cinética

COMPRUEBA TU RESPUESTA Un cazador tendría más probabilidades de derribar al oso con una bala de goma, pero debería poder correr bien para cuando el oso se levantara.

que la del jugador pesado.[6] Efectúa el doble de trabajo contigo, tiende a deformarte doble cantidad, y en general te daña lo doble. ¡Cuídate de los pequeños cuando corran mucho!

Fuentes de energía

A excepción de la energía nuclear y la geotérmica, la fuente de prácticamente toda nuestra energía es el Sol. Esto incluye la energía que obtenemos con la combustión del petróleo, del carbón, del gas natural y de la madera, porque estos materiales son el resultado de la fotosíntesis, proceso biológico que incorpora la energía radiante del Sol al tejido vegetal.

La luz solar también se puede transformar en forma directa en electricidad mediante celdas fotovoltaicas, como las de las calculadoras solares. También se usa la radiación solar, en forma indirecta, para generar electricidad. La luz solar evapora agua, que después cae como lluvia, la lluvia corre por los ríos y hace girar las norias, o los turbogeneradores hidráulicos cuando regresa al mar.

Hasta el viento, producido por calentamientos desiguales de la superficie terrestre, es una forma de energía solar. Se puede usar la energía del viento (energía eólica) para mover turbogeneradores en molinos de viento especiales. Como no se puede apagar y encender a voluntad la energía eólica, sólo suplementa por hoy la producción de energía en gran escala mediante combustibles fósiles o nucleares.

La forma más concentrada de energía útil está en el uranio y el plutonio, que son los combustibles nucleares. El temor público hacia todo lo que suena nuclear evita el crecimiento de la energía nuclear. Es interesante hacer notar que el interior de la Tierra se mantiene caliente por una forma de energía nuclear, que es el decaimiento radiactivo o desintegración radiactiva, que nos ha acompañado desde el origen de los tiempos.

Un subproducto de la desintegración radiactiva en el interior de la Tierra es la energía geotérmica, la que existe en yacimientos subterráneos de agua caliente. Se suele encontrar en zonas de actividad volcánica, como Islandia, Nueva Zelanda, Japón y Hawaii, donde se controla el agua calentada cerca de la superficie terrestre para generar vapor y hacer funcionar turbogeneradores. En lugares donde el calor debido a la actividad volcánica está cerca de la superficie del terreno, y no hay agua freática, otro método prometedor para producir electricidad en forma económica y amigable al ambiente es la energía geotérmica en terreno seco, donde se forman cavidades en rocas profundas y secas, y se introduce agua a las cavidades. Cuando el agua se transforma en vapor se conduce a una turbina en la superficie. Después se regresa como agua a la cavidad, para volver a usarse.

FIGURA 7.20 Energía geotérmica de estratos secos. a) Se perfora un agujero de varios kilómetros hasta llegar a granito seco. b) Se bombea agua en el agujero, a gran presión, que rompe la roca que la rodea y forma una cavidad con mayor área en su superficie. c) Se perfora un segundo agujero que llegue a la cavidad. d) Se hace circular agua que baja por un agujero, pasa por la cavidad, donde se sobrecalienta antes de subir por el segundo agujero. Después de impulsar una turbina se vuelve a circular a la cavidad caliente, formando un ciclo cerrado.

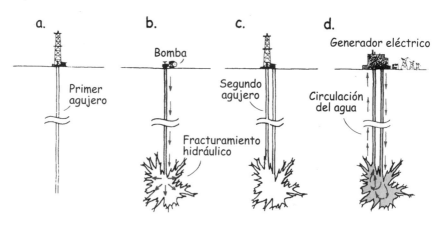

[6]Ten en cuenta que $\frac{1}{2}(m/2)(2v)^2 = mv^2$, el doble del valor $\frac{1}{2}mv^2$ de la energía cinética del jugador más pesado de masa m y rapidez v.

La energía geotérmica, como la solar, eólica e hidráulica, es amigable al ambiente. Otros métodos de obtención de energía tienen consecuencias graves para el ambiente. Aunque la energía nuclear no contamina la atmósfera, es muy problemática por los desechos nucleares que genera. Por otra parte, la combustión de materiales fósiles causa mayores concentraciones atmosféricas de dióxido de carbono, dióxido de azufre y otros contaminantes.

A medida que aumenta la población mundial, también aumentan nuestras necesidades de energía. Con las reglas de la física que los guían, los tecnólogos están investigando en la actualidad formas nuevas y más limpias de desarrollar fuentes de energía. El sentido común indica que a medida que se desarrollen, debemos continuar optimizando las fuentes actuales y usar con eficiencia y sabiduría lo que consumimos.

Energía para la vida

Tú organismo es una máquina; es una máquina extraordinariamente maravillosa. Está formada por máquinas más pequeñas, que son las células. Como cualquier máquina, las células vivas necesitan una fuente de energía. La mayoría de los organismos vivos de este planeta se alimentan con diversos compuestos hidrocarbonados que desprenden energía al reaccionar con el oxígeno. Al igual que la gasolina que se quema en un motor de automóvil, hay más energía potencial en las moléculas del alimento que en los productos de reacción después de haber metabolizado el alimento. La diferencia de energías es lo que sostiene la vida.

Vemos la eficiencia en acción en la cadena alimenticia. Las criaturas mayores se alimentan de otras más pequeñas, que a su vez comen criaturas más pequeñas, y así sucesivamente hasta llegar a las plantas y al plancton marino que se nutren con el Sol. Al subir cada escalón de la cadena alimenticia se maneja más ineficiencia. En el matorral africano, 10 kilogramos de pasto pueden producir 1 kilogramo de gacela. Sin embargo se necesitan 10 kilogramos de gacela para sostener a 1 kilogramo de león. Se ve que cada transformación de energía a lo largo de la cadena alimenticia contribuye a la ineficiencia general. Es interesante que algunas de las mayores criaturas del planeta, el elefante y la ballena azul, se alimentan mucho más abajo en la cadena alimenticia. Cada vez hay más seres humanos que están teniendo en cuenta al krill y a las levaduras como fuentes nutritivas eficientes.

Resumen de términos

Conservación de la energía   La energía no se puede crear ni destruir; se puede transformar de una de sus formas a otra, pero la cantidad total de energía nunca cambia.

Conservación de la energía en las máquinas   El trabajo que sale de cualquier máquina no puede ser mayor al trabajo que entra. En una máquina ideal, donde no se transforme energía en energía térmica, trabajo$_{\text{entrada}}$ = trabajo$_{\text{salida}}$ y $(Fd)_{\text{entrada}} = (Fd)_{\text{salida}}$.

Eficiencia   El porcentaje del trabajo que entra a una máquina, que se convierte en trabajo útil que sale. (Con más generalidad, la que sale dividida entre la energía total que entra.)

Energía   La propiedad de un sistema que le permite efectuar trabajo.

Energía cinética   Energía de movimiento, cuantificada por la ecuación

$$\text{Energía cinética} = \tfrac{1}{2}mv^2$$

Energía potencial   La energía que posee un cuerpo debido a su posición.

Máquina   Dispositivo como una palanca o polea, que aumenta o disminuye una fuerza, o que tan sólo cambia la dirección de una fuerza.

Potencia   La rapidez con que se efectúa trabajo:

$$\text{Potencia} = \frac{\text{trabajo}}{\text{tiempo}}$$

(Con más generalidad, la rapidez a la que se expande la energía.)

Teorema del trabajo y la energía   El trabajo efectuado sobre un objeto es igual al cambio de energía cinética en el objeto.

$$\text{Trabajo} = \Delta EC$$

Trabajo   El producto de la fuerza por la distancia a lo largo de la cual la fuerza obra sobre un cuerpo:

$$T = Fd$$

(Con más generalidad, es el componente de la fuerza en la dirección del movimiento por la distancia recorrida.)

Preguntas de repaso

1. ¿Cuándo es más evidente la energía?

Trabajo

2. Una fuerza cambia el movimiento a un objeto. Cuando se multiplica la fuerza por el tiempo durante el que se aplica, a esa cantidad se le llama *impulso*, el cual cambia la *cantidad de movimiento* de ese objeto. ¿Cuál es el nombre de la cantidad *fuerza × distancia*?

3. Describe un ejemplo en el que una fuerza se ejerza sobre un objeto sin hacer trabajo sobre ese objeto.

4. ¿Cuántos joules de trabajo se efectúan cuando una fuerza de 1 N mueve 2 m a un libro?

5. ¿Qué requiere más trabajo; subir un saco de 50 kg una distancia vertical de 2 m, o subir un saco de 25 kg una distancia vertical de 4 m?

Potencia

6. Si en el problema anterior los dos sacos suben sus respectivas distancias en el mismo tiempo, ¿cómo se compara la potencia requerida en cada caso? ¿Y en el caso en el que el saco más ligero suba su distancia en la mitad del tiempo?

7. ¿Cuántos watts de potencia se producen cuando una fuerza de 1 N mueve 2 m a un libro y se tarda 1 s?

Energía mecánica

8. ¿Qué significa exactamente que un cuerpo que tenga energía es capaz de hacer algo?

Energía potencial

9. En un taller de servicio suben un automóvil cierta altura con una rampa hidráulica, y en consecuencia el auto tiene energía potencial respecto al piso. Si la rampa lo subiera hasta dos veces la altura, ¿cuánta energía potencial tendría el auto?

10. En un taller mecánico suben dos automóviles hasta la misma altura. Uno es dos veces más masivo que el otro. ¿Cómo se comparan sus energías potenciales?

11. ¿Cuántos joules de energía potencial gana un libro de 1 kg cuando se eleva 4 m? ¿Cuando se eleva 8 m?

12. ¿Cuándo la energía potencial de algo es importante?

Energía cinética

13. ¿Cuántos joules de energía cinética tiene un libro de 1 kg cuando atraviesa una mesa con una rapidez de 2 m/s?

14. Un automóvil en movimiento tiene cierta energía cinética. Acelera hasta ir cuatro veces más rápida. ¿Cuánta energía cinética tiene ahora, en comparación con la anterior?

Teorema del trabajo y la energía

15. En comparación con alguna rapidez inicial, ¿cuánto trabajo deben efectuar los frenos de un automóvil para detenerlo si va cuatro veces más rápido? ¿Cómo se comparan las distancias de frenado?

16. a) ¿Cuánto trabajo haces al empujar horizontalmente con 100 N una caja, atravesando 10 m del piso de una fábrica? b) Si la fuerza de fricción entre la caja y el piso es 70 N constantes, ¿cuánta EC gana la caja después de resbalar 10 m? c) ¿Cuánto del trabajo que haces se convierte en calor?

17. ¿Cómo afecta la rapidez a la fricción entre el pavimento y un neumático que se patina?

Conservación de la energía

18. ¿Cuál será la energía cinética del pilón de un martinete cuando baja 10 kJ su energía potencial?

19. Una manzana que cuelga de una rama tiene energía potencial, debida a su altura. Si cae, ¿qué le sucede a esta energía justo antes de llegar al suelo? ¿Y cuando llega al suelo?

20. ¿Cuál es la fuente de la energía de los rayos solares?

21. Un amigo dice que en realidad la energía del petróleo y del carbón es una forma de energía solar. ¿Tiene razón o está equivocado?

Máquinas

22. ¿Puede multiplicar una máquina la fuerza que se le suministra? ¿La distancia en su entrada?

23. Si una máquina multiplica una fuerza por cuatro, ¿qué otra cantidad disminuye, y cuánto?

24. Se aplica una fuerza de 50 N al extremo de una palanca, y éste se mueve cierta distancia. Si el otro extremo de la palanca de mueve la tercera parte, ¿cuánta fuerza puede ejercer?

25. Si la persona de la figura 7.15 recobra 1 m de la cuerda tirando de ella hacia abajo con una fuerza de 100 N, y la carga sube 1/7 (unos 14 cm), ¿cuál es la carga máxima que puede subir esa persona?

Eficiencia

26. ¿Cuál es la eficiencia de una máquina que milagrosamente convierte toda la energía que le llega, en energía útil?

27. Una máquina de alta eficiencia, ¿degrada un porcentaje relativamente alto o relativamente bajo de energía a energía térmica?

28. Acerca de la pregunta 25, si la carga levantada es 500 N, ¿cuál es la eficiencia del sistema de poleas?

29. ¿Qué le sucede al porcentaje de energía útil cuando se pasa de una forma a otra de energía?

30. ¿Es físicamente posible tener una máquina cuya eficiencia sea mayor de 100%? Discuta esta posibilidad.

Comparación de la energía cinética y la cantidad de movimiento

31. ¿Qué quiere decir que la cantidad de movimiento es una cantidad vectorial, y que la energía es una cantidad escalar?

32. ¿Pueden anularse las cantidades de movimiento? ¿Pueden anularse las energías?

33. Si un objeto en movimiento aumenta su rapidez al doble, ¿cuánta cantidad de movimiento más tiene? ¿Cuánta energía más tiene?

34. Si un objeto en movimiento aumenta su rapidez al doble, ¿cuánto impulso más imparte al objeto con que choca (cuánto empujón más)? ¿Cuánto trabajo más efectúa al ser detenido (cuánto daño más)?

Fuentes de energía

35. ¿Cuál es la fuente primordial de las energías obtenidas al quemar combustibles fósiles, o en las presas o en los molinos de viento?

36. ¿Cuál es la fuente primordial de la energía geotérmica?

Energía para la vida

37. La energía que necesitamos para existir viene de la energía potencial, almacenada químicamente, de los alimentos; cuando se metaboliza se convierte en otras formas de energía. ¿Qué le sucede a una persona cuya producción de trabajo es menor que la energía que consume? ¿Cuando su producción de trabajo es mayor que la energía que consume? Una persona mal alimentada, ¿puede efectuar trabajo adicional sin alimento adicional? Describa lo anterior en forma breve.

Proyectos

1. Llena dos vasos de licuadora con agua fría y mide sus temperaturas. Luego pon uno de ellos en la licuadora y ponla a trabajar durante algunos minutos. Compara las temperaturas del agua en los dos vasos.

2. Vierte algo de arena seca en una lata con tapa. Compara la temperatura de la arena antes, y después de agitar la arena en forma vigorosa durante un par de minutos.

3. Coloca una pelota de hule pequeña sobre un balón de básquetbol, y déjalas caer. ¿Hasta qué altura rebota la pelota pequeña? ¿Puedes reconciliar lo que sucede con la conservación de la energía?

Ejercicios

1. ¿Qué es más fácil detener: un camión ligero o uno pesado, si los dos tienen la misma rapidez?

2. ¿Qué requiere más trabajo para detenerse: un camión ligero o uno pesado que tenga la misma cantidad de movimiento?

3. Para determinar la energía potencial del arco tensado de Tenny (Figura 7.6), si se multiplica la fuerza con la que sostiene el arco en su posición tensada por la distancia que se abrió la cuerda, el resultado, ¿sería menor o mayor que la energía potencial real? ¿Por qué se dice que el trabajo efectuado es igual a la fuerza *promedio* × distancia?

4. Cuando se dispara un rifle con cañón largo, la fuerza de los gases en expansión actúa sobre la bala durante mayor distancia. ¿Qué efecto tiene lo anterior sobre la velocidad de la bala que sale? (¿Ves por qué la artillería de gran alcance tiene cañones largos?)

5. Tú y un sobrecargo se lanzan uno a otro la pelota dentro de un avión en vuelo. ¿Depende de la rapidez del avión la EC de la pelota? Explícalo con cuidado.

6. Ves a tu amigo despegar en un avión a chorro, y comentas sobre la energía cinética que ha adquirido. Pero tu amigo dice que no ha aumentado su energía cinética. ¿Quién está en lo correcto?

7. ¿Puede algo tener energía sin tener cantidad de movimiento? Explica por qué. ¿Puede algo tener cantidad de movimiento sin tener energía? Defiende tu respuesta.

8. Cuando la masa de un objeto en movimiento sube al doble, sin cambiar de velocidad, ¿en qué factor cambia su cantidad de movimiento? ¿Su energía cinética?

9. Cuando la rapidez de un objeto se duplica, ¿por cuál factor cambia su cantidad de movimiento? ¿Su energía cinética?

10. Puedes escoger en atrapar una pelota de béisbol o una de boliche, las dos con la misma EC. ¿Cuál es la más segura, o menos potencialmente dañina?

11. Para combatir los hábitos de desperdicio con frecuencia se habla de "conservar la energía" apagando las luces que no se usen, apagando el agua caliente cuando no se usa y manteniendo los termostatos en un valor moderado. En este capítulo también hablamos de la "conservación de la energía". Describe la diferencia entre estas dos acepciones.

12. Cuando una empresa eléctrica no puede satisfacer la demanda de electricidad por parte de sus clientes, por ejemplo en algún día caluroso de verano, el problema, ¿debe ser de "crisis de energía" o de "crisis de potencia"? Explica por qué.

13. ¿En qué punto de su movimiento de la lenteja de un péndulo es máxima la EC? ¿En qué punto su EP es máxima? Cuando la EC tiene la mitad de su valor máximo, ¿cuánta EP posee?

14. Un profesor de física demuestra la conservación de la energía soltando un péndulo con lenteja pesada, como se ve en el esquema, y deja que oscile. ¿Qué podría suceder si en su entusiasmo le diera a la lenteja un empujoncito con su nariz? Explica por qué.

15. ¿Por qué la fuerza de gravedad no hace trabajo sobre a) una bola de bolos que rueda por la pista, y b) un satélite en órbita circular en torno a la Tierra?

16. ¿Por qué la fuerza de gravedad sí hace trabajo sobre un automóvil que baja por una cuesta, pero no efectúa trabajo cuando el automóvil va por una carretera plana?

17. La cuerda que sostiene la lenteja de un péndulo, ¿hace trabajo sobre ella al oscilar? La fuerza de gravedad ¿efectúa trabajo sobre la lenteja?

18. Se tira de una caja por un piso horizontal, con una cuerda. Al mismo tiempo, la caja tira hacia atrás de la cuerda, de acuerdo con la tercera ley de Newton. ¿Se iguala a cero el trabajo efectuado por la cuerda sobre la caja? Explica por qué.

19. Tu amigo dice que imagines que levantas un paquete y lo pones en un anaquel, ejerciendo una fuerza igual a su peso W. Al mismo tiempo, el paquete ejerce una fuerza hacia abajo sobre ti, que es igual a su peso, pero −W. Parece que esas fuerzas iguales y opuestas se anulan, por lo que no se efectúa trabajo. a) ¿Cuál es la prueba que sí se efectúa trabajo sobre el paquete? b) ¿Qué le respondes a tu amigo para que reconcilie el trabajo efectuado con la anulación de las fuerzas?

20. En una resbaladilla, un niño tiene energía potencial que disminuye 1000 J mientras que su energía cinética aumenta 900 J. ¿Qué otra forma de energía interviene, y cuánta es?

21. Alguien te quiere vender una "superpelota" y dice que rebota a mayor altura que aquella desde la que la dejaron caer. ¿Puede suceder esto?

22. ¿Por qué una superpelota dejada caer desde el reposo no puede regresar a su altura original cuando rebota en un piso rígido?

23. Una pelota se lanza al aire directo hacia arriba. ¿En qué posición es máxima su energía cinética? ¿Dónde es máxima su energía potencial gravitacional?

24. Describe el diseño de la montaña rusa de la siguiente figura, en términos de conservación de la energía.

25. Supón que tú y dos de tus compañeros discuten sobre el diseño de una montaña rusa. Uno dice que cada joroba debe ser mas baja que la anterior. El otro dice que eso es una tontería, porque mientras que la primera sea la más alta, no importa qué altura tienen las demás. ¿Qué dices tú?

26. Dos esferas idénticas se sueltan en las pistas A y B que muestra la figura de abajo. Cuando llegan a los extremos derechos de las pistas, ¿cuál tendrá la mayor rapidez? Por

qué es más fácil contestar esta pregunta que la del capítulo 3 (Ejercicio 35), que se parecía mucho?

27. Supón que un objeto se pone a deslizar con una rapidez menor que la velocidad de escape, sobre un plano infinito y sin fricción, en contacto con la superficie de la Tierra, como muestra la siguiente figura. Describe su movimiento. ¿Seguirá deslizándose eternamente con velocidad constante? ¿Se llegará a detener? ¿En qué aspecto sus cambios de energía se parecerán a los de un péndulo?

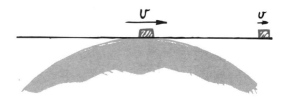

28. Si se mueven con la misma energía cinética una pelota de golf y una de ping-pong, ¿puedes decir cuál tiene la mayor rapidez? Explícalo en función de la definición de EC. De igual manera, en una mezcla gaseosa de moléculas masivas y ligeras, con la misma EC promedio, ¿puedes decir cuáles tienen la mayor rapidez?

29. Un automóvil, ¿quema más gasolina cuando enciende sus luces? Su consumo total de gasolina, ¿depende de si el motor trabaja mientras las luces están encendidas? Defiende tu respuesta.

30. Al encender el aire acondicionado en un automóvil suele aumentar el consumo de combustible. Pero a ciertas rapideces, un auto con las ventanillas abiertas y con el aire acondicionado apagado puede consumir más combustible. Explica por qué.

31. Se dice que una máquina ineficiente "desperdicia energía". Lo anterior, ¿quiere decir que la energía se pierde realmente? Explica tu respuesta.

32. Dices a un amigo que ninguna máquina puede producir más energía que la que se introdujo en ella, y tu amigo te dice que un reactor nuclear produce más energía que la que consume. ¿Qué le dices a tu amigo?

33. Esta pregunta parecerá fácil de contestar: ¿con qué fuerza llega al suelo una piedra que pesa 10 N, si se deja caer del reposo, a 10 m de altura? De hecho, la pregunta no se puede contestar a menos que se conozca más. ¿Por qué?

34. Tu amigo confunde las ideas que explicamos en el capítulo 4, que parecen contradecir a los conceptos explicados en este capítulo. Por ejemplo en el capítulo 4 aprendimos que la fuerza neta es cero, para un automóvil que viaja por una carretera horizontal a velocidad constante, y en este capítulo aprendimos que en este caso se efectúa trabajo. Tu amigo pregunta "¿cómo se puede efectuar trabajo si la fuerza neta es igual a cero?" ¿Qué le vas a explicar?

35. Cuando no hay resistencia del aire, una pelota lanzada verticalmente hacia arriba con determinada EC inicial regresará a su nivel original con la misma EC. Cuando la resistencia del aire afecta a la pelota, ¿regresará a su nivel original con la misma EC, o más o menos? ¿Contradice tu respuesta la ley de la conservación de la energía? Defiende tu respuesta.

36. Estás en una azotea y lanzas una pelota hacia abajo y otra hacia arriba. La segunda pelota, después de subir, cae y también llega al piso. Si no se tiene en cuenta la resistencia del aire, y las velocidades iniciales hacia arriba y hacia abajo son iguales, ¿cómo se compararán las rapideces de las pelotas al llegar al suelo? (Usa el concepto de la conservación de la energía para llegar a tu respuesta.)

37. Desde la azotea, una pelota se deja caer desde el reposo mientras que otra idéntica es arrojada hacia abajo. ¿Qué de lo siguiente es igual para las dos pelotas? a) El cambio de EC en el primer segundo de la caída. b) El cambio de la EP en el primer segundo de la caída. c) El cambio de EC en el primer metro de la caída. d) El cambio de la EP en el primer metro de la caída.

38. Una piedra que cae aumenta su energía cinética a medida que pierde energía potencial, de tal manera que el total de EP + EC es constante. Cuando la piedra llega al suelo, pierde EC sin compensarla con alguna ganancia de EP. ¿Cómo resulta que eso es consistente con la conservación de la energía?

39. Se deja caer una piedra, desde cierta altura, y penetra en el lodo. En igualdad de las demás condiciones, si se deja caer desde una altura doble, ¿cuánto más se hundirá en el lodo?

40. La energía cinética de un coche ¿cambia más cuando pasa de 10 a 20 km/h que cuando cambia de 20 a 30 km/h?

41. Una bandada de aves en vuelo puede tener una cantidad total de movimiento igual a cero. ¿Puede tener también una energía cinética total igual a cero? Defiende tu respuesta.

42. Dos terrones de arcilla con cantidades de movimiento igual y opuestas chocan de frente y quedan en reposo. ¿Se conserva su cantidad de movimiento? ¿Se conserva su energía cinética? ¿Por qué tus respuestas son iguales o distintas?

43. Puedes optar entre dos choques de frente con niños en patineta. Una es con un niño ligero que se mueve con bastante rapidez y la otra es con un niño que pesa el doble y que se mueve con la mitad de rapidez. Si sólo se tiene en cuenta la masa y la rapidez, ¿cuál choque prefieres?

44. Las tijeras para cortar papel tienen cuchillas grandes y ojos cortos, mientras que las cizallas para metal tienen mangos largos y cuchillas cortas. Las cizallas para pernos tienen manijas muy largas y cuchillas muy cortas. ¿Por qué son así?

45. Describe lo que sucedería al profesor de física emparedado entre las camas de clavos (Figura 7.19) si el bloque fuera menos masivo e irrompible, y las camas tuvieran menos clavos.

46. En el aparato de bolas oscilantes, si dos bolas se levantan y se dejan caer, la cantidad de movimiento se conservan cuando por el otro lado saltan dos bolas con la misma rapidez que las que tenían al chocar las que se dejaron caer. Pero también se conservaría la cantidad de movimiento si una bola saltara con el doble de la rapidez. ¿Puedes explicar por qué nunca sucede así? (¿Y por qué este ejercicio está en el capítulo 7 y no en el capítulo 6?)

47. Si un automóvil tuviera un motor con 100% de eficiencia en transformar toda la energía del combustible en trabajo ¿se calentaría? ¿Arrojaría calor por el escape? ¿Haría ruido? ¿Vibraría? ¿Algo de su combustible no se usaría?

48. La energía que necesitamos para vivir proviene de la energía potencial química almacenada en el alimento, que se convierte en otras formas de energía durante el proceso del metabolismo. ¿Qué sucede a una persona cuya producción combinada de trabajo y calor es menor que la energía que consume? ¿Qué sucede cuando el trabajo y el calor producido por la persona es mayor que la energía que consume? Una persona subalimentada ¿puede efectuar trabajo adicional sin alimento adicional? Defiende tus respuestas.

49. Redacta una pregunta de opción múltiple para comprobar la comprensión de uno de tus compañeros acerca de distinguir entre trabajo e impulso.

50. Redacta una pregunta de opción múltiple para comprobar que uno de tus compañeros puede distinguir entre trabajo y potencia.

Problemas

1. Qué produce el mayor cambio de energía cinética: ejercer una fuerza de 10 N durante una distancia de 5 m o ejercer una fuerza de 20 N durante una distancia de 2 m? Supón que todo el trabajo se transforma en EC.

2. Esta pregunta es característica de algunos exámenes de manejo: un automóvil que va a 50 km/h se derrapa 15 m con los frenos bloqueados. ¿Cuánto se derrapa con los frenos bloqueados a 150 km/h?

3. En la máquina hidráulica de la figura se ve que cuando el pistón pequeño baja 10 cm, el pistón grande sube 10 cm. Si el pistón pequeño se oprime con una fuerza de 100 N, ¿cuál es la máxima fuerza que puede ejercer el pistón grande?

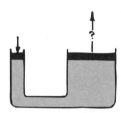

4. Una paracaidista de 60 kg se mueve con rapidez terminal, y cae 50 m en 1 s. ¿Qué potencia disipa en el aire?

5. En un automóvil que va por una carretera horizontal con la rapidez v se aplican los frenos y se patina hasta detenerse. Si la fuerza de fricción sobre el coche es igual a la mitad de su peso, ¿qué distancia se patina? (Sugerencia: Aplica el teorema del trabajo y la energía y despeja d.)

6. En el caso del choque inelástico entre los dos furgones que se planteó en el capítulo anterior (Figura 6.11), la cantidad de movimiento antes y después del choque es igual. Sin embargo, la EC es menor después del choque que antes. ¿Cuánto menos y qué sucede con esta energía?

7. Con las definiciones de cantidad de movimiento $p = mv$ y de EC $= (\frac{1}{2})mv^2$ demuestra, con operaciones algebraicas, que se puede escribir EC $= \frac{p^2}{2m}$. Esta ecuación indica que si dos objetos tienen la misma cantidad de movimiento, el que tiene menor masa tiene mayor energía cinética (véase el ejercicio 2).

8. Una pelota de golf sale despedida y rebota en una bola de boliche muy masiva que inicialmente está en reposo.
a) Después del choque, ¿cuál de las dos bolas tiene la mayor cantidad de movimiento? (Sugerencia: La pelota de golf tiene casi la misma rapidez antes y después de rebotar, y en consecuencia su cantidad de movimiento tiene prácticamente la misma magnitud después de rebotar. ¿Cual será la cantidad de movimiento de la bola mayor para que la cantidad total de movimiento antes y después del choque sea la misma?) b) ¿Cuál bola tendrá la mayor EC después del choque?

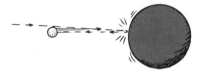

9. ¿Cuántos kilómetros por litro rendirá un automóvil si su motor tiene 25% de eficiencia y avanza, en carretera, contra una fuerza promedio de resistencia de 500 N? Supón que el contenido de energía de la gasolina es 40 MJ/litro.

10. La energía que obtenemos del metabolismo puede efectuar trabajo y generar calor. a) ¿Cuál es la eficiencia mecánica de una persona relativamente inactiva que gasta 100 W de potencia para producir aproximadamente 1 W de potencia en forma de trabajo, mientras genera más o menos 99 W de calor? b) ¿Cuál es la eficiencia mecánica de un ciclista que, en una ráfaga de esfuerzo produce 100 W de potencia mecánica con 1000 W de potencia metabólica?

www.pearsoneducacion.net/hewitt
*Usa los variados recursos del sitio Web,
para comprender mejor la física.*

8 MOVIMIENTO ROTATORIO

Marshall Ellenstein girando un balde de agua, pregunta a sus alumnos
por qué el agua no se derrama cuando la cubeta está hasta arriba.

Un caballito cerca del exterior de un carrusel, ¿se mueve con más rapidez que uno que
está en el interior? O bien, ¿tienen los dos la misma rapidez? Pregunta esto a varias
personas y tendrás respuestas distintas. Ello se debe a que es fácil confundir la rapidez
lineal con la rapidez rotatoria.

Movimiento circular

La **rapidez lineal** es algo a lo que simplemente hemos llamado *rapidez*; es la distancia,
en metros o en kilómetros, recorrida en la unidad de tiempo. Un punto del exterior de un
carrusel o de una tornamesa recorre mayor distancia en una vuelta completa que un punto en el interior. El moverse mayor distancia en el mismo tiempo equivale a tener mayor
rapidez. La rapidez lineal es mayor en el exterior de un objeto giratorio que en su interior, más cerca de su eje. La rapidez de algo que se mueva describiendo una trayectoria
circular se puede llamar **rapidez tangencial**, porque la dirección del movimiento siempre
es tangente al círculo. Para el movimiento circular se pueden usar los términos *rapidez lineal* y *rapidez tangencial* en forma indistinta.

La **rapidez de rotación**, **rapidez rotacional** o **rapidez de giro** (que algunas veces
se llama *rapidez angular*) indica la cantidad de vueltas, rotaciones o revoluciones por unidad de tiempo. Todas las partes del carrusel rígido y de la tornamesa giran en torno al eje
de rotación *en la misma cantidad de tiempo*. Todas las partes tienen la misma tasa de ro-

125

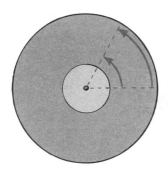

FIGURA 8.1 Cuando gira un disco de fonógrafo, el insecto llamado catarina que está más alejada del centro recorre una trayectoria más larga, en el mismo tiempo, y tiene mayor rapidez tangencial.

tación, o *cantidad de rotaciones* o *revoluciones por unidad de tiempo*. Se acostumbra expresar las tasas rotacionales en revoluciones por minuto (RPM).[1] Hace algunos años se usaban discos fonográficos, que giraban, por ejemplo, a 33 1/3 RPM. Un insecto que se posara en cualquier parte de la superficie del disco giraría a 33 1/3 RPM.

La rapidez tangencial y la rapidez de rotación se relacionan. ¿Alguna vez te has subido a una de las plataformas giratorias gigantes de un parque de diversiones? Mientras más rápido gira, tu rapidez tangencial es mayor. Eso tiene sentido; mientras más RPM, tu velocidad, en metros por segundo, es mayor. Con más exactitud, si te encuentras a cierta distancia del centro hay una proporción directa entre tu rapidez tangencial y tu rapidez de rotación. Por ejemplo, si duplicas las RPM duplicas tu rapidez tangencial. Si triplicas las RPM triplicas tu rapidez tangencial. Se dice que la rapidez tangencial es *directamente proporcional* a la rapidez de rotación (a una distancia radial fija).

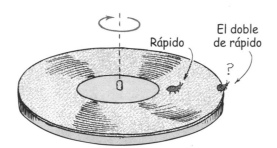

Rápido

El doble de rápido

?

FIGURA 8.2 Todo el disco gira con la misma rapidez rotacional, pero las catarinas que están a distintas distancias del centro se mueven con distintas rapideces tangenciales. Un insecto que esté al doble de distancia del centro se mueve con el doble de rapidez.

FIGURA 8.3 La rapidez tangencial de cada persona es proporcional a la rapidez rotacional de la plataforma, multiplicada por la distancia al eje.

La rapidez tangencial, a diferencia de la rapidez de rotación, depende de la distancia al eje (Figura 8.3). En el mero centro de la plataforma giratoria no tienes rapidez. Tan sólo giras. Pero a medida que te acercas a la orilla de la plataforma sientes que te mueves cada vez con mayor rapidez. La rapidez tangencial es directamente proporcional a la distancia al eje (para determinada rapidez de rotación). Si te alejas el doble del eje de rotación te moverás con el doble de rapidez. Si te alejas el triple tendrás una rapidez tangencial triple. Si te encuentras en cualquier sistema en rotación, tu rapidez tangencial depende de lo alejado que estés del eje de rotación. Cuando una fila de personas se toman de la mano en una pista de patinaje y dan una vuelta, el movimiento del "último en la cola" es ejemplo de esta gran rapidez.

EXAMÍNATE En una plataforma giratoria grande, como la de la figura 8.3, si te sientas a medio camino entre el eje de rotación y la orilla, y la rapidez de rotación es de 20 RPM, y la rapidez tangencial es de 2 m/s, ¿cuáles serán las rapideces de rotación y tangencial de tu amigo que está en la orilla?

COMPRUEBA TU RESPUESTA Como la plataforma rotatoria es rígida, todas sus partes tienen la misma rapidez rotacional, por lo que tu amigo también gira a 20 RPM. La rapidez tangencial es diferente: como está al doble de distancia del centro que tú, se mueve con rapidez doble, a 4 m/s.

---

[1]En física superior se acostumbra describir la rapidez de rotación como cantidad de "radianes" que gira un objeto en la unidad de tiempo, y se usa el símbolo ω, que es la letra griega *omega* minúscula. En una vuelta completa hay un poco más de 6 radianes (2π radianes, para ser exactos).

Ruedas de ferrocarril

¿**P**or qué se mantiene un ferrocarril sobre las vías? La mayoría de la gente supone que las cejas de las ruedas evitan que se descarrilen. Pero si te fijas en esas cejas quizá veas que están oxidadas. Casi nunca tocan la vía, excepto cuando entran en ranuras que dirigen al tren de una vía a otra. Entonces, ¿cómo permanecen las ruedas de un tren en los rieles? Se quedan en la vía porque sus llantas[*] son ligeramente cónicas.

Si ruedas un vaso cónico por una superficie describe una trayectoria circular (Figura 8.4). La parte más ancha del vaso tiene mayor radio, rueda más distancia en cada revolución y en consecuencia tiene mayor rapidez tangencial que el fondo. Si pegas entre sí un par de vasos en sus bocas (sólo con una cinta adhesiva) y los pones a rodar por un par de carriles paralelos (Figura 8.5), los vasos quedarán sobre la vía y se centrarán siempre que estén rodando fuera del centro. Esto se debe a que cuando el par rueda, por ejemplo, hacia la izquierda del centro, la parte más amplia del vaso izquierdo queda sobre el carril izquierdo, mientras que la parte angosta del vaso derecho va sobre el carril derecho. Esto dirige al par hacia el centro. Si se "pasa" hacia la derecha el proceso se repite, esta vez hacia la izquierda, porque las ruedas se tienden a centrar ellas mismas. De igual manera sucede en un ferrocarril, donde los pasajeros sienten que el vagón oscila cuando suceden estas correcciones.

Esta forma cónica es esencial en las curvas de las vías. En cualquier curva, la distancia medida en el riel exterior es mayor que la medida en el riel interior (como vimos en la figura 8.1). Entonces, siempre que un vehículo toma una curva, sus ruedas externas viajan con más rapidez que sus ruedas internas. Un automóvil no tiene problemas, porque las ruedas están libres y ruedan independientemente una de otra. Sin embargo en un tren, como el par de vasos pegados, los pares de ruedas están unidas firmemente, de tal modo que giran juntas. En cualquier momento las ruedas opuestas tienen las mismas RPM. Pero debido a que la llanta tiene una ligera conicidad, su rapidez en la vía depende de si rueda en la parte angosta de la llanta o en la parte amplia. En la parte amplia se mueve con más rapidez. Así, cuando un tren toma una curva, las ruedas del riel exterior se apoyan en la parte amplia de las llantas cónicas, mientras que las ruedas

opuestas se sostienen en sus partes angostas. De este modo las ruedas tienen rapideces tangenciales diferentes con la misma rapidez de rotación. ¿Puedes ver que si las ruedas no fueran cónicas habría fricción y las ruedas rechinarían al tomar el tren la curva?

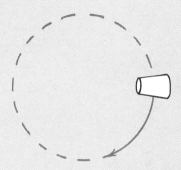

FIGURA 8.4 Como la parte ancha del vaso rueda con más rapidez que la parte angosta, el vaso describe una curva al rodar.

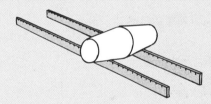

FIGURA 8.5 Un par de vasos pegados permanece en las vías al rodar, porque cuando ruedan saliéndose del centro, las distintas rapideces tangenciales que a su vez se deben a la conicidad, hacen que se corrija sola y vaya al centro de la vía.

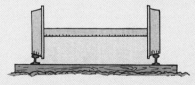

FIGURA 8.6 Ruedas de un ferrocarril: son ligeramente cónicas (aquí se ven muy exageradas).

[*]N. del T.: La orilla de las ruedas de ferrocarril (y de cualquier rueda) se llama *llanta*.

FIGURA 8.7 (izquierda) En una vía que describe una curva hacia la izquierda, la rueda derecha gira sobre su parte ancha y va más rápido, mientras que la rueda izquierda se apoya en su parte angosta y va más lento. (derecha) Lo contrario cuando la vía se curva a la derecha.

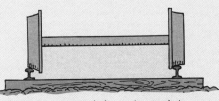

La parte angosta de la rueda va más lento, y así las ruedas se dirigen hacia la izquierda

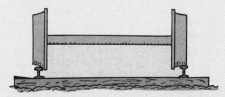

La parte ancha de la rueda va más rápido, y así las ruedas se dirigen hacia la derecha

Vemos que la rapidez tangencial es directamente proporcional tanto a la rapidez de rotación como a la distancia radial.[2]

Inercia rotacional

Fácil de girar

Difícil de girar

FIGURA 8.8 La inercia rotacional depende de la distribución de la masa respecto al eje de rotación.

Así como un objeto en reposo tiende a permanecer en reposo, y un objeto en movimiento tiende a permanecer moviéndose en línea recta, *un objeto que gira en torno a un eje tiende a permanecer girando alrededor de ese eje, a menos que interfiera alguna influencia externa.* (En breve veremos que a esta influencia externa se le llama *momento de torsión* o *torque.*) La propiedad que tiene un objeto de resistir cambios en su estado de movimiento giratorio se llama **inercia rotacional**.[3] Los cuerpos que giran tienden a permanecer girando, mientras que los que no giran tienden a permanecer sin girar. En ausencia de influencias externas, un trompo giratorio sigue girando, mientras que uno en reposo permanece en reposo.

Al igual que la inercia del movimiento rectilíneo, la inercia rotacional de un objeto depende también de su masa. El disco de piedra que gira bajo un torno de alfarero es muy masivo, y una vez que empieza a girar tiende a permanecer girando. Pero a diferencia del movimiento rectilíneo, la inercia rotacional depende de la distribución de la masa en relación con el eje de rotación. Mientras más grande sea la distancia entre el grueso de la masa de un objeto y su eje de rotación, su inercia rotacional es mayor. Esto se observa en los volantes tipo industrial, que se fabrican de tal manera que la mayor parte de su masa se concentra alejada del eje, en la orilla. Una vez que empiezan a girar tienen mayor tendencia a permanecer girando. Cuando están en reposo son más difíciles de hacerlos girar. Mientras mayor sea la inercia rotacional de un objeto, más difícil es cambiar el estado de rotación de ese objeto. Esto lo emplean los equilibristas que caminan por una cuerda sosteniendo una pértiga larga, para poder conservar el equilibrio. Gran parte de la pértiga está alejada de su eje de rotación, que es el punto medio. En consecuencia, la pértiga tiene mucha inercia rotacional. Si el equilibrista comienza a inclinarse, sus manos comienzan a hacer girar la pértiga. Pero la inercia rotacional de la pértiga se resiste a girar, y da tiempo al equilibrista para reajustar el equilibrio. Mientras más larga sea la pértiga, mejor. Y todavía mejor si se fijan a sus extremos objetos masivos. Pero un equilibrista sin

Inercia rotacional ... (suspiro)

FIGURA 8.9 La tendencia de la pértiga a resistir la rotación ayuda al acróbata.

[2]Si estás tomando un curso continuado de física aprenderás que cuando se usan las unidades correctas para la rapidez tangencial v, la rapidez angular ω y la distancia radial r, la proporción directa entre v y r y ω al mismo tiempo se transforma en la ecuación exacta $v = r\omega$. Así, la rapidez tangencial es directamente proporcional a r, cuando todas las partes de un sistema tengan al mismo tiempo la misma ω, como en el caso de una rueda, un disco o una vara rígida. (La proporcionalidad directa entre v y r no es válida en los planetas, porque los planetas no tienen la misma ω.)

[3]Que con frecuencia se llama *momento de inercia*.

FIGURA 8.10 El lápiz tiene distintas inercias rotacionales respecto a los distintos ejes de rotación.

pértiga puede al menos extender totalmente sus brazos para aumentar la inercia rotacional del cuerpo.

La inercia rotacional de la pértiga, o de cualquier objeto, depende del eje en torno al cual gira.[4] Compara las distintas rotaciones de un lápiz en la figura 8.10. Considera tres ejes: primero, el que pasa por la puntilla y es paralelo a la longitud del lápiz; segundo, a la mitad del lápiz y perpendicular a él, y tercero el perpendicular al lápiz, en un extremo (por ejemplo en la goma) de él. La inercia rotacional es muy pequeña respecto al primer eje, porque la mayor parte de la masa está muy cerca del eje. Es fácil girarlo hacia uno y otro lado respecto a este largo eje, con las puntas de los dedos. Respecto al segundo eje, como en el caso del equilibrista de la figura 8.9, la inercia rotacional es mayor. Respecto al tercero, en el extremo del lápiz para que oscile como un péndulo, la inercia rotacional es todavía mayor.

Un bat de béisbol largo, sujeto cerca del extremo, tiene más inercia rotacional que uno corto. Una vez blandiéndolo tiene más tendencia a mantenerse así, pero es más difícil aumentar su rapidez. Un bat corto, con menos inercia rotacional, es más fácil de blandir, y eso explica por qué los buenos bateadores a veces "acortan" el bat sujetándolo más cerca de su extremo masivo. De igual modo, cuando corres con las piernas flexionadas reduces la inercia rotacional, y entonces las puedes hacer girar hacia adelante y hacia atrás con más rapidez. Una persona con piernas largas tiende a caminar con pasos más lentos que una persona con piernas cortas. Los distintos pasos dados por criaturas con distintas longitudes de pierna se ven especialmente en los animales, como jirafas, caballos y avestruces, que corren con paso más pausado que los perros salchicha, ratones e insectos.

FIGURA 8.11 Las piernas cortas tienen menos inercia de rotación que las largas. Un animal con patas cortas tiene un paso más rápido que uno con patas largas, así como un bateador puede abanicar un bat más corto con más rapidez que uno largo.

FIGURA 8.12 Cuando corres doblas las piernas para reducir la inercia rotacional.

[4]Cuando la masa de un objeto se concentra en un radio r del eje de rotación (como en la lenteja de un péndulo simple o en un anillo delgado) la inercia rotacional I es igual a la masa m multiplicada por el cuadrado de la distancia radial. Para este caso especial, $I = mr^2$.

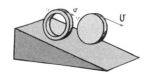

FIGURA 8.13 Un cilindro macizo rueda con más rapidez al bajar un plano inclinado que un anillo, aunque las masas sean iguales o distintas, o los diámetros externos sean iguales o distintos. Un anillo tiene más inercia rotacional en relación con su masa que un cilindro.

A causa de la inercia rotacional, un cilindro macizo que parte del reposo, rueda de bajada por un plano inclinado con mayor velocidad que un anillo o aro. Todos ellos giran en torno a su eje central, y la forma que tiene la mayor parte de su masa lejos de su eje es el anillo. Así, respecto a su peso, un anillo tiene más inercia rotacional y es más difícil de ponerlo a rodar. Cualquier cilindro macizo le ganará a cualquier anillo en el mismo plano inclinado. Al principio parecerá imposible, pero recuerda que dos objetos cualesquiera, independientemente de su masa, caen juntos cuando se les suelta. También se deslizarán juntos por un plano inclinado cuando se les suelta. Cuando se introduce la rotación, el objeto que tenga la mayor inercia rotacional *en relación con su propia masa* tiene la mayor resistencia a cambiar su movimiento. Por consiguiente, cualquier cilindro macizo rodará de bajada por cualquier plano inclinado con mayor aceleración que cualquier cilindro hueco, independientemente de su masa o de su radio. Un cilindro hueco tiene mayor "indolencia por masa" que un cilindro macizo. ¡Haz la prueba!

La figura 8.14 compara las inercias rotacionales de varias formas y ejes. No es importante para ti el aprender estos valores, pero puedes ver cómo varían según la forma y el eje.

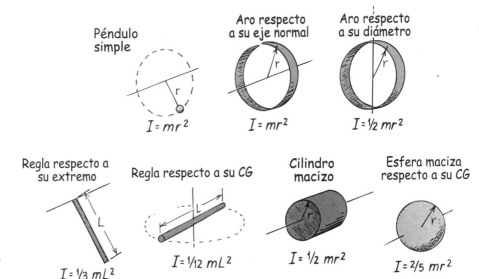

FIGURA 8.14 Inercias rotacionales de diversos objetos, cada uno con masa *m*, respecto a los ejes indicados.

Péndulo simple $I = mr^2$

Aro respecto a su eje normal $I = mr^2$

Aro respecto a su diámetro $I = \frac{1}{2} mr^2$

Regla respecto a su extremo $I = \frac{1}{3} mL^2$

Regla respecto a su CG $I = \frac{1}{12} mL^2$

Cilindro macizo $I = \frac{1}{2} mr^2$

Esfera maciza respecto a su CG $I = \frac{2}{5} mr^2$

Examínate

1. Acerca de equilibrar un martillo en la punta de un dedo, si la **cabeza es pesada y el mango es largo**, ¿sería más fácil equilibrarlo con el extremo del mango en el **dedo para que la cabeza esté arriba**, o volteado, con la cabeza en el dedo y el mango hacia arriba?

2. Un par de reglas de un metro están recargadas casi verticalmente contra una pared. Si las sueltas girarán hasta el piso en el mismo tiempo. Pero si una tiene un gran **terrón de arcilla** pegada a su extremo superior (Figura 8.15), ¿qué sucederá? ¿Llegará al piso en un tiempo más largo o más corto?

3. Sólo para divertirte, y como estamos describiendo cosas redondas, ¿por qué las tapas de los registros tienen forma circular?

Momento de torsión (torque)

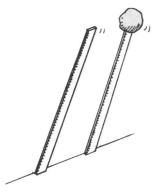

FIGURA 8.15 ¿Cuál regla tiene la mayor inercia rotacional respecto a su extremo inferior? Cuando se dejan caer, ¿cuál de ellas girará y llegará al piso primero?

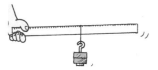

FIGURA 8.16 Aleja la pesa de la mano y sentirás la diferencia entre fuerza y momento de torsión.

Sujeta con la mano el extremo de una regla de un metro, horizontalmente. Coloca algo pesado cerca de la mano y agita la regla; podrás sentir la torsión de la regla. Ahora coloca la pesa más alejada de la mano y la torsión será mayor. Pero la pesa es igual. La fuerza que actúa sobre la mano es igual. Lo que es distinto es el *momento de torsión*.[5]

Un momento de torsión es la contraparte rotacional de la fuerza. La fuerza tiende a cambiar el movimiento de las cosas; el momento de torsión tiende a torcer, o cambiar, el estado de rotación de las cosas. Si deseas hacer que se mueva un objeto en reposo, aplícale una fuerza. Si deseas que comience a girar un objeto en reposo, aplícale un momento de torsión.

El momento de torsión es distinto de la fuerza, así como la inercia rotacional es distinta de la inercia normal; tanto el momento de torsión como la inercia rotacional implican una distancia al eje de rotación. En el caso del momento de torsión, esa distancia, que se puede considerar que tiende a proporcionar equilibrio, se llama **brazo de palanca**. Es la distancia más corta entre la fuerza aplicada y el eje de rotación. Definiremos el **momento de torsión** como el producto de este brazo de palanca por la fuerza que tiende a producir la rotación:

$$\text{Momento de torsión} = \text{brazo de palanca} \times \text{fuerza}$$

Los niños adquieren la intuición del momento de torsión cuando juegan en el sube y baja. Se pueden equilibrar en él, aunque tengan distintos pesos. Sólo el peso no produce la rotación. El momento de torsión sí, y los niños pronto aprenden que la distancia desde el pivote hasta donde se sientan tiene tanta importancia como su peso (Figura 8.18).

FIGURA 8.17 Desde la antigüedad se ha medido la masa equilibrando momentos de torsión.

COMPRUEBA TUS RESPUESTAS

1. Coloca el martillo vertical sostenido con la punta del dedo en el mango y la cabeza hacia arriba. ¿Por qué? Porque de este modo tendrá más inercia rotacional y será más resistente a los cambios de rotación. Los acróbatas que ves en el circo, que equilibran a sus amigos en la punta de un poste largo tienen una tarea más fácil cuando están en la punta. Un poste sin ninguna persona en la punta ¡tiene más inercia rotacional y es más difícil de equilibrar!

2. ¡Haz la prueba! (Si no tienes la arcilla, consigue algo equivalente, como plastilina.)

3. Ten paciencia por el momento. Piénsalo bien si no tienes la respuesta. A continuación pasa al final del capítulo y ve la respuesta.

---

[5]N. del T.: También se llama par de torsión, momento dinámico de torsión, par de rotación, par de torsión o torca. En los talleres mecánicos se usa la palabra *torque* para indicar lo mismo, por lo que debe uno tener muy en cuenta esta palabra por ejemplo, al comprar una *llave de torque* para dar un apriete especificado a los tornillos de una maquinaria o de un auto.

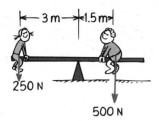

FIGURA 8.18 No se produce rotación cuando los momentos de torsión se equilibran entre sí.

FIGURA 8.19 El brazo de palanca sigue siendo de 3 m.

FIGURA 8.20 Aunque las magnitudes de la fuerza son iguales en cada caso, los momentos de torsión son distintos.

El momento de torsión que produce el niño de la derecha tiende a producir una rotación en sentido de las manecillas del reloj, mientras que el que produce la niña de la izquierda tiende a producir rotación contraria a las manecillas. Si los momentos de torsión son iguales y opuestos hacen que el momento de torsión total sea cero; no se produce rotación.

Recordemos la regla del equilibrio del capítulo 2: la suma de las fuerzas que actúan sobre un cuerpo, o sobre cualquier sistema, debe ser igual a cero para que haya equilibrio mecánico. Esto es, $\Sigma F = 0$. Ahora introduciremos una condición adicional. El *momento de torsión neto* de un cuerpo o de un sistema también debe ser cero para que haya equilibrio mecánico. Todo lo que está en equilibrio mecánico no acelera, ni en traslación ni en rotación.

Supongamos que se arregla el sube y baja de modo que la niña, que pesa la mitad, cuelgue de una cuerda de 4 metros, fija en el extremo del sube y baja (Figura 8.19). Ahora está a 5 metros del punto de apoyo, que en este caso es el centro de giro, y el sube y baja sigue en equilibrio. Sin embargo, la distancia del brazo de palanca sigue siendo de 3 metros, como indica la figura. El brazo de palanca respecto a cualquier eje de rotación es la distancia perpendicular del eje a la línea a lo largo de la cual actúa la fuerza. Siempre será la distancia más corta entre el eje de rotación y la línea a lo largo de la cual actúa la fuerza.

Es la causa por la cual el tornillo rebelde de la figura 8.20 va a girar con mayor probabilidad si la fuerza se aplica perpendicular al mango de la llave, y no se aplica en dirección oblicua como se ve en la primera figura. En esa primera figura se indica el brazo de palanca con la línea de puntos, y es menor que la longitud del mango de la llave. En la tercera figura ese brazo se prolonga con un tubo, para hacer más palanca y tener más momento de torsión.

EXAMÍNATE

1. Si con un tubo se prolonga el mango de una llave hasta tres veces su longitud, ¿cuánto aumentará el momento de torsión con la misma fuerza aplicada?

2. Acerca del sube y baja equilibrado de la figura 8.18, supón que la niña de la izquierda de repente aumenta su peso en 50 N, por ejemplo, porque le dan una bolsa de manzanas. ¿Dónde se debe sentar para quedar balanceada, suponiendo que el pesado niño no se mueve?

3. ¿Cómo se aplican estos principios a la posición de la manija de una puerta convencional?

COMPRUEBA TUS RESPUESTAS

1. Tres veces más palanca con la misma fuerza resulta en un momento de torsión tres veces mayor. (Este método de aumentar el momento de torsión a veces causa que los tornillos ¡se barran o se degüellen, que se abra la boca de la llave o que se rompa el mango!)

2. Debe sentarse $\frac{1}{2}$ m más cerca del centro. Entonces el brazo de palanca será 2.5 m. Esto coincide: 300 N $\times$ 2.5 m = 500 N $\times$ 1.5 m.

3. La manija se instala lejos de las bisagras, y con ello se obtiene un brazo de palanca más largo. Un empujón o tirón de la manija debe ser perpendicular a la puerta. El componente perpendicular de la fuerza abre la puerta, mientras que cualquier componente paralelo a la puerta contribuye a desprender las bisagras de la pared.

Centro de masa y centro de gravedad

Lanza al aire una pelota de béisbol y describirá una trayectoria parabólica uniforme. Lanza un bat girando en el aire y su trayectoria no será uniforme, su movimiento será tambaleante; parece que cabecea por donde quiera. Pero lo cierto es que se tambalea respecto a un lugar muy especial: un punto llamado **centro de masa** (CM).

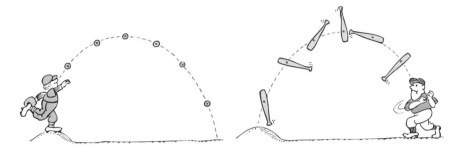

FIGURA 8.21 El centro de masa de la bola y el del bat describen trayectorias parabólicas.

Para un cuerpo determinado, el centro de masa es la posición promedio de toda la masa que lo forma. Por ejemplo, un objeto simétrico como una pelota tiene su centro de masa en su centro geométrico. En contraste, un cuerpo de forma irregular como un bat de béisbol tiene más de su masa cerca de uno de sus extremos. En consecuencia, el centro de masa de un bat queda hacia el extremo de golpeo. Un cono macizo tiene su centro de masa exactamente a un cuarto de la distancia de su base hacia arriba.

El **centro de gravedad** (CG) es como la mayoría de las personas llaman al centro de masa. El centro de gravedad no es más que la posición promedio de la distribución del peso. Como el peso y la masa son proporcionales entre sí, el centro de gravedad y el centro de masa se refieren al mismo punto de un objeto.[6] El físico prefiere usar el término *centro de masa*, porque un objeto tiene centro de masa, esté o no bajo la influencia de la gravedad. Sin embargo, usaremos cualesquiera de esos términos para expresar este concepto, y cuando el peso entre en perspectiva, usaremos *centro de gravedad*.

La fotografía con destello estroboscópico (Figura 8.23) muestra una vista superior de una llave deslizándose por una superficie horizontal lisa. Observa que su centro de masa, indicado por el punto blanco, describe una trayectoria rectilínea, mientras que las demás partes cabecean al avanzar por la superficie. Como no hay fuerza externa que actúe sobre la llave, su centro de masa recorre distancias iguales en intervalos iguales de tiempo. El movimiento de la llave giratoria es la combinación del movimiento rectilíneo de su centro de masa y el movimiento de rotación en torno a su centro de masa.

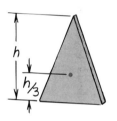

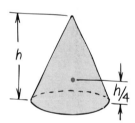

FIGURA 8.22 El centro de masa de cada objeto se indica con el punto.

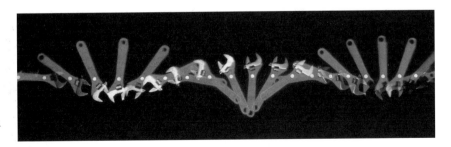

FIGURA 8.23 El centro de masa de la llave que sale girando describe una trayectoria rectilínea.

[6]Estos términos son indistintos para casi todos los objetos sobre y cerca de la Tierra. Puede haber una pequeña diferencia entre centro de gravedad y centro de masa cuando un objeto tiene el tamaño suficiente como para que varíe la aceleración de la gravedad de una parte a otra del mismo. Por ejemplo, el centro de gravedad del World Trade Center está más o menos a 1 milímetro abajo de su centro de masa. Esto se debe a que los pisos inferiores son atraídos con más fuerza por la gravedad de la Tierra que los superiores. Para los objetos cotidianos, incluyendo los edificios altos, se pueden usar en forma indistinta los términos *centro de gravedad* y *centro de masa*.

Si la llave hubiera sido arrojada al aire, su centro de masa (o centro de gravedad) describiría una parábola uniforme, independientemente de la forma en que girase. Lo mismo sucede en una granada que estalla (Figura 8.24). Las fuerzas internas que actúan en la explosión no cambian el centro de gravedad del proyectil. Es interesante que si no hubiera resistencia del aire, el centro de gravedad de los fragmentos dispersos, al volar por el aire, estaría en el mismo lugar que el centro de gravedad de la granada si ésta no hubiera estallado.

FIGURA 8.24 El centro de masa del proyectil y de los fragmentos describen la misma trayectoria, antes y después del estallido.

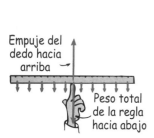

FIGURA 8.25 El peso de toda la regla se comporta como si estuviera concentrado en su centro.

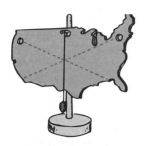

FIGURA 8.26 Determinación del centro de gravedad de un objeto de forma irregular.

FIGURA 8.27 El centro de masa puede estar fuera de la masa de un cuerpo.

Ubicación del centro de gravedad

El centro de gravedad de un objeto uniforme, por ejemplo una regla de un metro, está en su punto medio, porque la regla se comporta como si todo su peso estuviera concentrado allí. Al soportar ese único punto se soporta todo el metro. El equilibrio de un objeto permite contar con un método sencillo de ubicar su centro de gravedad. En la figura 8.25 se muestran muchas flechas pequeñas para representar el tirón de la gravedad a lo largo de la regla de un metro. Todas esas flechas se pueden sumar para obtener una fuerza resultante que actúa en el centro de gravedad. Se puede uno imaginar que todo el peso de la regla de un metro está concentrado en este punto único. En consecuencia podemos equilibrar el metro aplicándole una sola fuerza hacia arriba, de tal manera que pase por su centro de gravedad.

El centro de gravedad de cualquier objeto colgado libremente está directamente abajo de su punto de suspensión (o en él) (Figura 8.26). Si se traza una vertical por el punto de suspensión, el centro de gravedad está en algún lugar de esa línea. Para determinar con exactitud dónde está, sólo hay que colgar al objeto de otro punto y trazar una segunda recta vertical que pase por ese punto de suspensión. Entonces, el centro de gravedad está donde se cruzan las dos líneas.

El centro de masa de un objeto puede estar en un punto donde no exista masa del objeto. Por ejemplo, el centro de masa de un anillo o de una esfera hueca está en el centro geométrico de esos cuerpos, donde no hay materia. De forma parecida, el centro de masa de un *boomerang* está fuera de su estructura física, y no dentro del material que lo forma (Figura 8.27).

Estabilidad

El lugar del centro de masa es importante en la estabilidad (Figura 8.29). Si trazamos una vertical hacia abajo desde el centro de masa de un objeto de cualquier forma, y cae dentro de la base de ese objeto, quiere decir que está en *equilibrio* estable; se quedará en

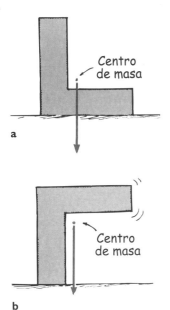

FIGURA 8.28 La atleta ejecuta un salto "de Fosbury" para salvar la barra, mientras que su centro de gravedad pasa abajo de la barra.

FIGURA 8.29 El centro de masa del objeto en forma de L está donde no hay masa. En a) el centro de masa está arriba de la base de soporte, por lo cual el objeto es estable. En b) no está arriba de la base de soporte, de modo que el objeto es inestable y se volteará.

equilibrio. Si cae fuera de la base, es inestable. ¿Por qué no se viene abajo la famosa Torre Inclinada de Pisa? Como se puede ver en la figura 8.30, una línea que va del centro de gravedad de esa torre cae dentro de su base, y es la causa de que haya estado de pie durante siglos.

Para reducir la posibilidad de un volteo, es preferible diseñar los objetos con una base amplia y un centro de gravedad bajo. Mientras más amplia sea la base, se debe elevar más el centro de gravedad, antes de que el objeto se caiga.

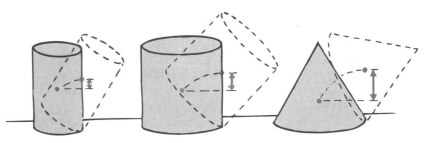

FIGURA 8.31 La distancia vertical que sube el centro de gravedad al voltearse el cuerpo determina su estabilidad. Un objeto con una base amplia y un centro de gravedad bajo es más estable.

Cuando estás de pie (o estás acostado) tu centro de gravedad está dentro de tu cuerpo. ¿Por qué el centro de gravedad de una mujer promedio está más bajo que el de un hombre promedio de la misma estatura? ¿Está el centro de gravedad siempre en el mismo punto de tu organismo? ¿Está siempre dentro de ti? ¿Qué le sucede cuando te flexionas?

Si eres bastante flexible, podrás doblarte y tocar los dedos de los pies sin doblar las rodillas, siempre y cuando no estés parado con la espalda recargada contra una pared. Comúnmente, cuando te flexiones y tocas los dedos de los pies, alargas las extremidades inferiores, como muestra la figura 8.33, parte izquierda, de tal modo que tu centro de gravedad está sobre una base de soporte, que son los pies. Pero si tratas de hacer lo mismo recaegado en una pared, no te podrás equilibrar, porque tu centro de gravedad se saldrá de los pies, como se ve en la derecha de la figura 8.33. Estás desequilibrado y giras.

FIGURA 8.30 El centro de gravedad de la Torre Inclinada de Pisa está arriba de la base de soporte, y la torre está en equilibrio estable.

FIGURA 8.32 Cuando estás de pie, tu centro de gravedad está en algún lugar sobre la zona delimitada por los pies. ¿Por qué mantienes separadas las piernas cuando viajas de pie en un autobús que va por un terreno accidentado?

FIGURA 8.33 Puedes inclinarte y tocarte los dedos de los pies sin caerte, sólo si tu centro de gravedad está arriba de la zona delimitada por los pies.

Giras a causa de un momento de torsión desbalanceado. Esto se ve con claridad en los dos objetos en forma de L de la figura 8.34. Los dos son inestables y se voltearán, a menos que se peguen a la superficie horizontal. Es fácil de ver que si las dos formas tienen el mismo peso, la de la derecha es más inestable. Esto se debe a su mayor brazo de palanca y, en consecuencia, a su mayor momento de torsión.

Examínate

1. ¿Dónde está el centro de masa de la atmósfera terrestre?
2. ¿Por qué es peligroso abrir los cajones de un archivero totalmente lleno que no está asegurado al piso?
3. Cuando un automóvil se desbarranca, ¿por qué gira hacia adelante al caer?

Trata de equilibrar el extremo del mango de una escoba, de forma vertical sobre la palma de la mano. Su base de soporte es muy pequeña, y está relativamente lejos y abajo del centro de gravedad, por lo que es difícil mantener ese equilibrio durante mucho tiempo. Después de practicar lo podrás hacer con movimientos pequeños de tu mano, que respondan exactamente a las variaciones del equilibrio. Aprenderás a no corregir demasiado y a coordinar más, según el caso, las pequeñas variaciones del equilibrio. De igual

---

Comprueba tus respuestas

1. A semejanza de un inmenso balón de básquetbol, la atmósfera es un cascarón esférico y su centro de masa está en el centro de la Tierra.
2. El archivero corre el riesgo de voltearse, porque su CG puede pasar fuera de su base que lo soporta. Entonces, el momento de torsión debido a la gravedad voltea al archivero.
3. Cuando todas las ruedas están en el suelo, el CG está arriba de la base de soporte. Pero cuando se desbarranca, las ruedas delanteras son las primeras que pierden el piso, y la base de soporte se contrae hasta ser la línea entre las ruedas traseras. Entonces el CG del auto pasa fuera de la base de soporte y comienza a girar, como lo haría la Torre Inclinada de Pisa si su CG estuviera fuera de la base de soporte.

FIGURA 8.34 Un momento de torsión mayor actúa sobre la figura en (b) por dos razones. ¿Cuáles son esas razones?

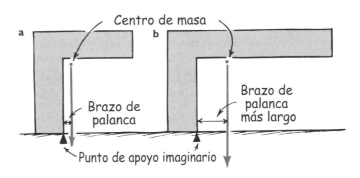

manera, las computadoras de gran velocidad controlan el equilibrio para que los cohetes masivos permanezcan verticales cuando son lanzados. Las variaciones en el equilibrio se detectan con rapidez. Las computadoras controlan las igniciones en varias toberas para efectuar los ajustes de corrección, en una forma muy parecida a la manera en que tu cerebro coordina tus acciones de ajuste cuando equilibras la escoba en la palma de tu mano. Ambos logros son realmente asombrosos.

FIGURA 8.35 ¿Dónde está el centro de gravedad de Alexei en relación con las manos?

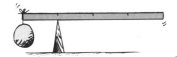

EXAMÍNATE Una regla uniforme de un metro, que está sostenida en la marca de 25 cm, queda en equilibrio cuando se cuelga una piedra de 1 kg en el extremo de los 0 cm. ¿Cuál es la masa de la regla?

COMPRUEBA TU RESPUESTA La masa de la regla de 1 m es 1 kg. ¿Por qué? El sistema está en equilibrio, por lo que deben estar equilibrados todos los momentos de torsión: el momento de torsión debido al peso de la piedra está balanceado por otro par igual, pero de dirección opuesta, debido al peso de la regla, aplicado en su centro de gravedad, que es la marca de los 50 cm. La fuerza de soporte en la marca de 25 cm está a la mitad entre la piedra y el centro de gravedad de la regla, por lo que los brazos de palanca respecto al punto de apoyo son iguales, de 25 cm. Esto quiere decir que los pesos, y en consecuencia las masas, de la piedra y de la regla también deben ser iguales. Es interesante que el centro de gravedad de la *combinación de piedra y regla* está en la marca de los 25 cm, arriba del punto de apoyo. (Observa que no tenemos que hacer la laboriosa tarea de tener en cuenta las partes fraccionarias del peso de la regla en ambos lados del punto de apoyo, porque el centro de gravedad de toda la regla en realidad está en un punto: ¡la marca de los 50 cm!)

Fuerza centrípeta

FIGURA 8.36 La fuerza ejercida sobre la lata que gira es hacia el centro.

Toda fuerza dirigida hacia un centro fijo, desde la periferia de una trayectoria circular, se llama **fuerza centrípeta**.[7] *Centrípeta* quiere decir "en busca del centro" o "hacia el centro". La fuerza que siente una persona en un carro del "látigo" de una feria, está dirigida hacia el centro; si de repente cesara de actuar, el ocupante ya no se mantendría en la trayectoria circular.

Si damos vuelta a una lata metálica atada al extremo de un cordón, vemos que tenemos que seguir tirando del cordón y ejercer una fuerza centrípeta (Figura 8.36). El cordón transmite la fuerza centrípeta, que tira de la lata y la mantiene en trayectoria circular. Las fuerzas gravitacionales y eléctricas pueden producir fuerzas centrípetas. Por ejemplo, la Luna se mantiene en una órbita casi circular debido a la fuerza gravitacional dirigida hacia el centro de la Tierra. Los electrones en órbita de los átomos sienten una fuerza eléctrica dirigida hacia el centro de los núcleos.

La fuerza centrípeta no pertenece a una nueva clase de fuerzas, sino tan sólo es el nombre que se le da a cualquier fuerza, sea una tensión de cordón, la gravedad, fuerza eléctrica o la que sea, que se dirija hacia un centro fijo. Si el movimiento es circular y se ejecuta con rapidez constante, esta fuerza forma ángulo recto con la trayectoria del objeto en movimiento.

Cuando un automóvil da vuelta en una esquina, la fricción entre los neumáticos y el asfalto proporciona la fuerza centrípeta que lo mantiene en una trayectoria curva (Figura 8.37). Si esta fricción no es suficientemente grande, el auto no puede tomar la curva y los neumáticos patinan hacia un lado, entonces se dice que el auto derrapa.

FIGURA 8.37 a) Cuando un auto toma una curva debe haber una fuerza que lo empuje hacia el centro de la curva. b) Un auto patina en una curva cuando la fuerza centrípeta (la fricción del pavimento sobre los neumáticos) no es suficientemente grande.

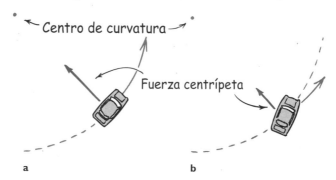

Centro de curvatura

Fuerza centrípeta

a   b

La fuerza centrípeta desempeña el papel principal en el funcionamiento de una centrífuga. Un ejemplo conocido es la tina giratoria de una lavadora automática (Figura 8.38). En el ciclo de exprimir gira con gran rapidez y produce una fuerza centrípeta en las prendas mojadas, que se mantienen en trayectoria circular debido a la pared interna de la tina, la cual ejerce gran fuerza sobre la ropa, pero los agujeros que tiene evitan ejercer la misma fuerza sobre el agua que tiene la ropa. Entonces el agua escapa. Hablando con propiedad, las prendas son forzadas a apartarse del agua, y no el agua es forzada a separarse de las prendas. Medita acerca de lo anterior.

FIGURA 8.38 La ropa es forzada a seguir una trayectoria circular, pero no el agua.

FIGURA 8.39 La fuerza centrípeta (adhesión del lodo en el neumático giratorio) no es suficiente para mantenerlo pegado al neumático, por lo que sale despedido en direcciones rectilíneas.

[7]La fuerza centrípeta depende de la masa m, la rapidez tangencial v y el radio de curvatura r del objeto en movimiento circular. Si después tomas un curso más avanzado de física aprenderás que la ecuación exacta es $F = mv^2/r$.

FIGURA 8.40 Las grandes fuerzas centrípetas sobre las alas del avión le permiten hacer rizos. La aceleración que aleja al avión de la trayectoria rectilínea que seguiría si no hubiera fuerza centrípeta es, con frecuencia, varias veces mayor que g, la aceleración debida a la gravedad. Por ejemplo, si la aceleración centrípeta es 49 m/s^2 (cinco veces mayor que 9.8 m/s^2), se dice que el avión sufre 5 g. En la parte inferior del rizo el asiento oprime al piloto con una fuerza *adicional* cinco veces mayor que su peso, por lo que

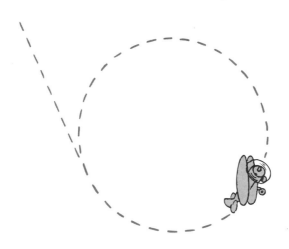

esa fuerza de opresión es seis veces su peso. Los aviones de combate normales se diseñan para resistir aceleraciones hasta de 8 o 9 g. Tanto el piloto como el avión deben resistir la aceleración centrípeta. Los pilotos de los aviones de combate usan trajes con presión para evitar que la sangre se aleje de la cabeza y vaya hacia las piernas, lo cual puede causar un desvanecimiento.

Fuerza centrífuga

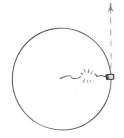

FIGURA 8.41 Cuando se rompe el cordón, la lata giratoria se mueve en línea recta, tangente y no hacia afuera del centro de su trayectoria circular anterior.

En los ejemplos anteriores hemos descrito la fuerza que produce el movimiento circular con rapidez constante, que es una fuerza dirigida hacia el centro. A veces, en el movimiento circular, sentimos una fuerza hacia afuera. Esta fuerza aparente hacia afuera se llama **fuerza centrífuga**. *Centrífuga* quiere decir "que huye del centro" o "se aleja del centro". En el caso de la lata giratoria se dice, equivocadamente, que una fuerza centrífuga tira hacia afuera de la lata. Si el cordón que la sujeta se rompe (Figura 8.41), se dice que la fuerza centrífuga aparta a la lata de su trayectoria circular. Pero lo que sucede es que cuando se rompe el cordón, la trayectoria se "sale por la tangente" siguiendo una trayectoria rectilínea, porque *no* actúa fuerza sobre ella. Lo ilustraremos con otro ejemplo.

Supongamos que somos pasajeros en un automóvil que de repente frena con brusquedad. Somos impulsados hacia adelante, contra el tablero de instrumentos. Cuando esto sucede no decimos que algo nos forzó hacia adelante. De acuerdo con la ley de la inercia, avanzamos hacia adelante por la ausencia de una fuerza que hubieran podido proporcionar los cinturones de seguridad. De igual modo, si nos encontramos en un auto que da vuelta en una esquina hacia la izquierda, tendemos a recargarnos hacia afuera, hacia la derecha, no debido a que haya una fuerza hacia afuera, o fuerza centrífuga, sino por que ya no hay fuerza centrípeta que nos sujete en el movimiento circular (como la que proporcionan los cinturones de seguridad). La idea de que una fuerza centrífuga nos lanza contra la portezuela del auto es errónea. (Claro, nos empujamos contra la portezuela, pero sólo porque ésta nos empuja; es la tercera ley de Newton.)

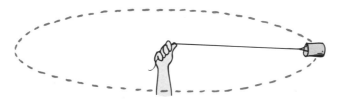

FIGURA 8.42 La única fuerza que obra sobre la lata giratoria (aparte de la gravedad) se dirige *hacia el centro* del movimiento circular. Es una fuerza centrípeta. Sobre la lata no actúa fuerza *hacia afuera*.

De igual manera sucede cuando ponemos en trayectoria circular una lata metálica. No hay fuerza que tire hacia afuera de la lata, porque la única que obra sobre ella es la del cordón que tira de ella hacia adentro. La fuerza hacia afuera es sobre el cordón y no sobre la lata. Ahora supongamos que hay una catarina (o mariquita) en su interior (Figura 8.43). La lata empuja contra los pies de la catarina y proporciona la fuerza centrípeta que la mantiene en una trayectoria circular. A su vez, la catarina oprime el fondo de la lata pero (sin tener en cuenta la gravedad) la única fuerza que se ejerce sobre la catarina es la de la lata sobre sus patitas. Desde nuestro marco de referencia estacionario en el exterior vemos que no hay fuerza centrífuga que se ejerza sobre la catarina, así como no hubo fuerza centrífuga que lanzara al pasajero contra la puertezuela del auto. El efecto de la fuerza centrífuga no lo causa fuerza real alguna, sino la inercia, la tendencia del objeto en movimiento de seguir una trayectoria rectilínea. Pero, ¡trata de explicárselo a la catarina!

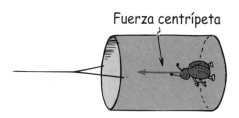

Fuerza centrípeta

FIGURA 8.43 La lata proporciona la fuerza centrípeta necesaria para mantener a la catarina en una trayectoria circular.

Fuerza centrífuga en un marco de referencia rotatorio

Acabamos de aprender que en un marco de referencia no rotatorio, la fuerza que mantiene a un objeto en movimiento circular con rapidez constante es una fuerza centrípeta. Para la catarina, el fondo de la lata ejerce una fuerza sobre sus patitas. Ninguna otra fuerza actúa sobre ella. Pero el marco de referencia puede significar una gran diferencia. En un marco de referencia como el de un tren moviéndose en línea recta, las reglas de la naturaleza son iguales a las que se observan desde el piso.[8] Pero no así en un marco de referencia acelerado, desde el cual se ve distinta la naturaleza.

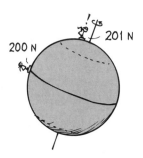

200 N

201 N

FIGURA 8.44 En el marco de referencia de la Tierra giratoria se siente una fuerza centrífuga que hace disminuir un poco nuestro peso. Al igual que en el caballito exterior del carrusel, tenemos la máxima rapidez tangencial cuando estamos en el ecuador, más alejados del eje de la Tierra. En consecuencia, la fuerza centrífuga es máxima para nosotros cuando estamos en el ecuador, y cero en los polos, donde no tenemos rapidez tangencial. Entonces, hablando estrictamente, si deseas perder peso ¡camina hacia el ecuador!

En el marco de referencia rotatorio de la catarina, además de la fuerza que ejerce la lata sobre sus patitas, hay una fuerza centrífuga que se ejerce sobre el insecto. La fuerza centrífuga *en un marco de referencia rotatorio* es una fuerza con todo derecho, tan real como el tirón de la gravedad. Sin embargo, hay una diferencia fundamental. La fuerza de gravitación es una interacción entre una y otra masa. La gravedad que sentimos es nuestra interacción con la Tierra. Pero la fuerza centrífuga en el marco de referencia rotatorio no es así; no tiene contraparte en interacción. Se siente como la gravedad, pero no hay

---

[8]Un marco de referencia en el que un cuerpo no presente aceleración se llama marco de referencia *inercial*. Se ve que las leyes de Newton tienen validez exacta en un marco inercial.

nada que tire. Nada la produce, es un resultado de la rotación. Por esta razón los físicos dicen que es una fuerza "inercial", una fuerza aparente, y no una fuerza real como la gravedad, las fuerzas electromagnéticas y las fuerzas nucleares. Sin embargo, para los observadores que están en un sistema rotatorio, la fuerza centrífuga se siente igual y se interpreta como una fuerza muy real. Así como en la superficie terrestre la gravedad tiene una presencia eterna, también dentro de un sistema rotatorio la fuerza centrífuga parece estar siempre presente.

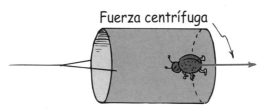

Fuerza centrífuga

FIGURA 8.45 Desde el marco de referencia de la catarina, en el interior de la lata giratoria, la catarina se mantiene en el fondo de la lata debido a una fuerza que se aleja del centro del movimiento circular. La catarina llama fuerza *centrífuga* a esta fuerza hacia el exterior, que para ella es tan real como la gravedad.

EXAMÍNATE Una bala pesada de hierro está fija con un resorte a la plataforma giratoria, como se ve en el esquema. Dos observadores, uno en el marco de referencia giratorio y otro en el piso, en reposo, observan su movimiento. ¿Cuál observador ve que la bala es impulsada hacia afuera y estira el resorte? ¿Cuál observador ve que el resorte tira de la bala que tiene una trayectoria circular?

Gravedad simulada

Imagina una colonia de insectos llamados catarinas (mariquitas) dentro de un neumático de bicicleta, de esas de ruedas anchas, con mucho espacio en su interior. Si lanzamos al aire esa rueda o la dejamos caer de un avión que vuele alto, las catarinas estarán en condición de ingravidez. Flotarán libremente mientras la rueda está en caída libre. Ahora giremos la rueda. Las catarinas se sentirán oprimidas hacia la parte interna exterior del neumático. Si giramos la rueda no muy rápido ni muy lento, llegaremos a un punto en que las catarinas sentirán una gravedad simulada, como la gravedad a la que están acostumbradas. La fuerza centrífuga simula a la gravedad. La dirección "hacia abajo" para las catarinas será la que nosotros llamaríamos radial hacia afuera, alejándose del centro de la rueda.

Los humanos vivimos en la superficie externa de este planeta esférico, y la gravedad nos sujeta a él. El planeta ha sido la cuna de la humanidad. Pero no permaneceremos por siempre en la cuna. Nos estamos volviendo viajeros en el espacio. Muchas personas de los años venideros vivirán, probablemente, en hábitat gigantescos, que giran perezosamente en el espacio y a los que la fuerza centrífuga mantendrá oprimidos contra las superficies interiores. Los hábitat giratorios proporcionarán una gravedad simulada, para que el cuerpo humano funcione con normalidad.

COMPRUEBA TU RESPUESTA El observador en el marco de referencia de la plataforma giratoria afirma que una fuerza centrífuga tira de la bala radialmente hacia afuera, y eso estira el resorte. El observador en el marco de referencia en reposo afirma que una fuerza centrípeta, ejercida por el resorte estirado, tira de la bala y la obliga a describir un círculo junto con la plataforma rotatoria. (El observador en el marco de referencia en reposo puede decir, además, que la reacción a esta fuerza centrípeta es el tirón de la bala hacia afuera, sobre el resorte. Sin embargo, el observador rotatorio no puede decir que haya una reacción contraparte a la fuerza centrífuga.)

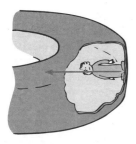

FIGURA 8.46 La interacción entre el hombre y el piso del hábitat vista desde un marco de referencia estacionario, fuera del sistema en rotación. El piso oprime los pies del hombre (acción) y el hombre regresa el empuje al piso (reacción). La única fuerza que se ejerce sobre el hombre se debe al piso. Se dirige hacia el centro y es una fuerza centrípeta.

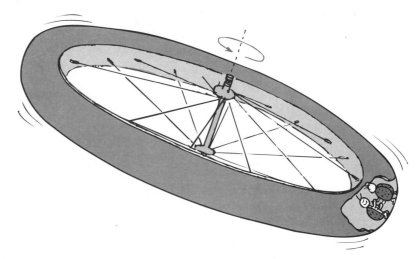

FIGURA 8.47 Si la rueda giratoria cae libremente, las catarinas en su interior sentirán una fuerza centrífuga que se siente como la gravedad, cuando gira la rueda con la rapidez adecuada. Según ellas, la dirección "hacia arriba" es hacia el centro de la rueda, y "hacia abajo" es radialmente hacia afuera.

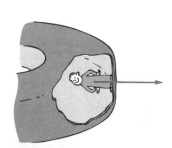

FIGURA 8.48 Visto desde el interior del sistema rotatorio, además de la interacción entre el hombre y el piso hay una fuerza centrífuga sobre el hombre, en su centro de masa. Parece tan real como la gravedad. Sin embargo, a diferencia de la gravedad, no tiene la contraparte de la reacción. No hay nada sobre el que él pueda jalar. La fuerza centrífuga no es parte de una interacción, sino que se debe a la rotación. En consecuencia se llama fuerza ficticia.

Los ocupantes de un trasbordador espacial no tienen peso, porque ninguna fuerza los soporta. Durante grandes periodos eso puede causar pérdida de vigor muscular o cambios perjudiciales en el organismo, por ejemplo pérdida de calcio de los huesos. Los viajeros del futuro no necesitan estar sometidos a la ingravidez. Un hábitat espacial rotatorio para los humanos, como la rueda giratoria de bicicleta para las catarinas, puede suministrar con eficacia una fuerza de soporte y simular muy bien la gravedad. Las estructuras de diámetro pequeño tendrían que girar con gran rapidez para producir una aceleración de gravedad simulada igual a 1 *g*. En nuestros oídos internos hay órganos sensibles y delicados que detectan la rotación. Aunque parece que no hay dificultad más o menos con una revolución por minuto (RPM), muchas personas encuentran difícil acostumbrarse a mayores rapideces que 2 o 3 RPM, aunque hay quienes de adaptan con facilidad a unas 10 RPM. Para simular la gravedad normal de la Tierra a 1 RPM se requiere una estructura grande, de 2 kilómetros de diámetro. Es inmensa, en comparación con los vehículos espaciales modernos. El tamaño de las primeras estructuras espaciales habitadas ha sido determinado por la economía. La primera estación espacial Mir de Rusia daba cabida a algunas personas durante meses, a lo largo de 14 años. La Estación Espacial Internacional tendrá una tripulación mayor, pero como la Mir, no va a girar. Los miembros de la tripulación se deben adaptar a la vida en ambiente de ingravidez. Puede ser que después vengan los hábitat giratorios mayores.

La aceleración centrífuga es directamente proporcional a la distancia radial, por lo que se pueden tener varios estados con *g*. Si la estructura gira de modo que los habitantes del interior de su periferia sientan 1 *g*, entonces a la mitad de la distancia hacia el eje sentirían 0.5 *g*. En el eje mismo sentirían ingravidez (0 *g*). La diversidad de fracciones de *g*, desde el perímetro hasta el centro de un hábitat espacial giratorio promete ser un ambiente distinto y (cuando esto se escribe) todavía no explorado. En esta estructura todavía muy hipotética podríamos ejecutar un *ballet* a 0.5 *g*, clavados y acrobacias con 0.2 *g* y menores; podrían inventarse juegos de fútbol tridimensionales, u otros nuevos deportes, con valores de *g* muy bajos.

FIGURA 8.49 Concepción de un artista que muestra el interior de una colonia espacial, que sería ocupada por unos pocos miles de personas.

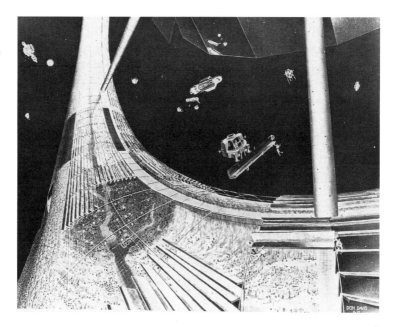

EXAMÍNATE Si la Tierra girara con más rapidez en torno a su eje, pesarías menos. Si estuvieras en un hábitat espacial giratorio que aumentara la rapidez de giro "pesarías" más. Explica por qué los efectos de los giros más rápidos son opuestas en estos casos.

Cantidad de movimiento angular o momento angular

Las cosas que giran, sea una colonia en el espacio, un cilindro que rueda bajando por un plano inclinado o un acróbata ejecutando un salto mortal, siguen girando hasta que algo las detiene. Un objeto rotatorio tiene una "inercia de rotación". Recordemos que en el capítulo 6 dijimos que todos los objetos que se mueven tienen "inercia de movimiento", o *cantidad de movimiento*, que es el producto de su masa por su velocidad. Esta clase de cantidad de movimiento es la **cantidad de movimiento lineal**. De igual manera, la "inercia de rotación" de los objetos que giran se llama **cantidad de movimiento angular** o **momento angular**.

Un planeta en órbita en torno al Sol, una piedra que gira en el extremo de una cuerda y los diminutos electrones que giran en torno a los núcleos atómicos tienen momento angular.[9]

COMPRUEBA TU RESPUESTA Estás en el *exterior* de la Tierra que gira, pero en el hábitat estarías en el *interior*. Un giro más rápido en el exterior de la Tierra tiende a lanzarte *hacia arriba* de la báscula, haciendo que indique una disminución de tu peso; pero es *contra* la báscula que está *dentro* del hábitat espacial, y ésta indicará un aumento de peso.

---

[9]El momento angular es una cantidad vectorial; tiene dirección y también magnitud. Cuando se asigna una dirección a una rapidez de rotación, se le llama *velocidad de rotación* (o con frecuencia *velocidad angular*). La velocidad de rotación es un vector cuya magnitud es la rapidez de rotación. Por convención, el vector velocidad de rotación y el vector momento angular tienen la misma dirección y están en el eje de rotación.

Se define al momento angular como el producto de la inercia de rotación por la velocidad de rotación.

Momento angular = inercia de rotación × velocidad de rotación

Es la contraparte de la cantidad de movimiento (lineal):

Cantidad de movimiento = masa × velocidad

Al igual que la cantidad de movimiento lineal, el momento angular es una cantidad vectorial y tiene dirección y magnitud. En este libro no explicaremos la naturaleza vectorial del momento angular (ni del momento de torsión, que también es un vector), pero describiremos la notable acción del giroscopio. La rueda giratoria de bicicleta de la figura 8.50 demuestra lo que sucede cuando un momento de torsión causado por la gravedad de la Tierra actúa tratando de cambiar la dirección del momento angular de la rueda (que está a lo largo de su eje). El tirón de la gravedad que normalmente trata de voltear la rueda, hace que su eje tenga precesión (que se mueva hacia un lado) en una trayectoria circular respecto a un eje vertical. Lo debes hacer tú mismo para acabarlo de creer. Es probable que no lo comprendas totalmente, sino hasta que tomes cursos avanzados de física.

FIGURA 8.50 El momento angular mantiene al eje de la rueda casi horizontal, cuando actúa sobre ella un momento de torsión debido a la gravedad terrestre. En lugar de hacer que se caiga la rueda, el momento de torsión hace que gire el eje de la rueda, lentamente, recorriendo el círculo de alumnos. A esto se le llama *precesión*.

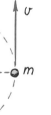

FIGURA 8.51 Un objeto pequeño con masa *m* girando en una trayectoria circular de radio *r* con una rapidez *v* tiene un momento angular *mvr*.

Para el caso de un objeto pequeño en comparación con la distancia radial a su eje de rotación, como cuando una lata gira sujeta de un cordón largo o un planeta en órbita en torno al Sol, el momento angular se puede expresar como la magnitud de la cantidad de movimiento, *mv*, multiplicada por la distancia radial, *r* (Figura 8.51). En notación compacta,

Momento angular = *mvr*

Así como se requiere una fuerza externa neta para cambiar la cantidad de movimiento de un objeto, se requiere un momento de torsión neto externo para cambiar el momento angular de un objeto. Se puede enunciar una versión de la primera ley de Newton (la ley de la inercia) para la rotación:

Un objeto o sistema de objetos mantiene su momento angular a menos que actúe sobre ellos un momento de torsión externo no equilibrado.

Ésta es la regla que contribuye a mantener vertical a un ciclista. Si te sientas en una bicicleta inmóvil que comienza a voltearse, no podrás hacer mucho para evitarlo. Te volteas respecto a un eje horizontal que va de la parte trasera al frente de la bicicleta. Pero si avanzas, aunque sea con lentitud, y diriges la rueda delantera, haces que el pavimento ejerza una fuerza lateral sobre el neumático, que suministra el momento de torsión con el que contrarrestas al momento angular de volteo y te permite mantenerte vertical.[10]

Conservación del momento angular

Del mismo modo que la cantidad de movimiento de cualquier sistema se conserva si no hay fuerza neta que actúe sobre él, el momento angular se conserva si no actúa sobre el sistema un momento de torsión neto. En ausencia de un momento de torsión externo neto, el momento angular de ese sistema es constante. Eso quiere decir que el producto de la inercia de rotación por la velocidad de rotación será igual en cualquier tiempo.

Un ejemplo interesante que ilustra la conservación del momento angular se ve en la figura 8.52. El hombre está de pie sobre una tornamesa con poca fricción, con las pesas extendidas. Su inercia de rotación I, con ayuda de las pesas extendidas, es relativamente grande en esa posición. Cuando gira con lentitud, su momento angular es el producto de su inercia rotacional por la velocidad de rotación, ω. Cuando junta las pesas con su cuerpo, la inercia de rotación de su cuerpo y de las pesas se reduce en forma considerable. ¿Cuál es el resultado? ¡Aumenta su rapidez de rotación! Este ejemplo lo aprecia mejor la persona que gira, que siente cambios de rapidez de rotación que le parecen misteriosos. ¡Pero es física en acción! Este procedimiento lo usan los patinadores artísticos que comienzan a girar con los brazos, y quizá una pierna, extendidos, para después juntar los brazos y la pierna y obtener una mayor rapidez de rotación. Siempre que un cuerpo se contrae, aumenta su rapidez de rotación.

FIGURA 8.52 Conservación del momento angular. Cuando el hombre junta sus brazos a su cuerpo, junto con las pesas giratorias, disminuye su inercia rotacional I y en consecuencia aumenta su rapidez rotacional ω.

De igual modo, cuando un gimnasta gira libremente en ausencia de momento de torsión neto en el cuerpo, no cambia el momento angular. Sin embargo, puede cambiar su rapidez de rotación sólo variando la inercia rotacional. Lo hace moviendo alguna parte del cuerpo acerándola o alejándola del eje de rotación.

Si se sujeta a un gato por sus extremidades y se le deja caer, puede ejecutar un giro y caer parado, aunque no tenga momento angular inicial. Los giros y vueltas con momento angular cero se hacen girando una parte del cuerpo contra la otra. Mientras cae, el gato arregla las extremidades y la cola varias veces, para cambiar la inercia de rotación.

---

[10]Con frecuencia se afirma que la estabilidad de una bicicleta se debe al momento angular de las ruedas que giran. Es un efecto secundario, como lo comprueba la estabilidad de los patines con ruedas diminutas y las motonieves con un esquí delante y otro atrás, sin ruedas.

FIGURA 8.53 La rapidez rotacional se controla con variaciones de la inercia rotacional del cuerpo, porque se conserva el momento angular durante un salto mortal hacia adelante.

FIGURA 8.54 Fotografía estroboscópica de un gato que cae.

Durante esta maniobra, el momento angular total sigue siendo cero (Figura 8.54). Cuando el gato termina de caer, lo hace con las extremidades hacia abajo. En esta maniobra gira el cuerpo en determinado ángulo, pero no crea una rotación continua. Si lo hiciera, violaría la conservación del momento angular.

Los humanos pueden sin dificultad ejecutar giros parecidos, aunque no tan rápidos como los de un gato. Los astronautas han aprendido a hacer rotaciones con momento angular cero cuando orientan el cuerpo en determinadas direcciones, flotando libremente en el espacio.

Se percibe la ley de la conservación del momento angular en los movimientos de los planetas y las formas de las galaxias. Es fascinante notar que la conservación del momento angular nos indica que la Luna se está alejando de la Tierra. Esto se debe a que la rotación diaria de la Tierra disminuye lentamente a causa de la fricción de las aguas con el fondo del mar, de igual modo que las ruedas de un automóvil se desaceleran cuando se aplican los frenos. Esta disminución del momento angular de la Tierra se acompaña por un aumento igual en el momento angular de la Luna en su movimiento orbital en torno a la Tierra. Este aumento del momento angular de la Luna es la causa del aumento de la distancia a la Tierra y de una disminución de la rapidez tangencial. El aumento de la distancia es más o menos un cuarto de centímetro por rotación. ¿Has notado que últimamente la Luna se está alejando? Sí se aleja; ¡cada vez que vemos otra Luna llena está a un cuarto de centímetro más lejos!

Por cierto, antes de terminar este capítulo contestaremos la pregunta 3 de la página 130. Las tapas de los registros son redondas, porque una tapa redonda es la única forma que no se puede caer por el agujero. Por ejemplo, una tapa cuadrada se puede inclinar verticalmente y girar para que caiga diagonalmente en el agujero. Es lo mismo para cualquier otra forma. Si estás trabajando en un registro y algunos muchachos juegan arriba ¡te alegrarás de que la tapa sea redonda!

Resumen de términos

Centro de gravedad (CG) La posición promedio del peso, o el único punto asociado con un objeto donde se puede considerar que actúa la gravedad.

Centro de masa (CM) La posición promedio de la masa de un objeto. El CM se mueve como si todas las fuerzas externas actuaran en este punto.

Conservación del momento angular Cuando sobre un objeto o sistema de objetos no actúa un momento de torsión neto externo, no cambia su momento angular. Por consiguiente, el momento angular antes de un evento donde sólo intervengan momentos de torsión internos, es igual al momento angular después del evento.

Equilibrio El estado de un objeto cuando no actúa una fuerza neta ni un momento de torsión neto.

Fuerza centrífuga Fuerza dirigida hacia el exterior que se experimenta en un marco de referencia giratorio. Es ficticia, en el sentido de que no es parte de una interacción, sino que en sí es una fuerza aparente; es un resultado de la rotación y no tiene contraparte en la fuerza de reacción.

Fuerza centrípeta Una fuerza dirigida hacia un punto fijo, que por lo general es la causa del movimiento circular.

Inercia rotacional La propiedad de un objeto que mide su resistencia a cualquier cambio en su estado de rotación. Si está en reposo, el cuerpo tiende a permanecer en reposo; si está girando, tiende a permanecer girando y lo seguirá haciendo a menos que sobre él actúe un momento de torsión externo neto.

Momento angular El producto de la inercia de rotación por la velocidad de rotación respecto a determinado eje. Para un objeto pequeño en comparación con la distancia radial, es el producto de la masa, la rapidez de rotación y la distancia radial de rotación.

Momento de torsión (torque) El producto de la fuerza que tiende a producir la rotación, por la distancia determinada del brazo de palanca.

Momento de torsión = brazo de palanca × fuerza

Rapidez de rotación La cantidad de rotaciones o revoluciones por unidad de tiempo; con frecuencia se mide en rotaciones o revoluciones por segundo o por minuto. (Los científicos prefieren medirla en radianes por segundo.)

Rapidez tangencial La rapidez lineal a lo largo de una trayectoria curva, como en el movimiento circular.

Lecturas sugeridas

Brancazio, P.J. *Sport Science*. New York: Simon & Schuster, 1984.

Clarke, A.C. *Rendezvous with Rama*. New York: Harcourt Brace Jovanovich, 1973. Es la primera novela de ciencia ficción en considerar con seriedad la habitación dentro de una instalación espacial giratoria.

Preguntas de repaso

Movimiento circular

1. ¿Por qué la rapidez lineal es mayor en un caballito del exterior de un carrusel que en uno cercano al centro?
2. ¿Qué quiere decir rapidez tangencial?
3. Describe la diferencia entre rapidez tangencial y rapidez de rotación.
4. ¿Cómo se relacionan la rapidez tangencial y la rapidez de rotación? Si la rapidez de rotación de una plataforma sube al doble, ¿cómo cambia la rapidez tangencial en cualquier lugar de la plataforma?
5. ¿Cuál es la relación entre la rapidez tangencial y la distancia desde el centro del eje de rotación? Describe un ejemplo.
6. Un cono que rueda por el suelo describe una trayectoria circular. ¿Qué te dice eso acerca de la rapidez tangencial en la orilla de la base del cono, en comparación con la de la punta?
7. ¿Cómo permite la forma cónica de una rueda de ferrocarril que una parte de ella tenga mayor rapidez tangencial que otra, cuando rueda sobre la vía?

Inercia rotacional

8. ¿Qué es la inercia rotacional y cómo se compara con la inercia que estudiaste en los capítulos anteriores?
9. La inercia depende de la masa. La inercia de rotación depende de la masa y de algo más. ¿De qué?
10. ¿Es distinta la inercia rotacional de un objeto, respecto a distintos ejes de rotación?
11. Imagina un lápiz y tres ejes de rotación: a lo largo de la puntilla; en ángulo recto con el lápiz y a la mitad de éste; y perpendicular al lápiz y en uno de los extremos. Evalúa cada uno en cuanto a la inercia de rotación.
12. ¿Qué es más fácil de poner en movimiento, un bat de béisbol sujeto en su extremo, o uno sujeto más cerca de su extremo masivo?
13. ¿Por qué el flexionar las piernas cuando corres te ayuda a moverlas hacia adelante y hacia atrás con mayor rapidez?
14. ¿Qué tendrá mayor aceleración al rodar bajando de un plano inclinado, un aro o un disco macizo?

Momento de torsión (torque)

15. ¿Qué tiende a hacer un momento de torsión a un objeto?
16. ¿Qué quiere decir "brazo de palanca" de un momento de torsión?
17. Cuando un sistema está en equilibrio, ¿cómo se comparan los momentos de torsión sobre él, en sentido de las manecillas del reloj y en sentido contrario al de las manecillas del reloj?

Centro de masa y centro de gravedad

18. Lanza un lápiz al aire y parecerá cabecear en todos sus puntos. Pero en forma específica, ¿respecto a qué punto?

19. ¿Dónde está el centro de masa de una pelota de béisbol? ¿Dónde está su centro de gravedad? ¿Dónde están esos centros en un bat de béisbol?

Ubicación del centro de gravedad

20. Si con las manos cuelgas en reposo de una cuerda vertical, ¿dónde está tu centro de gravedad con respecto a la cuerda?

21. ¿Dónde está el centro de masa de una caja de zapatos vacía?

Estabilidad

22. ¿Cuál es la relación entre el centro de gravedad y la base de un objeto, para que éste se encuentre en equilibrio estable?

23. ¿Hasta dónde se puede girar un objeto sin que se voltee?

24. ¿Por qué no se desploma la Torre Inclinada de Pisa?

25. En términos de centro de gravedad, base de soporte y momento de torsión, ¿por qué no te puedes parar con los talones contra la pared, flexionarte hasta tocar los dedos de los pies, y después regresar a la posición de pie?

Fuerza centrípeta

26. Cuando giras una lata amarrada con una cuerda, para que describa una trayectoria circular, ¿cuál es la dirección de la fuerza que se ejerce sobre la lata?

27. Cuando una lavadora automática exprime la ropa, ¿se ejerce sobre ésta una fuerza hacia adentro o hacia afuera?

Fuerza centrífuga

28. Si se rompe el cordón que sujeta una lata en giro circular, ¿qué clase de fuerza hace que se mueva describiendo una trayectoria rectilínea? ¿Una fuerza centrípeta, centrífuga o ninguna fuerza? ¿Qué ley de la física respalda tu respuesta?

29. Si no te abrochas el cinturón de seguridad y por ello te deslizas sobre el asiento y vas a dar contra la portezuela del auto que toma una curva, ¿qué clase de fuerza es la responsable de que vayas a dar contra la portezuela? ¿Centrípeta, centrífuga o ninguna? Respalda tu respuesta.

Fuerza centrífuga en un marco de referencia rotatorio

30. Describe las fuerzas de acción y de reacción en las interacciones de la catarina y la lata que gira, mostradas en las figuras 8.43 y 8.45.

31. ¿Por qué se dice que la fuerza centrífuga en un marco de referencia rotatorio es una "fuerza ficticia"?

Gravedad simulada

32. ¿Cómo se puede simular la gravedad en una estación espacial en órbita?

33. ¿Por qué deberán ser muy grandes las estaciones espaciales en órbita donde se simule la gravedad?

34. ¿Cómo variará el valor de g a diversas distancias al centro de una estación espacial giratoria?

Cantidad de movimiento angular o momento angular

35. Describe la diferencia entre cantidad de movimiento (lineal) y momento angular.

36. ¿Cuál es la ley de la inercia para los sistemas rotatorios, en función del momento angular?

Conservación del momento angular

37. ¿Qué quiere decir que se conserva el momento angular?

38. Si un patinador que gira acerca los brazos para reducir su inercia rotacional a la mitad, ¿cuánto aumentará su momento angular? ¿Cuánto aumentará la rapidez de los giros? (¿Por qué son distintas tus respuestas?)

Proyectos

1. Sujeta un par de vasos desechables por sus extremos y ruédalos a lo largo de un par de reglas largas que simulen vías férreas. Observa cómo se corrigen ellos mismos siempre que su trayectoria se aleja del centro. Pregunta: si pegaras los vasos en sus bases, de modo que su conicidad fuera opuesta, ¿corregirían ellos mismos su dirección o se autodestruirían si rodaran un poco descentrados?

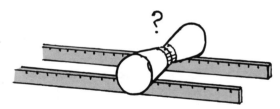

2. Sujeta un tenedor, una cuchara y un cerillo de madera como se ve en la figura. La combinación se equilibrará muy bien, en el borde de un vaso, por ejemplo. Esto sucede porque en realidad el centro de gravedad "cuelga" bajo el punto de apoyo.

3. Párate con los talones apoyándolos contra una pared y trata de flexionarte hasta tocar los dedos de los pies. Verás que tienes que pararte a cierta distancia de la pared para hacerlo sin voltearte. Compara la distancia mínima de los talones a la pared, con la de un amigo o amiga. ¿Quién se puede tocar los dedos de los pies con los talones más cerca de la pared, los hombres o las mujeres? En promedio y en proporción con su estatura, ¿cuál sexo tiene el centro de gravedad más bajo?

↳ 2 largos del pie ↗

4. Pide a un amigo que se pare de cara a una pared. Con los dedos de los pies contra la pared, pide que se pare de puntas sin caerse. No lo podrá hacer. Explícale exactamente por qué no lo puede hacer.

5. Coloca una regla de un metro en los dos índices extendidos, como se ve en la figura. Acerca lentamente los dedos. ¿En qué parte de la regla se encuentran? ¿Puedes explicar por qué siempre sucede así, independientemente de dónde tenías los dedos al principio?

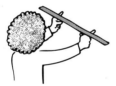

6. Da vueltas rápidas a una cubeta con agua, en un círculo formado al extender los brazos, verás que el agua no se derrama. ¿Por qué?

7. Coloca el gancho de un colgador de ropa en tu dedo. Con cuidado coloca horizontalmente una moneda sobre el alambre recto inferior, directamente bajo el gancho. Tendrás que aplastar el alambre con un martillo, o hacerle una pequeña plataforma con una cinta adherible. Con poca práctica sorprendentemente podrás oscilar el gancho y la moneda en equilibrio, primero en vaivén y después en círculo. La fuerza centrípeta mantiene la moneda en su lugar.

Ejercicios

1. Una catarina se posa a media distancia del eje a la orilla de un disco fonográfico. ¿Qué le sucederá a su rapidez tangencial si las RPM suben al doble? Con esta doble rapidez, ¿qué le pasará a su rapidez tangencial si camina hacia la orilla?

2. Una rueda grande se acopla a otra que tiene la mitad de su diámetro, como se ve en la figura. ¿Cómo se comparan la rapidez rotacional de la rueda pequeña y la grande? ¿Cómo se comparan las rapideces tangenciales en sus orillas (suponiendo que la banda no se deslice)?

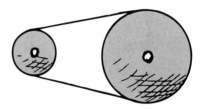

3. El velocímetro de un auto está configurado para indicar una rapidez proporcional a la rapidez de rotación de las ruedas. Si se usan ruedas más grandes, por ejemplo cuando se instalan ruedas para la nieve, el velocímetro, ¿indicará rapidez mayor, menor, o no indicará algo distinto?

4. Enrique y Susana van en bicicleta con la misma rapidez. Los neumáticos de la bicicleta de Enrique tienen mayor diámetro que los de Susana. ¿Cuáles ruedas tienen mayor rapidez de rotación, si es que la tienen?

5. Las ruedas de los ferrocarriles son cónicas, propiedad que tiene una importancia especial en las curvas. ¿Cómo se relaciona, si es que se relaciona, la cantidad de conicidad con la curvatura de las vías?

6. A diferencia de un disco fonográfico que tiene una rapidez angular constante, un CD recoge información a rapidez lineal constante (130 cm/s). En consecuencia, ¿un CD gira con rapidez angular constante o variable?

7. Cuando un yoyo cae hasta el extremo inferior del cordón, ¿invierte su rotación al regresar hacia arriba? Explica por qué.

8. Un jugador de básquetbol quiere balancear el balón en la punta de un dedo. ¿Lo podrá hacer mejor con un balón que está girando que con uno inmóvil? ¿Qué principio físico respalda tu respuesta?

9. Compara la caída de dos reglas verticales de un metro, una que está contra una pared y la otra sobre un piso perfectamente liso. ¿Cómo se comparan las trayectorias que siguen sus centros de masa?

10. Si caminas por el borde de un muro, ¿por qué extiendes los brazos para mantener el equilibrio?

11. Las ruedas delanteras de un auto de arrancones, que están al frente muy lejos del piloto, ayudan a evitar que el auto suba la nariz al acelerar. ¿Qué conceptos de la física intervienen aquí?

12. Cuando un automóvil cae por un acantilado, ¿por qué gira hacia adelante al caer? (Ten en cuenta el momento de torsión que actúa sobre él al dejar el borde del acantilado.)

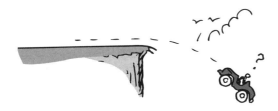

13. ¿Por qué un automóvil sube la nariz al acelerar y la baja cuando frena?

14. ¿Qué tiene más aceleración al rodar de bajada por un plano inclinado, una bola de boliche o un balón de voleibol? Defiende tu respuesta.

15. Usando una rampa, ¿cómo podrías distinguir, entre dos esferas de apariencia idéntica y del mismo peso, cuál es maciza y cuál está hueca?

16. ¿Qué rodará con mayor rapidez por un plano inclinado, un bote lleno de agua o uno lleno de hielo?

17. Un amigo dice que un cuerpo no puede girar cuando el momento de torsión neto que actúa sobre él. La afirmación de tu amigo no es correcta. Corrígelo.

18. ¿Cambia el momento de torsión par neto cuando uno de los niños del sube y baja se para o se cuelga de él, en lugar de estar sentado? (¿Cambia el peso o el brazo de palanca?)

19. Cuando pedaleas una bicicleta, el momento de torsión máximo se produce cuando los pedales están en posición horizontal, como se ve en la figura, y no se produce momento de torsión cuando están en posición vertical. Explica por qué.

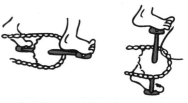

20. El carrete de la figura es jalado de tres modos, como se ve abajo. Hay la fricción suficiente para que gire. ¿En qué dirección girará ese carrete, en cada uno de los casos?

21. ¿Por qué los asientos centrales de un autobús son los más cómodos en viajes largos, cuando la carretera es irregular? ¿O por qué el centro de un barco es más cómodo cuando el mar está picado? ¿O en el centro de un avión al encontrar turbulencias?

22. Explica por qué es mejor que se flexione hacia abajo la pértiga larga de un eqilibrista.

23. ¿Por qué si una estrella muestra un movimiento errático se toma como indicio de que tiene uno o más planetas en órbita en torno a ella?

24. ¿Por qué te debes doblar hacia adelante cuando cargas algo pesado en la espalda?

25. ¿Por qué es más fácil cargar igual cantidad de agua en dos cubetas, una en cada mano, que en una sola cubeta?

26. Nadie en el parque de diversiones quiere jugar con el latoso niño, porque desarregla el sube y baja como se ve en la figura, para poder jugar él solo. Explica cómo lo hace.

27. Aplica los conceptos de momento de torsión y centro de gravedad para explicar por qué una pelota rueda cuesta abajo por una colina.

28. A veces, cuando patean un balón de fútbol americano se desplaza en el aire sin girar, y otras veces da vuelta en sus extremos. Con respecto al centro de masa del balón, ¿cómo lo patean en cada caso?

29. ¿Cómo se pueden apilar tres ladrillos de modo que el de arriba tenga un desplazamiento horizontal máximo respecto al de abajo? Por ejemplo, si los apilas como indican las líneas de puntos, parece que quedarían inestables y que se caerían. (Sugerencia: Comienza con el ladrillo de arriba y avanza hacia abajo. En cada cambio de ladrillo, el CG de los de arriba no debe sobresalir del extremo del ladrillo que los soporta.)

30. ¿Dónde está el centro de masa de la atmósfera de la Tierra?

31. ¿Por qué es peligroso abrir los cajones superiores de un archivero totalmente lleno que no está asegurado al piso?

32. Describe las estabilidades comparativas de los tres objetos de la figura 8.31, página 135, en términos de trabajo y energía potencial.

33. Los centros de gravedad de los tres camiones estacionados en una pendiente se indican con las X. ¿Cuál(es) camión(es) se volteará(n)?

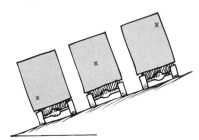

34. Una pista larga, equilibrada como un sube y baja, sostiene a una pelota de golf y a una bola de billar, con más masa, y un resorte comprimido entre las dos. Cuando se suelta el resorte, la pelota y la bola se alejan entre sí. Y la pista, ¿se mueve en sentido de las manecillas del reloj, en sentido contrario al de las manecillas del reloj, o permanece en equilibrio al rodar las bolas hacia afuera? ¿Qué principios aplicas en tu explicación?

35. El valor de g en la superficie terrestre es más o menos 10 m/s². ¿Cómo cambiaría si la Tierra girara más rápido en torno a su eje?

36. Cuando un cañón de largo alcance dispara un proyectil, desde una latitud norte (o sur) hacia el ecuador, el proyectil cae al oeste del blanco. ¿Por qué? (Sugerencia: Imagina una pulga que salta del interior de un disco fonográfico hacia el borde.)

37. Cuando estás en el asiento delantero de un automóvil que toma una vuelta a la izquierda podrías ser empujado contra la portezuela derecha. ¿Por qué te recargas contra ella? ¿Por qué la portezuela se recarga contra ti? En tu explicación, ¿interviene una fuerza centrífuga o las leyes de Newton?

38. Una persona en el interior del hábitat rotatorio del futuro, siente que la gravedad artificial tira de ella hacia la pared perimetral del hábitat (que viene a ser el "piso"). Explica lo que sucede en términos de las leyes de Newton y de la fuerza centrípeta.

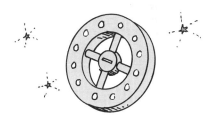

39. El esquema muestra una moneda al borde de una tornamesa. El peso de la moneda se indica con el vector **W**. Sobre la moneda actúan dos fuerzas más, la fuerza normal y la de fricción, que evita que se deslice y salga de la orilla. Traza los vectores de esas dos fuerzas.

40. El esquema siguiente muestra un péndulo cónico. La lenteja describe una trayectoria circular. La tensión **T** y el peso **W** se indican con vectores. Traza un paralelogramo con esos vectores y demuestra que su resultante está en el plano del círculo (ve la regla del paralelogramo en el capítulo 5). ¿Cuál es el nombre de esa fuerza resultante?

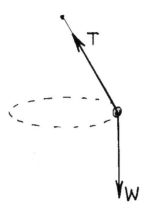

41. Un motociclista puede correr sobre la pared vertical de una pista que tiene forma de cubeta, como se ve en la figura. Su peso está contrarrestado por la fricción de la pared sobre los neumáticos (flecha vertical). a) Traza vectores para las tres fuerzas que actúan sobre el motociclista, haciendo que las colas de tus tres vectores estén en su CM. b) ¿Cuál vector suministra la fuerza centrípeta? Esa fuerza, ¿aumenta o disminuye cuando el motociclista va con más rapidez?

42. Una canica rueda en trayectoria circular, sobre la superficie interna de un cono. El peso de la canica se representa con el vector **W**. Si no hay fricción, sólo hay otra fuerza más que actúa sobre la canica; es una fuerza normal. a) Traza el vector normal (su longitud depende de b). b) Con la regla del paralelogramo, demuestra que la resultante de dos vectores está a lo largo de la dirección radial de la trayectoria circular de la canica. (¡Sí, la normal es mucho más grande que el peso!)

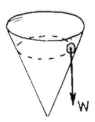

43. Estás sentado a la mitad de una gran tornamesa en un parque de diversiones, cuando se pone a girar, y después se deja girar libremente. Cuando te arrastras a la orilla, ¿aumenta su rapidez de rotación, o disminuye o queda igual? ¿Qué principio de la física respalda tu respuesta?

44. Una cantidad apreciable de suelo que arrastra el río Mississippi se deposita cada año en el Golfo de México. ¿Qué efecto tiene a lo largo de un día? (Sugerencia: Relaciona esto con la figura 8.52, página 145.)

45. Hablando con propiedad, a medida que se construyen cada vez más rascacielos en la superficie de la Tierra, el día tiende a ¿acortarse o a alargarse? Y hablando al detalle, la caída otoñal de las hojas ¿tiende a alargar o a acortar los días? ¿Qué principio físico respalda tus respuestas?

46. Si los habitantes del mundo se mudaran a los polos norte y sur, ¿qué efecto ocurriría en la duración del día?

47. Si los casquetes polares de la Tierra se fundieran, los océanos serían alrededor de 30 metros más profundos. ¿Qué efecto tendría esto sobre la rotación de la Tierra?

48. Un tren de juguete está inicialmente en reposo en una vía fijada a una rueda de bicicleta, que puede girar libremente. ¿Cómo responde la rueda cuando el tren se mueve en el sentido de las agujas del reloj? ¿Y cuando el tren va en reversa? ¿Cambia el momento angular del sistema rueda-tren durante esas maniobras? ¿Cómo dependerían los movimientos resultantes de las masas relativas de la rueda y del tren?

49. ¿Por qué un helicóptero pequeño normal tiene una hélice principal grande y un segundo rotor pequeño en la cola? Describe las consecuencias si falla el segundo rotor durante el vuelo.

50. Creemos que nuestra galaxia se formó a partir de una nube gigantesca de gas. Esta nube era mucho más grande que el tamaño actual de la galaxia, era más o menos esférica y giraba con mucha más lentitud que la que gira ahora. En este esquema vemos la nube original y la galaxia tal como es hoy (vista de lado). Explica cómo contribuyen la ley de la gravitación y la de la conservación del momento angular a que la galaxia tenga su forma actual, y por qué gira hoy con más rapidez que cuando era una nube mayor y esférica.

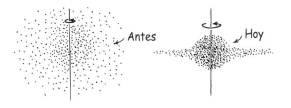

Problemas

1. Una bicicleta tiene ruedas de 2 m de circunferencia. ¿Cuál es la rapidez lineal de la bicicleta cuando las ruedas giran a 1 revolución por segundo?

2. ¿Cuál es la rapidez tangencial de un pasajero en una rueda de la fortuna cuyo radio es 10 m y da una vuelta cada 30 segundos?

3. Sin tener en cuenta el peso de la regla de un metro y sólo las dos pesas que cuelgan de los extremos: una de 1 kg y la otra de 3 kg, tal como se muestra, ¿dónde queda el centro de masa de este sistema (el punto de equilibrio)? ¿Cuál es la relación de tu respuesta con el momento de torsión?

4. Un vehículo de 10,000 N se detiene a la cuarta parte de su trayecto por un puente. Calcula las fuerzas de reacción adicionales que suministran los soportes situados en ambos extremos del puente.

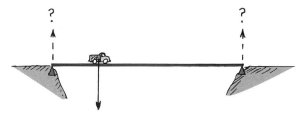

5. La piedra tiene 1 kg de masa. ¿Cuál es la masa de la regla si queda en equilibrio al sostenerla en la cuarta parte de su longitud?

6. Para apretar un tornillo empujas el mango de la llave con una fuerza de 80 N. Tu mano queda a 0.25 m del eje del tornillo. a) ¿Cuál es el momento de torsión que ejerces?

b) Si acercas la mano para que sólo quede a 0.10 m del tornillo, ¿qué fuerza debes aplicar para alcanzar el mismo momento de torsión? c) ¿Dependen tus respuestas de la dirección de tu empuje en relación con la dirección del mango de la llave?

7. Considera un hábitat demasiado pequeño que forma un cilindro giratorio de 4 m de radio. Si un hombre se para en su interior, y tiene 2 m de estatura, y sus pies sienten 1 g, ¿cuál es el valor de g al nivel de la cabeza? (¿Ves por qué en los proyectos se piden hábitat grandes?)

8. Si la variación de g entre la cabeza y los pies de uno debe ser menor que $1/100$ g, entonces, en comparación con la estatura de una persona, ¿cuál debe ser el radio mínimo del hábitat espacial?

9. Si un trapecista gira una vez por segundo mientras va por el aire, y se encoge para reducir su inercia rotacional hasta un tercio antes de encogerse, ¿cuántas rotaciones por segundo dará?

10. ¿Cuántas veces es mayor el momento angular de la Tierra en órbita en torno al Sol que el de la Luna en órbita alrededor de la Tierra? (Determina una relación de momentos angulares con los datos del interior de la pasta posterior de este libro.)

9

GRAVEDAD

www.pearsoneducacion.net/hewitt
*Usa los variados recursos del sitio Web,
para comprender mejor la física.*

Para explicar las mareas vivas y las mareas muertas, Praful Shah
usa un modelo del Sol, la Luna y la Tierra.

FIGURA 9.1 ¿Podría llegar
hasta la Luna la atracción gravitacional sobre la manzana?

Sin duda, el "descubrimiento" de la gravedad se remonta hasta la prehistoria, cuando
los primeros humanos constataron las consecuencias de tropezarse y luego caer.
Galileo aprendió algo importante acerca de la gravedad, cuando verificó que todos los
objetos cercanos a la Tierra caen libremente con la misma aceleración. Luego Isaac
Newton, descubrió que la gravedad es universal y que no es un fenómeno exclusivo de
la Tierra, como habían supuesto sus predecesores.

    Desde tiempos de Aristóteles se consideró como natural el movimiento circular
de los cuerpos celestes. Los antiguos creían que las estrellas, los planetas y la Luna se
mueven en círculos divinos, libres de toda fuerza impulsora. En lo que concierne a los
antiguos, el movimiento circular no requería explicación. Sin embargo, Isaac Newton
reconoció que sobre los planetas debe actuar una fuerza de cierto tipo; sabía que sus
órbitas eran elipses, o de lo contrario serían líneas rectas. Otras personas de su tiempo,
influidas por Aristóteles, suponían que cualquier fuerza sobre un planeta debería estar
dirigida hacia un punto central fijo, hacia el Sol. Esta, la fuerza de gravedad, era la misma
que tira una manzana de un árbol. El golpe de inspiración de Newton, que la fuerza entre
la Tierra y una manzana es la misma fuerza que tira de las lunas, de los planetas y de todo
lo que hay en el universo, fue una ruptura revolucionaria con la noción prevaleciente de

que había dos conjuntos de leyes naturales: una para los objetos en la Tierra y otra, muy distinta, para el movimiento en los cielos. A esta unión de leyes terrestres y leyes cósmicas se le ha llamado *síntesis newtoniana*.

La ley universal de la gravedad

Según una leyenda popular, Newton estaba sentado bajo un manzano cuando concibió la idea de que la gravedad se propaga más allá de la Tierra. Quizá levantó la vista por entre las ramas del árbol, hasta observar la caída de una manzana y vio la Luna. En cualquier caso, tuvo la perspicacia de apreciar que la fuerza entre la Tierra y una manzana que cae es la misma que tira de la Luna y la obliga a describir una trayectoria orbital en torno a la Tierra, trayectoria parecida a la de un planeta alrededor del Sol.

Para probar esta hipótesis comparó Newton la caída de una manzana con la "caída" de la Luna. Se dio cuenta que la Luna cae en el sentido de que *se aleja de la línea recta que hubiera seguido de no haber fuerza que actuara sobre ella*. A causa de su velocidad tangencial, "cae alrededor" de la Tierra redonda (en el siguiente capítulo explicaremos más acerca de esto). A partir de consideraciones geométricas sencillas, se podía comparar la distancia que la Luna cae en un segundo con la distancia que una manzana, o cualquier cosa que estuviera a esa distancia, debería caer en un segundo. No coincidieron los cálculos de Newton. Disgustado, pero convencido de que el hecho evidente debe ser más convincente que la hipótesis más bella, guardó sus papeles en un cajón, donde quedaron durante casi 20 años. Durante este periodo fundó y desarrolló el campo de la óptica geométrica, que fue con lo que primero se hizo famoso.

El interés de Newton por la mecánica fue reavivado con la llegada de un espectacular cometa en 1680 y de otro dos años después. Retomó al problema de la Luna, a instancias de Edmund Halley, su amigo astrónomo, en honor del cual recibió su nombre el segundo cometa. Newton hizo correcciones de los datos experimentales que usó en su primer método y obtuvo excelentes resultados. Sólo entonces publicó lo que es una de las generalizaciones más trascendentes de la mente humana: la **ley de la gravitación universal**.[1]

Todo atrae a lo demás en una forma bella y simple, donde sólo intervienen masa y distancia. Según Newton, toda masa atrae a todas las demás masas con una fuerza que, para dos masas cualesquiera, es directamente proporcional al producto de las masas e inversamente proporcional al cuadrado de la distancia que las separa.

$$\text{Fuerza} \sim \frac{\text{masa}_1 \times \text{masa}_2}{\text{distancia}^2}$$

Expresado en forma simbólica

$$F \sim \frac{m_1 m_2}{d^2}$$

en donde m_1 y m_2 son las masas y d es la distancia entre sus centros. Así, mientras mayores sean las masas m_1 y m_2, la fuerza de atracción entre ellas será mayor. Mientras mayor sea la distancia d de separación, la fuerza de atracción será más débil; se debilitará de acuerdo con el inverso del cuadrado de esa distancia.[2]

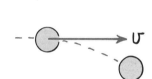

FIGURA 9.2 La velocidad tangencial de la Luna en torno a la Tierra le permite caer alrededor de la Tierra, y no directamente hacia ella. Si esa velocidad tangencial se redujera a cero, ¿cuál sería el destino de la Luna?

---

[1] Es un ejemplo notable del penoso esfuerzo y comprobaciones cruzadas que intervienen en la formulación de una teoría científica. Ve la diferencia entre el método de Newton y "no hacer la tarea", los juicios apresurados y la carencia de comprobación que caracterizan con tanta frecuencia los pronunciamientos de personas que promueven teorías seudicientíficas.

[2] Observa en este caso el papel distinto de la masa. Hasta ahora hemos considerado que la masa es una medida de la inercia, y que se llama *masa inercial*. Ahora vemos que la masa es una medida de la fuerza gravitacional, y en este contexto se llama *masa gravitacional*. Se ha establecido experimentalmente que las dos son iguales y, por principio, la equivalencia de las masas inercial y gravitacional es el fundamenteo de la teoría de Einstein de la relatividad general.

EXAMÍNATE

1. En la figura 9.2 se ve que la Luna cae girando en torno a la Tierra, en vez de hacerlo directo hacia ella. Si su velocidad tangencial fuera cero, ¿cómo se movería entonces la Luna?

2. Según la ecuación de la fuerza gravitacional, ¿qué sucede con la fuerza entre dos cuerpos, si la masa de uno de ellos sube al doble? ¿Y si las dos masas aumentan al doble?

3. La fuerza gravitacional actúa sobre todos los cuerpos, en proporción con sus masas. Entonces, ¿por qué un cuerpo más pesado no cae más rapido que uno más ligero?

La constante G de la gravitación universal

La forma de proporcionalidad de la ley de la gravitación universal se puede expresar como igualdad, cuando se introduce la constante de proporcionalidad G, que se llama *constante universal de la gravitación*. Entonces la ecuación es

$$F = G\frac{m_1 m_2}{d^2}$$

En palabras, la fuerza de la gravedad entre dos objetos se calcula multiplicando sus masas y dividiendo el producto entre el cuadrado de la distancia entre sus centros, y multiplicando este resultado por la constante G. La magnitud de G es igual a la magnitud de la fuerza entre dos cuerpos de 1 kilogramo que están a 1 metro de distancia entre sí. Es 0.000,000,000,0667 N. Es una fuerza extremadamente débil. En las unidades normales G tiene este mismo valor numérico. Las unidades de G hacen que la fuerza se exprese en N. En notación científica,[3]

$$G = 6.67 \times 10^{-11} \, \text{N·m}^2/\text{kg}^2$$

Henry Cavendish, físico inglés, midió por primera vez a G, en el siglo XVIII, mucho después de los días de Newton. Lo hizo midiendo la diminuta fuerza entre masas de plomo, con una balanza de torsión extremadamente sensible. Después Philipp von Jolly desarrolló un método más sencillo, al fijar un frasco esférico con mercurio a un brazo de una balanza sensible (Figura 9.3). Después de poner en equilibrio la balanza, rodó una esfera de plomo, de 6 toneladas, bajo el frasco de mercurio. La fuerza gravitacional entre

COMPRUEBA TUS RESPUESTAS

1. Si la velocidad tangencial de la Luna fuera cero, ¡caería directo hacia abajo y chocaría con la Tierra!

2. Cuando una masa aumenta al doble la fuerza entre ella y la otra aumenta al doble. Si las dos masas aumentan al doble, la fuerza es cuatro veces mayor.

3. La respuesta data del capítulo 4. Recuerda la figura 4.10, donde los ladrillos pesados y ligeros caen con la misma aceleración, porque ambos tienen la misma relación de peso entre masa. La segunda ley de Newton ($a = F/m$) nos recuerda que mayor fuerza sobre mayor masa no produce mayor aceleración.

---

[3]El valor numérico de G depende por completo de las unidades de medida que se escojan para la masa, la distancia y el tiempo. En el sistema internacional se escogen: para masa, el kilogramo; para la distancia, el metro, y para el tiempo, el segundo. La notación científica se describe en el apéndice A al final del libro.

Es interesante que Newton pudiera calcular el producto de G por la masa de la Tierra, pero no cualquiera de las dos magnitudes. Henry Cavendish hizo el cálculo de G sola por primera vez.

Debido a la debilidad relativa de la gravedad, G es la constante fundamental que se conoce con menos exactitud en toda la física. Aun así, actualmente se le conoce con cinco cifras significativas de exactitud.

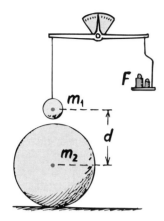

FIGURA 9.3 Método que usó Jolly para medir G. Las esferas de masa m_1 y m_2 se atraen entre sí con una fuerza F igual a los pesos necesarios para restaurar el equilibrio.

las dos masas era igual al peso que se había colocado en el platillo opuesto de la balanza para restaurar el equilibrio. Se conocían todas las cantidades m_1, m_2, F y d, y con ellas se calculó la cantidad G:

$$G = \frac{F}{\frac{m_1 m_2}{d^2}} = 6.67 \times 10^{-11} \frac{\text{N}}{\text{kg}^2/\text{m}^2} = 6.67 \times 10^{-11} \text{ N·m}^2/\text{kg}^2$$

El valor de G nos indica que la fuerza de gravedad es muy débil. Es la más débil de las cuatro fuerzas fundamentales que se conocen hasta ahora (las otras tres son la fuerza electromagnética y dos clases de fuerzas nucleares). Sentimos la gravitación sólo cuando intervienen masas gigantescas, como la de la Tierra. La fuerza de atracción entre ti y un buque de guerra junto al cual te paras es demasiado débil para hacer una medición ordinaria. Sin embargo, sí se puede medir la fuerza de atracción entre ti y la Tierra. Es tu peso.

Una vez conocido el valor de G se calculó con facilidad la masa de la Tierra. La fuerza que ejerce la Tierra sobre un cuerpo de 1 kilogramo en su superficie es 9.8 Newton. La distancia entre los centros de masa del cuerpo de 1 kilogramo y la Tierra es el radio de la Tierra, 6.4×10^6 metros. En consecuencia, a partir de $F = G(m_1 m_2 / d^2)$, si m_1 es la masa de la Tierra,

$$9.8 \text{ N} = 6.67 \times 10^{-11} \text{ N·m}^2/\text{kg}^2 \frac{1 \text{ kg} \times m_1}{(6.4 \times 10^6 \text{ m})^2}$$

de donde se calcula que la masa de la Tierra es $m_1 = 6 \times 10^{24}$ kilogramos. Así se determinó la masa de la Tierra en la época en que los exploradores todavía cartografiaban su superficie, y nada se conocía de su interior. El público acogió este descubrimiento con grandes celebraciones. Aun hoy nuestros conocimientos del interior de la Tierra son escasos, y todavía estamos cartografiando las profundidades del océano. Pero lo que sabemos, con mucha precisión, es la masa de todo ello. ¡Lo cual es bastante!

Gravedad y distancia: la ley del inverso del cuadrado

Podremos comprender mejor cómo se diluye la gravedad en la distancia si imaginamos una pistola de aire que lanza pintura y la reparte al aumentar la distancia (Figura 9.4). Supongamos que colocamos la pistola en el centro de una esfera de 1 metro de radio, y que una aspersión viaja 1 metro y produce una mancha cuadrada de pintura, cuyo espesor es de 1 milímetro. ¿Cuánto tendría de espesor si el experimento se hubiera hecho en una esfera con el doble del radio? Si la misma cantidad de pintura viaja 2 metros en línea recta, se repartirá y producirá una mancha con el doble de altura y el doble del ancho. La pintura se repartiría sobre un área cuatro veces mayor, y su espesor sólo sería 1/4 de milímetro.

FIGURA 9.4 La ley del inverso del cuadrado. La pintura esparcida viaja en dirección radial alejándose de la boquilla de la lata, en línea recta. Al igual que la gravedad, la "intensidad" de la rociada obedece la ley del inverso del cuadrado.

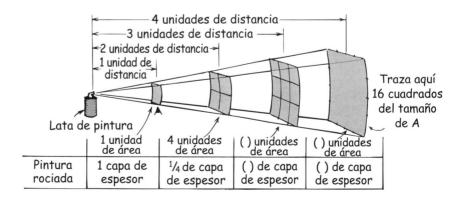

Pintura rociada	1 capa de espesor	$\frac{1}{4}$ de capa de espesor	( ) de capa de espesor	( ) de capa de espesor

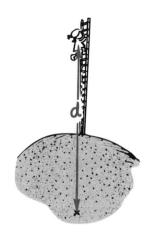

FIGURA 9.5 Según la ecuación de Newton, su peso (no su masa) disminuye al aumentar su distancia al centro de la Tierra

¿Puedes ver que, de acuerdo con la figura, en una esfera de 3 metros de radio el espesor de la mancha de pintura sólo sería de 1/9 de milímetro? ¿Puedes ver que cuando la distancia aumenta, el espesor de la pintura disminuye de acuerdo con el cuadrado de esa distancia? A esto se le llama **ley del inverso del cuadrado**, o ley del cuadrado inverso. Es válida para la gravedad y para todos los fenómenos en donde el efecto de una fuente localizada se reparte uniformemente en el espacio que la rodea, como el campo eléctrico que rodea a un electrón aislado, la luz de un fósforo, la radiación de un trozo de uranio y el canto de un grillo.

Es importante subrayar que el término de distancia d en la ecuación de la gravedad de Newton es la distancia entre los centros de las masas de los objetos. Observa, en la figura 9.6, que la manzana que pesaría normalmente 1 newton en la superficie de la Tierra sólo pesa la cuarta parte cuando se encuentra al doble de la distancia del centro de la Tierra. Mientras mayor sea la distancia al centro de la Tierra, el peso del objeto es menor. Un niño que pese 300 Newton al nivel del mar sólo pesará 299 Newton en la cumbre del Monte Everest. Pero sin importar lo grande que sea la distancia, la fuerza gravitacional de la Tierra tiende a cero cuando crece más y más. La fuerza tiende a cero, pero nunca es igual a cero. Incluso si te transportas hasta los confines del universo, todavía estarás bajo la acción gravitacional de tu hogar. Puede quedar "opacada" si se compara con las influencias gravitacionales de cuerpos más cercanos y/o más masivos, pero sigue existiendo. La influencia gravitacional de todo objeto material, sin importar su pequeñez, se extiende por todo el espacio.

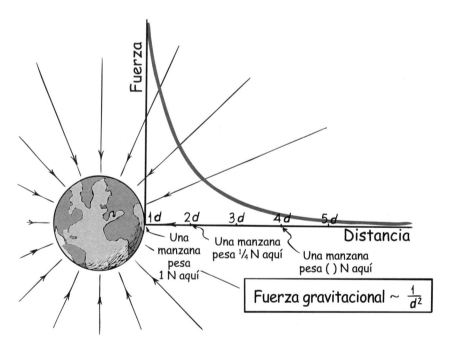

FIGURA 9.6 Si una manzana pesa 1 N en la superficie terrestre, sólo pesaría 1/4 N al doble de la distancia al centro de la Tierra. Al triple de la distancia sólo pesaría 1/9 N. ¿Cuánto pesaría a cuatro veces la distancia? ¿A cinco veces? El valor de la fuerza de la gravedad en función de la distancia aparece en la gráfica.

EXAMÍNATE

1. Si hay fuerza de atracción entre todos los objetos, ¿por qué no nos sentimos gravitando hacia los edificios masivos de las cercanías?

2. ¿Cuánto disminuye la fuerza de gravitación entre dos objetos cuando aumenta al doble la distancia entre sus centros? ¿Cuando aumenta al triple? ¿Cuando aumenta diez veces?

3. Considera una manzana que está en la punta de un árbol y que es atraída por la gravedad terrestre con una fuerza de 1 N. Si el árbol fuera dos veces más alto, la fuerza de gravedad, ¿sólo sería la cuarta parte? Defiende tu respuesta.

Peso e ingravidez

Cuando te paras en una báscula, comprimes un resorte en su interior. Cuando se detiene la aguja, la fuerza elástica del resorte deformado equilibra la atracción gravitacional entre tú y la Tierra; nada se mueve porque tú y la báscula están en equilibrio estático. La aguja se calibra para indicar tu peso. Si te subes a una báscula dentro de un elevador en movimiento, verás que tu peso varía. Si el elevador acelera hacia arriba, los resortes dentro de la báscula se comprimen más, y la indicación de tu peso es mayor. Si el elevador acelera de bajada, los resortes del interior de la báscula se comprimen menos y la indicación de tu peso disminuye. Si el cable del elevador se rompe, y la jaula cae libremente, la indicación de la báscula baja a cero. Según lo que indica la báscula no tendrías peso. ¿Realmente no tendrías peso? Podemos contestar esta pregunta sólo si nos ponemos de acuerdo en el significado de la palabra *peso*.

En los capítulos 2 y 4 definimos que el peso es la fuerza sobre un cuerpo, debida a la gravedad; es *mg*. Tu peso tiene el valor *mg* si no estás acelerando. Para más generalidad, redefiniremos al peso diciendo que el peso de algo es la fuerza que ejerce sobre un piso que lo soporta, o sobre una báscula. Según esta definición, eres tan pesado como te sientes; de este modo, en un elevador que acelera hacia abajo, la fuerza de soporte sobre el piso es menor, y tú pesas menos. Si el elevador está en caída libre, tu peso es cero

---

COMPRUEBA TUS RESPUESTAS

1. La gravedad sí tira de nosotros hacia los edificios masivos, y hacia todo lo demás que hay en el Universo. Paul A. M. Dirac, físico ganador del Premio Nobel de 1933, lo expresó de la siguiente forma: "¡Corta una flor en la Tierra y moverás la estrella más lejana!" El grado de influencia que tienen los edificios sobre nosotros, o cuánta interacción hay entre las flores ya es otra historia. Las fuerzas entre nosotros y los edificios son extremadamente pequeñas, porque las masas son muy pequeñas en comparación con la masa de la Tierra. Las fuerzas debidas a las estrellas con pequeñas debido a sus grandes distancias. Estas fuerzas diminutas escapan a nuestra percepción porque son ocultadas por la inmensa atracción hacia la Tierra.

2. Disminuye a la cuarta parte, la novena parte y la centésima parte.

3. No, porque el manzano con el doble de altura no está al doble de la distancia al centro de la Tierra. El árbol debería crecer hasta que su altura fuera igual al radio de la Tierra (6,370 km) para que el peso de la manzana fuera 1/4 N. Para que su peso baje 1 %, una manzana, o cualquier objeto, debe subir 32 km, casi cuatro veces la altura del Monte Everest. Entonces, para fines prácticos, no se tienen en cuenta los efectos de los cambios cotidianos de la elevación.

(Figura 9.7). Sin embargo, aun en esta condición de no tener peso, sigue habiendo una fuerza gravitacional que obra sobre ti y causa tu aceleración hacia abajo. Pero ahora no se siente la gravedad como peso, porque no hay fuerza de soporte.

FIGURA 9.7 Tu peso es igual a la fuerza con que comprimes el suelo que te sostiene. Si el suelo acelera hacia arriba o hacia abajo, tu peso varía (aunque la fuerza gravitacional *mg* que actúa sobre ti permanezca invariable).

Imagina a un astronauta en órbita. No tiene peso porque no lo sostiene algo (Figura 9.8). No habría compresión en los resortes de una báscula de baño colocada bajo sus pies, porque la báscula cae con tanta rapidez como él. Todos los objetos que se sueltan caen junto con él, y permanecen en su cercanía, a diferencia de lo que sucede en el suelo. Todos los efectos locales de la gravedad se eliminan. Los órganos del cuerpo responden como si no hubiera fuerza de gravedad, y eso es lo que da la sensación de ingravidez. El astronauta siente lo mismo cuando está en órbita, que nosotros cuando caemos dentro de un elevador: un estado de caída libre.

Por otro lado, si el astronauta estuviera en las profundidades del espacio, lejos de cualquier objeto que lo atrajera pero con su nave acelerando, *sí tendría* peso. Al igual que la niña en el elevador que acelera, oprimiría la báscula o una superficie que lo soportara.

Vemos así que el peso y la gravedad no tienen por qué ir de la mano. Einstein, en su teoría de la relatividad general, explicó el porqué. El flotar en el espacio profundo lejos de los objetos gravitantes equivale a "flotar" en la caída libre, cerca de un objeto gravitante. El peso no es una manifestación directa de la gravedad. El peso se produce cuando alguna fuerza distinta de la gravedad entra en acción (por ejemplo el piso que te sostiene, o un motor a cohete que te acelera).

EXAMÍNATE ¿En qué se parece andar a la deriva en el espacio, alejado de todos los cuerpos celestes, a saltar de una mesa?

COMPRUEBA TUS RESPUESTAS En ambos casos sientes ingravidez. Al estar flotando en el espacio conservas la ingravidez, porque no hay fuerza que actúe sobre ti. Al saltar de una mesa tienes ingravidez momentánea, por la falta momentánea de una fuerza de soporte.

FIGURA 9.8 Ambos no tienen peso.

FIGURA 9.9 Los habitantes de esta instalación de laboratorio y estacionamiento experimentan ingravidez continua. Están en caída libre en torno a la Tierra. ¿Actúa sobre ellos alguna fuerza de gravedad?

La estación espacial de la figura 9.9 proporciona un ambiente sin peso. Ella y los astronautas aceleran por igual hacia la Tierra, a menos que 1 *g*, debido a su altitud. Esta aceleración para nada se siente; con respecto a la estación, los astronautas sienten cero *g*.

Mareas

Los marinos siempre supieron que hay una relación entre las mareas y la Luna, pero nadie pudo ofrecer una teoría satisfactoria que explicara las dos pleamares diarias. Newton demostró que las mareas son causadas por *diferencias* en los tirones gravitacionales entre la Luna y la Tierra, en los lados opuestos de la Tierra. La fuerza gravitacional entre la Luna y la Tierra es más grande en la cara de la Tierra más cercana a la Luna, y es más débil en la cara de la Tierra alejada de la Luna. Tan sólo se debe a que la fuerza gravitacional es más débil cuando la distancia es mayor.

FIGURA 9.10 Mareas oceánicas.

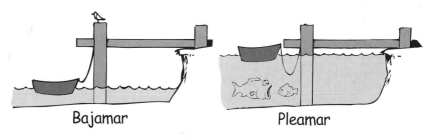

Bajamar   Pleamar

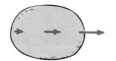

FIGURA 9.11 Una esfera de gelatina permanece esférica cuando se tira de todas sus partes por igual en la misma dirección. Sin embargo, cuando uno de sus lados es atraído más que el otro, su forma se alarga.

Para comprender por qué la diferencia en los tirones gravitacionales de la Luna en los lados opuestos de la Tierra es la que produce las mareas, imagina que tienes una gran pelota esférica de gelatina. Si ejerces la misma fuerza en cada parte de ella, permanece esférica cuando acelera. Pero si tiras más de un lado que de otro, habría una diferencia en las aceleraciones y la pelota se alargaría (Figura 9.11). Es lo que le sucede a esta gran pelota sobre la que vivimos. El lado más cercano a la Luna es tirado con mayor fuerza, y tiene mayor aceleración hacia la Luna que el lado lejano, por lo que la Tierra adquiere una forma algo así como balón de fútbol americano. Pero, ¿la Tierra acelera hacia la Luna? Sí, debe hacerlo, porque sobre ella actúa una fuerza y donde hay una fuerza neta hay aceleración. Es una aceleración *centrípeta*, porque la Luna describe círculos en torno al centro de masa del sistema Tierra-Luna. Tanto la Tierra como la Luna sufren una aceleración centrípeta cuando describen su órbita en torno al centro de masa de la Tierra y la Luna (es un punto en el interior de la Tierra, más o menos a las tres cuartas partes desde el centro hasta la superficie). Esto hace que tanto la Tierra como la Luna se alarguen un poco. El alargamiento de la Tierra se ve principalmente en los océanos, que se abultan por igual en ambos lados.

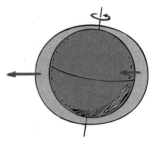

FIGURA 9.12 Dos abultamientos de marea permanecen relativamente fijos con respecto a la Luna, cuando la Tierra gira diariamente bajo ellos.

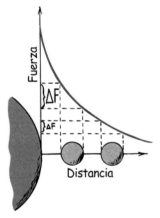

FIGURA 9.13 Gráfica de la gravedad en función de la distancia (no está a escala). Mientras mayor sea la distancia al Sol, la fuerza F será menor, porque varía según $1/d^2$; la diferencia entre atracciones gravitacionales en los lados opuestos de un planeta, ΔF, es menor, porque varía en función de $1/d^3$, y en consecuencia las mareas serán menores.

En promedio mundial, los abultamientos del mar son casi de 1 metro sobre su nivel normal. La Tierra gira una vez cada día, por lo que un punto fijo en la Tierra pasa bajo los dos abultamientos una vez al día. Eso produce dos conjuntos de mareas por día. Cualquier parte de la Tierra que pase bajo uno de los abultamientos tiene marea alta, o pleamar. Cuando la Tierra ha dado un cuarto de vuelta, 6 horas después, el nivel del agua en la misma parte del océano está casi a 1 m abajo del nivel promedio del mar. A esto se le llama marea baja o bajamar. El agua que "no está" está bajo los abultamientos de las pleamares. Cuando la Tierra da otro cuarto de vuelta se produce un segundo abultamiento de marea. Es así que tenemos dos pleamares y dos bajamares cada día. Sucede que mientras gira la Tierra, la Luna avanza en su órbita y aparece en la misma posición del cielo cada 24 horas y 50 minutos, por lo que el ciclo de dos pleamares en realidad es en intervalos de 24 horas y 50 minutos. Es la causa de que las mareas no se produzcan a la misma hora todos los días.

También el Sol contribuye a las mareas, aunque con menos de la mitad de la eficacia que la Luna, aun cuando su tirón sobre la Tierra es 180 veces mayor que el de la Luna. ¿Por qué no causa el Sol mareas 180 veces mayores que las de la luna? La respuesta tiene que ver con una palabra clave: *diferencia*. Debido a la gran distancia al Sol, la diferencia de sus tirones gravitacionales en las caras opuestas de la Tierra es muy pequeña (Figura 9.13). El porcentaje de diferencia de los tirones solares sólo es aproximadamente 0.017%, en comparación con el 6.7% debido a la Luna. Sólo porque el tirón del Sol es 180 veces mayor que el de la Luna, las mareas solares tienen casi la mitad de la altura (180 × 0.017% = 3 casi la mitad del 6.7 por ciento).

Newton dedujo que la diferencia entre los tirones disminuye de acuerdo con el *cubo* de la distancia entre los centros de los cuerpos: dos veces más lejos produce 1/8 de la marea; tres veces más lejos, sólo 1/27 de la marea, y así sucesivamente. Sólo las distancias relativamente cortas producen mareas apreciables, por lo que nuestra cercana Luna le gana al Sol, mucho más masivo pero más alejado. La cantidad de marea también depende del tamaño del cuerpo que tienen las mareas. Aunque la Luna produce una marea considerable en los océanos de la Tierra, que están a miles de kilómetros de distancia, casi no produce nada en un lago. Eso se debe a que ninguna parte del lago está apreciablemente más cercana a la Luna que cualquier otra parte del mismo lago, y así no hay *diferencia* apreciable entre los tirones de la Luna sobre el lago. De igual modo sucede con los fluidos de tu cuerpo. Todas las mareas causadas por la Luna en los fluidos de tu cuerpo son ínfimas. No tenemos estatura suficiente para tener mareas. ¡Qué micromareas puede producir la Luna en tu organismo, si sólo son más o menos dos milésimas partes de las mareas que produce una calabaza de 1 kilogramo puesta a 1 metro sobre tu cabeza (Figura 9.14)!

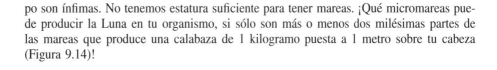

FIGURA 9.14 La diferencia entre fuerzas de marea debidas a un cuerpo de 1 kg a una altura de 1 m sobre la cabeza de una persona promedio es unas 600 mil millonésimas (6×10^{-11}) de N/kg. Cuando la Luna está arriba de uno, es aproximadamente 0.3 billonésimas (3×10^{-13}) de N/kg. En consecuencia ¡una calabaza arriba de tu cabeza produce unas 200 veces más mareas en tu cuerpo que la Luna!

Cuando se alinean el Sol, la Tierra y la Luna, las mareas causadas por el Sol y la Luna coinciden. Entonces tenemos pleamares más altas que lo normal, y bajamares más bajas que lo normal. A éstas las llamamos **mareas vivas** (Figura 9.15) o mareas de primavera (no tienen nada que ver con la estación primaveral). Puedes decir cuándo están alineados el Sol, la Tierra y la Luna: en la Luna llena o en la Luna nueva. Cuando es Luna llena, la Tierra está entre el Sol y la Luna (si los tres estuvieran alineados *exactamente* habría un eclipse lunar, porque la Luna llena estaría dentro de la sombra de la Tierra). Una Luna nueva es cuando la Luna está entre el Sol y la Tierra, cuando la cara oscura de la Luna ve hacia la Tierra. (Cuando este alineamiento es perfecto, la Luna tapa al Sol y se tiene un eclipse solar.) Las mareas vivas se presentan cuando hay Luna llena o Luna nueva.

FIGURA 9.15 Cuando se alinean las atracciones del Sol y la Luna, suceden las mareas vivas.

Todas las mareas vivas no tienen igual altura, porque varían tanto la distancia entre la Tierra y la Luna como entre la Tierra y el Sol; las órbitas de la Tierra y de la Luna en realidad no son circulares, sino elípticas. La distancia de la Tierra a la Luna varía más o menos 10%, y el efecto sobre el nivel de las mareas varía en 30% aproximadamente. Las mareas vivas más altas suceden cuando la Luna y el Sol están más próximos a la Tierra.

COMPRUEBA TUS RESPUESTAS No, la atracción del Sol es mucho más intensa. El tirón gravitacional se debilita en función del cuadrado de la distancia al cuerpo que atrae. Pero la *diferencia* entre las atracciones sobre los océanos terrestres se debilita en función de la distancia elevada al cubo. Cuando la distancia al Sol se eleva al cuadrado, la gravitación del Sol sigue siendo mayor que la gravitación de la Luna, que está cerca, debido a la enorme masa del Sol. Pero cuando la distancia al Sol se eleva al cubo, como en el caso de las fuerzas de marea, la influencia del Sol es menor que la de la Luna. La distancia es la clave de las fuerzas de marea. Si la Luna estuviera más cerca de la Tierra, las mareas en la Tierra y en la Luna aumentarían de acuerdo con la disminución en la distancia elevada al cubo. Si se acerca demasiado, la Luna podría rasgarse catastróficamente en pedazos, como parecen indicar los anillos de Saturno y de otros planetas.

FIGURA 9.16 Cuando las atracciones del Sol y la Luna forman un ángulo de 90°, hay media Luna y se producen las mareas muertas.

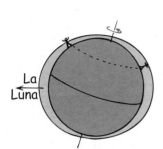

FIGURA 9.17 Desigualdad de dos mareas vivas en un día. Por la inclinación de la Tierra, una persona en el hemisferio norte podrá decir que la marea más cercana a la Luna es mucho más baja (o más alta) que la que viene medio día después. Las desigualdades de las mareas varían de acuerdo con las posiciones de la Luna y el Sol.

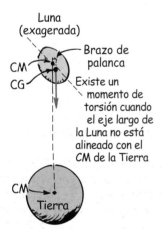

FIGURA 9.18 La atracción de la Tierra sobre la Luna, en su centro de gravedad, produce un momento de torsión en el centro de masa de la Luna, que tiende a hacer girar el eje largo de la Luna para alinearse con el campo gravitacional de la Tierra (como una brújula que se alinea con el campo magnético). ¡Es la causa de que sólo una cara de la Luna vea hacia la Tierra!

Cuando la Luna está a mitad del camino entre una Luna nueva y una Luna llena, en cualquier dirección (Figura 9.16), las mareas debidas al Sol y a la Luna se anulan parcialmente una con la otra. Entonces, las mareas altas son más bajas que el promedio y las mareas bajas no son tan bajas como el promedio de mareas bajas. Se llaman **mareas muertas**.

Otro factor que afecta a las mareas es la inclinación del eje terrestre (Figura 9.17). Aunque son iguales los abultamientos opuestos de las mareas, la inclinación de la Tierra causa que las dos mareas altas diarias que tienen lugar en la mayor parte del océano sean desiguales la mayor parte del tiempo.

Nuestra explicación de las mareas aparece aquí bastante simplificada. Por ejemplo, las masas de los continentes y la fricción con el fondo del mar complican los movimientos en las mareas. En muchos lugares, las mareas se dividen en "cuencas de circulación" más pequeñas, donde una elevación de marea se mueve como una onda que circula por una pequeña cuenca, cuando tiene la inclinación adecuada. Por esta razón, la pleamar puede ocurrir a varias horas de distancia de la Luna en el cenit. A la mitad del océano, la variación en el nivel del agua, el intervalo de marea suele ser más o menos 1 metro. Este intervalo varía en distintas partes del mundo. Es máximo en algunos fiordos de Alaska, y es muy favorable en la cuenca de la Bahía de Fundy, entre New Brunswick y Nueva Escocia, en el este de Canadá, donde a veces las diferencias de niveles son mayores de 15 metros. Esto se debe principalmente al fondo del mar, que forma una especie de embudo dirigido hacia la costa. Con frecuencia, la marea llega con mayor velocidad que la que puede tener una persona al correr. ¡No busques ostras cerca del agua de pleamar en la Bahía de Fundy!

Mareas en la Tierra y en la atmósfera

La Tierra no es un sólido rígido sino, en su mayor parte, es un líquido cubierto por una costra delgada, sólida y flexible. En consecuencia, las fuerzas de marea debidas a la Luna y el Sol producen mareas en tierra, al igual que en el océano. Dos veces por día la superficie sólida terrestre sube y baja ¡25 centímetros! En consecuencia, los terremotos y las erupciones volcánicas tienen una probabilidad un poco mayor de suceder cuando la Tierra está en una marea viva terrestre; esto es, cerca de una Luna nueva o de una Luna llena.

Vivimos en el fondo de un océano de aire, que también tiene mareas. Como estamos en el fondo de la atmósfera no las notamos (al igual que un pez de las profundidades no se da cuenta de las mareas en la superficie). En la parte alta de la atmósfera está la ionosfera, que se llama así porque contiene muchos iones, átomos con carga eléctrica debidos a la luz ultravioleta y al intenso bombardeo de los rayos cósmicos. Los efectos de marea en la ionosfera producen corrientes eléctricas que modifican el campo magnético que envuelve la Tierra. Son las mareas magnéticas. A su vez, esas mareas regulan la penetración de los rayos cósmicos en la atmósfera inferior. La penetración de los rayos cósmicos se evidencia en cambios sutiles en los comportamientos de los entes vivientes. Las altas y bajas de las mareas magnéticas son máximas cuando la atmósfera tiene mareas vivas, de nuevo, cerca de la Luna nueva y la Luna llena. ¿Has notado que alguno de tus amigos parece un poco raro en época de una Luna llena?

Mareas en la Luna

Hay dos abultamientos de marea en la Luna, por la misma razón que hay dos abultamientos de marea en la Tierra; las caras cercanas y lejanas de cada cuerpo sienten tirón distinto. Así, la Luna es estirada respecto a la forma esférica y queda un poco ovalada, con su eje largo apuntando hacia la Tierra. Pero a diferencia de las mareas terrestre, las lunares quedan en lugares fijos, sin subidas o bajadas "diarias" de la Luna. Como la Luna tarda 27.3 días en dar una sola vuelta respecto a su propio eje (y también en torno al eje del sistema Luna-Tierra), siempre es la misma cara de la Luna la que ve hacia la Tierra. Esto se debe a que el centro de gravedad de la Luna alargada se desplaza un poco de su centro de masa, por lo que siempre que el eje largo de la Luna no está alineado hacia la Tierra (Figura 9.18), la Tierra ejerce un momento de torsión pequeño sobre la Luna. Este par tiende a girar a la Luna para que se alinee con el campo gravitacional de la Tierra, como el par de giro que alinie la aguja de una brújula con el campo magnético. ¡Es la causa de que la Luna siempre nos muestre su misma cara!

Es interesante que este "seguro de marea" también funciona para la Tierra. Nuestros días se van alargando a una tasa de 2 milisegundos por siglo. En pocos miles de millones de años nuestro día durará un mes, y la Tierra siempre mostrará la misma cara a la Luna. ¿Qué te parece?

Campos gravitacionales

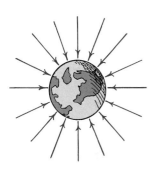

FIGURA 9.19 Las líneas de campo representan al campo gravitacional que rodea a la Tierra. Donde están más cercanas entre sí las líneas de campo, el campo es más intenso. Más lejos, donde las líneas de campo están más alejadas entre sí, el campo es más débil.

La Tierra y la Luna tiran una de otra. Es una *acción a distancia*, porque interaccionan entre sí aunque no estén en contacto. Lo podemos ver de forma distinta: podemos considerar que la Luna interactúa con el **campo gravitacional** de la Tierra. Las propiedades del espacio que rodea a cualquier cuerpo masivo se pueden considerar alteradas de tal forma que otro cuerpo masivo en esta región sentirá una fuerza. Esta alteración del espacio es un campo gravitacional. Podemos imaginar una sonda espacial lejana bajo la influencia del campo gravitacional en donde se encuentre en el espacio, más que por la Tierra u otros planetas o estrellas que actúen sobre ella a la distancia. El concepto de campo juega un papel intermedio en nuestra idea de las fuerzas entre masas distintas.

Un campo gravitacional es ejemplo de un *campo de fuerzas*, porque un cuerpo con cualquier masa en el espacio del campo siente una fuerza. Otro campo de fuerzas, quizá más conocido, es un campo magnético. (Véase la figura 24.2 en la página 460, por ejemplo.) La figura de las limaduras muestra la intensidad y la dirección del campo magnético en distintos puntos en torno al imán. Donde las limaduras está más próximas entre sí, el campo es más intenso. La dirección de las limaduras indica la dirección del campo en cada punto.

La distribución del campo gravitacional terrestre se puede representar por líneas de campo (Figura 9.19). Al igual que las limaduras de hierro en torno a un imán, las líneas de campo están más próximas entre sí donde el campo gravitacional es más intenso. En cada punto de una línea de campo, la dirección del campo en él es a lo largo de la línea. Las flechas indican la dirección del campo. Una partícula, un astronauta, una nave espacial o cualquier cuerpo en la cercanía de la Tierra será acelerado en dirección de la línea de campo que pase por ese lugar.

La intensidad del campo gravitacional terrestre, al igual que la intensidad de su fuerza sobre los objetos, se apega a la ley del cuadrado inverso. Es más intensa cerca de la superficie de la Tierra y se debilita al aumentar la distancia a la Tierra.[4]

---

[4] La intensidad del campo gravitacional g en cualquier punto es igual a la fuerza F por unidad de masa que se coloque ahí. Entonces $g = F/m$, y sus unidades son newton por kilogramo (N/kg). El campo G también es igual a la aceleración de caída libre de la gravedad.

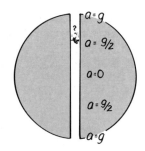

FIGURA 9.20 Cuando caes cada vez más rápido por un agujero que atraviesa toda la Tierra, tu aceleración disminuye, porque la parte de la masa de la Tierra que está abajo de ti es cada vez más pequeña. Menos masa equivale a menos atracción, hasta que en el centro la fuerza neta es cero y la aceleración es cero. La cantidad de movimiento hace que pases por el centro y subas contra una aceleración cada vez mayor, hasta el extremo opuesto del agujero, donde de nuevo la aceleración será g, dirigida hacia atrás, hacia el centro.

En la superficie terrestre, el campo gravitacional varía muy poco de un lugar a otro. Por ejemplo, sobre los depósitos subterráneos grandes de plomo, el campo es más intenso que el promedio. Sobre las grandes cavernas, llenas quizá de gas natural, el campo es ligeramente más débil. Para predecir qué está abajo de la superficie de la Tierra, los geólogos y los exploradores de petróleo y minerales hacen mediciones precisas del campo gravitacional terrestre.

Campo gravitacional en el interior de un planeta[5]

El campo gravitacional de la Tierra existe tanto dentro como fuera de ella. Imagina un agujero que atraviese toda la Tierra, desde el Polo Norte hasta el Polo Sur. Olvídate de inconvenientes como lava y altas temperaturas, e imagínate el movimiento que tendrías si cayeras en ese agujero. Si comenzaste en el extremo del Polo Norte, caerías y acelerarías durante toda la bajada hasta el centro, y a continuación perderías rapidez toda la "subida" hasta el Polo Sur. Si no hubiera resistencia del aire, el viaje de ida tardaría casi 45 minutos. Si no pudieras asirte de la orilla al llegar al Polo Sur, caerías de regreso hacia el centro, y regresarías al Polo Norte en el mismo tiempo.

Tu aceleración a sería cada vez menor, a medida que continuaras bajando hacia el centro de la Tierra. ¿Por qué? Porque a medida que cayeras habría menos masa que tirara de ti hacia el centro. Cuando estuvieras en el centro de la Tierra, el tirón hacia abajo se equilibra con el tirón hacia arriba, y la fuerza neta sobre ti es cero; $a = 0$, cuando pasaras zumbando a máxima rapidez por el centro de la Tierra.[6] ¡El campo gravitacional de la Tierra es cero en su centro!

La composición de la Tierra varía, y tiene densidad máxima en su núcleo, con menos densidad en la superficie. Sin embargo, en el interior de un planeta hipotético de densidad uniforme, el campo en el interior aumenta en forma lineal, es decir, a una tasa constante, desde cero en el centro hasta g en la superficie. No entraremos en el detalle de por qué sucede así, pero quizá tu profesor te lo pueda explicar. En cualquier caso, una gráfica de la intensidad del campo gravitacional dentro y fuera de un planeta macizo de densidad uniforme se ve en la figura 9.21.

FIGURA 9.21 La intensidad del campo gravitatorio dentro de un planeta de densidad uniforme es directamente proporcional a la distancia radial a su centro, y es máxima en su superficie. En el exterior, es inversamente proporcional al cuadrado de la distancia a su centro.

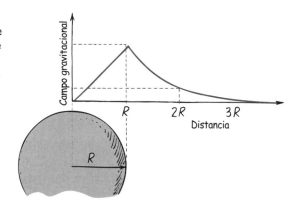

Imagina una caverna esférica en el centro de un planeta. No tendría gravedad, porque la gravedad se anularía en todas direcciones. Es sorprendente, pero el tamaño de la caverna no influye sobre este hecho ¡aunque constituya la mayor parte del volumen del

---

[5]Esta sección se puede omitir en una descripción breve de los campos gravitacionales.

[6]Es interesante considerar que durante los primeros kilómetros bajo la tierra tu aceleración aumentaría, porque la densidad del centro comprimido es mucho mayor que la de la superficie. Entonces la gravedad sería un poco más fuerte durante la primera parte de la caída. Después, la gravitación disminuiría y llegaría a cero en el centro de la Tierra.

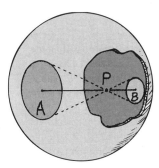

FIGURA 9.22 El campo gravitacional en cualquier lugar del interior de un cascarón esférico de espesor y composición constantes es cero, porque los componentes del campo debidos a todas las partículas de masa en el cascarón se anulan entre sí. Por ejemplo, una masa en el punto P es atraída con igual fuerza a la región A, mayor pero más lejana, que a la región B, menor pero más cercana.

planeta! Un planeta hueco, que fuera como un inmenso balón de básquetbol, no tendría campo gravitacional en todos los lugares de su interior. En todos los puntos del interior se anula la gravedad. Para ver por qué, imagina la partícula P de la figura 9.22, que está el doble de alejada del lado izquierdo del planeta en comparación con el lado derecho. Si la gravedad sólo dependiera de la distancia, P sería atraído sólo la cuarta parte hacia el lado izquierdo que al lado derecho (según la ley del cuadrado inverso). Pero la gravedad también depende de la masa. Imagina un cono que vaya hasta la izquierda, con punta en P, y que abarca la región A de la figura; además un cono de igual ángulo que fuerza hacia la derecha, para abarcar la región B. La región A tendrá cuatro veces el área, por tanto, cuatro veces la masa de la región B. Como 1/4 de 4 es igual a 1, P es atraído hacia la región A, más alejada pero más masiva, exactamente con la misma fuerza que hacia la región B, más cercana pero menos masiva. Se anulan las atracciones. Si se investiga más se demuestra que la anulación sucede en cualquier lugar del interior de un cascarón planetario que tenga espesor y composición uniformes. Existiría un campo gravitacional en su superficie externa y hacia el exterior, y se comportaría como si toda la masa del planeta se concentrara en su centro; pero en todo el interior de la parte hueca el campo gravitacional es cero. Quienquiera que allí estuviera se sentiría sin peso.

EXAMÍNATE

1. Supón que caes en un agujero que atraviesa la Tierra pasando por su centro, y que no intentas sujetarte de la orilla en los extremos del agujero. Sin tener en cuenta la resistencia del aire, ¿qué clase de movimiento adquirirías?

2. A la mitad del camino al centro de la Tierra, ¿la fuerza de gravedad sobre ti sería menor que en la superficie de la Tierra?

Aunque dentro de un cuerpo o entre dos cuerpos se puede anular la gravedad, no se puede eliminar como se pueden eliminar las fuerzas eléctricas. Veremos que las fuerzas eléctricas pueden ser de repulsión o de atracción, lo cual hace posible el "blindaje". Como la gravitación sólo atrae, no puede haber algún blindaje parecido. Los eclipses son prueba convincente de esto. La Luna está en el campo gravitacional tanto de la Tierra como del Sol. Durante un eclipse lunar, la Tierra está directamente entre la Luna y el Sol, y si hubiera algún apantallamiento o blindaje del campo del Sol debido a la Tierra, causaría una desviación de la Luna respecto a su trayectoria. Aun cuando fuera un apantalla-

COMPRUEBA TUS RESPUESTAS

1. Oscilarías subiendo y bajando. Si la Tierra fuera una esfera ideal de densidad uniforme y no hubiera resistencia del aire, tu oscilación sería lo que se llama un *movimiento armónico simple*. Cada viaje de ida y vuelta tardaría unos 90 minutos. Es interesante hacer notar que un satélite en órbita cercana a la Tierra también tarda los 90 minutos en hacer un viaje redondo. Esto lo explicaremos en el siguiente capítulo. (No es coincidencia, porque si estudias más física aprenderás que el movimiento "de vaivén", que es el movimiento armónico simple, no es más que el componente vertical del movimiento circular uniforme. Interesante.)

2. La fuerza gravitacional sobre ti sería menor porque hay menos masa de la Tierra abajo de ti, y te atrae con menos fuerza. Si la Tierra fuera una esfera uniforme de densidad uniforme, la fuerza gravitacional a la mitad de la distancia al centro sería exactamente la mitad que en la superficie. Pero como el núcleo terrestre es tan denso (unas siete veces mayor que la densidad de la roca superficial), la fuerza gravitacional a media bajada sería algo mayor que la mitad. La cantidad exacta depende de cómo varía la densidad de la Tierra en función de la profundidad, y esa información todavía no se conoce.

miento muy pequeño, se acumularía al paso de los años, y se traduciría en los intervalos de los eclipses sucesivos. Pero no ha habido esas discrepancias; los eclipses del pasado y del futuro se calculan con mucha exactitud usando sólo la sencilla ley de la gravitación. No se ha encontrado efecto de blindaje contra la gravitación.

Teoría de la gravitación de Einstein

FIGURA 9.23 Espacio-tiempo deformado. Cerca de una estrella, el espacio-tiempo es curvo en cuatro dimensiones, en forma parecida a como se deforma la superficie bidimensional de una lona cuando una pelota pesada descansa sobre ella.

Agujeros negros

A principios del siglo XX Einstein, en su teoría de la relatividad general, presentó un modelo de la gravedad bastante distinto del de Newton. Concibió al campo gravitacional como una deformación geométrica de espacio y tiempo tetradimensional. Se dio cuenta que los cuerpos provocan deformaciones en el espacio y el tiempo, de manera parecida a como una pelota masiva colocada a la mitad de una lona grande ahueca la superficie bidimensional (Figura 9.23). Mientras más masiva sea la pelota, la deformación será mayor. Si rodamos una canica cruzando la lona, muy lejos de la pelota, la canica rodará en trayectoria rectilínea. Pero si la rodamos cerca de la pelota se torcerá su trayectoria al rodar por la superficie deformada de la lona. Si la curva se cierra en sí misma, la canica quedará en órbita en torno a la pelota, describiendo una trayectoria ovalada o circular. Si te pones tus anteojos de Newton, para ver la pelota y la canica, pero no la lona, podrías llegar a la conclusión que la canica se desvía porque es atraída hacia la pelota. Si te pones tus anteojos de Einstein, para poder ver la canica y la lona deformada, pero no la pelota "lejana", es probable que llegues a la conclusión de que la canica se desvía porque la superficie sobre la cual se mueve es curva, en dos dimensiones en el caso se la lona, y en cuatro dimensiones en el caso del espacio y del tiempo.[7] En el capítulo 36 explicaremos con más detalle la teoría de la gravitación de Einstein.

Supón que fueras indestructible, y que pudieras viajar en una nave espacial hasta la superficie de una estrella. Tu peso dependería de tu masa y de la masa de la estrella, así como la distancia entre el centro de la estrella y tu cinturón. Si la estrella se quemara y se aplastara hasta la mitad de su radio sin cambiar su masa, tu peso en la superficie, calculado con la ley del cuadrado inverso, aumentaría cuatro veces (Figura 9.24). Si la estrella se aplastara hasta la décima parte de su radio, tu peso sería 100 veces mayor. Si la estrella se siguiera encogiendo, el campo gravitacional en su superficie sería más intenso. Cada vez sería más difícil despegar la nave espacial. La velocidad necesaria para escapar, que es la *velocidad de escape*, aumentaría. Si una estrella como nuestro Sol se comprimiera hasta que su radio fuera menor de 3 kilómetros, la velocidad de escape de su superficie sería mayor que la velocidad de la luz y ¡nada podría escapar, ni siquiera la luz! El Sol sería invisible. Sería un agujero negro.

FIGURA 9.24 Si una estrella se contrae hasta que su radio es la mitad y no cambia su masa, la gravitación en su superficie se multiplica por 4.

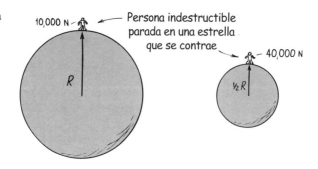

10,000 N

Persona indestructible parada en una estrella que se contrae

40,000 N

R

½R

[7]No te desanimes si no te puedes imaginar el espacio-tiempo tetradimensional. Einstein mismo decía con frecuencia a sus amigos: "No traten. Tampoco yo puedo." Quizá no somos muy distintos de los grandes pensadores que rodeaban a Galileo y ¡no se podían imaginar que la Tierra se estuviera moviendo!

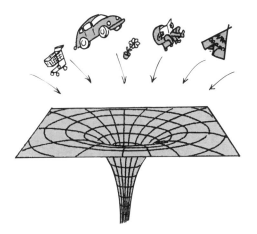

FIGURA 9.25 Todo lo que cae dentro de un agujero negro es aplastado y sale de la existencia. El agujero negro sólo conserva la masa, el momento angular y la carga eléctrica de lo que le cae.

En realidad, es probable que el Sol tenga poca masa para poder aplastarse así, pero cuando algunas estrellas con mayor masa (que ahora se calcula como mínimo 1.5 masas solares) agotan sus reservas nucleares, se colapsan, aplastan o contraen. A menos que su rotación sea suficientemente alta, el aplastamiento continúa hasta que sus densidades se hacen infinitas. Cerca de esas estrellas encogidas, la gravitación es tan enorme que la luz no puede escapar de su cercanía. Se han aplastado a sí mismas y han salido de la existencia visible. Los resultados son los *agujeros negros*, u hoyos negros, que son totalmente invisibles.

Un agujero negro no es más masivo que la estrella que lo formó, por lo que el campo gravitacional en regiones en o cerca del radio original de esa estrella no es distinto después que antes del colapso. Pero a menores distancias, cerca de un agujero negro, el campo gravitacional puede ser enorme; es un torcimiento de los alrededores hacia el cual es succionado todo lo que pase demasiado cerca —luz, polvo o nave espacial—. Los astronautas podrían entrar a la orilla de esta deformación, y escapar todavía con una poderosa nave espacial. Sin embargo, más cerca que determinada distancia, no podrían hacerlo, y desaparecerían del universo observable. Todo objeto que cayera en un agujero negro sería despedazado. Ninguna de sus propiedades podría sobrevivir, excepto su masa, su momento angular (si lo tiene) y su carga eléctrica (si la tiene).

FIGURA 9.26 Un agujero de gusano podría ser el portal hacia otra parte de nuestro universo, o bien hacia otro universo.

Una entidad teórica que se parece algo a un agujero negro es el "agujero de gusano" (Figura 9.26). Al igual que un agujero negro, uno de gusano es una distorsión enorme del espacio y el tiempo. Pero en lugar de colapsarse hacia un punto de densidad infinita, el agujero de gusano se abre de nuevo en alguna otra parte del universo o también, si se puede concebir, a algún otro universo. Mientras que se ha confirmado la existencia de los agujeros negros mediante datos experimentales, lo del agujero de gusano sigue siendo especulación. Pero como las mismas leyes de la física que explican el agujero negro también pronostican la posibilidad de agujeros de gusano, no sería sorprendente que algún día se confirmara su existencia. Algunos físicos imaginan que los agujeros de gusano abren la posibilidad de viajar en el tiempo.

¿Cómo se puede detectar un agujero negro si literalmente no hay forma de "verlo"? Se hace sentir por su influencia gravitacional sobre las estrellas vecinas. Ahora contamos con buenas evidencias de que algunos sistemas de estrellas binarias están formados por una estrella luminosa y una compañera invisible, con propiedades de agujero negro, y se mueven en órbitas recíprocas. Hay pruebas todavía más convincentes de que hay agujeros negros más masivos en los centros de muchas galaxias. En una galaxia joven se observa como un "cuasar", en el centro de un agujero negro, succiona materia que emite grandes cantidades de radiación al sumergirse en el olvido. En una galaxia más vieja se observa que las estrellas describen círculos en torno a un intenso campo gravitacional que rodea a un centro aparentemente vacío. Estos agujeros negros galácticos tienen masas que van de millones a más de mil millones de veces la masa del Sol. El centro de nuestra propia galaxia, aunque no es tan fácil de ver como los de otras, casi con seguridad alberga un agujero negro. Los descubrimientos se hacen ya con más frecuencia que lo que pueden presentar los libros de texto. Ve a tu sitio Web de astronomía para que conozcas lo último al respecto.

Gravitación universal

Todos sabemos que la Tierra es redonda. Pero, ¿por qué es redonda? Es por la gravitación. Todo atrae a todo lo demás, y la Tierra se ha atraído a sí misma ¡todo lo posible! Han sido atraídos todos los "vértices" de la Tierra y en consecuencia todas las partes de su superficie son equidistantes al centro de gravedad. Eso es lo que forma una esfera. En consecuencia, vemos que de acuerdo con la ley de la gravitación que el Sol, la Luna y la Tierra son esféricos porque deben serlo. Los efectos de la rotación los hacen un poco elípticos.

Si todo tira de todo lo demás, entonces los planetas deben tirar unos de otros. Por ejemplo, la fuerza que controla a Júpiter no sólo es la fuerza desde el Sol. También están los tirones de los demás planetas. Su efecto es pequeño en comparación con el tirón del Sol, que es mucho más masivo; pero sin embargo se percibe. Cuando Saturno está cerca de Júpiter, su tirón perturba la trayectoria que sigue Júpiter, que por lo demás es uniforme. Ambos planetas "cabecean" respecto a sus órbitas esperadas. Las fuerzas interplanetarias que causan estos cabeceos se llaman *perturbaciones*. En la década de 1840, los estudios de Urano, el planeta recién descubierto entonces, indicaban que no se podían explicar las desviaciones de su órbita mediante perturbaciones debidas a todos los demás planetas. O la ley de la gravitación fallaba a esta gran distancia del Sol, o había un octavo planeta, desconocido, perturbando a Urano. Fueron J. C. Adams y Urbain Leverrier, un inglés y un francés, quienes supusieron que la ley de Newton es válida, y calcularon dónde debería estar el octavo planeta. Más o menos al mismo tiempo, Adams mandó una carta al Observatorio de Greenwich, en Inglaterra, y Leverrier mandó la suya al Observatorio de Berlín, en Alemania, sugiriendo que se debería buscar un nuevo planeta en determinada zona del cielo. La petición de Adams demoró, por malos entendidos en Greenwich, pero la de Leverrier fue atendida de inmediato. ¡Esa misma noche fue descubierto el planeta Neptuno!

Los estudios de la órbita de Neptuno y otros refinamientos en los cálculos de la órbita de Urano condujeron a pronosticar y a descubrir Plutón, el noveno planeta, en 1930, en el observatorio Lowell, en Arizona. Muchos astrónomos consideran que Plutón es un asteroide y no un planeta verdadero. En cualquier caso, el objeto al que llamamos Plutón tarda 248 años en recorrer una sola revolución en torno al Sol, por lo que nadie lo verá en la posición en que fue descubierto sino hasta el año de 2178.

Las formas de las galaxias lejanas proporcionan más pruebas de que la ley de la gravitación se aplica a mayores distancias, y que hasta determina el destino de todo el universo. Según los conocimientos actuales, el universo surgió de la explosión de una bola primordial de fuego hace de 10 a 15 mil millones de años. Es la teoría del **Big Bang** (la Gran Explosión, o el Gran ¡Pum!) del universo. Toda la materia del universo salió despedida en este evento, y continúa alejándose; la explosión es ahora una expansión. Nos encontramos en un universo en expansión. Esta expansión puede prolongarse indefinidamente, o al final será superada por la gravitación combinada de todas las galaxias, y se detendrá. Al igual que una piedra lanzada hacia arriba, cuyo alejamiento del suelo termina al llegar a la cúspide de su trayectoria para comenzar su descenso hasta donde partió, el universo puede contraerse y caer y formar una unidad. Sería el *Gran Crujido* (*Big Crunch*). Después sólo podemos especular que el universo podría volver a explotar y producir un universo nuevo. Si esta especulación es cierta, vivimos en un universo oscilatorio.

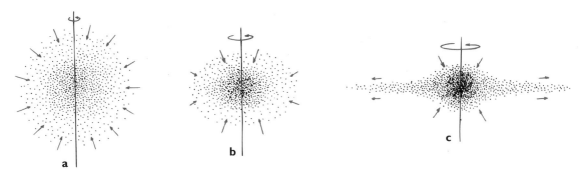

FIGURA 9.27 Formación del sistema solar. Una esfera de gas interestelar, que gire lentamente a) se contrae a causa de la gravitación mutua y b) conserva su momento angular pero aumenta su rapidez. El incremento en la cantidad de movimiento de las partículas independientes y los grupos de ellas las hace c) recorrer trayectorias más amplias en torno al eje de rotación y se produce una forma discoidal en general. La mayor área superficial del disco impulsa el enfriamiento y la condensación de la materia en torbellinos; es el nacimiento de los planetas.

Si el universo oscila, ¿quién puede decir cuántas veces se ha repetido este proceso? No conocemos forma alguna en que una civilización pueda dejar una huella de haber existido alguna vez, porque toda la materia del universo se reduciría a partículas subatómicas libres, o formaría nuevas entidades durante ese evento. Quizá hasta cambien las leyes de la naturaleza en cada ciclo. ¿Se generarán de nuevo los elementos, las estrellas, las galaxias y la vida? ¿Leerán los alumnos dentro de muchos miles de millones de años las leyes de la física que conocemos ahora? ¡Imagínate!

No sabemos si la expansión es indefinida, porque no estamos seguros de si existe la masa suficiente para detenerla. Ahora hemos encontrado una *materia oscura*, adicional y misteriosa que empequeñece la materia ordinaria (véase la página 21). Si la expansión se detiene y viene después la contracción, el periodo de Big Bang a Big Crunch podría ser algo menor a 100 mil millones de años. Nuestro universo todavía es joven, pero la humanidad es mucho más joven.

Pocas teorías han influido tanto sobre la ciencia y la civilización como la teoría de Newton de la gravitación. Los éxitos de las ideas de Newton dieron principio a la llamada Edad de las Luces, al haber demostrado Newton que si observa, razona y emplea modelos mecánicos y deduce leyes matemáticas, la gente podría descubrir lo íntimo de la naturaleza física. ¡Qué profundidad hay en que todas las lunas, y los planetas, y las estrellas, y las galaxias tengan esa regla tan bellamente sencilla que los gobierna:

$$F = G \frac{m_1 m_2}{d^2}$$

La formulación de esta regla sencilla es una de las razones principales de los éxitos científicos que siguieron, porque dio la esperanza de poder describir también otros fenómenos del mundo mediante leyes igual de sencillas.

Esta esperanza nutrió el pensamiento de muchos científicos, artistas, escritores y filósofos del siglo XVIII. Uno de ellos fue John Locke, inglés, que sostenía que la observación y la razón, como lo demostró Newton, deben ser nuestro mejor juez y guía en todas las cosas, y que toda la naturaleza y hasta la sociedad se puede investigar para tratar de descubrir todas las "leyes naturales" que puedan existir. Usó la física de Newton como modelo de razonamiento. Locke y sus seguidores modelaron un sistema de gobierno que encontró partidarios en las trece colonias británicas de ultramar. Estas ideas culminaron en la Declaración de Independencia, y en la Constitución de los Estados Unidos de América.

Resumen de términos

Agujero negro   Concentración de masa debida a un colapso gravitacional, cerca del cual la gravedad es tan intensa que ni siquiera puede escapar la luz.

Big Bang   (Gran Explosión) La explosión primordial que se cree dio como resultado el universo en expansión.

Campo gravitacional   La influencia que ejerce un cuerpo masivo en el espacio que lo rodea, produciendo una fuerza sobre otro cuerpo masivo. Se expresa en Newton por kilogramo (N/kg).

Ingravidez   Condición que se encuentra en la caída libre, donde falta una fuerza de soporte.

Ley de la gravitación universal   Todo cuerpo en el universo atrae a los demás cuerpos, y la fuerza entre dos cuerpos es proporcional al producto de sus masas e inversamente proporcional al cuadrado de la distancia que las separa:

$$F = G \frac{m_1 m_2}{d^2}$$

Ley del inverso del cuadrado   Es una ley que relaciona la intensidad de un efecto con el inverso del cuadrado de la distancia a la causa:

$$\text{Intensidad} \sim \frac{1}{\text{distancia}^2}$$

La gravedad sigue una ley del inverso del cuadrado, así como los efectos de los fenómenos eléctricos, magnéticos, luminosos, sonoros y radiantes.

Marea muerta   Marea que sucede cuando la Luna está a mediados de la Luna nueva y la Luna llena, o viceversa. Las mareas producidas por el Sol y la Luna se anulan en parte, haciendo que las pleamares sean más bajas que el promedio, y las bajamares sean más altas que el promedio.

Marea viva   Marea alta o baja que sucede cuando el Sol, la Tierra y la Luna están alineados, de modo que las mareas debidas al Sol y a la Luna coinciden y hacen que las pleamares sean más altas y las bajamares sean más bajas.

Lecturas sugeridas

Einstein, A. y L. Infeld. *The Evolution of Physics*. New York: Simon & Schuster, 1938.

Gamow, G. *Gravity*. Science Study Series. Garden City, N. Y.: Doubleday (Anchor), 1962.

Smoot, George y Keay Davidson. *Wrinkles in Time*. New York: Morrow, 1993. El testimonio personal de uno de los principales cosmólogos, sobre el descubrimiento de diminutas arrugas dejadas por el Big Bang en el espaciotiempo.

Preguntas de repaso

1. ¿Qué descubrió Newton acerca de la gravedad?
2. ¿Cuál es la síntesis de Newton?

La ley universal de la gravedad

3. ¿En qué sentido "cae" la Luna?
4. Enuncia, en palabras, la ley de la gravitación universal. A continuación enúnciala con una ecuación.

La constante G de la gravitación universal

5. ¿Cuál es la magnitud de la fuerza gravitacional entre dos cuerpos de 1 kilogramo que están a 1 metro de distancia?
6. ¿Cuál es la magnitud de la fuerza gravitacional entre la Tierra y un cuerpo de 1 kilogramo?
7. ¿Cómo le llamamos a la fuerza gravitacional entre la Tierra y tu cuerpo?
8. Cuando Henry Cavendish midió por primera vez *G*, a su experimento se le llamó "experimento de pesar la Tierra". ¿Por qué?

Gravedad y distancia: la ley del inverso del cuadrado

9. ¿Cómo varía la fuerza de la gravedad entre dos cuerpos, cuando la distancia entre ellos aumenta al doble?
10. ¿Cómo varía el espesor de una pintura rociada sobre una superficie, si el aspersor se aleja al doble de la distancia?
11. ¿Cómo varía la intensidad de la luz cuando una fuente luminosa puntual se aleja al doble de distancia?
12. ¿Cuándo pesas más, en la orilla del mar o en una cumbre nevada?
13. ¿A qué distancia de la Tierra su fuerza gravitacional sobre un objeto es cero?

Peso e ingravidez

14. ¿Se comprimirían los resortes del interior de una báscula de baño más o menos que si te pesaras en un elevador que acelerara hacia arriba? ¿Y si acelerara hacia abajo?
15. ¿Se comprimirían más o menos los resortes del interior de una báscula de baño si te pesaras en un elevador que subiera con *velocidad* constante? ¿Y si bajara con *velocidad* constante?
16. ¿Cuándo es tu peso igual a *mg*?
17. Describe un ejemplo de cuando tu peso es mayor que *mg*.
18. Describe un ejemplo de cuando tu peso es cero.

Mareas

19. ¿Dependen más las mareas de la intensidad del tirón gravitacional que de la *diferencia* de intensidades? Explica por qué.

20. ¿La Luna describe órbitas en torno a la Tierra, o la Tierra describe órbitas en torno a la Luna, o Tierra y Luna describen órbitas en torno a algún otro punto? Explica cómo.

21. ¿Por qué el Sol y la Luna ejercen una fuerza gravitacional mayor en un lado de la Tierra que en el otro?

22. (Llena el espacio.) La fuerza de gravedad (con unidades de N) depende del inverso del cuadrado de la distancia. Pero la fuerza de marea, que es la diferencia de fuerzas gravitacionales por unidad de masa (con unidades de N/kg) depende del inverso del _____ de la distancia.

23. Distingue entre *marea viva* y *marea muerta*.

Mareas en la Tierra y en la atmósfera

24. ¿Se producen mareas en el interior fundido de la Tierra por la misma razón que se producen en los océanos?

25. ¿Dónde suceden las *mareas magnéticas*?

26. ¿Por qué todas las mareas son máximas cuando hay Luna llena o Luna nueva?

Mareas en la Luna

27. El hecho de que una cara de la Luna ve siempre hacia la Tierra ¿significa que la Luna gira en torno a su eje (como un trompo) o que no gira en torno a su eje?

28. ¿Por qué hay un momento de torsión en el centro de masa de la Luna, cuando el eje largo de su rotación no está alineado con el campo gravitacional de la Tierra?

29. ¿Existe un momento de torsión en el centro de masa de la Luna cuando su eje largo está alineado con el campo gravitacional terrestre? Explica por qué.

Campos gravitacionales

30. ¿Qué es un campo gravitacional y cómo se puede descubrir su presencia?

Campo gravitacional en el interior de un planeta

31. ¿Cuál es la magnitud del campo gravitacional a medio camino hacia el centro de un planeta con densidad uniforme?

32. ¿Cuál sería la magnitud del campo gravitacional a la mitad del camino al centro de un planeta con densidad uniforme?

33. ¿Cuál podría ser la magnitud del campo gravitacional en cualquier lugar del interior de un planeta esférico hueco?

34. Después describiremos, en capítulos posteriores, que la electricidad se puede "apantallar". ¿Por qué la gravedad no se puede apantallar?

Teoría de la gravitación de Einstein

35. Newton consideró que la trayectoria de un planeta se desvía debido a que sobre él actúa una fuerza. ¿Cómo consideró Einstein la desviación de un planeta?

Agujeros negros

36. Si la Tierra se contrajera sin cambiar de masa, ¿qué debería suceder con lo que pesas en la superficie?

37. ¿Qué sucede a la intensidad del campo gravitacional en la superficie de una estrella que se contrae?

38. ¿Por qué es invisible un agujero negro?

Gravitación universal

39. ¿Cuál fue la causa de las perturbaciones descubiertas en la órbita del planeta Urano? ¿A qué gran descubrimiento condujo lo anterior?

40. Describe la diferencia entre *Big Bang* y *Big Crunch*.

Proyectos

1. Mantén levantados tu pulgar, índice y medio y forma un triángulo. Pon una banda de hule gruesa en tu pulgar y tu índice. Representa la fuerza de gravedad entre el Sol y la Tierra. Pon una banda de hule regular entre tu pulgar y tu dedo medio, que represente la fuerza de gravedad entre el Sol y la Luna. A continuación pon una banda delgada de hule entre tu pulgar y tu índice, que represente la fuerza de gravedad entre la Luna y la Tierra. Observa cómo los dedos tiran entre ellos. Es igual con los tirones gravitacionales entre el Sol, la Tierra y la Luna.

2. Pon tus manos extendidas, una al doble de distancia de tus ojos que la otra, y haz una apreciación de cuál mano se ve más grande. La mayoría de las personas dicen que tienen más o menos el mismo tamaño, y muchas dirán que la mano más cercana es un poco mayor. Casi nadie, en una primera apreciación, dirá que la mano más cercana es cuatro veces mayor. Pero de acuerdo con la ley del cuadrado inverso, la mano más cercana debe parecer dos veces más alta y dos veces más ancha, y por tanto debe ocupar cuatro veces más campo visual que la mano alejada. Estás tan convencido de que las dos manos tienen el mismo tamaño que es probable que no tengas en cuenta esta información. Ahora, si encimas un poco tus manos y cierras un ojo, verás con claridad que la mano más cercana parece mayor. Lo anterior hace surgir una pregunta: ¿qué otras ilusiones has visto que no se comprueban con tanta facilidad?

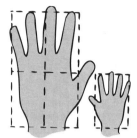

3. Repite el experimento anterior, pero esta vez usa dos billetes, uno normal y el otro doblado a la mitad a lo largo, y de nuevo a la mitad a lo ancho, para que tenga 1/5 de la superficie. Ahora mantén los dos frente a tus ojos. ¿Dónde tienes que poner el billete doblado para que parezca tener el mismo tamaño que el no doblado? Bueno ¿verdad?

Ejercicios

1. Haz comentarios de si es preocupante esta etiqueta de un producto al consumidor: *PRECAUCIÓN: La masa de este producto tira de todas las demás masas del universo, con una fuerza de atracción que es proporcional al producto de las masas e inversamente proporcional al cuadrado de la distancia entre ellas.*

2. La fuerza gravitacional actúa sobre todos los cuerpos en proporción a sus masas. Entonces, ¿por qué no cae un cuerpo celeste pesado con más rapidez que uno ligero?

3. Si de alguna forma todas las fuerzas gravitacionales que actúan sobre la Luna fueran cero, ¿cuál sería la trayectoria de la Luna?

4. ¿Es la fuerza de gravedad mayor sobre un trozo de hierro que sobre un trozo de madera, si ambos tienen la misma masa? Defiende tu respuesta.

5. ¿Es la fuerza de gravedad mayor sobre una bola de papel en comparación con el mismo papel sin arrugar? Defiende tu respuesta.

6. ¿Por qué no pudo Newton determinar la magnitud de *G* con su ecuación?

7. Un amigo te dice que como la gravedad de la Tierra es mucho mayor que la de la Luna, las rocas de la Luna podrían caer a la Tierra. ¿Qué de malo tiene esta aseveración?

8. Otro amigo te dice que la gravedad de la Luna evitaría que las rocas que se caen en la Luna lleguen a la Tierra, pero que si de alguna forma la gravedad de la Luna desapareciera, entonces sí caerían las rocas de la Luna sobre la Tierra. ¿Qué tiene de incorrecta esta hipótesis?

9. Un amigo te dice que los astronautas en órbita no tienen peso, porque están más allá del tirón gravitacional de la Tierra. Corrige la ignorancia de tu amigo.

10. En algún lugar entre la Tierra y la Luna, la gravedad de estos dos cuerpos sobre una nave espacial se debe anular. Este lugar ¿está más cerca de la Tierra o de la Luna?

11. El peso de una manzana cerca de la superficie de la Tierra es 1 N. ¿Cuál es el peso de la Tierra en el campo gravitacional de la manzana?

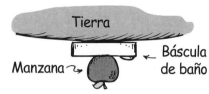

12. La Tierra y la Luna se atraen entre sí debido a la fuerza gravitacional. La Tierra, que es más masiva, ¿atrae a la Luna, que es menos masiva, con una fuerza mayor, menor o igual a la fuerza con la que la Luna atrae a la Tierra? (Con una banda elástica tensionada entre tu pulgar y tu índice, ¿de cuál dedo tira más la banda, de tu pulgar o de tu índice?)

13. Si la Luna tira de la Tierra con igual fuerza que la Tierra tira de la Luna, ¿por qué la Tierra no gira en torno a la Luna, o por qué ambos cuerpos no giran en torno a un punto a la mitad de su distancia?

14. Si en alguna forma la Tierra se expandiera y su radio fuera mayor, pero sin cambiar su masa, ¿cómo cambiaría tu peso? ¿Cómo se afectaría si la Tierra se contrajera? (*Sugerencia:* Deja que la ecuación de la fuerza gravitacional guíe tus razonamientos.)

15. La intensidad de la luz procedente de una fuente central, varía inversamente con el cuadrado de la distancia. Si vivieras en un planeta a la mitad de la distancia al Sol que la Tierra, ¿cómo se compararía la intensidad luminosa con la de la Tierra? ¿Y si el planeta estuviera diez veces más lejos del Sol que la Tierra?

16. Una pequeña fuente luminosa está a 1 m frente a una abertura de 1 m², e ilumina una pared que está atrás. Si la pared está a 1 m atrás de la abertura (a 2 m de la fuente luminosa), el área iluminada abarca 4 m². ¿Cuántos metros cuadrados quedarán iluminados si la pared está a 3 m de la fuente luminosa? ¿A 5 m? ¿A 10 m?

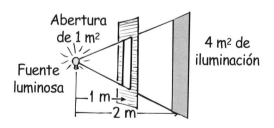

17. Júpiter es 300 veces más masivo que la Tierra; entonces parecería que un cuerpo sobre la superficie de Júpiter pesaría 300 veces más que en la Tierra. Pero no es así, porque un cuerpo apenas pesaría tres veces más en la superficie de

Júpiter que en la superficie de la Tierra. ¿Puedes dar una explicación de por qué sucede así? (*Sugerencia:* Deja que los términos de la ecuación de la fuerza gravitacional guíen tu pensamiento.)

18. ¿Por qué los pasajeros de un avión a gran altura tienen la sensación de que pesan, mientras que los pasajeros de un vehículo espacial en órbita, por ejemplo los del trasbordador espacial, sienten que no pesan?

19. ¿Por qué una persona en caída libre no tiene peso, mientras que una persona que caiga a su velocidad terminal sí?

20. Si estuvieras en un coche que se desbarrancara, ¿por qué momentáneamente no tendrías peso? ¿Seguiría actuando la gravedad sobre ti?

21. ¿Actúa una fuerza gravitacional sobre una persona que se desbarranca? ¿Y sobre un astronauta dentro del trasbordador espacial en órbita?

22. Si estuvieras en un elevador en caída libre y dejaras caer un lápiz, revolotearía frente a ti. ¿Hay alguna fuerza de gravedad sobre el lápiz? Defiende tu respuesta.

23. Explica por qué está equivocada la siguiente deducción. "El Sol atrae a todos los cuerpos en la Tierra. A media noche, cuando el Sol está directamente abajo, tira de ti en la misma dirección que la Tierra tira de ti. A mediodía, cuando el Sol está directamente arriba, tira de ti en dirección opuesta al tirón de la Tierra sobre ti. En consecuencia, debes pesar un poco más a media noche, y un poco menos a medio día." (*Sugerencia:* Relaciona esto con los dos ejercicios anteriores.)

24. Si la masa de la Tierra aumentara, tu peso aumentaría en consecuencia. Pero si la masa del Sol aumentara, tu peso no se afectaría. ¿Por qué?

25. Hoy, la mayoría de las personas saben que las mareas se deben principalmente a la influencia gravitacional de la Luna. En consecuencia, la mayoría de las personas creen que el tirón gravitacional de la Luna sobre la Tierra es mayor que el tirón gravitacional del Sol sobre la Tierra. ¿Qué opinas?

26. Si alguien te arrastrara de la manga de tu camisa, es probable que se rasgue. Pero si tiraran por igual de todas las partes de tu camisa, no habría rasgaduras. ¿Cómo se relaciona esto con las fuerzas de marea?

27. ¿Existirían mareas si el tirón gravitacional de la Luna (y el Sol) se igualaran, de alguna manera, en todo el mundo? Explica por qué.

28. ¿Por qué no hay pleamares exactamente cada 12 h?

29. Con respecto a las mareas vivas y muertas, ¿cuándo hay mareas más bajas? Esto es, ¿cuándo es mejor buscar ostras?

30. Siempre que la marea sube en forma extraordinaria, ¿será seguida de una bajada extraordinaria? Defiende tu respuesta en términos de "conservación del agua". (Si agitas el agua en una tina para que en un extremo tenga más profundidad, ¿el otro extremo tendrá menos profundidad?)

31. El Mar Mediterráneo tiene muy poco sedimento arrastrado y suspendido en sus aguas; principalmente se debe a que no hay mareas apreciables. ¿Por qué supones que en el Mar Mediterráneo prácticamente no hay mareas? De igual modo

¿hay mareas en el Mar Negro? ¿Y en el Gran Lago Salado? ¿Y en una cisterna de abastecimiento de agua? ¿En un vaso de agua? Explica por qué.

32. El cuerpo humano está formado principalmente por agua. ¿Por qué cuando la Luna pasa arriba causa mareas biológicas bastante menores en ti que en una calabaza de 1 kg sobre tu cabeza?

33. Si no existiera la Luna, ¿seguiría habiendo mareas? En caso afirmativo, ¿con qué frecuencia?

34. ¿Qué efecto tendría sobre las mareas terrestres que el diámetro de la Tierra fuera mucho mayor que el actual? ¿Si la Tierra fuera como es, pero la Luna fuera mucho mayor y tuviera la misma masa que tiene?

35. La máxima fuerza de marea en nuestros organismos se debe a ¿la Tierra, la Luna o al Sol?

36. Exactamente por qué suceden las mareas en la corteza terrestre y en la atmósfera terrestre?

37. El valor de g en la superficie de la Tierra es 9.8 m/s^2 aproximadamente. ¿Cuál es el valor de g a una distancia igual a dos veces el radio de la Tierra?

38. Si la Tierra tuviera densidad uniforme (igual valor de masa/volumen en todos sus puntos), ¿cuál sería el valor de g dentro de la Tierra, a la mitad de su radio?

39. Si la Tierra tuviera densidad uniforme, ¿aumentaría o disminuiría tu peso en el fondo de una mina profunda? Defiende tu respuesta.

40. Sucede que hay un *aumento* de peso hasta los tiros mineros más profundos. ¿Qué nos dice esto acerca de los cambios de densidad en la Tierra, en función de la profundidad?

41. ¿Qué necesita más combustible, un cohete que va de la Tierra a la Luna, o uno que regresa de la Luna a la Tierra? ¿Por qué?

42. Si de alguna forma pudieras hacer un túnel en el interior de una estrella, ¿aumentaría o disminuiría tu peso? Si en lugar de eso estuvieras de pie en la superficie de una estrella que se contrae, ¿aumentaría o disminuiría tu peso? ¿Por qué tus respuestas son diferentes?

43. Si nuestro Sol contrajera su tamaño y se transformara en un agujero negro, demuestra, con la ecuación de la fuerza gravitacional, que la órbita de la Tierra no se afectaría.

44. Si la Tierra fuera hueca, pero tuviera la misma masa y el mismo radio, ¿aumentaría tu peso en tu lugar actual, o disminuiría o sería igual que ahora? Explica por qué.

45. Algunas personas rechazan la validez de las teorías científicas diciendo que "sólo" son teorías. La ley de la gravitación universal es una teoría. ¿Quiere decir eso que los científicos dudan todavía de su validez? Explica por qué.

46. En la página 167 dijimos que no se puede obstruir la gravedad, y en la misma página dijimos que los componentes gravitacionales se anulan dentro de un cascarón uniforme. ¿Por qué no se contradicen estas dos afirmaciones?

47. Hablando estrictamente, pesas un poco menos cuando estás en el vestíbulo de un rascacielos masivos que cuando estás en tu casa. ¿Por qué?

48. Una persona que cayera en un agujero negro probablemente sería muerto por las fuerzas de marea antes de entrar en el agujero. Explica cómo.

49. Al último, puede ser que el universo se expanda sin límites, o que desacelere hasta detenerse o que se regrese y se aplaste en un "Big Crunch". ¿Cuál es la cantidad más importante que determinará cuál de esos destinos aguarda al universo?

50. Redacta dos preguntas de opción múltiple: una que compruebe la comprensión de uno de tus compañeros sobre la ley del inverso del cuadrado, y otra para probar si puede distinguir entre peso e ingravidez.

Problemas

1. Calcula el cambio de la fuerza de gravedad entre dos planetas, cuando disminuye la distancia entre ellos en un factor de cinco.

2. Con los datos del ejercicio 17, estima el radio de Júpiter en relación con el radio de la Tierra.

3. El valor de g en la superficie terrestre es 9.8 m/s^2 aproximadamente. ¿Cuál es el valor de g a una distancia al centro de la Tierra que sea igual a cuatro veces el radio de la Tierra?

4. Demuestra, con operaciones algebraicas, que tu aceleración gravitacional hacia un objeto de masa M que está a la distancia d es $a = GM/d^2$, y en consecuencia no depende de tu masa.

5. La masa de una estrella de neutrones es 3.0×10^{30} kg (1.5 masas solares), y su radio es 8000 m (8 km). ¿Cuál es la aceleración de la gravedad en la superficie de esta estrella condensada, ya consumida?

6. Muchas personas creen en forma errónea que los astronautas en órbita en torno a la Tierra están "arriba de la gravedad". Calcula g en los dominios del trasbordador espacial, a 200 kilómetros sobre la superficie terrestre. La masa de la Tierra es 6×10^{24} kg, y su radio es 6.38×10^6 m (6380 km). Tu resultado sería ¿qué porcentaje es de 9.8 m/s^2?

Trasbordador espacial en órbita
(más alejado del centro de la Tierra)

Trasbordador espacial en la plataforma de lanzamiento

Tierra

7. Un recién nacido de 3 kg que esté en la superficie terrestre es atraído gravitacionalmente hacia la Tierra con una fuerza aproximada de 30 N. a) Calcula la fuerza de gravedad con la que el bebé en la Tierra es atraído a Marte, cuando Marte se acerca más a la Tierra. (La masa de Marte es 6.4×10^{23} kg y su distancia mínima a nosotros es 5.6×10^{10} m.) b) Calcula la fuerza de gravedad entre el bebé y el ginecólogo que lo recibe. Supón que el doctor tiene 100 kg de masa y está a 0.5 m del bebé. c) ¿Cómo se comparan las fuerzas de Marte y del ginecólogo?

8. Calcula la fuerza de gravedad entre la Tierra (masa = 6×10^{24} kg) y el Sol (masa = 2×10^{30} kg, distancia = 1.5×10^{11} m).

9. Para comprender mejor la magnitud de la fuerza entre la Tierra y el Sol, imagina que se desconecta la gravedad y que su tirón se reemplaza por la tensión de un cable de acero que los une. ¿Qué diámetro debe tener ese cable? Puedes calcular el diámetro si conoces que la resistencia del cable de acero a la tensión es unos 5.0×10^8 N/m^2 (cada metro cuadrado de sección transversal puede resistir una fuerza de 5.0×10^8).

10. La diferencia es fuerza por masa (N/kg) a través de un cuerpo, que es la fuerza de marea T_F, se calcula en forma aproximada con $T_F = 4GMR/d^3$, donde G es la constante gravitacional, M es la masa del cuerpo que causa las mareas, R es el radio del cuerpo que tiene las mareas y d es la distancia entre los centros de los cuerpos. Calcula dos cosas: a) T_F que ejerce la Luna sobre ti, y b) La T_F que ejerce sobre ti una calabaza a 1 m arriba de tu cabeza. Para simplificar supón que tu radio R es 1 m (es que tienes 2 m de estatura). Que la distancia d a la Luna igual a 3.8×10^8 m, y que d a la calabaza es 2 m. La masa M de la Luna es 7.3×10^{22} kg. c) Después de hacer tus cálculos, compara tus resultados. ¿Cuál marea es mayor, y cuántas veces? A continuación comparte esta información con tus amigos que digan que las fuerzas de marea de los planetas sobre las personas ¡influyen sobre sus vidas!

www.pearsoneducacion.net/hewitt
*Usa los variados recursos del sitio Web,
para comprender mejor la física.*

10

MOVIMIENTO BALÍSTICO
Y SATÉLITES

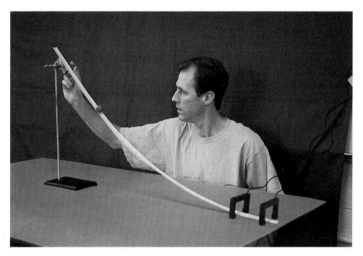

Chuck Stone pide a su clase predecir el alcace del proyectil.

FIGURA 10.1 Si Superman lanzara una piedra con la rapidez suficiente describiría una órbita en torno a la Tierra, si no hubiera resistencia del aire.

Desde la cima de alguna alta montaña, o en algún punto de observación elevado, desde donde se vea el lejano horizonte del mar con nitidez y claridad, podrás ver la curvatura de la Tierra. Debes sostener una regla en la línea donde se encuentran el cielo y el mar. De otro modo no podrías decir si lo que ves es una ilusión de óptica. Alinea tu visual de tal manera que la unión entre el cielo y el mar apenas toque la parte media del filo inferior de tu regla; apreciarás que hay un espacio entre el cielo y el mar en los extremos. Estás viendo la curvatura de la Tierra. Ahora, arroja una piedra horizontalmente, hacia el horizonte. Después de algunos metros caerá con rapidez al suelo, frente a ti. Su movimiento se curva al caer. Notarás que mientras lances la piedra con más rapidez, la curva que describe será más amplia. Ahora imagina lo rápido que debería lanzarla Superman para que llegara más allá del horizonte. Y lo rápido que debe arrojarla para que su trayectoria curva coincida con la curvatura de la Tierra. Porque si lo pudiera hacer, y la resistencia del aire se eliminara de alguna forma, la piedra seguiría una trayectoria curva en torno a la Tierra ¡y se transformaría en un satélite de ella! Después de todo, un satélite no es más que un proyectil que se mueve con la rapidez suficiente como para ir a parar en forma continua más allá del horizonte en su caída.

Movimiento balístico

Si no hubiera gravedad podrías lanzar una roca hacia el cielo, y seguiría una trayectoria recta. Sin embargo, debido a la gravedad, la trayectoria describe una curva. Una roca que se arroja, una bala de cañón o cualquier objeto que se lanza por cualquier método y continúa moviéndose por su propia inercia se llama **proyectil**. A los artilleros de la antigüedad, las trayectorias curvas de los proyectiles les parecían muy complicadas. Hoy sabemos que esas trayectorias son sorprendentemente sencillas cuando examinamos por separado las componentes horizontal y vertical de la velocidad.

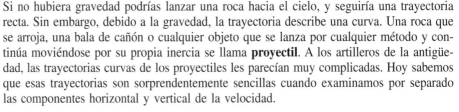

FIGURA 10.2 (Arriba) Si una esfera rueda por una superficie horizontal su velocidad es constante, porque no hay componente de la fuerza gravitacional que actúe horizontalmente. (Izquierda) Déjala caer y acelera hacia abajo, cubriendo mayores distancias verticales cada segundo.

La componente horizontal de la velocidad para un proyectil no es más complicada que la velocidad horizontal de una bola de boliche que rueda libremente por una pista horizontal. Si se pudiera ignorar el efecto retardante de la fricción, no habría fuerza horizontal sobre la bola y su velocidad sería constante. Rueda por su propia inercia, y recorre distancias iguales en intervalos iguales de tiempo (Figura 10.2, arriba). La componente horizontal del movimiento de un proyectil es justo como el movimiento de la bola de boliche en la pista.

La componente vertical del movimiento de un proyectil que sigue una trayectoria curva no es más que el movimiento que describimos en el capítulo 3, para un objeto en caída libre. La componente vertical es exactamente igual a la de un objeto que cae libre hacia abajo, como se ve a la izquierda, en la figura 10.2. Mientras más rápidamente cae el objeto, la distancia recorrida en cada segundo sucesivo es mayor. O bien, si lo lanzamos hacia arriba, las distancias verticales del recorrido disminuyen al avanzar el tiempo de ascenso.

La trayectoria curva de un proyectil es una combinación de sus movimientos horizontal y vertical. La componente horizontal de la velocidad para un proyectil es completamente independiente de la componente vertical de la velocidad, cuando la resistencia del aire es tan pequeña que se ignora. Entonces la componente horizontal constante de la velocidad no le afecta la fuerza de gravedad vertical. Cada componente es independiente. Sus efectos combinados producen la trayectoria curva de los proyectiles.

Proyectiles disparados horizontalmente

El movimiento de un proyectil, o movimiento balístico, se analiza muy bien en la figura 10.3, que muestra una fotografía estroboscópica múltiple simulada de una pelota que rueda y cae por la orilla de una mesa. Examínala con cuidado, porque contiene mucha físi-

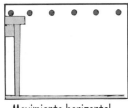

Movimiento horizontal sin gravedad

Movimiento vertical sólo con gravedad

Movimientos horizontal y vertical combinados

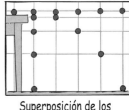

Superposición de los casos precedentes

FIGURA 10.3 Fotografías simuladas de una pelota en movimiento iluminada con luz estroboscópica.

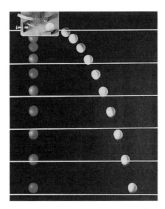

FIGURA 10.4 Fotografía estroboscópica de dos pelotas de golf dejadas caer en forma simultánea de un mecanismo que permite que una pelota caiga libremente mientras que la otra es lanzada horizontalmente.

ca buena. A la izquierda se ven las posiciones sucesivas a intervalos iguales de tiempo, de la pelota sin el efecto de la gravedad. Sólo se muestra la componente horizontal del movimiento. A continuación vemos el movimiento vertical sin componente horizontal. La trayectoria curva de la tercera parte se analiza mejor examinando por separado las componentes horizontal y vertical del movimiento. Se notan dos cosas importantes. La primera es que la componente horizontal de la velocidad de la pelota no cambia mientras avanza la pelota que cae. Esa pelota recorre la misma distancia horizontal en intervalos iguales de tiempo entre cada destello. Esto se debe a que no hay componente de la fuerza gravitacional que actúe en dirección horizontal. La gravedad actúa sólo *hacia abajo*, por lo que la única aceleración de la pelota es *hacia abajo*. Lo segundo que se debe observar es que las posiciones verticales se alejan entre sí al avanzar el tiempo. Las distancias verticales recorridas son las mismas que si tan sólo se dejara caer la pelota. Observa que la curvatura de la trayectoria de la pelota es la combinación del movimiento horizontal, que permanece constante, y el movimiento vertical, que tiene la aceleración debida a la gravedad.

La trayectoria de un proyectil que acelera sólo en dirección vertical y que al mismo tiempo se mueve en dirección horizontal con velocidad constante es una **parábola**. Cuando la resistencia del aire es lo suficientemente pequeña como para no tenerla en cuenta, como en el caso de un objeto pesado que no adquiere mucha velocidad, la trayectoria es parabólica.

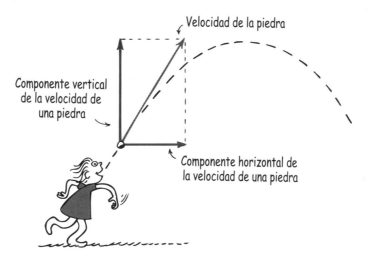

FIGURA 10.5 Componentes vertical y horizontal de la velocidad de una piedra.

EXAMÍNATE En el momento en que se dispara un rifle apuntado horizontalmente en medio de una llanura horizontal, se suelta otra bala junto al rifle y cae al piso. ¿Cuál bala, la disparada o la que se dejó caer, llega primero al suelo?

COMPRUEBA TU RESPUESTA Las dos balas caen la misma distancia vertical y con la misma aceleración g debida a la gravedad, y en consecuencia llegan al suelo al mismo tiempo. ¿Puedes ver que esto es consistente con nuestro análisis de las figuras 10.3 y 10.4? Podemos deducirlo de otra forma, preguntando cuál bala llegaría primero al suelo si el rifle se apuntara hacia arriba, en un ángulo. En este caso la bala que sólo se deja caer llegaría primero al piso. Ahora imagina el caso en el que el rifle se apunta hacia abajo. La bala disparada llega primero. Debe haber algún ángulo en el cual haya algo intermedio, cuando las dos llegan al mismo tiempo. ¿Te das cuenta que sería cuando el rifle ni se apunta para arriba ni para abajo, esto es, cuando se apunta horizontalmente?

Proyectiles disparados hacia arriba

Imagina una bala de cañón disparada con un ángulo hacia arriba (Figura 10.6). Por un momento imagina que no hay gravedad; según la ley de la inercia, la bala seguiría una trayectoria rectilínea que indica la línea interrumpida. Pero sí hay gravedad, y no sucede lo anterior. Lo que sucede en realidad es que la bala cae en forma continua, abajo de la línea imaginaria, hasta que acaba llegando al suelo. Comprende lo que sigue: la distancia vertical que cae por debajo de cualquier punto de la línea interrumpida es la misma distancia vertical que caería si partiera del reposo y cayera la misma cantidad de tiempo. Esa distancia, como se explicó en el capítulo 3, es $d = \frac{1}{2} gt^2$, donde t es el tiempo transcurrido.

FIGURA 10.6 Si no hubiera gravedad, el proyectil seguiría una trayectoria rectilínea (línea punteada). Pero debido a la gravedad, el proyectil cae bajo esa línea la misma distancia vertical que caería si se dejara caer desde el reposo. Compara las distancias caídas con las que se ven en la tabla 3.3 del capítulo 3. (Con $g = 9.8$ m/s^2 esas distancias son, con más exactitud, 4.9 m, 19.6 m y 44.1 m.)

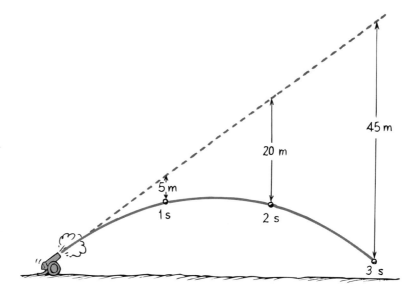

Esto se puede plantear de otro modo: dispara un proyectil hacia el cielo, con cierta inclinación e imagina que no hay gravedad. Después de t segundos debería estar en determinado punto a lo largo de la trayectoria rectilínea. Pero debido a la gravedad no está ahí. ¿Dónde está? La respuesta es que está directamente abajo de ese punto. ¿Qué tanto abajo? La respuesta en metros es $5t^2$ (o con más exactitud, $4.9t^2$). ¿Qué te parece?

En la figura 10.6 puedes ver otra cosa: la bala recorre distancias horizontales iguales en intervalos de tiempo iguales. Eso se debe a que no hay aceleración horizontal. La única aceleración es vertical, con la dirección de la gravedad terrestre. La distancia vertical que cae por abajo de la trayectoria rectilínea imaginaria, durante intervalos iguales de tiempo, aumenta en forma continua a medida que pasa el tiempo.

Vemos entonces que el análisis del movimiento de un proyectil disparado con inclinación es tan sencillo como el de un proyectil disparado horizontalmente. En ambos casos, la distancia de caída por debajo de la recta proyectada del movimiento rectilíneo es la misma que para la caída libre partiendo del reposo.

Examínate

1. Imagina que la bala de cañón de la figura 10.6 se disparara con mayor rapidez. ¿A cuántos metros abajo de la línea interrumpida estaría al final de los 5 s?

2. Si la componente horizontal de la velocidad de la bala fuera 20 m/s, ¿hasta dónde llegaría horizontalmente la bala al final de los 5 s?

Vemos, en la figura 10.7, los vectores que representan las componentes vertical y horizontal de la velocidad de un proyectil que describe una trayectoria parabólica. Observa que la componente horizontal es igual en todas partes, y que sólo cambia la componente vertical. También observa que la velocidad real se representa con el vector que forma la diagonal del rectángulo que definen los vectores componentes. En la cumbre de la trayectoria la componente vertical es cero, por lo que allí la velocidad real sólo tiene la componente horizontal de la velocidad. En todos los demás puntos, la magnitud de la velocidad es mayor, porque la diagonal de un rectángulo es más larga que cualquiera de sus lados.

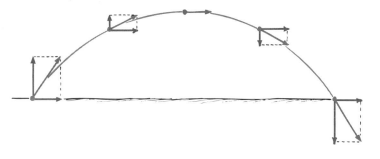

FIGURA 10.7 Velocidad de un proyectil en varios puntos de su trayectoria. Observa que la componente vertical cambia, y la componente horizontal es la misma siempre.

La figura 10.8 muestra la trayectoria que describe un proyectil que se dispara con la misma rapidez, pero en un ángulo más inclinado. Observa que el vector velocidad inicial tiene una componente vertical mayor que cuando el ángulo de disparo es menor. Esta componente mayor da como resultado una trayectoria que alcanza una altura mayor. Pero la componente horizontal es menor y el alcance es menor.

En la figura 10.9 se ven las trayectorias de varios proyectiles, todos con la misma rapidez inicial, pero con diferentes ángulos de tiro. En esta figura no se tienen en cuenta los efectos de la resistencia del aire, por lo que todas las trayectorias son parábolas. Observa que esos proyectiles alcanzan distintas *alturas* sobre el piso. También tienen distintos *alcances horizontales,* o distancias recorridas horizontalmente. Lo notable que se nota en la figura 10.9 es que ¡se obtiene el mismo alcance desde dos ángulos de disparo distintos, cuando esos ángulos suman 90 grados! Por ejemplo, un objeto lanzado al aire en un ángulo de 60 grados tiene el mismo alcance que si se lanzara con la misma rapidez en un ángulo de 30 grados. Naturalmente que cuando el ángulo es menor, el objeto está en el aire menor tiempo. La distancia máxima se obtiene cuando el ángulo de tiro es 45 grados, y cuando es despreciable la resistencia del aire.

FIGURA 10.8 Trayectoria con un ángulo más pronunciado de disparo.

Sin la resistencia del aire, una pelota de béisbol tendría un alcance máximo si fuera bateada a 45 grados sobre la horizontal. Sin embargo, debido a la resistencia del aire, el máximo alcance se obtiene cuando sale del bat con unos 43 grados. La resistencia del

COMPRUEBA TUS RESPUESTAS

1. La distancia vertical bajo la línea interrumpida al final de 5 s es 125 m [$d = 5t^2 = 5(5)^2 = 5(25) = 125$ m]. Es interesante que esta distancia no depende del ángulo del cañón. Si no se toma en cuenta la resistencia del aire, todo proyectil cae $5t^2$ metros abajo de donde hubiera llegado si no hubiera gravedad.

2. Sin resistencia del aire, la bala de cañón recorrerá una distancia horizontal de 100 m [$d = \bar{v}t = (20$ m/s$)(5$ s$) = 100$ m]. Observa que como la gravedad sólo actúa verticalmente y no hay aceleración en dirección horizontal, la bala de cañón viaja distancias horizontales iguales en tiempos iguales. Esta distancia no es más que su componente horizontal de la velocidad multiplicado por el tiempo (y no $5t^2$, que sólo se aplica al movimiento vertical bajo la aceleración de la gravedad).

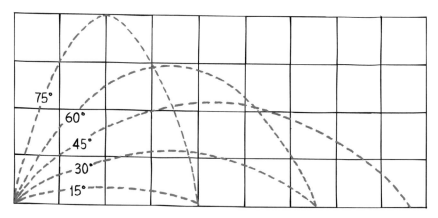

FIGURA 10.9 Alcances de un proyectil disparado con la misma rapidez a distintos ángulos de tiro.

FIGURA 10.10 El alcance máximo se obtiene cuando una bola es bateada en un ángulo de 45°.

aire es más apreciable en las pelotas de golf, donde un ángulo aproximado de 38 grados da como resultado el alcance máximo. Para los proyectiles pesados, como las jabalinas y la pelota, la resistencia del aire tiene menos efecto sobre el alcance. Como una jabalina es pesada y presenta un corte transversal pequeño al aire que corta, describe una parábola casi perfecta cuando es lanzada. También una bala. Para esos proyectiles el alcance máximo a igual rapidez de lanzamiento se obtiene con un ángulo de lanzamiento aproximado de 45 grados (un poco menor, porque la altura de lanzamiento queda arriba del nivel de terreno). ¡Ajá! pero las rapideces de lanzamiento no son iguales en esos proyectiles disparados con distintos ángulos. Al lanzar una jabalina o una bala, una parte apreciable de la *fuerza* de lanzamiento se destina a combatir la gravedad: mientras mayor es el ángulo, menor rapidez tiene al dejar la mano de quien la lanza. Puedes hacer la prueba: lanza una

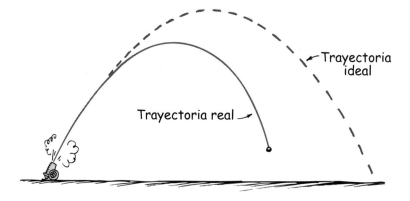

FIGURA 10.11 Con la resistencia del aire, la trayectoria de un proyectil con alta rapidez es más corta que la trayectoria parabólica ideal.

Trayectoria ideal

Trayectoria real

Examínate

1. Una pelota de béisbol es bateada con cierto ángulo. Si despreciamos la resistencia del aire, ¿cuál es la aceleración vertical de la bola? ¿La aceleración horizontal?

2. ¿En qué parte de su trayectoria la pelota de béisbol tiene una rapidez mínima?

3. Una bola de béisbol es bateada y sigue una trayectoria parabólica, un día en que el Sol está directamente arriba. ¿Cómo se compara la rapidez de la sombra de la bola sobre el campo con la componente horizontal de su velocidad?

Revisando al tiempo en el aire

Dijimos en el capítulo 3 que el tiempo en el aire durante un salto es independiente de la rapidez horizontal. Ahora veremos por qué es así: las componentes horizontal y vertical del movimiento son independientes entre sí. Una vez que los pies de uno dejan el suelo, sólo actúa la fuerza de la gravedad sobre quien salta (sin tener en cuenta la resistencia del aire). El tiempo en el aire sólo depende de la componente vertical de la velocidad de despegue. Sucede que la fuerza de despegue se puede aumentar algo por la acción de correr, por lo que el tiempo en el aire para un salto con carrera suele ser mayor que el correspondiente tiempo para un salto parado. Pero una vez que los pies dejan el suelo sólo la componente vertical de la velocidad de despegue determina el tiempo en el aire.

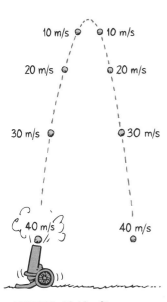

FIGURA 10.12 Sin resistencia del aire, la rapidez que se pierde al subir es igual a la rapidez que se gana al bajar; el tiempo de subida es igual al tiempo de bajada.

piedra pesada horizontalmente, y después verticalmente; verás que el lanzamiento horizontal es bastante más rápido que el vertical. Así, el alcance máximo con proyectiles pesados lanzados por los humanos se alcanza con un ángulo menor de 45 grados; pero no es por la resistencia del aire.

Cuando la resistencia del aire es suficientemente pequeña como para no tenerla en cuenta, un proyectil sube hasta la altura máxima en el mismo tiempo que tarda en caer desde esa altura hasta el piso (Figura 10.12). Esto se debe a que la desaceleración debida a la gravedad es igual cuando sube que la aceleración debida a la gravedad. La rapidez que pierde al subir es, en consecuencia, igual que la rapidez que gana al bajar. Así, el proyectil llega al piso con la misma rapidez que tenía al ser disparado.

Los juegos de béisbol se hacen en terreno horizontal. Para el movimiento balístico en el campo de juego, se puede considerar que la Tierra es plana, porque el vuelo de la bola no es afectado por la curvatura de la Tierra. Sin embargo, para los proyectiles de muy largo alcance, se debe tener en cuenta la curvatura de la Tierra. Veremos ahora que si un objeto se dispara con suficiente rapidez, caerá siempre en torno a la Tierra y se transformará en su satélite.

COMPRUEBA TUS RESPUESTAS

1. La aceleración vertical es g, porque la fuerza de la gravedad es vertical. La aceleración horizontal es cero, porque no hay fuerza horizontal que actúe sobre la pelota.

2. La rapidez mínima de una pelota se presenta en la cúspide de su trayectoria. Si se lanza verticalmente, su rapidez en la cúspide es cero. Si se lanza inclinada, la componente vertical de la velocidad es cero en la cumbre y sólo queda la componente horizontal. Así, la rapidez en la cumbre es igual a la componente horizontal de la velocidad de la pelota en cualquier punto. ¿No te parece bello?

3. ¡Son iguales!

EXAMÍNATE El niño de la torre lanza una pelota a 20 m, horizontalmente, como se ve en la figura 10.13. ¿Cuál es su velocidad de lanzamiento?

FIGURA 10.13 ¿Con qué rapidez se lanza la pelota?

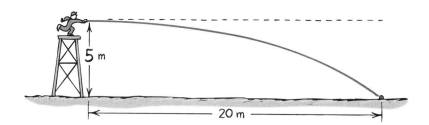

Proyectiles con movimiento rápido, satélites

Observa al pítcher en la torre de la figura 10.13. Si no actuara la gravedad sobre la bola, ésta seguiría una trayectoria rectilínea que muestra la línea interrumpida. Pero sí hay gravedad, así que la bola cae por debajo de esta trayectoria rectilínea. De hecho, como se describió anteriormente, 1 segundo después de que la bola sale de la mano del pitcher habrá caído 5 metros de altura, abajo de la línea de puntos, sea cual sea la rapidez del lanzamiento. Es importante comprender esto, porque es la base del movimiento de los satélites.

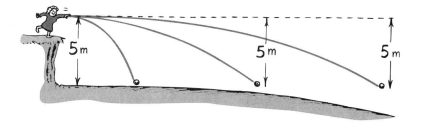

FIGURA 10.14 Lanza una piedra con cualquier rapidez y después de un segundo habrá caído 5 m abajo de donde hubiera estado si no hubiera gravedad.

Un satélite terrestre no es más que un proyectil que cae *alrededor* de la Tierra, y no cae *hacia* ella. La rapidez del satélite debe ser la suficiente como para asegurar que su distancia de caída coincida con la curvatura terrestre. Un hecho geométrico respecto a la curvatura de la Tierra es que su superficie baja 5 metros cada 8000 metros tangentes a la superficie (Figura 10.15). Esto quiere decir que si estuvieras flotando en un mar en calma, con la cabeza cerca de la superficie del agua, sólo podrías ver la punta de un mástil de 5 metros en un barco a 8 kilómetros de distancia. Así, si se pudiera lanzar una bola de béisbol tan rápido como para que recorriera una distancia horizontal de 8 kilómetros durante el segundo que tarda en caer 5 metros, entonces seguiría la curvatura de la Tierra. Es decir, con una rapidez de 8 kilómetros por segundo. Si te parece que no es una rapidez como para sorprenderse, conviértela a kilómetros por hora: son ¡29,000 kilómetros por hora (o 18,000 millas por hora)!

Con esta rapidez, la fricción de la atmósfera quemaría la pelota de béisbol, y hasta un trozo de hierro. Es el destino de los trozos de roca y demás meteoritos que entran a la atmósfera terrestre y se queman, viéndose como "estrellas fugaces". Es la razón por la que

FIGURA 10.15 Curvatura de la Tierra. ¡No está a escala!

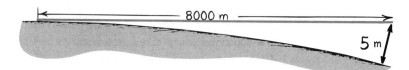

FIGURA 10.16 Si la rapidez de la piedra y la curvatura de su trayectoria fuera lo suficientemente grande, la piedra se transformaría en satélite.

los satélites o los transbordadores espaciales se lanzan a altitudes de 150 kilómetros o más, para estar arriba de casi toda la atmósfera, para que casi no tengan resistencia del aire. Una idea equivocada común es que los satélites que giran a grandes altitudes están libres de la gravedad. Nada puede ser más erróneo. La fuerza de la gravedad sobre un satélite a 200 kilómetros sobre la superficie terrestre es casi tanta como al nivel del mar. La gran altitud es para que el satélite salga de la atmósfera terrestre, donde la resistencia del aire casi no existe; pero no para colocarlo más allá de la gravedad terrestre.

FIGURA 10.17 El transbordador espacial es un proyectil en estado constante de caída libre. Debido a su velocidad tangencial, cae alrededor de la Tierra, en lugar de caer a ella verticalmente.

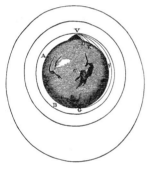

FIGURA 10.18 "Mientras mayor sea la velocidad con la que se lanza (una piedra), llegará más lejos al caer a tierra. En consecuencia podremos suponer que si la velocidad se aumenta, describiría un arco de 1, 2, 5, 10, 100, 1000 millas para llegar a tierra hasta que por último, rebasando los límites de la Tierra, iría al espacio sin tocarla." —Isaac Newton, *El sistema del mundo*.

Isaac Newton comprendió el movimiento de los satélites, y dedujo que la Luna no es más que un proyectil que describe círculos en torno a la Tierra bajo la atracción de la gravedad. Este concepto se ve en uno de sus dibujos (Figura 10.18). Comparó el movimiento de la Luna con una bala de cañón disparada desde la cumbre de una alta montaña. Imaginó que esa cumbre estuviera sobre la atmósfera terrestre, para que la resistencia del aire no impidiera el movimiento de la bala. Si la bala se disparara con una rapidez horizontal baja, seguiría una trayectoria curva y caería pronto a tierra. Si se disparara con más rapidez, su trayectoria sería menos curva y llegaría a tierra más lejos. Si se disparara con la rapidez suficiente, dedujo Newton, la trayectoria curva se transformaría en un círculo y la bala describiría círculos en torno a la Tierra en forma indefinida. Estaría en órbita.

La bala de cañón y la Luna tienen velocidad tangencial (paralela a la superficie terrestre) suficiente como para asegurar que su movimiento sea *alrededor* de la Tierra, y no *hacia* la Tierra. Si no hay resistencia que reduzca su rapidez, la Luna, o cualquier satélite terrestre "cae" tirando y girando alrededor de la Tierra en forma indefinida. De igual manera los planetas caen continuamente alrededor del Sol, en trayectorias cerradas. ¿Por qué los planetas no chocan con el Sol? No lo hacen porque tienen velocidades tangenciales. ¿Qué sucedería si sus velocidades tangenciales se redujeran a cero? La respuesta es bastante sencilla: su movimiento sería directo hacia el Sol y entonces sí, desde hace mucho hubieran chocado con él. Lo que queda es la armonía que observamos.

COMPRUEBA TU RESPUESTA La pelota se lanza horizontalmente, por lo que la rapidez de lanzamiento es la distancia horizontal dividida entre el tiempo. El dato es una distancia horizontal de 20 m, pero no se especifica el tiempo. Sin embargo, puedes calcularlo, porque sabes que la distancia vertical que cae la bola: 5 m que requiere de ¡1 s! Esto quiere decir que recorre horizontalmente 20 m en 1 s. Así, su componente horizontal de la velocidad debe ser 20 m/s. Según la ecuación para la velocidad constante (que se aplica al movimiento horizontal), $v = d/t = (20 \text{ m})/(1 \text{ s}) = 20$ m/s. Es interesante hacer notar que la ecuación de la rapidez constante, $v = d/t$ guía el razonamiento acerca del factor crucial en este problema: el tiempo.

Órbitas circulares de satélites

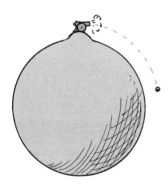

FIGURA 10.19 Si se dispara con la rapidez suficiente, la bala entrará en órbita.

Una bala de cañón disparada horizontalmente desde la montaña de Newton, a 8 kilómetros por segundo, seguiría la curvatura de la Tierra y describiría una y otra vez una trayectoria circular en torno a la Tierra (siempre y cuando el artillero y el cañón se apartaran para no estorbar). Si se dispara con menos rapidez, la bala llegaría a la superficie terrestre; si se disparara más rápido, se pasaría de la órbita circular, como describiremos un poco más adelante. Newton calculó la rapidez para tener órbita circular, y como era claramente imposible alcanzar esa velocidad inicial, no previó que los humanos lanzaran satélites (y también porque es probable que no concibiera cohetes de varias etapas).

Observa que en órbita circular, la rapidez de un satélite no varía debido a la gravedad: sólo cambia la dirección. Esto se puede comprender comparando un satélite en órbita circular con una bola que rueda en una pista de boliche. ¿Por qué la gravedad que actúa sobre la bola no cambia su rapidez? La respuesta es que la gravedad tira directamente hacia abajo, y no tiene componente de fuerza que actúe hacia adelante ni hacia atrás.

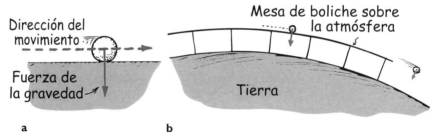

FIGURA 10.20 a) La fuerza de la gravedad sobre la mesa de boliche está a 90° respecto a su dirección de movimiento, por lo que no tiene la componente fuerza que tire de la bola hacia adelante o hacia atrás, y rueda con rapidez constante. b) Lo mismo sucede si la mesa es muy larga y está "nivelada" con la curvatura de la Tierra.

Imagina una mesa de boliche que rodee por completo a la Tierra, con una altura suficiente como para estar arriba de la atmósfera y de la resistencia del aire. La bola roda-

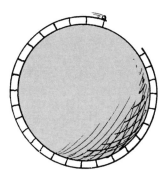

FIGURA 10.21 ¿Qué rapidez permitirá que la bola salve el hueco?

rá con rapidez constante sobre la pista. Si se corta y se quita una parte de la pista, la bola saldrá por su extremo y llegará al suelo. Una bola más rápida que encuentre el hueco llegará al suelo más lejos, más adelante del hueco. ¿Hay alguna rapidez con la cual la bola salvaría el hueco (como un motociclista que sube por una rampa y salva una distancia para encontrar una rampa del otro lado). La respuesta es sí: a 8 kilómetros por segundo salvará ese hueco, y cualquier hueco, aunque sea de 360°. Estaría en órbita circular.

Ten en cuenta que un satélite en órbita circular se mueve siempre en dirección perpendicular a la fuerza de la gravedad que actúa sobre él. El satélite no se mueve en dirección de la fuerza, lo cual aumentaría su rapidez. En lugar de ello, se mueve en ángulo recto con la fuerza de gravitación que actúa sobre él. Si no hay componente del movimiento a lo largo de esta fuerza, no hay cambio de rapidez; sólo hay cambio de dirección. Vemos así por qué un satélite en órbita circular viaja paralelo a la superficie de la Tierra con rapidez constante; es una forma muy especial de la caída libre.

Para un satélite cercano a la Tierra, su periodo (el tiempo de una órbita completa alrededor de la Tierra) es de unos 90 minutos. Cuando la altura es mayor, la rapidez orbital es menor, la longitud de la órbita es mayor y el periodo es mayor. Por ejemplo, los satélites de comunicaciones que están en órbita, a 5.5 radios terrestres sobre la superficie de la Tierra, tienen periodos de 24 horas. Este periodo coincide con el periodo de la rotación diaria de la Tierra. Si su órbita es alrededor del ecuador, esos satélites permanecen sobre el mismo punto del suelo. La Luna está todavía más lejos, y su periodo es de 27.3 días. Mientras más alta esté la órbita de un satélite, su rapidez es menor, su trayectoria es mayor y su periodo es mayor.[1]

Para poner en órbita una carga se requiere controlar la rapidez y la dirección que la lleve arriba de la atmósfera. Un cohete lanzado verticalmente, después se inclina en forma intencional para apartarlo de su curso vertical. Entonces, una vez que está sobre la resistencia de la atmósfera, se apunta horizontalmente, y se le da a la carga un empuje final para que alcance su rapidez orbital. Esto se ve en la figura 10.22, donde para simplificar esa carga es todo un cohete de una etapa. Con la velocidad tangencial adecuada cae alrededor de la Tierra, y no hacia ella, y se transforma en un satélite de la Tierra.

FIGURA 10.22 El empuje inicial del cohete lo impulsa sobre la atmósfera. Se requiere otro empujón para llegar a una rapidez tangencial mínima de 8 km/s para que el cohete caiga alrededor de la Tierra, y no hacia ella.

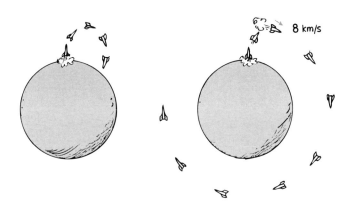

8 km/s

---

[1]La rapidez de un satélite en órbita circular es $v = \sqrt{GM/d}$, y el periodo de su movimiento es $T = 2\pi\sqrt{d^3/GM}$ donde G es la constante de la gravitación universal (véase el capítulo 9), M es la masa de la Tierra (o del cuerpo en torno al cual se mueva el satélite) y d es la distancia del satélite al centro de la Tierra o de su planeta.

Órbitas elípticas

Si un proyectil se encuentra justo arriba de la resistencia de la atmósfera y se le comunica una rapidez horizontal un poco mayor que 8 kilómetros por segundo, se pasará de la trayectoria circular y describirá un óvalo, llamado **elipse**.

Una elipse es una curva específica: es la trayectoria cerrada que adquiere un punto que se mueve en tal forma que la suma de sus distancias a dos puntos fijos (llamados *focos*) es constante. Para un satélite en órbita en torno a un planeta, un foco está en el centro del planeta y el otro podría estar en el interior o fuera del planeta. Se puede trazar con facilidad una elipse clavando un par de tachuelas, una en cada foco, y con un cordón y un lápiz (Figura 10.23). Mientras más cercanos estén los focos entre sí, la elipse se acerca más a un círculo. Cuando ambos focos están juntos, la elipse es un círculo. Vemos entonces que un círculo es un caso especial de una elipse.

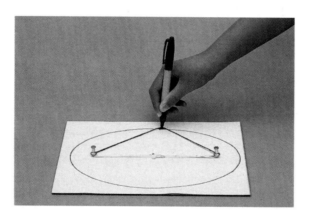

FIGURA 10.23 Método sencillo para trazar una elipse.

FIGURA 10.24 Las sombras producidas por la pelota son elipses, una por cada lámpara en el recinto. El punto en el que la pelota hace contacto con la mesa es el foco común de las tres elipses.

Si bien la rapidez de un satélite es constante en una órbita circular, varía en una órbita elíptica. Cuando la rapidez inicial es mayor que 8 kilómetros por segundo, el satélite se pasa de una trayectoria circular y se aleja de la Tierra, contra la fuerza de gravedad. De este modo pierde rapidez. La rapidez que pierde al alejarse la vuelve a ganar al caer de regreso a la Tierra, y al final se reúne con su trayectoria original, con la misma rapidez que tenía al principio (Figura 10.25). Este procedimiento se repite una y otra vez, y en cada ciclo se describe una elipse.

FIGURA 10.25 Órbita elíptica. Un satélite terrestre que tenga una rapidez un poco mayor que 8 km/s se pasa de una órbita circular a) y se aleja de la Tierra. La gravitación lo desacelera hasta un punto en que ya no se aleja de la Tierra b). Cae hacia la Tierra, aumentando la rapidez que perdió al alejarse c) y sigue la misma trayectoria que antes, en un ciclo repetitivo.

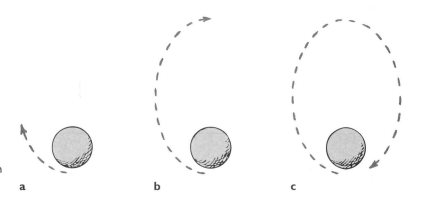

a   b   c

Es interesante el hecho de que una trayectoria parabólica como la de una pelota lanzada o una bala disparada sea en realidad un segmento diminuto de una elipse muy estrecha, que se prolonga hasta un poco más allá del centro de la Tierra (Figura 10.26a). En la figura 10.26b se ven varias trayectorias de balas disparadas desde la montaña de Newton.

FIGURA 10.26 a) La trayectoria parabólica de la bala es parte de una elipse que se prolonga en el interior de la Tierra. El centro de la Tierra es el foco alejado. b) Todas las trayectorias de la bala son elipses. Cuando las rapideces son menores que las orbitales, el centro de la Tierra es el foco lejano; para la órbita circular, los dos focos están en el centro de la Tierra; cuando las rapideces son mayores, el foco cercano es el centro de la Tierra.

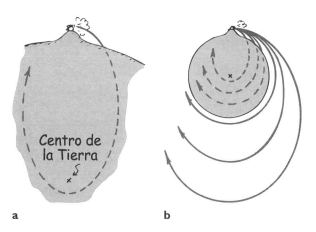

Centro de la Tierra

a   b

Vigilancia del mundo con satélites

Los satélites son buenos para vigilar el planeta Tierra. La figura A muestra la trayectoria seguida por un satélite en uno de sus periodos, en órbita circular y lanzado en dirección noreste del Cabo Cañaveral, Florida. La trayectoria se curva sólo porque el mapa es plano. Observa que la trayectoria cruza al ecuador dos veces en un periodo, porque describe un círculo cuyo plano pasa por el centro de la Tierra. Observa también que esa trayectoria no termina donde comienza. Esto se debe a que la Tierra gira bajo el satélite mientras está en órbita. Durante el periodo de 90 minutos, la Tierra gira 22.6 grados, así que cuando

el satélite termina una órbita completa comienza un nuevo recorrido muchos kilómetros hacia el oeste (unos 2500 km en el ecuador). Esto es bastante cómodo para los satélites que vigilan la Tierra. La figura B muestra la zona vigilada durante 10 días, en pasos sucesivos, para un satélite normal. Un ejemplo notable, pero normal de esa vigilancia es la vigilancia mundial durante tres años de la distribución del fitoplancton marino (Figura C). Hubiera sido imposible adquirir esta extensa información si no hubiera satélites.

FIGURA A La trayectoria característica de un satélite lanzado en dirección noreste desde Cabo Cañaveral. Debido a que la Tierra gira mientras el satélite describe su órbita, cada pasada se desplaza unos 2100 km hacia el oeste, en la latitud del Cabo Cañaveral.

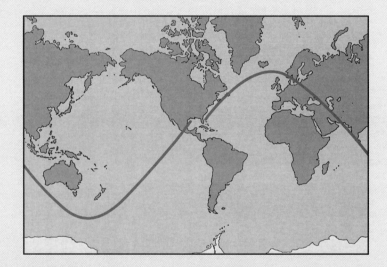

FIGURA B Distribución característica de las pasadas de un satélite durante una semana.

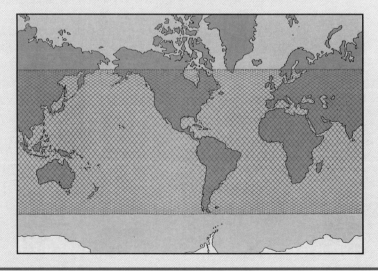

FIGURA C Producción de fitoplancton en los océanos de la Tierra, durante un periodo de 3 años. Las máximas concentraciones se observan en grises más claras y más oscuras.

Todas esas elipses tienen al centro de la Tierra en uno de sus focos. A medida que aumenta la velocidad de salida, las elipses son menos excéntricas (más circulares) y cuando la velocidad de salida del cañón llega a 8 kilómetros por segundo, la elipse se redondea y se transforma en un círculo, y ya no se cruza con la superficie terrestre. La bala de cañón sigue de frente en una órbita circular. Con mayores velocidades, la bala de cañón, en órbita, traza la acostumbrada elipse externa.

EXAMÍNATE En el esquema se ve la trayectoria orbital de un satélite. ¿En cuál o cuáles de las posiciones marcadas con A a D el satélite tiene la máxima rapidez? ¿La mínima rapidez?

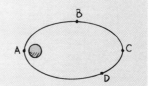

COMPRUEBA TU RESPUESTA El satélite tiene su máxima rapidez al pasar por A, y su rapidez mínima en la posición C. Después de pasar por C aumenta su rapidez al caer de regreso hacia A, para repetir su ciclo.

Leyes de Kepler del movimiento planetario

Tycho Brahe (1546-1601)

Johannes Kepler (1571-1630)

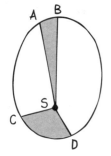

FIGURA 10.27 Se barren áreas iguales en intervalos iguales de tiempo.

A la ley de la gravitación universal de Newton antecedieron tres descubrimientos importantes acerca del movimiento planetario; los hizo Johannes Kepler, astrónomo alemán, que se iniciaba como joven asistente de Tycho Brahe, danés, entonces de gran fama. Brahe era el jefe del primer gran observatorio en el mundo, en Dinamarca, justo antes de la llegada del telescopio. Usando gigantescos instrumentos semejantes a transportadores, llamados *cuadrantes*, midió las posiciones de los planetas durante 20 años con tanta exactitud que sus resultados todavía son válidos. Brahe confió a Kepler sus datos, y después de morir Brahe, Kepler convirtió las mediciones de Brahe a valores que obtendría un observador estacionario fuera del sistema solar. Después de años de esfuerzos se vino abajo la expectativa de Kepler, de que los planetas se moverían describiendo círculos perfectos en torno al Sol. Encontró que las trayectorias son elipses. La primera ley de Kepler del movimiento planetario es la siguiente:

Cada planeta describe una órbita elíptica con el Sol en uno de los focos de la elipse.

También encontró Kepler que los planetas no giran en torno al Sol con rapidez uniforme, sino que se mueven con mayor rapidez cuando están más cerca del Sol, y con menor rapidez cuando están más alejados de él. Lo hacen de modo que una recta o rayo imaginario que una al Sol con el planeta barre áreas iguales de espacio en intervalos iguales de tiempo. El área triangular recorrida durante un mes, cuando un planeta está en órbita alejado del Sol (triángulo ASB de la figura 10.27) es igual al área triangular que barre el planeta durante un mes, cuando en órbita está cercano al Sol (triángulo CSD en la figura 10.27). Ésta es la segunda ley de Kepler:

La línea del Sol a cualquier planeta barre áreas iguales de espacio en intervalos iguales de tiempo.

Kepler fue quien primero acuñó la palabra *satélite*. No tenía ideas claras acerca de *por qué* los planetas se movían como él descubrió. Carecía de un modelo conceptual. No vio que un satélite no es más que un proyectil bajo la influencia de una fuerza gravitacional dirigida hacia el cuerpo alrededor del cual gira el satélite. Tú sabes que si lanzas una piedra hacia arriba, desacelera a medida que sube, porque va contra la gravedad. Y sabes que cuando regresa va con la gravedad, y su rapidez aumenta. Kepler no percibió que un satélite se comporta igual. Al alejarse del Sol, desacelera. Al acercarse al Sol, acelera. Un satélite, sea de un planeta o del Sol, o uno de los actuales que se mueven alrededor de la Tierra, se mueve con más lentitud contra el campo gravitacional y más rápidamente en dirección del campo. Kepler no vio esta simplicidad, y en su lugar fabricó sistemas complicados de figuras geométricas que le dieran sentido a sus descubrimientos. Esos sistemas resultaron fútiles.

Diez años después Kepler descubrió una tercera ley. Todos esos años los había pasado buscando una relación entre la órbita de un planeta y su periodo en torno al Sol. Con los datos de Brahe, encontró Kepler que el cuadrado de un periodo es proporcional al cubo de su distancia promedio al Sol. Esto quiere decir que la fracción T^2/R^3 es igual para todos los planetas, siendo T el periodo del planeta y R su distancia promedio al Sol. La tercera ley es:

Los cuadrados de los tiempos de revolución (los periodos) de los planetas son proporcionales a los cubos de sus distancias promedio al Sol ($T^2 \sim R^3$ para todos los planetas).

Las leyes de Kepler no sólo se aplican a los planetas, sino también a las lunas o a cualquier satélite en órbita alrededor de cualquier cuerpo celeste. A excepción de Plutón (del cual Kepler no sabía su existencia), las órbitas elípticas de los planetas son casi circulares. Sólo las mediciones precisas de Brahe indicaban las ligeras diferencias.

Es interesante hacer notar que Kepler conocía las ideas de Galileo, acerca de la inercia y del movimiento acelerado, pero no las aplicó a sus propios trabajos. Al igual que

Aristóteles, pensaba que la fuerza sobre un cuerpo en movimiento debería tener la misma dirección que la del movimiento del cuerpo. Nunca apreció el concepto de la inercia. Por otra parte, Galileo nunca apreció el trabajo de Kepler, y siguió con su convicción de que los planetas se mueven en círculos.[2] Para comprender más el movimiento planetario se necesitaba alguien que pudiera integrar los resultados de esos dos grandes científicos.[3] El resto es historia, porque esta tarea quedó a cargo de Isaac Newton.

Conservación de la energía y movimiento de satélites

Recordaremos del capítulo 7 que un objeto en movimiento posee energía cinética (EC) por su movimiento. Un objeto sobre la superficie terrestre posee energía potencial (EP) en virtud de su posición. En cualquier punto de su órbita, un satélite tiene EC y EP al mismo tiempo. La suma de la EC y la EP es constante en toda la órbita. El caso más sencillo se presenta cuando un satélite tiene órbita circular.

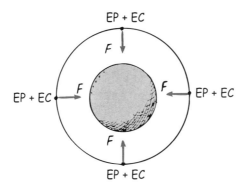

FIGURA 10.28 La fuerza de la gravedad sobre el satélite siempre es hacia el centro del cuerpo alrededor del cual se mueve en órbita. Para un satélite en órbita circular no hay componente de la fuerza que actúe a lo largo de su dirección de movimiento. La rapidez, y por consiguiente la EC, no cambian.

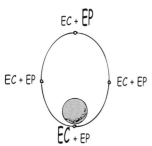

FIGURA 10.29 La suma de la EC y la EP de un satélite es constante en todos los puntos de su órbita.

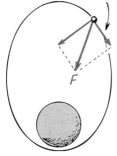

FIGURA 10.30 En una órbita elíptica existe una componente de la fuerza a lo largo de la dirección del movimiento del satélite. Esta componente cambia la rapidez y en consecuencia la EC. (La componente perpendicular sólo cambia la dirección.)

En una órbita circular, la distancia entre el satélite y el centro del cuerpo que lo atrae no cambia, y eso quiere decir que la EP del satélite es igual en cualquier lugar de la órbita. Entonces, de acuerdo con la conservación de la energía, la EC también debe ser constante. Un satélite en órbita circular sigue adelante sin cambiar su EP, su EC y su rapidez (Figura 10.28).

En una órbita elíptica la situación es distinta. Varían tanto la rapidez como la distancia. La EP es máxima cuando el satélite está más alejado (en su *apogeo*) y es mínima cuando está más cerca (en su *perigeo*). Observa que la EC es mínima cuando la EP es máxima, y que la EC es máxima cuando la EP es mínima. En todo punto de la órbita, la suma de EC y EP es la misma (Figura 10.29).

En todos los puntos de la órbita elíptica, excepto el perigeo y el apogeo, hay una componente de la fuerza gravitacional que es paralela a la dirección del movimiento del satélite. Esta componente de la fuerza cambia la rapidez del satélite. También se puede decir que esta (componente de la fuerza) × (distancia recorrida) = ΔEC. De cualquier modo, cuando el satélite gana altura y se mueve contra esta componente, disminuyen su rapidez y su EC. La disminución continúa hasta el apogeo. Una vez pasado el apogeo, el satélite se mueve con la misma dirección de la componente y aumentan la rapidez y la EC. El aumento continúa hasta que el satélite rebasa el perigeo y repite el ciclo.

[2]No es fácil considerar lo familiar a través de las nuevas concepciones de otras personas. Tendemos sólo a ver lo que hemos aprendido a ver, o lo que deseamos ver. Galileo informó que muchos de sus colegas no podían o se rehusaban a ver las lunas de Júpiter cuando veían escépticamente por los telescopios de él. Esos telescopios fueron una bendición para la astronomía, pero más importante que un instrumento nuevo para ver las cosas era entonces una forma nueva de comprender lo que se ve. ¿Seguirá siendo igual hoy?

[3]Quizá tu instructor demuestre que que la tercera ley de Kepler es el resultado de igualar la fórmula de Newton, del cuadrado inverso de la fuerza gravitacional, a la fuerza centrípeta, y cómo es que T^2/R^3 es una constante que sólo depende de G y M, la masa del cuerpo en torno al cual se describe la órbita. ¡Es muy interesante!

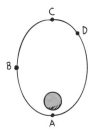

EXAMÍNATE

1. En el esquema se ve la trayectoria orbital de un satélite. ¿En cuál de las posiciones marcadas con A a D el satélite tiene la máxima EC? ¿La máxima EP? ¿La máxima energía total?

2. ¿Por qué la fuerza de gravedad cambia la rapidez de un satélite cuando está en órbita elíptica, pero no cuando está en órbita circular?

Rapidez de escape

Sabemos que una bala de cañón disparada horizontalmente a 8 kilómetros por segundo, desde la montaña de Newton, se pondría en órbita. Pero, ¿qué sucedería si en lugar de ello el cañón se disparara *hacia arriba*? La bala subiría hasta una altura máxima, invertiría su dirección y caería de regreso a la Tierra. Sería válido el viejo dicho de "lo que sube debe bajar", con tanta seguridad como que una piedra lanzada hacia el suelo será regresada por la gravedad (a menos que, como veremos, su rapidez sea suficientemente grande).

En la época actual de los viajes espaciales es más correcto decir "lo que sube puede bajar", porque hay una rapidez crítica inicial que permite que un proyectil venza la gravedad y escape de la Tierra. A esta rapidez crítica se le llama **rapidez de escape** o bien, si interviene su dirección, *velocidad de escape*.[4] Desde la superficie de la Tierra, la rapidez de escape es 11.2 kilómetros por segundo. Si se lanza un proyectil a cualquier velocidad mayor que ésta, dejará la Tierra, viajando cada vez más lento, pero nunca se detendrá a causa de la gravedad de la Tierra. Podemos comprender la magnitud de esta rapidez desde el punto de vista de la energía.

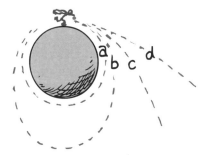

FIGURA 10.31 Si Superman lanza una pelota a 8 km/s de forma horizontal desde la cima de una montaña suficientemente alta para estar arriba de la resistencia del aire a), entonces después de unos 90 minutos la puede atrapar (sin tener en cuenta la rotación de la Tierra). Si la lanzara un poco más rápido b) tomaría una órbita elíptica y regresaría en un tiempo un poco mayor. Si la lanza a más de 11.2 km/s c), escapará de la Tierra. Si la lanza a más de 42.5 km/s d), escapará del sistema solar.

COMPRUEBA TUS RESPUESTAS

1. La EC es máxima en el perigeo en A; la EP es máxima en el apogeo en C; la energía total es igual en todos los lugares de la órbita.

2. En cualquier punto de su órbita, un satélite se mueve en dirección de la tangente a su trayectoria. En una órbita circular, la fuerza gravitacional siempre es perpendicular a la tangente. No hay componente de la fuerza gravitacional a lo largo de la tangente, y sólo cambia la dirección del movimiento, pero no la rapidez. Sin embargo en la órbita elíptica el satélite se mueve en direcciones que no son perpendiculares a la fuerza de la gravedad. Entonces sí existen componentes de la fuerza a lo largo de la tangente, que cambian la rapidez del satélite. Una componente de la fuerza tangente a la dirección con que se mueve el satélite efectúa trabajo para cambiar su EC.

---

[4]La rapidez de escape de cualquier planeta o cuerpo celeste es $v = \sqrt{2GM/d}$, donde G es la constante de la gravitación universal, M es la masa del cuerpo que atrae al proyectil y d es la distancia a su centro. (En la superficie del cuerpo d sólo sería el radio del mismo.) Para tener algo más de perspectiva matemática, compara esta fórmula para la de la rapidez orbital, en la nota al pie #1, en algunas páginas anteriores.

¿Cuánto trabajo se necesitaría para subir una carga contra la fuerza de gravedad de la Tierra, hasta una distancia muy grande ("distancia infinita")? Podemos imaginar que el cambio de EP sería infinito, porque la distancia es infinita. Pero la gravedad disminuye al aumentar la distancia, de acuerdo con la ley del inverso del cuadrado. La fuerza de gravedad sobre la carga sólo sería grande cerca de la Tierra. La mayor parte del trabajo efectuado para lanzar un cohete ocurre en los primeros 10,000 km, más o menos, de distancia de la Tierra. Sucede que el cambio de EP para un cuerpo de 1 kilogramo subido desde la superficie de la Tierra hasta una distancia infinita es 62 millones de joules (62 MJ). Así, para poner una carga a una distancia infinita de la superficie terrestre se requiere, como mínimo, 62 millones de joules de energía por kilogramo de carga. No describiremos aquí el cálculo, pero 62 millones de joules por kilogramo corresponde a una rapidez de 11.2 kilómetros por segundo, sea cual sea la masa implicada. Es la rapidez de escape de la superficie de la Tierra.[5]

Si damos a una carga cualquier energía mayor que 62 millones de joules por kilogramo en la superficie de la Tierra o, lo que es igual, cualquier rapidez mayor que 11.2 kilómetros por segundo, entonces, sin tener en cuenta la resistencia del aire, la carga escapará de la Tierra y nunca regresará. Al continuar alejándose aumenta su EP y disminuye su EC. Su rapidez disminuye cada vez más, pero nunca se reduce a cero. La carga vence la gravedad de la Tierra, y se escapa.

En la tabla 10.1 presentamos las rapideces de escape de varios cuerpos del sistema solar. Observa que la rapidez de escape de la superficie del Sol es 620 kilómetros por segundo. Aun a la distancia de 150,000,000 km que hay de la Tierra al Sol, la rapidez de escape para liberarse de la influencia del Sol es 42.5 kilómetros por segundo, bastante mayor que la rapidez de escape de la Tierra. Un objeto lanzado de la Tierra con una rapidez mayor que 11.2 kilómetros por segundo, pero menor que 42.5 kilómetros por segundo, se escapará de la Tierra, pero no del Sol. En lugar de alejarse por siempre, tomará una órbita alrededor del Sol.

TABLA 10.1   Rapideces de escape en superficies de los cuerpos del sistema solar

Cuerpo astronómico	Masa (masas terrestres)	Radio (radios terrestres)	Rapidez de escape (km/s)
Sol	333,000	109	620
Sol (a la distancia de la órbita de la Tierra)		23,500	42.2
Júpiter	318	11	60.2
Saturno	95.2	9.2	36.0
Neptuno	17.3	3.47	24.9
Urano	14.5	3.7	22.3
Tierra	1.00	1.00	11.2
Venus	0.82	0.95	10.4
Marte	0.11	0.53	5.0
Mercurio	0.055	0.38	4.3
Luna	0.0123	0.27	2.4

[5]Es interesante que a esto se le podría llamar la *máxima rapidez de caída*. Todo objeto, por más alejado que esté de la Tierra y parta del reposo, dejado caer hacia la Tierra sólo bajo la influencia de la gravedad terrestre no iría más rápido que 11.2 km/s (con la fricción del aire, la rapidez sería menor).

FIGURA 10.32 La sonda Pioneer 10, lanzada desde la Tierra en 1972, pasó por el planeta más externo en 1984, y hoy vaga en nuestra galaxia.

FIGURA 10.32 La sonda Pioneer 10, lanzada desde la Tierra en 1972, pasó por el planeta más externo en 1984, y hoy vaga en nuestra galaxia.

La primera sonda en escapar del sistema solar fue la Pioneer 10, y salió de la Tierra en 1972, con una rapidez sólo de 15 kilómetros por segundo. El escape se logró dirigiéndola hacia la trayectoria de Júpiter, que se acercaba. El gran campo gravitacional de Júpiter le dio un latigazo y en el proceso aceleró, de forma parecida a como una pelota de béisbol acelera al encontrarse con un bat. Su rapidez al alejarse de Júpiter aumentó lo bastante como para superar la rapidez de escape del Sol, a la distancia de Júpiter. La Pioneer 10 pasó por la órbita de Plutón en 1984. A menos que choque con algún otro cuerpo, seguirá errante en forma indefinida por el espacio interestelar. Como una botella lanzada al mar con un mensaje en su interior, la Pioneer 10 contiene información sobre la Tierra que pudiera interesar a los extraterrestres, esperando que algún día llegue a encallar en alguna distante "playa".

Es importante hacer notar que la rapidez de escape de un cuerpo es la rapidez inicial impartida por un breve empuje, después de lo cual ya no hay fuerza que ayude al movimiento. Se podría escapar de la Tierra con *cualquier* rapidez constante mayor que cero, si el tiempo es el suficiente. Por ejemplo, supón que se dispara un cohete hacia un destino como la Luna. Si se agota el combustible cuando todavía está cerca de la Tierra, necesita una rapidez mínima de 11.2 kilómetros por segundo. Pero si pueden durar encendidos los motores durante tiempos prolongados, el cohete podría llegar a la Luna sin haber alcanzado nunca los 11.2 kilómetros por segundo.

Es importante notar que la exactitud con la cual un cohete no tripulado llega a su destino no se logra conservándolo en una trayectoria planeada con anterioridad, ni devolviéndolo a esa trayectoria, si se sale de la ruta. No se intenta regresar al cohete a su trayectoria original. En lugar de ello, lo que hace el centro de control es: "¿dónde está ahora y cuál es su velocidad? ¿Cuál es el mejor medio de hacer que llegue a su destino, dada su situación actual?" Con ayuda de computadoras de alta velocidad, se usan las respuestas a estas preguntas para trazar una trayectoria nueva. Los reactores correctivos ponen al cohete en esta nueva trayectoria. Este proceso se repite una y otra vez, durante todo el camino hasta la meta.[6]

---

[6]¿Se puede aprender algo de esto? Supón que has perdido la ruta. Puedes, como el cohete, ver que es más provechoso tomar un rumbo que te conduzca a tu meta, el mejor que puedas trazar desde tu posición y circunstancias actuales, más que tratar de regresar a la ruta que proyectaste desde una posición anterior y quizá bajo circunstancias distintas.

Resumen de términos

Elipse La trayectoria ovalada que sigue un satélite. Es la trayectoria en la que en cualquier punto de ella la suma de las distancias de ese punto a dos puntos llamados focos es constante. Cuando los focos están juntos en un lugar, la elipse es un círculo. A medida que se alejan los focos, la elipse se hace más "excéntrica".

Parábola La trayectoria curva que sigue un proyectil cerca de la Tierra, bajo la sola influencia de la gravedad.

Proyectil Cualquier objeto que se mueve por el aire o por el espacio, bajo la influencia de la gravedad.

Rapidez de escape La rapidez que debe tener un proyectil, sonda espacial u objeto parecido para escapar de la influencia gravitacional de la Tierra o del cuerpo celeste al cual esté unido ese objeto.

Satélite Un proyectil o cuerpo celeste pequeño que gira en órbita en torno a un cuerpo celeste mayor.

Lecturas sugeridas

Dyson, Freeman. *From Eros to Gaia*. New York: Pantheon Books, 1992.

Preguntas de repaso

1. ¿Por qué un proyectil que se mueve horizontalmente debe tener una gran rapidez para poder ser un satélite de la Tierra?

Movimiento balístico

2. Exactamente, ¿qué es un proyectil?

Proyectiles disparados horizontalmente

3. ¿Por qué cambia la componente vertical de la velocidad de un proyectil, mientras que la componente horizontal no cambia?

4. ¿Cierto o falso?: Cuando la resistencia del aire no afecta el movimiento de un proyectil, las componentes horizontal y vertical de la velocidad permanecen constantes.

Proyectiles disparados hacia arriba

5. Se lanza una piedra hacia arriba, con cierto ángulo. ¿Qué sucede con la componente horizontal de su velocidad a medida que sube? ¿Y cuando baja?

6. Se lanza una piedra hacia el cielo, con cierto ángulo. ¿Qué sucede con la componente vertical de su velocidad cuando sube? ¿Y cuando baja?

7. Un proyectil cae bajo trayectoria rectilínea que tomaría si no hubiera gravedad. ¿Cuántos metros cae bajo esta línea si ha estado moviéndose 1 s? ¿2 s?

8. Tu respuesta a esta última pregunta, ¿depende del ángulo con el que se lanza el proyectil?

9. Un proyectil se dispara hacia arriba, a 75° de la horizontal, y llega al suelo a cierta distancia. ¿Para qué otro ángulo de disparo a la misma rapidez caería este proyectil a la misma distancia?

10. Un proyectil se dispara hacia arriba, a 100 m/s. Si se pudiera despreciar la resistencia del aire, ¿con qué rapidez regresaría a su altura inicial?

Proyectiles con movimiento rápido, satélites

11. ¿Cómo puede un proyectil "caer alrededor de la Tierra"?

12. ¿Por qué un proyectil que avanza a 8 km/s sigue una curva que coincide con la curvatura terrestre?

13. ¿Por qué es importante que el proyectil de la pregunta anterior esté arriba de la atmósfera terrestre?

14. Los planetas del sistema solar, ¿son tan sólo proyectiles que caen una y otra vez alrededor del Sol?

Órbitas circulares de satélites

15. ¿Por qué la fuerza de gravedad no cambia la rapidez de un satélite en órbita circular?

16. ¿Cuánto tiempo tarda un satélite en órbita circular en torno a la Tierra, en dar una vuelta?

17. Para las órbitas a mayor altitud, ¿el periodo es mayor o menor?

Órbitas elípticas

18. ¿Por qué la fuerza de gravedad cambia la rapidez de un satélite en órbita elíptica?

19. ¿En qué parte de una órbita elíptica un satélite tiene la máxima rapidez? ¿Y la mínima rapidez?

Leyes de Kepler del movimiento planetario

20. ¿Quién reunió los datos que indicaban que los planetas describen órbitas elípticas alrededor del Sol? ¿Quién descubrió este hecho? ¿Quién explicó este hecho?

21. ¿Qué descubrió Kepler acerca de la rapidez de los planetas y su distancia al Sol?

22. ¿Consideraba Kepler que los planetas son proyectiles que se mueven bajo la influencia del Sol?

23. En la imaginación de Kepler, ¿cuál es la dirección de la fuerza sobre un planeta? ¿De acuerdo con Newton, ¿cuál es la dirección de esa fuerza?

24. Después de descubrir sus dos primeras leyes, ¿cuánto tiempo tardó Kepler en descubrir la tercera?

Conservación de la energía y movimiento de satélites

25. ¿Por qué la energía cinética es una constante para un satélite en órbita circular?

26. ¿Por qué la energía cinética es variable en una órbita elíptica?

27. Con respecto al apogeo y al perigeo de una órbita elíptica, ¿dónde es máxima la energía potencial gravitacional? ¿Dónde es mínima?

28. La suma de las energías cinética y potencial, ¿es una constante para satélites en órbitas circulares, en órbitas elípticas o en ambos casos?

Rapidez de escape

29. ¿Cuál es la rapidez mínima para moverse en una órbita cercana a la Tierra?

30. Se dice que 11.2 kilómetros por segundo es la rapidez de escape de la Tierra. ¿Será posible escapar de la Tierra a la mitad de esta rapidez? ¿Y a la cuarta parte de esta rapidez? ¿Cómo?

Ejercicios

1. Por accidente, una caja pesada se cae de un avión que vuela alto, en el mismo momento en que pasa sobre un Ferrari rojo reluciente, estacionado en un lote de automóviles. En relación con el Ferrari, ¿dónde caerá la caja?

2. Supón que dejas caer un objeto desde un avión que vuela a velocidad constante, y además imagina que la resistencia del aire no afecta al objeto que cae. ¿Cuál será su trayectoria de caída, vista por alguien en reposo en el suelo, no directamente abajo, sino a un lado, donde se pueda tener una buena perspectiva? ¿Cuál será la trayectoria de caída que tú ves desde el avión? ¿Dónde llegará al suelo el objeto, en relación con tu avión? ¿Dónde llegará, en el caso más real en el que la resistencia del aire sí afecte a la caída?

3. ¿Cómo se compara la componente vertical del movimiento de un proyectil con el movimiento de caída libre vertical?

4. En ausencia de la resistencia del aire, ¿por qué la componente horizontal del movimiento de un proyectil no cambia, mientras que la componente vertical sí cambia?

5. ¿En cuál punto de su trayectoria una pelota de béisbol bateada tiene su rapidez mínima? Si se pudiera despreciar la resistencia del aire, ¿cómo se compara esta rapidez con la componente horizontal de su velocidad en otros puntos de su trayectoria?

6. Un amigo dice que las balas disparadas por algunos rifles de alto poder recorren muchos metros en línea recta an-

tes de comenzar a caer. Otro amigo refuta esa afirmación y dice que todas las balas de cualquier rifle caen por debajo de una trayectoria rectilínea una distancia igual a $\frac{1}{2} gt^2$, y que la trayectoria curva se nota más con velocidades bajas y menos con velocidades altas. Ahora te toca: ¿todas las balas caen la misma distancia en tiempos iguales? Explica por qué.

7. Para tener alcance máximo, se debe patear un balón de fútbol americano más o menos a 45° de la horizontal; un poco menos, quizá debido a la resistencia del aire. Pero con frecuencia las patadas se hacen con ángulos mayores que 45°. ¿Te puedes imaginar alguna razón para patearlas así?

8. Dos golfistas golpean una pelota con la misma rapidez, pero uno a 60° de la horizontal y el otro a 30°. ¿Cuál pelota llegará más lejos? ¿Cuál llega primero al suelo? No tengas en cuenta la resistencia del aire.

9. Cuando un rifle se apunta hacia un blanco lejano, ¿por qué no se alinea su cañón de modo que apunte exactamente a ese blanco?

10. Un guardabosques dispara un dardo tranquilizante a un mono que cuelga de una rama. Apunta directamente al mono, sin darse cuenta que el dardo seguirá una trayectoria parabólica y por consiguiente dará abajo del mono. Sin embargo, el mono ve el dardo que sale del arma y se suelta de la rama, para evitar que lo alcance. ¿Hará blanco de cualquier manera en el mono? La velocidad del dardo, ¿influye sobre tu respuesta, suponiendo que es la suficiente para recorrer la distancia horizontal al árbol antes de que llegue al suelo? Defiende tu respuesta.

11. Se dispara un proyectil directo hacia arriba, a 141 m/s. ¿Con qué rapidez se mueve en el instante que llega a la cumbre de su trayectoria? Ahora supón que se dispara hacia arriba, a 45°. ¿Cuál sería su rapidez en la cumbre de su trayectoria?

12. Cuando saltas hacia arriba, tu tiempo en el aire es el que tus pies están despegados del piso. Este tiempo en el aire, ¿depende de la componente vertical de la velocidad al saltar, de la componente horizontal de la velocidad, o de ambos? Defiende tu respuesta.

13. El tiempo en el aire de un jugador de básquetbol que salta una altura de 2 pies (0.6 m) es más o menos 2/3 de segundo. ¿Cuál será su tiempo en el aire si alcanza la misma altu-

ra pero al mismo tiempo recorrió 4 pies (1.2 m) horizontalmente?

14. Suponiendo que no hay resistencia del aire, ¿por qué un proyectil disparado horizontalmente a 8 km/s no llega a la superficie de la Tierra?

15. Si la Luna es atraída gravitacionalmente hacia la Tierra, ¿por qué simplemente no choca con ésta?

16. Cuando el transbordador espacial sigue una órbita circular a rapidez constante en torno a la Tierra, ¿está acelerando? En caso afirmativo, ¿en qué dirección? En caso negativo, ¿por qué?

17. ¿Cuáles planetas tienen un periodo mayor que 1 año terrestre, los que están más cerca del Sol que la Tierra, o los que están más lejos?

18. La rapidez de un objeto que cae, ¿depende de su masa? La rapidez de un satélite en órbita, ¿depende de su masa? Defiende tus respuestas.

19. Si alguna vez has visto el lanzamiento de un satélite desde la Tierra habrás notado que el cohete comienza verticalmente hacia arriba, y a continuación se aparta de la ruta vertical y continúa su subida formando un ángulo. ¿Por qué arranca verticalmente? ¿Por qué no continúa verticalmente?

20. Si un proyectil de cañón se dispara desde una montaña alta, la gravedad cambia su rapidez en toda su trayectoria. Pero si se dispara con la rapidez suficiente para entrar en órbita circular no cambia su rapidez para nada. Explica por qué.

21. Un satélite puede describir una órbita a 5 km sobre la Luna, pero no a 5 km sobre la Tierra. ¿Por qué?

22. Durante los años 2000 y 2001, la nave espacial NEAR estuvo en órbita en torno al asteroide Eros, de 20 millas de longitud. La rapidez orbital de esta nave espacial, ¿era mayor o menor que 8 km/s? ¿Por qué?

23. La rapidez de un satélite en órbita circular cercana en torno a Júpiter, ¿sería mayor, igual o menor que 8 km/s?

24. ¿Por qué los satélites se suelen poner en órbita disparándolas hacia el oriente, que es la dirección en la que gira la Tierra?

25. Cuando desacelera un satélite en órbita circular, quizá porque haya disparado un "retrocohete", después adquiere mayor rapidez que antes. ¿Por qué?

26. De todos los Estados Unidos de Norteamérica, ¿por qué Hawaii es el sitio más adecuado para disparar satélites con trayectoria no polar? (Sugerencia: Mira un modelo de Tierra giratoria desde arriba de cualquier polo y compárala con una tornamesa girando.)

27. Hay dos planetas que nunca se ven a media noche. ¿Cuáles son y por qué?

28. Por qué arde un satélite al descender a la atmósfera, pero no arde cuando asciende por la atmósfera?

29. Sin considerar la resistencia del aire, ¿se podría poner un satélite en órbita en un túnel que le diera la vuelta a la Tierra, abajo del suelo? Discute este ejercicio.

30. En el siguiente esquema una pelota gana EC al rodar cuesta abajo, porque la componente del peso (F) que actúa en la dirección del movimiento efectúa trabajo. Haz un esquema de la componente análogo de la fuerza gravitacional que efectúa trabajo y cambia la EC del satélite de la derecha.

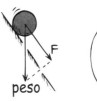

31. ¿Por qué la fuerza de gravedad efectúa trabajo sobre un satélite cuando se mueve de una parte a otra de una órbita elíptica, pero no cuando la órbita es circular?

32. ¿Cuál es la forma de la órbita cuando la velocidad del satélite es siempre perpendicular a la fuerza de gravedad?

33. Si el transbordador espacial se moviera en círculo en torno a la Tierra a una distancia igual a la que hay de la Tierra a la Luna, ¿cuánto tiempo tardaría en describir una órbita completa? En otras palabras, ¿cuál sería su periodo?

34. ¿Puede un satélite seguir avanzando en una órbita estable en un plano que no pase por el centro de la Tierra? Defiende tu respuesta.

35. Un satélite de comunicaciones tiene un periodo de 24 horas, y está suspendido sobre un punto fijo de la Tierra. ¿Por qué se pone en órbita sólo en el plano del ecuador terrestre? (Sugerencia: Imagina que la órbita del satélite es un anillo que rodea a la Tierra.)

36. Un satélite terrestre "geosincrónico" o "geosíncrono" puede permanecer directamente arriba de Singapur, pero no en San Francisco. ¿Por qué?

37. ¿Puede un satélite mantenerse en órbita en el plano del Círculo Ártico? ¿Por qué?

38. Si un mecánico de vuelo deja caer una llave desde un jumbo a gran altitud, la llave cae a tierra. Si un astronauta en el transbordador espacial deja caer una llave, ¿también ésta cae en la Tierra? Defiende tu respuesta.

39. Una nave espacial en una órbita a gran altura avanza a 7 km/s con respecto a la Tierra. Supón que lanza hacia atrás una cápsula, a 7 km/s con respecto a la nave. Describe la trayectoria de la cápsula con respecto a la Tierra.

40. Un satélite en órbita circular en torno a la Luna dispara una sonda pequeña en dirección contraria a su velocidad. Si la rapidez de la sonda en relación con el satélite es igual que la rapidez del satélite respecto a la Luna, describe el movimiento de la sonda. Si la rapidez relativa de la sonda es el doble de la rapidez del satélite, ¿por qué sería peligroso para el satélite?

41. La velocidad orbital de la Tierra en torno al Sol es unos 30 km/s. Si de repente se detuviera la Tierra en su viaje, simplemente caería radialmente al Sol. Elabora un plan con el cual un cohete cargado con desechos radiactivos pueda dispararse hacia el Sol, para su desecho permanente. ¿Con qué rapidez y en qué dirección respecto a la órbita de la Tierra se debe disparar ese cohete?

42. Si detuvieras un satélite terrestre hasta inmovilizarlo en su órbita, simplemente se estrellaría con la Tierra. Entonces, ¿por qué los satélites de comunicaciones que están suspendidos sobre el mismo lugar de la Tierra no se estrellan en ella?

43. En una explosión accidental, un satélite se rompe a la mitad al estar en órbita circular en torno a la Tierra. Una de las mitades se detiene por completo, momentáneamente. ¿Cuál es el destino de esa mitad? ¿Qué le sucede a la otra mitad?

44. Un cohete avanza en una órbita elíptica en torno a la Tierra. Para alcanzar la máxima cantidad de EC para escapar, usando determinada cantidad de combustible, ¿debe encender sus motores en el apogeo o en el perigeo? (Sugerencia: Deja que la fórmula $Fd = \Delta EC$ guíe tus razonamientos. Supón que el empuje F es breve, y de la misma duración en cada caso. Entonces considera la distancia d que avanzaría el cohete durante esta breve ráfaga en el apogeo y en el perigeo.)

45. La rapidez de escape de la superficie terrestre es de 11.2 km/s, pero un vehículo espacial podría escapar de la Tierra a la mitad de esta rapidez, o menos. Explica cómo.

46. ¿Cuál es la máxima rapidez de impacto posible en la superficie de la Tierra, de un cuerpo lejano inicialmente en reposo que cae a la Tierra debido tan sólo a la gravedad terrestre?

47. Si a Plutón se le detuviera en su órbita caería directo al Sol, y no caería en torno al Sol. ¿Cuando llegara al Sol con qué rapidez se movería?

48. Si la Tierra contrajera su tamaño y con todos los demás factores iguales, la velocidad de escape de su superficie, ¿sería mayor, menor o igual que la actual? Explica por qué.

49. ¿En cuál de las posiciones indicadas el satélite en órbita elíptica tiene la máxima fuerza gravitacional? ¿Dónde tiene la máxima rapidez? ¿Dónde tiene la máxima velocidad? ¿La máxima cantidad de movimiento? ¿La máxima energía cinética? ¿La máxima energía total? ¿El máximo momento angular? ¿La máxima aceleración?

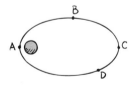

50. Redacta dos preguntas de opción múltiple para ver si se domina la diferencia entre las características de un satélite en órbita circular y en órbita elíptica.

Problemas

1. Se lanza una pelota horizontalmente desde el borde de un barranco, con una rapidez de 10 m/s. ¿Cuál es su rapidez un segundo después?

2. Un avión vuela horizontalmente con una rapidez de 1000 km/h (280 m/s), cuando se le cae un motor. Sin tener en cuenta la resistencia del aire, el motor tarda 30 s en llegar al suelo. a) ¿A qué altitud vuela el avión? b) ¿Qué distancia horizontal recorre el motor mientras cae? c) Si el avión siguiera volando como si nada hubiera pasado, ¿dónde está el motor, en relación con el avión, cuando llega al suelo?

3. Una bala de cañón es disparada con una velocidad inicial de 141 m/s a un ángulo de 45°. Describe una trayectoria parabólica y hace blanco en un globo, en la cúspide de su trayectoria. Sin tener en cuenta la resistencia del aire, ¿qué rapidez tiene la bala al pegarle al globo?

4. Los alumnos de un laboratorio miden la rapidez de un balín de acero, lanzado horizontalmente desde una mesa, y resulta ser de 4.0 m/s. Si la tabla de la mesa está a 1.5 m sobre el piso, ¿dónde deben poner una lata de café de 20 cm de altura para atrapar el balín cuando caiga?

5. Juan y María ven desde un balcón de 80 m de altura una alberca abajo; no exactamente abajo, sino a 20 m del pie de su edificio. Se preguntan con qué rapidez deben saltar horizontalmente para poder llegar a la alberca. ¿Cuál es la respuesta?

6. Sin tener en cuenta la resistencia del aire, ¿cuál es la rapidez máxima posible para que una pelota de tenis que se mueva horizontalmente al pasar sobre la red de 1.0 m de alto caiga dentro del borde del campo, a 12.0 m de distancia de la red?

7. Calcula el tiempo en el aire de una persona que se mueve 3 m horizontalmente durante un salto de 1.25 m de alto. ¿Cuál es su tiempo en el aire si se mueve 6 m horizontalmente durante este salto?

8. Calcula la rapidez, en m/s, con la que gira la Tierra alrededor del Sol. Puedes suponer que su órbita es casi circular.

9. La Luna está a unos 3.8×10^5 km de la Tierra. Calcula su rapidez orbital promedio.

10. Un satélite tiene una energía cinética de 8000 millones de joules en su perigeo (el punto más cercano a la Tierra), y 5000 millones de joules en su apogeo (el punto más alejado de la Tierra). Cuando el satélite va del apogeo al perigeo, ¿cuánto trabajo ejerce sobre él la fuerza gravitacional de la Tierra? Su energía potencial, ¿aumenta o disminuye durante este tiempo, y cuánto?

Parte II

PROPIEDADES DE LA MATERIA

Como todos, yo estoy formado por átomos. Son tan pequeños y numerosos que inhalo miles o millones de millones cada vez que respiro. Exhalo algunos de ellos, pero otros se quedan algún tiempo y forman parte de mí, aunque los puedo exhalar después. Con cada respiración aspiras algunos de mis átomos, los cuales forman parte de ti (y de igual manera, los tuyos forman parte de mí). Hay más átomos en una respiración de aire que la cantidad total de humanos desde los comienzos del tiempo, por lo que en cada respiración inhales, reciclas átomos que alguna vez fueron parte de cada una de las personas que han vivido. ¡En este sentido, todos somos uno!

www.pearsoneducacion.net/hewitt
*Usa los variados recursos del sitio Web,
para comprender mejor la física.*

11

LA NATURALEZA ATÓMICA
DE LA MATERIA

Richard Feynman, extraordinario físico del siglo XX, contribuyó inmensamente a nuestra comprensión de los átomos, y de la física en general.

Imagina que tienes una experiencia parecida a la de Alicia en el País de las Maravillas, cuando su tamaño se redujo. Imagina que estás parado en una silla, que saltas de ella y caes lentamente al piso, y luego tu tamaño se va reduciendo de manera continua. Mientras vas acercándote al piso de madera, te proteges con los brazos contra la caída. Y a medida que te acercas más y más al piso, y te vuelves más pequeño, notas que su superficie no es tan lisa como parecía. Aparecen grandes grietas, que son las irregularidades microscópicas que tiene la madera. Al caer en una de ellas, que parecen abismos, mientras continúas reduciendo de tamaño, de nuevo te proteges del impacto con los brazos, y encuentras que el fondo del abismo está formado a su vez por muchas grietas y hendeduras. Al caer en una de esas grietas y al empequeñecerte cada vez más observas que las paredes macizas palpitan y se pliegan. Las superficies palpitantes están formadas por glóbulos difusos, casi todos esféricos y algunos ovalados; algunos mayores que otros, y todos penetrando entre sí, formando largas cadenas de estructuras complicadas. Al descender más y más, de nuevo pones frente a ti los brazos para protegerte al acercarte a una de esas esferas nebulosas, cada vez más cercanas, y tú cada vez más pequeño; de repente ¡caray! entraste a un universo nuevo. Caes en un mar de vacuidad, ocupado por motitas dispersas que pasan con rapidez increíblemente alta. Estás en un átomo, tan vacío de materia como el sistema solar. El piso macizo sobre el que caíste es, a excepción de las motitas de materia por aquí y por allá, espacio vacío. Si continuaras cayendo podrías atravesar muchos metros a través de materia "maciza" antes de chocar directamente con una motita subatómica.

Toda la materia, no importa lo sólida que parezca, está formada por bloques constructivos diminutos, que en sí son principalmente espacio vacío. Son los átomos, que se pueden combinar para formar moléculas, las cuales a su vez se unen entre sí para formar la materia que vemos y que nos rodea.

La hipótesis atómica

La idea de que la materia está formada por átomos se remonta a los griegos en el siglo v a.C. Los investigadores de la naturaleza de entonces se preguntaban si la materia era o no continua. Podemos romper una piedra en otras más pequeñas, y éstas a su vez para obtener gravilla. La gravilla se puede moler para obtener arena fina, que a su vez se puede pulverizar para obtener un polvo. Quizá parecía que hay un fragmento mínimo de piedra, un "átomo" que ya no se puede seguir dividiendo. El agua parece ser distinta. Podemos dividir el agua en gotas más pequeñas, y parece no haber razón por la que no pueda continuar este proceso por siempre. Sin embargo, los primeros "atomistas" creían que también el agua tenía un trozo mínimo, un átomo de agua.

Aristóteles, el más famoso de los filósofos griegos de la antigüedad no creía en la idea de los átomos. En el siglo iv a.C. enseñaba que toda materia está formada por distintas combinaciones de cuatro elementos: tierra, aire, fuego y agua. Parecía razonable esta idea, porque en el mundo que nos rodea sólo se ve la materia en cuatro formas: sólido (tierra), gas (aire), líquido (agua) y el estado de las llamas (fuego). Los griegos consideraban al fuego como elemento de cambio, porque se observaba que producía cambios en las sustancias que ardían. Las ideas de Aristóteles prevalecieron más de 2000 años.

La idea atómica revivió con un químico y maestro de escuela, el inglés, John Dalton, a principios del siglo xix. Explicó las reacciones químicas suponiendo que toda la materia está formada por átomos. Pero él y algunos de sus contemporáneos no contaban con pruebas convincentes de su existencia. A continuación Robert Brown, botánico escocés, notó algo muy raro bajo su microscopio, en 1827. Estaba estudiando los granos de polen suspendidos en agua, y vio que estaban en movimiento continuo y saltando de aquí para allá. Primero creyó que parecían ser alguna clase de formas vivientes y en movimiento, pero después encontró que las partículas de polvo se mueven en la misma forma. A este brincoteo perpetuo de las partículas se le llamó después **movimiento browniano**, y se debe a los choques entre las partículas visibles y los átomos invisibles. Los átomos son invisibles por ser tan pequeños. Aunque no los pudo ver, *podía* ver su efecto sobre las partículas. Es como ver un globo gigante que mueve una multitud de gente en un partido de fútbol. Desde un avión no podrías ver a las personas, porque son pequeñas comparadas con el globo; pero sí podrías ver el globo. Los granos de polen que observó Brown en movimiento eran impulsados en forma constante por los átomos (en realidad, por las combinaciones de átomos que llamamos moléculas) que formaban el agua que rodeaba los granos.

Todo esto lo explicó Albert Einstein en 1905, el mismo año en el que anunció su teoría de la relatividad especial. Hasta la explicación de Einstein, que hizo posible determinar las masas de los átomos, muchos físicos prominentes no creían en los átomos. Vemos entonces que la realidad del átomo no se estableció sino hasta principios del siglo xx.

En 1963 Richard Feynman subrayó la importancia de los átomos, al afirmar que si algún cataclismo destruyera todo el conocimiento científico y sólo se pudiera heredar una frase a la siguiente generación, para que contuviera un máximo de información y más concisa debería ser: *"Todas las cosas están formadas por átomos, pequeñas partículas animadas de movimiento perpetuo, que se atraen cuando están un poco alejadas, pero que se repelen al acercarse entre sí."* Toda la materia como calzado, barcos, cera de sellado, verduras y hasta reyes y todo material que podamos imaginar, está formado por átomos. Es la hipótesis atómica, que hoy sirve como fundamento central de toda la ciencia.

Los elementos

Entonces, los átomos forman la materia que nos rodea. Podríamos imaginar que existe una cantidad increíblemente grande de átomos, para explicar la gran diversidad de sustancias que nos rodean. Pero esa cantidad es sorprendentemente pequeña. La gran diversidad de sustancias se debe no a alguna gran variedad de átomos, sino a las muchas formas en las que se pueden combinar unas pocas clases de átomos, como la combinación de tan sólo tres colores puede formar casi cualquier color imaginable en una impresión en color. Hasta la fecha conocemos 118 átomos distintos, de lo que llamamos **elementos** químicos. Sólo hay 88 de ellos en la naturaleza; los demás se forman en los laboratorios, con aceleradores nucleares y reactores de alta energía. Esos elementos son los más pesados y son demasiado inestables (radiactivos) para encontrarse en cantidades apreciables en la naturaleza.

El hidrógeno es el más sencillo de todos los elementos, y fue el primero en formarse después de la Gran Explosión (Big Bang), y todavía sigue formando más del 90% de los átomos en el universo conocido. La principal forma de sus átomos es un solo electrón zumbando en torno de un solo protón central. Los átomos de los elementos más pesados que el hidrógeno tienen más protones en sus núcleos. Algunos de esos elementos más complicados se producen en las profundidades de las estrellas, donde la enormes temperaturas y presiones inician la fusión que los produce. Ésta es la fusión termonuclear (Capítulo 35). Nuestro Sol es principalmente hidrógeno, y la fusión termonuclear convierte una parte de él en helio. El Sol no es lo bastante grande como para desarrollar la gravitación y las altas temperaturas necesarias para "fundir" al helio y formar elementos más complejos. Esto sucede en las estrellas más grandes. Pero aun las mayores no pueden "fundir" elementos más pesados que el hierro. Muchos de esos elementos más pesados se forman cuando explotan las estrellas gigantes; son las supernovas. De acuerdo con los cálculos más recientes se forman más elementos más cuando chocan dos estrellas de neutrones (una estrella de neutrones es extraordinariamente densa, y se forma después de una explosión de supernova). Así, a excepción de algo de hidrógeno y de huellas de helio, todos los elementos que nos rodean son residuos de estrellas que explotaron hace mucho tiempo, la mayor parte de ellas antes de que se formara el sistema solar.

FIGURA 11.1 Leslie está hecha de polvo estelar, en el sentido de que el carbono, el oxígeno, el nitrógeno y los demás átomos que forman su organismo se originaron en las profundidades de estrellas antiguas que explotaron hace mucho tiempo.

Los residuos estelares son las piedras de construcción de toda la materia que vemos en nuestro derredor. Esta materia, por más complicada que sea, viviente o no viviente, es alguna combinación de esos elementos. En una despensa con unos 100 cajones, cada uno con un elemento distinto, tenemos todos los materiales necesarios para obtener cualquier sustancia. Más o menos una docena de elementos forman la mayor parte de las cosas que vemos todos los días. Los seres vivos están formados principalmente por cuatro elementos: hidrógeno [H], carbono [C], oxígeno [O] y nitrógeno [N]. Las letras entre corchetes son los símbolos químicos de esos elementos. La mayor parte de los elementos no son muy abundantes, y algunos de ellos son extraordinariamente raros.[1]

Los átomos son increíblemente pequeños. Un átomo es tantas veces menor que tú como una estrella mediana es tantas veces mayor que tú. Una buena forma de decirlo es que estamos entre los átomos y las estrellas. O bien, otra forma es mencionar la pequeñez de los átomos: el diámetro de un átomo es al diámetro de una manzana como el diámetro de una manzana es al diámetro de la Tierra. Así, imagina una manzana llena de átomos, e imagina la Tierra llena apretadamente con manzanas. Las dos contienen la misma cantidad.

Los átomos son numerosos. Hay aproximadamente 100,000,000,000,000,000,000,000 átomos en un gramo de agua (un dedal de agua). En notación científica, son 10^{23} átomos. La cantidad 10^{23} es enorme, más que la cantidad de gotas de agua en todos los lagos y ríos del mundo. Así, hay más átomos en un dedal de agua que gotas de agua en los lagos y ríos del mundo.

Los átomos no tienen edad. Muchos átomos de tu organismo son casi tan viejos como el universo mismo, pasando y reciclando por innumerables hospederos, tanto vivientes como no vivientes. Por ejemplo, cuando respiras, sólo algunos de los átomos que inhalas son expulsados en tu siguiente respiración. Los restantes se quedan en tu cuerpo para formar parte de ti, y después dejan tu organismo por varios medios. No "posees" los átomos que forman tu cuerpo. Son prestados. Todos compartimos la misma reserva de átomos, porque los átomos siempre están migrando por los alrededores, dentro de nosotros y entre nosotros. Así, algunos de los átomos de la nariz que te rascas ¡ayer podrían haber formado parte de la oreja de tu vecino!

Los átomos se mueven por todos lados. Los átomos están en un estado de movimiento perpetuo. Prueba de ello la puedes ver cuando pones una gota de tinta en un vaso de agua. Pronto se dispersa y colorea todo el vaso. De igual manera, una taza de los átomos que forman DDT o cualquier material arrojado al océano se dispersa y después se encuentra en todas las partes de los océanos del mundo. Lo mismo es cierto para los materiales arrojados a la atmósfera.

En la atmósfera, el oxígeno, nitrógeno, dióxido de carbono y otras moléculas sencillas pasan volando en torno a nosotros hasta a 10 veces la rapidez del sonido. Las moléculas se difunden rápido, por lo que el oxígeno que te rodea hoy puede haber estado a miles de kilómetros hace unos pocos días (hay unos 10^{22} átomos en un litro de aire, a la presión atmosférica, y unos 10^{22} litros de aire en la atmósfera). Ahora bien, es una cantidad increíblemente grande de átomos, y es la misma cantidad increíblemente grande de litros de atmósfera. Lo que significa eso es que cuando exhalas profundamente, la cantidad de átomos que salen es aproximadamente igual a la cantidad de respiraciones que llenarían la atmósfera. Dentro de algunos años, cuando tu respiración de hoy se mezcle totalmente en la atmósfera, quienquiera que inhale aire en la Tierra tomará, en promedio, uno de los átomos de una de tus exhalaciones de hoy. Pero tú exhalas muchas veces, por lo

---

[1]Las sustancias más comunes están formadas por combinaciones de dos o más de los elementos más comunes siguientes: hidrógeno [H], carbono [C], nitrógeno [N], oxígeno [O], sodio [Na], magnesio [Mg], aluminio [Al], silicio [Si], fósforo [P], azufre [S], cloro [Cl], potasio [K], calcio [Ca] y hierro [Fe].

FIGURA 11.2 Hay tantos átomos en una respiración normal de aire como respiraciones de aire en la atmósfera de todo el mundo.

que otras personas toman muchos, muchos de los átomos que alguna vez estuvieron en los pulmones y fueron parte de ti. Naturalmente, también sucede al revés. Créelo o no, en cada una de tus inhalaciones respiras átomos que alguna vez fueron parte de ¡todos los que han vivido alguna vez! Si se considera que los átomos exhalados son parte de nuestros organismos (la nariz de un perro lo puede afirmar con seguridad), se puede decir que literalmente nos estamos respirando unos a otros.

Entonces, el origen de los átomos más ligeros está en el origen del universo, y la mayor parte de los átomos más pesados son más viejos que el Sol y la Tierra. Hay átomos en tu organismo que existieron desde los primeros momentos del tiempo, reciclándose a través del universo entre innumerables formas, tanto vivientes como no vivientes. En la actualidad, tú cuidas los átomos de tu organismo y habrá muchos que lo harán después.

EXAMÍNATE

1. ¿Cuáles tienen más edad, los átomos del organismo de una persona mayor o los de un bebé?
2. La población mundial crece cada año. ¿Significa eso que la masa de la Tierra crece cada año?
3. ¿Realmente hay átomos que alguna vez fueron parte de Albert Einstein en la materia cerebral de toda tu familia?

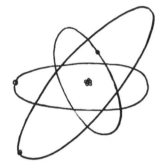

FIGURA 11.3 Modelo clásico del átomo, con electrones en órbita en torno a un núcleo central, parecido al sistema solar con sus planetas en órbita.

Como no podemos ver el interior de un átomo, formamos modelos del mismo. Un modelo es una abstracción que nos ayuda a imaginar lo que no podemos ver, y lo importante es que permite hacer predicciones acerca de partes de la naturaleza que no se han visto. El modelo más familiar del átomo se parece al del sistema solar. En ambos, la mayor parte del volumen es espacio vacío, y unas partes pequeñas describen órbitas en torno al centro donde está concentrada la mayor parte de la masa. Es el modelo clásico que propuso primero Ernest Rutherford en 1911 y que después desarrolló Niels Bohr y otros. Bohr mismo advirtió gravemente a los reporteros noticiosos que no lo tomaran en serio.[2]

COMPRUEBA TUS RESPUESTAS

1. La edad de los átomos es igual en ambos; la mayor parte de los átomos se produjeron en estrellas que explotaron antes de que el sistema solar existiera.
2. La mayor cantidad de gente aumenta la masa de la Tierra en cero. Los átomos que forman nuestros cuerpos son los mismos que había antes que naciéramos. No somos más que polvo, y al polvo retornaremos. Las células humanas sólo son conjuntos ordenados de material que ya existía. Los átomos que forman un bebé que salen de la matriz deben haber sido suministrados por el alimento que ingirió la madre. Y esos átomos se originaron en estrellas, algunas de galaxias lejanas. (Es interesante que la masa de la Tierra sí aumenta porque cada año recibe unas 40,000 toneladas de polvo interplanetario. Pero no porque haya más gente.)
3. Claro que sí, y también de Mick Jagger, aunque las configuraciones de esos átomos con respecto a otros ¡son muy distintas! Si alguna vez te sientes como que no vales nada, consuélate al pensar que muchos de los átomos que hay en ti estarán por siempre en los cuerpos de todas las personas en la Tierra que están por nacer.

[2]Regresaremos al modelo del átomo de Niels Bohr en el capítulo 32. Bohr era muy atlético, esquiador excelente y fue seleccionado del equipo danés de fútbol. Para evitar que el oro de su medalla cayera en manos de los Nazis en la Segunda Guerra Mundial, lo disolvió en ácido nítrico. Después de la guerra extrajo el oro y de nuevo fue acuñada su medalla.

El resto es historia. Los reporteros no siguieron sus consejos y con rapidez se difundió por todo el mundo una perspectiva del átomo como un sistema solar en miniatura. Este modelo está bien para los principiantes. Al igual que la mayor parte de los modelos iniciales, sirvió como escalón para comprender mejor y elaborar otros modelos más refinados.[3] Como en cualquier modelo se debe tener cuidado en considerarlo como una representación simbólica del átomo, y no como una fotografía física del átomo real.

Imágenes atómicas

FIGURA 11.4 La información sobre el barco es revelada por las ondas que pasan, porque la distancia entre las crestas es pequeña en comparación con el tamaño del barco.

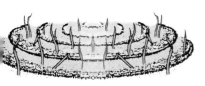

FIGURA 11.5 La información sobre los renuevos de pasto no es revelada por las ondas que pasan, porque la distancia entre las crestas de las ondas es grande, en comparación con las vainas del pasto.

Los átomos son demasiado pequeños como para poder verlos con luz visible. Podrías conectar un conjunto de microscopios ópticos uno sobre oro, y nunca "verías" un átomo, porque la luz son ondas, y los átomos son más pequeños que las longitudes de onda de la luz visible. El tamaño de una partícula visible con el máximo aumento deber ser más grande que la longitud de onda de la luz. Esto se comprende mejor con una analogía con las ondas en el agua. La longitud de esas ondas no es más que la distancia entre las crestas de ondas sucesivas. Imagina el barco de la figura. Es mucho más grande que la distancia de una cresta a otra, es decir, que la longitud de las ondas que inciden en él. La información sobre el barco se obtiene con facilidad por la influencia que tiene sobre las ondas que pasan. Imagina el pasto que sobresale de un pantano, y las ondas que pasan junto a él. Como los renuevos del pasto son más pequeños, las ondas pasan como si los renuevos no estuvieran allí. Sólo si las hojas fueran más anchas que la distancia entre las crestas de las ondas, esas olas llevarían información sobre los detalles del pasto. De la misma manera, las ondas de la luz visible son demasiado grandes en comparación con el tamaño de un átomo, para revelar los detalles del tamaño y la forma del mismo. Los átomos son increíblemente pequeños.

Sin embargo, vemos en la figura 11.6 una foto de los átomos, la imagen histórica de cadenas de átomos individuales de torio, tomada en 1970. No se usó luz visible para tomar esta foto, sino un delgado haz de electrones en un microscopio electrónico de barrido desarrollado por Albert Crewe en el Instituto Enrico Fermi, de la Universidad de Chicago. Un haz de electrones, como el que forma la imagen en una pantalla convencional de televisión, es un chorro de partículas que tienen propiedades ondulatorias. La longitud de onda de un haz de electrones es menor que la de la luz visible. Así, los átomos son mayores que las diminutas longitudes de onda de un haz de electrones. La foto de Crewe es la primera imagen de alta resolución de los átomos individuales.

Un sucesor reciente del microscopio electrónico de barrido es un aparato más sencillo, llamado microscopio de barrido y *tunelización*, o de barrido y *filtración cuántica* (STM, del inglés *scanning tunneling microscope*). Usa una punta afilada que se pasa sobre una superficie a una distancia de pocos diámetros atómicos de ella, en un orden de punto por punto y renglón por renglón. En cada punto se mide una corriente eléctrica di-

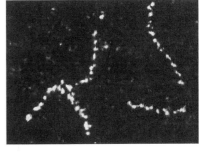

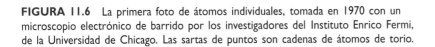

FIGURA 11.6 La primera foto de átomos individuales, tomada en 1970 con un microscopio electrónico de barrido por los investigadores del Instituto Enrico Fermi, de la Universidad de Chicago. Las sartas de puntos son cadenas de átomos de torio.

[3]A veces un modelo es útil aun cuando sea incorrecto. James Watt, escocés, construyó una máquina de vapor que funcionaba en el siglo XVIII, basado en un modelo de calor que después resultó muy incorrecto.

minuta, llamada corriente de tunelización, entre la punta y la superficie. Las variaciones de la corriente indican la topología de la superficie. La imagen de la figura 11.7 muestra muy estéticamente la posición de un anillo de átomos. Las ondulaciones dentro del anillo revelan la naturaleza ondulatoria de la materia. Esta imagen, entre muchas otras, subraya la deliciosa interrelación entre arte y ciencia.

Lo que las imágenes no muestran todavía es el detalle de las partículas subatómicas más pequeñas que componen a los átomos. Los átomos difieren unos de otros en el número de partículas subatómicas que contienen. Las partículas más masivas están enlazadas al centro del átomo y forman el *núcleo* atómico. Rodeando al núcleo están las partículas más diminutas, los electrones. Éstos son los electrones de una corriente eléctrica. Veamos lo descubierto en los electrones y otras partículas subatómicas en el átomo.

FIGURA 11.7 Imagen de 48 átomos colocados en un anillo circular que "acorralan" a electrones sobre un cristal de cobre; fue tomada con un microscopio de barrido y tunelización en el laboratorio Almadén, de IBM, en San José, California.

El electrón

FIGURA 11.8 El experimento de Franklin con la cometa.

El nombre *electrón* proviene del nombre del ámbar en griego. El ámbar es un material resinoso amarillo café, que estudiaron los griegos de la antigüedad. Encontraron que cuando se frota el ámbar con una pieza de paño atraía cosas como pedazos de paja. Este fenómeno, llamado efecto ámbar, permaneció en el misterio durante casi 2000 años. A finales de los años 1500 William Gilbert, el médico de la reina Isabel, encontró otros materiales que se comportaban como el ámbar, y los llamó "eléctricos". El concepto de la carga eléctrica esperó a los experimentos de Benjamín Franklin, científico y político estadounidense, casi dos siglos después. Franklin experimentó con la electricidad y postuló el concepto del fluido eléctrico, que podía pasar de un lugar a otro. Dijo que un objeto con exceso de fluido es eléctricamente positivo, y uno con deficiencia de fluido es eléctricamente negativo. Se consideraba que el fluido atrae la materia ordinaria, pero que se repele a sí mismo. Aunque ya no se habla de un fluido eléctrico, todavía seguimos el rumbo de Franklin para definir la electricidad positiva y negativa. La mayoría de nosotros conocemos el experimento de Franklin, en 1752, con la cometa en una tormenta, demostró que el rayo es una descarga eléctrica entre las nubes y el suelo. Este descubrimiento le indicó que la electricidad no se restringe a los objetos sólidos o líquidos, sino también puede pasar a través de un gas.

Después, los experimentos de Franklin inspiraron a otros científicos a producir corrientes eléctricas a través de diversos gases diluidos y sellados en tubos de vidrio. Uno de ellos fue, en la década de 1870, Sir William Crookes, un científico inglés heterodoxo que creía poder comunicarse con los muertos. Se le recuerda mejor por su "tubo de Crookes", un tubo de vidrio sellado que contiene gas a densidad muy baja, con electrodos den-

Fuente de alto voltaje

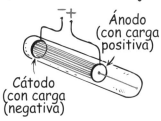

FIGURA 11.9 Un tubo de rayos catódicos sencillo. Se produce una corriente eléctrica en el gas, cuando se aplica un alto voltaje entre los electrodos del interior del tubo.

tro de él, cercanos a cada extremo (el predecesor de los modernos letreros de neón). El gas resplandecía cuando se conectaban los electrodos a una fuente de voltaje (por ejemplo, un acumulador). Los gases distintos resplandecían con distintos colores. Con experimentos hechos con tubos que tenían en su interior rendijas y placas metálicas se demostró que el gas brillaba debido a un "rayo" que venía de la terminal negativa (el *cátodo*). Las rendijas podían hacer que el rayo fuera angosto, y las placas podían evitar que el rayo llegara a la terminal positiva (el *ánodo*). El aparato se llamó *tubo de rayos catódicos* (Figura 11.9). Cuando el tubo era acercado a unas cargas eléctricas, el rayo se desviaba o flexionaba hacia las cargas positivas, y se alejaba de las cargas negativas. También los imanes desviaban al rayo. Todos estos hallazgos indicaban que el rayo estaba formado por partículas con carga negativa.

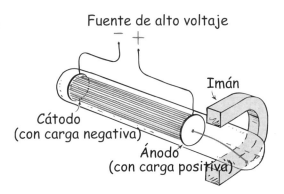

FIGURA 11.10 Un rayo catódico (has de electrones) es desviado por un campo magnético. Es el precursor de los cinescopios y de los monitores de computadora en la actualidad.

Joseph John Thomson (sus amigos lo llamaban "J.J."), físico inglés, demostró en 1897 que los rayos catódicos eran partículas verdaderas, más pequeñas y más ligeras que los átomos, y que aparentemente eran idénticas. Formó haces delgados de rayos catódicos y midió su desviación en campos eléctricos y magnéticos. Dedujo que la cantidad de desviación depende de tres cosas: la masa de las partículas, su velocidad y su carga eléctrica. ¿Cómo dependía el ángulo de desviación de esos factores? Mientras mayor es la masa de cada partícula, la inercia es mayor y la desviación es menor. Mientras mayor sea la carga de cada partícula, la fuerza es mayor y la desviación es mayor. Mientras mayor sea la velocidad, la desviación será menor. Además, a partir de sus mediciones, Thomson pudo establecer que las partículas tienen masas mucho menores que la masa de cualquier átomo. Poco después se le dio el nombre de **electrón** a la partícula de los rayos catódicos. Thomson pudo calcular la relación de masa a carga del electrón. A J.J. se le otorgó el premio Nobel de Física en 1906, por haber establecido la existencia del electrón.

El siguiente científico en investigar las propiedades de los electrones fue Robert Millikan, físico estadounidense. Calculó el valor numérico de una unidad de carga eléctrica con base en un experimento que efectuó en 1909. En éste, Millikan nebulizó gotitas diminutas de aceite en una cámara que estaba entre placas cargadas eléctricamente; es decir, las gotas estaban en un *campo eléctrico*. Cuando el campo era intenso, algunas de las gotitas se movían hacia arriba, síntoma de que portaban una carga negativa muy pequeña. Millikan ajustó el campo de tal modo que las gotitas estuvieran suspendidas sin moverse. Sabía que la fuerza de la gravedad, hacia abajo, estaba equilibrada con exactitud por la fuerza eléctrica, hacia arriba, sobre las gotitas inmóviles. Su experimento demostró que la carga de cada gota es siempre algún múltiplo de un valor único, muy pequeño, que propuso es la unidad fundamental de todas las cargas eléctricas. Millikan fue el primero en determinar la carga del electrón. Con este valor y con la relación determinada por Thomson, calculó que la masa del electrón es más o menos 1/2000 de la masa del átomo más ligero que se conoce: el átomo de hidrógeno. Esto confirmó que el átomo no es ya la mínima partícula de materia. Por sus trabajos en física, Millikan recibió el premio Nobel de 1923.

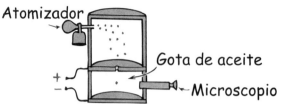

FIGURA 11.11 El experimento de la gota de aceite de Millikan, para determinar la carga del electrón. La atracción de la gravedad en determinada gota se puede contrarrestar por una fuerza eléctrica hacia arriba.

Si los átomos contenían partículas con carga negativa, es razonable deducir que deben contener también materia con carga positiva que la compensare. J.J. Thomson propuso lo que llamó un "modelo de budín de ciruelas" para el átomo, en el que los electrones son como las ciruelas en un mar de budín con carga positiva. Sin embargo, los experimentos posteriores demostraron pronto que ese modelo es incorrecto.

El núcleo atómico

Una imagen más fiel del átomo se debe a Ernest Rutherford, físico inglés nacido en Nueva Zelanda, quien en 1909 supervisó el ahora famoso experimento de la hoja de oro.[4] Este importante experimento demostró que el átomo es principalmente espacio vacío, y que la mayor parte de su masa se concentra en la región central, que es el *núcleo atómico*.

En el experimento de Rutherford se dirigió un haz de partículas con carga positiva (partículas alfa) procedentes de una fuente radiactiva, y se hizo pasar por una hoja de oro extremadamente delgada. Como las partículas alfa son miles de veces más masivas que los electrones, se esperaba que no fueran estorbadas al pasar por el "budín atómico". Fue lo que se observó, principalmente. Casi todas las partículas alfa pasaban a través del oro con desviaciones nulas o pequeñas, y produjeron una mancha de luz al chocar con una pantalla fluorescente atrás de la hoja. Pero algunas fueron desviadas de su trayectoria rectilínea al salir. Unas pocas se desviaron mucho, y todavía menos ¡hasta rebotaron hacia atrás!

FIGURA 11.12 El experimento de la hoja de oro de Rutherford. Las desviaciones de las partículas alfa demostraron que el átomo es casi todo espacio vacío, con una concentración de masa en su centro: el núcleo atómico.

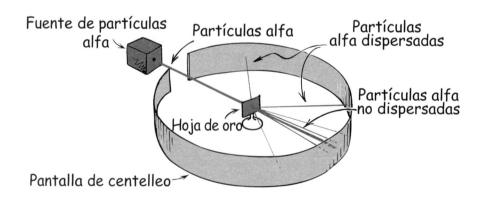

[4] ¿Cómo que "supervisó"? Es para indicar que además de Rutherford hubo más investigadores que intervinieron en este experimento. La extendida práctica de elevar a un solo científico a la posición de investigador único, que casi nunca es el caso, con frecuencia ignora las aportaciones de otros investigadores. Hay bases para decir "hay dos cosas más importantes que el sexo y el dinero, para las personas; son el *reconocimiento* y la *estimación*".

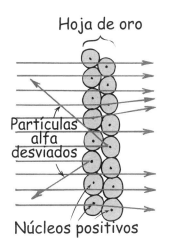

FIGURA 11.13 La mayor parte de las partículas alfa pasan a través de la hoja de oro, casi sin desviarse. Sin embargo, unas cuantas se encuentran con un núcleo y son repelidas, y salen despedidas formando ángulos mayores.

Esas partículas alfa deben haber golpeado algo relativamente masivo ¿pero qué? Rutherford dedujo que las partículas no desviadas atravesaban regiones de la hoja de oro que eran espacio vacío, mientras que la pequeña cantidad de partículas desviadas eran repelidas de centros extremadamente densos, con carga positiva. Cada átomo, dedujo, debe contener uno de esos centros, a los que llamó **núcleo atómico**.

Después, decía Rutherford que su descubrimiento de que las partículas alfa rebotan hacia atrás fue el evento más increíble de su vida, tan increíble como si una bala de 15 pulgadas rebotase en un trozo de papel de seda.

A semejanza del sistema solar, el átomo consiste principalmente en espacio vacío en el que los electrones pasan zumbando. El diámetro de un átomo, en general, es 10,000 veces mayor que el diámetro del núcleo. En consecuencia, si el núcleo tuviera el tamaño del punto final de esta oración, la frontera externa de átomo estaría a más de un metro de distancia. El volumen de un átomo es más de un billón de veces mayor que el volumen de su núcleo.

Como los átomos son principalmente espacio vacío, nosotros y todos los materiales que nos rodean también son espacio vacío. Entonces, ¿por qué los átomos no pasan sencillamente uno a través del otro? La respuesta implica la repulsión eléctrica. Aunque las partículas subatómicas son pequeñas en relación con el volumen del átomo, el alcance de sus campos eléctricos es varias veces mayor que ese volumen. En la superficie externa de cualquier átomo hay electrones, que repelen a los electrones de los átomos vecinos. En consecuencia, los átomos sólo se pueden acercar entre sí hasta que son repelidos (siempre que no se combinen y formen un compuesto químico). Cuando los átomos de tu mano empujan a los átomos de un muro, por ejemplo, las repulsiones eléctricas evitan que tu mano pase a través del muro. Estas mismas repulsiones eléctricas evitan caernos atravesando el piso macizo. También permiten tener el sentido del tacto. Es interesante que cuando tocas a alguien, tus átomos no tocan a los de la persona a quien tocas. En lugar de ello, se acercan hasta que tú sientes las fuerzas de repulsión eléctrica. Todavía queda un hueco diminuto, aunque imperceptible, de espacio entre tú y la persona a quien tocas.

El núcleo contiene casi toda la masa de un átomo, pero sólo ocupa algunas milésimas de billonésima de su volumen. En consecuencia, el núcleo es extremadamente denso. Si se pudieran empacar núcleos desnudos entre sí, en una bola de 1 centímetro de diámetro (más o menos el volumen de un haba) esa bola pesaría ¡133,000,000 de toneladas! Las fuerzas eléctricas gigantescas de repulsión evitan esos empacamientos cercanos de núcleos atómicos, porque cada núcleo tiene carga eléctrica que repele a los demás núcleos. Sólo bajo circunstancias especiales los núcleos de dos o más átomos entran en contacto. Cuando eso sucede puede efectuarse una reacción nuclear violenta. Son las reacciones de fusión termonuclear, y suceden en los centros de las estrellas, y es lo que en último término las hace brillar. Y en una estrella de neutrones aun los electrones son incorporados a los núcleos, neutralizándolos eléctricamente, de modo que la enorme gravedad puede convertir a toda la estrella en un solo gran núcleo.

EXAMÍNATE ¿Qué clase de fuerza evita que los átomos se penetren entre sí?

COMPRUEBA TU RESPUESTA Lo que evita que los átomos se penetren entre sí es la fuerza eléctrica.

El *protón*

Un átomo normal es eléctricamente neutro. Eso significa que la carga positiva de su núcleo debe ser exactamente igual en magnitud a la carga eléctrica negativa combinada de sus electrones. Así, los científicos dedujeron y después demostraron experimentalmente, que en el núcleo residen partículas con carga eléctrica positiva, los **protones**. Todos los protones son idénticos: son copias uno de otro. Aunque se encontró que un solo protón es casi 2000 veces más masivo que el electrón, la carga eléctrica de un solo protón es igual y opuesta a la de un electrón.

La característica principal que diferencia el átomo de un elemento del átomo de otro elemento es la cantidad de protones en el núcleo (en forma equivalente, la cantidad de electrones en torno al núcleo). El átomo de hidrógeno es el más sencillo. Contiene un solo protón y tiene un solo electrón que gira alrededor del anterior. Sigue el átomo de helio. Contiene dos protones rodeados por dos electrones. El átomo de litio tiene tres protones y tres electrones, y así continúa la lista con el átomo de cada elemento sucesivo, que tiene un protón adicional en el núcleo y un electrón adicional en torno al núcleo. (Veremos en la siguiente sección que también los núcleos contienen partículas neutras llamadas neutrones.)

El átomo se comporta como si los electrones formaran capas esféricas concéntricas en torno al núcleo. Hay hasta siete capas, y cada una tiene su propia capacidad en electrones (es interesante que hoy los físicos y los químicos estén buscando una octava capa). La primera capa, la más interior tiene 2 electrones de capacidad, mientras que la séptima, que es la más externa, tiene 32 electrones de capacidad. El arreglo de los electrones en las capas determina propiedades tales como las temperaturas de fusión y de congelación, la conductividad eléctrica y el sabor, la textura, la apariencia y el color de las sustancias. Los arreglos de los electrones, en forma muy literal, dan vida y color al mundo.

Los elementos se clasifican de acuerdo con la cantidad de protones que contienen sus átomos. Esa cantidad es el **número atómico**. El hidrógeno, que contiene un protón por átomo, tiene número atómico 1; el helio, que contiene dos protones por átomo, tiene número atómico 2, y así sucesivamente, en orden hasta el elemento más pesado que se encuentra en la naturaleza, el uranio, con número atómico 92. Los números continúan en los elementos transuránicos (posteriores al uranio) producidos artificialmente; cuando se escribió este texto llegaban los números atómicos hasta el 118. El ordenamiento de los elementos según sus números atómicos forma la **tabla periódica de los elementos** (Figura 11.15).

La tabla periódica presenta los átomos de acuerdo con su número atómico y de acuerdo con su ordenamiento eléctrico. Al avanzar de izquierda a derecha, cada elemento tiene un protón y un electrón más que el elemento anterior. Al avanzar hacia abajo de la tabla, cada elemento tiene una capa más de electrones que el de arriba. Las capas internas están llenas a toda su capacidad, y la capa externa puede estarlo, dependiendo del elemento. Sólo los elementos de la extrema derecha de la tabla tienen las capas externas llenas a toda su capacidad. Rara vez esos elementos se combinan y forman moléculas. Son los *gases nobles*: helio, neón, argón, kriptón, xenón y radón. La tabla periódica es la guía de carreteras del químico.

Los enormes esfuerzos e ingenio humanos que se invirtieron en determinar las regularidades representadas por la tabla periódica son tema de una historia atómico-detectivesca.[5]

En la figura 11.14 se presenta un modelo clásico de los átomos. Los núcleos diminutos están rodeados de electrones que describen órbitas dentro de cascarones esféricos. A medida que aumentan el tamaño y la carga de los núcleos, los electrones son atraídos cada vez más, y los cascarones disminuyen de tamaño. Es la causa de que los átomos pesados, como los de uranio, sólo son un poco más grandes que el átomo de hidrógeno. El modelo clásico del átomo sirve como perspectiva para principiantes, y no se debe tomar

---

[5]Uno de mis sobrinos, John Suchocki, es autor de un tratado escrito con claridad, sobre la tabla periódica, en el capítulo 5 de su *Conceptual Chemistry* (Benjamin Cummings, 2001). Véase también el capítulo 16 de *Conceptual Physical Science—Second Edition*, por Hewitt, Suchocki y Hewitt (Addison Wesley, 1999). ¡Es material interesante!

en forma literal. Por ejemplo, si se dibujaran los núcleos a escala, serían motas apenas visibles. Y en realidad los electrones no "giran en órbita" como sugieren los dibujos, porque esos términos casi carecen de significado al nivel atómico. Es mejor decir que los electrones "hormiguean" o están "dispersos" en torno al núcleo central. Las configuraciones de los electrones y sus interacciones entre sí son la base de la química.

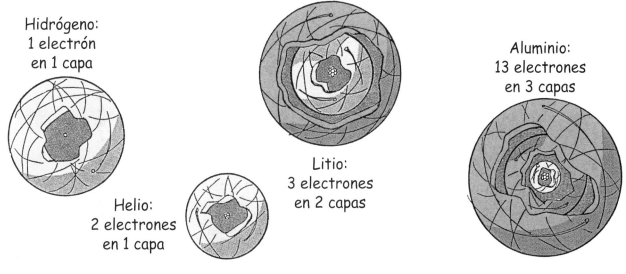

Hidrógeno:
1 electrón
en 1 capa

Helio:
2 electrones
en 1 capa

Litio:
3 electrones
en 2 capas

Aluminio:
13 electrones
en 3 capas

FIGURA 11.14 El modelo clásico del átomo es de un núcleo diminuto rodeado por electrones en órbita, dentro de capas esféricas. Al aumentar la carga del núcleo, los electrones son atraídos más y las capas son cada vez más pequeñas.

El modelo clásico del átomo ha cambiado, y ahora es un modelo que considera que el electrón es una onda estacionaria, muy distinta a una partícula en órbita. Es el modelo mecánico cuántico, introducido en la década de 1920. La **mecánica cuántica** es el estudio de cosas que se presentan en forma de lotes a nivel subatómico, sean lotes de materia o "lotes" de cosas como energía y momento angular. (En los capítulos 31 y 32 se explicarán más los cuantos.)

El neutrón

Al comparar las relaciones de masa entre carga de los diversos núcleos atómicos se ve que el núcleo está formado por más que protones. Por ejemplo, el núcleo de helio tiene el doble de la carga que el núcleo de hidrógeno, pero con cuatro veces la masa de éste. La masa extra se debe a otra partícula, el **neutrón**. Un neutrón tiene más o menos la misma masa que el protón, pero no tiene carga eléctrica.

Si bien la cantidad de protones en un núcleo coincide exactamente con la cantidad de electrones en torno e él, en un átomo neutro, la cantidad de protones en el núcleo no necesita ser igual que la cantidad de neutrones. Por ejemplo, todos los núcleos de hidrógeno tienen un solo protón, pero la mayor parte de ellos no tiene neutrones. Hay un pequeño porcentaje que contiene un neutrón, y otro porcentaje todavía más pequeño que contiene dos neutrones. De igual modo, la mayor parte de los núcleos de hierro con 26 protones, contienen 30 neutrones, mientras que un porcentaje pequeño contiene 29 neutrones. Los átomos del mismo elemento que contienen cantidades distintas de neutrones son **isótopos** del elemento.[6] Todos los distintos isótopos de un elemento tienen la misma cantidad de elec-

[6]No confundas isótopo con *ion*, que es un átomo con carga eléctrica debida a un exceso o deficiencia de electrones.

Grupo

Periodo

1	2	3	4	5	6	7	8	9
1 **H** Hidrógeno 1.0079								
3 **Li** Litio 6.941	4 **Be** Berilio 9.012							
11 **Na** Sodio 22.990	12 **Mg** Magnesio 24.305							
19 **K** Potasio 39.098	20 **Ca** Calcio 40.078	21 **Sc** Escandio 44.956	22 **Ti** Titanio 47.88	23 **V** Vanadio 50.942	24 **Cr** Cromo 51.996	25 **Mn** Manganeso 54.938	26 **Fe** Hierro 55.845	27 **Co** Cobalto 58.933
37 **Rb** Rubidio 85.468	38 **Sr** Estroncio 87.62	39 **Y** Itrio 88.906	40 **Zr** Zirconio 91.224	41 **Nb** Niobio 92.906	42 **Mo** Molibdeno 95.94	43 **Tc** Tecnecio 98	44 **Ru** Rutenio 101.07	45 **Rh** Rodio 102.906
55 **Cs** Cesio 132.905	56 **Ba** Bario 137.327	57 **La** Lantano 138.906	72 **Hf** Hafnio 178.49	73 **Ta** Tantalio 180.948	74 **W** Tungsteno 183.84	75 **Re** Renio 186.207	76 **Os** Osmio 190.23	77 **Ir** Iridio 192.22
87 **Fr** Francio 223	88 **Ra** Radio 226.025	89 **Ac** Actinio 227.028	104 **Rf** Rutherfordio 261	105 **Db** Dubnio 262	106 **Sg** Seaborgio 263	107 **Bh** Bohrio 262	108 **Hs** Hassio 265	109 **Mt** Meitnerio 266

Lantánidos

58 **Ce** Cerio	59 **Pr** Praseodimio	60 **Nd** Neodimio	61 **Pm** Prometio	62 **Sm** Samario

Actínidos

90 **Th** Torio 232.038	91 **Pa** Protactinio 231.036	92 **U** Uranio 238.029	93 **Np** Neptunio 237.048	94 **Pu** Plutonio 244

Metal

Metaloide

No metal

FIGURA 11.15 Tabla periódica de los elementos. El número que está arriba del símbolo químico es el *número atómico*; el número que está abajo es la *masa atómica* promediada de acuerdo con la abundancia de los isótopos en la superficie terrestre y expresada en unidades de masa atómica. Las masas atómicas de los elementos radiactivos se muestran entre paréntesis, y son números enteros más próximos al isótopo más estable del elemento.

								18
								2 **He** Helio 4.003

			13	14	15	16	17	
			5 **B** Boro 10.811	6 **C** Carbono 12.011	7 **N** Nitrógeno 14.007	8 **O** Oxígeno 15.999	9 **F** Flúor 18.998	10 **Ne** Neón 20.180
10	11	12	13 **Al** Aluminio 26.982	14 **Si** Silicio 28.086	15 **P** Fósforo 30.974	16 **S** Azufre 32.066	17 **Cl** Cloro 35.453	18 **Ar** Argón 39.948
28 **Ni** Níquel 58.69	29 **Cu** Cobre 63.546	30 **Zn** Zinc 65.39	31 **Ga** Galio 69.723	32 **Ge** Germanio 72.61	33 **As** Arsénico 74.922	34 **Se** Selenio 78.96	35 **Br** Bromo 79.904	36 **Kr** Kriptón 83.8
46 **Pd** Paladio 106.42	47 **Ag** Plata 107.868	48 **Cd** Cadmio 112.411	49 **In** Indio 114.82	50 **Sn** Estaño 118.71	51 **Sb** Antimonio 121.76	52 **Te** Teluro 127.60	53 **I** Yodo 126.905	54 **Xe** Xenón 131.29
78 **Pt** Platino 195.08	79 **Au** Oro 196.967	80 **Hg** Mercurio 200.59	81 **Tl** Talio 204.383	82 **Pb** Plomo 207.2	83 **Bi** Bismuto 208.980	84 **Po** Polonio 209	85 **At** Astatino 210	86 **Rn** Radón 222
110 **Uun** 269	111 **Uuu** 272	112 **Uub** 277		114 **Uuq**		116 **Uuh**		118 **Uuo**

63 **Eu** Europio	64 **Gd** Gadolinio	65 **Tb** Terbio	66 **Dy** Disprosio	67 **Ho** Holmio	68 **Er** 68 Erbio	69 **Tm** Tulio	70 **Yb** Iterbio	71 **Lu** Lutecio
95 **Am** Americio 243	96 **Cm** Curio 247	97 **Bk** Berkelio 247	98 **Cf** Californio 251	99 **Es** Einsteinio 252	100 **Fm** Fermio 257	101 **Md** Mendelevio 258	102 **No** Nobelio 259	103 **Lr** Lawrencio 262

FIGURA 11.16 El núcleo de helio tiene dos protones y dos neutrones. Comparado con un protón, tiene el doble de la carga y cuatro veces la masa (una partícula alfa no es más que un núcleo de helio).

trones, así que en su mayor parte se componen en forma idéntica. Los átomos de hidrógeno en el H_2O, por ejemplo, pueden contener un neutrón o no. El oxígeno no "nota la diferencia". Pero si hay una cantidad importante de átomos de hidrógeno que tengan neutrones, el H_2O es un poco más denso y se llama, con propiedad, "agua pesada".

La masa total de un átomo es la suma de las masas de todos sus componentes (protones, neutrones y electrones) menos una cantidad insignificante de masa que se convirtió en energía cuando se unieron los componentes para formar el átomo (aclararemos esto en el capítulo 34). La masa de un átomo se expresa en gramos o en kilogramos; sin embargo, es un número tan pequeño que es difícil trabajar con él. En química y en física se inventó una unidad llamada **unidad de masa atómica**, o **uma**, que facilita mucho la comparación de las masas de átomos diferentes. La masa aproximada de un solo protón o neutrón equivale a 1 uma, por lo que la masa de un átomo, en unidades de masa atómica, no es más que la suma de sus protones y neutrones, y se llama **número de masa atómica** (la masa de un electrón es tan pequeña que se puede despreciar).

La mayor parte de los elementos tienen varios isótopos. El número de masa atómica de cada elemento de la tabla periódica es el promedio ponderado de las masas de esos isótopos, basada en la frecuencia de cada uno sobre la Tierra. Por ejemplo, el carbono con seis protones y seis neutrones tiene masa atómica igual a 12.000 uma. Sin embargo, más o menos 1% de todos los átomos de carbono contienen siete neutrones. El isótopo pesado eleva la masa atómica promedio del carbono de 12.000 a 12.011 uma.

EXAMÍNATE

1. ¿Qué contribuye más a la masa de un átomo, los electrones o los protones? ¿Y al volumen (el tamaño) de un átomo?

2. Si dos átomos son isótopos entre sí, ¿tienen el mismo *número atómico*? ¿Tienen el mismo *número de masa atómica*?

Quarks

Hemos visto así que los átomos, que alguna vez se creía son las unidades más pequeñas de materia, están formados por electrones y núcleos atómicos. Y ya vimos que el núcleo está formado por protones y neutrones. Paso a paso se revela la construcción del átomo. Surge entonces la pregunta, ¿los protones y los neutrones están formados por partículas todavía más pequeñas? La respuesta, a partir de la década de 1960, es sí. Estas partículas fundamentales se llaman **quarks**. Murray Gell-Mann, físico teórico, las propuso por primera vez en 1963 (escogió el nombre de *quark* en una cita de *Finnegan's Wake*, de James Joyce). Los principales bloques de construcción de todos los protones y neutrones son dos clases de quarks. Una clase tiene el caprichoso nombre de *quark up* (arriba) y la otra el de *quark down* (abajo). Un protón está formado por tres quarks, dos up y uno down. El neutrón está formado por un up y dos down.

COMPRUEBA TUS RESPUESTAS

1. Los protones contribuyen más a la masa de un átomo; los electrones contribuyen más a su tamaño.

2. Los dos átomos tienen el mismo número atómico, pero distintos números de masa atómica (porque tienen la misma cantidad de protones en el núcleo, pero cantidades distintas de neutrones).

Así como Rutherford pudo deducir algo acerca de la estructura interna del átomo, al bombardearlo con partículas alfa, se han conseguido pruebas de la existencia de los quarks bombardeando los núcleos con electrones de alta energía. Los quarks son pequeñas cosas muy interesantes. Parecen ser "partículas tímidas" que sólo existen dentro de partículas mayores como protones y neutrones; pero nunca están aisladas. Ellas y los electrones se consideran hoy como partículas *fundamentales*, a diferencia de las partículas *compuestas* como protones, neutrones y los núcleos completos.

¿Aun las partículas fundamentales estarán formadas por otras partículas más pequeñas? Algunos físicos creen que sí. Están estudiando la "teoría de las supercuerdas", que postula que el corazón de cada partícula consiste en hilos abiertos o cerrados, en vibración. Interrumpiremos nuestra explicación de los quarks y las cuerdas, y la dejaremos para tus lecturas adicionales.

Elementos, compuestos y mezclas

Ciertos sólidos como el oro, líquidos como el mercurio y gases como el neón, están formados por una sola clase de átomos. A esas sustancias se les llama *elementos*.

Otros sólidos como los cristales de la sal de mesa, líquidos como el agua y gases como el metano están formados por elementos que están combinados químicamente. Se

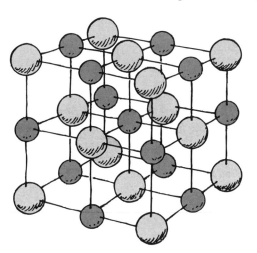

FIGURA 11.17 La sal de mesa (NaCl) es un compuesto cristalino que no está formado por moléculas. Los átomos de sodio y de cloro se ordenan en una pauta repetitiva, donde cada átomo está rodeado de seis átomos del otro elemento.

llaman **compuestos** (químicos). La mayor parte de los compuestos tienen propiedades muy distintas de los elementos que los forman. El sodio es un metal que reacciona con violencia con el agua. El cloro es un gas venenoso y verdoso. Sin embargo, el compuesto que forman esos dos elementos es la inofensiva sal cristalina (NaCl), que esparces sobre las papas. A temperaturas ordinarias, el agua (H_2O) es un líquido, pero a esas mismas temperaturas tanto el hidrógeno como el oxígeno son gases; son cosas muy distintas.

FIGURA 11.18 Modelos de moléculas sencillas. Los átomos de una molécula no tan sólo se mezclan entre sí, sino se unen en formas bien definidas.

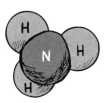

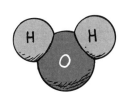

Los compuestos sólo se forman cuando los elementos reaccionan químicamente y se enlazan entre sí. Pero no todas las sustancias reaccionan químicamente entre sí cuando se ponen en contacto. Las sustancias que se mezclan entre sí sin combinarse químicamente se llaman **mezclas**. La arena mezclada con sal es una mezcla. El hidrógeno y el oxígeno gaseosos forman una mezcla hasta que se encienden, en cuyo caso forman el compuesto agua. Una mezcla común de la que dependemos todos nosotros es la de nitrógeno y oxígeno, con un poco de argón y pequeñas cantidades de dióxido de carbono y otros gases. Es el aire que respiramos.

EXAMÍNATE La sal de mesa, ¿es un elemento, un compuesto o una mezcla?

Moléculas

Muchos compuestos, aunque no todos, están formados por *moléculas*. Una **molécula** es la unidad más pequeña de sustancia, formada por dos o más átomos unidos al compartir electrones entre ellos. (Se dice que esos átomos tienen *enlace covalente, enlace homopolar* o *enlace de par electrónico*.) Una molécula puede ser tan sencilla como la combinación de dos átomos de oxígeno (O_2) o de nitrógeno (N_2), que forman la mayor parte del aire que respiramos. Dos átomos de hidrógeno se combinan con un solo átomo se oxígeno para producir una molécula de agua (H_2O). Si sustituimos el oxígeno por nitrógeno y agregamos otro átomo de hidrógeno, obtendremos amoniaco (NH_3). Al cambiar un átomo en una molécula se puede producir una inmensa diferencia. Por ejemplo, en la clorofila hay un anillo de átomos de hidrógeno, carbono y oxígeno que rodea a un solo átomo de magnesio. Si el átomo de magnesio se sustituye por oxígeno, la sustancia se reordena y forma el anillo semejante al de la hemoglobina (una proteína de la sangre). Así, un átomo puede ser la diferencia entre una molécula útil para las plantas y otra útil para las personas.

Una molécula se puede dividir en átomos que tienen sus propias propiedades químicas. El fácil experimento de la figura 11.19 lo demuestra. Se colocan dos alambres conectados a las terminales de un acumulador ordinario en un vaso de agua, con un poco de ácido sulfúrico para que haya conductividad. Se colocan los alambres en los lados opuestos del vaso, para que no se toquen, y se ve que se forman burbujas de gas en ellos. Si puedes recolectar esos gases verás que tienen propiedades químicas totalmente distintas a las del vapor de agua. Uno de los gases es hidrógeno y el otro es oxígeno. Si se mezclan esos gases y se encienden con un fósforo sucede una ignición rápida o explosión. La explosión es la combinación violenta del hidrógeno y el oxígeno para formar agua de nuevo. Pregunta de repaso: ¿cómo se compara la cantidad de energía que se libera de repente con la que se tomó en forma gradual del acumulador para separar los gases? Correcto, las cantidades son iguales. ¡Reina la conservación de la energía!

COMPRUEBA TU RESPUESTA Si la sal fuera un elemento estaría en la tabla periódica; pero no está. La sal pura es un compuesto formado por los elementos sodio y cloro, que se representa en la figura 11.17. Observa que los átomos de sodio y los de cloro están ordenados en una pauta tridimensional repetitiva; esa pauta es lo que se llama un cristal. Cada sodio está rodeado por seis cloros, y cada cloro está rodeado por seis sodios. Es interesante que no haya grupos separados sodio-cloro que se pueda decir que son moléculas. En el sentido estricto, la sal común de mesa es una mezcla, con frecuencia con pequeñas cantidades de yoduro de potasio y azúcar. El yodo ha borrado, virtualmente, un padecimiento de tiempos antiguos: la inflamación de la glándula tiroides, el temido bocio. Las cantidades diminutas de azúcar evitan la oxidación de la sal, que de otra forma se volvería amarilla.

El efecto placebo*

Las personas siempre han buscado curanderos que les ayuden con sus sufrimientos físicos y sus temores. Como tratamiento, los curanderos tradicionales suelen administrar hierbas, cánticos, o pasar las manos sobre el cuerpo del paciente. Sucede que con más frecuencia sí, que no, ¡se presenta una mejoría! Es el *efecto placebo*. Un placebo puede ser una práctica de cura o una sustancia (píldora) que contenga elementos o moléculas que no tengan valor médico. Pero es notable que el efecto placebo sí tiene bases biológicas. Sucede que cuando tienes temor del dolor, la respuesta del cerebro *no* es movilizar los mecanismos curativos en tu organismo; en lugar de ello prepara al organismo contra una amenaza externa. Es una adaptación evolutiva que asigna la máxima prioridad a evitar más daños. Unas hormonas se liberan debido a la tensión, en el torrente sanguíneo, que aumentan la respiración, la presión sanguínea y el ritmo cardíaco; son cambios que normalmente suelen impedir la curación. El cerebro te prepara para la acción; la recuperación puede esperar.

Es la causa de que un buen curandero o médico tiene como primer objetivo aliviar el dolor. La mayoría de nosotros comenzamos a sentirnos mejor antes de salir del consultorio del curandero o del doctor. Antes de 1940 la mayor parte de la medicina se basaba en el efecto placebo, cuando casi las únicas medicinas en los maletines de los doctores eran laxantes, aspirinas y pastillas de azúcar. La explicación es la siguiente. El dolor es una señal que recibe el cerebro de que algo está mal y que requiere atención. La señal se induce en el lugar de la inflamación por las prostaglandinas liberadas por los glóbulos blancos de la sangre.

La aspirina bloquea la producción de prostaglandinas y en consecuencia alivia el dolor. El mecanismo del alivio del dolor mediante un placebo es muy distinto. El placebo engaña al cerebro y lo hace pensar que lo que haya de malo ya se está atendiendo. Entonces la señal del dolor disminuye por la liberación de endorfinas, proteínas semejantes a los opiatos que se encuentran naturalmente en el cerebro. Así, en lugar de bloquear la *producción* de prostaglandinas, las endorfinas bloquean su *efecto*. Cuando se alivia el dolor, el organismo se puede enfocar en la curación.

Siempre (¡y todavía!) se ha empleado el efecto placebo, con los curanderos y otras personas que dicen tener curas milagrosas fuera de los ámbitos de la medicina moderna. Esos curanderos aprovechan la tendencia del público a creer que si B es consecuencia de A, entonces B es *causado* por A. La cura se podría deber al curandero, pero también se podría deber a que el organismo se repara solo. Aunque el efecto placebo seguramente puede influir sobre la percepción del dolor, no se ha demostrado que influya sobre la capacidad del organismo para combatir la enfermedad o reparar los daños.

¿Funciona el efecto placebo en los que creen que al usar cristales, imanes o ciertas pulseras metálicas mejora su salud? En caso afirmativo ¿se perjudican al creerlo así, aunque no haya pruebas científicas? Es muy inofensivo abrigar creencias positivas, pero no siempre. Si una persona tiene un problema grave que requiere del tratamiento médico moderno y confía en esas ayudas puede tener resultados desastrosos si usara sustitutos del auxilio médico. El efecto placebo tiene limitaciones reales.

* Adaptado de *Voodoo Science—The Road from Foolishness to Fraud*, Robert Park, Oxford, 2000.

FIGURA 11.19 Cuando pasa corriente eléctrica a través de agua con un poco de ácido sulfúrico, se forman burbujas de oxígeno en el alambre de la izquierda, y burbujas de hidrógeno en el alambre de la derecha.

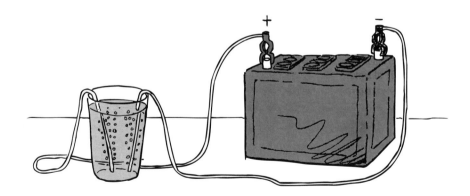

Se requiere energía para separar las moléculas. Esto se puede comprender imaginando un par de imanes pegados. Así como se requiere algo de "energía muscular" para separar los imanes, la descomposición de las moléculas requiere energía. La energía que separa el CO_2 atmosférico en las hojas de los árboles la suministra la luz solar. Esta energía es almacenada en las moléculas de carbohidratos en el árbol. Permanece almacenada hasta que el árbol se oxida, sea con lentitud al pudrirse, o con rapidez al quemarse. Entonces se libera la misma cantidad de energía que la que suministró el Sol. Así, la lenta calidez de la composta en descomposición, o el rápido calentamiento de una fogata en realidad son ¡el calor de la luz solar!

EXAMÍNATE ¿Cuántos núcleos atómicos hay en un solo átomo de oxígeno? ¿En una sola molécula de oxígeno?

Cuando se oxida la madera o cualquier combustible, el oxígeno se combina con el carbono, se libera energía y se produce dióxido de carbono. A este proceso se le llama *combustión*, la combinación del oxígeno y del carbono para formar dióxido de carbono. Se efectúa con lentitud en el metabolismo, y con rapidez en las llamas. Si la combustión es muy rápida, como en los cilindros de un motor de gasolina, también se produce monóxido de carbono.

Hay más cosas que pueden arder, además de las que contienen carbono e hidrógeno. El hierro "arde" (se oxida) también. Es lo que le pasa al oxidarse, la combinación lenta de átomos de oxígeno con átomos de hierro, liberando energía. Cuando se acelera la combustión de hierro, sirve de fuente de calor en los paquetes que usan los esquiadores y los montañistas en invierno, para calentar las manos. Todo proceso en el que se reordenan los átomos y forman moléculas distintas se llama *reacción química*.

Nuestro sentido del olfato es sensible a cantidades extremadamente pequeñas de moléculas. Nuestros órganos olfatorios distinguen con claridad a gases perjudiciales como el ácido sulfhídrico (que huele a huevos podridos), amoniaco y éter. El olor del perfume es el resultado de moléculas que se evaporan con rapidez y vagan en forma errática en el aire hasta que algunas se acercan a nuestra nariz lo suficiente para ser inhaladas. Sólo son unas pocas de los miles de millones de moléculas erráticas que, en su vagar sin rumbo, van a parar a la nariz. Puedes darte una idea de la rapidez de la difusión molecular en el aire al estar en tu recámara y oler los alimentos muy poco tiempo después que se abre la puerta del horno en la cocina.

Antimateria

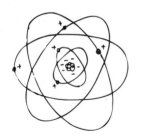

FIGURA 11.20 Un átomo de antimateria tiene núcleo con carga negativa rodeado por positrones.

Mientras que la materia está formada por átomos con núcleos cargados positivamente, y por electrones con carga negativa, la **antimateria** está formada por átomos con núcleos negativos y electrones positivos, o *positrones*.

Los positrones fueron descubiertos en 1932, en los rayos cósmicos que bombardean la atmósfera terrestre. Hoy, en los laboratorios se producen antipartículas de todo tipo, usando grandes aceleradores nucleares. Un positrón tiene la misma masa que un electrón, y su carga tiene la misma magnitud, pero signo contrario. Los antiprotones tienen la misma masa que los protones, pero tienen carga negativa. El primer antiátomo completo, un positrón en órbita en torno a un antiprotón, se fabricó en 1995. Toda partícula con carga tiene una antipartícula de la misma masa, pero de carga contraria. Las partículas neutras (como el neutrón) también tienen antipartículas, iguales en masa y en algunas otras propiedades, pero contrarias en otras. Para toda partícula hay una antipartícula. Hasta hay antiquarks.

La fuerza gravitacional no distingue entre materia y antimateria; ambas se atraen entre sí. También, no hay medio para decir si algo está hecho de materia o de antimate-

---

COMPRUEBA TU RESPUESTA Hay un núcleo en un átomo de oxígeno (O), y dos en la combinación de dos átomos de oxígeno que forma la molécula de oxígeno (O_2).

ria por la luz que emite. Sólo podemos decir, mediante sutiles efectos nucleares, difíciles de medir, si una galaxia lejana está hecha de materia o de antimateria. Pero si una antiestrella se encontrara con otra estrella, la historia sería distinta. Se aniquilarían entre sí y la mayor parte de su materia se convertiría en energía radiante (es lo que le pasó al antiátomo creado en 1995, que se aniquiló con rapidez y produjo una ráfaga de energía). Este proceso, más que cualquiera otro conocido, da como resultado la máxima producción de energía por gramo de la sustancia: $E = mc^2$, con 100% de conversión de la masa.[7] (En contraste, la fisión y la fusión nuclear convierten menos del 1% de la materia que interviene en ellas.)

No puede haber materia y antimateria en nuestra cercanía, al menos no en cantidades apreciables o durante tiempos apreciables, porque algo hecho de antimateria se transformaría por completo en energía radiante tan pronto tocara la materia, consumiendo en el proceso una cantidad igual de materia normal. Si la Luna fuera de antimateria, por ejemplo, tan pronto como una de nuestras naves espaciales la tocara se produciría un destello de radiación energética. La nave y una cantidad igual de antimateria de la Luna desaparecerían en una explosión de energía radiante. Sabemos que la Luna no es de antimateria, porque eso no sucedió durante las misiones lunares. (En realidad, los astronautas no corrían este riesgo, porque las pruebas anteriores demostraron que la Luna está hecha de materia.) ¿Pero y otras galaxias? Hay fuertes razones para creer que en la parte del universo que conocemos (es el "universo observable"), las galaxias están hechas sólo de materia normal, además de alguna antipartícula transitoria. ¿Pero y en universo más allá? ¿O en otros universos? No lo sabemos.

EXAMÍNATE Si un cuerpo de 1 g de antimateria se encuentra con un cuerpo de 10 g de antimateria, ¿qué masa sobrevive?

Materia oscura

Sabemos que los elementos de la tabla periódica no están confinados al planeta Tierra. Según los estudios de la radiación procedente de otras partes del universo, se ha encontrado que las estrellas y otros objetos "de por allá" están formados por las mismas partículas que tenemos en la Tierra. Las estrellas emiten luz que produce los mismos "espectros atómicos" (Capítulo 30) que los elementos de la tabla periódica. ¡Qué maravilloso es encontrar que las leyes que rigen la materia en la Tierra se extienden por todo el universo observable. Sin embargo, queda un detalle incómodo. Hay bastante más masa por allá que la que podemos ver.

Los astrofísicos hablan de la **materia oscura**, que no se puede ver y que tira de las estrellas y de las galaxias que *se pueden ver*. Las fuerzas gravitacionales en el interior de las galaxias se han medido y resultado mucho mayores que las que puede producir la materia visible. Se calcula que la materia oscura forma un 90% de la masa del universo. Sea lo que sea, es posible que algo, la mayor parte o toda ella sea una materia "exótica", muy distinta de los elementos que forman la tabla periódica, y distinta de cualquier extensión de la actual lista de los elementos. Parece que es algo distinto. Cuando se escribió este libro, todavía no había sido identificada esa materia oscura. Abundan las especulaciones, pero todavía no se sabe qué es.

COMPRUEBA TU RESPUESTA Sobreviven 9 g de materia (los otros 2 g se convierten en energía radiante).

---

[7]Algunos físicos creen que inmediatamente después del Big Bang, el universo temprano tenía miles de millones de veces más de partículas que ahora, y que una extinción casi total entre materia y antimateria sólo dejó la cantidad de materia que hay ahora.

Richard Feynman sacudía la cabeza con frecuencia al decir que no sabía nada. Cuando él y otros físicos de primera línea dicen que no saben nada, quieren decir que lo que *sí* saben se parece más a nada que lo que *pueden* saber. Los científicos saben lo suficiente como para darse cuenta que tienen un asidero relativamente pequeño en un enorme universo todavía lleno de misterios. Desde un punto de vista retrospectivo, los científicos de hoy saben mucho más que sus antecesores de hace un siglo, y los de entonces sabían mucho más que *sus* antecesores. Pero desde nuestro punto de observación actual, al ver hacia adelante hay mucho por aprender. John A. Wheeler, asesor de posgrado de Feynman, cree que el siguiente nivel de la física pasará del *cómo* al *por qué*, al significado. Apenas estamos rascando la superficie.

Resumen de términos

Antimateria   Una forma "complementaria" de materia; las antipartículas tienen la misma masa que las partículas, pero su carga y algunas otras propiedades son opuestas.

Átomo   La partícula más pequeña de un elemento que tiene todas las propiedades químicas del elemento.

Compuesto   Sustancia material que contiene dos o más elementos unidos a nivel atómico.

Electrón   La partícula con carga negativa en un átomo.

Isótopos   Distintas formas de un elemento cuyos átomos contienen la misma cantidad de protones, pero cantidades distintas de neutrones.

Materia oscura   Materia no observada y no identificada, que se manifiesta por su atracción gravitacional sobre las estrellas en las galaxias; forma quizá el 90% de la materia del universo.

Mecánica cuántica   La teoría del mundo en pequeña escala, que incluye propiedades ondulatorias de la materia.

Mezcla   Sustancia cuyos componentes están mezclados entre sí, sin combinarse químicamente.

Molécula   La partícula más pequeña de un compuesto que tiene todas las propiedades químicas del compuesto. Los átomos se combinan y forman moléculas.

Movimiento browniano   El movimiento errático de partículas diminutas suspendidas en un gas o en un líquido, a causa del bombardeo que sufren por moléculas rápidas del gas o líquido.

Neutrón   La partícula eléctricamente neutra en un núcleo atómico.

Núcleo atómico   El interior de un átomo, formado por dos partículas subatómicas básicas, los protones y los neutrones.

Número atómico   La cantidad que indica la identidad de un elemento; es la cantidad de protones en el núcleo de un átomo; en un átomo neutro, el número atómico también es igual a la cantidad de electrones.

Protón   La partícula con carga positiva en un núcleo atómico.

Reacción química   El proceso de rearreglo de átomos, con el que una molécula se transforma en otra.

Tabla periódica   Una tabla que muestra los elementos ordenados por su número atómico y por sus configuraciones electrónicas, de tal modo que los elementos con propiedades químicas parecidas están en la misma columna. (Véase la figura 11.15.)

Unidad de masa atómica (uma)   La unidad patrón de masa atómica, igual a la doceava parte de la masa del átomo común de carbono; se le asigna en forma arbitraria el valor exacto de 12.

Lecturas sugeridas

Feynman, R. P., R. B. Leighton y M. Sands. *The Feynman Lectures on Physics*, vol. I, cap. 1. Reading, Mass.: Addison-Wesley, 1963.

Suchocki, J. *Conceptual Chemistry*. San Francisco: Benjamin Cummings, 2002.

Preguntas de repaso

La hipótesis atómica

1. ¿Qué hace que las partículas de polvo y que los diminutos granos de hollín tengan movimiento browniano?

2. ¿Quién explicó por primera vez el movimiento browniano, y demostró de modo convincente la existencia de los átomos?

3. Según Richard Feynman, ¿cuándo se atraen los átomos entre sí y cuándo se repelen?

Los elementos

4. ¿Cuántos elementos se conocen (o se conocían cuando este libro salió de la imprenta)? ¿Cuántos de ellos se encuentran en la naturaleza?

5. El hidrógeno, ¿es un átomo o un elemento?

6. ¿Dónde se originan los elementos más pesados que el hidrógeno?

7. ¿Cuáles son los cuatro elementos más comunes en los seres vivientes?

8. ¿Cómo se compara la cantidad aproximada de átomos en el aire que hay en tus pulmones con la cantidad de respiraciones de aire en la atmósfera de todo el mundo?

9. ¿Qué propósito tiene un modelo en la ciencia?

Imágenes atómicas

10. ¿Por qué los átomos no se pueden ver con un microscopio óptico poderoso?

11. ¿Por qué los átomos sí se pueden ver con un haz de electrones?

El electrón

12. ¿Qué descubrió Benjamín Franklin acerca del rayo, en su experimento famoso con la cometa en una tormenta de rayos?

13. ¿Qué es un rayo catódico?

14. ¿Qué propiedad de un rayo catódico se puede ver cuando se acercan cargas eléctricas y magnéticas al tubo?

15. ¿Qué descubrió J. J. Thomson acerca de los rayos catódicos?

16. ¿Qué descubrió Robert Millikan acerca del electrón?

El núcleo atómico

17. ¿Qué descubrió Ernest Rutherford acerca del átomo?

18. ¿Cuál fue el destino de la gran mayoría de las partículas alfa dirigidas hacia la hoja de oro en el laboratorio de Rutherford?

19. ¿Cuál fue el destino de una fracción diminuta de las partículas alfa, lo que asombró a Rutherford?

20. ¿Por qué decimos que los materiales en nuestro mundo son "espacio vacío" en su mayor parte?

El protón

21. ¿Cómo se comparan la masa y la carga eléctrica de un protón con las correspondientes de un electrón?

22. ¿Qué te dice el número atómico de un elemento acerca de ese elemento?

23. El núcleo de un átomo neutro de hierro contiene 26 protones. ¿Cuántos electrones contiene un átomo neutro de hierro?

El neutrón

24. ¿Cómo se comparan la masa y la carga de un protón con las de un neutrón?

25. ¿Qué son los isótopos?

26. ¿Qué te dice el número de masa atómica de un elemento acerca de ese elemento?

Quarks

27. ¿De qué partículas fundamentales están formados los protones y los neutrones?

Elementos, compuestos y mezclas

28. ¿Qué es un compuesto? Describe tres ejemplos.

29. ¿Qué es una mezcla? Describe tres ejemplos.

Moléculas

30. ¿Cuál es la diferencia entre una molécula y un átomo?

31. En comparación con la energía que se requiere para separar el oxígeno y el hidrógeno del agua, ¿cuánta energía se emite cuando se combinan? (¿Cuál principio de la física se ilustra aquí?)

Antimateria

32. ¿En qué difieren la materia y la antimateria?

33. ¿Qué sucede cuando se encuentran una partícula de materia y una de antimateria?

Materia oscura

34. ¿Qué pruebas hay de la existencia de la materia oscura?

Proyecto

Una vela sólo arde cuando hay oxígeno presente. ¿Arderá una vela durante el doble de tiempo en un frasco invertido de un litro de capacidad de medio litro? Haz la prueba.

Ejercicios

1. ¿Cuántos átomos individuales hay en una molécula de agua?

2. Cuando se calienta un recipiente lleno de gas, ¿qué le sucede a la velocidad promedio de sus moléculas?

3. Un gato camina por el patio. Una hora después pasa un perro, con su nariz pegada al suelo, siguiendo los rastros del gato. Explique lo que sucede desde un punto de vista molecular.

4. Si no pudieran escapar las moléculas en un cuerpo, ¿tendría olor ese cuerpo?

5. La velocidad promedio de una molécula de vapor de perfume, a la temperatura ambiente, podría ser unos 300 m/s, pero verás que la rapidez con que se propaga el aroma por el recinto es mucho menor. ¿Por qué?

6. ¿Cuáles átomos son más viejos, los del organismo de una persona mayor o los de un recién nacido?

7. ¿Dónde se "fabricaron" los átomos que forman a un recién nacido?

8. Hay una clase de meteoritos que se llaman condritas, que contienen una abundancia relativa de elementos idéntica a la abundancia relativa que se observa en el Sol (a excepción de los elementos volátiles como hidrógeno y helio). ¿Qué parece indicar este hallazgo científico acerca del origen del sistema solar?

9. ¿Cuál de los siguientes no es un elemento? Hidrógeno, carbono, oxígeno, agua.

10. Dos elementos distintos ¿pueden contener la misma cantidad de protones? En caso afirmativo, describe un ejemplo.

11. ¿Por qué el movimiento browniano sólo se nota en partículas microscópicas?

12. ¿Por qué los átomos son visibles con un microscopio electrónico, pero son invisibles hasta con el microscopio óptico ideal?

13. Si se ordenaran los elementos por masa atómica creciente en lugar de por número atómico creciente, ¿se obtendría el mismo ordenamiento? (Para contestar, revisa la tabla periódica.)

14. ¿Cuáles de los siguientes son elementos puros: H_2, H_2O, He, Na, NaCl, H_2SO_4, U?

15. ¿Cuántos átomos hay en una molécula de etanol, C_2H_6O?

16. Las masas atómicas de dos isótopos del cobalto son 59 y 60. a) ¿Cuál es la cantidad de protones y neutrones de cada uno? b) ¿Cuál es la cantidad de electrones en órbita de cada uno, cuando los isótopos son eléctricamente neutros?

17. Cierto átomo contiene 29 electrones, 34 neutrones y 29 protones. ¿Cuál es el número atómico de este elemento, y cuál es ese elemento?

18. Un radica es un grupo de átomos que se comporta como una sola partícula al combinarse con átomos o con otros radicales. El radical hidroxilo es OH. ¿Qué compuesto común lo contiene?

19. La gasolina sólo contiene átomos de hidrógeno y de carbono. Sin embargo, cuando se quema la gasolina se producen óxido y dióxido de nitrógeno. ¿Cuál es el origen de los átomos de nitrógeno y de oxígeno?

20. Un árbol está compuesto principalmente por carbono. ¿De dónde obtiene su carbono?

21. ¿Cómo es que la cantidad de protones de un núcleo atómico determina las propiedades químicas del elemento?

22. ¿Cuál sería el resultado más valioso: tomar un protón de cada núcleo en una muestra de oro, o agregar un protón a cada núcleo de oro? Explica por qué.

23. Si de un núcleo de un átomo de oxígeno se sacan dos protones y dos neutrones, ¿qué núcleo queda?

24. ¿Qué elemento resulta si agregas un par de protones a un átomo de mercurio? (Véase la tabla periódica.)

25. ¿Qué elemento resulta si un núcleo de radio expulsa dos protones y dos neutrones?

26. Podrías ingerir una cápsula de germanio sin efectos perjudiciales. Pero si a cada núcleo de átomo de germanio se le agregara un protón, no ingerirías la cápsula. ¿Por qué? (Consulta la tabla periódica de los elementos.)

27. ¿Cuál es el resultado cuando el agua se descompone químicamente?

28. El helio es un gas inerte; quiere decir que no se combina con facilidad con otros elementos. ¿Cuáles son otros cinco elementos que es de esperar que también sean gases inertes? (Véase la tabla periódica.)

29. ¿Qué elemento resulta si uno de los neutrones de un núcleo de nitrógeno se convierte en protón, por decaimiento radiactivo?

30. ¿Cuál de los siguientes elementos dirías que tiene propiedades más parecidas a las del silicio (Si): aluminio (Al), fósforo (P) o germanio (Ge)? (Consulta la tabla periódica de los elementos).

31. El carbono tiene una capa externa de electrones a medio llenar: tiene cuatro, y la capa puede contener hasta ocho. Entonces, comparte con facilidad sus electrones y forma una cantidad inmensa de moléculas, muchas de las cuales son las moléculas orgánicas, columna vertebral de la materia viva. Viendo la tabla periódica, ¿qué otro elemento podría jugar un papel como el del carbono en formas de vida de algún otro planeta?

32. ¿Qué contribuye más a la masa de un átomo: sus electrones o sus protones? ¿Qué contribuye más a su tamaño?

33. Los átomos que forman tu organismo son principalmente espacio vacío, y las estructuras que te rodean, como la silla donde estás sentado, están formadas por átomos que también son casi totalmente espacio vacío. ¿Entonces por qué no te caes atravesando la silla?

34. Cuando se mezclan 50 centímetros cúbicos (cm^3) de alcohol con 50 centímetros cúbicos de agua, la mezcla sólo tiene 98 cm^3. ¿Puedes explicarlo?

35. a) Desde un punto de vista atómico, ¿por qué debes calentar un sólido para fundirlo? b) Si tienes un sólido y un líquido a la temperatura ambiente, ¿qué conclusión puedes sacar acerca de las intensidades relativas de sus fuerzas interatómicas?

36. A altas temperaturas, la energía de la agitación térmica rompe las moléculas orgánicas y destruye la materia viva. ¿Significa eso que las bajas temperaturas son las más favorables para la vida? ¿Qué podría perjudicar a la vida si las temperaturas bajan demasiado?

37. ¿En qué sentido puedes afirmar con propiedad que eres parte de cada persona que pasó a la historia? ¿En qué sentido puedes afirmar que contribuirás en forma tangible a la formación de todas las personas de la Tierra en los años venideros?

38. ¿Cuáles son las probabilidades de que al menos uno de los átomos que exhalaste en tu primera respiración estén en tu respiración siguiente?

39. Alguien le dijo a tu amigo que si un extraterrestre de antimateria pusiera sus pies en la Tierra, todo el mundo explotaría en un destello de energía radiante. Tu amigo pide que le confirmes o le refutes su afirmación. ¿Qué le dices?

40. Redacta una pregunta de opción múltiple para probar los conocimientos de tus compañeros sobre la diferencia entre dos términos cualesquiera de la lista de Resumen de términos.

Problemas

1. ¿Cuántos gramos de oxígeno hay en 18 gramos de agua?

2. ¿Cuántos gramos de hidrógeno hay en 16 gramos de gas metano? La fórmula química del metano es CH_4.

3. El gas A está formado por moléculas diatómicas (con dos átomos por molécula) de un elemento puro. El gas B está formado por moléculas monoatómicas (con un átomo por molécula) de otro elemento puro. El gas A tiene tres veces la masa de un volumen igual del gas B. ¿Cómo se comparan las masas atómicas de los elementos A y B?

4. Una cucharadita de un aceite orgánico dejada caer sobre la superficie de un estanque inmóvil se esparcen y cubren casi hasta media hectárea. La película de aceite tiene un grosor

igual al tamaño de una molécula. Si en el laboratorio dejas caer 0.001 mililitro (10^{-9} m^3) del aceite orgánico en una superficie inmóvil de agua, verás que cubre 1.0 m^2 de su área. Si la capa tiene una molécula de espesor, ¿cuál es el tamaño de una sola molécula?

En los problemas que siguen se requieren conocimientos sobre el manejo de los exponentes.

5. El diámetro de un átomo es, aproximadamente, 10^{-10} m. a) ¿Cuántos átomos hay en una línea de una millonésima de metro (10^{-6} m) de longitud? b) ¿Cuántos átomos cubren un cuadrado de una millonésima de metro por lado? c) ¿Cuántos átomos llenan un cubo de una millonésima de metro por lado? d) Si cada átomo se pegara a una moneda de un dólar, ¿qué podrías comprar con tu línea de átomos? ¿Con tu cuadrado de átomos? ¿Con tu cubo de átomos?

6. Hay aproximadamente 10^{23} moléculas de H$_2$O en un dedal de agua, y 10^{46} moléculas de agua en los mares de la Tierra. Supón que Colón lanzara un dedal de agua al océano, y que ahora las moléculas están mezcladas uniformemente con todas las moléculas de agua de todos los mares. ¿Puedes demostrar que si sacas una muestra de un dedal de agua de cualquier parte del mar, probablemente hayas capturado al menos una de las moléculas del dedal de Colón? (Sugerencia: La relación de la cantidad de moléculas en un dedal entre la cantidad de moléculas en los océanos es igual a la cantidad de moléculas en cuestión entre la cantidad de moléculas que puede contener un dedal.)

7. Aproximadamente hay 10^{22} moléculas en una respiración de aire, y unas 10^{44} moléculas en la atmósfera de todo el mundo. El número 10^{22} elevado al cuadrado es igual a 10^{44}. Entonces, ¿cuántas respiraciones de aire hay en la atmósfera del mundo? ¿Cómo se compara ese número con la cantidad de moléculas en una sola respiración? Si todas las moléculas del último aliento de Julio César ya están bien mezcladas en la atmósfera, ¿cuántas de ellas, en promedio, inhalamos con cada respiración?

8. Supón que la población mundial actual es, aproximadamente, 6×10^9 personas, que a su vez es aproximadamente 1/20 de la cantidad de personas que han vivido en la Tierra anteriormente. ¿Cómo se compara la cantidad de personas que han vivido en la Tierra con la cantidad de moléculas de aire en una sola respiración?

12 SÓLIDOS

www.pearsoneducacion.net/hewitt
*Usa los variados recursos del sitio Web,
para comprender mejor la física.*

John Hubisz, presidente de la Asociación Americana de Profesores de Física muestra una imagen ampliada de la famosa micrografía tomada por el doctor Müller en 1958.

Durante muchos miles de años los humanos han usado materiales sólidos. Los nombres Edad de Piedra, Edad de Bronce y Edad de Hierro nos dicen la importancia de los materiales sólidos en el desarrollo de la civilización. La madera y la tierra también eran importantes en la antigüedad, y las gemas se usaron como arte y como adorno. La cantidad de los materiales, y sus usos, se multiplicaron al paso de los siglos; sin embargo, se avanzó poco en comprender la naturaleza de los sólidos. Hubo que esperar a los descubrimientos relacionados con los átomos, del siglo XX. Armados con su conocimiento del átomo, los químicos, metalúrgicos e investigadores de los materiales inventan hoy nuevas sustancias diariamente. Los físicos especializados en el estado sólido investigan los semiconductores y otros sólidos y los adaptan para cumplir con las demandas de esta era de la información.

Micrógrafo de Müller

Arriba se ve un ejemplo notable que demuestra la estructura de la materia. La foto es una micrografía obtenida en 1958 por el doctor Müller quien usó una aguja de platino extraordinariamente fina con punta hemisférica, de 40 millonésimas de centímetro de diámetro. La aguja se encerró en un tubo de helio enrarecido y se sometió a un gran voltaje de 25,000 volts. Este voltaje produjo una fuerza eléctrica tan intensa que todos los átomos de helio que se "asentaban" en los átomos de la punta de la aguja quedaban sin electrones, y se transformaban en *iones*, es decir, átomos con carga eléctrica. Los iones de helio con carga positiva se alejaban de la punta de la aguja de platino, en dirección casi perpendicular a su superficie en todas direcciones. A continuación llegaban a una pantalla fluorescente y produjeron esta fotografía de la punta de la aguja, que aumenta unas 750,000 veces las distancias entre los átomos. Es claro que el platino es cristalino, y que los átomos están ordenados como naranjas en los anaqueles de una frutería. Aunque la foto no es precisamente de los átomos mismos, muestra sus posiciones y revela la microarquitectura de uno de los sólidos que forman nuestro mundo.

Estructura cristalina

Los sólidos se clasifican en cristalinos y amorfos. Los metales, las sales y la mayor parte de los minerales (los materiales de la Tierra) están formados por cristales. Durante siglos, las personas han conocido cristales como la sal y el cuarzo, pero no fue sino hasta el siglo XX que fueron interpretados como ordenamientos regulares de átomos. En 1912 se usaron los rayos X para confirmar que cada cristal es un ordenamiento regular tridimensional, una red cristalina de átomos. Se midió que los átomos en un cristal están muy cercanos entre sí, más o menos a la misma distancia que la longitud de onda de los rayos X. Max von Laue, físico alemán, descubrió que un haz de rayos X dirigido hacia un cristal se difracta, es decir, se separa, y forma una figura característica (Figura 12.1). Los *patrones de difracción* de rayos X en las películas fotográficas muestran que los cristales son mosaicos nítidos de átomos establecidos en redes regulares, como tableros tridimensionales de ajedrez o las estructuras tubulares en los parques donde se trepan los niños. Los metales como el hierro, cobre y oro tienen estructuras cristalinas bastante sencillas. El estaño y el cobalto son un poco más complicados. Todos los metales contienen una acumulación de muchos cristales, cada uno casi perfecto, y cada uno con la misma red regular, pero con inclinaciones distintas respecto a las del cristal vecino. Se pueden ver esos cristales metálicos cuando se *ataca* o se limpia una superficie metálica con ácido. Puedes ver las estructuras cristalinas sobre la superficie del acero galvanizado expuesta a la intemperie, o en los pomos de latón en las puertas, atacados por la transpiración de muchas manos.

Las fotografías de los patrones de difracción con rayos X, hechas por von Laue, fascinaron a William Henry Bragg, y a su hijo William Lawrence Bragg, científicos ingleses. Dedujeron una forma matemática que demostró cuánto se deberían dispersar los rayos X en las diversas capas atómicas de un cristal con espacios regulares entre ellas. Con esta fórmula y un análisis de la distribución de manchas en un patrón de difracción pudieron determinar las distancias entre los átomos de un cristal.

En el estado *amorfo*, los átomos y las moléculas de un sólido están distribuidas al azar. El caucho, el vidrio y el plástico son de los materiales que carecen de un arreglo ordenado y repetitivo de sus partículas básicas. En muchos sólidos amorfos, las partículas tienen cierta libertad de movimiento. Esto se ve en la elasticidad del caucho y en la tendencia que tiene el vidrio a ceder cuando se le somete a esfuerzos durante largo tiempo.

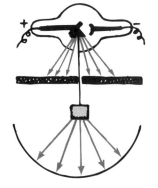

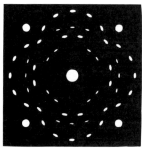

FIGURA 12.1 Determinación de la estructura cristalina con rayos X. La fotografía de la sal es un producto de la difracción de los rayos X. Los rayos proceden del tubo de rayos X, y son bloqueados por una pantalla de plomo que deja salir un haz estrecho que llega al cristal de cloruro de sodio (la sal común de mesa). La radiación que penetra al cristal y llega a la película fotográfica forma el patrón que se ve. La mancha blanca del centro es el haz principal, no dispersado, de rayos X. El tamaño y la posición de las demás manchas es el resultado de la estructura reticular de los iones de sodio y de cloro en el cristal. Toda estructura cristalina tiene su propio y exclusivo patrón de difracción de rayos X. Un cristal de cloruro de sodio siempre produce la misma figura. (Adaptado de *Matter*, Life Science Library, 1965.)

El *poder de los cristales*

Las estructuras internas de los cristales, con sus arreglos de átomos que se repiten con regularidad, les comunican propiedades estéticas que desde hace mucho los han hecho atractivos en joyería. También, los cristales tienen propiedades importantes en las industrias electrónica, óptica y otras más. Se usan casi en toda la tecnología moderna. En el pasado tenían valor por sus supuestos poderes curativos. Esta creencia continúa hoy, en especial entre los curanderos. Se dice que los cristales canalizan "energía" buena y resguardan contra la "energía" mala. Conducen "vibraciones" que resuenan con "frecuencias" curativas que ayudan a mantener un equilibrio benéfico del organismo. Cuando se ordenan en forma correcta, se dice que dan protección contra las fuerzas electromagnéticas perjudiciales emitidas por las líneas de transmisión, los teléfonos celulares, los monitores de las computadoras, los hornos de microondas y por otras personas. Algunos practicantes hasta dicen que se ha "demostrado médicamente" que curan y protegen, y que el poder de hacerlo se basa en la "física acreedora a de los ganadores de premios Nobel".

Los cristales *sí* emiten energía, al igual que todos los objetos. En el capítulo 16 explicaremos que todas las cosas irradian energía, y también que la absorben. Si un cristal, o cualquier sustancia, irradia más energía de la que recibe, baja su temperatura. Los átomos de los cristales *sí* vibran, y *sí* resuenan con frecuencias iguales a vibraciones externas, exactamente igual que hacen las moléculas de gases y líquidos. Pero cuando los proveedores de poder de los cristales hablan sobre cierto tipo de energía exclusiva de los cristales, o de la vida, no hay pruebas científicas que los respalden. (Un descubrimiento científico válido en ese sentido se haría famoso en el mundo, en corto tiempo.) Naturalmente, se podría encontrar una prueba de una nueva clase de energía, pero no es la que dicen los proveedores de poder de los cristales. Aseguran que ya existen esas pruebas científicas, que respaldan sus mercancías.

La "evidencia" del poder curativo de los cristales no es científica, porque no se basa en hipótesis bien comprobadas. En lugar de ello, son pruebas anecdóticas, que se basan en *testimonios*. Como se ve en los anuncios, es más fácil persuadir a las personas con testimonios que con hechos.

Aparte de las afirmaciones, parece que el uso de pendientes con cristales da a algunas personas una buena *sensación*, hasta una sensación de protección. Esto, con las calidades estéticas de los cristales, son las virtudes de éstos. Algunas personas sienten que les pueden dar buena suerte, así como cuando llevan una pata de conejo en la bolsa. Sin embargo, la diferencia entre el poder de un cristal y las patas de conejo es que las ventajas de los cristales se describen en el lenguaje científico, no así lo que se dice acerca de llevar una pata de conejo. En consecuencia, los vendedores de poder de cristales pertenecen a la pseudociencia desaforada.

Sea que los átomos estén en estado cristalino o amorfo, cada átomo o ion vibra respecto a su posición propia. Los átomos se mantienen unidos debido a fuerzas eléctricas de enlace. No describiremos ahora el *enlace atómico*, excepto para decir que hay cuatro clases principales en los sólidos: iónico, covalente, metálico y el más débil: de Van der Waals.

FIGURA 12.2 Cristales de plata.

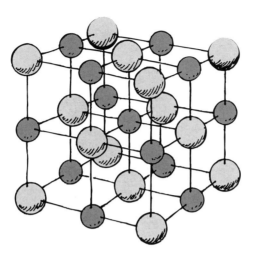

FIGURA 12.3 Cristal de cloruro de sodio. Las esferas grandes representan los átomos de cloro (en realidad, son iones cloro).

Algunas propiedades de un sólido quedan determinadas por las clases de enlace que tiene. Casi en cualquier libro de química te podrás informar más acerca de esos enlaces.

Densidad

¿Es más pesado el hierro que la madera? La pregunta es ambigua, porque depende de las cantidades que haya de hierro y de madera. Es claro que un tronco grande es más pesado que una tachuela de hierro. Una pregunta mejor es si el hierro es *más denso* que la madera, en cuyo caso la respuesta es sí. El hierro es más denso que la madera. Las masas de los átomos y las distancias entre ellos determinan la **densidad** de los materiales. Imaginamos que la densidad es la "liviandad" o la "pesantez" de los materiales del mismo tamaño. Es una medida de la compacidad de la materia, de cuánta masa ocupa determinado espacio; es la cantidad de masa por unidad de volumen:[1]

$$\text{Densidad} = \frac{\text{masa}}{\text{volumen}}$$

En la tabla 12.1 se presentan las densidades de algunos materiales. En general, la densidad se expresa en unidades métricas, que en general son kilogramos por metro cúbico, kilogramos por litro o gramos por centímetro cúbico.[2] Por ejemplo, la densidad del agua potable es 1000 kg/m^3, o también 1 g/cm^3. Así, la masa de un metro cúbico de agua potable es 1000 kilogramos, o también la masa de un centímetro cúbico (más o menos del tamaño de un cubito de azúcar) es 1 gramo.

El osmio, un elemento metálico duro y de color blanco azulado, es la sustancia más densa en la Tierra. Aunque el átomo individual de osmio tiene menos masa que los átomos individuales de, por ejemplo, oro, mercurio, plomo o uranio, las cortas distancias entre los

FIGURA 12.4 Cuando se reduce el volumen del pan aumenta su densidad.

[1]La densidad de masa se relaciona con la densidad de peso, o densidad gravimétrica, que se define como el peso por unidad de volumen:

$$\text{Densidad gravimétrica} = \frac{\text{peso}}{\text{volumen}}$$

La densidad gravimétrica se mide en N/m^3. Así, si un cuerpo de 1 kg pesa 9.8 N, la densidad gravimétrica es, numéricamente, igual a 9.8 por la densidad de masa. Por ejemplo, la densidad gravimétrica del agua es 9800 N/kg^3. En el sistema inglés, 1 pie cúbico (pie^3) de agua potable (casi 7.5 galones) pesa 62.4 libras. Así, en ese sistema la densidad del agua potable es 62.4 lb/pie^3.

[2]Un metro cúbico es un volumen muy grande, y contiene un millón de centímetros cúbicos; por consiguiente, hay un millón de gramos de agua en un metro cúbico (o lo que es igual, hay mil kilogramos de agua en un metro cúbico). Por consiguiente, 1 g/cm^3 = 1000 kg/m^3.

átomos de osmio en su forma cristalina le confieren esa densidad máxima. Caben más átomos de osmio en un centímetro cúbico que otros átomos más masivos, pero con mayores distancias entre ellos. Por consiguiente el osmio tiene la asombrosa densidad de 22.6 g/cm^3.

EXAMÍNATE

1. Ésta es *una fácil:* cuando el agua se congela, se dilata. ¿Qué indica eso acerca de la densidad del hielo en comparación con la densidad del agua?

2. Ésta es *una un poco capciosa:* ¿qué pesa más, un litro de hielo o un litro de agua?

TABLA 12.1   Densidades de varias sustancias

Material	Gramos por centímetro cúbico	Kilogramos por metros cúbicos
Sólidos		
Osmio	22.6	22,570
Platino	21.5	21,450
Uranio	20.0	19,950
Oro	19.3	19,320
Plomo	11.3	11,344
Plata	10.5	10,500
Cobre	9.0	8,960
Latón	8.6	8,560
Hierro	7.9	7,874
Estaño	7.3	7,310
Aluminio	2.7	2,699
Hielo	0.92	917
Líquidos		
Mercurio	13.6	13,600
Glicerina	1.26	1,260
Agua de mar	1.03	1,025
Agua a 4°C	1.00	1,000
Benceno	0.81	810
Alcohol etílico	0.79	791

COMPRUEBA TUS RESPUESTAS

1. El hielo es menos denso que el agua, porque tiene más volumen con la misma masa; es la razón por la que el hielo flota en el agua.

2. ¡No digas que pesan lo mismo! Un litro de agua pesa más. Si está congelada, su volumen es más que un litro; quítale esa parte para que tenga el mismo tamaño que el litro original, y seguramente pesará menos.

Elasticidad

Cuando un objeto se somete a fuerzas externas, sufre cambios de tamaño o de forma, o de ambos. Esos cambios dependen del arreglo de los átomos y su enlace en el material.

Una pesa que cuelga de un resorte lo estira. Si se cuelga más peso, lo estira más. Si se quitan las pesas, y el resorte regresa a su longitud original, decimos que el resorte es *elástico*. Cuando un bateador le pega a la bola, ésta cambia de forma momentáneamente. Un arquero, cuando va a disparar una flecha, primero tensa el arco, el cual regresa a su forma original cuando se suelta la flecha. El resorte, la pelota de béisbol y el arco son ejemplos de objetos elásticos. La **elasticidad** es la propiedad de cambiar de forma cuando actúa una fuerza de deformación sobre un objeto, y el objeto regresa a su forma original cuando cesa la deformación. No todos los materiales regresan a su forma original cuando primero se les aplica una fuerza y después se retira. Los materiales que no regresan a su forma original, después de haber sido deformados, se llaman *inelásticos*. La arcilla, la plastilina y la masa de repostería son materiales inelásticos. También el plomo es inelástico, porque se deforma con facilidad de manera permanente.

Cuando se cuelga una pesa a un resorte, actúa sobre ella una fuerza, la fuerza de gravedad. El estiramiento es directamente proporcional a la fuerza aplicada (Figura 12.6). De igual modo, cuando te acuestas en la cama, la compresión de los resortes del colchón es directamente proporcional a tu peso. Esta relación fue reconocida por Robert Hooke, físico inglés, contemporáneo de Isaac Newton, a mediados del siglo XVI. Se le llama **ley de Hooke**. La cantidad de estiramiento o de compresión (cambio de longitud), Δx, es directamente proporcional a la fuerza aplicada, F. En notación taquigráfica,

$$F \sim \Delta x$$

Si se estira un material elástico, o se comprime, más allá de cierta cantidad, ya no regresa a su estado original, y permanece deformado. La distancia más allá de la cual se presenta la distorsión permanente, se llama *límite elástico*. La ley de Hooke sólo es válida mientras la fuerza no estire o comprima el material más allá de su límite elástico.

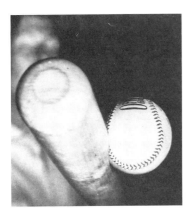

FIGURA 12.5 Una pelota de béisbol es elástica.

FIGURA 12.6 El estiramiento del resorte es directamente proporcional a la fuerza aplicada. Si el peso es doble, el resorte se estira el doble.

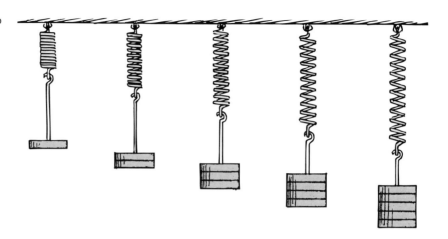

EXAMÍNATE

1. Se cuelga una carga de 2 kg del extremo de un resorte. Entonces el resorte se estira 10 cm. Si en vez de lo anterior se colgara una carga de 4 kg del mismo resorte, ¿cuánto se estiraría el resorte? ¿Y si se colgara una carga de 6 kg del mismo resorte? (Supón que con ninguna de esas cargas el resorte se estira más allá de su límite elástico.)

2. Si una fuerza de 10 N estira 4 cm a un resorte, ¿cuánto estiramiento habrá con una fuerza aplicada de 15 N?

Tensión y compresión

Cuando se tira de algo (o se estira) se dice que está en *tensión*. Cuando se aprieta algo (o se comprime), está en *compresión*. Dobla una regla, o cualquier varilla, y la parte doblada en el exterior de la curva está en tensión. La parte interna curvada está en compresión. La compresión hace que las cosas se vuelvan más cortas y más gruesas, mientras que la tensión las hace más largas y delgadas. Sin embargo, esto no es obvio en los materiales más rígidos, porque el acortamiento o el estiramiento son muy pequeños.

El acero es un material elástico excelente, porque puede resistir grandes fuerzas y después regresar a su tamaño y forma originales. Por su resistencia y sus propiedades elásticas se usa no sólo para fabricar resortes, sino en los perfiles para la construcción. Las

COMPRUEBA TUS RESPUESTAS

1. Una carga de 4 kg pesa lo doble que una carga de 2 kg. De acuerdo con la ley de Hooke, $F \sim \Delta x$, y dos veces la fuerza aplicada causará dos veces el estiramiento, por lo que el resorte se debe estirar 20 cm. El peso de la carga de 6 kg hará que el resorte se estire lo triple, 30 cm (si se rebasara el límite elástico no se podría predecir el estiramiento con estos datos).

2. El resorte se estira 6 cm. Con razones y proporciones, 10 N/4 cm = 15 N/6 cm; eso se lee: 10 N es a 4 centímetros como 15 N es a 6 centímetros. Si vas al laboratorio verás que la relación de fuerza entre estiramiento se llama la *constante del resorte k*, y en este caso $k = 2.5$ N/cm. La ley de Hooke se expresa con la ecuación $F = k\Delta x$.

columnas verticales de acero que se usan para construir edificios altos sólo sufren una compresión pequeña. Una columna normal vertical de 25 m de longitud de las que se usan para construir edificios altos se comprime un milímetro, más o menos, cuando soporta una carga de 10 toneladas. Esas deformaciones pueden ser aditivas. Un edificio de 70 a 80 m de altura puede comprimir las gigantescas columnas de acero en su base unos 2.5 milímetros (toda una pulgada) cuando se termina el edificio.

Cuando los perfiles son horizontales tienden a *colgarse* bajo cargas pesadas. Cuando una viga horizontal está sostenida en uno o ambos extremos está bajo tensión y compresión, al mismo tiempo, debido a su peso y a la carga que sostiene. Examina la viga horizontal soportada en un extremo (se llama viga en voladizo, o en cantilíver) de la figura 12.7. Se cuelga por su propio peso y por la carga que sostiene en su extremo. Con

FIGURA 12.7 La parte superior de la viga se estira y la parte inferior se comprime. ¿Qué le sucede a la parte intermedia, entre la cara superior y la inferior?

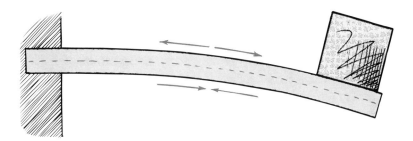

un poco de deducción se demuestra que la parte superior de la viga tiende a estar estirada. Los átomos tienden a separarse. La parte superior es un poco más larga, y está bajo tensión. Un examen minucioso demuestra que la parte inferior de la viga está bajo compresión. Los átomos se apretujan entre sí. La parte inferior es un poco más corta, por la forma en que se flexiona. Entonces, la parte superior está en tensión y la parte inferior está en compresión. ¿Puedes ver que en algún lugar entre la parte superior y la parte inferior (lo que se llama el "lecho alto" y el "lecho bajo") hay una región donde no sucede nada, donde no hay tensión ni compresión? Es la *capa neutra*.

La viga horizontal de la figura 12.8 se llama "viga simple" o "viga simplemente apoyada", está sostenida en ambos extremos y soporta una carga en su parte media. Esta vez hay compresión en el lecho alto de la viga y tensión en el lecho bajo. De nuevo hay una capa neutra en la parte media de la altura de la viga, en toda su longitud.

FIGURA 12.8 La parte superior de la viga se comprime y la parte inferior se estira. ¿Dónde está la capa neutra (que es la parte que no tiene esfuerzos de tensión o de compresión)?

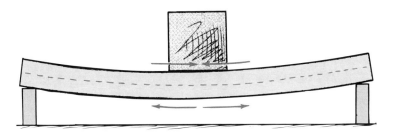

Con la capa neutra en mente se puede ver por qué la sección transversal de las vigas de acero tiene la forma de la letra I (Figura 12.9). La mayor parte del material en esas vigas I está concentrado en las cejas (los "patines") superior e inferior. La parte que une los patines se llama *alma* y en su interior está la capa neutra; puede ser mucho menos ancha. Así, cuando se usa la viga en posición horizontal, el esfuerzo se concentra en los pa-

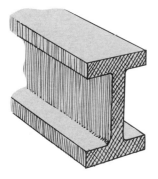

FIGURA 12.9 Una viga I es como una barra maciza con algo del acero retirado de su parte media, donde se necesita menos. En consecuencia, la viga es más ligera y tiene casi la misma resistencia.

tines superior e inferior, no en la parte central. Un patín está comprimido y el otro está estirado. Entre los patines superior e inferior hay una región relativamente sin esfuerzos, cuya función principal es mantener apartados esos patines. Para eso se necesita relativamente poco material. Los patines soportan casi todos los esfuerzos en la viga. Una viga I es casi tan resistente como una barra rectangular maciza con las mismas dimensiones generales, y su peso es mucho menor. Una gran viga rectangular de acero de determinada longitud, o que salva determinado *claro*, podría quedar aplastada bajo su propio peso, mientras que una viga I con la misma altura puede resistir cargas mucho mayores.

FIGURA 12.10 La mitad superior de la rama está bajo tensión, debido a su peso, mientras que la mitad inferior está en compresión. ¿En qué lugar la madera no está estirada ni está comprimida?

EXAMÍNATE

1. Cuando caminas sobre las tablas de un piso, se sumen debido a tu peso. ¿Dónde está la capa neutra?
2. Supón que perforas agujeros horizontales en la rama de un árbol, como se ve en la figura. ¿Dónde debilitarán menos los agujeros a la rama, en la parte superior, en la parte intermedia o en la parte inferior?

COMPRUEBA TUS RESPUESTAS

1. La capa neutra está a la mitad entre las superficies superior e inferior de las tablas.
2. Perfora el agujero a la mitad de la rama; allí un agujero casi no afectará la resistencia de la rama, porque las fibras ni se estiran ni se comprimen. Las fibras de la madera en la parte superior se estiran, por lo que un agujero allí puede hacer que las demás fibras se rompan por la tensión. Las fibras de la parte inferior están comprimidas, por lo que un agujero allí podría hacer que las demás fibras se aplasten por compresión.

Práctica de la física

Si clavas cuatro tablas que formen un rectángulo, esa figura se puede deformar y convertirse en otro paralelogramo, sin gran esfuerzo. Pero si clavas tres tablas para formar un triángulo, no podrás cambiar esa forma sin romper las tablas o sacar los clavos. El triángulo es la forma geométrica más resistente de todas, y es la razón por la que se ven formas triangulares en las armaduras de los puentes y de los techos. Haz la prueba y verás, y después fíjate en los triángulos que refuerzan las estructuras de muchos tipos.

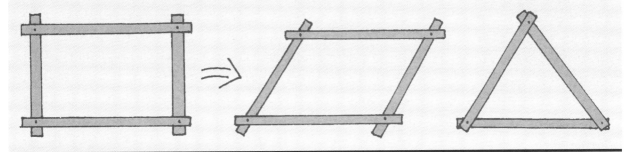

Arcos

La piedra se rompe con más facilidad bajo tensión que con compresión. Los techos de las estructuras de piedra levantadas por los egipcios en la época en que se construyeron las pirámides, tenían muchas losas horizontales de piedra. Por la debilidad de dichas losas ante las fuerzas de tensión producidas por la gravedad, había que erigir muchas columnas verticales para sostener los techos. Lo mismo sucede con los templos de la Grecia antigua. Después vinieron los arcos con menos columnas verticales.

Observa las orillas superiores de las ventanas (los "cerramientos") de los edificios antiguos de piedra. Probablemente sean arcos. De igual modo son las formas de los viejos puentes de piedra. Cuando se pone una carga en una estructura en arco, la compresión la robustece, más que debilitarla. Las piedras se aprietan con más firmeza y se mantienen

FIGURA 12.11 Las losas horizontales de la piedra del techo no pueden ser muy largas, porque la piedra se rompe con facilidad cuando está bajo tensión. Es la causa de que se necesiten muchas columnas verticales para sostener el techo.

FIGURA 12.12 Arcos de piedra semicirculares, o de medio punto, que han durado siglos.

unidas por la fuerza de compresión. Si el arco tiene la forma correcta, ni siquiera hay que unir las piedras con cemento para mantenerlas en su lugar. Cuando la carga que soportan está repartida horizontalmente, como en un puente, la forma adecuada es una parábola, la misma curva que sigue una pelota al lanzarla. Los cables de un puente colgante forman un arco parabólico "de cabeza". Si por otra parte el arco sólo sostiene su propio peso, la curva que le da la máxima resistencia se llama *catenaria*. Una catenaria es la curva formada por una cuerda o cadena colgada entre dos puntos de apoyo. La tensión en cada parte de la cuerda o cadena es paralela a la curva. Así, cuando un arco independiente toma la forma de una catenaria invertida, la compresión dentro de él es siempre paralela al arco, así como la tensión entre los eslabones de una cadena colgante es paralela, en todos ellos, a la cadena. El arco que adorna la ciudad de San Luis, Misuri, en Estados Unidos, es una catenaria (Figura 12.13).

Si giras un arco para lograr círculo completo, obtienes un domo. El peso de éste, como el de un arco, produce compresión. Los domos modernos, como el Astródomo de Houston, son catenarias tridimensionales y cubren áreas amplias sin la interrupción de columnas. Hay domos bajos (como el del monumento a Jefferson), y domos altos como el de Capitolio en Estados Unidos. Los iglús del Ártico surgieron antes que estos domos.

EXAMÍNATE ¿Por qué es más fácil que un pollo pique su cascarón desde dentro para salir, que otro pollo lo pique desde afuera?

FIGURA 12.13 La curva que forma una cadena colgante y el arco de San Luis son catenarias.

COMPRUEBA TUS RESPUESTAS Para picar el cascaron desde afuera, el pollo debe vencer la compresión, la cual un cascarón resiste bien. Sólo se debe vencer la tensión, que un cascarón resiste menos, para picar desde el interior. Para visualizar lo fuerte que es un cascarón contra la compresión, trata de aplastar un huevo a lo largo de su eje, entre el pulgar y el índice. ¿Sorprendido? Trata de aplastarlo a través de su diámetro menor. ¿Sorprendido? (Haz lo anterior en una tarja, y con protección por ejemplo de unos guantes, por las posibles virutas del cascarón.)

FIGURA 12.14 El peso del domo produce compresión, y no tensión; así no se necesitan columnas de soporte en el centro.

Escalamiento[3]

¿Te fijas lo fuerte que es una hormiga con respecto a su tamaño? Puede cargar en su espalda el peso de varias hormigas, mientras que un elefante tendría mucha dificultad para cargar a otro elefante. ¿Qué fuerza tendría una hormiga si su tamaño aumentara hasta el de un elefante? Esa "superhormiga", ¿sería varias veces más fuerte que un elefante? En forma sorprendente, la respuesta es no. Esa hormiga no podría despegar su propio peso del suelo, sus patas serían demasiado delgadas para su gran peso, y es probable que se romperían.

Hay una razón para que las patas de la hormiga sean delgadas, y las de un elefante sean gruesas. Al aumentar el tamaño de una cosa se hace más pesada, con más rapidez que aumenta su resistencia. Puedes sostener horizontalmente un palillo en sus extremos, y no notas que se cuelgue. Pero si cuelgas un arbusto de la misma madera horizontalmente en sus extremos notarás un colgamiento apreciable. En relación con su peso, el palillo es mucho más resistente que el árbol. El **escalamiento** es el estudio de cómo el volumen y la forma (o el tamaño) de un objeto afecta la relación de su peso, resistencia y área superficial.

La *resistencia* se debe al área de la sección transversal (la cual es bidimensional, y se expresa en centímetros *cuadrados*), mientras que el *peso* depende del volumen (tridimensional, y se expresa en centímetros *cúbicos*). Para comprender esta relación entre el cuadrado y el cubo, veamos el caso más sencillo, un cubo macizo de materia de 1 cm por lado; por ejemplo un cubo de azúcar. Todo cubo de 1 centímetro cúbico tiene 1 centímetro cuadrado de sección transversal. Esto es, si rebanáramos el cubo en dirección paralela a una de sus caras, el área de la rebanada tendría 1 centímetro cuadrado. Compara eso con un cubo que tiene el doble de las dimensiones lineales, uno de 2 centímetros por lado. Como se ve en el esquema, su área transversal sería 2×2, o 4 centímetros cuadrados, y su volumen será $2 \times 2 \times 2$, u 8 centímetros cúbicos. En consecuencia, el cubo tendrá cuatro veces la resistencia, pero será ocho veces más pesado. Si examinas con cuidado la figura 12.15 verás que para aumentos de las dimensiones lineales, el área transversal (igual que el área total) crece en proporción con el cuadrado de las dimensiones lineales, mientras que el volumen y el peso crecen en proporción al cubo de las dimensiones lineales.

---

[3]Galileo estudió el escalamiento, al diferenciar el tamaño de los huesos de diversas criaturas. El material de esta sección se basa en dos ensayos deliciosos e informativos: "On Being the Right Size", por J.B.S. Haldane y "On Magnitude", por Sir D'Arcy Wentworth Thompson, ambos en James R. Newman (Ed.), *The World of Mathematics,* vol. II, New York: Simon and Schuster, 1956.

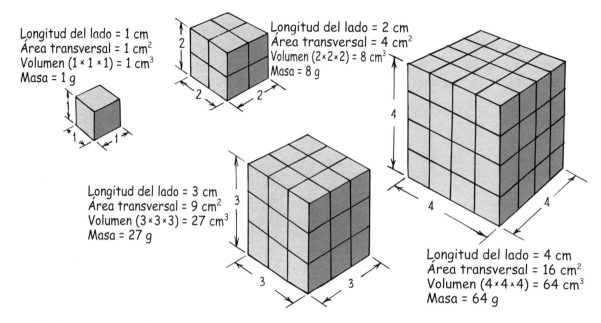

Longitud del lado = 1 cm
Área transversal = 1 cm²
Volumen (1 × 1 × 1) = 1 cm³
Masa = 1 g

Longitud del lado = 2 cm
Área transversal = 4 cm²
Volumen (2×2×2) = 8 cm³
Masa = 8 g

Longitud del lado = 3 cm
Área transversal = 9 cm²
Volumen (3×3×3) = 27 cm³
Masa = 27 g

Longitud del lado = 4 cm
Área transversal = 16 cm²
Volumen (4×4×4) = 64 cm³
Masa = 64 g

FIGURA 12.15 Cuando las dimensiones lineales de un objeto aumentan de acuerdo con un factor, el área transversal cambia de acuerdo con el cuadrado del factor, y el volumen (y en consecuencia el peso) cambia de acuerdo con el cubo de este factor. Vemos que cuando las dimensiones lineales se duplican (factor = 2), el área crece 2^2 = 4 veces, y el volumen crece 2^3 = 8 veces.

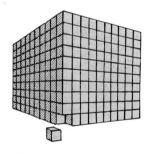

EXAMÍNATE

1. Se escala un cubo de un centímetro cúbico para llegar a un cubo de 10 centímetros de longitud en cada orilla.

   (a) ¿Cuál sería el volumen del cubo escalado?

   (b) ¿Cuál sería su superficie transversal?

   (c) ¿Cuál sería su superficie total?

2. Si te escalaras de algún modo hasta llegar al doble de tu tamaño, conservando tus proporciones actuales, ¿serías más fuerte o más débil? Explica tus deducciones.

COMPRUEBA TUS RESPUESTAS

1. **a)** El volumen del cubo escalado sería (longitud de un lado)³ = $(10 \text{ cm})^3$, es decir, 1000 cm³.

   b) Su superficie transversal sería (longitud de un lado)² = $(10 \text{ cm})^2$, es decir, 100 cm².

   c) Su superficie total sería 6 caras × área de una cara = 600 cm².

2. Tu yo escalado sería cuatro veces más fuerte, porque el área transversal de tus huesos y músculos con doble ancho deben aumentar cuatro veces. Podrías levantar una carga de cuatro veces el peso. Pero tu peso sería ocho veces mayor que antes, por lo que no serías más fuerte en relación con tu mayor peso. Si tienes cuatro veces la fuerza y tienes cuatro veces el peso, tu relación de fuerza a peso sólo tendrá la mitad de su valor actual. Así, si hoy apenas puedes levantar tu propio peso, al ser más grande sólo podrías levantar a penas la mitad de tu peso nuevo. Aumentaría tu fuerza, pero tu relación de fuerza a peso disminuiría. ¡Mejor quédate como estás!

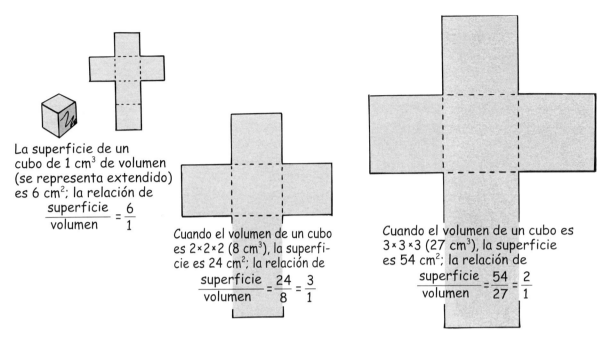

La superficie de un cubo de 1 cm³ de volumen (se representa extendido) es 6 cm²; la relación de
$$\frac{\text{superficie}}{\text{volumen}} = \frac{6}{1}$$

Cuando el volumen de un cubo es 2×2×2 (8 cm³), la superficie es 24 cm²; la relación de
$$\frac{\text{superficie}}{\text{volumen}} = \frac{24}{8} = \frac{3}{1}$$

Cuando el volumen de un cubo es 3×3×3 (27 cm³), la superficie es 54 cm²; la relación de
$$\frac{\text{superficie}}{\text{volumen}} = \frac{54}{27} = \frac{2}{1}$$

FIGURA 12.16 Al aumentar el tamaño de un objeto, el factor de aumento en el volumen es mayor que el de aumento en superficie; en consecuencia, la relación de superficie entre volumen disminuye.

El volumen (y por consiguiente el peso) aumentan con mucho mayor rapidez que el aumento correspondiente de área transversal. Aunque en la figura se presenta el ejemplo sencillo de un cubo, el principio se aplica a cualquier objeto de cualquier forma. Imagina un jugador de fútbol que puede hacer muchas "lagartijas". Supón que de alguna manera pudiera aumentar su tamaño hasta el doble, esto es, altura doble y ancho doble. ¿Tendría una fuerza doble y podría levantarse con el doble de facilidad? La respuesta es no. Aunque sus brazos tendrían doble grosor, y cuatro veces el área transversal, y cuatro veces la fuerza, su peso aumentaría ocho veces. Para que el esfuerzo sea el mismo, podría levantar sólo la mitad de su peso. En relación con su peso sería más débil que antes.

En la naturaleza, los animales grandes tienen patas desproporcionadamente gruesas en comparación con las de los animales pequeños. Esto se debe a la relación entre volumen y área; el hecho es que el volumen (y el peso) crece según el cubo de lo que aumenta la dimensión lineal, mientras que la fuerza (y el área) crece en proporción al cuadrado del aumento de dimensión lineal. Vemos entonces que hay una razón de las patas delgadas de venados o de antílopes, y de las patas gruesas de un rinoceronte, un hipopótamo o un elefante.

No se pueden tomar en serio las inmensas fuerzas atribuidas a King Kong y otros gigantes de la ficción. El hecho de que las consecuencias del escalamiento se omitan graciosamente es una de las diferencias entre ciencia y ficción.

También es importante comparar el área total y el volumen (Figura 12.16). La superficie total, así como el área transversal, crece en proporción con el cuadrado del tamaño lineal de un objeto, mientras que el volumen crece en proporción con el cubo de la dimensión lineal. Así, a medida que crece un objeto, su superficie y volumen crecen con distinta rapidez, y el resultado es que la relación de superficie entre el volumen *disminuye*. En otras palabras, a medida que crecen tanto la superficie como el volumen de un objeto, decrece el crecimiento de la superficie *en relación* con el crecimiento del volumen. En realidad no hay muchos que comprendan este concepto. Puede ser que te ayuden los siguientes ejemplos.

FIGURA 12.17 La larga cola del mono no sólo le ayuda a mantener el equilibrio, sino también irradia calor con eficacia.

FIGURA 12.18 El elefante africano tiene menos superficie en relación con su peso, comparado con otros animales. Lo compensa con sus grandes orejas, que aumentan mucho su superficie de irradiación y ayuda a su enfriamiento.

Una de las formas que tiene la naturaleza de compensar la pequeña relación de superficie con el volumen de los elefantes, son sus grandes orejas. No son para oír mejor, sino principalmente para refrescarse. La rapidez con que una criatura disipa el calor es proporcional al área superficial. Si un elefante no tuviera orejas grandes, no tendría superficie suficiente para enfriar su gigantesca masa. Las orejas grandes aumenta mucho la superficie total, que facilita el enfriamiento en los climas calientes.

A nivel microscópico, las células deben vivir con el hecho de que el crecimiento de su volumen es más rápido que el crecimiento de su superficie. Las células obtienen los nutrientes por difusión a través de sus superficies. A medida que crecen, aumenta el área de su superficie, pero no con la rapidez suficiente como para emparejarse con su volumen. Por ejemplo, si su superficie aumenta cuatro veces, el volumen correspondiente aumenta ocho veces. Se debe sostener ocho veces más masa con sólo cuatro veces más alimento. En determinado tamaño la superficie no es suficientemente grande como para permitir que pase la cantidad suficiente de nutrientes a la célula, y se establece un límite de lo grande que pueden crecer las células. Entonces, las células se dividen y hay vida como la conocemos. Esto es bueno, ¿verdad?

No tan bueno es el destino de las grandes criaturas cuando se caen. El dicho de "mientras más grande, más difícil de caer" es cierto, es una consecuencia de la pequeña relación de superficie entre peso. La resistencia que ofrece el aire al movimiento a través de él es proporcional a la superficie del objeto en movimiento. Si caes de un árbol, aun con la resistencia del aire, tu aceleración de caída es casi 1g. No tienes superficie suficiente en relación con tu peso para desacelerarte hasta una velocidad innocua, a menos que uses un paracaídas. Por otra parte, las criaturas pequeñas no necesitan paracaídas. Tienen mucha superficie en relación con su peso pequeño. Un insecto puede caer desde la copa de un árbol hasta el suelo sin dañarse. La relación de superficie entre peso favorece al insecto, porque de hecho el insecto *es* su propio paracaídas.

Las distintas consecuencias de una caída sólo son un ejemplo de las distintas relaciones que los organismos grandes y chicos tienen con el ambiente físico. La fuerza de gravedad es diminuta para los insectos en comparación con las fuerzas de cohesión (la adherencia) de las patas y las superficies sobre las que caminan. Es la causa de que una mosca pueda subir por un muro, o en el techo, ignorando por completo la fuerza de gravedad. Los humanos y los elefantes no lo pueden hacer. Las vidas de las criaturas pequeñas no están gobernadas por la fuerza de gravedad, sino por fuerzas como la tensión superficial, la cohesión y la capilaridad, que describiremos en el capítulo siguiente.

La regla de que lo pequeño tiene grandes superficies en relación con su volumen, masa o peso, es evidente en una cocina. Un cocinero sabe que obtiene más cáscaras al pelar 5 kilogramos de papas pequeñas que 5 kilogramos de papas grandes. Los objetos pequeños tienen más superficie por kilogramo. El hielo machacado enfría una bebida con mucha mayor rapidez que un solo cubo de hielo de la misma masa, porque el hielo machacado presenta más superficie a la bebida. La lana o fibra de acero se oxida en la tarja, mientras que los cuchillos de acero se oxidan con más lentitud. La oxidación es un fenómeno de superficie. El hierro se oxida cuando se expone al aire, pero se oxida con mucha mayor rapidez, y se corroe más aprisa, si está en forma de fibras o limaduras pequeñas.

Los trozos de carbón se queman, pero el polvo de carbón explota cuando se enciende. Las papas fritas delgadas se cocinan con más rapidez que las gruesas. Las hamburguesas planas se cocinan con más rapidez que las albóndigas de la misma masa. Las gotas de lluvia grandes caen con más rapidez que las pequeñas, y los peces grandes nadan más rápido que los pequeños. Éstas son las consecuencias de que el volumen y la superficie no guardan proporción directa entre sí.

Es interesante hacer notar que la frecuencia del latido cardíaco en los mamíferos se relaciona con su tamaño. El corazón de una musaraña late unas 20 veces más rápido que el de un elefante. En general, los mamíferos pequeños viven rápido y mueren jóvenes. Los mayores viven a un paso más tranquilo y mueren más viejos. No te debes entristecer porque tu hámster viva menos que un perro. Todos los animales de sangre caliente tienen más o menos la misma duración, no en años, sino en cantidad promedio de latidos del corazón (unos 800 millones). Los humanos somos la excepción: vivimos de dos a tres veces más que otros mamíferos de nuestro tamaño.

Los investigadores han observado que cuando algo se contrae lo suficiente, ya sea un circuito electrónico, un motor, una película de lubricante o un cristal individual de metal o de cerámica, cesa de funcionar como una versión en miniatura de sí mismo y comienza a comportarse en formas nuevas y distintas. Por ejemplo, el paladio, un metal que normalmente está formado por granos de unos 1000 nanómetros de diámetro, es unas cinco veces más resistente cuando los granos que lo forman son de 5 nanómetros.[4] El escalamiento tiene enorme importancia a medida que son cada vez mas los dispositivos que se miniaturizan.

---

[4]Un nanómetro es una mil millonésima parte de un metro, por lo que 1000 nanómetros son la millonésima parte de un metro, una milésima de milímetro, o una *micra*. ¡Es verdaderamente pequeño!

Resumen de términos

Densidad La masa de una sustancia por unidad de volumen:

$$\text{Densidad} = \frac{\text{masa}}{\text{volumen}}$$

O se pude definir la *densidad de peso*, o *densidad gravimétrica*

$$\text{Densidad gravimétrica} = \frac{\text{peso}}{\text{volumen}}$$

Elasticidad La propiedad de un material de cambiar de forma cuando actúa sobre él una fuerza, y de regresar a su forma original cuando se quita esa fuerza.

Enlace atómico La unión de átomos para formar estructuras mayores, incluyendo los sólidos.

Escalamiento Estudio de la forma en que el tamaño afecta las relaciones entre peso, resistencia y superficie.

Ley de Hooke La cantidad de estiramiento o compresión de un material elástico es directamente proporcional a la fuerza aplicada.

$$F \sim \Delta x$$

O en su forma de ecuación:

$$F = k\Delta x$$

donde k es la constante del resorte o de elasticidad.

Lectura sugerida

Para conocer más acerca de las relaciones entre tamaño, superficie y volumen de los objetos, lee los siguientes ensayos: "On Being the Right Size", por J. B. S. Haldane, y "On Magnitude", por Sir D'Arcy Wentworth Thompson. Los dos están en *The World of Mathematics*, J. R. Newman, Ed., vol. II, New York: Simon & Schuster, 1956.

Morrison, P. *Powers of Ten*, New York: W. H. Freeman, 1982.

Preguntas de repaso

Micrógrafo de Müller

1. ¿Qué es un ion? ¿Cómo puede un átomo convertirse en un ion?

Estructura cristalina

2. ¿En qué difiere el arreglo de los átomos en una sustancia cristalina y en una no cristalina?

3. ¿Qué pruebas puedes citar de la naturaleza cristalina microscópica de algunos sólidos? ¿De la naturaleza cristalina macroscópica?

Densidad

4. ¿Qué sucede con el volumen de un pan cuando se comprime? ¿Con la masa? ¿Con la densidad?

5. ¿Qué es más denso, algo que su densidad es 1000 kg/m^3 o algo cuya densidad es 1 g/cm^3? Defiende tu respuesta.

6. El átomo de osmio no es el más pesado que hay en la naturaleza. ¿Entonces qué explica que sea la sustancia más densa sobre la Tierra?

7. ¿Qué tiene mayor densidad, una pesada barra de oro puro o un anillo de oro puro? Defiende tu respuesta.

Elasticidad

8. ¿Por qué se dice que un resorte es elástico?

9. ¿Por qué decimos que una bola de plastilina es inelástica?

10. ¿Cuál es la ley de Hooke?

11. La ley de Hooke, ¿se aplica a los materiales elásticos o inelásticos?

12. ¿Qué quiere decir límite elástico para determinado objeto?

13. Si el peso de un cuerpo de 1 kg estira 2 cm un resorte, ¿cuánto se estirará el resorte al sostener una carga de 3 kg? (Supón que el resorte no llega a su límite elástico.)

Tensión y compresión

14. Describe la diferencia entre tensión y compresión.

15. ¿Qué es la capa neutra en una viga que sostiene una carga?

16. ¿Por qué los cortes transversales de los perfiles de acero tienen la forma de la letra I y no de rectángulos macizos?

Arcos

17. ¿Por qué se necesitaban tantas columnas para sostener los techos de las construcciones de piedra en Egipto y Grecia de la antigüedad?

18. Lo que robustece un arco que sostiene una carga, ¿es la tensión o la compresión?

19. ¿Por qué no se necesita cemento entre los bloques de piedra que sostienen un arco con la forma de una catenaria invertida?

20. ¿Por qué no se necesitan columnas para soportar el centro del Astrodome en Houston?

Escalamiento

21. La fuerza de una persona en su brazo, ¿depende por lo general de la longitud del brazo o de su área transversal?

22. ¿Cuál es el volumen de un cubo de azúcar de 1 cm por lado? ¿Cuál es la superficie transversal del cubo?

23. El peso de una persona, ¿depende más de su volumen o del área de su piel?

24. Si las dimensiones lineales de un objeto suben al doble, ¿cuánto aumenta su superficie? ¿Cuánto aumenta su volumen?

25. A medida que aumenta el volumen de un objeto, el área de su superficie también aumenta. Durante este aumento, ¿aumenta la relación de metros cuadrados entre metros cúbicos, o disminuye?

26. ¿Qué se oxida con más rapidez, un trozo de acero o la misma cantidad en forma de "fibra de acero"? ¿Por qué?

27. ¿Qué tiene más piel, un elefante o un ratón? ¿Qué tiene más piel en relación con su peso corporal, un elefante o un ratón?

28. ¿Por qué las criaturas pequeñas caen sin dañarse, mientras que las personas necesitan paracaídas para hacer lo mismo?

Proyectos

1. Si vives en una región donde nieva, reúne algunos copos de nieve sobre una tela negra y examínalos con una lupa. Verás que todas las diversas formas son estructuras cristalinas hexagonales; son de las vistas más bellas que ofrece la naturaleza.

2. Simula un empacamiento atómico estrecho ordenando una docena de monedas. Hazlo dentro de un cuadrado, de tal modo que cada moneda en el interior toque a otras cuatro. A continuación ordénalas hexagonalmente de modo que cada una toque a otras seis. Compara las superficies ocupadas por la misma cantidad de monedas empacadas de las dos maneras.

3. Cuando te acuestas, ¿tiene un poco más estatura que cuando estas parado? Haz mediciones y averígualo.

Ejercicios

1. El principal ingrediente del vidrio y también de los semiconductores es el silicio; sin embargo, las propiedades físicas del vidrio son distintas a las de los semiconductores. Explica por qué.

2. ¿Qué pruebas puedes describir que respalden la afirmación que los cristales están formados por átomos ordenados en pautas específicas?

3. ¿Es necesariamente el hierro más pesado que el corcho? Explica por qué.

4. Cuando se congela el agua, se dilata. ¿Qué indica eso acerca de la densidad del hielo en relación con la densidad del agua?

5. Cuando se sumerge mucho, una ballena se comprime en forma apreciable debido a la presión del agua que la rodea. ¿Qué sucede con la densidad de la ballena?

6. El átomo de uranio es el más pesado y más masivo entre los elementos naturales. ¿Entonces por qué el uranio de una barra maciza no es el metal más denso?

7. ¿Qué tiene más volumen, un kilogramo de oro o un kilogramo de aluminio?

8. ¿Qué tiene más peso, un litro de hielo o un litro de agua?

9. ¿Por qué el resorte colgante se estira más arriba que abajo?

10. Si el resorte del ejercicio 9 soportara un gran peso, ¿cómo cambiaría este esquema?

11. Una cuerda gruesa es más resistente que una delgada, del mismo material. Una cuerda más larga, ¿es más resistente que una corta, del mismo diámetro y material?

12. En una viga horizontal parcialmente soportada se desarrollan tensión y compresión cuando se cuelga debida a la gravedad o porque sostiene una carga. Traza un esquema sencillo que muestre una forma de sostener la viga para que haya tensión en su lecho alto y compresión en su lecho bajo. Traza otro esquema en que la compresión esté arriba y la tensión esté abajo.

13. Supón que estás fabricando un balcón que sobresale de la estructura principal de tu casa. En una losa de concreto en voladizo, ¿las varillas de acero de refuerzo deben estar arriba, a la mitad o abajo de la losa?

14. ¿Puede sostener una viga I horizontal más carga cuando el alma es horizontal que cuando es vertical? Explica por qué.

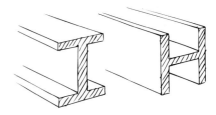

15. Los esquemas son vistas superiores de una presa que contiene a un lago. ¿Cuál de los dos diseños es mejor? ¿Por qué?

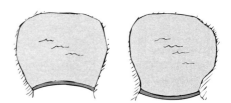

16. Un barril muy grande de madera, como los que hay en las cavas, ¿las tapas "planas" deben ser cóncavas (hacia adentro) o convexas (hacia afuera)? ¿Por qué?

17. ¿Por qué crees que las armaduras de los puentes y los techos están formadas por triángulos? (Compara la estabilidad de tres tablas clavadas formando un triángulo, con la de cuatro tablas clavadas formando un rectángulo, o con la de cualquier cantidad de tablas clavadas formando figuras geométricas de varios lados. ¡Haz la prueba!)

18. Hay dos puentes que son copias exactas entre sí, excepto que en el mayor cada dimensión es exactamente el doble que la correspondiente en el menor; esto es, tienen dos veces la longitud, los elementos estructurales tienen dos veces el grosor, etc. ¿Cuál puente tendrá más probabilidades de fallar debido a su propio peso?

19. Antonio diseña un puente como estructura a la intemperie para un parque. Debe tener cierta anchura y cierta altura. Para obtener el tamaño y la forma del arco más resistente cuelga una cadena de dos soportes de igual altura que el ancho que debe tener el puente y deja colgar la cadena hasta la misma profundidad que la altura que debe tener el arco. A continuación diseña el arco para que tenga exactamente la misma forma que la cadena colgante. Explica por qué.

20. En la foto se ve un arco circular ("de medio punto") de piedra. Observa que debe mantenerse unido con varillas de acero. Si la forma del arco no fuera semicircular, sino tuviera la forma que usó Antonio en el ejercicio anterior, ¿se necesitarían las varillas de acero? Explica por qué.

21. Un dulcero hace manzanas con melcocha y decide usar 100 kg de manzanas grandes, en vez de 100 kg de manzanas pequeñas. ¿Necesitará más melcocha para cubrir sus manzanas?

22. Una persona que pesa el doble que otra, ¿usará más o menos que el doble de filtro solar en la playa?

23. ¿Por qué es más fácil iniciar un incendio con briznas y no con trozos grandes o troncos de la misma madera?

24. ¿Por qué se quema un trozo de carbón cuando se enciende, mientras que el polvo de carbón explota?

25. ¿Por qué una construcción de dos pisos cuya forma es más o menos cúbica pierde menos calor que una construcción extendida de un piso, con el mismo volumen?

26. ¿Por qué la calefacción es más eficiente en grandes edificios de apartamientos que en viviendas unifamiliares?

27. Algunas personas conscientes del ambiente construyen sus casas en forma de hemisferios. ¿Por qué hay menos pérdidas de calor en los hemisferios?

28. ¿Por qué las papas delgadas se fríen con más rapidez que las gruesas?

29. Si estás asando hamburguesas y eres impaciente, ¿por qué sería mejor aplanarlas para que queden más grandes y delgadas?

30. Si usas una carga de pasta de repostería para hacer mantecadas en lugar de un pastel, y la horneas durante el tiempo que dice la receta, ¿cuál será el resultado?

31. ¿Por qué los mitones son más calientes que los guantes en un día frío?

32. ¿Por qué los gimnastas suelen tener corta estatura?

33. ¿Cómo se relaciona el escalamiento con el hecho de que la frecuencia cardiaca de las criaturas grandes en general es menor que la de las pequeñas?

34. Las paredes internas de los intestinos obtienen nutrientes del alimento. ¿Por qué un organismo pequeño, como una lombriz, tiene un tracto intestinal sencillo y relativamente recto, mientras que un organismo grande, como un ser humano, tiene su tracto intestinal complejo y tortuoso?

35. Los pulmones en los humanos tienen sólo un volumen aproximado de 4 litros (4 L). Sin embargo, su superficie interna es casi 100 m². ¿Qué importancia tiene eso y cómo se logra?

36. ¿Qué tiene que ver el concepto de escalamiento con el hecho de que las células vivas de una ballena tienen más o menos el mismo tamaño que las de un ratón?

37. ¿Qué cae más rápido, las gotas de lluvia grandes o las pequeñas?

38. ¿Quién tiene más necesidad de beber líquidos en un clima desértico y seco, un niño o un adulto?

39. ¿Por qué un colibrí no pasa zumbando como un águila, y por qué un águila no bate las alas como las de un colibrí?

40. ¿Puedes relacionar la idea de escalamiento al gobierno de grupos pequeños o grupos grandes de ciudadanos? Explica cómo.

Problemas

1. Calcula la densidad de un cilindro macizo de 5 kg. Tiene 10 cm de altura y su radio es 3 cm.

2. ¿Cuál es el peso de un metro cúbico de corcho? ¿Lo podrías levantar? Usa 400 kg/m³ como densidad del corcho.

3. Cierto resorte se estira 3 cm cuando se le cuelga un peso de 15 N. ¿Cuánto se estira si se le cuelgan 45 N, y no llega a su límite elástico?

4. Un resorte se estira 4 cm cuando se le cuelga una carga de 10 N. ¿Cuánto se estira si se agrega un resorte idéntico que también sostenga a la carga, como se ve en *a* y en *b*? No tengas en cuenta los pesos de los resortes.

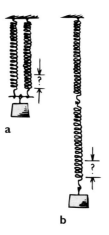

a

b

5. Si cierto resorte se estira 4 cm cuando se le cuelga una carga de 10 N, ¿cuánto se estira si se corta a la mitad y se le cuelgan 10 N?

6. Si se reducen las dimensiones lineales de un tanque de almacenamiento a la mitad, ¿cuánto disminuye su superficie total? ¿Cuánto disminuye su volumen?

7. Un cubo de 2 cm por lado se corta en cubos de 1 cm por lado. a) ¿Cuántos cubos se obtienen? b) ¿Cuál era la superficie del cubo original, y cuál es la superficie total de los ocho cubos más pequeños? ¿Cuál es la relación de las superficies? c) ¿Cuáles son las relaciones de superficie a volumen del cubo original y de los todos los cubos más pequeños?

8. Las personas más grandes en una playa necesitan más filtro solar que las pequeñas. En relación con una persona más baja, cuánta loción usa una persona con el doble de su peso?

9. Hay ocho cubos de azúcar de 1 centímetro cúbico, apilados para formar un solo cubo más grande. ¿Cuál será el volumen del cubo combinado? ¿Cómo se compara su superficie con la superficie total de los ocho cubos separados?

10. Hay ocho esferitas de mercurio, cada una con 1 mm de diámetro. Cuando se juntan para formar una sola esfera, ¿qué diámetro tendrá? ¿Cómo se compara su superficie con la superficie total de las ocho gotitas anteriores?

www.pearsoneducacion.net/hewitt
Usa los variados recursos del sitio Web, para comprender mejor la física.

13

LÍQUIDOS

Tsing Bardin demuestra la dependencia de la presión del agua y la profundidad.

A diferencia de un sólido, un líquido puede fluir. Las moléculas que forman un líquido no están confinadas a posiciones fijas, como en los sólidos, sino que se pueden mover libremente de una posición a otra deslizándose entre sí. Mientras que un sólido conserva un forma determinada, un líquido toma la forma del recipiente que lo contiene. Las moléculas de un líquido están cerca unas de otras, y resisten mucho las fuerzas de compresión. Los líquidos, como los sólidos, son difíciles de comprimir. Los gases, como veremos en el siguiente capítulo, se comprimen con facilidad. Tanto los líquidos como los gases pueden fluir, y en consecuencia ambos son *fluidos*.

Presión

Un líquido contenido en un recipiente ejerce fuerzas contra las paredes de éste. Para describir la interacción entre el líquido y las paredes conviene introducir el concepto de **presión**. La presión se define como fuerza por unidad de área, y se obtiene dividiendo la fuerza entre el área sobre la cual actúa la fuerza:[1]

$$\text{Presión} = \frac{\text{fuerza}}{\text{área}}$$

[1] La presión se puede expresar en cualquier unidad de fuerza dividida entre cualquier unidad de área. La unidad estándar internacional (SI) de presión, el newton por metro cuadrado, se llama *pascal* (Pa), en honor de Blaise Pascal, teólogo y científico del siglo XVII. Una presión de 1 Pa es muy pequeña, y es igual aproximadamente a la presión que ejerce un billete descansando sobre una mesa. En ciencia se usan con más frecuencia los kilopascales (1 kPa = 1000 Pa).

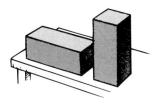

FIGURA 13.1 Aunque el peso de los dos bloques es el mismo, el vertical ejerce mayor presión contra la mesa.

Para ilustrar la diferencia entre presión y fuerza considera los dos bloques de la figura 13.1. Son de igual peso, y en consecuencia ejercen la misma fuerza sobre la superficie (colócalos en una báscula de baño y ésta indicará lo mismo con cada uno), pero el bloque que está parado ejerce una mayor *presión* contra la superficie. Si se volteara ese bloque de modo que sólo tocara en una esquina, la presión sería todavía mayor.

Presión en un líquido

Cuando nadas con la cabeza bajo el agua sientes la presión de ella contra los tímpanos. Mientras más profundo te sumerges, mayor es la presión. ¿Qué es lo que causa esta presión? No es más que el peso de los fluidos que están directamente arriba de ti: agua y aire, que te comprimen. A medida que nadas más profundo hay más agua sobre ti. En consecuencia hay más presión. Si nadas al doble de profundidad, habrá el doble de peso de agua sobre ti, y la presión del agua es el doble. Como la presión del aire cerca de la superficie terrestre es casi constante, la presión que sientes bajo el agua sólo depende de lo profundo que nades.

Si te sumergieras en un líquido más denso que el agua la presión sería mayor. La presión de un líquido es exactamente igual al producto de la densidad de peso por la profundidad:[2]

$$\text{Presión del líquido} = \text{densidad gravimétrica} \times \text{profundidad}$$

Planteado con sencillez, la presión que ejerce un líquido contra las paredes y el fondo de un recipiente depende de la densidad y la profundidad del líquido. Si no tomamos en cuenta la presión atmosférica, a una profundidad doble, la presión del líquido contra el fondo sube al doble; a tres veces la profundidad, la presión del líquido es el triple, y así sucesivamente. O bien, si el líquido tiene dos o tres veces la densidad, la presión del líquido es, respectivamente, dos o tres veces mayor, para determinada profundidad. Los líquidos son prácticamente incompresibles; esto es, su volumen casi no puede cambiar debido a la presión (el volumen del agua sólo disminuye 50 millonésimos de su volumen original por cada atmósfera de aumento de presión). Así, excepto por los cambios pequeños producidos por la temperatura, la densidad de un líquido en particular es prácticamente igual a todas las profundidades.[3]

---

[2]Esta ecuación se deduce de las definiciones de presión y densidad. Imagina una superficie en el fondo de un recipiente con líquido. El peso de la columna de líquido que hay directamente arriba de esa superficie produce presión. Según la definición densidad gravimétrica = peso/volumen, se puede expresar este peso de líquido como peso = densidad gravimétrica × volumen, y el volumen de la columna de agua es tan sólo el área multiplicada por la profundidad. Entonces se obtiene

$$\text{Presión} = \frac{\text{fuerza}}{\text{área}} = \frac{\text{peso}}{\text{área}}$$

$$= \frac{\text{densidad gravimétrica} \times \text{volumen}}{\text{área}}$$

$$= \frac{\text{densidad gravimétrica} \times (\text{área} \times \text{profundidad})}{\text{área}} = \text{densidad gravimétrica} \times \text{profundidad}$$

Hablando con propiedad, a esta ecuación se debería sumar la presión debida a la atmósfera sobre la superficie del líquido.

[3]La densidad del agua dulce es 1000 kg/m³. Como el peso (m × g) de 1000 kg es 1000 × 9.8 = 9800 N, la densidad gravimétrica del agua es 9800 N por metro cúbico (9800 N/m³). La presión del agua bajo la superficie de un lago no es más que esta densidad multiplicada por la profundidad, en metros. Por ejemplo, la presión del agua (o *presión hidráulica*) es 9800 N/m² a 1 m de profundidad, y 98,000 N/m² a una profundidad de 10 m. En las unidades SI, la presión se expresa en pascales, y las anteriores serían 9800 Pa y 98,000 Pa, respectivamente; o bien, en kilopascales, 9.8 kPa y 98 kPa, respectivamente. En estos casos, para obtener la *presión total*, se agrega la presión de la atmósfera, que es 101.3 kPa.

FIGURA 13.2 La dependencia entre presión de los líquidos y su profundidad no es problema en una jirafa, debido a su corazón grande, su intrincado sistema de válvulas y vasos sanguíneos elásticos y absorbentes en el cerebro. Sin esas estructuras se desmayaría al subir de repente la cabeza y tendría hemorragias cerebrales al bajarla.

Es importante darse cuenta que la presión no depende de la *cantidad* de líquido presente. El volumen no es la clave. La presión promedio del agua que actúa contra las cortinas de la presa en la figura 13.3 depende de la profundidad promedio del agua en la presa, y no del volumen que contiene. Un lago poco profundo, pero muy extenso, sólo ejerce la mitad de la presión promedio que un estanque pequeño pero profundo.

FIGURA 13.3 La presión promedio de agua que actúa contra la cortina depende de su profundidad promedio, y no del volumen del agua contenida. El lago grande y poco profundo ejerce sólo la mitad de la presión promedio que el estanque pequeño, pero profundo.

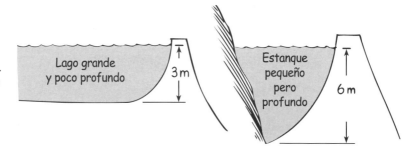

Sentirás la misma presión si sumerges la cabeza un metro bajo el agua en una alberca que a la misma profundidad en un lago muy grande. Lo mismo sucede con los peces. Ve los vasos comunicantes de la figura 13.4 y los que sostiene Tsing Bardin en la página 246. Si sujetamos un pez por la cola y sumergimos su cabeza unos centímetros, la presión del agua sobre la cabeza será la misma en cualesquiera de los vasos. Si lo soltamos y nada unos centímetros más profundamente, la presión sobre él aumentará con la profundidad, pero será igual independientemente de en qué vaso esté. Si nada hasta el fon-

FIGURA 13.4 La presión del líquido es igual a cualquier profundidad dada bajo la superficie, independientemente de la forma del recipiente. Presión del líquido = densidad gravimétrica × profundidad (más la presión del aire que hay arriba).

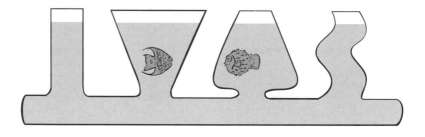

FIGURA 13.5 En los acueductos, los romanos se aseguraban que el agua fluyera un poco cuesta abajo, desde el depósito hasta la ciudad.

FIGURA 13.6 Las fuerzas de un líquido que oprimen contra una superficie se suman, y forman la fuerza neta que es perpendicular a la superficie del cuerpo.

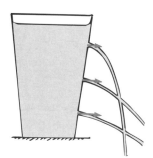

FIGURA 13.7 La presión del agua actúa perpendicular a los lados del recipiente, y aumenta al aumentar la profundidad.

do, la presión será mayor, pero no habrá diferencia en qué vaso esté. Todos los vasos se llenan a la misma profundidad, por lo que la presión del agua es igual en el fondo de cada uno, independientemente de su forma o de su volumen. Si la presión del agua en el fondo de un vaso fuera mayor que en el vaso contiguo más angosto, la mayor presión enviaría a los lados el agua y luego iría hacia arriba del recipiente angosto hasta que se igualaran las presiones en el fondo. Pero no sucede así. La presión depende de la profundidad y no del volumen, así que vemos que hay una razón por la que el agua busca su propio nivel.

El hecho de que el agua busca su propio nivel se puede demostrar llenando con agua una manguera de jardín, sujetando sus dos extremos a la misma altura. Los niveles del agua serán iguales. Si se levanta un extremo más que el otro, el agua saldrá por el extremo más bajo, aunque deba "subir" parte del camino. Este hecho no lo entendían bien algunos de los romanos antiguos, que construyeron acueductos complicados con arcos altos y trayectos tortuosos, para asegurar que el agua fluyera siempre un poco hacia abajo en todos los lugares a lo largo de la ruta del depósito a la ciudad. Si hubieran tendido la tubería en el terreno siguiendo el nivel natural del mismo, en algunos lugares el agua debería subir, pero los romanos no lo comprendieron. Todavía no estaba de moda la experimentación cuidadosa, y como disponían de abundante mano de obra de esclavos, los romanos construyeron acueductos innecesariamente complicados.

Un hecho determinado experimentalmente acerca de la presión de los líquidos es que se ejerce por igual en todas direcciones. Por ejemplo, si nos sumergimos en agua, independientemente de cómo inclinemos la cabeza, sentiremos la misma cantidad de presión en los oídos. Como un líquido puede fluir, la presión no sólo es hacia abajo. Sabemos que la presión actúa hacia los lados cuando vemos salir agua por los lados de alguna fuga que tenga una lata colocada en forma vertical. Sabemos también que la presión actúa hacia arriba, cuando tratamos de empujar una pelota para sumergirla en la superficie del agua. El fondo de un bote es empujado hacia arriba por la presión del agua.

Cuando el líquido comprime contra una superficie, hay una *fuerza* neta dirigida *perpendicularmente* a la superficie. Aunque la presión no tiene una dirección específica, la fuerza sí la tiene. Examina el bloque triangular de la figura 13.6. Fija la atención sólo en

Radiestesia

La radiestesia data de la antigüedad en Europa y África. Algunos de los primeros colonizadores la llevaron a América. Es la práctica de usar una horquilla, vara o algo parecido para localizar agua subterránea, minerales o tesoros enterrados. En el método clásico de la radiestesia cada mano sujeta uno de los extremos de la horquilla, con las palmas hacia arriba. El extremo de la punta se dirige hacia el cielo, a un ángulo aproximado de 45 grados. El "varólogo" camina yendo y viniendo sobre el área que se va a explorar, y cuando pasa sobre una fuente de agua (o de lo que busque), se supone que la vara gira hacia abajo. Algunos varólogos dicen que la atracción es tan grande que les ha sacado ampollas en las manos. Algunos dicen que tienen poderes especiales que les permiten "ver" a través del suelo y las rocas, y algunos son médiums que caen en trance cuando las condiciones son especialmente favorables. Aunque la mayor parte de la varología se hace en el sitio, algunos dicen que pueden localizar agua sólo con pasar la vara sobre un mapa.

Como perforar un pozo es un proceso muy costoso, muchas veces se considera que los honorarios del varólogo son razonables. Esta práctica está muy difundida, y en Estados Unidos hay miles de ellos. Esto se debe a que la radiestesia funciona. El varólogo casi no puede equivocarse, no porque tenga poderes especiales, sino que el agua subterránea está a menos de 100 metros de la superficie, en casi todos los lugares de la Tierra.

Haz un agujero en el terreno y verás que la humedad del suelo varía con la profundidad. A mayor profundidad, los poros están saturados con agua. El límite superior de esta zona saturada con agua se llama *tabla de agua, nivel freático* o *superficie freática*. Suele subir y bajar de acuerdo con la topografía superficial. Cuando veas un lago o un estanque, lo que ves es la tabla de agua, que se prolonga sobre la superficie del terreno.

Los hidrólogos estudian la profundidad, cantidad y calidad del agua bajo la tabla de agua, y se guían por una diversidad de técnicas, entre las que no está la radiestesia. De acuerdo con el Servicio Geológico de Estados Unidos, la radiestesia tiene la calidad de pseudociencia. Como se mencionó en el capítulo 1, la prueba verdadera de un varólogo sería encontrar un lugar donde no se pudiera encontrar agua.

---

los tres puntos intermedios de cada superficie. El agua comprime contra cada punto desde muchas direcciones, y sólo se indican unas pocas. Las componentes de las fuerzas que no son perpendiculares a la superficie se anulan entre sí y sólo queda una fuerza neta perpendicular en cada punto.

Es la razón por la que el agua que sale por un agujero de una cubeta *inicialmente* tiene una dirección perpendicular a la superficie donde está el agujero. Después se curva hacia abajo debido a la gravedad. La fuerza ejercida por un fluido sobre una superficie lisa siempre forma ángulo recto con ella.[4]

Flotación

FIGURA 13.8 La presión mayor contra el fondo de un objeto sumergido produce una fuerza de flotación hacia arriba.

Quien ha tratado de sacar un objeto sumergido en el agua, está familiarizado con la *flotación*, que es la pérdida aparente de peso que tienen los objetos sumergidos en un líquido. Por ejemplo, levantar una piedra grande del fondo de un río es relativamente fácil, mientras la piedra esté bajo la superficie. Sin embargo, cuando sube de la superficie, la fuerza requerida para levantarlo aumenta en forma considerable. Esto se debe a que cuando la piedra está sumergida, el agua ejerce sobre ella una fuerza hacia arriba, que es exactamente igual a la dirección opuesta de la atracción de la gravedad. A esta fuerza se le llama **fuerza de flotación** y es una consecuencia del aumento de la presión con la profundidad. La figura 13.8 muestra por qué la fuerza de flotación actúa hacia arriba. Las fuerzas debidas a las presiones del agua se ejercen en todos los puntos contra el objeto, en una dirección perpendicular a la superficie de ese objeto, como indican los vectores. Los vectores fuerza contra los lados, a profundidades iguales, se anulan entre sí, por lo que no hay fuerza de flotación horizontal. Sin embargo, los vectores fuerza en dirección

---

[4]La rapidez del líquido que sale por el agujero es $\sqrt{2gh}$, donde h es la profundidad bajo la superficie libre o "espejo" del líquido. Es interesante que sea la misma velocidad que tendría el agua, o cualquier fluido, si cayera libremente la misma distancia vertical h.

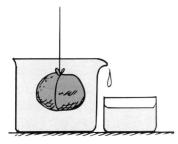

FIGURA 13.9 Cuando se sumerge una piedra, desplaza agua cuyo volumen es igual al volumen de la piedra.

vertical no se anulan. La presión es mayor en el fondo de la piedra, porque el fondo está a mayor profundidad. Así, las fuerzas hacia arriba, en la parte inferior, son mayores que las fuerzas hacia abajo en su parte superior, y se produce una fuerza neta hacia arriba, que es la fuerza de flotación.

Para comprender la flotación se requiere comprender el concepto de "volumen del agua desplazada". Si se sumerge una piedra en un vaso lleno con agua hasta el borde, algo del agua se derramará (Figura 13.9). El agua es *desplazada* por la piedra. Con un poco de deducción llegaremos a entender que el *volumen de la piedra*, esto es el espacio que ésta ocupa, es igual al *volumen del agua desplazada*. Coloca cualquier objeto en un recipiente parcialmente lleno de agua y verás que sube el nivel del agua (Figura 13.10). ¿Cuánto sube? Exactamente igual que si vertiéramos un volumen de agua igual al volumen del objeto sumergido. Es un buen método para determinar el volumen de objetos de forma irregular: *Un objeto totalmente sumergido siempre desplaza un volumen de líquido igual a su propio volumen.*

Agua desplazada

FIGURA 13.10 El aumento del nivel del agua es el mismo que se tendría si, en lugar de poner la pierda en el recipiente, hubiéramos vertido en él un volumen de agua igual al volumen de la piedra.

EXAMÍNATE En una receta se pide determinada cantidad de mantequilla. ¿En qué se relaciona el método de desplazamiento con el uso de una taza medidora de cocina?

Principio de Arquímedes

La relación entre la fuerza de flotación y el líquido desplazado fue descubierta por Arquímedes, el gran científico griego del siglo III a.C. Se enuncia como sigue:

Un cuerpo sumergido sufre un empuje hacia arriba por una fuerza igual al peso del fluido que desplaza.

Esta relación se llama **principio de Arquímedes**. Es válido para líquidos y gases, ya que los dos son fluidos. Si un cuerpo sumergido desplaza 1 kilogramo de fluido, la fuerza de flotación que actúa sobre él es igual al peso de un kilogramo.[5] Por *sumergido* se entiende ya sea *total* o *parcialmente* sumergido. Si sumergimos un recipiente sellado de 1 litro a media altura en el agua, desplazará medio litro de agua, y tendrá un empuje hacia arri-

COMPRUEBA TU RESPUESTA Pon algo de agua antes de poner la mantequilla. Anota el nivel en el lado de la taza. A continuación agrega la mantequilla y ve el aumento de nivel en el agua. Como la mantequilla flota, empújala para que quede bajo el agua. Si restas el primer nivel del nivel superior, sabrás el volumen de la mantequilla.

[5]En el laboratorio verás que conviene expresar la fuerza de flotación en kilogramos, aunque hasta ahora para nosotros el kilogramo ha sido una unidad de masa, y no de fuerza. Así, en el sentido estricto, la fuerza de flotación es el *peso* de 1 kg masa, que es 9.8 N. También se puede decir que la fuerza de flotación es 1 *kilogramo peso*, o *kilogramo fuerza*, y no simplemente 1 kg.

FIGURA 13.11 Un litro de agua ocupa un volumen de 1000 cm³, tiene una masa de 1 kg y pesa 9.8 N. En consecuencia, su densidad se puede expresar como 1 kg/L y su densidad gravimétrica como 9.8 N/L. (El agua de mar es un poco más densa, más o menos 10.0 N/L.)

ba igual al peso de medio litro de agua, independientemente de lo que haya en el recipiente. Si lo sumergimos por completo, la fuerza hacia arriba será igual al peso de 1 litro de agua (que tiene 1 kilogramo de masa). A menos que el recipiente se comprima, la fuerza de flotación será igual al peso de 1 kilogramo de agua *a cualquier* profundidad, mientras esté totalmente sumergido. Esto se debe a que a cualquier profundidad el recipiente no puede desplazar un volumen mayor de agua que su propio volumen. Y el peso del agua desplazada (¡no hablamos del peso del objeto sumergido!) es igual a la fuerza de flotación.

Si al sumergirse un objeto de 25 kilogramos desplaza 20 kilogramos de fluido, su peso aparente será el peso de 5 kilogramos (49 N). Observa que en la figura 13.12 el bloque de 3 kilogramos tiene un peso aparente igual al peso de 1 kilogramo, cuando está sumergido. El peso aparente de un objeto sumergido es igual a su peso en el aire menos la fuerza de flotación.

EXAMÍNATE

1. ¿El principio de Arquímedes dice que si un objeto sumergido desplaza líquido con 10 N de peso, la fuerza de flotación sobre el objeto es 10 N?

2. Un recipiente de 1 litro lleno totalmente con plomo tiene 11.3 kg de masa. Se sumerge en agua. ¿Cuál es la fuerza de flotación que actúa sobre él?

3. Se arroja una piedra grande en un lago profundo. A medida que va hacia el fondo, ¿aumenta la fuerza de flotación sobre él? ¿Disminuye?

4. Como la fuerza de flotación es la fuerza neta que ejerce un fluido sobre un cuerpo, y vimos en el capítulo 4 que las fuerzas netas producen aceleraciones, ¿por qué no acelera un cuerpo sumergido?

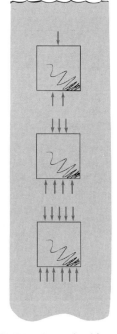

FIGURA 13.13 La diferencia entre la fuerza hacia arriba y la fuerza hacia abajo sobre un bloque sumergido es igual a cualquier profundidad.

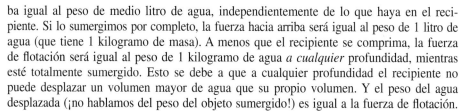

FIGURA 13.12 Los objetos pesan más en el aire que en el agua. Cuando está sumergido, este bloque de 3 N parece pesar sólo 1 N. El peso "que falta" es igual al peso del agua desplazada, 2 N, que es igual a la fuerza de flotación.

Quizá el profesor ilustre el principio de Arquímedes con un ejemplo numérico que demuestre que la diferencia entre las fuerzas que actúan hacia arriba y las que actúan hacia abajo, debidas a diferencias de presión sobre un cubo sumergido es numéricamente igual al peso del fluido desplazado. No hay diferencia en la profundidad a la que se sumerge el cubo, porque aunque las presiones son mayores a mayores profundidades, la *diferencia* de presión hacia arriba, sobre el fondo del cubo, y hacia abajo, contra la cara superior del cubo, es la misma a cualquier profundidad (Figura 13.13). Sea cual fuere la forma del cuerpo sumergido, la fuerza de flotación es igual al peso del fluido desplazado.

¿Por qué un objeto se hunde o flota?

Es importante recordar que la fuerza de flotación que actúa sobre un objeto sumergido depende del *volumen* del objeto. Los objetos pequeños desplazan pequeñas cantidades de agua, y sobre ellos actúan fuerzas de flotación pequeñas. Los objetos grandes desplazan grandes cantidades de agua, y sobre ellos actúan grandes fuerzas de flotación. Es el *volumen* del objeto sumergido, y no su *peso* lo que determina la fuerza de flotación. Esa fuerza es igual al peso del *volumen de fluido* desplazado. (¡El comprender mal este concepto es la raíz de la gran confusión que tienen las personas acerca de la flotación!)

Sin embargo, en la flotabilidad sí interviene el peso de un objeto. Que un objeto se hunda o flote en un líquido depende de cómo se compara la fuerza de flotación con *el peso del objeto*. Éste a su vez, depende de la densidad del objeto. Examina las tres reglas sencillas siguientes:

1. Si un objeto es más denso que el fluido en el que se sumerge, se hundirá.
2. Si un objeto es menos denso que el fluido en el que se sumerge, flotará.
3. Si la densidad de un objeto es igual que la densidad del fluido en el que se sumerge, ni se hundirá ni flotará.

La regla 1 parece razonable, porque los objetos más densos que el agua se van al fondo, independientemente de la profundidad del agua. Los buceadores que están cerca del fondo de cuerpos de agua profundos, a veces encuentran una pieza de madera, saturada de agua, suspendida en el fondo del mar (con una densidad igual a la del agua a esa profundidad), ¡pero nunca encuentran piedras suspendidas en el agua!

Según las reglas 1 y 2, ¿qué puedes decir acerca de las personas quienes, a pesar de todos sus esfuerzos, no pueden flotar?[6] Simplemente ¡que son muy densos! Para flotar con más facilidad debes reducir tu densidad. La fórmula *densidad gravimétrica = peso/volumen* indica que debes reducir tu peso o aumentar tu volumen. Si usas un chaleco salvavidas aumentas tu volumen, y al mismo tiempo agregas un peso muy pequeño al tuyo propio lo que reduce tu densidad general.

COMPRUEBA TUS RESPUESTAS

1. Sí. Visto de otro modo, el objeto sumergido empuja 10 N de fluido y lo aparta. El fluido desplazado reacciona regresando el empujón de 10 N sobre el objeto sumergido.

2. La fuerza de flotación es igual al peso del litro de agua desplazada. Un litro de agua tiene 1 kg de masa y pesa 9.8 N. Así, la fuerza de flotación sobre el recipiente es 9.8 N. (No importan los 11.3 kg de plomo; 1 L de todo lo que se sumerge en el agua desplaza 1 L, y será impulsado hacia arriba con una fuerza de 9.8 N, que es el peso de 1 kg.)

3. La fuerza de flotación no cambia mientras se hunde la piedra, porque desplaza el mismo volumen de agua en cualquier profundidad. Como el agua es prácticamente incompresible, su densidad es casi igual en todas las profundidades, y en consecuencia el peso del agua desplazada, que es la fuerza de flotación, es prácticamente el mismo en todas las profundidades.

4. Sí acelera, si la fuerza de flotación no está equilibrada por otras fuerzas que actúen sobre él: la fuerza de la gravedad y la resistencia del fluido. La fuerza neta sobre un cuerpo sumergido es el resultado de la fuerza neta que ejerce el fluido (la fuerza de flotación), el peso del cuerpo y, si se mueve, la fuerza de la fricción del fluido.

---

[6]Es interesante que nueve de cada diez de las personas que no pueden flotar son hombres. La mayor parte de los hombres son más musculados y un poco más densos que las mujeres.

La regla 3 se aplica a los peces, que ni flotan ni se hunden. Casi siempre un pez tiene igual densidad que la del agua. Puede regular su densidad dilatando y contrayendo un saco de aire o vejiga natatoria que cambia su volumen. Puede subir, aumentando ese volumen (con lo cual disminuye su densidad) y bajar, contrayendo su volumen (lo cual aumenta su densidad).

En un submarino lo que varía es el peso, no el volumen, para tener la densidad adecuada. Se admite o se expulsa agua en sus tanques de lastre. De igual modo, la densidad general de un cocodrilo aumenta cuando traga piedras. En los estómagos de cocodrilos grandes se han encontrado de 4 a 5 kilogramos de piedras. Por esta densidad mayor, el cocodrilo puede nadar casi oculto en el agua, exponiéndose así menos a la vista de su presa (Figura 13.14).

FIGURA 13.14 (Izquierda) Un cocodrilo que se te acerca en el agua. (derecha) Un cocodrilo con piedras, que se te acerca en el agua.

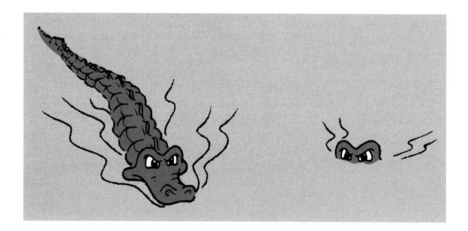

EXAMÍNATE

1. Se sumergen dos bloques de tamaño idéntico en agua. Uno es de plomo y el otro es de aluminio. ¿Sobre cuál de ellos la fuerza de flotación es mayor?

2. Si un pez se hace más denso, se hundirá. Si se hace menos denso, subirá. En función de la fuerza de flotación, ¿por qué es así?

Flotación

El hierro es mucho más denso que el agua. Un trozo de hierro macizo se hunde, como es natural, pero un barco de hierro flota. ¿Por qué? Imagina una tonelada de hierro macizo. El hierro tiene una densidad casi ocho veces mayor que la del agua, así que cuando se

COMPRUEBA TUS RESPUESTAS

1. La fuerza de flotación es igual sobre cada uno, porque los dos desplazan el mismo volumen de agua. Sólo el volumen del agua desplazada, y no el peso del objeto sumergido, determina la fuerza de flotación.

2. Cuando el pez aumenta su densidad, disminuyendo su volumen, desplaza menos agua, por lo que la fuerza de flotación disminuye. Cuando el pez disminuye su densidad inflándose, desplaza mayor volumen de agua y aumenta la fuerza de flotación.

sumerge sólo desplaza 1/8 de tonelada de agua, que no es suficiente para mantenerlo a flote. Supongamos que ese mismo bloque de hierro cambia de forma a la de una cubeta (Figura 13.15). Sigue pesando 1 tonelada. Pero cuando lo ponemos en agua desplaza un volumen mayor de agua que cuando era un bloque. Mientras más se sumerge la cubeta de hierro, desplaza más agua y la fuerza de flotación que actúa sobre ella es mayor. Cuando la fuerza de flotación es igual a 1 tonelada, ya no se hundirá más.

FIGURA 13.15 Un bloque de hierro se hunde, mientras que la misma cantidad de hierro, con la forma de una cubeta, flota.

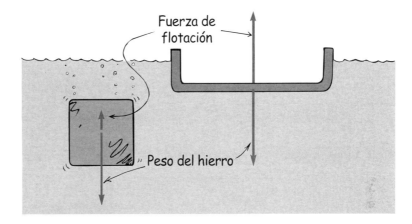

Cuando un bote de acero desplaza un peso de agua igual a su propio peso, flota. A esto se le llama a veces *principio de flotabilidad*.

Un objeto flotante desplaza fluido con peso igual a su propio peso.

Todo barco, submarino y dirigible deben ser diseñados para desplazar un peso de fluido igual a su propio peso. Así, un barco de 10,000 toneladas debe construirse con la suficiente amplitud como para desplazar 10,000 toneladas de agua sin hundirse demasiado. Lo mismo sucede con las naves aéreas. Un dirigible que pesa 100 toneladas desplaza al menos 100 toneladas de aire. Si desplaza más, asciende; si desplaza menos, desciende. Si desplaza exactamente su peso, queda suspendido a una altura constante.

Para el mismo volumen de agua desplazada, los fluidos más densos ejercen más fuerza de flotación que los menos densos. En consecuencia, un barco flota más en agua salada que en agua dulce, porque el agua salada es más densa. De igual modo, un trozo de hierro macizo flota en mercurio, aunque se hunde en el agua.

FIGURA 13.16 El peso de un objeto flotante es igual al peso del agua que desplaza su parte sumergida.

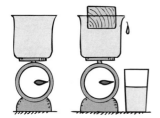

FIGURA 13.17 Un objeto flotante desplaza un peso de fluido igual a su propio peso.

FIGURA 13.18 El mismo barco vacío y con carga. ¿Cuál se hunde más en el agua? ¿Cómo se compara el peso de su carga con el peso del agua adicional desplazada?

Montañas flotantes

La punta de un témpano flotando en la superficie del océano es más o menos el 10% de todo el iceberg. Se debe a que el hielo tiene aproximadamente 0.9 veces la densidad del agua, por lo que se sumerge el 90% de él en el agua. En forma parecida, una montaña flota sobre el manto semilíquido de la Tierra, y sólo sobresale su punta. Se debe a que la corteza continental de la Tierra tiene más o menos 0.85 veces la densidad del manto sobre el cual flota; por consiguiente, un 85% de la montaña no sobresale de la superficie terrestre. Como los témpanos flotantes, las montañas son bastante más profundas que altas.

Hay un asunto gravitacional interesante relacionado con esto. Recuerda que en el capítulo 9 el campo gravitacional en la superficie terrestre varía un poco al variar las densidades de la roca subterránea (lo cual es información valiosa para los geólogos y los exploradores de petróleo): la gravitación es menor en la cumbre de una montaña, por la mayor distancia al centro de la Tierra. Si se combinan estos conceptos veremos que como el fondo de la montaña se prolonga mucho dentro del manto terrestre, hay mayor distancia entre la cumbre y el manto. Este "hueco" mayor reduce todavía más la gravitación en la cima de las montañas.

Otro hecho importante acerca de las montañas: si pudieras emparejar la punta de un témpano, sería más ligero y subiría casi hasta su altura original, cuando no la habías rasurado. De igual modo, cuando las montañas se erosionan son más ligeras, y son empujadas desde abajo para quedar flotando casi hasta sus alturas originales. Así, cuando se erosiona un kilómetro de montaña, un 85% del kilómetro empuja hacia arriba. Es la causa de que las montañas tarden tanto en "borrarse" por la erosión.

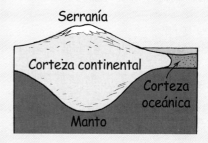

FIGURA 13.19 La corteza continental es más gruesa bajo las montañas.

EXAMÍNATE Una barcaza fluvial cargada de grava se acerca a un puente bajo el cual no puede pasar. A esa barcaza, ¿hay que quitarle o agregarle grava?

Principio de Pascal

Uno de los hechos más importantes sobre la presión de los fluidos, es que un cambio de presión en una parte del fluido se transmitirá íntegro a las demás partes. Por ejemplo, si la presión del agua potable aumenta 10 unidades de presión en la estación de bombeo, la presión en todos los tubos del sistema conectado aumentará 10 unidades (siempre y cuando el agua esté en reposo). A esta regla se le llama **principio de Pascal**:

> **Un cambio de presión en cualquier parte de un fluido confinado y en reposo se transmite íntegro a todos los puntos del fluido.**

COMPRUEBA TU RESPUESTA ¡Ja ja ja! ¿Crees que Hewitt te dará TODAS las respuestas a las preguntas de "examínate"? Una buena enseñanza es hacer buenas preguntas, no dar todas las respuestas. ¡En este caso quedas a tu suerte!

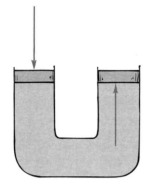

FIGURA 13.20 La fuerza ejercida sobre el pistón de la izquierda aumenta la presión en el líquido, y se transmite hasta el pistón de la derecha.

Blaise Pascal descubrió este principio en el siglo XVII (Pascal quedó inválido a los 18 años, y siguió siéndolo hasta su muerte, a los 39 años) y en su honor se nombró la unidad SI de presión, el pascal ($1 \text{ Pa} = 1 \text{ N/m}^2$).

Si llenamos con agua un tubo en U y cerramos los extremos con pistones, como se ve en la figura 13.20, la presión que se ejerza contra el pistón izquierdo se transmitirá por el líquido y actuará contra el fondo del pistón derecho. (Los pistones sólo son "tapones" que se pueden deslizar libremente, aunque están bien ajustados al interior del tubo.) La presión que ejerce el pistón izquierdo contra el agua será exactamente igual a la presión que el agua ejerce contra el pistón derecho, a la misma altura. Esto no nos sorprende. Pero supón que haces el tubo de la derecha más ancho, y usas un pistón de área mayor. El resultado será impresionante. En la figura 13.21, el pistón de la derecha tiene un área 50 veces mayor que la del pistón de la izquierda (por ejemplo, digamos que el izquierdo tiene 100 centímetros cuadrados, y el de la derecha tiene 5000 centímetros cuadrados). Supongamos que sobre el pistón de la izquierda se coloca una carga de 10 kg. Entonces se transmitirá una presión adicional (casi de 1000 N/cm^2) debida al peso de la carga, por todo el líquido y empujará hacia arriba al pistón mayor. Aquí es donde entra la diferencia entre fuerza y presión. La presión adicional se ejerce contra cada centímetro cuadrado del pistón mayor. Como tiene su área 50 veces mayor, sobre él se ejerce una fuerza 50 veces mayor. Así, el pistón mayor podrá sostener una carga de 500 kg, ¡cincuenta veces mayor que la carga sobre el pistón menor!

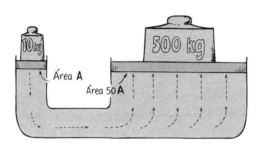

FIGURA 13.21 Una carga de 10 kg en el pistón de la izquierda sostiene 500 kg en el pistón de la derecha.

Esto *sí* es notable, porque podemos multiplicar fuerzas si usamos este artificio. Un newton de entrada produce 50 N de salida. Si aumentamos más el área del pistón mayor, o reducimos el área del pistón menor, podremos multiplicar la fuerza, en principio, en cualquier cantidad. El principio de Pascal es la base del funcionamiento de la prensa hidráulica.

En la prensa hidráulica no se viola el principio de la conservación de la energía, porque una disminución de la distancia recorrida compensa el aumento de la fuerza. Cuando el pistón pequeño de la figura 13.21 baja 10 centímetros, el pistón grande subirá sólo la 50ª parte, esto es, 0.2 centímetros. La fuerza de entrada multiplicada por la distancia que recorrió el pistón menor es igual a la fuerza de salida multiplicada por la distancia que recorrió el pistón mayor; es un ejemplo más de una máquina simple, que funciona con el mismo principio que una palanca mecánica.

El principio de Pascal se aplica a todos los fluidos, sean gases o líquidos. Una aplicación característica de ese principio, para los gases y los líquidos, es la rampa hidráulica que tienen muchos talleres automotrices (Figura 13.22). La mayor presión de aire producida por un compresor se transmite por el aire hasta la superficie de aceite que hay en un depósito subterráneo. A su vez, el aceite transmite la presión a un pistón, que sube al automóvil. La presión relativamente baja que ejerce la fuerza de subida contra el pistón es aproximadamente igual a la presión del aire en los neumáticos de los vehículos.

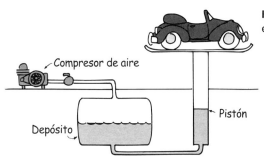

FIGURA 13.22 El principio de Pascal en una estación de servicio.

Tensión superficial

Imagina que cuelgas un trozo de alambre limpio doblado en un resorte helicoidal sensible (Figura 13.23), que bajas ese alambre al agua y después lo subes. Al tratar de retirar el alambre de la superficie del agua, verás que el resorte se estira, indicando que la superficie del agua ejerce una fuerza apreciable sobre el alambre. También podrías verlo cuando se moja un pincel fino. Cuando el pincel está bajo el agua, las cerdas se espon-

FIGURA 13.23 Cuando se baja el alambre doblado al agua, y después se vuelve a subir, el resorte se estira debido a la tensión superficial.

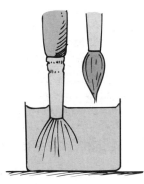

FIGURA 13.24 Cuando el pincel se saca del agua, sus cerdas se mantienen unidas debido a la tensión superficial.

jan casi como si estuvieran secas; pero cuando se saca el pincel del agua, la capa superficial de agua se contrae y junta las cerdas entre sí (Figura 13.24). Esta tendencia de la superficie de los líquidos a contraerse se llama **tensión superficial**.

La tensión superficial explica la forma esférica de las gotas de los líquidos. Las gotas de lluvia, las gotas de aceite y las gotas de un metal fundido que caen son esféricas, porque sus superficies tienden a contraerse y a hacer que cada gota adopte la forma que tenga la mínima superficie. Esa forma es la esfera, la figura geométrica que tiene la superficie mínima para determinado volumen. Por esta razón las gotas de niebla y de rocío en las telarañas, o en las gotas de las hojas aterciopeladas de las plantas son casi esféricas (mientras más grandes son, la gravedad las aplana más).

FIGURA 13.25 La tensión superficial da forma esférica a las gotitas de agua. ¿Puedes aplicar las ideas de la figura 12.15, del capítulo anterior, para explicar por qué las gotas más grandes se aplanan debido a la gravedad, mientras que las más menudas son más esféricas?

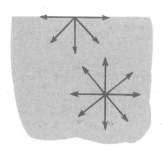

FIGURA 13.26 Una molécula en la superficie sólo es atraída hacia los lados y hacia abajo, por sus moléculas vecinas. Una molécula bajo la superficie es atraída por igual en todas direcciones.

La tensión superficial se debe a las atracciones moleculares. Bajo la superficie, cada molécula es atraída en todas direcciones por las moléculas contiguas, y el resultado es que no tiene tendencia a ser jalada hacia una dirección específica. Sin embargo, una molécula en la superficie de un líquido, es jalada sólo por sus vecinas a cada lado y hacia abajo, por las que están abajo; no hay tirón hacia arriba (Figura 13.26). Estas atracciones moleculares tienden, así, a tirar de la molécula hacia el interior del líquido, y esta tendencia es la que minimiza el área de la superficie. La superficie se comporta como si estuviera asegurada a una película elástica. Esto se ve cuando flotan agujas de acero u hojas de rasurar, secas, sobre el agua. No flotan en la forma usual, sino que están soportadas por las moléculas en la superficie, que se oponen a un aumento en el área superficial. La superficie del agua se vence, como una pieza de envoltura de plástico, y eso permite que ciertos insectos se desplacen sobre la superficie del agua.

La tensión superficial del agua es mayor que la de otros líquidos comunes, y el agua pura tiene mayor tensión superficial que la jabonosa. Se puede ver esto cuando una pequeña capa de jabón en la superficie del agua se reparte de hecho por toda la superficie. Así se minimiza el área superficial del agua. Lo mismo sucede con el aceite o la grasa que flotan sobre el agua. El aceite tiene menor tensión superficial que el agua fría, y se reparte en una película que cubre toda la superficie. Pero el agua caliente tiene menor tensión superficial que el agua fría, porque las moléculas tienen movimientos más rápidos y no están tan estrechamente unidas. Eso permite que la grasa o el aceite, en el agua caliente, se reúna en pequeñas burbujas que flotan en la superficie de la sopa. Cuando la sopa se enfría y aumenta la tensión superficial del agua, la grasa o el aceite se esparce sobre la superficie. La sopa se ve "grasosa". La sopa caliente sabe distinto a la sopa fría, principalmente porque la tensión superficial del agua de la sopa cambia con la temperatura.

Capilaridad

FIGURA 13.27 Tubos capilares.

FIGURA 13.28 Etapas hipotéticas de la acción capilar, vistas en un plano longitudinal al eje del tubo capilar.

Cuando se sumerge en agua el extremo de un tubo de vidrio completamente limpio, que tenga diámetro interno pequeño, el agua moja el interior del tubo y sube por él. En un tubo con diámetro interior aproximado de 1/2 milímetro, por ejemplo, el agua sube un poco más de 5 centímetros. Si el diámetro es menor, el agua sube mucho más (Figura 13.27). Esta subida de un líquido dentro de un tubo fino y hueco, o en un espacio angosto, es la *capilaridad*.

Cuando pienses en la capilaridad, imagina que las moléculas son esferas pegajosas. Las moléculas de agua se adhieren al vidrio más que entre sí. La atracción entre sustancias diferentes, como el agua y el vidrio, se llama *adhesión*. La atracción entre moléculas de la misma sustancia se llama *cohesión*. Cuando se sumerge un tubo de vidrio en agua, la adhesión entre el vidrio y el agua hace que una película delgada de agua suba por las superficies internas y externas del tubo (Figura 13.28a). La tensión superficial hace que esta película se contraiga (Figura 13.28b). La película de la superficie externa se contrae lo bastante para formar una orilla redondeada. La película de la superficie interior se contrae más y eleva el agua con ella, hasta que la fuerza de adhesión queda equilibrada por el peso del agua que se elevó (Figura 13.28c). En un tubo más angosto, el peso del agua es menor, y el agua sube más que si el tubo fuera ancho.

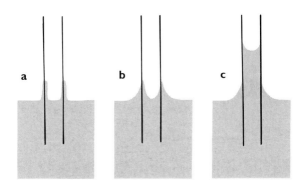

Si se sumerge parcialmente una brocha en agua, ésta subirá entre los espacios angostos de las cerdas, por acción capilar. Si usas pelo largo, déjalo colgar en la tarja o en el lavabo, y el agua subirá hasta tu coronilla, en la misma forma. Es la forma en que el aceite moja la mecha de una lámpara, subiendo por ella, y el agua moja toda la toalla cuando una de sus esquinas se sumerge en ella. Sumerge un extremo de azúcar en el café, y todo el terrón se moja con rapidez. La acción capilar es esencial para el crecimiento de las plantas. Lleva el agua hasta las raíces de las plantas, y sube la savia y los nutrimentos hasta las copas de los árboles. Casi en todas partes que veamos percibiremos la acción capilar trabajando. Esto es bueno, ¿verdad?

Pero desde el punto de vista de un insecto, la capilaridad no es tan buena. Recordemos que, en el capítulo anterior, debido a que los insectos tienen una superficie relativamente grande, caen con lentitud en el aire. La gravedad casi no los pone en peligro, pero no así la capilaridad. Si el agua los atrapa puede ser fatal para ellos, a menos que esté adaptado para estar en el agua como una araña zancuda.

Resumen de términos

Capilaridad La subida de un líquido dentro de un tubo fino y hueco, o en un espacio angosto.

Fuerza de flotación La fuerza neta hacia arriba que ejerce un fluido sobre un cuerpo sumergido en él.

Presión La relación de la fuerza entre el área sobre la que se distribuye la fuerza:

$$\text{Presión} = \frac{\text{Fuerza}}{\text{área}}$$

Presión de un líquido = densidad gravimétrica × profundidad

Principio de Arquímedes Un cuerpo sumergido sufre una fuerza de flotación hacia arriba igual al peso del fluido que desplaza.

Principio de flotabilidad Un objeto flotante desplaza un peso de fluido igual a su propio peso.

Principio de Pascal La presión aplicada a un fluido inmóvil confinado en un recipiente se transmite íntegra por todo el fluido.

Tensión superficial Es la tendencia de la superficie de un líquido a contraerse y comportarse como una membrana elástica estirada.

Lectura sugerida

Rogers, E. *Physics for the Inquiring Mind*. Princeton, N. J.: Princeton University Press, 1960. El capítulo 6 de dicho libro, ya antiguo pero bueno, describe la tensión superficial con detalles interesantes.

Preguntas de repaso

1. Describe dos ejemplos de fluido.

Presión

2. Describe la diferencia entre *fuerza* y *presión*.

Presión en un líquido

3. ¿Cuál es la relación entre la presión en un líquido y la profundidad del líquido? ¿Entre la presión de un líquido y su densidad?

4. Sin tener en cuenta la presión de la atmósfera, si nadas a doble profundidad en el agua, ¿cuánta presión de más ejerce el agua sobre los oídos? Si nadas en agua salada, ¿será mayor la presión que en agua dulce, a la misma profundidad? ¿Por qué?

5. ¿Cómo se compara la presión del agua a 1 metro bajo la superficie de un estanque pequeño con la presión de agua a un metro bajo la superficie de un lago inmenso?

6. Si perforas un agujero en un recipiente lleno de agua, ¿en qué dirección saldrá el agua al principio, fuera del recipiente?

Flotación

7. ¿Por qué la fuerza de flotación actúa hacia arriba, sobre un objeto sumergido en agua?

8. ¿Por qué no hay fuerza de flotación horizontal sobre un objeto sumergido?

9. ¿Cómo se compara el volumen de un objeto totalmente sumergido con el volumen del agua que desplaza?

Principio de Arquímedes

10. ¿Cómo se compara la fuerza de flotación sobre un objeto sumergido con el peso del agua desplazada?

11. Describe la diferencia entre un cuerpo *sumergido* y un cuerpo *en inmersión*.

12. ¿Cuál es la masa de 1 L de agua? ¿Cuál es su peso en newton?

13. Si se sumerge a la mitad un recipiente de 1 L en agua, ¿cuál es el volumen del agua desplazada? ¿Qué fuerza de flotación actúa sobre el recipiente?

¿Por qué un objeto se hunde o flota?

14. La fuerza de flotación sobre un objeto sumergido, ¿es igual al peso del objeto mismo, o igual al peso del fluido desplazado por el objeto?

15. Hay una condición en la que la fuerza de flotación sobre un objeto es igual al peso del objeto. ¿Cuál es este caso?

16. La fuerza de flotación sobre un objeto sumergido, ¿depende del volumen del objeto?

17. Llena los espacios: Un objeto más denso que el agua _____ en el agua. Un objeto menos denso que el agua _____ en el agua. Un objeto con la misma densidad del agua _____ en el agua.

18. ¿Cómo controla un pez su densidad? ¿Cómo se controla la densidad de un submarino?

Flotación

19. Se subrayó que la fuerza de flotación no es igual al peso de un objeto, sino que es igual al peso del agua desplazada. Ahora decimos que la fuerza de flotación es igual al peso del objeto. ¿No es eso una gran contradicción? Explica por qué.

20. ¿Qué peso de agua desplaza un barco de 100 toneladas? ¿Cuál es la fuerza de flotación que actúa sobre un barco de 100 toneladas?

Principio de Pascal

21. ¿Qué le sucede a la presión en todos los puntos de un fluido confinado si aumenta la presión en una de sus partes?

22. Si la presión de una prensa hidráulica aumenta 10 N/cm^2, ¿cuánta carga adicional soportará el pistón de salida, si su área transversal es 50 cm^2?

Tensión superficial

23. ¿Qué forma geométrica tiene la mínima superficie para determinado volumen?

24. ¿Qué es lo que causa la tensión superficial?

Capilaridad

25. Describe la diferencia entre las fuerzas de *adhesión* y las de *cohesión*.

26. ¿Qué es lo que determina la altura que sube el agua dentro de un tubo capilar?

Proyectos

1. Trata de hacer flotar un huevo en agua. A continuación disuelve sal en el agua hasta que el huevo flote. ¿Cómo se compara la densidad de un huevo con la del agua de la llave? ¿Con la del agua salada?

2. Haz un par de agujeros en la parte inferior de un recipiente lleno de agua, y el agua saldrá a chorros, por su presión. Ahora deja caer el recipiente, y cuando caiga libremente ¡verás que ya no sale agua! Si tus amigos no comprenden eso, ¿podrías explicarlo?

3. Pon a flotar una pelota de ping-pong remojada en agua, en una lata de agua sostenida más de 1 metro arriba de un piso rígido. A continuación deja caer la lata. ¿Qué le pasa a la pelota cuando cae el conjunto (y qué indica eso sobre la tensión superficial)? Lo más asombroso es, ¿qué le pasa a la pelota, y por qué, cuando la lata choca con el piso? ¡Haz la prueba y te asombrarás! (Precaución: Usa gafas de seguridad o aparta la cabeza de la línea sobre la lata cuando llegue al suelo.)

4. El jabón baja mucho las fuerzas de cohesión entre las moléculas de agua. Lo puedes ver si pones algo de aceite en una botella con agua y lo agitas para que se mezclen agua y aceite. Observa que el agua y el aceite se separan con rapidez, tan pronto como cesas de agitar la botella. Ahora agrega a la mezcla algo de jabón. Agita de nuevo la botella y verás que el jabón forma una capa delgada en torno a cada esferita de aceite, y que se requiere más tiempo para que el aceite se separe, después de haber agitado la botella.

Es la forma en que trabaja el jabón en la limpieza. Rompe la tensión superficial alrededor de cada partícula de mugre, para que el agua pueda llegar a las partículas que la rodean. La mugre se arrastra en el enjuague. El jabón es un buen limpiador sólo en presencia del agua.

Ejercicios

1. Párate en la báscula del baño y ve cuánto pesas. Cuando levantas un pie, o sea que te paras sobre la báscula en un pie, ¿cambia la indicación de tu peso? La báscula, ¿mide fuerza o presión?

2. ¿Por qué las personas confinadas en la cama son menos propensas a tener llagas si usan un colchón de agua y no un colchón ordinario?

3. Sabes que un cuchillo afilado corta mejor que uno desafilado. ¿Por qué es así?

4. Si se abren completamente las llaves de agua, en el primer piso y en la planta baja, ¿saldrá más agua por segundo por las del primer piso, o por las de la planta baja?

5. ¿Qué supones que ejerza más presión sobre el piso, un elefante o una dama con tacones de aguja? ¿Cuál de ellos abollará con más probabilidad un piso de linóleo? ¿Puedes hacer cálculos aproximados para cada caso?

6. En la foto se ve Marshall Ellenstein, profesor de física, caminando descalzo sobre pedacería de botellas de vidrio en el salón. ¿Qué concepto de la física está demostrando Marshall, y por qué se cuida de que los trozos de vidrio sean pequeños y numerosos? (¡Las curitas en sus pies son de broma!)

7. ¿Por qué tu cuerpo descansa más cuando te acuestas que cuando te sientas? Y, ¿por qué la presión sanguínea se mide en el antebrazo, a la altura del corazón? En las piernas, ¿será mayor la presión sanguínea?

8. ¿Cuál tetera contiene más líquido?

9. En el esquema se ve un tanque elevado que abastece de agua a una granja. Está hecho de madera y reforzado con cinchos metálicos. a) ¿Por qué está elevado? b) ¿Por qué los cinchos están más cercanos entre sí cerca del fondo del tanque?

10. Se coloca un bloque de aluminio de 10 cm^3 en un vaso de precipitados lleno de agua hasta el borde. El agua se derrama. Lo mismo se hace en otro vaso, con un bloque de plomo de 10 cm^3. ¿El plomo desplaza agua en cantidad mayor, menor o igual?

11. Se coloca un bloque de aluminio con una masa de 1 kg en un vaso de precipitados lleno de agua hasta el borde. El agua se derrama. Lo mismo se hace en otro vaso, con un bloque de plomo de 1 kg. ¿El plomo dsplaza agua en cantidad mayor, menor o igual?

12. Un bloque de aluminio de 10 N de peso se coloca en un vaso de precipitados lleno de agua hasta el borde. Se derrama agua. Lo mismo se hace en otro vaso, con un bloque de plomo de 10 N. El plomo, ¿desplaza una cantidad mayor, menor o igual de agua que el aluminio? (¿Por qué tus respuestas en este ejercicio y en el ejercicio 11 son distintas de tu respuesta en el ejercicio 10?)

13. Cuando flotas en el agua con los pulmones llenos de aire, y exhalas, te hundes un poco más. ¿Qué es lo más importante que te hace hundir, ¿el cambio de tu masa o el cambio de tu densidad?

14. Hay una leyenda que dice que un joven holandés contuvo valientemente a todo el Océano Atlántico tapando con su dedo un agujero en un dique. ¿Es posible y razonable? (También ve el problema 4.)

15. Si has pensado en el agua de los excusados de los pisos superiores en los grandes rascacielos, ¿cómo supones que esté diseñado el sistema de plomería para que no haya un impacto enorme del agua residual que llegue al nivel del sótano? (Ve si tus hipótesis son correctas con alguien que conozca de ingeniería civil o ingeniería sanitaria.)

16. ¿Por qué el agua "busca su propio nivel"?

17. Imagina que deseas tender un edificio horizontal para una casa sobre un terreno irregular. ¿Cómo sugieres llenar una manguera de jardín para determinar si las alturas son iguales en puntos alejados entre sí?

18. Cuando te bañas en una playa rocosa, ¿por qué te lastimas menos los pies cuando el agua tiene mayor profundidad?

19. Si te cortas un dedo de la mano, ¿por qué si lo levantas sobre tu cabeza se reduce la hemorragia?

20. Si la presión de un líquido fuera la misma en todas las profundidades, ¿habría fuerza de flotación sobre un objeto sumergido en el líquido? Explica por qué.

21. Una lata de bebida dietética flota sobre el agua, mientras que una lata de bebida gaseosa normal se hunde. ¿Cómo explicas esto?

22. ¿Cómo se relaciona la fracción sumergida de un objeto flotante con su densidad en relación con la densidad del líquido en la que flota?

23. Los Montes Himalaya son un poco menos densos que el material del manto sobre el cual "flotan". ¿Supones que, como los témpanos flotantes, tienen más profundidad que la altura que tienen?

24. ¿Por qué es imposible que haya sobre la Tierra una montaña alta formada por plomo?

25. ¿Cuánta fuerza se necesita para empujar una caja casi sin peso, pero rígida, de 1 L, y sumergirla en el agua?

26. ¿Por qué no es correcto decir que los objetos pesados se hunden y los objetos ligeros flotan? Describe ejemplos exagerados que respalden tu respuesta.

27. Si se coloca un trozo de hierro sobre un bloque de madera, ésta se hundirá un poco en el agua. Si en lugar de ello el hierro se colgara bajo la madera, ¿flotaría más abajo, igual de abajo o más arriba? Defiende tu respuesta.

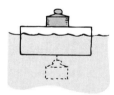

28. En comparación con un barco vacío, uno cargado con espuma de estireno, ¿se hundiría más en el agua, o subiría en el agua? Defiende tu respuesta.

29. Si un submarino comienza a hundirse, ¿continuará así hasta llegar al fondo si no se toman ciertas medidas? Explica por qué.

30. Un lanchón lleno de chatarra de hierro está en la esclusa de un canal. Si se tira el hierro por la borda, en el agua junto al lanchón, el nivel del agua en la esclusa, ¿subirá, bajará o quedará igual? Explica por qué.

31. El nivel del agua en la esclusa de un canal, ¿subiría, o bajaría si se hundiera un buque de guerra dentro de la esclusa?

32. Se lastra un globo de tal modo que apenas puede flotar en agua. Si se le sumerge, ¿regresará a la superficie, permanecerá a la profundidad donde se le sumergió o se seguirá hundiendo? Explica por qué. (Sugerencia: ¿Cambia la densidad del globo?)

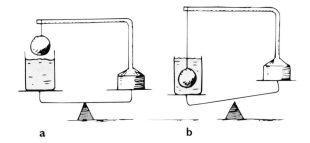

a   **b**

33. La densidad de una piedra al sumergirla en agua no cambia, pero tu densidad sí cambia al sumergirte. ¿Por qué sucede así?

34. Para contestar la pregunta de por qué los cuerpos flotan más en agua salada que en agua dulce, tu amigo dice que se debe a que el agua salada es más densa que el agua dulce. Ese amigo tuyo, ¿acostumbra contestar las preguntas recitando afirmaciones que se relacionan con las respuestas, pero que no describen las razones concretas? ¿Cómo contestarías tú la misma pregunta?

35. Un barco llega del mar a un puerto de río, y se hunde un poco más en el agua. ¿Cambió la fuerza de flotación sobre él? En caso afirmativo, ¿aumentó o disminuyó?

36. Tienes la opción de escoger dos salvavidas de tamaño idéntico, pero el primero es ligero está lleno con espuma de estireno y el segundo es muy pesado, porque está lleno de balines de plomo. Si sumerges esos salvavidas en agua, ¿sobre cuál será mayor la fuerza de flotación? ¿Sobre cuál no tendrá efecto la fuerza de flotación? ¿Por qué tus respuestas son distintas?

37. El peso aproximado del cerebro humano es 15 N. La fuerza de flotación que produce el líquido (cefalorraquídeo) que lo rodea es 14.5 N, cuando menos. ¿Significa eso que el peso del fluido que rodea al cerebro es cuando menos 14.5 N? Defiende tu respuesta.

38. Las densidades relativas del agua, el hielo y el alcohol son 1.0, 0.9 y 0.8, respectivamente. Los cubos de hielo, ¿flotan más o menos en una bebida alcohólica que en el agua? ¿Qué puedes decir de un coctel en el que los cubos de hielo se hunden hasta el fondo del vaso?

39. Cuando se funde un cubo de hielo en un vaso de agua, ¿el nivel del agua sube, baja o permanece igual? ¿Cambia tu respuesta si el cubo tiene muchas burbujas de aire? ¿Y si el cubo tiene muchos granos de arena densa?

40. Una cubeta de agua a medio llenar está sobre una báscula de resorte. ¿Aumentará la indicación de la báscula, o quedará igual, si en ella se pone un pescado vivo? (¿Sería distinta tu respuesta si la cubeta estuviera al principio llena hasta el borde?)

41. El peso del recipiente de agua en la siguiente figura es igual al peso de la base con la esfera maciza de hierro colgada, como se ve en *a*. Cuando la bola colgada se baja y se mete al agua, se rompe el equilibrio (*b*). El peso adicional que se debe poner en el platillo derecho, para regresar al equilibrio, será mayor, igual o menor que el peso de la bola?

42. Si aumentara el campo gravitacional en la Tierra, un pescado, ¿se iría a la superficie, se iría al fondo o quedaría a la misma profundidad?

43. ¿Qué sentirías al nadar en el agua de un hábitat en el espacio, en órbita, donde la gravedad simulada es 1/2 *g*? ¿Flotarías en el agua igual que en la Tierra?

44. Se dice que la forma de un líquido es la de su recipiente. Pero sin recipiente y sin gravedad, ¿cuál es la forma natural de un "trozo" de agua? ¿Por qué?

45. Si sueltas una pelota de ping-pong abajo de la superficie del agua, subirá y flotará. ¿Haría lo mismo si se sumergiera en un gran "trozo" de agua que flotara sin peso en una nave espacial en órbita?

46. En una racha de mala suerte te deslizas lentamente en un pequeño estanque, donde unos cocodrilos astutos están en el fondo, confiando en el principio de Pascal, para poder detectar algún delicioso bocadillo. ¿Qué tiene que ver el principio de Pascal con su contento cuando llegaste?

47. En el mecanismo hidráulico que se ve en la figura, el pistón más grande tiene un área cincuenta veces mayor que la del pequeño. El fornido espera ejercer la fuerza suficiente sobre el pistón grande para subir los 10 kg que descansan en el pistón pequeño. ¿Crees que lo pueda hacer? Defiende tu respuesta.

48. En el dispositivo hidráulico de la figura 13.21, la multiplicación de la fuerza es igual a la relación de las áreas de los pistones grande y pequeño. Algunas personas se sorprenden cuando ven que el área de la superficie del líquido en el recipiente de la figura 13.22 no importa. ¿Cómo explicas que la figura es correcta?

49. ¿Por qué el agua caliente se fuga con más facilidad que el agua fría, por las grietas pequeñas de un radiador de automóvil?

50. En la superficie de un estanque es frecuente ver insectos que pueden "caminar" sobre el agua sin hundirse. ¿Con qué concepto de la física puedes explicar esto? Explica cómo.

Problemas

1. La profundidad del agua en la presa Hoover, en Nevada, es 220 m. ¿Cuál es la presión del agua en la base de la cortina? (No tengas en cuenta la presión debida a la atmósfera.)

2. Una pieza de 6 kg de metal desplaza 1 L de agua cuando se sumerge en ella. ¿Cuál es su densidad?

3. Un lanchón rectangular mide 5 m de longitud por 2 m de ancho y flota en agua dulce. *a*) Calcula hasta dónde se hunde cuando se sube en ella un caballo de 400 kg. *b*) Si el lanchón sólo puede hundirse 15 cm en el agua sin que ésta la inunde y se hunda, ¿cuántos caballos de 400 kg puede llevar?

4. Un dique en Holanda tiene una fuga por un agujero con 1 cm^2 de área, a 2 m de profundidad bajo la superficie del agua. ¿Con qué fuerza debería apretar un joven sobre el agujero para detener la fuga? ¿Lo puede hacer?

5. Un mercader de Katmandu te vende una estatua de oro macizo, de 1 kg, en un precio muy razonable. Al llegar a tu casa quieres ver si fue una ganga, y la sumerges en un recipiente con agua, y mides el volumen del agua que desplazó. ¿Qué volumen indicaría que es de oro puro?

6. Cuando se cuelga un objeto de 2.0 kg en agua, pesa 1.5 kg. ¿Cuál es la densidad del objeto?

7. Un cubo de hielo mide 10 cm por lado, y flota en el agua. Sobre el nivel del agua sobresale un cm. Si quitaras esa parte de 1 cm, ¿cuántos cm sobresaldría el hielo que queda sobre la superficie del agua?

8. Una nadadora usa un cinturón pesado para que su densidad promedio sea exactamente igual a la del agua. Su masa, incluyendo el cinturón, es 60 kg. *a*) ¿Cuál es su peso con cinturón, en newton? *b*) Cuál es su volumen en m^3? *c*) A 2 metros bajo la superficie del agua, en una alberca, ¿qué fuerza de flotación actúa sobre ella? *d*) ¿Cuál es la fuerza neta que actúa sobre ella?

9. Un vacacionista flota perezosamente en el mar, y el 90% de su cuerpo está bajo la superficie del agua. La densidad del agua de mar es 1,025 kg/m^3. ¿Cuál es la densidad promedio del vacacionista?

10. Un barco de salvamento puede subir un trozo de hierro, del fondo del mar, hasta la superficie; pero no lo puede subir sobre la superficie. El capitán del barco sabe que la densidad del acero es más o menos cuatro veces la densidad del agua, y se pregunta si algún otro barco, con una grúa de igual capacidad, bastará para ayudarlo a subir al acero sobre el agua, o si necesitará la ayuda de más de otro barco. Explica al capitán que sólo bastará con otro barco.

11. El área transversal del pistón de la rampa hidráulica de la figura 13.22 es 400 cm^2. La masa del automóvil y de la rampa misma es 2000 kg. ¿Cuánta presión debe aplicarse a la superficie del fluido del depósito para subir el auto?

12. ¿Cuánta presión sientes al equilibrar una pelota de 5 kg en la punta de un dedo, por ejemplo, con un área de 1 cm^2? ¿Cómo se compara esta presión con la del problema anterior?

www.pearsoneducacion.net/hewitt
*Usa los variados recursos del sitio Web,
para comprender mejor la física.*

14 GASES Y PLASMAS

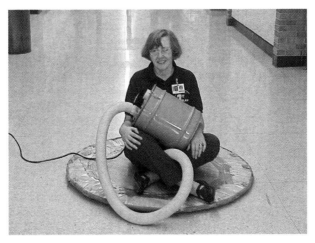

Ann Brandon es el punto de atención de sus alumnos cuando flota sobre una base de madera, soportada por aire que sopla con una compresora colocada en el centro.

Los gases fluyen, como los líquidos, y por esta razón ambos se llaman *fluidos*. La diferencia principal entre un gas y un líquido es la distancia entre sus moléculas. En un gas, las moléculas están alejadas, y libres de las fuerzas de cohesión que dominan sus movimientos como en las fases líquida o sólida. Sus movimientos tienen menos restricciones. Un gas se expande en forma indefinida, y llena el espacio que tenga disponible. Sólo cuando la cantidad de gas es muy grande, por ejemplo en la atmósfera de la Tierra o en una estrella, las fuerzas de gravedad sí limitan la forma de la masa de un gas.

La atmósfera

El espesor de nuestra atmósfera está determinado por una competencia entre dos factores. La energía cinética de sus moléculas, que tiende a difundirlas y apartarlas, y la gravedad, que tiende a sujetarlas cerca de la Tierra. Si en algún momento se pudiera desconectar la gravedad de la Tierra, las moléculas de la atmósfera se disiparían y desaparecerían. O bien, si la gravedad actuara, pero las moléculas se movieran con demasiada lentitud para seguir formando un gas (como podría suceder en un planeta remoto y frío), nuestra "atmósfera" sería una capa líquida o sólida, por lo que habría mucha mayor materia descansando en el terreno. No habría qué respirar; de nuevo, no habría atmósfera.

Pero nuestra atmósfera es un feliz equilibrio entre moléculas con energía que tienden a salir despedidas, y la gravedad que las hace regresar. Sin el calor del Sol, las moléculas del aire quedarían en la superficie de la Tierra, como las palomitas de maíz (rosetas) se asientan en el fondo de la máquina que las hace. Pero si agregas calor a las rosetas y a los gases atmosféricos, los dos chocarán y rebotarán a mayores altitudes. Las rosetas en la máquina alcanzan velocidades de algunos kilómetros por hora, y suben hasta uno o dos metros; las moléculas del aire se mueven a velocidades de unos 1600 kilómetros por hora y rebotan hasta alcanzar muchos kilómetros de altura. Por fortuna contamos con un Sol que da energía y hay gravedad, así que tenemos una atmósfera.

La altura exacta de la atmósfera no tiene significado, porque el aire se vuelve más y más delgado a medida que aumenta la altitud. Al final, este adelgazamiento llega al "vacío" del espacio interplanetario. Sin embargo, aun en las regiones del espacio libre del espacio interplanetario, la densidad del gas es aproximadamente 1 molécula por centímetro cúbico. Este gas es principalmente hidrógeno, el elemento más abundante del universo. Más o menos el 50% de la atmósfera está abajo de la altitud de 5.6 kilómetros, el 75% abajo de 11 kilómetros, el 90% abajo de 18 kilómetros y el 99% abajo de unos 30 kilómetros (Figura 14.1). En cualquier enciclopedia puedes encontrar una descripción detallada de la atmósfera.

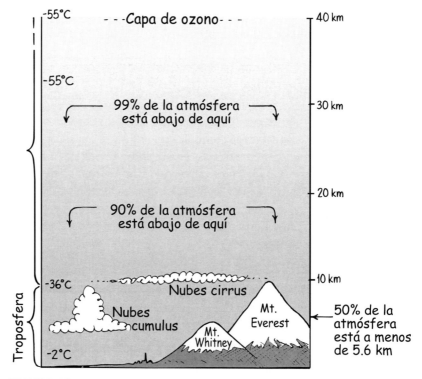

FIGURA 14.1 La atmósfera. El aire está más comprimido en el nivel del mar que a grandes alturas. Como las plumas en una pila gigantesca, lo que está en el fondo está más aplastado que lo que está más cerca de la parte superior.

Presión atmosférica

Vivimos en el fondo de un océano de aire. La atmósfera, casi como el agua de un lago, ejerce presión. Uno de los experimentos más famosos para demostrar la presión de la atmósfera lo hizo Otto von Guericke, burgomaestre de Magdeburgo e inventor de la bomba de vacío, en 1654. Von Guericke colocó dos hemisferios de cobre, uno contra otro, de más o menos 1/2 metro de diámetro, para formar una esfera, como se ve en la figura 14.2. diseñó una unión hermética al aire, con una empaquetadura de cuero empapada en aceite. Cuando evacuó el aire de la esfera, con su bomba de vacío, dos troncos de 8 caballos cada uno, no pudieron separar los hemisferios.

FIGURA 14.2 El famoso experimento de los "hemisferios de Magdeburgo", en 1654, para demostrar la presión de la atmósfera. Dos troncos de caballos no pudieron separar los hemisferios evacuados. Esos hemisferios, ¿estaban unidos por succión o unidos por empuje uno contra otro? Por ¿qué cosa?

Cuando la presión de aire dentro de un cilindro se reduce, como se ve en la figura 14.3, hay una fuerza que empuja el pistón hacia arriba. Esta fuerza es suficientemente grande como para subir una pesa grande. Si el diámetro interno del cilindro es 10 centímetros o mayor, esa fuerza puede subir a una persona.

¿Qué demuestran los experimentos de las figuras 14.2 y 14.3? ¿Demuestran que el aire ejerce presión o que hay una "fuerza de succión"? Si dijéramos que hay una fuerza de succión, estaríamos suponiendo que el vacío puede ejercer una fuerza. Pero, ¿qué es el vacío? Es la ausencia de materia; es una condición de nada. ¿Cómo puede nada ejercer una fuerza? Los hemisferios no se unen por ser chupados, ni el pistón que sostiene la pesa es succionado hacia arriba. Los hemisferios y el pistón son *empujados* por el peso de la atmósfera. Así como la presión del agua se debe al peso del agua, la **presión atmosférica** se debe al peso del aire. Estamos completamente adaptados al aire invisible, que a veces olvidamos que tiene un peso. Quizá un pez "se olvida" del peso del agua, de igual manera. La razón por la que no sentimos que este peso nos aplaste es que la presión dentro de nuestros organismos es igual a la del aire que nos rodea. No hay fuerza neta que podamos sentir.

En el nivel del mar, 1 metro cúbico de aire tiene un peso aproximado de 1-1/4 kilogramo. ¡El aire que hay en la recámara de tu hermanito pesa casi igual que tu herma-

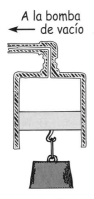

A la bomba de vacío

FIGURA 14.3 El pistón que sostiene la carga ¿es jalado hacia arriba o empujado hacia arriba?

TABLA 14.1 Densidades de diversos gases

Gas	Densidad (kg/m^3)*
Aire seco	
0°C	1.29
10°C	1.25
20°C	1.21
30°C	1.16
Hidrógeno	0.090
Helio	0.178
Nitrógeno	1.25
Oxígeno	1.43

*A la presión atmosférica al nivel del mar, y a 0°C. (A menos que se indique lo contrario.)

nito! La densidad del aire disminuye al aumentar la altitud. Por ejemplo, a 10 kilómetros de altitud 1 metro cúbico de aire tiene una masa aproximada de 0.4 kilogramos. Para compensarla, los aviones están presurizados; por ejemplo, el aire adicional necesario para presurizar un Jumbo 747 son más de 1000 kilogramos. El aire es denso, si hay bastante. Si tu hermanito no cree que el aire pese, puedes demostrarle la causa de que no lo perciba. Dale una bolsa de plástico llena de agua y te dirá que pesa. Pero dale esa misma bolsa cuando esté sumergida en la alberca y no sentirá que pese. Es porque él y la bolsa están rodeados de agua. Es lo mismo con el aire que nos rodea.

FIGURA 14.4 No notas el peso de una bolsa de agua si te sumerges en agua. De igual modo no notas el peso del aire mientras te sumerges en un "mar" de aire.

FIGURA 14.5 La masa de aire que ocuparía un poste de bambú que llegara a 30 km de altura, hasta la "parte superior" de la atmósfera, es aproximadamente 1 kg. Este aire pesa aproximadamente 10 N.

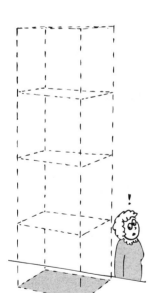

FIGURA 14.6 El peso del aire que descansa sobre una superficie de un metro cuadrado, al nivel del mar, es más o menos 100,000 N. En otras palabras, la presión atmosférica aproximada es 10^5 N/m^2, es decir, 100 kPa.

Imagina la masa de aire en un poste de bambú, vertical, de 30 kilómetros de altura, hueco con un área transversal interna de un centímetro cuadrado. Si la densidad en el interior del poste es igual que la del exterior, la masa del aire en el interior sería 1 kilogramo, aproximadamente. El peso de ese aire es de unos 10 newton. Así, la presión del aire en el fondo del poste hueco sería unos 10 newton por centímetro cuadrado (10 N/cm^2). Claro que lo mismo sucede sin el poste de bambú. Como un metro cuadrado tiene 10,000 centímetros cuadrados, una columna de aire de 1 metro cuadrado de área transversal que suba por la atmósfera tiene una masa aproximada de 10,000 kilogramos. El peso de este aire es 100,000 newton (10^5 N), aproximadamente. Este peso produce una presión de 100,000 newton por metro cuadrado, que equivalen a 100,000 pascales o a 100 kilopascales. Con más exactitud, la presión atmosférica promedio al nivel del mar es 101.3 kilopascales (101.3 kPa).[1]

La presión de la atmósfera no es uniforme. Además de su variación con la altitud también hay variaciones de la presión atmosférica en cualquier localidad, debidas a que hay "frentes" y tormentas en movimiento. Las mediciones de los cambios de presión atmosférica son importantes para los meteorólogos, así como para el pronóstico del clima.

[1] El pascal (1 N/m^2) es la unidad SI para medir la presión. La presión promedio al nivel del mar, 103.1 kPa, se llama con frecuencia 1 atmósfera. En unidades inglesas, la presión atmosférica promedio al nivel del mar es 14.7 lb/pulg². En unidades métricas, una atmósfera equivale a 1.033 kg fuerza/cm². Una "atmósfera técnica" equivale a 1 kg fuerza/cm².

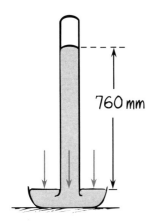

760 mm

FIGURA 14.7 Barómetro de mercurio sencillo.

Barómetros

Los instrumentos para medir la presión de la atmósfera se llaman **barómetros**. En la figura 14.7 se muestra un barómetro sencillo de mercurio. Un tubo de vidrio, de longitud mayor que 76 centímetros está cerrado en un extremo; se llena de mercurio y se voltea boca abajo, en un recipiente con mercurio. El mercurio del tubo sale por la boca abierta, sumergida, hasta que el nivel dentro del tubo está a 76 centímetros arriba del nivel del recipiente. La altura vertical del mercurio en la columna permanece constante, aun cuando se incline el tubo, a menos que el extremo cerrado quede a menos de 76 centímetros sobre el nivel del recipiente; en ese caso, el mercurio llena totalmente al tubo.

¿Por qué se comporta así el mercurio? La explicación se parece a la causa de que un sube y baja quede en equilibrio cuando son iguales los pesos de dos personas en sus asientos. El barómetro se "equilibra" cuando el peso del líquido dentro del tubo ejerce la misma presión que la atmósfera del exterior. Sea cual sea el diámetro del tubo, una columna de 76 centímetros de mercurio pesa igual que el aire que llenaría un tubo super alto, de 30 kilómetros, con su mismo diámetro. En forma literal, el mercurio es empujado hacia arriba, dentro del tubo de un barómetro, por el peso de la atmósfera.

¿Se podría usar agua para hacer un barómetro? La respuesta es sí, pero el tubo de vidrio debería ser mucho más largo, 13.6 veces más largo, para ser exactos. Puedes recordar que este número es la densidad del mercurio en relación con la del agua. Un volumen de agua 13.6 veces mayor que uno de mercurio en el tubo se necesita para dar el mismo peso. Así que el tubo debería tener una altura mínima 13.6 veces mayor que la columna de mercurio. Un barómetro de agua debería ser de 13.6 × 0.76 metros, es decir, 10.3 metros de altura; demasiado alto para ser práctico.

Lo que sucede dentro de un barómetro se parece a lo que sucede cuando tomas una bebida con un popote o pajuela. Al succionar reduces la presión del aire dentro del popote que está dentro de la bebida. El peso de la atmósfera sobre la bebida empuja el líquido hacia arriba, a la región de presión reducida. Hablando con propiedad, el líquido no es succionado; es empujado por la atmósfera hacia arriba. Si se evita que la atmósfera oprima la superficie de la bebida, como en el truco de la botella que pasa por un tapón hermético de la botella, puede uno succionar y succionar y no subirá el líquido.

FIGURA 14.8 Hablando con propiedad, no succionan la bebida por la pajuela. Reducen la presión en la pajuela, y permiten que el peso de la atmósfera oprima el líquido y lo suba en el interior de la pajuela. ¿Podrían beber así en la Luna?

FIGURA 14.9 La atmósfera empuja hacia abajo el agua del pozo, para que suba por un tubo donde hay un vacío parcial de aire que se produjo con la acción de bombeo.

Si comprendes estas ideas podrás comprender por qué hay un límite de 10.3 metros para la altura a la que se puede subir agua con una bomba de vacío. La vieja bomba de campo de la figura 14.9 funciona produciendo un vacío parcial en un tubo que llega hasta el agua del pozo. El peso de la atmósfera sobre la superficie del agua empuja a ésta hacia arriba, hacia la región de presión reducida dentro del tubo. ¿Puedes ver que hasta con un vacío perfecto la altura máxima a la que puede subir el agua es 10.3 metros?

EXAMÍNATE ¿Cuál es la altura máxima desde donde se puede tomar agua con una pajuela o popote?

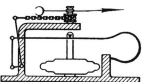

FIGURA 14.10 Un barómetro aneroide (arriba) y su corte transversal (abajo).

Un instrumento portátil pequeño que mide la presión atmosférica es el barómetro aneroide (Figura 14.10). Usa una caja metálica que tiene en su interior un vacío parcial, y su tapa es un poco flexible y se flexiona hacia adentro o hacia afuera cuando cambia la presión atmosférica. El movimiento de la tapa se indica en una escala, a través de un sistema mecánico de resorte y palanca. Como la presión atmosférica disminuye al aumentar la altitud, se puede usar un barómetro para determinar ésta. A un barómetro aneroide calibrado para indicar altitudes se le llama *altímetro* (medidor de altura). Algunos altímetros tienen la sensibilidad suficiente como para indicar cambios de altura menores que un metro.

La presión (o el vacío) dentro de un cinescopio de televisión es más o menos una diezmilésima de pascal (10^{-4} Pa). A unos 500 kilómetros de altitud, en territorio de los satélites artificiales, la presión es todavía 10,000 veces menor (10^{-8} Pa). Es un vacío bastante bueno, según las normas terrestre. En las estelas de los satélites en órbita a esa dis-

COMPRUEBA TU RESPUESTA Con toda la fuerza que puedas succionar, o con cualquier aparato con que pretendas hacer el vacío en el popote, al nivel del mar la atmósfera no puede empujar al agua más arriba de 10.3 m.

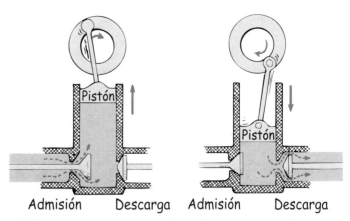

Admisión   Descarga   Admisión   Descarga

FIGURA 14.11 Una bomba de vacío mecánica. Cuando sube el pistón, la válvula de admisión se abre y el aire entra para llenar el espacio vacío. Cuando el pistón baja, la válvula de descarga se abre y el aire es impulsado hacia afuera. ¿Qué cambios crees que necesita esta bomba para convertirla en un compresor?

tancia existen vacíos todavía mayores, que llegan a 10^{-13} Pa. Eso se llama "vacío duro". Los técnicos que requieren vacíos duros imaginan cada vez más sus laboratorios en órbita en el espacio.

En la Tierra se producen vacíos con bombas, que trabajan con el principio de que un gas tiende a llenar su recipiente. Si se proporciona un espacio con menos presión, un gas fluirá de la región de presión mayor a la de presión menor. Una bomba de vacío sólo proporciona una región de menor presión, hacia la cual se mueven aleatoriamente las moléculas veloces del gas. La presión del aire se baja en forma repetida con la acción de un pistón y válvulas (Figura 14.11). Los mejores vacíos alcanzables con bombas mecánicas son más o menos de 1 pascal. Se obtienen mejores vacíos, hasta de 10^{-8} Pa, con bombas de difusión de vapor, o de chorro de vapor. Las bombas de sublimación pueden alcanzar hasta 10^{-12} Pa. Es muy difícil alcanzar mayores vacíos.

Ley de Boyle

La presión del aire en el interior de los neumáticos de un automóvil es bastante mayor que la presión atmosférica. La densidad del aire en el interior también es mayor que la del aire del exterior. Para comprender la relación entre *presión* y *densidad*, imagina las moléculas del aire (principalmente de nitrógeno y oxígeno) dentro del neumático, que se comportan como pelotas diminutas de ping-pong, en movimiento perpetuo al azar, rebotando entre sí y contra la cámara del neumático. Sus impactos producen una fuerza que, por nuestros toscos sentidos, nos parece un empuje constante. Esta fuerza de empuje, promediada sobre una unidad de superficie, es la presión del aire encerrado.

Supongamos que hay el doble de moléculas en el mismo volumen (Figura 14.12). Entonces aumenta al doble la densidad del aire. Si las moléculas se mueven con la mis-

FIGURA 14.12 Cuando aumenta la densidad del aire en el neumático, aumenta su presión.

ma velocidad promedio, o lo que es igual, tienen la misma temperatura, la cantidad de choques sube al doble. Esto quiere decir que la presión sube al doble. Resulta entonces que la presión es proporciona a la densidad.

FIGURA 14.13 Cuando disminuye el volumen de gas, aumenta la densidad y en consecuencia también la presión.

También se puede elevar la densidad del aire al doble comprimiéndolo hasta la mitad de su volumen. Veamos el cilindro con el pistón móvil de la figura 14.13. Si el pistón se empuja hacia abajo para que el volumen se reduzca a la mitad del original, la densidad de las moléculas subirá al doble y la presión, en consecuencia, subirá al doble. Si el volumen disminuye hasta la tercera parte de su valor original, la presión aumenta a tres veces, y así sucesivamente (siempre que la temperatura sea igual).

Observa que en estos ejemplos del pistón, que *la presión y el volumen son inversamente proporcionales entre sí;* si por ejemplo uno de ellos sube al doble, el otro baja a la mitad:[2]

$$P_1 V_1 = P_2 V_2$$

En esta ecuación, P_1 y V_1 representan la presión y el volumen originales, respectivamente, y P_2 y V_2 representan la segunda presión y el segundo volumen. En forma más gráfica,

$$_P V = P_V$$

En general se puede decir que el producto de la presión por el volumen, para determinada masa de gas, es constante siempre que la temperatura no cambie. A esta relación se le llama **ley de Boyle**, en honor de Robert Boyle, el físico que con ayuda de su colega Robert Hooke hizo este descubrimiento en el siglo XVII.

La ley de Boyle se aplica a los gases ideales. Un gas ideal es aquel en el que se pueden despreciar los efectos perturbadores de las fuerzas entre las moléculas, y del tamaño finito de las moléculas individuales. El aire y otros gases a las presiones normales se acercan a las condiciones del gas ideal.

EXAMÍNATE

I. Un pistón de una bomba hermética se saca, de tal modo que el volumen dentro del pistón aumenta tres veces. ¿Cuál es el cambio en la presión?

2. En un lago de agua dulce, una buceadora con tanques de aire respira aire comprimido. Si tuviera que contener la respiración mientras regresara a la superficie, ¿qué volumen tenderían alcanzar sus pulmones?

Fuerza de flotación en el aire

Un cangrejo vive en el fondo de su mar de agua, y ve a la aguamala que flota sobre él. De igual modo nosotros vivimos en el fondo de nuestro mar de aire y vemos hacia arriba, a los globos que pasan arriba de nosotros. Un globo se suspende en el aire, y una agua-

[2]Una ley general que tiene en cuenta los cambios de temperatura es $P_1 V_1 / T_1 = P_2 V_2 / T_2$, donde T_1 y T_2 representan las temperaturas absolutas primera y segunda, medidas en la unidad SI llamada kelvin (Capítulo 18).

FIGURA 14.14 Todos los cuerpos suben debido a una fuerza igual al peso del aire que desplazan. Entonces, ¿por qué no flotan todos los objetos como lo hace este globo?

FIGURA 14.15 (Izquierda) Al nivel del piso, el globo está parcialmente inflado. (Derecha) El mismo globo está totalmente inflado a grandes altitudes, donde la presión del aire es menor.

mala se suspende en el agua por la misma razón: a cada uno lo empuja una fuerza hacia arriba debida al peso del fluido desplazado, que en esos casos es igual a sus propios pesos. En un caso el fluido desplazado es aire y en el otro es agua. En agua, los objetos sumergidos son impulsados hacia arriba porque la presión que actúa contra el fondo del objeto, dirigida hacia arriba, es mayor que la presión que actúa hacia abajo, contra su parte superior. De igual forma, la presión del aire que actúa hacia arriba contra un objeto sumergido en él es mayor que la presión de arriba que lo empuja hacia abajo. En ambos casos la flotación es numéricamente igual al peso del fluido desplazado. El **principio de Arquímedes** es válido para el aire, del mismo modo que es válido para el agua:

> **Un objeto rodeado por aire es empujado hacia arriba por una fuerza igual al peso del aire que desplaza el objeto.**

Sabemos que un metro cúbico de aire a la presión atmosférica normal y a la temperatura ambiente tiene una masa aproximado de 1.2 kilogramos, por lo que su peso aproximado es 12 newton. En consecuencia, cualquier objeto de 1 metro cúbico en el aire sufre un empuje hacia arriba, con una fuerza de 12 newton. Si la masa del objeto de 1 metro cúbico es mayor que 1.2 kilogramos (de modo que su peso sea mayor que 12 newton), cae al piso cuando se le suelta. Si el objeto con ese tamaño tiene una masa menor que 1.2 kilogramos, sube por el aire. Otra forma de decir lo anterior es que un objeto menos denso que el aire se elevará. Los globos llenos de gas que suben por el aire son menos densos que éste.

La máxima fuerza de ascensión se obtendría si el globo contuviera vacío, pero eso no es práctico. El peso de la estructura necesaria para evitar que el globo se aplastara más anularía la ventaja de la flotación adicional. Por este motivo los globos se llenan con gases menos densos que el aire ordinario, y así se evita que se aplasten y al mismo tiempo permiten que sea ligero. En los globos deportivos el gas no es más que aire caliente. En los globos en que se desea lleguen a altitudes muy grandes, o que se queden arriba durante mucho tiempo, se suele usar helio. Su densidad es lo bastante pequeña como para que el peso combinado del helio, el globo y la carga que tenga sean menores que el peso del aire que desplazan.[3] Se usan gases con baja densidad en los globos por la misma razón por la que se usa corcho en los salvavidas. El corcho no posee tendencia extraña alguna a subir a la superficie del agua, y el gas no posee tendencia extraña alguna a subir por el aire. En ambos casos son empujados hacia arriba, igual que todas las cosas. Tan sólo tienen la suficiente ligereza como para que la flotación sea mayor que su peso.

A diferencia del agua, la atmósfera no tiene superficie definida. No hay "tapa". Además, a diferencia del agua, la atmósfera se vuelve menos densa al aumentar la altitud. Mien-

---

COMPRUEBA TUS RESPUESTAS

1. La presión en la cámara del pistón se reduce a la tercera parte. Es la base del funcionamiento de una bomba mecánica de vacío.

2. La presión atmosférica puede sostener una columna de agua de 10.3 m de alto, por lo que la presión en el agua, debida sólo al peso del agua, es igual a la presión atmosférica a una profundidad de 10.3 m. Si se tiene en cuenta la presión de la atmósfera en la superficie del agua, la presión total a esta profundidad es el doble de la presión atmosférica. Desafortunadamente para la buceadora, los pulmones tienden a inflarse al doble de su tamaño normal, si aguanta la respiración mientras sube a la superficie. La primera lección que se da a un buceador es no contener la respiración mientras se asciende. Si lo hiciera sería fatal. (*Scuba* es acrónimo de *self-contained underwater breathing apparatus*, aparato de respiración submarina independiente.)

---

[3]El hidrógeno es el menos denso de todos los gases, pero casi no se usa por ser muy inflamable.

tras que el corcho sube flotando a la superficie del agua, un globo lleno de helio que se suelta no sube hasta alguna superficie atmosférica. ¿Hasta qué altitud llega un globo? Se puede plantear la respuesta cuando menos en tres formas: 1) Un globo sube sólo mientras que desplace un peso de aire mayor que su propio peso. Como el aire se vuelve menos denso con la altitud, a medida que sube el globo se desplaza menos peso de aire por determinado volumen. Cuando el peso del aire desplazado es igual al peso total del globo, cesa su aceleración ascensional. 2) También se puede decir que cuando la fuerza de flotación sobre el globo es igual a su peso, el globo ya no sube. 3) Lo que es igual, cuando la densidad promedio del globo (incluyendo su carga) es igual a la densidad del aire que lo rodea, el globo deja de subir. Los globos de juguete llenos de helio se suelen romper al soltarlos al aire, porque a medida que sube el globo hasta alturas con menos presión, el globo se expande, aumenta su volumen y estira el caucho hasta que se rompe.

EXAMÍNATE

1. ¿Hay fuerza de flotación que actúe sobre ti? Si la hay, ¿por qué no te hace flotar?
2. (Esta pregunta necesita de lo mejor de tu razonamiento.) ¿Cómo varía la flotación a medida que sube un globo con helio?

Los grandes dirigibles se diseñan de tal modo que cuando están cargados asciendan lentamente por el aire; esto es, que su peso total sea un poco menor que el peso del aire que desplazan. Cuando está en movimiento, la nave puede subir o bajar mediante "elevadores" horizontales.

Hasta ahora hemos descrito a la presión sólo cuando se aplica a fluidos estacionarios. En movimiento tiene otra influencia más.

Principio de Bernoulli

Imagina un flujo continuo de líquido o gas por un tubo: el volumen que pasa por cualquier sección transversal del tubo, aunque ese tubo se ensanche o se angoste, es igual. Cuando el flujo es continuo, un fluido aumenta su rapidez cuando pasa de una parte ancha a una angosta en un tubo. Esto se ve en un río ancho y tranquilo que fluye con más viveza al entrar a unos rápidos. O bien, el agua de una manguera aumenta su rapidez cuando oprimes el extremo y haces más angosto el chorro.

FIGURA 14.16 Debido a que el flujo es continuo, el agua aumenta su rapidez cuando pasa por la parte angosta y/o somera del arroyo.

COMPRUEBA TUS RESPUESTAS

1. Hay una fuerza de flotación que actúa sobre ti, y te empuja hacia arriba. No la notas sólo porque tu peso es mucho más grande.

2. Si el globo puede expandirse libremente a medida que sube, el aumento de su volumen se contrarresta por una disminución de su densidad, en el aire a mayor altitud. Así que es interesante que el mayor volumen de aire desplazado no pese más, y que la flotación permanezca la misma. Si un globo no se puede expandir libremente, la flotación disminuirá a medida que suba el globo, porque el aire desplazado es menor cantidad y tiene menor densidad. Por lo general, los globos se expanden al comenzar a subir y si no acaban rompiéndose, el estiramiento de su tela o cubierta llega a un máximo y se estacionan donde la flotación coincida con su peso.

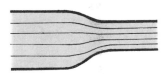

FIGURA 14.17 El agua aumenta su rapidez al pasar por el tubo más angosto. Las líneas de flujo más cercanas entre sí indican que la rapidez es mayor y que la presión interna es menor.

El movimiento de un fluido en flujo estable describe *líneas de flujo* imaginarias, que se representan por líneas delgadas en el esquema adjunto, y en los demás que siguen. (Las líneas de flujo son visibles cuando se hace pasar humo u otros fluidos visibles a través de aberturas a distancias iguales entre sí, como en un túnel de viento.) Las líneas de flujo son trayectorias uniformes de partículas de fluido. Una partícula pequeña de fluido describe la misma trayectoria que una partícula de fluido que va al frente. Las líneas se acercan en regiones más angostas, donde la rapidez de flujo es mayor.

En el siglo XVIII, Daniel Bernoulli, científico suizo, estudió el flujo de los fluidos en tubos. Su descubrimiento se llama hoy **principio de Bernoulli**, y se puede enunciar como sigue:

Donde aumenta la rapidez de un fluido, su presión interna disminuye.

Donde las líneas de flujo están más cercanas entre sí, la rapidez de flujo es mayor, y la presión en el interior del fluido es menor. Los cambios de presión interna se ven, por ejemplo si el agua contiene burbujas. El volumen de una burbuja de aire depende de la presión del agua que la rodea. Cuando el agua aumenta su rapidez, baja su presión y las burbujas se agrandan. Si el agua disminuye su rapidez, aumenta la presión y las burbujas se comprimen hasta un tamaño menor.

El principio de Bernoulli es una consecuencia de la conservación de la energía, aunque de manera sorprendente lo desarrolló mucho antes de que se formalizara el concepto de la energía. El cuadro energético completo de un fluido en movimiento es bastante complicado. Entra la energía asociada con cambios de temperatura y de densidad, y la energía disipada por la fricción. Pero si la temperatura y la densidad permanecen casi constantes, y la fricción es pequeña, sólo hay tres términos de la energía que se deben tener en cuenta: la energía cinética debida al movimiento; la energía potencial gravitacional debida a la altura, y el trabajo efectuado por las fuerzas de presión. En el flujo uniforme de un fluido sin fricción, la suma de los tres términos en cualquier punto de una línea de flujo, la energía cinética, la energía potencial y el trabajo, es igual que la suma en cualquier otro punto de la misma línea de flujo.[4] Si la elevación del flujo que fluye no cambia, la energía potencial es constante, y sólo quedan los términos de energía cinética y trabajo efectuado por las fuerzas de presión. Cuando aumenta uno de esos términos, el otro disminuye. Así, mayor rapidez y energía cinética representan menos presión, y más presión representa menos rapidez y energía cinética.

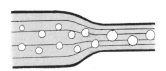

FIGURA 14.18 La presión interna es mayor en el agua que se mueve con más lentitud, en la parte ancha del tubo; la prueba son las burbujas de aire más pequeñas. Esas burbujas crecen al pasar a la parte angosta, porque allí la presión es menor.

El principio de Bernoulli se aplica a un flujo uniforme y constante (que se llama flujo *laminar*) de un fluido con densidad constante. Sin embargo, cuando la rapidez es mayor que un valor crítico, el flujo puede volverse caótico (se llama flujo *turbulento*) y describe trayectorias que cambian y se enroscan, llamadas *torbellinos* o *vórtices*. Estos ejercen fricción sobre el fluido mismo y disipan algo de su energía. En esos casos la ecuación de Bernoulli no se aplica bien.

La disminución de la presión del fluido al aumentar la rapidez podrá parecer sorprendente, a primera vista, y en especial si no puedes distinguir entre la presión *dentro* del fluido, que es la presión interna, y la presión que *ejerce* el fluido sobre algo que interfiera su flujo. La presión interna en el agua que fluye y la presión externa que puede ejercer sobre alguna cosa con la que choque son distintas. Cuando la cantidad de movimiento del agua o cualquier cosa que fluye se reduce en forma brusca, el impulso ejercido es relativamente grande. Un ejemplo notorio es el de los chorros de agua con alta ra-

---

[4]En forma matemática: $1/2\ mv^2 + mgy + p\ V$ = constante (a lo largo de una línea de flujo). El término m es la masa de un volumen pequeño V; v su rapidez, g es la aceleración de la gravedad, y es su elevación y p es su presión interna. Si la masa m se expresa en función de la densidad ρ, siendo $\rho = m/V$, y si cada término se divide entre V, la ecuación de Bernoulli asume la forma de $1/2\ \rho v^2 + \rho g y + p$ = constante. Entonces, los tres términos tienen unidades de presión. Si y no cambia, un aumento de v equivale a una disminución de p, y viceversa. Observa que cuando v es cero la ecuación de Bernoulli se reduce a $\Delta p = -\rho g \Delta y$, densidad gravimétrica × profundidad.

pidez con los que se corta el acero en los talleres modernos de maquinado. Esa agua tiene una presión interna muy pequeña, pero la presión que ejerce el chorro sobre el acero que lo interrumpe es enorme.

Aplicaciones del principio de Bernoulli

Sujeta frente a la boca una hoja de papel, como muestra la figura 14.19. Cuando soplas sobre la cara superior, el papel sube. Se debe a que la presión interna del aire en movimiento, contra la cara superior del papel, es menor que la presión atmosférica sobre la cara inferior.

FIGURA 14.19 El papel sube cuando Tim sopla sobre la superficie superior.

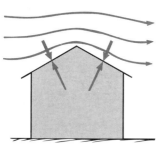

FIGURA 14.20 La presión del aire sobre el techo es menor que la que hay abajo del mismo.

Quien haya viajado en un automóvil convertible con el toldo puesto, habrá notado que la lona se infla y trata de subir cuando el auto se mueve. Es Bernoulli de nuevo. La presión en el exterior es menor sobre la tela, donde el aire se mueve, que la presión atmosférica estática del interior.

Imagina el viento que sopla transversal a un techo de dos aguas. El aire aumenta en rapidez al pasar sobre él, como indica el estrechamiento entre las líneas de flujo de la figura. La presión a lo largo de esas líneas se reduce cuando se juntan. La presión dentro del techo, que es mayor, puede hasta levantar la casa. Durante una tormenta muy intensa en realidad no necesitan ser muy distintas las presiones en el exterior y en el interior. Una pequeña diferencia repartida en una superficie muy grande puede hacer cosas formidables.

Si nos imaginamos que el techo que voló es un ala de avión, podremos comprender mejor la fuerza de sustentación que sostiene a un avión pesado. En los casos de la casa y del avión, una presión mayor abajo empuja el techo o el ala hacia una región de menor presión, que está arriba de ellos. Las alas tienen muchos diseños, pero una cosa que todas tienen en común es que hacen que el aire fluya con mayor rapidez sobre sus superficies superiores que bajo su cara inferior. Esto se logra principalmente con una inclinación, llamada *ángulo de ataque* del ala. Entonces, el aire fluye con más rapidez sobre la cara superior, casi por la misma razón por la que fluye con más rapidez en un tubo con angostamiento, o por cualquier otra región estrechada. Con mucha frecuencia, pero no siempre, las distintas rapideces del aire sobre y abajo de un ala se refuerzan con una diferencia de las curvaturas (*comba*) de las caras superior e inferior del ala. El resultado es que las líneas de flujo están más juntas sobre la cara superior del ala, que bajo la inferior. Cuando la diferencia promedio de presiones en el ala se multiplica por el área de la superficie de la misma, se obtiene una fuerza neta hacia arriba, que es la sustentación. La sustentación aumenta cuando la superficie del ala es grande y cuando el avión avanza rápido. Los planeadores tienen una superficie de alas muy grande en comparación con su peso, por lo que no necesitan avanzar con mucha rapidez para tener una sustentación suficiente. En el otro extremo, los aviones de caza se diseñan para volar con gran rapidez y tienen poca superficie en las alas, en relación con su peso. En consecuencia, deben despegar y aterrizar a grandes rapideces.[5]

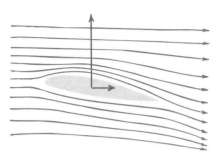

FIGURA 14.21 El vector vertical representa la fuerza neta hacia arriba (sustentación) debida a que hay más presión de aire abajo del ala que arriba de ella. El vector horizontal representa la resistencia del aire.

Todos sabemos que un pítcher puede lanzar una bola de tal modo que describa una curva hacia un lado, al acercarse al plato. Eso se logra impartiendo mucho giro a la pelota. De igual modo, un jugador de tenis puede golpear a una bola para que describa una curva. La pelota arrastra una capa diminuta de aire al girar, que aumenta mucho con las costuras si es de béisbol o con el aterciopelado si es de tenis. La capa en movimiento produce un estrechamiento de las líneas de flujo en un lado. Observa, en la figura 14.23b,

FIGURA 14.22 ¿Dónde es mayor la presión del aire, sobre la cara superior o la inferior del planeador?

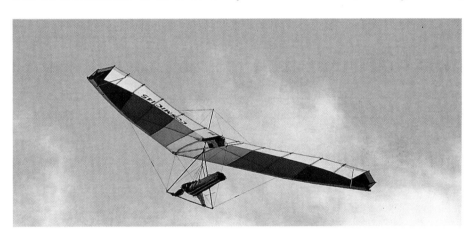

Práctica de la física

Dobla los extremos de una tarjeta de archivo para formar un puente pequeño. Páralo en la mesa y sopla por el arco, como se ve en la figura. No importa que soples con todas tus fuerzas, no podrás hacer que salga volando de la mesa (a menos que soples contra uno de sus lados). Muestra eso a tus amigos que no sepan física y explícales lo que sucede.

[5]A gran rapidez de aproximadamente 300 km/h la sustentación se altera por la compresión del aire que llega; más allá de la rapidez del sonido, la producción de ondas de choque complica mucho el panorama.

que las líneas de flujo están más juntas en B que en A, para la dirección de giro que se indica. La presión de aire es mayor en A, y la bola se desvía en una curva, que representa la flecha correspondiente.

FIGURA 14.23 a) Las líneas de flujo se ven igual a ambos lados de una pelota de béisbol que no gira. b) Una pelota que gira produce una acumulación de líneas de flujo. La "sustentación" que se produce (flecha vertical) hace que la pelota describa una curva, que indica la flecha curva.

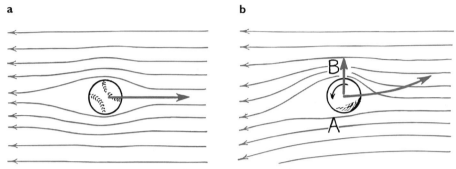

Movimiento del aire con relación a la pelota

En investigaciones recientes se ha demostrado que muchos insectos se elevan empleando movimientos parecidos a los de una curva de una pelota de béisbol. Es interesante que la mayoría de los insectos no baten sus alas hacia arriba y abajo, sino hacia adelante y atrás, con una inclinación que produce un ángulo de ataque. Entre uno y otro batido, las alas tienen movimientos semicirculares para crear la sustentación.

Un aspersor común y corriente, por ejemplo un atomizador de perfume, usa el principio de Bernoulli. Cuando aprietas la pera, el aire pasa por el extremo abierto de un tubo que penetra en el perfume. Al pasar el aire rápido, reduce la presión en el tubo, y la presión atmosférica sobre el líquido lo empuja hacia el tubo y hacia arriba, donde es arrastrado por la corriente de aire.

El principio de Bernoulli desempeña un papel importante en los animales que cavan madrigueras subterráneas. Las entradas a esas madrigueras suelen tener la forma de montecillos, que producen variaciones en la velocidad del viento entre distintas entradas; de esta forma se obtienen las diferencias de presión necesarias para que el aire circule por la madriguera.

FIGURA 14.24 ¿Por qué sube el líquido del depósito por el tubo?

FIGURA 14.25 La presión es mayor en el fluido estacionario (el aire) que en el fluido en movimiento (el chorro de agua). La atmósfera empuja a la esfera hacia la región de menor presión.

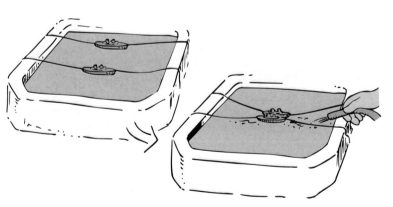

FIGURA 14.26 Haz esta prueba en tu tarja. Amarra un par de barcos de juguete para que queden uno al lado del otro, sin que el cordón quede tenso. A continuación dirige un chorro de agua entre ellos. Los botes se acercarán y chocarán.

También el principio de Bernoulli explica por qué los barcos que pasan unos junto a otros corren el riesgo de chocar de lado. El agua que fluye entre ellos tiene mayor rapidez que la que pasa por los costados externos. Las líneas de flujo están más cercanas entre los barcos que fuera de ellos, y así la presión del agua que actúa contra los cascos es menor entre los barcos. A menos que éstos maniobren para compensar esas fuerzas, la presión mayor contra los lados externos los empuja uno contra otro. La figura muestra cómo demostrarlo en la tarja de la cocina o en la tina de baño.

El principio de Bernoulli se muestra débilmente cuando las cortinas de una regadera se acercan hacia ti cuando está funcionando. La presión en la zona de la ducha se reduce por el agua en movimiento, y la presión relativamente mayor del exterior de la cortina la empuja hacia adentro. Como en tantos casos del complicado mundo de la realidad, éste no es más que uno de los principios de la física que se aplican. Con frecuencia, el aire caliente que sube dentro de la cortina es sustituido por aire frío del exterior, y al entrar arrastra consigo a la cortina. Sin embargo, la próxima vez que tomes una ducha y la cortina oscile contra tus piernas ¡acuérdate de Daniel Bernoulli!

FIGURA 14.27 La forma curva de un paraguas puede ser desfavorable en un día con viento.

EXAMÍNATE Un día con viento las olas de un lago o del mar son más altas que su altura promedio. ¿Cómo contribuye el principio de Bernoulli a la mayor altura?

Plasma

Además de sólido, líquido y gas, hay una cuarta fase de la materia, es la menos conocida en nuestro ambiente cotidiano. Es el **plasma** (que no se debe confundir con la parte líquida transparente de la sangre, que también se llama plasma). Es la fase que menos conocemos, pero es la que más abunda en el universo en su totalidad. El Sol y otras estrellas son principalmente plasma.

Un plasma es un gas electrificado. Los átomos y moléculas que lo forman están *ionizados*, les falta uno o más electrones, y se acompañan por la cantidad correspondiente

COMPRUEBA TU RESPUESTA Los valles entre las olas están parcialmente protegidos del viento, así que el aire se mueve con más rapidez sobre las crestas. Entonces, la presión sobre las crestas es menor que abajo, en los valles. La mayor presión en los valles empuja el agua hacia unas crestas que se hacen todavía más altas.

FIGURA 14.28 Plasmas luminosos iluminan las calles por la noche.

de electrones libres. Recuerda que un átomo neutro tiene muchos protones positivos dentro del núcleo, y que tiene igual cantidad de electrones libres fuera del núcleo. Cuando uno o más de estos electrones se separa del átomo, éste tiene más carga positiva que negativa y se llama *ion* positivo. (Bajo ciertas condiciones puede adquirir electrones adicionales, en cuyo caso se llama *ion negativo*.) Aunque los electrones y los iones en sí tienen carga eléctrica, el plasma en su totalidad es eléctricamente neutro, porque todavía contiene cantidades iguales de cargas positivas y negativas, así como un gas ordinario. Sin embargo, un plasma tiene propiedades muy diferentes. Conduce con facilidad la corriente eléctrica, absorbe ciertas clases de radiación que pasan por un gas ordinario sin ser alteradas, y puede moldearse, conformarse y moverse mediante campos eléctricos y magnéticos.

En los laboratorios se crea plasma con frecuencia al calentar un gas a temperaturas muy elevadas, haciéndolo tan caliente que los electrones "hierven" en los átomos y salen de ellos. El centro de nuestro Sol consiste en un plasma caliente como esos. También se puede crear plasmas a menores temperaturas, bombardeando los átomos con partículas de alta energía, o con radiación.

Plasma en el mundo cotidiano

Si estás leyendo esto a la luz de una lámpara fluorescente, no tendrás que buscar mucho para ver el plasma en acción. Dentro del brillante tubo de la lámpara hay plasma que contiene iones de argón y de mercurio (y también muchos átomos neutros de esos elementos). Cuando enciendes la lámpara, un alto voltaje entre los electrodos de cada extremo del tubo hace que fluyan los electrones. Esos electrones ionizan algunos átomos y forman plasma, que suministra una trayectoria conductora que mantiene fluyendo a la corriente eléctrica. Esa corriente activa algunos átomos de mercurio, haciéndolos que emitan radiación, principalmente en la región invisible del ultravioleta. Esa radiación hace que brille con radiación visible la capa de fósforo que hay en la superficie interior del tubo.

De igual modo, el gas neón de un letrero luminoso se transforma en plasma cuando un bombardeo de electrones ioniza sus átomos. Algunos átomos de neón, después de haber sido activados por la corriente eléctrica, emiten luz principalmente roja. Los distintos colores que tienen esos letreros corresponden a plasmas de distintas clases de átomos. Por ejemplo, el argón brilla con color azul, mientras que el sodio brilla en amarillo y el helio en color rosa.

Las lámparas de vapor del alumbrado público también emiten luz estimulada por plasmas incandescentes (Figura 14.28). La luz verde azulada, casi blanca de algunas de ellas proviene de átomos de mercurio; en otras, los átomos excitados de sodio emiten luz amarilla.

Las auroras boreal y austral son plasmas brillantes en la atmósfera superior. Las capas de plasma de baja temperatura rodean a toda la Tierra. A veces llegan lluvias de electrones del espacio exterior y de los cinturones de radiación, y entran por las "ventanas magnéticas" cerca de los polos terrestres, chocando con los estratos de plasma y produciendo luz.

Esas capas de plasma, que se extienden unos 80 kilómetros hacia arriba, forman la ionosfera, y funcionan como espejos de ondas de radio de baja frecuencia. Las ondas de radio de mayores frecuencias, y las de TV, atraviesan la ionosfera. Es la razón por la que puedes captar estaciones de radio de grandes distancias en tu radio AM de baja frecuencia; pero debes estar en la "visual" de las antenas emisoras o repetidoras para captar señales de FM y de TV, que son de mayor frecuencia. ¿Has notado que por la noche puedes captar en tu radio de AM estaciones muy lejanas? Esto se debe a que las capas de plasma se asientan y se acercan entre sí, en ausencia de la energía de la luz solar, y en consecuencia son mejores reflectores de las ondas.

Generación de energía con plasma

Un plasma a gran temperatura es lo que escapa de los motores a reacción (los motores cohete). Es un plasma débilmente ionizado; pero cuando se le agregan cantidades pequeñas de sales de potasio o de cesio metálico, se vuelve muy buen conductor, y cuando se dirige hacia un imán ¡se genera electricidad! Es la energía MHD, interacción **m**agneto**hi**dro**d**inámica entre un plasma y un campo magnético. (En el capítulo 25 describiremos el mecanismo de generación de electricidad con este método.) La energía MHD, poco contaminante, está ahora en su etapa de desarrollo, y funciona ya en algunos lugares del mundo. Cabe esperar que aumente más la generación de energía eléctrica con MHD.

Un logro todavía más prometedor será la energía de plasma de una clase distinta: la fusión controlada de núcleos atómicos. En el capítulo 34 describiremos la física de la fusión. La fusión termonuclear tiene una gran importancia en la física, pero su impacto social sobre las actividades humanas podrá ser todavía más importante. Ya hemos visto los primeros efectos de la fusión termonuclear incontrolada, en la bomba de hidrógeno. Pero como toda la tecnología, se puede aplicar la fusión para beneficio de la humanidad, y también para su destrucción. Las ventajas de la fusión controlada pueden ser más trascendentes que las que se lograron al dominar la energía eléctrica en el siglo XIX. En último término, las plantas de fusión no sólo pueden hacer abundante la energía eléctrica, sino también pueden proporcionar la energía y los medios para reciclar y hasta sintetizar elementos. El control de la fusión puede acarrear el inicio de una edad nueva y más próspera.

La humanidad ha recorrido un largo camino en el dominio de las tres primera fases de la materia. Al dominar la cuarta fase podremos llegar mucho más lejos.

Resumen de términos

Barómetro   Todo dispositivo que mida la presión atmosférica.

Ley de Boyle   El producto de la presión es constante para determinada masa de gas confinado, siempre y cuando la temperatura permanezca constante.

$$P_1 V_1 = P_2 V_2$$

Plasma   Gas electrificado que contiene átomos con carga (iones) y electrones libres. La mayor parte de la materia del universo está en la fase de plasma.

Presión atmosférica   Es la presión que se ejerce contra los cuerpos sumergidos en la atmósfera. Se debe al peso del aire. En el nivel del mar, la presión atmosférica es de unos 101 kPa.

Principio de Arquímedes para el aire   Un objeto en el aire es empujado hacia arriba por una fuerza igual al peso del aire desplazado.

Principio de Bernoulli   La presión en un fluido que se mueva en forma constante sin fricción ni intercambio de energía con el exterior disminuye cuando aumenta la rapidez del fluido.

Proyectos

1. Puedes determinar la presión ejercida por los neumáticos de tu auto sobre el pavimento, y compararla con la presión del aire dentro de los neumáticos. Para este proyecto debes buscar el peso de tu auto en el manual del modelo (si no lo tienes, consulta a un distribuidor de autos), y divídelo entre cuatro para obtener el peso aproximado que sostiene un neumático. Puedes determinar con bastante aproximación el área de contacto del neumático con el pavimento trazando el contorno del neumático en una hoja de papel cuadriculado, con cuadros de un centímetro, bajo el neumático. Después de obtener la presión que ejerce el neumático sobre el pavimento, compárala con la del aire en el interior. ¿Son casi iguales? Si no es así, ¿cuál es mayor?

2. Prueba lo siguiente en la tina de baño, o cuando laves la vajilla. Baja un vaso, boca abajo, sobre un objeto flotante pequeño (para que sea visible el nivel del agua en el interior). ¿Qué observas? ¿A qué profundidad hay que bajar el vaso para comprimir el aire hasta la mitad de su volumen? (No podrías alcanzar a comprimir tanto el aire en la tina del baño ¡a menos que su profundidad sea de 10.3 m!)

3. Para verter agua de un vaso a otro, lo que haces es poner el vaso lleno sobre el vacío e inclinarlo. ¿Alguna vez has vertido aire de un vaso a otro? El procedimiento es parecido. Sumerge dos vasos en agua, volteados hacia abajo. Deja que uno se llene de agua, volteándolo hacia arriba. A continuación sujeta el vaso lleno de agua, boca abajo, sobre el vaso lleno de aire. Inclina lentamente el vaso inferior y deja que se le escape el aire y llene el vaso de arriba. ¡Habrás vertido aire de un vaso a otro!

4. Sujeta un vaso bajo el agua, y déjalo que se llene. A continuación voltéalo y súbelo, pero con su boca bajo la superficie. ¿Por qué no se sale el agua? ¿Qué altura debería tener el vaso para que el agua comenzara a salir? (Si pudieras encontrar ese vaso ¡a lo mejor tendrías que hacer agujeros en el techo para hacerle lugar!)

5. Tapa un vaso lleno de agua hasta el borde con una tarjeta, y voltéalo hacia abajo. ¿Por qué la tarjeta permanece en su lugar? Prueba volteándolo hacia un lado.

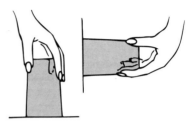

6. Invierte una botella o una jarra con boca angosta llena de agua. Observa que el agua no solamente sale, sino que borbotea del recipiente. La presión del aire no la deja salir, sino hasta que algo del aire haya empujado el líquido y haya entrado a la botella, para ocupar un espacio arriba del líquido. ¿Cómo se vaciaría una botella llena de agua al voltearla en la Luna?

7. Vierte más o menos media taza de agua en una lata metálica de unos 5 L, con tapa de rosca. Pon la lata *abierta* sobre una estufa y caliéntala hasta que hierva el agua y salga vapor por la abertura. Saca con rapidez la lata y atornilla la tapa, firmemente. Deja que la lata se enfríe y observa los resultados. El efecto se puede apresurar rociando la lata con agua fría. Explica tus observaciones. (¡No lo hagas si te es útil la lata! ¡Mejor usa una lata desechable!)

8. Calienta un poco de agua hasta que hierva en una lata de bebida e inviértela con rapidez dentro de un plato con agua fría. ¡Verás un resultado sorprendente!

9. Haz un agujero pequeño cerca del fondo de una lata abierta. Llénala con agua, que comenzará a salir por el agujero. Cubre la boca de la lata, con firmeza, con la palma de la mano y al poco tiempo se detendrá el flujo. Explica por qué.

10. Sumerge en agua el extremo de un tubo de vidrio angosto o de un popote o pajuela para beber, y pon un dedo sobre la boca superior del tubo. Levanta el tubo del agua y a continuación levanta el dedo de la boca del tubo. ¿Qué sucede? (Lo harás con frecuencia si te inscribes en el laboratorio de química.)

11. Con un alfiler perfora una tarjeta pequeña, y colócala en el agujero de un carrete de hilo. Sopla por el otro agujero del carrete tratando de apartar la tarjeta del carrete. Prueba en todas direcciones.

12. Sujeta una cuchara en un chorro de agua, como se ve en la figura, y siente el efecto de las diferencias en la presión.

Preguntas de repaso

1. ¿Por qué los gases y los líquidos se llaman fluidos?

La atmósfera

2. ¿Cuál es la fuente de energía para que los gases de la atmósfera se muevan? ¿Qué evita que los gases de la atmósfera escapen al espacio?

3. ¿A qué altura deberías subir en la atmósfera para que la mitad de su masa quedara abajo de ti?

Presión atmosférica

4. ¿Cuál es la causa de la presión atmosférica?

5. ¿Cuál es la masa de un metro cúbico de aire a temperatura ambiente (20°C)?

6. ¿Cuál es la masa aproximada de una columna de aire de 1 cm^2 de área transversal, que va del nivel del mar hasta la atmósfera superior? ¿Cuál es el peso de esa cantidad de aire?

7. ¿Cuál es la unidad SI de la presión atmosférica?

8. ¿Cuál es la presión en el fondo de la columna de aire que se describió en la pregunta 6?

Barómetros

9. ¿Cómo se compara la presión que ejerce hacia abajo la columna de 76 cm de mercurio de un barómetro con la presión del aire en el fondo de la atmósfera?

10. ¿Cómo se compara el peso del mercurio en la columna de un barómetro con el peso de una columna de aire de igual sección transversal, que vaya del nivel del mar hasta la parte superior de la atmósfera?

11. ¿Por qué un barómetro de agua debería ser 13.6 veces más alto que uno de mercurio?

12. Cuando tomas sorbiendo líquido por una pajuela, ¿es más correcto decir que el líquido es empujado hacia arriba de la pajuela, o que es succionado por la pajuela? Exactamente, ¿qué origina el empuje? Defiende tu respuesta.

13. ¿Por qué una bomba de "vacío" no funcionaría en un pozo en el que el agua estuviera a más de 10.3 m bajo el terreno?

14. ¿Por qué un barómetro aneroide puede medir altitudes y también la presión atmosférica?

15. El gas tiende a fluir desde regiones de alta presión hacia regiones de baja presión. ¿Cómo se usa esta tendencia en una bomba mecánica?

Ley de Boyle

16. ¿Cuánto aumenta la densidad del aire cuando se comprime hasta la mitad de su volumen?

17. ¿Qué sucede con la presión del aire en el interior de un globo, cuando se comprime a la mitad de su volumen a temperatura constante?

18. ¿Qué es un gas ideal?

Fuerza de flotación en el aire

19. Un globo pesa 1 N y queda suspendido en el aire, sin subir ni bajar. a) ¿Cuánta fuerza de flotación actúa sobre él? b) ¿Qué sucede si disminuye la fuerza de flotación? c) ¿Y si aumenta?

20. ¿Ejerce el aire fuerza de flotación en todos los objetos que hay en él, o sólo en objetos como los globos, que son muy ligeros en relación a su tamaño? ¿Por qué el aire sólo sostiene cosas cuya densidad es muy baja?

21. ¿Qué suele suceder a un globo de juguete lleno de helio que sube muy alto por la atmósfera?

Principio de Bernoulli

22. ¿Qué son las líneas de flujo? En las zonas donde las líneas de flujo están muy cercanas entre sí, ¿la presión es mayor o menor?

23. ¿Qué sucede a la presión interna de un fluido que corre por un tubo horizontal, cuando su rapidez aumenta porque el tubo se hace más estrecho?

24. Describe la diferencia entre flujo laminar y flujo turbulento.

25. El principio de Bernoulli, ¿se refiere a cambios en la presión interna de un fluido, o a presiones que el fluido puede ejercer sobre objetos, o a ambas cosas?

Aplicaciones del principio de Bernoulli

26. ¿Cómo se aplica el principio de Bernoulli al vuelo de los aviones?

27. ¿Por qué una pelota que gira tiene trayectoria curva en el aire?

28. ¿Por qué los barcos que pasan uno junto a otro en mar abierto corren el riesgo de sufrir una colisión lateral?

Plasma

29. ¿Cuál es la diferencia entre un plasma y un gas?

Plasma en el mundo cotidiano

30. Describe al menos tres ejemplos de plasmas en tu ambiente cotidiano.

31. ¿Por qué la recepción de los radios de AM es mejor por la noche?

Generación de energía con plasma

32. ¿En qué se podría usar una planta futura de energía de fusión, además de para generar electricidad?

Ejercicios

1. Se dice que un gas llena el espacio que tiene a su disposición. ¿Por qué la atmósfera no escapa al espacio?

2. ¿Por qué no hay atmósfera en la Luna?

3. Cuenta los neumáticos de un remolque grande que esté descargando mercancías en el supermercado más cercano, y te sorprenderá que sean 18. ¿Por qué tantas ruedas? (Sugerencia: Ve el proyecto 1.)

4. ¿Cuál es el objeto de las nervaduras que evitan que el embudo ajuste bien en la boca de una botella?

5. ¿Cómo se compara la densidad del aire en una mina profunda con la del aire en la superficie de la Tierra?

6. En el fondo de un agujero imaginario perforado hasta el centro de la Tierra, ¿por qué la presión atmosférica sería mayor que en la superficie, aun cuando la gravedad haya bajado hasta cero?

7. Cuando una burbuja de aire sube por el agua, ¿qué sucede con su masa, volumen y densidad?

8. El vástago de la válvula de un neumático debe ejercer cierta fuerza sobre el aire del interior, para evitar que se escape. Si aumentara el diámetro de la válvula al doble, ¿cuánto sería la fuerza ejercida por el vástago de la válvula?

9. Dos troncos de ocho caballos cada uno no pudieron separar los hemisferios de Magdeburgo (Figura 14.2). ¿Por qué? Imagina que dos troncos de nueve caballos cada uno sí pudieran separarlos. Entonces, ¿lo podría hacer un solo tronco con nueve caballos, sustituyendo el otro con un árbol firme? Defiende tu respuesta.

10. Antes de abordar un avión compras un rollo de película, o cualquier mercancía empacada en una bolsa hermética al aire; al estar volando notas que la bolsa está inflada. Explica por qué sucede así.

11. ¿Por qué supones que las ventanillas de un avión son más pequeñas que las de un autobús?

12. Se vierte más o menos media taza de agua en una lata de 5 L, que se pone sobre una fuente de calor hasta que haya hervido y escapado la mayor parte del agua. A continuación se atornilla firmemente la tapa y la lata se saca de la fuente de calor y se deja enfriar. ¿Qué le sucede a la lata, y por qué?

13. Si un cinescopio de TV se rompe, ¿explotará o implotará? Explica lo que sucederá.

14. Podremos comprender cómo la presión en el agua depende de la profundidad, imaginando una pila de ladrillos. La presión de la cara inferior del ladrillo de abajo está determinada por el peso de toda la pila. A la mitad de la pila, la presión es la mitad, porque el peso de los ladrillos que hay arriba es la mitad. Para explicar la presión atmosféricas, deberíamos imaginar que los ladrillos son compresibles, como por ejemplo si fueran de hule espuma. ¿Por qué sucede así?

15. La "bomba" de una aspiradora de limpieza no es más que un ventilador de alta rapidez. Esa aspiradora, ¿aspiraría el polvo de una alfombra en la Luna? Explica por qué.

16. Imagina que la bomba de la figura 14.9 funcionara haciendo un vacío perfecto. ¿Desde qué profundidad podría bombear agua?

17. Si se usara un líquido con la mitad de la densidad del mercurio en un barómetro, ¿qué altura tendría su nivel en un día en que la presión atmosférica fuera normal?

18. ¿Por qué no afecta el tamaño del área transversal de un barómetro de mercurio a la altura de la columna de mercurio?

19. ¿Desde qué profundidad en un recipiente se podría "sifonear" mercurio?

20. Si pudieras sustituir el mercurio de un barómetro por otro líquido más denso, la altura de la columna de ese líquido, ¿sería mayor o menor que la del mercurio? ¿Por qué?

21. ¿Sería un poco más difícil succionar una bebida por una pajuela al nivel del mar, o sobre una montaña muy alta? Explica por qué.

22. La presión que ejerce el peso de un elefante sobre el terreno se distribuye uniformemente en sus cuatro patas, y es menor que 1 atmósfera. ¿Entonces por qué te aplastaría un elefante y no te hace daño la presión de la atmósfera?

23. Tu amigo dice que la fuerza de flotación de la atmósfera sobre un elefante es bastante mayor que la fuerza de flotación de la atmósfera sobre un globo pequeño lleno de helio. ¿Qué le contestas?

24. En una balanza sensible pesa una bolsa de plástico delgada y vacía. A continuación pésala llena de aire. ¿Serán distintos los pesos? Explica por qué.

25. ¿Por qué es tan difícil respirar cuando se bucea a 1 m de profundidad con un *snorkel*, y es prácticamente imposible a 2 m? ¿Por qué un buceador simplemente no puede respirar por una manguera que vaya hasta la superficie?

26. ¿Por qué el peso de un objeto en el aire es distinto de su peso en el vacío (recordando que peso es la fuerza ejercida contra una superficie de soporte)? Describe un ejemplo donde esto sea muy importante.

27. Una niña viaja en un automóvil, y al ponerse en rojo el semáforo compra un globo a un vendedor ambulante. Las ventanillas están subidas y el auto es relativamente hermético. Cuando se enciende la luz verde y el auto acelera hacia adelante, la cabeza de la niña se recarga en el asiento, pero el globo se inclina hacia adelante. Explica por qué.

28. Una botella de helio gaseoso, ¿pesaría más o menos que una botella idéntica llena de aire a la misma presión? ¿Y que una botella idéntica de la cual se haya sacado el aire?

29. Cuando sustituyes el helio de un globo por hidrógeno, que es menos denso, ¿cambia la fuerza de flotación sobre el globo, si tiene el mismo tamaño? Explica por qué.

30. Un tanque de acero lleno de helio gaseoso no sube en el aire, pero un globo lleno con la misma cantidad de helio sube con facilidad. ¿Por qué?

31. Tú y Pepe lanzan al aire un cordón largo con globos de helio amarrados a corta distancia uno de otro, para anunciar su lote de autos usados. Aseguras ambos extremos del cordón al piso, a varios metros de distancia, para que los globos formen un arco. ¿Cuál es el nombre de la forma de ese arco? ¿Por qué se podría haber puesto este ejercicio en el capítulo 12?

32. La presión del gas dentro de un globo de caucho inflado siempre es mayor que la presión del aire en el exterior. ¿Por qué?

33. Se llenan de aire dos globos idénticos, a más de una atmósfera de presión, y se cuelgan de los extremos de una vara que está en equilibrio horizontal. A continuación se pica uno de ellos con un alfiler. ¿Se altera el equilibrio de la vara? En caso afirmativo, ¿hacia dónde se inclina?

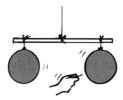

34. Dos globos tienen el mismo peso y el mismo volumen, y están llenos con igual cantidad de helio. Uno es rígido y el otro puede expandirse libremente a medida que baje la presión del exterior. Al soltarlos, ¿cuál subirá más? Explica por qué.

35. Imagina una gran colonia espacial, contenida en un cilindro lleno de aire. ¿Cómo se compararía la densidad del aire a "nivel del suelo" con las densidades del aire de "arriba"?

36. Un globo lleno de helio "subiría" en la atmósfera de un hábitat espacial giratorio? Defiende tu respuesta.

37. La fuerza que ejerce la atmósfera al nivel del mar, sobre una ventana de 10 m^2 de una tienda es más o menos 1 millón de N. ¿Por qué no se rompe la ventana? ¿Por qué podría romperla una racha violenta de aire?

38. ¿Por qué el fuego de un fogón se aviva en un día con viento?

39. En una tienda de departamentos, una corriente de aire de una manguera conectada al escape de una aspiradora de limpieza se dirige hacia arriba, inclinada, y sostiene una pelota de playa, que queda suspendida en el aire. Para sostener a la pelota, ¿la mayor parte del aire pasa sobre ella o abajo de ella?

40. ¿Qué suministra la sustentación a un disco de plástico (*Frisbee*) en su vuelo?

41. Cuando un gas que fluye uniformemente pasa de un tubo de mayor diámetro a otro de menor diámetro, ¿qué le sucede a a) su rapidez? b) su presión? c) la distancia entre sus líneas de flujo?

42. ¿Por qué es más fácil lanzar una curva con una pelota de tenis que con una de béisbol?

43. ¿Cómo es que un avión puede volar "de cabeza"?

44. Cuando un avión a reacción viaja a grandes altitudes, los sobrecargos, cuando caminan hacia delante a lo largo del pasillo, tienen que hacerlo como si estuvieran subiendo una colina, que cuando el avión viaja a menos altitud. ¿Por qué el piloto debe ascender la nave con mayor "ángulo de ataque" a gran altitud que cuando lo hace más cerca del suelo?

45. ¿Qué principio físico está detrás de las tres observaciones siguientes? Al pasar un camión que se acerca por la carretera, tu auto tiende a desviarse hacia él. La lona de un convertible se hincha hacia arriba cuando el auto viaja a alta rapidez. Las ventanas de los trenes antiguos se rompen a veces cuando otro tren moderno y veloz pasa por la vía de al lado.

46. Un viento constante sopla sobre las olas del mar. ¿Por qué el viento aumenta las crestas y los valles de las mismas?

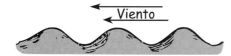

47. Al contestar la pregunta de por qué una bandera ondea en el aire, tu amigo dice que ondea por el principio de Bernoulli. (No es una explicación muy convincente, ¿verdad?) ¿Cómo contestarías tú esa pregunta?

48. Los muelles se construyen con pilotes que permiten el paso libre del agua. ¿Por qué un muelle de paredes macizas sería perjudicial para los barcos que trataran de atracar a un lado?

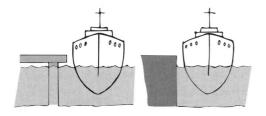

49. La menor presión, ¿es el resultado del aire en movimiento rápido, o el aire en movimiento rápido es el resultado de la menor presión? Describe un ejemplo que respalde tu afirmación. (En física, cuando se relacionan dos cosas, por ejemplo la fuerza y la aceleración, y la rapidez y la presión, suele ser arbitrario decir a cuál llamar causa y a cuál llamar efecto.)

50. ¿Por qué puedes captar mejor estaciones lejanas por la noche, con tu radio de AM?

Problemas

1. ¿Qué cambio de presión sucede en un globo que se oprime hasta la tercera parte de su volumen, sin cambiar la temperatura?

2. El aire de un cilindro se comprime hasta un décimo de su volumen original, sin cambiar la temperatura. ¿Qué le sucede a su presión?

3. En el problema anterior, si se abre una válvula para dejar escapar el aire y regresar la presión a su valor original, ¿qué porcentaje de las moléculas escapa?

4. Estima la fuerza de flotación que ejerce el aire sobre ti. (Para hacerlo, puedes estimar tu volumen si conoces tu peso, suponiendo que tu densidad gravimétrica sea un poco menor que la del agua.)

5. Las densidades del nitrógeno y del oxígeno líquidos sólo son 0.8 y 0.9 de la del agua. La presión atmosférica se debe principalmente al peso del nitrógeno y oxígeno gaseosos en el aire. Si la atmósfera se licuara, ¿su altura sería mayor o menor que 10.3 m?

6. Un escalador amigo tuyo con una masa de 80 kg medita la idea de amarrarse un globo lleno de helio para reducir 25% su peso al escalar. Se pregunta cuál sería el tamaño aproximado del globo. Sabiendo que estudias física, te lo pregunta. ¿A qué respuesta llegas y cómo la calculaste?

7. En un día perfecto de otoño estás suspendido a baja altura, cerca del mar, en un globo de aire caliente, y no aceleras hacia arriba ni hacia abajo. El peso total del globo, incluyendo su carga y el aire caliente, es 20,000 N. a) ¿Cuál es el peso del aire desplazado? b) ¿Cuál es el volumen del aire desplazado?

8. Justo al haber sido lanzado, un globo de investigación lleno de helio parece una criatura esbelta, como se ve en la figura 14.15. Al llegar a 15,000 metros de altitud, su forma parece la de una ciruela "gorda". El material del globo no ejerce fuerza apreciable sobre el gas de su interior, sino sólo sirve como frontera que separa el aire del helio. Explica con cuidado por qué la fuerza de flotación sobre el globo permanece constante mientras sube.

9. Un barómetro de mercurio indica 760 mm al nivel del mar. Cuando se lleva a una altura de 5.6 km, su altura baja hasta la mitad, a 380 mm. ¿Cuál es la presión del aire en esa altitud, comparada con la presión al nivel del mar? Si el barómetro sube otros 5.6 km, hasta llegar a 11.2 km, ¿la altura del mercurio llegará a cero al haber bajado otros 380 mm? ¿Por qué sí o por qué no?

10. ¿Cuánta sustentación se ejerce sobre las alas de un avión, que tienen 100 m^2 de superficie total, cuando la diferencia entre la presión del aire abajo y la arriba de las alas es el 4% de la presión atmosférica?

Parte III

CALOR

Aunque la temperatura de estas chispas es mayor que 2000°C, el calor que ceden al chocar con mi piel es muy pequeño, y eso ilustra que *temperatura* y *calor* son cosas distintas. El desafío y la esencia de *Física conceptual* es aprender a distinguir entre conceptos muy estrechamente relacionados.

www.pearsoneducacion.net/hewitt
*Usa los variados recursos del sitio Web,
para comprender mejor la física.*

15

TEMPERATURA, CALOR Y EXPANSIÓN

Ellyn Daugherty pide a los alumnos que digan si el agujero del anillo se agranda o se contrae al calentarlo.

Toda la materia está formada por átomos o moléculas en constante movimiento. El que los átomos y las moléculas se combinen para formar sólidos, líquidos, gases o plasmas depende de la rapidez con que se mueven. En virtud de su movimiento, las moléculas o los átomos de la materia poseen energía cinética. La energía cinética promedio de las partículas individuales se relaciona en forma directa con lo caliente que se siente algo. Siempre que algo se calienta sabemos que aumenta la energía cinética de sus partículas. Golpea una moneda con un martillo y se calienta, porque el golpe del martillo hace que los átomos en el metal se muevan con más rapidez. Si pones un líquido sobre una llama, el líquido se calienta. Comprime con rapidez aire en una bomba de neumático y el aire se calienta. Cuando un sólido, líquido o gas se calienta, sus átomos o moléculas se mueven con más rapidez. Tienen más energía cinética.

Temperatura

La cantidad que indica lo caliente o frío que está un objeto con respecto a una norma se llama **temperatura**. El primer "medidor térmico" para medir la temperatura, el *termómetro*, fue inventado por Galileo en 1602 (la palabra *térmico* se deriva de la palabra griega para indicar "calor"). El uso del conocido termómetro de mercurio en vidrio se difundió setenta años después. (Es de esperar que veas que los termómetros de mercurio caigan en desuso en los próximos años, por lo peligroso que es el mercurio.) Se expresa la temperatura de la materia con un número que corresponde a lo caliente de algo, de acuerdo con una escala determinada.

FIGURA 15.1 ¿Podemos confiar en nuestro sentido de lo caliente y lo frío? Los dos dedos, ¿sentirán la misma temperatura al sumergirlos en el agua tibia?

Casi todos los materiales se dilatan, o expanden, cuando se elevan sus temperaturas y se contraen cuando bajan. Así, la mayor parte de los termómetros miden la temperatura debido a la expansión y contracción de un líquido, que suele ser mercurio, o alcohol teñido.

En la escala que se usa comúnmente en los laboratorios se asigna el número 0 a la temperatura de congelación del agua, y el número 100 a su temperatura de ebullición (a la presión atmosférica normal). El espacio entre las dos marcas se divide en 100 partes iguales llamadas *grados*; en consecuencia, un termómetro calibrado como acabamos de describir se llama termómetro *centígrado* (de *centi*, "centésimo" y *gradus*, "grado"). Sin embargo, ahora se llama *termómetro* Celsius, en honor de la persona que sugirió esa escala, el astrónomo sueco Anders Celsius (1701-1744).

En Estados Unidos hay otra escala muy popular. En ella, se asigna el número 32 a la temperatura de congelación del agua, y el número 212 a su temperatura de ebullición. Esa escala la tiene un termómetro Fahrenheit, en honor de su ilustre originador, el físico alemán Gabriel Daniel Fahrenheit (1686-1736). La escala Fahrenheit se hará obsoleta cuando Estados Unidos adopte el sistema métrico.[1]

Los científicos favorecen otra escala de temperaturas más, la escala Kelvin, en honor de Lord Kelvin (1824-1907), físico inglés. Esta escala no se calibra en función de puntos de congelación y de ebullición del agua, sino en términos de la energía misma. El número 0 se asigna a la mínima temperatura posible, el **cero absoluto**, en la cual una sustancia no tiene energía cinética en absoluto para dar o compartir.[2] El cero absoluto corresponde a $-273°C$ en la escala Celsius. Las unidades de la escala Kelvin tienen el mismo tamaño que los grados de la escala Celsius, y así la temperatura del hielo que se funde es $+273$ kelvin. En la escala Kelvin no hay números negativos. Ya no veremos esta escala, sino hasta que estudiemos termodinámica en el capítulo 18.

Para convertir las temperaturas de Fahrenheit a Celsius y de Celsius a Fahrenheit hay fórmulas muy usadas en los exámenes. Esos ejercicios de aritmética en realidad no son de física, y es poca la probabilidad de que alguna vez tengas que hacer las conversiones; por consiguiente, no las describiremos aquí. Además, esta conversión se puede aproximar mucho con sólo leer la temperatura correspondiente en las escalas de la figura 15.2.

La temperatura se relaciona con el movimiento aleatorio de los átomos y moléculas de una sustancia. (Para abreviar, en lo que resta de este capítulo sólo diremos *moléculas*, en vez de *átomos* y *moléculas*.) En forma más específica, la temperatura es proporcional a la energía cinética "de traslación" promedio del movimiento molecular, el movimiento que lleva a la molécula de un lugar a otro. Las moléculas también pueden girar o vibrar, con su energía cinética de rotación y vibración correspondiente, pero esos movimientos no afectan en forma directa a la temperatura.

El efecto de la energía cinética de traslación en función de la energía cinética de vibración y de rotación se demuestra en forma dramática en un horno de microondas. Las microondas que bombardean los alimentos hacen que ciertas moléculas de éstos, principalmente las moléculas de agua, vibren y oscilen con gran cantidad de energía cinética.

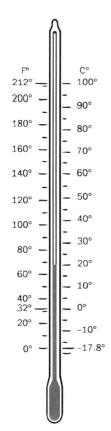

F°		C°
212°	—	100°
200°	—	90°
180°	—	80°
160°	—	70°
140°	—	60°
120°	—	50°
100°	—	40°
80°	—	30°
60°	—	20°
40°	—	10°
32°	—	0°
20°	—	−10°
0°	—	−17.8°

FIGURA 15.2 Escalas termométricas Fahrenheit y Celsius.

[1]La conversión a Celsius mantendrá a Estados Unidos al parejo del resto del mundo, donde la norma es la escala Celsius. Los estadounidenses son lentos para cambiar. Es difícil cambiar una costumbre largamente establecida, y la escala Fahrenheit tiene ciertas ventajas en el uso cotidiano. Por ejemplo, sus grados son más pequeños ($1°F = 5/9°C$), con lo que se consigue más exactitud en los informes del clima, en temperaturas con número entero. Además también las personas atribuyen una importancia especial a los números que aumentan en un dígito más, así que cuando la temperatura de un día caluroso sea 100°F, se comunica con mayor énfasis la idea de calor, que cuando se dice que es 38°C. Al igual que mucho del sistema de unidades inglesas, la escala Fahrenheit está relacionada con los humanos (0°F es la temperatura "más baja" que se pudo alcanzar con un baño de hielo y sal, y 100°F es (mejor dicho, "era") la temperatura "normal" de un ser humano.

[2]Hasta en el cero absoluto, una sustancia tiene lo que se llama "energía de punto cero", que es energía no disponible que no puede transferir a una sustancia distinta. El helio, por ejemplo, tiene movimiento suficiente en sus átomos para que en el cero absoluto no se congele. Para explicarlo se necesita de la teoría de la mecánica cuántica.

Pero las moléculas que oscilan no cuecen los alimentos. Lo que eleva la temperatura y cuece el alimento es la energía cinética tradicional que las moléculas de agua en oscilación imparten a las moléculas vecinas que rebotan con ellas. Para que lo comprendas mejor, imagina un puñado de canicas que salen despedidas en todas direcciones al encontrarse con las aspas de un ventilador. Si las moléculas vecinas no interactuaran con las moléculas de agua en oscilación, la temperatura del alimento no cambiaría respecto a la que tenía cuando se encendió el horno.

FIGURA 15.3 La temperatura de las chispas es muy alta, unos 2000°C. Eso equivale a mucha energía por molécula en la chispa. Pero como hay pocas moléculas en la chispa, la energía interna es pequeña. La temperatura es una cosa, y la transferencia de energía es otra.

EXAMÍNATE ¿Cierto o falso? La temperatura es una medida de la energía cinética total de una sustancia.

Es interesante el hecho de que lo que en realidad muestra un termómetro es su propia temperatura. Cuando un termómetro está en "contacto térmico"[3] con algo cuya temperatura se desea conocer, entre los dos se intercambiará energía hasta que sus temperaturas sean iguales y se establezca el equilibrio térmico. Si conocemos la temperatura del termómetro, conoceremos la temperatura de lo que se está midiendo. Si estás midiendo la temperatura del aire en un recinto, tu termómetro tiene el tamaño adecuado. Pero si debes medir la temperatura de una gota de agua, el contacto entre ella y el termómetro puede cambiar la temperatura de la gota; es un caso clásico de cuando el proceso de medición cambia lo que se está midiendo.

Calor

Si tocas una estufa caliente, entra energía a tu mano, porque la estufa está más caliente que la mano. Por otra parte, cuando tocas un cubito de hielo, la energía sale de la mano y entra al hielo, que está más frío. La dirección de la transferencia espontánea de energía siempre es de una cosa más caliente a otra cosa más fría que la rodea. La energía transferida de una a otra cosa debida a una diferencia de temperatura entre ellas se llama **calor**.

Es importante hacer notar que la materia no *contiene* calor. La materia contiene energía cinética molecular, y quizá energía potencial molecular, pero *no calor*. El calor es *energía en tránsito* de un cuerpo a mayor temperatura a uno con menor temperatura. Una vez transferida, la energía cesa de calentar. (Como analogía recuerda que el trabajo también es energía en tránsito. Un cuerpo no *contiene* trabajo. *Efectúa* trabajo o el trabajo se efectúa sobre él.) En los capítulos anteriores llamamos *energía térmica* a la que resulta del flujo de calor, para aclarar su relación con el calor y la temperatura. En este capítulo usaremos el término que prefieren los científicos: *energía interna*.

La **energía interna** es el gran total de las energías en el interior de una sustancia. Además de la energía cinética de traslación de las moléculas en movimiento en una sustancia, hay energía en otras formas. Hay energía cinética de rotación de moléculas, y energía cinética debida a movimientos internos de los átomos dentro de las moléculas. También hay energía potencial debida a las fuerzas entre las moléculas. Se ve entonces que una sustancia no contiene calor, contiene energía interna.

FIGURA 15.4 Hay más energía cinética molecular en la cubeta llena de agua tibia que en la pequeña taza llena de agua más caliente.

COMPRUEBA TU RESPUESTA Falso. La temperatura es una medida de la energía *promedio* (¡no *total*!) cinética de traslación de las moléculas de una sustancia. Por ejemplo, hay el doble de energía cinética molecular en 2 litros de agua hirviente que en 1 litro, pero las temperaturas son iguales en los dos casos, porque la energía cinética de traslación *promedio* por molécula es igual en ambos casos.

---

[3]N. del T.: "Contacto térmico" es un contacto íntimo entre dos cuerpos, de tal manera que se eliminen las resistencias al paso del calor entre ellos (imagina esta definición sólo en el sentido de la física).

Cuando una sustancia absorbe o emite calor, aumenta o disminuye la energía interna que hay en ella. En algunos casos, como cuando se funde el hielo, el calor agregado no aumenta la energía cinética molecular, sino que se convierte en otras formas de energía. La sustancia sufre un cambio de fase, que describiremos con detalle en el capítulo 17.

Cuando las cosas están en contacto térmico, el flujo de calor es de la que está a mayor temperatura a la que está a menor temperatura, pero no necesariamente es de una sustancia que contenga mayor energía interna a otra que contenga menos energía interna. Hay más energía interna en un vaso de agua tibia que en un alfiler calentado al rojo; si el alfiler se sumerge en el agua, el flujo de calor no es del agua tibia al alfiler. Es del alfiler al rojo al agua, que está más fría. El calor nunca fluye espontáneamente de una sustancia con menor temperatura a otra con mayor temperatura.

FIGURA 15.5 Así como el agua de las dos ramas del tubo en U busca un nivel común (donde las presiones sean iguales en cualquier profundidad), el termómetro y su cercanía alcanzan una temperatura común, a la cual la EC molecular promedio sea igual para ambos.

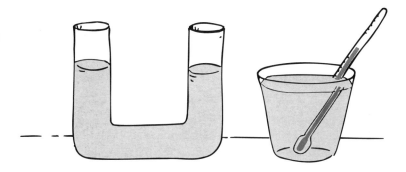

La cantidad de calor que transfiera no sólo depende de la diferencia de temperatura entre las sustancias, sino también de la cantidad del material. Por ejemplo, un barril de agua caliente transfiere más calor a una sustancia más fría que una taza de agua a la misma temperatura. Hay más energía interna en cantidades mayores de agua.

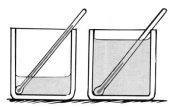

Estufa caliente

FIGURA 15.6 Aunque a los dos recipientes se agrega la misma cantidad de calor, la temperatura aumenta más en el recipiente con menos cantidad de agua.

EXAMÍNATE

1. Imagina que pones 1 L de agua durante cierto tiempo sobre una llama, y que su temperatura aumenta 2°C. Si pones 2 L de agua el mismo tiempo sobre la misma llama, ¿cuánto subirá su temperatura?

2. Si una canica en movimiento rápido golpea un grupo de canicas en movimiento lento la canica rápida, ¿normalmente su rapidez aumentaría o disminuiría? ¿Cuál(es) pierde(n) energía cinética y cuál(es) gana(n) energía cinética, la canica que al principio se movía con rapidez, o las lentas? ¿Cómo se relacionan estas preguntas con la dirección del flujo del calor?

COMPRUEBA TUS RESPUESTAS

1. Su temperatura sólo subirá 1°C, porque hay el doble de moléculas en 2 L de agua, y cada una sólo recibe en promedio la mitad de la energía.

2. La canica que se mueve rápido pierde rapidez al golpear a las que se muevan más lento. Cede algo de su energía cinética a las más lentas. Así sucede con el flujo de calor. Las moléculas con más energía cinética, al estar en contacto con moléculas con menos energía cinética, les ceden algo de su exceso de energía a las menos energéticas. La dirección de la transferencia de energía es de caliente a frío. Sin embargo, tanto para las canicas como para las moléculas, la energía total antes y después del contacto es igual.

FIGURA 15.7 Para quien cuida su peso, el cacahuate contiene 10 Calorías; para el físico, desprende 10,000 calorías (o 41,480 joules) de energía cuando se quema o se consume.

Medición del calor

Por lo anterior, el calor es el flujo de energía de una cosa a otra, debido a una diferencia de temperaturas. Como el calor es una forma de energía, se mide en joules. Existe una unidad más común de calor, la *caloría*. La caloría se define como la cantidad de calor necesaria para cambiar 1 grado Celsius la temperatura de 1 gramo de agua.[4]

Los valores energéticos de los alimentos y combustibles se determinan quemándolos y midiendo la energía que desprenden. (Tu organismo "quema" el alimento en forma gradual.) La unidad de calor que se emplea para calificar a los alimentos es en realidad la "kilocaloría", que equivale a 1000 calorías, y es el calor necesario para aumentar 1°C la temperatura de 1 kg de agua. Para diferenciar entre las dos unidades, es común que a la utilizada para los alimentos se le llame *Caloría*, escrita con mayúscula. Esos nombres son reliquias históricas de la idea primitiva de que el calor es un fluido invisible llamado *calórico*. Esta creencia persistió hasta el siglo XIX. Ahora sabemos que el calor es una forma de energía y no una sustancia aparte, por lo que no necesita su unidad aparte. Algún día la caloría cederá su lugar al joule, la unidad SI, como unidad común de medición de calor. La relación entre calorías y joules es 1 caloría = 4.184 joules.

EXAMÍNATE De un horno se sacan un alfiler y un gran tornillo, ambos de acero. Cuando se dejan caer en cantidades idénticas de agua a la misma temperatura, ¿cuál hace aumentar más la temperatura del agua?

Capacidad calorífica específica

FIGURA 15.8 El relleno de un pay caliente de manzana puede estar demasiado caliente, aun cuando la cubierta no lo esté.

Es probable que ya hayas notado que algunos alimentos permanecen calientes mucho más que otros. Si sacas del tostador una rebanada de pan tostado y al mismo tiempo viertes sopa caliente en un plato, a los pocos minutos la sopa estará caliente y deliciosa, mientras que el pan se habrá enfriado por completo. De igual modo, si esperas un poco antes de comer una pieza de asado y una cucharada de puré de papa, que estaban al principio a la misma temperatura, verás que la carne se ha enfriado más que el puré.

Las sustancias distintas tienen distintas capacidades de almacenamiento de energía interna. Si calentamos una olla de agua en una estufa, podríamos ver que tarda 15 minutos para pasar desde la temperatura ambiente hasta su temperatura de ebullición. Pero si pusiéramos una masa igual de hierro en la misma llama, veríamos que su temperatura aumentaría lo mismo sólo en 2 minutos. Para la plata, el tiempo sería menor que un minuto. Los diversos materiales requieren distintas cantidades de calor para elevar una cantidad especificada de grados la temperatura de determinada masa de ellos.

Los diversos materiales absorben energía en formas diferentes. La energía puede aumentar la rapidez del movimiento de las moléculas, y con ello aumentar su temperatura. O bien, pueden aumentar la cantidad de vibración interna en las moléculas y transformar-

COMPRUEBA TU RESPUESTA El trozo más grande de acero tiene más energía interna que traspasar al agua, y la calienta más que el alfiler. Aunque tienen la misma temperatura inicial (la misma energía cinética *promedio* por molécula), el tornillo, con más masa, tiene más energía *total* o energía interna. Este ejemplo subraya la diferencia entre temperatura y energía interna.

[4]Una unidad menos común de calor es la unidad térmica británica (BTU, *british thermal unit*), que se define como la cantidad de calor para cambiar 1 grado Fahrenheit la temperatura de 1 libra de agua.

se en energía potencial, con lo cual no se eleva la temperatura. El caso general es una combinación de los dos anteriores.

Un gramo de agua requiere 1 caloría de energía para subir 1 grado Celsius su temperatura. Sólo se necesita más o menos la octava parte de esa energía para elevar lo mismo la temperatura de 1 gramo de hierro. Para el mismo cambio de temperatura, el agua absorbe más calor que el hierro. Se dice que el agua tiene una **capacidad calorífica específica** (que a veces se llama *calor específico* o *capacidad calorífica*).[5]

La capacidad calorífica específica de cualquier sustancia se define como la cantidad de calor requerida para cambiar 1 grado la temperatura de una unidad de masa de sustancia.

Podemos imaginar que la capacidad calorífica específica es una inercia térmica. Recuerda que la inercia es un término que se usa en mecánica para indicar la resistencia de un objeto a cambiar su estado de movimiento. La capacidad calorífica específica es como una inercia térmica, porque representa la resistencia de una sustancia a cambiar su temperatura.

EXAMÍNATE ¿Qué tiene más capacidad calorífica específica, el agua o la arena?

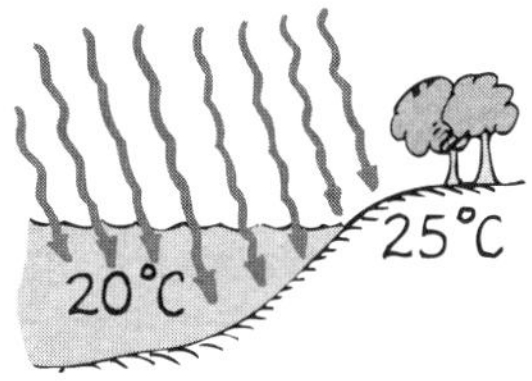

FIGURA 15.9 Como el agua tiene una gran capacidad calorífica y es transparente, se necesita más energía para calentarla que para calentar terrenos secos. La energía solar que incide sobre el terreno se concentra en la superficie, pero la que llega al agua penetra bajo la superficie y se "diluye".

El agua tiene una capacidad mucho mayor para almacenar energía que todas las sustancias, excepto algunas poco conocidas. Una cantidad relativamente pequeña de agua absorbe una gran cantidad de calor, con un aumento de temperatura relativamente pequeño. Por lo anterior, el agua es un enfriador muy útil, y se usa en los sistemas de enfriamiento de los automóviles y otros motores de combustión. Si se usara un líquido con menor capacidad calorífica específica en los sistemas de enfriamiento, su temperatura aumentaría más, para lograr la misma absorción del calor.

También el agua se enfría con mucha lentitud, hecho que explica por qué antes se usaban botellas con agua caliente en las noches frías de invierno. (Hoy se sustituyeron con mantas eléctricas.) Esta tendencia del agua a resistir cambios de su temperatura mejora el clima de muchos lugares. La próxima vez que veas un globo terrestre, observa que Europa está muy al norte. Si el agua no tuviera una capacidad calorífica específica tan alta, los países de Europa serían tan fríos como las regiones nororientales de Canadá, ya que Europa y Canadá tienen más o menos la misma *insolación* (les llega la misma radiación solar) por kilómetro cuadrado. En el Atlántico, la Corriente del Golfo conduce agua tibia desde el Caribe hacia el noreste. Conserva gran parte de su energía interna el tiempo suficiente para alcanzar el Atlántico Norte en las costas de Europa, donde se enfría. La energía que desprende, 1 caloría por grado por cada gramo de agua que se enfría, pasa al aire, donde es arrastrada por los vientos del oeste hacia el continente europeo.

COMPRUEBA TU RESPUESTA El agua tiene la mayor capacidad calorífica específica. Entonces, la temperatura del agua aumenta menos que la de la arena, cuando ambas están a la luz del Sol. El bajo calor específico de la arena se manifiesta en la rapidez con la que se calienta la playa en el Sol durante el día, y en la rapidez con que se enfría por la noche. Eso también afecta al clima del lugar.

---

[5]Si se conoce la capacidad calorífica específica *c*, la fórmula para calcular la cantidad de calor Q cuando una masa m de una sustancia sufre un cambio de temperatura ΔT es $Q = cm\Delta T$. También, calor transferido = capacidad calorífica específica × masa × cambio de temperatura.

En Estados Unidos se ve un efecto parecido. Los vientos de las latitudes de América del Norte vienen del oeste. En la costa occidental, el aire entra del Océano Pacífico al continente. Debido a la gran capacidad calorífica específica del agua, la temperatura del océano no varía mucho entre verano e invierno. El agua es más caliente que el aire en el invierno, y más fría que el aire en el verano. En invierno, el agua calienta al aire que pasa sobre ella, y el aire calienta las regiones costeras de Norteamérica. En verano, el agua enfría al aire, que a su vez refresca a las regiones costeras. En la costa oriental, el aire pasa del continente al Océano Atlántico. El continente tiene menor capacidad calorífica específica y se calienta en el verano, pero se enfría con rapidez en el invierno. Como resultado de la gran capacidad calorífica específica del agua, y de las direcciones de los vientos, San Francisco, ciudad de la costa oeste, es más cálida en invierno y más fría en verano que Washington, D.C., ciudad en la costa oriental que está más o menos a la misma latitud.

Las islas y las penínsulas que están rodeadas por agua en mayor o menor grado no tienen las temperaturas extremas que se observan en el interior de un continente. Cuando el aire está caliente en los meses de verano, el agua lo enfría. Cuando el aire está frío en los meses de invierno, el agua lo calienta. El agua modera los extremos de temperatura. Son comunes las altas temperaturas de verano y bajas temperaturas de invierno en Manitoba y en las Dakotas, por ejemplo, y se debe en gran parte a la ausencia de grandes cuerpos de agua. Los europeos, los isleños y los que viven cerca de las corrientes de aire cerca de los mares deberían estar felices de que el agua tenga esa capacidad calorífica específica tan alta. ¡Los habitantes de San Francisco están felices!

EXAMÍNATE ¿Por qué una rebanada de sandía permanece fría durante más tiempo que los emparedados, si ambos se sacaron al mismo tiempo de una helera en el *picnic* de un día caluroso?

Expansión térmica

Cuando aumenta la temperatura de una sustancia, sus moléculas o átomos se mueven con más rapidez y, en promedio, se alejan entre sí. El resultado es una dilatación o expansión de la sustancia. Con pocas excepciones, todas las formas de la materia, sólidos, líquidos, gases y plasmas, se dilatan cuando se calientan y se contraen cuando se enfrían.

En la mayor parte de los casos donde intervienen los sólidos, esos cambios de volumen no son muy notables, pero con una observación cuidadosa se suelen detectar. Las líneas telefónicas se alargan y se cuelgan más en un día cálido de verano que en un día frío de invierno. Las tapas metálicas de los frascos de vidrio se pueden aflojar calentándolas en agua caliente. Si una parte de una pieza de vidrio se calienta o se enfría con mayor rapidez que sus partes vecinas, la dilatación o contracción que resultan pueden romper el vidrio, en especial si es grueso. El vidrio Pyrex® es una excepción, porque se formula especialmente para dilatarse muy poco (aproximadamente la tercera parte que el vidrio ordinario) al aumentar la temperatura.

Se debe permitir la expansión de las sustancias en estructuras y dispositivos de todo tipo. Un dentista usa material de relleno que tiene la misma rapidez de dilatación que los dientes. Los pistones de aluminio de algunos motores de automóvil tienen diámetros un poco menores que los de acero, para considerar la dilatación del aluminio, que es mu-

---

COMPRUEBA TU RESPUESTA El agua de la sandía tiene más "inercia térmica" que los ingredientes de los emparedados, y se resiste mucho más a los cambios de temperatura. Esta inercia térmica es su capacidad calorífica específica.

cho mayor. Un ingeniero civil usa acero de refuerzo con la misma tasa de expansión que el concreto. Los puentes largos de acero suelen tener uno de sus extremos fijo y el otro descansando en pivotes (Figura 15.10). El puente Golden Gate de San Francisco se contrae más de un metro cuando el clima es frío. El asfalto o "carpeta" del puente está segmentado y tiene huecos "machihembrados" llamados *juntas de expansión* (Figura 15.11). De igual modo, las carreteras y las aceras están atravesadas por huecos, que a veces se rellenan con asfalto para que el concreto se pueda dilatar y contraer libremente en verano y en invierno, respectivamente.

FIGURA 15.10 Un extremo del puente está fijo, mientras que el que se muestra aquí se apoya en pivotes para la expansión térmica.

FIGURA 15.11 Este hueco en el asfalto de un puente se llama junta de expansión; permite que el puente se dilate y se contraiga. Esta foto fue tomada, ¿en un día cálido o en uno frío?

Antes, las vías del ferrocarril se tendían en segmentos de 39 pies (aprox. 11.90 m) unidos por *planchuelas* laterales que dejaban huecos para las expansiones térmicas. En los meses de verano, las vías se dilataban y los huecos se angostaban. En invierno los huecos crecían, y eso causaba el ruido de traqueteo característico del ferrocarril. Hoy ya no se escucha ese traqueteo, porque a alguien se le ocurrió la brillante idea de eliminar los huecos soldando entre sí los rieles. Entonces, ¿la dilatación en el verano no causa que se tuerzan los rieles soldados, como se ve en la figura 15.12? ¡No, si las vías se tienden y sueldan en los meses más cálidos del verano! En los días de invierno, la contracción de la vía estira los rieles, lo cual no los tuerce. Los rieles estirados están bien.

Las distintas sustancias se dilatan con tasas distintas. Cuando se sueldan o se remachan dos bandas de distintos metales, por ejemplo uno de latón y otro de hierro, la mayor expansión de uno de ellos causa la flexión que se ve en la figura 15.13. Esa barra delgada compuesta se llama *banda bimetálica* o *cinta bimetálica*. Cuando la banda se calienta, una de sus caras se alarga más que la otra, y hace que la banda se flexione formando una curva. Por otra parte, cuando la banda se enfría tiende a flexionarse en dirección contraria, porque el metal que se dilata más también se contrae más. El movimiento de la banda se puede usar para hacer girar una aguja, regular una válvula o cerrar un interruptor.

FIGURA 15.12 Expansión térmica. El calor extremo de un día en Asbury Park, New Jersey, causó el torcimiento de estas vías de ferrocarril. (*Wide World Photos.*)

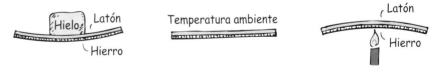

FIGURA 15.13 Banda bimetálica. El latón se dilata más que el hierro al calentarse, y se contrae menos al enfriarse. Debido a este comportamiento, la banda se flexiona como aquí se indica.

Una aplicación práctica de lo anterior es el termostato (Figura 15.14). La flexión de la espiral bimetálica en uno u otro sentido abre y cierra un circuito eléctrico. Cuando el recinto se vuelve muy frío, la espiral se flexiona hacia el lado del latón, y al hacerlo activa un interrup-

A la fuente de calor

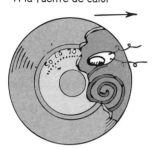

FIGURA 15.14 Un termostato. Cuando una espiral bimetálica se dilata, la gota de mercurio líquido rueda y se aleja de los contactos eléctricos e interrumpe el circuito eléctrico. Cuando la espiral se contrae, el mercurio rueda contra los contactos y cierra el circuito.

tor eléctrico que conecta la calefacción. Cuando el recinto se calienta demasiado, la espiral se flexiona hacia al lado del hierro, con lo que se activa el contacto eléctrico que desconecta la calefacción. Los refrigeradores tienen termostatos que evitan que enfríen demasiado o que no enfríen. Las bandas bimetálicas se usan en los termómetros de los hornos, tostadores eléctricos, ahogadores automáticos en los carburadores y en otros diversos dispositivos.

Los líquidos se dilatan en forma apreciable al aumentar su temperatura. En la mayor parte de los casos, la dilatación en ellos es mayor que en los sólidos. La gasolina que se derrama del tanque de un auto en un día caluroso lo comprueba. Si el tanque y su contenido se dilataran en la misma forma, se expandirían juntos y no se derramaría la gasolina. De igual modo, si la dilatación del vidrio en un termómetro fuera igual que la del mercurio, éste no subiría al amentar la temperatura. La causa de que suba el mercurio de un termómetro al aumentar la temperatura es que la expansión del mercurio líquido es mayor que la expansión del vidrio.

Examínate

1. El avión supersónico Concorde es 20 cm más largo cuando está en vuelo. Sugiere una explicación.

2. ¿Cómo funcionaría un termómetro si su vidrio se dilatara más que el mercurio, al aumentar la temperatura?

FIGURA 15.15 Sumerge una pelota de ping-pong aplastada en agua hirviente y desaparece la abolladura. ¿Por qué?

Expansión del agua

Si aumenta la temperatura de cualquier líquido común, éste se dilata. Pero no el agua a temperaturas cercanas a su punto de congelación: el agua helada ¡hace lo contrario! A la temperatura del hielo fundente, 0°C (o 32°F), *se contrae* cuando aumenta su temperatura. Es muy notable. Al calentarse el agua y subir su temperatura, continúa *contrayéndose* hasta que su temperatura llega a 4°C. Si sigue aumentando entonces la temperatura, el

Comprueba tus respuestas

1. A la velocidad de crucero (mayor que la velocidad del sonido), la fricción del aire contra el Concorde eleva mucho su temperatura y causa esta gran dilatación térmica.

2. Habría que voltear la escala de cabeza. ¿Te das cuenta por qué?

FIGURA 15.16 El agua primero se contrae y después se dilata al aumentar la temperatura.

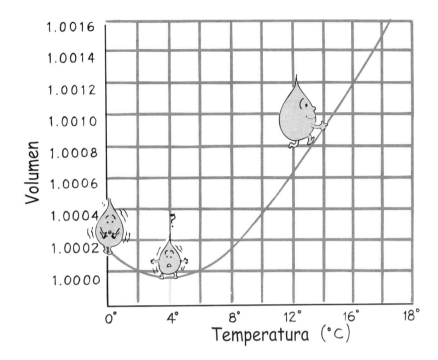

agua se comienza a dilatar, y la expansión continúa hasta llegar al punto de ebullición: 100°C. Este raro comportamiento se ve en la figura 15.16.

Determinada cantidad de agua tiene su volumen mínimo, y en consecuencia su densidad máxima, a 4°C. Justo abajo de 0°C, cuando el agua ya es hielo macizo, su volumen es bastante mayor y su densidad es menor. Recuerda que el hielo flota en el agua, esto prueba que es menos denso que ella. El volumen del agua helada se ve en la figura 15.16; *no es* el volumen del hielo a 0°C. Si se graficara el volumen del hielo en esta misma escala exagerada, la gráfica se prolongaría mucho más arriba de la página. Después de que toda el agua se ha convertido en hielo, si se sigue enfriando, el hielo se contrae (no se muestra).

El hielo tiene una estructura cristalina. Los cristales de la mayor parte de los sólidos están ordenados en tal forma que el estado sólido ocupa un volumen menor que el estado líquido. Sin embargo, el hielo tiene sus cristales con una estructura abierta (Figura 15.17). Esta estructura es consecuencia de la forma en ángulo de las moléculas de agua, y del hecho de que las fuerzas que unen entre sí a las moléculas de agua son más intensas en determinados ángulos. Las moléculas de agua de esta estructura abierta ocupan mayor volumen que en el estado líquido. En consecuencia, el hielo es menos denso que el agua.

FIGURA 15.17 Los cristales de hielo tienen una estructura hexagonal abierta, parecida a una jaula hexagonal, y esta abertura explica su expansión cuando se congela el líquido. En consecuencia, el hielo es menos denso que el agua.

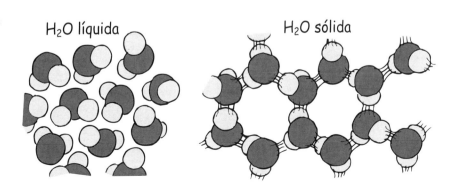

La causa del mínimo de la curva en la figura 15.16 es que en el agua helada suceden dos clases de cambio de volumen. Los cristales con estructura abierta que forman el hielo sólido todavía están presentes, en pequeña parte, en el agua helada, que es entonces un "lodo microscópico". Esos cristales son golpeados por las moléculas vecinas y tienen vidas momentáneas; algunos son desintegrados mientras que otros se forman. En cualquier momento hay bastantes como para alterar la densidad del agua. A unos 10°C casi todos los cristales de hielo se han aplastado. La gráfica izquierda de la figura 15.18 indica cómo cambia el volumen del agua fría a medida que se colapsan más y más los cristales. Al mismo tiempo que desaparecen los cristales debido al aumento de temperatura, el aumento del movimiento molecular da como resultado la dilatación. Este efecto se ve en la gráfica central de la figura. Haya o no cristales de hielo en el agua, la mayor energía cinética de las moléculas aumenta el volumen del agua. Cuando se combinan los efectos de la contracción y de la dilatación, la curva se ve como la gráfica de la derecha de la figura 15.18, o como la de la figura 15.16.

FIGURA 15.18 A medida que aumenta la temperatura del agua que inicialmente está a 0°C, el colapso simultáneo de los cristales de hielo y el aumento del movimiento molecular producen el efecto total de que la densidad del agua es máxima a 4°C.

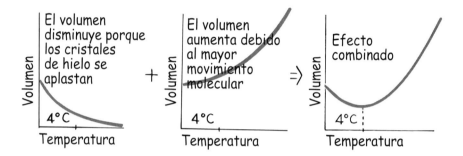

Este comportamiento del agua tiene gran importancia en la naturaleza. Imagina que el agua tuviera la mayor densidad en su punto de congelación, y que al congelarse se contrajera, como casi todos los líquidos. Entonces el agua más fría se iría al fondo y los estanques se congelarían del fondo hacia arriba. Los habitantes del estanque serían destruidos en los meses de invierno. Por fortuna no sucede así. El agua más densa, que va al fondo del estanque, está a 4°C por arriba de la temperatura de congelación. El agua a 0°C, su punto de congelación, es menos densa, y "flota", por lo que se forma hielo en la superficie, mientras el interior, bajo el hielo, permanece líquido.

Veamos esto con más detalle. La mayor parte del enfriamiento en un estanque es por la superficie, cuando el aire de la superficie es más frío que el agua. A medida que se enfría el agua de la superficie se hace más densa y baja al fondo. El agua "flotará" en la superficie, y se enfriará más, sólo si su densidad es igual o menor que el agua que está abajo.

Imagina un estanque que está al principio a 10°C, por ejemplo. No podría enfriarse a 0°C sin primero enfriarse a 4°C. Y el agua a 4°C no puede quedarse en la superficie para seguirse enfriando, a menos que toda el agua abajo de ella tenga una densidad igual, cuando menos, esto es, a menos que toda el agua de abajo esté a 4°C. El agua a 4°C será más densa que el agua a cualquier otra temperatura, y se hundirá antes de poder seguirse enfriando. Así, antes de que se pueda formar hielo alguno, se debe enfriar toda el agua del estanque a 4°C. Sólo cuando se cumple esta condición, el agua de la superficie se puede seguir enfriando a 3°, 2°, 1° y 0°C sin hundirse. Entonces se puede formar el hielo.

Si se sigue enfriando el estanque se congela el agua inmediatamente abajo del hielo que haya, y así el estanque se congela de la superficie hacia abajo. En un invierno frío el hielo será más grueso que en un invierno benigno. Los cuerpos de agua muy profundos no se cubren de hielo aun en el invierno más frío. Esto se debe a que toda el agua de un lago se debe enfriar a 4°C para poder seguir bajando su temperatura, y a que el invierno no dura lo suficiente para que toda el agua se enfríe a 4°C. Si sólo algo del agua está a 4°C, está en el fondo. Debido al gran calor específico del agua, y a su poca capacidad de conducir calor, el fondo de los lagos profundos, en las regiones frías, está a 4°C, constantes, durante todo el año. Los peces deberían estar felices de que así sea.

FIGURA 15.19 Al enfriarse el agua se hunde, hasta que todo el estanque está a 4°C. Después, a medida que se enfría el agua de la superficie, flota esa agua fría y se puede congelar. Una vez formado el hielo, las temperaturas menores que 4°C pueden extenderse hacia abajo, hacia el fondo del estanque.

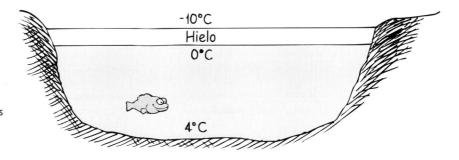

EXAMÍNATE

1. ¿Cuál fue la temperatura exacta en el fondo del Lago Míchigan, en Estados Unidos, donde el agua es profunda y los inviernos son largos, el Año Nuevo de 1901?

2. ¿Por qué puedes decir la temperatura actual del fondo del Lago Superior, entre Canadá y Estados Unidos, pero no la temperatura actual en el fondo del Lago de Chapala, en los estados mexicanos de Jalisco y Michoacán?

COMPRUEBA TUS RESPUESTAS

1. La temperatura en el fondo de cualquier cuerpo de agua que tenga agua a 4°C es 4°C, por la misma razón que las piedras se hunden. Tanto el agua a 4°C y las piedras son más densas que el agua a cualquier otra temperatura. El agua es mal conductor de calor y así, si el cuerpo de agua es profundo y está en una región con largos inviernos y cortos veranos, el agua de su fondo está a 4°C todo el año. Así estuvo en el Lago Míchigan en 1901, y también el día de hoy.

2. El Lago Superior, que durante parte de cada año tiene temperatura de congelación, contiene seguramente agua a 4°C, que se hunde hasta el fondo. Por otro lado, el Lago de Chapala está en un clima más cálido. Ese lago nunca se congela, y es probable que no contenga agua a 4°C. En consecuencia, uno no puede predecir con tanta facilidad cuál es la temperatura en el fondo del Lago de Chapala.

Resumen de términos

Calor La energía que fluye de una sustancia de mayor temperatura a una de menor temperatura; se suele expresar en calorías o en joules.

Capacidad calorífica específica La cantidad de calor necesaria, por unidad de masa, para elevar 1 grado Celsius la temperatura de la sustancia.

Cero absoluto La temperatura mínima posible que puede tener una sustancia; es la temperatura a la cual las moléculas de las sustancias tienen su energía cinética mínima.

Energía interna El total de todas las energías moleculares, cinética más potencial, que son internas en una sustancia.

Temperatura Medida de la energía cinética de traslación promedio, por molécula de una sustancia. Se mide en grados Celsius, Fahrenheit o Kelvin.

Preguntas de repaso

1. ¿Por qué una moneda se calienta cuando se golpea con un martillo?

Temperatura

2. ¿Cuáles son las temperaturas de congelación del agua en las escalas Celsius y Fahrenhit? ¿Y las del agua hirviente?

3. ¿Cuáles son las temperaturas de congelación y de ebullición del agua en la escala Kelvin de temperatura? (En condiciones normales de presión: 1 atm.)

4. ¿Qué quiere decir energía cinética "de traslación"?

5. ¿Qué afecta la temperatura, la energía cinética de traslación, la energía cinética de rotación o la energía cinética de vibración? ¿O la afectan todas?

6. ¿Qué quiere decir que un termómetro mide su propia temperatura?

Calor

7. Cuando tocas una superficie fría, ¿el frío pasa de tu mano a esa superficie, o pasa energía de tu mano a la superficie fría? Explica por qué.

8. Describe la diferencia entre temperatura y calor.

9. Describe la diferencia entre calor y energía interna.

10. ¿Qué determina la dirección de flujo de calor?

Medición del calor

11. ¿Cómo se determina el contenido energético de los alimentos?

12. Describe la diferencia entre caloría y Caloría.

13. Describe la diferencia entre una caloría y un joule.

Capacidad calorífica específica

14. ¿Qué se calienta con más rapidez al suministrarle calor: el hierro o la plata?

15. Una sustancia que se calienta con rapidez, ¿tiene una capacidad calorífica específica alta o baja?

16. Una sustancia que se enfría con rapidez, ¿tiene una capacidad calorífica específica alta o baja?

17. ¿Cómo se compara el calor específico del agua con los calores específicos de otros materiales comunes?

18. El noreste de Canadá y gran parte de Europa reciben más o menos la misma cantidad de luz solar por unidad de superficie. ¿Entonces por qué en general Europa es más cálida en el invierno?

19. Debido a la conservación de la energía: si el agua del mar se enfría, entonces algo se debe calentar? ¿Qué es lo que se calienta?

20. ¿Por qué la temperatura es bastante constante en masas de tierra rodeadas por grandes cuerpos de agua?

Expansión térmica

21. ¿Por qué las sustancias se dilatan cuando aumenta su temperatura?

22. ¿Por qué se flexiona una banda bimetálica al cambiar su temperatura?

23. En general, ¿qué se dilata más para determinado cambio de temperatura, los sólidos o los líquidos?

Expansión del agua

24. Cuando aumenta un poco la temperatura del agua al acabarse de fundir el hielo, ¿sufre una expansión neta o una contracción neta?

25. ¿Cuál es la causa de que el hielo sea menos denso que el agua?

26. El "lodo microscópico" en el agua, ¿tiende a hacerla más densa o menos densa?

27. ¿Qué le sucede a la cantidad de "lodo microscópico" en al agua helada cuando aumenta su temperatura?

28. ¿A cuál temperatura los efectos combinados de la contracción y la dilatación producen el mínimo volumen en el agua?

29. ¿Por qué toda el agua de un lago se debe enfriar a 4°C antes de que la superficie del lago se siga enfriando a menos de 4°C?

30. ¿Por qué se forma hielo en la superficie de un cuerpo de agua, y no en el fondo?

Ejercicios

1. En tu cuarto hay cosas como mesas, sillas, otras personas, etcétera. ¿Cuál de ellas tienen temperaturas 1) menores, 2) mayores y 3) iguales que la del aire?

2. ¿Qué es mayor, un aumento de temperatura de 1°C o uno de 1°F?

3. ¿Por qué no es de esperar que todas las moléculas de un gas tengan la misma velocidad?

4. ¿Por qué puedes decir que tienes calentura tocándote la frente?

5. ¿Qué tiene la mayor cantidad de energía interna, un témpano de hielo (*iceberg*) o una taza de café? Explica por qué.

6. ¿Sería posible medir con un termómetro de mercurio común, si el vidrio y el mercurio se dilataran con la misma tasa debido a cambios de temperatura? Explica por qué.

7. Un termómetro a la intemperie, en un día soleado, indica una temperatura mayor que la del aire. ¿Por qué? ¿Quiere decir que el termómetro está "mal"?

8. ¿En cuál escala de temperatura la energía cinética de las moléculas sube al doble cuando la temperatura sube al doble?

9. ¿Por qué hay una temperatura mínima (cero absoluto), pero no hay una temperatura máxima?

10. Si dejas caer una piedra caliente en una cubeta de agua, cambiarán las temperaturas de la piedra y del agua hasta que ambas sean iguales. La piedra se enfriará y el agua se calentará. ¿Sucedería lo mismo si la piedra caliente se dejara caer al Océano Atlántico? Explica por qué.

11. ¿Esperas que la temperatura al pie de las Cataratas del Niágara sea un poco mayor que la del agua que comienza a caer por ellas?

12. ¿Por qué la presión de un gas encerrado en un recipiente rígido aumenta cuando sube la temperatura?

13. Si se agrega la misma cantidad de calor a dos objetos distintos no se produce por necesidad el mismo aumento de temperatura. ¿Por qué no?

14. Además del movimiento aleatorio de una molécula, de un lugar a otro, que se asocia con la temperatura, algunas moléculas pueden absorber grandes cantidades de energía que se transforma en vibraciones y rotaciones de la molécula misma. ¿Esperas que los materiales formados por esas moléculas tengan calor específico alto o bajo? Explica por qué.

15. ¿Por qué una sandía permanece fría durante más tiempo que los emparedados, cuando ambos se sacan al mismo tiempo de un refrigerador en un día caluroso?

16. Las islas Bermudas están más o menos la misma distancia al norte del ecuador que Carolina del Norte, pero su clima es subtropical durante todo el año. ¿Por qué?

17. El nombre de Islandia en inglés significa "tierra de hielo", que se le dio para desanimar su conquista por los imperios en expansión; pero no está cubierta de hielo, como Groenlandia y partes de Siberia, aun cuando está cerca del Círculo Ártico. La temperatura invernal promedio de Islandia es bastante mayor que la de regiones a la misma latitud en Groenlandia oriental y en Siberia central. ¿Por qué sucede así?

18. ¿Por qué la presencia de grandes cuerpos de agua tiende a moderar el clima de la tierra cercana: la hace más cálida en tiempo frío y más fría en tiempos calurosos?

19. Si los vientos en la latitud de San Francisco y Washington, D.C., vinieran del este y no del oeste, ¿por qué en San Francisco sólo crecerían cerezos y en Washington, sólo crecerían palmeras?

20. En los viejos tiempos era frecuente, en las noches frías de invierno, llevarse a la cama algún objeto caliente. ¿Qué sería mejor para mantenerte caliente durante una noche fría: un bloque de acero de 10 kilogramos o una bolsa con 10 kilogramos de agua a la misma temperatura? Explica por qué.

21. La arena del desierto está muy caliente de día y muy fría durante la noche. ¿Qué te indica eso acerca de su calor específico?

22. Describe una excepción de la regla general que dice que todas las sustancias se dilatan cuando se calientan.

23. ¿Funcionaría una banda bimetálica si los dos metales distintos tuvieran por casualidad las mismas tasas de expansión? ¿Es importante que se dilaten con tasas distintas? Explica por qué.

24. Una forma frecuente para unir placas de acero entre sí es remacharlas. Los remaches se introducen en agujeros de las placas, y sus extremos se aplastan y redondean con martillos. Cuando están calientes, los remaches son más fáciles de redondear, este calentamiento tiene otra ventaja muy importante para que la unión quede firme. ¿Cuál es esa otra ventaja?

25. Un método para romper piedras era ponerlas en una buena hoguera y después bañarlas en agua fría. ¿Por qué se rompían así las piedras?

26. Después de conducir un automóvil durante cierta distancia, ¿por qué aumenta la presión del aire en los neumáticos?

27. En un día caluroso, ¿el reloj de péndulo del abuelo se adelantará o se atrasará? Explica por qué.

28. Con frecuencia se oyen rechinidos en los tapancos (los "áticos") de las casas viejas, en noches frías. Explica por qué, en términos de la expansión térmica.

29. Un viejo remedio para cuando un par de vasos encimados se pegan entre sí es llenar el vaso del interior y rociar la pared externa del vaso del exterior con agua a distintas temperaturas. ¿Cuál agua debe estar caliente y cuál fría?

30. Un arquitecto te dirá que nunca se usan las chimeneas en forma conjunta como soporte de algo. ¿Por qué?

31. Observa la fotografía de la junta de expansión en la figura 15.11. ¿Dirías que fue tomada en un día caluroso o en uno frío? ¿Por qué?

32. Si el gas llegara más caliente al contador o medidor de tu casa, ¿ganarías tú o la compañía que te lo surte?

33. Una esfera de metal apenas puede pasar, con exactitud, por un anillo metálico. Sin embargo, cuando la esfera se calienta no pasa por él. ¿Qué sucedería si se calentara el anillo y no la esfera? El tamaño del agujero, ¿aumentaría, quedaría igual o disminuiría?

34. Después de que un mecánico introduce un anillo de acero caliente, que ajusta firmemente a un cilindro de latón muy frío, ya no hay modo de separar los dos, de modo que queden intactos. ¿Puedes explicar por qué es así?

35. Imagina que cortas un trozo pequeño en un anillo metálico. Si calientas el anillo, el hueco, ¿será más ancho o más angosto?

36. Cuando se calienta un termómetro de mercurio, baja el nivel de mercurio en forma momentánea, antes de comenzar a subir. ¿Puedes dar una explicación de eso?

37. Cuando se calienta un gas, se dilata. ¿El aire en tu casa es una excepción a esta regla? Tú puedes calentar ese aire sin aumentar el volumen de tu casa.

38. ¿Por qué los focos incandescentes se suelen fabricar con vidrio muy delgado?

39. Una de las razones por las que los primeros focos eran costosos es que los conductores que se introducían en ellos eran de platino, que se dilata más o menos igual que el vidrio cuando se calienta. ¿Por qué es importante que las terminales metálicas y el vidrio tengan el mismo coeficiente de expansión?

40. Después de medir las dimensiones de un terreno con una cinta de acero, en un día caluroso, regresas y las mides en un día frío. ¿En cuál de las dos mediciones determinas que la superficie del terreno es más grande?

41. ¿Cuál fue la temperatura exacta en el fondo del Lago Superior, entre Estados Unidos y Canadá, a las 12:01 AM el 31 de octubre de 1894?

42. Imagina que se usara agua en un termómetro, en lugar de mercurio. Si la temperatura es 4°C y después cambia, ¿por qué el termómetro no podría indicar si la temperatura subió o bajó?

43. Un trozo de hierro macizo se hunde en un recipiente con hierro fundido. Un trozo de aluminio macizo se hunde en un recipiente de aluminio fundido. ¿Por qué una pieza de agua maciza (hielo) no se hunde en un recipiente con agua "fundida" (líquida)? Explica esto en términos moleculares.

44. ¿Cómo se compara el volumen combinado de miles y miles de millones de espacios abiertos en las estructuras del hielo en un trozo del mismo, con la parte del hielo que sobresale del nivel del agua al flotar?

45. ¿En qué sería distinta la forma de la curva de la figura 15.16 si se graficara la densidad en lugar del volumen, en función de la temperatura? Traza un bosquejo aproximado.

46. Determina si el agua a las siguientes temperaturas se expande o se contrae al calentarla un poco: 0°C, 4°C, 6°C.

47. ¿Por qué es importante proteger a los tubos con agua para que no se congele ésta?

48. Si hubiera enfriamiento en el fondo de un estanque, y no en la superficie, ¿se congelaría el estanque del fondo hacia la superficie? Explica cómo.

49. Si el agua tuviera un calor específico menor, ¿sería más probable que se congelaran los estanques, o sería menos probable?

50. Describe otra cantidad, que no sea la temperatura, que se iguale cuando dos sistemas se pongan en contacto.

Problemas

La cantidad de calor Q es igual a la capacidad calorífica específica c de la sustancia, multiplicada por su masa m y por el cambio de temperatura ΔT; esto es, $Q = cm\Delta T$.

1. ¿Cuál podría ser la temperatura final de una mezcla de 50 g de agua a 20°C y 50 g de agua a 40°C?

2. Si deseas calentar 100 kg de agua 20°C para tu baño, ¿cuánto calor se requiere? Expresa tu resultado en calorías y en joules.

3. La capacidad calorífica específica del cobre es 0.092 calorías por gramo por grados Celsius. ¿Cuánto calor se requiere para subir la temperatura de una pieza de cobre de 10 g de 0 a 100°C? ¿Cómo se compara con la necesaria para calentar la misma diferencia de temperaturas una masa igual de agua?

4. ¿Cuál sería la temperatura final al mezclar 100 g de agua a 25°C con 75 g de agua a 40°C? (Sugerencia: Iguala el calor ganado por el agua fría, con el calor perdido por el agua caliente.)

5. ¿Cuál será la temperatura final de 100 g de agua a 20°C, cuando se sumergen en ella 100 g de clavos de acero a 40°C? El calor específico del acero es 0.12 cal/g°C. En este caso debes igualar el calor ganado por el agua y el calor perdido por los clavos.

Para resolver los problemas siguientes necesitas saber que el coeficiente medio de dilatación térmica, α, es distinto para los diversos materiales. Definiremos a α como el cambio de longitud por unidad de longitud, es decir, el cambio fraccionario de longitud, para un cambio de temperatura de un grado Celsius. Esto es, $\alpha = \Delta L/L$ por C°. Para el aluminio $\alpha = 24 \times 10^{-6}/C°$, y para el acero, $\alpha = 11 \times 10^{-6}/C°$.

El cambio de longitud, ΔL de un material, se calcula con $\Delta L = L \alpha \Delta T$.

6. Imagina que una barra de 1 m de longitud se dilata 0.5 cm al calentarla. ¿Cuánto se dilatará una barra de 100 m de longitud, del mismo material, al calentarla en igual forma?

7. Imagina que el claro principal del puente Golden Gate, de 1.3 km, no tuviera juntas de expansión. ¿Cuánto aumentaría de longitud si su temperatura aumentara 15°C?

8. Un alambre de acero de 10.00 m sostiene una lenteja de péndulo en su extremo. ¿Cuántos milímetros se alarga cuando su temperatura aumenta 20.0°C?

9. Dos bandas de dimensiones iguales, una de aluminio y la otra de acero, se calientan. ¿Cuál se dilata más? ¿Cuánto más? Esto es, ¿en qué factor es mayor una dilatación que la otra?

10. Un tubo de acero de 40,000 kilómetros forma un anillo que se ajusta bien a la circunferencia de la Tierra. Imagina que las personas junto a él respiran para calentarlo con su aliento y aumentar su temperatura 1 grado Celsius. El tubo se hace más largo. También ya no queda ajustado. ¿A qué distancia sube sobre el terreno? Para simplificar, sólo ten en cuenta de su distancia radial al centro de la Tierra, y aplica la fórmula geométrica que relaciona la circunferencia C con el radio r: $C = 2\pi r$. ¡Te sorprenderá el resultado!

www.pearsoneducacion.net/hewitt
*Usa los variados recursos del sitio Web,
para comprender mejor la física.*

16
TRANSFERENCIA DE CALOR

John Suchocki demuestra la baja conductividad de las brasas caminando descalzo sobre ellas.

El calor se transfiere, o se transmite, de cosas más calientes a cosas más frías. Si están en contacto varios objetos con temperaturas distintas, los que están más calientes se enfrían y los que están más fríos se calientan. Tienden a alcanzar una temperatura común. Esta igualación de temperaturas se lleva a cabo de tres maneras: por *conducción, convección* y *radiación*.

Conducción

Toma un clavo de acero y coloca la punta en una llama. Se calentará tan rápido que ya no podrás sujetarlo. El calor entra al clavo metálico en el extremo que está en la llama, y el calor se transmite por toda su longitud. A la transmisión de calor de esta manera se le llama **conducción**. El fuego hace que los átomos en el extremo caliente del clavo se muevan con mayor rapidez. Por su mayor movimiento, esos átomos y los electrones libres chocan con sus vecinos y así sucesivamente. Este proceso de rebotes continúa hasta que el movimiento se transmite a todos los átomos y todo el clavo se ha calentado. La conducción de calor se debe a choques entre electrones y entre átomos.

Lo bien que un objeto sólido conduzca el calor depende del enlace dentro de su estructura atómica o molecular. Los sólidos formados por átomos que tienen uno o más electrones externos "sueltos" conducen bien el calor (y la electricidad). Los metales tienen los electrones externos más "sueltos", que se liberan para conducir energía por colisiones a través del metal. Por esta razón son conductores excelentes del calor y la electricidad. La plata es el mejor conductor y le sigue el cobre y, entre los metales comunes están a con-

305

FIGURA 16.1 El piso de loseta se siente más frío que el de madera, aunque los dos estén a la misma temperatura. Se debe a que la loseta es mejor conductor del calor que la madera, por lo que el calor pasa con más facilidad del pie y a la loseta.

tinuación el aluminio y el hierro. Por otra parte, la lana, la madera, la paja, el papel, el corcho y la espuma de estireno son malos conductores del calor. Los electrones externos en los átomos de esos materiales están bien fijos. A los malos conductores se les llama *aislantes* o *aisladores*.

Como la madera es buen aislante se usa en las asas de los utensilios de cocina. Aun cuando esté caliente, con la mano puedes sujetar el mango de madera de una olla, para sacarla con rapidez de un horno caliente, sin sufrir ningún daño. La madera es buen aislante, aun cuando esté al rojo, y es la causa por la que el profesor John Suchocki pueda caminar descalzo sobre carbones de madera ardientes sin quemarse los pies (foto inicial del capítulo). (PRECAUCIÓN: no hagas la prueba; aun los experimentados que caminan descalzos sobre brasas a veces sufren graves quemaduras cuando las condiciones no son las correctas: se les adhieren carbones ardientes a los pies, por ejemplo.) El factor principal en la caminata sobre el fuego es la mala conductividad de la madera, aun cuando esté al rojo. Aunque su temperatura es alta, conduce relativamente poco calor a los pies, de igual modo que se conduce poco calor en el aire cuando introduces la mano y la sacas rápidamente de un horno caliente de preparar pizzas. Si tocas el metal del horno ¡AY! De igual modo, se quema los pies quien camina sobre brasas o pisa un trozo caliente de metal u otro material buen conductor. También, la evaporación de la humedad de los pies desempeña un papel en esa caminata, como veremos después.

La mayor parte de los líquidos y los gases son malos conductores del calor. El aire es muy mal conductor y por eso, como se describió antes, la mano no se lesiona cuando la metes brevemente en un horno caliente. Las buenas propiedades aislantes de materiales como la madera, piel y plumas se deben a los espacios de aire que contienen. Otras sustancias porosas son igualmente buenos aisladores, porque tienen muchos espacios pequeños de aire. Debemos dar gracias que el aire es mal conductor, porque si no lo fuera, sentirías mucho frío ¡en un día con temperatura de 20°C!

La nieve es mala conductora (un buen aislador), más o menos igual que la madera seca. Por ello, un manto de nieve, literalmente, puede evitar que el suelo se enfríe mucho en invierno. Los copos de nieve están formados por cristales, que se acumulan formando masas plumosas, aprisionan el aire y con ello interfieren con el escape del calor de la superficie terrestre. Las viviendas tradicionales del ártico se protegen del frío por sus cubiertas de nieve. Los animales del bosque encuentran refugio contra el frío en los bancos de nieve y en agujeros en la nieve. La nieve no da calor, sólo evita la pérdida del calor que generan los animales.

El calor se transmite de temperaturas mayores a menores. Con frecuencia se escucha que las personas quieren evitar que entre el frío a sus casas. Una forma mejor de plantearlo es decir que quieren evitar que escape el calor. No hay "frío" que fluya hacia un hogar caliente (a menos que entre un aire frío). Si una casa se enfría se debe a que se sa-

FIGURA 16.2 Los depósitos de nieve sobre el techo de una casa muestran las zonas de conducción y de aislamiento. Las partes sin nieve muestran dónde se fugó el calor del interior, por el techo, y fundió la nieve.

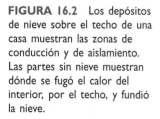

le el calor. Las casas se aíslan con lana de roca o fibra de vidrio para evitar que escape el calor, y no para evitar que entre el frío. Es interesante el hecho de que en realidad el aislamiento de cualquier tipo no evita que el calor pase por él, simplemente disminuye la rapidez con que penetra el calor. En invierno, hasta una casa caliente, bien aislada, se enfría en forma gradual. El aislamiento desacelera la transferencia de calor.

EXAMÍNATE En regiones desérticas que son cálidas en el día y frías en la noche, las paredes de las casas con frecuencia son de adobe. ¿Por qué es importante que esas paredes sean gruesas?

Convección

Los líquidos y los gases transmiten el calor principalmente por **convección**; esta transferencia de calor se debe al movimiento del fluido mismo. A diferencia de la conducción, en la que el calor se transmite por choques sucesivos de electrones y átomos, la convección implica el movimiento de masa, el movimiento general de un fluido. La convección puede presentarse en todos los fluidos, sean líquidos o gases. Si calentamos agua en un recipiente, o si calentamos el aire de un recinto, el proceso es el mismo (Figura 16.3). A medida que el fluido se calienta por abajo, las moléculas comienzan a moverse con más rapidez, se apartan más entre sí, el gas se hace menos denso y se mueve hacia arriba por flotación. Por tanto, baja el fluido más frío y denso en el lugar del que ya está caliente. De este modo se forman corrientes de convección que mantienen agitado el fluido a medida que se calienta: el fluido más caliente se aleja de la fuente de calor, y el fluido más frío se mueve hacia la fuente de calor.[1]

Corrientes de convección se forman en la atmósfera y afectan al clima. Cuando se calienta el aire, éste se dilata. Al hacerlo se vuelve menos denso que el aire que lo rodea. Como un globo, sube por flotación. Cuando el aire que sube llega a una altura en la que su densidad coincide con la del aire que lo rodea, deja de subir. Esto se ve cuando sube

FIGURA 16.3 a) Corrientes de convección en el aire. b) Corrientes de convección en el líquido.

FIGURA 16.4 Hay un calentador en la punta del tubo en forma de J sumergido en agua, que produce corrientes de convección. Éstas se ven como sombras, causadas por deflexiones de la luz en el agua a distintas temperaturas.

COMPRUEBA TU RESPUESTA Una pared del grosor adecuado mantiene la casa caliente durante la noche al reducir el flujo de calor del interior al exterior, y mantiene la casa fresca durante el día al reducir el flujo de calor desde el exterior hacia el interior. Esa pared tiene "inercia térmica".

---

[1]N. del T.: También la convección puede ser "forzada", agitando el fluido para apresurar la transmisión del calor. Por eso se acostumbra agitar el café cuando está muy caliente para que se enfríe con más rapidez, o dirigirnos la corriente del ventilador en días calurosos. En la industria se usan mucho recipientes con agitación para calentar o enfriar líquidos.

FIGURA 16.5 Exhala aire sobre la palma de la mano con la boca bien abierta. Ahora reduce la abertura entre tus labios y sopla, para que el aire se expanda al soplar. ¿Notas la diferencia de las temperaturas del aire?

el humo de una fogata, y después se detiene cuando su densidad coincide con la del aire que le rodea. El aire que sube se expande, porque hay menos presión atmosférica que lo comprima cuando llega a mayores altitudes. A medida que se expande, se enfría. (Haz ahora el siguiente experimento: con la boca abierta exhala sobre la mano. Tu aliento es tibio. Ahora repítelo, pero esta vez junta los labios para que el aire salga por una abertura pequeña y se expanda al momento de salir de la boca. ¡Observa que la exhalación es bastante más fría! El aire al expandirse, se enfría.) Es lo contrario de lo que sucede cuando se comprime el aire. Si alguna vez comprimiste aire con una bomba de neumático, es posible que hayas notado que el aire y la bomba se calientan bastante.

Se puede entender el enfriamiento del aire cuando se expande imaginando que las moléculas de aire son pequeñas pelotas de ping-pong que rebotan entre sí. Una de ellas adquiere velocidad cuando la golpea otra que llega con mayor velocidad. Pero cuando una pelota choca con otra que está retrocediendo, su velocidad de rebote se reduce. Igual sucede cuando una pelota de ping-pong se acerca a la raqueta: aumenta su rapidez al chocar con la raqueta que se le acerca, pero la pierde si la raqueta va hacia atrás. La misma idea se aplica a una región del aire que se expande: las moléculas chocan, en promedio, con más moléculas que se están alejando que las que se están acercando (Figura 16.6). Así, en el aire en expansión, la rapidez promedio de las moléculas disminuye y el aire se enfría.[2]

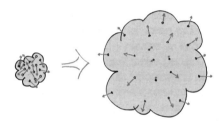

FIGURA 16.6 Las moléculas de una región de aire que se expande chocan con más frecuencia con moléculas que se alejan que con moléculas que se acercan. En consecuencia, sus rapideces después del rebote tienden a disminuir y el resultado es que el aire en expansión se enfría.

FIGURA 16.7 El vapor caliente se expande al salir de la olla de presión y Millie lo siente frío.

Un ejemplo notable del enfriamiento por expansión se tiene en el vapor que se expande cuando sale por el agujero de una olla de presión (Figura 16.7). El efecto de enfriamiento, tanto de la expansión como la mezcla rápida con aire más frío, te permite mantener la mano cómodamente en el chorro del vapor condensado. (Precaución: Si haces la prueba, asegúrate de poner la mano a cierta altura sobre la boquilla, primero, para después irla bajando hasta una distancia segura. Si pones la mano junto a la boquilla, donde no se ve que haya vapor, ¡cuidado! el vapor es invisible cerca de la boquilla, cuando no se ha expandido y enfriado lo suficiente. La nube de "vapor" que ves en realidad es vapor condensado en agua y está mucho más frío.)

Las corrientes de convección agitan la atmósfera y causan los vientos. Algunas partes de la superficie terrestre absorben el calor solar con más facilidad que otras, y en consecuencia el aire cercano a la superficie se calienta en forma dispareja, por lo que se forman las corrientes de convección. Esto se ve en la costa. Durante el día, la costa se calienta con más facilidad que el agua; el aire sobre la costa es empujado hacia arriba (decimos que sube) por el aire más frío que llega desde el agua para tomar su lugar. El resultado es la brisa del mar. Durante la noche el proceso se invierte, porque la costa se enfría con

---

[2]En este caso, ¿adónde va a parar la energía? Veremos en el capítulo 18 que se transforma en trabajo efectuado sobre el aire de los alrededores, al que debe empujar el aire que se expande.

más rapidez que el agua, y entonces el aire más cálido sopla hacia el mar (Figura 16.8). Haz una fogata en la playa y verás que el humo sale hacia tierra, durante el día, y hacia el mar durante la noche.

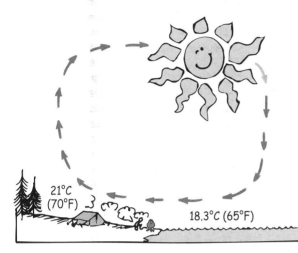 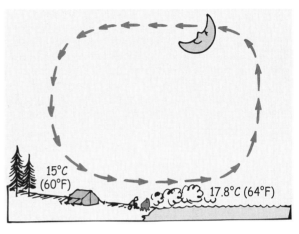

FIGURA 16.8 Corrientes de convección debidas a calentamiento distinto de tierra y agua. (*Izquierda*) Durante el día el aire caliente sobre la tierra sube, y el aire más frío sobre el agua entra para reemplazarlo. (*Derecha*) Por la noche, se invierte la dirección del flujo del aire, porque el agua está más caliente que la tierra.

EXAMÍNATE Puedes acercar los dedos a un lado de la llama de una vela, sin dañarte, pero no por arriba de la llama. ¿Por qué?

Práctica de la física

Sujeta en la mano el fondo de un tubo de ensayo lleno de agua fría. Calienta la parte superior en una llama hasta que hierva. El que todavía puedas sujetar el fondo del tubo demuestra que el vidrio y el agua son malos conductores de calor, y que la convección no mueve el agua caliente hacia abajo. Es todavía más notable si pones unos pedazos de hielo y los sumerges en el fondo con algo de lana de acero; el agua de arriba puede llegar a hervir sin fundir el hielo. Haz la prueba y mira.

COMPRUEBA TU RESPUESTA El calor va hacia arriba debido a la convección del aire. Como el aire es mal conductor, muy poco calor va hacia los lados.

Radiación

La energía solar atraviesa primero el espacio y después la atmósfera terrestre, y calienta la superficie de la Tierra. Esa energía no atraviesa la atmósfera por conducción, porque el aire es mal conductor. Tampoco pasa por convección, porque ésta sólo comienza después de haberse calentado la Tierra. También sabemos que ni la conducción ni la convección son posibles en el espacio vacío, entre nuestra atmósfera y el Sol. Se puede apreciar que la energía debe transmitirse por otra forma, que es por **radiación**.[3] Cuando la energía se transmite así, es decir, se *irradia* así, se llama *energía radiante*.

La energía radiante está en forma de *ondas electromagnéticas*. Comprende las ondas de radio, microondas, radiación infrarroja, luz visible, radiación ultravioleta, rayos X y rayos gamma. Esas clases de energía radiante se citaron en orden por su longitud de onda, desde la más larga hasta la más corta. La radiación infrarroja (abajo del rojo) tiene mayor longitud de onda que la luz visible. Las longitudes de onda mayores que son visibles son las de la luz roja, y las más cortas son las de la luz violeta. La radiación ultravioleta (más allá del violeta) tiene longitudes de onda menores. En el capítulo 19 se describirá con más detalle la longitud de onda, y las ondas electromagnéticas en los capítulos 25 y 26.

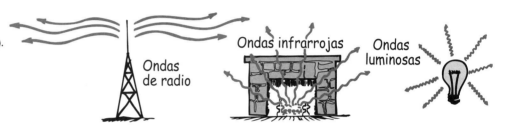

FIGURA 16.9 Clases de energía radiante (ondas electromagnéticas).

Ondas de radio

Ondas infrarrojas

Ondas luminosas

La longitud de onda de la radiación se relaciona con su *frecuencia*. La frecuencia es la rapidez de vibración de una onda. La niña de la figura 16.10 mueve una cuerda con baja frecuencia en el lado izquierdo, y con mayor frecuencia en el lado derecho. Observa que el movimiento de baja frecuencia produce una onda larga y perezosa, y que la de mayor frecuencia produce ondas más cortas. Es igual en las ondas electromagnéticas. En el capítulo 26 veremos que los electrones en vibración emiten ondas electromagnéticas. Las vibraciones de alta frecuencia producen ondas cortas, y las de baja frecuencia producen ondas largas.

FIGURA 16.10 Se producen ondas de gran longitud cuando se mueve una cuerda con suavidad (a baja frecuencia). Cuando se mueve con más vigor (alta frecuencia) se producen ondas más cortas.

Emisión de energía radiante

Todas las sustancias, a cualquier temperatura mayor que el cero absoluto, emiten energía radiante. La frecuencia $\bar{f}$ para el máximo de la energía radiante es directamente proporcional a la temperatura absoluta T del emisor (Figura 16.11).

$$\bar{f} \sim T$$

La superficie solar tiene una temperatura muy alta (según las normas terrestres) y en consecuencia emite energía radiante con alta frecuencia, mucha de ella en la parte visible del espectro electromagnético. En comparación, la superficie terrestre está relativamente

[3]La radiación de la que hablamos es radiación electromagnética, que incluye la luz visible. No la confundas con la radiactividad, que es un proceso del núcleo atómico que describiremos en la séptima parte.

fría y así la energía radiante que emite tiene una frecuencia menor que la de la luz visible. La radiación emitida por la Tierra tiene la forma de ondas infrarrojas, por debajo del umbral de la visión. La energía radiante emitida por la Tierra se llama *radiación terrestre*.

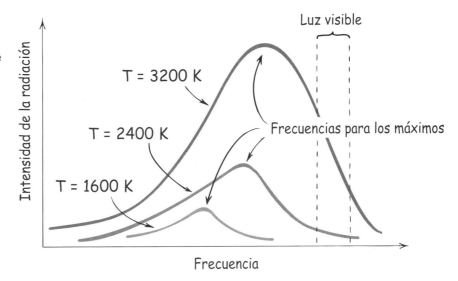

FIGURA 16.11 Curvas de radiación para distintas temperaturas. La frecuencia para la máxima energía radiante es directamente proporcional a la temperatura absoluta del emisor.

La mayoría de las personas saben que el Sol brilla y emite energía radiante, y muchas personas instruidas saben que la fuente de esa energía implica reacciones nucleares en las profundidades del Sol. Sin embargo, son relativamente pocas las personas que saben que la Tierra brilla (radiación terrestre) debido a reacciones nucleares en su interior. Esas radiaciones nucleares no son más que el decaimiento radiactivo del uranio y de otros elementos de la Tierra. Al Sol lo energiza una reacción nuclear muy distinta, la fusión termonuclear. En el capítulo 33 describiremos la desintegración radiactiva, y la fusión nuclear en el capítulo 34.

Si entras a una mina profunda encontrarás que está caliente todo el año. Eso se debe en último término a la radiactividad del interior de la Tierra. Gran parte de ese calor se conduce hasta la superficie, de donde es irradiado como radiación terrestre. Así, la energía radiante es emitida tanto por el Sol como por la Tierra. La diferencia principal es que el Sol emite mucho más energía y con una frecuencia mayor. En breve explicaremos por qué la atmósfera es transparente a la radiación solar de alta frecuencia, que la atraviesa sin estorbo, pero es opaca a gran parte de la radiación terrestre de baja frecuencia, que en consecuencia se queda en la atmósfera. Esto es lo que se llama "efecto invernadero" y es probable que cause el calentamiento global.

Todos los objetos, tú, yo y todo lo que nos rodea, emiten energía radiante continuamente, en forma de una mezcla de frecuencias y sus longitudes de onda correspondientes. Los objetos con alta temperatura, como el Sol, emiten ondas de alta frecuencia y cortas longitudes de onda, así como ondas de menor frecuencia y mayor longitud de onda en el extremo de la región infrarroja (o "región del infrarrojo"). En consecuencia, la radiación infrarroja se llama con frecuencia *radiación térmica*. Las fuentes comunes que dan la sensación de calor son las brasas de un fogón, el filamento de una lámpara y el Sol. Todos ellos emiten radiación infrarroja, además de luz visible. Cuando esta radiación infrarroja encuentra un objeto se refleja en parte y se absorbe en parte. La parte que se absorbe aumenta la energía térmica del objeto. Si ese objeto es tu piel, sientes la radiación como calentamiento.

Cuando un objeto está bastante caliente emite algo de energía radiante en la región de la luz visible. El resplandor de la lava que se derrama, como la que se ve en la portada de este libro, es un buen ejemplo de lo que decimos. A una temperatura aproximada

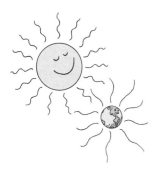

FIGURA 16.12 Tanto el Sol como la Tierra, emiten la misma clase de energía radiante. El brillo del Sol es visible al ojo; el brillo de la Tierra es a mayores longitudes de onda, por lo que no es visible al ojo.

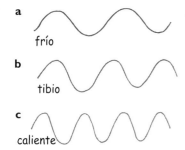

FIGURA 16.13 a) Una fuente con baja temperatura (fría) emite principalmente ondas largas, de baja frecuencia. b) Una fuente a temperatura intermedia emite principalmente ondas de longitud intermedia y frecuencia intermedia. c) Una fuente de alta temperatura (caliente) emite principalmente ondas cortas, de alta frecuencia.

de 500°C, la lava (o cualquier otra cosa) emite las ondas más largas que se pueden ver: luz roja de baja frecuencia. Cuando las temperaturas son mayores, vemos una luz amarillenta, mezcla de las frecuencias de la luz roja y frecuencias mayores. A temperaturas mayores, a partir de unos 1200°C, las mezclas producen luz blanca (en el capítulo 27 detallaremos esto). Se emiten todas las ondas distintas a las cuales es sensible el ojo humano y vemos que el objeto está al "rojo blanco". El filamento de una lámpara incandescente está cuando menos a 1200°C cuando emite luz blanca.

EXAMÍNATE En alguno de los siguientes casos, ¿no se emite energía radiante? a) El Sol. b) Lava de un volcán. c) Carbones al rojo. d) Este libro que estás leyendo.

Absorción de energía radiante

Si todo está emitiendo energía, ¿por qué no termina por acabarse la energía? La respuesta es que también todo está absorbiendo energía. Los buenos emisores de energía también son buenos absorbedores; los malos emisores son malos absorbedores. Por ejemplo, una antena de radio construida para emitir ondas de radio es, por sólo ese hecho, un buen receptor (absorbedor) de ellas. Una antena de transmisión mal diseñada también será mala receptora.

Es interesante observar que si un buen emisor no fuera también un buen absorbedor, los objetos negros permanecerían más calientes que los objetos de color claro, y nunca llegarían los dos a alcanzar la misma temperatura. Un pavimento negro y un automóvil oscuro pueden calentarse más que sus alrededores en un día cálido. Pero cuando cae la noche esos objetos oscuros ¡se enfrían más rápido! Más tempranoo más tarde, todos los objetos alcanzan el equilibrio térmico. Así, un objeto oscuro que absorbe mucha energía radiante, también debe emitir mucha energía.

FIGURA 16.14 Cuando se llenan los recipientes con agua caliente (o fría) el negro se enfría (o se calienta) más rápido.

Esto lo puedes comprobar con un par de recipientes metálicos del mismo tamaño y forma, uno que tenga una superficie blanca y pulida y el otro una superficie oscura y mate (Figura 16.14). Llénalos con agua caliente y en cada uno pon un termómetro. Verás que el recipiente negro se enfría con más rapidez. La superficie ennegrecida es mejor emisor. El café o el te permanece caliente durante más tiempo en una olla lustrosa que en una ennegrecida. Puedes hacer el inverso de este experimento. Esta vez llena cada recipiente con agua helada y déjalos frente a un fogón o en el exterior, en un día soleado, donde haya una buena fuente de energía radiante. Verás que el recipiente negro se calienta con más rapidez. Un objeto que emite bien absorbe bien.

Toda superficie, esté caliente o fría, absorbe y emite la energía radiante al mismo tiempo. Si emite más de la que absorbe es emisor neto, y su temperatura baja. El que una superficie tenga el papel de emisor neto o absorbedor neto, depende de si su temperatura es más alta o más baja que la de sus alrededores. Si está más caliente que sus alrededo-

---

COMPRUEBA TU RESPUESTA Esperamos que no hayas dicho que d), el libro. ¿Por qué? Porque el libro, como cualquier otra sustancia, tiene temperatura, aunque no mucha. De acuerdo con la regla $\bar{f} \sim T$, emite en un máximo de radiación cuya frecuencia f es muy baja en comparación con las frecuencias de la radiación emitida por las demás sustancias. Todas las cosas que tengan cualquier temperatura mayor que el cero absoluto emite radiación electromagnética. Recuerda bien, ¡*todo*!

res, la superficie será un emisor neto y se enfriará. Si está más fría, será un absorbedor neto y se calentará.

EXAMÍNATE

1. Si un buen absorbedor de energía radiante fuera mal emisor, ¿cómo sería su temperatura en comparación con la temperatura de sus alrededores?

2. Juan enciende el quemador de propano de su granero en una fría mañana, y calienta el aire hasta 20°C (68°F). ¿Por qué sigue teniendo frío?

Reflexión de energía radiante

La absorción y la reflexión son procesos opuestos. Un buen absorbedor de energía radiante, incluyendo de luz visible, refleja muy poca de ella. En consecuencia, una superficie que refleja muy poca o ninguna energía radiante se ve oscuro. Así, un buen absorbedor parece oscuro, y un absorbedor perfecto no refleja energía radiante y parece totalmente negro. Por ejemplo, la pupila de los ojos permite que entre la luz, sin reflejarla, y es la causa de que parezca negra. (La excepción es en las fotografías con *flash*, donde las pupilas se ven rosadas; se debe a que la luz muy brillante se refleja en la superficie interna del ojo, que es color de rosa, y se regresa por la pupila.)

Ve los extremos abiertos de las chimeneas; esos huecos parecen negros. Ve, a la luz del día, las puertas o ventanas abiertas de casas lejanas, y también se verán negras. Las aberturas se ven negras, porque la luz que entra por ellas se refleja en las paredes interiores, en muchas direcciones y muchas veces, y en cada vez se absorbe parcialmente. El resultado es que casi no queda luz que regrese por la abertura por donde entró y llegue a los ojos (Figura 16.15).

Por otra parte, los buenos reflectores son malos absorbedores. La nieve limpia es un buen reflector, y por ello no se funde rápido a la luz del Sol. Si la nieve está sucia, absorbe energía solar radiante y se funde más rápido. A veces, un método que se usa para controlar las inundaciones es dejar caer hollín negro, desde un avión, en las montañas nevadas. De este modo se logra una fusión (de nieve) controlada, para evitar un deslave de nieve fundida.

Las construcciones de color claro permanecen más frescas en el verano, porque reflejan mucha de la energía radiante que les llega. También son malos emisores, y entonces retienen más de su energía interna que las construcciones oscuras, y permanecen más calientes en invierno. Por ello, pinta tu casa de un color claro.

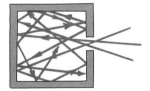

FIGURA 16.15 La radiación que entra a la cavidad tiene poca probabilidad de salir, porque la mayor parte de ella se absorbe. Por esta razón, la abertura de cualquier cavidad nos parece negra.

COMPRUEBA TUS RESPUESTAS

1. Si un buen absorbedor no fuera también buen emisor, habría una absorción neta de energía radiante, y la temperatura del absorbedor permanecería más alta que la de sus alrededores. Las cosas que nos rodean tienden a tener una temperatura común, sólo porque los buenos absorbedores son, por su naturaleza intrínseca, también buenos emisores.

2. Las paredes del granero de Juan todavía están frías. Irradia más energía hacia las paredes que la que le regresan las paredes, y siente frío. (Dentro de tu casa o de tu salón de clases te sientes cómodo sólo si las paredes no están frías, no sólo el aire.)

Enfriamiento nocturno por radiación

Los cuerpos que irradian más energía que la que reciben, se enfrían. Esto sucede por la noche, cuando no hay radiación solar. Un objeto que se deja a la intemperie por la noche irradia energía al espacio y, como no hay cuerpos más calientes cerca de él, recibe muy poca energía. Así, cede más energía que la que recibe y se enfría. Pero si el objeto es buen conductor del calor, como los metales, conduce por él el calor que le llega desde el suelo, y de ese modo estabiliza algo su temperatura. Por otra parte, los materiales como madera, paja y pasto son malos conductores y conducen poco calor del terreno. Esos materiales aislantes son radiadores netos y *se enfrían más que el aire*. Es común que la escarcha

FIGURA 16.16 El agujero en la caja que sostiene Helen se ve perfectamente negro, y uno diría que el interior es negro, cuando en realidad se ha pintado de blanco.

se forme en esos materiales, aun cuando la temperatura del aire no baje hasta la de congelación. ¿Has visto un prado cubierto de escarcha, en una mañana fría, pero que no llega a la congelación, antes de que salga el Sol? La próxima vez observa que la escarcha sólo se forma sobre el pasto, la paja u otros malos conductores, mientras que no se forma nada sobre el cemento, la piedra o en otros buenos conductores.

FIGURA 16.17 Las zonas de cristales de escarcha indican las entradas ocultas a las madrigueras de los ratones. Cada cúmulo de cristales es ¡aliento congelado de ratón!

La Tierra misma intercambia radiación con sus alrededores. El Sol es parte dominante de los alrededores de la Tierra durante el día. Entonces, la Tierra absorbe más energía radiante que la que emite. Por la noche, si el aire es relativamente transparente, la Tierra irradia más energía hacia el espacio profundo que la que recibe. Como lo determinaron Arno Penzias y Robert Wilson, investigadores del Laboratorio Bell en 1965, el espacio exterior tiene una temperatura aproximada de unos 2.7 K (2.7 kelvin sobre el cero absoluto). El espacio mismo emite una débil radiación característica de esa baja temperatura.[4]

EXAMÍNATE

1. ¿Cuál noche es probablemente la más fría: una con el cielo estrellado o una donde no se vean las estrellas?

2. En invierno, ¿por qué las superficies del asfalto en los puentes tienden a tener más hielo que las del asfalto sobre el terreno a ambos lados del puente?

COMPRUEBA TUS RESPUESTAS

1. Hace más frío en una noche estrellada, cuando la Tierra irradia directamente al frígido espacio profundo. En una noche con nubes la radiación neta es menor, porque las nubes devuelven a la Tierra la irradiación.

2. La energía irradiada por el asfalto en tierra se renueva en parte por el calor conducido desde el terreno bajo el pavimento, que está más caliente. Pero no hay contacto térmico entre las superficies del asfalto en los puentes y el suelo. Es la razón por la que en los puentes se enfría más el asfalto que en tierra, y eso aumenta la probabilidad de formación de hielo. ¡Si comprendes la transferencia de calor puedes ser un conductor más hábil!

[4]Penzius y Wilson compartieron un premio Nobel por este descubrimiento, que considera es una reliquia de la Gran Explosión (Big Bang). Al estudiar esta "radiación cósmica de fondo" los científicos aprenden mucho sobre la historia antigua del universo.

Ley de Newton del enfriamiento

FIGURA 16.18 El vástago largo de una copa con vino ayuda a evitar que el calor de la mano caliente al vino.

Un objeto a temperatura diferente de la de sus alrededores terminará alcanzando una temperatura igual a la de sus alrededores. Un objeto relativamente caliente se enfría al calentar a sus alrededores; un objeto frío se calienta cuando enfría a sus alrededores.

Qué tan rápido se enfría un objeto depende de cuánto esté más caliente que sus alrededores. El cambio de temperatura, en cada minuto, de un *pay* caliente de manzana será mayor si el *pay* se pone en el congelador que si se deja sobre la mesa de la cocina. Cuando el *pay* se enfría en la congeladora, la diferencia de temperatura entre él y sus alrededores es mayor. Un hogar tibio dejará salir calor a la intemperie más rápido cuando haya una gran diferencia entre las temperaturas en su interior y de la intemperie. Mantener la temperatura alta en tu hogar durante un día frío te cuesta más que si lo mantienes a menor temperatura. Si mantienes pequeña la diferencia de temperaturas, el enfriamiento en consecuencia será más lento.

La "rapidez" de pérdida de calor, sea por conducción, convección o radiación, es proporcional a la diferencia de temperaturas, ΔT entre la del objeto y la de sus alrededores.

$$\text{Rapidez de enfriamiento} \sim \Delta T$$

A esto se le llama **ley de Newton del enfriamiento**. (Adivina: ¿a quién se le acredita el descubrimiento de esta ley?)

También la ley es válida en el calentamiento. Si un objeto está más frío que sus alrededores, también su rapidez de calentamiento es proporcional a ΔT.[5] El alimento congelado se calentará más rápido en un recinto caliente que en uno frío.

La rapidez de enfriamiento que sentimos en un día frío puede aumentar cuando el viento causa más convección. Esto es lo que llamamos "helarnos" por el viento. Por ejemplo un viento helado de $-20°C$ quiere decir que perdemos calor con la misma rapidez que si la temperatura fuera de $-20°C$ y no hubiera viento.

EXAMÍNATE Como una taza caliente de té pierde calor con más rapidez que una taza de té tibio, ¿sería correcto decir que una taza de té caliente se enfría hasta la temperatura ambiente antes que lo haga una taza de té tibio?

El efecto invernadero

La Tierra y su atmósfera ganan energía cuando absorben la energía radiante del Sol. Esa energía calienta a la Tierra. A su vez, la Tierra emite radiación terrestre, gran parte de la cual escapa al espacio exterior. La absorción y la emisión se llevan a cabo con igual rapidez, y se produce una temperatura de equilibrio. Durante los últimos 500,000 años, la

---

COMPRUEBA TU RESPUESTA ¡No! Aunque la rapidez de enfriamiento es mayor en la taza caliente, tiene que enfriarse más para llegar al equilibrio térmico. El tiempo adicional es igual al que se tarda en enfriarse hasta la temperatura inicial del té tibio. La "*rapidez*" y el *tiempo* de enfriamiento no son la misma cosa.

---

[5]Un objeto caliente que contiene una fuente de energía, puede permanecer más caliente que sus alrededores durante un tiempo indefinido. El calor que emite no basta para enfriarlo, y no se aplica la ley de Newton del enfriamiento. Así, el motor de un automóvil en funcionamiento permanece más caliente que la carrocería y que el aire que lo rodea. Pero después de que se apaga, se enfría de acuerdo con la ley de Newton del enfriamiento, y en forma gradual llega a la misma temperatura que la de sus alrededores. De igual modo, el Sol permanecerá más caliente que sus alrededores mientras esté en acción su horno nuclear, durante otros 5 mil millones de años.

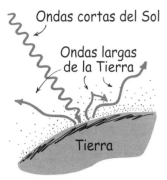

FIGURA 16.19 El Sol caliente emite ondas cortas, y la Tierra fría emite ondas largas, radiación terrestre. El vapor de agua, el dióxido de carbono y otros "gases de invernadero" en la atmósfera retienen el calor que de otro modo irradiaría la Tierra al espacio.

temperatura promedio de la Tierra tiene fluctuaciones entre 19 y 27°C, y en la actualidad está en su máximo de 27°C. La temperatura de la Tierra aumenta cuando aumenta la energía radiante que le llega o cuando hay una disminución de la radiación terrestre que sale al espacio.

El **efecto invernadero** es el calentamiento de la baja atmósfera; es el efecto de los gases atmosféricos sobre el equilibrio de la radiación terrestre y la radiación solar. Debido a la alta temperatura del Sol, las ondas que forman la radiación solar tienen alta frecuencia: son ondas ultravioleta, de luz visible e infrarrojas de corta longitud de onda. La atmósfera es transparente a gran parte de esa radiación, en especial a la luz visible, por lo que la energía solar llega a la superficie de la Tierra y es absorbida. A su vez, la superficie terrestre vuelve a irradiar parte de esa energía. Pero como la superficie terrestre está relativamente fría, irradia la energía a bajas frecuencias, principalmente en infrarrojo de gran longitud de onda. Algunos gases atmosféricos, que principalmente son vapor de agua y dióxido de carbono, absorben y vuelven a emitir gran parte de esta radiación de onda larga de regreso a la Tierra. Entonces, la radiación de onda larga que no escapa de la atmósfera terrestre ayuda a mantener "tibia" a la Tierra. Este proceso es muy bello, porque de otro modo la Tierra estaría a $-18°C$. Lo que en la actualidad nos preocupa de nuestro ambiente es que un exceso de dióxido de carbono, así como de otros de los llamados "gases de invernadero", atrapen demasiada energía y hagan que la Tierra sea muy caliente.[6] Después, nuevamente, lo que necesitará la Tierra para salir de la siguiente edad de hielo será algún efecto invernadero. Todavía no tenemos la información suficiente para asegurarlo.

El efecto invernadero atmosférico obtiene su nombre de las estructuras de vidrio que los agricultores y floricultores usan para "atrapar" la energía solar. El vidrio es transparente a las ondas de luz visible y opaco al ultravioleta y al infrarrojo. Funciona como una válvula de retención. Permite que entre luz visible, pero evita que salgan ondas más largas. Así, las ondas cortas de la luz solar entran por el techo de vidrio y se absorben en el suelo y las plantas del interior. A su vez, el suelo y las plantas emiten ondas largas, infrarrojas. Esta energía no puede atravesar el vidrio del invernadero y lo calienta.

Es interesante que en el invernadero del floricultor, el calentamiento se debe principalmente a la capacidad que tiene el vidrio de evitar que las corrientes de convección mezclen el aire exterior más frío con el aire interior más caliente. El efecto invernadero juega un papel más importante en el calentamiento de la Tierra que en el calentamiento de los invernaderos.

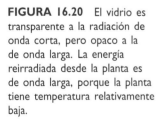

FIGURA 16.20 El vidrio es transparente a la radiación de onda corta, pero opaco a la de onda larga. La energía reirradiada desde la planta es de onda larga, porque la planta tiene temperatura relativamente baja.

La energía reirradiada de onda larga no atraviesa el vidrio, y queda atrapada en el interior

La radiación de onda corta procedente del Sol se transmite a través del vidrio

[6]El máximo contaminante de la atmósfera terrestre son las emisiones volcánicas. Con mucho empequeñecen las emisiones de la industria y de todas las actividades humanas.

EXAMÍNATE

1. ¿Qué sucede con la energía solar que llega a la Tierra?

2. ¿Qué quiere decir que el efecto invernadero es como una válvula de retención?

Energía solar

FIGURA 16.21 Sobre cada metro cuadrado de superficie perpendicular a los rayos solares, en la alta atmósfera, llegan 1400 J de energía solar cada segundo. En consecuencia, la constante solar es 1.4 kJ/s/m², es decir, 1.4 kW/m².

Si sales de la sombra a la luz del Sol, te sentirás apreciablemente más caliente. El calor que sientes no se debe tanto a que el Sol sea caliente, porque su temperatura superficial de 6000°C no es más caliente que las llamas de algunos aparatos de soldar. Nos calienta principalmente por ser tan grande.[7] En consecuencia, emite cantidades enormes de energía, y a la Tierra llega menos que una parte en mil millones. Sin embargo, la cantidad de energía radiante que se recibe cada segundo en cada metro cuadrado, en ángulo recto a los rayos del Sol y en la parte superior de la atmósfera es 1400 joules (1.4 kJ) (Figura 16.21). A esta entrada de energía se le llama la **constante solar**. Equivale, en unidades de potencia, a 1.4 kilowatts por metro cuadrado (1.4 kW/m²). La cantidad de **energía solar** que llega al suelo es menor, debido a la atenuación de la atmósfera y a la reducción por los ángulos no perpendiculares de la altura del Sol sobre el horizonte. También, claro está, se desconecta por la noche. La energía solar que recibe Estados Unidos, en promedio de día y noche, verano e invierno, es igual aproximadamente al 13% de la constante solar, 0.18 kW/m². Esta cantidad de energía, al llegar al techo de una casa estadounidense típica, es el doble de la que se necesita para calentarla y enfriarla durante todo el año. No es de sorprender que cada día se vean más y más casas donde se use la energía solar para calefacción y para calentar agua. (El dominio de la energía solar para enfriar todavía no es práctico, excepto en climas muy secos, donde el agua que se evapora enfría las casas.)

La calefacción solar necesita un sistema de distribución para mover la energía solar desde el colector al almacenamiento, o al espacio de vivienda. Cuando el sistema de distribución necesita energía externa para hacer trabajar los ventiladores o las bombas, se dice que el sistema es activo. Cuando la distribución es por medios naturales (conducción, convección o radiación), se tiene un sistema pasivo. En el presente, los sistemas pasivos prácticamente no tienen problemas y funcionan para complementar la calefacción convencional, aun en los estados del norte.

En una escala mayor, los problemas de la utilización de la energía solar para generar electricidad son mayores. Primero está el que no llega energía por la noche. Eso quiere decir que se necesitan fuentes suplementarias de energía, o acumuladores eficientes de energía. Las variaciones en el clima, en especial el de la nubosidad, producen un abaste-

COMPRUEBA TUS RESPUESTAS

1. Más tarde o más temprano será irradiada de regreso al espacio. La energía siempre está en tránsito; la puedes rentar, pero no la puedes poseer.

2. El material transparente que es la atmósfera en la Tierra y el vidrio en el invernadero, sólo deja pasar las ondas cortas y bloquea la salida de las ondas largas. En consecuencia la energía radiante queda atrapada dentro del "invernadero".

[7]Para ver lo grande que es el Sol, date cuenta que su diámetro es más de tres veces mayor que la distancia de la Tierra a la Luna. Así, si la Tierra y la Luna estuvieran dentro del Sol, con la Tierra en el centro de éste, la Luna todavía quedaría muy profunda bajo la superficie. ¡*Realmente* el Sol es inmenso!

FIGURA 16.22 Los calentadores solares para agua se cubren con vidrio para producir un efecto invernadero, que calienta todavía más al agua. ¿Por qué los colectores solares se pintan de negro?

FIGURA 16.23 Energía solar en acción.

cimiento variable de energía de un día para otro, y de una estación a otra. Aun en las horas diurnas y despejadas, el Sol está alto en el horizonte sólo parte del día. Al momento de escribir esto, los sistemas de recolección y concentración de energía solar, sean conjuntos de espejos o de celdas fotovoltaicas, todavía no compiten en costo con la energía eléctrica generada en forma convencional. Las proyecciones indican que la historia puede cambiar dentro de una o dos décadas. Para aplicaciones en pequeña escala, como la de fuente de energía de una calculadora de bolsillo, la energía solar ya es práctica.

Práctica de la física

¿Qué es lo que causa las frías regiones polares y las regiones ecuatoriales tropicales de la Tierra? ¿La distancia al Sol o el ángulo que forman los rayos solares sobre la Tierra? Puedes deducir tú mismo la respuesta, si tomas una linterna sorda y la diriges hacia una superficie y te fijas en lo brillante que es. Cuando la luz llega perpendicularmente, la energía luminosa se concentra. Pero cuando se inclina la lámpara, a la misma distancia, la luz que incide en la superficie se reparte más. ¿Puedes ver que la misma energía repartida en una superficie mayor se relaciona con las bajas temperaturas de las regiones ártica y antártica de la Tierra?

El esquema de abajo representa a la Tierra y a los rayos paralelos de la luz que le llega del Sol. Cuenta la cantidad de rayos que llegan a la región A y a la región B, que tiene superficie igual. ¿Dónde es menor la energía por unidad de área? ¿Cómo se relaciona eso con el clima?

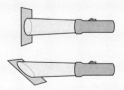

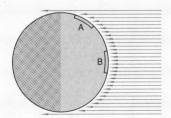

Control de la transferencia de calor

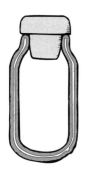

FIGURA 16.24 Termo.

Una buena forma de repasar los métodos de transferencia de calor es examinar un dispositivo que inhibe los tres métodos, y que es la botella al vacío o *termo*. Consiste en un recipiente de vidrio de doble pared, donde el espacio entre las paredes contiene vacío, es decir, se ha hecho vacío en él. (Además suele haber una cubierta exterior también.) Las superficies de vidrio que miran una hacia la otra están plateadas. Un tapón hermético de corcho o de plástico sella la botella. Cualquier líquido dentro de ella, esté caliente o frío, permanecerá casi con su temperatura inicial durante muchas horas.

1. Es imposible la transferencia de calor por *conducción* a través del vacío. Algo de calor escapa por conducción por el vidrio y el tapón, pero es un proceso lento, porque el vidrio y el plástico o el corcho son malos conductores de calor.
2. También el vacío evita que se pierda calor por *convección* a través de las paredes.
3. Se reduce la pérdida de calor por *radiación*, con las superficies plateadas de las paredes, que reflejan las ondas electromagnéticas y las devuelven a la botella.

Resumen de términos

Conducción   La transferencia de energía calorífica por choques moleculares y electrónicos en el interior de una sustancia (en especial de un sólido).

Constante solar   1400 J/m^2 que se reciben del Sol cada segundo en la atmósfera superior de la Tierra, y en un área perpendicular a los rayos del Sol; expresada en términos de potencia, es 1.4 kW/m^2.

Convección   La transferencia de energía calorífica en un gas o un líquido mediante corrientes del mismo. El fluido se mueve y arrastra energía con él.

Efecto invernadero   El calentamiento de la atmósfera inferior porque la radiación solar de corta longitud de onda que atraviesa la atmósfera, es absorbida por la Tierra y se irradia de regreso a longitudes de onda más largas, que no pueden escapar con facilidad de la atmósfera terrestre.

Ley de Newton del enfriamiento   La rapidez de pérdida de calor de un objeto es proporcional a la diferencia de temperaturas del objeto y de sus alrededores.

Potencia solar   Energía obtenida del Sol por unidad de tiempo.

Radiación   La transferencia de energía mediante ondas electromagnéticas.

Preguntas de repaso

1. ¿Cuáles son las tres formas comunes en las que se transmite el calor?

Conducción

2. ¿Cuál es el papel de los electrones "sueltos" en los conductores de calor?

3. Describe la diferencia entre un conductor y un aislador.
4. Toca las paredes metálicas interiores de un horno, cuando estén calientes, con la mano desnuda, y estarás en problemas. Pero si metes la mano al aire del horno y la retiras de inmediato no habrá problema. ¿Qué te dice eso acerca de la conductividad del metal y del aire?
5. Camina rápidamente sobre brasas, descalzo, y es probable que termines sin lesionarte. ¿Cuál es la explicación?
6. ¿Por qué materiales como la madera, piel, plumas y hasta la nieve son buenos aislantes?
7. Un buen aislante, ¿evita que el calor pase por él, o desacelera su paso?

Convección

8. ¿Cómo se transfiere el calor de un lugar a otro por convección?
9. ¿Cómo se relaciona la flotación con la convección?
10. ¿Qué le sucede a un volumen de aire que sube? ¿Qué le sucede a su temperatura?
11. Cuando una molécula de aire es golpeada por otra que se le acerca con rapidez, al rebotar, ¿aumenta o disminuye su velocidad? ¿Y si choca con una molécula que se está apartando de ella?
12. ¿Cómo se afectan la rapidez de las moléculas de aire cuando éste se comprime en una bomba de neumáticos?
13. ¿Cómo se afectan la rapidez de las moléculas de aire cuando éste se expande rápidamente?
14. ¿Por qué la mano de Millie no se quema al sostenerla sobre la válvula de escape de la olla de presión (Figura 16.7)?
15. ¿Por qué la dirección de los vientos en la costa cambia entre el día y la noche?

Radiación

16. Exactamente, ¿qué es la energía radiante?

17. Hablando en términos relativos, ¿las ondas de alta frecuencia tienen longitudes de onda largas o cortas?

Emisión de energía radiante

18. ¿Cómo se relaciona la frecuencia de la energía radiante con la temperatura absoluta de la fuente de radiación?

19. ¿Qué es la radiación terrestre?

20. ¿En qué difiere la radiación solar de la radiación terrestre?

21. ¿Qué es radiación térmica?

Absorción de energía radiante

22. Ya que todos los objetos emiten energía a sus alrededores, ¿por qué las temperaturas de todos los objetos no decrecen continuamente?

23. ¿Qué determina si un objeto en un momento determinado es un absorbedor neto o un emisor neto?

24. ¿Qué se calentará con más rapidez, normalmente, una olla negra con agua fría o una plateada con agua fría? Explica por qué.

Reflexión de energía radiante

25. Un objeto, ¿puede ser un buen absorbente y un buen reflector al mismo tiempo?

26. ¿Por qué la pupila se ve negra?

Enfriamiento nocturno por radiación

27. ¿Qué le pasa a la temperatura de algo que irradia energía sin absorber en reciprocidad la misma cantidad?

28. Un objeto que irradia energía por la noche está en contacto con el terreno, relativamente caliente. ¿Cómo afecta su conductividad a la temperatura que alcanza durante la noche, en relación con la temperatura del aire que lo rodea?

Ley de Newton del enfriamiento

29. Si quieres que se enfríe en el menor tiempo posible una lata de bebida que está "al tiempo", ¿la debes poner en el compartimiento del congelador, o en el espacio principal del refrigerador? O bien, ¿no importa dónde?

30. ¿Qué se enfriará más rápido, un atizador al rojo blanco dentro de un horno caliente, o un atizador al rojo blanco en una habitación fría? O bien, ¿se enfrían en el mismo tiempo?

31. La ley de Newton del enfriamiento, ¿se aplica también al calentamiento?

El efecto invernadero

32. ¿Cuál sería la consecuencia de eliminar por completo el efecto invernadero?

33. ¿Cómo se aplica la relación $\bar{f} \sim T$ al efecto invernadero?

Energía solar

34. Describe la diferencia entre los sistemas activos y pasivos de calefacción solar.

Control de la transferencia de calor

35. ¿Cuál es la función de las superficies plateadas de una botella termo?

Proyectos

1. Envuelve una barra metálica gruesa en un papel y colócala sobre una llama. Observa que el papel no se enciende. ¿Puedes explicarlo en términos de la conductividad de la barra metálica? En general, el papel no se enciende sino hasta que su temperatura llega a unos 230°C.

Papel envuelto apretadamente

Barra de hierro

2. Enciende y apaga rápidamente una lámpara incandescente común mientras la otra mano está a algunos centímetros de ella. Sentirás su calor, pero cuando toques el vidrio no estará caliente. ¿Puedes explicar eso en función de la energía radiante y de la transparencia del vidrio?

Ejercicios

1. Envuelve un termómetro con una manta. ¿Aumentará su temperatura?

2. Si el aire a 70°F (21°C) se siente tibio y confortable, ¿por qué el agua a 21°C se siente fría al nadar en ella?

3. ¿A qué temperatura común un bloque de madera y un bloque de metal no se sienten calientes ni fríos cuando uno los toca?

4. Si sujetas un extremo de un clavo metálico contra un trozo de hielo, el extremo que tienes en la mano se enfría rápido. ¿Quiere decir que el frío pasa del hielo a la mano? Explica por qué.

5. ¿Cuál es el objeto de una capa de cobre o de aluminio en el fondo de los utensilios de cocina de acero inoxidable?

6. En términos de física, ¿por qué en los restaurantes se sirven las papas al horno envueltas en papel de aluminio?

7. Muchas personas se han lesionado la lengua al lamer piezas metálicas en días muy fríos. ¿Por qué no se lesionarían si hicieran lo mismo con piezas de madera, los mismos días?

8. La madera es mejor aislante que el vidrio. Sin embargo, la fibra de vidrio se suele usar como aislante en las casas de madera. Explica por qué.

9. Si puedes, visita un cementerio cubierto de nieve y observa que la nieve no se acumula contra las lápidas; al contrario, forma concavidades. ¿Puedes describir cuál es la causa?

10. Si estuvieras atrapado en un clima helado, y sólo tu cuerpo fuera la fuente de calor, ¿estarías más caliente en un iglú de esquimal o en una choza de madera? Defiende tu respuesta.

11. Puedes hacer que hierva el agua en un vaso de papel colocándolo sobre una llama. ¿Por qué el vaso de papel no se enciende?

12. ¿Por qué puedes acercar los dedos a un lado de una llama, pero no los puedes acercar por arriba de ella?

13. ¿Por qué puedes meter la mano desnuda en un horno caliente durante algunos segundos, pero si tocas brevemente el metal del interior te quemarás?

14. La madera conduce muy mal el calor; su conductividad es muy baja. Pero si está caliente, ¿seguirá teniendo baja conductividad? ¿Podrías sujetar durante un momento el asa de madera de un platillo para sacarlo del horno caliente con tus manos desnudas? ¿Podrías hacer lo mismo si el asa fuera de hierro? Explica por qué.

15. La madera tiene una conductividad térmica muy baja. ¿Tendrá también baja conductividad si está muy caliente, esto es, si está en forma de brasas al rojo? ¿Podrías caminar con seguridad atravesando un lecho de carbón de madera al rojo con los pies descalzos? Aunque los carbones estén calientes, ¿pasa mucho calor de ellos a tus pies, si pisas con rapidez? ¿Podrías hacer lo mismo sobre trozos de hierro al rojo? Explica por qué. (Precaución: los carbones se te pueden pegar a los pies, así que ¡no lo intentes!)

16. Cuando se coloca un objeto caliente en contacto con otro más frío, lo calienta. ¿Puedes decir que el más caliente pierde tanta temperatura como la que gana el más frío? Defiende tu respuesta.

17. Un amigo dice que en una mezcla gaseosa en equilibrio térmico, las moléculas tienen la misma energía cinética promedio. ¿Estás o no de acuerdo? Explica por qué.

18. ¿Esperas que todas las moléculas de aire que están en tu salón tenga la misma rapidez promedio?

19. Hay dos salones del mismo tamaño, y están comunicados por una puerta abierta. Un salón se mantiene a mayor temperatura que el otro. ¿Cuál salón contiene más moléculas de aire?

20. En un recinto tranquilo, a veces el humo de una vela sólo sube un poco y no llega al techo. Explica por qué.

21. ¿Por qué el helio que escapa algunas veces a la atmósfera terminará en el espacio exterior?

22. Deja libre una sola molécula en una región donde haya vacío. ¿Caerá en forma distinta a la de una pelota de béisbol en esa misma región? Explica por qué.

23. La gravedad, ¿tiende a disminuir el movimiento del aire hacia arriba, y a aumentar el movimiento hacia abajo? También, ¿hay una "ventana" más grande arriba de cualquier punto en el aire que abajo de él, lo cual favorece la migración hacia arriba? Adivina cómo se comparan esos dos efectos opuestos cuando el aire está en equilibrio térmico y la convección es cero.

24. ¿Qué tiene que ver el alto calor específico del agua con las corrientes de convección en el agua a la orilla del mar?

25. En una mezcla de hidrógeno y oxígeno gaseosos, a la misma temperatura, ¿cuáles moléculas se mueven más rápido? ¿Por qué?

26. Un recipiente se llena con argón gaseoso y el otro con kriptón gaseoso. Si los dos gases tienen la misma temperatura, ¿en cuál recipiente se mueven los átomos más rápido? ¿Por qué?

27. ¿Cuáles átomos tienen la mayor rapidez promedio en una mezcla, U-238 o U-235? ¿Cómo afectaría esto a la difusión de gases por lo demás idénticos que contengan a esos isótopos, a través de una membrana porosa?

28. Al aumentar la altitud ¿esperas que la relación de cantidades de moléculas de nitrógeno entre moléculas de oxígeno aumenta o disminuya? Explica por qué.

29. Si se calienta un volumen de aire, se expande. Entonces, por consiguiente, ¿si se expande un volumen de aire se calienta? Explica por qué.

30. ¿Cómo cambiarías el dibujo de la figura 16.6 para que ilustrara el calentamiento del aire cuando se comprime? Haz un esquema para este caso.

31. Una máquina de fabricar nieve, que se usa en pistas de esquiar, sopla una mezcla de aire comprimido y agua a través de una boquilla. La temperatura de la mezcla inicial puede ser superior a la temperatura de congelación del agua, y sin embargo, se forman cristales de nieve cuando la mezcla sale por la boquilla. Explica cómo sucede eso.

32. Es interesante que un radiador de vapor caliente un recinto más por convección que por radiación. Sin embargo, con respecto a sus propiedades de radiación, cuál es el color más eficiente que puede tener ese radiador?

33. Enciende y apaga con rapidez una lámpara incandescente mientras estás parado cerca de ella. Sentirás su calor, pero verás que al tocar el bulbo no está caliente. Explica por qué sentiste calor procedente de ella.

34. ¿Por qué un buen emisor de radiación térmica se ve negro a la temperatura ambiente?

35. Varios cuerpos con distintas temperaturas puestos en un recinto intercambian energía radiante y al final llegan a la misma temperatura. ¿Sería posible ese equilibrio térmico si los buenos absorbedores fueran malos emisores, y los malos emisores fueran buenos absorbedores? Explica por qué.

36. Según las reglas que dicen que un buen absorbedor de radiación es un buen radiador, y un buen reflector es un mal absorbedor, enuncia la regla que relaciona las propiedades reflectoras y radiadoras de una superficie.

37. El calor de los volcanes y de los manantiales termales naturales proviene de huellas de minerales radiactivos en las rocas comunes del interior de la Tierra. ¿Por qué esa misma clase de rocas sobre la Tierra no se sienten calientes al tocarlas?

38. Imagina que te sirven café en un restaurante, antes que estés listo para tomarlo. Para que esté lo más caliente posible cuando lo vayas a tomar, ¿sería mejor agregarle ahora la crema o sólo hasta que vayas a tomarte el café?

39. Aunque los metales son buenos conductores, se puede ver que se forma escarcha sobre los toldos de los coches estacionados a la intemperie, temprano por la mañana, cuando la temperatura del aire es mayor que la de congelación. ¿Puedes explicar eso?

40. Cuando hay escarcha por la mañana en un parque, ¿por qué es probable que no haya escarcha bajo las bancas de ese parque?

41. Se sabe que una casa pintada de blanco es buena en un verano caluroso, porque se refleja más luz solar desde su exterior y el interior puede estar más fresco. Pero la casa blanca también es una buena idea en un invierno frío. ¿Por qué?

42. El espacio exterior no es "nada". Está lleno de radiación, y su temperatura aproximada es unos 3 K. Como esta radiación cae sobre la Tierra durante la noche, ¿por qué se enfría la Tierra durante la noche?

43. ¿Por qué a veces se pintan con cal los vidrios de los invernaderos durante el verano?

44. En un día soleado pero muy frío tienes para escoger entre un abrigo negro y un abrigo de plástico transparente. ¿Cuál de ellos debes usar en la intemperie, para permanecer lo más caliente posible?

45. Si se cambiara la composición de la atmósfera superior, para que pasara por ella y escapara más radiación terrestre, ¿qué efecto tendría eso sobre el clima de la Tierra?

46. Al aplicar la ley de Newton del enfriamiento, ¿es importante convertir las temperaturas en kelvin? ¿Por qué si o por qué no?

47. Si quieres ahorrar combustible y vas a salir de tu casa calentita durante media hora en un día muy frío, ¿debes bajar un poco el termostato, lo debes apagar o dejar a la misma temperatura?

48. Si quieres ahorrar combustible y vas a salir de tu casa fresquecita durante una media hora en un día muy caluroso, ¿debes subir un poco tu termostato, lo debes apagar o lo debes dejar a la misma temperatura?

49. ¿Por qué el aislamiento del ático o tapanco suele ser más grueso que el de las paredes de una casa?

50. A medida que se consume cada vez más energía de combustibles fósiles, y de otros combustibles no renovables en la Tierra, la temperatura general de la Tierra tiende a subir. Sin embargo, independientemente del aumento de la energía, la temperatura no sube en forma indefinida. ¿Qué procesos evitan que el aumento sea indefinido? Explica tu respuesta.

Problemas

1. Will quema un cacahuate de 0.6 g bajo 50 g de agua, que aumenta su temperatura de 22 a 50°C. a) Suponiendo una eficiencia de 40%, ¿cuál es el valor alimenticio en calorías de cacahuate? b) ¿Cuál es el valor alimenticio en calorías por gramo?

2. El decaimiento radiactivo del granito y otras rocas del interior de la Tierra suministra la energía suficiente para mantener fundido ese interior, calentar la lava y suministrar calor a los manantiales termales. Esto se debe a la liberación aproximada de 0.03 J por kilogramo de roca cada año. ¿Cuántos años se requieren para que un trozo de granito aislado térmicamente aumente su temperatura en 500°C, suponiendo que su calor específico es 800 J/kg°C?

3. Al introducir un clavo en la madera, el clavo se calienta. Un clavo de acero pesa 5 gramos y tiene 6 cm de longitud, y se golpea con un martillo que ejerce 500 N de fuerza sobre él al clavarlo. El clavo se calienta. Calcula el aumento de temperatura del clavo. Supón que la capacidad calorífica específica del acero es 450 J/kg°C.

4. Un recipiente de agua caliente a 80°C se enfría a 79°C en 15 segundos, cuando se coloca en un recinto que está a 20°C. Aplica la ley de Newton del enfriamiento para estimar el tiempo que se tardará en enfriarse de 50 a 49°C. Y después el tiempo que tardará para enfriarse de 40 a 39°C.

5. En un recinto a 25°C, el café caliente de un termo se enfría de 75 a 50°C en ocho horas. ¿Cuál será su temperatura después de otras ocho horas?

6. En determinado lugar, la potencia solar por unidad de área que llega a la superficie de la Tierra es 200 W/m², en promedio de un día de 24 horas. Si vives en una casa cuyas necesidades medias de potencia son 3 kW, y puedes convertir la energía solar en energía eléctrica con eficiencia de 10%, ¿de qué extensión será el área del colector para satisfacer todas las necesidades de energía en tu casa usando energía solar? ¿Cabría en tu patio?

www.pearsoneducacion.net/hewitt
*Usa los variados recursos del sitio Web,
para comprender mejor la física.*

17

CAMBIO DE FASE

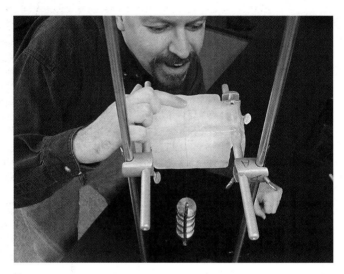

Dean Baird en la demostración del regelamiento, figura 17.15.

En nuestro ambiente, la materia existe en cuatro *fases*. Por ejemplo, el hielo es la fase *sólida* del H_2O. Si le agregas energía añades movimiento a esa estructura molecular rígida, que se rompe para formar H_2O en la fase *líquida*, el agua. Si le agregas más energía, el líquido pasa a la fase *gaseosa*. Y si todavía le agregas más energía, las moléculas se rompen en iones y se obtiene la fase de *plasma*. La fase de la materia depende de la temperatura y de la presión a la que está sometida. Casi siempre, los cambios de fase requieren una transferencia de energía.

Evaporación

El agua en un recipiente abierto terminará por evaporarse, o secarse. El líquido que desaparece se transforma en vapor de agua que va al aire. La **evaporación** es un cambio de la fase líquida a la fase gaseosa, que se efectúa en la superficie de un líquido.

La temperatura de cualquier sustancia se relaciona con la energía cinética promedio de sus partículas. Las moléculas en el agua líquida tienen una gran variedad de rapideces; se mueven en todas direcciones y rebotan entre sí. En cualquier momento algunas se mueven con rapidez muy alta, mientras que otras casi no se mueven. Al momento siguiente, la más lenta puede ser la más rápida debido a las colisiones entre las moléculas. Algunas aumentan su energía cinética, mientras que otras la pierden. Las moléculas de la superficie que aumentan de energía cinética al salir despedidas desde abajo pueden tener la energía suficiente como para liberarse del líquido. Pueden dejar la superficie e irse al espacio que esté arriba del líquido. De esta manera se transforman en moléculas de vapor.

El aumento en la energía cinética de las moléculas que salen despedidas es suficiente para liberarse del líquido, proviene de las moléculas que se quedan en él. Ésta es la "física de billar". Cuando las bolas rebotan entre sí y algunas ganan energía cinética, las otras pierden la misma cantidad. Las moléculas que están a punto de salir del líquido son las ganadoras, mientras que las que pierden energía se quedan en el líquido. Así, la energía cinética promedio de las moléculas que se quedan en el líquido es menor: la evaporación es un proceso de enfriamiento. Es interesante que las moléculas rápidas que salen libres por la superficie pierden rapidez al alejarse, debido a la atracción de la superficie. Así, aunque el agua se enfría por evaporación, el aire de arriba no se calienta en forma recíproca en el proceso.

La cantimplora de la figura 17.1 se mantiene fría por evaporación, cuando se moja el fieltro del estuche. A medida que las moléculas de agua más rápidas salen del fieltro, la temperatura de éste disminuye. La tela fría a su vez enfría por conducción al metal de la cantimplora, el cual a su vez enfría el agua del interior. De esta forma se transfiere energía del agua de la cantimplora al aire exterior. Así es como el agua se enfría por abajo de la temperatura del aire en el exterior.

El efecto enfriador de la evaporación se siente intensamente cuando te dan una *friega* de alcohol en la espalda. El alcohol se evapora con mucha rapidez y enfría rápidamente la superficie de la espalda. Mientras más rápida es la evaporación, el enfriamiento es más rápido.

Cuando nuestros organismos se sobrecalientan, las glándulas sudoríparas producen transpiración. Es parte del termostato de la naturaleza, porque la evaporación del sudor nos enfría y ayuda a mantener una temperatura corporal estable. Muchos animales no tienen glándulas sudoríparas, y se deben refrescar por medio de otros métodos (Figuras 17.2 y 17.3).

La rapidez de evaporación es mayor a temperaturas elevadas, porque hay más proporción de moléculas con la energía cinética suficiente para escapar del líquido. También el agua se evapora a menores temperaturas, pero más lentamente. Por ejemplo, un charco de agua se puede evaporar hasta quedar seco durante un día frío.

FIGURA 17.1 Cuando está mojado, el fieltro que cubre los costados de la cantimplora causa enfriamiento. A medida que las moléculas de agua con movimiento más rápido se evaporan de la tela mojada, la temperatura de ésta disminuye y enfría el metal, que a su vez enfría el agua del interior. Esa agua puede tener una temperatura bastante inferior a la del aire que la rodea.

FIGURA 17.2 Hanz no tiene glándulas sudoríparas (excepto entre los dedos de las patas). Se enfría jadeando. De ese modo hay evaporación en la boca y en el tracto respiratorio.

FIGURA 17.3 Los cerdos no tienen glándulas sudoríparas, por lo que no se pueden enfriar por evaporación del sudor. En lugar de ello se revuelcan en el lodo para enfriarse.

Hasta el agua congelada se "evapora". A esta forma de evaporación, en la que las moléculas saltan directamente de la fase sólida a la fase gaseosa, se llama **sublimación**. Como las moléculas de agua están tan fijas en la fase sólida, el agua congelada no se evapora (se sublima) con tanta facilidad como se evapora el agua líquida. Sin embargo, la sublimación explica la desaparición de grandes cantidades de nieve y hielo, en especial en los días soleados y en los climas secos.

Condensación

FIGURA 17.4 El vapor cede calor cuando se condensa en el interior del radiador.

FIGURA 17.5 Si sientes frío fuera de la cortina de la ducha, regresa a la tina, cierra la cortina y caliéntate por la condensación del exceso de vapor de agua que hay allí.

Lo contrario de la evaporación es la **condensación**, o sea el paso de un gas a un líquido. Cuando las moléculas de gas cerca de la superficie de un líquido son atraídas a éste, llegan a la superficie con mayor energía cinética y forman parte del líquido. En los choques con las moléculas de baja energía del líquido comparten su exceso de energía cinética y aumentan la temperatura del líquido. La condensación es un proceso de calentamiento.

Un ejemplo muy notable del calentamiento producido por la condensación es la energía que cede el vapor al condensarse; es doloroso si se condensa sobre la piel. Es la razón por la que una quemadura de vapor es mucho más dañina que una de agua hirviente, a la misma temperatura; el vapor cede mucha energía cuando se condensa en un líquido y moja la piel. Además, esa agua que moja la piel de todos modos está inicialmente a la temperatura del agua hirviente y sigue dañándola. Esta liberación de energía por condensación se usa en los sistemas de calefacción con vapor.

El vapor suele tener alta temperatura, generalmente de 100°C o más. También el vapor de agua a menos temperatura cede energía al condensarse. Por ejemplo, cuando te das una ducha te calienta la condensación del vapor en el cono de la regadera, aunque sea el vapor de una ducha fría, si permaneces en la región del cono. Sientes de inmediato la diferencia si sales de la ducha. Lejos de la humedad, hay evaporación neta rápida y sientes mucho frío. Cuando permaneces dentro de las cortinas de baño, aun cuando cierres la regadera, el efecto calefactor de la condensación contrarresta el efecto enfriador de la evaporación. Si se condensa tanta humedad como la que se evapora, no sientes el cambio de la temperatura de tu cuerpo. Si la condensación es mayor que la evaporación, sientes menos frío. Si la evaporación es mayor que la condensación, te enfrías. Ya sabes ahora por qué te puedes secar con una toalla con mucho más comodidad si te quedas dentro de las cortinas. Para secarte por completo puedes terminar en una zona menos húmeda.

En las ciudades de Tucson y Phoenix, en Estados Unidos, la evaporación es bastante mayor que la condensación en un mediodía cualquiera del mes de julio. El resultado de esta mayor evaporación es una sensación de mucho mayor frescura que en las ciudades de Nueva York o de Nueva Orléans, de ese país. En estas últimas, por ser húmedas, la condensación contrarresta en forma notable la evaporación, y sientes el efecto de calentamiento cuando el vapor del aire se condensa sobre la piel. Literalmente, el impacto de las moléculas de H_2O del aire que chocan contigo te "tatúa" de agua. Para ponerlo más sencillo, te calienta por condensación del vapor del aire en la piel.

EXAMÍNATE Si el nivel en un vaso de agua tapado no cambia de un día para otro, ¿puedes deducir que no hay evaporación ni condensación en él?

Condensación en la atmósfera

Siempre hay algo de vapor de agua en el aire. Una medida de la cantidad de ese vapor de agua se llama *humedad* (masa de agua por volumen de aire). En los informes meteorológicos se menciona la *humedad relativa*, que es la relación de la cantidad de agua que contiene el aire en ese momento, a determinada temperatura, entre la cantidad máxima de vapor de agua que puede contener a esa temperatura.[1]

El aire que contiene todo el vapor que puede contener se llama "saturado". La saturación tiene lugar cuando la temperatura del aire y las moléculas del vapor de agua en ese aire comienzan a condensarse. Las moléculas de agua tienden a unirse entre sí. Sin embargo, debido a que sus rapideces promedio en el aire son altas, la mayor parte de ellas no se unen entre sí al chocar. En vez de ello, esas moléculas veloces rebotan y regresan

a   b   c   d

FIGURA 17.6 El juguete del pájaro bebedor funciona por la evaporación en el interior de su cuerpo y la evaporación del agua en la superficie externa de la cabeza. El vientre contiene éter líquido, que se evapora con rapidez a la temperatura ambiente. Cuando a) se evapora, b) aumenta la presión (flechas del interior), que hace subir al éter por el tubo. El éter en la parte superior no se evapora, porque la cabeza está fría por la evaporación del agua en el pico y la cabeza externos cubiertos de fieltro. Cuando el peso del éter en la cabeza es el suficiente, el ave c) se agacha y permite que regrese el éter al cuerpo. En cada inclinación se moja la superficie del fieltro del pico y la cabeza, y se repite el ciclo.

COMPRUEBA TU RESPUESTA No, porque a nivel molecular hay mucha actividad. Habrá evaporación y condensación al mismo tiempo. El hecho de que el nivel del agua permanezca constante sólo indica que la rapidez de evaporación y la de condensación son iguales, y no que allí no sucede nada. Salen tantas moléculas de la superficie por evaporación como las que regresan por condensación, por lo que no hay evaporación o condensación neta. Los dos procesos se anulan entre sí.

---

[1]La humedad relativa es un buen indicador del confort. Para la mayoría, las condiciones son ideales cuando la temperatura aproximada es 20°C y la humedad relativa es del 50 al 60%. Cuando la humedad relativa es mayor, el aire húmedo se siente "pegajoso" porque la condensación contrarresta la evaporación de la transpiración.

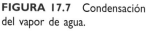

FIGURA 17.7 Condensación del vapor de agua.

Las moléculas rápidas de H_2O rebotan al chocar

Las moléculas lentas de H_2O se unen al chocar

cuando chocan, y así permanecen en la fase gaseosa. Empero, algunas moléculas se mueven con más lentitud que otras, y es más probable que las lentas se unan entre sí al chocar (Figura 17.7). (Podrás comprender lo anterior imaginando una mosca haciendo contacto rasante con un papel matamoscas. Cuando va a gran rapidez tiene la cantidad de movimiento y de energía suficientes para rebotar en ese papel, sin quedar atrapada en él, pero si se posa en él es más probable que quede unida.) Entonces, las moléculas de agua más lentas son las que con más probabilidad se condensarán y formarán gotitas de agua en el aire saturado. Debido a que las menores temperaturas del aire se caracterizan por moléculas más lentas, es más probable que haya saturación y condensación en el aire frío que en el aire caliente. El aire caliente puede contener más vapor de agua que el aire frío.

EXAMÍNATE ¿Por qué se forma rocío en la superficie de una bebida fría?

Nieblas y nubes

El aire caliente se eleva y al subir, se expande. Al expandirse se enfría. Al enfriarse, las moléculas de vapor de agua se hacen más lentas. Los choques moleculares con menores rapideces dan como resultado que las moléculas de agua se peguen entre sí. Si hay presentes partículas o iones mayores y de movimiento más lento, el vapor de agua se condensa en ellas, y cuando se acumulan las suficientes, se forma una nube. Si no hay esas partículas o iones, se puede estimular la formación de la nube "sembrando" el aire con unas partículas adecuadas.

COMPRUEBA TU RESPUESTA El vapor de agua que hay en el aire se enfría al hacer contacto con la lata fría. ¿Cuál es el destino de las moléculas del agua fría? Se vuelven lentas y se unen; es la condensación. Es la causa de que se moje la superficie de una lata fría.

FIGURA 17.8 ¿Por qué con frecuencia se forman nubes donde hay corrientes ascendentes de aire caliente y húmedo?

Sobre el océano soplan brisas cálidas, y cuando el aire húmedo pasa de aguas más cálidas a otras más frías, o de agua caliente a tierra fría, se enfría. Al enfriarse, las moléculas de vapor de agua comienzan a unirse, y no siguen rebotando entre sí. La condensación se efectúa cerca del nivel del suelo, y se forma la niebla. La diferencia entre la niebla y una nube es principalmente la altitud. La niebla es una nube que se forma cerca del piso. Volar a través de una nube es como manejar a través de la niebla.

Ebullición

Con las condiciones adecuadas, se puede producir evaporación abajo de la superficie de un líquido y se forman burbujas de vapor que flotan hacia la superficie, de donde escapan. A este cambio de fase en el interior de un líquido, y no en la superficie, se le llama **ebullición**. Sólo se pueden formar burbujas en el líquido cuando la presión del vapor dentro de las burbujas es suficiente como para resistir la presión del líquido que las rodea. A menos que la presión del vapor sea suficientemente alta, la presión del líquido aplastará la burbuja que se pueda haber formado. A temperaturas menores que la del punto de ebullición, la presión de vapor en las burbujas no es suficiente, por lo que no se forman, sino hasta que se alcanza el punto de ebullición. A esta temperatura, que es 100°C para el agua a presión atmosférica normal, las moléculas tienen la energía suficiente para ejercer una presión de vapor igual que la presión del agua que las rodea (y que principalmente se debe a la presión atmosférica).

FIGURA 17.9 El movimiento de las moléculas de vapor dentro de la burbuja de vapor (muy aumentada) causa una presión de gas, llamada *presión de vapor*, que contrarresta las presiones atmosférica y del agua sobre la burbuja.

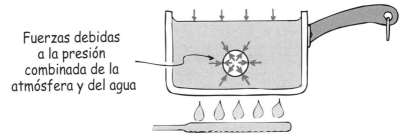

Fuerzas debidas a la presión combinada de la atmósfera y del agua

Si aumenta la temperatura, las moléculas del vapor deben moverse con más rapidez para ejercer la presión suficiente que evite que la burbuja se aplaste. Se puede alcanzar mayor presión bajando de la superficie del líquido a más profundidad (como en los géiseres, que se describirán más adelante) o aumentando la presión del aire que haya sobre la superficie del líquido; ésta es la forma en que funciona una olla de presión.[2] Tiene una tapa hermética que no permite que escape el vapor, sino hasta que alcanza determinada presión, mayor que la presión normal del aire. A medida que se acumula el vapor que se evaporó dentro de la olla de presión sellada, aumenta la presión sobre la superficie del líquido, lo cual al principio evita que hierva. Las burbujas que se hubieran formado normalmente se aplastan. Al continuar el calentamiento la temperatura sube más de 100°C. No hay ebullición, sino hasta que la presión del vapor dentro de las burbujas supera la mayor presión sobre el agua. Entonces sube el punto de ebullición. A la inversa, una presión más baja (a grandes altitudes) disminuye el punto de ebullición del líquido. Vemos entonces que la ebullición no sólo depende de la temperatura, sino también de la presión.

FIGURA 17.10 La tapa hermética de una olla de presión mantiene al vapor a presión sobre la superficie del agua, con lo que se inhibe la ebullición. De esta forma la temperatura de ebullición del agua aumenta a más de 100°C.

[2] N. del T.: La olla de presión funciona mejor si primero se deja hervir hasta que salga todo el aire de ella. Después se le pone el tapón y comienza a subir la presión debido al vapor que se acumula dentro de ella. Para que se acumule el vapor y aumente de presión, hay que subir la temperatura del líquido. Si no se deja escapar el aire primero, la presión sube con mucho más rapidez para determinado aumento de temperatura. Entonces la temperatura no es tan alta cuando se llega a la presión de funcionamiento de la olla y los alimentos quedan crudos.

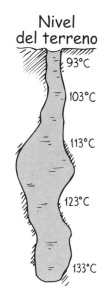

FIGURA 17.11 Un géiser como el Old Faithful.

A grandes altitudes, el agua hierve a menor temperatura. Por ejemplo, en la ciudad de México, que está a más de 2200 metros de altitud, el agua hierve a 93°C, en lugar de a los 100°C, temperatura característica al nivel del mar. Si tratas de cocer alimentos con agua a menor temperatura, debes esperar más tiempo para que alcancen el cocimiento correcto. Un huevo pasado por agua en 3 minutos, en la ciudad de México, queda algo crudo. Es importante observar que lo que cuece los alimentos es la alta temperatura del agua, y no el proceso mismo de ebullición.

Géiseres

Un géiser es como una olla de presión que hace erupción en forma periódica. Es un agujero vertical, largo y delgado, hacia el cual llegan corrientes subterráneas (Figura 17.11). La columna de agua se calienta con calor volcánico, hasta temperaturas mayores que 100°C. Eso sucede debido a que la columna vertical de agua, de mucha longitud, ejerce presión sobre el agua del fondo, y debido a ello aumenta el punto de ebullición. Lo angosto del pozo impide la libre circulación de las corrientes de convección, lo que permite que las partes más profundas se calienten bastante más que la superficie del agua. El agua de la superficie está a menos de 100°C, pero en el fondo, donde se calienta, es mayor de 100°C, lo bastante alta como para permitir la ebullición antes que el agua de la superficie comience a hervir. Así, la ebullición comienza cerca del fondo, y las burbujas que suben empujan la columna de agua que hay arriba, y comienza la erupción. Al salir el líquido se reduce la presión en el agua remanente, hierve con más rapidez y erupciona con gran fuerza.

La ebullición es un proceso de enfriamiento

La evaporación es un proceso de enfriamiento. También la ebullición. A primera vista eso parece sorprendente, quizá porque acostumbramos relacionar la ebullición con el calentamiento. Pero calentar agua es una cosa y hervirla es otra. Cuando hierve agua a 100°C a presión atmosférica, su temperatura permanece constante. Eso quiere decir que se enfría con la misma rapidez que se calienta. ¿Por cuál mecanismo? Por la ebullición. Si no hubiera enfriamiento, al seguir agregando energía a una olla de agua hirviente, la temperatura aumentaría en forma continua. La razón de que en una olla de presión se llegue a mayores temperaturas es que evita la ebullición normal lo cual de hecho evita el enfriamiento.

FIGURA 17.12 El calentamiento calienta al agua, y la ebullición la enfría.

EXAMÍNATE Como la ebullición es un proceso de enfriamiento, ¿sería bueno enfriar tus manos, cuando están calientes y pegajosas, sumergiéndolas en agua hirviente?

Ebullición y congelación al mismo tiempo

Acostumbramos hervir agua aplicándole calor. Pero podemos hervir agua reduciendo la presión. Se puede mostrar en forma dramática el efecto de enfriamiento de la evaporación y la ebullición cuando, a la temperatura ambiente, se coloca agua en una campana de va-

COMPRUEBA TU RESPUESTA ¡No, mil veces no! Cuando decimos que la ebullición es un proceso de enfriamiento indicamos que el agua (¡no tus manos!) se está enfriando en relación con la mayor temperatura que tendría si no hirviera. Debido al enfriamiento se queda en 100°C en lugar de calentarse más. ¡Sería muy incómodo para tus manos que las sumergieras en esa agua a 100°C!

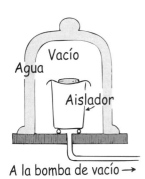

A la bomba de vacío →

FIGURA 17.13 Aparato para demostrar que el agua se congela y hierve al mismo tiempo, en el vacío. Uno o dos gramos de agua se colocan en una cápsula que está sobre un vaso de poliestireno, para aislarla de la base de la campana.

cío (Figura 17.13). Si la presión en el interior de la campana se reduce en forma gradual con una bomba de vacío, el agua comienza a hervir. El proceso de ebullición retira calor del agua que queda en el recipiente, y se enfría, baja su temperatura. Al seguir reduciendo la presión hervirán y saldrán más y más moléculas de las que se mueven con más lentitud. Si continúa la ebullición baja la temperatura hasta que se alcanza el punto de congelación, aproximadamente a 0°C. ¡Al mismo tiempo hay ebullición y congelación! Debes verlo para apreciarlo. Se ven claramente las burbujas congeladas de la ebullición del agua.

Si esparces algunas gotas de café en una cámara de vacío también hervirán hasta congelarse. Aun después de congelarse, las moléculas de agua continuarán evaporándose en el vacío, hasta que queden pequeños cristales sólidos de café. Es la forma en la que se fabrica el café secado por congelación. La baja temperatura de este proceso tiende a conservar intacta la estructura química de los sólidos del café. Cuando se les agrega agua caliente, regresa gran parte del aroma original del grano. ¡En realidad, la ebullición es un proceso de enfriamiento!

Fusión y congelación

Imagina que tomas de la mano de alguien y comienzas a saltar por todos lados, sin dirección. Mientras saltes con más violencia, será más difícil que conserves la mano asida a la otra persona. Y si saltaras con violencia exagerada te sería imposible seguir asido de la mano de la otra persona. Algo así sucede con las moléculas de un sólido al calentarlo. Si absorben el calor suficiente, las fuerzas de atracción entre las moléculas ya no las podrán mantener unidas, porque el sólido se funde.

La congelación es la inversa del proceso anterior. Al retirar energía de un líquido, el movimiento de las moléculas disminuye hasta que al final, en promedio, se mueven con la suficiente lentitud como para que las fuerzas de atracción en ellas puedan producir la cohesión. Entonces las moléculas se quedan vibrando respecto a posiciones fijas y se forma el sólido.

A la presión atmosférica, el agua se congela a 0°C, a menos que se disuelvan en ella sustancias como azúcar o sal. En este caso el punto de congelación es menor. En el caso de la sal, los iones de cloro toman electrones de los átomos de hidrógeno del H_2O e impiden la formación de cristales. El resultado de esta interferencia debida a iones "extraños" es que se requiere un movimiento más lento para que se formen las estructuras cristalinas hexagonales del hielo. Al formarse, después de todo, la interferencia se intensifica porque aumenta la proporción de partículas "extrañas" o iones, entre las moléculas de agua líquida. Las uniones se hacen cada vez más difíciles. Sólo cuando las moléculas de agua se mueven con la lentitud suficiente para que las fuerzas de atracción jueguen un papel desacostumbradamente grande en el proceso se puede terminar la congelación. El hielo que se forma al principio es casi siempre H_2O pura.

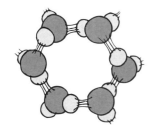

FIGURA 17.14 La estructura abierta de los cristales de hielo puro, que normalmente se funden a 0°C. Cuando hay otras clases de moléculas o de iones, se interrumpe la formación de cristales y baja la temperatura de congelación.

Regelamiento

Como las moléculas de H_2O forman estructuras abiertas en la fase sólida (Figura 17.14), la aplicación de presión puede hacer que el hielo se funda. Simplemente lo que sucede es que los cristales de hielo se aplastan y pasan a la fase líquida (la temperatura del punto de fusión sólo baja muy poco, 0.007°C por cada atmósfera adicional de presión). Este fenómeno de fusión a presión y congelación de nuevo al reducir la presión se llama **regelamiento**. Es una de las propiedades del agua que la hace distinta a otros materiales.

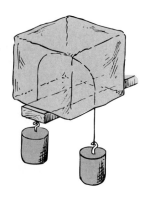

FIGURA 17.15 Regelamiento. El alambre pasa en forma gradual a través del hielo sin cortarlo a la mitad.

El regelamiento se ve muy bien en la figura 17.15. Un alambre fino de cobre, con pesas fijas en los extremos, se cuelga sobre un bloque de hielo.[3] El alambre lo corta lentamente, pero su huella quedará llena de hielo. De este modo el alambre y las pesas caerán al piso, y dejarán al hielo en forma de un bloque macizo.

Otro buen ejemplo del regelamiento es hacer bolas de nieve. Al comprimir la nieve entre las manos se provoca una ligera fusión de los cristales de hielo; cuando cesa la presión vuelve la congelación y se pega la nieve entre sí. Es difícil hacer bolas de nieve cuando el clima es muy frío, porque la presión que se puede aplicar no basta para fundirla.

Energía y cambios de fase

Si se calienta un sólido o un líquido en forma continua, terminará por cambiar de fase. Un sólido se derretirá y un líquido se evaporará. Para la licuefacción de un sólido y para la evaporación de un líquido se necesita agregar energía. A la inversa, se debe extraer energía de una sustancia para cambiar su fase de gas a líquido y a sólido (Figura 17.16).

FIGURA 17.16 Cambios de energía con los cambios de fase.

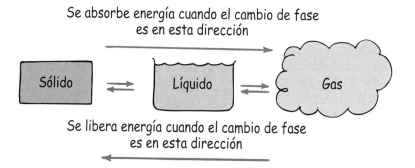

Se absorbe energía cuando el cambio de fase es en esta dirección

Sólido ⇌ Líquido ⇌ Gas

Se libera energía cuando el cambio de fase es en esta dirección

El ciclo de enfriamiento de un refrigerador usa muy bien los conceptos de la figura 17.16. Se bombea un líquido de bajo punto de ebullición a la unidad enfriadora, donde se convierte en gas.[4] Para evaporarse toma calor de los artículos alimenticios que se almacenan. El gas, con su mayor energía, sale de la unidad enfriadora y pasa por serpentines, llamados serpentines de condensación, situados en la parte trasera del refrigerador. En ellos, se cede energía al aire a medida que se condensa el gas para formar el líquido. Un motor bombea el fluido y lo hace pasar por el sistema, donde sufre el proceso cíclico de evaporación y condensación. La próxima vez que te acerques a un refrigerador, pon la mano cerca de los serpentines de condensación de la parte trasera, y sentirás el aire tibio, que ha calentado la energía que se extrajo del interior.

---

[3]Cuando el hielo se funde y el agua se vuelve a congelar suceden cambios de fase. Veremos que se necesita energía para hacer esos cambios. Cuando el agua inmediatamente sobre el alambre se vuelve a congelar, cede energía. ¿Cuánta? La suficiente para fundir una cantidad igual de hielo bajo el alambre. Esa energía se debe conducir por todo el espesor del alambre. Por consiguiente, para esta demostración se necesita un alambre que sea un conductor excelente de calor. Un cordón simplemente no sirve.

[4]Las investigaciones actuales se dirigen a fabricar dispositivos termoeléctricos donde los electrones toman el lugar del fluido. Las corrientes eléctricas sufren expansión (enfriamiento) y compresión (calentamiento) cuando pasan entre materiales que tienen distintas configuraciones electrónicas. ¡Espérate a los refrigeradores sin motor del futuro!

Un acondicionador de aire emplea los mismos principios, y sólo bombea energía térmica de una parte de la unidad a otra, en el exterior. Cuando se invierte la dirección de flujo de la energía, el acondicionador de aire se transforma en una bomba térmica, un calefactor.

Vemos entonces que un sólido debe absorber energía para fundirse y un líquido debe absorber energía para evaporarse. A la inversa, un gas debe ceder energía para condensarse y un líquido debe liberar energía para solidificarse.

EXAMÍNATE   Cuando se condensa H_2O en estado de vapor, ¿el aire que la rodea se calienta o se enfría?

Veamos, en particular, los cambios de fase que suceden en el H_2O. Para simplificar, imaginemos un trozo de hielo de 1 gramo a una temperatura de $-50°C$, en un recipiente cerrado que se pone a calentar en una estufa. Un termómetro en el recipiente indica que la temperatura aumenta con lentitud hasta $0°C$. En ese momento sucede algo sorprendente. En vez de seguirse calentando, el hielo comienza a fundirse. Para que se funda todo el gramo de hielo, debe absorber 80 calorías (335 joules), y la temperatura no sube siquiera una fracción de grado. Sólo cuando se funde todo el hielo, cada caloría (4.18 joules) adicional que absorba el agua aumenta $1°C$ su temperatura, hasta que se llega a la temperatura de ebullición, $100°C$. De nuevo, al agregar energía (imaginemos que el recipiente cerrado es muy elástico y puede cambiar libremente de forma y de capacidad) la temperatura permanece constante mientras que hierve más y más agua y se transforma en vapor. El agua debe absorber 540 calorías (2255 joules) de energía térmica para que termine de evaporarse todo el gramo. Por último, cuando toda el agua se ha transformado en vapor a $100°C$, comienza a subir una vez más la temperatura. Seguirá subiendo mientras se le agregue energía. La gráfica de este proceso se ve en la figura 17.17.

Las 540 calorías (2255 joules) necesarias para evaporar 1 gramo de agua es mucha energía, mucho mayor que la necesaria para transformar 1 gramo de hielo, a la temperatura de cero celcius, en agua a $100°C$. Aunque las moléculas en el vapor y en el agua hir-

FIGURA 17.17 Gráfica que muestra la energía que interviene en el calentamiento y en los cambios de fase de 1 g de H_2O.

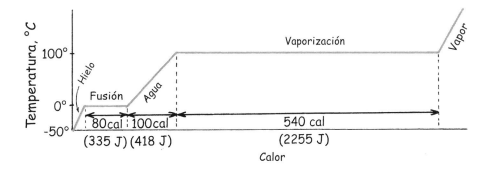

COMPRUEBA TU RESPUESTA   El cambio de fase es de vapor a líquido, con lo que se libera energía (Figura 17.16), y entonces se calienta el aire que la rodea. Otra forma de visualizarlo es con la figura 17.7, donde las moléculas de H_2O que se condensan desde el aire son las más lentas. Si quitas moléculas lentas del aire aumentas la energía cinética promedio de las demás moléculas, y en consecuencia hay calentamiento. Esto va mano a mano con el enfriamiento del agua cuando se evaporan las moléculas más rápidas, cuando las lentas que quedan en el líquido tienen menor energía cinética promedio.

viente a 100°C tienen la misma energía cinética promedio, el vapor tiene más energía potencial, porque las moléculas son relativamente libres entre sí y no están unidas como en la fase líquida. El vapor tiene una gran cantidad de energía que se puede liberar en la condensación.

Vemos así que las energías necesarias para fundir el hielo (80 calorías o 335 joules por gramo) y para hervir el agua (540 calorías o 2255 joules por gramo) son las mismas que se liberan cuando los cambios de fase tienen la dirección contraria. Esos procesos son reversibles.

La cantidad de energía necesaria para cambiar una unidad de masa de sustancia de sólido a líquido (y viceversa) se llama **calor latente de fusión** de la sustancia. (La palabra latente nos recuerda que esa energía térmica se esconde del termómetro.) Para el agua vemos que es 80 calorías por gramo (335 joules por gramo). La cantidad de energía necesaria para cambiar una sustancia de líquido a gas (y viceversa) se llama *calor latente de evaporación* o *calor latente de vaporización* de la sustancia. Vimos que para el agua es la cantidad asombrosa de 540 calorías por gramo (2255 joules por gramo).[5] En este caso del agua los valores son relativamente altos debido a las grandes fuerzas entre las moléculas del agua, debidas a los llamados "puentes de hidrógeno".

EXAMÍNATE

1. ¿Cuánta energía se transfiere cuando 1 gramo de vapor a 100°C se condensa y forma agua a 100°C?
2. ¿Cuánta energía se transfiere cuando 1 gramo de agua hirviente a 100°C se enfría y forma agua helada a 0°C?
3. ¿Cuánta energía se transfiere cuando un gramo de agua helada a 0°C se congela y forma hielo a 0°C?
4. ¿Cuánta energía se transfiere cuando un gramo de vapor a 100°C se convierte en hielo a 0°C?

El valor grande, de 540 calorías por gramo, del calor latente de evaporación del agua explica por qué, bajo ciertas condiciones, el agua caliente se congela con más rapidez que el agua tibia.[6] Este fenómeno es notorio cuando se distribuye una delgada capa de agua sobre una gran superficie, como cuando lavas tu coche con agua caliente en un día

COMPRUEBA TUS RESPUESTAS

1. Un gramo de vapor a 100°C transfiere 540 calorías de energía cuando se condensa y forma agua a la misma temperatura.
2. Un gramo de agua hirviente transfiere 100 calorías al enfriarse 100°C, y transformarse en agua helada a 0°C.
3. Un gramo de agua helada a 0°C transfiere 80 calorías para transformarse en hielo a 0°C.
4. Un gramo de vapor a 100°C transfiere a sus alrededores el total de las cantidades anteriores, 720 calorías, para transformarse en hielo a 0°C.

[5]En unidades SI, el calor de vaporización del agua es 2.255 megajoules por kilogramo (MJ/kg), y el calor de fusión del agua es 0.335 MJ/kg.

[6]El agua caliente no se congela antes que el agua fría, pero sí antes que un agua tibia. Por ejemplo, el agua que hierve caliente se congela antes que el agua a unos 60°C, pero no antes que un agua a menos de 60°C. Haz la prueba y verás.

invernal frío, o mojas una pista de hielo con agua caliente que la funda, alisa los lugares ásperos y se vuelve a congelar con rapidez. El enfriamiento por evaporación rápida es muy grande, porque cada gramo que se evapora toma cuando menos 540 calorías del agua que se queda atrás. Es una cantidad enorme de energía en comparación con la de 1 caloría por grado Celsius que se retira de cada gramo de agua al enfriarla por conducción térmica. La evaporación es verdaderamente un proceso de enfriamiento.

FIGURA 17.18 En un día frío el agua caliente se congela con más rapidez que el agua tibia, por la energía que sale del agua caliente al evaporarse con rapidez.

Práctica de la física

Llena los espacios con las calorías o joules en cada paso de un cambio de fases de 1 gramo de hielo a 0°C hasta vapor a 100°C.

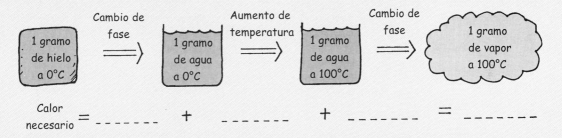

EXAMÍNATE Imagina que se vierten 4 gramos de agua hirviente sobre una superficie fría, y que se evapora rápidamente 1 gramo. Si la evaporación toma 540 calorías de los 3 gramos que quedan de agua, y no hay otra transferencia de calor, ¿cuál será la temperatura de los 3 gramos que quedan?

COMPRUEBA TU RESPUESTA Los 3 gramos que quedan formarán hielo a 0°C. 540 calorías procedentes de 3 gramos equivale a que cada gramo cede 180 calorías. Al extraer 100 calorías de 1 gramo de agua hirviendo se reduce su temperatura a 0°C, y al extraerle 80 calorías más se convierte en hielo. Es la causa de que el agua se transforme con tanta rapidez en hielo en un ambiente helado. (En la práctica, debido a que hay otras transferencias de calor, se necesitaría más que 1 gramo de esos 4 originales para evaporarse y congelar el resto.)

FIGURA 17.19 Paul Ryan prueba la temperatura del plomo derretido metiendo el dedo humedecido en él.

Por ningún motivo querrías tocar con el dedo seco una sartén caliente colocada sobre la lumbre, pero puedes hacerlo muy bien sin lastimarte si primero mojas el dedo y tocas rápidamente la sartén. Hasta la puedes tocar algunas veces en sucesión, siempre que el dedo esté húmedo. Eso se debe a que la energía, que de otro modo quemaría el dedo, se emplea en cambiar la fase del agua en el dedo. La energía convierte la humedad en vapor, que a continuación forma una capa aislante entre el dedo y la sartén. Del mismo modo puedes probar lo caliente que esté una plancha para ropa.

Paul Ryan, supervisor del Departamento de Obras Públicas en Malden, Massachusetts, ha usado durante muchos años plomo fundido para sellar los tubos en ciertos trabajos de plomería. Provoca el asombro de los espectadores al pasar un dedo por plomo fundido para comprobar su temperatura (Figura 17.19). Le consta que el plomo está muy caliente y se asegura que el dedo esté mojado antes de hacerlo (no trates de hacerlo, porque si el plomo no está suficientemente caliente se adherirá al dedo ¡y te quemará gravemente!). De igual modo, quienes caminan descalzos sobre brasas prefieren muchas veces hacerlo con los pies mojados (otros prefieren hacerlo con los pies secos porque dicen que las brasas se pegan con más facilidad a los pies mojados). Sin embargo, la baja conductividad del carbón de madera (como describimos en el capítulo anterior) es la causa principal de que no se quemen los pies quienes caminan descalzos sobre las brasas.

FIGURA 17.20 El professor Dave Willey camina con los pies húmedos sobre carbón encendido, sin lastimarse.

Resumen de términos

Condensación   El cambio de fase de gas a líquido.

Ebullición   Evaporación rápida dentro de un líquido y también en la superficie.

Evaporación   El cambio de fase de líquido a gas.

Fusión   El cambio de fase de sólido a líquido.

Regelamiento   El proceso de fusión a presión y regreso subsiguiente a congelación cuando se quita la presión.

Sublimación   El cambio de fase de sólido a gas.

Preguntas de repaso

1. ¿Cuáles son las cuatro fases de la materia?

Evaporación

2. ¿Tienen todas las moléculas de un líquido la misma rapidez, aproximadamente, o tienen una amplia variedad de rapideces?

3. ¿Qué es evaporación y por qué es un proceso de enfriamiento? Exactamente, ¿qué es lo que se enfría?

4. ¿Por qué el agua más caliente se evapora con más facilidad que el agua fría?

5. ¿Qué es la sublimación?

Condensación

6. ¿Qué es condensación y por qué es un proceso de calentamiento? Exactamente, ¿qué es lo que calienta?

7. ¿Por qué una quemadura con vapor es más dañina que una de agua caliente a la misma temperatura?

8. ¿Por qué te sientes incómodo en un día caluroso y húmedo?

Condensación en la atmósfera

9. Describe la diferencia entre humedad y humedad relativa.

10. ¿Por qué el vapor de agua del aire se condensa cuando se enfría el aire?

Niebla y nubes

11. ¿Por qué el aire húmedo y caliente forma nubes al elevarse?

12. ¿Cuál es la diferencia básica entre una nube y la niebla?

Ebullición

13. Describe la diferencia entre evaporación y ebullición.

14. ¿Por qué el agua no hierve a 100°C cuando está por abajo de la presión atmosférica normal?

15. ¿Por qué el punto de ebullición del agua baja a grandes altitudes?

16. Lo que cuece con más rapidez los alimentos en una olla de presión, ¿es la ebullición del agua o la alta temperatura del agua?

Géiseres

17. ¿Por qué el agua del fondo de un géiser no hierve a 100°C?

18. ¿Qué le sucede a la presión del agua en el fondo de un géiser cuando sale algo del agua arriba de ella?

La ebullición es un proceso de enfriamiento

19. La temperatura del agua hirviente no aumenta al suministrarle energía de forma contínua. ¿Por qué eso es prueba de que la ebullición es un proceso de enfriamiento?

Ebullición y congelamiento al mismo tiempo

20. ¿Cuándo hervirá el agua a una temperatura menor que 100°C?

21. ¿Qué evidencia puedes citar en el sentido de que el agua puede hervir a una temperatura de 0°C?

Fusión y congelación

22. ¿Por qué al aumentar la temperatura de un sólido se funde?

23. ¿Por qué al bajar la temperatura de un líquido se congela?

24. ¿Por qué la congelación del agua no sucede a 0°C en presencia de iones extraños?

Regelamiento

25. ¿Qué sucede a la estructura hexagonal abierta del hielo cuando se le aplica presión suficiente?

26. ¿Qué le sucede al agua producida al aplastar los cristales cuando desaparece la presión?

27. ¿Por qué un alambre no corta en dos un bloque de hielo al atravesarlo?

Energía y cambios de fase

28. Un líquido, ¿cede energía o absorbe energía cuando se convierte en gas? ¿Y cuando se convierte en sólido?

29. Un gas, ¿cede energía o absorbe energía cuando se convierte en un líquido? ¿Y cuando un sólido se convierte en líquido?

30. El compartimiento de los alimentos y el congelador de un refrigerador, ¿se enfrían por evaporación del fluido refrigerante, o por condensación?

31. ¿Cuántas calorías se necesitan para cambiar 1°C la temperatura de 1 g de agua? ¿Para fundir 1 g de hielo a 0°C? ¿Para evaporar 1 g de agua hirviente a 100°C?

32. ¿Por qué es importante que el dedo esté mojado al tocar rápidamente una plancha de ropa?

33. Describe dos razones por las que quienes caminan sobre brasas no se queman los pies mojados, al caminar descalzos sobre carbones al rojo.

Proyectos

1. Coloca un embudo de Pyrex boca abajo en una cacerola llena de agua, de modo que la cola del embudo salga del agua. Descansa una orilla del embudo en un clavo o en una moneda, para que el agua pueda pasar bajo esa orilla. Coloca la cacerola en una estufa y vigila el agua cuando empiece a hervir. ¿Dónde se forman primero las burbujas? ¿Por qué? Cuando suben las burbujas se expanden con rapidez y empujan el agua con ellas. El embudo confina al agua, que se ve forzada a ir hacia arriba por la cola y sale por arriba. Ahora ya sabes cómo funcionan un géiser y una percoladora de café.

2. Examina la boca de una tetera con agua en ebullición. Observa que no puedes ver el vapor que sale por ella. La nube que ves está apartada de la boca, y no es vapor, sino gotitas de agua condensada. Ahora mantén la llama de una vela en la nube del vapor condensado. ¿Puedes explicar lo que observaste?

3. Puedes hacer lluvia en la cocina. Coloca una taza de agua en un molde de Pyrex o en una cafetera de Silex y caliéntala con suavidad, con una llama baja. Cuando el agua está tibia

coloca una bandeja con cubos de hielo, arriba del molde o la cafetera. Al calentar el agua se forman gotas de agua en el fondo de la bandeja, que se unen hasta que son lo suficientemente grandes como para caer, produciendo una "lluvia" continua cuando se calienta con suavidad el agua abajo. ¿En qué se asemeja y en qué difiere de la manera en que se forma la lluvia natural?

4. Mide la temperatura del agua hirviente y la de una solución de sal en agua, también hirviente. ¿Cómo se comparan?

5. Cuelga una pesa grande de un alambre de cobre en un cubo de hielo. En cuestión de minutos, el alambre atravesará el hielo. El hielo se fundirá bajo el alambre y se volverá a congelar arriba de él, dejando una trayectoria visible, si el hielo es transparente.

6. En un congelador, coloca una bandeja con agua hirviente y otra con agua de la llave de agua caliente. Las bandejas deben estar llenas más o menos a la misma altura. Vigila cuál agua se congela primero.

7. Si cuelgas un recipiente sin tapa, lleno de agua, en una olla de agua hirviente, con la boca del primero arriba de la superficie del agua hirviendo, el agua de este recipiente interno llegará a 100°C pero no hervirá. ¿Puedes imaginar por qué?

Ejercicios

1. Puedes determinar la dirección del viento mojando el dedo y dirigiéndolo hacia arriba. Explica por qué.

2. Cuando sales de una alberca en un día cálido y seco sientes mucho frío. ¿Por qué?

3. ¿Por qué se enfría la sopa al soplar sobre ella?

4. ¿Puedes describir dos causas de por qué al verter una taza de café caliente en un plato el enfriamiento es más rápido?

5. Un vaso de agua tapado permanece días sin que baje el nivel del agua. Hablando estrictamente, ¿puedes decir que nada ha sucedido, que no ha habido evaporación ni condensación? Explica por qué.

6. a) Decimos que la evaporación es un proceso de enfriamiento. ¿Qué se enfría? b) Decimos que la condensación es un proceso de calentamiento. ¿Qué se calienta?

7. Si todas las moléculas de un líquido tuvieran la misma rapidez y algunas se pudieran evaporar, el líquido que quedara, ¿estaría más frío? Explica por qué.

8. ¿De dónde proviene la energía que mantiene funcionando el ave sedienta de la figura 17.6?

9. Un inventor dice haber hallado un perfume nuevo que dura mucho, porque no se evapora. Comenta lo que dice.

10. Los viajeros en climas cálidos usan bolsas de agua hechas de tela porosa. Cuando las bolsas se cuelgan fuera del auto y se columpian durante el trayecto, el agua del interior se enfría en forma considerable. Explica por qué.

11. ¿Por qué en un picnic, al envolver una botella con tela mojada se enfría el contenido con frecuencia más que si se pone en una cubeta de agua fría?

12. El cuerpo humano puede mantener su temperatura normal de 37°C en un día cuando la temperatura es mayor que 40°C. ¿Cómo lo hace?

13. Las ventanas de doble vidrio tienen nitrógeno gaseoso, o aire muy seco, entre los vidrios. ¿Por qué no se aconseja que tengan aire común y corriente?

14. ¿Por qué los témpanos de hielo o icebergs están rodeados por niebla, con frecuencia?

15. ¿Cómo puede la figura 17.7 ayudar a explicar la humedad que se forma dentro de las ventanillas del automóvil cuando está estacionado en una noche fría?

16. Sabes que las ventanas de tu hogar caliente se mojan en un día frío. Pero, ¿se pueden formar agua en las ventanas si el interior de la casa está frío en un día cálido? ¿En qué es distinto este caso?

17. ¿Por qué se forman nubes con frecuencia sobre las montañas? (*Sugerencia*: Ten en cuenta las corrientes ascendentes.)

18. ¿Por qué tienden a formarse nubes sobre una isla plana o montañosa en medio del mar? (*Sugerencia:* Compara los calores específicos de la tierra y el agua, y las corrientes de convección que se provocan en el aire.)

19. Una gran cantidad de vapor de agua cambia de fase y se convierte en agua en las nubes que forman una tempestad. Ese cambio de fase, ¿libera energía térmica o la absorbe?

20. ¿Por qué la temperatura del agua hirviente permanece igual mientras continúa el calentamiento y la ebullición?

21. ¿Por qué las burbujas de vapor en una olla de agua caliente se hacen más grandes a medida que suben por el agua?

22. ¿Por qué aumenta la temperatura de ebullición del agua cuando el agua se somete a mayor presión?

23. ¿Por qué la temperatura del agua hirviente disminuye cuando se reduce la presión sobre el agua, por ejemplo a grandes altitudes?

24. Coloca una olla de agua sobre un soporte pequeño, dentro de una cacerola de agua, con unas *calzas* para que el fondo de la olla quede arriba del fondo de la cacerola. Cuando la cacerola se calienta en una estufa, el agua que contiene hierve, pero no el agua en la olla. ¿Por qué?

25. ¿Por qué no debes tomar un molde caliente con un trapo mojado?

26. El agua hierve en forma espontánea en el vacío; por ejemplo, en la Luna. ¿Podrías cocer un huevo en esa agua hirviente? Explica por qué.

27. Nuestro amigo inventor propone un diseño de utensilios de cocina que permita hervir a una temperatura menor que 100°C, para poder cocinar los alimentos con menos consumo de energía. Comenta su idea.

28. Si el agua que hierve en una presión reducida no está caliente, entonces el hielo que se forma en una presión reducida, ¿no está frío? Explica por qué.

29. El profesor te da un vaso cerrado lleno parcialmente con agua a temperatura ambiente. Al sujetarlo, pasa calor de las manos al vaso, y el agua comienza a hervir. ¡Impresionante! ¿Cómo lo hizo? (Hazlo con cuidado, ¡puede implosionar!)

30. Cuando hierves papas en el tiempo de cocción, ¿se reduce más si el agua hierve vigorosamente que si hierve con suavidad? (La receta para cocinar espagueti dice que el agua debe hervir vigorosamente, no para disminuir el tiempo de cocción, sino para evitar otra cosa. Si no sabes qué es esa cosa, pregunta a un chef.)

31. ¿Por qué al tapar una olla de agua en una estufa se acorta el tiempo que tarda para comenzar a hervir, mientras que cuando ya está hirviendo la tapa sólo acorta el tiempo de cocción?

32. En una planta generadora de un submarino nuclear, la temperatura del agua en el reactor está por arriba de 100°C. ¿Cómo es posible?

33. Explica por qué las erupciones de muchos géiseres se repiten con una regularidad notable.

34. ¿Por qué el agua del radiador de un auto a veces hierve y sale en forma explosiva cuando se quita la tapa del radiador?

35. ¿Puede estar el hielo más frío que 0°C? ¿Cuál es la temperatura de una mezcla de hielo y agua?

36. ¿Por qué es "pegajoso" el hielo muy frío?

37. ¿Habría regelamiento si la estructura de los cristales de hielo no fuera abierta? Explica por qué.

38. Las personas que viven donde son comunes las avalanchas te dirán que la temperatura del aire es mayor cuando está nevando que cuando está despejado. Algunos malinterpretan esto diciendo que las nevadas no pueden darse en días muy fríos. Explica por qué es una mala interpretación.

39. Un trozo de metal y una masa igual de madera se sacan de un horno caliente, y sus temperaturas son iguales. Se colocan sobre bloques de hielo. El metal tiene menor capacidad calorífica específica que la madera. ¿Cuál de ellos fundirá más hielo antes de enfriarse a 0°C?

40. ¿Cómo cambia la temperatura del aire que rodea el hielo que funde?

41. ¿Por qué se forma rocío sobre una lata de bebida fría?

42. Las unidades de acondicionamiento de aire no contienen agua, pero es común ver que gotea agua de ellas, cuando funcionan en un día cálido. Explica por qué.

43. El "punto de rocío" es la temperatura a la cual se comenzaría a condensar la humedad del aire, al bajar su temperatura. ¿Esperas que el punto de rocío sea mayor en un día húmedo de verano o en un día seco de verano?

44. Algunas personas de edad saben que cuando envolvían en periódico el hielo en el interior del refrigerador (refrigeradores de hielo) se inhibía la fusión de éste. Describe si es aconsejable hacerlo.

45. ¿Por qué en los inviernos fríos si se coloca una tina de agua en el sótano de conservas que usan los granjeros, ayuda a evitar que se congelen?

46. ¿Por qué si se riegan con agua los árboles frutales antes de una helada ayuda a proteger la fruta para que no se congele?

47. Hay varias teorías para explicar cómo podría comenzar una edad de hielo. Una de ellas es la siguiente: si sube la temperatura del mundo, aumenta la evaporación de los océanos, habrá más precipitaciones y aumentarán las nevadas. Eso produce más cantidad de nieve que se acumula en algunos lugares al final de cada verano; y en cada invierno, la nieve que quedó en el fondo se aprieta más y forma hielo. Mientras tanto, el hielo refleja más radiación solar que la que se absorbería si no estuviera ahí. Esto, a su vez, enfriaría más la Tierra, y permitiría más congelación. ¿Puedes seguir esta secuencia y ver cómo se invierte el proceso y cómo desaparecería la edad del hielo?

48. Sucede que las gotas de agua sobre una cacerola caliente se evaporan, pero si se ponen sobre una cacerola *muy* caliente danzan por todos lados y duran más tiempo antes de evaporarse. ¿Puedes imaginar cuál es la causa?

49. Tienes un amigo que te dice que a cambio de cierta cantidad de dinero, unas personas que conoció le enseñaron técnicas mentales para controlar la materia, lo que le permite caminar descalzo sobre brasas sin dañarse. Esto no es una tomadura de pelo, porque después de caminar sobre pasto mojado y después sobre brasas calientes los pies no sufren ningún daño. Además, tu amigo te pide que juntes dinero para que aprendas esas maravillosas técnicas. ¿Qué le contestas?

50. ¿Por qué jadea un perro con calor?

Problemas

1. La cantidad de calor Q que hace cambiar la temperatura de una masa m en $Q = cm\Delta T$, donde c es la capacidad calorífica específica de la sustancia. Por ejemplo, para el H_2O, $c = 1$ cal/g°C. Y para un cambio de fase, la cantidad de calor Q necesaria para una masa m es $Q = mL$, donde L es el calor de fusión o de vaporización de la sustancia. Por ejemplo, para el H_2O, el calor de fusión es 80 cal/g u 80 kcal/kg,

y el calor de vaporización es 540 cal/g o 540 kcal/kg. Con estas relaciones determina la cantidad de calorías para convertir a) 1 kg de hielo a 0°C a agua helada en 0°C; b) 1 kg de agua helada a 0°C en 1 kg de agua hirviente a 100°C; c) 1 kg de agua hirviente a 100°C en 1 kg de vapor a 100°C, y d) 1 kg de hielo a 0°C en 1 kg de vapor a 100°C.

2. La capacidad calorífica específica aproximada del hielo es 0.5 cal/g°C. Suponiendo que permanece en ese valor hasta el cero absoluto, calcula la cantidad de calorías que se necesitarían para convertir un cubo de hielo de 1 g al cero absoluto (−273°C) en agua hirviente. ¿Cómo se compara esa cantidad de calorías con la necesaria para convertir el mismo gramo de agua hirviente a 100°C en vapor a 100°C?

3. Calcula la masa de hielo a 0°C que pueden fundir 10 g de vapor a 100°C.

4. Si se vierten 50 gramos de agua caliente a 80°C en una cavidad de un bloque de hielo muy grande a 0°C. ¿Cuál será la temperatura final del agua en la cavidad? ¿Cuánto hielo se debe fundir para enfriar el agua a esa temperatura?

5. Un trozo de 50 gramos de hierro se deja caer en una cavidad de un bloque de hielo muy grande, a 0°C. ¿Cuántos gramos de hielo se fundirán? (La capacidad calorífica específica del hierro es 0.11 cal/g°C.)

6. Calcula la altura desde donde se debe dejar caer un bloque de hielo a 0°C para fundirse totalmente por el impacto en el suelo. Imagina que no hay resistencia del aire, y que toda la energía se usa en la fusión del hielo. [Sugerencia: Iguala los joules de energía potencial gravitacional con el producto de la masa del hielo por su calor de fusión (en unidades SI es 335,000 J/kg). ¿Ves por qué el resultado no depende de la masa?]

7. Una esfera de hierro de 10 kg se deja caer desde 100 m hasta el pavimento. Si la mitad del calor generado se emplea en calentar la esfera, calcula su aumento de temperatura. (En unidades SI, la capacidad calorífica del hierro es 450 J/kg°C.) ¿Por qué la respuesta es igual para una esfera de cualquier masa?

8. El calor de evaporación del alcohol etílico es, aproximadamente, 200 cal/g. Si se dejaran evaporar 2 kg de alcohol en un refrigerador, ¿cuántos gramos de hielo se formarían con agua a 0°C?

Recuerda: las preguntas de repaso te sirven como autoevaluación, para saber si captaste las ideas principales del capítulo. Los ejercicios y los problemas son rutina adicional, que debes intentar después de que tengas cuando menos una buena comprensión del capítulo y que puedas resolver las preguntas de repaso.

18

www.pearsoneducacion.net/hewitt
*Usa los variados recursos del sitio Web,
para comprender mejor la física.*

TERMODINÁMICA

Dan Johnson pondera la facilidad con que la presión atmosférica aplasta la lata.

El estudio del calor y su transformación en energía mecánica se llama **termodinámica** (derivada de palabras griegas que significan "movimiento del calor"). La ciencia de la termodinámica se desarrolló a principios del siglo XIX, antes de que se comprendiera la teoría atómica y molecular de la materia. Como los primeros que se dedicaron a la termodinámica sólo tenían vagas nociones de los átomos, y no sabían nada acerca de los electrones y otras partículas microscópicas, los modelos que emplearon recurrían a nociones macroscópicas como trabajo mecánico, presión y temperatura, así como sus papeles en las transformaciones de energía. La base de la termodinámica es la conservación de la energía, y el hecho de que el calor fluye en forma espontánea de lo caliente a lo frío, y no a la inversa. La termodinámica proporciona la teoría básica de las máquinas térmicas, desde las turbinas de vapor hasta los reactores nucleares, así como la teoría básica de los refrigeradores y las bombas de calor. Comenzaremos estudiando la termodinámica con un vistazo a uno de sus primeros conceptos, un límite inferior de temperatura.

Cero absoluto

En principio, no hay límite superior de temperatura. A medida que aumenta el movimiento térmico, un objeto sólido primero se funde y después se evapora; al aumentar más la temperatura, las moléculas se descomponen en átomos y los átomos pierden algunos o todos sus electrones, transformándose en una nube de partículas con carga eléctrica: un plas-

341

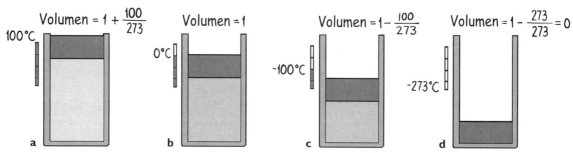

FIGURA 18.1 El pistón gris oscuro del recipiente baja a medida que el volumen de gas (parte inferior) se contrae. El volumen de gas cambia 1/273 de su volumen a 0°C con cada cambio de 1°C de la temperatura, cuando la presión se mantiene constante. a) A 100°C el volumen es 100/273 mayor que a b) 0°C. c) Cuando la temperatura se reduce a −100°C, el volumen se reduce a 100/273. d) A −273°C, el volumen de gas se reduciría 273/273, por lo que sería cero.

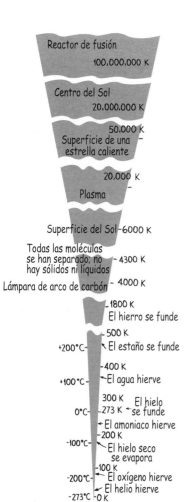

FIGURA 18.2 Algunas temperaturas absolutas.

ma. Este estado existe en las estrellas, donde la temperatura es de muchos millones de grados Celsius.

En contraste, sí hay un límite definido en el otro extremo de la escala de temperaturas. Los gases se dilatan cuando se calientan y se contraen cuando se enfrían. En los experimentos realizados en el siglo XIX se encontró que todos los gases, independientemente de sus presiones o volúmenes iniciales, a 0°C cambian su volumen 1/273 parte por cada grado Celsius de cambio de temperatura, si la presión se mantiene constante. Así, si un gas a 0°C se enfriara 273°C, de acuerdo con esta regla se contraería 273/273 partes de su volumen, es decir, su volumen se reduciría a 0. Es claro que no se puede tener una sustancia con volumen cero. También se encontró que la presión de cualquier gas en cualquier recipiente de volumen *fijo* cambia en 1/273 de su valor a 0°C por cada grado Celsius de cambio de temperatura. Así, un gas en un recipiente de volumen fijo enfriado a 273°C bajo cero no tendría presión alguna. En la práctica, todos los gases se condensan antes de llegar a estar tan fríos. Sin embargo, esas disminuciones en escalones de 1/273 sugirieron la idea de que hay una temperatura mínima: −273°C. Así, hay un límite de frialdad. Cuando los átomos y moléculas pierden toda su energía cinética disponible llegan al **cero absoluto** de temperatura. En el cero absoluto, como se describió en breve en el capítulo 15, no se puede extraer más energía de una sustancia y no es posible bajar más su temperatura. En realidad esa temperatura límite es 273.15° bajo cero en la escala Celsius (y 459.7° bajo cero en la escala Fahrenheit).

La escala absoluta de temperaturas se llama escala Kelvin, en honor de Lord Kelvin, físico escocés del siglo XIX que acuñó la palabra *termodinámica* y fue el primero en sugerir esta escala termodinámica de temperaturas. El cero absoluto es 0 K (se lee "0 kelvin" y no "0 grados kelvin"). No hay números negativos en la escala Kelvin. En ella, los grados se calibran en divisiones con el mismo tamaño que los de la escala Celsius. Entonces, el punto de fusión del hielo es 273.15 K, y el punto de ebullición del agua es 373.15 K.

EXAMÍNATE

1. ¿Qué es mayor, un grado Celsius o un kelvin?

2. Un frasco de helio gaseoso tiene 0°C de temperatura. Otro frasco idéntico que contiene una masa igual de helio está más o menos dos veces más caliente (tiene el doble de la energía interna), ¿cuál es su temperatura en grados Celsius?

Energía interna

Hay una cantidad inmensa de energía encerrada en todos los materiales. Por ejemplo, en este libro el papel está formado por moléculas que se mueven en forma constante. Tienen energía cinética. Debido a las interacciones entre las moléculas vecinas, también tienen energía potencial. Las páginas se pueden quemar con facilidad, por lo que se deduce que almacenan energía química, que en realidad es energía potencial eléctrica a nivel molecular. Sabemos que hay cantidades inmensas de energía asociadas con los núcleos atómicos. Además está la "energía del existir", que describe la célebre ecuación $E = mc^2$ (la energía de masa). En estas y en otras formas se encuentra la energía dentro de una sustancia y, tomada en su conjunto, se llama **energía interna**,[1] como se describió en forma breve en el capítulo 15. Aunque la energía interna puede ser bastante compleja aun en la sustancia más simple, en nuestro estudio de los cambios térmicos y del flujo de calor sólo nos ocuparemos con los *cambios* de la energía térmica de una sustancia. Los cambios de temperatura son indicativos de esos cambios de energía interna.

Primera ley de la termodinámica

Hace unos 200 años se creía que el calor era un fluido invisible llamado *calórico*, que fluía como el agua, de los objetos calientes a los objetos fríos. Parecía que el calórico se conservaba, esto es, que fluía de un lugar a otro sin ser creado ni destruido. Esta idea fue precursora de la ley de la conservación de la energía. A mediados del siglo XIX se vio que el flujo de calor no era más que el flujo mismo de energía. En forma gradual se fue desechando la teoría del calórico.[2] Hoy se considera que el calor es energía que se transfiere de un lugar a otro, por lo general debido a choques moleculares. El calor es energía en tránsito.

Cuando la ley de la conservación de la energía se amplía para incluir el calor, se llama **primera ley de la termodinámica**.[3] Se acostumbra enunciarla como sigue:

Cuando el calor fluye hacia o desde un sistema, el sistema gana o pierde una cantidad de energía igual a la cantidad de calor transferido.

Por *sistema* se entiende un grupo bien definido de átomos, moléculas, partículas u objetos. El sistema puede ser el vapor de una máquina de vapor, o puede ser toda la atmósfera terrestre. Hasta puede ser el cuerpo de una criatura viva. Lo importante es que

---

COMPRUEBA TUS RESPUESTAS

1. Ninguno de los dos. Son iguales.
2. Un recipiente de helio el doble de caliente tiene el doble de temperatura absoluta, en este caso dos veces 273 K. Serían 546 K o 273°C. (Sólo resta 273 de las temperaturas en kelvin para pasar a grados Celsius. ¿Puedes ver por qué?)

---

[1] Si este libro se moviera en la orilla de una mesa, a punto de caerse, tendría energía potencial gravitacional; si se lanzara al aire, tendría energía cinética. Pero ésos no son ejemplos de energía interna, porque implican más que sólo los elementos de los que está formado el libro. Incluyen interacciones gravitacionales con la Tierra, y movimientos con respecto a la Tierra. Si deseáramos incluir esas formas lo deberíamos hacer en función de un "sistema" mayor —ampliado para abarcar tanto al libro como a la Tierra—. No son parte de la energía interna del libro mismo.

[2] Cuando se demuestra que las ideas populares están equivocadas casi nunca desaparecen de repente. Las personas tienden a identificarse con las ideas que caracterizan su época; en consecuencia, muchas veces son los jóvenes los más inclinados a descubrir y aceptar nuevas ideas, y a impulsar el avance de la aventura humana.

[3] También hay una "ley cero" de la termodinámica (lleva este singular nombre porque se formuló *después* de la primera y la segunda), que dice que dos sistemas en equilibrio térmico cada uno con un tercer sistema están en equilibrio entre sí. Hay una tercera ley que establece que ningún sistema puede bajar su temperatura absoluta hasta cero.

podamos definir qué hay *dentro* del sistema y qué hay *fuera* de él. Si agregamos calor al vapor de una máquina de vapor, a la atmósfera terrestre o al organismo de una criatura, estamos agregando energía a ese sistema. El sistema puede "usar" este calor para aumentar su propia energía interna, o para efectuar trabajo sobre sus alrededores. Entonces, la adición de calor puede hacer una de dos cosas: 1) aumentar la energía interna del sistema, si se queda en el sistema, o 2) efectuar trabajo sobre cosas externas al sistema, al salir del sistema. En forma más específica, la primera ley dice:

Calor agregado a un sistema = aumento de energía interna + trabajo externo efectuado por el sistema.

La primera ley es un principio general que no se ocupa de la estructura interna del sistema mismo. Sean cuales fueren los detalles del comportamiento molecular del sistema, la energía térmica que se agregue sólo tiene dos funciones: aumentar la energía interna del sistema, o permitir que el sistema efectúe trabajo, o las dos funciones al mismo tiempo. Nuestra capacidad de describir y pronosticar el comportamiento de sistemas que puedan ser demasiado complicados para analizarlos en función de procesos atómicos y moleculares es una de las bellezas de la termodinámica. La termodinámica une los mundos microscópico y macroscópico.

Si se coloca una lata hermética de aire sobre una llama, se calienta. Definamos como "sistema" al aire dentro de la lata. Como la lata tiene volumen fijo, el aire no puede efectuar trabajo sobre ella (el trabajo implica desplazamiento debido a una fuerza). Todo el calor que entra a la lata aumenta la energía interna del aire encerrado, por lo que aumenta su temperatura. Si la lata tiene un pistón móvil, el aire caliente puede efectuar trabajo al expandirse y empujar al pistón hacia afuera. ¿Puedes visualizar que como eso efectúa trabajo, la temperatura del aire encerrado debe ser menor que si no se efectuara trabajo sobre el pistón? Si se agrega calor a un sistema que no efectúa trabajo externo, entonces la cantidad de calor agregado es igual al aumento de energía interna del sistema. Si el sistema efectúa trabajo externo, entonces el aumento de energía interna será correspondientemente menor.

Imagina que a una máquina de vapor se le suministra determinada cantidad de energía. La cantidad suministrada se hará evidente en el aumento de la energía interna del vapor y en el trabajo mecánico efectuado. La suma del aumento de energía interna y del trabajo efectuado será igual a la entrada de energía. No hay manera de que la salida de energía sea mayor que la entrada de energía. La primera ley de la termodinámica no es más que la versión térmica de la ley de la conservación de la energía.

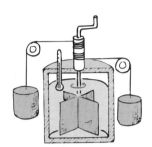

FIGURA 18.3 Aparato con agitador de paletas para comparar el calor con la energía mecánica. A medida que las pesas caen ceden energía potencial (mecánica) que se convierte en calor que calienta el agua. Esta equivalencia de energía térmica y energía mecánica fue demostrada por primera vez por James Joule, en honor de quien se nombró la unidad de energía.

Examínate

1. Si se agregan 100 J de calor a un sistema que no efectúa trabajo externo, ¿cuánto aumenta la energía interna de ese sistema?

2. Si se agregan 100 J de calor a un sistema que efectúa 40 J de trabajo externo, ¿cuánto aumenta la energía interna de ese sistema?

Comprueba tus respuestas

1. 100 J.

2. 60 J. Más adelante veremos que, según la primera ley, 100 J = 60 J + 40 J.

El agregar calor a un sistema de tal manera que éste pueda efectuar trabajo mecánico, es sólo una de las aplicaciones de la primera ley de la termodinámica. Si en lugar de agregar calor efectuamos trabajo mecánico sobre el sistema, la primera ley indica lo que cabrá esperar: un aumento de energía interna. Frota las palmas de las manos y se calentarán. O bien frota dos varas secas y verás que se calentarán. O también infla un neumático de la bicicleta y la bomba se calentará. ¿Por qué? porque principalmente estamos efectuando trabajo mecánico sobre el sistema, y aumentando su energía interna. Si el proceso sucede con tanta rapidez que sale del sistema muy poco calor, entonces la mayor parte del trabajo que entra se consume en aumentar la energía interna, y el sistema se calienta.

Procesos adiabáticos

Se dice que la compresión y la expansión de un gas sin que entre o salga calor del sistema es un **proceso adiabático** (de *impasable* en griego). Se pueden alcanzar condiciones adiabáticas aislando térmicamente un sistema de sus alrededores (por ejemplo, con espuma de estireno) o efectuando los procesos con tanta rapidez que el calor no tenga tiempo de entrar o de salir. En consecuencia, en un proceso adiabático, ya que no entra ni sale calor del sistema, la parte de "calor agregado" de la primera ley de la termodinámica debe ser cero. Así, bajo condiciones adiabáticas, los cambios de energía interna son iguales al trabajo efectuado sobre o por el sistema.[4] Por ejemplo, si efectuamos trabajo sobre un sistema comprimiéndolo, aumenta su energía interna; aumentamos su temperatura. Eso lo notamos por lo caliente de una bomba de bicicleta cuando comprime el aire. Si el sistema efectúa trabajo, su energía interna disminuye, se enfría. Cuando un gas se expande adiabáticamente, efectúa trabajo sobre sus alrededores y cede energía interna a medida que se enfría. El aire en expansión se enfría.

Puedes demostrar el enfriamiento del aire cuando se expande repitiendo el experimento de soplar en la mano, que se describió en el capítulo anterior. Primero exhala el aire sobre la mano, con la boca abierta y después soplando, con los labios apretados (Figura 16.5, capítulo 16). Tu aliento se enfría apreciablemente cuando soplas ¡porque el aire se expande!

FIGURA 18.4 Al efectuar trabajo sobre la bomba impulsando el pistón hacia abajo comprimes el aire en el interior. ¿Qué sucede con la temperatura de ese aire? ¿Qué sucede con la temperatura si se expande y empuja el pistón hacia arriba?

Meteorología y la primera ley

Los meteorólogos recurren a la termodinámica al analizar el clima. Expresan la primera ley de la termodinámica en la siguiente forma:

La temperatura del aire aumenta al agregarle calor o al aumentar su presión.

La temperatura del aire puede cambiar agregándole o quitándole calor, cambiando la presión del aire (lo cual implica efectuar trabajo) o ambas cosas. El calor llega de la radiación solar, de la radiación terrestre de gran longitud de onda, de la condensación de la humedad o del contacto con el suelo caliente. El resultado es un aumento de temperatura. La atmósfera puede perder calor por radiación al espacio, por evaporación de la llu-

[4] Δ Calor = Δ energía interna + trabajo

0 = Δ energía interna + trabajo

Entonces se puede decir que

−Trabajo = Δ energía interna

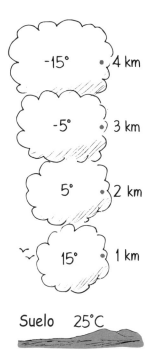

FIGURA 18.5 La temperatura de una masa de aire seco que se expande adiabáticamente disminuye unos 10°C por cada kilómetro de elevación.

via que cae por el aire seco, o por estar en contacto con superficies frías. El resultado es una disminución de la temperatura del aire.

Hay algunos procesos atmosféricos en los que la cantidad de calor agregado o sustraído es muy pequeña, tan pequeña como para que el proceso sea casi adiabático. A ellos se les aplica la forma adiabática de la primera ley:

La temperatura del aire sube (o baja) cuando aumenta (o disminuye) la presión.

Los procesos adiabáticos en la atmósfera son característicos de partes del aire, llamadas *parcelas* o *masas* cuyas dimensiones van de decenas de metros hasta kilómetros. Esas masas son lo suficientemente grandes como para que el aire externo a ellas no se mezcle con el de su interior, durante los minutos u horas de su existencia. Se comportan como si estuvieran encerradas en unas bolsas de mercancía gigantescas y con peso mínimo. A medida que una masa sube por el lado de una montaña baja su presión, con lo que se expande y enfría. La menor presión causa menor temperatura.[5] De acuerdo con las mediciones, la temperatura de una masa de aire seco disminuye 10°C al bajar la presión lo correspondiente a un aumento de 1 kilómetro de altitud. Es decir, el aire se enfría 10°C por cada kilómetro que sube (Figura 18.5).

El aire que pasa sobre las altas montañas, o que sube en las tormentas o los ciclones puede cambiar de elevación en varios kilómetros. Así, si una masa de aire seco al nivel del suelo con una temperatura confortable de 25°C subiera 6 kilómetros, su temperatura sería −35°C. Por otro lado si el aire a una temperatura de −20°C, normal a una altura de 6 kilómetros descendiera al nivel del suelo, su temperatura sería hasta 40°C. Un ejemplo notorio de este calentamiento adiabático, entre otros es el *chinook*, viento que sopla de las Montañas Rocallosas y cruza las Grandes Planicies, en Estados Unidos. El aire frío que baja por las pendientes de las montañas se comprime y se calienta en forma apreciable (Figura 18.6). El efecto de la expansión o la compresión de los gases es muy impresionante.[6]

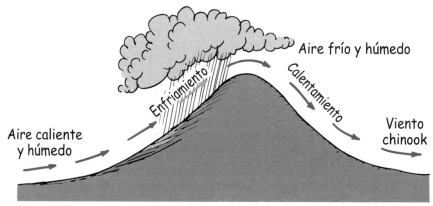

FIGURA 18.6 Los chinooks, que son vientos cálidos y secos, se forman cuando desciende el aire que está a gran altitud y es calentado adiabáticamente.

FIGURA 18.7 Una cabeza de tormenta es resultado del enfriamiento adiabático rápido de una masa de aire húmedo que sube. Obtiene su energía por condensación de su vapor de agua.

[5]Recuerda que en el capítulo 16 explicamos el enfriamiento del aire que se expande al nivel microscópico teniendo en cuenta el comportamiento de las moléculas que chocan. En la termodinámica sólo se consideran medidas macroscópicas de temperatura y presión, y se llega a los mismos resultados. Es bello analizar las cosas desde más de un punto de vista.

[6]Es interesante que cuando uno vuela a grandes alturas, donde el aire suele estar a −35°C, está uno muy confortable en el habitáculo caliente, pero no porque haya calentadores. El proceso de comprimir el aire externo hasta la presión de la cabina casi a nivel del mar lo calentaría hasta 55°C (131°F). Por eso se deben usar acondicionadores de aire para sacar calor del aire a presión.

Una masa que sube se enfría al expandirse. Pero el aire de sus alrededores está más frío, también a altitudes mayores. La masa continuará subiendo mientras esté más caliente (y en consecuencia menos densa) que el aire que la rodea. Si se enfría (se hace más densa) que sus alrededores, descenderá. Bajo ciertas condiciones, grandes masas de aire frío bajan y permanecen a baja altitud, y el resultado es que el aire que está arriba de ellas está más caliente. Cuando las regiones superiores de la atmósfera están más calientes que las inferiores, se tiene una **inversión de temperatura**. Si algo de aire caliente que sube es más denso que esa capa superior de aire caliente, ya no seguirá ascendiendo. Es frecuente ver cómo se manifiesta esa inversión sobre un lago frío, donde los gases y las partículas como el humo, suben con los gases y se dispersan en una capa plana sobre el la-

FIGURA 18.8 La capa de humo de la fogata sobre el lago indica que hay una inversión de temperatura. El aire que está arriba del humo es más caliente que el humo, y el que está abajo es más frío.

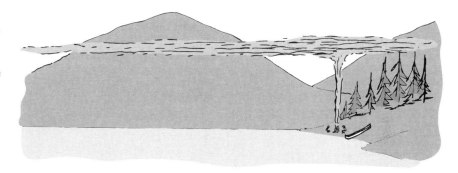

go, en vez de subir y disiparse más alto en la atmósfera (Figura 18.8). Las inversiones de temperatura atrapan el esmog y otros contaminantes térmicos. El esmog de Los Ángeles queda aprisionado por esas inversiones, causadas por el aire frío del océano, a bajo nivel, sobre el cual hay una capa de aire caliente que pasó sobre las montañas proveniente del desierto Mojave. Las montañas ayudan a mantener atrapado al aire (Figura 18.9). Las montañas que rodean a Denver desempeñan un papel semejante al atrapar el esmog bajo una inversión de temperatura.[7]

FIGURA 18.9 El esmog de Los Ángeles queda atrapado por las montañas y por una inversión térmica causada por el aire cálido del desierto de Mojave que está arriba del aire frío del Océano Pacífico.

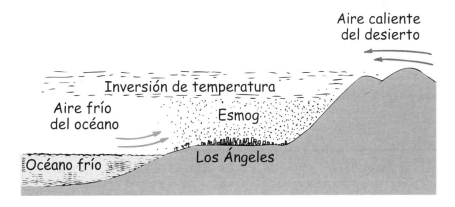

Las masas adiabáticas no se restringen a la atmósfera, y los cambios en ellas no necesariamente suceden con rapidez. Algunas corrientes marinas profundas tardan miles de años para circular. Las masas de agua son tan gigantescas y las conductividades tan pequeñas que no se transfieren cantidades apreciables de calor hacia o desde esas masas, du-

---

[7]Hablando con propiedad, los meteorólogos llaman inversión a todo perfil de temperatura que estorbe a la convección natural, hacia arriba, e incluyen los casos en los que las regiones superiores del aire están más frías, pero no lo suficiente como para permitir la convección natural continua.

rante grandes periodos. Se calientan o se enfrían adiabáticamente por cambios de presión. Los cambios en la convección oceánica adiabática, como los de la corriente El Niño, tienen gran efecto sobre el clima en la Tierra. La temperatura del fondo influye sobre la convección marina, y esa temperatura a su vez es influida por las corrientes de convección del material fundido bajo la corteza terrestre (Figura 18.10). Es más difícil tener conocimientos del comportamiento del material fundido en el manto de la Tierra. Una vez que una masa de material líquido caliente a gran profundidad en el manto comienza a subir, ¿seguirá subiendo hasta llegar a la corteza? O bien, ¿su enfriamiento adiabático la enfriará y la hará más densa que sus alrededores, y en ese instante se hundirá? La convección, ¿es perpetua? En la actualidad los geofísicos están evaluando todas esas preguntas.

FIGURA 18.10 Las corrientes de convección del manto de la Tierra ¿impulsan a los continentes al recorrer la superficie del Globo? Las masas de material fundido que suben ¿se enfrían más rápido o más lento que el material que las rodea? Las masas que se hunden ¿se calientan a temperaturas mayores o menores que lo que las rodea? Cuando se escribió este libro no se conocían las respuestas.

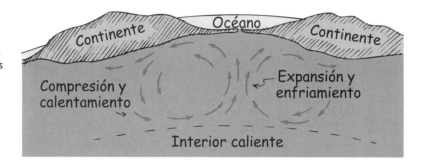

EXAMÍNATE

1. Si una masa de aire que inicialmente está a 0°C se expande adiabáticamente mientras sube junto a una montaña, una distancia vertical de 1 km, ¿cuál será su temperatura? ¿Y cuando haya subido 5 km?

2. ¿Qué sucede con la temperatura del aire de un valle cuando el aire frío que cruza las cimas de las montañas desciende al valle?

3. Imagina a una bolsa gigantesca de tintorería, llena de aire a −10°C e temperatura, que flota a 6 km sobre el suelo, como un globo gigantesco del cual cuelga un cordón. Si pudieras jalarlo repentinamente hasta el suelo, ¿cuál sería su temperatura aproximada?

Segunda ley de la termodinámica

Imagina que pones un ladrillo caliente junto a uno frío, dentro de una región con aislamiento térmico. Sabes que el ladrillo caliente se enfriará a medida que ceda calor al ladrillo frío, que se calentará. Llegarán a una temperatura común, al equilibrio térmico. De acuerdo con la primera ley de la termodinámica no se habrá perdido energía. Pero trata

COMPRUEBA TUS RESPUESTAS

1. A 1 km de elevación su temperatura será −10°C; a 5 km, será −50°C.

2. El aire se comprime adiabáticamente y la temperatura en el valle aumenta. De esta forma, los residentes de algunos valles en las Montañas Rocosas, como en Salida, Colorado, están en un clima de "zona bananera" a mitad del invierno.

3. Si baja con tanta rapidez como para que sea despreciable la conducción del calor, la atmósfera la comprimiría adiabáticamente y su temperatura subiría hasta 50°C (122°F), de igual manera que se calienta el aire cuando se comprime en una bomba de bicicleta.

que el ladrillo caliente absorba calor del ladrillo frío y se caliente todavía más. ¿Violaría eso la primera ley de la termodinámica? No, si el ladrillo frío se enfría lo correspondiente para que la energía combinada de ambos ladrillos permanezca igual. Si así sucediera no se violaría la primera ley. Pero sí se violaría la **segunda ley de la termodinámica**. Esa ley identifica la dirección de la transformación de la energía en los procesos naturales. Se puede enunciar de varias maneras, pero la más simple es la siguiente:

El calor nunca fluye por sí mismo de un objeto frío a uno caliente.

En invierno, el calor pasa del interior de un hogar con calefacción al aire frío del exterior. En el verano, el calor pasa del aire caliente del exterior al interior, que está más fresco. La dirección del flujo espontáneo de calor es de lo caliente a lo frío. Se puede hacer que tenga la dirección contraria, pero sólo si se efectúa trabajo sobre el sistema o si se agrega energía de otra fuente, que es lo que sucede en las bombas térmicas y en los acondicionadores de aire, que hacen que el calor vaya de los lugares más fríos a los más calientes.

La inmensa cantidad de energía interna del océano no se puede usar siquiera para encender una sola linterna, sin hacer un esfuerzo externo. Por sí misma, la energía no pasará del océano a menor temperatura hacia el filamento caliente de la lámpara. Sin ayuda externa, la dirección del flujo de calor es *desde* lo caliente *hacia* lo frío.

Máquinas térmicas

Es fácil convertir totalmente el trabajo en calor; sólo frótate las manos con fuerza. El calor que se crea se suma a la energía interna de las manos y las calienta. O bien empuja una caja a rapidez constante por el piso. El trabajo que haces para superar la fricción se convierte totalmente en calor, que calienta la caja y el piso. Pero nunca puede suceder el proceso inverso, de cambiar totalmente el calor en trabajo. Lo mejor que se puede hacer es convertir algo de calor en trabajo mecánico. La primera máquina térmica que lo hizo fue la máquina de vapor, inventada hace tres siglos.

Una **máquina térmica** es cualquier dispositivo que transforme la energía interna en trabajo. El concepto básico de una máquina térmica, sea una máquina de vapor, un motor de combustión interna o un motor a reacción, es que el trabajo mecánico sólo se puede obtener cuando el calor pase de alta temperatura a baja temperatura. En toda máquina térmica sólo se puede transformar algo del calor en trabajo.

Al describir las máquinas térmicas se habla de *depósitos* térmicos o *reservorios*. El calor sale de un reservorio o depósito de alta temperatura y llega a uno de baja temperatura. Toda máquina térmica 1) gana calor de un reservorio a alta temperatura, aumentando su energía interna; 2) convierte algo de esta energía en trabajo mecánico y 3) expulsa la energía restante en forma de calor, a algún reservorio a menor temperatura, que con frecuencia se llama *radiador* (Figura 18.11). Por ejemplo, en un motor de gasolina, 1) los productos de la quema del combustible, en la cámara de combustión, son el reservorio de alta temperatura, 2) los gases calientes efectúan trabajo mecánico sobre el pistón y 3) el calor es expulsado al ambiente a través del sistema de enfriamiento y de escape (Figura 18.12).

La segunda ley indica que no hay máquina térmica que convierta todo el calor que se le suministra en energía mecánica. Sólo *algo* del calor se puede transformar en trabajo, y el resto se expulsa en el proceso. Aplicada a las máquinas térmicas, la segunda ley se puede enunciar de la siguiente manera:

Cuando una máquina efectúa trabajo al funcionar entre dos temperaturas, $T_{caliente}$ y $T_{fría}$, sólo algo del calor tomado a $T_{caliente}$ se puede convertir en trabajo, y el resto es expulsado a $T_{fría}$.

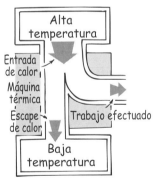

FIGURA 18.11 Cuando en una máquina térmica el calor pasa del reservorio a alta temperatura al reservorio de baja temperatura, parte del mismo se puede convertir en trabajo. (Si el trabajo se efectúa sobre una máquina térmica, el flujo de calor puede ser del reservorio con baja temperatura al reservorio con alta temperatura, como sucede en un refrigerador o un acondicionador de aire.)

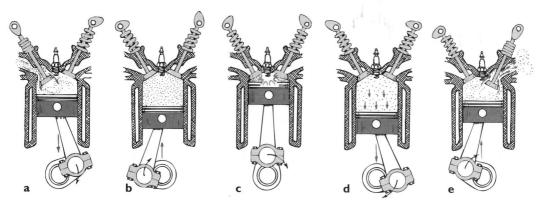

a   b   c   d   e

FIGURA 18.12 Motor de combustión interna de cuatro ciclos. a) Una mezcla de aire-combustible del carburador llena el cilindro al descender el pistón. b) El pistón asciende y comprime la mezcla adiabáticamente, porque ninguna cantidad apreciable de calor es transferida hacia adentro o hacia fuera. c) La bujía produce una chispa que enciende la mezcla y la eleva a alta temperatura. d) La expansión adiabática empuja el pistón hacia abajo, o sea el tiempo de potencia. e) Los gases quemados son expulsados por el tubo de escape. Entonces se abre la válvula de admisión y se repite el ciclo. Estas etapas se pueden poner de forma diferente: a) Succiona b) Comprime c) Enciende d) Empuja e) Sopla.

Toda máquina térmica desperdicia algo de calor, lo cual puede ser bueno o malo. El aire caliente que sale en una lavandería durante un invierno frío puede ser muy bueno, mientras que el mismo aire caliente en un verano caluroso ya es otra cosa. Cuando el calor expulsado es indeseable se le llama *contaminación térmica* o *polución térmica*.

Antes de que los científicos comprendieran la segunda ley muchas personas creían que una máquina térmica con muy poca fricción podría convertir casi toda la energía térmica consumida en trabajo útil. Pero no es así. En 1824, Sadi Carnot[8] analizó el funcionamiento de una máquina térmica e hizo un descubrimiento fundamental. Demostró que la máxima fracción de la energía consumida que se puede convertir en trabajo útil, aun bajo condiciones ideales, depende de la diferencia de temperaturas entre el reservorio caliente y el reservorio frío. Esa ecuación es

$$\text{Eficiencia ideal} = \frac{T_{\text{caliente}} - T_{\text{fría}}}{T_{\text{caliente}}}$$

donde T_{caliente} es la temperatura del reservorio caliente y $T_{\text{fría}}$ la del reservorio frío.[9] La eficiencia ideal sólo depende de la diferencia de temperatura entre la entrada y la salida. Siempre que intervienen relaciones de temperatura se debe usar la escala absoluta de temperaturas. Entonces T_{caliente} y $T_{\text{fría}}$ se expresan en kelvin. Por ejemplo, cuando el reservo-

---

[8]Carnot fue hijo de Lazare Carnot, creador de los 14 ejércitos que, después de la revolución, defendieron a Francia contra toda Europa. Después de su derrota en Waterloo, Napoleón dijo a Lazare: "Señor Carnot, vengo a conocerlo demasiado tarde." Algunos años después de deducir su famosa ecuación, Sadi Carnot murió en forma trágica a la edad de 36 durante una epidemia de cólera que asoló a París.

[9]Eficiencia = trabajo efectuado/calor consumido.
Según la conservación de la energía, consumo de calor = trabajo efectuado + calor que sale a baja temperatura (véase la figura 18.11). Entonces trabajo producido = consumo de calor − salida de calor.
Entonces, eficiencia = (consumo de calor − salida de calor)/(consumo de calor).
En el caso ideal se puede demostrar que la relación (calor que sale)/(calor que entra) = $T_{\text{fría}}/T_{\text{caliente}}$. Entonces se puede decir que

$$\text{Eficiencia ideal} = (T_{\text{caliente}} - T_{\text{fría}})/T_{\text{caliente}}$$

FIGURA 18.13 Esquema de una turbina de vapor. Gira por la presión que ejerce el vapor a alta temperatura sobre la cara delantera de sus álabes, que es mayor que la que ejerce el vapor a menor temperatura sobre la cara trasera de ellas. Si no hubiera diferencia de temperatura, la turbina no giraría y no entregaría energía a una carga externa (por ejemplo, a un generador eléctrico). La presencia de presión de vapor en la cara trasera de los álabes, aun cuando no hubiera fricción, evita que la máquina tenga una eficiencia perfecta.

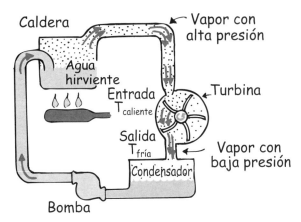

rio caliente (el vapor que entra) de una turbina de vapor está a 400 K (127°C) y el termostato frío (el condensador) está a 300 K (27°C), la eficiencia ideal es

$$\frac{400 - 300}{400} = \frac{1}{4}$$

Eso quiere decir que aun bajo condiciones ideales, sólo el 25% del calor proporcionado por el vapor se puede convertir en trabajo, mientras que el 75% restante se expulsa por el escape. Mientras mayor sea la temperatura del vapor que impulse a una turbina o a un turbogenerador, será mayor la eficiencia posible de producción de trabajo. [Por ejemplo, al aumentar la temperatura de funcionamiento en el ejemplo anterior a 600 K se obtiene una eficiencia de (600 − 300)/600 = 1/2, el doble de la eficiencia que a 400 K.]

Se ve el papel de la diferencia de temperaturas entre la fuente de calor y el radiador en el diagrama de funcionamiento de la turbina de vapor en la figura 18.13. El reservorio caliente es el vapor de la caldera, y el reservorio frío es la región del escape en el condensador. El vapor caliente ejerce presión y efectúa trabajo sobre los álabes, al impulsarlos por su cara delantera. Eso está bien. Pero la presión del vapor no está confinada a las caras delanteras; también se ejerce en las caras traseras; es contraria al efecto, y eso no está tan bien. La presión en las caras traseras se reduce a medida que el vapor se condensa y enfría, después de dar gran parte de su energía a los álabes. Aun si no hubiera fricción, la producción de trabajo neto de la turbina sería la diferencia entre el trabajo hecho por el vapor sobre los álabes y el trabajo efectuado por los álabes sobre el vapor, ya más frío, para expulsarlo. Sabemos que con el vapor confinado, la temperatura y la presión van de la mano; aumenta la temperatura y aumentarás la presión; disminuye la temperatura y disminuirás la presión. Así, la diferencia de presión necesaria para la operación de una máquina térmica se relaciona en forma directa con la diferencia de temperaturas entre la fuente y el radiador. Mientras mayor es la diferencia de temperaturas, la eficiencia es mayor.[10]

La ecuación de Carnot establece el límite superior de la eficiencia en todas las máquinas térmicas. Mientras mayor sea la temperatura de operación (comparada con la tem-

---

[10]Victor Weisskopf, físico, cuenta la historia de un ingeniero que explica el funcionamiento de una máquina de vapor a un campesino. Le explica con detalle el ciclo de vapor, después de lo cual le pregunta el campesino: "Sí, comprendo, pero dónde está el caballo?" Es difícil abandonar nuestra forma de ver el mundo, cuando un método nuevo se presenta para reemplazar las formas establecidas.

Un drama termodinámico

Pon un poco de agua en una lata de aluminio y caliéntala en una estufa, hasta que por la abertura salga vapor. En ese momento el aire ha salido y el vapor lo ha reemplazado. Entonces, con unas tenazas voltea la lata boca abajo, sobre una bandeja con agua. ¡Plap! La lata se aplasta debido a la presión atmosférica. ¿Por qué? Cuando las moléculas de vapor se encuentran con las del agua de la bandeja, se condensan y en la lata la presión que queda es muy baja; entonces la presión atmosférica que la rodea aplasta la lata. Aquí podemos ver, en forma dramática, cómo la condensación reduce la presión. ¿Comprendes mejor ahora el papel de la condensación en la turbina de la figura 18.13?

FIGURA 18.14

EXAMÍNATE

1. ¿Cuál sería la eficiencia ideal de una máquina térmica si tanto su reservorio caliente como su reservorio frío estuvieran a la misma temperatura, por ejemplo 400 K?

2. ¿Cuál sería la eficiencia ideal de una máquina con reservorio caliente a 400 K y si hubiera alguna forma de mantener su reservorio frío en el cero absoluto, a 0 K?

peratura del escape) de cualquier máquina térmica, sea un automóvil ordinario, un buque con propulsión nuclear o un avión a reacción, la eficiencia de esa máquina será mayor. En la práctica siempre hay fricción en todas las máquinas y su eficiencia siempre es menor que la ideal.[11] Así, mientras que la fricción es la única responsable de las ineficiencias de muchos dispositivos, en el caso de las máquinas térmicas el concepto básico es la

COMPRUEBA TUS RESPUESTAS

1. La eficiencia sería cero: 400 − 400/400 = 0. Entonces no es posible que alguna máquina efectúe trabajo, a menos que exista una diferencia de temperaturas entre la fuente caliente y el radiador.

2. 400 − 0/400 = 1; sólo en este caso ideal es posible obtener una eficiencia ideal de 100%.

---

[11]La eficiencia ideal de un automóvil ordinario es más de 50%, pero en la práctica la eficiencia real es 25%. Los motores de mayor temperatura de funcionamiento (en comparación con su temperatura de escape) podrían ser más eficientes, pero el punto de fusión de sus materiales limita las temperaturas máximas a las cuales pueden operar. Se espera que con motores fabricados con nuevos materiales, las eficiencias sean mayores. ¡Espérate a los motores de cerámica!

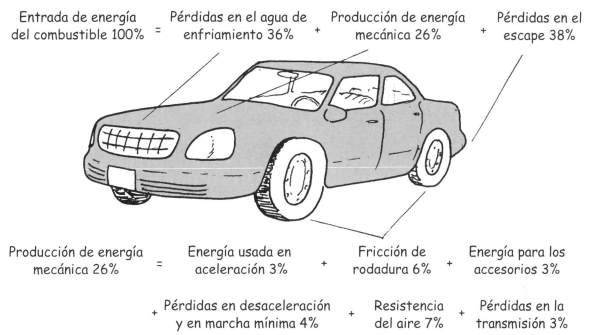

FIGURA 18.15 Sólo el 26% de la energía térmica que se produce al quemar la gasolina en un automóvil se transforma en energía mecánica, y la mayor parte de ella se pierde en la fricción y en vencer la resistencia del aire. Las pérdidas que vemos aquí son para un automóvil estadounidense normal, y son promedios de distintas condiciones de manejo. Los autos híbridos, con motores de gasolina y eléctricos a la vez, están llegando al mercado, con mayores eficiencias que los motores normales de gasolina.

segunda ley de la termodinámica; sólo algo del calor consumido se puede convertir en trabajo, aunque no haya fricción.[12]

El orden tiende al desorden

La primera ley de la termodinámica establece que no se puede crear ni destruir la energía. Habla sobre la *cantidad* de la energía. La segunda ley la califica, agregando que la forma que asume la energía en sus transformaciones "la deteriora" en formas menos útiles. Habla de la *calidad* de la energía, a medida que se difunde más y acaba por degenerarse al desperdiciarla. Otra forma de decir lo mismo es que la energía organizada (concentrada, y en consecuencia energía útil de alta calidad) se degenera y forma energía desorganizada (inútil, de baja calidad). Una vez que el agua cae por una cascada, pierde energía potencial para efectuar trabajo útil. De igual manera sucede con la gasolina, donde la energía organizada se degrada al quemarse en un motor de automóvil. La energía útil se degenera en formas inútiles y no está disponible para efectuar el mismo trabajo de nuevo, por ejemplo impulsar otro motor de automóvil. El calor, difundido al ambiente como energía térmica, es el "panteón" de la energía térmica.

[12]N. del T.: En el caso de los automóviles y de las turbinas de vapor, la eficiencia ideal es menor que la "eficiencia de Carnot". Esto se debe a que no existen los "depósitos" térmicos o reservorios en realidad. Por ejemplo, en el caso de las turbinas de vapor, su funcionamiento se rige por el llamado "ciclo Rankine" y no por el "ciclo de Carnot". Además, en los motores de combustión (con sus respectivos "ciclo de Otto" o "ciclo Diesel" se evita, por el momento, aumentar demasiado la temperatura de combustión para no producir mucha contaminación por óxidos de nitrógeno. Tal vez en el futuro haya "convertidores catalíticos" que los absorban y permitan aumentar la eficiencia.

Energía OTEC

FIGURA 18.16 La miniplanta OTEC que se ve aquí es una máquina térmica que funciona por la diferencia de temperaturas entre el agua templada en la superficie y el agua fría de las profundidades.

Una planta de energía que no contamina, que en la actualidad está en etapa de investigación y desarrollo frente a la costa Kona en Hawaii, es la OTEC, acrónimo de las palabras inglesas que significan Conversión de Energía Térmica Oceánica. Una central OTEC produce energía eléctrica aprovechando la diferencia entre las temperaturas de las aguas templadas superficiales y las aguas frías de las profundidades. En forma más específica, es una máquina térmica que funciona con la diferencia entre la temperatura de las aguas tropicales iluminadas por el Sol, a 26°C, y las oscuras aguas de las profundidades a 4°C. Debido a la pequeña diferencia de temperaturas, la eficiencia es baja.

Una eficiencia baja requiere circular grandes cantidades de agua, lo cual tiene algunas ventajas. El agua profunda y fría, saturada con nitrógeno y otros nutrientes, que están alejados de la cadena alimenticia superficial, habiendo estado en la oscuridad durante siglos, se hace circular hacia la superficie. Esta subida de agua rica en nutrientes, al exponerse a la luz solar, debería producir una explosión del fitoplancton, comparable a la que se obtiene cuando se agregan fertilizantes a los cultivos terrestres. Así, la promesa de la OTEC no sólo es obtener energía eléctrica sin contaminación, sino también más alimento del mar.

La OTEC se parece a una central convencional impulsada con vapor. Se admite agua templada en cámaras con vacío parcial, donde hierve (recuerda que el punto de ebullición del agua depende de la presión). El vapor producido hace girar a un turbogenerador, después de lo cual se condensa con agua fría bombeada desde las profundidades. En otro sistema de ciclo cerrado, un fluido de trabajo como el amoniaco se evapora y se condensa intercambiando calor con el agua caliente y el agua fría del mar, lo que permite tener mayor diferencia de presión a través de la turbina, que a su vez permite un escalamiento más directo respecto a las plantas de capacidades comerciales.

Al igual que la energía eólica y la hidroeléctrica, la energía OTEC proviene, en último término, de la luz solar. No necesita otro combustible. ¡Espera la OTEC más adelante, en este siglo!

La calidad de la energía baja en cada transformación, a medida que la energía en forma organizada tiende a formas desorganizadas. Con esta perspectiva más amplia se puede enunciar la segunda ley en otra forma:

En los procesos naturales, la energía de alta calidad tiende a transformarse en energía de menor calidad; el orden tiende al desorden.

Imagina un sistema formado por una pila de monedas sobre una mesa, todas con la misma cara hacia arriba. Alguien que pasa choca por accidente con la mesa y las monedas caen al piso, y con seguridad no todas caerán con la misma cara hacia arriba. El orden se transforma en desorden. Las moléculas de gas que se muevan todas en armonía y forman un estado ordenado, también forman un estado improbable. Por otra parte, las moléculas de un gas que se muevan en todas direcciones con un intervalo amplio de rapide-

FIGURA 18.17 La Pirámide Transamérica, y otros edificios que tienen calefacción por alumbrado eléctrico, tienen las luces encendidas la mayor parte del tiempo.

ces forman un estado desordenado, caótico y más probable. Si quitas la tapa de un pomo de perfume, las moléculas escapan al recinto y forman un estado más desordenado. El orden relativo se transforma en desorden. No esperas que suceda por sí mismo lo inverso, esto es, no vas a esperar a que las moléculas de perfume se ordenen de nuevo regresando al pomo.

EXAMÍNATE Es probable que en tu dormitorio haya unas 10^{27} moléculas de aire. Si todas ellas se congregaran en el lado opuesto del recinto te podrías asfixiar. Pero eso es improbable. Esa congregación espontánea de moléculas, ¿es menos probable, más probable o igualmente probable si hubiera menos moléculas en el recinto?

Los procesos en los que el desorden regresa al orden, sin ayuda externa, no suceden en la naturaleza. Es interesante que el tiempo tenga una dirección a través de esta regla de la termodinámica. La flecha del tiempo siempre apunta del orden hacia el desorden.[13]

La energía desordenada se puede transformar en energía ordenada, pero sólo a expensas de algún esfuerzo o consumo organizativo. Por ejemplo, el agua se congela en un refrigerador y se ordena más, porque se consumió trabajo en el ciclo de refrigeración; un gas se puede ordenar en una región más pequeña si a un compresor se le suministra energía interna para efectuar trabajo. Los procesos en los que el efecto neto es un aumento de orden requieren siempre un consumo externo de energía. Para esos procesos siempre hay un aumento de desorden en algún otro lugar, por lo de más anula el aumento de orden.

FIGURA 18.19 Las moléculas de perfume pasan con rapidez desde el pomo (en un estado más ordenado) hacia el aire de la habitación (en un estado más desordenado) y no a la inversa.

FIGURA 18.18 Empuja una caja pesada por un piso áspero y todo el trabajo que hagas terminará calentando el piso y la caja. El trabajo contra la fricción produce calor, que no puede efectuar trabajo alguno sobre la caja. La energía ordenada se transforma en energía desordenada.

COMPRUEBA TU RESPUESTA Menos moléculas representan mayor probabilidad de que se congreguen en forma espontánea en el extremo opuesto de tu dormitorio. Si se exagera se verá que es más creíble. Si sólo hubiera una molécula en el recinto, hay una probabilidad del 50% de que esté en el otro lado del recinto. Si hay dos moléculas, la probabilidad de que ambas estén al mismo tiempo es 25%. Si hay tres moléculas, la probabilidad de que te quedes sin aliento es un octavo (12.5%). A medida que haya más moléculas, la probabilidad de que se encuentren en el otro extremo al mismo tiempo es menor. Mientras mayor sea la cantidad de moléculas, las probabilidades de que haya casi igual cantidad en ambos lados es mayor.

---

[13]Los sistemas reversibles se ven lógicos cuando una película de ellos se pasa en reversa. ¿Te acuerdas de las viejas películas donde un tren se detiene a pocos centímetros de una heroína que está amarrada a las vías? ¿Cómo se hace la toma sin provocar un accidente? Es sencillo. El tren comenzó detenido, a pocos centímetros de la heroína y avanzó *en reversa*, acelerando. Cuando se invirtió la película, se veía que el tren se *acercaba* a la heroína. ¡Fíjate bien en el humo que *entra* a la chimenea!

Entropía

FIGURA 18.20 Entropía.

FIGURA 18.21 ¿Por qué el lema de este contratista, "aumentar la entropía es nuestro negocio", es tan apropiado?

La idea de bajar la "calidad" de la energía está implícita en el concepto de **entropía**, una medida de la *cantidad de desorden* en un sistema.[14] La segunda ley establece que, a la larga, la entropía siempre crece. Las moléculas de gas que escapan de un pomo de perfume pasan de un estado relativamente ordenado a un estado desordenado. El desorden aumenta; la entropía aumenta. Cuando se deja que un sistema físico distribuya su energía con libertad, siempre lo hace de una forma tal que la entropía aumenta, mientras que disminuye la energía del sistema que está disponible para efectuar trabajo.

Piensa en el viejo dicho de: "¿Cómo le quitas lo revuelto a un huevo?" La respuesta es sencilla: "Dáselo como alimento a un pollo." Pero hasta en ese caso no obtendrías de nuevo el huevo; el proceso tiene sus ineficiencias también. Todos los organismos vivos, desde las bacterias a los árboles y los seres humanos, extraen energía de sus alrededores y la usan para aumentar su propia organización. En los seres vivos disminuye la entropía. Pero el orden de las formas de vida se mantiene aumentando la entropía en todos los demás lugares; las formas de vida, más sus productos de desecho, tienen un aumento neto de entropía.[15] Se debe transformar energía, dentro del sistema vivo, para sostener la vida. Cuando no es así, el organismo muere pronto y tiende hacia el desorden.

La primera ley de la termodinámica es una ley universal de la naturaleza, y no se han observado excepciones para ella. Sin embargo, la segunda ley es una declaración probabilista. Si pasa el tiempo suficiente se pueden presentar hasta los estados más improbables; a veces la entropía puede decrecer. Por ejemplo, los movimientos erráticos de las moléculas de aire podrían volverse armoniosos momentáneamente en la esquina de un recipiente, así como una pila de monedas que se regaran por el suelo podrían alguna vez quedar todas con la misma cara hacia arriba. Esos casos son posibles, pero no probables. La segunda ley nos dice el curso más probable de los eventos, y no el único que es posible.

Las leyes de la termodinámica se enuncian con frecuencia de la siguiente manera: no puedes ganar (porque no puedes obtener más energía de un sistema que la que le suministres); no puedes empatar (porque no puedes obtener toda la energía útil que suministraste), y no puedes salirte del juego (porque la entropía del universo siempre está aumentando).

[14]Se puede definir la entropía matemáticamente. El aumento de entropía ΔS en un sistema termodinámico es igual a la cantidad de calor agregado al sistema, ΔQ dividido entre la temperatura T a la que se agrega el calor: $\Delta S = \Delta Q/T$.

[15]El escritor estadounidense Ralph Waldo Emerson, de la época en que la segunda ley de la termondinámica era novedad, especuló filosóficamente que no todo se desordena más al paso del tiempo, y citó el ejemplo del pensamiento humano. Las ideas acerca de la naturaleza de las cosas se refinan y se organizan cada vez más, al pasar por las mentes de las generaciones sucesivas. El pensamiento humano evoluciona hacia más orden.

Resumen de términos

Cero absoluto   La temperatura más baja posible que puede tener una sustancia; la temperatura a la cual las partículas de una sustancia tienen su energía cinética mínima.

$$\text{Eficiencia ideal} = \frac{T_{\text{caliente}} - T_{\text{fría}}}{T_{\text{caliente}}}$$

donde T_{caliente} es la temperatura del reservorio caliente y $T_{\text{fría}}$ la del reservorio frío.

Energía interna   La energía total (cinética más potencial) de las partículas submicroscópicas que forman una sustancia. Los *cambios* de energía interna son el tema principal de la termodinámica.

Entropía   Una medida del desorden de un sistema. Siempre que la energía se transforma libremente de una a otra forma, la dirección de la transformación es hacia un estado de mayor desorden, y en consecuencia a uno de mayor entropía.

Inversión de temperatura   Un estado en el que se detiene la convección del aire hacia arriba, a veces porque una región superior de la atmósfera está más caliente que el aire que hay abajo.

Máquina térmica   Dispositivo que usa calor como alimentación y produce trabajo mecánico, o que usa trabajo como alimentación y mueve "cuesta arriba" al calor desde un lugar más frío hasta uno más caliente.

Primera ley de la termodinámica   Un reenunciado de la ley de la conservación de la energía, aplicado a sistemas en los que la energía se transfiere mediante el calor y/o el trabajo. El calor agregado a un sistema es igual al aumento de su energía interna más el trabajo externo que efectúa sobre sus alrededores.

Proceso adiabático   Un proceso, con frecuencia de expansión o de compresión rápida, donde no entra ni sale calor en el sistema.

Segunda ley de la termodinámica   La energía térmica nunca fluye en forma espontánea de un objeto frío a otro caliente. También, no hay máquina que sea totalmente eficiente para convertir calor en trabajo; algo del calor suministrado a la máquina a alta temperatura se disipa como calor de escape a baja temperatura. Por último, todos los sistemas tienden a volverse más y más desordenados al paso del tiempo.

Termodinámica   El estudio del calor y su transformación en distintas formas de energía.

Preguntas de repaso

1. ¿De dónde procede la palabra *termodinámica*?
2. El estudio de la termodinámica se ocupa principalmente ¿de procesos microscópicos o de procesos macroscópicos?

Cero absoluto

3. ¿Cuánto se contrae el volumen de un gas a 0°C por cada grado Celsius de disminución de temperatura, cuando la presión se mantiene constante?

4. ¿Cuánto baja la presión de un gas a 0°C por cada grado Celsius de disminución de temperatura, cuando el volumen se mantiene constante?
5. Si suponemos que el gas no se condense y forme un líquido, ¿a qué volumen tiende un gas a 0°C que se enfríe 273 grados Celsius?
6. ¿Cuál es la temperatura mínima posible en la escala Celsius? ¿En la escala Kelvin?

Energía interna

7. Además de la energía cinética, ¿qué otra cosa contribuye a la energía interna de una sustancia?
8. El objeto principal del estudio de la termodinámica, ¿es la *cantidad* de energía interna de un sistema, o los *cambios* de energía interna en un sistema?

Primera ley de la termodinámica

9. ¿Cómo se relaciona la ley de la conservación de la energía con la primera ley de la termodinámica?
10. ¿Qué sucede con la energía interna de un sistema cuando sobre él se efectúa trabajo mecánico? ¿Qué sucede con su temperatura?
11. ¿Cuál es la relación entre calor agregado a un sistema, cambio de su energía interna y trabajo efectuado por el sistema?

Procesos adiabáticos

12. ¿Qué condición es necesaria para que un proceso sea adiabático?
13. Si se efectúa trabajo *sobre* un sistema, ¿su energía interna aumenta o disminuye? Si un sistema efectúa trabajo, ¿su energía interna aumenta o disminuye?

Meteorología y la primera ley

14. ¿Cómo enuncian los meteorólogos la primera ley de la termodinámica?
15. ¿Cuál es la forma adiabática de la primera ley?
16. En general, ¿qué le sucede a la temperatura del aire que sube?
17. En general, ¿qué le sucede a la temperatura del aire que baja?
18. ¿Qué es un *chinook*?
19. ¿Qué es una inversión de temperatura?
20. Los procesos adiabáticos, ¿sólo se aplican a los gases? Defiende tu respuesta.

Segunda ley de la termodinámica

21. ¿Cómo se relaciona la segunda ley de la termodinámica con la dirección de flujo del calor?

Máquinas térmicas

22. ¿Cuáles son los tres procesos que suceden en toda máquina térmica?
23. Exactamente, ¿qué es contaminación térmica?
24. ¿Cómo se relaciona la segunda ley con las máquinas térmicas?
25. ¿Por qué es tan esencial la parte de la condensación en el ciclo de las turbinas de vapor?

El orden tiende al desorden

26. Describe un ejemplo de la diferencia entre energía organizada y energía desorganizada.

27. ¿Cómo se puede enunciar la segunda ley con respecto a la energía organizada y desorganizada?

28. Con respecto a los estados ordenados y desordenados ¿qué tienden a hacer los sistemas naturales? Un estado desordenado, ¿se puede transformar alguna vez en estado ordenado? Explica cómo.

Entropía

29. ¿Cuál es el término que usan los físicos como *medida de la cantidad de desorden*?

30. Describe la diferencia entre la primera y la segunda ley de la termodinámica en función de si hay o no excepciones.

Ejercicios

1. Un amigo dijo que la temperatura dentro de un horno es 500, y la temperatura en el interior de una estrella es 50,000. No estás seguro de si tu amigo quería decir grados Celsius o kelvin. ¿Cuál es la diferencia en cada caso?

2. La temperatura en el interior del Sol es unos 10^7 grados. ¿Importa si son grados Celsius o kelvin? Explica por qué.

3. El helio tiene la propiedad especial que su energía interna es directamente proporcional a su temperatura absoluta. Imagina un frasco de helio a 10°C de temperatura. Si se calienta hasta que tenga el doble de la energía interna, ¿cuál será su temperatura?

4. Si agitas vigorosamente una lata de líquido, durante más de un minuto, ¿aumentará la temperatura del líquido? (Haz la prueba.)

5. Cuando el aire se comprime con rapidez, ¿por qué aumenta su temperatura?

6. Cuando inflas un neumático con una bomba de bicicleta, el cilindro de la bomba se calienta. Describe dos razones por las que se calienta.

7. ¿Qué le sucede a la presión de un gas dentro de una lata sellada de un galón al calentarla? ¿Al enfriarla? ¿Por qué?

8. ¿Es posible convertir totalmente cierta cantidad de energía mecánica en energía térmica? ¿Es posible convertir totalmente determinada cantidad de energía térmica en energía mecánica? Describe ejemplos que ilustren tus respuestas.

9. ¿Por qué los motores diesel no necesitan bujías?

10. Todos saben que el aire caliente sube. Entonces, la temperatura del aire en la cima de las montañas debería ser mayor que en las faldas. Pero el caso más frecuente es el caso contrario. ¿Por qué?

11. ¿Cuál es la fuente última (o la primera) de energía en el carbón, el petróleo y la madera? ¿Por qué se dice que la energía de la madera es renovable, pero que la energía del carbón y del petróleo es no renovable?

12. ¿Cuál es la fuente última (o la primera) de energía en una planta hidroeléctrica?

13. ¿Cuál es la fuente última (o la primera) en una planta de energía OTEC?

14. Las energías cinéticas combinadas de las moléculas en un lago frío son mayores que las combinadas en una taza de té caliente. Imagina que sumerges parcialmente la taza de té en el lago, y que el té *absorba* 10 calorías del agua, y se caliente más, mientras que el agua que cede sus 10 calorías se enfría. ¿Violaría esa transferencia la primera ley de la termodinámica? ¿Y la segunda ley de la termodinámica? Defiende tus respuestas.

15. ¿Por qué la *contaminación térmica* es un término relativo?

16. En la figura 18.14 se ve el aplastamiento de una lata invertida, evacuada, sobre una bandeja de agua. ¿Necesita estar fría el agua? ¿Se aplastaría si el agua estuviera caliente, sin hervir? ¿Se aplastaría en agua hirviente? (Haz la prueba.)

17. ¿Por qué se aconseja usar el vapor tan caliente como sea posible en una turbina de vapor?

18. ¿Cómo se relaciona la eficiencia ideal de un automóvil con la temperatura del motor y la temperatura del ambiente donde funciona? Sé específico.

19. La eficiencia del motor de un coche ¿aumenta, disminuye o permanece igual si se le quita el *mofle* o silenciador? ¿Y si lo conduces en un día muy frío? Defiende tus respuestas.

20. ¿Qué sucede con la eficiencia de una máquina térmica cuando baja la temperatura del reservorio donde va a parar la energía térmica?

21. Para aumentar la eficiencia de una máquina térmica, ¿sería mejor producir el mismo incremento de temperatura subiendo la del reservorio caliente y mantener constante la del radiador, o bajando la temperatura del radiador y mantener constante la del reservorio caliente?

22. ¿Bajo qué condiciones una máquina térmica sería 100% eficiente?

23. ¿Podrías enfriar una cocina dejando abierta la puerta del refrigerador y cerrando la de la cocina, así como sus ventanas?

24. ¿Podrías calentar una cocina dejando abierta la puerta del horno caliente? Explica por qué.

25. Un ventilador eléctrico no sólo no baja la temperatura del aire, sino que en realidad la aumenta. Entonces, ¿cómo es que te refrescas con un ventilador en un día caluroso?

26. ¿Por qué un refrigerador con determinada cantidad de alimentos consume más energía en un recinto caliente que en uno frío?

27. La eficiencia de una planta de energía OTEC es muy pequeña, en comparación con la de las plantas con combustible fósil o nuclear. ¿Por qué eso no es una desventaja tan grave?

28. En los edificios con calefacción eléctrica ¿es un desperdicio encender todas las luces? ¿Es un desperdicio encender todas las luces si el edificio es refrescado con acondicionamiento de aire?

29. Con la primera y la segunda ley de la termodinámica defiende la afirmación que el 100% de la energía eléctrica que entra a una lámpara encendida se convierte en energía térmica.

30. Las moléculas en la cámara de combustión de un motor de reacción están en estado de movimiento muy asarozo. Cuando las moléculas salen por la tobera, en un estado más ordenado, su temperatura, ¿será mayor, menor o igual que la temperatura en la cámara, antes de salir de ella?

31. Un traje de baño mojado se enfría en forma espontánea (y a quien lo usa). ¿Cómo puede suceder eso sin violar la segunda ley de la termodinámica? (Sugerencia: El traje de baño, ¿sólo transfiere calor a sus alrededores, que están más calientes, o hace algo más que eso?)

32. La energía total del universo, ¿se hace cada vez más inasequible al paso del tiempo? Explica por qué.

33. Comenta esta afirmación: la segunda ley de la termodinámica es una de las leyes más fundamentales de la naturaleza, y sin embargo no es una ley exacta.

34. Al evaporar agua de una solución de sal, deja cristales de sal que tienen mayor orden molecular que cuando eran moléculas o iones moviéndose al azar en el agua. ¿Se violó el principio de la entropía? ¿Por qué?

35. El agua puesta en el compartimiento del congelador en tu refrigerador pasa a un estado de menor desorden molecular al congelarse. ¿Es una excepción al principio de la entropía? Explica por qué.

36. Cuando un pollo crece y sale del huevo se ordena cada vez más en función del tiempo. ¿Viola eso el principio de la entropía? Explica por qué.

37. La Oficina de Patentes rechaza solicitudes para máquinas de movimiento perpetuo (en las que la energía que sale es igual o mayor que la que se les suministra) sin siquiera revisarlas. ¿Por qué lo hace?

38. a) Si durante 10 minutos lanzas dos monedas al aire después de "revolverlas" bien entre las manos, ¿esperarías que al menos una vez salieran dos lados iguales? b) Si durante 10 minutos lanzaras un puñado de 10 monedas al aire, después de "revolverlas" bien en las manos, ¿esperarías que al menos una vez todas salieran con la misma cara? c) Si revolvieras bien una caja con 10,000 monedas y las arrojaras al suelo durante todo un día, ¿crees que al menos una vez todas vayan a salir con la misma cara?

39. Es posible que en tu recámara haya 10^{27} moléculas de aire. Si todas ellas se congregaran en una de las paredes del recinto, te asfixiarías. Pero no es probable que suceda. Esa probabilidad, ¿será menor, mayor o igual si hubiera mucho menos moléculas en el recinto?

40. Redacta dos preguntas de opción múltiple para determinar el aprendizaje de un compañero de clase acerca de la diferencia entre calor y energía interna.

Problemas

1. Durante cierto proceso termodinámico, una muestra de gas se expande y se enfría, y su energía interna se reduce 3000 J, sin haberle agregado o retirado calor. ¿Cuánto trabajo se efectúa en este proceso?

2. ¿Cuál es la eficiencia ideal de un motor de automóvil cuando el combustible se calienta a 2700 K y el aire del exterior está a 270 K?

3. Calcula la eficiencia de Carnot de una planta eléctrica OTEC que funciona con temperatura del agua del fondo igual a 4°C y de la superficie igual a 25°C.

4. En un día frío, a 10°C, tu amigo, al que le gusta el clima frío, dice que le gustaría que hubiera el doble de frío. Si lo interpretas literalmente, ¿más o menos a qué temperatura debería estar?

5. Imagina una bolsa gigantesca de tintorería llena de aire a una temperatura de $-35°C$ flotando en el aire como un globo atado con un cordón colgando a 10 km del suelo. Estima su temperatura si de repente tiraras del cordón y lo bajaras hasta la superficie de la Tierra.

6. Una planta eléctrica tiene 0.4 de eficiencia, genera 10^8 W de energía eléctrica y disipa 1.5×10^8 W de energía térmica en el agua de enfriamiento que pasa por ella. Sabiendo que el calor específico del agua, en unidades SI, es 4184 J/kg°C, calcula cuántos kilogramos de agua pasan por la planta cada segundo, si esa agua se calienta 3 grados Celsius.

7. Una "bomba de calor" transfiere calor de un lugar más frío a uno más caliente, y es el corazón de un refrigerador o de un acondicionador de aire; a veces se usa para calentar casas. El consumo mínimo de trabajo necesario para hacer "subir" la energía de $T_{fría}$ a $T_{caliente}$ es

Trabajo mín. = (energía transferida) $\times (T_{caliente} - T_{fría})/T_{fría}$

Calcula el trabajo mínimo para mover 1 J de energía a) del interior de un recinto a $T_{fría} = 295$ K al exterior, con $T_{caliente} = 308$ K; b) del interior de un congelador de laboratorio con $T_{fría} = 173$ K al recinto que está a $T_{caliente} = 293$ K, y c) de un refrigerador de helio cuya temperatura interna es $T_{frío} = 4$ K a un recinto donde $T_{caliente} = 300$ K. Comenta las diferencias obtenidas.

8. Forma una tabla de todas las combinaciones de números que puedas imaginar cuando lanzas dos dados. Tu amigo dice "ya sé que el siete es el número más probable cuando se tiran dos dados. Pero, ¿*por qué* siete? Ves tu tabla y le explicas que en termodinámica los casos más probables de ser observados son aquellos que se pueden formar de las maneras más variadas.

Parte IV

SONIDO

Este CD está lleno de agujeros, miles de millones de ellos inscritos en una formación que barre un rayo láser, a millones de agujeros por segundo. Es la secuencia de agujeros, detectados como manchas claras y oscuras lo que forma un código binario, que a su vez se convierte en una onda continua de audio. ¡Es música digitalizada! ¿Quién habría pensado que algo tan complejo como la Quinta Sinfonía de Beethoven se puede reducir a una serie de unos y ceros? ¡Es física del sonido!

www.pearsoneducacion.net/hewitt
*Usa los variados recursos del sitio Web,
para comprender mejor la física.*

19

VIBRACIONES Y ONDAS

Willa Ramsay demuestra las ondas transversales.

En un sentido amplio, todo lo que va y viene, va de un lado a otro y regresa, entra y sale, se enciende y apaga, es fuerte y débil, sube y baja, está vibrando u oscilando. Una *vibración* u *oscilación* es un vaivén en el tiempo. Un vaivén tanto en el espacio como en el tiempo es una *onda*. Una onda se extiende de un lugar a otro.

La luz y el sonido son vibraciones que se propagan en el espacio en forma de ondas. Pero son dos clases muy distintas de ondas. El sonido es la propagación de vibraciones a través de un medio material sólido, líquido o gas. Si no hay medio que vibre no es posible el sonido. El sonido no puede viajar en el vacío. Pero la luz es distinta, porque puede viajar en el vacío. Como veremos en capítulos siguientes, la luz es una vibración de campos eléctricos y magnéticos, una vibración de energía pura. La luz puede atravesar muchos materiales, pero no necesita de alguno de ellos. Esto se ve cuando la luz solar viaja por el vacío y llega a la Tierra.

La fuente de todas las ondas, de sonido, de luz o de lo que sea, es algo que vibra. Comenzaremos nuestro estudio de las vibraciones y de las ondas examinando el movimiento de un péndulo simple.

Oscilación de un péndulo

Si colgamos una piedra de un cordón tendremos un péndulo simple. Los péndulos se columpian, y van y vienen con tal regularidad que se usaron durante mucho tiempo para controlar el movimiento de la mayor parte de los relojes. Se encuentran en los relojes de los abuelos y en los relojes de cucú. Galileo descubrió que el tiempo que tarda un péndulo en ir y venir en distancias pequeñas sólo depende de la *longitud del péndulo*.[1] Es sorprendente que el tiempo de una oscilación de ida y vuelta, llamado **periodo**, no depende de la masa del péndulo ni del tamaño del arco en el cual oscila.

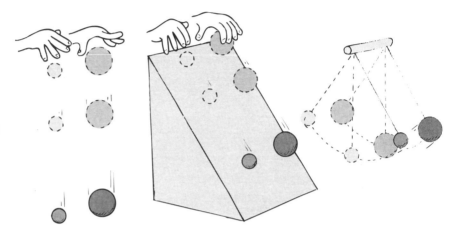

FIGURA 19.1 Deja caer dos esferas de masa distinta y aceleran a *g*. Déjalas deslizar sin fricción por el mismo plano inclinado y bajarán juntas a la misma fracción de *g*. Amárralas a cordones de la misma longitud, para formar péndulos, y oscilarán al unísono. En todos los casos, los movimientos son independientes de la masa.

Un péndulo largo tiene un periodo más largo que un péndulo corto; esto es, oscila de ida y vuelta con menos frecuencia que un péndulo corto. El péndulo del reloj del abuelo, con una longitud aproximada de 1 m, por ejemplo, oscila con un calmado periodo de 2 s, mientras que el de un reloj de cucú, que es mucho más corto, oscila con un periodo menor que 1 s.

Además de la longitud, el periodo de un péndulo depende de la aceleración de la gravedad. Los buscadores de petróleo y de minerales usan péndulos muy sensibles para detectar pequeñas diferencias de esa aceleración. La aceleración de la gravedad varía, debido a la diversidad de las formaciones subterráneas.

Descripción de una onda

El movimiento vibratorio de ir y venir (que, según el caso, también se llama movimiento *oscilatorio*) de un péndulo que describe un arco pequeño se llama *movimiento armónico simple*.[2] La lenteja de un péndulo, llena de arena, que se ve en la figura 19.2, tiene movimiento armónico simple sobre una banda transportadora. Cuando esa banda no se mueve (izquierda), la arena que suelta traza una línea recta. Lo más interesante es que cuando la banda transportadora se mueve a velocidad constante (derecha), la arena que sale traza una curva especial, llamada **senoide** o **sinusoide**.

---

[1] La ecuación exacta para calcular el periodo de un péndulo simple, para arcos pequeños, es $T = 2\pi\sqrt{l/g}$, donde T es el periodo, l es la longitud del péndulo y g es la aceleración de la gravedad.

[2] La condición para que haya movimiento armónico simple es que la fuerza de restitución sea proporcional al desplazamiento respecto al equilibrio. Esta condición la cumplen, al menos en forma aproximada, la mayor parte de las vibraciones. El componente del peso que restituye un péndulo desplazado a su posición de equilibrio es directamente proporcional al desplazamiento del péndulo (para ángulos pequeños), y de igual manera para un peso fijo a un resorte. Recuerda que, en la página 231, en el capítulo 12, la ley de Hooke para un resorte es $F = k\Delta x$, donde la fuerza para estirar (o comprimir) un resorte es directamente proporcional a la distancia que esté estirado (o comprimido).

a)

b)

FIGURA 19.2 Frank Oppenheimer, en el Exploratorium de San Francisco, demuestra a) una recta trazada por un péndulo que deja escapar arena, sobre la banda transportadora inmóvil. b) Cuando la banda transportadora se mueve uniformemente, se traza una senoide.

También un contrapeso que esté fijo a un resorte que tenga movimiento armónico simple vertical, describe una curva senoide (Figura 19.3). La senoide es una representación gráfica de una onda. Así como con una onda de agua, a los puntos altos de una senoide se les llama *crestas*, y a los puntos bajos se les llama *valles*. La línea recta que se ve en la figura representa la posición "inicial", "de reposo" o "punto medio" de la vibración. Se aplica el término **amplitud** para indicar la distancia del punto medio a la cresta (o valle) de la onda. Así, la amplitud es igual al desplazamiento máximo respecto al equilibrio.

La **longitud de onda** es la distancia desde la cima de una cresta hasta la cima de la siguiente cresta. También, longitud de onda es la distancia entre dos partes idénticas sucesivas de la onda. Las longitudes de onda de las olas en una playa se expresan en metros, las de las ondulaciones en un estanque se miden en centímetros y las de la luz en milésimas de millonésimas de metro (nanómetros).

La rapidez de repetición en una vibración se describe por su **frecuencia**. La frecuencia de un péndulo oscilante, o de un objeto fijo a un resorte, indica la cantidad de os-

FIGURA 19.3 Cuando la pesa oscila hacia arriba y hacia abajo, la pluma traza una senoide sobre papel que se mueve en dirección horizontal con rapidez constante.

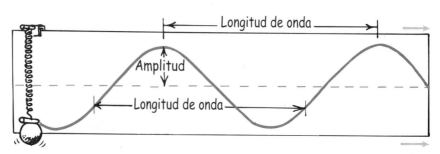

cilaciones o vibraciones que efectúa en determinado tiempo, que por lo general es un segundo. Una oscilación completa de ida y vuelta es una vibración. Si se hace en un segundo, la frecuencia es una vibración por segundo. Si en un segundo suceden dos vibraciones, la frecuencia es dos vibraciones por segundo.

La unidad de frecuencia se llama **hertz** (Hz), en honor de Heinrich Hertz, quien demostró la existencia de las ondas de radio en 1886. Una vibración por segundo es 1 hertz; dos vibraciones por segundo son 2 hertz, etc. Las frecuencias mayores se miden en kilohertz (kHz, miles de hertz), y las frecuencias todavía mayores en megahertz (MHz, millones de hertz) o en gigahertz (GHz, miles de millones de hertz). Las ondas de radio AM se miden en kilohertz, mientras que las de radio FM en megahertz; el radar y los hornos de microondas funcionan con frecuencias de gigahertz. Una estación de radio de AM de 960 kHz, por ejemplo, transmite ondas de radio que tienen 960,000 vibraciones por segundo. La estación de radio de FM de 101.7 MHz, transmite a 101,700,000 de hertz. Estas frecuencias de las ondas de radio son las que tienen los electrones que son forzados a vibrar en la antena de una torre emisora de una estación de radio. La fuente de todas las ondas es algo que vibra. La frecuencia de la fuente vibratoria y la de la onda que produce son iguales.

Si se conoce la frecuencia de un objeto, se puede determinar su periodo, y viceversa. Por ejemplo, imagina que un péndulo hace dos oscilaciones en un segundo. Su frecuencia de vibración es 2 Hz. El tiempo necesario para terminar una vibración, esto es, el periodo de vibración, es $\frac{1}{2}$ segundo. O bien, si la frecuencia de vibración es 3 Hz, el periodo es $\frac{1}{3}$ de segundo. La frecuencia y el periodo son recíprocos entre sí:

$$\text{Frecuencia} = \frac{1}{\text{periodo}}$$

o viceversa:

$$\text{Periodo} = \frac{1}{\text{frecuencia}}$$

FIGURA 19.4 Los electrones de la antena transmisora vibran 940,000 veces cada segundo y producen ondas de radio de 940 kHz.

EXAMÍNATE

1. ¿Cuál es la frecuencia, en vibraciones por segundo, de una onda de 640 Hz? ¿Cuál es su periodo?

2. Las ráfagas de aire hacen que el edificio Sears en Chicago oscile con una frecuencia aproximada de vibración de 0.1 Hz. ¿Cuál es el periodo de esta vibración?

Movimiento ondulatorio

La mayor parte de la información acerca de lo que nos rodea llega en alguna forma de ondas. Es a través del movimiento oscilatorio que el sonido llega a los oídos, la luz a los ojos y las señales electromagnéticas a nuestros radios y televisores. A través del *movimiento ondulatorio* se puede transferir energía de una fuente hacia un receptor, sin transferir materia entre los dos puntos.

COMPRUEBA TUS RESPUESTAS

1. Una onda de 60 Hz vibra 60 veces por segundo, y su periodo es de 1/60 de segundo.

2. El periodo es igual a 1/frecuencia = 1(0.1 Hz) = 1/(0.1 vibración/s) = 10 s. Cada cabeceo, en consecuencia, dura 10 segundos.

Se puede comprender mejor el movimiento ondulatorio si primero se examina el caso sencillo de una cuerda horizontal estirada. Si se sube y baja un extremo de esa cuerda, a lo largo de ella viaja una perturbación rítmica. Cada partícula de la cuerda se mueve hacia arriba y hacia abajo, mientras que al mismo tiempo la perturbación recorre la longitud de la cuerda. El medio, que puede ser una cuerda o cualquier otra cosa, regresa a su estado inicial después de haber pasado la perturbación. Lo que se propaga es la perturbación, y no el medio mismo.

Quizá un ejemplo más familiar del movimiento ondulatorio sea una onda en el agua. Si se deja caer una piedra en un estanque tranquilo, las ondas viajarán hacia afuera, formando círculos cada vez mayores cuyos centros están en la fuente de la perturbación. En este caso podríamos pensar que se transporta agua con las ondas, porque cuando éstas llegan a la orilla, salpican agua sobre terreno que antes estaba seco. Sin embargo, debemos darnos cuenta que si las ondas encuentran barreras impasables, el agua regresará al estanque y las cosas serían casi como estaban al principio: la superficie del agua habrá sido perturbada, pero el agua misma no habrá ido a ninguna parte. Una hoja sobre la superficie subirá y bajará cuando pase la onda por ella, pero terminará donde estaba antes. De nuevo, el medio regresa a su estado inicial después de haber pasado la perturbación.

Ahora veamos otro ejemplo de una onda, para ilustrar que lo que se transporta de una parte a otra es una perturbación en un medio, y no el medio mismo. Si contemplas un campo con pasto crecido desde un punto elevado, en un día ventoso, verás que las ondas viajan por el pasto. Los tallos individuales de pasto no dejan sus lugares y en lugar de ello sólo se mecen. Además, si te paras en una vereda angosta, el pasto que está en la orilla del sendero, que llega a tocar tus piernas, se parece mucho al agua que salpica sobre la orilla en nuestro ejemplo anterior. Si bien el movimiento ondulatorio continúa, el pasto oscila, "vibrando" entre límites definidos, pero sin ir a ninguna parte. Cuando cesa el movimiento ondulatorio, el pasto regresa a su posición inicial.

Rapidez de una onda

La rapidez del movimiento ondulatorio periódico se relaciona con la frecuencia y la longitud de las ondas. Se podrá comprender esto si imaginamos el caso sencillo de las ondas en el agua (Figuras 19.5 y 19.6). Si fijáramos los ojos en un punto estacionario de la superficie del agua y observáramos las olas que pasan por él, podríamos medir cuánto tiempo pasa entre la llegada de una cresta y la llegada de la siguiente cresta (el periodo), y también observaríamos la distancia entre las dos crestas (la longitud de onda). Sabemos que la rapidez se define como una distancia dividida entre un tiempo. En este caso, la distancia es una longitud de onda y el tiempo es un periodo, por lo que la rapidez de la onda = longitud de onda/periodo.

Por ejemplo, si la longitud de la onda es 10 metros y el tiempo entre las crestas, en un punto de la superficie, es 0.5 segundos, la onda recorre 10 metros en 0.5 segundos, y su rapidez es 10 metros divididos entre 0.5 segundos, es decir, 20 metros por segundo.

FIGURA 19.5 Ondas en el agua.

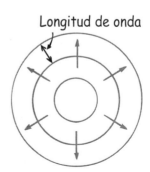

Longitud de onda

FIGURA 19.6 Vista superior de las ondas en el agua.

Como el periodo es igual al inverso de la frecuencia, la fórmula rapidez de la onda = longitud/periodo se puede escribir también como sigue:

Rapidez de la onda = longitud de onda × frecuencia

Esta relación es cierta para todas las clases de ondas, sean de agua, sonoras o luminosas.

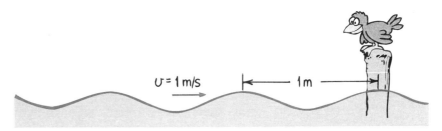

FIGURA 19.7 Si la longitud de onda es 1 m, y por el poste pasa una onda por segundo, la rapidez de la onda es 1 m/s.

Examínate

1. Si frente a ti pasa un tren de carga, y cada furgón tiene 10 m de longitud, y ves que cada segundo pasan tres furgones, ¿cuál es la rapidez del tren?
2. Si una ola en el agua sube y baja tres veces cada segundo, y la distancia entre las crestas de las olas es 2 m, ¿cuál es la frecuencia del oleaje? ¿La longitud de onda? ¿La rapidez de la ola?

Ondas transversales

Sujeta un extremo de un cordón a la pared, y con la mano sujeta el otro extremo. Si de repente subes y bajas la mano, se formará un impulso que viajará a lo largo de la cuerda y regresará (Figura 19.8). En este caso, el movimiento del cordón (hacia arriba y hacia abajo) forma un ángulo recto con la dirección de la rapidez de la onda. El movimiento per-

FIGURA 19.8 Una onda transversal.

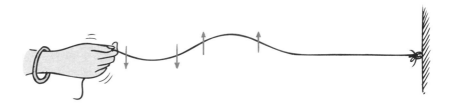

Comprueba tus respuestas

1. 30 m/s. Se puede llegar a esto en dos formas. a) Según la definición de rapidez del capítulo 3, $v = d/t = (3 \times 10 \text{ m})/1 \text{ s} = 30$ m/s, porque frente a ti pasan 30 m de tren en 1 s. b) Si se compara el tren con un movimiento ondulatorio, en el que la longitud de onda corresponde a 10 m y la frecuencia es 3 Hz, entonces rapidez = longitud de onda × frecuencia = 10 m × 3 Hz = 10 m × 3/s = 30 m/s.

2. La frecuencia de la ola es 3 Hz, su longitud es 2 m y su rapidez de onda = longitud de onda × frecuencia = 2 m × 3/s = 6 m/s. Se acostumbra expresar lo anterior en la ecuación $v = \lambda f$, donde v es la rapidez de la onda, λ (letra griega lambda) es la longitud de onda y f es la frecuencia de la onda.

pendicular, o hacia los lados, en este caso, se llama *movimiento transversal*. Ahora mueve el cordón con un movimiento de subida y bajada periódico y continuo, y la serie de impulsos producirán una onda. Como el movimiento del medio (que en este caso es el cordón) es transversal respecto a la dirección hacia donde viaja la onda, a esta clase de onda se le llama **onda transversal**.

Las ondas en las cuerdas tensas de los instrumentos musicales y sobre la superficie de los líquidos son transversales. Después veremos que las ondas electromagnéticas, que pueden ser de radio o de luz, entre otras cosas, también son transversales.

Práctica de la física

Aquí vemos una senoide que representa una onda transversal. Con una regla mide la longitud de onda y la amplitud de esa onda.

Longitud de onda = _____
Amplitud   = _____

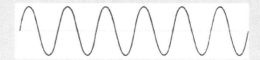

Ondas longitudinales

No todas las ondas son transversales. A veces las partes que forman un medio van y vienen en la misma dirección en la que viaja la onda. El movimiento es *a lo largo* de la dirección de la onda, y no en ángulo recto con ella. Esto produce una **onda longitudinal**.

Se pueden demostrar las ondas transversales y las longitudinales con un *slinky* o resorte flexible y largo, estirado como en la figura 19.9. Una onda transversal se forma su-

FIGURA 19.9 Las dos ondas transfieren energía de izquierda a derecha. Cuando el *slinky* se estira y se oprime con rapidez, en su longitud, se produce una onda longitudinal. Cuando el extremo del resorte se mueve de lado a lado, se produce una onda transversal.

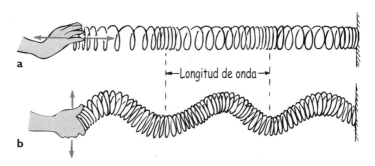

a
←Longitud de onda→
b

biendo y bajando el extremo del *slinky* o moviéndolo de un lado a otro. Una onda longitudinal se forma si se tira y empuja con rapidez el extremo del *slinky*, hacia o alejándose de uno. En este caso se ve que el medio vibra en dirección paralela a la de la transferencia de energía. Una parte del resorte se comprime, y una onda de *compresión* viaja por él. Entre las compresiones sucesivas está una región estirada, llamada *enrarecimiento, rarificación* o *rarefacción*. Las compresiones y los enrarecimientos viajan en la misma dirección, a lo largo del resorte. Las ondas sonoras son ondas longitudinales.

Lugar del terremoto

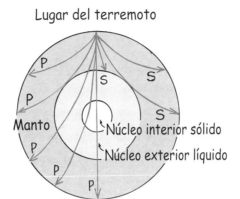

FIGURA 19.10 Ondas generadas por un terremoto. Las ondas P son longitudinales y atraviesan materiales fundidos y sólidos. Las ondas S son transversales y sólo se propagan por materiales sólidos. Las reflexiones y refracciones de las ondas proporcionan información sobre el interior de la Tierra.

Las ondas que viajan por el suelo, generadas por los terremotos, son de dos clases principales: ondas P longitudinales y ondas S transversales. Las ondas S no pueden propagarse por la materia líquida, mientras que las ondas P pueden transmitirse tanto por las partes fundidas como las partes sólidas del interior de la Tierra. Al estudiar esas ondas se deduce mucho acerca del interior de la Tierra.

La longitud de una onda longitudinal es la distancia entre las compresiones sucesivas o los enrarecimientos sucesivos. El ejemplo más común de ondas longitudinales es el sonido en el aire. Las moléculas del aire vibran hacia adelante y hacia atrás, respecto a una posición de equilibrio, cuando pasan las ondas. En el siguiente capítulo describiremos con detalle las ondas sonoras.

Interferencia

Mientras que un objeto, por ejemplo una piedra, no comparte su espacio con otro (otra piedra), puede existir más de una vibración u onda al mismo tiempo y en el mismo espacio. Si dejamos caer dos piedras en el agua, las ondas que produce cada una pueden traslaparse y formar un **patrón de interferencia**. Dentro del patrón, los efectos ondulatorios pueden aumentar, disminuir o anularse.

Cuando más de una onda ocupa el mismo espacio en el mismo tiempo, en cada punto del espacio se suman los desplazamientos. Es el *principio de superposición*. Así, cuando la cresta de una onda se traslapa con la cresta de otra onda, sus efectos individuales se suman y producen una onda de mayor amplitud. A esto se le llama *interferencia constructiva* (Figura 19.11). Cuando la cresta de una onda se traslapa con el valle de otra onda, sus efectos individuales se reducen. Simplemente, la parte alta de una onda llena la parte baja de otra. A esto se le llama *interferencia destructiva*.

FIGURA 19.11 Interferencia constructiva y destructiva en una onda transversal.

La forma de comprender con más facilidad la interferencia entre ondas es en el agua. En la figura 19.12 se ve el patrón de interferencia que se produce cuando dos objetos vibratorios tocan la superficie del agua. Se puede ver que las regiones donde se traslapa una cresta de una onda con el valle de otra onda, produce regiones cuya amplitud es cero. En los puntos de esas regiones, las ondas llegan con las fases opuestas. Se dice que están *defasadas* o *desfasadas* entre sí.

FIGURA 19.12 Dos conjuntos de ondas en agua que se traslapan producen un patrón de interferencia. El diagrama de la izquierda es un dibujo idealizado de las ondas que se propagan desde dos fuentes. La figura de la derecha es una fotografía de un patrón de interferencia real.

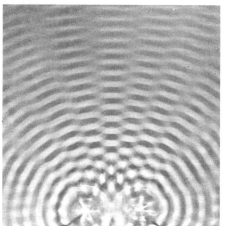

La interferencia es característica de todo movimiento ondulatorio, aunque las ondas sean de agua, sonoras o luminosas. En el próximo capítulo describiremos la interferencia en el sonido, y en el capítulo 28 la interferencia en la luz.

Ondas estacionarias

Si sujetamos una cuerda a un muro y subimos y bajamos el otro extremo, se producirá un *tren de ondas*, o grupo de ondas, en la cuerda. El muro es demasiado rígido para moverse, por lo que las ondas se reflejan y regresan por la cuerda. Si se mueve el extremo de la cuerda en forma adecuada, se puede hacer que las ondas incidente y reflejada formen una **onda estacionaria**, en la que unas partes de la cuerda, llamadas *nodos* queden estacionarias. Los nodos son las regiones de desplazamiento mínimo o cero, cuya energía es mínima o cero. Los *antinodos* (que no se identifican en la figura 19.13), por otro lado, son las partes de desplazamiento máximo y con energía máxima. Puedes acercar los dedos precisamente arriba o abajo de la cuerda, y ésta no los tocará. Otras partes de ella, en especial los antinodos, sí los tocan. Los antinodos están a media distancia entre los nodos.

Las ondas estacionarias son el resultado de la interferencia (y como veremos en el siguiente capítulo, de la *resonancia*). Cuando dos conjuntos de ondas de igual amplitud y longitud pasan una a través de la otra en direcciones contrarias, están dentro y fuera de fase entre sí, en forma permanente. Esto sucede con una onda que se refleja sobre sí misma. Se producen regiones estables de interferencia constructiva y destructiva.

Puedes hacer ondas estacionarias con facilidad. Amarra una cuerda, o mejor aún, un tubo de caucho a un soporte firme. Si agitas el tubo con la frecuencia correcta, establecerás una onda estacionaria como la que se ve en la figura 19.14a. Mueve el tubo con el doble de frecuencia y se formará una onda estacionaria con la mitad de la longitud de onda anterior, que tiene dos arcos. (La distancia entre los nodos sucesivos es la mitad de la

FIGURA 19.13 Las ondas incidente y reflejada se interfieren y producen una onda estacionaria.

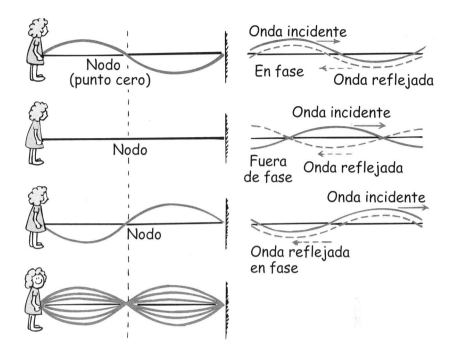

longitud de onda; dos arcos forman la onda completa.) Si triplicas la frecuencia se formará una onda estacionaria con un tercio de la longitud de la onda original, y tendrá tres arcos; y así sucesivamente.

Las ondas estacionarias se forman en las cuerdas de los instrumentos musicales, por ejemplo, cuando se puntean (con una uña), se tocan (con un arco) o se percuten (en un piano). Se forman en el aire de los tubos de un órgano, de las trompetas o de los clarinetes, y en el aire de una botella, cuando se sopla sobre la boca de éste. Se pueden formar ondas estacionarias en una tina llena de agua o en una taza de café, al moverla hacia delante y atrás con la frecuencia adecuada. Se pueden producir con vibraciones tanto transversales como longitudinales.

FIGURA 19.14 a) Mueve la cuerda hasta que establezcas una onda estacionaria de un segmento (1/2 longitud de onda). b) Mueve la cuerda con el doble de frecuencia y produce una onda con dos segmentos (1 longitud de onda). c) Muévela con tres veces la frecuencia y produce tres segmentos ($1\frac{1}{2}$ longitudes de onda).

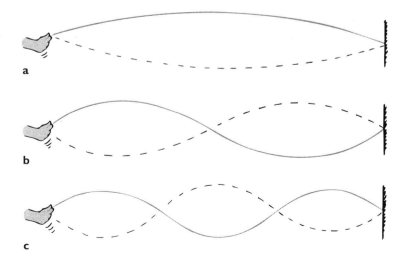

Examínate

1. ¿Es posible que una onda se anule con otra y que no quede amplitud alguna?

2. Imagina que estableces una onda estacionaria de tres segmentos, como la de la figura 19.14c. Si entonces agitas la mano con el doble de frecuencia, ¿cuántos segmentos de onda habrá en tu nueva onda estacionaria? ¿Cuántas longitudes de onda?

Efecto Doppler

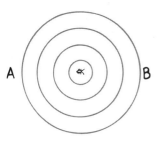

FIGURA 19.15 Vista superior de las ondas de agua causadas por un insecto estacionario que patalea en agua inmóvil.

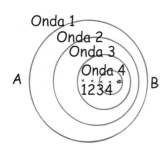

FIGURA 19.16 Ondas en agua causadas por un insecto que nada en agua inmóvil hacia el punto B.

En la figura 19.15 se ve el patrón de las ondas que produce un insecto al agitar las patas de arriba abajo en el centro de un estanque tranquilo. El insecto no va a ninguna parte, sino sólo mueve el agua en una posición fija. Las ondas que provoca son círculos concéntricos, porque la rapidez de la onda es igual en todas las direcciones. Si agita las patas a una frecuencia constante, la distancia entre las crestas de las ondas (la longitud de onda) es igual en todas direcciones. Las ondas llegan al punto A con la misma frecuencia con la que llegan al punto B. Esto quiere decir que la frecuencia del movimiento ondulatorio es igual en los puntos A y B, o en cualquier lugar próximo al insecto. Esta frecuencia de las ondas es la misma que la frecuencia de pataleo del insecto.

Imagina que el insecto se mueve por el agua, con una rapidez menor que la de las ondas. De hecho, el insecto va tras una parte de las ondas que produjo. El patrón de las ondas se distorsiona y ya no está formada por círculos concéntricos (Figura 19.16). La onda más exterior fue producida cuando el insecto estaba en su centro. La siguiente onda fue producida cuando el insecto estaba también en su centro, pero en un lugar distinto al centro de la primera onda, y así sucesivamente. Los centros de las ondas circulares se mueven al mismo tiempo que el insecto. Aunque ese insecto mantiene la misma frecuencia de pataleo que antes, un observador en B vería que le llegan ondas con más frecuencia. Mediría una frecuencia mayor. Esto se debe a que cada onda sucesiva tiene menor distancia por recorrer, y en consecuencia llega a B con más frecuencia que si el insecto no se moviera acercándose a B. Por otra parte, un observador en A, mide que hay *menor* frecuencia, por el mayor tiempo entre las llegadas de las crestas de las ondas. Se debe a que para llegar a A, cada cresta debe viajar más lejos que la que le precedía, debido al movimiento del insecto. A este cambio de frecuencia debido al movimiento de la fuente (o el receptor) de las ondas se llama **efecto Doppler** (por Christian Doppler, científico austriaco, 1803-1853).

Las ondas en el agua se propagan sobre la superficie plana de este líquido. Por otro lado, las ondas sonoras y las luminosas se propagan en el espacio tridimensional, en todas direcciones, como un globo cuando se infla. Así como las ondas circulares están más cercanas entre sí frente a un insecto que está nadando, las ondas esféricas del sonido o de la luz frente a una fuente en movimiento están más cercanas entre sí y llegan con mayor frecuencia a un receptor.

El efecto Doppler se aprecia al oír cómo cambia el tono de la sirena de un vehículo cuando éste se acerca, pasa a un lado y se aleja. Cuando se acerca el vehículo, el tono sonoro es mayor que el normal (como si fuera una nota musical más alta). Esto se de-

Comprueba tus respuestas

1. Sí. Es lo que se llama interferencia destructiva. En una onda estacionaria de una cuerda, por ejemplo, partes de la cuerda no tienen amplitud; son los nodos.

2. Si impartes el doble de frecuencia a la cuerda, producirás una onda estacionaria con el doble de segmentos. Tendrás seis segmentos. Como una onda completa comprende dos segmentos, tendrás tres longitudes de onda completas en tu onda estacionaria.

be a que las crestas de las ondas sonoras llegan al oído con más frecuencia. Y cuando el vehículo pasa y se aleja, se oye una disminución en el tono, porque las crestas de las ondas llegan a los oídos con menor frecuencia.

FIGURA 19.17 La altura (la frecuencia) del sonido aumenta cuando una fuente se mueve hacia ti y disminuye cuando se aleja.

También, el efecto Doppler se percibe en la luz. Cuando se acerca una fuente luminosa hay un aumento de la frecuencia medida, y cuando se aleja, disminuye la frecuencia. A un aumento de la frecuencia de la luz se le llama *corrimiento al azul*, porque la frecuencia es mayor, hacia el extremo azul del espectro. A la disminución de la frecuencia de la luz se le llama *corrimiento al rojo*, porque indica un desplazamiento hacia el extremo de menor frecuencia, el extremo del rojo del espectro. Las galaxias lejanas, por ejemplo, muestran un corrimiento al rojo de la luz que emiten. Al medir ese corrimiento se pueden calcular sus velocidades de alejamiento. Una estrella que gira muy rápidamente tiene un corrimiento al rojo en el lado que se aleja de nosotros, y un corrimiento al azul en el lado que gira hacia nosotros. Eso permite el cálculo de la rapidez de rotación de la estrella.

EXAMÍNATE Cuando una fuente sonora se mueve hacia ti, ¿mides un aumento o una disminución de la rapidez de la onda?

Ondas de proa

Cuando la rapidez de una fuente ondulatoria es igual a la de las ondas que produce, sucede algo interesante. Las ondas se apilan frente a la fuente. Imagina el insecto de nuestro ejemplo anterior, cuando nada con la misma rapidez que la de las ondas. ¿Puedes visualizar si se empareja con las ondas que produce? En lugar de que las ondas se alejen frente a él, se sobreponen y se apilan una sobre otra, directamente frente al insecto (Figura 19.18). El insecto se mueve con la orilla delantera de las ondas que está produciendo.

Sucede algo parecido cuando un avión viaja a la rapidez del sonido. En los primeros días de la aviación a reacción se creía que este apilamiento de ondas sonoras frente al avión formaba una "barrera de sonido" y que para avanzar más rápido que la rapidez del sonido el avión debería "romper la barrera del sonido". Lo que sucede en realidad es que las crestas de las ondas se apilan y perturban el flujo del aire sobre las alas lo que dificulta controlar la nave. Pero la barrera no es real. Así como un bote puede viajar con facilidad con más rapidez que las ondas que produce, si tiene la potencia suficiente, un avión viaja fácilmente con más rapidez que la del sonido. Se dice entonces que es *supersónico*.

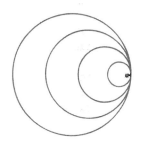

FIGURA 19.18 Patrón de ondas causadas por un insecto que nada a la rapidez de las ondas.

COMPRUEBA TU RESPUESTA ¡Ninguna de las dos cosas! La *frecuencia* de una onda es la que cambia cuando hay movimiento de la fuente, y no la *rapidez de la onda*. Comprende con claridad la diferencia entre frecuencia y rapidez. La frecuencia con que vibra una onda es totalmente distinta de lo rápido que pasa la perturbación de un lugar a otro.

Un avión supersónico vuela en forma constante y no perturbada, porque ninguna onda sonora se puede propagar frente a él. De igual modo, un insecto que nade con mayor rapidez que las ondas en el agua, se siente siempre como que entra al agua con una superficie lisa y sin ondulaciones.

Cuando el insecto nada con más rapidez que la de las ondas, produce, en el caso ideal, un patrón ondulatorio como el que se ve en la figura 19.19. Le gana a las ondas que produce. Las ondas se traslapan en las orillas y el patrón que forman esas ondas que se traslapan tiene la forma de V; se llama **onda de proa**, y parece que es arrastrada por el insecto. La conocida onda de proa que genera una lancha rápida que corta el agua no es una onda oscilatoria normal, es una perturbación producida cuando se enciman muchas ondas circulares.

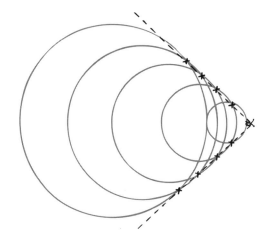

FIGURA 19.19 Una onda de proa; es el patrón causado por un insecto que se mueve con más rapidez que la de las ondas. Los puntos en los que se traslapan las ondas adyacentes (X) producen la forma de V.

En la figura 19.20 se muestran algunos patrones de ondas producidas por fuentes que se mueven con diversas rapideces. Observa que después de que la rapidez de la fuente rebasa la rapidez de la onda, al aumentar la rapidez de la fuente se produce una V de forma más angosta.[3]

FIGURA 19.20 Patrones causados por un insecto que nada con rapideces cada vez mayores. El traslape en las orillas sólo se presenta cuando el insecto nada con más rapidez que la de las ondas.

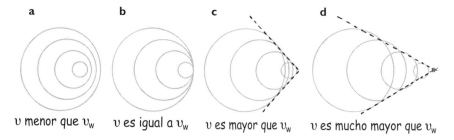

a v menor que v_w b v es igual a v_w c v es mayor que v_w d v es mucho mayor que v_w

Ondas de choque

Una lancha rápida que corta el agua genera una onda de proa bidimensional. De igual manera, un avión supersónico genera una **onda de choque** tridimensional. Así como una onda de choque se produce con círculos traslapados que forman una V, una onda de choque se produce por traslape de esferas que forman un cono. Y así como la onda de proa de una lancha rápida se propaga hasta llegar a la orilla de un lago, la estela cónica generada por un avión supersónico se propaga hasta llegar al suelo.

[3]Las ondas de proa generadas por las lanchas en el agua son más complicadas que lo que se explicó aquí. Nuestra descripción ideal sirve como analogía para la producción de las ondas de choque en el aire, que son menos complejas.

La onda de proa de una lancha rápida que pasa cerca puede salpicarte y mojarte, si estás en la orilla. En cierto sentido, puedes decir que te golpeó una "estampida del agua". Del mismo modo, cuando la superficie cónica de aire comprimido que se forma detrás de un avión supersónico llega a las personas en tierra, el crujido agudo que escuchan se llama **estampido sónico**.

FIGURA 19.21 Este avión acaba de atravesar la barrera del sonido. La nube es vapor de agua que se acaba de condensar en el aire en rápida expansión, de la región enrarecida detrás de la pared de aire comprimido.

No se escucha ningún estampido sónico cuando los aviones son más lentos que el sonido, es decir, son subsónicos, porque las ondas sonoras que llegan a los oídos se perciben como un tono continuo. Sólo cuando el avión se mueve con más rapidez que el sonido se traslapan las ondas, y llegan a una persona en un solo paquete. El aumento repentino de presión tiene el mismo efecto que la expansión súbita que produce una explosión. Ambos procesos dirigen un impulso de aire con alta presión a una persona. El oído es presionado mucho, y no distingue si la alta presión se debe a una explosión o a muchas ondas encimadas.

Un esquiador acuático conoce bien que junto a la alta joroba de la onda de proa, en forma de V, hay una depresión en forma de V. Lo mismo sucede con una onda de choque, que suele consistir en dos conos: uno de alta presión generado por la nariz del avión supersónico, y uno de baja presión, que sigue a la cola de la nave.[4] Las superficie de esos conos se ve en la fotografía de la bala supersónica en la figura 19.22. Entre esos dos co-

FIGURA 19.22 Onda de choque de una bala que atraviesa una lámina de Plexiglás. La luz que se desvía al pasar por el aire comprimido hace visible la onda. Fíjate bien y nota la segunda onda de choque, que se origina en la cola de la bala.

[4] Con frecuencia, las ondas de choque son más complicadas y producen varios conos.

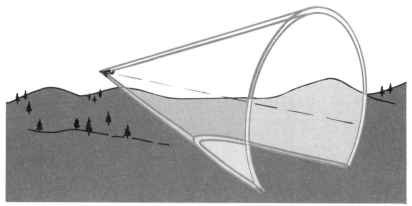

FIGURA 19.23 Una onda de choque.

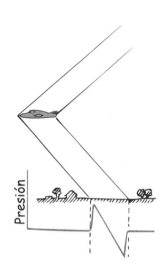

FIGURA 19.24 La onda de choque está formada en realidad por dos conos: uno de alta presión, con su vértice en la proa del avión, y un cono de baja presión, con el vértice en la cola. Una gráfica de la presión de aire a nivel del suelo, entre los conos, tiene la forma de la letra N.

nos, la presión del aire sube repentinamente y es mayor que la presión atmosférica, y a continuación baja y es menor que la presión atmosférica; después sólo regresa a su valor normal, atrás del cono interior de la cola (Figura 19.24). Esta alta presión seguida inmediatamente de menor presión es el estampido sónico.

Una idea errónea común es que los estampidos sónicos se producen cuando un avión atraviesa la "barrera del sonido", esto es, sólo cuando la velocidad del avión pasa de menor a mayor que la del sonido. Es igual que decir que un bote produce una onda de proa al atravesar por primera vez a sus propias ondas. Eso no es cierto. El hecho es que una onda de choque, y el estampido sónico que produce, barren en forma continua hacia atrás y por debajo de un avión que viaje más rápido que el sonido, así como una onda de proa barre continuamente atrás de una lancha rápida. En la figura 19.25 se ve que el escucha B está captando un estampido sónico. El escucha C ya lo oyó y el escucha A lo oirá dentro de un momento. Puede ser que el avión que generó esa onda de choque ¡haya atravesado la barrera del sonido muchas horas antes!

No es necesario que la fuente en movimiento sea "ruidosa" para producir una onda de choque. Una vez que cualquier objeto se mueva con más rapidez que la del sonido, *producirá* ruido. Una bala supersónica que pase sobre uno produce un crujido, que es un estampido sónico pequeño. Si la bala fuera mayor y perturbara más aire en su trayectoria, el crujido se parecería más a un estampido. Cuando un domador restalla su látigo en el circo, el crujido que se oye es en realidad un estampido sónico que produce el extremo del látigo al moverse con más rapidez que la del sonido. Tanto la bala como el látigo no vibran, por lo que no son fuentes de sonido. Pero cuando se mueven con rapideces supersónicas, producen su propio sonido al generar ondas de choque.

FIGURA 19.25 La onda de choque todavía no ha llegado al escucha A, pero está llegando al escucha B y ya dejó al escucha C.

Resumen de términos

Amplitud   Para una onda o una vibración, es el desplazamiento máximo a cada lado de la posición de equilibrio (la posición intermedia).

Curva senoide   Forma de una onda que se genera en el movimiento armónico simple; se puede ver en una banda transportadora que se mueva bajo un péndulo que oscile en ángulo recto a la dirección de movimiento de la banda.

Efecto Doppler   El corrimiento de la frecuencia recibida, debido al movimiento de la fuente vibratoria hacia el receptor, o alejándose de él.

Estampido sónico   El sonido intenso debido a la incidencia de una onda de choque.

Frecuencia   Para un cuerpo o medio en vibración, la cantidad de vibraciones por unidad de tiempo. Para una onda, la cantidad de crestas que pasan por determinado punto por unidad de tiempo.

Hertz   La unidad SI de frecuencia. Un hertz (símbolo Hz) es igual a una vibración por segundo.

Longitud de onda   La distancia entre crestas, valles o partes idénticas sucesivas de una onda.

Onda de choque   La perturbación en forma de cono producida por un objeto que se mueva a rapidez supersónica dentro de un fluido.

Onda de proa   La perturbación en forma de V producida por un objeto que se mueve por una superficie líquida a una rapidez mayor que la de la onda.

Onda estacionaria   Una distribución ondulatoria estacionaria que se forma en un medio cuando dos conjuntos de ondas idénticas atraviesan el medio en direcciones opuestas.

Onda longitudinal   Onda en la que el medio vibra en dirección paralela (longitudinal) a la dirección en la que se propaga la onda. Las ondas sonoras son longitudinales.

Onda transversal   Onda en la que el medio vibra en dirección perpendicular (transversal) a la dirección de propagación de la onda. Las ondas luminosas y las ondas en la superficie del agua son transversales.

Patrón de interferencia   El patrón que forma la superposición de distintos conjuntos de ondas, que producen refuerzos en algunas partes y anulaciones en otras.

Periodo   El tiempo en el que se completa una vibración. El periodo de una onda es igual al periodo de la fuente, y también es igual a 1/frecuencia.

Rapidez de la onda   La rapidez con la que las ondas pasan por determinado punto:

$$\text{Rapidez de la onda} = \text{longitud de onda} \times \text{frecuencia}$$

Preguntas de repaso

1. ¿Cómo se llama un *vaivén en el tiempo*? ¿Y un *vaivén en el espacio y en el tiempo*?

2. Describe la diferencia entre la propagación de las ondas sonoras y la de las ondas luminosas.

3. ¿Cuál es la fuente de todas las ondas?

Oscilación de un péndulo

4. ¿Qué propiedad de un péndulo lo hace útil en el reloj del abuelo?

5. ¿Qué quiere decir *periodo* de un péndulo?

6. ¿Qué tiene mayor periodo, un péndulo corto o uno largo?

Descripción de una onda

7. ¿En qué se relaciona una senoide con una onda?

8. Describe lo siguiente acerca de las ondas: periodo, amplitud, longitud de onda y frecuencia.

9. ¿Cuántas vibraciones por segundo representa una onda de radio de 101.7 MHz?

10. ¿Cómo se relacionan *entre sí frecuencia y periodo*?

Movimiento ondulatorio

11. En una palabra, ¿qué es lo que se mueve de la fuente al receptor, en el movimiento ondulatorio?

12. El medio en el que se propaga una onda, ¿se mueve con ella? Describe un ejemplo que respalde tu respuesta.

Rapidez de una onda

13. ¿Cuál es la relación entre frecuencia, longitud de onda y velocidad de onda?

Ondas transversales

14. ¿Qué dirección tienen las vibraciones en relación con la dirección de propagación de una onda transversal?

Ondas longitudinales

15. ¿Qué dirección tienen las vibraciones en relación con la dirección de propagación de una onda longitudinal?

16. La longitud de una onda transversal es la distancia entre las crestas (o los valles) sucesivas. ¿Cuál es la longitud de una onda longitudinal?

Interferencia

17. ¿Qué quiere decir *principio de superposición*?

18. Describe la diferencia entre *interferencia constructiva* e *interferencia destructiva*.

19. ¿Qué clase de ondas pueden mostrar interferencia?

Ondas estacionarias

20. ¿Cuál es la causa de una onda estacionaria?

21. ¿Qué es un *nodo*? ¿Qué es un *antinodo*?

Efecto Doppler

22. En el efecto Doppler, ¿cambia la frecuencia? ¿Cambia la longitud de onda? ¿Cambia la rapidez de la onda?

23. ¿Puede observarse el efecto Doppler en las ondas longitudinales, en las ondas transversales o en ambas?

24. ¿Qué quiere decir corrimiento hacia el azul y corrimiento hacia el rojo de la luz?

Ondas de proa

25. ¿Con qué rapidez debe nadar un insecto para emparejarse con las ondas que produce? ¿Con qué rapidez debe nadar para producir una onda de proa?

26. ¿Cuál es la rapidez con que avanza un avión supersónico, en comparación con la del sonido?

27. ¿Cómo varía la forma en V de una onda de proa en función de la rapidez de la fuente?

Ondas de choque

28. Una onda de proa sobre la superficie del agua es bidimensional. ¿Y una onda de choque en el aire?

29. ¿Cierto o falso? El estampido sónico sólo se produce cuando un avión rompe la barrera del sonido. Defiende tu respuesta.

30. ¿Cierto o falso? Para producir un estampido sónico un objeto debe ser "ruidoso". Describe dos ejemplos que respalden tu respuesta.

Proyectos

1. Ata un tubo de caucho, un resorte o una cuerda a un soporte fijo, y produce ondas estacionarias. A ver cuántos nodos puedes producir.

2. Moja el dedo y frótalo en torno a la boca de una copa de pared delgada y con pie, mientras con la otra mano sujeta la base de la copa, firmemente contra la mesa. La fricción del dedo producirá ondas estacionarias en la copa, casi como las ondas que se producen en un violín por la fricción del arco contra las cuerdas. Haz la prueba con un plato o una cacerola de metal.

Ejercicios

1. Cierto reloj de péndulo funciona con mucha exactitud. A continuación se pasa a una casa de veraneo, en unas montañas altas. ¿Se adelantará, se atrasará o quedará igual? Explica por qué.

2. Si se acorta un péndulo, su frecuencia, ¿aumenta o disminuye? ¿Y su periodo?

3. Puedes dejar balancear una maleta vacía con su frecuencia natural. Si estuviera llena de libros, su frecuencia sería ¿menor, mayor o igual que antes?

4. El tiempo necesario para oscilar y regresar (el periodo) de un columpio, ¿es mayor o menor cuando te paras en él en vez de estar sentado? Explica por qué.

5. ¿Por qué la frecuencia de un péndulo simple no depende de su masa?

6. Sujetas un extremo de una segueta en un tornillo de banco y golpeas el extremo libre. Oscila. Ahora repite eso, pero con una bola de arcilla en el extremo libre. ¿Cómo difiere, si es que difiere, la frecuencia de vibración en ambos casos? ¿Sería distinto si la bola se pegara a la mitad? Explica por qué. (¿Por qué no apareció esta pregunta en el capítulo 8?)

7. La aguja de una máquina de coser sube y baja, y su movimiento es armónico simple. Lo que la impulsa es una rueda giratoria, movida a su vez por un motor eléctrico. ¿Cómo crees que se relacionan el periodo de subida y bajada de la aguja con el periodo de la rueda giratoria?

8. ¿Qué clase de movimiento debes impartir a la boquilla de una manguera en el jardín para que el chorro que salga tenga aproximadamente una forma senoidal?

9. ¿Qué clase de movimiento debes impartir a un resorte helicoidal estirado (un *slinky*) para producir una onda transversal? ¿Para producir una onda longitudinal?

10. ¿Qué clase de onda es cada una de las siguientes? a) Una ola del mar rodando hacia la playa. b) El sonido de una ballena llamando a otra, bajo el agua. c) Un impulso mandado por una cuerda tensa, al golpear uno de sus extremos.

11. Si se abre una llave de gas durante pocos segundos, alguien que esté a un par de metros oirá el escape del gas, mucho antes de poder captar su olor. ¿Qué indica esto acerca de la rapidez del sonido y el movimiento de las moléculas en el medio que lo transporta?

12. Si sube al doble la frecuencia de un objeto en vibración, ¿qué sucede con su periodo?

13. La longitud de onda de la luz roja es mayor que la de la luz violeta. ¿Cuál de ellas es la que tiene mayor frecuencia?

14. ¿Cuál es la frecuencia del segundero de un reloj? ¿La del minutero? ¿La de la manecilla de las horas?

15. ¿Cuál es la fuente del movimiento ondulatorio?

16. Sumerges repetidamente el dedo en un plato lleno de agua y formas ondas. ¿Qué sucede con la longitud de las ondas si sumerges el dedo con más frecuencia?

17. ¿Cómo se compara la frecuencia de vibración (subida y bajada) de un objeto pequeño que flota en el agua con la cantidad de ondas que pasan por él cada segundo?

18. ¿Hasta dónde llega una onda en un periodo en términos de longitud de onda?

19. Se deja caer una piedra al agua, y las ondas se difunden por la superficie plana del agua. ¿Qué sucede con la energía de esas ondas cuando desaparecen?

20. Las distribuciones de las ondas que se ven en la figura 19.5 están formadas por círculos. ¿Qué te indica eso acerca de la rapidez de las ondas que se mueven en distintas direcciones?

21. ¿Por qué se ve primero el rayo y después se escucha el trueno?

22. Un par de altavoces en los dos lados de un escenario emiten notas puras idénticas (notas de determinada frecuencia y determinada longitud de onda en el aire). Cuando te paras en el pasillo central, a igual distancia de los dos altavoces, oyes el sonido fuerte y claro. ¿Por qué baja mucho la intensidad del sonido cuando das un paso hacia un lado? Sugerencia: Usa un diagrama para explicarlo.

23. Un músico toca el banjo pulsando una cuerda en la mitad. ¿Dónde están los nodos de la onda estacionaria en la cuerda? ¿Cuál es la longitud de onda de la cuerda vibratoria?

24. A veces, los violinistas pasan el arco sobre una cuerda para producir una cantidad máxima de vibración (antinodos) a la cuarta parte y a las tres cuartas partes de la longitud de la cuerda, y no a la mitad de ella. Entonces, la cuerda vibra con una longitud de onda igual a la longitud de la cuerda, y no del doble de esa longitud (véanse las figuras 19.14 a y b). Cuando esto sucede, ¿qué efecto tiene sobre la frecuencia?

25. ¿Por qué hay un efecto Doppler cuando la fuente sonora es estacionaria y la persona está en movimiento? ¿En qué dirección debe moverse la persona para escuchar una frecuencia mayor? ¿Para escuchar una frecuencia menor?

26. Una locomotora está parada, y suena el silbato; a continuación se acerca. a) La frecuencia que escuchas, ¿aumenta, disminuye o queda igual? b) ¿Y la longitud de onda que llega al oído? c) ¿Y la rapidez del sonido en el aire que hay entre tú y la locomotora?

27. Cuando suenas el cláxon al manejar hacia una persona que está parada, ella escucha un aumento de frecuencia. ¿Escucharía un aumento en la frecuencia del claxon si estuviera también dentro de un automóvil que se mueve con la misma rapidez y en la misma dirección que el tuyo? Explica.

28. ¿Hay efecto Doppler apreciable cuando el movimiento de la fuente es perpendicular al escucha? Explica por qué.

29. ¿Cómo ayuda el efecto Doppler a que la policía determine quiénes son los infractores por exceso de rapidez?

30. Los astrónomos determinan que la luz emitida por determinado elemento en una de las orillas del Sol tiene una frecuencia un poco mayor que la que proviene del lado opuesto. ¿Qué indican esas determinaciones acerca del movimiento del Sol?

31. ¿Sería correcto decir que el efecto Doppler es el cambio aparente de la rapidez de una onda, debido al movimiento de la fuente? (¿Por qué esta pregunta es para comprobar la comprensión en la lectura y también el conocimiento de física?)

32. ¿Cómo interviene el fenómeno de la interferencia en la producción de ondas de proa o de choque?

33. ¿Qué puedes decir acerca de la rapidez de un bote que produce una onda de proa?

34. El ángulo del cono de una onda de choque, ¿se abre, se cierra o queda constante cuando un avión supersónico aumenta su rapidez?

35. Si el sonido de un avión no proviene de la parte del cielo donde se ve, ¿significa que el avión viaja con más rapidez que la del sonido? Explica.

36. ¿Se produce estampido sónico en el momento en el que el avión atraviesa la barrera del sonido? Explica por qué.

37. ¿Por qué un avión subsónico, por más ruidoso que sea, no puede producir un estampido sónico?

38. Imagina un pez súper rápido, que puede nadar a una rapidez mayor que la del sonido en el agua. ¿Produciría ese pez un "estampido sónico"?

39. Redacta una pregunta de opción múltiple para probar la comprensión de un compañero de clase acerca de la diferencia entre una onda transversal y una longitudinal.

40. Redacta dos preguntas de opción múltiple para probar la comprensión de un compañero de clase acerca de los términos que describen una onda.

Problemas

1. ¿Cuál es la frecuencia, en hertz, que corresponde a cada uno de los siguientes periodos? a) 0.10 s, b) 5 s, c) 1/60 s.

2. ¿Cuál es el periodo, en segundos, que corresponde a cada una de las frecuencias siguientes? a) 10 Hz, b) 0.2 Hz, c) 60 Hz?

3. Un marinero en un bote observa que las crestas de las olas pasan por la cadena del ancla cada 5 s. Estima que la distancia entre las crestas es 15 m. También estima en forma correcta la rapidez de las olas. ¿Cuál es esa rapidez?

4. Un peso colgado de un resorte sube y baja una distancia de 20 centímetros dos veces cada segundo. ¿Cuál es su frecuencia? ¿Cuál es su periodo? ¿Cuál es su amplitud?

5. Las ondas de radio viajan a la rapidez de la luz, a 300,000 km/s. ¿Cuál es la longitud de las ondas de radio que se recibe de la estación de 100.1 MHz en tu radio de FM?

6. Un mosquito bate sus alas 600 veces por segundo, lo cual produce el molesto zumbido de 600 Hz. ¿Cuánto avanza el sonido entre dos batidos de ala? En otras palabras, calcula la longitud de onda del zumbido del mosco.

7. En un teclado, la frecuencia del "do" central es 256 Hz. a) ¿Cuál es el periodo de una vibración con este tono?

b) Al salir del instrumento este sonido, con una rapidez de 340 m/s, ¿cuál es su longitud de onda en el aire?

8. a) Si fueras tan ingenuo como para tocar el teclado bajo el agua, donde la rapidez del sonido es 1500 m/s, ¿cuál sería la longitud de onda del "do" central en el agua? b) Explica *por qué* el "do" central (o cualquier otra nota) tiene mayor longitud de onda en el agua que en el aire.

9. La longitud de onda del canal 6 de la TV es 3.42 m. El canal 6 ¿transmite con una frecuencia mayor o menor que la banda de radio FM, que es de 88 a 108 MHz?

10. Como se ve en la figura, el medio ángulo del cono de la onda de choque generada por un transporte supersónico es 45°. ¿Cuál es la rapidez del avión con relación a la del sonido?

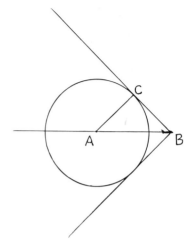

20

www.pearsoneducacion.net/hewitt
*Usa los variados recursos del sitio Web,
para comprender mejor la física.*

SONIDO

Tom Rossing, autor de varios libros sobre el sonido, demuestra la resonancia.

Si un árbol se cayera en un tupido bosque, a cientos de kilómetros de cualquier ser viviente, ¿habría algún sonido? A esta pregunta las personas contestan de distintas maneras. "No" dirán algunos, "el sonido es subjetivo y requiere de alguien que escuche, y si no lo hay no habrá sonido". Otros dirán "sí, un sonido no es una idea de las personas. Un sonido es una cosa objetiva". Con frecuencia, discusiones como ésta no alcanzan a tener un consenso, porque los participantes no pueden darse cuenta que discuten no sobre la naturaleza del sonido, sino sobre la definición de la palabra. Todos tienen razón, dependiendo de qué definición se adopte, pero sólo se puede investigar cuando se ha convenido en una definición. El físico suele tomar la posición objetiva, y define al sonido como una forma de energía que existe, sea o no escuchado, y de ahí parte para investigar su naturaleza.

Origen del sonido

La mayor parte de los sonidos son ondas producidas por las vibraciones de objetos materiales. En un piano, un violín o una guitarra, el sonido se produce por las cuerdas en vibración; en un saxofón, por una lengüeta vibratoria; en una flauta, por una columna vacilante de aire en la embocadura. Tu voz se debe a las vibraciones de las cuerdas vocales.

381

En cada uno de esos casos, la vibración original estimula la vibración de algo mayor o más masivo, por ejemplo la caja de resonancia de un instrumento de cuerdas, la columna de aire de la lengüeta de un instrumento de viento o el aire en la garganta y la boca de una cantante. Este material en vibración manda, entonces, una perturbación por el medio que la rodea, que normalmente es aire, en forma de ondas longitudinales. Bajo condiciones ordinarias, es igual la frecuencia de la fuente de vibración y la de las ondas sonoras que se producen.

Describiremos nuestra impresión subjetiva de la frecuencia del sonido con la palabra *altura*. La frecuencia corresponde a la altura: un sonido alto o agudo como el de una flauta pícolo tiene alta frecuencia de vibración, mientras que un sonido bajo o grave como el de una sirena de niebla tiene baja frecuencia de vibración. El oído humano, de un joven, por ejemplo, puede captar normalmente alturas que corresponden al intervalo de frecuencias de entre unos 20 y 20,000 hertz. A medida que maduramos, se contraen los límites de este intervalo de audición; en especial en el extremo de alta frecuencia. Las ondas sonoras cuyas frecuencias son menores que 20 hertz son **infrasónicas**, y aquellas cuyas frecuencias son mayores que 20,000 hertz se llaman **ultrasónicas**. No podemos escuchar las ondas sonoras infrasónicas ni las ultrasónicas.

Naturaleza del sonido en el aire

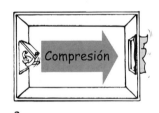

a

b

FIGURA 20.1   a) Cuando se abre la puerta se produce una compresión que se propaga por el recinto. b) Cuando se cierra la puerta se produce un enrarecimiento que se propaga por el recinto. (Adaptado de A. V. Baez, *The New College Physics: A Spiral Approach*, San Francisco: W. H. Freeman and Company. Copyright © 1967.)

Cuando aplaudimos, el sonido que se produce no es periódico. Está formado por un *impulso* o *pulso* ondulatorio que se propaga en todas direcciones. El impulso perturba el aire en la misma forma que un impulso similar perturbaría un resorte o *slinky*. Cada partícula se mueve con ir y venir a lo largo de la dirección de la onda que se expande.

Para tener una idea más clara de este proceso, imagina un salón largo, como el de la figura 20.1*a*. En un extremo hay una ventana abierta con una cortina que la cierra. En el otro extremo hay una puerta. Al abrir la puerta nos podemos imaginar que empuja las moléculas que están junto a ella, y las mueve respecto a sus posiciones iniciales hacia las posiciones de las moléculas vecinas. A su vez, las moléculas vecinas empujan a sus vecinas, y así sucesivamente, como una compresión que se propaga por un resorte, hasta que la cortina se agita y sale de la ventana. Un impulso de aire comprimido se ha movido desde la puerta hasta la cortina. A este impulso de aire comprimido se le llama **compresión**.

Cuando cerramos la puerta (Figura 20.1*b*), ésta empuja algunas moléculas de aire y las saca del salón. De esta forma se produce una zona de baja presión tras la puerta. Las moléculas vecinas, entonces, se mueven hacia ellas y dejan tras de sí una zona de baja presión. Se dice que esta zona de baja presión de aire está *enrarecida*. Otras moléculas más alejadas de la puerta, a su vez, se mueven hacia esas regiones enrarecidas y de nuevo la perturbación se propaga por la sala. Ello se ve en la cortina, que se agita hacia adentro. Esta vez, la perturbación es un **enrarecimiento**, **rarificación** o **rarefacción**.

Como en todo movimiento ondulatorio, no es el medio mismo el que se propaga por la sala, sino el impulso portador de energía. En ambos casos, el impulso viaja desde la puerta hasta la cortina. Lo sabemos porque en ambos casos la cortina se mueve después de que se abre o se cierra la puerta. Si continuamente abres y cierras la puerta con un movimiento periódico, puedes establecer una onda de compresiones y enrarecimientos periódicos, que hará que la cortina salga y entre por la ventana. En una escala mucho menor, pero más rápida es lo que sucede cuando se golpea un diapasón como el de la figura 20.2. Las vibraciones periódicas del diapasón y las ondas que produce tienen una frecuencia mucho mayor, y una amplitud mucho menor que las que causa la puerta que abre y cierra. No notas el efecto de las ondas sonoras sobre la cortina, pero las notas muy bien cuando llegan a tus sensibles tímpanos.

Imagina las ondas sonoras (u *ondas acústicas*) en el tubo que muestra la figura 20.2. Para simplificar sólo se indican las ondas que se propagan por el tubo. Cuando la rama del diapasón que está junto a la boca del tubo llega al mismo, entra una compresión en el tubo. Cuando la rama se aleja en dirección contraria, a la compresión sigue un enrare-

FIGURA 20.2 Las compresiones y los enrarecimientos se propagan (a la misma rapidez y en la misma dirección) desde el diapasón, por el aire en el tubo.

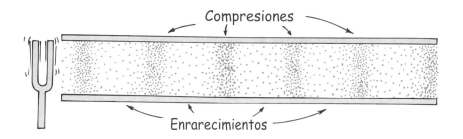

cimiento. Es como una raqueta de ping-pong, que se mueve para allá y para acá en un recinto lleno de pelotas de ping-pong. Al vibrar la fuente se produce una serie periódica de compresiones y rarefacciones. La frecuencia de la fuente vibratoria y la de las ondas que produce son iguales.

Haz una pausa y reflexiona sobre la física del sonido (o la *acústica*) mientras escuches tu radio. El altoparlante, altavoz o bocina de tu radio es un cono de papel que vibra al ritmo de una señal electrónica. Las moléculas de aire junto al cono en vibración de la bocina se ponen a su vez en vibración. Este aire, a su vez, vibra contra las moléculas vecinas, que a su vez hacen lo mismo, y así sucesivamente. El resultado es que del altoparlante emanan distribuciones rítmicas de aire comprimido y enrarecido, llenando todo el recinto con movimientos ondulatorios. El aire en vibración que resulta pone a vibrar los tímpanos, que a su vez mandan cascadas de impulsos eléctricos rítmicos por el canal del nervio coclear o auditivo hasta el cerebro. Y así escuchas el sonido de la música.

FIGURA 20.3 Las ondas de aire comprimido y enrarecido, producidas por el cono vibratorio del altoparlante, forman el agradable sonido de la música.

FIGURA 20.4 a) El altoparlante, o bocina de radio, es un cono de papel que vibra al ritmo de una señal eléctrica. El sonido que produce causa vibraciones similares en el micrófono, las cuales se muestran en un osciloscopio. b) La forma de la onda en la pantalla del osciloscopio muestra información acerca del sonido.

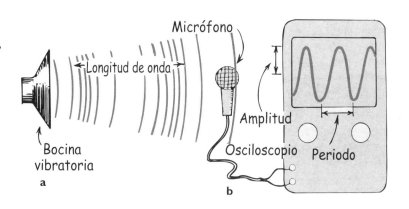

Práctica de la física

Cuelga de un cordón la parrilla de alambre de un refrigerador o de un horno, y sujeta los extremos del cordón a los oídos. Pide a un amigo que golpee con suavidad la parrilla, con pajas o cerdas de una escoba y con otros objetos. El efecto se aprecia mejor estando relajado, con los ojos cerrados. ¡No te olvides de hacer esta prueba!

Medios que transmiten el sonido

La mayor parte de los sonidos que escuchamos se transmite por el aire. Sin embargo, cualquier sustancia elástica, sea sólida, líquida, gas o plasma, puede transmitir el sonido. La elasticidad es la propiedad de un material de cambiar de forma como respuesta a una fuerza aplicada, para después regresar a su forma inicial cuando se retira la fuerza de distorsión. El acero es una sustancia elástica. En contraste, la masilla es inelástica.[1] En los líquidos y sólidos elásticos, las moléculas están relativamente cerca entre sí y responden con rapidez a los movimientos relativos, y transmiten energía con poca pérdida. El sonido se propaga unas cuatro veces más rápido en el agua que en el aire, y unas 15 veces más rápido en el acero que en el aire.

En relación con los sólidos y los líquidos, el sonido no se propaga tan bien en el aire. Puedes escuchar el sonido de un tren lejano con más claridad si colocas el oído sobre el riel. De igual modo, un reloj colocado sobre una mesa, más allá de la distancia de detección, se puede escuchar si recargas el oído en la mesa. O bien, mientras estés sumergido haz chocar unas piedras. Escucharás muy bien el chasquido. Si alguna vez nadaste donde hay lanchas de motor, es probable que hayas notado que puedes escuchar con mucha más claridad los motores del bote bajo el agua que sobre ella. Los líquidos y los sólidos cristalinos son, en general, conductores excelentes del sonido, mucho mejores que el aire. La rapidez del sonido es, comúnmente, mayor en los líquidos que en los gases, y todavía mayor en los sólidos. El sonido no se propaga en el vacío, porque para propagarse necesita de un medio. Si no hay nada que se comprima y se expanda, no puede haber sonido.

EXAMÍNATE

1. Las compresiones y los enrarecimientos de una onda sonora, ¿se propagan en la misma dirección o en direcciones opuestas entre sí?

2. ¿Cuál es la distancia aproximada a un rayo cuando mides que la demora entre el relámpago y el trueno es de 3 s?

---

[1]La elasticidad no es lo mismo que "estirabilidad", como la que puedes sentir en una banda de hule. Algunos materiales muy rígidos, como el acero, también son elásticos.

Rapidez del sonido en el aire

Si observamos desde lejos a una persona cuando parte leña, o a un beisbolista lejano que batea, podremos apreciar con facilidad que el sonido del golpe tarda cierto tiempo en llegar a los oídos. El trueno se escucha después de haber visto el destello del rayo. Estas experiencias frecuentes demuestran que el sonido necesita de un tiempo apreciable para propagarse de un lugar a otro. La rapidez del sonido depende de las condiciones del aire (viento), como la temperatura y la humedad. No depende de la intensidad ni de la frecuencia del sonido; todos los sonidos se propagan con la misma rapidez. La rapidez del sonido en aire seco a 0°C es, aproximadamente, de 330 metros por segundo, casi 1200 kilómetros por hora (un poco más que un millonésimo de la rapidez de la luz). El vapor de agua en el aire aumenta un poco esta rapidez. El sonido se propaga con más rapidez en el aire cálido que en el aire frío. Esto era de esperarse, porque las moléculas del aire caliente son más rápidas, chocan entre sí con más frecuencia y en consecuencia pueden transmitir un impulso en menos tiempo.[2] Por cada grado de aumento de temperatura sobre 0°C, la rapidez del sonido en el aire aumenta 0.6 metros por segundo. Así, en el aire a la temperatura normal de un recinto, de unos 20°C, se propaga a unos 340 metros por segundo.

Reflexión del sonido

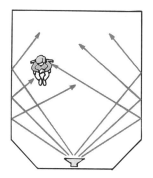

FIGURA 20.5 El ángulo del sonido incidente es igual al ángulo del sonido reflejado.

A la reflexión del sonido se le llama *eco*. La fracción de la energía que porta la onda sonora reflejada es grande si la superficie es rígida y lisa, y es menor si la superficie es suave e irregular. La energía acústica que no porte la onda sonora reflejada la contiene la onda "transmitida", es decir, absorbida por la superficie.

El sonido se refleja en una superficie lisa en la misma forma en que lo hace la luz: el ángulo de incidencia es igual al ángulo de reflexión (Figura 20.5). A veces, cuando el sonido se refleja en las paredes, el techo y el piso de un recinto, las superficies reflectoras vuelven a reflejarlo, es decir, se refleja varias veces. A esas reflexiones múltiples se les llama *reverberación*. Por otra parte, si las superficies reflectoras son muy absorbentes, la intensidad (o "el nivel") del sonido sería bajo, y el recinto suena gris y sin vida. La reflexión del sonido en un recinto lo hace vivo y lleno, como habrás notado probablemente al cantar en la regadera. En el diseño de un auditorio o de una sala de conciertos se debe encontrar un equilibrio entre la reverberación y la absorción. Al estudio de las propiedades del sonido se le llama *acústica*.

Con frecuencia conviene poner superficies muy reflectoras detrás del escenario, que dirijan el sonido hacia la audiencia. Se cuelgan superficies reflectoras arriba del escenario, en algunas salas de concierto. Las de la ópera de San Francisco son superficies grandes y brillantes de plástico, que también reflejan la luz (Figura 20.6). Un espectador puede mirar esos reflectores y ver las imágenes reflejadas de los miembros de la orquesta. Los reflectores de plástico tienen curvatura, lo que aumenta el campo de visión. Tanto el sonido como la luz obedecen la misma ley de reflexión, por lo que si se orienta un reflector para poder ver determinado instrumento musical, ten la seguridad que lo podrás escuchar también. El sonido del instrumento seguirá la visual hacia el reflector y después hacia ti.

COMPRUEBA TUS RESPUESTAS

1. Viajan en la misma dirección.
2. Suponiendo que la rapidez aproximada del sonido en el aire sea de 340 m/s, en 3 s recorrerá (340 × 3) = 1020 m. No hay demora apreciable con la luz, por lo que el rayo cayó a un poco más de 1 km de distancia.

---

[2]La rapidez del sonido en un gas es más o menos las 3/4 partes de la rapidez promedio de las moléculas de gas, en condiciones normales.

FIGURA 20.6 Las placas de plástico sobre la orquesta reflejan tanto la luz como el sonido. Es muy fácil ajustarlas: lo que escuchas es lo que ves.

Refracción del sonido

Las ondas sonoras se desvían cuando algunas partes de sus frentes viajan a distintas rapideces.[3] Esto sucede en vientos erráticos o cuando el sonido se propaga a través de aire a distintas temperaturas. A esta desviación del sonido se le llama *refracción*. En un día cálido, el aire cercano al suelo podrá estar bastante más caliente que el resto, y entonces aumenta la rapidez del sonido cerca del suelo. Las ondas sonoras, por consiguiente, tienden a apartarse del suelo y hacen que el sonido no parezca propagarse bien. Las distintas rapideces del sonido producen la refracción.

Escuchamos el trueno cuando el rayo está más o menos cercano, pero con frecuencia no lo escuchamos, cuando el rayo está muy lejos, debido a la refracción. El sonido se propaga con más lentitud a mayor altitud, y se desvía apartándose del suelo. Con frecuencia sucede lo contrario en un día frío, o por la noche, cuando la capa de aire cercana al suelo está más fría que el aire sobre ella. Entonces, la rapidez del sonido cerca del suelo se reduce. La mayor rapidez de los frentes de onda causa una flexión del sonido hacia el suelo, y hacen que el sonido se pueda escuchar a distancias bastante mayores (Figura 20.7).

También hay refracción del sonido bajo el agua, porque su rapidez varía con la temperatura. Esto causa un problema para los barcos que hacen rebotar ondas ultrasónicas en el fondo del mar, para cartografiarlo. La refracción es una bendición para los submarinos que quieren escapar de la detección. Debido a los gradientes térmicos y los estratos de agua a distintas temperaturas, la refracción del sonido deja huecos o "puntos ciegos" en el agua. Es ahí donde se ocultan los submarinos. Si no fuera por la refracción, serían más fáciles de detectar.

Las reflexiones y refracciones múltiples de las ondas ultrasónicas se usan en una técnica innocua para "ver" el interior del organismo sin usar los rayos X. Cuando el sonido de alta frecuencia (el ultrasonido) entra al organismo, es reflejado con más intensi-

---

[3]N. del T.: "Frente de onda" es una superficie formada por puntos que tiene la misma fase en la misma onda que se propaga. Se visualiza mejor imaginando que son los puntos en los que la amplitud de la onda es máxima.

FIGURA 20.7 Las ondas sonoras se desvían en el aire, cuando tiene distintas temperaturas.

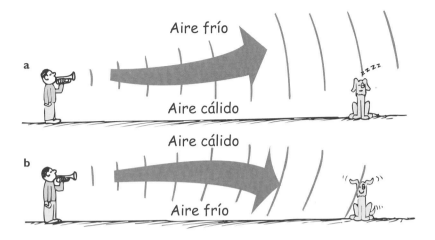

Aire frío

Aire cálido

Aire cálido

Aire frío

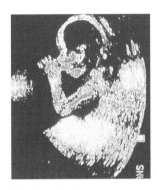

FIGURA 20.8 Un feto de cinco meses se ve en la pantalla de un sistema de ultrasonido.

dad en el exterior de los órganos que en su interior, y se obtiene una imagen del contorno de los órganos. Cuando el ultrasonido incide sobre un objeto en movimiento, el sonido reflejado tiene una frecuencia un poco distinta. Al usar este efecto Doppler, el médico puede "ver" el corazón de un feto latiendo, ya desde las 11 semanas de gestación (Figura 20.8).

La técnica del eco ultrasónico podrá ser relativamente novedosa para los humanos, pero no para los murciélagos ni los delfines. Se sabe bien que los murciélagos emiten chillidos ultrasónicos y ubican los objetos por sus ecos. Los delfines hacen eso y más.[4] Las ondas ultrasónicas que emite un delfín le permiten "ver" a través de los cuerpos de otros animales y de las personas. La piel, los músculos y la grasa son casi transparentes para los delfines, por lo que sólo "ven" un delgado contorno del cuerpo, pero ve muy bien los huesos, los dientes y las cavidades llenas de gas. Un delfín puede "ver" evidencias físicas de cánceres, tumores, ataques cardiacos y hasta el estado emocional, cosa que los humanos sólo han podido hacer en fecha reciente con el ultrasonido.

EXAMÍNATE Un barco oceanográfico explora el fondo del mar con sonido ultrasónico que se propaga a 1530 m/s en el agua de mar. ¿Qué profundidad tiene el agua, si desde la emisión del sonido hasta la llegada del eco pasan 2 s?

COMPRUEBA TU RESPUESTA 1530 m (1 s para bajar y 1 s para subir).

---

[4]El sentido principal del delfín es el acústico, porque no les sirve de mucho la vista en las profundidades del mar, que con frecuencia están sucias y oscuras. Mientras que para nosotros el sonido es un sentido pasivo, para el delfín es activo, porque manda sonidos y después percibe sus alrededores con base en los ecos que regresan. Lo más interesante es que el delfín puede reproducir las señales acústicas que pintan la imagen mental de sus alrededores. Así, es probable que el delfín comunique su experiencia a otros delfines, pasándoles la imagen acústica total de lo que se "ve", y la pone directamente en las mentes de otros delfines. No necesita palabras ni símbolos para indicar "pescado", por ejemplo, sino comunica una imagen del pescado real, quizá con filtrado muy selectivo para dar énfasis, en la forma en como comunicamos un concierto musical a otros a través de diversos medios de reproducción sonora. ¡No es de extrañar que el lenguaje del delfín sea tan distinto que el nuestro!

FIGURA 20.9 Un delfín emite sonido de ultra alta frecuencia, para ubicar e identificar los objetos en su ambiente. Capta la distancia por el retraso desde que manda el sonido hasta que recibe el eco, y detecta la dirección por las diferencias de tiempo en que el eco llega hasta las orejas. La dieta principal del delfín son los peces, y como en éstos la audición se limita a frecuencias bastante bajas, no se percatan cuándo los van a atrapar.

Energía en las ondas sonoras

El movimiento ondulatorio de cualquier clase posee energía en diversos grados. Por ejemplo, las ondas electromagnéticas que provienen del Sol nos traen enormes cantidades de la energía necesaria para la vida en la Tierra. En comparación, la energía en el sonido es extremadamente pequeña. Se debe a que para producir el sonido sólo se requiere una cantidad pequeña de energía. Por ejemplo, cuando 10,000,000 de personas hablan al mismo tiempo sólo producirían la energía acústica necesaria para encender una linterna sorda común. La audición es posible sólo porque los oídos tienen una sensibilidad realmente notable. Sólo el micrófono más sensible puede detectar los sonidos menos intensos que los que podemos oír.

La energía acústica se disipa en energía térmica mientras el sonido se propaga en el aire. Para las ondas de mayor frecuencia, la energía acústica se transforma con más rapidez en energía interna que para las ondas de bajas frecuencias. En consecuencia, el sonido de bajas frecuencias llega más lejos por el aire que el de altas frecuencias. Es la causa de que las sirenas de niebla de los barcos tienen baja frecuencia.

Vibraciones forzadas

Si golpeamos un diapasón no instalado, el sonido que se produce podrá ser bastante débil. Si sujetamos el mismo diapasón contra una mesa, después de golpearlo, el sonido será más intenso. Esto se debe a que se obliga a vibrar a la mesa. y con su mayor superficie pone en movimiento a más aire. La mesa es forzada a vibrar por un diapasón a cualquier frecuencia. Es un caso de **vibración forzada**.

El mecanismo de una caja de música se monta en una caja de resonancia. Sin la caja de resonancia, ese sonido apenas es perceptible. Las cajas de resonancia son importantes en todos los instrumentos musicales de cuerda.

Frecuencia natural

Cuando alguien deja caer una llave sobre un piso de concreto, no es probable que confundamos ese ruido con el de una pelota de béisbol que golpea contra el suelo. Esto se debe a que los dos objetos vibran en forma distinta cuando se golpean. Golpea una llave y las vibraciones que se provocan son distintas de las de un bat de béisbol, o de las de cualquier otra cosa. Todo objeto hecho de un material elástico vibra cuando es perturbado con sus frecuencias especiales propias, que en conjunto producen su sonido especial. Se habla entonces de la **frecuencia natural** de un objeto, que depende de factores como la elasticidad y la forma del objeto. Naturalmente, las campanas y los diapasones vibran con sus frecuencias características propias. Y es interesante que la mayor parte de las cosas, desde los planetas hasta los átomos, y casi todo lo que hay entre ellos tienen una elasticidad tal que vibran a una o más frecuencias naturales.

Resonancia

Cuando la frecuencia de las vibraciones forzadas en un objeto coinciden con la frecuencia natural del mismo, se provoca un aumento dramático de la amplitud. A este fenómeno se le llama **resonancia**. En forma literal, *resonancia* quiere decir "volver a sonar". La masilla no resuena, porque no es elástica, y un pañuelo que se deja caer es demasiado flácido. Para que algo resuene necesita que una fuerza lo regrese a su posición inicial, y que la energía sea suficiente para mantenerlo vibrando.

FIGURA 20.10 Al impulsar el columpio al ritmo de su frecuencia natural produce una amplitud grande.

FIGURA 20.11 La frecuencia natural de una campana más pequeña es mayor que la de una grande, y suena con un tono más alto.

Una experiencia frecuente que ilustra la resonancia es un columpio. Cuando aumentan las oscilaciones, se empuja al ritmo de la frecuencia natural del columpio. Más importante que la fuerza con que se impulse, es su sincronización. Hasta con impulsos pequeños, si se hacen con el ritmo de la frecuencia del movimiento oscilatorio, producen grandes amplitudes. Una demostración muy común en los salones de clase es con un par de diapasones, ajustados a la misma frecuencia y a una distancia de un metro entre sí. Cuando se golpea uno de ellos, pone al otro a vibrar. Es una versión en pequeña escala de cuando columpiamos a un amigo: la sincronización es lo más importante. Cuando una serie de ondas sonoras chocan con el diapasón, cada compresión da un impulso diminuto al brazo del mismo. Como la frecuencia de esos impulsos es igual a la frecuencia natural del diapasón, los impulsos harán aumentar sucesivamente la amplitud de la vibración. Esto se debe a que los impulsos se dan en el momento adecuado. El movimiento del segundo diapasón se llama con frecuencia *vibración simpática* o *vibración por resonancia*.

Si los diapasones no se ajustan a frecuencias iguales, la sincronización de los impulsos se pierde y no habrá resonancia. Cuando sintonizas tu radio ajustas, en forma parecida, la frecuencia natural de los circuitos electrónicos del aparato, para que sean iguales a alguna de las señales que llegan de las estaciones. Entonces el radio resuena con una estación cada vez, en lugar de tocar todas las estaciones al mismo tiempo.

La resonancia no se restringe al movimiento ondulatorio. Se presenta siempre que se aplican impulsos sucesivos a un objeto en vibración, con su frecuencia natural. En 1831, una tropa de caballería cruzaba un puente cerca de Mánchester, Inglaterra y, por accidente hicieron que se derrumbara el puente al marchar al ritmo de la frecuencia natural del

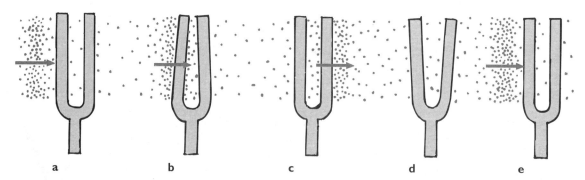

a   b   c   d   e

FIGURA 20.12 Etapas de la resonancia. (Las flechas indican que las ondas sonoras se propagan hacia la derecha. a) La primera compresión llega al diapasón y le da un empuje diminuto y momentáneo. b) El diapasón se flexiona y después c) regresa a su posición inicial en el momento preciso en que un enrarecimiento llega, y d) continúa su movimiento en dirección contraria. Justo cuando regresa a su posición inicial e), llega la siguiente compresión y se repite el ciclo. Ahora se flexiona más, debido a que ese impulso llega favoreciendo su movimiento.

puente. Desde entonces se acostumbra ordenar "rompan filas" a las tropas cuando cruzan los puentes, para evitar la resonancia. La resonancia generada por el viento causó, en fecha más reciente, un desastre en un puente (Figura 20.13).

Los efectos de la resonancia están alrededor de nosotros. La resonancia acentúa no sólo el sonido de la música, sino el color de las hojas en el otoño, la altura de las mareas, la operación de los rayos láser, y una vasta multitud de fenómenos que imparten belleza al mundo que nos rodea.

FIGURA 20.13 En 1940, cuatro meses después de terminarse, el puente Tacoma Narrows, en el estado de Washington, Estados Unidos, fue destruido por resonancia generada por el viento. Un ventarrón moderado produjo una fuerza irregular, en resonancia con la frecuencia natural del puente, aumentando continuamente la amplitud de la vibración hasta que el puente se vino abajo.

Interferencia

Las ondas sonoras, como cualquier otra onda, pueden presentar interferencia. Recuerda que en el último capítulo describimos la interferencia entre ondas. En la figura 20.14 se muestra una comparación de la interferencia en ondas transversales y en ondas longitudinales. En ambos casos, cuando las crestas de una onda se traslapan con las crestas de otra, se produce un aumento de amplitud. O bien, cuando la cresta de una onda se encima con el valle de otra, se produce menor amplitud. En el caso del sonido, la cresta de una onda

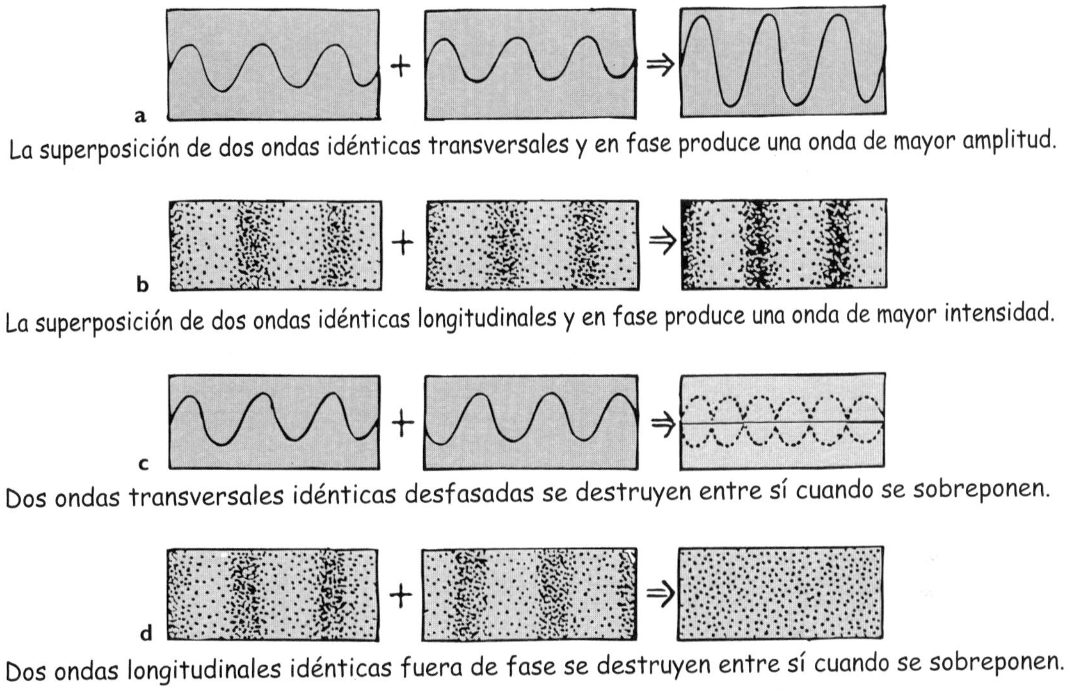

a

La superposición de dos ondas idénticas transversales y en fase produce una onda de mayor amplitud.

b

La superposición de dos ondas idénticas longitudinales y en fase produce una onda de mayor intensidad.

c

Dos ondas transversales idénticas desfasadas se destruyen entre sí cuando se sobreponen.

d

Dos ondas longitudinales idénticas fuera de fase se destruyen entre sí cuando se sobreponen.

FIGURA 20.14 Interferencia constructiva (partes superiores) y destructiva (partes inferiores) entre ondas transversales y longitudinales.

corresponde a una compresión, y el valle a un enrarecimiento. La interferencia se produce en todas las ondas, sean transversales o longitudinales.

En la figura 20.15 vemos un caso interesante de interferencia acústica. Si estás a distancias iguales a dos altoparlantes que emiten tonos idénticos de frecuencia fija, el sonido es mayor porque se suman los efectos de los dos altoparlantes. Las compresiones y los enrarecimientos de los tonos llegan al mismo tiempo, o *en fase*. Sin embargo, si te mueves hacia un lado, para que las trayectorias de los altoparlantes hasta ti difieren media longitud de onda, entonces los enrarecimientos de un altoparlante se llenarán con las compresiones del otro. Eso es la interferencia destructiva. Es como si la cresta de una ola en el agua llenara exactamente el valle de otra. Si el recinto con los altoparlantes no tiene superficies reflectoras ¡escucharás poco o nada de sonido!

FIGURA 20.15 Interferencia de ondas sonoras. a) Las ondas llegan en fase y se interfieren constructivamente cuando las longitudes de trayectoria desde las bocinas son iguales. b) Las ondas llegan fuera de fase y se interfieren destructivamente cuando las longitudes de trayectoria difieren en media (o en 3/2, 5/2, etc.) longitud de onda.

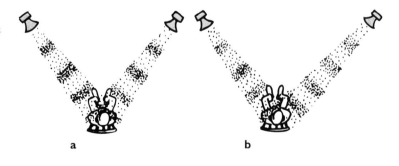

a   b

FIGURA 20.16 Los conductores positivo y negativo que entran a una de las bocinas estereofónicas se intercambiaron, y el resultado fue que los altoparlantes están fuera de fase. Cuando están muy alejadas, el sonido monoaural no es tan intenso como cuando las bocinas tienen la conexión y la fase correcta. Cuando se ponen cara a cara se escucha poco sonido. La interferencia es casi completa porque las compresiones de una bocina llenan los enrarecimientos de la otra.

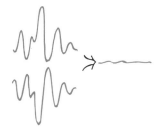

FIGURA 20.17 Cuando la imagen especular de una señal sonora se combina con el sonido original, se anula el sonido.

Si las bocinas emiten toda una gama de sonidos con distintas frecuencias, sólo habrá algunas ondas que se interfieran destructivamente para determinada diferencia en longitudes de trayectoria. Por eso esa clase de interferencia no suele ser problema, porque normalmente hay bastante reflexión del sonido como para llenar los puntos de anulación. Sin embargo, a veces son evidentes los "puntos muertos" en teatros o salas de concierto mal diseñados, donde las ondas sonoras se reflejan en las paredes y se interfieren con las ondas no reflejadas, produciendo zonas de baja amplitud. Si mueves la cabeza algunos centímetros en cualquier dirección notarás una diferencia apreciable.

La interferencia del sonido se ilustra muy bien cuando se toca sonido monoaural con bocinas estereofónicas que están fuera de fase. Se ponen fuera de fase cuando los conductores de señal a una bocina se intercambian (se invierten los conductores positivo y negativo de la señal). Para una señal monoaural eso significa que cuando una bocina está mandando una compresión de sonido, la otra está mandando un enrarecimiento. El sonido que se produce no es tan lleno ni tan intenso como cuando los altoparlantes están bien conectados y en fase, porque las ondas más largas se anulan por interferencia. Las ondas más cortas se anulan si las bocinas se acercan entre sí, y cuando un par de bocinas se ponen frente a frente, viéndose entre sí ¡se escuchan muy poco! Sólo las ondas sonoras con las frecuencias máximas sobreviven a la anulación. Debes hacer la prueba para comprobarlo.

La interferencia acústica destructiva es una propiedad que se usa en la *tecnología antirruido*. Unos micrófonos se instalan en aparatos ruidosos, por ejemplo los rotomartillos (pulsetas o martillos neumáticos), que mandan el sonido del aparato a *microchips* electrónicos, que producen distribuciones de las señales acústicas que guardan entre sí una

FIGURA 20.18 Ken Ford remolca planeadores en silenciosa comodidad cuando usa los audífonos antirruido.

relación *especular* de imagen a objeto. Para el rotomartillo, esta señal sonora de imagen especular se alimenta a audífonos que usa el operador. Las compresiones (o enrarecimientos) acústicas del martillo se anulan con los enrarecimientos (o las compresiones que son imagen especular en los audífonos). La combinación de las señales anula el ruido del rotomartillo. Los audífonos anuladores del ruido ya son muy comunes en los pilotos. Espera un poco para que este principio se aplique a los silenciadores electrónicos en los automóviles, donde se emita antirruido por los altoparlantes para anular el 95% del ruido original.

Pulsaciones

Cuando dos tonos de una frecuencia un poco distinta suenan al unísono, se oye una fluctuación en la intensidad de los sonidos combinados; el sonido es intenso y después débil, después intenso, después débil, etc. A esta variación periódica de la intensidad del sonido se le llama **pulsaciones** o *trémolo*, y se debe a la interferencia. Golpea dos diapasones que no estén bien afinados y como uno vibra con distinta frecuencia que el otro, las dos vibraciones estarán en fase, momentáneamente, después fuera de fase, después en fase, y así sucesivamente. Cuando las ondas combinadas llegan a los oídos en fase, por ejemplo, cuando una compresión de un diapasón se encima con una compresión del otro, el sonido es máximo. Un momento después, cuando los diapasones están desfasados, una compresión de uno se encuentra con un enrarecimiento del otro y se produce un mínimo. El sonido que llega a los oídos varía entre la intensidad máxima y mínima, y produce un efecto de trémolo.

FIGURA 20.19 La interferencia de dos fuentes de sonido, con frecuencias un poco distintas, produce pulsaciones.

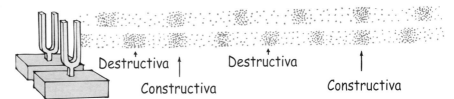

Podremos comprender el trémolo si imaginamos el caso análogo de dos personas que caminan lado a lado con pasos distintos. En determinado momento conservarán el paso, y poco después lo perderán, después lo conservarán, y así sucesivamente. Imagina que una de ellas, quizá con piernas más largas, da exactamente 70 pasos en un minuto, y la persona más baja da 72 pasos en el mismo intervalo. La persona más baja da dos pasos más por minuto que la más alta. Si meditamos un poco veremos que guardarán momentáneamente el paso dos veces cada minuto. En general, si dos personas caminan juntas con ritmo distinto, la cantidad de veces que conservarán el paso en cada unidad de tiempo es igual a la diferencia entre las frecuencias de sus pasos. Eso también se aplica al par de

EXAMÍNATE ¿Cuál es la frecuencia de pulsación cuando suenan juntos un diapasón de 262 Hz y uno de 266 Hz? ¿Y uno de 262 Hz y uno de 272 Hz?

COMPRUEBA TU RESPUESTA Para los dos primeros diapasones, de 262 Hz y 266 Hz, se escucharán 264 Hz, que tremolará a 4 Hz (266 − 262). Para los diapasones de 272 Hz y 262 Hz, se escucharán 267 Hz, y algunas personas escucharán que fluctúa 10 veces por segundo. Las frecuencias de pulsación mayores que 10 Hz son demasiado rápidas como para escucharlas con claridad.

Emisiones de radio

Un radiorreceptor emite sonido, pero lo interesante es que no recibe ondas sonoras. El radiorreceptor al igual que un aparato de TV, recibe *ondas electromagnéticas*, que en realidad son ondas luminosas de baja frecuencia. Esas ondas, que describiremos con detalle en la parte 6, difieren fundamentalmente de las ondas sonoras; no sólo son de naturaleza diferente, sino que sus frecuencias son extremadamente altas, mucho mayores que el límite de la audición humana.

Cada estación de radio tiene asignada una frecuencia a la cual emite sus programas. La onda electromagnética que se trasmite a esa frecuencia es la *onda portadora*. La señal acústica con frecuencia relativamente baja que se va a comunicar, se sobrepone a la onda portadora, de frecuencia mucho mayor, en dos formas principales: mediante pequeñas variaciones en la amplitud, que coinciden con la audiofrecuencia, o mediante pequeñas variaciones de frecuencia. Esta impresión de la onda sonora sobre la onda de radio, de mayor frecuencia, es la *modulación*. Cuando se modela la *amplitud* de la onda portadora, se trata del sistema de AM, *amplitud modulada*. Las estaciones de AM emi-

ten entre los 535 y 1605 kilohertz. Cuando se modula la *frecuencia* de la onda portadora, el sistema se llama FM, o *frecuencia modulada*. Las estaciones de FM emiten entre los límites de 88 a 108 megahertz de frecuencia, bastante mayores que la AM. La modulación de amplitud es como cambiar rápidamente la luminosidad de una lámpara de color constante. La modulación de frecuencia es como cambiar rápidamente el color de una lámpara de luminosidad constante.

El girar la perilla de un radiorreceptor para seleccionar determinada estación, se parece a ajustar masas móviles en las ramas de un diapasón, para hacerlo resonar con el sonido producido por otro diapasón. Al seleccionar una estación de radio ajustas la frecuencia de un circuito eléctrico dentro del aparato, para que coincida y resuene con la energía de la estación que deseas. Así, seleccionas una onda portadora entre muchas. Entonces, la señal impresa del sonido se separa de la onda portadora, se amplifica y se manda al altoparlante. ¡Lo bueno es que se escucha una sola estación a la vez!

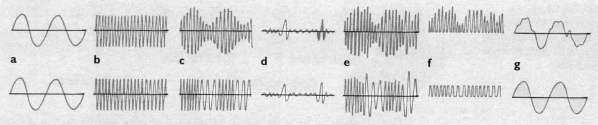

FIGURA 20.20 Señales de radio de AM y FM. a) Ondas sonoras que entran a un micrófono. b) Onda portadora de radiofrecuencia producida por el transmisor, sin señal de audio (señal de sonido). c) Onda portadora modulada por la señal. d). Interferencia por estática. e) Onda portadora y de señal afectada por la estática. f) El radiorreceptor recorta la mitad negativa de la onda portadora. g) La señal que queda es áspera en la AM, por la estática, pero es nítida para la FM, porque los picos de la onda de interferencia se recortan sin pérdida de señal.

diapasones. Si uno tiene 264 vibraciones por segundo, y el otro 262, dos veces cada segundo estarán en fase. Se escuchará un trémolo de 2 hertz. El tono general corresponderá a la frecuencia promedio, 263 hertz.

Si se enciman dos peines con distintos espacios entre los dientes, veremos una figura de "muaré", es decir, de interferencia, que se parece a las pulsaciones (Figura 20.21). La cantidad de pulsaciones por unidad de longitud será igual a la diferencia entre la cantidad de dientes por unidad de longitud, para los dos peines.

Las pulsaciones se pueden producir con cualquier clase de ondas, y permiten tener un método práctico de comparar las frecuencias. Por ejemplo, para afinar un piano el afinador escucha los trémolos producidos entre una frecuencia patrón y la frecuencia de determinada nota del piano. Cuando las frecuencias son idénticas, los trémolos desaparecen. Te puedes ayudar con las pulsaciones para afinar diversos instrumentos musicales. Tan sólo escucha los trémolos entre el tono de tu instrumento y la nota patrón producida por un piano o por algún otro instrumento.

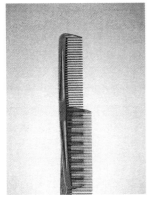

FIGURA 20.21 Las distancias desiguales entre los dientes de los dos peines producen una figura de interferencia, o de "muaré". Corresponde a las pulsaciones con dos frecuencias parecidas.

EXAMÍNATE ¿Es correcto decir que en todos los casos, sin excepción, una onda de radio se propaga más rápidamente que una onda sonora?

Los delfines usan las pulsaciones para reconocer los movimientos de las cosas que los rodean. Cuando un delfín manda señales sonoras, se pueden producir pulsaciones cuando los ecos que recibe se interfieren con el sonido que manda. Cuando no hay movimiento relativo entre el delfín y el objeto que regresa el sonido, las frecuencias de emisión y de recepción son iguales y no se producen pulsaciones. Pero cuando hay movimiento relativo, el eco tiene una frecuencia distinta por el efecto Doppler, y se producen pulsaciones cuando se combinan el eco y el sonido emitido. El mismo principio se aplica en las pistolas de radar que usa la policía. Las pulsaciones entre la señal que se manda y la que se refleja se usan para determinar con qué rapidez se mueve el auto que reflejó la señal.

COMPRUEBA TU RESPUESTA Sí, porque todas las ondas de radio se propagan con la rapidez de la luz. Una onda de radio es una onda electromagnética; en un sentido muy real es una onda luminosa de baja frecuencia (o se puede decir que ¡la onda luminosa es una onda de radio de alta frecuencia!). Una onda sonora, por otra parte, es una perturbación mecánica que se propaga por un medio material, por partículas materiales que vibran una contra otra. En el aire, la rapidez del sonido es unos 340 m/s, más o menos la millonésima parte de la rapidez de una onda de radio. El sonido se propaga con más rapidez en otros medios, pero en ningún caso a la rapidez de la luz. Ninguna onda sonora puede propagarse tan rápido como la luz.

Resumen de términos

Amplitud modulada (AM) Una clase de modulación donde se hace variar la amplitud de la onda portadora, sobre y abajo de su valor normal, en una cantidad proporcional a la amplitud de la señal impresa.

Compresión Región condensada del medio a través del cual se propaga una onda longitudinal.

Enrarecimiento Región enrarecida, o región de menor presión, en el medio a través del cual se propaga una onda longitudinal.

Frecuencia modulada (FM) Una clase de modulación donde la frecuencia de la onda portadora se hace variar sobre y por abajo de su frecuencia normal, una cantidad proporcional a la amplitud de la señal impresa. En este caso, la amplitud de la onda portadora modulada permanece constante.

Frecuencia natural Frecuencia a la cual tiende a vibrar un objeto elástico si se le perturba y se quita la fuerza perturbadora.

Infrasónico Describe un sonido que tiene una frecuencia demasiado baja como para que la escuche el oído humano.

Modulación El proceso de incrustar un sistema de ondas sobre otro de mayor frecuencia.

Onda portadora La onda que en general es de radiofrecuencia, cuyas características se modifican en el proceso de modulación.

Pulsaciones Una serie de refuerzos y anulaciones alternados, producida por la interferencia de dos ondas de frecuencias un poco distintas, que se escuchan como un efecto de trémolo en las ondas sonoras.

Resonancia Respuesta de un objeto cuando la frecuencia impelente coincide con su frecuencia natural.

Ultrasónico Describe un sonido que tiene una frecuencia demasiado alta como para que la escuche el oído humano.

Vibración forzada La producción de vibraciones en un objeto, debido a una fuerza en vibración.

Preguntas de repaso

1. ¿Cómo suele definir un físico el sonido?

Origen del sonido

2. ¿Cuál es la fuente de todos los sonidos?

3. ¿Cuál es la relación entre *frecuencia* y *altura*?

4. ¿Cuál es el intervalo promedio de audición de una persona joven?

5. Describe la diferencia entre las ondas sonoras *infrasónicas* y las *ultrasónicas*.

Naturaleza del sonido en el aire

6. Describe la diferencia entre una *compresión* y un *enrarecimiento*.

7. Las compresiones y los enrarecimientos, ¿se propagan en la misma dirección que una onda, o en dirección contraria? Proporciona evidencias para apoyar tu respuesta.

8. ¿Cómo emite sonido el cono de papel de un altoparlante?

Medios que transmiten el sonido

9. En relación con los sólidos y los líquidos, ¿qué lugar ocupa el aire como conductor del sonido?

10. ¿Por qué el sonido no se propaga por el vacío?

Rapidez del sonido en el aire

11. ¿De qué factores depende la rapidez del sonido? ¿Cuáles son algunos factores de los cuales *no* depende la rapidez del sonido?

12. ¿Cuál es la rapidez del sonido en el aire seco a 0°C?

13. El sonido, ¿se propaga con más rapidez en el aire cálido que en el aire frío? Defiende tu respuesta.

Reflexión del sonido

14. ¿Qué es el *eco*?

15. ¿Cuál es la relación entre los ángulos de incidencia y de reflexión del sonido?

16. Exactamente, ¿qué es una reverberación?

Refracción del sonido

17. ¿Cuál es la causa de la refracción?

18. El sonido, ¿tiende a desviarse hacia arriba o hacia abajo cuando su rapidez es menor cerca del suelo?

19. ¿Por qué a veces el sonido se refracta bajo el agua?

Energía en las ondas sonoras

20. ¿Qué suele ser mayor, la energía en el sonido ordinario o la energía en la luz ordinaria?

21. En último término, ¿cuál es el destino de la energía del sonido en el aire?

Vibraciones forzadas

22. ¿Por qué suena más fuerte un diapasón cuando se golpea sujetándolo contra una mesa?

Frecuencia natural

23. Describe al menos dos factores que determinen la frecuencia natural de un objeto.

Resonancia

24. ¿Qué tienen que ver las *vibraciones* forzadas con la *resonancia*?

25. ¿Qué se requiere para hacer que un objeto resuene?

26. Cuando escuchas tu radio, ¿por qué sólo escuchas una estación, y no todas al mismo tiempo?

27. ¿Por qué "rompen filas" las tropas al cruzar un puente?

Interferencia

28. ¿Es posible que una onda anule a otra?

29. ¿Qué clase de ondas pueden presentar interferencia?

Pulsaciones

30. ¿Qué fenómeno físico es básico en la producción de pulsaciones?

31. ¿Qué frecuencia de pulsación se producirá cuando se hacen sonar al unísono fuentes de 370 Hz y 374 Hz?

32. ¿Qué utilidad tiene el fenómeno de las pulsaciones para afinar instrumentos musicales?

Emisiones de radio

33. ¿En qué difiere una onda de radio de una onda sonora?

34. Describe la diferencia entre AM y FM.

35. ¿En qué se parece sintonizar un radio a ajustar un par de diapasones con resonancia?

Proyectos

1. En la tina de baño, sumerge la cabeza y escucha el sonido que haces cuando chasqueas las uñas o golpeas la tina bajo el agua. Compara el sonido con el que haces cuando la fuente y los oídos están sobre el agua. A riesgo de mojar el piso, deslízate hacia adelante y hacia atrás dentro de la tina con distintas frecuencias, y ve cómo la amplitud de las olas crece con rapidez cuando te deslizas al ritmo de las olas. (¡Haz esta práctica cuando estés solo en la tina!)

2. Estira un globo, no mucho, y colócalo sobre una bocina de radio. Pega un trozo pequeño, muy ligero, de espejo, papel de aluminio o de metal pulido, cerca de una orilla. Ilumina el espejo con un haz de luz estrecho, mientras esté tocando tu música favorita, y observa las bellas figuras que se reflejan en la pantalla o en la pared.

Membrana de hule estirada sobre la bocina

Espejo

Fuente luminosa

Pantalla o pared

Ejercicios

1. Lanza al agua inmóvil una piedra, y se formarán círculos concéntricos. ¿Qué forma tendrán las ondas, si la piedra se lanza cuando el agua fluya uniformemente?

2. ¿Por qué zumban las abejas al volar?

3. Un gato puede oír frecuencias hasta de 70,000 Hz. Los murciélagos mandan y reciben chillidos con ultra alta frecuencia, hasta de 120,000 Hz. ¿Quiénes oyen sonidos de longitudes de onda más cortas, los gatos o los murciélagos?

4. ¿Qué quiere decir que una estación de radio está "en el 101.1 de su radio FM?

5. El sonido de la fuente A tiene el doble de frecuencia que el sonido de la fuente B. Compara las longitudes de las ondas sonoras de las dos fuentes.

6. Imagina que una onda sonora y una onda electromagnética tuvieran la misma frecuencia. ¿Cuál tendría la mayor longitud de onda?

7. En los arrancadores de una pista de atletismo observas el humo de la pistola de arranque, antes de oír el disparo. Explica por qué.

8. En una competencia olímpica, un micrófono capta el sonido de la pistola de arranque y lo manda eléctricamente a altoparlantes en cada arrancador de los competidores. ¿Por qué?

9. Cuando una onda sonora pasa por un punto en el aire, ¿hay cambios de la densidad del aire en ese punto? Explica por qué.

10. En el instante en que una región de alta presión se crea justo fuera de las ramas de un diapasón que vibra, ¿qué se crea dentro de las ramas?

11. ¿Por qué está todo tan callado después de una nevada?

12. Si una campana suena dentro de un capelo de vidrio ya no la podremos oír si dentro del capelo se hace el vacío, pero la podemos seguir viendo. ¿Qué indica esto acerca de las diferentes propiedades de las ondas sonoras y las ondas luminosas?

13. ¿Por qué la Luna es un "cuerpo silencioso"?

14. Al verter agua en un vaso, lo golpeas repetidamente con una cuchara. A medida que el vaso se llena, ¿aumenta o disminuye la altura del sonido producido? (¿Qué debes hacer para contestar esta pregunta?)

15. Si la rapidez del sonido dependiera de su frecuencia, ¿disfrutarías de un concierto sentado hasta un segundo piso?

16. Si la frecuencia del sonido sube al doble, ¿qué cambio tendrá su rapidez? ¿Y su longitud de onda?

17. ¿Por qué el sonido se propaga con más rapidez en aire cálido?

18. ¿Por qué el sonido se propaga con más rapidez en aire húmedo? (*Sugerencia*: A la misma temperatura, las moléculas de vapor de agua tienen la misma energía cinética promedio que las moléculas de nitrógeno u oxígeno del aire, que son más pesadas. Entonces, ¿cómo se comparan las velocidades promedio de las moléculas de agua con las de las rapideces de N_2 y de O_2?)

19. ¿Sería posible la refracción del sonido si la rapidez del mismo no se afectara con el viento, la temperatura y otras condiciones? Defiende tu respuesta.

20. ¿Por qué se puede sentir la vibración del suelo lejos de una explosión, antes que se oiga el sonido de ésta?

21. ¿Qué clase de condiciones de viento harían que el sonido se escuchara con más facilidad a grandes distancias? ¿Con menos facilidad a grandes distancias?

22. Las ondas ultrasónicas tienen muchas aplicaciones en la tecnología y en la medicina. Una de sus ventajas es que se pueden usar grandes intensidades sin dañar los oídos. Describe otra ventaja debida a su corta longitud de onda. (*Sugerencia*: ¿Por qué los microscopistas usan luz azul y no roja para ver con mayor detalle?)

23. ¿Por qué el eco es más débil que el sonido original?

24. ¿Cuáles son los dos errores de física que se cometen en una película de ciencia ficción, cuando se ve una explosión lejana en el espacio exterior, y ves y escuchas esa explosión al mismo tiempo?

25. Una regla fácil para estimar la distancia entre un observador y un rayo que cae, en kilómetros, es dividir entre tres la cantidad de segundos en el intervalo entre el rayo y el trueno. ¿Es correcta esta regla?

26. Si una sola perturbación a cierta distancia manda ondas transversales y longitudinales al mismo tiempo, que se propagan con rapideces bastante distintas en el medio, por ejemplo en el suelo durante un terremoto, ¿cómo se podría determinar la distancia a la perturbación?

27. ¿Por qué todos los soldados al final de un largo desfile, que marchan con el ritmo de una banda, no guardan el mismo paso que los del principio del desfile?

28. ¿Por qué los soldados rompen filas al pasar por un puente?

29. ¿Por qué el sonido de un arpa es suave en comparación con el de un piano?

30. Los habitantes de los edificios de apartamentos son testigos de que las notas bajas se escuchan mejor cuando suena la música en los apartamentos más cercanos. ¿Por qué crees que los sonidos de menor frecuencia atraviesan con más facilidad las paredes, los pisos y los techos?

31. Si el asa de un diapasón se sujeta con firmeza contra una mesa, el sonido de ese diapasón se hace más intenso. ¿Por qué? ¿En qué afecta eso el tiempo que el diapasón dura vibrando? Explica cómo.

32. La cítara es un instrumento musical de la India y tiene un conjunto de cuerdas que vibran y producen música, aun

cuando el músico nunca las toca. Esas "cuerdas simpáticas" son idénticas a las cuerdas que se pulsan, y están montadas abajo de ellas. ¿Cuál es tu explicación?

33. ¿Por qué un tablado de danza sólo se mueve cuando se ejecutan ciertos pasos de baile?

34. Un dispositivo especial puede transmitir sonido fuera de fase proveniente de un ruidoso rotomartillo a los audífonos de su operador. Sobre el ruido del martillo, el operador puede oír con facilidad tu voz, mientras que tú no puedes escuchar la de él. Explica por qué.

35. Cuando un par de altoparlantes fuera de fase se acercan como se ve en la figura 20.16, ¿cuáles ondas son las que más se anulan, las largas o las cortas? ¿Por qué?

36. Un objeto resuena cuando la frecuencia de una fuerza vibratoria coincide con su frecuencia natural, o es un submúltiplo de esa frecuencia. ¿Por qué no resuena con múltiplos de su frecuencia natural? (Imagina que impulsas a un niño en un columpio.)

37. Dos ondas sonoras de la misma frecuencia pueden interferir, pero para producir pulsaciones, las dos ondas sonoras deben tener distintas frecuencias. ¿Por qué?

38. Al caminar junto a ti, tu amigo da 50 pasos por minuto, mientras que tú das 48 pasos por minuto. Si comienzan al mismo tiempo, ¿cuándo mantendrán el mismo paso?

39. Imagina que un afinador de pianos oye tres pulsaciones por segundo al escuchar el sonido combinado de un diapasón y la nota del piano que afina. Después de apretar un poco la cuerda escucha cinco pulsaciones por segundo. ¿Debe apretar o aflojar la cuerda?

40. Un ser humano no puede escuchar un sonido con 100 kHz de frecuencia, o uno de 102 kHz. Pero si entra en un recinto en el que hay dos fuentes que emiten ondas sonoras, una a 100 kHz y otra a 102 kHz, sí escuchará un sonido. Explica por qué.

Problemas

1. ¿Cuál es la longitud de onda de un tono de 340 Hz en el aire? ¿Cuál es la longitud de una onda ultrasónica de 34,000 Hz en el aire?

2. Durante años, a los oceanógrafos les intrigaron las ondas sonoras captadas por micrófonos bajo las aguas del Océano Pacífico. Estas llamadas ondas T son de los sonidos más puros de la naturaleza. Finalmente, encontraron que la fuente son volcanes submarinos, cuyas columnas ascendentes de burbujas resuenan como tubos de órgano. ¿Cuál es la longitud de una onda característica T cuya frecuencia es 7 Hz? (La rapidez del sonido en el agua de mar es 1530 m/s.)

3. Un barco-sonda explora el fondo del mar con ondas ultrasónicas que se propagan a 1530 m/s en el agua. ¿Qué profundidad tiene el agua directamente abajo del barco, si el tiempo entre la salida de la señal y el regreso del eco es de 6 s?

4. Un murciélago, al volar en una caverna, emite un sonido y recibe el eco 0.1 s después. ¿A qué distancia está la pared de la caverna?

5. Te fijas en una dama a lo lejos que está clavando en el vestíbulo de su casa, dando un golpe por segundo. Escuchas el sonido de los golpes exactamente en sincronía con cada golpe del martillo. Y después que termina de martillar, escuchas un golpe de más. ¿A qué distancia está ella?

6. Imagina a un leñador dormilón que vive en las montañas. Antes de acostarse a dormir grita: "¡DESPIÉRTATE!" y el eco del sonido en la montaña más cercana le llega ocho horas después, cuando despierta. ¿A qué distancia está la montaña?

7. Dos bocinas se conectan para emitir sonidos idénticos al unísono. La longitud de onda de los sonidos en el aire es 6 m. Los sonidos, ¿interfieren constructiva o destructivamente a) a 12 m frente a los altoparlantes? b) a 9 m de los altoparlantes? c) a 9 m de un altoparlante y a 12 m del otro?

8. ¿Cuál es la frecuencia del sonido emitido por los altoparlantes del problema anterior? ¿Es de un tono grave o de uno agudo, en relación con la audición del oído humano?

9. Una tortuga emite un sonido de la misma frecuencia que la de los dos problemas anteriores. ¿Cuál es la longitud de onda de este sonido en el agua, donde la velocidad del sonido es 1500 m/s?

10. ¿Qué frecuencias de pulsaciones se puede obtener con diapasones cuyas frecuencias son 256, 259 y 261 Hz?

21

www.pearsoneducacion.net/hewitt
*Usa los variados recursos del sitio Web,
para comprender mejor la física.*

SONIDOS MUSICALES

Skip Wagner, entusiasta de la física y trompetista de la orquesta del ballet de San Francisco ilustra la belleza del sonido de la música.

La mayor parte de lo que escuchamos es ruido. El impacto de un objeto que cae, un portazo, el rugir de una motocicleta y la mayor parte de los sonidos del tráfico citadino son ruidos. El ruido es una vibración irregular del tímpano, producida a su vez por una vibración irregular. El sonido de la música es distinto; tiene tonos periódicos o "notas" musicales. Aunque el ruido no tiene esas características, la frontera entre la música y el ruido es tenue y subjetiva. Y para algunos compositores contemporáneos no existe.

Algunas personas consideran que la música contemporánea y la de otras culturas es ruido. La diferencia entre esas clases de música y el ruido viene a ser un problema de estética. Sin embargo, no hay problema en diferenciar el ruido de la música tradicional, esto es la música clásica occidental y la mayor parte de la música popular. Una persona totalmente sorda puede hacer la distinción usando un osciloscopio. Recuerda que, en la figura 20.4 cuando llega al osciloscopio una señal de un micrófono, se muestran las figuras que producen las variaciones en la presión del aire respecto al tiempo, y en esas figuras se distingue bien el ruido y la música tradicional (Figura 21.1).

Los músicos comúnmente hablan de los tonos musicales en términos de tres características principales: altura, volumen y calidad.

399

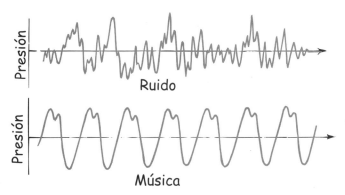

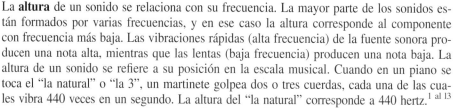

FIGURA 21.1 Representaciones gráficas del ruido y de la música.

Altura

La **altura** de un sonido se relaciona con su frecuencia. La mayor parte de los sonidos están formados por varias frecuencias, y en ese caso la altura corresponde al componente con frecuencia más baja. Las vibraciones rápidas (alta frecuencia) de la fuente sonora producen una nota alta, mientras que las lentas (baja frecuencia) producen una nota baja. La altura de un sonido se refiere a su posición en la escala musical. Cuando en un piano se toca el "la natural" o "la 3", un martinete golpea dos o tres cuerdas, cada una de las cuales vibra 440 veces en un segundo. La altura del "la natural" corresponde a 440 hertz.[1 al 13]

Las diversas notas musicales se obtienen cambiando la frecuencia de la fuente sonora que vibra. Eso se suele hacer alterando el tamaño, la tensión o la masa del objeto que vibra. Por ejemplo, un guitarrista o un violinista ajusta la tensión de las cuerdas (o apriete de las clavijas) del instrumento cuando lo afina. Después, podrá tocar distintas notas alterando la longitud de cada cuerda "deteniéndola" con los dedos.

En los instrumentos de viento, la longitud de la columna de aire en vibración se puede alterar, como en el trombón o en la trompeta, o haciendo agujeros al lado del tubo, que se puedan abrir y cerrar en diversas combinaciones, como en el saxofón, el clarinete o la flauta, para cambiar la altura de la nota producida.

Los sonidos altos de la música tienen casi siempre menos de 4000 hertz, pero el oído humano promedio puede captar sonidos con frecuencias hasta de 18,000 hertz. Algunas personas pueden escuchar tonos más altos que eso, al igual que la mayoría de los perros. En general, el límite superior de audición en las personas disminuye al aumentar la edad. Con frecuencia, una persona mayor no escucha un sonido alto, el cual una persona más joven puede escuchar con claridad. Así, para cuando puedas comprarte un equipo de alta fidelidad tal vez ya no puedas apreciar la diferencia.

Intensidad y sonoridad del sonido

La **intensidad** del sonido depende de la amplitud de las variaciones de la presión en la onda sonora. (También, como en todas las ondas, la intensidad es directamente proporcional a la amplitud de la onda.) Se mide en watts/metro^2. El oído humano responde a intensidades que abarcan el enorme intervalo desde 10^{-12} W/m^2 (el umbral de la audición) hasta más de 1 W/m^2 (el umbral del dolor). Por ser tan grande ese intervalo, las intensidades se escalan en factores de diez, y a la intensidad que apenas es perceptible de 10^{-12} W/m^2 se le asigna 0 *belio* (0 *bel*[3]); el nombre de la unidad es en honor a Alexander Graham Bell. Un sonido diez veces más intenso que el anterior tiene 1 bel de intensidad (10^{-11} W/m^2) o 10 *decibelio*. La tabla 21.1 es una lista de sonidos frecuentes con sus intensidades.

---

[1] Es interesante que el "la natural" varíe desde 436 Hz hasta 448 Hz en distintas orquestas sinfónicas.
[2] N. del T.: En Europa, el "la natural" tiene 435 Hz.
[3] N. del T.: Para ser consistente con los nombres de las demás unidades, éste debería ser "bel". Pero los que hablamos español nos parece cacofónico decir "bel" o "decibel" y mejor decimos "belio" o "decibelio". Lo mismo sucede con los farad y faradio.

TABLA 21.1   Fuentes frecuentes de sonido y sus intensidades

Fuente del sonido	Intensidad (W/m²)	Nivel de sonido (dB)
Avión a reacción, a 30 m de distancia	10^2	140
Sirena de ataque aéreo, cercana	1	120
Música popular, amplificada	10^{-1}	115
Remachado	10^{-3}	100
Tráfico intenso	10^{-5}	70
Conversación en casa	10^{-6}	60
Radio con bajo volumen en casa	10^{-8}	40
Susurro	10^{-10}	20
Murmullo de las hojas	10^{-11}	10
Umbral de la audición	10^{-12}	0

Un sonido de 10 decibelio es 10 veces más intenso que uno de 0 decibelio, que es el umbral de la audición. 20 decibelio es 100 veces, o 10^2 veces, la intensidad del umbral de audición. En consecuencia, 30 decibelio es 10^3 veces el umbral de la audición y 40 decibelio es 10^4 veces. Entonces 60 decibelio representan una intensidad sonora un millón (10^6) de veces mayor que 0 decibelio; 80 decibelio representa 10^2 la intensidad de 60 decibelio.[4]

Cuando el nivel llega a 85 decibelio comienzan los daños fisiológicos de la audición, y ese valor depende de las características de tiempo de exposición y la frecuencia. Los daños por sonidos fuertes pueden ser temporales o permanentes, según se dañen o se destruyan los órganos de Corti, que son los receptores del oído interno. Un solo impulso de sonido puede producir vibraciones en esos órganos lo bastante intensas como para romperlos. Un ruido menos intenso, pero fuerte, puede interferir con los procesos celulares en esos órganos, que puede terminar en su falla. Desafortunadamente, las células de esos órganos no se regeneran.

La intensidad de un sonido es un atributo totalmente objetivo y físico de una onda sonora, y se puede medir con diversos instrumentos acústicos (y con el osciloscopio de la figura 21.2). Por otra parte, la **sonoridad** o el **volumen** es una sensación fisiológica. El

FIGURA 21.2   James muestra una señal sonora en el osciloscopio.

---

[4]La escala de decibelio es una escala *logarítmica*. El valor en decibelio es proporcional al logaritmo de la intensidad.

oído siente ciertas frecuencias mucho mejor que otras. Por ejemplo, un sonido de 3500 Hz a 80 decibelio parece sonar el doble de fuerte que uno de 125 Hz a 80 decibelio, para la mayoría de las personas. Los humanos tienen más sensibilidad hasta las frecuencias de 3500 Hz. Los sonidos más fuertes que podemos tolerar tienen intensidades un billón de veces mayores que los sonidos más débiles. Sin embargo, la diferencia en el volumen percibido es mucho menor que esta cantidad.

EXAMÍNATE ¿Se daña la audición en forma permanente al asistir a conciertos, clubes o funciones donde se toca música con volumen muy alto?

Calidad

No tenemos problemas para distinguir entre el tono de un piano y una nota igual de un clarinete. Cada uno de esos tonos tiene un sonido característico con **calidad** o timbre distinto. La mayor parte de los sonidos musicales están formados por una superposición de muchos tonos de distintas frecuencias. A los diversos tonos se les llama **tonos parciales** o simplemente *parciales*. La frecuencia mínima se llama **frecuencia fundamental**, y determina la altura de la nota. Los tonos parciales cuyas frecuencias son múltiplos enteros de la frecuencia fundamental se llaman **armónicos**.[5] Un tono con el doble de la frecuencia que la fundamental es el segundo armónico; uno con tres veces la frecuencia fundamental es el tercer armónico, y así sucesivamente (Figura 21.3).[6] Lo que da a una nota musical su timbre característico es la diversidad de tonos parciales.

FIGURA 21.3 Modos de vibración de una cuerda de guitarra.

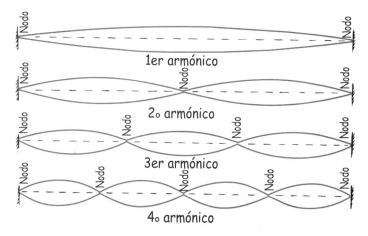

1er armónico
2o armónico
3er armónico
4o armónico

COMPRUEBA TU RESPUESTA Sí, dependiendo de lo fuerte, de lo cerca y de con qué frecuencia. Algunos grupos musicales subrayan el volumen más que la calidad. En forma trágica, a medida que el oído se daña cada vez más, los miembros del grupo, y sus seguidores, requieren sonidos cada vez más fuertes para estimularse. La pérdida aditiva causada por los sonidos es especialmente frecuente en el intervalo de frecuencias de 2000 a 5000 Hz. En general, la audición humana es más sensible alrededor de 3000 Hz.

[5]N. del T.: Si se habla de tonos, se dice armónicos; si se habla de frecuencias, se dice armónicas.

[6]En la terminología que se usa mucho en música, al segundo armónico se le llama primer *sobretono*, al tercer armónico, segundo sobretono, y así sucesivamente.

No todos los tonos parciales que contiene un tono complejo son múltiplos enteros del fundamental. A diferencia de los armónicos de las maderas y los metales, los instrumentos musicales pueden producir tonos parciales "estirados" que casi son armónicos, pero no lo son. Éste es un factor importante en la afinación de los pianos, y se presenta porque la rigidez de las cuerdas aporta una pequeña fuerza de restitución a la tensión.

Así, si tocamos el "do central" en el piano se produce un tono fundamental con una altura aproximada de 262 hertz, y también una mezcla de tonos parciales con dos, tres, cuanto, cinco, etc. veces la frecuencia del "do central". El número y la sonoridad relativa de los tonos parciales determinan el timbre del sonido asociado con el piano. Los sonidos de prácticamente todos los instrumentos musicales están formados por uno fundamental y varios parciales. Los tonos puros, que sólo tienen una frecuencia, se pueden producir con medios electrónicos. Los sintetizadores electrónicos producen tonos puros y mezclas de ellos para obtener una gran variedad de sonidos musicales.

FIGURA 21.4 Vibración compuesta por el modo fundamental y el tercer armónico.

La calidad de un tono está determinada por la presencia y la intensidad relativa de los diversos parciales. El sonido que produce cierta nota en el piano y el que tiene la misma altura con un clarinete tiene distintos timbres, que el oído reconoce porque sus parciales son distintos. Un par de tonos con la misma altura y distintos parciales puede tener distintos parciales o una diferencia en la intensidad relativa de esos parciales.

FIGURA 21.5 Los sonidos del piano y del clarinete difieren en su timbre.

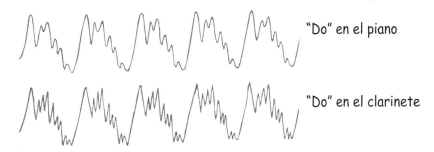

"Do" en el piano

"Do" en el clarinete

Instrumentos musicales

Los instrumentos musicales convencionales se pueden agrupar en tres clases: en los que el sonido se produce con cuerdas vibratorias; en los que se produce por columnas de aire vibratorias, y aquellos en que se produce por *percusión*, que es la vibración de una superficie bidimensional.

En un instrumento de cuerda, la vibración de las cuerdas pasa a una caja de resonancia y después sale al aire, pero con baja eficiencia. Para compensarla, una orquesta tiene una sección grande de cuerdas. Hay una menor cantidad de instrumentos de viento, que son de alta eficiencia, que balancea con creces una cantidad mucho mayor de violines.

En un instrumento de viento, el sonido es una vibración de una columna de aire en el instrumento. Hay varias formas de poner a vibrar las columnas de aire. En los instrumentos de metal, como trompetas, cornos y trombones, las vibraciones de los labios del ejecutante interaccionan con las ondas estacionarias que se establecen por la reflexión de la energía acústica dentro del instrumento, debido a la boca abocinada. Las longitudes de las columnas de aire que vibran se manipulan oprimiendo válvulas (pistones) que agregan o cortan segmentos de longitud, o aumentando la longitud del tubo.[7] En los instrumentos de madera-viento, como los clarinetes, oboes y saxofones, el músico produce una corriente de aire que pone a vibrar a una lengüeta, mientras que en los flautines, flautas y pícolos el músico sopla el aire contra la orilla de un agujero y produce una corriente variable que pone a vibrar la columna de aire.

[7]Un clarín o un cuerno (de caza) no tiene válvulas ni longitud variable. Quien lo toca debe saber cómo crear distintos sobretonos para obtener notas distintas.

En los instrumentos de percusión, como los tambores y los címbalos, se golpea una membrana bidimensional o superficie elástica para producir el sonido. El tono fundamental que se produce depende de la geometría, la elasticidad y, en algunos casos, de la tensión de la superficie. Los cambios de altura se producen cambiando la tensión de la superficie vibratoria; una forma de lograrlo es oprimir con la mano la orilla de la membrana en un tambor. Se pueden establecer distintos modos de vibración golpeando la superficie en distintos lugares. En un timbal, la forma de la caja cambia la frecuencia de la membrana. Como en todos los sonidos musicales, la calidad depende del número de los tonos parciales y de su sonoridad relativa.

Los instrumentos musicales electrónicos son muy distintos de los convencionales. En lugar de cuerdas que frotar, puntear o golpear, o lengüetas sobre las que se debe soplar aire, o de diafragmas que se deben golpear para producir los sonidos, en algunos instrumentos musicales se usan los electrones para generar las señales que forman los sonidos que emiten. Otros comienzan con el sonido de un instrumento acústico y lo modifican. La música electrónica requiere que el compositor y el ejecutante tengan algunos conocimientos de musicología. Se pone una herramienta nueva y poderosa en las manos del músico.

Análisis de Fourier

¿Viste alguna vez de cerca a los surcos de un viejo disco fonográfico? Las variaciones de su anchura, que se ven en la figura 21.6, hacen vibrar a la aguja del fonógrafo que corre sobre los surcos. A su vez, las vibraciones mecánicas se transforman en vibraciones eléctricas, y producen el sonido que escuchas de la grabación. ¿No es sorprendente que todas las vibraciones diferentes que salieron de los diversos instrumentos de una orquesta estén plasmadas en el surco de un disco? El sonido de un oboe, al quedar impreso en el surco de un disco y mostrarse en la pantalla de un osciloscopio, se ve en la figura 21.7a. Esta onda corresponde a la señal eléctrica producida por la aguja en vibración. También corresponde a la señal amplificada que activa la bocina del sistema de sonido, y a la amplitud del aire que vibra contra el tímpano. En la figura 21.7b se ve la forma de la onda de un clarinete. Cuando se tocan juntos un oboe y un clarinete, se aprecia el principio de superposición, cuando se combinan las ondas individuales para producir la onda que se ve en la figura 21.7c.

FIGURA 21.6 Fotografía de los surcos de un disco fonográfico, bajo un microscopio.

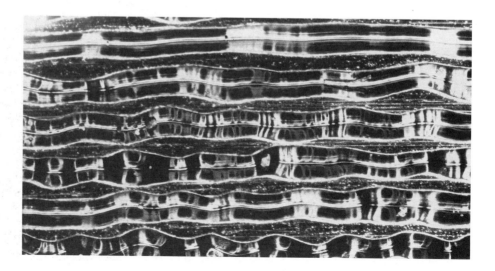

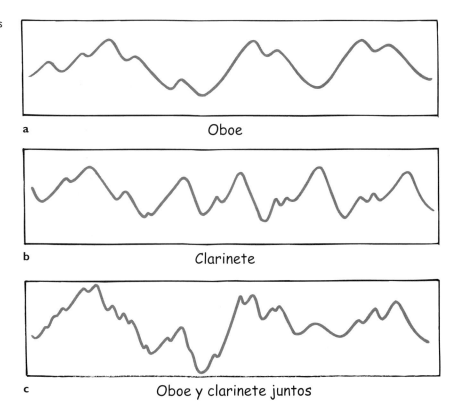

FIGURA 21.7 Formas de las ondas de a) un oboe, b) un clarinete y c) el oboe y el clarinete tocando juntos.

a   Oboe

b   Clarinete

c   Oboe y clarinete juntos

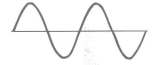

FIGURA 21.8 Una onda senoide. Las sumas de las ondas senoidales individuales producen formas de onda más complejas.

La forma de la onda de la figura 21.7c es el resultado neto de sobreponer (interferir) las ondas con forma a y b. Si conocemos a y b, es sencillo obtener c. Pero un problema muy distinto es descomponer a c en las ondas a y b que la forman. Si sólo se tiene a c, no se puede separar el oboe del clarinete.

Pero si tocas el disco en el fonógrafo, de inmediato sabrás qué instrumentos se tocan, qué notas se tocan y cuáles son sus volúmenes relativos. Los oídos descomponen la señal total en sus partes componentes, en forma automática.

Joseph Fourier, matemático francés, descubrió en 1822 una regularidad matemática de las partes que forman un movimiento ondulatorio periódico. Encontró que hasta el movimiento ondulatorio periódico más complejo se puede descomponer en senoides sencillas que se suman. Una senoide es la más sencilla de las ondas, y tiene una sola frecuencia (Figura 21.8). Fourier determinó que todas las ondas periódicas se pueden descomponer en senoides de distintas amplitudes y frecuencias. La operación matemática para hacerlo se llama **análisis de Fourier**. Aquí no explicaremos este procedimiento matemático, sino sólo haremos notar que mediante ese análisis se pueden encontrar senoides puras que se suman y forman el tono de un violín, por ejemplo. Cuando suenan juntos esos tonos puros, por ejemplo golpeando varios diapasones o con las teclas adecuadas de un órgano eléctrico, se combinan y se obtiene el tono del violín. La senoide de frecuencia mínima es la fundamental, y determina la altura de la nota. Las senoides de mayor frecuencia son los parciales que forman el timbre característico. Así, la forma de la onda de cualquier instrumento musical no es más que una suma de senoides simples.

Como la forma de la onda en la música es una multitud de ondas senoidales, para reproducir con exactitud el sonido en un radio, tocadiscos o tocacintas, se debe poder procesar un intervalo de frecuencias tan grande como sea posible. Las notas del teclado en un piano van de 27 a 4200 hertz, pero para reproducir con fidelidad la música de una pieza en el piano, el sistema sonoro debe tener un intervalo de frecuencias hasta de 20,000 hertz. Mientras mayor sea el intervalo de frecuencias de un sistema sonoro eléctrico, el sonido que produzca se parecerá más al sonido original, y es la causa de la amplia gama de frecuencias en un sistema sonoro con alta fidelidad.

FIGURA 21.9 El tono fundamental y sus armónicos se combinan para producir una onda compuesta.

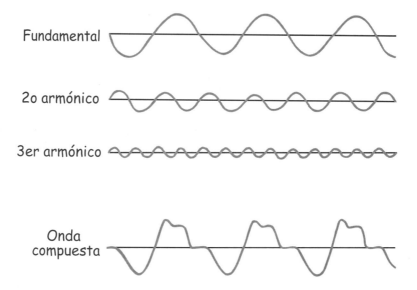

El oído hace una suerte de análisis automático de Fourier. Clasifica el complejo conjunto de pulsaciones de aire que le llegan y lo transforma en tonos puros, formados por senoides. Y nosotros recombinamos los distintos grupos de esos tonos puros al escuchar. Las combinaciones que hayamos aprendido a atender determina lo que escuchamos en un concierto. Podemos dirigir nuestra atención hacia los sonidos de los diversos instrumentos, y notar los sonidos más débiles entre los más fuertes; nos podemos deleitar con la interacción de los instrumentos y además seguir detectando los sonidos extraños debidos a otras cosas que nos rodean. Es un logro casi increíble.

FIGURA 21.10 Cada espectador, ¿escucha la misma música?

Discos compactos (CD)

Ahora podemos gozar de los sonidos ricos y completos de un cuarteto de cuerdas o de una orquesta sinfónica en nuestra casa, con un CD (disco compacto) y la notable técnica de grabación y reproducción llamada *audio digital*. Papá y mamá tenían su música favorita en discos LP, donde se usaba una pastilla convencional que vibraba en el surco del disco. Hoy, el reproductor digital usa un rayo láser, dirigido hacia un disco reflector de plástico. La señal que entra al amplificador se produce en un sensor de luz, y no en una aguja.

En el disco fonográfico de ayer, la aguja se ponía a vibrar al recorrer el tortuoso surco fonográfico. La señal era como las de la figura 21.7. Esa onda continua pertenece a las llamadas señales *analógicas*. Se puede transformar en una señal *digital* midiendo el valor numérico de su amplitud cada fracción de segundo (Figura 21.11). Este valor numérico se puede expresar en un sistema numérico adecuado para las computadoras, que se llama *binario*. En el código binario, cualquier número se puede expresar como una sucesión de unos y ceros; por ejemplo el número 1 es 1, el 2 es 10, el 3 es 11, el 4 es 100, el 5 es 101, el 17 es 10001, etc. Así, la forma de la onda analógica se puede traducir a una serie de impulsos "encendido" y "apagado" que equivalgan a una serie de unos y ceros en código binario. Aquí es donde entra el disco y el láser.

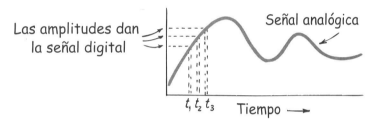

FIGURA 21.11 La amplitud de la forma de onda analógica se mide en instantes sucesivos y proporciona información digital, que se graba en forma binaria sobre la superficie reflectora del disco láser.

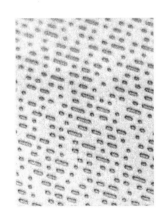

FIGURA 21.12 Una vista microscópica de los agujeros de un disco láser.

En lugar de un tortuoso surco fonográfico, un CD tiene una serie de agujeros microscópicos, cuyo diámetro es unas 20 veces menor que el de un cabello humano (Figura 21.12). Cuando el rayo láser incide sobre una parte plana de la superficie reflectora, se refleja en forma directa hacia el sistema óptico del reproductor; se obtiene así un impulso "encendido". Cuando el rayo incide sobre un agujero al pasar, al sensor óptico llega una fracción muy pequeña de él y se obtiene un impulso de "apagado". Una serie de impulsos "encendido" y "apagado" genera los dígitos "uno" y "cero" del código binario.

La rapidez con la que se reconocen esos agujeros diminutos en el disco es 44,100 veces por segundo. Un solo disco de audio tiene un tamaño que es la sexta parte de un disco LP convencional, y contiene miles de millones de bits[8] de información. Toda esa información está codificada en una superficie reflectora, que a su vez se cubre con una capa protectora de plástico transparente. Como el rayo láser se enfoca hacia la superficie de señales bajo la superficie externa, el CD es relativamente inmune al polvo, a las rayaduras y a las huellas digitales. Ya no escuchamos tantos chasquidos y chirridos característicos del disco LP de antaño. Como el rayo láser no toca al disco, éste no se desgasta, independientemente de cuántas veces lo toques.

Sin embargo, la propiedad más importante del disco láser es la calidad del sonido. Puedes apreciar la diferencia.

---

[8]N. del T.: Bit quiere decir "unidad de información", y equivale a un uno o a un cero.

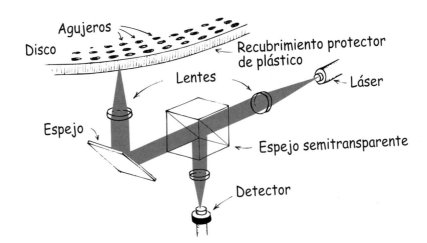

FIGURA 21.13 Un rayo láser enfocado con precisión lee la información digital representada por una serie de agujeros en el disco láser.

Resumen de términos

Altura Lo agudo o grave ("alto" o "bajo") de un tono, como en una escala musical, determinado principalmente por la frecuencia. Una fuente que vibra con alta frecuencia produce un sonido alto o agudo; una fuente vibratoria con baja frecuencia produce un sonido bajo o grave.

Análisis de Fourier Un método matemático que descompone una onda periódica en una combinación de ondas senoides simples.

Armónico Un tono parcial cuya frecuencia es un múltiplo entero de la frecuencia fundamental. El segundo armónico tiene doble frecuencia que el fundamental, el tercer armónico tres veces la frecuencia, y así sucesivamente.

Calidad El timbre característico de un sonido musical, determinado por el número y las intensidades relativas de los tonos parciales.

Frecuencia fundamental La frecuencia más baja de vibración, o primer armónico, en un tono musical.

Intensidad La potencia por metro cuadrado que propaga una onda sonora; se expresa con frecuencia en decibelio.

Sonoridad La sensación psicológica relacionada directamente con la intensidad del sonido o volumen.

Tono parcial Onda sonora de una frecuencia, componente de un tono complejo. Cuando la frecuencia de un tono parcial es un múltiplo entero de la frecuencia más baja, es un tono armónico.

Preguntas de repaso

1. Describe la diferencia entre ruido y música.
2. ¿Cuáles son las tres características principales de los tonos musicales?

Altura

3. ¿Cómo se compara una nota musical aguda con una grave, en términos de frecuencia?

4. ¿Cómo varía el tono más alto que pueden escuchar las personas en función de su edad?

Intensidad y sonoridad del sonido

5. ¿Qué es un decibelio y cuántos decibelio tiene el sonido de menor intensidad que es posible oír?
6. El sonido de 30 dB, ¿es 30 veces más intenso que el umbral de audición, o 10^3 (mil) veces más intenso?
7. Describe la diferencia entre intensidad y sonoridad del sonido.
8. ¿Cómo se comparan los sonidos más intensos que podemos tolerar, con los más débiles que podemos escuchar?

Calidad

9. ¿Qué es lo que determina la altura de una nota?
10. Si la frecuencia fundamental de una nota es 200 Hz, ¿cuál es la frecuencia de la segunda armónica?
11. Exactamente, ¿qué determina la calidad o timbre de una nota?
12. ¿Por qué las mismas notas pulsadas en un banjo y en una guitarra tienen sonidos tan distintos?

Instrumentos musicales

13. ¿Cuáles son las tres clases principales de instrumentos musicales?
14. ¿Por qué en general hay más instrumentos de cuerda que instrumentos de viento en las orquestas?

Análisis de Fourier

15. ¿Qué descubrió Fourier acerca de las formas periódicas de onda?
16. Un sistema de sonido de alta fidelidad puede tener un intervalo de frecuencias que va hasta o más allá de 20,000 hertz. ¿De qué sirve este intervalo tan amplio?

Discos compactos (CD)

17. ¿Cómo se graba la señal sonora en un disco fonográfico convencional? Y, ¿cómo se graba en un disco compacto?

18. ¿Por qué un disco compacto no se desgasta como un disco fonográfico convencional?

Proyectos

1. Trata de ver cuál de tus oídos tiene mejor audición; cúbrete uno y determina a qué distancia tu oído sin tapar puede captar el tictac de un reloj; repite lo anterior con el otro oído. Observa también cómo mejora la audición cuando pones las manos en forma cóncava a un lado de cada oído.

2. Canta la nota más grave o baja que puedas alcanzar. A continuación duplica la altura para ver cuántas octavas puede abarcar tu voz. Si eres cantante, ¿cuál es tu tesitura?

3. En una hoja de papel milimétrico, traza un ciclo completo (un periodo del fundamental) de la onda compuesta en la figura 21.9, sobreponiendo varios desplazamientos verticales respecto al fundamental y los dos primeros tonos parciales. El profesor te indicará cómo se hace esto. A continuación, determina las ondas compuestas con los tonos parciales que escojas.

Ejercicios

1. La luz amarillo-verdosa que emite el alumbrado público coincide con el color amarillo verdoso al cual el ojo humano es más sensible. En consecuencia, una luminaria de 100 watts emite luz que se puede ver mejor de noche. De igual manera, las intensidades del sonido de los comerciales de TV tienen mayor volumen que los sonidos de la programación normal, aunque no exceden las intensidades reglamentarias. ¿En cuáles frecuencias se concentra la publicidad en el sonido comercial?

2. Las frecuencias más altas que pueden escuchar los humanos son unos 20,000 Hz. ¿Cuál es la longitud de la onda sonora en el aire a esta frecuencia? ¿Cuál es la longitud de la onda más grave que podemos escuchar, con unos 20 Hz?

3. Explica cómo puedes bajar la altura de una nota en una guitarra alterando a) la longitud de la cuerda, b) la tensión de la cuerda, o c) el grosor o la masa de la cuerda.

4. ¿Por qué se deben tocar las guitarras antes de llevarlas al escenario en un concierto? (Piensa en temperaturas.)

5. La altura de una nota, ¿depende de la frecuencia, la sonoridad o la calidad de un sonido, o de las tres cosas?

6. Cuando se golpea la cuerda de una guitarra se produce una onda estacionaria que oscila con una gran amplitud, empujando de aquí para allá al aire para generar sonido. ¿Cómo se compara la frecuencia del sonido resultante con la de la onda estacionaria en la cuerda?

7. Si se acorta una cuerda que vibra (por ejemplo, oprimiéndola con un dedo), ¿qué efecto tiene sobre la frecuencia de la vibración y sobre la altura del tono?

8. Una cuerda de *náilon* para guitarra vibra produciendo la onda estacionaria que se ve abajo. ¿Cuál es su longitud de onda?

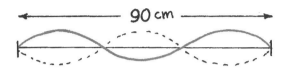

9. ¿Por qué los diapasones con ramas largas vibran con menor frecuencia que los de ramas cortas? (*Sugerencia:* Esta pregunta también se podría haber hecho en el capítulo 8.)

10. ¿Por qué las cuerdas graves de una guitarra tienen mayor diámetro que las cuerdas agudas?

11. ¿Por qué la caja de resonancia de un instrumento musical produce un sonido más intenso?

12. Si el instrumento no tuviera caja de resonancia, una cuerda de guitarra que se picara, ¿duraría vibrando más que si tuviera esa caja?

13. Si tocas muy levemente la cuerda de una guitarra en su punto medio, podrás escuchar un tono que está una octava arriba del fundamental para esa cuerda (una octava es un factor de dos en la frecuencia). Explica por qué.

14. Si una cuerda de guitarra vibra formando dos segmentos, ¿dónde se puede poner un pequeño trozo de papel, doblándolo, para que no salga despedido? ¿Cuántos trozos de papel doblado podrían fijarse de modo parecido si la forma de onda tuviera tres segmentos?

15. Una cuerda de violín toca la nota "la", y vibra a 440 Hz. ¿Cuál es el periodo de oscilación de esa cuerda?

16. La cuerda de un violonchelo que toca la nota "do" oscila a 264 Hz. ¿Cuál es el periodo de oscilación de esa cuerda?

17. La amplitud de una onda transversal en una cuerda estirada es el desplazamiento máximo de esa cuerda con respecto a su posición de equilibrio. ¿A qué corresponde la amplitud de una onda sonora longitudinal en el aire?

18. ¿Cuál de las dos notas musicales que se ven en cada pantalla de osciloscopio es más alta?

 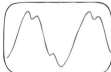

19. En los osciloscopios de arriba, ¿cuál muestra el sonido más intenso (suponiendo que se detectan con micrófonos iguales)?

20. Un altavoz produce un sonido musical con la oscilación de un diafragma. El volumen del sonido producido, ¿depende de la frecuencia, de la amplitud o de la energía cinética de la oscilación? ¿O de todo lo anterior?

21. En un sistema de bocinas de alta fidelidad, ¿por qué el *woofer* (la bocina de bajos) es mayor que el *tuíter* (la bocina de agudos)?

22. Cuál es una medida más objetiva, ¿la intensidad del sonido o su sonoridad? Defiende tu respuesta.

23. Una persona tiene su umbral de audición en 5 dB, y otra en 10 dB. ¿Cuál de ellos tiene la audición más fiel?

24. ¿Cuántas veces más intenso es un sonido de 40 dB que uno de 0 dB?

25. ¿Cuántas veces más intenso es el sonido de 110 dB que el de 50 dB?

26. ¿Por qué un órgano electrónico puede imitar los sonidos producidos por diversos instrumentos musicales?

27. Una persona que habla después de inhalar helio gaseoso tiene la voz aguda. Una de las razones es la mayor rapidez del sonido en el helio que en el aire. ¿Por qué el sonido se propaga con más rapidez en el helio que en el aire?

28. ¿Por qué tu voz suena más llena en la regadera?

29. El intervalo de frecuencias de un teléfono está entre 500 y 4000 Hz. ¿Por qué un teléfono no es bueno para transmitir la música?

30. ¿Cuántas octavas abarca la audición humana normal? ¿Cuántas octavas hay en un teclado común de piano? (Si no lo sabes, investígalo.)

31. Si la frecuencia fundamental de una cuerda de guitarra es 220 Hz, ¿cuál es la frecuencia de la segunda armónica?

32. ¿Cómo podrías afinar la nota La₃ en un piano a su frecuencia correcta de 220 Hz con la ayuda de un diapasón cuya frecuencia es 440 Hz?

33. Si la frecuencia fundamental de una cuerda de violín es 440 Hz, ¿cuál es la frecuencia del segundo armónico? ¿Del tercero?

34. En un concierto al aire libre, la altura de las notas musicales *no* se afecta cuando el día es ventoso. Explica por qué.

35. Una trompeta tiene pistones y válvulas con las que el trompetista cambia la longitud de la columna vibratoria de aire y la posición de los nodos. Un clarín no tiene pistones ni válvulas, pero puede tocar distintas notas. ¿Cómo crees que el ejecutante logra tocar notas distintas?

36. A veces, al oído humano se le llama analizador de Fourier. ¿Qué quiere decir eso, y por qué es una descripción correcta?

37. Mientras que un disco fonográfico gira a una rapidez angular constante, que normalmente es de 33 1/3 RPM, un CD gira a velocidad variable, para que la velocidad lineal en todos los radios sea constante. ¿Cuándo girará más rápido el CD, cuando se lee cerca de la parte interna, o de la orilla?

38. ¿Todas las personas de un grupo escuchan la misma música cuando ponen atención? (¿Ven todos lo mismo cuando miran una pintura? ¿Sienten todos el mismo sabor cuando toman el mismo vino? ¿Perciben todos el mismo aroma cuando huelen el mismo perfume? ¿Sienten la misma textura cuando tocan la misma tela? ¿Llegan a la misma conclusión cuando reciben una exposición lógica de ideas?)

39. ¿Por qué es seguro predecir que tú, que en este momento lees estas líneas, perderás bastante más capacidad auditiva en la vejez que la que sufrieron tus abuelos?

40. Redacta una pregunta de opción múltiple para diferenciar entre los términos del Resumen de términos.

Problemas

1. ¿Cuántas veces más intenso que el umbral de audición es un sonido de 10 dB? ¿De 30 dB? ¿De 60 dB?

2. ¿Cuántas veces más intenso es un sonido de 40 dB que uno de 30 dB?

3. Cierta nota tiene 1000 Hz de frecuencia. ¿Cuál es la frecuencia de una nota que está una octava más alta? ¿Dos octavas más alta? ¿Una octava más baja? ¿Dos octavas más bajas?

4. Si se inicia con un tono fundamental, ¿cuántos armónicos hay entre la primera y la segunda octava? ¿Entre la segunda y la tercera octavas? (Véase la figura 21.3 para comenzar.)

5. Una cuerda de violonchelo tiene 0.75 m de longitud, y su frecuencia fundamental es 220 Hz. Calcula la rapidez de la onda a lo largo de la cuerda cuando vibra.

Parte V
ELECTRICIDAD Y MAGNETISMO

¡Qué asombroso es que este imán le gane a todo el mundo, porque levanta estos clavos. La atracción entre los clavos y la Tierra, yo la llamo **fuerza gravitacional**, y la atracción entre los clavos y el imán la llamo **fuerza magnética**. Sé el nombre de esas fuerzas, pero no las comprendo todavía. Mi aprendizaje comienza dándome cuenta que hay una gran diferencia entre conocer los nombres de las cosas y comprender realmente esas cosas.

22

www.pearsoneducacion.net/hewitt
*Usa los variados recursos del sitio Web,
para comprender mejor la física.*

ELECTROSTÁTICA

Jim Stith, presidente de la Asociación Americana de Profesores de Física,
demuestra un generador de Wimshurst que produce minirrelámpagos.

Electricidad es el nombre que se da a una amplia variedad de fenómenos que, en
una u otra forma, se producen casi en todas las cosas que nos rodean. Desde el rayo
en el cielo, hasta el encendido de una bombilla, y desde lo que mantiene unidos a los
átomos de las moléculas, hasta los impulsos que se propagan por tus nervios, la
electricidad está en todas partes. El control de la electricidad se hace evidente en muchos
aparatos tecnológicos, desde los hornos de microondas hasta las computadoras. En esta
edad tecnológica es importante comprender las bases de la electricidad y cómo se pueden
usar esas ideas básicas para mantener y aumentar nuestra comodidad y seguridad actuales.

En este capítulo estudiaremos la electricidad en reposo, o **electrostática**, como es
su nombre. La electrostática implica cargas eléctricas, las fuerzas entre ellas, el aura que
las rodea y su comportamiento en los materiales. En el siguiente capítulo investigaremos
el movimiento de las cargas eléctricas, que son las *corrientes eléctricas*. También
estudiaremos los voltajes que producen las corrientes y la forma de controlarlos. En el
capítulo 24 estudiaremos la relación entre las corrientes eléctricas y el magnetismo, y en
el capítulo 25 aprenderemos cómo se pueden controlar la electricidad y el magnetismo
para hacer funcionar los motores y otros aparatos eléctricos.

Para comprender la electricidad se requiere ir paso a paso aproximadamente,
porque un concepto es la base del siguiente. Así que por favor estudia este material con

mucho cuidado. Puede resultarte difícil, confuso y frustrante, si eres impaciente. Pero con un esfuerzo cuidadoso puede ser comprensible y provechoso. ¡Adelante!

Fuerzas eléctricas

¿Y si hubiera una fuerza universal que, como la gravedad, variase inversamente en función del cuadrado de la distancia, pero que fuera miles de millones de millones más fuerte? Si hubiera esa fuerza y fuera de atracción, como la gravedad, se juntaría el universo y formaría una esfera apretada, con toda la materia lo más cerca posible entre sí. Pero imagina que esa fuerza fuera de repulsión, y que cada partícula de materia repeliese a todas las demás. ¿Qué pasaría? El universo sería gaseoso, frío y estaría expandiéndose. Sin embargo, imagina que el universo consistiera de dos clases de partículas, digamos positivas y negativas. Imagina que las positivas repelieran a las positivas, pero que atrajeran a las negativas, y que las negativas repelieran a las negativas, pero atrajeran a las positivas. En otras palabras, las de la misma clase se repelieran y las de clases distintas se atrayeran Figura 22.1). Imagina que hubiera igual cantidad de cada una, de modo que esta fuerza fuerte estuviera perfectamente equilibrada. ¿Cómo sería el universo? La respuesta es sencilla: sería como el que vemos y en el cual vivimos. Porque sí hay esas partículas y sí hay esa fuerza. Se llama *fuerza eléctrica*.

FIGURA 22.1 Las cargas de signo igual se repelen. Las cargas de signo diferente se atraen.

Grupos de partículas positivas y negativas han sido reunidos entre sí por la enorme atracción de la fuerza eléctrica. En esos grupos compactos y mezclados uniformemente de positivas y negativas, las gigantescas fuerzas eléctricas se han equilibrado en forma casi perfecta. Estos grupos son los átomos de la materia. Cuando se unen dos o más átomos para formar una molécula, ésta contiene también partículas positivas y negativas balanceadas. Y cuando se combinan billones de moléculas para formar una mota de materia, las fuerzas eléctricas de nuevo se equilibran. Entre dos trozos de materia ordinaria apenas hay atracción o repulsión eléctrica, porque cada trozo contiene cantidades iguales de positivas y negativas. Por ejemplo, entre la Tierra y la Luna no hay fuerza eléctrica neta. La fuerza gravitacional, que es mucho más débil y que sólo atrae, queda como fuerza predominante entre esos cuerpos.

Cargas eléctricas

Las partículas positivas y negativas de la materia son portadoras de *carga* eléctrica. La carga es la cantidad fundamental que se encuentra en todos los fenómenos eléctricos. Las partículas con carga positiva de la materia ordinaria son protones, y las de carga negativa son electrones. La fuerza de atracción entre esas partículas hace que se agrupen en unidades increíblemente pequeñas, los átomos. (Los átomos también contienen partículas neutras llamadas *neutrones*.) Cuando dos átomos se acercan entre sí, el equilibrio de las fuerzas de atracción y repulsión no es perfecto. En el volumen de cada átomo vagan los electrones y forman zonas de carga expuesta. Entonces los átomos pueden atraerse entre sí y formar una molécula. De hecho, todas las fuerzas de enlazamiento químico que mantienen unidos a los átomos en las moléculas son de naturaleza eléctrica. Quien desee estudiar química debe conocer primero algo sobre la atracción y la repulsión eléctrica, y antes de estudiarla deben conocer algo acerca de los átomos. A continuación veremos algunos hechos importantes acerca de los átomos:

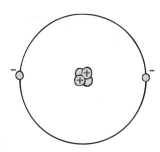

FIGURA 22.2 Modelo de un átomo de helio. El núcleo está formado por dos protones y dos neutrones. Los protones tienen carga positiva y atraen dos electrones negativos. ¿Cuál es la carga neta de este átomo?

1. Todo átomo está formado por un *núcleo* con carga positiva rodeado por electrones con carga negativa.

2. Los electrones de todos los átomos son idénticos. Cada uno tiene la misma cantidad de carga eléctrica y la misma masa.

3. Los protones y los neutrones forman el núcleo. (La forma común del hidrógeno no tiene neutrón, y es la única excepción.) Los protones tienen unas 1800 veces más masa que los electrones, pero la cantidad de carga positiva que tienen es igual a la carga negativa de los electrones. Los neutrones tienen una masa un poco mayor que la de los protones, y no tienen carga neta.

4. En general los átomos tienen igual cantidad de electrones que de protones, por lo que el átomo tiene una carga *neta* igual a cero.

¿Por qué los protones no atraen a los electrones con carga opuesta y los llevan al núcleo? Podrás imaginar que la respuesta es la misma a la pregunta de por qué los planetas no caen directamente al Sol debido a la fuerza de gravitación, ya que los electrones se mueven en órbita en torno al núcleo. Desafortunadamente esa explicación para los planetas no es válida para los electrones. Cuando se descubrió el núcleo (1911), ya sabían los científicos que los electrones no pueden describir plácidas órbitas en torno al núcleo, del mismo modo que la Tierra gira alrededor del Sol. Sólo tardarían un cienmillonésimo de segundo, de acuerdo con la física clásica, para caer en espiral hacia el núcleo, emitiendo radiación electromagnética al hacerlo. Por consiguiente se necesitaba una nueva teoría, y nació la teoría llamada *mecánica cuántica*. Para describir el movimiento de los electrones todavía seguimos usando la vieja terminología, *órbita* y *orbital*. Una palabra mejor es *capa*, que sugiere que los electrones están repartidos sobre una superficie esférica. Hoy, la mecánica cuántica establece que la estabilidad del átomo tiene que ver con la naturaleza ondulatoria de los electrones. Un electrón se comporta como una onda, y debe tener cierta cantidad de espacio, que se relaciona con su longitud de onda. En el capítulo 32 veremos, al estudiar la mecánica cuántica, que el tamaño del átomo queda determinado por la cantidad mínima de "espacio vital" que requiere el electrón.

Otro problema con los átomos es: ¿por qué los protones en el núcleo no salen despedidos si se repelen mutuamente? ¿Qué mantiene unido al núcleo? La respuesta es que, además de las fuerzas eléctricas en el núcleo, hay fuerzas nucleares no eléctricas, pero todavía mayores, que mantienen unidos a los protones a pesar de la repulsión eléctrica. También, los neutrones desempeñan un papel para poner espacio de por medio entre los protones. En el capítulo 33 describiremos la fuerza nuclear.

EXAMÍNATE

1. Bajo la complejidad de los fenómenos eléctricos yace una regla fundamental, de la cual se derivan casi todos los demás efectos. ¿Cuál es esta regla fundamental?

2. ¿En qué difiere la carga de un electrón de la carga de un protón?

COMPRUEBA TUS RESPUESTAS

1. Las cargas iguales se repelen; las cargas opuestas se atraen.

2. La carga de un electrón tiene magnitud igual, pero signo contrario, que la carga de un protón.

Conservación de la carga

FIGURA 22.3 Los electrones pasan de la piel a la barra. La varilla queda con carga negativa. ¿Tiene carga la piel? ¿Cuánta, en comparación con la barra? ¿Positiva o negativa?

En un átomo neutro hay tantos electrones como protones, por lo que no tiene carga neta. Lo positivo compensa exactamente lo negativo. Si a un átomo se le quita un electrón, ya no sigue siendo neutro. Entonces el átomo tiene una carga positiva más (protón) que cargas negativas (electrones), y se dice que tiene carga positiva.[1] Un átomo con carga eléctrica se llama *ion*. Un *ion positivo* tiene una carga neta positiva. Un *ion negativo* es un átomo que tiene uno o más electrones adicionales, y tiene carga negativa.

Los objetos materiales están formados por átomos, y eso quiere decir que están formados por electrones y protones (y neutrones). Los objetos tienen, de ordinario, cantidades iguales de electrones y de protones, y en consecuencia son eléctricamente neutros. Pero si hay un pequeño desequilibrio en esas cantidades, el objeto tiene carga eléctrica. Se produce un desequilibrio cuando se agregan o quitan electrones a un objeto. Aunque los electrones más cercanos al núcleo atómico, que son los electrones interiores, están muy fuertemente enlazados con el núcleo atómico, de carga opuesta, los electrones más alejados, que son los electrones externos, están enlazados muy débilmente y se pueden desprender con facilidad. La cantidad de trabajo que se requiere para desprender un electrón de un átomo varía entre una y otra sustancia. Los electrones son sujetados con más firmeza en el caucho y en el plástico que en tu pelo, por ejemplo. Así, cuando frotas un peine en tu cabello, los electrones pasan del cabello al peine. Entonces el peine tiene un exceso de electrones, y se dice que *tiene carga negativa* o que *está cargado negativamente*. A su vez, tu pelo tiene una deficiencia de electrones y se dice que tiene carga positiva, o que está positivamente cargado. Otro ejemplo es el de frotar una barra de vidrio o de plástico contra seda; la barra se carga positivamente. La seda tiene más afinidad hacia los electrones que el vidrio o el plástico. en consecuencia, los electrones se desprenden de la barra y pasan a la seda.

Vemos entonces que un objeto que tiene cantidades distintas de electrones y de protones se carga eléctricamente. Si tiene más electrones que protones, tiene carga negativa. Si tiene menos electrones que protones, tiene carga positiva.

Es importante notar que cuando se carga algo no se crean ni se destruyen electrones. Sólo pasan de un material a otro. La carga se *conserva*. En todo caso, sea en gran escala o a nivel atómico y nuclear, siempre se ha comprobado que se aplica el principio de la **conservación de la carga**. Nunca se ha encontrado caso alguno de creación o de destrucción de la carga eléctrica. La conservación de la carga es uno de los grandes principios de la física, y su importancia es igual a la de la conservación de la energía y la conservación de la cantidad de movimiento.

Todo objeto que tiene carga eléctrica tiene exceso o falta de alguna cantidad entera de electrones; los electrones no pueden dividirse en fracciones de electrones. Esto quiere decir que la carga del objeto es un múltiplo entero de la carga de un electrón. Por ejemplo, no puede tener una carga igual a la de $1\frac{1}{2}$ o de $1000\frac{1}{2}$ electrones. La carga es "granular", es decir, está formada por unidades elementales llamadas *cuantos*. Se dice que la carga está *cuantizada*, y que el cuanto más pequeño de carga es la carga del electrón (o la del protón). Nunca se han observado unidades más pequeñas de carga.[2] Hasta la fecha se ha visto que todos los objetos cargados tienen una carga de magnitud igual a un múltiplo entero de la carga de un solo electrón.

---

[1] La carga de cada protón, $+e$, es igual a $+1.6 \times 10^{-19}$ coulomb. Cada electrón tiene una carga $-e$, igual a -1.6×10^{-6} coulomb. La causa de que esas partículas tan distintas tengan cargas de la misma magnitud es una pregunta que no ha sido contestada en física. La igualdad de las magnitudes se ha medido con gran exactitud.

[2] Sin embargo, dentro del núcleo atómico, unas partículas elementales llamadas *quarks* tienen cargas de $\frac{1}{3}$ y de $\frac{2}{3}$ de la magnitud de la carga de un electrón. Cada protón y cada neutrón está formado por tres quarks. Como los quarks siempre existen en esas combinaciones, y nunca se han encontrado separados, también para los procesos nucleares es válida la regla del múltiplo entero de la carga del electrón.

Ley de Coulomb

La fuerza eléctrica, igual que la fuerza gravitacional, disminuye inversamente respecto al cuadrado de la distancia entre los cuerpos que interactúan. Esta relación fue descubierta por Charles Coulomb en el siglo XVIII, y se llama **ley de Coulomb**. Establece que para dos objetos cargados, de tamaño mucho menor que la distancia que los separa, la fuerza entre ellos varía en forma directa con el producto de sus cargas, e inversamente con el cuadrado de la distancia entre ellos. (Repasa la ley del inverso del cuadrado, en la figura 9.4 de la página 157.) La fuerza actúa en línea recta de un objeto cargado hacia el otro. Esa ley de Coulomb se puede expresar como sigue:

$$F = k \frac{q_1 q_2}{d^2}$$

donde d es la distancia entre las partículas cargadas, q_1 representa la cantidad de carga de una partícula, q_2 representa la cantidad de carga de la otra partícula y k es la constante de proporcionalidad.

La unidad de carga es el **coulomb**, y su símbolo es C. Sucede que una carga de 1 C es la que tienen en conjunto 6,25 millones de millones[3] de electrones. Parece ser una gran cantidad de electrones, pero sólo representa la carga que pasa por una bombilla común de 100 watts durante un poco más de 1 segundo.

La constante de proporcionalidad k de la ley de Coulomb es similar a la G de la ley de la gravitación de Newton. En lugar de ser un número muy pequeño como esa G (que es 6.67×10^{-11}), en el caso de k es un número muy grande. Aproximadamente es igual a

$$k = 9,000,000,000 \ \text{N·m}^2/\text{C}^2$$

o bien, en notación científica, $k = 9 \times 10^9 \ \text{N·m}^2/\text{C}^2$. La unidad $\text{N·m}^2/\text{C}^2$ no tiene importancia especial en este caso; sólo convierte el lado derecho de la ecuación a la unidad de fuerza, el newton (N). Lo importante es la gran magnitud de k. Si, por ejemplo, hubiera un par de partículas cargadas con 1 coulomb cada una y estuvieran a una distancia de 1 metro, la fuerza de atracción o repulsión entre ellas sería 9,000 millones de newton.[4] ¡Sería 10 veces mayor que el peso de un buque de guerra! Es obvio que esas cantidades de carga neta no existen en nuestro ambiente cotidiano.

---

[3]N. del T.: En forma abreviada 1 C = $6,25 \times 10^{18}$ electrones.

[4]Al comparar las magnitudes de G y de k se debe notar que dependen de las unidades elegidas para la masa y la carga eléctrica, que pudieran haberse escogido en forma distinta. Entonces, nuestra comparación sólo nos recuerda que en general las fuerzas eléctricas suelen ser enormes, en comparación con las fuerzas gravitacionales. Compara los 9,000 millones de newton entre dos cargas unitarias a 1 m de distancia con la fuerza gravitacional entre dos unidades de masa (en kilogramos) a 1 m de distancia: es 6.67×10^{-11} N, extremadamente pequeña. Para que la fuerza fuera 1 N, las masas que están a 1 m de distancia ¡deberían ser casi de 122,000 kg cada una! Las fuerzas gravitacionales entre los objetos ordinarios es demasiado pequeña para ser detectada, excepto en los experimentos muy delicados. Pero las fuerzas eléctricas entre los objetos ordinarios pueden ser relativamente inmensas. Sin embargo, aun en los objetos con mucha carga, el desequilibrio entre electrones y protones es, normalmente, menor que una parte en un billón.

En conclusión, la ley de Newton de la gravitación, para cuerpos masivos, es parecida a la ley de Coulomb para cuerpos cargados.[5] Mientras que la fuerza gravitacional de atracción entre partículas como un electrón y un protón es extremadamente pequeña, la fuerza eléctrica entre ellos es relativamente enorme. Además de la gran diferencia en intensidad, la diferencia más importante entre las fuerzas de gravitación y eléctricas es que las fuerzas eléctricas pueden ser de atracción y de repulsión, mientras que las fuerzas gravitacionales sólo son de atracción.

EXAMÍNATE

1. El protón que es el núcleo de un átomo de hidrógeno atrae al electrón que gira alrededor de él. El electrón ¿atrae al protón con la misma fuerza? ¿O con más fuerza?

2. Si un protón es repelido con determinada fuerza por una partícula cargada ¿en qué factor disminuirá la fuerza si el protón se aleja de la partícula hasta tres veces la distancia original? ¿Cinco veces la distancia original?

3. En este caso, ¿cuál es el signo de la carga de la partícula?

Conductores y aisladores

Es fácil establecer una corriente eléctrica en los metales, porque sus átomos tienen uno o más electrones en su capa externa que no están anclados a núcleos de átomos determinados. En lugar de ello son libres para desplazarse a través del material. A esos materiales se les llama buenos **conductores**. Los metales son buenos conductores de la corriente eléctrica, por la misma razón por la que son buenos conductores de calor. Los electrones de su capa atómica externa están "sueltos".

En otros materiales, como caucho y vidrio, los electrones están enlazados fuertemente con determinados átomos, y pertenecen a ellos. No están libres para desplazarse entre otros átomos del material. En consecuencia no es fácil hacer que fluyan. Esos materiales son malos conductores de la corriente eléctrica, por la misma razón por la que en general son malos conductores del calor. Se dice que esos materiales son buenos **aisladores**.

COMPRUEBA TUS RESPUESTAS

1. La misma fuerza, de acuerdo con la tercera ley de Newton. ¡Es mecánica básica! Recuerda que una fuerza es una interacción entre dos cosas, en este caso entre el protón y el electrón. Tiran uno de otro, por igual.

2. Disminuye a 1/9 de su valor original. Disminuye a 1/25.

3. Positiva.

---

[5]Según la teoría cuántica, la fuerza varía inversamente en función del cuadrado de la distancia si implica un intercambio de partículas sin masa. El intercambio de los fotones sin masa es responsable de la fuerza eléctrica, y el intercambio de los gravitones sin masa explica la fuerza de gravitación. Algunos científicos han buscado una relación más profunda entre la gravedad y la electricidad. Albert Einstein pasó la última parte de su vida en la búsqueda, poco exitosa, de una "teoría del campo unificado". En fecha más reciente se ha unificado la fuerza eléctrica con una de las dos fuerzas nucleares, la *fuerza débil*, que desempeña un papel en la desintegración radiactiva.

FIGURA 22.4 Es más fácil establecer una corriente eléctrica a través de cientos de kilómetros de alambre metálico que a través de unos pocos centímetros de material aislante.

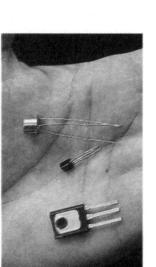

a

Se pueden ordenar todas las sustancias por su capacidad de conducir las cargas eléctricas. Las que quedan arriba de la lista son los conductores, y al último quedan los aisladores. Esos extremos en la lista están muy alejados. Por ejemplo, la conductividad de un metal puede ser más de un millón de billones mayor que la de un aislador, como el vidrio. En un cordón común de un aparato eléctrico, los electrones recorren varios metros de alambre en vez de pasar en forma directa de uno a otro alambre a través de una pequeña fracción de un centímetro de aislamiento de caucho.

Semiconductores

El que se considere que una sustancia es conductor o aislador depende de lo firmemente que los átomos de ella retengan a sus electrones. Un trozo de cobre es un buen conductor, mientras que un trozo de madera es un buen aislador. Sin embargo, hay algunos materiales, como el silicio y el germanio, que no son buenos conductores ni buenos aisladores. Están a la mitad del intervalo de resistividades eléctricas; son aisladores regulares en su forma cristalina pura, y se vuelven conductores excelentes cuando se reemplaza uno de sus átomos, entre 10 millones de ellos, con una impureza que agregue o quite un electrón a la estructura cristalina. A los materiales que puede hacerse que se comporten a veces como aisladores y a veces como conductores se les llama **semiconductores**. Las capas delgadas de materiales semiconductores, una sobre otra, forman los *transistores*, que se usan para controlar el flujo de las corrientes en los circuitos, para detectar y amplificar las señales de radio y para producir oscilaciones en los transmisores; también funcionan como interruptores digitales. Esos sólidos diminutos fueron los primeros componentes eléctricos en los que no se interconectaron con alambres los materiales con distintas características eléctricas, sino que se unieron físicamente en una estructura. Requieren muy poca energía y, en uso normal, duran en forma indefinida.

Un semiconductor también puede conducir cuando se ilumina con luz del color adecuado. Una placa de selenio puro es, normalmente, un buen aislador, y toda carga eléctrica que se acumula en su superficie se quedará allí, durante largo tiempo en la oscuridad. Sin embargo, si la placa se expone a la luz, la carga desaparece casi de inmediato. Si una placa cargada de selenio se expone a una distribución de luz, como la distribución de claros y oscuros que forma esta página, la carga saldrá sólo de las áreas expuestas a la luz. Si se unta su superficie con un polvo de plástico negro, ese polvo sólo se adheriría a las áreas cargadas, donde la placa no se ha expuesto a la luz. Ahora, si sobre la placa se pone una hoja de papel con carga eléctrica en su cara trasera, el polvo de plástico negro sería atraído hacia al papel y formaría la misma figura que, digamos, la de esta página. Si

b

FIGURA 22.5 a) Tres transistores. b) Muchos transistores en un circuito integrado.

el papel se calentara para fundir el plástico y pegarlo en el papel, pagarías a quien te lo entregara y le llamarías copia Xerox.

Superconductores

Un conductor ordinario sólo tiene una resistencia pequeña al paso de la carga eléctrica. La resistencia de un aislador es mucho mayor (en el siguiente capítulo explicaremos el tema de la resistencia eléctrica). En forma notable, a temperaturas suficientemente bajas, ciertos materiales tienen resistencia cero (conductividad infinita) contra el flujo de la carga. Son *superconductores*. Una vez establecida una corriente eléctrica en un superconductor, los electrones fluyen en forma indefinida. Si no hay resistencia eléctrica, la corriente atraviesa un superconductor sin perder energía; no hay pérdida de calor cuando fluyen las cargas. La superconductividad en los metales, cerca del cero absoluto, fue descubierta en 1911. En 1987 se descubrió la superconductividad a temperaturas "altas" (mayores que 100 K), en un compuesto no metálico. Cuando se escribió este libro, se estaba investigando intensamente la superconductividad tanto a temperaturas "altas" como a temperaturas bajas. Entre sus aplicaciones potenciales están la transmisión de energía a larga distancia sin pérdidas, y los vehículos de levitación magnética a gran velocidad, para reemplazar a los trenes.

Carga

Cargamos (eléctricamente) las cosas al transferir electrones de un lugar a otro. Lo podemos hacer por *contacto* físico, como cuando se frotan entre sí las sustancias, o simplemente se tocan. También podemos redistribuir la carga de un objeto poniéndole cerca un objeto cargado. A esto se le llama *inducción*.

Carga por fricción y por contacto

Todos estamos familiarizados con los efectos eléctricos que produce la fricción. Podemos frotar la piel de un gato y oír el crujir de las chispas que se producen, o peinarnos frente a un espejo en una habitación oscura para ver y oír las chispas. Podemos frotar nuestros zapatos con una alfombra y sentir un piquete al tocar el pomo de una puerta. Platica con las personas de edad y te contarán el sorprendente choque característico después de deslizarse sobre un cubreasientos de plástico dentro de un automóvil estacionado (Figura 22.6). En todos estos casos se transfieren electrones por fricción, cuando un material se frota contra otro.

Los electrones pueden pasar de un material a otro con un simple toque. Por ejemplo, cuando se toca un objeto neutro con una barra con carga negativa, algunos electrones pasarán al objeto neutro. A este método de carga se le llama *carga por contacto*. Si el objeto tocado es buen conductor, los electrones se difundirán a todas las partes de su superficie, porque se repelen entre sí. Si es un mal conductor, será necesario tocar varios lugares del objeto con la barra cargada para obtener una distribución de carga más o menos uniforme.

FIGURA 22.6 Carga por fricción y después por contacto.

Carga por inducción

Si *acercas* un objeto cargado a una superficie conductora, harás que se muevan los electrones en la superficie del material, aunque no haya contacto físico. Examina las dos esferas metálicas A y B, aisladas, de la figura 22.7. *a*) se tocan, por lo que de hecho forman un solo conductor no cargado. *b*) Cuando se acerca a A una barra con carga negativa, como los electrones del metal tienen movimiento libre, son repelidos todos lo más lejos posible hasta que su repulsión mutua sea lo suficientemente grande para equilibrar la influencia de la barra. Se redistribuye la carga. *c*) Si A y B son separados, cuando la barra todavía está presente, *d*) cada esfera quedará cargada con la misma cantidad de carga y signo opuesto. Esto es la *carga por inducción.* La barra con carga nunca tocó las esferas, y conserva la misma carga que tenía al principio.

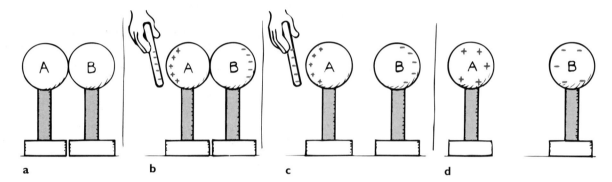

FIGURA 22.7 Carga por inducción.

Se puede cargar una sola esfera, en forma parecida, por inducción, si la tocamos cuando sus distintas partes tengan cargas distintas. Examina la esfera metálica que cuelga de un cordón no conductor de la figura 22.8. Cuando se toca la superficie del metal con un dedo, se establece una trayectoria para que fluya la carga hacia o desde un depósito muy grande de carga eléctrica, que es *la tierra.* Se dice que estamos *aterrizando,* o *conectando a tierra* la esfera, y el proceso puede dejarla con una carga neta. Regresaremos a esta idea de conexión a tierra en el siguiente capítulo, al explicar las corrientes eléctricas.

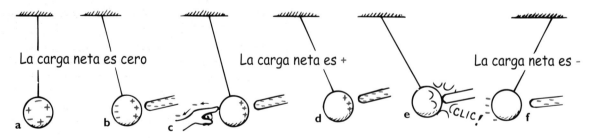

FIGURA 22.8 Etapas de carga por inducción por conexión a tierra. a) La carga neta en la esfera de metal es cero. b) La presencia de la barra con carga induce una redistribución de carga en la esfera. La carga neta en la esfera todavía es cero. c) Al tocar el lado negativo de la esfera se eliminan los electrones por contacto. d) Entonces la esfera queda con carga positiva. e) La esfera es atraída con más fuerza a la barra negativa, y cuando la toca, se produce la carga por contacto. f) La esfera negativa es repelida por la barra, que todavía tiene un poco de carga negativa.

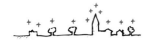

FIGURA 22.9 La carga negativa en la cara inferior de la nube induce una carga positiva en la superficie del suelo abajo de ella.

EXAMÍNATE

1. Las cargas inducidas en las esferas A y B de la figura 22.7 ¿necesariamente deben ser exactamente iguales y opuestas?

2. ¿Por qué la barra negativa de la figura 22.7 tiene la misma carga antes y después de que las esferas se carguen, pero no cuando se efectúa la carga, como en la figura 22.8?

En las tormentas de rayos hay carga por inducción. La cara inferior de las nubes tiene carga negativa, que induce una carga positiva sobre la superficie de la Tierra que esté abajo de ella. Benjamín Franklin fue quien primero demostró que el rayo es un fenómeno eléctrico, cuando realizó su famoso experimento de elevar un papalote en una tormenta.[6] El rayo o relámpago es una descarga eléctrica entre una nube y el suelo, con carga opuesta, o entre partes de nubes con carga opuesta.

También determinó Franklin que la carga pasa con facilidad hacia o alejándose de puntas metálicas aguzadas, y diseñó el primer pararrayos. Si una varilla se coloca sobre un edificio y se conecta con el terreno, la punta del pararrayos atrae a electrones del aire, evitando que se acumule una gran carga positiva por inducción. Esta "fuga" continua de carga evita una acumulación de carga que de otra forma produciría una descarga súbita entre la nube y el edificio. Por consiguiente, el objeto principal del pararrayos es evitar que suceda una descarga de rayo. Si por alguna razón no escapa suficiente carga del aire a la varilla, y de todos modos cae el rayo, será atraído al pararrayos y llegará directo al suelo, sin dañar al edificio. El objeto principal del pararrayos es evitar incendios causados por rayos.

COMPRUEBA TUS RESPUESTAS

1. Las cargas deben ser iguales y opuestas en ambas esferas, porque cada carga positiva en la esfera A se debe a que un electrón se toma de A y pasa a B. Es como tomar adoquines de la superficie de un pavimento de adoquines y ponerlos todos en las aceras. La cantidad de adoquines en las aceras coincidirá exactamente con la cantidad de agujeros que quedan en el pavimento. De igual modo, la cantidad de electrones adicionales en B coincide exactamente con la cantidad de "agujeros" (cargas positivas) que quedan en A. Recuerda que una carga positiva se debe a que falta un electrón.

2. En el proceso de carga de la figura 22.7 no hubo contacto entre la barra negativa con alguna de las esferas. Sin embargo, en la figura 22.8 la barra tocó a la esfera con carga positiva. Una transferencia de carga por el contacto redujo la carga negativa de la barra.

---

[6]Benjamín Franklin tuvo cuidado de aislarse de su aparato, y de evitar la lluvia al hacer su experimento; no se electrocutó como otras personas que trataron de reproducir su experimento. Además de ser un gran estadista, Franklin era un científico de primera línea. Introdujo los términos *positiva* y *negativa* en relación con la electricidad, pero sin embargo sostuvo la teoría de la carga eléctrica debida a un fluido, y contribuyó a nuestra comprensión de la conexión a tierra y el aislamiento. También publicó un periódico, formó la primera empresa aseguradora e inventó una estufa más segura y eficiente; ¡era un hombre muy ocupado! Sólo una actividad tan importante como ayudar a crear el sistema de gobierno de Estados Unidos evitó que dedicara más tiempo a su actividad favorita, la investigación científica de la naturaleza.

FIGURA 22.10 El pararrayos está conectado con alambre de uso rudo, para que pueda conducir una corriente muy grande al suelo, si atrae a un rayo. Lo más frecuente es que la carga salga por la punta y evite que se produzca un rayo.

Polarización de carga

La carga por inducción no se restringe a los conductores. Cuando una varilla con carga se acerca a un aislador, no hay electrones libres que puedan migrar por el material aislante. En su lugar hay un rearreglo de cargas dentro de los átomos y las moléculas mismas (Figura 22.11). Aunque los átomos no cambian sus posiciones relativamente fijas, sus "centros

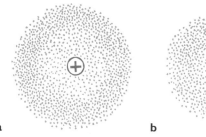

a   b

FIGURA 22.11 Un electrón en torno a un núcleo atómico forma una nube electrónica. a) El centro de la nube negativa coincide con el centro del núcleo positivo en un átomo. b) Cuando se acerca por la derecha una carga negativa externa, por ejemplo un ion o un globo con carga, se distorsiona la nube electrónica, y ya no coinciden los centros de las cargas positiva y negativa. El átomo está polarizado eléctricamente.

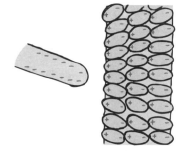

FIGURA 22.12 Todos los átomos o moléculas cerca de la superficie se polarizan eléctricamente. Se inducen cargas superficiales de igual magnitud y signo contrario en las superficies opuestas del material.

de carga" sí se mueven. Un lado del átomo o la molécula es inducido a ser más negativo (o positivo) que el lado contrario. Se dice que el átomo o molécula está **eléctricamente polarizado**. Por ejemplo, si la barra tiene carga negativa, entonces la parte positiva del átomo o la molécula es atraída hacia la barra, y el lado negativo del átomo o molécula es repelido de la barra. Las partes positivas y negativas de los átomos se alinean. Están polarizados eléctricamente.

Ya podemos comprender por qué los trocitos eléctricamente neutros de papel son atraídos hacia un objeto con carga, por ejemplo un peine que se haya frotado con el cabello. Cuando el peine cargado se acerca, las moléculas del papel se polarizan. El signo de la carga más cercana al peine es contrario al de la carga del peine. Las cargas del mismo signo están un poco más alejadas. Gana la cercanía, y los trocitos de papel sienten una atracción neta. A veces se pegan al peine y de repente salen despedidos. Esta repulsión se debe a que los trocitos adquieren carga del mismo signo que la del peine, cuando lo tocan.

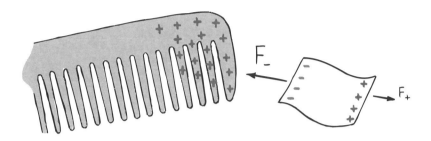

FIGURA 22.13 Un peine con carga atrae a un trozo de papel sin carga, porque la fuerza de atracción hacia la carga más cercana es mayor que la de repulsión contra la carga más alejada.

Frota un globo inflado con tu cabello y se carga eléctricamente. Coloca el globo contra la pared, y allí se pega. Se debe a que la carga del globo introduce una carga superficial de signo contrario en el muro. De nuevo gana la cercanía, porque la carga del globo está un poco más cerca de la carga opuesta inducida, que de la carga del mismo signo (Figura 22.14). Muchas moléculas, las de H_2O por ejemplo, están polarizadas eléctricamente en su estado normal. En ellas, la distribución de carga eléctrica no es perfectamente uniforme. Hay un poco más de carga negativa en un lado de la molécula que en el otro (Figura 22.15). Se dice que esas moléculas son *dipolos eléctricos*.

FIGURA 22.14 El globo con carga negativa polariza los átomos en la pared de madera, y crea una superficie con carga positiva, por lo que el globo se adhiere al muro.

Examínate

1. Una barra con carga negativa se acerca a trozos pequeños de papel sin carga (neutro). Los lados positivos de las moléculas en el papel son atraídos hacia la barra, y los lados negativos son repelidos por ella. Como la cantidad de lados positivos y negativos es igual, ¿por qué no se anulan entre sí las fuerzas de atracción y de repulsión?

2. Una broma. Si frotas un globo contra tu cabeza y pegas tu cabeza al muro, se quedará pegado en él, como lo hizo el globo?

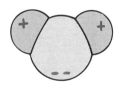

FIGURA 22.15 Una molécula de H_2O es un dipolo eléctrico.

Comprueba tus respuestas

1. Sólo porque los lados positivos están más cerca de la barra. De acuerdo con la ley de Coulomb, están sometidos, entonces, a una fuerza eléctrica mayor que los lados negativos. Es por lo que se dice que gana la cercanía. Esta fuerza mayor entre lo positivo y lo negativo es de atracción, así que el papel neutral es atraído hacia la barra cargada. ¿Comprendes que si la barra fuera positiva de todos modos habría atracción?

2. Así sucedería si tu cabeza estuviera llena de aire, esto es, si la masa de tu cabeza fuera más o menos igual que la del globo, para que predominara y se apreciara la fuerza de atracción.

Campo eléctrico

Las fuerzas eléctricas, como las gravitacionales, actúan entre cosas que no se tocan. En la electricidad y en la gravitación existe un *campo de fuerzas* que influye sobre los cuerpos cargados y masivos, respectivamente. Recuerda que, en el capítulo 9, las propiedades del espacio que rodea a cualquier cuerpo masivo se alteran de tal manera que otro cuerpo masivo que se introduzca en esa región sentirá una fuerza. La fuerza es gravitacional, y el espacio alterado que rodea a un cuerpo masivo es su *campo gravitacional.* Se puede imaginar que cualquier otro cuerpo masivo interacciona con el campo, y no directamente con el cuerpo masivo que lo produce. Por ejemplo, cuando una manzana cae de un árbol, decimos que está interactuando con la Tierra, pero también nos podemos imaginar que la manzana interactúa con el campo gravitacional de la Tierra. El campo desempeña un papel intermedio entre los cuerpos. Es común pensar que los cohetes lejanos, y cosas por el estilo, interactúan con los campos gravitacionales y no con las masas de la Tierra y demás cuerpos responsables de los campos. Así como el espacio que rodea a un planeta y a todos los demás cuerpos masivos está lleno con un campo gravitacional, el espacio que rodea a un cuerpo con carga eléctrica está lleno por un **campo eléctrico**, una especie de aura que se extiende por el espacio.

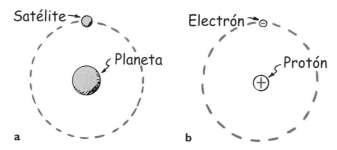

FIGURA 22.16   a) Una fuerza gravitacional mantiene al satélite en órbita en torno al planeta, y b) una fuerza eléctrica mantiene al electrón en órbita en torno al protón. En ambos casos no hay contacto entre los cuerpos. Se dice que los cuerpos en órbita interaccionan con los *campos de fuerzas* del planeta y del protón, y están siempre en contacto con esos campos. Así, la fuerza que un cuerpo con carga eléctrica ejerce sobre otro se puede describir como la interacción de un cuerpo y el campo debido al otro.

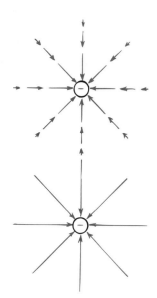

FIGURA 22.17 Representaciones del campo eléctrico en torno a una carga negativa. (*arriba*) Una representación vectorial. (*abajo*) Una representación con líneas de fuerza.

Un campo eléctrico tiene tanto magnitud (intensidad) como dirección. La magnitud del campo en cualquiera de sus puntos no es más que la fuerza por unidad de carga. Si un cuerpo con carga q siente una fuerza F en determinado punto del espacio, el campo eléctrico E en ese punto es

$$E = \frac{F}{q}$$

En la parte superior de la figura 22.17 se representa el campo eléctrico con vectores. La dirección del campo es mostrada por los vectores y se define como con la dirección hacia la cual una pequeña carga de prueba positiva en reposo sería empujada.[7] La dirección de la fuerza y la del campo en cualquier punto son iguales. En la figura se ve que todos los vectores, en consecuencia, apuntan hacia el centro de la esfera con carga negativa. Si la esfera tuviera carga positiva, los vectores se alejarían de su centro, porque sería repelida una carga positiva de prueba que estuviera en las cercanías.

[7]La carga de prueba es tan pequeña que no influye en forma apreciable sobre el campo que se mide. Recuerda que al estudiar el calor tuvimos una necesidad parecida de un termómetro de masa pequeña para medir la temperatura de cuerpos con masas mayores.

FIGURA 22.18 Algunas configuraciones de campos eléctricos. a) Las líneas de fuerza emanan de una partícula aislada con carga positiva. b) Las líneas de fuerza entre un par de cargas iguales pero opuestas. Observa que las líneas emanan de la carga positiva y terminan en la carga negativa. c) Líneas de fuerza uniformes entre dos placas paralelas con carga opuesta.

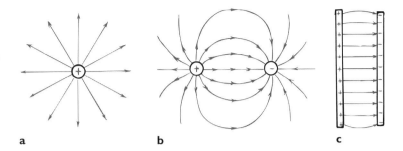

a　　　　　b　　　　　c

Una forma más útil para describir un campo eléctrico es con las líneas de fuerza eléctrica (parte inferior de la figura 22.17). Las líneas de fuerza que se ven en la figura representan una pequeña cantidad entre la infinidad de líneas posibles que indican la dirección del campo. La figura es una representación bidimensional de algo que existe en tres dimensiones. Donde las líneas están más alejadas, el campo es más débil. Para una carga aislada, las líneas se prolongan hasta el infinito; para dos o más cargas opuestas, representaremos las líneas como saliendo de una carga positiva y terminando en una carga negativa. Algunas configuraciones del campo eléctrico se ven en la figura 22.18, y en la figura 22.19 se ven fotos de distribuciones de campo. Las fotografías muestran trozos de hilo colgados en un baño de aceite que rodea a conductores con cargas. Los extremos de los hilos se cargan por inducción, y tienden a alinearse con las líneas del campo, como las limaduras de hierro en un campo magnético.

El concepto del campo eléctrico nos ayuda no sólo a comprender las fuerzas entre los cuerpos estacionarios cargados, sino también qué sucede cuando se mueven las cargas. Cuando eso sucede, su movimiento se comunica a los cuerpos cargados vecinos, en forma de una perturbación del campo. La perturbación emana del cuerpo cargado que acelera, y se propaga a la velocidad de la luz. Explicaremos que el campo eléctrico es un almacén de energía, y que la energía se puede transportar a largas distancias en un campo eléctrico. La energía que se propaga en un campo eléctrico se puede dirigir a través de alambres metálicos, y guiarse en ellos. O bien puede juntarse con un campo magnético, para atravesar el espacio "vacío". En el capítulo siguiente regresaremos a esta idea, y después explicaremos la radiación electromagnética.

Hornos de microondas

Imagina una caja con algunas pelotas de ping-pong en reposo entre algunas barras. Ahora imagina que las barras oscilan de aquí para allá en el mismo lugar, como hélices que dan media vuelta hacia la izquierda y media vuelta hacia la derecha, como si las manejaran bastoneras en un desfile. Golpearían a las pelotas de ping-pong que estuvieran cerca. Las pelotas adquieren energía y se mueven en todas direcciones. Un horno de microondas funciona en forma parecida. Los bastones son moléculas de agua, u otras moléculas polares, que se ponen a oscilar al ritmo de las microondas, en la caja. Las pelotas de ping-pong son moléculas no polares que forman el grueso del alimento que se está cocinando.

Cada molécula de H_2O es un dipolo eléctrico que se alinea con un campo eléctrico, como una aguja de brújula se alinea con un campo magnético. Cuando se hace oscilar el campo eléctri-

co, el H_2O oscila también. Las moléculas de H_2O se mueven con mucha energía cuando la frecuencia de la oscilación coincide con su frecuencia natural, es decir, cuando hay resonancia. El alimento se calienta por una especie de "fricción cinética", cuando las moléculas oscilantes de H_2O (u otras moléculas polares) imparten movimiento térmico a las moléculas que las rodean. La caja de metal refleja a las microondas de aquí para allá y por todo el horno, para apresurar el calentamiento.

El papel seco, los utensilios de espuma u otros materiales que se recomiendan para usarse en los hornos de microondas no contienen agua, ni otras moléculas polares, de modo que las microondas los atraviesan sin provocar efecto alguno. Es igual con el hielo, donde las H_2O están fijas en su posición y no pueden girar de aquí para allá.

FIGURA 22.19 El campo eléctrico debido a un par de conductores con carga se muestra con hebras suspendidas en un baño de aceite que rodea a los conductores. Observa que las hebras se alinean extremo con extremo siguiendo la dirección del campo eléctrico. a) Conductores con cargas opuestas (como en la figura 22.18b). b) Conductores con cargas iguales. c) Placas con cargas opuestas. d) Cilindro y placa con cargas opuestas.

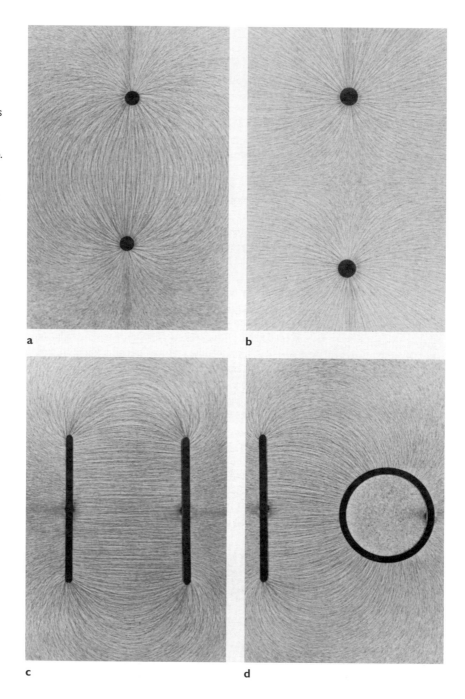

a

b

c

d

Blindaje eléctrico

Una diferencia importante entre campos eléctricos y gravitacionales es que los campos eléctricos se pueden confinar con diversos metales, mientras que los campos gravitacionales no. La cantidad de confinamiento, o blindaje, depende del material que se use para blindar. Por ejemplo, el aire hace que el campo eléctrico entre dos objetos cargados sea un poco menor de lo que sería en el vacío, mientras que si entre los objetos se pone aceite, el campo puede reducirse casi mil veces. Los metales pueden confinar por completo

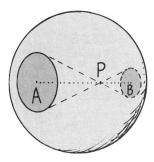

FIGURA 22.20 La carga de prueba en P es atraída exactamente igual hacia la mayor cantidad de carga de la región más lejana A, que hacia la menor cantidad de carga en la región más cercana B. La fuerza neta sobre la carga de prueba es cero, allí o en cualquier parte dentro del conductor. El campo eléctrico en todos los lugares del interior también es cero.

un campo eléctrico. Cuando no pasa corriente por un metal, el campo eléctrico en su interior es cero, independientemente de la intensidad de campo fuera de él.

Por ejemplo, imagina electrones sobre una esfera metálica. Debido a su repulsión mutua, los electrones se repartirán uniformemente sobre la superficie externa de la esfera. No es difícil ver que la fuerza eléctrica que se ejerce sobre una carga de prueba en el centro exacto de la esfera es cero, porque se equilibran las fuerzas opuestas en todas direcciones. Es interesante que la anulación total sucede en cualquier lugar del interior de una esfera conductora. Para comprenderlo se requiere un poco más de deducción, así como la ley del inverso del cuadrado y algo de geometría. Imagina que la carga de prueba está en el punto P de la figura 22.20. La carga de prueba está a una distancia doble del lado izquierdo de la esfera cargada que del lado derecho. Si la fuerza eléctrica entre la carga de prueba sólo dependiera de la distancia, esa carga de prueba sólo sería atraída con la cuarta parte de fuerza hacia el lado izquierdo que la fuerza hacia el lado derecho. (Recuerda la ley del inverso del cuadrado: dos veces más lejos significa 1/4 del efecto, tres veces más lejos significa 1/9 del efecto, y así sucesivamente.) Pero la fuerza también depende de la cantidad de carga. En la figura, los conos que van del punto P a las áreas A y B tienen el mismo ángulo en su vértice, pero uno tiene dos veces la altura del otro. Eso quiere decir que el área A en la base del cono más largo tiene cuatro veces el área B, en la base del cono más corto, y eso se cumple para cualquier ángulo del vértice. Como 1/4 de 4 es igual a 1, una carga de prueba en P es atraída por igual hacia cada lado. Hay anulación. Se aplica un argumento parecido si los conos que salen del punto P se orientan en cualquier dirección. Hay una anulación completa en todos los puntos del interior de la esfera. (Recuerda este mismo argumento en el capítulo 8, para la anulación de la gravedad dentro de un planeta hueco. La esfera metálica se comporta igual, sea hueca o maciza, debido a que toda su carga se reúne en su superficie externa.)

Si el conductor no es esférico, la distribución de la carga no será uniforme. La distribución de la carga sobre conductores de diversas formas se ve en la figura 22.21. Por ejemplo, la mayor parte de la carga sobre un cubo conductor, se repele mutuamente hacia las aristas. Lo notable es esto: que la distribución exacta de la carga sobre la superficie de un conductor es tal que el campo eléctrico en cualquier lugar dentro del conductor es cero. Imagínatelo de la siguiente forma. Si hubiera un campo eléctrico dentro de un conductor, los electrones libres en su interior se pondrían en movimiento. ¿Hasta dónde llegarían? Hasta que se estableciera el equilibrio, y eso equivale a decir que hasta que las posiciones de todos los electrones produzcan un campo cero dentro del conductor.

FIGURA 22.21 La carga eléctrica se distribuye en la superficie de todos los conductores, de tal modo que el campo eléctrico dentro del conductor es cero.

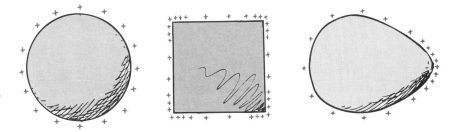

No nos podemos blindar contra la gravedad, porque la gravedad sólo atrae. No hay partes de gravedad que repelan para compensar las partes que atraen. Sin embargo, el blindaje de campos eléctricos es muy sencillo. Rodéate a ti o rodea a lo que quieras blindar con una superficie conductora. Pon esa superficie en un campo eléctrico de cualquier intensidad. Las cargas libres de la superficie conductora se distribuirán sobre la superficie del conductor en tal forma que todas las contribuciones del campo en el interior se anulen entre sí. Es la explicación de por qué ciertos componentes electrónicos están encerra-

FIGURA 22.22 Los electrones del relámpago se repelen mutuamente hacia la superficie metálica externa. Aunque el campo eléctrico producido puede ser muy grande *fuera* del coche, el campo neto *dentro* del vehículo es cero.

dos en cajas metálicas, y por qué ciertos cables tienen cubierta metálica: para blindarlos contra la actividad eléctrica en su exterior.

EXAMÍNATE En las fotos de la figura 22.19, unas pequeñas hebras alineadas muestran muy bien los campos eléctricos. Pero dentro del cilindro de la figura 22.19d no están alineadas. ¿Por qué?

Potencial eléctrico

Al estudiar el capítulo 7 aprendimos que un objeto tiene energía potencial gravitacional debido a su ubicación en un campo gravitacional. De igual manera, un objeto con carga tiene energía potencial eléctrica en virtud de su lugar en un campo eléctrico. Así como se requiere trabajo para levantar un objeto masivo contra el campo gravitacional de la Tierra, se requiere trabajo para mover una partícula cargada contra el campo eléctrico de un cuerpo

COMPRUEBA TU RESPUESTA Dentro del cilindro está blindado el campo eléctrico; el cilindro se ve como un círculo en esta foto bidimensional. En consecuencia, las hebras no se alinean. El campo eléctrico dentro de un conductor es cero, siempre y cuando no pase carga eléctrica por él.

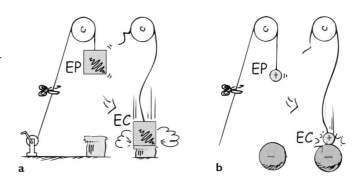

FIGURA 22.23 a) La EP (energía potencial gravitacional) de una masa sostenida en un campo gravitacional se transforma en EC (energía cinética) al soltarla. b) La EP de una partícula cargada mantenida en un campo eléctrico se transforma en EC al soltarla. ¿Cómo se compara la EC adquirida en cada caso con la disminución de EP?

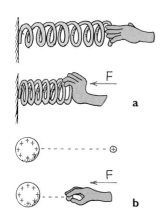

FIGURA 22.24 a) El resorte tiene más EP mecánica al comprimirlo. b) La partícula cargada, en forma parecida, tiene más EP cuando es empujada para acercarla a la esfera cargada. En ambos casos, la mayor EP se debe al trabajo efectuado.

cargado. Ese trabajo cambia la energía potencial eléctrica de la partícula cargada.[8] Veamos la partícula con la carga positiva pequeña a cierta distancia de una esfera con carga positiva, en la figura 22.24. Si empujas la partícula para acercarla a la esfera, gastarás energía para vencer la repulsión eléctrica; esto es, efectuarás trabajo al empujar la partícula cargada contra el campo eléctrico de la esfera. Este trabajo efectuado para mover la partícula hasta su nuevo lugar aumenta su energía. A la energía que posee la partícula en virtud de su ubicación se le llama **energía potencial eléctrica**. Si se suelta la partícula, acelera alejándose de la esfera, y su energía potencial eléctrica se transforma en energía cinética.

Si ahora empujamos a una partícula con el doble de la carga efectuamos el doble de trabajo, por lo que la partícula con carga doble en el mismo lugar tiene el doble de energía potencial eléctrica que antes. Una partícula con tres veces la carga tiene tres veces la energía potencial; diez veces la carga, diez veces la energía potencial, y así sucesivamente. Más que manejar la energía potencial de un cuerpo cargado conviene, cuando se trabaja con partículas cargadas en campos eléctricos, considerar la energía potencial eléctrica *por unidad de carga*. Tan sólo se divide la cantidad de energía potencial eléctrica en cualquier caso por la cantidad de carga. Por ejemplo, una partícula con diez veces la carga que otra, y en el mismo lugar, tendrá energía potencial eléctrica diez veces mayor; pero tener energía potencial diez veces mayor equivale a que la energía por unidad de carga sea igual. Al concepto de energía potencial por unidad de carga se le llama **potencial eléctrico**; esto es

$$\text{potencial eléctrico} = \frac{\text{energía potencial eléctrica}}{\text{carga}}$$

La unidad de medida del potencial eléctrico es el volt, por lo que al potencial eléctrico se le llama con frecuencia *voltaje*. Un potencial de 1 volt (1 V) equivale a 1 joule (1 J) de energía por 1 coulomb (1 C) de carga.

$$1 \text{ volt} = 1\frac{\text{joule}}{\text{coulomb}}$$

Así, una batería de 1.5 volt cede 1.5 joules de energía por cada coulomb de carga que pasa por ella. Son comunes los nombres *potencial eléctrico* y *voltaje*, por lo que se puede usar cualquiera. En este libro, esos nombres se usarán en forma indistinta.

La importancia del potencial eléctrico (el voltaje) es que se le puede asignar un valor definido a determinado lugar. Se puede hablar de los potenciales eléctricos en distin-

---

[8]Este trabajo es positivo si aumenta la energía potencial eléctrica de la partícula cargada, y negativo si la disminuye.

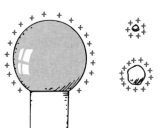

FIGURA 22.25 De los dos cuerpos con carga cerca del domo cargado, el que tiene la mayor carga tiene la mayor EP eléctrica en el campo del domo. Pero el *potencial eléctrico* de cada uno es igual; es lo mismo para cualquier cantidad de carga en el mismo lugar. ¿Por qué?

tos lugares de un campo eléctrico, haya cargas o no que ocupen esos lugares (una vez definida la posición de voltaje cero). En el siguiente capítulo verás que el lugar de la terminal positiva de una batería de 12 volts, se mantiene a un voltaje mayor en 12 volts que el lugar de la terminal negativa. Cuando un medio conductor conecta esas terminales con distinto voltaje, se moverán entre ellas cargas en el conductor.

FIGURA 22.26 Aunque el potencial eléctrico (voltaje) del globo con carga es alto, la energía potencial eléctrica es baja, por la pequeña cantidad de carga. Entonces, cuando se descarga el globo, se transfiere muy poca energía.

EXAMÍNATE

1. Si hubiera el doble de coulombs en la carga de prueba cerca de la esfera cargada de la figura 22.24, la energía potencial eléctrica de la carga de prueba con respecto a la esfera cargada ¿sería igual o sería el doble? El potencial eléctrico de la carga de prueba ¿sería igual o sería el doble?

2. ¿Qué quiere decir que tu automóvil tiene un acumulador de 12 volts?

Frota un globo en tu cabello, y quedará cargado negativamente, quizá ¡hasta con algunos miles de volts! Si la carga fuera de 1 coulomb, equivaldrían a varios miles de joules de energía. Sin embargo, 1 coulomb es una cantidad muy grande de carga. La de un globo frotado en el cabello se parece más, normalmente, a mucho menos que un millonésimo de coulomb. En consecuencia, la energía asociada con el globo cargado es muy, muy pequeña. Un alto voltaje equivale a gran cantidad de energía sólo si interviene una gran cantidad de carga. Hay una diferencia importante entre la energía potencial eléctrica y el potencial eléctrico.

COMPRUEBA TUS RESPUESTAS

1. El doble de coulombs harían que la carga de prueba tuviera el doble de energía potencial eléctrica (porque habría que efectuar trabajo doble para poner la carga en ese lugar). Pero el potencial eléctrico sería el mismo. Es porque el potencial eléctrico es la energía potencial eléctrica dividida entre la carga total. Por ejemplo, diez veces la energía dividida entre diez veces la carga da el mismo resultado que dos veces la energía dividida entre dos veces la carga. El potencial eléctrico no es lo mismo que la energía potencial eléctrica. Asegúrate de que comprendes eso antes de proseguir tu estudio.

2. Significa que uno de los bornes (terminal) del acumulador tiene un potencial eléctrico de 12 V mayor que el otro. En el siguiente capítulo verás que también significa que cuando se conecta un circuito con esas terminales, cada coulomb de carga en la corriente que se produce adquirirá 12 J de energía cuando pase por el acumulador.

Almacenamiento de la energía eléctrica

FIGURA 22.27 Un capacitor formado por dos placas metálicas a corta distancia entre sí, cuando se conecta a un acumulador, las placas adquieren cargas iguales y opuestas. El voltaje entre las placas coincide entonces con la diferencia de potencial entre las terminales del acumulador.

La energía eléctrica se puede almacenar en un dispositivo común, que se llama **capacitor** o **condensador**, que hay en casi todos los circuitos eléctricos. Los capacitores se usan como almacenes de energía. La almacenan para hacer funcionar el *flash* en las cámaras fotográficas. La rápida liberación de energía es evidente en la corta duración del destello. De igual manera, pero en escala mayor, se almacenan enormes cantidades de energía en los bancos de capacitores que alimentan a láseres gigantes en algunos laboratorios de investigación.

El capacitor más sencillo es un par de placas conductoras separadas por una distancia pequeña, pero sin tocarse. Cuando las placas se conectan con algún dispositivo que las cargue, como el acumulador de la figura 22.27, pasan electrones de una placa a la otra. Eso sucede cuando la terminal o borne positivo del acumulador tira de los electrones de la capa conectada con él. Esos electrones, de hecho, son bombeados por el acumulador, y van por la terminal negativa hasta la placa opuesta. Las placas del capacitor tienen entonces cargas iguales y opuestas —la placa positiva conectada con la terminal positiva del acumulador, y la placa negativa conectada con el borne negativo—. El proceso de carga se completa cuando la diferencia de potencial entre las placas es igual a la diferencia de potencial entre los bornes del acumulador; es igual al voltaje del acumulador. Mientras mayor sea el voltaje del acumulador, y mientras mayores y más próximas sean las placas, será mayor la carga que se pueda almacenar. En la práctica las placas pueden ser membranas metálicas delgadas separadas por una hoja delgada de papel. Este "emparedado de papel" se enrolla, para ahorrar espacio, y se mete en un cilindro. En la figura 22.28 se ven varias clases de capacitores, entre ellos uno como el que acabamos de describir. (Consideraremos el papel de los capacitores en los circuitos en el siguiente capítulo.)

Un capacitor cargado se descarga cuando entre las placas se forma una trayectoria conductora. La descarga de un capacitor puede ser una experiencia desagradable si estás en el camino conductor. La transferencia de energía que puede suceder puede ser fatal cuando implica altos voltajes, por ejemplo en la fuente de poder de un aparato de TV, aun cuando se haya desconectado el aparato. Es la causa principal de tantos letreros de advertencia que tienen esos aparatos.

EXAMÍNATE ¿Cuál es la carga neta de un capacitor con carga?

La energía almacenada en un capacitor proviene del trabajo necesario para cargarlo. La energía se guarda en el campo eléctrico entre sus placas. Entre placas paralelas el campo eléctrico es uniforme, como los que se ven en las figuras 22.18c y 22.19c. Así, la energía almacenada en un capacitor es la energía de su campo eléctrico. En el capítulo 25 veremos cómo la energía del Sol se irradia en forma de campos eléctricos y magnéticos. El hecho de que la energía esté contenida en los campos eléctricos es verdaderamente trascendental.

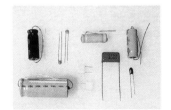

FIGURA 22.28 Capacitores prácticos.

COMPRUEBA TU RESPUESTA La carga neta de un capacitor cargado es cero, porque las cargas en sus dos placas son iguales en magnitud y contrarias en signo. Aun cuando el capacitor se descargue, por ejemplo proporcionando una trayectoria para que fluya la carga entre las placas con carga opuesta, la carga neta del capacitor sigue siendo cero, porque entonces cada placa tendrá carga cero.

FIGURA 22.29 Cada tecla del teclado es parte de un capacitor. Al oprimirla, las placas del capacitor se acercan y aumentan la capacitancia. Así dan la señal a la computadora.

Generador Van de Graaff

Un aparato frecuente en los laboratorios, para producir altos voltajes, es el *generador Van de Graaff*. Es una de las máquinas de rayos que solían usar los científicos locos en las viejas películas de ciencia ficción. En la figura 22.30 se ve un esquema sencillo del generador Van de Graaff. Una esfera metálica grande y hueca está sostenida por un soporte aislante cilíndrico. Una banda de caucho, impulsada por un motor y dentro del soporte pasa por un conjunto de agujas metálicas, parecido a un peine, que se mantienen a un potencial negativo grande en relación con la tierra. La descarga a través de las puntas deposita un suministro continuo de electrones sobre la banda, que sube hacia la esfera hueca. Como el campo eléctrico dentro del conductor es cero, la carga pasa a puntas metálicas (pararrayos diminutos) y se deposita en el interior de la esfera. Como los electrones se repelen entre sí, pasan a la superficie externa de la esfera conductora. La carga estática siempre está en la superficie externa de cualquier conductor. Por eso, el interior permanece sin carga, y puede recibir más electrones a medida que los sube la banda. El proceso es continuo y la carga se acumula hasta que el potencial negativo en la esfera es mucho mayor que el de la fuente de voltaje en la parte inferior; ese potencial es del orden de millones de volts.

FIGURA 22.30 Un modelo sencillo de un generador Van de Graaff.

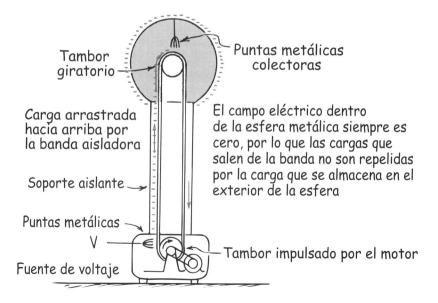

FIGURA 22.31 La alumna de física y el domo esférico del generador Van de Graaff se cargan con un alto voltaje. ¿Por qué se le eriza el cabello?

Una esfera de 1 metro de radio puede llevarse hasta un potencial de 3 millones de volts sin que haya descarga eléctrica al aire. El voltaje se puede aumentar más aumentando el radio de la esfera, o colocando todo el sistema en un recipiente con gas a alta presión. Los generadores Van de Graaff pueden producir voltajes hasta de 20 millones de volts. Esos voltajes se usan para acelerar partículas cargadas que se puedan usar como proyectiles para penetrar hasta los núcleos de los átomos. Tocar uno de esos generadores es una experiencia que puede erizar los cabellos.

Resumen de términos

Aislador Un material sin partículas cargadas libres, a través del cual las cargas no fluyen con facilidad.

Campo eléctrico Se define como fuerza por unidad de carga; se puede considerar como un "aura" que rodea a los objetos cargados, y es un almacén de energía eléctrica. En torno a un cuerpo cargado, el campo disminuye con la distancia siguiendo la ley del cuadrado inverso, como un campo gravitacional. Entre placas paralelas con carga opuesta, el campo eléctrico es uniforme.

Capacitor Un dispositivo eléctrico; en su forma más sencilla un par de placas conductoras paralelas, separadas por una distancia pequeña, que almacena carga eléctrica y energía.

Conductor Todo material que contiene partículas cargadas libres, que fluyen con facilidad a través de él cuando actúa sobre ellas una fuerza eléctrica.

Conservación de la carga La carga eléctrica no se crea ni se destruye. La carga total antes de una interacción es igual a la carga total después de ella.

Coulomb La unidad SI de la carga eléctrica. Un coulomb (símbolo C) es igual a la carga total de 6.25×10^{18} electrones.

Eléctricamente polarizado   Término que se aplica a un átomo o molécula en los que se alinean las cargas, de tal modo que un lado tiene un ligero exceso de carga positiva, mientras que el otro tiene un ligero exceso de carga negativa.

Electricidad   Término general para indicar fenómenos eléctricos, como la relación que tiene gravedad con los fenómenos gravitatorios, o sociología con los fenómenos sociales.

Electrostática   Estudio de la carga eléctrica en reposo (no *en movimiento*, como en las corrientes eléctricas).

Energía potencial eléctrica   La energía que posee un objeto cargado en virtud de su ubicación en un campo eléctrico.

Ley de Coulomb   La relación entre la fuerza y la carga eléctrica, y la distancia:

$$F = k \frac{q_1 q_2}{d^2}$$

Potencial eléctrico   La energía potencial eléctrica por unidad de carga; se expresa en volts y con frecuencia se le llama *voltaje*:

Si las cargas son de igual signo, la fuerza es de repulsión; si tienen signos distintos, la fuerza es de atracción.

Voltaje = energía potencial eléctrica/cantidad de carga

Preguntas de repaso

Fuerzas eléctricas

1. En términos de atracción y repulsión, ¿cómo afectan las partículas negativas a las partículas negativas? ¿Cómo afectan las partículas negativas a las partículas positivas?

2. ¿Por qué la fuerza gravitacional entre la Tierra y la Luna predomina sobre las fuerzas eléctricas?

Cargas eléctricas

3. ¿Qué parte de un átomo tiene carga *positiva*, y qué parte tiene carga *negativa*?

4. ¿Cómo se compara la carga de un electrón con la de otro electrón?

5. ¿Cómo se comparan, normalmente, la cantidad de protones en el núcleo atómico con la cantidad de electrones en torno al núcleo?

Conservación de la carga

6. ¿Qué es un ion positivo? ¿Un ion negativo?

7. ¿Qué quiere decir que se *conserva* la carga?

8. ¿Qué quiere decir que la carga está *cuantizada*?

9. ¿Qué partícula tiene exactamente una unidad cuántica de carga?

Ley de Coulomb

10. ¿Cómo se compara un *coulomb* con la carga de *un solo* electrón?

11. ¿En qué se parece la ley de Coulomb a la ley de gravitación de Newton? ¿En qué difieren?

Conductores y aisladores

12. ¿Por qué los metales son buenos conductores tanto de calor como de electricidad?

13. ¿Por qué los materiales como vidrio y caucho son buenos aisladores?

Semiconductores

14. ¿En qué difiere un *semiconductor* de un *conductor* y de un *aislador*?

15. ¿De qué está formado un transistor, y cuáles son algunas de sus funciones?

Superconductores

16. ¿Cuánta resistencia eléctrica opone un superconductor al flujo de la carga eléctrica?

Carga

17. ¿Qué les sucede a los electrones en cualquier proceso de cargado?

Carga por fricción y por contacto

18. Describe un ejemplo de algo que se cargue por fricción.

19. Describe un ejemplo de algo que se cargue por contacto simple.

Carga por inducción

20. Describe un ejemplo de algo que se cargue por inducción.

21. ¿Qué sucede cuando se "conecta a tierra" un objeto?

22. ¿Qué función tiene el pararrayos?

Polarización de carga

23. ¿En qué difiere un objeto eléctricamente *polarizado* de un objeto eléctricamente *cargado*?

24. Un trozo de papel se polariza en presencia de, por ejemplo, una carga positiva. La cara negativa del papel es atraída hacia la carga positiva, y la cara positiva del papel es repelida por la carga positiva. Entonces, ¿por qué no se anulan la atracción y la repulsión?

Campo eléctrico

25. Describe dos ejemplos de campos de fuerzas comunes.

26. ¿Cómo se define la magnitud de un campo eléctrico?

27. ¿Cómo se define la dirección de un campo eléctrico?

Blindaje eléctrico

28. ¿Por qué no hay campo eléctrico en el centro de un conductor esférico cargado?

29. ¿Existe un campo eléctrico dentro de un conductor esférico cargado, en otros puntos que no sean su centro?

30. Cuando las cargas se repelen mutuamente y se distribuyen sobre la superficie de los conductores, ¿cuál es el efecto dentro del conductor?

Potencial eléctrico

31. ¿Cuánta energía se agrega a cada coulomb de carga que pasa por una batería de 1.5 volts?

32. Un globo se puede cargar con facilidad hasta varios miles de volts. ¿Quiere decir que tiene varios miles de energía? Explica por qué.

Almacenamiento de la energía eléctrica

33. ¿Cómo se compara la carga de una de las placas de un capacitor con la de la otra placa?

34. ¿Dónde se almacena la energía en un capacitor?

Generador Van de Graaff

35. ¿Cuál es la magnitud del campo eléctrico en el interior de la esfera de un generador Van de Graaff cargado?

36. ¿Por qué está erizado el cabello de la señorita de la figura 22.31?

Proyectos

1. Demuestra la carga por fricción y la descarga a través de puntas con un(a) amigo(a) parado en el otro extremo de un recinto alfombrado. Arrastra los pies por la alfombra al dirigirte hacia la otra persona, hasta que sus narices estén cerca. Puede ser una experiencia deliciosa, dependiendo de lo seco que esté el aire y de lo puntiagudas que sean sus narices.

2. Frota con vigor un peine con tu cabello o sobre una prenda de lana, y acércalo a un pequeño y uniforme chorro de agua. ¿Se desvía el chorro?

Ejercicios

1. No sentimos las fuerzas gravitacionales entre nosotros y los objetos que nos rodean (excepto la Tierra), porque esas fuerzas son extremadamente pequeñas. En comparación, las fuerzas eléctricas son gigantescas. Si nosotros y los objetos que nos rodean estamos formados por partículas cargadas, ¿por qué normalmente no sentimos fuerzas eléctricas?

2. Con respecto a las fuerzas, ¿en qué se parecen la carga eléctrica y la masa? ¿En qué difieren?

3. ¿Por qué las prendas se pegan con frecuencia entre sí después de haber estado girando en una secadora?

4. Cuando sacas tu traje de lana de la bolsa de la tintorería, la bolsa se carga positivamente. Explica cómo sucede eso.

5. Cuando te peinas, sacas electrones de tu cabello, que se quedan en tu peine. Entonces, ¿queda tu cabello con carga positiva o negativa? ¿Y el peine?

6. En algunas casetas de cobro un alambre metálico delgado sobresale del asfalto y hace contacto con los automóviles antes de que lleguen al lugar de cobro. ¿Cuál es el objeto de ese alambre?

7. ¿Por qué los neumáticos de los camiones de transporte de gasolina, y de otros líquidos inflamables se fabrican para ser conductores eléctricos?

8. Un electroscopio es un aparato sencillo formado por una esfera metálica unida con un conductor a dos hojas delgadas de lámina metálica, dentro de un frasco para protegerlas de las turbulencias del aire, como se ve en la figura. Cuando se toca la bola con un cuerpo cargado, las hojas, que normalmente cuelgan directo hacia abajo, se abren. ¿Por qué? (Los electroscopios no sólo se usan para detectar cargas, sino también para medirlas: mientras más carga se transfiera a la esfera, las hojas se abren más.)

9. Las hojas de un electroscopio cargado bajan cuando pasa el tiempo. A mayores alturas bajan más rápido. ¿Por qué? (*Sugerencia*: Esta observación fue la que primero indicó la existencia de los rayos cósmicos.)

10. ¿Es necesario que un cuerpo cargado toque la esfera de un electroscopio para que se abran las hojas? Defiende tu respuesta.

11. Hablando estrictamente, cuando un objeto adquiere una carga positiva por transferencia de electrones, ¿qué sucede con su masa? ¿Cuándo adquiere una carga negativa? ¡Piensa en pequeño!

12. Hablando con propiedad, ¿será un poco más masiva una moneda cuando tiene carga negativa o cuando tiene carga positiva? Explica por qué.

13. En un cristal de sal hay electrones e iones positivos. ¿Cómo se compara la carga neta de los electrones con la carga neta de los iones? Explica por qué.

14. ¿Cómo puedes cargar negativamente un objeto sólo con la ayuda de otro objeto con carga positiva?

15. Es relativamente fácil sacar los electrones externos de un átomo pesado, como el de uranio (que entonces se transforma en un ion uranio), pero es muy difícil sacar los electrones internos. ¿Por qué crees que sea así?

16. Cuando se frota un material contra otro, los electrones saltan con facilidad entre ambos, pero no los protones. ¿Por qué? (Piensa en términos atómicos.)

17. Si los electrones fueran positivos y los protones fueran negativos, la ley de Coulomb ¿se escribiría igual o diferente?

18. Los cinco mil millones billones de electrones que se mueven libremente en una moneda se repelen entre sí. ¿Por qué no salen despedidos de la moneda?

19. ¿Cómo cambia la magnitud de la fuerza eléctrica entre un par de objetos cargados, cuando se alejan hasta el doble de su distancia original? ¿Hasta tres veces la distancia?

20. ¿Cómo se compara la magnitud de la fuerza eléctrica entre un par de partículas cargadas cuando se acercan a la mitad de su distancia original? ¿A un cuarto de su distancia original? ¿Cuando se alejan a cuatro veces su distancia original? ¿Qué ley determina tus respuestas?

21. Dos píldoras cargadas se alejan hasta el doble de su separación original. a) ¿Cuál será mayor, la fuerza gravitacional o la fuerza eléctrica entre ellas? b) ¿Cuál de esas fuerzas cambiará en un factor mayor cuando se alejen?

22. Dos cargas iguales ejercen fuerzas iguales entre sí. ¿Y si una carga tiene el doble de la magnitud de la otra, ¿cómo se comparan las fuerzas que ejercen entre sí?

23. La constante de proporcionalidad k en la ley de Coulomb es gigantesca, en unidades ordinarias, mientras que G, la constante de proporcionalidad en la ley de la gravitación de Newton es diminuta. ¿Qué indica eso acerca de las magnitudes relativas de esas dos fuerzas?

24. Imagina que la intensidad del campo eléctrico en torno a una carga puntual aislada tiene determinado valor a 1 m de distancia. ¿Cómo será en comparación la intensidad del campo eléctrico a 2 m de distancia de la carga puntual? ¿Qué ley determina tu respuesta?

25. Con mediciones se ha determinado que hay un campo eléctrico que rodea a la Tierra. Su magnitud aproximada es 100 N/C en la superficie terrestre, y apunta hacia el centro de la Tierra. Con esta información ¿puedes afirmar si la Tierra tiene carga positiva o negativa?

26. ¿Por qué no se aconseja que los golfistas usen calzado con *spikes* puntiagudos en un día con tormenta?

27. Si te atrapa una tormenta en la intemperie, ¿por qué no te debes parar bajo un árbol? ¿Puedes imaginar algún motivo por el que no te debas parar con las piernas separadas? O ¿por qué puede ser peligroso acostarte? (*Sugerencia:* Imagina la diferencia de potencial eléctrico.)

28. Si se aplica un campo eléctrico suficientemente grande, hasta un aislador conduce la corriente eléctrica; prueba de ello son las descargas de rayos por el aire. Explica cómo sucede eso, teniendo en cuenta las cargas opuestas en un átomo y la forma en que sucede la ionización.

29. ¿Por qué un buen conductor de calor es también buen conductor de electricidad?

30. Si frotas un globo inflado contra tu cabello y lo recargas en una puerta, se queda pegado. ¿Cuál es el mecanismo de esa adherencia? Explícalo.

31. ¿Cómo puede atraer un átomo cargado a un átomo neutro?

32. Cuando el chasis de un automóvil entra a una caseta de pintura, se rocía pintura alrededor de él. Cuando a la carrocería se le da una carga eléctrica repentina tal que la niebla de pintura sea atraída hacia él, ¡listo! el auto queda pintado en forma rápida y uniforme. ¿Qué tiene que ver con esto el fenómeno de la polarización?

33. Si pones un electrón libre y un protón libre en el mismo campo eléctrico, ¿cómo se comparan las fuerzas que actúan sobre ellos? ¿Las aceleraciones? ¿Las direcciones de movimiento?

34. Imagina un protón en reposo a cierta distancia de una placa con carga negativa. Se suelta y choca con la placa. A continuación imagina un caso parecido de un electrón en reposo, a la misma distancia de una placa con carga igual y opuesta. ¿En cuál caso la partícula en movimiento tendrá mayor velocidad en el momento del choque? ¿Por qué?

35. Un vector de campo gravitacional apunta hacia la Tierra; un vector de campo eléctrico apunta hacia un electrón. ¿Por qué los vectores de campo eléctrico apuntan alejándose de los protones?

36. ¿Mediante qué mecanismo específico los trozos de hebras se alinean en los campos eléctricos de la figura 22.19?

37. Imagina que está cargado un archivero metálico. ¿Cómo se compara la concentración de carga eléctrica en las aristas del archivero con la concentración en las caras planas?

38. Si aportas 10 joules de trabajo para empujar un coulomb de carga contra un campo eléctrico, ¿cuál será su voltaje con respecto a su posición inicial? Cuando lo sueltas, ¿cuál será el valor de energía cinética cuando pasa por su punto de partida?

39. No te daña el contacto con una esfera metálica cargada, aunque su voltaje pueda ser muy alto. La causa de ello ¿se parece a la de por qué no te dañan las luces de Bengala a más de 1000°C en la Navidad? Defiende tu respuesta en función de las energías que intervienen.

40. ¿Cuál es el voltaje en el lugar de una carga de 0.0001 C que tiene una energía potencial eléctrica de 0.5 J (medidas ambas en relación con el mismo punto de referencia)?

41. ¿Qué seguridad ofrece quedarse dentro del automóvil durante una tormenta de rayos? Defiende tu respuesta.

42. ¿Por qué las cargas en las placas opuestas de un capacitor tienen siempre la misma magnitud?

43. ¿Qué cambios harías en las placas de un capacitor de placas paralelas, que funcionara con un voltaje fijo, para almacenar más energía en el capacitor?

44. ¿Sentirías efectos eléctricos si estuvieras dentro de la esfera cargada de un generador Van de Graaff? ¿Por qué sí o por qué no?

45. Un amigo dice que la razón por la que se le eriza a uno el cabello al tocar un generador Van de Graaff cargado es sólo porque los cabellos se cargan y son suficientemente livianos como para que sea visible la repulsión entre ellos. ¿Estás o no de acuerdo?

Problemas

1. Dos cargas puntuales están a 6 cm de distancia. La fuerza de atracción entre ellas es 20 N. Calcula la fuerza entre ellas cuando estén a 12 cm de distancia. ¿Por qué puedes resolver este problema sin conocer las magnitudes de las cargas?

2. Si las cargas que se atraen entre sí, en el problema anterior, tienen igual magnitud, ¿cuál es la magnitud de cada una?

3. Dos pastillas, cada una con una carga de 1 microcoulomb (10^{-6} C), están a 3 cm (0.03 m) de distancia. ¿Cuál es la fuerza eléctrica entre ellas? ¿Qué masa debería tener un objeto para sentir esa misma fuerza en el campo gravitacional terrestre?

4. Los especialistas en electrónica no tienen en cuenta la fuerza de gravedad sobre los electrones. Para averiguar por qué, calcula la fuerza de la gravedad terrestre sobre un electrón y compárala con la fuerza que ejerce sobre él un campo eléctrico de 10,000 V/m (es relativamente pequeño ese campo). La masa y la carga de un electrón las puedes encontrar en el interior de la pasta posterior de este libro.

5. Los físicos atómicos no tienen en cuenta el efecto de la gravedad dentro de un átomo. Para ver por qué, calcula y compara las fuerzas gravitacional y eléctrica entre un protón y un electrón a 10^{-10} m de distancia. Las cargas y las masas necesarias las puedes encontrar en el interior de la portada de este libro.

6. Una gotita de una impresora de inyección de tinta, lleva una carga de 1.6×10^{-10} C, y es desviada hacia el papel por una fuerza de 3.2×10^{-4} N. Calcula la intensidad del campo eléctrico que produce esta fuerza.

7. La diferencia de potencial entre una nube de tormenta y el suelo es 100 millones de volts. Si en un rayo pasa una carga de 2 C de la nube al suelo, ¿cuál es el cambio de energía potencial eléctrica de la carga?

8. En una esfera metálica sobre una máquina de Van de Graaff se almacena 0.1 J de energía. Con una chispa que conduce 1 microcoulomb (10^{-6} C) se descarga esa esfera. ¿Cuál era el potencial eléctrico de la esfera en relación con la tierra?

9. En 1909 Robert Millikan determinó por primera vez la carga de un electrón, con su famoso experimento con la gota de aceite (ve la figura 11.11). En el experimento se rocían gotas diminutas de aceite en un campo eléctrico uniforme entre un par de placas horizontales con carga opuesta. Las gotas se observan con un microscopio, y el campo eléctrico se ajusta de tal modo que la fuerza hacia arriba, ejercida en algunas gotas con carga negativa, es exactamente la necesaria para contrarrestar la fuerza de la gravedad, hacia abajo. Esto es, cuando están suspendidas, la fuerza qE hacia arriba es exactamente igual a mg. Millikan midió con precisión las cargas de muchas gotas de aceite, y determinó que los valores encontrados eran múltiplos enteros de 1.6×10^{-19} C, que es la carga del electrón. Obtuvo el Premio Nobel por haberla determinado. Preguntas: a) Si una gota con 1.1×10^{-14} kg queda estacionaria en un campo eléctrico de 1.68×10^{5} N/C, ¿cuál es la carga de esa gota? b) ¿Cuántos electrones hay en esta gota (tomando en cuenta la carga del electrón, que ya se conoce)?

10. Calcula el cambio de voltaje cuando a) un campo eléctrico efectúa 10 J de trabajo sobre una carga de 0.0001 C, y b) el mismo campo eléctrico efectúa 24 J de trabajo sobre una carga de 0.0002 C.

23

www.pearsoneducacion.net/hewitt
*Usa los variados recursos del sitio Web,
para comprender mejor la física.*

CORRIENTE ELÉCTRICA

David Yee describe las propiedades de un circuito en paralelo, con este útil
dispositivo: un acumulador de automóvil con varillas en sus terminales.

En el capítulo anterior te presentamos el concepto de potencial eléctrico, que se mide
en volts. Ahora veremos que este voltaje actúa como una "presión eléctrica" que
puede producir un flujo de carga, o *corriente*. La corriente se mide en ampere, cuyo
símbolo es A. También veremos que la *resistencia* que restringe este flujo de carga se mide
en ohms (Ω). Cuando el flujo sólo es en una dirección, se le llama *corriente directa* (cd) o
corriente continua (cc), y cuando el flujo es de ida y vuelta se le llama *corriente alterna* (ca).
La corriente eléctrica puede suministrar *potencia* eléctrica, que se mide, igual que la
potencia mecánica, en watts (W) o en miles de watts, kilowatts (kW). Veremos aquí
muchos términos que deberemos clasificar. Eso se hace con más facilidad cuando se tiene
cierta comprensión de los conceptos que representan esos términos, y ello, a su vez, se
entiende mejor si se conoce cómo se relacionan entre sí. Comenzaremos con el flujo de
la carga eléctrica.

Flujo de la carga

Recuerda que al estudiar calor y temperatura, cuando los extremos de un material conductor están a distinta temperatura, la energía térmica fluye de la temperatura mayor a la menor. El flujo cesa cuando ambos extremos llegan a la misma temperatura. De igual forma,
cuando los extremos de un conductor eléctrico están a distintos potenciales eléctricos, es
decir, que hay entre ellos una **diferencia de potencial**, la carga pasa de uno a otro extre-

mo.[1] El flujo de carga persiste mientras haya una diferencia de potencial. Si no hay diferencia de potencial no fluye la carga. Por ejemplo, conecta un extremo de un conductor con un generador Van de Graaff cargado, y el otro extremo a tierra, y el alambre se inundará de cargas que pasan por él. Sin embargo, el flujo será breve, porque la esfera llegará con rapidez a un potencial común con la tierra.

Para obtener un flujo continuo de carga en un conductor se deben hacer ciertos arreglos para mantener una diferencia de potencial mientras fluye la carga de un extremo a otro. El caso es análogo al flujo de agua de un tanque elevado a uno más bajo (Figura 23.1, *izquierda*). El agua pasará por un tubo que conecte los tanques sólo mientras exista una diferencia en el nivel del agua. El flujo de agua en el tubo, al igual que el flujo de carga en el alambre que conecte el generador Van de Graaff con la tierra, cesará cuando las presiones en cada extremo se igualen (eso queda implicado al decir que el agua busca su propio nivel). Es posible obtener un flujo continuo si se mantiene la diferencia en niveles del agua, y en consecuencia entre las presiones de agua, usando una bomba adecuada (Figura 23.1, *derecha*).

FIGURA 23.1 (*Izquierda*) El agua fluye del recipiente con mayor presión al recipiente con menor presión. El flujo cesa cuando cesa la diferencia de presiones. (*Derecha*) El agua sigue fluyendo porque la bomba mantiene una diferencia de presiones.

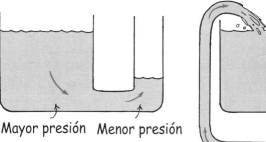
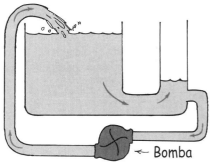

Mayor presión   Menor presión

← Bomba

Corriente eléctrica

Así como una corriente de agua es el flujo de moléculas de H_2O, la **corriente eléctrica** no es más que el flujo de carga eléctrica. En circuitos de alambres conductores metálicos, los electrones forman el flujo de la carga. Es porque uno o más electrones de cada átomo del metal tienen libertad de movimiento por toda la red de átomos. Esos portadores de carga se llaman *electrones de conducción*. Por otra parte, los protones no se mueven, porque están enlazados dentro de los núcleos de los átomos, y están más o menos asegurados en posiciones fijas. Sin embargo, en los fluidos conductores, como en un acumulador de automóvil, los iones positivos suelen formar el flujo de la carga eléctrica.

La *tasa* del flujo eléctrico se mide en *ampere*. Un ampere es una tasa de flujo igual a un coulomb de carga por segundo. (Recuerda que 1 coulomb es la unidad normal de la carga, y es la carga eléctrica de 6.25 millones de billones de electrones.) Por ejemplo, en un alambre que conduzca 5 ampere pasan 5 coulombs de carga por cualquier área transversal del alambre cada segundo. ¡Son muchos electrones! En un alambre que conduzca 10 ampere, cada segundo pasa doble cantidad de electrones por cada área transversal en cada segundo.

Es interesante observar que un conductor de corriente no tiene carga eléctrica. Bajo condiciones ordinarias, los electrones de conducción, negativos, pasan por la red de átomos formada por núcleos atómicos con carga positiva. Hay entonces tantos electrones como protones en el conductor. Si un alambre conduce corriente o no, su carga normal es cero en cualquier momento.

FIGURA 23.2 Cada coulomb de carga que se hace pasar por un circuito que conecta las terminales de esta pila de 1.5 V se energiza con 1.5 J.

[1] Al decir que la carga pasa o fluye, se quiere indicar que las *partículas* con carga fluyen. La carga es una propiedad de determinadas partículas, siendo las más importantes los electrones, los protones y los iones. Cuando el flujo es de carga negativa, está formado por electrones o por iones negativos. Cuando el flujo es de carga positiva, lo que fluye son protones o iones positivos.

Fuentes de voltaje

FIGURA 23.3 Una excepcional fuente de voltaje. El potencial eléctrico entre la cabeza y la cola de la anguila eléctrica (*Electrophorus electricus*) puede llegar hasta 600 V.

FIGURA 23.4 (*Izquierda*) En un circuito eléctrico, un tubo angosto (oscuro) presenta resistencia al flujo del agua. (*Derecha*) En un circuito eléctrico, una bombilla u otro aparato (que se representan con el símbolo en zigzag) presenta resistencia al flujo de los electrones.

Las cargas sólo fluyen cuando son "empujadas" o "impulsadas". Una corriente estable requiere de un dispositivo impulsor adecuado que produzca una diferencia en el potencial eléctrico: un voltaje. Una "bomba eléctrica" es, en este sentido, cierto tipo de fuente de voltaje. Si cargamos una esfera metálica positivamente y otra negativamente, podemos establecer entre ellas un voltaje grande. Esta fuente de voltaje no es una bomba eléctrica buena, porque cuando se conectan las esferas con un conductor, los potenciales se igualan en un solo y breve golpe de cargas en movimiento, lo cual no es práctico. Por otra parte, los generadores o los acumuladores eléctricos son fuentes de energía en los circuitos eléctricos y capaces de mantener un flujo estable.

Los acumuladores, las pilas, baterías y generadores eléctricos efectúan trabajo para separar las cargas negativas de las positivas. En las pilas, este trabajo lo hace la desintegración química del zinc o del plomo en un ácido, y la energía almacenada en los enlaces químicos se convierte en energía potencial eléctrica.[2] Los generadores, como pueden ser los alternadores en los automóviles, separan las cargas por inducción electromagnética; este proceso lo describiremos en el capítulo 25. El trabajo efectuado por cualquier medio para separar las cargas opuestas queda disponible en las terminales de la pila o del generador. Esos distintos valores de energía entre carga establecen una diferencia de potencial (voltaje). Este voltaje es la "presión eléctrica" que mueve a los electrones a través de un circuito que se conecte con esas terminales.

La unidad de diferencia de potencial eléctrico (voltaje) es el *volt*.[3] Un acumulador común de automóvil suministra una presión eléctrica de 12 volts a un circuito conectado con sus terminales. Entonces, a cada coulomb de carga que se haga pasar por el circuito se le suministran 12 joules de energía.

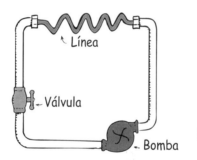
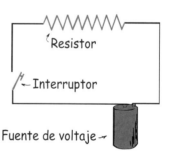

Con frecuencia surge cierta confusión acerca de si la carga fluye *a través* de un circuito y si un voltaje se imprime *a través* de un circuito. Se pueden diferenciar esos conceptos al imaginar un tubo largo lleno de agua. El agua fluirá *a través* del tubo si hay una diferencia de presión *a través* o *entre* los extremos. El agua pasa del extremo de alta presión al de baja presión. Sólo fluye el agua, pero no la presión. De igual modo, la carga eléctrica fluye debido a diferencias en la presión eléctrica (el voltaje). Se dice que las cargas fluyen *a través* de un circuito porque hay un voltaje aplicado *a través* del circuito.[4] No se dice que el voltaje fluye a través de un circuito. El voltaje no va a ninguna parte, porque son las cargas las que se mueven. El voltaje produce la corriente (si el circuito está completo).

---

[2] Puedes ver cómo se efectúa en cualquier libro de química.

[3] En esta parte de la física la terminología puede ser confusa, por lo que he aquí un breve resumen de términos: *potencial eléctrico* y *potencial* quieren decir lo mismo: energía potencial eléctrica por unidad de carga. Sus unidades son volts. Por otro lado, *diferencia de potencial* o *fuerza electromotriz* es lo mismo que voltaje: la diferencia en potencial eléctrico entre dos puntos de una trayectoria de conducción. Las unidades de voltaje también son volts.

[4] Con frecuencia se dice que la corriente fluye a través de un circuito. Pero no lo decimos a alguien que sea muy exigente con la gramática, porque la expresión "corriente fluye" es una redundancia. Lo más adecuado es que la carga fluye, y eso *es* la corriente.

Resistencia eléctrica

FIGURA 23.5 Pasa más agua por una manguera gruesa que por una delgada, al conectarlas al sistema de agua potable (con la misma presión del agua). De igual manera sucede con la corriente eléctrica en conductores gruesos y delgados conectados a través de la misma diferencia de potencial.

Una batería o un acumulador de algún tipo es el *impulsor*, *primotor* o *primer móvil* y fuente de voltaje en un circuito eléctrico. La corriente que se maneje no sólo depende de su voltaje, sino también de la **resistencia eléctrica** que ofrece el conductor al paso de la carga. Eso se parece a la tasa del flujo de agua en un tubo, que depende no sólo de la diferencia de presión entre los extremos del tubo, sino también de la resistencia que presenta el tubo mismo. Un tubo corto presenta menos resistencia al flujo del agua que uno largo, y si el tubo es de mayor diámetro, su resistencia es menor. Es igual con la resistencia de los conductores por los que fluye la corriente. La resistencia de un alambre depende de su grosor y longitud, así como de su conductividad. Los alambres gruesos tienen menos resistencia que los delgados. Los alambres más largos tienen más resistencia que los más cortos. El alambre de cobre tiene menos resistencia que el de acero, si tienen las mismas medidas. La resistencia eléctrica también depende de la temperatura. Mientras mayor sea la agitación de los átomos dentro del conductor, la resistencia que presente al flujo de la carga será mayor. Para la mayor parte de los conductores, mayor temperatura equivale a mayor resistencia.[5] La resistencia de algunos materiales llega a ser cero a muy bajas temperaturas. Son los superconductores que se mencionaron en forma breve en el capítulo anterior.

La resistencia eléctrica se expresa en unidades llamadas *ohms*. Se suele usar la letra griega omega mayúscula, Ω, como símbolo del ohm. El nombre de la unidad es en honor de Georg Simon Ohm, físico alemán que descubrió en 1826 una relación sencilla, pero muy importante, entre el voltaje, la corriente y la resistencia.

FIGURA 23.6 Resistores en tarjetas de circuitos electrónicos. El símbolo de la resistencia en un circuito eléctrico es ─\/\/\─ .

Ley de Ohm

La relación entre voltaje, corriente y resistencia se resume en un enunciado llamado **ley de Ohm**. Ohm descubrió que la corriente en un circuito es directamente proporcional al voltaje impreso a través del circuito, y es inversamente proporcional a la resistencia del circuito. Es decir:

$$\text{Corriente} = \frac{\text{voltaje}}{\text{resistencia}}$$

[5]Una excepción interesante es la del carbón. A medida que aumenta la temperatura, cada vez más átomos de carbono se agitan y se desprenden de un electrón. Eso aumenta la facilidad de paso de la corriente. Así, la resistencia del carbón baja al aumentar la temperatura. Esto y (principalmente) su alto punto de fusión es la causa de que se use el carbón en lámparas de arco.

En su forma dimensional

$$\text{Ampere} = \frac{\text{volts}}{\text{ohms}}$$

Entonces, para un circuito dado de resistencia constante, la corriente y el voltaje son proporcionales entre sí.[6] Eso quiere decir que voltaje doble produce corriente doble. Mientras mayor sea el voltaje, mayor es la corriente. Pero si en un circuito se eleva la resistencia al doble, la corriente baja a la mitad. A mayor resistencia, la corriente es menor. La ley de Ohm tiene sentido.

La ley de Ohm indica que una diferencia de potencial de 1 volt establecida a través de un circuito cuya resistencia es 1 ohm, producirá una corriente de 1 ampere. Si en el mismo circuito se imprimen 12 volts, la corriente será de 12 ampere. La resistencia de un cordón normal para bombilla es mucho menor que 1 ohm, mientras que una bombilla (foco) normal tiene una resistencia mayor que 100 ohms. Una plancha o un tostador eléctrico tienen una resistencia de 15 a 20 ohms. Recuerda que para determinada diferencia de potencial, menos resistencia equivale a más corriente. En aparatos como los receptores de radio y de TV, la corriente se regula con elementos especiales en el circuito, llamados *resistores*, cuyas resistencias pueden ir de unos cuantos ohms hasta millones de ohms.

EXAMÍNATE

1. ¿Cuánta corriente pasa por una bombilla que tiene 60 Ω de resistencia, cuando hay 12 V a través de ella?
2. ¿Cuál es la resistencia de un freidor eléctrico que toma 12 A al conectarse en un circuito de 120 V?

Ley de Ohm y choques eléctricos

¿Qué causa el choque ("toques") eléctrico en el cuerpo humano, la corriente o el voltaje? Los efectos dañinos del choque son causados por la corriente que pasa por el organismo. De acuerdo con la ley de Ohm se puede ver que esa corriente depende del voltaje que se aplique, y también de la resistencia eléctrica del cuerpo humano. La resistencia del organismo depende de su estado, y va desde 100 ohms si está empapado con agua salina, hasta unos 500,000 ohms si la piel está muy seca. Si tocamos los dos electrodos de un acumulador con los dedos secos, cerrando el circuito de una mano a la otra, nuestra resistencia aproximada será de 100,000 ohms. Normalmente, no podremos sentir la corriente que producen 12 volts o 24 volts, sólo con los dedos. Si la piel está mojada, los 24 volts pueden ser muy desagradables. En la tabla 23.1 se describen los efectos de distintas cantidades de corriente en el cuerpo humano.

COMPRUEBA TUS RESPUESTAS

1. 1/5 de A. Se calcula con la ley de Ohm: $0.2\ A = \dfrac{12\ V}{60\ \Omega}$.

2. 10 Ω. Reacomoda la ley de Ohm como sigue:

$$\text{Resistencia} = \frac{\text{voltaje}}{\text{corriente}} = \frac{120\ V}{12\ A} = 10\ \Omega.$$

---

[6]En muchos libros se representa el voltaje con *V*, la corriente con *I* y la resistencia con *R*, y expresan la ley de Ohm en la forma *V* = *IR*. Entonces *I* = *V/R*, o *R* = *V/I*, por lo que si se conocen dos variables se puede calcular la tercera. Los símbolos de las unidades son V para volts, A para ampere y Ω para ohms.

TABLA 23.1 Efecto de las corrientes eléctricas en el organismo

Corriente (A)	Efecto
0.001	Se puede sentir
0.005	Es desagradable
0.010	Causa contracciones musculares involuntarias (espasmos)
0.015	Causa pérdida del control muscular
0.070	Si pasa por el corazón lo perturba gravemente; es probable que sea fatal si la corriente dura más de 1 s.

EXAMÍNATE

1. Con la resistencia de 100,000 Ω, ¿cuál será la corriente a través de tu cuerpo al tocar las terminales de un acumulador de 12 volt?

2. Si la piel está mojada y tu resistencia es de sólo 1000 Ω, y tocas las terminales de un acumulador de 12 V, ¿cuánta corriente pasa a través de ti?

Cada año mueren muchas personas debido a las corrientes de circuitos eléctricos de 120 volts. Si tocas con la mano una bombilla defectuosa de 120 volts, estando parado sobre el piso, hay una "presión eléctrica" de 120 volts entre la mano y el piso. Bajo las condiciones normales de humedad del organismo, es probable que la corriente no baste para causar lesiones graves. Pero si estás descalzo en una tina mojada y conectada a tierra con la tubería, la resistencia entre ti y la tierra es muy pequeña. Tu resistencia eléctrica es tan baja que una diferencia de potencial de 120 volts puede producir una corriente dañina en tu cuerpo. Recuerda que definitivamente no debes manejar aparatos eléctricos cuando te estés bañando.

Las gotas de agua que se juntan en los interruptores de apagado/encendido de aparatos tales como secadoras de cabello, etc., pueden conducir la corriente hacia el usuario. Aunque el agua destilada es un buen aislador, los iones que tiene el agua ordinaria reducen mucho la resistencia eléctrica. Esos iones se producen por los materiales disueltos, en especial las sales. En general, la transpiración de la piel deja una capa de sal, que cuando se moja, baja su resistencia hasta algunos cientos de ohms, o menos, dependiendo de la distancia a través de la cual actúe el voltaje.

Para que haya un choque eléctrico se requiere una *diferencia* de potencial eléctrico, una diferencia de voltaje, entre una parte del organismo y otra. La mayor parte de la corriente pasará por el camino de menor resistencia eléctrica entre esos dos puntos. Imagina que cayeras de un puente y te pudieras colgar de una línea de transmisión de alto voltaje. Mientras no toques otra cosa con distinto potencial no recibirás un choque eléctrico. Aun cuando el alambre tenga miles de volts respecto al potencial de tierra, y aun cuando te cuelgues

COMPRUEBA TUS RESPUESTAS

1. $\dfrac{12\ V}{100,000\ \Omega} = 0.00012\ A.$

2. $\dfrac{12\ V}{1000\ \Omega} = 0.012\ A.$ ¡Ay!

FIGURA 23.7 El pájaro puede posarse con seguridad en un alambre con alta tensión, pero mejor sería que no se estirara y tocara el alambre cercano. ¿Por qué?

FIGURA 23.8 La pata redonda conecta el cuerpo del electrodoméstico directamente a tierra. Toda carga que se acumule en un electrodoméstico pasa a tierra y se evita un choque accidental.

con las dos manos, no pasará carga apreciable de una mano a la otra. Eso se debe a que no hay diferencia apreciable de potencial eléctrico entre las manos. Sin embargo, si con una mano te sujetas de un conductor con distinto potencial ... ¡ay! Todos hemos visto a las aves posadas en líneas de alto voltaje. Todas las partes de sus cuerpos están al mismo alto potencial que el alambre, por lo que no sienten efectos perjudiciales.

En la actualidad la mayor parte de las clavijas o conectores, y los receptáculos o contactos eléctricos tienen tres patas, y no dos, como antes. Las dos patas planas principales de una clavija son para el cable doble (de dos alambres) conductor de la corriente; uno de los dos alambres "está vivo" (energizado) y el otro es neutral, mientras que la pata redonda se conecta a tierra (Figura 23.8). Los electrodomésticos en el otro extremo del cable se conectan a los tres conductores. Si el alambre vivo en el aparato conectado toca por accidente la superficie metálica del mismo, y tú tocas el aparato, podrías recibir un choque peligroso. Eso no sucede cuando la caja del aparato se conecta a tierra a través del cable de tierra y la pata redonda, y así se asegura que la caja del aparato esté siempre a un potencial cero, el de la tierra.

Los choques eléctricos pueden quemar los tejidos del organismo e interrumpir las funciones nerviosas normales. Pueden perturbar las pautas eléctricas rítmicas que mantienen el latido sano del corazón, y también pueden alterar el centro nervioso que controla la respiración. Al tratar de rescatar a una persona que se esté electrocutando, lo primero que se debe hacer es encontrar y apagar la fuente de energía. A continuación hay que proporcionar los primeros auxilios hasta que llegue la ayuda experta. Para las víctimas de un ataque cardiaco, por otra parte, a veces el choque eléctrico puede servir para hacer que se inicien de nuevo los latidos del corazón.

EXAMÍNATE ¿Qué causa el choque eléctrico, la corriente o el voltaje?

Corriente directa y corriente alterna

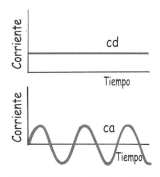

FIGURA 23.9 Gráficas de la ca y cd en función del tiempo.

La corriente eléctrica puede ser cd o ca. La cd es la **corriente directa**, o **corriente continua**, que es el flujo de cargas en *una dirección*. Un acumulador produce corriente directa en un circuito, porque las terminales tienen siempre el mismo signo. Los electrones fluyen de la terminal negativa, que los repele, hacia la terminal positiva, que los atrae, y siempre se mueven por el circuito en la misma dirección. Aun cuando la corriente se haga en impulsos desiguales, mientras los electrones se muevan sólo en una dirección será cd.

La **corriente alterna** es lo que su nombre implica. Los electrones en el circuito se mueven primero en una dirección, y después en dirección contraria, alternando de aquí para allá con respecto a posiciones relativamente fijas. Esto se hace alternando la polaridad del voltaje en el generador o en la fuente de voltaje. En Estados Unidos, casi todos los circuitos comerciales de ca implican voltajes y corrientes que alternan a una frecuencia de 60 ciclos por segundo. Es corriente con frecuencia de 60 Hz. En algunos lugares se usan corrientes con frecuencias de 25 Hz, 30 Hz o 50 Hz. En todo el mundo, la mayor parte de los circuitos residenciales y comerciales son de ca, porque el voltaje de la energía eléctrica se puede aumentar con facilidad, para transmitirlo a grandes distancias con poca pérdida térmica, y después se baja hasta los voltajes relativamente seguros con que se usa la energía. La causa de que todo esto sea así se explicará en el capítulo 25.

COMPRUEBA TU RESPUESTA El choque eléctrico *sucede* cuando la corriente pasa por el organismo, y esa corriente *es causada* por el voltaje impreso. Entonces, la *causa* inicial es el voltaje, pero la corriente es la que daña.

El voltaje normal de la ca en Estados Unidos es de 120 volts.[7] En los primeros días de la electricidad había mayores voltajes, que quemaban con frecuencia los filamentos de las bombillas eléctricas. Por tradición se adoptaron 110 volts como primer patrón, porque hacía que las bombillas de esa época brillaran con tanta intensidad como la de una lámpara de gas. Así, los cientos de centrales eléctricas que se construyeron en Estados Unidos, antes de 1900, producían electricidad a 110 volts (o a 115 o a 120 volts). Cuando se popularizó la energía eléctrica en Europa, los técnicos habían calculado cómo fabricar bombillas que no se quemaran con tanta rapidez a mayores voltajes. La transmisión de potencia es más eficiente cuando los voltajes son mayores, así que Europa adoptó 220 volts como patrón. En Estados Unidos permanecieron con 110 volts (hoy son 120 volts, oficialmente) por tanto equipo que había ya instalado para 110 volts. (Algunos aparatos, como las estufas eléctricas y las secadoras de ropa, usan voltajes mayores.)

El uso primario de la corriente eléctrica, ya sea cd o ca, es transferir la energía silenciosa y flexiblemente, así como de forma conveniente de un lugar a otro.

Conversión de ca a cd

La corriente en el hogar es ca. La corriente en un dispositivo de pilas, por ejemplo una calculadora de bolsillo, es cd. Puedes trabajar con estos aparatos en ca, en lugar de con pilas, si los conectas a un convertidor de ca-cd. Además de un transformador para bajar el voltaje (Capítulo 25), el convertidor usa un *diodo*, que es un dispositivo electrónico diminuto que funciona como una válvula de una dirección, que permite el flujo de electrones sólo en una dirección (Figura 23.10). Como la corriente alterna cambia de dirección cada medio ciclo, pasa por el diodo sólo durante la mitad de cada periodo. La salida es una cd tosca, desconectada la mitad del tiempo. Para mantener la corriente continua y alisar las jorobas, se usa un capacitor (Figura 23.11).

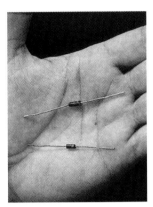

FIGURA 23.10 Diodos. Como indica el símbolo ▶| la corriente fluye en dirección de la flecha, pero no en dirección contraria.

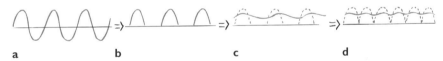

a   b   c   d

FIGURA 23.11 a) Cuando la entrada a un diodo es de ca, b) la salida es una cd pulsante. c) Un capacitor que se carga y descarga con lentitud permite que la corriente sea más continua y uniforme. d) En la práctica se usa un par de diodos, para que no haya huecos en la salida de la corriente. El par de diodos invierte la polaridad de medios ciclos alternos, en lugar de eliminarlos.

Recuerda que, en el capítulo anterior, dijimos que un capacitor funciona como un almacén de carga. Así como se necesita tiempo para subir el nivel del agua en un tanque al agregarle agua, se necesita tiempo para agregar o quitar electrones de las placas de un capacitor. En consecuencia, un capacitor produce un efecto de retardo en los cambios de corriente. Guarda energía en forma electrostática, se opone a cambios de voltaje y alisa los impulsos en la salida.

FIGURA 23.12 La entrada del agua a la tina puede ser en forma de cubetadas o impulsos repetidos, pero la salida es una corriente bastante uniforme. Sucede lo mismo en un capacitor.

[7] 120 volts es lo que se llama el promedio "raíz cuadrada media" del voltaje, o el "voltaje efectivo". El voltaje real en un circuito de ca de 120 volts varía entre $+170$ volts y -170 volts. Entrega la misma potencia a una plancha o a un tostador que un circuito de cd de 120 volts.

Rapidez y fuente de electrones en un circuito

Cuando encendemos el interruptor de pared de una bombilla y se completa el circuito, sea de ca o de cd, parece que la bombilla se enciende de inmediato. Cuando hacemos una llamada telefónica, la señal eléctrica que conduce nuestra voz viaja por los conductores de interconexión a una rapidez aparentemente infinita. Esta señal se transmite por los conductores casi a la rapidez de la luz.

Los electrones *no* se mueven con esa rapidez.[8] Aunque los electrones dentro de un metal a temperatura ambiente tienen una rapidez promedio de algunos millones de kilómetros por hora, no forman una corriente porque se mueven en todas las direcciones posibles. No hay flujo neto en alguna dirección de preferencia. Pero cuando se conecta un acumulador o un generador, se establece dentro del conductor un campo eléctrico. Los electrones continúan sus movimientos erráticos, pero al mismo tiempo el campo los impulsa. El campo eléctrico es el que puede viajar por un circuito casi a la rapidez de la luz. El conductor funciona como guía o "tubo" para las líneas del campo eléctrico (Figura 23.13). En el espacio fuera del alambre, el campo eléctrico tiene una distribución determinada por la ubicación de las cargas eléctricas, incluyendo las que haya en el alambre. Dentro del alambre, el campo eléctrico se dirige a lo largo de la longitud.

FIGURA 23.13 Las líneas de campo eléctrico entre las terminales de un acumulador fluyen a través de un conductor que una a las terminales. Aquí se muestra un conductor grueso, pero la trayectoria de una terminal a otra suele ser a través de un circuito eléctrico. (No recibirás choques eléctrico si tocas ese conductor, pero podrías quemarte ¡porque probablemente estará muy caliente!)

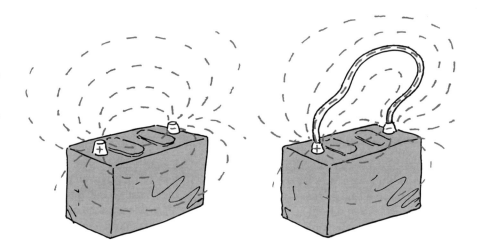

Si la fuente de voltaje es cd, como el acumulador de la figura 23.13, las líneas de campo eléctrico se mantienen en una dirección en el conductor. Los electrones de conducción se aceleran por el campo, en una dirección paralela a las líneas de campo. Antes de que su rapidez alcance un valor apreciable, "rebotan" en los iones metálicos anclados, que interrumpen sus trayectorias, y les transfieren algo de su energía cinética. Es la causa por la que se calientan los conductores con corriente. Esos choques interrumpen el movimiento de los electrones, por lo que la rapidez con la que migran a lo largo del alambre es muy baja. Este flujo neto de electrones tiene una *velocidad de deriva* o desplazamiento. En un circuito normal, por ejemplo el sistema eléctrico de un automóvil, los electrones tienen una velocidad de deriva promedio de un centésimo de centímetro por segundo. ¡Un electrón tardaría así unas 3 horas en recorrer 1 metro de alambre! Es posible tener grandes corrientes por las grandes cantidades de electrones que se muevan. Así, aunque una

---

[8]Se han dedicado muchos esfuerzos y gastos para construir aceleradores de partículas que puedan llevar a los electrones y los protones a rapideces cercanas a la rapidez de la luz. Si los electrones en un circuito común se movieran así de rápido, sólo tendríamos que doblar un alambre, en ángulo agudo, para que los electrones que condujera salieran despedidos, formando un haz comparable al producido por los aceleradores, debido a que su cantidad de movimiento sería tan alta que no podrían dar la vuelta y seguir en el conductor.

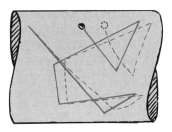

FIGURA 23.14 Las líneas llenas representan una trayectoria aleatoria de un electrón que va rebotando por una red de átomos, a la rapidez promedio de 1/200 de la rapidez de la luz. Las líneas de puntos indican una trayectoria exagerada e idealizada, de cómo sería cuando se aplicara un campo eléctrico. El electrón va a la deriva, o es arrastrado hacia la derecha, con una *velocidad de deriva* mucho menor que la de un caracol.

señal eléctrica va casi a la rapidez de la luz por un conductor, los electrones que se mueven en respuesta a esa señal lo hacen más despacio que un caracol.

En un circuito de ca, los electrones de conducción no avanzan en absoluto por el alambre. Oscilan en forma rítmica, hacia adelante y hacia atrás respecto a posiciones relativamente fijas. Cuando hablas con tu amigo por teléfono, lo que atraviesa la ciudad casi a la rapidez de la luz es *la pauta* del movimiento oscilatorio. Los electrones, que ya están en el alambre, vibran al ritmo de la pauta que se propaga.

Una idea equivocada común acerca de las corrientes eléctricas es que se propagan por los alambres conductores debido a que los electrones rebotan entre sí; que un impulso eléctrico se transmite en forma parecida al efecto dominó, en que una ficha que se cae transfiere su caída a toda la fila de fichas paradas. Eso no es cierto. El concepto de dominó es bueno para la transmisión del sonido, pero no para la de la energía eléctrica. Los electrones que se pueden mover con libertad en un conductor son atraídos por el campo eléctrico que se establece sobre ellos, y no por los choques entre ellos. Es cierto que sí chocan entre sí y con otros átomos, pero eso los desacelera y constituye una resistencia para su movimiento. Los electrones en toda la trayectoria cerrada de un circuito reaccionan todos en forma simultánea con el campo eléctrico.

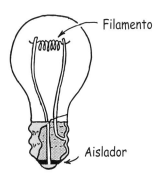

FIGURA 23.15 Los electrones de conducción que van de aquí para allá en el filamento de la bombilla no provienen de la fuente de voltaje. Para empezar están en el filamento. La fuente de voltaje sólo les manda impulsos de energía.

Otra idea equivocada acerca de la electricidad es el origen de los electrones. En una ferretería puedes comprar una manguera que no contiene agua. Pero no puedes comprar un tramo de alambre, el cual es un "tubo de electrones", que no tenga electrones. La fuente de electrones en un circuito es el material conductor mismo. Algunas personas imaginan que los contactos eléctricos en las paredes de las casas son una fuente de electrones. Piensan que los electrones pasan de la planta generadora por las líneas eléctricas y llegan a los contactos de pared del hogar. Esto no es cierto. Los contactos en los hogares son de ca. En un circuito de ca, los electrones no hacen un movimiento neto.

Cuando conectas una bombilla en un contacto, pasa *energía* del contacto a ella, y no electrones. La energía es transportada por el campo eléctrico pulsante, y produce movimiento vibratorio de los electrones que ya existen en el filamento de la bombilla. Si se aplican 120 volts a una bombilla, se disipa un promedio de 120 joules de energía por cada coulomb de carga que se pone a vibrar. La mayor parte de esta energía eléctrica se transforma en calor, y algo de ella toma la forma de luz. Las empresas eléctricas no venden electrones. Venden *energía*. Tú pones los electrones.

Así, cuando sufras un choque eléctrico, los electrones que forman la corriente en tu organismo se originan en él. Los electrones no salen de un alambre, pasan por tu cuerpo y van a tierra; pero la energía sí. La energía sólo hace que vibren al unísono los electrones libres en tu cuerpo. Las vibraciones pequeñas causan hormigueo, pero las vibraciones grandes pueden ser fatales.

Potencia eléctrica

FIGURA 23.16 En el foco se indican la potencia y el voltaje del mismo: "100 W 120 V". ¿Cuántos ampere pasan por este foco?

A menos que esté en un superconductor, una carga que se mueva por un circuito emite energía. Esa energía puede hacer que el circuito se caliente, o que haga girar un motor. La rapidez con la que la energía eléctrica se convierte en otra forma, como energía mecánica, calor o luz, se llama **potencia eléctrica**. La potencia eléctrica es igual al producto de la corriente por el voltaje:[9]

$$\text{Potencia} = \text{corriente} \times \text{voltaje}$$

Si el voltaje se expresa en volts y la corriente en ampere, la potencia se expresa en watts. Entonces, en forma dimensional:

$$\text{Watts} = \text{ampere} \times \text{volts}$$

Si una bombilla de 120 watts funciona en un circuito de 120 volts, tomará una corriente de 1 ampere (120 watts = 1 ampere × 120 volts). Una bombilla de 60 watts toma 1/2 ampere en un circuito de 120 volts. Esta relación es práctica, para conocer el costo de la energía que suele ser de algunos centavos por kilowatt-hora, dependiendo del lugar. Un kilowatt equivale a 1000 watts, y 1 kilowatt-hora representa la cantidad de energía consumida durante una hora a la tasa de 1 kilowatt.[10] En consecuencia, en un lugar donde la energía cueste 50 centavos (de dólar) por kilowatt-hora, una bombilla eléctrica de 100 watts puede funcionar durante 10 horas, a un costo de 50 centavos, o bien 5 centavos (de dólar) por cada hora. El funcionamiento de un tostador o una plancha, que toman más corriente y en consecuencia mucho más energía, cuesta unas 10 veces más.

EXAMÍNATE

1. Si una línea a un contacto de 120 V está limitada a 15 A mediante un fusible de seguridad, ¿servirá para hacer funcionar una secadora de cabello de 1200 W?
2. A 10¢/kWh, ¿cuánto cuesta hacer trabajar la secadora de 1200 W durante una hora?

Circuitos eléctricos

Toda trayectoria a lo largo de la cual puedan pasar los electrones es un *circuito*. Para que haya un flujo continuo de electricidad debe haber un circuito completo, sin interrupciones. El interruptor eléctrico que se puede abrir o cerrar para cortar o dejar pasar el flujo de energía es el que hace la interrupción. La mayor parte de los circuitos tienen más de un dispositivo que recibe la energía eléctrica. Esos dispositivos se suelen conectar en el circuito en una de dos formas: *en serie* o *en paralelo*. Cuando se conectan en serie, forman una sola trayectoria para el flujo de los electrones entre las terminales del acumulador,

COMPRUEBA TUS RESPUESTAS

1. Según la ecuación watts = amperes × volts, se ve que la corriente = 1200 W/120 V = 10 A, por lo que la secadora funcionará al conectarse en el circuito. Pero con dos secadoras en el mismo circuito, el fusible se "volará".
2. 12¢ el cálculo es: (1200 W = 1.2 kW; 1.2 kW × 1 h × 10¢/kWh = 12¢).

---

[9]Recuerda que en el capítulo 7 dijimos que potencia = trabajo/tiempo; 1 watt = 1 J/s. Observa que las unidades de la potencia mecánica y la potencia eléctrica son iguales (el trabajo y la energía se miden en joules):

$$\text{Potencia} = \frac{\text{carga}}{\text{tiempo}} \times \frac{\text{energía}}{\text{carga}} = \frac{\text{energía}}{\text{tiempo}}$$

[10]Como potencia = energía/tiempo, un reordenamiento sencillo produce energía = potencia × tiempo; así, la energía se puede expresar en unidades de *kilowatt-horas* o *kilowatthoras* (kWh).

generador o contacto de pared (que sólo es una extensión de las anteriores terminales). Cuando se conectan en paralelo forman ramales, y cada ramal es una trayectoria separada para el flujo de electrones. Las conexiones en serie y en paralelo tienen sus propias características. Describiremos en breve los circuitos que usan esos dos tipos de conexiones.

Circuitos en serie

En la figura 23.17 se muestra un **circuito en serie** sencillo. Tres bombillas se conectan en serie con una batería. Cuando se cierra el interruptor se establece casi de inmediato la misma corriente en las tres bombillas. La carga no se "acumula" en cualquier lámpara, pero fluye a través de cada lámpara. En todas las partes del circuito los electrones se comienzan a mover de inmediato. Algunos se alejan de la terminal negativa de la batería, y algunos se acercan a la terminal positiva, mientras que algunos atraviesan el filamento de cada bombilla. Al final los electrones recorren todo el circuito (pasa la misma cantidad de corriente por la batería). Es el único camino de los electrones en el circuito. Una interrupción en cualquier parte de la trayectoria es una abertura del circuito, o provoca un "circuito abierto", y cesa el paso de los electrones. Si se funde un filamento de una bombilla, o simplemente si se abre el interruptor, se puede causar esa interrupción.

FIGURA 23.17 Un circuito en serie sencillo. La batería de 6 V suministra 2 V a través de cada bombilla.

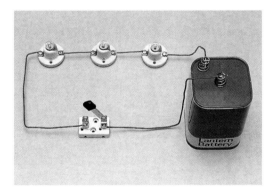
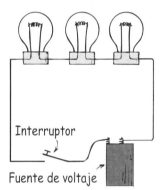

El circuito de la figura 23.17 ilustra las siguientes características importantes de una conexión en serie:

1. La corriente eléctrica sólo tiene una ruta a través del circuito. Eso significa que la corriente que pasa por cada componente del circuito es la misma.

2. A esta corriente se opone la resistencia del primer dispositivo, la del segundo, la del tercero, etc. Entonces, la resistencia total al paso de la corriente por el circuito es igual a la suma de las resistencias individuales a lo largo de la trayectoria por el circuito.

3. La corriente en el circuito es numéricamente igual al voltaje suministrado por la fuente, dividido entre la resistencia total del circuito. Esto es congruente con la ley de Ohm.

4. También la ley de Ohm se aplica por separado a cada dispositivo. La *caída de voltaje*, o diferencia de potencial a través de cada dispositivo, es proporcional a su resistencia. Esto es consecuencia del hecho de que se usa más energía para mover una unidad de carga a través de una resistencia grande que de una resistencia pequeña.

5. El voltaje total aplicado a través de un circuito en serie se divide entre los dispositivos o componentes eléctricos individuales del circuito, de tal manera que la suma de las caídas de voltaje a través de cada componente es igual al voltaje total suministrado por la fuente. Esto es consecuencia de que la cantidad de energía que se usa para mover cada unidad de carga por todo el circuito es igual a la suma de las energías que se usan para mover esa unidad de carga a través de cada dispositivo eléctrico.

Es fácil ver la principal desventaja de un circuito en serie: si falla un componente, cesa la corriente en todo el circuito. Algunos focos para árbol de Navidad, poco costosos, se conectan en serie. Cuando uno de ellos se funde, es divertido y motivo de apuestas (o de frustración) el tratar de encontrar cuál está fundido para cambiarlo.

La mayor parte de los circuitos se conectan de tal manera que es posible hacer trabajar varios aparatos eléctricos en forma independiente. Por ejemplo, en tu hogar se puede apagar o encender una bombilla, sin afectar el funcionamiento de las demás, o de otros aparatos eléctricos. Esto se debe a que esos componentes no están conectados en serie, sino en paralelo.

Circuitos en paralelo

En la figura 23.18 se ve un **circuito en paralelo** sencillo. Hay tres bombillas conectadas con los mismos dos puntos, A y B. Se dice que los dispositivos eléctricos conectados con los dos mismos puntos de un circuito eléctrico están *conectados en paralelo*. El trayecto de la corriente de una terminal de la batería a la otra se completa si sólo *una* bombilla es-

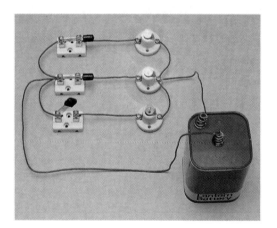
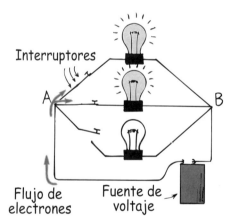

FIGURA 23.18   Un circuito en paralelo sencillo. Una batería de 6 V suministra 6 V a través de cada bombilla.

---

tá encendida. En esta ilustración, el circuito se ramifica en las tres trayectorias separadas de A a B. Una interrupción en cualesquiera de las trayectorias no interrumpe el flujo de cargas en las otras trayectorias. Cada dispositivo funciona en forma independiente de los demás.

El circuito de la figura 23.18 ilustra las siguientes características principales de las conexiones en paralelo:

1. Cada dispositivo conecta los mismos dos puntos, A y B, del circuito. En consecuencia, el voltaje es igual a través de cada dispositivo.

2. La corriente total en el circuito se divide entre las ramas en paralelo. Como el voltaje a través de cada rama es el mismo, la cantidad de corriente en cada rama es inversamente proporcional a la resistencia de la misma; la ley de Ohm se aplica por separado a cada ramal.

3. La corriente total en el circuito es igual a la suma de las corrientes en sus ramas paralelas.

4. A medida que aumenta la cantidad de ramas en paralelo, la resistencia total del circuito disminuye. La resistencia total baja con cada trayectoria que se añada entre dos puntos cualesquiera del circuito. Esto significa que la resistencia total del circuito es menor que la resistencia de cualquier rama individual.

Examínate

1. ¿Qué le sucede a la corriente en las demás bombillas si se funde una en un circuito en paralelo?

2. ¿Qué le sucede a la intensidad de la luz de cada bombilla en un circuito en paralelo, al agregar una o más bombillas al circuito?

Circuitos en paralelo y sobrecarga

La electricidad se alimenta a una casa, normalmente, mediante dos conductores llamados *líneas* o *acometidas*. Esas líneas, que tienen resistencia muy baja, se ramifican en circui-

---

Comprueba tus respuestas

1. Si se funde una bombilla las demás no se afectan. De acuerdo con la ley de Ohm, la corriente en cada ramal es igual a voltaje/resistencia, y como no se afectan el voltaje ni la resistencia en las demás ramas, en ellas la corriente no se afecta. Sin embargo, la corriente total en el circuito general, que es la corriente en la batería, baja una cantidad igual a la corriente que tomaba la bombilla antes de fundirse. Pero la corriente en cualesquiera de las ramas no cambia.

2. La intensidad luminosa de cada bombilla no cambia cuando se agregan o se quitan otras. Sólo cambia la resistencia total y la corriente total en el circuito total, lo cual equivale a decir que cambia la corriente en el acumulador. (También el acumulador tiene su resistencia, que aquí supondremos que es muy pequeña.) A medida que se agregan bombillas hay más trayectorias disponibles entre las terminales del acumulador, y disminuyen en forma efectiva la resistencia total del circuito. Esta menor resistencia se acompaña por un aumento de corriente, el mismo aumento que suministra energía a las bombillas a medida que se agregan. Aunque los cambios de resistencia y de corriente se presentan en el circuito en su totalidad, no hay cambios en ninguna rama individual del circuito.

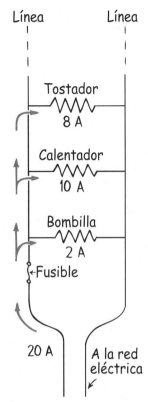

Línea   Línea

Tostador

8 A

Calentador

10 A

Bombilla

2 A

Fusible

20 A   A la red
eléctrica

FIGURA 23.19 Diagrama eléctrico de unos electrodomésticos conectados a un circuito en la casa.

tos en paralelo que conectan las bombillas del techo y los contactos de pared de cada habitación. Las bombillas y los contactos de pared están conectados en paralelo, por lo que a todos se les imprime el mismo voltaje, que normalmente es de 110 a 120 volts. A medida que se conectan y encienden más aparatos, como hay más trayectorias para la corriente, baja la resistencia total del circuito. En consecuencia, pasa por el circuito mayor cantidad de corriente. La suma de esas corrientes es igual a la corriente en la línea, que puede aumentar más de su límite de seguridad. Se dice que el circuito está *sobrecargado*. El calor generado por un circuito sobrecargado puede iniciar un incendio.

Podemos ver cómo tiene lugar una sobrecarga examinando el circuito de la figura 23.19. La línea de suministro está conectada en paralelo con un tostador eléctrico que toma 8 ampere; a un calentador eléctrico que toma 10 ampere, y a una bombilla que toma 2 ampere. Cuando sólo funciona el tostador y toma 8 ampere, la corriente total de la línea es de 8 ampere. Cuando también está funcionando el calentador, la corriente total en la línea aumenta a 18 ampere (8 ampere al tostador y 10 ampere al calentador). Si enciendes la bombilla, la corriente aumenta a 20 ampere. Si conectas más aparatos, la corriente aumenta todavía más. Si conectas demasiados dispositivos en el mismo circuito se produce un sobrecalentamiento que puede iniciar un incendio.

Fusibles de seguridad

Para evitar la sobrecarga en los circuitos, se conectan fusibles en serie en la línea de suministro. De esta manera toda la corriente de la línea debe pasar por el fusible. El fusible que se ve en la figura 23.20 está fabricado con una cinta que se calienta y se funde con determinada corriente. Si la capacidad del fusible es 20 ampere, dejará pasar 20 ampere, pero no más. Si la corriente es mayor, el fusible se funde o se "vuela" y rompe el circuito. Antes de cambiar un fusible fundido se debe determinar la causa de la sobrecarga y se debe eliminar. Sucede con frecuencia que el aislamiento que separa los conductores de un circuito se daña y deja que los alambres se toquen. Eso reduce mucho la resistencia del circuito, y el trayecto de la corriente se acorta. Es lo que se llama *cortocircuito*.

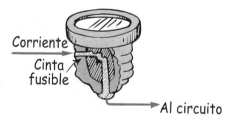

Corriente

Cinta
fusible

Al circuito

FIGURA 23.20 Un fusible de seguridad.

En los edificios modernos, casi todos los fusibles se han sustituido por cortacircuitos o disyuntores, que usan imanes o bandas bimetálicas para abrir un circuito cuando la corriente es demasiado grande. Las empresas eléctricas usan disyuntores para proteger sus líneas de transmisión hasta los generadores.

Resumen de términos

Circuito en paralelo   Un circuito eléctrico en el que se conectan los aparatos eléctricos de tal manera que a través de cada uno actúa el mismo voltaje, y cualesquiera de los aparatos, en forma individual, completa el circuito, en forma independiente de todos los demás.

Circuito en serie   Un circuito eléctrico en el que se conectan los aparatos eléctricos de tal manera que pasa por todos ellos la misma corriente eléctrica.

Corriente alterna (ca)   Partículas con carga eléctrica que invierten su dirección de flujo en forma repetitiva, y vibran respecto a posiciones relativamente fijas. En muchos países de América la frecuencia de vibración es de 60 Hz.

Corriente directa (cd)   Partículas con carga eléctrica que fluyen sólo en una dirección.

Corriente eléctrica   El flujo de carga eléctrica, que transporta energía de un lado a otro. Se mide en ampere, siendo 1 A el flujo de 6.25×10^{18} electrones por segundo, o 1 coulomb por segundo.

Diferencia de potencial   (Sinónimo de *diferencia de voltaje*) La diferencia en potencial eléctrico entre dos puntos, expresada en volts. Puede compararse con la diferencia en presiones de agua de dos recipientes: cuando se conectan con un tubo, el agua pasa del recipiente con la mayor presión al que tiene la menor presión, hasta que las dos presiones se igualan. En forma parecida, cuando dos puntos tienen distinto potencial eléctrico y se conectan con un conductor, la carga pasa mientras exista una diferencia de potencial.

Ley de Ohm   La afirmación que la corriente en un circuito varía en proporción directa a la diferencia de potencial o voltaje a través de un circuito, y en proporción inversa a la resistencia del circuito.

$$\text{corriente} = \frac{\text{voltaje}}{\text{resistencia}}$$

Una diferencia de potencial de 1 V a través de una resistencia de 1 Ω produce una corriente de 1 A.

Potencia eléctrica   Es la rapidez de transferencia de energía, o la rapidez con que se efectúa trabajo; es la cantidad de energía por unidad de tiempo, que se puede expresar eléctricamente por el producto de la corriente por el voltaje.

$$\text{Potencia} = \text{corriente} \times \text{voltaje}$$

Se expresa en watts (o kilowatts), siendo $1\,A \times 1\,V = 1\,W$.

Resistencia eléctrica   La propiedad de un material que se opone al paso de la corriente eléctrica. Se expresa en ohms (Ω).

Superconductor   Un material en el que la resistencia al paso de la corriente eléctrica baja a cero bajo condiciones especiales, entre las que están las bajas temperaturas.

Preguntas de repaso

Flujo de la carga

1. ¿Qué condición es necesaria para que haya flujo de calor? ¿Qué condición análoga es necesaria para que haya flujo de carga?

2. ¿Qué condición es necesaria para que haya flujo continuo de agua en un tubo? ¿Qué condición análoga es necesaria para que haya flujo continuo de cargas en un conductor?

Corriente eléctrica

3. ¿Por qué son los *electrones* y no los *protones* los principales portadores de carga en los conductores metálicos?

4. Exactamente, ¿qué es un *ampere*?

5. ¿Por qué un conductor con corriente normalmente no tiene carga eléctrica?

Fuentes de voltaje

6. Describe dos clases de "bombas eléctricas".

7. ¿Cuánta energía se suministra a cada coulomb de carga que pasa por un acumulador de 12 V?

8. La carga fluye, ¿a través de un circuito? o ¿hacia el interior de un circuito? El voltaje ¿pasa *a través* de un circuito? o ¿se establece *a través* de un circuito?

Resistencia eléctrica

9. El agua, ¿fluye con más facilidad por un tubo grueso o por uno delgado? La corriente, ¿fluye con más facilidad por un alambre grueso o por uno delgado?

10. Al calentar un metal, ¿aumenta o disminuye su resistencia eléctrica?

Ley de Ohm

11. Si se mantiene constante el voltaje a través de un circuito y la resistencia aumenta al doble, ¿qué cambio sucede en la corriente?

12. Si la resistencia de un circuito permanece constante mientras que el voltaje por el circuito baja a la mitad de su valor inicial, ¿qué cambio sucede en la corriente?

Ley de Ohm y choques eléctricos

13. ¿Cómo afecta lo mojado de tu cuerpo a su resistencia eléctrica?

14. Para determinado voltaje, ¿qué sucede con la cantidad de corriente que pasa por la piel cuando sudas?

15. ¿Por qué es riesgoso manejar aparatos eléctricos estando mojado dentro de la tina de baño?

16. ¿Cuál es la función de la tercera pata redonda en un contacto doméstico moderno?

Corriente directa y corriente alterna

17. Describe la diferencia entre cd y ca.

18. Un acumulador, ¿produce cd o ca? El generador de una central eléctrica, ¿produce cd o ca?

19. ¿Qué quiere decir que cierta corriente es de 60 Hz?

Conversión de ca a cd

20. ¿Qué propiedad de un diodo le permite convertir la ca en impulsos de cd?

21. Un diodo convierte la ca en impulsos de cd. ¿Qué componente eléctrico alisa el pulso y forma una cd más uniforme?

Rapidez y fuente de electrones en un circuito

22. ¿Cuál es el error al decir que los electrones en un circuito común activado por una batería viajan más o menos a la rapidez de la luz?

23. ¿Por qué se calienta un alambre que conduce corriente eléctrica?

24. ¿Qué quiere decir *velocidad de deriva*?

25. Un efecto dominó manda un impulso por una fila de fichas paradas, que se caen una tras otra. ¿Es buena analogía para la forma en que se propagan la corriente eléctrica, el sonido o ambos?

26. ¿Cuál es el error de decir que la fuente de electrones en un circuito es la batería o el generador?

27. Cuando pagas el recibo de consumo de luz, ¿qué de lo siguiente estás pagando? ¿El voltaje, la corriente, la potencia, o la energía?

28. ¿Dónde se originan los electrones que producen un choque eléctrico cuando tocas un conductor con carga?

Potencia eléctrica

29. ¿Cuál es la relación entre potencia eléctrica, corriente y voltaje?

30. ¿Cuál de las siguientes es una unidad de potencia, y cuál es una unidad de energía: watt, kilowatt, kilowatt-hora?

31. Describe la diferencia entre un *kilowatt* y un *kilowatt-hora*.

Circuitos eléctricos

32. ¿Qué es un circuito eléctrico?

Circuitos en serie

33. En un circuito de dos bombillas en serie, si la corriente que pasa por una es 1 A, ¿cuál es la que pasa por la otra bombilla? Defiende tu respuesta.

34. Si se imprimen 6 V a través del circuito de la pregunta anterior, y el voltaje a través de la primera bombilla es 2 V, ¿cuál es el voltaje a través de la segunda bombilla? Defiende tu respuesta.

35. ¿Cuál es una desventaja principal en un circuito en serie?

Circuitos en paralelo

36. En un circuito de dos bombillas en paralelo, si hay 6 V a través de una, ¿cuál es el voltaje a través de la otra bombilla?

37. ¿Cómo se compara la suma de las corrientes a través de los ramales de un circuito simple en paralelo con la que pasa por la fuente de voltaje?

38. A medida que se agregan más líneas a un negocio de comida rápida, se reduce la resistencia en el servicio a las personas. ¿Cómo se compara a lo que sucede cuando se agregan más ramales a un circuito en paralelo?

Circuitos en paralelo y sobrecarga

39. Los circuitos de un hogar, ¿se conectan normalmente en serie o en paralelo? ¿Cuándo se sobrecargan?

Fusibles de seguridad

40. ¿Cuál es la función de los fusibles o de los disyuntores en un circuito?

Proyectos

1. Una pila eléctrica se forma colocando dos placas de distintos metales que tengan distintas afinidades hacia los electrones, en una solución conductora. Una batería es, en realidad, una serie de pilas. Puedes hacer una pila sencilla de 1.5 V colocando una banda de cobre y otra de zinc en un vaso con agua de sal. El voltaje de una pila depende del material que se usa en la solución donde se colocan las placas, y no del tamaño de las placas.

Una manera fácil de construir una pila es con un limón. Mete un broche de papel y un trozo de alambre de cobre en un limón. Sujeta los extremos de los alambres cerca, sin que se toquen, y tócalos con la lengua. El pequeño piquete y el sabor metálico que sientes es el resultado del paso de una corriente pequeña de electricidad, impulsada por la pila formada por el limón, que pasa por los alambres cuando la lengua mojada cierra el circuito.

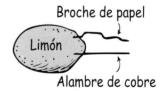

2. Fíjate en el medidor eléctrico de tu hogar. Probablemente esté viendo al exterior, en la acera. Verás que además de las agujas que tiene hay un disco de aluminio que gira entre los polos de imanes, cuando pasa la corriente hacia la casa.

Mientras más corriente pasa, el disco gira más rápido. La rapidez de giro del disco es directamente proporcional a la cantidad de watts que usas. Por ejemplo, da vueltas cinco veces más rápido con 500 W que con 100 W.

Con ese medidor puedes determinar cuántos watts consume un aparato eléctrico. Primero comprueba que estén desconectados todos los aparatos eléctricos de la casa (puedes dejar conectados los relojes eléctricos, porque los 2 watts que consumen apenas se notarán). El disco estará prácticamente detenido. A continuación conecta una bombilla de 100 W y observa cuántos segundos tarda el disco en hacer cinco revoluciones completas. La mancha negra pintada en la orilla del disco facilita esta tarea. Desconecta el foco de 100 W y conecta un aparato cuya potencia desconozcas. Vuelve a contar los segundos para cinco vueltas. Si tarda el mismo tiempo, es un aparato de 100 W; si tarda el doble, es de 50 W; si tarda la mitad, es de 200 W, y así sucesivamente. De esta forma podrás calcular con bastante exactitud el consumo de potencia de los aparatos eléctricos.

Ejercicios

1. Si un conductor conecta dos objetos separados y cargados con distintas energías potenciales eléctricas, ¿puedes asegurar que las cargas fluirán por el conductor? ¿Y si los objetos se cargan con distintos potenciales eléctricos?

2. Si una corriente eléctrica fluye de un objeto a otro, ¿qué podremos decir acerca de las magnitudes relativas de los potenciales eléctricos de los dos objetos?

3. Un ejemplo de un sistema hidráulico es cuando se riega el jardín con una manguera. Otro es el sistema de enfriamiento de un automóvil. ¿Cuál de ellos se comporta en forma más parecida a la de un circuito eléctrico? ¿Por qué?

4. ¿Qué le sucede a la intensidad de la luz emitida por una bombilla eléctrica cuando aumenta la corriente que pasa por ella?

5. ¿Está cargado eléctricamente un alambre que conduce corriente?

6. El profesor dice que en realidad un *ampere* y un *volt* son la misma cosa, y que los distintos términos sólo sirven para hacer confuso un asunto sencillo. ¿Por qué deberías pensar en cambiar de profesor?

7. ¿En cuál de los circuitos a continuación pasa una corriente que ilumina el foco?

8. De un acumulador, ¿sale más corriente de la que le entra? En una bombilla, ¿entra más corriente que la que sale? Explica.

9. A veces escuchas que alguien dice que determinado electrodoméstico "consume" electricidad. ¿Qué es lo que en realidad consume el aparato y cuál es el destino de lo que consume?

10. Imagina que dejas tu automóvil con las luces encendidas mientras vas al cine. Al regresar, el acumulador está muy "bajo" como para que arranque el auto. Llega un amigo y te ayuda a ponerlo en marcha usando el acumulador y los cables de su auto. ¿Qué fenómeno físico sucede cuando tu amigo te ayuda a arrancar el auto?

11. Después de que arrancó el auto, el amigo desconecta su acumulador y quita los cables. ¿Por qué ahora todo está bien? ¿Y qué le pasó a tu acumulador "bajo"?

12. Un electrón que se mueve en un alambre choca una y otra vez con átomos, y recorre una distancia promedio entre los choques que se llama *recorrido libre medio, camino libre medio* o *trayectoria libre media*. Si el recorrido libre medio es menor en algunos metales, ¿qué puedes decir acerca de la resistencia de esos metales? ¿Para determinado conductor ¿qué puedes hacer para alargar el recorrido libre medio?

13. ¿Por qué la resistencia de un alambre cambia un poco inmediatamente después de haberlo sujetado en tu mano?

14. ¿Por qué la corriente en un foco incandescente es mayor inmediatamente después de encenderlo que algunos momentos después?

15. Un detector de mentiras (polígrafo) sencillo consiste en un circuito eléctrico del que tu cuerpo es una parte; por ejemplo, de un dedo a otro. Un medidor sensible indica la corriente que pasa cuando se aplica un voltaje pequeño. ¿Cómo indica esta técnica que una persona miente? ¿Y cuándo esta técnica no puede indicar que alguien está mintiendo?

16. Sólo un pequeño porcentaje de la energía que entra a una bombilla común se transforma en luz. ¿Qué le sucede al resto?

17. ¿Por qué para conducir corrientes grandes se usan alambres gruesos y no alambres delgados?

18. Una bombilla con filamento grueso, ¿tomará más corriente o menos corriente que una con filamento delgado?

19. Un alambre de cobre de 1 milla de longitud tiene 10 ohms de resistencia. ¿Cuál será su nueva resistencia cuando se acorta a) cortándolo a la mitad; b) doblándolo a la mitad y usándolo como "un" conductor?

20. ¿Cuál es el efecto, sobre la corriente en un conductor, de elevar al doble tanto el voltaje como la resistencia a través de él? ¿Si ambas cosas se reducen a la mitad?

21. La corriente que pasa por una bombilla conectada a una fuente de 220 V. ¿Será mayor o menor que cuando la misma bombilla se conecta a una fuente de 110 V?

22. ¿Qué es menos dañino: conectar un aparato para 110 V en un circuito de 220 V, o conectar un aparato para 220 V en un circuito de 110 V? Explica por qué.

23. Si a una de tus manos entra una corriente de uno o dos décimos de ampere, y sale por la otra, es probable que te electrocutes. Pero si la misma corriente entra en una mano y sale por el codo del mismo lado, puedes sobrevivir, aunque

quizá la corriente sea suficiente para quemar la carne. Explica por qué.

24. ¿Esperas que en el filamento de una bombilla en tu hogar haya cd o ca? ¿Y en un filamento de faro de automóvil?

25. Los faros de los automóviles, ¿están conectados en paralelo o en serie? ¿Cómo lo compruebas?

26. Los faros de los automóviles pueden disipar 40 W en baja y 50 con las luces altas. ¿Es mayor la resistencia del filamento de las luces altas?

27. ¿Qué magnitud representa la siguiente unidad? a) joule por coulomb, b) coulomb por segundo, c) watt-segundo.

28. Para conectar un par de resistores de modo que su resistencia equivalente sea mayor que la resistencia de cualesquiera de ellos, ¿los debes conectar en serie o en paralelo?

29. Para conectar un par de resistores de modo que su resistencia equivalente sea menor que la resistencia de cualesquiera de ellos, ¿los debes conectar en serie o en paralelo?

30. Los efectos dañinos de un choque eléctrico se deben a la cantidad de corriente que pasa por el organismo. ¿Entonces por qué hay letreros que dicen "Peligro-Alto voltaje" y no dicen "Peligro-Alta corriente"?

31. Haz un comentario sobre el letrero de advertencia del esquema siguiente.

¡PELIGRO!
ALTA RESISTENCIA
(1,000,000,000Ω)

32. ¿Te debe preocupar esta etiqueta en un electrodoméstico? "Precaución: este producto contiene diminutas partículas con carga eléctrica, que se mueven a rapideces mayores de 100,000,000 kilómetros por hora."

33. ¿Por qué se toma en cuenta la envergadura de las alas de las aves para determinar la distancia entre los conductores paralelos en una línea de transmisión eléctrica?

34. Estima la cantidad de electrones que la empresa eléctrica suministra anualmente a las casas de una ciudad normal de 50,000 personas.

35. Si los electrones fluyen con mucha lentitud en un circuito, ¿por qué no pasa un tiempo apreciable desde que se enciende el interruptor hasta que se ilumina una bombilla?

36. ¿Por qué la rapidez de una señal eléctrica es mucho mayor que la del sonido?

37. Si se produce una fuga en una bombilla y entra oxígeno, el filamento brillará mucho más antes de fundirse. Si pasa mucha corriente por una bombilla, también se funde. Describe estos procesos físicos e indica por qué la bombilla queda inservible.

38. Imagina un par de focos de linterna sorda conectados a una batería. ¿Brillarán más si se conectan en serie que si se conectan en paralelo? La batería, ¿se agotará con más rapidez si se conectan en serie o en paralelo?

39. Si se conectan varios focos en serie con una batería podrían sentirse tibios, pero no brillarían en forma visible. ¿Cuál es tu explicación de lo anterior?

40. En el circuito de abajo, ¿cómo se comparan los brillos de los focos si son idénticos? ¿Cuál de ellos toma la mayor parte de la corriente? ¿Qué sucederá si el foco A se saca? ¿Y si se saca C?

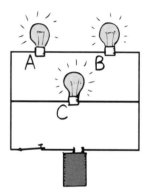

41. A medida que se conectan en serie más y más focos con una batería de lámpara sorda, ¿qué sucede con el brillo de cada uno? Suponiendo que no es apreciable el calentamiento en el interior de la batería, ¿qué le sucede a la brillantez de cada foco cuando se conectan más y más de ellos en paralelo?

42. ¿Qué cambios suceden en la corriente de la línea cuando se conectan más aparatos en un circuito en serie? ¿Y en un circuito en paralelo? ¿Por qué son distintas tus respuestas?

43. ¿Por qué no hay efecto en los demás ramales de un circuito en paralelo cuando se abre o se cierra una rama del circuito?

44. Cuando se conectan en serie dos resistores idénticos, ¿qué de lo siguiente es igual para ambos? Voltaje a través de cada uno; potencia disipada en cada uno; corriente a través de cada uno. ¿Cambia alguna de tus respuestas si los resistores son distintos entre sí?

45. Cuando se conectan en paralelo dos resistores idénticos, ¿qué de lo siguiente es igual para ambos? Voltaje a través de cada uno; potencia disipada en cada uno; corriente a través de cada uno. ¿Cambia alguna de tus respuestas si los resistores son distintos entre sí?

46. Una batería tiene su resistencia interna, por lo que si aumenta la corriente que suministra, el voltaje entre sus terminales baja. Si se conectan demasiados focos en paralelo con una batería, ¿disminuirá su brillo? Explica por qué.

47. ¿Por qué los aparatos domésticos nunca se conectan en serie?

48. La figura 23.19 muestra un fusible de los que se usan en los hogares. a) ¿Dónde más se pondría un fusible para ser útil y fundirse sólo si surge un problema? b) Por qué sería ingenuo poner un fusible en este circuito si el anterior se fundió de inmediato?

49. La resistencia de una bombilla de 100 W, ¿es mayor o menor que la de una de 60 W? Suponiendo que los filamentos de cada bombilla tienen la misma longitud y son del mismo material, ¿cuál bombilla tiene el filamento más grueso?

50. Si se conectan en serie una bombilla de 60 W y una de 100 W en un circuito, ¿a través de cuál será mayor la caída de voltaje? ¿Y si se conectan en paralelo?

Problemas

1. La potencia en watts que se marca en una bombilla no es una propiedad inherente a ella, sino depende del voltaje en donde se conecta, que suele ser 110 o 120 V. ¿Cuántos ampere pasan por una bombilla de 60 W conectada en un circuito de 120 V?

2. Reordena la ecuación Corriente = voltaje/resistencia para calcular la *resistencia* en función de la corriente y el voltaje. A continuación contesta lo siguiente: cierto aparato en un circuito de 120 V tiene una corriente nominal de 20 A (es la corriente que aparece en su placa). ¿Cuál es la resistencia de este aparato, es decir, cuántos ohms tiene?

3. Usa la ecuación Potencia = corriente × voltaje y calcula la corriente que toma una secadora de cabello de 1200 W conectada en 120 V. A continuación, con el método que usaste en el problema anterior, calcula la resistencia de esa secadora.

4. La carga total que puede suministrar un acumulador de automóvil hasta que se descarga se expresa en ampere-hora. Un acumulador normal de 12 V tiene una capacidad de 60 ampere hora (60 A durante 1 h, 30 A durante 2 h, etcétera). Imagina que olvidaste apagar los faros de tu automóvil. Cada uno toma 3 A de corriente. ¿Cuánto tiempo pasará para que el acumulador se "muera"?

5. ¿Cuánto cuesta tener funcionando una bombilla de 100 W en forma continua durante una semana, si la tarifa eléctrica es 15¢/kWh?

6. Una bombilla nocturna de 4 W se conecta en un circuito de 120 V y funciona en forma continua durante un año. Calcula lo siguiente: a) la corriente que toma, b) la resistencia de su filamento, c) la energía consumida en un año y d) el costo de su funcionamiento durante un año, con una tarifa de 15¢/kWh.

7. Una plancha eléctrica se conecta a una fuente de 110 V y toma 9 A de corriente. ¿Cuánto calor, en joules, disipa en un minuto?

8. ¿Cuántos coulombs de carga pasan por la plancha del problema anterior en un minuto?

9. Cierta bombilla tiene 95 ohm de resistencia, y tiene grabado "150 W", ¿se debe conectar en un circuito de 120 V o en uno de 220 V?

10. En periodos de demanda máxima, las empresas eléctricas bajan el voltaje. Así, ello ahorran capacidad (¡y tú ahorras dinero!). Para ver este efecto, imagina un tostador de 1200 W, que toma 10 A al conectarse en 120 V. Imagina que el voltaje baja 10%, hasta 108 V. ¿Cuánto baja la corriente? ¿Cuánto baja la potencia? (*Precaución:* el valor de 1200 W es válido sólo cuando se conecta en 120 V. Cuando baja el voltaje lo que permanece constante es la resistencia del tostador, no su potencia.)

www.pearsoneducacion.net/hewitt
*Usa los variados recursos del sitio Web,
para comprender mejor la física.*

24

MAGNETISMO

Bob Hulsman usa un galvanómetro tangente para medir la intensidad del campo magnético de la Tierra.

A los jóvenes les fascinan los imanes, principalmente porque éstos actúan a distancia. Uno puede mover un clavo acercándole un imán, aunque haya un trozo de madera entre ellos. De igual modo, un neurocirujano puede guiar una pastilla a través del tejido cerebral para llegar a tumores inoperables, poner en posición un catéter o implantar electrodos con poco daño al tejido cerebral. El uso de los imanes aumenta día con día.

El término *magnetismo* proviene de Magnesia, una provincia de Grecia, donde fueron encontradas ciertas piedras hace más de 2000 años. Esas piedras se llamaron *piedras imán*, y tienen la propiedad de atraer piezas de hierro. Los chinos usaron los imanes en sus brújulas en el siglo XII, en la navegación.

En el siglo XVI, William Gilbert, médico de la reina Isabel, fabricó imanes artificiales frotando trozos de hierro y de magnetita (piedra imán). También sugirió que la brújula siempre apunta hacia el norte y el sur, porque la Tierra tiene propiedades magnéticas. Después, en 1750, John Michell, en Inglaterra, determinó que los polos magnéticos obedecen la ley del inverso del cuadrado, y Charles Coulomb confirmó sus resultados. Los temas del magnetismo y la electricidad se desarrollaron en forma casi independiente, hasta 1820, cuando un profesor danés de nombre Hans Christian Oersted descubrió, en una demostración en su clase, que la corriente eléctrica afecta a una brújula.[1] Observó otras evidencias que confirmaban que el magnetismo está relacionado con la electricidad. Poco después, el físico francés André-Marie Ampere propuso que la fuente de todos los fenómenos magnéticos son las corrientes eléctricas.

Fuerzas magnéticas

En el capítulo 22 describimos las fuerzas que ejercen entre sí las partículas con carga eléctrica. La fuerza entre dos partículas cargadas cualesquiera, depende de la magnitud de su carga y de la distancia que las separa, como indica la ley de Coulomb. Pero la ley de Coulomb no es todo cuando las partículas con carga se mueven entre sí. En este caso la fuerza entre las partículas cargadas depende también dc su movimiento, en una forma complicada. Se ve que además de la fuerza que llamamos *eléctrica* hay una fuerza debida al movimiento de las partículas cargadas, que llamaremos **fuerza magnética**. La fuente de la fuerza magnética es el movimiento de partículas con carga, por lo general electrones. Las fuerzas eléctrica y magnética son en realidad distintos aspectos del electromagnetismo, una sola disciplina.

Polos magnéticos

FIGURA 24.1   Un imán tipo herradura.

Las fuerzas que ejercen los imanes entre sí se parecen a las fuerzas eléctricas, porque ambas atraen o repelen sin tocar, dependiendo de qué extremos de los imanes están cerca uno de otro. También como las fuerzas eléctricas, la intensidad de su interacción depende de la distancia a la que están los dos imanes. Mientras que la carga eléctrica es lo más importante en las fuerzas eléctricas, las regiones llamadas *polos magnéticos* originan fuerzas magnéticas.

Si con un cordón cuelgas por su centro un imán recto, tendrás una brújula. Un extremo, llamado *polo que busca al norte* apunta hacia el norte, y el extremo opuesto se llama *polo que busca al sur*, y apunta hacia el sur. En forma más sencilla, se llaman respectivamente *polo norte* y *polo sur*. Todos los imanes tienen un polo norte y un polo sur (algunos tienen más de uno de cada uno). Las figuras con imanes para la puerta de los refrigeradores, que se han popularizado tanto, tienen bandas delgadas de polos norte y sur alternados. Esos imanes son lo bastante fuertes como para sujetar hojas de papel contra la puerta del refrigerador, pero tienen muy corto alcance, porque sus polos norte y sur se anulan. En un imán recto sencillo, los polos norte y sur están en los dos extremos. Un imán ordinario en forma de herradura no es más que un imán recto doblado en forma de U. Los polos también están en los extremos (Figura 24.1).

Cuando el polo norte de un imán se acerca al polo norte de otro, se repelen entre sí.[2] Sucede lo mismo con un polo sur cerca de un polo sur. Sin embargo, si se acercan polos opuestos, hay atracción y se llega a lo siguiente:

Los polos iguales se repelen y los polos opuestos se atraen.

Esta regla se parece a la de las fuerzas entre cargas eléctricas, cuando las cargas iguales se repelen entre sí, y las cargas desiguales se atraen. Pero hay una diferencia muy importante entre los polos magnéticos y las cargas eléctricas. Mientras que las cargas eléctricas se pueden aislar, los polos magnéticos no. Los electrones con carga negativa y los protones con carga positiva son entidades en sí; son independientes. Un grupo de electrones no necesita estar acompañado de un grupo de protones, o a la inversa. Pero nunca

---

[1]Sólo podremos especular con qué frecuencia se hacen evidentes esas relaciones cuando "se supone que no son", y se desprecian porque "algo anda mal en el aparato". Sin embargo, Oersted tuvo la perspicacia, característica de un buen científico, de ver que la naturaleza estaba revelando otro de sus secretos.

[2]La fuerza de interacción entre los polos magnéticos es $F \sim p_1 p_2 / d^2$, donde p_1 y p_2 representan las fuerzas (o intensidades) de los polos magnéticos y d representa la distancia entre los polos. Observa el parecido de esta ecuación con la ley de Coulomb.

existe un polo norte magnético sin la presencia de un polo sur, y viceversa. Si partes un imán recto a la mitad, cada mitad se sigue comportando como si fuera un imán completo. Parte las mitades de nuevo a la mitad y lo que obtienes son cuatro imanes completos. Puedes seguir partiendo las piezas a la mitad y nunca aislarás a un solo polo.[3] Aun cuando la pieza tenga un átomo de grosor, tendrá dos polos. Eso parece indicar que los átomos mismos son imanes.

EXAMÍNATE   Todo imán ¿tiene necesariamente un polo norte y un polo sur?

Campos magnéticos

Espolvorea cierta cantidad de limaduras de hierro sobre un papel colocado sobre un imán, y verás que las limaduras trazan un patrón de líneas ordenadas que rodean al imán. El espacio que rodea al imán contiene un **campo magnético**. Las limaduras revelan la forma del campo, al alinearse con las líneas magnéticas que salen de un polo, se esparcen y regresan al otro. Es interesante comparar las formas del campo en las figuras 24.2 y 24.4, con las de los campos eléctricos de la figura 22.19, en el capítulo 22.

La dirección del campo fuera de un imán es del polo norte hacia el polo sur. Cuando las líneas están más cercanas, el campo es más intenso. La concentración de las limaduras de hierro en los polos del imán, que se ve en la figura 24.2, indica que la fuerza del campo magnético es mayor en ellos. Si se coloca otro imán, o una brújula pequeña en cualquier lugar del campo, los polos quedan alineados con el campo magnético.

FIGURA 24.2 Vista superior de limaduras de hierro esparcidas en torno a un imán. Las limaduras trazan un patrón de *líneas de campo magnético* en el espacio que rodea al imán. Es interesante observar que esas líneas continúen dentro del imán (no las revelan las limaduras), y formen trayectorias cerradas.

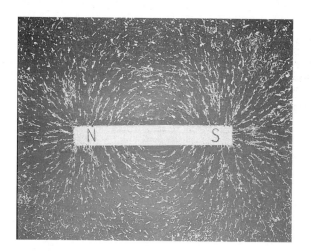

COMPRUEBA TU RESPUESTA   Sí, al igual que toda moneda tiene dos caras, una "cara" y una "cruz". Algunos imanes "con truco" tienen más de dos polos, sin embargo, los polos siempre vienen en pares.

---

[3]Durante más de 70 años los físicos teóricos han especulado acerca de la existencia de "cargas" magnéticas discretas, llamadas *monopolos magnéticos*. Esas partículas diminutas portarían un solo polo magnético norte o sur, y serían contrapartes de las cargas positiva y negativa en electricidad. Se han hecho varios intentos para encontrar monopolos, pero ninguno ha tenido éxito. Todos los imanes que se conocen tienen, cuando menos, un polo norte y un polo sur.

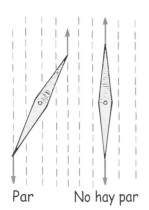

FIGURA 24.3 Cuando la aguja de la brújula no está alineada con el campo magnético (izquierda), las fuerzas sobre su aguja, en dirección opuesta, producen un momento de torsión que hace girar a la aguja hasta que queda alineada (derecha).

El magnetismo se relaciona mucho con la electricidad. Así como una carga eléctrica está rodeada por un campo eléctrico, si se mueve se rodeará también de un campo magnético. Este campo magnético se debe a las "distorsiones" del campo eléctrico causadas por el movimiento, y fueron explicadas por Albert Einstein en 1905, en su teoría de la relatividad especial. No detallaremos los resultados, sino sólo diremos que un campo magnético es un subproducto relativista del campo eléctrico. Las partículas cargadas en movimiento tienen asociadas un campo eléctrico y un campo magnético. El movimiento de la carga eléctrica produce un campo magnético.[4]

Si el movimiento de la carga eléctrica produce el magnetismo, en un imán de barra, ¿dónde está ese movimiento? La respuesta es: en los electrones de los átomos que forman el imán. Esos electrones están en constante movimiento. Hay dos clases de movimiento de electrones que contribuyen al magnetismo: el spin y la órbita del electrón. Los electrones giran en torno a sus propios ejes, como perinolas, y giran también en torno al núcleo del átomo. En los imanes más comunes lo que más produce el magnetismo es el spin de los electrones.

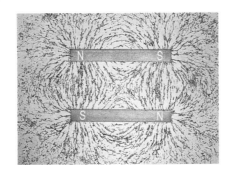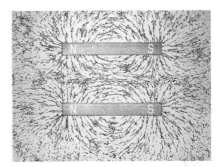

FIGURA 24.4 Patrones del campo magnético para un par de imanes. (*Izquierda*) Los polos opuestos están cercanos, y (*derecha*) los polos iguales están cercanos.

FIGURA 24.5 Los clavos de acero se vuelven imanes inducidos.

Todo electrón que gira es un imán diminuto. Un par de electrones que giran en la misma dirección forman un imán más fuerte. Sin embargo, si giran en direcciones opuestas son antagonistas, porque sus campos magnéticos se anulan. Es la causa de que la mayoría de las sustancias no sean magnéticas. En la mayor parte de los átomos, los diversos campos se anulan entre sí, porque los electrones giran en direcciones opuestas. Sin embargo, en materiales como el hierro, níquel y cobalto, los campos no se anulan entre sí por completo. Cada átomo de hierro tiene cuatro electrones, cuyo magnetismo debido al spin no se anula. Entonces, cada átomo de hierro es un imán diminuto. Lo mismo sucede, en menor grado, con los átomos de níquel y cobalto. En consecuencia, los imanes más comunes se fabrican con aleaciones que contienen hierro, níquel y cobalto en diversas proporciones.[5]

[4]Es interesante que, como el movimiento es relativo, el campo magnético es relativo. Por ejemplo, cuando se mueve una carga y pasa por delante de ti, hay un campo magnético definido asociado con la carga en movimiento. Pero si te mueves junto con la carga no encontrarás que haya un campo magnético asociado con ella. El magnetismo es relativista. De hecho, Albert Einstein fue el primero en explicarlo al publicar su primer artículo sobre la relatividad especial, "Sobre la electrodinámica de los cuerpos en movimiento". (Encontrarás más relatividad en los capítulos 35 y 36.)

[5]La mayor parte de los imanes comunes se fabrican con aleaciones de hierro, níquel, cobalto y aluminio en diversas proporciones. En ellos, el spin de los electrones origina casi todas las propiedades magnéticas. En los metales de las tierras raras, como el gadolinio, el movimiento en órbita es más importante.

La mayor parte de los objetos de acero que te rodean están magnetizados hasta cierto punto. Un archivero, un refrigerador y hasta las latas de alimentos de tu alacena tienen polos norte y sur inducidos por el campo geomagnético (el campo magnético de la Tierra). Acerca una brújula a las partes superiores de objetos de hierro o de acero en tu casa. Verás que el polo norte de la brújula apunta hacia ellas, y que el polo sur apunta a las partes inferiores de esos objetos. Eso demuestra que los objetos están magnetizados o imanados, y que tienen un polo sur arriba y un polo norte abajo. Verás que hasta las latas de alimento que han estado verticales en la alacena están magnetizadas. ¡Voltéalas y ve cuántos días se tardan en invertirse los polos!

Dominios magnéticos

FIGURA 24.6 Vista microscópica de los dominios magnéticos en un cristal de hierro. Cada dominio consiste en miles de millones de átomos de hierro alineados. Las flechas apuntan en direcciones distintas, lo que indica que esos dominios no están alineados entre sí.

El campo magnético de un átomo individual de hierro es tan intenso que las interacciones entre átomos adyacentes hacen que grandes grupos de ellos se alineen entre sí. A esos grupos de átomos alineados se les llama **dominios magnéticos**. Cada dominio está formado por miles de millones de átomos alineados. Los dominios son microscópicos (Figura 24.6), y en un cristal de hierro hay muchos. Como el alineamiento de los átomos de hierro dentro de los dominios, los dominios mismos se pueden alinear entre sí.

Sin embargo, no cualquier trozo de hierro es un imán. Eso se debe a que en el hierro ordinario los dominios no están alineados. Imagina un clavo de hierro (de vez en cuando se ven): los dominios en él están orientados al azar. Sin embargo, muchos de ellos se inducen a alinearse cuando se acerca un imán. (Es interesante escuchar, con un estetoscopio amplificado, el cliqueo de los dominios que se están alineando en un trozo de hierro, cuando se le acerca un imán fuerte.) Los dominios se alinean casi como las cargas eléctricas en un trozo de papel en presencia de una barra cargada. Cuando retiras el clavo del imán, el movimiento térmico ordinario hace que la mayor parte o todos los dominios del clavo regresen a un ordenamiento aleatorio. Sin embargo, si el campo del imán permanente es muy intenso, el clavo puede conservar algo de magnetismo permanente propio, después de separarlo del imán.

Los imanes permanentes se fabrican simplemente colocando piezas de hierro o de ciertas aleaciones de hierro en campos magnéticos intensos. Las aleaciones del hierro se portan en formas distintas: el hierro dulce es más fácil de magnetizar que el acero. Ayuda a que en el hierro común todos los dominios entren en alineamiento. Otra forma de fabricar un imán permanente es frotar un trozo de hierro con un imán. El frotamiento alinea los dominios en el hierro. Si se deja caer un imán permanente, o si se calienta, algunos de los dominios son impulsados fuera del alineamiento y el imán se debilita.

EXAMÍNATE ¿Cómo puede un imán atraer una pieza de hierro que no está magnetizada?

COMPRUEBA TU RESPUESTA Los dominios en la pieza no imanada de hierro se inducen con el campo magnético del imán cercano. Ve cómo se parece esto a la figura 22.13. Como los trozos de papel que saltan hacia el peine, los trozos de hierro serán atraídos por un imán poderoso al acercarlo. Pero a diferencia del papel, después ya no son repelidos. ¿Puedes imaginarte por qué?

Terapia magnética[*]

Parece que el uso de imanes para tratamiento de lesiones o enfermedades ha revivido en forma periódica. Para los médicos de la antigüedad, su misteriosa acción a distancia parecía indicar un gran poder que se podría encauzar hacia el mejoramiento de la salud. Un "magnetizador" célebre del siglo XVIII en Viena fue Franz Mesmer, que llevó los imanes a París y se estableció como curandero en la sociedad parisina. Curaba a los pacientes haciendo oscilar bandas magnéticas sobre la cabeza. Es interesante que encontró que su eficacia era igual cuando dejaba los imanes y sólo pasaba las manos. A eso lo llamó "magnetismo animal".

Benjamín Franklin, la mayor autoridad mundial en electricidad, estaba de visita en París, como representante de Estados Unidos, y comenzó a sospechar que los pacientes de Mesmer mejoraban realmente con este ritual, porque se apartaban de las prácticas de entonces, que eran sacar sangre por medio de ventosas. Luis XVI contrató una comisión real que investigara las afirmaciones de Mesmer. En la comisión estuvieron Franklin y Antoine Lavoisier, el fundador de la química moderna. Los comisionados diseñaron una serie de pruebas, en las que algunas personas pensaban que estaban recibiendo el tratamiento de Mesmer, sin recibirlo, mientras que otros recibieron el tratamiento, pero se les indujo a creer que no lo recibían. Los resultados de esos experimentos ciegos demostraron, sin lugar a dudas, que el éxito de Mesmer sólo se debía al poder de la sugestión. En la actualidad se considera que este informe es un modelo de claridad y raciocinio. La reputación de Mesmer se esfumó y se retiró a Austria.

Ahora, 200 años después, con todo lo aprendido sobre magnetismo y fisiología, los mercachifles del magnetismo atraen mucho más seguidores. Pero no hay comisiones gubernamentales de Franklins y Lavoisiers que desafíen sus afirmaciones. Por el contrario, la terapia magnética es otra de las "terapias alternativas" sin pruebas y sin reglamentos, a las que se ha dado reconocimiento oficial por el Congreso de Estados Unidos, en 1992.

Aunque hay muchos testimonios que niegan los beneficios de los imanes, no hay prueba científica de que éstos refuercen la energía del organismo o de que combatan el dolor. Ninguna. Sin embargo, en las tiendas y en los catálogos se venden millones de imanes terapéuticos. Los clientes compran pulseras, plantillas, bandas para la muñeca y la rodilla, soportes para la espalda y cuello, cojines, colchones, lápiz labial y hasta agua. Los vendedores dicen que sus imanes tienen poderosos efectos sobre el cuerpo, principalmente porque aumentan el flujo sanguíneo a las áreas lesionadas. La idea de que la sangre es atraída por un imán es pura palabrería, porque el hierro de las moléculas de hemoglobina no es ferromagnético y no es atraído por un imán. Además, la mayor parte de los imanes que se venden con fines terapéuticos son del tipo de figuras para los refrigeradores, con alcance muy limitado. Para tener una idea de lo rápido que se desvanece el campo de esos imanes, fíjate cuántas hojas de papel sujetan uno de esos imanes sobre un refrigerador o sobre cualquier superficie de hierro. El imán se caerá cuando lo separen del refrigerador unas cuantas hojas de papel. El campo no pasa mucho más de un milímetro, y no penetra en la piel, y mucho menos en los músculos. Y aun cuando lo hiciera, no hay pruebas científicas de que el magnetismo tenga algunos efectos benéficos sobre el organismo. Pero otra vez, los testimonios son otra historia.

Algunas veces una afirmación "ultrajante" tiene algo de verdad. Por ejemplo, la práctica de la sangría por medio de ventosas en tiempos pasados era de hecho benéfica para un pequeño porcentaje de varones, porque padecían de una rara enfermedad genética, la *hemocromatosis*, o sea el exceso de hierro en la sangre; las mujeres no la padecían debido a la menstruación. Aunque la cantidad de hombres que aprovecharon las sangrías fue pequeña, los testimonios de éxito alentaron la difusión de la práctica, la cual mató a muchos.

Ninguna afirmación es tan ultrajante que no se puedan encontrar testimonios que la respalden. Las afirmaciones como las de una Tierra plana, o como los platillos voladores son innocuas, en su mayor parte, y nos pueden divertir. La terapia magnética también puede ser innocua en muchos padecimientos, pero no cuando se usa para el tratamiento de una afección grave, en lugar de la medicina moderna. Se puede promulgar que la seudociencia es para engañar en forma intencional, o que es un producto de razonamiento incorrecto y con determinado fin. En cualquier caso, la seudociencia es un gran negocio. El mercado de imanes terapéuticos, dispositivos de protección contra campos electrostáticos, esquemas que suministren energía libre infinita y otros frutos parecidos de la sinrazón es enorme.

Los científicos deben mantener abierta la mente; deben estar preparados para aceptar las pruebas recientes. Pero también tienen la responsabilidad de expresarse cuando los seudocientíficos engañan, y de hecho roban, al público, cuando las afirmaciones de aquéllos no tienen fundamento.

---

[*]Puedes encontrar más acerca de la terapia magnética en *Voodoo Science—The Road from Foolishness to Fraud*, Robert Park, Oxford, 2000.

FIGURA 24.7 Trozos de hierro en etapas sucesivas de magnetización. Las flechas representan los dominios. La punta es un polo norte, y la línea es un polo sur. Los polos de los dominios vecinos neutralizan sus efectos entre sí, excepto en los dos extremos de una pieza de hierro.

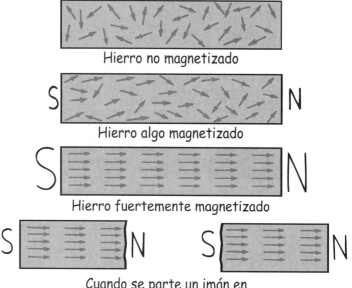

Hierro no magnetizado

Hierro algo magnetizado

Hierro fuertemente magnetizado

Cuando se parte un imán en dos partes, cada una es un imán con la misma intensidad

Corrientes eléctricas y campos magnéticos

Como una carga en movimiento produce un campo magnético, una corriente de cargas también produce un campo magnético. El campo magnético que rodea a un alambre que conduce corriente se puede visualizar colocando una serie de brújulas en torno a un conductor y haciendo pasar por él una corriente (Figura 24.8). Las brújulas se alinean con el campo magnético producido por la corriente, y muestran que tiene un patrón de círculos concéntricos en torno al alambre. Cuando la corriente cambia de dirección, las brújulas se voltean, indicando que cambia también la dirección del campo magnético. Es el efecto que Oersted observó por primera vez en el aula.

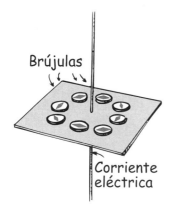

Brújulas

Corriente eléctrica

FIGURA 24.8 Las brújulas indican la forma circular del campo magnético que rodea a un alambre que conduce corriente eléctrica.

Si el alambre se curva y forma una espira, las líneas de campo magnético se concentran en el interior de ella (Figura 24.9). Si se forma otra espira más a continuación de la primera, se duplica la concentración de líneas de campo magnético. Entonces, la intensidad del campo magnético en esta región aumenta a medida que aumenta la cantidad de espiras o *vueltas*. La intensidad del campo magnético es apreciable cuando se forma una *bobina*, es decir, cuando se juntan muchas vueltas de un conductor con corriente.

FIGURA 24.9 Líneas de campo magnético en torno a un alambre que conduce corriente; se juntan cuando el alambre se dobla formando un círculo.

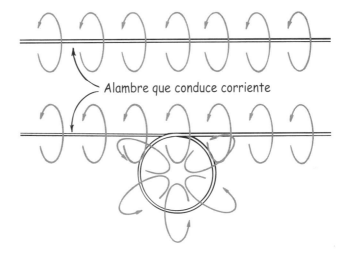

Alambre que conduce corriente

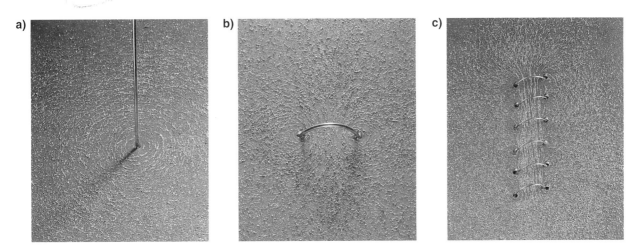

FIGURA 24.10 Las limaduras de hierro esparcidas sobre el papel indican las configuraciones del campo magnético en torno a a) un conductor con corriente, b) una espira con corriente y c) una bobina de espiras con corriente.

Electroimanes

Una bobina de alambre que conduce corriente es un **electroimán**. La fuerza de un electroimán aumenta tan sólo con aumentar la corriente que pasa por la bobina. Los electroimanes industriales, como el que se ve al principio del capítulo, adquieren mayor fuerza cuando en el interior de la bobina hay una pieza de hierro. Los dominios magnéticos en el hierro son inducidos a alinearse y aumentan el campo. Para los electroimanes extremadamente poderosos, como los que se usan para controlar haces de partículas cargadas en los aceleradores de altas energías no se usa el hierro, porque a partir de cierto momento, todos sus dominios quedan alineados y ya no aumenta la fuerza.

Los electroimanes con la potencia suficiente para levantar automóviles ya se ven con mucha frecuencia en los depósitos de chatarra automotriz. La fuerza de esos electroimanes se limita por el calentamiento de las bobinas conductoras de corriente (por su resistencia eléctrica) y por la saturación del alineamiento de los dominios en el núcleo. Los imanes más poderosos, sin núcleo de hierro, usan bobinas superconductoras a través de las cuales fluye con facilidad una corriente eléctrica muy grande.

Electroimanes superconductores

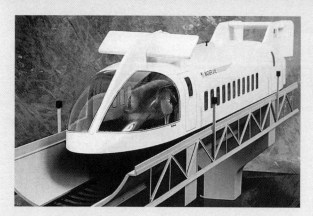

perconductoras producen campos magnéticos extremadamente intensos, y lo hacen en forma muy económica porque no hay pérdidas de calor (aunque se usa energía para mantenerlos fríos). En el Fermilab, cerca de Chicago, los electroimanes superconductores guían a partículas de gran energía en torno a un acelerador de cuatro millas de circunferencia. Antes, cuando el acelerador usaba electroimanes convencionales, el laboratorio debía pagar recibos de consumo de luz mucho mayores, cada mes, para producir partículas con menos energía. También se pueden encontrar imanes superconductores en los aparatos de imágenes por resonancia magnética (MRI, *magnetic resonance imaging*) en los hospitales.

Otra aplicación que hay que vigilar es el transporte con levitación magnética o "maglev". La figura 24.11 muestra el modelo a escala de un sistema maglev desarrollado en Estados Unidos. El vehículo, llamado magplano, tiene bobinas superconductoras en la base. Flota 15 cm sobre la guía, y su rapidez sólo la limita la fricción del aire y la comodidad de los pasajeros. Algún día irás de una ciudad a otra en forma rápida y sin sentir nada.

En la fecha en que esto se escribe, la fuerza de los imanes superconductores está limitada por la desaparición de la superconductividad cuando los campos magnéticos se hacen demasiado intensos. En la actualidad, los superconductores y los imanes superconductores, están creando gran interés y actividad entre los físicos, porque los intereses, tanto científicos como económicos, son enormes.

FIGURA 24.11 Modelo a escala de un vehículo prototipo, levitado magnéticamente: un *magplano*. Mientras que los trenes convencionales vibran al rodar por las vías con alta rapidez, los magplanos pueden avanzar sin vibración, a mayor rapidez, porque no hacen contacto físico con la guía sobre la cual flotan.

Recuerda que, en el capítulo 22, en un superconductor no hay resistencia eléctrica que limite el flujo de cargas eléctricas y, en consecuencia, no hay calentamiento aunque pasen corrientes enormes. Los electroimanes que usan bobinas su-

Fuerza magnética sobre partículas con carga en movimiento

Una partícula cargada en reposo no interacciona con un campo magnético estático. Pero si la partícula cargada se mueve en un campo magnético, se hace evidente el carácter magnético de una carga en movimiento. Sufre una fuerza desviadora.[6] La fuerza es máxima cuando la partícula se mueve en dirección perpendicular a la de las líneas de campo magnético. Con otros ángulos, la fuerza disminuye y se vuelve cero cuando las partículas se mueven paralelas a las líneas de campo. En cualquier caso, la dirección de la fuerza siempre es perpendicular a las líneas de campo magnético y a la velocidad de la partícula cargada (Figura 24.12). Así, una carga en movimiento se desvía cuando cruza un campo magnético, pero no se desvía cuando viaja en dirección paralela al campo.

La fuerza que causa la desviación lateral es muy distinta de las fuerzas que se producen en otras interacciones, como las fuerzas gravitacionales entre masas, las fuerzas eléctricas entre cargas y las fuerzas magnéticas entre polos magnéticos. La fuerza que actúa sobre un electrón en movimiento no actúa a lo largo de la línea que une a las fuentes de la interacción, sino en dirección perpendicular tanto a la del campo magnético como a la trayectoria del electrón.

---

[6]Cuando las partículas de carga eléctrica q y velocidad v se mueven dentro de un campo magnético de intensidad B, en dirección perpendicular a la del campo, la fuerza F sobre cada partícula no es más que el producto de las tres variables: $F = qvB$. Cuando la dirección no es perpendicular, v en esa ecuación debe ser el componente de la velocidad perpendicular a B.

FIGURA 24.12 Un haz de electrones es desviado por un campo magnético.

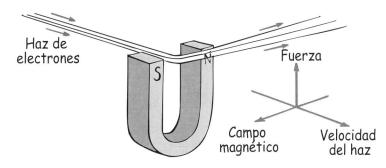

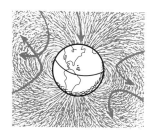

FIGURA 24.13 El campo geomagnético desvía muchas de las partículas con carga eléctrica que forman la radiación cósmica.

Tenemos la suerte de que los campos magnéticos desvíen a las partículas cargadas. Esto se emplea para guiar a los electrones hacia la superficie interna de las pantallas de TV y formen una imagen. Es también muy interesante que las partículas cargadas procedentes del espacio exterior son desviadas por el campo magnético de la Tierra. Si no fuera así, sería mayor la intensidad de los perjudiciales rayos cósmicos que llegan a la superficie terrestre.

Fuerza magnética sobre conductores con corriente eléctrica

La simple lógica indica que si una partícula cargada que se mueve a través de un campo magnético está sometida a una fuerza desviadora, entonces una corriente de partículas cargadas que se mueve a través de un campo magnético también siente una fuerza desviadora. Si las partículas están en un conductor, cuando responden a la fuerza deflectora, el alambre también será empujado (Figura 24.14).

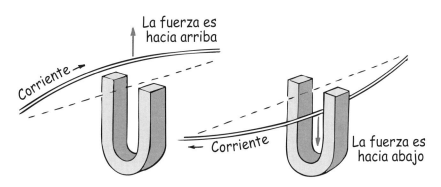

FIGURA 24.14 Un alambre que conduce corriente está sometido a una fuerza cuando está dentro de un campo magnético. (¿Puedes ver que es una continuación de lo que sucede en la figura 24.12?)

Si se invierte la dirección de la corriente, la fuerza deflectora actúa en dirección contraria. La fuerza es máxima cuando la corriente es perpendicular a las líneas de campo magnético. La dirección de la fuerza no es a lo largo de las líneas de campo magnético, ni a lo largo de la dirección de la corriente. La fuerza es perpendicular tanto a las líneas de campo como a la corriente. Es una fuerza lateral.

Vemos que así como un conductor con corriente desvía una brújula (que fue lo que descubrió Oersted en su aula, en 1820), un imán desviará a un conductor con corriente eléctrica. El descubrimiento de esas relaciones complementarias entre la electricidad y el magnetismo causó gran excitación, porque casi de inmediato las personas comenzaron a dominar la fuerza electromagnética para fines útiles, con grandes sensibilidades en los medidores eléctricos y con grandes fuerzas en los motores eléctricos.

EXAMÍNATE ¿Qué ley de la física establece que si un conductor con corriente produce una fuerza sobre un imán, éste debe producir una fuerza sobre un alambre que conduce corriente?

Medidores eléctricos

El medidor más sencillo para detectar la corriente eléctrica no es más que un imán que puede girar libremente, es decir, una brújula. El siguiente en sensibilidad es una bobina de alambres (Figura 24.15). Cuando pasa una corriente eléctrica por la bobina, cada espira produce su propio efecto sobre la aguja, y con ello se puede detectar una corriente muy pequeña. El instrumento sensible que indica paso de corriente se llama *galvanómetro*.[7]

FIGURA 24.15 Un galvanómetro muy sencillo.

Un diseño más común es el que muestra la figura 24.16. Usa más vueltas de alambre y en consecuencia es más sensible. La bobina se monta de manera que pueda moverse, y el imán se mantiene estacionario. La bobina gira en contra de un resorte, por lo que mientras mayor corriente haya en sus espiras, mayor será su deflexión. Un galvanómetro puede calibrarse para medir corriente (ampere), en cuyo caso se llama *amperímetro*. O bien, se puede calibrar para indicar el potencial eléctrico (volts); en este caso se llama *voltímetro*.

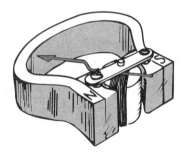

FIGURA 24.16 Diseño común de galvanómetro.

Motores eléctricos

Si se modifica un poco el diseño del galvanómetro, para que la desviación sea de una rotación completa y no parcial, se obtiene un *motor eléctrico*. La diferencia principal es que en un motor se hace que la corriente cambie de dirección cada vez que la bobina hace media rotación. Después de forzarla a hacer media rotación, continúa su movimiento justo a tiempo cuando la corriente se invierta, y entonces, en lugar de que la bobina invierta su dirección de giro, es forzada a continuar otra media vuelta en la misma dirección.

COMPRUEBA TU RESPUESTA La tercera ley de Newton. Se aplica a *todas* las fuerzas de la naturaleza.

[7]El nombre de galvanómetro se deriva del de Luigi Galvani (1737-1798), que descubrió, mientras intentaba disecar la pata de una rana, que cuando la pata se toca con dos metales distintos al mismo tiempo, se contrae. Este descubrimiento casual condujo a la invención de la pila eléctrica y del acumulador. La siguiente vez que veas una cubeta galvanizada, acuérdate de Luigi Galvani en su laboratorio de anatomía.

FIGURA 24.17 El amperímetro y el voltímetro son galvanómetros. En el amperímetro, la resistencia eléctrica del instrumento es muy baja, y en el voltímetro es muy alta.

Eso sucede en forma cíclica, y se produce la rotación, la cual se aprovecha para hacer funcionar relojes, aparatos diversos y para levantar cargas pesadas.

Vemos, en la figura 24.18, el principio del motor eléctrico, muy esquematizado. Un imán permanente produce un campo magnético en una región donde está una espira rectangular de alambre, que se monta para que gire respecto al eje de la línea interrumpida. Cualquier corriente en la espira tiene una dirección en el lado superior de ella, y la dirección contraria en el lado inferior. (Debe ser así, porque si las cargas entran por un extremo de la espira, deben salir por el otro extremo.) Si el lado superior de la espira es impulsado hacia la izquierda por el campo magnético, el lado inferior es forzado hacia la derecha, como si fuera un galvanómetro. Pero a diferencia del caso de un galvanómetro, en un motor la corriente se invierte en cada media revolución, mediante contactos estacionarios sobre el eje. Las partes del alambre que giran y rozan con esos contactos se llaman *escobillas*. De esta forma, la corriente en la espira alterna de dirección, y las fuerzas sobre las partes superior e inferior no cambian de dirección cuando gira la espira. La rotación es continua mientras se suministre corriente eléctrica.

FIGURA 24.18 Un motor eléctrico simplificado.

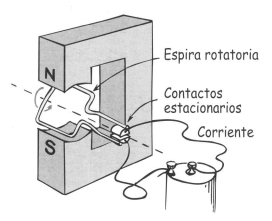

Espira rotatoria

Contactos estacionarios

Corriente

Aquí sólo describimos un motor sencillo de cd. Los motores mayores, de cd o de ca, se suelen fabricar reemplazando el imán permanente por un electroimán que energiza la fuente de electricidad. Naturalmente que se usa más que una sola espira. Se *devanan* muchas vueltas de alambre sobre un cilindro de hierro, y el conjunto se llama *armadura*; gira cuando el alambre conduce corriente.

La aparición de los motores eléctricos puso fin a muchas de las fatigas humanas y de los animales en muchas partes del mundo. Han cambiado la forma de vivir de las personas.

EXAMÍNATE ¿Cuál es la mayor semejanza entre un galvanómetro y un motor eléctrico sencillo? ¿Cuál es la mayor diferencia?

El campo geomagnético

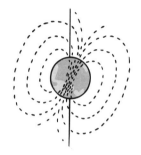

FIGURA 24.19 La Tierra es un imán.

Un imán colgado o una brújula apuntan al norte porque la Tierra misma es un gigantesco imán. La brújula se alinea con el campo magnético de la Tierra, llamado *campo geomagnético*. Sin embargo, los polos magnéticos terrestres no coinciden con los polos geográficos; de hecho, están a gran distancia unos de otros. Por ejemplo, en el hemisferio norte, el polo magnético está a unos 1800 kilómetros del polo geográfico, en algún lugar de la Bahía de Hudson en el norte de Canadá. El otro polo está al sur de Australia (Figura 24.19). Esto quiere decir que las brújulas no apuntan, generalmente, hacia el norte verdadero. La discrepancia entre la orientación de una brújula y el norte verdadero se llama *declinación magnética*.

No se sabe a ciencia cierta por qué la Tierra es un imán. La configuración del campo geomagnético es como la de un poderoso imán de barra colocado cerca del centro de la Tierra. Pero la Tierra no es un trozo magnetizado de hierro, como lo es un imán recto. Simplemente está demasiado caliente como para que los átomos individuales mantengan determinada orientación. Entonces la explicación debe buscarse en las corrientes eléctricas en las profundidades de la Tierra. A unos 2000 kilómetros bajo el manto rocoso externo (que tiene casi 3000 kilómetros de espesor), está la parte fundida que rodea al centro sólido. La mayoría de los geofísicos creen que hay cargas en movimiento, girando dentro de la parte fundida de la Tierra, que originan el campo magnético. Otros geofísicos especulan que las corrientes eléctricas se deben a corrientes de convección, debido al calor que sube desde el núcleo central (Figura 24.20), y que esas corrientes de convección, combinadas con los efectos rotacionales de la Tierra producen el campo geomagnético. Debido al gran tamaño de la Tierra, la rapidez de las cargas en movimiento sólo necesita ser un milímetro por segundo, aproximadamente, para explicar el campo. Es necesario esperar que se realicen más estudios para llegar a una explicación más convincente.

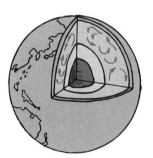

FIGURA 24.20 Las corrientes de convección en las partes fundidas del interior de la Tierra pueden impulsar corrientes eléctricas que produzcan el campo magnético terrestre.

COMPRUEBA TU RESPUESTA Un galvanómetro y un motor se parecen en que ambos emplean bobinas dentro de un campo magnético. Cuando pasa una corriente por las bobinas, las fuerzas sobre los alambres las hacen girar. La diferencia fundamental es que la rotación máxima de la bobina de un galvanómetro es media vuelta, mientras que en un motor, la bobina (que está enrollada sobre una armadura) gira una cantidad ilimitada de vueltas. Eso se logra alternando la corriente en cada media vuelta de la armadura.

Sea cual fuere la causa, el campo geomagnético no es estable; ha variado durante el tiempo geológico. La prueba de ello se encuentra en los análisis de las propiedades magnéticas de los estratos rocosos. Los átomos de hierro fundidos están desorientados debido al movimiento térmico; pero un poco de ellos se alinean con el campo geomagnético. Al enfriarse y solidificarse, este ligero predominio indica la dirección del campo geomagnético en la roca ígnea que se forma. Esto es parecido a las rocas sedimentarias, donde los dominios magnéticos de los granos de hierro que contienen los sedimentos tienden a alinearse con el campo geomagnético, y quedan asegurados en la roca que se forma. El ligero magnetismo que se produce se puede medir con instrumentos sensibles. A medida que se analizan muestras de roca de diferentes estratos formados a través del tiempo geológico, se puede cartografiar el campo geomagnético en distintas épocas. En los últimos 5 millones de años se han presentado más de 20 inversiones. La más reciente fue hace 700,000 años. Las inversiones anteriores eran de cada 870,000 a 950,000 años. Con estudios de sedimentos profundos se ve que el campo ha desaparecido durante de 10,000 o 20,000 años hasta un poco más de 1 millón de años. No podemos pronosticar cuándo será la siguiente inversión, porque no es regular la secuencia. Pero hay una pista en las mediciones recientes, que indican una disminución de más del 5% de la intensidad del campo geomagnético en los últimos 100 años. Si se mantiene ese cambio, podríamos tener otra inversión dentro de 2000 años.

La inversión de los polos magnéticos no es exclusiva de la Tierra. El campo magnético del Sol (el campo *heliomagnético*) se invierte con regularidad, cada 22 años. Este ciclo magnético de 22 años se ha relacionado, a través de la evidencia en tres fajas terrestres, con periodos de sequía en la Tierra. Es interesante que el ciclo de 11 años de las manchas solares, conocido desde hace mucho, sea exactamente la mitad del tiempo en el que el Sol invierte su polaridad magnética.

Los vientos iónicos variables en la atmósfera terrestre causan fluctuaciones más rápidas, pero mucho más pequeñas, del campo geomagnético. Los iones en esas regiones se deben a las interacciones energéticas de los rayos ultravioleta y los rayos X solares, con los átomos en la atmósfera. El movimiento de esos iones produce una parte pequeña, pero importante, del campo geomagnético. Al igual que las capas inferiores de aire, la ionosfera está agitada por los vientos. Las variaciones en esos vientos son la causa de casi todas las fluctuaciones rápidas del campo geomagnético.

Rayos cósmicos

El universo es un campo de tiro de partículas cargadas. Se llaman *rayos cósmicos* y consisten en protones y otros núcleos atómicos. Los protones podrían ser restos del Big Bang, (la Gran Explosión). Es probable que los núcleos más pesados salieran de las estrellas en explosión. En cualquier caso, viajan por el espacio con rapideces fantásticas, y forman la radiación cósmica, tan peligrosa para los astronautas. La radiación se intensifica cuando el Sol está activo, y aporta sus propias partículas cargadas. Los rayos cósmicos también son un peligro para la instrumentación electrónica en el espacio: los impactos de núcleos de rayos cósmicos muy ionizantes pueden causar "inversiones" en los bits de la memoria de las computadoras, o la falla de pequeños microcircuitos. Por fortuna, para nosotros en la superficie terrestre, la mayor parte de esas partículas cargadas son desviadas y alejadas por el campo geomagnético. Algunas de ellas quedan atrapadas en los confines externos del campo magnético y forman los cinturones de radiación de Van Allen (Figura 24.21).

FIGURA 24.21 Cinturones de radiación de Van Allen, cuyos cortes transversales se ven aquí no distorsionados por el viento solar.

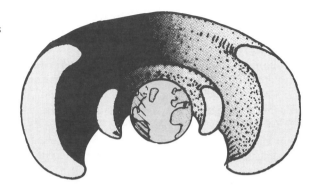

Los cinturones de radiación de Van Allen son dos anillos, en forma de dona, que rodean a la Tierra. Tienen el nombre de James A. Van Allen, quien sugirió su existencia a partir de datos reunidos por el *Explorer I*, satélite de Estados Unidos, en 1958.[8] El anillo interior está centrado en la Tierra, y a unos 3200 kilómetros sobre su superficie; el anillo externo, mayor y más ancho, también está centrado y a unos 16,000 kilómetros sobre nosotros. Los astronautas describen órbitas a distancias seguras, muy por abajo de esos cinturones de radiación. La mayor parte de las partículas cargadas, protones y electrones, atrapados en el cinturón externo, probablemente vienen del Sol. Las tormentas solares lanzan partículas cargadas hacia afuera, como surtidores gigantescos, y muchas de ellas pasan cerca de la Tierra y quedan atrapadas por el campo magnético. Las partículas cargadas describen trayectorias en forma de tirabuzón, en torno a las líneas del campo geomagnético, y regresan o rebotan, entre los polos magnéticos terrestre, a mucha altura sobre la atmósfera. Las perturbaciones del campo terrestre permiten, con frecuencia, que los iones se sumerjan en la atmósfera y hagan que brille como una lámpara fluorescente. Son las bellas auroras: *aurora boreal* en el hemisferio norte, y *aurora austral* en el hemisferio sur.

FIGURA 24.22 La luz de la aurora boreal (como de iluminación fluorescente) en el cielo se debe a partículas cargadas, en los cinturones de Van Allen, que chocan con las moléculas atmosféricas.

[8]Fuera de broma, su nombre completo es James A. Van Allen (con su permiso).

Es probable que las partículas atrapadas en el cinturón interno se hayan originado en la atmósfera terrestre. Las explosiones de bombas de hidrógeno a gran altitud, en 1962, aportaron electrones frescos a este cinturón.

A pesar del campo geomagnético protector, muchos rayos cósmicos "secundarios" llegan a la superficie terrestre.[9] Son partículas formadas cuando los rayos cósmicos "primarios", los que provienen del espacio exterior, chocan con núcleos atómicos en la alta atmósfera. El bombardeo de los rayos cósmicos es máximo en los polos magnéticos, porque las partículas cargadas que chocan con la Tierra en esos lugares viajan a través de las líneas del campo magnético, sino a lo largo de las líneas y no se desvían. El bombardeo disminuye al alejarse de los polos y es mínimo en las regiones ecuatoriales. En las latitudes intermedias llegan unas cinco partículas por centímetro cuadrado y por minuto en el nivel del mar. Esta frecuencia aumenta muy rápido con la altitud. ¡Los rayos cósmicos penetran a tu organismo mientras estás leyendo esto. Y también cuando no lo lees!

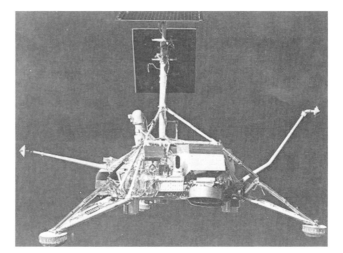

FIGURA 24.23   Un magnetómetro en la nave espacial Surveyor detectó, en septiembre de 1997, un débil campo magnético en torno a Marte, 800 veces menor que el de la superficie terrestre. Si el campo era más intenso en el pasado, cabe imaginar si desempeñó algún papel para proteger al material viviente en ese planeta contra el viento solar y los rayos cósmicos.

Biomagnetismo

FIGURA 24.24   Puede ser que las palomas sientan bien la dirección, porque tengan incorporada una "brújula" en el cráneo.

Algunas bacterias producen biológicamente granos de magnetita (un óxido de hierro) con un solo dominio, que se alinean y forman brújulas internas. Pueden usar sus brújulas para detectar la inclinación del campo geomagnético. Como tienen un sentido de dirección, pueden localizar fuentes de alimento. Es notable que esas bacterias, al sur del ecuador, forman los mismos imanes de un dominio, pero alineadas en direcciones opuestas respecto a las que forman sus contrapartes en el norte. Las bacterias no son los únicos organismos vivos que tienen brújulas incorporadas. En fecha reciente se determinó que las palomas tienen imanes de magnetita de múltiples dominios, dentro del cráneo, conectados con una gran cantidad de nervios que penetran en el cerebro. Las palomas tienen un sentido magnético, y pueden discernir no sólo las direcciones longitudinales al campo geomagnético, sino también la latitud, por la inclinación de ese campo. También se ha encontrado mate-

[9]Algunos biólogos creen que los cambios magnéticos en la Tierra desempeñaron un papel importante en la evolución de las formas de vida. Una hipótesis es que en las primeras fases de la vida primitiva, el campo geomagnético era lo suficientemente intenso para protegerlas contra las partículas cargadas de alta energía. Pero durante los periodos de intensidad cero, la radiación cósmica y la dispersión de los cinturones de Van Allen aumentaron la tasa de mutaciones hacia formas más robustas de vida, en igual forma que las mutaciones que producen los rayos X en los famosos estudios de herencia en moscas de frutas. Las coincidencias entre las fechas de mayor frecuencia de cambios y las de las inversiones de los polos magnéticos en los últimos millones de años parecen respaldar esta hipótesis.

IRM: imagen de resonancia magnética

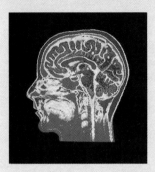

El escáner de imagen de resonancia magnética producen fotografías de alta resolución de los tejidos en el interior del organismo. Unas bobinas superconductoras producen un campo magnético intenso, hasta 60,000 veces más fuerte que el campo geomagnético; ese campo se usa para alinear los protones de los átomos de hidrógeno en el organismo del paciente.

Al igual que los electrones, los protones tienen la propiedad del "spin", y se alinean con un campo magnético. A diferencia de una brújula que se alinea con el campo magnético terrestre, el eje de un protón oscila en torno del campo magnético aplicado. A los protones que oscilan se les golpea con un impulso de ondas de radio, sintonizadas de tal modo que empujen al eje de giro (al eje del spin) del protón hacia un lado, perpendicular al campo magnético aplicado. Cuando las ondas de radio pasan y los protones regresan con rapidez a su comportamiento de oscilación, emiten señales electromagnéticas débiles, cuyas frecuencias dependen un poco del ambiente químico donde se encuentre el protón. Las señales son captadas por sensores, y analizadas por una computadora revelan densidades variables de átomos de hidrógeno en el organismo, y sus interacciones con los tejidos vecinos. En las imágenes se distinguen con claridad la carne y el hueso.

Es interesante que la IRM (MRI, por *magnetic resonance imaging*) antes se llamaba NMR (por *nuclear magnetic resonance*, resonancia magnética nuclear) porque los núcleos de hidrógeno resuenan con los campos aplicados. A causa de la fobia del público hacia todo lo "nuclear", se cambió el nombre a IRM. ¡Avisa a tu amigo que padezca esa fobia, que todos los átomos de su organismo tienen un núcleo!

rial magnético en el abdomen de las abejas, cuyo comportamiento es afectado por pequeños campos magnéticos. Algunas avispas, las mariposas monarca, las tortugas marinas y los peces son criaturas con sentido magnético. En 1992, los investigadores descubrieron diminutos cristales de magnetita en los cerebros humanos, parecidos a los cristales de las bacterias magnéticas. Nadie sabe si están relacionados con nuestros sentidos. Al igual que las criaturas mencionadas arriba, puede ser que tengamos un sentido magnético.

Resumen de términos

Campo magnético La región de influencia magnética en torno a un polo magnético o a una partícula con carga eléctrica y en movimiento.

Dominios magnéticos Regiones agrupadas de átomos magnéticos alineados. Cuando esas regiones se alinean entre sí, la sustancia que las contiene es un imán.

Electroimán Un imán cuyo campo lo produce una corriente eléctrica. Suele tener la forma de una bobina de alambre con una pieza de hierro en su interior.

Fuerza magnética 1) Entre imanes, es la atracción mutua de polos magnéticos distintos, y la repulsión mutua de polos magnéticos iguales. 2) Entre un campo magnético y una partícula con carga eléctrica en movimiento, es una fuerza desviadora debida al movimiento de la partícula. Esa fuerza desviadora es perpendicular a la velocidad de la partícula y es perpendicular a las líneas de campo magnético. Es máxima cuando la partícula cargada se mueve en dirección perpendicular a la de las líneas de campo, y es cero cuando se mueve en dirección paralela a ellas.

Preguntas de repaso

1. ¿Quién descubrió, y en qué condiciones lo hizo, la relación entre la electricidad y el magnetismo?

Fuerzas magnéticas

2. La fuerza entre partículas con carga eléctrica depende de la magnitud de la carga, de la distancia entre ellas y, ¿de qué más?

3. ¿Cuál es la fuente de la fuerza magnética?

Polos magnéticos

4. La regla de la interacción entre polos magnéticos, ¿se parece a la regla de la interacción entre partículas con carga eléctrica?

5. ¿En qué sentido los *polos magnéticos* son muy diferentes de las *cargas eléctricas*?

Campos magnéticos

6. Un campo eléctrico rodea a una carga eléctrica. Cuando se mueve la carga, ¿qué campo adicional la rodea?

7. ¿Qué produce un campo magnético?

8. ¿Cuáles son las dos clases de movimiento giratorio que tienen los electrones en un átomo?

Dominios magnéticos

9. ¿Qué es un dominio magnético?

10. ¿Cuál es la diferencia entre un clavo de acero no magnetizado y uno magnetizado?

11. ¿Por qué al dejar caer un imán de hierro sobre un piso duro se debilita su magnetización?

Corrientes eléctricas y campos magnéticos

12. En el capítulo 22 aprendimos que el campo eléctrico se dirige radialmente en torno a una carga puntual. ¿Cuál es la dirección del campo magnético que rodea a un alambre que conduce corriente?

13. ¿Qué le sucede a la dirección del campo magnético en torno a una corriente eléctrica cuando se invierte la dirección de la corriente?

14. ¿Por qué la intensidad del campo magnético es mayor dentro de una espira de un alambre que conduce corriente, que en torno a un tramo recto del mismo alambre?

Electroimanes

15. ¿Por qué un trozo de hierro dentro de una espira que conduce corriente aumenta la intensidad del campo magnético?

Fuerza magnética sobre partículas con carga en movimiento

16. ¿En qué dirección, en relación con la de un campo magnético, se mueve una partícula cargada para estar sujeta a una fuerza desviadora máxima? ¿Y a una fuerza deflectora mínima?

17. Las fuerzas gravitacional y eléctrica actúan en dirección de los campos de fuerzas. ¿En qué difiere la dirección de la fuerza magnética sobre una partícula cargada en movimiento?

18. ¿Qué efecto tiene el campo geomagnético sobre los rayos cósmicos que llegan a la superficie terrestre?

Fuerza magnética sobre conductores con corriente eléctrica

19. Como una fuerza magnética actúa sobre una partícula cargada en movimiento, ¿tiene sentido que una fuerza magnética actúe también sobre un alambre que conduce corriente? Defiende tu respuesta.

20. ¿Qué dirección relativa entre un campo magnético y un alambre que conduce corriente eléctrica produce la fuerza máxima?

Medidores eléctricos

21. ¿Cómo detecta un galvanómetro la corriente eléctrica?

22. ¿Cómo se llama un galvanómetro cuando se calibra para indicar corriente? ¿Voltaje?

Motores eléctricos

23. ¿En qué forma se parece un galvanómetro a un motor eléctrico?

Campo geomagnético

24. ¿Cuál es la prueba de que la Tierra es un gran imán?

25. ¿Qué quiere decir declinación magnética?

26. ¿Por qué es probable que no haya dominios magnéticos de alineación permanente en el núcleo de la Tierra?

27. ¿Cuál es una causa probable del campo geomagnético?

28. ¿Qué son las *inversiones de los polos magnéticos*, y suceden en el Sol, además de en la Tierra?

29. ¿Cuál es la causa de la aurora boreal?

Biomagnetismo

30. Cita al menos seis seres vivos de los que se sepa que albergan imanes diminutos en sus organismos.

Proyectos

1. Determina la dirección y la inclinación de las líneas del campo geomagnético en donde te encuentras. Imana una aguja grande de acero, o una pieza recta de alambre de acero, frotándola dos docenas de veces con un imán fuerte. Atraviesa con la aguja un tapón de corcho, de tal modo que cuando flote el corcho la aguja quede horizontal (paralela a la superficie del agua). Haz flotar el corcho en un recipiente de plástico o de madera. La aguja apuntará hacia el polo magnético. A continuación clava un par de alfileres no imanados en los costados del corcho. Apoya los alfileres en las orillas de un par de vasos de vidrio, para que la aguja o el alambre apunte hacia el polo magnético. Debe inclinarse, alineado con el campo geomagnético.

2. Se puede magnetizar o imanar con facilidad una barra de hierro, alineándola con las líneas del campo geomagnético, y golpeándola suavemente algunas veces con un martillo. Funciona mejor si la barra se inclina hacia abajo, para coincidir con la inclinación del campo terrestre. Al martillar, los dominios se agitan y pueden caer mejor en alineación con el campo terrestre. La barra se puede desmagnetizar golpeándola cuando se encuentre en dirección este-oeste.

Ejercicios

1. ¿En qué sentido todos los imanes son electroimanes?

2. Ya que cada átomo es un imán diminuto, ¿por qué no todos los metales ferrosos son imanes?

3. Si colocas un trozo de hierro cerca del polo norte de un imán, lo atraerá. ¿Por qué también lo atraerá si colocas el hierro cerca del polo sur del imán?

4. ¿Se atraen entre sí los polos de un imán tipo de herradura? Si doblas el imán para que los polos queden más cerca, ¿qué le sucede a la fuerza entre los polos?

5. ¿Por qué no se aconseja fabricar un imán tipo de herradura con un material flexible?

6. ¿En qué difieren los polos magnéticos de los imanes comunes de las figuras que se adhieren a la puerta de los refrigeradores y los imanes rectos?

7. ¿Qué rodea a una carga eléctrica estacionaria? ¿A una carga eléctrica en movimiento?

8. "Un electrón siempre está sometido a una fuerza en un campo eléctrico, pero no siempre en un campo magnético." Defiende esta afirmación.

9. ¿Por qué un imán atrae un clavo o un broche de papel, pero no a un lápiz de madera?

10. Un amigo te dice que la puerta de un refrigerador, abajo de la capa de plástico pintado de blanco, es de aluminio. ¿Cómo podrías ver si es verdad, sin dañar la pintura?

11. ¿Los dos polos de un imán atraen a un broche para papel? Explica lo que le sucede al broche cuando es atraído. (*Sugerencia:* Revisa la figura 22.12.)

12. ¿Por qué al caer un imán sobre una superficie dura se debilita su magnetismo?

13. Una forma de hacer una brújula es atravesar un tapón de corcho con una aguja magnetizada, y ponerlos a flotar en agua en un vaso o molde de vidrio. La aguja se alinea con la componente horizontal del campo geomagnético. Como el polo norte de esta brújula es atraído hacia el norte, ¿la aguja se moverá hacia la orilla norte del recipiente? Defiende tu respuesta.

14. ¿Cuál es la fuerza magnética neta sobre la aguja de una brújula? ¿Mediante cuál mecanismo se alinea la aguja con un campo magnético?

15. Una "aguja de sumergencia" es un imán pequeño montado en un eje horizontal, de modo que pueda apuntar hacia arriba o hacia abajo (como una brújula puesta de lado). ¿En qué lugar de la Tierra esa aguja apuntará en dirección más vertical? ¿En qué lugar apuntará en dirección más horizontal?

16. Como las limaduras de hierro que se alinean con el campo magnético del imán recto de la figura 24.2 no son ellas mismas imanes pequeños, ¿cuál es el mecanismo que las hace alinearse con el campo del imán?

17. El polo norte de una brújula es atraído hacia el polo norte de la Tierra; sin embargo, los polos iguales se repelen. ¿Puedes resolver este problema aparente?

18. Es probable que las latas de alimento en la alacena de la cocina estén magnetizadas. ¿Por qué?

19. Sabemos que una brújula apunta hacia el norte, porque la Tierra es un imán gigante. Esa aguja que apunta hacia el norte, ¿seguirá apuntando al norte cuando la brújula se lleve al hemisferio sur?

20. Un amigo dice que cuando una brújula atraviesa el ecuador, gira y apunta en dirección contraria. Otro amigo dice que eso no es cierto, que las personas en el hemisferio sur usan el polo sur de la brújula, que apunta hacia el polo más cercano. Luego te toca a ti. ¿Qué dices?

21. ¿Por qué un imán colocado frente a un cinescopio de TV distorsiona la imagen? (*Nota:* NO lo intentes con una TV a color. Si consigues magnetizar la mascarilla metálica que está detrás de la pantalla de vidrio ¡tendrás distorsión de imagen hasta cuando quites el imán!)

22. El imán A tiene un campo magnético con intensidad doble que el imán B (a una distancia igual), y a cierta distancia atrae el imán B con una fuerza de 50 N. Entonces, ¿con cuánta fuerza tira el imán B del imán A?

23. En la figura 24.14 se ve un imán que ejerce una fuerza sobre un alambre que conduce corriente. Ese alambre, ¿ejerce una fuerza sobre el imán? ¿Por qué?

24. Un imán poderoso atrae un broche para papel, con cierta fuerza. El broche, ¿atrae al imán poderoso? En caso negativo, ¿por qué no? En caso positivo, ¿ejerce tanta fuerza sobre el imán como la que el imán ejerce sobre él? Defiende tus respuestas.

25. Para fabricar una brújula, coloca un clavo ordinario de acero en dirección del campo geomagnético (que, en el hemisferio norte forma un ángulo hacia abajo, al mismo tiempo que apunta al norte), y golpéalo varias veces, durante algunos segundos, con un martillo o una piedra. A continuación cuélgalo de un hilo en su centro de gravedad. ¿Por qué los golpes imanan al clavo?

26. Cuando se construyen barcos de planchas de acero, se escribe en una placa fija al barco la ubicación del astillero y la orientación que tenía al ser construido. ¿Por qué?

27. Un electrón que esté en reposo dentro de un campo magnético, ¿puede ponerse en movimiento debido a ese campo? ¿Y si estuviera en reposo en un campo eléctrico?

28. Un ciclotrón es un aparato para acelerar partículas cargadas a grandes rapideces, mientras describen una trayectoria espiral hacia afuera. Las partículas cargadas están sometidas a un campo eléctrico y también a un campo magnético. Uno de esos campos aumenta la rapidez de las partículas cargadas, y el otro las hace que describan una trayectoria curva. ¿Qué campo efectúa cuál función?

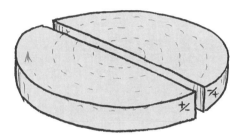

29. Un campo magnético puede desviar un haz de electrones, pero no puede efectuar trabajo sobre ellos para cambiar su rapidez. ¿Por qué?

30. Dos partículas cargadas son lanzadas a un campo magnético que es perpendicular a sus velocidades. Si las partículas se desvían en direcciones opuestas, ¿qué indica eso?

31. Un haz de protones de alta energía sale de un ciclotrón. ¿Supones que hay un campo magnético asociado con esas partículas? ¿Por qué sí o por qué no?

32. Se dice que dentro de cierto laboratorio hay un campo eléctrico o un campo magnético, pero no los dos. ¿Qué experimentos se podrían hacer para determinar qué clase de campo hay en ese recinto?

33. ¿Por qué los astronautas se mantienen a menores altitudes que las de los cinturones de Van Allen cuando hacen caminatas espaciales?

34. Los residentes del norte de Canadá están bombardeados por radiación cósmica más intensa que los residentes de México. ¿Por qué?

35. ¿Qué cambios de intensidad esperas de los rayos cósmicos en la superficie terrestre, que haya durante periodos en los cuales el campo geomagnético pasara por una fase cero al invertir sus polos?

36. En un espectrómetro de masas, los iones entran a un campo magnético, donde su trayectoria se curva, y llegan a un detector. Si diversos átomos simplemente ionizados viajan a la misma rapidez por el campo magnético, ¿esperas que todos sean desviados la misma cantidad? O bien, ¿los iones distintos se desvían en diferentes cantidades? ¿Qué esperarías tú?

37. Una forma de blindar un hábitat contra la radiación cósmica, al estar en el espacio anterior, sería con una colchoneta absorbente que funcionara como la atmósfera que protege a la Tierra. Imagina otra forma de blindaje que también se parezca al blindaje de la Tierra.

38. Si tuvieras dos barras de hierro, una imanada y la otra no, y no tuvieras a la mano más materiales, ¿cómo podrías decir cuál de ellas es el imán?

39. Históricamente, cuando se cambió la terracería por pavimento se redujo la fricción en los vehículos. Cuando se cambió el pavimento por rieles de acero se redujo aun más la fricción. ¿Cuál será el siguiente paso para reducir la fricción en los vehículos con la superficie? ¿Qué fricción quedará cuando se elimine la fricción con la superficie?

40. Un par de conductores que conducen corriente, ¿ejercen fuerzas entre sí?

25

www.pearsoneducacion.net/hewitt
*Usa los variados recursos del sitio Web,
para comprender mejor la física.*

INDUCCIÓN ELECTROMAGNÉTICA

Jean Curtis pregunta a la clase por qué levita el anillo de cobre que rodea al núcleo de hierro del electroimán.

A principios del siglo, los únicos dispositivos para producir corriente eran las pilas voltaicas, que producían corrientes pequeñas al disolver metales en ácidos. Fueron precursoras de las baterías actuales. Oersted, en 1820, encontró que los conductores con corriente eléctrica producían magnetismo. Entonces surgió la pregunta de si la electricidad podría producirse mediante magnetismo. En 1831, dos físicos contestaron la pregunta, Michael Faraday en Inglaterra y Joseph Henry en Estados Unidos, cada uno trabajando de forma independiente sin tener noticia del otro. Este descubrimiento cambió el mundo, al hacer que la electricidad fuera lugar común, suministrando energía a las industrias en el día y alumbrando ciudades por la noche.

Inducción electromagnética

Faraday y Henry descubrieron que se puede producir corriente eléctrica en un conductor, sólo con introducir o sacar un imán en una parte del conductor en forma de bobina (Figura 25.1). No se necesita batería ni algún otro voltaje, sólo el movimiento de un imán en una espira de alambre. Descubrieron que el movimiento relativo entre un conductor y un campo magnético causa, o *induce* un voltaje. Se induce el voltaje cuando el campo magnético de un imán se mueve cerca de un conductor estacionario, o el conductor se mueve en un campo magnético estacionario (Figura 25.2). Los resultados son iguales cuando el movimiento *relativo* es igual.

Mientras sea mayor el número de vueltas del alambre en la espira que se mueven en un campo magnético, el voltaje inducido es mayor (Figura 25.3). Al introducir un imán en

FIGURA 25.1 Cuando se sumerge el imán en la bobina, se induce voltaje y se ponen en movimiento cargas en ella.

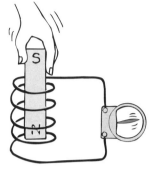

FIGURA 25.2 Se induce voltaje en la espira de alambre cuando el campo magnético se mueve respecto al alambre, y también cuando el alambre se mueve por el campo magnético.

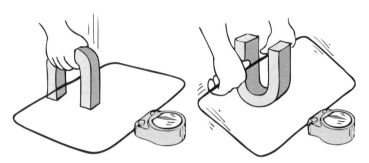

doble cantidad de vueltas induce el doble de voltaje; introduciéndolo en diez veces más vueltas se inducirá diez veces más voltaje, y así sucesivamente.[1] Parece que se obtiene algo sin costo, sólo con aumentar la cantidad de vueltas en una bobina de alambre. Pero suponiendo que la bobina está conectada con un resistor u otro disipador de energía, no sucede

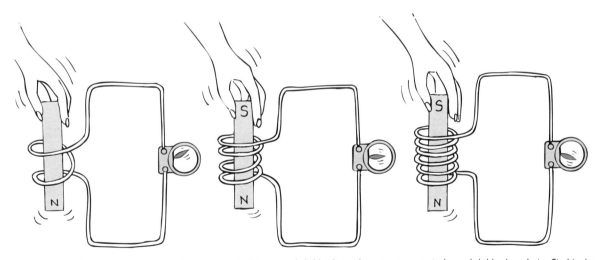

FIGURA 25.3 Cuando se sumerge un imán en una bobina con el doble de vueltas que otra, se induce el doble de voltaje. Si el imán se introduce en una bobina con el triple de vueltas, se induce el triple de voltaje.

[1]Cuando son varias vueltas de alambre se deben aislar, porque las espiras de alambre desnudo que se tocan entre sí forman un corto circuito. Es interesante que la esposa de Joseph Henry sacrificó, con pesadumbre, parte de la seda de su traje de novia para cubrir los primeros electroimanes de Henry.

FIGURA 25.4 Es más difícil empujar un imán dentro de una bobina con más vueltas, porque el campo magnético de cada espira de corriente se resiste al movimiento del imán.

así; se verá que es más difícil empujar a un imán en una bobina con más vueltas. Esto se debe a que el voltaje inducido forma una corriente, que a su vez forma un electroimán, que a su vez repele el imán en la mano. Cuando hay más vueltas hay más voltaje, lo que equivale a efectuar más trabajo para inducirlo (Figura 25.4). La cantidad de voltaje inducido depende de la rapidez con que las líneas del campo magnético entran o salen de la bobina. El movimiento muy lento casi no produce voltaje. El movimiento rápido induce un voltaje mayor. Este fenómeno de inducir voltaje al cambiar el campo magnético de una bobina de alambre se llama **inducción electromagnética**.

Ley de Faraday

La inducción electromagnética se resume en la **ley de Faraday**, que establece que:

El voltaje inducido en una bobina es proporcional al producto del número de vueltas de la bobina por la rapidez con la que el campo magnético cambia dentro de esas vueltas.

La cantidad de *corriente* producida por la inducción electromagnética no sólo depende del voltaje inducido, sino también de la resistencia de la bobina y del circuito con el que está conectada.[2] Por ejemplo, podemos introducir y sacar un imán en una espira cerrada de caucho y meter y sacarlo en una espira cerrada de cobre. El voltaje inducido en cada caso es igual, siempre que las espiras tengan el mismo tamaño y el imán se mueva con la misma rapidez. Pero la corriente en cada caso es muy distinta. Los electrones en el caucho sienten el mismo campo eléctrico que los del cobre, pero su enlace con los átomos fijos evitan el movimiento de cargas que sucede con tanta libertad en el cobre.

EXAMÍNATE

1. ¿Qué sucede cuando un bit de información almacenado magnéticamente en un disco de computadora pasa bajo una cabeza de lectura que contiene una pequeña bobina?

2. Si empujas un imán dentro de una bobina conectada a un resistor, como se ve en la figura 25.4, sentirás cierta resistencia. ¿Por qué esta resistencia es mayor cuando la bobina tiene más vueltas?

COMPRUEBA TUS RESPUESTAS

1. El campo magnético que cambia en la bobina induce voltaje. De esta forma, la información guardada magnéticamente en el disco se convierte en señales eléctricas.

2. Planteado en forma sencilla, se requiere más trabajo para suministrar más energía que sea disipada con más corriente en el resistor. También lo puedes considerar como sigue: cuando empujas un imán dentro de una bobina, haces que la bobina se transforme en un imán (un electroimán). Mientras más vueltas tenga la bobina, más poderoso será el imán que produces, y repele con más fuerza el imán que estás moviendo. (Si el electroimán de la bobina atrajera a tu imán en vez de repelerlo, se crearía energía de la nada, y se violaría la ley de la conservación de la energía. Entonces, la bobina tiene que repeler tu imán.)

[2]También la corriente depende de la *inductancia* de la bobina. La inductancia mide la tendencia de una bobina a resistir un cambio de corriente debido a que magnetismo producido por una parte de ella que se opone al cambio de corriente en las demás partes. En los circuitos de ca se parece a la resistencia, y depende de la frecuencia de la fuente de ca y de la cantidad de vueltas en la bobina. Aquí no explicaremos este tema.

Tarjetas de crédito

Es probable que en tu cartera tengas más de una tarjeta con banda magnética en la parte trasera. Una puede ser para el cajero automático, otra de identificación, u otra para otros fines. La banda magnética contiene millones de dominios magnéticos diminutos, unidos con un aglomerante de resina. Cada dominio funciona como un imán recto en miniatura. Los dominios magnéticos en una banda magnética no codificada están alineados de modo que el extremo norte de cada uno está junto al extremo sur de su vecino. Entonces, entre cada par de dominios hay una interfase norte-sur o sur-norte (N-S o S-N). Las bandas se codifican en un campo magnético externo que invierte la polaridad de dominios magnéticos y forma interfases S-S y N-N en determinados lugares. En esas interfases, donde los polos iguales se repelen, el campo magnético sale al espacio que los rodea. El lector de tarjetas (al igual que un codificador) tiene la misma geometría que una grabadora de cinta. Cuando se pasa una tarjeta por la ranura, la banda magnética atraviesa frente a la cabeza de lectura, donde induce impulsos de voltaje cuando haya interfase S-S o N-N.

Los datos codificados son binarios. Los ceros y unos se diferencian por la frecuencia de inversiones de campo magnético. Se producen impulsos de voltaje de "1" con una frecuencia dos veces mayor que los impulsos de "0". Eso está bien, porque sea cual fuere la rapidez con que se pase la tarjeta al leerla, nunca se confunde un 1 con un 0. Las pistas se codifican de izquierda a derecha, como las letras de este renglón, junto con tres pistas que contienen el número de cuenta del titular, su identificación y otros datos, como la fecha de caducidad. La banda magnética comienza con una serie de ceros, para permitir la ejecución de una rutina de autocronometraje, antes de la decodificación. Una clave distinta marca el fin de los datos. Lo sorprendente es la rapidez con que aparece tu nombre cuando un empleado del aeropuerto pasa tu tarjeta por el lector.

Los lectores se encuentran casi en todas partes. También son comunes los lectores de "inserción", como en los cajeros automáticos que se "tragan" tu tarjeta y la devuelven después de traducirla. Las bandas magnéticas se usan en millones de tarjetas, porque contienen mucha información, su fabricación no es costosa y son relativamente seguras.

Hemos descrito dos formas en las que se puede inducir voltaje en una espira de alambre: moviendo la espira cerca de un imán, o moviendo un imán cerca de la espira. Hay una tercera forma: cambiar la corriente en una espira cercana. En los tres casos se da el mismo ingrediente esencial: cambiar el campo magnético en la espira.

La inducción electromagnética nos rodea por todas partes. En la calle la vemos encender los semáforos cuando un auto pasa sobre un aparato y cambia el campo magnético en una bobinas de alambre bajo la superficie del asfalto. La vemos en los sistemas de seguridad de los aeropuertos, cuando un viajero lleva artículos de acero al pasar entre bobinas verticales, cambian el campo magnético de las bobinas y hacen sonar una alarma. La usamos en las tarjetas de cajero automático, cuando la banda magnética se hace pasar por un sensor. Escuchamos sus efectos cada vez que funciona un tocacintas. La inducción electromagnética está en todas partes. Como veremos al final de este capítulo y al principio del siguiente, está hasta en las ondas electromagnéticas que llamamos luz.

Generadores y corriente alterna

Cuando el extremo de un imán se mete y se saca de una bobina de alambre en forma repetitiva, la dirección del voltaje inducido cambia en forma alternativa. Al aumentar la intensidad del campo magnético dentro de la bobina (entra el imán) el voltaje inducido en la bobina tiene una dirección. Cuando disminuye la intensidad de campo magnético (sale el imán), el voltaje se induce en la dirección contraria. La frecuencia del voltaje alternante que se induce es igual a la frecuencia del cambio del campo magnético dentro de la bobina.

Es más práctico inducir voltaje moviendo una bobina que moviendo un imán. Se puede hacer girando la bobina en un campo magnético estacionario (Figura 25.5). A este arreglo se le llama **generador**. La construcción de un generador es, en principio, idéntica a la de un motor. Se ven iguales. Sólo se invierten los papeles de la entrada y la salida. En un motor, la energía eléctrica es la entrada y la energía mecánica es la salida; en un generador, la energía mecánica es la entrada y la energía eléctrica es la salida. Ambos aparatos transforman la energía de una clase en otra.

FIGURA 25.5 Un generador simple. Se induce voltaje en la espira cuando gira en el campo magnético.

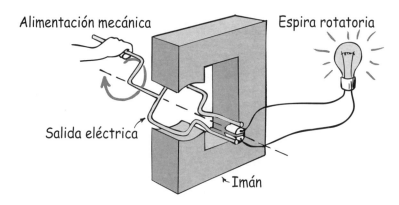

Es interesante comparar los fenómenos físicos de un motor y de un generador y encontrar que los dos funcionan bajo el mismo principio: que los electrones en movimiento experimentan una fuerza que es perpendicular tanto a su velocidad como al campo magnético por el que atraviesan (Figura 25.6). A la deflexión del alambre la llamaremos *efecto motor*, y a lo que sucede como resultado de la ley de inducción llamaremos *efecto generador*. Esos efectos se resumen en las partes a) y b) de la figura. Estúdialas. ¿Puedes ver que los dos efectos se relacionan?

FIGURA 25.6 a) Efecto motor: cuando una corriente pasa por el alambre hay una fuerza perpendicular hacia arriba sobre los electrones. Como no hay trayectoria conductora hacia arriba, el alambre es jalado hacia arriba, junto con los electrones. b) Efecto generador: cuando un conductor por el que no pasa corriente inicial se mueve hacia abajo, los electrones en el alambre sienten una fuerza deflectora perpendicular a su movimiento. Como sí hay trayectoria conductora en la dirección que siguen los electrones, sí forman una corriente.

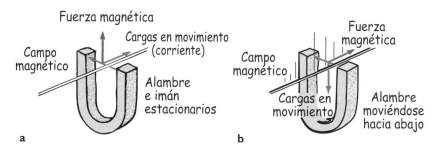

En la figura 25.7 se puede ver el ciclo de inducción electromagnética. Observa que cuando la espira de alambre gira en el campo magnético hay un cambio de la cantidad de líneas magnéticas dentro de la espira. Cuando el plano de la espira es perpendicular a las líneas de campo, hay encerrado un máximo de líneas. Al girar la espira de hecho corta las líneas, y cada vez quedan menos encerradas. Cuando el plano de la espira es paralelo a las líneas de campo, no queda ninguna encerrada. La rotación continua aumenta y disminuye la cantidad de líneas en forma cíclica, y la tasa de cambio máxima de líneas de campo sucede cuando el número de esas líneas de cambio encerradas son cero. En consecuencia, el voltaje inducido es máximo cuando la espira pasa por su orientación paralela a las líneas. Como este voltaje inducido por el generador alterna la dirección, la corriente que se produce es alterna; es ca.[3] La corriente alterna de nuestros hogares se produce en generadores normalizados de tal modo que la corriente pasa por 60 ciclos de cambio cada segundo: es de 60 hertz.

Producción de energía eléctrica

Cincuenta años después de que Michael Faraday y Joseph Henry descubrieran la inducción electromagnética, Nikola Tesla y George Westinghouse encontraron aplicaciones prácticas de esos hallazgos, y demostraron al mundo que se podía generar electricidad en forma fiable y en cantidades suficientes para iluminar ciudades enteras.

[3]Con las escobillas adecuadas y con otros medios, la ca en las espiras se puede convertir en cd y el generador es de corriente directa.

FIGURA 25.7 A medida que gira la espira, el voltaje inducido (y la corriente) cambia de magnitud y dirección. Una rotación completa de la espira produce un ciclo completo de voltaje (y de corriente).

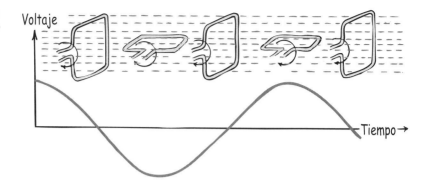

Energía de un turbogenerador

Tesla construyó generadores muy parecidos a los que se siguen usando hoy, pero bastante más complicados que el modelo sencillo que hemos descrito. Los generadores de Tesla tenían armaduras, o sea núcleos de hierro envueltos con espiras de alambres de cobre, que se hacían girar dentro de fuertes campos magnéticos mediante una turbina, que a su vez se hacía girar con la energía generada por caídas de agua o por medio de vapor. Las espiras giratorias de alambre en la armadura cortaban el campo magnético de los electroimanes vecinos e inducían así un voltaje y una corriente alternos.

Nikola Tesla (1857-1943)

FIGURA 25.8 El vapor impulsa a la turbina, que está conectada con la armadura del generador.

Podemos examinar este proceso desde un punto de vista atómico. Cuando los conductores de la armadura giratoria cortan el campo magnético, fuerzas electromagnéticas actúan sobre las cargas negativas y positivas. Los electrones responden a esa fuerza pasando momentáneamente con libertad en una dirección, por la red cristalina del cobre. Los átomos de cobre que quedan, que en realidad son iones positivos, son impulsados hacia la dirección contraria. Sin embargo, como los iones están anclados en la red, apenas si se mueven. Sólo se mueven los electrones, de aquí para allá en dirección alternada con cada rotación de la armadura. La energía de este ir y venir electrónico se reúne en las terminales del generador.

Energía magnetohidrodinámica

Un aparato interesante, parecido al turbogenerador, es el generador magnetohidrodinámico (MHD), que no requiere turbina ni armadura giratoria. En lugar de hacer que las cargas se muevan en un campo magnético mediante una armadura giratoria, un plasma de electrones y de iones positivos se expande por una boquilla y se mueve a rapidez supersónica por un campo magnético. Al igual que la armadura de un turbogenerador, el movimiento de las cargas a través de un campo magnético origina un voltaje y un flujo de corriente de acuerdo con la ley de inducción de Faraday. Mientras que las "escobillas" de un generador convencional sacan la corriente y la llevan al circuito externo de carga, en el generador MHD hay unas placas conductoras o *electrodos* (Figura 25.9) que hacen esta función. A diferencia del turbogenerador, el generador MHD puede funcionar a cualquier temperatura a la que se pueda calentar el plasma, sea por combustión o por procesos nucleares. La alta temperatura da como resultado una alta eficiencia termodinámica, que equivale a más energía por la misma cantidad de combustible, y menos calor de desecho. La energía se aumenta además cuando se usa el calor "de desecho" para convertir el agua en vapor que hace funcionar un turbogenerador convencional.

FIGURA 25.9 Esquema de un generador MHD. Sobre las partículas positivas y negativas del plasma de alta rapidez que pasa por el campo magnético, actúan fuerzas con dirección opuesta. El resultado es una diferencia de voltaje entre los dos electrodos. Entonces, la corriente va de un electrodo al otro pasando por un circuito externo. No hay partes que se muevan, salvo el plasma. En la práctica se usan imanes superconductores.

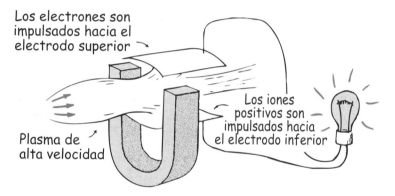

La sustitución de las bobinas giratorias de un generador por una corriente de plasma sólo ha podido hacerse en fecha reciente, porque es nueva la tecnología de producción de plasma con temperaturas suficientemente altas. Las plantas actuales usan un plasma de alta temperatura formado al quemar combustibles fósiles en aire o en oxígeno.[4]

Naturalmente que los generadores de cualquier clase no producen energía, sólo convierten la energía de otra clase en energía eléctrica. Alguna fracción de la energía en la fuente, sea fósil o nuclear, eólica o hidráulica, se convierte en energía mecánica, sea para impulsar turbinas o para producir el plasma, y el generador convierte la mayor parte de ella en energía eléctrica. La electricidad que así se produce sólo conduce la energía a lugares distantes. Algunas personas creen que la electricidad es una fuente primaria de energía. No lo es. Es una forma de energía que debe tener una fuente.

Transformadores

Es claro que la energía eléctrica se puede transportar por medio de conductores, y ahora describiremos cómo se puede transportar por el espacio vacío. La energía puede transferirse de un dispositivo a otro con el arreglo sencillo que se muestra en la figura 25.10. Observa que una bobina está conectada a una batería, y la otra bobina está conectada a un galvanómetro. Se acostumbra llamar *primario* o *primaria* (entrada) a la bobina conectada a la fuente de energía o "fuente de poder", y a la otra bobina se le llama *secundario* o *secundaria* (salida). Tan pronto como se cierra el interruptor del primario y pasa la corrien-

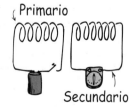

FIGURA 25.10 Siempre que se abre o se cierra el interruptor del primario se induce voltaje en el circuito secundario.

[4]Cuando esto se escribió, la única central eléctrica MHD en gran escala que produce energía eléctrica comercial está en Rusia, y es una colaboración entre los científicos e ingenieros rusos y estadounidenses.

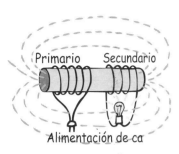

FIGURA 25.11 Esquema de un transformador.

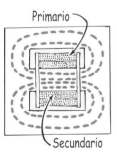

FIGURA 25.12 Un transformador real y más eficiente. Las bobinas primaria y secundaria están devanadas en la parte interna del núcleo de hierro, que guía a las líneas magnéticas alternantes (quebradas) producidas por la corriente alterna en el primario. El campo alternante induce voltaje de corriente alterna en el secundario. Así, la potencia a un voltaje del primario se transfiere al secundario, a un voltaje distinto.

te por su bobina, también en el secundario se produce una corriente, aunque no haya conexión material entre las dos bobinas. Sin embargo, por el secundario sólo pasa un breve impulso de corriente. Después, cuando se abre el interruptor del primario, se registra un nuevo impulso de corriente, pero en dirección contraria.

He aquí la explicación: se forma un campo magnético en torno al primario cuando la corriente comienza a pasar por la bobina. Eso quiere decir que el campo magnético está creciendo, esto es, *cambiando*, en torno al primario. Pero como las bobinas están cerca una de otra, este campo que cambia se extiende hasta la bobina del secundario, y entonces induce un voltaje en el secundario. Este voltaje inducido sólo es temporal, porque cuando en el primario la corriente y el campo magnético llegan a un estado constante, esto es, cuando ya no cambia el campo magnético, ya no se induce voltaje en el secundario. Pero cuando se apaga el interruptor, la corriente del primario baja a cero. El campo magnético en torno a la bobina desaparece y con ello se induce un voltaje en la bobina del secundario, que siente el cambio. Vemos que se induce voltaje siempre que *cambia* un campo magnético que pasa por la bobina, independientemente de la causa.

EXAMÍNATE Cuando en la figura 25.10 se abre o cierra el interruptor del primario, el galvanómetro del secundario indica una corriente. Pero si el interruptor permanece cerrado, el galvanómetro no indica corriente. ¿Por qué?

Si haces pasar un núcleo de hierro por el interior de las bobinas primaria y secundaria en el arreglo mostrado en la figura 25.10, el campo magnético dentro del primario se intensifica por el alineamiento de los dominios magnéticos. También se concentra el campo en el núcleo, y pasa a la bobina secundaria, que intercepta más del cambio en el campo. El galvanómetro indicará que los golpes de corriente son mayores al abrir o cerrar el interruptor del primario. En lugar de abrir y cerrar un interruptor para producir los cambios de campo magnético, imagina que para activar el primario se usa corriente alterna. Entonces la frecuencia de los cambios periódicos del campo magnético es igual a la frecuencia de la corriente alterna. Éste es un **transformador** (Figura 25.11). Un arreglo más eficiente se ve en la figura 25.12.

Si el primario y el secundario tienen iguales cantidades de espiras (se suelen llamar *vueltas*) de alambre, los voltajes alternos en la entrada y en la salida serán iguales. Pero si la bobina secundaria tiene más vueltas que la primaria, el voltaje alterno producido en el secundario será mayor que el alimentado al primario. En este caso, se dice que el voltaje *sube* y que el transformador es *de subida*. Si el secundario tiene doble cantidad de vueltas que el primario, el voltaje del secundario será el doble que el del primario.

Esto se puede ver en los arreglos que muestra la figura 25.13. Primero examina el caso sencillo de una sola espira primaria conectada con una fuente alterna de 1 volt, y una sola espira secundaria conectada con el voltímetro de ca (a). El secundario intercepta al campo magnético cambiante del primario, y en él se induce un voltaje de 1 volt. Si se pone otra espira en torno al núcleo, de modo que el transformador tenga dos secundarios (b), interceptará el mismo cambio de campo magnético. Se ve entonces que también en

COMPRUEBA TUS RESPUESTAS Cuando el interruptor permanece en la posición cerrada, hay una corriente constante en el primario, y un campo magnético constante en torno a la bobina. Este campo se extiende hasta el secundario, pero a menos que haya un *cambio* en el campo, no se producirá inducción electromagnética.

FIGURA 25.13 a) El voltaje de 1 V inducido en el secundario es igual al voltaje del primario. b) También se induce un voltaje de 1 V en el secundario que se agregó, porque intercepta el mismo cambio de campo magnético del primario. c) Los voltajes de 1 V, inducidos en los dos secundarios con una vuelta equivalen a 2 V inducidos en un solo secundario con dos vueltas.

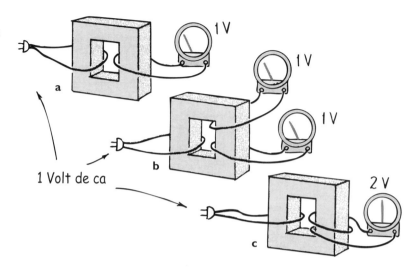

él se induce 1 volt. No hay necesidad de mantener separados los dos secundarios, porque los podríamos unir (c) para tener un voltaje total inducido de 1 volt + 1 volt = 2 volts. Eso equivale a decir que en un solo secundario que tenga doble cantidad de vueltas que el primario se inducirá un voltaje de 2 volts. Si el secundario se "devana" o se forma con triple cantidad de vueltas, se inducirá tres veces más voltaje. El voltaje aumentado puede iluminar los letreros de neón, o hacer funcionar el cinescopio de un receptor de TV, o enviar energía a gran distancia.

Si el secundario tiene menos vueltas que el primario, el voltaje alterno producido en el secundario será *menor* que el alimentado al primario. Se dice que el voltaje *baja* y que el transformador es *de bajada*. Con este voltaje menor se pueden hacer funcionar con seguridad los trenes eléctricos de juguete. Si el secundario tiene la mitad de las vueltas que el primario, entonces se induce en él la mitad del voltaje que se alimenta al primario. Entonces, la energía eléctrica se puede alimentar al primario a determinado voltaje, para tomar del secundario un voltaje alterno mayor o menor, dependiendo de las cantidades relativas de vueltas en los devanados primario y secundario que tenga el transformador.

La relación entre los voltajes del primario y del secundario con las cantidades de vueltas es la siguiente:

$$\frac{\text{Voltaje en el primario}}{\text{Cantidad de vueltas en el primario}} = \frac{\text{Voltaje en el secundario}}{\text{Cantidad de vueltas en el secundario}}$$

Parecería que se puede obtener algo sin costo, con un transformador de subida, pero no es así, porque la conservación de energía determina siempre lo que puede suceder. Cuando un transformador sube el voltaje, la corriente en el secundario es menor que la corriente en el primario. En realidad el transformador transfiere energía de una a otra bobina. No te vayas a equivocar en lo siguiente, de ninguna manera puede subir la energía; no, debido a la conservación de energía. Un transformador sube o baja el voltaje, y no cambia la energía. La rapidez con la que se transfiere la energía se llama *potencia*. La potencia usada en el secundario es la que se suministra en el primario. El primario no suministra más que la que usa el secundario, de acuerdo con la ley de la conservación de la energía. Si no se tienen en cuenta las pequeñas pérdidas de potencia debidas al calentamiento del núcleo, entonces

Potencia que entra al primario = potencia que sale del secundario

La potencia eléctrica es igual al producto del voltaje por la corriente, y se puede decir que

$$(\text{Voltaje} \times \text{corriente})_{\text{primario}} = (\text{voltaje} \times \text{corriente})_{\text{secundario}}$$

Se ve que si el secundario tiene más voltaje que el primario, tendrá menos corriente. La facilidad con que se pueden subir y bajar los voltajes con un transformador, es la causa principal de que la mayor parte de la electricidad sea de corriente alterna y no de corriente directa.

EXAMÍNATE

1. Si se mandan 100 V de corriente alterna a través de las 100 vueltas del primario de un transformador, ¿cuál será el voltaje de salida, si el secundario tiene 200 vueltas?

2. Suponiendo que la respuesta a la pregunta anterior sea 200 V, y que el secundario esté conectado a una lámpara de escenario con 50 Ω de resistencia, ¿cuál será la corriente en el circuito secundario?

3. ¿Cuál es la potencia en la bobina secundaria?

4. ¿Cuál es la potencia en la bobina primaria?

5. ¿Cuál es la corriente que toma la bobina primaria?

6. El voltaje ha subido y la corriente ha bajado. Según la ley de Ohm, mayor voltaje produce mayor corriente. ¿Es esta una contradicción, o la ley de Ohm no se aplica a circuitos que tienen transformadores?

Autoinducción

Las espiras con corriente de una bobina no sólo interactúan con espiras de otras bobinas, sino también interactúan entre sí. Cada espira de una bobina interactúa con el campo magnético que rodea a otras espiras de la misma bobina. Es la *autoinducción*. Se produce un voltaje autoinducido. Este voltaje siempre tiene dirección que se opone al cambio de voltaje que lo produce, y se acostumbra llamar *fuerza contraelectromotriz*.[5] No seguiremos explicando la autoinducción y la fuerza contraelectromotriz, excepto para reseñar uno de

COMPRUEBA TUS RESPUESTAS

1. Partiendo de 100 V/100 vueltas del primario = (?) V/200 vueltas del secundario, podrás ver que el secundario produce 200 V.

2. De acuerdo con la ley de Ohm, 200 V/50 Ω = 4 A.

3. Potencia = 200 V × 4 A = 800 W.

4. De acuerdo con la ley de la conservación de la energía, la potencia en el primario es igual, 800 W.

5. 800 W = 100 V × (?) A, verás que el primario toma 8 A. (Observa que el voltaje sube del primario al secundario, y que la corriente baja en forma correspondiente.)

6. Sigue siendo válida la ley de Ohm en el circuito secundario. El voltaje inducido en ese circuito, dividido entre la carga (la resistencia) del mismo, es igual a la corriente que pasa por él. Por otra parte, en el circuito primario, no hay resistencia convencional. Lo que "resiste" a la corriente en el primario es la transferencia de energía al secundario.

---

[5]La oposición de un efecto inducido a la causa inductora se llama *ley de Lenz*; es una consecuencia de la conservación de la energía.

FIGURA 25.14 Cuando se abre el interruptor, el campo magnético de la bobina desaparece. Este cambio repentino en el campo puede inducir un voltaje gigantesco.

sus efectos comunes, que es peligroso. Imagina que una bobina con gran cantidad de vueltas se usa como electroimán, y que se activa con una fuente de corriente directa, quizá con una pequeña batería. Entonces, la corriente en la bobina forma un campo magnético intenso. Cuando desconectamos la batería abriendo un interruptor, es mejor estar preparado para recibir una sorpresa. En ese momento la corriente en el circuito baja con rapidez a cero, y el campo magnético en ella sufre una disminución repentina (Figura 25.14). ¿Qué sucede cuando cambia repentinamente un campo magnético en una bobina, aun cuando sea la misma que lo produce? La respuesta es que se induce un voltaje. El campo magnético que desaparece con rapidez, con la energía almacenada, puede inducir un voltaje enorme, el suficiente para provocar una gran chispa a través del interruptor, o a través de ti, si lo estás abriendo. Por esta razón los electroimanes se conectan con un circuito que absorbe el exceso de carga y evita que la corriente baje con demasiada rapidez. De este modo se reduce el voltaje autoinducido. Por cierto, es el mismo motivo por el que debes desconectar los electrodomésticos accionando un interruptor, y no tirando de su clavija. Los circuitos del interruptor pueden evitar un cambio brusco de la corriente.

Transmisión de electricidad

Casi toda la energía eléctrica que se usa hoy en día está en la forma de corriente alterna, y por tradición, debido a la facilidad con la que puede convertirse de un voltaje a otro.[6] Cuando fluyen grandes corrientes por los conductores, producen pérdidas de calor y de energía, y por esta razón la energía eléctrica se transmite a grandes distancias con altos voltajes y las correspondientes corrientes bajas (potencia = voltaje × corriente). La energía se genera a 25,000 V o menos, y es subida cerca de la planta generadora hasta 750,000 V, para transmitirla a grandes distancias; después, se baja el voltaje por etapas, en las subestaciones y puntos de distribución, hasta los voltajes que se necesitan en aplicaciones industriales (con frecuencia 440 V o más) y para lo hogares (240 V y 120 V).

Así, la energía se transfiere de un sistema de conductores a otro, por inducción electromagnética. Sólo hay que dar un pequeño paso más cuando se ve que los mismos principios se pueden aplicar para eliminar los conductores y enviar la energía desde una antena radiotransmisora hasta un receptor de radio a muchos kilómetros de distancia. Sólo se necesitan ampliar estos conceptos un poco más para explicar la transformación de la energía de los electrones vibratorios en el Sol, enviando energía hasta la vida terrestre. Los efectos de la inducción electromagnética son muy trascendentales.

FIGURA 25.15 Transmisión de la electricidad.

Inducción de campos

Hasta ahora se ha explicado la inducción electromagnética en términos de producción de voltajes y corrientes. En realidad, la forma más fundamental de considerarla es en función

---

[6]Sin embargo, las instalaciones eléctricas pueden transformar voltajes de corriente directa aplicando tecnología de semiconductores. Pon atención a los avances actuales en tecnología de superconductores, y entérate de los cambios resultantes en la forma en que se transmite la energía.

Los *campos electromagnéticos y el cáncer*

Ten en cuenta esta receta para ser famoso como partidario de un mundo mejor. Escribe un libro sobre un peligro grave, pero oculto, conviértete en héroe a la vista del público y, para redondear, gana mucho dinero. La receta es bastante sencilla si quieres sacrificar tu objetividad y quizá tu integridad. Sólo identifica lo que atemoriza a las personas, encuentra un culpable que se pueda poner el saco de villano, y a continuación busca informes testimoniales (¡no busques estudios!) que apunten con el dedo al culpable. Cuando las personas con conocimientos se te opongan, acúsalas de encubrir la verdad y de unir sus fuerzas con las del culpable. Esta receta ha tenido éxito en todos los tiempos.

Por ejemplo, en 1989 uno de esos alarmistas publicó una serie de artículos sensacionales en una revista importante que avivó los temores del público acerca de las líneas eléctricas y el cáncer. Su afirmación fue que las personas que viven cerca de las líneas de transmisión corrían un gran riesgo de adquirir cáncer. Afirmó que vivir cerca de las líneas de transmisión es el mayor riesgo para la salud que encara el público en Estados Unidos. Avivó el fuego que se había iniciado unos 10 años atrás, cuando otro alarmista informó acerca de la mayor frecuencia de leucemia en los niños que vivían cerca de transformadores de potencia en Denver. El temor a la leucemia y a los transformadores se generalizó pronto, como causantes de diversos tipos de cáncer en todo el país. No es de sorprender que el periodista de la revista mencionara datos que confirmaran sus acusaciones, mientras que no tuvo en cuenta otros datos que no las confirmaba. Es como encontrar agujeros de bala en la pared de un granero, pintar círculos alrededor de ellos, y luego decir que hay una gran correlación entre las balas y el blanco. Sí; hay muchos agujeros de bala (cánceres) en el área del blanco (cerca de las líneas eléctricas), pero hay muchos agujeros de bala en otras áreas, también. No es de sorprender que el escritor encontró que es más efectivo relatar anécdotas estremecedoras de sufrimientos y muertes por cáncer que informar sobre los resultados de estudios publicados acerca del tema. Se convirtió en héroe popular, apareció en los programas más populares de televisión y publicó una serie de artículos en la revista en forma de libro, que se vendió como pan caliente con el morboso título de *Corrientes de muerte*. El autor fue Paul Brodeur, ya fallecido.

Los campos magnéticos que produce la energía eléctrica en la mayor parte de los hogares y los sitios de trabajo, tienen aproximadamente 1% de la intensidad del campo geomagnético natural. El consenso abrumador entre los científicos fue que no existía el riesgo con las líneas de transmisión, lo cual consideró Brodeur como prueba de que la comunidad científica estaba unida con las empresas eléctricas y el gobierno, para formar una farsa masiva. Se acumularon los estudios. En 1994, un estudio entre 223,000 trabajadores electricistas canadienses y franceses no indicó aumento general en el riesgo de cáncer asociado con la exposición ocupacional a los campos electromagnéticos. Un estudio bibliográfico exhaustivo, hecho en 1995 por la American Physical Society, no encontró relación alguna entre el cáncer y las líneas de transmisión.

Muchas afirmaciones científicas espurias proceden de personas sinceras que realmente creen en su retórica, pero que no examinan con profundidad o con crítica lo que están hablando. Sus afirmaciones mal fundadas pueden confundir hasta al auditorio educado, que de repente se encuentra con una plétora de opiniones científicas disparatadas. Una bola de nieve seudocientífica, una vez comenzando a rodar cuesta abajo, puede adquirir gran impulso. No podemos estar seguros de que el Sr. Brodeur creía realmente lo que decía o era un charlatán, pero lo que sí sabemos es el costo de su retórica no atemperada: dieciocho años de paranoia y miles de millones de dólares gastados inútilmente. Durante todo ese tiempo no prosperó una sola demanda judicial por efectos perjudiciales de los campos electromagnéticos. Ninguna.

La preocupación y el miedo generados por los estudios de campos electromagnéticos y cánceres no impulsaron la prevención del cáncer, y a nadie tranquilizaron. Los dólares no aportaron información alguna sobre la causa o la cura del cáncer. Imagínate las ventajas de que sólo se hubiera gastado, para descubrir causas biológicas válidas del cáncer, una fracción de lo que se gastó para contrarrestar una amenaza imaginaria.

de producción de *campos* eléctricos. A su vez, los campos eléctricos originan voltajes y corrientes. La inducción se lleva a cabo esté o no presente un alambre conductor, o cualquier medio material. En este sentido más general, la ley de Faraday establece que

Se crea un campo eléctrico en cualquier región del espacio en la que un campo magnético cambia a través del tiempo. La magnitud del campo eléctrico inducido es proporcional a la rapidez con la que cambia el campo magnético. La dirección del campo eléctrico inducido es perpendicular a la del campo magnético que cambia.

Si hay carga eléctrica presente donde se crea el campo eléctrico, esa carga sentirá una fuerza, que puede hacer que se mueva como una corriente, o si la carga está en un conductor, hace que el conductor sea impulsado hacia un lado.

Un segundo efecto, contraparte de la ley de Faraday, se parece mucho a esa ley, y sólo se intercambian los papeles de los campos eléctrico y magnético. La simetría entre los campos eléctricos y magnéticos que describe este par de leyes es una de las más bellas simetrías de la naturaleza. El complemento de la ley de Faraday fue enunciado por James Clerk Maxwell, físico inglés, en la década de 1860, y establece que

> **Se crea un campo magnético en cualquier región del espacio en donde cambia un campo eléctrico a través del tiempo. La magnitud del campo magnético inducido es proporcional a la rapidez con la que cambia el campo eléctrico. La dirección del campo magnético inducido es perpendicular a la del campo eléctrico que cambia.**

Estos enunciados son dos de los más importantes en física. En ellos se basa la comprensión de la naturaleza de la luz y de las ondas electromagnéticas en general.

FIGURA 25.16 Sheron Snyder convierte energía mecánica en energía electromagnética, que a su vez se convierte en luz.

En perspectiva[7]

Los antiguos griegos descubrieron que cuando se frotaba un trozo de ámbar (plástico natural, semejante al mineral), atraía pequeños trozos de papiro. Encontraron rocas extrañas en la isla de Magnesia, que atraían al hierro. Probablemente porque el aire de Grecia es relativamente húmedo, nunca notaron ni estudiaron los efectos de la carga eléctrica que son comunes en los climas secos. Nuestros conocimientos de fenómenos eléctricos y magnéticos no avanzaron, sino hasta hace 400 años. Se redujo el mundo de los humanos a medida que se fue aprendiendo cada vez más acerca de la electricidad y el magnetismo. Fue posible primero, mandar señales por medio del telégrafo a grandes distancias; después, hablar con otras personas a muchos kilómetros, a través de alambres, y después no sólo hablar, sino también enviar imágenes a muchos kilómetros de distancia, sin conexiones físicas.

La energía, tan vital para la civilización, se pudo transmitir a cientos de kilómetros. La energía de los ríos que fluían por terrenos elevados se captó en tuberías que alimentaban "norias" gigantescas, conectadas a ensambles de alambres de cobre, torcido y tramado, que giraban en trozos de hierro, monstruos que se llamaron *generadores*. De ellos salía energía a través de barras de cobre tan gruesas como tu muñeca, y se mandaba a bobinas gigantescas, devanadas sobre núcleos de transformadores, para elevar el voltaje y poder salvar con eficiencia la gran distancia hasta las ciudades. A continuación, las líneas de transmisión, divididas en ramales y después en más transformadores, para llegar después

---

[7]Adaptado de R. P. Feynman, R. B. Leighton y M. Sands, *The Feynman Lectures on Physics*, vol. II, págs. 1 a 10 y 1 a 11. (Reading, Mass.: Addison-Wesley-Longman, 1964.) Muchos físicos consideran que Richard P. Feynman, laureado con el Nobel de física y profesor de física en el California Institute of Technology, está entre los físicos más brillantes y más inspiradores de esta época, así como el más pintoresco. Murió en 1988.

a más ramificaciones y a difusión, hasta que por último la energía del río quedaba distribuida entre ciudades enteras, haciendo girar motores, calentando, alumbrando y haciendo funcionar artefactos. Fue el milagro de las luces calientes a partir del agua fría, a cientos de kilómetros de distancia; ese milagro fue posible por las partes de hierro y cobre de diseño especial que giraban, porque se habían descubierto las leyes del electromagnetismo.

Estas leyes fueron descubiertas en tiempos de la Guerra Civil estadounidense. Desde una perspectiva lejana de la historia de la humanidad, no cabe duda de que palidecen los eventos como el de esa guerra, y parecen como insignificancias provincianas, en comparación con el evento más importante del siglo XIX: el descubrimiento de las leyes del electromagnetismo.

Resumen de términos

Contraparte de Maxwell a la ley de Faraday Se crea un campo magnético en cualquier región del espacio en la que un campo eléctrico cambie al paso del tiempo. La magnitud del campo magnético inducido es proporcional a la rapidez con que cambia el campo eléctrico. La dirección del campo magnético inducido es perpendicular a la del campo eléctrico que cambia.

Generador Un aparato de inducción electromagnética que produce una corriente eléctrica al hacer girar una bobina dentro de un campo magnético estacionario. Un generador convierte la energía mecánica en energía eléctrica.

Inducción electromagnética La inducción de voltaje cuando un campo magnético cambia al paso del tiempo. Si el campo magnético dentro de una espira cerrada cambia, en cualquier forma, se induce un voltaje en la espira:

Voltaje inducido ~ número de vueltas × cambio
de campo magnético/tiempo

Es un enunciado de la ley de Faraday. La inducción de voltaje en realidad es el resultado de un fenómeno más fundamental: la inducción de un *campo* eléctrico, definida para el caso más general a continuación.

Ley de Faraday Se crea un campo eléctrico en cualquier región del espacio en la que cambie un campo magnético a través del tiempo. La magnitud del campo eléctrico inducido es proporcional a la rapidez con la que cambia el campo magnético. La dirección del campo inducido es perpendicular al campo magnético que cambia.

Transformador Un aparato para transferir la energía eléctrica de una bobina de alambre a otra, mediante inducción electromagnética, con objeto de transformar un valor de voltaje en otro.

Preguntas de repaso

Inducción electromagnética

1. Exactamente, ¿qué fue lo que descubrieron Michael Faraday y Joseph Henry?

2. ¿Por qué es más difícil empujar un imán para introducirlo en una bobina con muchas espiras, que introducirlo en una bobina con una sola espira?

3. ¿Qué debe cambiar para que suceda la inducción electromagnética?

Ley de Faraday

4. Además del voltaje inducido ¿de qué depende la corriente producida por la inducción electromagnética?

5. ¿Cuáles son las tres maneras con las que se puede inducir un voltaje en un conductor?

Generadores y corriente alterna

6. ¿Cómo se compara la frecuencia del voltaje inducido con la frecuencia con la que se introduce y se saca un imán en una bobina de alambre?

7. ¿Cuál es la *semejanza* básica entre un generador y un motor eléctrico?

8. ¿Cuál es la *diferencia* básica entre un generador y un motor eléctrico?

9. En el ciclo de rotación de un generador sencillo, ¿dónde es máximo el voltaje inducido?

10. ¿Por qué un generador produce corriente alterna?

Producción de energía eléctrica

11. ¿Quién descubrió la inducción electromagnética y quién la puso a disposición de usos prácticos?

Energía de un turbogenerador

12. ¿Qué es una armadura?

13. ¿Qué es lo que suele suministrar energía a la turbina de una central eléctrica?

Energía magnetohidrodinámica

14. ¿Cuáles son las diferencias principales entre un *generador MHD* y un *generador convencional*?

15. ¿Se aplica la ley de Faraday de la inducción en un generador MHD?

Transformadores

16. Desde luego, la energía eléctrica se puede conducir por medio de cables, pero, ¿se puede conducir a través del espacio vacío?

17. La inducción electromagnética ¿es clave en un transformador?

18. ¿Por qué en un transformador se requiere corriente alterna?

19. Si un transformador es muy eficiente, ¿puede aumentar la energía? Explica por qué.

20. ¿Qué nombre se le da a la rapidez con que se transfiere energía?

21. ¿Cuál es la principal ventaja de la corriente alterna sobre la corriente directa?

Autoinducción

22. Cuando cambia el campo magnético en una bobina de alambre, en cada espira de la bobina se induce un voltaje. ¿Se inducirá voltaje en una espira si la fuente del campo magnético es la bobina misma?

Transmisión de electricidad

23. ¿Por qué la electricidad se transmite con altos voltajes a grandes distancias?

24. Para transmitir energía eléctrica, ¿se requieren conductores eléctricos entre la fuente y el consumidor? Defiende tu respuesta.

Inducción de campo

25. ¿Qué se induce cuando se altera rápidamente un *campo magnético*?

26. ¿Qué se induce cuando se altera rápidamente un *campo eléctrico*?

En perspectiva

27. ¿Cómo puede la energía de un río de agua fría transformarse en la energía de una lámpara caliente, a cientos de kilómetros de distancia?

Ejercicios

1. Un sensor común de una guitarra eléctrica consiste en una bobina de alambre en torno a un imán permanente pequeño. El campo magnético del imán induce polos magnéticos en la cuerda de la guitarra, que está cercana. Cuando se pulsa la cuerda, sus oscilaciones rítmicas producen los mismos cambios rítmicos del campo magnético en la bobina, y ellos a su vez inducen los mismos voltajes rítmicos en la bobina, los cuales se amplifican y se mandan al altoparlante o bocina ¡y se produce la música! ¿Por qué este micrófono no funciona si las cuerdas son de náilon?

2. ¿Por qué un núcleo de hierro aumenta la inducción magnética de una bobina de alambre?

3. ¿Por qué la armadura y los devanados de campo de un motor eléctrico se devanan por lo general sobre un núcleo de hierro?

4. ¿Por qué la armadura de un generador es más difícil de girar cuando se conecta a un circuito y suministra corriente eléctrica?

5. Un ciclista, ¿recorrerá mayor distancia sin pedalear si apaga la lámpara conectada a su generador? Explica por qué.

6. Si un auto metálico pasa sobre una espira de alambre amplia y cerrada, incrustada en el asfalto, ¿se alterará el campo geomagnético dentro de la espira? ¿Se producirá así un impulso de corriente? ¿Puedes imaginar una aplicación práctica de esto para un semáforo?

7. En la zona de seguridad de un aeropuerto estás atravesando un campo magnético alterno débil, dentro de una bobina de alambre. ¿Qué pasará si alguna pieza metálica que lleves altera el campo magnético de la bobina?

8. Un tramo de cinta de plástico recubierta de óxido de hierro se magnetiza más en unas partes que otras. Cuando la cinta pasa frente a una pequeña bobina de alambre, ¿qué sucede en la bobina? ¿Cuál es la aplicación práctica de esto?

9. La esposa de Joseph Henry sacrificó con tristeza parte de su vestido de novia, de seda, para que Joseph pudiera recubrir los conductores de sus electroimanes. ¿Qué finalidad tenía ese recubrimiento de seda?

10. Un detector sencillo de sismos consiste en una caja pequeña anclada al suelo. Colgado en el interior de la caja hay un imán masivo rodeado por bobinas estacionarias de alambre y fijas a la caja. Explica cómo funciona este dispositivo, aplicando dos importantes principios de la física; uno lo estudiamos en el capítulo 2 y el otro en este capítulo.

11. ¿Cuál es la diferencia principal entre un *motor* eléctrico y un *generador* eléctrico?

12. Tu amigo dice que si haces girar a mano el eje de un motor de corriente directa, el motor se vuelve un generador de corriente directa. ¿Estás de acuerdo o no?

13. ¿Aumenta el valor de voltaje cuando el generador se hace girar con más rapidez? Explica por qué.

14. Una sierra eléctrica que funciona a rapidez normal, toma una cantidad relativamente pequeña de corriente. Pero si se atora alguna pieza que se está cortando, y se evita que gire el motor, la corriente sube en forma dramática y el motor se sobrecalienta. ¿Por qué?

15. Si colocas un anillo metálico en una región donde un campo magnético alterne con rapidez, el anillo se calentará. ¿Por qué?

16. Un mago pone un anillo de aluminio sobre una mesa, bajo la cual está escondido un electroimán. Cuando exclama "¡abracadabra!" (y oprime un interruptor que manda corriente por la bobina bajo la tabla), el anillo salta en el aire. Explica este "truco".

17. ¿Cómo podría encenderse una lámpara eléctrica acercándola a un electroimán, sin tocarlo? ¿Se requiere corriente alterna o corriente directa? Defiende tu respuesta.

18. Un tramo de alambre se dobla para formar una espira cerrada, y se hace pasar un imán a través de ella; se induce un voltaje y, en consecuencia, una corriente en el alambre. Otro tramo de alambre, del doble de longitud, se dobla para formar dos espiras y se hace pasar también un imán por ellas. Se induce un voltaje doble, pero la corriente es la misma que la que se produjo en la espira única. ¿Por qué?

19. Dos bobinas semejantes, pero separadas, se montan cercanas entre sí, como se muestra a continuación. La primera bobina se conecta con una batería y por ella pasa la corriente directa. La segunda se conecta con un galvanómetro. ¿Cómo responde el galvanómetro cuando se cierra el interruptor del primer circuito? ¿Después de cerrarlo, cuando la corriente de la batería es constante? ¿Cuando se abre el interruptor?

Primario   Secundario

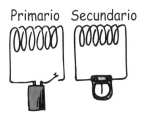

20. ¿Por qué se induce más voltaje en el aparato de la figura de arriba si se introduce un núcleo de hierro en las bobinas?

21. ¿Por qué un transformador requiere que el voltaje sea alterno?

22. ¿Cómo se compara la corriente en el secundario de un transformador con la corriente en el primario, cuando el voltaje del secundario es el doble del voltaje en el primario?

23. ¿En qué sentido puede considerarse que un transformador es una palanca eléctrica? ¿Qué *sí* multiplica? ¿Qué *no* multiplica?

24. ¿Por qué normalmente se puede escuchar un zumbido cuando está trabajando un transformador?

25. ¿Por qué es importante que el núcleo de un transformador pase por las dos bobinas?

26. En el circuito de abajo, ¿cuántos volts salen y cuántos ampere pasan por la lámpara?

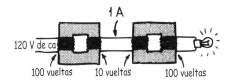

↑ A

120 V de ca

100 vueltas   10 vueltas   100 vueltas

27. En el circuito de abajo, ¿cuántos volts salen al medidor, y cuántos ampere pasan por él?

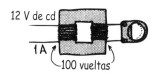

12 V de cd

↑ A

100 vueltas

28. ¿Cómo podrías contestar la pregunta anterior si la entrada fuera 12 V, ca?

29. Un transformador eficiente, ¿puede aumentar la energía? Defiende tu respuesta.

30. Tu amigo dice que, según la ley de Ohm, un alto voltaje produce una alta corriente. Después te pregunta que entonces ¿cómo es posible transmitir energía a alto voltaje y *baja* corriente en una línea de transmisión? ¿Cuál es tu iluminadora respuesta?

31. Si se lanza un imán recto a través de una bobina de alambre de gran resistencia, caerá lentamente. ¿Por qué?

32. Cuando se deja caer un imán recto a través de un tramo vertical de tubo de cobre, cae apreciablemente con más lentitud que cuando se dejó caer a través de un tramo vertical de tubo de plástico. Si el tubo de cobre tiene la longitud suficiente, el imán llegará a tener una rapidez terminal de caída. ¿Por qué?

33. El ala metálica de un avión funciona como un "alambre" que atraviesa el campo geomagnético. Se induce un voltaje entre las puntas de las alas, y pasa corriente de un ala a la otra, pero sólo durante un tiempo corto. ¿Por qué la corriente se detiene, aun cuando el avión sigue volando por el campo de la Tierra?

34. ¿Qué hay de malo en este esquema? Para generar electricidad sin combustible, conecta un motor que mueva a un generador que produzca electricidad, cuyo voltaje suba con transformadores de tal modo que el generador pueda hacer funcionar el motor y al mismo tiempo pueda suministrar energía para otros usos.

35. Si no hay imanes cerca, ¿por qué fluye la corriente en una espira grande de alambre que se agita en el aire?

36. Sabemos que la fuente de una onda sonora es un objeto vibratorio. ¿Cuál es la fuente de una onda electromagnética?

37. ¿Qué hace una onda de radio que llega a los electrones de una antena receptora?

38. ¿Cómo supones que la frecuencia de una onda electromagnética se compare con la de los electrones que pone a oscilar en una antena receptora?

39. Un amigo dice que se generan uno a otro los campos eléctricos y magnéticos que cambian, y que eso causa la luz visible, cuando la frecuencia del cambio coincide con las frecuencias de la luz. ¿Estás de acuerdo? Explica por qué.

40. ¿Existirían las ondas electromagnéticas si los campos magnéticos que cambian produjeran campos eléctrico, pero los campos eléctricos no pudieran producir campos magnéticos? Explica por qué.

Problemas

1. La bobina primaria de un transformador de subida toma 100 W. Calcula la potencia que suministra la bobina secundaria.

2. Un transformador ideal tiene 50 vueltas en su primario y 250 vueltas en su secundario. Al primario se le conectan 12 V de corriente alterna. Calcula: a) los volts de corriente alterna disponibles en el secundario; b) la corriente que pasa por un dispositivo de 10 ohms conectado con las terminales del secundario; c) la potencia suministrada al primario.

3. Un tren eléctrico de juguete necesita 6 V para funcionar. Si la bobina primaria de su transformador tiene 240 vueltas, ¿cuántas vueltas debe tener el secundario, si el primario se conecta con la corriente doméstica, de 120 V?

4. Los letreros de neón necesitan unos 12,000 V para funcionar. ¿Cuál debe ser la relación de las vueltas en ei secundario entre las vueltas en el primario en un transformador que funcione con alimentación de 120 V?

5. En el otro lado de la ciudad se suministran 100 kW (10^5 W) de potencia mediante un par de líneas de transmisión entre las cuales el voltaje es 12,000 V. a) ¿Qué corriente pasa por las líneas? b) Cada una de las dos líneas tiene 10 ohms de resistencia. ¿Cuál es el cambio de voltaje *a lo largo* de la línea? (Piensa con cuidado; este cambio de voltaje es a lo largo de cada línea y no entre las líneas.) c) ¿Qué potencia se emite como calor en ambas líneas al mismo tiempo (aparte de la potencia enviada a los consumidores)? ¿Puedes ver por qué es importante subir los voltajes con transformadores para transmisión a grandes distancias?

Recuerda: las preguntas de repaso te permiten autoevaluarte y ver si captaste las ideas básicas del capítulo. Los ejercicios y los problemas son "lagartijas" aparte, para que después trates de tener al menos una comprensión satisfactoria del capítulo y puedas manejar las preguntas de repaso.

Parte VI

LUZ

¡Qué admirable que los fotones energéticos de la luz solar estimulen vibraciones de billones de billones de electrones en la estructura molecular de esta hoja! Las vibraciones más vigorosas producen calor, mientras que otras más sutiles lanzan nuevos fotones, que revelan los colores y la delicada estructura de la hoja, con sus intrincados detalles. Y los electrones que irradian no vibran a alguna frecuencia pasada de moda. ¡Qué va! ¡Danzan a un ritmo promedio de 6×10^{14} vibraciones por segundo, y es la causa de que la hoja sea verde!

www.pearsoneducacion.net/hewitt
*Usa los variados recursos del sitio Web,
para comprender mejor la física.*

26

PROPIEDADES DE LA LUZ

Roy Unruh demuestra la conversión de la energía luminosa en energía eléctrica,
con modelos de vehículos movidos por energía solar.

La luz es lo único que realmente podemos ver. Pero, ¿qué es la luz? Sabemos que
durante el día, la fuente principal de luz es el Sol, y después viene la claridad del cielo.
Hay otras fuentes muy frecuentes, como los filamentos incandescentes de las lámparas
y el gas resplandeciente en los tubos fluorescentes. La luz se origina en el movimiento
acelerado de los electrones. Es un fenómeno electromagnético, y es sólo una parte
diminuta de un todo mucho mayor: una amplia gama de ondas electromagnéticas llamado
espectro electromagnético. Comenzaremos a estudiar la luz investigando sus propiedades
electromagnéticas. En el siguiente capítulo describiremos su apariencia: el color. En el
capítulo 28 aprenderemos cómo se comporta, refleja y refracta. A continuación,
aprenderemos la naturaleza ondulatoria de la luz en el capítulo 29 y su naturaleza cuántica
en los capítulos 30 y 31.

Ondas electro-magnéticas

Agita el extremo de una vara dentro de agua estancada, y producirás ondas en la superficie. De igual modo, si agitas una barra con carga a uno y otro lado dentro de un espacio
vacío, producirás ondas electromagnéticas en el espacio. Se debe a que la carga en movimiento en realidad es una corriente eléctrica. ¿Qué rodea a una corriente eléctrica que
cambia? La respuesta es un campo magnético que cambia. Recuerda que, en el capítulo
anterior, un campo magnético que cambia genera un campo eléctrico; es la inducción elec-

FIGURA 26.1 Agita un objeto cargado eléctricamente y producirás una onda electromagnética.

tromagnética. Si el campo magnético oscila, el campo eléctrico que genera también oscila. ¿Y qué hace un campo eléctrico que oscila? Según la contraparte de Maxwell de la ley de Faraday de la inducción electromagnética, induce un campo magnético que oscila. Los campos eléctrico y magnético se regeneran entre sí y forman una **onda electromagnética**, que emana (se aleja) de la carga vibratoria. Sucede que sólo tiene una rapidez, con la cual los campos eléctrico y magnético mantienen un equilibrio perfecto, reforzándose entre sí mientras transportan energía por el espacio. Veamos por qué sucede así.

Velocidad de una onda electromagnética

Al viajar una nave espacial puede aumentar o reducir su rapidez, aun cuando estén apagados los motores, porque la gravedad la puede acelerar hacia adelante o hacia atrás. Pero una onda electromagnética que viaja por el espacio nunca cambia su rapidez. No es que la gravedad no actúe sobre la luz; sí actúa. La gravedad puede cambiar la frecuencia de la luz, o desviarla, pero no puede cambiar su rapidez. ¿Qué es lo que mantiene a la luz moviéndose siempre con la misma rapidez invariable en el espacio vacío? La respuesta tiene que ver con la inducción electromagnética y la conservación de la energía.

Si la luz fuera más despacio cada vez, su campo eléctrico cambiante generaría un campo magnético más débil, que a su vez generaría un campo eléctrico más débil, y así sucesivamente hasta que la onda muriera. ¿Pero qué le sucedería a la energía en los campos? Si los campos se debilitaran y desaparecieran, sin tener manera de transferir energía en alguna otra forma, desaparecería la energía. Eso sería incompatible con la ley de la conservación de la energía. En consecuencia, la luz no se puede desacelerar.

FIGURA 26.2 Los campos eléctrico y magnético de una onda electromagnética son perpendiculares entre sí y a la dirección del movimiento de la onda.

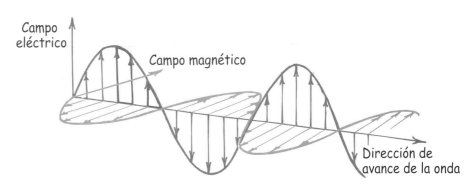

Si la luz acelerara (incrementara su rapidez) el argumento sería parecido. El campo eléctrico cambiante generaría un campo magnético más intenso que, a su vez, generaría un campo eléctrico más fuerte, y así sucesivamente, en un "crescendo" de intensidad de campo cada vez mayor y energía cada vez mayor; es una clara imposibilidad con respecto a la conservación de la energía. Sólo hay una rapidez en la que la inducción mutua continúa en forma indefinida, con la que no se pierde ni se gana energía. A partir de sus ecuaciones de la inducción electromagnética, Maxwell calculó que el valor de esta rapidez crítica es 300,000 kilómetros por segundo. En sus cálculos sólo usó las constantes de su ecuación, que se determinaban con experimentos sencillos de laboratorio con campos eléctricos y magnéticos. No *usó* la rapidez de la luz. ¡*Encontró* la rapidez de la luz!

Maxwell se dio cuenta inmediatamente que había descubierto la solución de uno de los máximos misterios del universo: la naturaleza de la luz. Descubrió que la luz visible no es más que radiación electromagnética dentro de determinado intervalo de frecuencias: de 4.3×10^{14} a 7×10^{14} vibraciones por segundo. Esas ondas activan las "antenas eléc-

James Clerk Maxwell
(1831-1879)

tricas" en la retina. Las ondas de menor frecuencia se ven rojas, y las de alta frecuencia se ven violeta.[1] Al mismo tiempo, Maxwell se dio cuenta que la radiación electromagnética de *cualquier* frecuencia se propaga con la misma rapidez que la de la luz visible.

Al anochecer del día de su descubrimiento, Maxwell tenía una cita con una joven con la que después se casaría. Al caminar por un jardín, ella llamó la atención sobre la belleza y la maravilla de las estrellas. Maxwell le preguntó que cómo se sentiría al saber que ella caminaba al lado de la única persona en el mundo que conocía realmente lo que es la luz de las estrellas. Lo que era cierto. Durante un tiempo, James Clerk Maxwell fue la única persona en el mundo que sabía que la luz de cualquier tipo son ondas portadoras de energía, de campos eléctricos y magnéticos que se regeneran continuamente entre sí y viajan a una sola y constante rapidez.

EXAMÍNATE La rapidez invariable de las ondas electromagnéticas en el vacío, ¿es una notable consecuencia de algún principio básico de la física?

El espectro electromagnético

En el vacío, las ondas electromagnéticas se mueven a la misma rapidez, y difieren entre sí por la frecuencia. La clasificación de las ondas electromagnéticas por su frecuencia es el **espectro electromagnético** (Figura 26.3). Se han detectado ondas electromagnéticas de frecuencia tan baja como 0.01 hertz (Hz). Las ondas electromagnéticas de varios miles de hertz (kHz) se consideran ondas de radio de muy baja frecuencia. Un millón de hertz (MHz) está a la mitad del cuadrante de un radio de AM. La banda de TV, de ondas de muy alta frecuencia (VHF) comienza en unos 50 MHz y la radio de FM va de 88 a 108 MHz. Después vienen las frecuencias ultra-altas (UHF), seguidas de las microondas, más allá de las cuales están las ondas infrarrojas, que con frecuencia se llaman "ondas caloríficas". Todavía más adelante está la luz visible, que forma menos de la millonésima parte del 1% del espectro electromagnético medido. La luz de frecuencia mínima que podemos ver a ojo se ve roja. Las frecuencias máximas de la luz visible tienen casi el doble de la fre-

FIGURA 26.3 El espectro electromagnético es un intervalo continuo de ondas, que va desde las ondas de radio hasta los rayos gamma. Los nombres descriptivos de sus partes sólo son una clasificación histórica, porque todas las ondas tienen la misma naturaleza; difieren principalmente en la frecuencia y la longitud de onda. Todas se propagan a la misma rapidez.

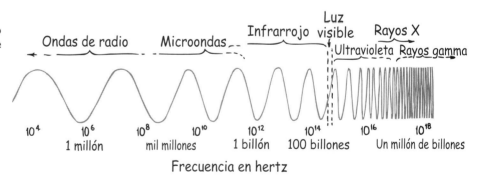

COMPRUEBA TU RESPUESTA El principio básico que hace que la luz y todas las demás radiaciones electromagnéticas se propaguen a una rapidez fija es el de la conservación de la energía.

---

[1]Se acostumbra a describir el sonido y la radio por la *frecuencia* y a la luz por la *longitud de onda*. Sin embargo, en este libro conservaremos el único concepto de frecuencia, para describir la luz.

cuencia del rojo y son violeta. Las frecuencias todavía mayores son del ultravioleta. Esas ondas de mayor frecuencia son las que causan quemaduras al asolearse. Las frecuencias mayores que el ultravioleta se extienden hasta las regiones de los rayos X y los rayos gamma. No hay límites definidos entre las regiones, que en realidad se traslapan entre sí. Sólo para clasificarlo, se divide el espectro en esas regiones.

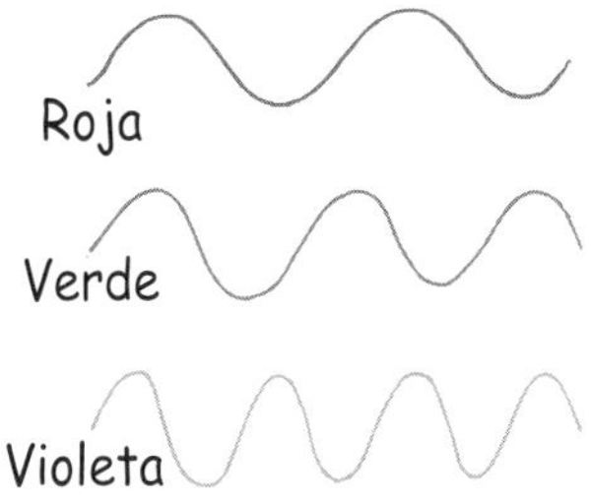

Los conceptos y relaciones que describimos antes al estudiar el movimiento ondulatorio (Capítulo 18) también se aplican aquí. Recuerda que la frecuencia de una onda es igual a la frecuencia de la fuente vibratoria. Aquí sucede lo mismo: la frecuencia de una onda electromagnética, al vibrar y propagarse por el espacio, es idéntica a la frecuencia de la carga oscilatoria que la generó.[2] Las diversas frecuencias corresponden a diversas longitudes de onda: las ondas de baja frecuencia tienen grandes longitudes de onda, y las ondas de alta frecuencia tienen longitudes de ondas cortas. Por ejemplo, como la rapidez de la onda es 300,000 kilómetros por segundo, una carga eléctrica que oscile una vez por segundo (1 hertz) producirá una longitud de onda de 300,000 kilómetros. Eso se debe a que sólo se generó una onda en 1 segundo. Si la frecuencia de oscilación fuera 10 hertz, se formarían 10 ondas en 1 segundo, y la longitud de onda correspondiente sería de 30,000 kilómetros. Una frecuencia de 10,000 hertz produce una onda de 30 kilómetros. Así, mientras mayor sea la frecuencia de la carga vibratoria, su radiación tendrá menor longitud de onda.[3]

Tendemos a pensar que el espacio es "vacío", pero sólo porque no podemos ver las figuras de las ondas electromagnéticas que atraviesan cada parte de nuestro alrededor. Naturalmente que vemos algunas de ellas en forma de luz. Esas ondas sólo forman una microproporción del espectro electromagnético. No percibimos las ondas de radio, que nos abarcan en todo momento. Los electrones libres de todo trozo de metal en la superficie terrestre danzan continuamente al ritmo de esas ondas. Se agitan al unísono, y los electrones son impulsados hacia arriba y hacia abajo, en las antenas transmisoras de radio y de televisión. Un receptor de radio o de televisión es sólo un aparato que clasifica y amplifica estas diminutas corrientes. Hay radiación por doquier. Nuestra primera impresión del universo es de materia y de vacío, pero en realidad el universo es un denso mar de radiación, en el que están suspendidos algunos concentrados ocasionales.

FIGURA 26.4 Longitudes de onda relativas de la luz roja, verde y violeta. La luz violeta tiene casi el doble de frecuencia que la luz roja, y la mitad de su longitud de onda.

EXAMÍNATE ¿Es correcto decir que una onda de radio es una onda luminosa de baja frecuencia? Una onda de radio, ¿es también una onda sonora?

COMPRUEBA TU RESPUESTA Tanto la onda de radio como la onda luminosa son ondas electromagnéticas que se originan en las vibraciones de los electrones. Las ondas de radio tienen menores frecuencias que las ondas luminosas, por lo que una onda de radio puede considerarse como una onda de luz de baja frecuencia (y una onda luminosa como una onda de radio de alta frecuencia). Pero una onda sonora es una vibración mecánica de la materia, y no es electromagnética. Una onda sonora es fundamentalmente distinta de una onda electromagnética. Por consiguiente, una onda de radio definitivamente no es una onda sonora.

---

[2]Es una regla de la física clásica, válida cuando las cargas oscilan distancias grandes en comparación con el tamaño de un átomo (por ejemplo, en una antena de radio). En la física cuántica se permiten excepciones. La radiación emitida por un solo átomo o molécula puede ser de frecuencia distinta a la de la carga oscilatoria dentro del átomo o molécula.

[3]La relación es $c = f\lambda$, donde c es la rapidez de la onda (constante), f es la frecuencia y λ es la longitud de onda.

Materiales transparentes

FIGURA 26.5 Así como una onda sonora puede forzar la vibración de un receptor de sonido, una onda luminosa puede forzar a los electrones a vibrar en los materiales.

La luz es una onda electromagnética portadora de energía, que emana de los electrones vibratorios en los átomos. Cuando se transmite la luz a través de la materia, algunos de los electrones en ella son forzados a vibrar. De esta manera, las vibraciones del emisor se transmiten y son vibraciones en el receptor. Es una forma parecida a como se transmite el sonido (Figura 26.5).

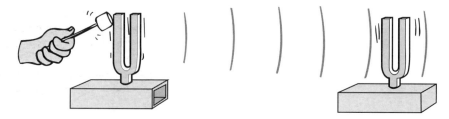

Entonces, la forma en que un material receptor responde cuando le llega luz, depende de la frecuencia de la misma y de la frecuencia natural de los electrones en el material. La luz visible vibra a frecuencia muy alta, unos 100 billones de veces por segundo (10^{14} hertz). Si un objeto cargado va a responder a esas vibraciones ultrarrápidas, debe tener poca inercia, muy poca. Como la masa de los electrones es tan diminuta, pueden vibrar con esa frecuencia.

Los materiales como el vidrio y el agua permiten que la luz se propague por ellos en líneas rectas. Se dice que son **transparentes** a la luz. Para comprender cómo pasa la luz por un material transparente, imagina los electrones en los materiales transparentes como si estuvieran unidos a su núcleo mediante resortes (Figura 26.6).[4] Cuando una onda luminosa incide en ellos, sus electrones se ponen en vibración.

Los materiales que son elásticos responden más a vibraciones de determinadas frecuencias que a otras (Capítulo 20). Los timbres de campana suenan a determinada frecuencia, los diapasones vibran a determinada frecuencia, y también los electrones de los átomos y las moléculas. Las frecuencias naturales de vibración de un electrón dependen de lo fuertemente que esté enlazado con su átomo o molécula. Los distintos átomos o moléculas tienen diferentes "constantes de resorte". Los electrones de los átomos en el vidrio tienen una frecuencia natural de vibración en la región del ultravioleta. En consecuencia, cuando las ondas ultravioleta llegan al vidrio, se presenta la resonancia y la vibración de los electrones crece hasta grandes amplitudes, del mismo modo que cuando se empuja a un niño a la frecuencia de resonancia del columpio aumenta la amplitud del vaivén. La energía que recibe cualquier átomo en el vidrio la reemite, o la pasa por choques, a los átomos vecinos. Los átomos resonantes en el vidrio pueden retener la energía de la luz ultravioleta durante un tiempo bastante grande, unas 100 millonésimas de segundo. Durante este tiempo, el átomo describe 1 millón de vibraciones y choca con los átomos vecinos, cediendo su energía en forma de calor. Por todo lo anterior, el vidrio no es transparente a los rayos ultravioleta.

A menores frecuencias de las ondas, como las de la luz visible, los electrones de los átomos en el vidrio son forzados a vibrar, pero con menor amplitud. Retienen menos

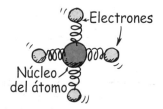

FIGURA 26.6 Los electrones de los átomos en el vidrio tienen ciertas frecuencias naturales, y se pueden modelar como partículas unidas al núcleo atómico mediante resortes.

---

[4]Desde luego, los electrones no están unidos con resortes. En realidad su "vibración" es orbital, al moverse en torno al núcleo, pero el "modelo de resortes" ayuda a comprender la interacción de la luz con la materia. Los físicos inventan esos modelos conceptuales para comprender la naturaleza, en particular a su nivel microscópico. El valor de un modelo no sólo reside en si es "cierto", sino en si es útil. Un buen modelo no sólo coincide y explica las observaciones, sino también pronostica qué puede suceder. Si las predicciones del modelo son contrarias a lo que sucede, normalmente se refina o se abandona ese modelo. El modelo simplificado que presentamos aquí, de un átomo cuyos electrones vibran como si estuvieran en resorte, y con un intervalo de tiempo entre la absorción y la reemisión de energía, es muy útil para comprender cómo pasa la luz por los sólidos transparentes.

tiempo la energía, con menos probabilidades de choque con los átomos vecinos, y menos energía se transforma en calor. La energía de los electrones vibratorios se reemite en forma de luz. El vidrio es transparente a todas las frecuencias de la luz visible. La frecuencia de la luz reemitida que pasa de uno a otro átomo es idéntica a la de la luz que produjo la fuente original. Sin embargo, hay una pequeña demora entre la absorción y la reemisión de esa luz.

Esa demora es la que ocasiona una menor rapidez media de la luz a través de un material transparente (Figura 26.7). La luz se propaga a distintas rapideces promedio cuando atraviesa materiales distintos. Decimos *rapideces promedio* porque la rapidez de la luz en el vacío, sea en el espacio interestelar o el espacio entre las moléculas de un trozo de vidrio, es 300,000 kilómetros por segundo, constante. A esto se le llama rapidez de la luz c.[5] La rapidez de la luz en la atmósfera es un poco menor que en el vacío, pero se suele redondear a c. En el agua, la luz se propaga al 75% de su rapidez en el vacío, es decir, a $0.75\ c$. En el vidrio se propaga más o menos a $0.67\ c$, según la clase de vidrio. En un diamante va a menos de la mitad de su rapidez en el vacío, sólo a $0.41\ c$. Cuando sale la luz de esos materiales al aire, se propaga a su velocidad original c.

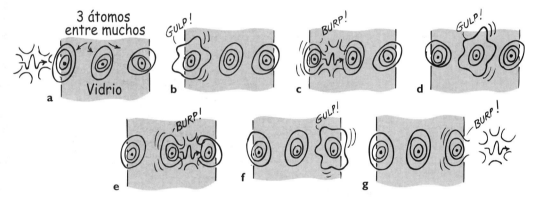

FIGURA 26.7 Una onda de luz visible que incide en una lámina de vidrio pone a vibrar a los átomos, que a su vez producen una cadena de absorciones y reemisiones. Así pasa la energía luminosa por el material y sale por la otra cara. Debido a las demoras entre absorciones y reemisiones, la luz se propaga por el vidrio con más lentitud que por el espacio vacío.

Las ondas infrarrojas, con frecuencias menores que las de la luz visible, hacen vibrar no sólo a los electrones, sino a los átomos o moléculas completos en la estructura del vidrio. Esa vibración aumenta la energía interna y la temperatura de la estructura, y es la causa de que a veces se diga que las ondas infrarrojas son *ondas de calor*. El vidrio es transparente a la luz visible, pero no a la luz ultravioleta ni a la luz infrarroja.

FIGURA 26.8 El vidrio bloquea tanto al infrarrojo como al ultravioleta, pero es transparente a la luz visible.

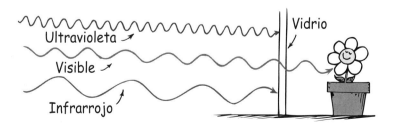

[5]El valor aceptado en la actualidad es 299,792 km/s, que se redondea a 300,000 km/s. Equivale a 186,000 mi/s.

Materiales opacos

La mayor parte de las cosas que nos rodean son **opacas**, absorben la luz y no la reemiten. Los libros, las mesas, las sillas y las personas son opacos. Las vibraciones que la luz comunica a sus átomos y moléculas se convierte en energía cinética aleatoria, en energía interna. Se calientan un poco.

FIGURA 26.9 Los metales brillan porque la luz que les llega pone a vibrar a los electrones libres, que entonces emiten sus "propias" ondas luminosas en forma de reflexión.

Los metales son opacos. Como los electrones externos de los átomos de los metales no están enlazados con algún átomo determinado, vagan libremente con poca dificultad por todo el material (es la causa de que los metales conduzcan tan bien la electricidad y el calor). Cuando la luz llega a un metal y pone a vibrar a esos electrones libres, su energía no "salta" de un átomo a otro en el material, sino que es reflejada. Es la causa de que los metales tengan brillo.

La atmósfera terrestre es transparente a una parte de la luz ultravioleta, a toda la luz visible y a una parte de la luz infrarroja, pero es opaca a la luz ultravioleta de alta frecuencia. La pequeña parte de radiación ultravioleta que pasa es la causa de las quemaduras al asolearse. Si penetrara toda esta radiación literalmente estaríamos cocidos. Las nubes son semitransparentes al ultravioleta, y en consecuencia uno puede quemarse la piel en un día nublado. La luz ultravioleta no sólo es dañina para la piel, sino también deteriora los techos asfaltados de los edificios. Ahora ya sabes por qué estos techos se cubren con arena.

¿Has notado que las cosas se ven más oscuras cuando están húmedas que cuando están secas? La luz que incide en una superficie seca rebota directamente hacia los ojos, mientras que si llega a una superficie mojada rebota dentro de la región mojada transparente, antes de llegar a los ojos. ¿Qué sucede en cada rebote? ¡Absorción! Entonces, una superficie mojada tiene más absorción y se ve más oscura.

Sombras

Un haz delgado de luz se llama con frecuencia *rayo*. Cuando estamos parados a la luz del Sol, algo de ella se detiene mientras que otros rayos siguen, en una trayectoria rectilínea. Arrojamos, o producimos una **sombra**, cuando se está en una región donde no pueden llegar los rayos de luz. Si estamos cerca de nuestra sombra, tiene contornos nítidos, porque el Sol está muy lejos. Una fuente luminosa lejana o una fuente pequeña y cercana pueden producir una sombra nítida. Una fuente luminosa grande y cercana produce una sombra algo difusa (Figura 26.10). En general, hay una parte negra en el interior y una parte más clara que rodea las orillas de una sombra. A una sombra total se le llama **umbra** (o *sombra*) y a una sombra parcial se le llama **penumbra**. Aparece la penumbra cuando es bloqueada algo de la luz, pero llega otra luz. Eso puede suceder cuando es bloqueada la luz de una fuente y llega la luz de otra fuente (Figura 26.11). También hay penumbra cuando la luz de una fuente amplia es bloqueada en forma parcial.

FIGURA 26.10 Una fuente luminosa pequeña produce una sombra más definida que una fuente grande.

FIGURA 26.11 Un objeto cerca de una pared produce una sombra definida, porque la luz que proviene de direcciones un poco diferentes no se extiende mucho después del objeto. Al alejarse el objeto de la pared, se forman penumbras y la sombra se vuelve más pequeña. Cuando el objeto está todavía más alejado, la sombra es menos definida. Cuando el objeto está muy alejado (no se muestra) no se ve sombra, porque se mezclan todas las penumbras y forman una mancha grande.

Tanto la Tierra como la Luna arrojan sombras cuando les llega la luz solar. Cuando la trayectoria de alguno de esos cuerpos se cruza con la sombra producida por el otro tiene lugar un eclipse (Figura 26.12). Un efecto espectacular de la sombra y la penumbra lo vemos cuando la sombra de la Luna cae sobre la Tierra, durante un **eclipse solar**. A causa del gran tamaño del Sol, sus rayos forman un cono produciendo la sombra, y una penumbra que la rodea (Figura 26.13). Si quedas en la parte de la sombra, estarás a oscuras durante el día, en un eclipse total. Si quedas en la penumbra estarás en un eclipse parcial, porque verás al Sol en forma de Luna creciente.[6] En un **eclipse lunar** la Luna pasa en la sombra que produce la Tierra.

EXAMÍNATE

1. ¿Qué clase de eclipse, solar o lunar, o ambos, es peligroso contemplar sin protección en los ojos?
2. ¿Por qué es más común ver eclipses lunares que solares?

COMPRUEBA TU RESPUESTA

1. Sólo es perjudicial ver un eclipse solar en forma directa, porque uno ve directamente al Sol. Durante un eclipse lunar se ve una Luna muy oscura. No es totalmente negra, porque la atmósfera de la Tierra funciona como lente y desvía algo de la luz solar hacia la región de la sombra. Es interesante el hecho de que sea la luz de los crepúsculos rojos y de las auroras alrededor del mundo, y por eso la Luna parece tener un débil tono rojo profundo durante un eclipse lunar.

2. La sombra de la Luna es relativamente pequeña en la Tierra, y abarca una parte muy pequeña de la superficie terrestre. De este modo sólo hay relativamente pocas personas en la sombra de la Luna, en un eclipse solar. Pero la sombra de la Tierra abarca la totalidad de la Luna durante un eclipse lunar total, por lo que todo quien vea el cielo nocturno puede ver la sombra de la Tierra sobre la Luna.

---

[6]Se previene a las personas para que no vean al Sol durante un eclipse solar, porque el brillo y la luz ultravioleta de la luz solar directa son dañinos a los ojos. Este buen consejo a veces es mal comprendido, por quienes creen que la luz solar es más dañina durante el eclipse. Pero ver al Sol cuando está alto en el cielo es dañino, haya o no eclipse solar. De hecho, ver al Sol completo es más dañino que cuando una parte de la Luna lo bloquea. La razón de divulgar estas precauciones especiales durante un eclipse es simplemente que hay más personas interesadas en ver al Sol durante el evento.

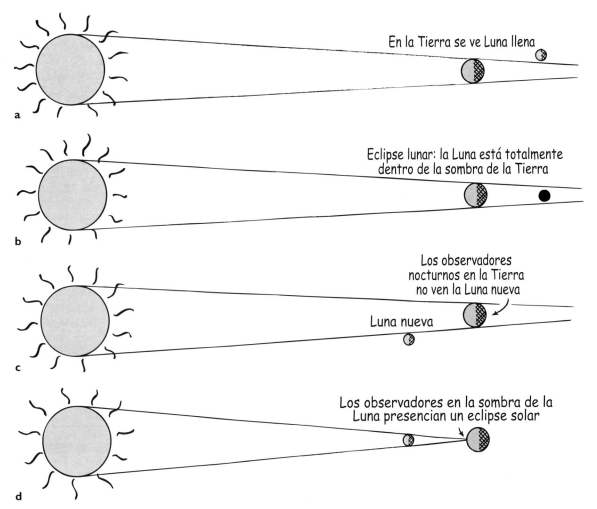

FIGURA 26.12 a) Cuando la Tierra está entre el Sol y la Luna, se ve una Luna llena. b) Cuando este alineamiento es perfecto, la Luna está en la sombra de la Tierra y se produce un eclipse lunar. c) Cuando la Luna está entre el Sol y la Tierra, se ve Luna nueva. d) Cuando este alineamiento es perfecto, la sombra de la Luna caen sobre parte de la Tierra y se produce un eclipse solar.

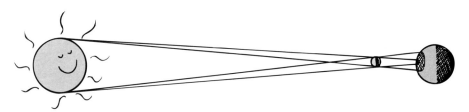

FIGURA 26.13 Detalle de un eclipse solar. Los observadores que están en la sombra ven un eclipse total. Los observadores que están en la penumbra ven un eclipse parcial. La mayor parte de los observadores terrestres no ven eclipse alguno.

Visión de la luz (el ojo)

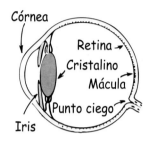

FIGURA 26.14 El ojo humano.

La luz es lo único que vemos con el instrumento óptico más notable que se conoce: el ojo. En la figura 26.14 se presenta un diagrama del ojo humano.

La luz entra al ojo por la cubierta transparente llamada *córnea*, que produce 70% de la desviación de la luz antes de que pase por la pupila (que es una abertura en el iris). A continuación la luz pasa por una lente, que sólo proporciona la desviación adicional para que las imágenes de los objetos cercanos queden enfocadas en la capa que está en el fondo del ojo. Esta capa es la *retina*, y es en extremo sensible, y hasta en fecha muy reciente era más sensible a la luz que cualquier detector artificial fabricado. La retina no es uniforme. Hay una mancha en el centro de nuestro campo de visión, que es la *fóvea*,[7] *mácula* o *mancha amarilla*. En ella se puede captar mucho mayor detalle que en las partes laterales del ojo. También hay un lugar en la retina donde salen los nervios, se concentran con el nervio óptico, y llevan toda la información al exterior, es el *punto ciego*. Puedes demostrar que tienes un punto ciego en cada ojo si sostienes este libro con el brazo extendido, cierras el ojo izquierdo y ves la figura 26.15 sólo con el ojo derecho. Podrás ver el punto redondo y la X a esa distancia. Si ahora acercas con lentitud el libro hacia los ojos, con el ojo derecho fijo en el punto, llegarás a una posición a unos 20 a 25 centímetros del ojo donde desaparecerá la X. Ahora repite lo anterior con el ojo izquierdo abierto y viendo esta vez a la X, y el punto desaparecerá. Cuando tienes los dos ojos abiertos no te enteras de tu punto ciego, principalmente porque un ojo "llena" la parte a la que el otro está ciego. Es sorprendente que el cerebro completa la vista "esperada" cuando se tiene un ojo abierto. Repite el ejercicio de la figura 26.14 con diversos objetos pequeños en varios fondos. Observa que en lugar de no ver nada, el cerebro rellena con el fondo adecuado. Así, no sólo no ves lo que hay, sino también ves lo que no hay.

FIGURA 26.15 Experimento del punto ciego. Cierra el ojo izquierdo y ve el punto con el ojo derecho. Ajusta la distancia, y determina el punto ciego que borra la X. Cambia de ojo y ve a la X, y el punto desaparece. ¿Completa el cerebro colocando las líneas cruzadas donde estaba el punto?

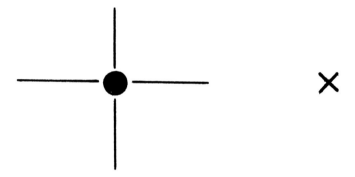

La retina está formada por diminutas antenas que resuenan con la luz que les llega. Hay dos clases de antenas: los bastones y los conos (Figura 26.16). Como sus nombres lo indican, algunas de las antenas tienen forma de bastón, o de varilla, y otras tienen forma de cono. Hay tres clases de conos: los que se estimulan con luz de baja frecuencia, los que se estimulan con luz de frecuencia intermedia y los que se estimulan con luz de mayor frecuencia. Los bastones predominan en la periferia de la retina, mientras que las tres clases de conos son más densos hacia la mácula. Los conos son muy densos en la mácula misma, y como están empacados tan estrechamente, son mucho más finos, o angostos, allí más que en cualquier otra parte de la retina. La visión de los colores se debe a los conos. En consecuencia, percibimos el color con más agudeza enfocando una imagen en la fóvea, donde no hay bastones. Los primates y cierta especie de ardillas terrestres son los

---

[7]N. del T.: "Fóvea" es una pequeña oquedad que tiene cualquier tejido animal o vegetal. "Mancha amarilla" es esa oquedad en la retina, que tiene color amarillo. "Mácula" es el término que quizá sea el de uso más frecuente.

FIGURA 26.16 Fotomicrografía amplificada de los bastones y los conos en el ojo humano.

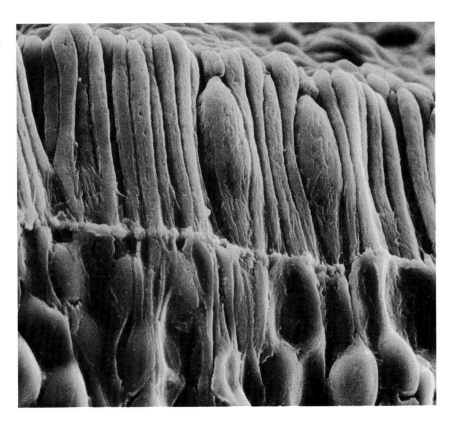

únicos mamíferos que tienen tres clases de conos, y tienen una visión total de los colores. Las retinas de los demás mamíferos están formadas principalmente por bastones, que sólo son sensibles a la luz o a la oscuridad, como una fotografía o película en blanco y negro.

En el ojo humano, la cantidad de conos disminuye al alejarse de la mácula. Es interesante el hecho de que el color de un objeto desaparece si se percibe con visión periférica. Se puede hacer la prueba haciendo que un amigo entre a la periferia de tu visión con algunos objetos de colores brillantes. Encontrarás que puedes ver primero los objetos y después percibes sus colores.

Otro hecho interesante es que la periferia de la retina es muy sensible al movimiento. Estamos "programados" para ver algo que se agite en los lados de nuestro campo visual, función que debió tener importancia en nuestro desarrollo evolutivo. Pide a un amigo que agite los objetos con colores brillantes cuando los ponga en la periferia de tu campo de visión. Si apenas puedes ver los objetos cuando se agitan, pero no los puedes ver cuando se mantienen inmóviles, no podrás decir de qué color son (Figura 26.17). ¡Haz la prueba!

Otra cosa que distingue a los bastones y a los conos es la intensidad de la luz a la que responden. Los conos requieren más energía que los bastones para poder "disparar" un impulso por el sistema nervioso. Si la intensidad luminosa es muy baja, lo que veamos no tiene color. Vemos bajas intensidades con los bastones. La visión adaptada a la oscuridad se debe casi totalmente a los bastones, mientras que la visión con mucha iluminación se debe a los conos. Por ejemplo, vemos que las estrellas son blancas. Sin embargo, la mayor parte de las estrellas tienen colores brillantes. Con una fotografía de tiempo de las estrellas se ven estrellas rojas y anaranjadas rojas, que son las más frías, y azules

FIGURA 26.17 En la periferia de la visión sólo puedes ver un objeto si se está moviendo; no puedes ver en absoluto su color.

y azul-violeta las más "calientes". Sin embargo, la luz estelar es muy débil como para activar los conos receptores del color en la retina. Vemos entonces las estrellas con los bastones y las percibimos como blancas o, cuando más, sólo con un color débil. Las mujeres tienen un umbral un poco menor de activación de los conos, y pueden ver más colores que los hombres. Así que, si ella dice que las estrellas son de colores y él dice que no ¡probablemente ella tenga razón!

Se ha determinado que los bastones "ven" mejor que los conos hacia el extremo azul del espectro de colores. Los conos pueden ver un rojo profundo donde los bastones no ven luz alguna. La luz roja puede ser negra, de acuerdo con los bastones. Así, si tienes objetos de dos colores, por ejemplo azul y rojo, el azul aparecerá mucho más brillante que el rojo en luz mortecina, aunque el rojo pueda ser mucho más brillante que el azul, vistos a la luz brillante. El efecto es muy interesante. Haz la siguiente prueba: en un cuarto oscuro toma una revista o algo que tenga colores, y antes de saber con seguridad de qué colores se trata, trata de decir cuáles son las zonas más claras y más oscuras. A continuación enciende la luz. Verás un notable cambio entre los colores más brillantes y los más opacos.[8]

Los bastones y los conos de la retina no están conectados en forma directa con el nervio óptico sino, cosa muy interesante, están conectados con muchas otras células que están a su vez interconectadas. Mientras que muchas de esas células están interconectadas, sólo unas cuantas conducen la información al nervio óptico. A través de esas interconexiones cierta cantidad de información procedente de varios receptores visuales se combina y se "digiere" en la retina. De esta forma se "medita" la señal luminosa, antes de ir al nervio óptico y después al cuerpo principal del cerebro. Así, algo del funcionamiento cerebral se lleva a cabo en el ojo mismo. El ojo hace algo de nuestro "pensamiento".

A este pensamiento lo traiciona el iris, la parte coloreada del ojo que se dilata y se contrae, y regula el tamaño de la pupila, admitiendo más o menos luz cuando cambia la intensidad de ésta. También sucede que el tamaño relativo del aumento o contracción se relaciona con nuestras emociones. Si vemos, olemos, gustamos u oímos algo agradable, nuestras pupilas aumentan de tamaño en forma automática. Si vemos, olemos, gustamos u oímos algo repugnante, nuestras pupilas se contraen también en forma automática. ¡Muchos jugadores de cartas revelan la mano que les tocó por el tamaño de sus pupilas! (El estudio del tamaño de la pupila en función de las actitudes se llama *pupilometría*.)

La luz más brillante que puede percibir el ojo humano, sin dañarse, tiene un brillo 500 veces mayor que el brillo mínimo perceptible. Ve hacia una lámpara encendida y después ve hacia un clóset sin iluminación. La diferencia en intensidad de la luz puede ser mayor que un millón a uno. Debido a un efecto llamado *inhibición lateral* no percibimos las diferencias reales de brillo. Los lugares más brillantes en nuestro campo visual no pueden opacar al resto, porque siempre que una célula receptora en nuestra retina manda una fuerte señal de brillantez a nuestro cerebro, también indica a las células vecinas que aminoren sus respuestas. De este modo emparejamos nuestro campo visual, lo cual nos permite percibir detalles en zonas muy brillantes y también en zonas muy oscuras. (La película fotográfica no es tan buena para hacer esto. Al fotografiar una escena con fuertes diferencias de intensidad se pueden sobreexponer en unas zonas y subexponer en otras.) La inhibición lateral exagera la diferencia en brillantez en las orillas de los lugares de nuestro campo visual. Las orillas, por definición, separan una cosa de otra. Ahí acentua-

Ella te ama...

¿O no?

FIGURA 26.18 El tamaño de la pupila depende de tu actitud.

---

[8]Este fenómeno se llama *efecto Purkinje*, por el fisiólogo checo que lo descubrió.

FIGURA 26.19 Los dos rectángulos tienen igual brillo. Cubre la frontera entre ellos con un lápiz y compruébalo.

mos las diferencias. El rectángulo gris a la izquierda de la figura 26.19 parece más oscuro que el de la derecha, cuando vemos la frontera que lo separa. Pero cubre esa frontera con un lápiz o con el dedo y se ven de igual brillantez. Se debe a que ambos rectángulos *sí son* de igual brillo; cada uno tiene tono de más claro a más oscuro, yendo de izquierda a derecha. El ojo se concentra en la frontera, donde la orilla oscura del rectángulo izquierdo se junta con la parte clara del rectángulo derecho, y el sistema ojo-cerebro supone que el resto del rectángulo es igual. Damos atención a la frontera e ignoramos el resto.

Algunas dudas en qué meditar: la forma en que el ojo distingue las orillas y hace hipótesis acerca de lo que hay dentro, ¿se parece a la forma en que a veces hacemos juicios acerca de otras culturas y otras personas? ¿No tendemos a exagerar, en la misma forma, las diferencias en la superficie mientras ignoramos las semejanzas y las sutiles diferencias del interior?

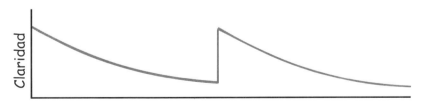

FIGURA 26.20 Gráfica de niveles de brillo para los rectángulos de la figura 26.19.

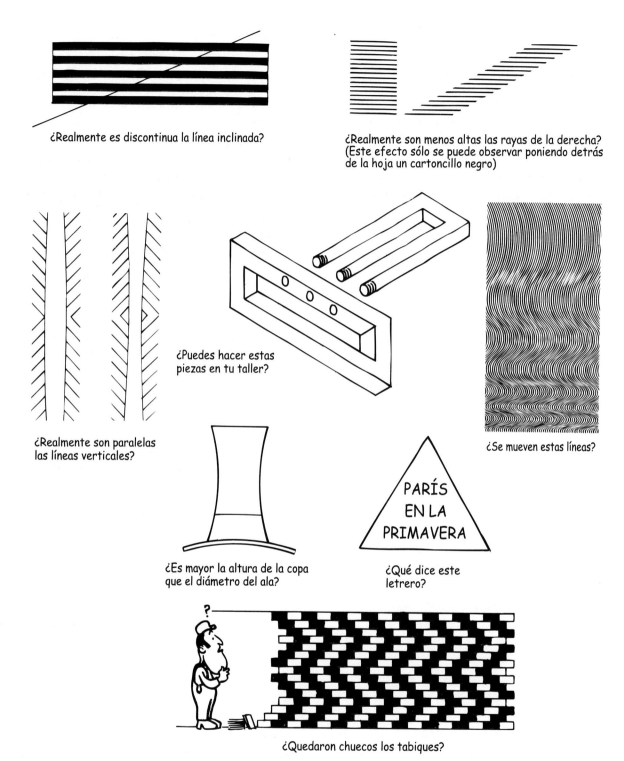

¿Realmente es discontinua la línea inclinada?

¿Realmente son menos altas las rayas de la derecha?
(Este efecto sólo se puede observar poniendo detrás
de la hoja un cartoncillo negro)

¿Puedes hacer estas
piezas en tu taller?

¿Realmente son paralelas
las líneas verticales?

¿Se mueven estas líneas?

¿Es mayor la altura de la copa
que el diámetro del ala?

PARÍS
EN LA
PRIMAVERA

¿Qué dice este
letrero?

¿Quedaron chuecos los tabiques?

FIGURA 26.21　Ilusiones ópticas.

Resumen de términos

Eclipse lunar   Evento en el que la Luna pasa por la sombra de la Tierra.

Eclipse solar   Evento en el que la Luna bloquea la luz solar, y la sombra de la Luna cae sobre una parte de la Tierra.

Espectro electromagnético   El intervalo de ondas electromagnéticas cuya frecuencia va desde las ondas de radio hasta los rayos gamma.

Onda electromagnética   Una onda portadora de energía emitida por una carga vibratoria (frecuentemente electrones) formada por campos eléctricos y magnéticos que se regeneran entre sí.

Opaco   Término aplicado a materiales que absorben la luz sin reemitirla, y por consiguiente a través de los cuales no puede pasar la luz.

Penumbra   Una sombra parcial que aparece donde algo de la luz, pero no toda, es bloqueada, y el resto de la luz puede llegar a ella.

Sombra   Una región oscura que aparece cuando los rayos de luz son bloqueados por un objeto. También, la parte más oscura de una sombra, donde toda la luz es bloqueada.

Transparente   Término aplicado a materiales a través de los cuales la luz puede pasar en línea recta.

Umbra   La parte más oscura de una sombra donde se bloquea la luz.

Lecturas sugeridas

Falk, D. S., Brill, D.R. y Stork, D. *Seeing the Light: Optics in Nature*. New York: Harper & Row, 1986.

Preguntas de repaso

Ondas electromagnéticas

1. ¿Qué induce un *campo magnético que varía*?
2. ¿Qué induce un *campo eléctrico que varía*?
3. ¿Qué produce una onda electromagnética?

Velocidad de una onda electromagnética

4. ¿Por qué una onda electromagnética en el espacio nunca desacelera?
5. ¿Por qué una onda electromagnética en el espacio nunca acelera?
6. ¿Qué contienen y transportan los campos eléctricos y magnéticos?

7. ¿Qué es la luz?

El espectro electromagnético

8. ¿Cuál es la diferencia principal entre una *onda de radio* y la *luz visible*?
9. ¿Cuál es la diferencia principal entre la *luz visible* y los *rayos X*?
10. ¿Qué parte, o cuánto del espectro electromagnético medido ocupa la *luz visible*?
11. ¿Qué color tiene la *luz visible* de las frecuencias mínimas visibles? ¿Y en las frecuencias máximas?
12. ¿Cómo se compara la frecuencia de una onda de radio con la de los electrones vibratorios que la producen?
13. ¿Cómo se relaciona la longitud de onda de la *luz visible* con su frecuencia?
14. ¿Cuál es la longitud de una onda cuya frecuencia es de 1 Hz y se propaga a 300,000 km/s?
15. ¿En qué sentido decimos que el espacio exterior en realidad no está vacío?

Materiales transparentes

16. El sonido que proviene de un diapasón puede hacer que otro diapasón vibre. ¿Cuál es el efecto análogo en la luz?
17. ¿En qué región del espectro electromagnético está la frecuencia de resonancia de los electrones en el vidrio?
18. ¿Cuál es el destino de la energía en la luz ultravioleta que incide en un vidrio?
19. ¿Cuál es el destino de la energía en la luz visible que incide en un vidrio?
20. ¿Cómo se compara la frecuencia de la luz reemitida en un material transparente con la de la luz que estimula la reemisión?
21. ¿Cómo se compara la rapidez promedio de la luz en el vidrio con su rapidez en el vacío?
22. ¿Por qué a las ondas infrarrojas se les llama con frecuencia *ondas de calor*?

Materiales opacos

23. ¿Por qué los materiales se calientan cuando los ilumina la luz?
24. ¿Por qué los metales son brillantes?
25. ¿Por qué los objetos mojados se ven normalmente más oscuros que los objetos secos?

Sombras

26. Describe la diferencia entre *sombra* y *penumbra*.
27. La Tierra y la Luna, ¿siempre producen sombras? ¿Qué se produce cuando una pasa por la sombra de la otra?

Visión de la luz (el ojo)

28. Describe la diferencia entre *bastones* y *conos* en el ojo, y entre sus funciones.

29. ¿Cuáles son las dos propiedades inusuales de la visión humana periférica?

30. ¿Por qué vemos blancas tanto las estrellas rojas como las estrellas azules?

Proyectos

1. Compara el tamaño de la Luna sobre el horizonte y cuando está alta en el cielo. Una forma de hacerlo es extender el brazo y sujetar diversos objetos que apenas la bloqueen. Busca hasta que encuentres uno del tamaño exacto, quizá un lápiz o una pluma gruesos. Verás que el objeto tendrá menos de un centímetro, dependiendo de la longitud de los brazos. La Luna, ¿es mayor cuando está cerca del horizonte?

2. ¿Cuál ojo es el que usamos más? Para hacer la prueba, apunta con un dedo hacia arriba mientras tienes el brazo extendido. Con ambos ojos abiertos, ve algún objeto lejano junto al dedo. Ahora cierra el ojo derecho. Si parece que el dedo salta hacia la derecha, quiere decir que usas más el ojo derecho. Haz lo anterior con compañeros que sean diestros y zurdos. ¿Hay alguna correlación entre el ojo dominante y la mano dominante?

3. Vigila el cambio de tamaño de tu pupila. Fíjate cómo. Perfora un agujero pequeño en una hoja de papel, con un broche (o clip) pequeño. Sujeta el papel a algunos centímetros del ojo, y ve hacia las luces del techo, o al cielo, a través del agujero. No enfoques los bordes del agujero, sino relájate y ve por el agujero; acércalo de tal manera que no puedas enfocarlo de ningún modo (quítate los anteojos que estés usando). Verás un bello círculo. Pero ese círculo no es el agujero. ¡Es tu pupila! Para demostrarlo, cubre el otro ojo con la mano libre. Ambas pupilas están enlazadas, por lo que si una cambia, la otra también. Si cubres el otro ojo y disminuyes la luz que le entra, la pupila se dilatará. Verás que las dos se dilatan cuando veas que el círculo de luz se dilata, al mirar por el pequeño agujero. ¡Es bonito!

Ejercicios

1. Un amigo te dice, con voz profunda, que la luz es lo único que podemos ver. ¿Está en lo correcto?

2. Además, tu amigo dice que la luz se produce por la conexión entre la electricidad y el magnetismo. ¿Está en lo correcto?

3. ¿Cuál es la fuente fundamental de radiación electromagnética?

4. ¿Cuáles tienen la mayor longitud de onda: la luz visible, los rayos X o las ondas de radio?

5. ¿Cuál tiene longitudes de onda más cortas, el ultravioleta o el infrarrojo? ¿Cuál tiene las mayores frecuencias?

6. ¿Cómo es posible tomar fotografías en la oscuridad completa?

7. Exactamente, ¿qué es lo que ondula en una onda luminosa?

8. Se escucha a las personas hablar de la "luz ultravioleta" y de la "luz infrarroja". ¿Por qué son engañosos esos términos? ¿Por qué es menos probable escuchar acerca de la "luz de radio" y de la "luz de rayos X"?

9. Un láser de helio-neón emite luz de 633 nanómetros (nm) de longitud de onda. La longitud de onda de un láser de argón es 515 nm. ¿Cuál láser emite la luz de mayor frecuencia?

10. ¿Qué requiere un medio físico para propagarse: luz, sonido o ambos? Explica.

11. Las ondas de radio, ¿se propagan a la rapidez del sonido, a la rapidez de la luz, o a una rapidez intermedia?

12. Cuando los astrónomos observan una explosión de supernova en una galaxia lejana, lo que ven es un aumento repentino y simultáneo en la *luz visible* y en otras formas de radiación electromagnética. ¿Es eso una prueba que respalde la idea de que la rapidez de la luz es independiente de la frecuencia? Explica por qué.

13. ¿Qué es igual acerca de las ondas de radio y de luz? ¿Qué es diferente acerca de ellas?

14. ¿Qué pruebas puedes citar como respaldo de la idea de que la luz puede propagarse en el vacío?

15. ¿Por qué esperas que la rapidez de la luz sea un poco menor en la atmósfera que en el vacío?

16. Si disparas una bala que atraviese un árbol, se desacelerará dentro de él y saldrá a una rapidez menor que la rapidez con la que entró. Entonces, ¿la luz también desacelera al pasar por el vidrio y sale con menor rapidez? Defiende tu respuesta.

17. Imagina que una persona pueda caminar sólo con determinado paso; ni más rápido ni más lento. Si tomas el tiempo de su caminata ininterrumpida al cruzar un recinto de longitud conocida, podrás calcular su rapidez al caminar. Sin embargo, si se detiene en forma momentánea al caminar, para saludar a otras personas en el recinto, el tiempo adicional que duraron sus interacciones breves origina una rapidez *promedio* al cruzar el recinto; esa rapidez es menor que la de caminata. ¿En qué se parece lo anterior al caso de la luz atravesando el vidrio? ¿En qué no se parece?

18. ¿Es el vidrio transparente a luz de frecuencias que coinciden con sus propias frecuencias naturales? Explica por qué.

19. Las longitudes de onda cortas de la luz visible interactúan con más frecuencia con los átomos en el vidrio que las de mayor longitud de onda. ¿Ese tiempo de interacción tiende a aumentar o a disminuir la rapidez promedio de la luz en el vidrio?

20. ¿Qué determina si un material es transparente u opaco?

21. Puedes resultar con quemaduras de Sol en un día nublado, pero no te quemarás a través de un vidrio, aunque el día esté muy soleado. ¿Por qué?

22. Imagina que la luz solar incide en un par de anteojos para leer y un par de anteojos oscuros para el sol. ¿Cuáles anteojos crees que se van a calentar más? Defiende tu respuesta.

23. ¿Por qué un avión que vuela muy alto casi no produce sombra, o no produce sombra en el suelo, mientras que uno que vuele bajo produce una sombra bien definida?

24. Sólo algunas de las personas que ocupan el "lado de día" en la Tierra pueden presenciar un eclipse solar, mientras que todas las personas que ocupan el "lado de noche" pueden presenciar un eclipse lunar. ¿Por qué?

25. Los eclipses lunares son siempre eclipses en luna llena. Esto es, la Luna siempre está llena inmediatamente antes y después de que la sombra de la Tierra pasa sobre ella. ¿Por qué? ¿Por qué nunca veremos un eclipse lunar cuando haya luna creciente, menguante o nueva?

26. ¿Qué evento astronómico verían unos observadores en la Luna a) en el momento en que en la Tierra se viera un eclipse lunar? b) en el momento en que en la Tierra se viera un eclipse solar?

27. La luz que procede de un lugar en el que concentras tu atención llega a la mácula, que sólo contiene conos. Si deseas observar una fuente luminosa débil, por ejemplo una estrella débil, ¿por qué no debes ver la fuente *directamente*?

28. ¿Por qué no tienen color los objetos iluminados por la luz de la Luna?

29. ¿Por qué el cielo es negro cuando se ve desde la Luna?

30. ¿Por qué no vemos colores en la periferia de nuestra visión?

31. De acuerdo con lo que viste en la figura 26.15, tu punto ciego está, ¿al lado de la mácula que da a la nariz o hacia el otro lado?

32. Cuando tu novia te sujeta y te mira con pupila contraída y dice "te amo", ¿le crees?

33. ¿Se puede deducir que una persona con pupilas grandes en general es más feliz que una con pupilas pequeñas? Si no, ¿por qué no?

34. La intensidad de la luz decrece de acuerdo con el inverso del cuadrado de la distancia a la fuente. ¿Quiere decir eso que se pierde la energía luminosa? Explica por qué.

35. La luz de una lámpara de destello en fotografía se debilita al aumentar la distancia, siguiendo la ley del inverso del cuadrado. Comenta acerca de un pasajero al tomar una foto panorámica desde un avión que vuela muy alto sobre una ciudad, usando su *flash*.

36. En los barcos se determina la profundidad del mar haciendo rebotar en él ondas de sonar y midiendo el tiempo en el viaje de ida y vuelta. ¿Cómo se hace (en forma parecida) en algunos aeroplanos para determinar su distancia al suelo?

37. El planeta Júpiter está más de cinco veces más alejado del Sol que la Tierra. ¿Cómo aparece el brillo del Sol a esta mayor distancia?

38. Cuando ves una galaxia lejana a través de un telescopio, ¿por qué estás viendo hacia atrás en el tiempo?

39. Cuando vemos al Sol, lo vemos como era hace 8 minutos. Así, sólo podemos ver el Sol "en el pasado". Cuando ves el dorso de la mano, ¿lo ves "ahora" o "en el pasado"?

40. La "visión 20/20" es una medida arbitraria; quiere decir que puedes leer lo que una persona promedio puede leer a una distancia de 20 pies a la luz del día. ¿Cuál es esa distancia en metros?

Problemas

1. Olaus Roemer, astrónomo danés, midió en 1675 las horas de aparición de una de las lunas de Júpiter, saliendo de detrás del planeta, en sus revoluciones sucesivas en torno a ese planeta, y tomó nota de las demoras en esas apariciones, a medida que la Tierra se alejaba de Júpiter; se dice que llegó a la conclusión que la luz tarda 16.5 minutos más para recorrer los 300,000,000 de kilómetros del diámetro de la órbita de la Tierra en torno al Sol. ¿Qué valor aproximado de la rapidez de la luz se puede calcular a partir de estos datos?

2. En uno de los experimentos de Michelson, un haz procedente de un espejo giratorio recorrió 15 km hasta un espejo estacionario. ¿Cuánto tiempo pasó para que regresara al espejo estacionario?

3. El Sol está a 1.50×10^{11} metros de la Tierra. ¿Cuánto tarda la luz del Sol en llegar a la Tierra? ¿Cuánto tarda en cruzar el diámetro de la Tierra? Compara tu resultado con el tiempo que midió Roemer en el siglo XVII (problema 1).

4. ¿Cuánto tarda un impulso de luz de láser en llegar a la Luna, reflejarse y llegar a la Tierra?

5. La estrella más cercana, aparte de nuestro Sol, es Alpha Centauri, a 4.2×10^{16} metros de distancia. Si hoy recibiéramos un mensaje de radio emitido en esa estrella, ¿hace cuánto se hubiera enviado?

6. La longitud de onda de la luz de sodio amarilla, en el aire es 589 nm. ¿Cuál es su frecuencia?

7. La luz azul-verdosa tiene una frecuencia aproximada de 6×10^{14} Hz. Usa la ecuación $c = f\lambda$ para calcular la longitud de onda de esa luz en el aire. ¿Cómo se compara esa longitud de onda con el tamaño de un átomo, que es aproximadamente 10^{-10} m?

8. La longitud de onda de la luz cambia al pasar de un medio a otro, mientras que la frecuencia permanece constante. La longitud de onda, ¿es mayor o menor en el agua que en el aire? Explícalo en términos de la ecuación rapidez = frecuencia $\times$ longitud de onda. Una luz amarillo-verdosa tiene 600 nm (6×10^{-7} nm) de longitud de onda en el aire. ¿Cuál es su longitud de onda en el agua, donde la luz se propaga al 75% de su rapidez en el aire? ¿En plexiglás (lámina de acrílico), donde se propaga al 67% de su rapidez en el aire?

9. Determinada instalación de radar se usa para rastrear a los aviones; transmite radiación electromagnética de 3 cm de longitud de onda. a) ¿Cuál es la frecuencia de esta radiación, medida en miles de millones de hertz (GHz)? b) ¿Cuál es el tiempo necesario para que un impulso de ondas de radar lleguen a un avión a 5 km de distancia y regresen?

10. Una pelota con el mismo diámetro que el de una lámpara se sujeta a media distancia de la lámpara a un muro, como se ve en el esquema. Traza los rayos luminosos, en forma parecida a los de la figura 26.13, y demuestra que el diámetro de la sombra en la pared es igual al de la pelota, y que el diámetro de la penumbra es tres veces mayor que el de la pelota.

Lámpara   Pelota   Pared

27

COLOR

Paul Robinson, autor del manual de laboratorio, produce una diversidad de colores cuando lo iluminan una lámpara roja, una verde y una azul.

L as rosas son rojas y las violetas son azules; los colores intrigan tanto a los artistas como a los físicos. Para el físico, los colores de los objetos no están en las sustancias mismas, ni siquiera en la luz que emiten o reflejan. El color es una experiencia fisiológica, y está en el ojo de quien lo juzga. Así, cuando decimos que la luz que procede de una rosa es roja, en un sentido estricto queremos decir que *aparece* roja. Muchos organismos, incluyendo las personas con defectos de captación de colores, no ven que la rosa sea roja.

Los colores que percibimos dependen de la frecuencia de la luz que vemos. Las luces de distintas frecuencias son percibidas como de distintos colores; la luz de frecuencia mínima que podemos detectar parece roja a la mayoría de las personas, y la frecuencia máxima como violeta. Entre ellas está la cantidad infinita de tonos que forman el espectro de colores del arco iris. Por convención, esos tonos se agrupan en los siete colores que son rojo, anaranjado, amarillo, verde, azul, índigo y violeta. Estos colores juntos dan el aspecto de blanco. La luz blanca del Sol está formada por todas las frecuencias visibles.

Reflexión selectiva

FIGURA 27.1 Los colores de las cosas dependen de los colores de la luz que los ilumina.

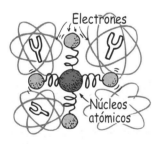

FIGURA 27.2 Los electrones externos de un átomo vibran y resuenan igual que lo harían pesos fijos en resortes. En consecuencia, los átomos y las moléculas se comportan como si fueran diapasones ópticos.

FIGURA 27.3 El cuadrado de la izquierda *refleja* todos los colores que lo iluminan. Es blanco bajo la luz solar. Cuando se le ilumina con luz azul, es azul. El cuadrado de la derecha absorbe todos los colores que lo iluminan. Bajo la luz solar, es más cálido que el cuadrado blanco.

A excepción de las fuentes luminosas, como lámparas, láseres y tubos de descarga en gas (que describiremos en el capítulo 30), la mayor parte de los objetos que nos rodean reflejan la luz, y no la emiten. Sólo reflejan parte de la luz que les llega, la parte que produce su color. Por ejemplo, una rosa no emite luz, sino que la refleja (Figura 27.1). Si la luz solar pasa por un prisma y colocamos una rosa en diversas partes del espectro, los pétalos parecen cafés o negros en todas las partes del espectro, excepto en el rojo. En la parte roja del espectro los pétalos se ven rojos, pero el tallo y las hojas verdes se ven negros. Eso demuestra que los pétalos rojos tienen la capacidad de reflejar la luz roja, pero no otros colores. De igual modo, las hojas verdes tienen la capacidad de reflejar la luz verde, pero no otros colores. Cuando la rosa se ilumina con luz blanca, los pétalos se ven rojos y las hojas se ven verdes, porque los pétalos reflejan la parte roja de la luz blanca, y las hojas reflejan la parte verde. Para comprender por qué los objetos reflejan colores específicos de luz, debemos dirigir nuestra atención al átomo.

La luz se refleja en los objetos en forma parecida a como el sonido se "refleja" en un diapasón cuando lo pone a vibrar otro diapasón cercano. Un diapasón puede hacer que otro vibre, aun cuando no coincidan sus frecuencias, aunque será a menores amplitudes. Lo mismo sucede con los átomos y las moléculas. Los electrones externos que zumban en torno al núcleo del átomo pueden ponerse a vibrar mediante los campos eléctricos de las ondas electromagnéticas.[1] Una vez en vibración, esos electrones mandan sus propias ondas electromagnéticas, igual que los diapasones acústicos mandan sus propias ondas sonoras.

Los distintos materiales tienen distintas frecuencias de absorción y emisión de radiación. En un material, los electrones oscilan con facilidad en ciertas frecuencias; en otro, oscilan con facilidad en distintas frecuencias.

En las distintas frecuencias de resonancia, donde las amplitudes de oscilación son grandes, se absorbe la luz. Pero a las frecuencias menores y mayores que las de resonancia se reemite la luz. Si el material es transparente, la luz reemitida lo atraviesa. Si el material es opaco, la luz regresa al medio de donde vino. Eso es la reflexión.

Normalmente, un material absorbe la luz de algunas frecuencias y refleja el resto. Si absorbe la mayor parte de la luz visible que le llega, pero refleja el rojo por ejemplo, aparece rojo. Es la causa de que los pétalos de las rosas rojas sean rojas, y que su tallo sea verde. Los átomos de los pétalos absorben toda la luz visible, excepto la roja que reflejan; el tallo absorbe todo excepto el verde, que refleja. Un objeto que refleja luz de

---

[1] Las palabras *oscilación* y *vibración* indican movimiento periódico, movimiento que se repite con regularidad.

FIGURA 27.4 Lo negro de la piel del conejo absorbe toda la energía radiante de la luz solar que le llega, y en consecuencia es negro. La piel clara de las demás partes del cuerpo refleja la luz de todas las frecuencias, y en consecuencia es blanca.

todas las frecuencias visibles, como la parte blanca de esta página, es del mismo color que la luz que le llega. Si un material absorbe toda la luz que recibe, no refleja luz y es negro.

Es interesante que los pétalos de la mayoría de las flores amarillas reflejan el verde y el rojo, además del verde. Los narcisos amarillos reflejan una amplia banda de frecuencias. Los colores que reflejan la mayor parte de los objetos no son puros, de una sola frecuencia, sino están formados por un intervalo de frecuencias.

Un objeto sólo puede reflejar frecuencias que estén presentes en la luz que lo ilumina. En consecuencia, el aspecto del color de un objeto depende de la clase de luz que lo ilumine. Por ejemplo, una lámpara incandescente emite más luz en las frecuencias menores que en las mayores, y los rojos que se ven con esa luz se intensifican. En una tela que sólo sea un poco roja, se ve más el rojo bajo una lámpara incandescente que bajo una lámpara fluorescente. Las lámparas fluorescentes son más ricas en las frecuencias más altas, por lo que bajo ellas se intensifican los azules. Por lo general se define que el color "real" de un objeto es el que tiene a la luz del día. Así, cuando vayas de compras, el color de una prenda que veas con luz artificial no es exactamente el color real (Figura 27.5).

FIGURA 27.5 El color depende de la fuente luminosa.

Transmisión selectiva

El color de un objeto transparente depende del color de la luz que transmita. Un trozo de vidrio rojo parece rojo porque absorbe todos los colores que forman la luz blanca, excepto el rojo, que es el que *transmite*. De igual forma, un trozo de vidrio azul parece azul porque transmite principalmente luz azul, y absorbe luz de los demás colores que lo iluminan. El trozo de vidrio contiene colorantes o *pigmentos*, partículas menudas que absorben en forma selectiva luz de determinadas frecuencias y transmiten selectivamente luz de otras frecuencias. Desde un punto de vista atómico, los electrones de los átomos de pigmento absorben en forma selectiva la luz de ciertas frecuencias. De molécula a molécula en el vidrio se reemite la luz de otras frecuencias. La energía de la luz absorbida aumenta la energía cinética de las moléculas y el vidrio se calienta. El vidrio ordinario de las ventanas es incoloro, porque transmite igualmente bien luz de todas las frecuencias visibles.

FIGURA 27.6 Sólo la energía con la frecuencia de la luz azul es la que se transmite. La energía de las demás frecuencias es absorbida, y calienta al vidrio.

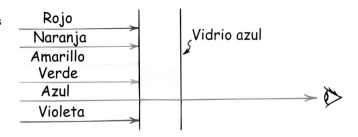

Mezcla de luces de colores

El hecho de que la luz blanca del Sol esté formada por todas las frecuencias visibles se demuestra con facilidad haciéndola pasar por un prisma, y observando el espectro con los colores del arco iris. La intensidad de la luz solar varía con la frecuencia, y es más intensa en la parte amarilla-verde del espectro. Es interesante observar que los ojos han evolucionado y llegado a tener la sensibilidad máxima en estas frecuencias. Es la causa de que los nuevos carros de bomberos estén pintados de amarillo-verde, en especial en los aeropuertos, donde la visibilidad es vital. Nuestra sensibilidad a la luz amarillo-verde también es la causa de que por la noche veamos mejor con iluminación de lámparas de vapor de sodio, con luz amarilla, que con iluminación de lámparas ordinarias de filamento de tungsteno con el mismo brillo.

La distribución gráfica de brillo en función de la frecuencia se llama *curva de radiación* de la luz solar (Figura 27.7). La mayor parte de los blancos que produce la luz solar reflejada comparten esta distribución de frecuencias.

FIGURA 27.7 La curva de radiación de la luz solar es una gráfica de brillo en función de frecuencia. La luz solar es más brillante en la región del amarillo-verde, a la mitad del intervalo visible.

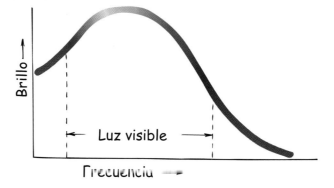

Todos los colores combinados forman el blanco. Es interesante el hecho que la percepción del blanco también se obtenga combinando sólo luces roja, verde y azul. Esto se puede comprender dividiendo la curva de radiación solar en tres partes, como en la figura 27.8. En los ojos hay tres clases de receptores de color en forma de cono. La luz del

FIGURA 27.8 Curva de radiación de la luz solar dividida en tres regiones: rojo, verde y azul. Son los colores primarios aditivos.

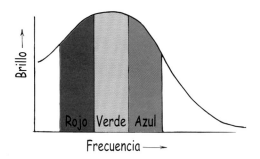

tercio inferior de la distribución espectral estimula los conos sensibles a las bajas frecuencias, y se ve roja; la luz en el tercio intermedio estimula los conos sensibles a las frecuencias intermedias y se ve verde; la luz en el tercio de alta frecuencia estimula los conos sensibles a mayores frecuencias y se ve azul. Cuando se estimulan por igual las tres clases de conos vemos el blanco.

Al proyectar luces roja, verde y azul en una pantalla, se produce blanco en donde se enciman las tres luces. Cuando dos de los tres colores se traslapan se produce otro color (Figura 27.9). En el idioma de los físicos, las luces de colores que se traslapan se *suman* entre sí. Así, se dice que la luz roja, verde y azul *se suma y produce luz blanca*, y que dos colores cualesquiera de esos tres se suman y producen otro color. Diversas cantidades de los colores rojo, verde y azul, colores a los cuales son sensibles cada una de las tres clases de nuestros conos, producen cualquier color del espectro. Por esta razón, el rojo, el verde y el azul se llaman *colores primarios aditivos*. Un examen cuidadoso de la imagen en la mayor parte de los cinescopios de la TV indica que es un conjunto de manchas diminutas, cada una con menos de un milímetro de diámetro. Cuando se enciende la pantalla, algunas de las manchas son rojas, unas verdes y otras azules; las mezclas de esos colores primarios, vistas a cierta distancia, forman la gama completa de colores y además el blanco.[2]

FIGURA 27.9 Adición de colores, mezclando luces de color. Cuando los tres proyectores iluminan con luz roja, verde y azul una pantalla blanca, las partes encimadas producen distintos colores. Se produce blanco donde se traslapan las tres luces.

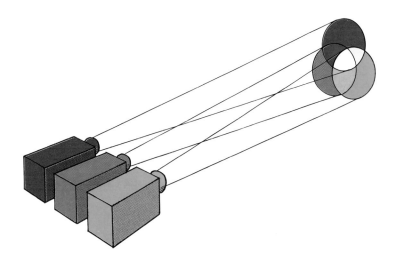

[2]Es interesante observar que el "negro" que ves en las escenas más oscuras de una TV en blanco y negro sólo es el color de la cara del tubo mismo, que en muchos tubos es más gris claro que negro. Como nuestros ojos son sensibles al contraste con las partes iluminadas de la pantalla, este gris lo vemos como negro.

Colores complementarios

Lo que sucede cuando se combinan aditivamente los tres colores primarios es lo siguiente:

Rojo + Azul = Morado (magenta)

Rojo + Verde = Amarillo

Azul + Verde = Azul verde (cian)

Vemos que el magenta es el opuesto del verde, el cian es el opuesto del rojo y que el amarillo es el opuesto al azul. Ahora, cuando se suman los colores opuestos se obtiene blanco.

Magenta + Verde = Blanco (= Rojo + Azul + Verde)

Amarillo + Azul = Blanco (= Rojo + Verde + Azul)

Cian + Rojo = Blanco (= Azul + Verde + Rojo)

Cuando se suman dos colores y se produce blanco, los colores se llaman **colores complementarios**. Cada matiz tiene un color complementario que, sumado a él, produce blanco.

El hecho de que un color y su complemento se combinen para producir luz blanca, se aprovecha muy bien al iluminar los escenarios. Por ejemplo, cuando las luces azul y amarillo llegan a los actores, producen el efecto de la luz blanca, excepto en los lugares donde está ausente uno de los colores, por ejemplo, en las sombras. La sombra producida por una lámpara, digamos que la azul, se ilumina con la lámpara amarilla y parece amarilla. De igual modo, la sombra que produce la lámpara amarilla parece azul. Es un efecto muy interesante.

Eso se ve en la figura 27.10, donde una pelota de golf está iluminada por luces roja, verde y azul. Observa las sombras que produce la pelota. La sombra de en medio está producida por la lámpara verde y no es negra porque está iluminada por las luces roja y azul, que forman el magenta. La sombra que produce la luz azul parece amarilla, porque está iluminada por las luces roja y verde. ¿Puedes ver por qué la luz que produce la luz roja parece cian?

EXAMÍNATE

1. De acuerdo con la figura 27.9, determina los complementos del cian, del amarillo y del rojo.
2. Rojo + azul = _____.
3. Blanco − rojo = _____.
4. Blanco − azul = _____.

COMPRUEBA TUS RESPUESTAS

1. Rojo, azul, cian.
2. Magenta.
3. Cian.
4. Amarillo.

FIGURA 27.10 La pelota de golf blanca parece blanca cuando la iluminan luces roja, verde y azul de igual intensidad. ¿Por qué las sombras de esa pelota son cian, magenta y amarilla?

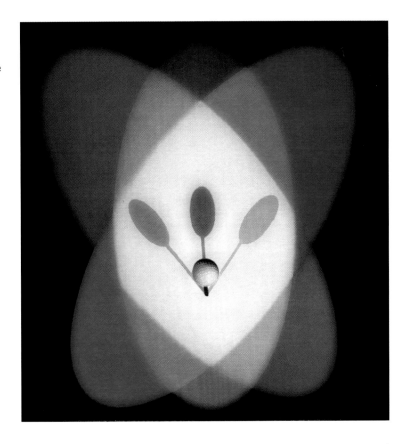

Mezcla de pigmentos de colores

Todo artista sabe que si se mezclan pinturas de color rojo, verde y azul, el resultado no será blanco, sino un café oscuro sucio. Las pinturas roja y verde no se combinan para formar el amarillo, como en la regla de combinación de luces de colores. La mezcla de pigmentos en las pinturas y los tintes es totalmente distinta que la mezcla de las luces. Los pigmentos son partículas diminutas que absorben colores específicos. Por ejemplo, los pigmentos que producen el color rojo absorben el cian, su color complementario. Así, algo pintado de rojo absorbe principalmente al cian, y es la causa de que refleje el rojo. De hecho, de la luz blanca se ha *restado* el cian. Algo pintado de azul absorbe el amarillo, por lo que refleja todos los colores excepto el amarillo. Si al blanco le quitas el amarillo obtienes azul. Los colores magenta, cian y amarillo son los **primarios sustractivos**. La diversidad de colores que ves en las fotografías de este o de cualquier otro libro se forman con puntos magenta, cian y amarillo. La luz ilumina el libro, y de la luz que se refleja se restan luces de algunas frecuencias. Las reglas de sustracción de color son distintas a la de adición de color.

La impresión en color es una aplicación interesante de la mezcla de colores. De la ilustración que se quiere imprimir se toman tres fotografías (separaciones de color): una a través de un filtro magenta, otra a través de un filtro amarillo y la tercera a través de un filtro cian. Cada uno de los tres negativos tiene una distribución distinta de zonas expuestas, que corresponden al filtro que se usó y a la distribución de los colores en la ilustración original. A través de esos negativos se hace pasar luz que llega a placas metálicas con un

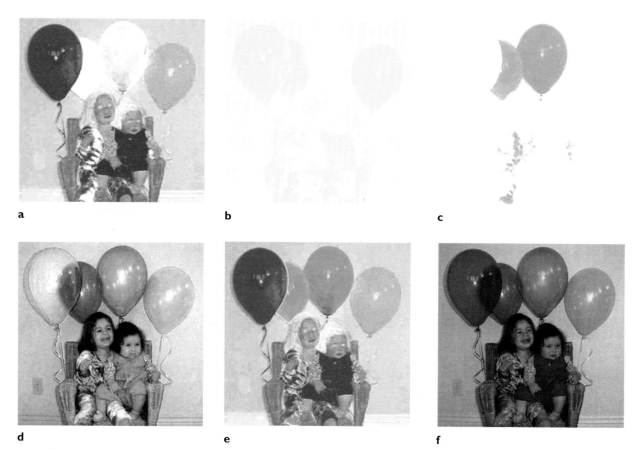

a   b   c

d   e   f

FIGURA 27.11   Sólo se usan tintas de cuatro colores para imprimir las ilustraciones y las fotografías en color: a) magenta, b) amarillo, c) cian y d) negro. Cuando se combinan magenta, amarillo y cian, producen lo que se ve en e). Al agregar el negro se produce la imagen terminada, f).

tratamiento especial para retener la tinta de impresión sólo en las áreas que han sido expuestas a la luz. La deposición de la tinta se regula en distintas partes de la placa, mediante puntos diminutos. Las impresoras de chorro de tinta depositan diversas combinaciones de tinta magenta, cian, amarilla y negra. Examina los colores de cualquier ilustración de este libro, o de cualquier otro, con una lupa y verás cómo los puntos traslapados de esos colores dan la apariencia de muchos colores más. O examina de cerca un anuncio.

Vemos que todas las reglas de adición y de sustracción de color pueden deducirse de las figuras 27.9, 27.10 y 27.12.

Cuando vemos los colores en una pompa de jabón, observamos el cian, el magenta y el amarillo de forma predominante.¿Qué nos dice esto? ¡Nos dice que se han sustraído algunos colores primarios de la luz blanca original! (Cómo sucede esto se explica en el capítulo 29.)

Por qué el cielo es azul

No todos los colores son el resultado de la adición o sustracción de luces. Algunos colores como el azul del cielo, son el resultado de dispersiones selectivas. Imagina el caso análogo del sonido: si un haz de determinada frecuencia acústica se dirige hacia un diapasón de frecuencia similar, el diapasón se pone a vibrar, y cambia la dirección del haz

FIGURA 27.12 Los colorantes y pigmentos, como en las tres transparencias que se ven aquí, absorben y sustraen con eficacia la luz de algunos colores y sólo transmiten parte del espectro. Los colores primarios sustractivos son amarillo, magenta y cian. Cuando la luz blanca pasa por tres filtros de esos colores, se bloquea (se sustrae) la luz de todas las frecuencias y se produce el negro. Donde sólo se enciman el amarillo y el cian, se resta la luz de todas las frecuencias, excepto la verde. Diversas proporciones de amarillo, cian y magenta producen casi cualquier color del espectro.

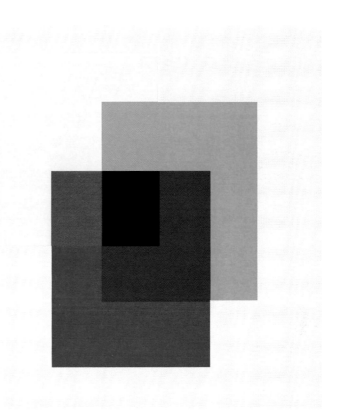

FIGURA 27.13 Los ricos colores del periquito representan muchas frecuencias de la luz. Sin embargo, la fotografía sólo es una mezcla de amarillo, magenta, cian y negro.

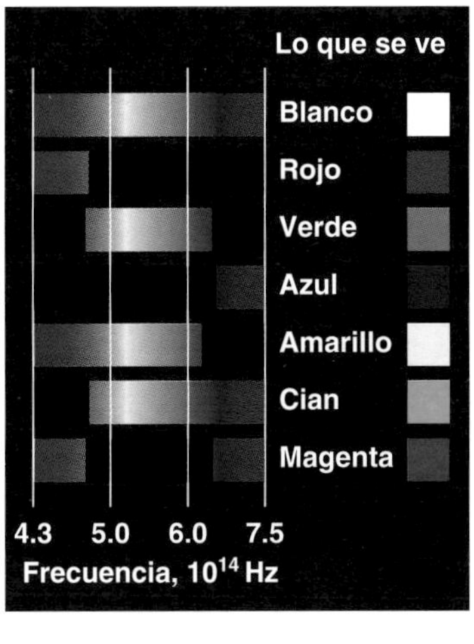

FIGURA 27.14 Intervalos aproximados de frecuencias que percibimos como colores primarios aditivos, y colores primarios sustractivos.

en múltiples direcciones. El diapasón *dispersa* al sonido. Sucede un proceso parecido en la dispersión de la luz en átomos y partículas muy alejadas entre sí, como en la atmósfera,[3] sucede un proceso parecido.

[3] A esta clase de dispersión se le llama *dispersión de Rayleigh*, y sucede siempre que las partículas dispersoras son mucho menores que la longitud de onda de la luz incidente, y que tienen resonancias a mayores frecuencias que las de la luz dispersada. La dispersión es mucho más complicada que lo que describe aquí nuestro tratamiento simplificado.

FIGURA 27.15 Un rayo de luz llega a un átomo y aumenta el movimiento de los electrones en él. Los electrones vibratorios reemiten la luz en varias direcciones. La luz se dispersa.

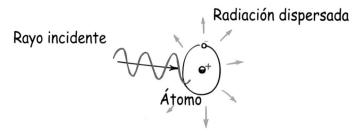

Rayo incidente

Radiación dispersada

Átomo

Recuerda la figura 27.2, donde se ve que los átomos se comportan en forma muy parecida a diapasones diminutos, y reemiten las ondas luminosas que les llegan. Las moléculas y los grupos de átomos más numerosos hacen lo mismo. Mientras más diminuta sea la partícula, emite mayor cantidad de luz de mayor frecuencia. Se parece a la forma en que las campanas pequeñas resuenan con notas más agudas que las grandes. Las moléculas de nitrógeno y oxígeno que forman la mayor parte de la atmósfera funcionan como diminutas campanas que "suenan" con frecuencias altas cuando las energiza la luz solar. Al igual que el sonido de las campanas, la luz reemitida sale en todas direcciones. Cuando la luz se reemite en todas direcciones se dice que se *dispersa*.

De las frecuencias visibles de la luz solar, el nitrógeno y el oxígeno de la atmósfera dispersan principalmente al violeta, seguido del azul, el verde, el amarillo, el naranja y el rojo, en ese orden. El rojo se dispersa la décima parte del violeta. Aunque la luz violeta se dispersa más que el azul, los ojos no son muy sensibles a la luz violeta. En consecuencia, lo que predomina en nuestra visión es la luz azul dispersada ¡y vemos un cielo azul!

El azul celeste varía en los distintos lugares y bajo distintas condiciones. Un factor principal es el contenido de vapor de agua en la atmósfera. En los días claros y secos, el azul del cielo es mucho más profundo que en los días claros con mucha humedad. En países donde la atmósfera superior es excepcionalmente seca, como en Italia y en Grecia, los cie-

FIGURA 27.16 Cuando el aire está limpio, la dispersión de la luz de alta frecuencia produce un cielo azul. Cuando el aire está lleno de partículas de tamaño mayor que las moléculas, también se dispersa la luz de menor frecuencia, se suma a la de mayor frecuencia y produce un cielo blanquecino.

los son de un bello azul que ha inspirado durante siglos a los pintores. Cuando la atmósfera contiene grandes cantidades de partículas de polvo o de otros materiales, mayores que las moléculas de oxígeno y de nitrógeno, también dispersa fuertemente la luz de las frecuencias menores. Esto hace que el cielo sea menos azul, y tenga una apariencia blanquizca. Después de una fuerte lluvia, cuando se han lavado las partículas, el cielo se vuelve de un azul más profundo.

La bruma grisácea del cielo sobre las grandes ciudades se debe a las partículas emitidas por los motores de los automóviles y camiones, así como por las fábricas. Aun en marcha mínima, un motor normal de automóvil emite más de 100 mil millones de partículas por segundo. La mayor parte son invisibles, pero funcionan como centros diminutos en los cuales se adhieren otras partículas. Son los principales dispersores de la luz de menor frecuencia. Las partículas más grandes entre las anteriores más bien absorben, y no reemiten la luz, y se produce una bruma café. ¡Caramba!

Por qué los crepúsculos son rojos

La luz que no se dispersa es la luz que se transmite. Como la luz roja, anaranjada y amarilla es la que menos se dispersa en la atmósfera, se transmite mejor por el aire. El rojo, que se dispersa menos y en consecuencia se transmite más, pasa por más atmósfera que cualquier otro color. Así, mientras más gruesa sea la atmósfera atravesada por un rayo de luz solar, da más tiempo a que se dispersen todos los componentes de mayor frecuencia de la luz. Eso quiere decir que la luz que mejor la atraviesa es la roja. Como se ve en la figura 27.17, la luz solar atraviesa más atmósfera en el crepúsculo, y es la razón por la que se ven rojos los crepúsculos (y las auroras).

FIGURA 27.17 Un rayo de Sol debe viajar por más atmósfera en el crepúsculo que a mediodía. En consecuencia, se dispersa más luz azul del rayo en la puesta del Sol que a mediodía. Para cuando el rayo de luz inicialmente blanca llega al suelo, sólo sobrevive la luz de las frecuencias inferiores, y produce un crepúsculo rojo.

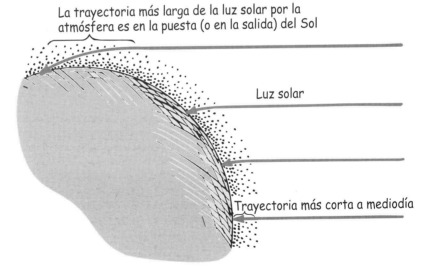

A mediodía, la luz atraviesa una cantidad mínima de atmósfera para llegar a la superficie terrestre. Sólo se dispersa una pequeña parte de la luz solar, la de alta frecuencia, lo bastante como para que el Sol se vea amarillento. Al avanzar el día y al bajar el Sol en el cielo, se alarga la trayectoria de sus rayos en la atmósfera, y de ellos se dispersa cada vez más luz violeta y azul. La eliminación del violeta y el azul hace que la luz transmitida sea más roja. El Sol se vuelve cada vez más rojo, pasando por el amarillo y el anaranjado, y por último al rojo-anaranjado cuando se oculta. Los crepúsculos y las auroras son muy coloridos después de las erupciones volcánicas, porque hay más abundancia en el aire de partículas mayores que las moléculas del aire.[4]

Los colores de los crepúsculos se apegan a nuestras reglas de mezcla de colores. Cuando de la luz blanca se resta el azul, el color complementario que queda es el amarillo. Cuando se resta el violeta, que es de mayor frecuencia, el color complementario que resulta es el anaranjado. Cuando se resta el verde, de frecuencia intermedia, queda el magenta. Las combinaciones de los colores producidos varían de acuerdo con las condiciones atmosféricas, que cambian de un día para otro y nos proporcionan una diversidad de crepúsculos para admirarlos.

EXAMÍNATE

1. Si las moléculas de la atmósfera dispersaran más la luz de baja frecuencia que la de alta frecuencia, ¿de qué color sería el cielo? ¿De qué color serían las puestas de sol?

2. Las montañas lejanas se ven azulosas. ¿Cuál es la fuente de ese azul? (*Sugerencia:* ¿Qué hay entre nosotros y las montañas que vemos?

3. Las montañas nevadas lejanas reflejan mucha luz y son muy brillantes. Las muy lejanas se ven amarillentas. ¿Por qué? (*Sugerencia:* ¿Qué le sucede a la luz blanca reflejada al ir desde las montañas hasta nosotros?)

COMPRUEBA TUS RESPUESTAS

1. Si se dispersara la luz de baja frecuencia, el cielo al mediodía parecería rojo-naranja. En la puesta del Sol se dispersarían más rojos por la mayor longitud de la trayectoria de la luz solar, y la que llegara a nosotros sería principalmente azul y violeta. Así, ¡los crepúsculos serían azules!

2. Si vemos a las montañas lejanas es muy poca la luz de ellas que nos llega, y predomina el azul de la atmósfera entre ellas y nosotros. El azul que atribuimos a las montañas es en realidad el azul del "cielo" a bajas alturas, que está entre nosotros y las montañas.

3. Las montañas nevadas y brillantes se ven amarillentas porque el azul de la luz blanca que reflejan hacia nosotros se dispersa en el camino. Para cuando la luz nos llega, es débil en las altas frecuencias y fuerte en las bajas frecuencias, y por consiguiente es amarillenta. A mayores distancias, mayores que a las que normalmente se ven las montañas, parecerían anaranjadas, por la misma razón que los crepúsculos se ven anaranjados.

   ¿Por qué vemos el azul dispersado cuando el fondo es oscuro, pero no cuando es claro? Porque la luz azul dispersada es débil. Un color débil se percibe contra un fondo oscuro, pero no contra un fondo claro. Por ejemplo, cuando vemos desde la superficie terrestre hacia la negrura del espacio, la atmósfera es azul celeste. Pero los astronautas de arriba ven hacia abajo a través de la misma atmósfera y no ven el mismo azul en las regiones claras de la Tierra.

---

[4]Los crepúsculos y las auroras serían mucho más coloridos si en el aire hubiera más abundancia de partículas mayores que las moléculas. Eso sucedió en todo el mundo, durante los tres años que siguieron a la erupción del volcán Krakatoa en 1883, cuando se dispersaron en toda la atmósfera partículas de tamaños en el dominio de las micras, en abundancia. Esto sucedió en menor grado después de la erupción del Monte Pinatubo, de Filipinas, en 1991.

Práctica de la física

Puedes simular un crepúsculo con una pecera llena de agua en la que vertiste un poquito de leche. Bastan unas cuantas gotas. A continuación ilumina la pecera con una linterna sorda y verás que desde un lado se ve azulosa. Las partículas de leche disper-

san las frecuencias mayores de la luz en el haz. La luz que sale por el lado opuesto de la pecera tendrá un tinte rojizo. Es la luz que no fue dispersada.

Por qué las nubes son blancas

Las nubes están formadas por gotitas de agua de distintos tamaños. Esas gotitas de distintos tamaños producen un surtido de frecuencias dispersadas: las más diminutas dispersan más el azul que los demás colores; las gotas un poco mayores dispersan frecuencias un poco mayores, por ejemplo, el verde, y las gotas más grandes dispersan más el rojo. El resultado general es una nube blanca. Los electrones, cercanos entre sí dentro de una gotita, vibran juntos y en fase, lo que da como resultado mayor intensidad de la luz dispersa que cuando la misma cantidad de electrones vibran por separado. En consecuencia, ¡las nubes son luminosas!

FIGURA 27.18 Una nube está formada por gotitas de agua de distintos tamaños. Las más diminutas dispersan la luz azul; un poco más grandes dispersan la luz verde y otras todavía más grandes dispersan la luz roja. El resultado es una nube blanca.

Cuando el surtido de gotitas es mayor, absorbe mucha de la luz que les llega, y entonces la intensidad que se dispersa es menor. Eso contribuye a la oscuridad de nubes formadas por gotas más grandes. Si las gotitas aumentan más de tamaño, caen como gotas de lluvia.

La siguiente vez que te encuentres admirando un cielo azul intenso o deleitándote con las formas de las nubes brillantes o contemplando una bella puesta del Sol, piensa en los diminutos diapasones ópticos que vibran; ¡así apreciarás más las maravillas cotidianas de la naturaleza!

Por qué el agua es azul verdosa

Con frecuencia, al mirar la superficie de un lago o del mar, vemos un bello azul profundo. Pero ése no es el color del agua, es el color reflejado del cielo. El color mismo del agua, que puedes apreciar al mirar un trozo de material blanco bajo el agua, es un azul verdoso pálido.

FIGURA 27.19 El agua es cian, o azul verde, porque absorbe la luz roja. La espuma de las olas es blanca porque, como las nubes, está formada por gotitas de agua de distintos tamaños que dispersan todas las frecuencias visibles.

FIGURA 27.20 En las plumas de un ave azulejo no hay pigmentos azules. En lugar de ello hay diminutas células alveolares en las barbas de esas plumas, que dispersan la luz, principalmente la luz de alta frecuencia. Así, un azulejo es azul por la misma razón por la que el cielo es azul: por la dispersión.

Aunque el agua es transparente a la luz de casi todas las frecuencias visibles, absorbe mucho las ondas infrarrojas. Esto es porque las moléculas de agua resuenan en las frecuencias del infrarrojo. La energía de las ondas infrarrojas se transforma en energía interna en el agua, y es la causa de que la luz solar caliente al agua. Las moléculas de agua resuenan algo en el rojo visible, por lo que la luz roja es absorbida un poco más que la luz azul en el agua. La luz roja se reduce a la cuarta parte de su intensidad inicial al pasar por 15 metros de agua. Cuando la luz solar penetra en más de 30 metros de agua, tiene muy poca luz roja. Cuando se retira el rojo de la luz blanca, ¿qué color queda? Esta pregunta se puede plantear de otra forma: ¿cuál es el color complementario del rojo? El color complementario es el cian, que es el azul verdoso. En el agua de mar, el color de todo lo que se ve a través de ella es verdoso.

Muchos cangrejos y otras criaturas marinas que parecen negros en aguas profundas se ven rojos al subir a la superficie. A mayores profundidades, el rojo y el negro se ven igual. Aparentemente, el mecanismo evolutivo de la selección no pudo distinguir entre el negro y el rojo a esas profundidades del mar.

Así, mientras que el cielo es azul porque el azul se dispersa mucho en las moléculas de la atmósfera, el agua es azul verdosa porque las moléculas de agua absorben el rojo. Vemos que los colores de las cosas dependen de qué colores se dispersan o se reflejan en las moléculas, y también de qué colores se absorben en ellas.[5]

Es muy interesante el hecho de que el color que vemos no existe en el mundo que nos rodea. Está en nuestras mentes. El mundo está lleno de vibraciones, o sean ondas electromagnéticas que estimulan la sensación de colores cuando las vibraciones interactúan con las antenas en forma de cono de la retina. Qué bien que haya interacciones entre los ojos y el cerebro que produzcan los bellos colores que vemos.

---

[5]La dispersión de la luz en partículas pequeñas y muy distanciadas entre sí, en los iris de los ojos azules, es la causa de su color, y no los pigmentos. La absorción en pigmentos es la causa de los ojos cafés.

Resumen de términos

Colores complementarios   Dos colores cualesquiera que al sumarse produzcan luz blanca.

Colores primarios aditivos   Tres colores, rojo, azul y verde, que cuando se suman en ciertas proporciones producen cualquier otro color de la parte visible del espectro electromagnético, y se pueden mezclar por igual para producir el blanco.

Colores primarios sustractivos   Los tres colores de pigmentos absorbentes, magenta, amarillo y cian, que cuando se mezclan en ciertas proporciones reflejan cualquier otro color de la parte visible del espectro electromagnético.

Lectura sugerida

Murhpy, Pat y Paul Doherty. *The Color of Nature*. San Francisco: Chronicle Books, 1996.

Preguntas de repaso

1. ¿Cuál es la relación de la frecuencia de la luz y su color?

Reflexión selectiva

2. ¿Qué sucede cuando los electrones externos en torno al núcleo del átomo encuentran ondas electromagnéticas?

3. Cuando se ponen en vibración los electrones externos, ¿qué emiten?

4. ¿Qué le sucede a la luz cuando llega a un material cuya frecuencia natural es igual a la frecuencia de esa luz?

5. ¿Qué le sucede a la luz cuando llega a un material cuya frecuencia natural es mayor o menor que la frecuencia de esa luz?

Transmisión selectiva

6. ¿De qué color es la luz que se transmite por un trozo de vidrio rojo?

7. ¿Qué es un *pigmento*?

8. ¿Qué se calienta con más rapidez en la luz solar, un trozo de vidrio incoloro, o uno con color? ¿Por qué?

Mezcla de luces de colores

9. ¿Cuál es la prueba para poder afirmar que la luz blanca está formada por todos los colores del espectro?

10. ¿Cuál es el color de la frecuencia máxima en la curva de radiación de luz solar?

11. ¿Cuál es el color de la luz para el que los ojos son más sensibles?

12. ¿Qué es una *curva de radiación*?

13. ¿Qué intervalos de la curva de radiación ocupan la luz roja, verde y azul?

14. ¿Por qué el rojo, el verde y el azul se llaman *colores primarios aditivos*?

Mezcla de pigmentos de colores

15. Cuando algo está pintado de rojo, ¿qué color absorbe más?

16. ¿Cuáles son los *colores primarios sustractivos*?

17. Si ves con una lupa las ilustraciones a todo color en este o en otros libros o revistas, verás tres colores de tinta más el negro. ¿Cuáles son esos colores?

Colores complementarios

18. ¿Cuál es el color que resulta de combinar luces roja, azul y verde de igual intensidad? ¿De luz azul con de luz verde?

19. ¿Cuál es el color resultante de combinar luces roja y cian de igual intensidad?

20. ¿Por qué el rojo y el cian se llaman colores *complementarios*?

Por qué el cielo es azul

21. ¿Qué interacciona más con los sonidos agudos, las campanas pequeñas o las grandes?

22. ¿Qué interacciona más con la luz de alta frecuencia, partículas pequeñas o partículas grandes?

23. ¿Cierto o falso? El cielo es azul porque las moléculas de oxígeno y nitrógeno son de color azul.

24. ¿Por qué a veces el cielo parece blanquizco?

Por qué los crepúsculos son rojos

25. ¿Por qué el Sol se ve rojizo en la aurora y en el ocaso, pero no a mediodía?

26. ¿Por qué varía el color de los crepúsculos de un día para otro?

Por qué las nubes son blancas

27. ¿Cuál es la prueba de que en una nube hay partículas de distintos tamaños?

28. ¿Cuál es la prueba de que haya partículas extragrandes en una nube de tormenta?

Por qué el agua es azul verdosa

29. ¿Qué parte del espectro electromagnético es absorbida más en el agua?

30. ¿Qué parte del espectro electromagnético visible se absorbe más en el agua?

31. ¿Qué color se produce al restar luz roja de la luz blanca?

32. ¿Por qué el agua se ve cian (azul verdosa)?

Proyectos

1. Ve con detenimiento un trozo de papel de color, durante más o menos 45 segundos. Después mira una superficie blanca. Los conos de la retina, receptores del color del papel, se fatigaron y ves una imagen persistente del color complementario cuando miras la superficie blanca. Eso se debe a que los conos fatigados mandan una señal más débil al cerebro. Todos los colores producen blanco, pero todos los colores menos uno producen el color complementario del que falta. ¡Haz la prueba!

2. Corta un disco de algunos centímetros de diámetro, de cartoncillo. Perfora dos agujeros fuera del centro, lo suficientemente grandes como para que pase por ellos un cordón, como se ve en este esquema.

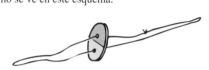

Gira el disco, para que la cuerda se enrolle como la banda de hule de un avión de juguete. A continuación estira el cordón, tirando de él en los extremos, y el disco girará. Si la mitad del disco es de color amarillo y la otra mitad es azul, cuando gire los colores se mezclarán y se verán casi blancos (lo puro del blanco dependerá de los tonos de los colores). Haz la prueba con otros colores complementarios.

3. Construye un tubo de cartón cubierto en cada extremo con una hoja metálica. Con un lápiz perfora un agujero en cada extremo, uno de unos tres milímetros de diámetro y el otro con el doble de diámetro que el anterior. Por el agujero pequeño mira a través del tubo, objetos de colores contra el fondo negro del tubo. Verás colores muy distintos que los que aparecen contra los fondos ordinarios.

Ejercicios

1. En una tienda de ropa que sólo tiene iluminación fluorescente, una cliente insiste en sacar los vestidos a la luz del día, en la entrada, para comprobar el color. ¿Tiene razón?

2. ¿Por qué las hojas verdes de una rosa roja se calientan más que los pétalos cuando las ilumina la luz roja? ¿Qué tiene que ver eso con las personas que, en medio del caluroso desierto usan ropa blanca?

3. Si por algún motivo la luz solar fuera verde y no blanca, ¿qué color de ropa sería el más adecuado para los días cálidos? ¿Para los días muy fríos?

4. ¿Por qué no mencionamos al negro y al blanco entre los colores?

5. ¿Por qué los interiores de los instrumentos ópticos son negros?

6. Los carros de bomberos eran rojos. Hoy, muchos de ellos son amarillo-verdes. ¿Por qué ese cambio?

7. ¿Cuál es el color de las pelotas normales de tenis, y por qué?

8. La curva de radiación del Sol (Figura 27.7) muestra que la luz más brillante del Sol es amarillo-verde. Entonces, ¿por qué vemos blanquizca la luz solar en vez de amarillo-verde?

9. ¿Qué color tendría una tela roja si la iluminara la luz solar? ¿Si la iluminara un letrero de neón? ¿Una luz cian (azul-verde)?

10. ¿Por qué una hoja de papel blanco parece blanca en la luz blanca, roja en la luz roja, azul en la luz azul, etc., para todos los colores.

11. Se cubre un reflector de teatro de modo que no transmita la luz azul de su filamento, que está al rojo blanco. ¿Qué color tiene la luz que sale de esa candileja?

12. ¿Cómo podrías usar los reflectores en un teatro, para que las prendas amarillas de los actores cambiaran de repente a negras?

13. Imagina que una pantalla blanca se alumbra con dos linternas sordas, una que pasa por un vidrio azul y la otra que pasa por un vidrio amarillo. ¿Qué color aparece en la pantalla cuando se traslapan las dos luces? Imagina que en lugar de esto, las dos láminas de vidrio se colocan en el haz de una sola linterna. ¿Qué sucede?

14. Una TV en color funciona, ¿con adición de colores o con sustracción de colores? Defiende tu respuesta.

15. En una pantalla de TV, las regiones (puntos) de materiales fluorescentes en rojo, verde y azul son iluminadas con diversas intensidades para producir un espectro completo de colores. ¿Qué puntos se activan para producir el amarillo? ¿El magenta? ¿El blanco?

16. ¿Qué colores de tinta usan las impresoras de chorro para producir toda la gama de colores? Esos colores se forman, ¿por adición de color o por sustracción de color?

17. ¿Qué color se transmite al pasar la luz blanca a través de filtros cian y magenta, uno tras otro?

18. Al asolearte en la playa te quemas los pies. Entra al agua y míralos. ¿Por qué no se ven tan rojos como cuando estaban fuera del agua?

19. ¿Por qué la sangre de los buceadores lesionados en aguas profundas se ve verde casi negro en las fotografías submarinas tomadas con luz natural, pero roja cuando se usan lámparas de destello?

20. Viendo la figura 27.9, completa las siguientes ecuaciones:

Luz amarilla + luz azul = luz _____ .

Luz verde + luz _____ = luz blanca.

Magenta + amarillo + cian = luz _____ .

21. A continuación vemos una foto de Suzanne, editora de física, con su hijo Tristan de rojo y su hija Simone de verde. Abajo está el negativo de la foto, donde esos colores se ven distintos. ¿Cuál es tu explicación?

22. Fíjate en la figura 27.9, para ver si las tres afirmaciones siguientes son correctas. A continuación llena el último espacio. (Todos los colores se combinan por adición de las luces.)

Rojo + verde + azul = blanco.

Rojo + verde = amarillo = blanco − azul.

Rojo + azul = magenta = blanco − verde.

Verde + azul = cian = blanco − _____.

23. ¿En cuál de los siguientes casos un plátano se verá negro? Cuando se ilumina: con luz roja, luz amarilla, luz verde o luz azul.

24. Cuando a la tinta roja seca sobre una lámina de vidrio le llega luz blanca, el color que se transmite es rojo. Pero el color que se refleja no es rojo. ¿Cuál es?

25. Contempla fijamente la bandera de Estados Unidos. ¿A continuación ve hacia alguna zona blanca. ¿Qué colores ves en la imagen de la bandera que aparece en la pared?

26. ¿Por qué no podemos ver las estrellas durante el día?

27. ¿Por qué el cielo es de azul más oscuro visto a grandes altitudes? (*Sugerencia:* ¿De qué color es el "cielo" en la Luna?)

28. ¿Se pueden ver las estrellas desde la Luna durante el "día", cuando brilla el Sol?

29. En la playa te puedes quemar con el Sol estando bajo la sombra. ¿Cómo lo explicas?

30. A veces, los pilotos usan anteojos que transmiten la luz amarilla y absorben la de la mayor parte de los demás colores. ¿Por qué de este modo ven con más claridad?

31. La luz, ¿se propaga con más rapidez por la atmósfera inferior que por la atmósfera superior?

32. ¿Por qué el humo de una fogata se ve azul contra los árboles, cerca del suelo, pero amarillo contra el cielo?

33. Comenta esta afirmación: "¡Ah, esa bella puesta de Sol, tan roja, no es más que los colores sobrantes que no fueron dispersados al atravesar la atmósfera!"

34. Si el cielo de cierto planeta del sistema solar fuera anaranjado, normalmente, ¿de qué color serían los crepúsculos allí?

35. Las emisiones volcánicas descargan cenizas finas en el aire, que dispersan la luz roja. ¿Qué color tiene la Luna llena a través de esas cenizas?

36. Las partículas diminutas, al igual que las campanas chicas, dispersan más las ondas de alta frecuencia que las de baja frecuencia. Las partículas grandes, al igual que las campanas grandes, dispersan principalmente bajas frecuencias. Las partículas y las campanas de tamaño intermedio dispersan principalmente frecuencias intermedias. ¿Qué tiene eso que ver con la blancura de las nubes?

37. Las partículas muy grandes, como las gotas de agua, absorben más radiación que la que dispersan. ¿Qué tiene eso que ver con la oscuridad de las nubes de tormenta?

38. Si la atmósfera terrestre fuera varias veces más gruesa ¿una nevada normal se seguiría viendo blanca o de algún otro color? ¿De qué color?

39. La atmósfera de Júpiter tiene más de 1000 km de espesor. Desde la superficie de ese planeta, ¿esperarías ver un Sol blanco?

40. Explicas a un niño en la playa por qué el color del agua es azul verde. El niño apunta a las crestas blancas de las olas que rompen, y te pregunta por qué son blancas. ¿Qué le contestas?

www.pearsoneducacion.net/hewitt
Usa los variados recursos del sitio Web,
para comprender mejor la física.

28

REFLEXIÓN Y REFRACCIÓN

Peter Hopkinson despierta el interés de su clase con su estrafalaria demostración con espejos.

La mayor parte de las cosas que vemos a nuestro alrededor no emiten su propia luz. Son visibles porque reemiten la luz que llega a su superficie desde una fuente primaria, como el Sol o una lámpara, o desde una fuente secundaria, como el cielo iluminado. Cuando la luz llega a la superficie de un material es remitida sin cambiar de frecuencia, o es absorbida en el material y convertida en calor.[1] Se dice que la luz es *reflejada* cuando regresa al medio de donde vino; es el proceso de **reflexión**. Cuando la luz pasa de un material transparente a otro se dice que se *refracta*; el proceso es **refracción**. En general hay cierto grado de reflexión, refracción y absorción cuando la luz interactúa con la materia. En este capítulo no tendremos en cuenta la luz que se absorbe y se convierte en energía térmica, y nos concentraremos en la luz que continúa siendo luz al llegar a una superficie.

Reflexión

Cuando esta página se ilumina con la luz solar o la luz de una lámpara, los electrones de los átomos en el papel y la tinta vibran con más energía en respuesta a los campos eléctricos oscilantes de la luz que ilumina. Los electrones energizados reemiten la luz que te

---

[1]Otro destino menos común es su absorción y reemisión a menores frecuencias. Es la fluorescencia (Capítulo 30).

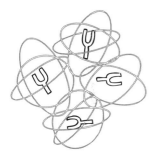

permiten ver la página. Cuando la página es iluminada con luz blanca, el papel parece blanco, lo cual indica que los electrones reemiten todas las frecuencias visibles. Hay muy poca absorción. Con la tinta la historia es diferente. Excepto por un poco de reflexión, absorbe todas las frecuencias visibles y en consecuencia aparece negra.

FIGURA 28.1 La luz interactúa con los átomos como el sonido interactúa con los diapasones.

Principio del tiempo mínimo[2]

Sabemos que la luz se propaga de ordinario en línea recta. Al ir de un lugar a otro, la luz toma el camino más eficiente, y se propaga en línea recta. Eso es cierto cuando no hay nada que obstruya el paso de la luz entre los puntos que se considera. Si la luz se refleja en un espejo, el cambio de trayectoria, que de otra manera sería recta, se describe con una fórmula sencilla. Si la luz se refracta, como cuando pasa del aire al agua, otra fórmula describe la desviación de la luz respecto a la trayectoria rectilínea. Antes de manejar la luz con esas fórmulas examinaremos primero una idea básica de todas las fórmulas que describen las trayectorias de la luz. Esa idea fue formulada por Pierre Fermat, físico francés, más o menos en 1650, y se llama **principio de Fermat del tiempo mínimo**. Su idea es: entre todas las trayectorias posibles que podría seguir la luz para ir de un punto a otro, toma la que requiere *el tiempo mínimo*.

Ley de la reflexión

El principio del tiempo mínimo nos permite comprender la reflexión. Imagina el caso siguiente. En la figura 28.2 vemos dos puntos, A y B, y un espejo plano ordinario abajo. ¿Cómo ir de A a B en el tiempo mínimo? La respuesta es bastante simple: ¡ir de A a B en línea recta! Pero si agregamos la condición que la luz debe llegar al espejo en el camino de A a B, en el tiempo mínimo, la respuesta no es tan fácil. Una forma sería ir tan rápido como sea posible de A al espejo y después a B, como se ve en las líneas llenas de la figura 28.3. Esto forma una trayectoria corta al espejo, pero una muy larga del espejo hasta B. Si en lugar de ello examinamos un punto en el espejo un poco más hacia la derecha, aumentaremos un poco la primera distancia, pero disminuirá mucho la segunda distancia, por lo que la longitud total de la trayectoria indicada por las líneas interrumpidas, y en consecuencia el tiempo de recorrido, es menor. ¿Cómo se puede determinar el punto exacto en el espejo con el cual el tiempo es mínimo? Con un truco geométrico se puede determinar muy bien.

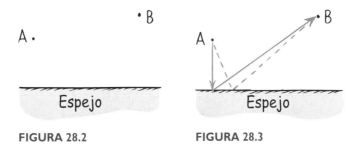

FIGURA 28.2 **FIGURA 28.3**

[2]Este material y muchos de los ejemplos del tiempo mínimo se adaptaron de R. P. Feynman, R. B. Leighton y M. Sands, *The Feynman Lectures of Physics*, vol. 1, cap. 26 (Reading, MA: Addison-Wesley, 1963).

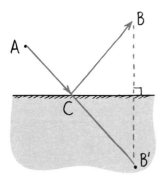

FIGURA 28.4

En el lado opuesto del espejo determinamos un punto artificial, B', a la misma distancia "atrás" y abajo del espejo que el punto B está arriba del mismo (Figura 28.4). Es bastante fácil determinar la distancia mínima entre A y este punto artificial B': es una línea recta. Ahora bien, esta línea recta llega al espejo en el punto C, y es el punto preciso de reflexión para la distancia mínima, y en consecuencia la trayectoria de tiempo mínimo para que la luz vaya de A a B. Al examinar la figura se ve que la distancia de C a B es igual a la distancia de C a B'. Vemos que la longitud de la trayectoria de A a B' pasando por C es igual a la longitud de la trayectoria de A a B reflejándose en el punto C.

Con un examen más detenido, y algo de deducciones geométricas, se demostrará que el ángulo de la luz incidente de A a C es igual al ángulo de reflexión de C a B. Es la **ley de la reflexión** y es válida para todos los ángulos (Figura 28.5):

El ángulo de incidencia es igual al ángulo de reflexión.

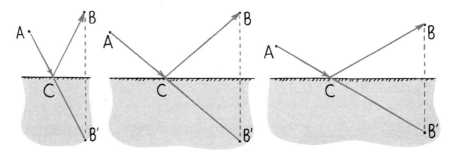

FIGURA 28.5 Reflexión.

La ley de reflexión se ilustra con flechas que representan rayos de luz en la figura 28.6. En lugar de medir los ángulos de los rayos incidente y reflejado respecto a la superficie reflectora, se acostumbra medirlos respecto a una línea perpendicular al plano de la superficie reflectora. A esta línea imaginaria se le llama la *normal*. El rayo incidente, la normal y el rayo reflejado están en un mismo plano.

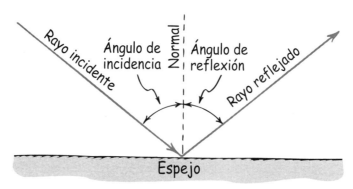

FIGURA 28.6 La ley de reflexión.

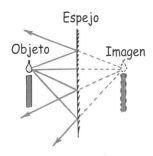

Espejo

Objeto

Imagen

FIGURA 28.7 Se forma una imagen virtual detrás del espejo, y está en la posición donde los rayos reflejados (líneas interrumpidas) convergen.

EXAMÍNATE Las construcciones de los puntos artificiales B′ en las figuras 28.4 y 28.5 muestran cómo la luz llega al punto C al reflejarse de A a B. Con una construcción parecida, demuestra que la luz que se origina en B y se refleja en A también llega al mismo punto C.

Espejos planos

Imagina que se coloca una vela frente a un espejo plano. Los rayos de luz parten de la llama en todas direcciones. La figura 28.7 sólo muestra cuatro de un número infinito de rayos que parten de uno de la cantidad infinita de puntos de la llama. Cuando esos rayos llegan al espejo, son reflejados en ángulos iguales a sus ángulos de incidencia. Los rayos divergen (se apartan) de la llama y al reflejarse divergen del espejo. Esos rayos divergentes parecen emanar de determinado punto detrás del espejo (donde las líneas interrumpidas se intersecan). Un observador ve una imagen de la llama en ese punto. En realidad, los rayos de luz no vienen de ese punto, por lo que se dice que la imagen es una *imagen virtual*. Está tan atrás del espejo como el objeto está frente a él, y la imagen y el objeto tienen el mismo tamaño. Cuando te ves al espejo, por ejemplo, el tamaño de tu imagen es el mismo que el tamaño que tendría tu gemelo si estuviera atrás del espejo la misma distancia que estás tú frente al espejo, siempre que el espejo sea plano (esos espejos se llaman *espejos planos*).

FIGURA 28.8 La imagen de Marjorie está a la misma distancia detrás del espejo que la distancie de ella al espejo. Observa que ella y la imagen tienen el mismo color de ropa, es la prueba de que la luz no cambia de frecuencia al reflejarse. Es interesante el hecho de que el eje izquierda derecha no se invierte más que el eje arriba abajo. El eje que se invierte, como se ve a la derecha es el de frente atrás. Es la causa de que vea que la mano izquierda esté frente a la mano derecha de la imagen.

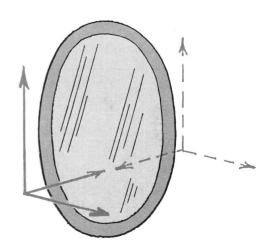

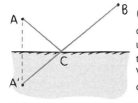

COMPRUEBA TU RESPUESTA Traza un punto artificial A′ a la misma distancia detrás del espejo que la distancia de A al espejo; a continuación traza una recta de B a A′ para determinar a C, como se ve a la izquierda. Las dos construcciones están sobrepuestas a la derecha, y muestran que C es común a ambas. Vemos que la luz seguirá el mismo camino al ir en dirección contraria. Siempre que veas en un espejo los ojos de alguien, ten la seguridad que puede ver los tuyos.

Cuando el espejo es curvo, los tamaños y las distancias de objeto e imagen ya no son iguales. En este libro no describiremos los espejos curvos, excepto para decir que sigue siendo válida la ley de reflexión en ellos. Un espejo curvo se comporta como una sucesión de espejos planos, cada uno con una orientación angular un poco distinta del que está junto a él. En cada punto, el ángulo de incidencia es igual al ángulo de reflexión (Figura 28.9). Observa que un espejo curvo, a diferencia de un espejo plano, las normales (que se indican con líneas interrumpidas a la izquierda del espejo) en distintos puntos de la superficie, no son paralelas entre sí.

FIGURA 28.9 a) La imagen virtual formada por un espejo convexo (un espejo que se curva hacia afuera) es menor que el objeto y está más cercana al espejo que el objeto. b) Cuando el objeto está cerca de un espejo *cóncavo* (un espejo que se curva hacia adentro, como una "cueva"), la imagen virtual es mayor y más alejada del espejo que el objeto. En cualquier caso la ley de reflexión sigue siendo válida para cada rayo.

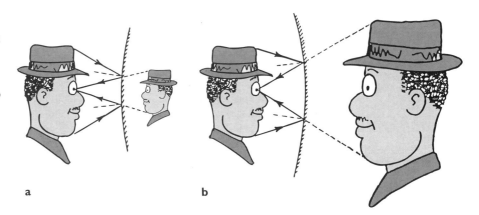

a   b

Sea el espejo plano o curvo, el sistema ojo-cerebro no puede, en general, ver la diferencia entre un objeto y su imagen reflejada. Así, la ilusión de que existe un objeto detrás de un espejo (o en algunos casos frente a un espejo cóncavo) sólo se debe a que la luz que procede del objeto entra al ojo exactamente de la misma forma física que entraría si el objeto realmente estuviera en el lugar de su imagen.

Examínate

1. ¿Qué pruebas tienes para respaldar la afirmación de que la frecuencia de la luz no cambia en una reflexión?

2. Si deseas tomar una foto de tu imagen parándote a 5 m frente a un espejo plano, ¿a qué distancia debes ajustar la cámara para obtener una foto con más definición?

Sólo parte de la luz que llega a una superficie se refleja. Por ejemplo, en una superficie de vidrio transparente, y para incidencia normal (perpendicular) a la superficie, sólo se refleja 4% de la luz en cada superficie, mientras que en una superficie limpia y pulida de aluminio o de plata, se refleja más o menos 90% de la luz incidente.

Reflexión difusa

Cuando la luz incide en una superficie áspera se refleja en muchas direcciones. A esto se le llama **reflexión difusa** (Figura 28.10). Si la superficie es tan lisa que las distancias entre las elevaciones sucesivas de ella son menores que más o menos un octavo de la longitud de onda de la luz, hay muy poca reflexión difusa y se dice que la superficie está *pulida* o que es *lustrosa*. En consecuencia, una superficie puede estar pulida para radiación

FIGURA 28.10 Reflexión difusa. Aunque cada rayo sigue la ley de reflexión, los muchos y distintos ángulos en la superficie áspera a la que llegan los rayos causan la reflexión en muchas direcciones.

de gran longitud de onda, pero no pulida para luz de corta longitud de onda. El "plato" de malla de alambre que se ve en la figura 28.11 es muy áspero para las ondas luminosas; no se parece a un espejo. Pero para las ondas de radio, de gran longitud de onda, es "pulida" y en consecuencia es un excelente reflector.

La luz que se refleja de esta página es difusa. El papel puede ser liso para una onda de radio, pero para una onda luminosa es áspero. Los rayos de luz que llegan a este papel se encuentran con millones de superficies planas diminutas orientadas en todas direcciones. La luz incidente, en consecuencia, se refleja en todas direcciones. Esta circunstancia es deseable. Nos permiten ver objetos desde cualquier dirección o posición. Por ejemplo, puedes ver la carretera frente a ti por la noche, debido a la reflexión difusa de la superficie del pavimento. Cuando el pavimento está mojado hay menos reflexión difusa y es más difícil de ver. La mayor parte de lo que nos rodea lo vemos por su reflexión difusa.

Un caso indeseable en relación con la reflexión difusa es el de la imagen fantasma que se ve en una TV cuando la señal rebota en edificios y otras obstrucciones. Para la recepción de la antena, esta diferencia en longitudes de trayectoria de la señal directa y la señal reflejada produce una pequeña demora. La imagen fantasma suele estar desplazada a la derecha, que es la dirección de barrido del tubo de TV, porque la señal reflejada llega a la antena receptora después que la señal directa. Con varias reflexiones se pueden producir varios fantasmas.

FIGURA 28.11 El plato parabólico de malla abierta es un reflector difuso para luz de corta longitud de onda, pero para las ondas de radio, con mayor longitud de onda, es una superficie pulida.

COMPRUEBA TUS RESPUESTAS

1. El color de una imagen es idéntico al del objeto que la produce. Mírate en un espejo, y verás que no cambia el color de los ojos. El hecho de que el color es igual es prueba de que la frecuencia de la luz no cambia en la reflexión.

2. Ajusta la cámara a 10 m. El caso es el mismo a aquel en que estás a 5 m frente a una ventana abierta y ves a tu gemelo parado a 5 m detrás de la ventana.

FIGURA 28.12 Vista muy aumentada de la superficie de un papel ordinario.

Refracción

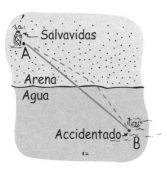

FIGURA 28.13 Refracción.

Recuerda que explicamos en el capítulo 26 que el promedio de la rapidez de la luz es menor en el vidrio y en otros materiales que en el espacio vacío. La luz viaja a distintas rapideces en distintos materiales.[3] Se propaga a 300,000 kilómetros por segundo en el vacío; a una rapidez un poco menor por el aire, y a unas tres cuartas partes de ese valor en el agua. En un diamante se propaga más o menos el 40% de su rapidez en el vacío. Como se mencionó al abrir este capítulo, cuando la luz se desvía al pasar oblicuamente de uno a otro medio, a esa desviación se le llama **refracción**. Es común observar que un rayo de luz se desvía y alarga su trayectoria cuando llega a un vidrio o al agua formando un ángulo. Sin embargo, la trayectoria más larga es la que requiere menor tiempo. Una trayectoria recta necesitaría más tiempo. Esto se puede ilustrar con el siguiente caso.

Imagina que eres un salvavidas en una playa, y que ves a una persona que tiene dificultades dentro del agua. En la figura 28.13 están las posiciones relativas de ti, de la costa y de la persona con problemas. Estás en el punto A y la persona está en el punto B. Puedes ir más rápido corriendo que nadando. ¿Debes ir en línea recta hasta la persona? Pensándolo bien verás que no sería lo óptimo ir en línea recta, porque aunque te tardes un

---

[3]La cantidad en que difiere la velocidad de la luz en distintos medios y en el vacío se expresa por el índice de refracción n, del material:

$$n = \frac{\text{rapidez de la luz en el vacío}}{\text{rapidez de la luz en el material}}$$

Por ejemplo, la rapidez de la luz en un diamante es 125,000 km/s, y entonces el índice de refracción del diamante es

$$n = \frac{300,000 \text{ km/s}}{125,000 \text{ km/s}} = 2.4$$

Para el vacío, $n = 1$.

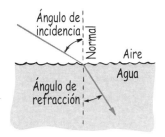

FIGURA 28.14   Refracción.

poco más corriendo por la playa, ahorrarías bastante tiempo al nadar menor distancia en el agua. La trayectoria de mínimo tiempo se indica con las líneas interrumpidas, y es claro que no coincide con la trayectoria con la mínima distancia. La cantidad de flexión en la costa depende, naturalmente de cuánto más rápido puedes correr que nadar. La situación es similar con un rayo de luz que incide en un cuerpo de agua, como se ve en la figura 28.14. El ángulo de incidencia es mayor que el ángulo de refracción, una cantidad que depende de las rapideces relativas de la luz en el aire y en el agua.

EXAMÍNATE   Imagina que nuestro salvavidas del ejemplo fuera una foca, en vez de un ser humano. ¿Cómo cambiaría su trayectoria de tiempo mínimo de A a B?

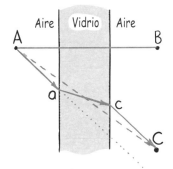

FIGURA 28.15   Refracción a través del vidrio. Aunque la línea interrumpida A-C es el camino más corto, la luz va por un camino un poco más largo por el aire, de A-a, y después por un camino más corto a través del vidrio, de a-c, y después llega a C. La luz que sale está desplazada, pero es paralela a la luz incidente.

Veamos lo que pasa en el vidrio grueso de una ventana, en la figura 28.15. Cuando la luz va el punto A, atraviesa el vidrio y llega al punto B, su trayectoria será una recta. En este caso, la luz llega al vidrio perpendicularmente, y vemos que la distancia mínima tanto a través del aire como del vidrio equivale al tiempo mínimo. Pero, ¿y la luz que va del punto A al punto C? ¿Seguirá la trayectoria rectilínea indicada por la línea interrumpida? La respuesta es no, porque si lo hiciera tardaría más en el vidrio, donde tiene menos rapidez que en el aire. En su lugar, la luz seguirá una trayectoria menos inclinada para atravesar el vidrio. El tiempo ahorrado al tomar la trayectoria más corta por el vidrio compensa el tiempo adicional necesario para recorrer la trayectoria un poco más larga por el aire. La trayectoria total es la que requiere tiempo mínimo. El resultado es un desplazamiento paralelo del rayo de luz, porque los ángulos de entrada y salida del vidrio son iguales. Observarás este desplazamiento al ver a través de un vidrio grueso en sentido oblicuo. Mientras más se aparte tu visual de la perpendicular, el desplazamiento será más pronunciado.

Otro ejemplo interesante es el prisma, en el que no hay caras paralelas opuestas en el vidrio (Figura 28.16). La luz que va del punto A al punto B no sigue la trayectoria rectilínea indicada con la línea interrumpida, porque tardaría demasiado tiempo en el vidrio. En lugar de ello, la luz irá por la trayectoria indicada con la línea llena, una trayectoria que es bastante mayor en el aire, y pasará por una sección más delgada del vidrio, para llegar hasta el punto B. Con este razonamiento cabría pensar que la luz debiera acercarse más al vértice superior del prisma, para buscar el espesor mínimo del vidrio. Pero si lo hiciera, la distancia mayor por el aire daría como resultado un tiempo total mayor de recorrido. La trayectoria que se sigue es la trayectoria que ocupa el tiempo mínimo.

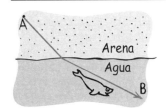

COMPRUEBA TU RESPUESTA   La foca puede nadar más rápido que lo que puede arrastrarse por la arena, y su trayectoria se desviaría como se ve en la figura; es el mismo caso de cuando la luz sale del fondo de un vaso con agua y entra en el aire.

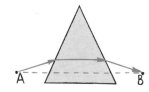

FIGURA 28.16 Un prisma.

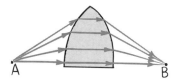

FIGURA 28.17 Un prisma curvado.

FIGURA 28.18 Una lente convergente.

Es interesante hacer notar que si a las caras de un prisma se les da una curvatura adecuada, se podrán tener muchas trayectorias de tiempo igual desde un punto A en un lado hasta un punto B en el lado opuesto (Figura 28.17). La curva disminuye el espesor del vidrio en forma adecuada para compensar las distancias adicionales que recorre la luz hasta los puntos más cercanos al vértice. Para las posiciones adecuadas de A y de B, y con la curvatura correcta en las superficies de este prisma modificado, todas las trayectorias de la luz se recorren exactamente en el mismo tiempo. En este caso, toda la luz de A que llega a la superficie del vidrio será enfocada en el punto B. Vemos que esta forma no es más que la mitad superior de una lente convergente (Figura 28.18; más adelante en este capítulo se describirá con más detalle).

Siempre que contemplamos una puesta de Sol, lo vemos varios minutos después de que ha bajado del horizonte. La atmósfera terrestre es delgada arriba y densa abajo. Como la luz viaja con más rapidez en el aire enrarecido que en el aire denso, la luz solar nos puede llegar con más rapidez si, en lugar de sólo recorrer una línea recta, evita el aire más denso y toma una trayectoria más alta y más larga para penetrar en la atmósfera con mayor inclinación (Figura 28.19). Como la densidad de la atmósfera cambia en forma gradual, la trayectoria de la luz se flexiona también en forma gradual, y toma la forma de una curva. Es interesante el hecho de que esta trayectoria de tiempo mínimo permite tener días un poco más largos. Además, cuando el Sol (o la Luna) está cerca del horizonte, los rayos de la orilla inferior se flexionan más que los de la orilla superior, y se produce un acortamiento del diámetro vertical, haciendo que el Sol parezca ser elíptico (Figura 28.20).

FIGURA 28.19 Debido a la refracción atmosférica, cuando el Sol está cerca del horizonte, parece que está más alto en el cielo.

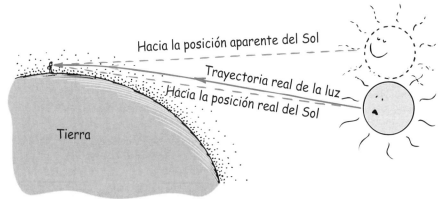

Todos conocemos los espejismos que se producen al conducir un auto cuando el asfalto está caliente. Parece que el cielo se refleja en el agua que hay allá a lo lejos sobre la carretera; pero al llegar al lugar, vemos que el asfalto está seco. ¿Qué es lo que sucede? El aire está muy caliente muy cerca de la superficie del asfalto, y está más frío arriba. La luz se propaga con más rapidez por el aire caliente, menos denso, que por el aire frío y más denso de arriba. Así, la luz, en lugar de llegarnos desde el cielo en línea recta, también tiene trayectorias de tiempo mínimo en las que baja hasta la parte más caliente que está cerca del asfalto, durante cierto tiempo, antes de llegar a los ojos (Figura 28.21). Un espejismo no es, como muchas personas creen en forma equivocada, un "truco de la mente". Un espejismo se produce con luz real y se puede fotografiar, como en la figura 28.22.

Cuando vemos un objeto sobre una estufa caliente, o sobre pavimento caliente, notamos un efecto ondulatorio. Esto se debe a las distintas trayectorias de tiempo mínimo de la luz, al pasar por distintas temperaturas y en consecuencia a través de aire de distintas densidades. El titilar de las estrellas es consecuencia de fenómenos parecidos en el cielo, cuando la luz atraviesa capas inestables en la atmósfera.

En los ejemplos anteriores, ¿cómo es que la luz "sabe" qué condiciones existen y qué compensaciones se requieren para que la trayectoria sea de tiempo mínimo? ¿Cuán-

FIGURA 28.20 La forma del Sol se distorsiona debido a la refracción diferencial.

FIGURA 28.21 La luz procedente del cielo incrementa su rapidez en el aire cerca del asfalto, porque el aire es más caliente y menos denso que el que está arriba. Cuando la luz roza la superficie y se desvía hacia arriba, el observador ve un espejismo.

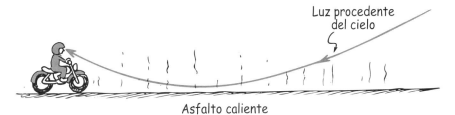

do acercarse a una ventana y pasar por el lugar adecuado del vidrio? ¿Cómo sabe la luz solar cómo viajar sobre la atmósfera una distancia adicional para tomar un atajo por el aire más denso, y así ahorrar tiempo? ¿Cómo sabe la luz del cielo que puede llegarnos en un

FIGURA 28.22 Un espejismo. Los aparentes charcos en la carretera no son reflexión del cielo en el agua, sino más bien refracción de la luz procedente del cielo a través del aire más caliente y menos denso cercano a la superficie del pavimento.

tiempo mínimo si se inclina hacia el pavimento caliente, antes de subir hacia los ojos? Parece que el principio del tiempo mínimo no es causal. Parece como si la luz tuviera una mente propia, que pueda "sentir" todas las trayectorias posibles, calcular los tiempos en cada una y escoger la que requiere menos tiempo. ¿Es así? Con todo lo intrigante que pudiera parecer, hay una explicación más simple que no asigna previsión a la luz: que la refracción es una consecuencia de que la luz tiene distinta rapidez promedio en distintos medios.

EXAMÍNATE Si la rapidez de la luz fuera igual en el aire a distintas temperaturas y densidades, ¿los días seguirían siendo un poco más largos y cintilarían las estrellas en el cielo, y habría espejismos, y el Sol se vería un poco aplastado al ocultarse?

Causa de la refracción

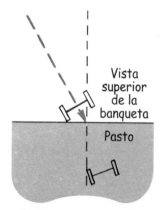

FIGURA 28.23 La dirección de las ruedas cambia cuando una va más lenta que la otra.

La refracción sucede cuando la rapidez promedio de la luz *cambia* al pasar de un medio transparente[4] a otro. Esto se puede comprender si imaginamos la acción de un par de ruedas de un carrito de juguete, montadas en un eje pero no unidas a él, y el carrito rueda suavemente cuesta abajo por un pasillo y después se mete a un prado. Si las ruedas entran al pasto formando un ángulo (Figura 28.23), serán desviadas de su trayectoria rectilínea. La dirección de las ruedas se indica con la línea interrumpida. Observa que al llegar al prado, donde las ruedas giran con más lentitud por la resistencia del pasto, la rueda izquierda se desacelera primero. Eso se debe a que llega al pasto mientras que la rueda derecha todavía está sobre el pasillo liso. La rueda derecha, más rápida, tiende a girar en torno a la izquierda, más lenta, porque durante el mismo intervalo de tiempo esa rueda derecha recorre más distancia que la izquierda. Esta acción desvía la dirección de rodadura de las ruedas, hacia la "normal", que es la línea interrumpida delgada perpendicular al borde entre el césped y el pasillo en la figura 28.23.

Una onda luminosa se desvía en forma parecida, como se ve en la figura 28.24. Observa la dirección de la luz, representada por la flecha llena (el rayo de luz) y también nota los *frentes de onda* en ángulo recto al rayo de luz. (Si la fuente luminosa estuviera cerca, los frentes de luz se verían como segmentos de círculos; pero si suponemos que el lejano Sol es la fuente, los frentes de onda forman prácticamente líneas rectas.) Los frentes de onda son siempre perpendiculares a los rayos de luz. En la figura, la onda llega a la superficie del agua formando un ángulo, por lo que la parte izquierda de la onda va más lenta en el agua, mientras que la parte que todavía está en el aire viaja a la rapidez *c*. El rayo o haz de luz queda perpendicular al frente de onda y se flexiona en la superficie, de la misma manera que las ruedas cambian de dirección cuando pasan del pasillo al pasto. En ambos casos, la desviación es una consecuencia de un cambio de rapidez.[5]

COMPRUEBA TU RESPUESTA No.

---

[4]N. del T.: En el contexto de la refracción, a los medios "transparentes" también se les llama medios "refringentes", medios "refractores" o "dioptrios".

[5]La ley de refracción, en su forma cuantitativa se llama *ley de Snell*, y se le acredita a W. Snell, astrónomo y matemático holandés del siglo XVII; es $n_1 \operatorname{sen} \theta_1 = n_2 \operatorname{sen} \theta_2$, donde n_1 y n_2 son los índices de refracción de los medios en ambos lados de la superficie, y θ_1 y θ_2 son los respectivos ángulos de incidencia y refracción. Si se conocen tres de esos valores, se puede calcular el cuarto con esta ecuación.

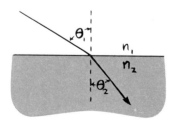

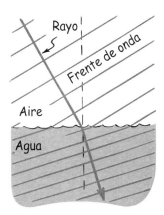

FIGURA 28.24 La dirección de las ondas luminosas cambia cuando una parte de cada una va más lenta que la otra parte.

La cambiante rapidez de la luz permite tener una explicación ondulatoria de los espejismos. En la figura 28.25 se ven algunos frentes de onda característicos, de un rayo que comienza en la copa de un árbol en un día caluroso. Si las temperaturas del aire fueran iguales, la rapidez promedio de la luz sería igual en todas las partes del aire; la luz que se dirige al suelo llegaría a éste. Pero el aire está más caliente y es menos denso cerca del suelo, y los frentes de onda ganan rapidez al bajar, lo cual los hace desviarse hacia arriba. Así, cuando el observador mira hacia abajo ve la copa del árbol. Esto es un espejismo.

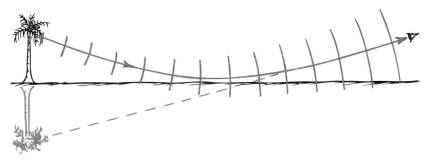

FIGURA 28.25 Una explicación ondulatoria de un espejismo. Los frentes de onda de la luz se propagan con más rapidez en el aire caliente cerca del suelo, y se curvan hacia arriba.

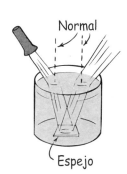

FIGURA 28.26 Cuando la luz disminuye su rapidez al pasar de un medio a otro, por ejemplo cuando pasa del aire al agua, se refracta acercándose a la normal. Cuando aumenta su rapidez al pasar de un medio a otro, como cuando pasa de agua a aire, se refracta alejándose de la normal.

La refracción de la luz es responsable de muchas ilusiones. Una de ellas es el doblez aparente de una vara parcialmente sumergida en agua. La parte sumergida parece más cercana a la superficie de lo que realmente está. De igual manera, cuando observas un pez en el agua, parece que está más cerca de la superficie (Figura 28.27). Debido a la refracción, los objetos sumergidos parecen estar aumentados. Si vemos directo hacia abajo en el agua, un objeto sumergido a 4 metros bajo ella parecerá estar a 3 metros de profundidad.

FIGURA 28.27 Debido a la refracción, un objeto sumergido parece estar más cerca de la superficie que lo que realmente está.

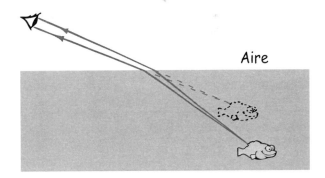

Vemos que se puede interpretar la desviación de la luz en la superficie del agua cuando menos en dos formas. Podemos decir que la luz sale del pez y llega al ojo del observador en el tiempo mínimo, tomando una trayectoria más corta al subir hacia la superficie del agua, y una trayectoria más larga en el aire. Según esta apreciación, el tiempo mínimo establece el camino que se sigue. O bien, podemos decir que las ondas de luz se dirigen hacia arriba, formando un ángulo respecto a la superficie del agua, tal que se flexionan ordenadamente al aumentar su rapidez cuando salen al aire, y que esas ondas son las que llegan al ojo del observador. Desde este punto de vista, el cambio de rapidez del agua al aire es el que establece la trayectoria que se sigue, y sucede que esa trayectoria es la del tiempo mínimo. Sea cual fuere el punto de vista que tomemos, los resultados son iguales.

FIGURA 28.28 Debido a la refracción, el tarro parece tener más bebida de la que realmente tiene.

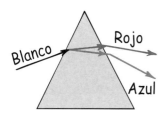

FIGURA 28.29 La dispersión mediante un prisma hace visible los componentes de la luz blanca.

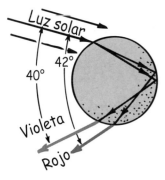

FIGURA 28.30 Dispersión de la luz por una sola gota de lluvia.

EXAMÍNATE Si la rapidez de la luz fuera igual en todos los medios, ¿seguiría habiendo refracción al pasar la luz de un medio a otro?

Dispersión

Sabemos que la rapidez promedio de la luz es menor que c en un medio transparente; la disminución depende de la naturaleza del medio y de la frecuencia de la luz. La rapidez de la luz en un medio transparente depende de su frecuencia. Recuerda que en el capítulo 26, explicamos que se absorbe la luz cuya frecuencia coincide con la frecuencia natural de resonancia de los osciladores electrónicos en los átomos y moléculas del medio transparente, y que la luz de frecuencia cercana a la de resonancia interacciona más seguido con la secuencia de absorción y reemisión, y en consecuencia se propaga más despacio. Como la frecuencia natural, o de resonancia, de la mayor parte de los medios transparentes está en la parte del ultravioleta del espectro, la luz de mayor frecuencia se propaga con más lentitud que la de menor frecuencia. La luz violeta se propaga aproximadamente 1% más lentamente en el vidrio que la luz roja. Las ondas luminosas correspondientes a colores intermedios entre el rojo y el violeta se propagan con sus rapideces intermedias propias.

Como las distintas frecuencias de la luz se propagan a rapideces distintas en materiales transparentes, se refractan de forma distinta. Cuando la luz blanca se refracta dos veces, como en un prisma, se nota bien la separación de los distintos colores que la forman. A esta separación de la luz en colores ordenados por su frecuencia se le llama *dispersión* (Figura 28.29). Es lo que permitió a Isaac Newton formar un espectro cuando sostenía un prisma en la luz solar.

Arcoiris

Un ejemplo muy espectacular de la dispersión son los arcoiris. Para poder ver un arcoiris, el Sol debe estar iluminando una parte del cielo, y haber gotas de agua en una nube, o cayendo en forma de lluvia, en la parte contraria del cielo. Cuando damos la espalda al Sol, vemos el espectro de colores, que forma un arco. Desde un avión, cerca del medio día, el arco forma un círculo completo. Todos los arcoiris serían totalmente circulares, si no se interpusiera el suelo.

Los bellos colores de los arcoiris se forman por la dispersión de la luz solar en millones de gotitas esféricas de agua, que funcionan como prismas. Podremos comprenderlo mejor observando una sola gota de lluvia, como se ve en la figura 28.30. Sigue el rayo de luz solar que entra a la gota cerca de la superficie superior. Algo de la luz se refleja allí (no se indica) y el resto penetra al agua donde se refracta. En esta primera refracción, la luz se dispersa y forma un espectro de colores; el violeta se desvía más y el rojo menos. Al llegar al lado contrario de la gota, cada color se refracta en parte y sale al aire (no se indica) y parte se refleja al agua. Al llegar a la superficie inferior de la gota, cada color se refleja de nuevo (no se indica) y se refracta también al aire. Esta segunda refrac-

COMPRUEBA TU RESPUESTA No.

ción se parece a la de un prisma, donde la refracción en la segunda superficie aumenta la dispersión que ya se produjo en la primera superficie.

Se producen en realidad dos refracciones y una reflexión cuando el ángulo entre el rayo que llega y el rayo que sale tiene cualquier valor entre 0° y 42°. El de 0° corresponde a una inversión completa, de 180°, de la luz. Sin embargo, la intensidad de la luz se concentra mucho cerca del ángulo máximo de 42°, que es lo que se muestra en la figura 28.30.

Aunque cada gota dispersa todo el espectro de colores, un observador sólo puede ver la luz concentrada de un solo color de cualquier gota (Figura 28.31). Si la luz violeta de una sola gota llega al ojo de un observador, la luz roja de la misma le llega más bajo, hacia los pies. Para ver la luz roja se deben buscar las gotas más arriba en el cielo. El color rojo se verá cuando el ángulo entre un rayo de luz solar y la luz que regresa de una gota es de 42°. El color violeta se ve cuando el ángulo entre los rayos de luz y la luz que regresa es de 40°.

FIGURA 28.31 La luz solar que incide en dos gotas de lluvia, tal como se ve, emerge de ellas en forma de luz dispersada. El observador ve la luz roja de la gota de arriba y la luz violeta de la gota de abajo. Son millones de gotas las que producen todo el espectro de la luz blanca.

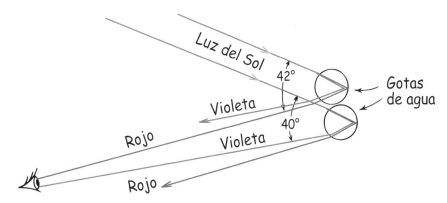

¿Por qué la luz que dispersan las gotas de lluvia forma un arco? La respuesta implica un poco de deducción geométrica. En primer lugar, un arcoiris no es el arco bidimensional y plano que parece. Se ve plano por la misma razón que una explosión de fuegos artificiales en el piso se ve como un disco: porque no tenemos indicadores de la distancia. El arcoiris que ves en realidad es un cono tridimensional, con la punta (el vértice) en los ojos (Figura 28.32). Imagina un cono de vidrio, como los conos de papel con que tomas agua. Si sujetas ese cono con la punta hacia el ojo, ¿qué puedes ver? Podrías ver que el vaso es un círculo. Es igual con un arcoiris. Todas las gotas que dispersan la luz hacia *ti* están en un cono, un cono de distintas capas, con gotas que dispersan el rojo hacia el ojo en el lado de afuera, el naranja dentro del rojo, el amarillo dentro del naranja, y así todos los colores hasta el violeta en la superficie cónica interna. Mientras más gruesa sea la región de las gotas de agua, la capa cónica a través de la cual ves será más gruesa, y el arcoiris será más luminoso.

Para verlo con más detalle, sólo examina la desviación de la luz roja. Ves el rojo cuando el ángulo que forman los rayos incidentes de la luz solar y los rayos dispersados forman un ángulo de 42°. Naturalmente, los rayos se dispersan 42° en las gotas que hay en todo el cielo y en todas direcciones: hacia arriba, hacia abajo y hacia los lados. Pero la única luz roja que *tú* ves es la de las gotas que están en un cono con un ángulo entre el eje y el lado igual a 42°. El ojo está en el vértice de ese cono, como se ve en la figu-

FIGURA 28.32 Cuando el ojo está entre el Sol (no se ve; está fuera hacia la izquierda) y una región con gotas de agua, el arcoiris que ves es la orilla de un cono tridimensional que se extiende por la región de las gotas de agua. Innumerables capas de gotas de agua forman innumerables arcos bidimensionales como los cuatro que se indican aquí.

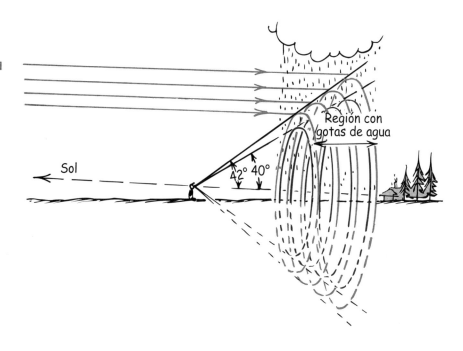

ra 28.33. Para ver el violeta, diriges tu vista a 40° del eje del cono (en consecuencia, el espesor del vaso en el párrafo anterior es variable: muy delgado en la punta y más grueso al aumentar la distancia a la punta).

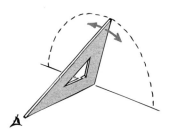

FIGURA 28.33 Sólo las gotas de agua que están en la línea interrumpida dispersan la luz roja hacia el observador formando un ángulo de 42°; en consecuencia, se forma un arco.

Tu cono de visión que interseca la nube de gotas y crea tu arcoiris es distinto del de una persona junto a ti. Así, cuando un amigo dice: "¡Mira qué bello arcoiris!" puedes contestarle: "Bueno, hazte a un lado para que pueda verlo también." Cada quien ve su propio y personal arcoiris.

Otra cosa sobre los arcoiris: un arcoiris te da la cara de una sola vez, por la falta de indicadores de distancia que mencionamos antes. Cuando te mueves, el arcoiris se mueve contigo. De este modo nunca podrás acercarte al lado de un arcoiris, ni verlo de cerca, como en el esquema exagerado de la figura 28.32. *No puedes* llegar a su extremo. De ahí la expresión "busca la olla de oro en el extremo del arcoiris" que significa perseguir algo que nunca se puede alcanzar.

FIGURA 28.34 Dos refracciones y una reflexión en las gotitas de agua producen luz en todos los ángulos, hasta unos 42°, con la intensidad concentrada donde vemos el arcoiris entre 40° y 42°. No sale luz de la gotita de agua en ángulos mayores que 42°, a menos que sufra dos o más reflexiones dentro de la gota. Entonces el cielo está más claro dentro del arcoiris que fuera de él. Observa el débil arcoiris secundario a la derecha del primario.

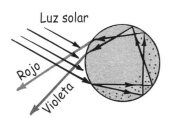

FIGURA 28.35 Doble reflexión en una gota; produce un arcoiris secundario.

Con frecuencia se puede ver un arcoiris más grande, secundario, que envuelve al arco primario. No lo describiremos aquí, excepto para indicar que se forma en circunstancias parecidas, y que es el resultado de doble reflexión dentro de las gotas de lluvia (Figura 28.35). Por esta pérdida adicional en la reflexión (y en la refracción adicional), el arco secundario es mucho más débil, y sus colores están invertidos.

EXAMÍNATE

1. Si apuntas a una pared con el brazo extendido de modo que forme un ángulo de 42° con el muro, y giras el brazo describiendo un círculo completo manteniendo el ángulo de 42° respecto a la normal a la pared, ¿qué forma describe el brazo? Si tienes un gis en la mano, ¿qué figura traza en la pared?
2. Si la luz viajara a la misma rapidez en las gotas de lluvia que en el aire, ¿tendríamos arcoiris?

COMPRUEBA TUS RESPUESTAS

1. El brazo describe un cono y el gis traza un círculo. Es igual con los arcoiris.
2. No.

Reflexión interna total

Algún día que te bañes, llena la tina y sumérgete en ella con una linterna sorda adecuada para bucear. Apaga la luz del baño. Enciende la linterna sumergida, y dirige el haz directo hacia arriba, y luego inclínala con lentitud. Observa cómo disminuye la intensidad de la luz que sale, y cómo se refleja más luz en la superficie del agua hacia el fondo de la tina. Llegarás a un determinado ángulo, llamado *ángulo crítico*, en el que observarás que ya no sale luz al aire sobre la superficie. La intensidad de la luz que sale se reduce a cero, y la luz tiende a propagarse por la superficie del agua. El **ángulo crítico** es el ángulo mínimo de incidencia en un medio, en el cual la luz se refleja totalmente. Cuando la linterna sorda se inclina más del ángulo crítico (que es 48° respecto a la normal, para el agua), observarás que toda la luz se refleja y regresa a la tina. Es la **reflexión interna total**. La luz que llega a la superficie entre el agua y el aire obedece a la ley de reflexión: el ángulo de incidencia es igual al ángulo de reflexión. La única luz que sale de la superficie del agua es la que se refleja en forma difusa desde el fondo de la tina. Esta secuencia se ve en la figura 28.36. La proporción de la luz que se refracta y la que se refleja internamente se indica con las longitudes relativas de las flechas.

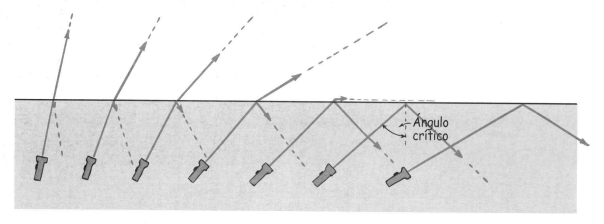

FIGURA 28.36 La luz emitida dentro del agua se refracta en parte y se refleja en parte en la superficie. Las líneas interrumpidas muestran la dirección de la luz y la longitud de las flechas indica las proporciones de la luz refractada y la reflejada. Más allá del ángulo crítico, el haz se refleja totalmente hacia el agua (reflexión interna total).

La reflexión interna total se presenta en materiales en los que la rapidez de la luz dentro de ellos es menor que fuera de ellos. La rapidez de la luz es menor en el agua que en el aire, por lo que todos los rayos de luz que desde el agua llegan a la superficie, forman ángulos de incidencia de 48° o más, y se reflejan y regresan al agua. Así, tu pez favorito en la tina ve un panorama reflejado de los lados y el fondo de la tina al mirar hacia arriba. Directamente arriba ve una perspectiva comprimida del mundo exterior (Figura 28.37). La vista de 180° de un horizonte a otro en el exterior se ve en un ángulo de 96°, el doble del ángulo crítico. A los objetivos fotográficos que en forma parecida comprimen una perspectiva se les llaman *objetivos ojo de pescado*, o *lentes ojo de pescado* y se usan en fotografía para obtener efectos especiales.

La reflexión interna total se presenta en el vidrio rodeado por aire, porque la rapidez de la luz en el vidrio es menor que en el aire. El ángulo crítico para el vidrio es más o menos 43°, dependiendo de la clase de vidrio. Entonces, la luz que en el vidrio incide en la superficie formando con ella un ángulo mayor que 43°, se refleja totalmente a su in-

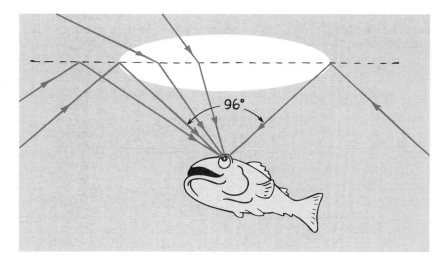

FIGURA 28.37 Un observador bajo el agua ve un círculo de luz, cuando la superficie está tranquila. Fuera de un cono de 96° (dos veces el ángulo crítico) un observador ve una reflexión del interior del agua o del fondo.

terior. Más allá de este ángulo la luz no escapa, y toda se refleja de nuevo hacia el vidrio, aun cuando la superficie externa esté sucia o polvosa. De aquí la utilidad de los prismas de vidrio (Figura 28.38). Antes de entrar al prisma, se pierde un poco de luz por reflexión, pero una vez dentro, la reflexión en las caras inclinadas en 45° es total, de 100%. En contraste, los espejos plateados o aluminizados sólo reflejan 90% de la luz incidente. Por eso es que en muchos instrumentos ópticos se usan prismas, y no espejos.

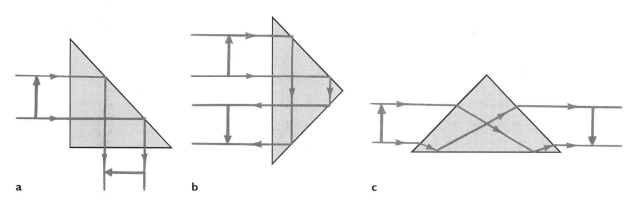

a   b   c

FIGURA 28.38 Reflexión interna total en un prisma. El prisma cambia la dirección del rayo de luz a) en 90°, b) en 180° y c) no la cambia. Observa que en todos los casos, la orientación de la imagen es distinta de la orientación del objeto.

En la figura 28.39 se ve un par de prismas que reflejan cada uno 180° la luz que les llega. En los binoculares se usan pares de prismas para alargar la trayectoria de la luz entre las lentes, eliminando con ello la necesidad de usar tubos largos. Así, unos binoculares compactos son tan efectivos como un telescopio más largo (Figura 28.40). Otra ven-

FIGURA 28.39 Reflexión
interna total en un par de
prismas.

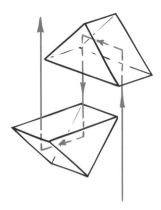

FIGURA 28.40
Prismáticos, o binoculares
de prisma.

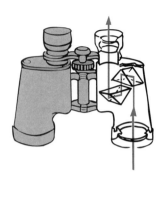

taja de los prismas es que mientras que la imagen de un telescopio recto es invertida, en los binoculares es derecha, por la reflexión en los prismas.

El ángulo crítico en el diamante es más o menos 24.5°, menor que el de cualquier otra sustancia conocida. El ángulo crítico varía un poco para los distintos colores, porque la rapidez de la luz en el diamante varía un poco para los distintos colores. Una vez que la luz entra a un diamante tallado, la mayor parte de ella incide sobre las caras traseras ("alferices" y "pabellones" de la "culata") formando ángulos mayores que 24.5°, y se reflejan interiormente en su totalidad (Figura 28.41). Debido al gran descenso de rapidez de la luz al entrar a un diamante, es muy pronunciada su refracción, y debido a la dependencia entre la rapidez y la frecuencia, hay mucha dispersión. Se produce todavía más dispersión al salir la luz por las muchas facetas (casi siempre, 57) de su *corona*. En consecuencia, se ven destellos inesperados de toda una gama de colores. Es interesante que cuando esos destellos son lo bastante angostos como para que sólo los vea un ojo a la vez, el diamante "destella".

FIGURA 28.41 Trayectorias
de la luz en un diamante. Los
rayos que llegan a la superficie
interna con ángulos mayores que
el ángulo crítico se reflejan
internamente y salen por
refracción en la superficie
superior o "tabla".

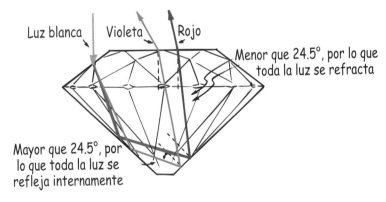

Luz blanca Violeta Rojo

Menor que 24.5°, por lo que toda la luz se refracta

Mayor que 24.5°, por lo que toda la luz se refleja internamente

También, el funcionamiento de las fibras ópticas, o tubos de luz, se basa en la reflexión interna total (Figura 28.42). Una fibra óptica "lleva por un tubo" a la luz de un lugar a otro, por una serie de reflexiones internas totales, en forma parecida a como una bala rebota al avanzar por un tubo de acero. Los rayos de luz rebotan contra las paredes internas, siguiendo los cambios de dirección y vueltas de la fibra. Las fibras ópticas se usan en lámparas de mesa decorativas, y para iluminar los instrumentos en los tableros de los automóviles con una sola lámpara. Los dentistas las usan con linternas para hacer que la luz llegue donde desean. Se usan haces de estas fibras delgadas y flexibles de vidrio o de plástico, para ver lo que sucede en lugares inaccesibles, como en el interior del motor o el estómago de un paciente. Pueden hacerse lo bastante pequeñas como para introducirlas en los vasos sanguíneos o por tubos como la uretra. La luz pasa por algunas fibras, llega e ilumina la escena, y regresa por otras fibras.

FIGURA 28.42 La luz "va por un tubo" desde abajo, en una sucesión de reflexiones internas totales, hasta que sale por los extremos superiores.

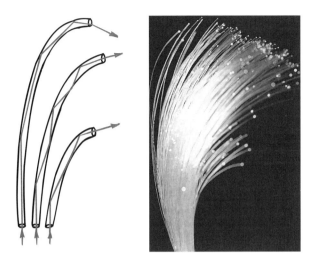

Las fibras ópticas tienen importancia en las comunicaciones, porque permiten contar con una alternativa práctica a los cables y alambres de cobre. En muchos lugares hay fibras delgadas de vidrio que ya reemplazan a cables de cobre gruesos, voluminosos y costosos, para transportar miles de conversaciones telefónicas simultáneas entre centrales telefónicas principales. En muchos aviones se alimentan señales de control desde el piloto a las superficies de control (los alerones) mediante fibras ópticas. Las señales son conducidas por modulaciones en la luz de un láser. A diferencia de la electricidad, la luz es indiferente a la temperatura y a las fluctuaciones de los campos magnéticos vecinos, por lo que la señal es más clara. También la probabilidad de que sea desviada por intrusos es mucho menor.

Lentes

Un caso muy práctico de la refracción es el de las *lentes*. Se puede comprender una lente analizando trayectorias de tiempos iguales, como hicimos antes, o se puede suponer que está formada por un conjunto de varios prismas y bloques de vidrio en el orden indicado en la figura 28.43. Los prismas y los bloques refractan los rayos paralelos de luz que les llegan de modo que convergen hacia (o divergen de) un punto. El arreglo que muestra la figura 28.43*a* hace converger a la luz, y a esa lente se le llama **convergente**. Observa que es mayor en su parte media.

FIGURA 28.43 Una lente se puede considerar como un conjunto de bloques y de prismas. a) Una lente convergente. b) Una lente divergente.

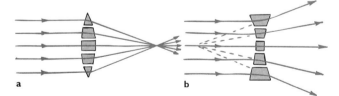

a   b

El arreglo de la parte *b* es diferente. La parte media es más delgada que las orillas, y hace que la luz diverja. A esa lente se le llama **lente divergente**. Observa que los prismas hacen diverger a los rayos incidentes en una forma que los hace parecer que provienen de un solo punto frente a la lente. En ambas lentes, la máxima desviación de los rayos es en los prismas más alejados, porque tienen el ángulo mayor entre las dos superficies refractoras. No hay desviación alguna exactamente en el centro, porque en esa parte las caras del vidrio son paralelas entre sí. Las lentes reales no se fabrican con prismas, naturalmente, como muestra la figura 28.43; se fabrican de una sola pieza de vidrio, con superficies talladas por lo general en forma esférica. En la figura 28.44 se ve cómo las lentes lisas refractan las ondas que les llegan.

FIGURA 28.44 Los frentes de onda se propagan con más lentitud en el vidrio que en el aire. a) Las ondas se retardan más en el centro de la lente, y resulta la convergencia. b) Las ondas se retardan más en las orillas, y se produce la divergencia.

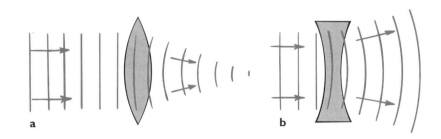

Algunos puntos clave para describir las lentes se ven en la figura 28.45, para una lente convergente. El *eje principal* de una lente es la línea que une los centros de curvatura de sus superficies. El *foco* es el punto en el que converge un haz de rayos de luz, paralelos entre sí y también al eje principal. Los rayos paralelos que no son paralelos al eje principal se enfocan en puntos arriba o abajo del foco. Todos los puntos posibles así definidos forman un *plano focal*. Como una lente tiene dos superficies, tiene dos focos y dos planos focales. Cuando la lente de una cámara se ajusta para captar objetos lejanos, la película está en el plano focal, detrás de ese objetivo. La *distancia focal* de la lente es la que hay entre su centro y cualesquiera de los focos.

FIGURA 28.45 Propiedades principales de una lente convergente.

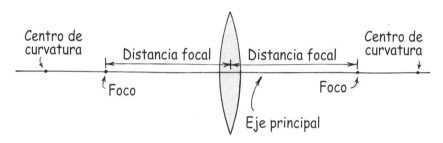

FIGURA 28.46 Las figuras móviles de zonas claras y oscuras en el fondo del estanque son el resultado de la superficie dispareja del agua, que se comporta como una cubierta de lentes ondulantes. De igual modo que vemos el fondo de la alberca variando de brillo, un pez que viera hacia arriba, hacia el Sol, también vería que cambia el brillo. Como en la atmósfera hay irregularidades análogas, vemos que las estrellas titilan.

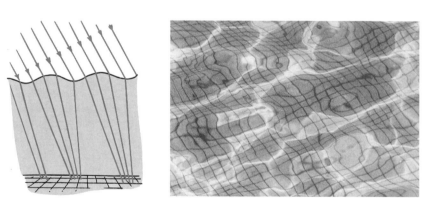

Formación de imagen por una lente

En este momento, hay luz que se refleja de tu cara y va hacia esta página. Por ejemplo, la luz que se refleja en la frente llega a todas las partes de esta página. Sucede lo mismo con la luz que se refleja en la barbilla. Cada parte de la página está iluminada con luz reflejada en la frente, en la nariz, la barbilla y en todas las demás partes de la cara. No ves una imagen de la cara en la página porque hay demasiado traslape de la luz. Pero si pones una barrera con un agujero de alfiler entre la cara y la página, la luz que parte de la

Práctica de la física

Construye una cámara oscura sencilla. Corta y quita una cara de una caja pequeña de cartón, y cúbrela con papel de dibujo semitransparente (albanene), o con papel higiénico. Con un alfiler perfora un agujero, bien hecho, en la cara opuesta (si el cartón es grueso, puedes hacer el agujero en un trozo de hoja de aluminio pegado sobre una abertura mayor en el cartón). Dirige la cámara hacia un objeto brillante en un cuarto oscuro y verás su imagen de cabeza en el papel. Mientras más diminuto sea el agujero, la imagen será más oscura, pero más nítida. Si, en un cuarto oscuro cambias el papel por película fotográfica virgen, cúbrela por detrás para que no le llegue la luz y cubre el agujero de alfiler con un cartón desmontable. Estás listo para tomar una foto. Los tiempos de exposición son distintos, y dependen principalmente de la clase de película y de la cantidad de luz. Prueba con distintos tiempos de exposición, comenzando con unos 3 segundos.

También haz la prueba con cajas de distintas longitudes. El objetivo de una cámara comercial es mucho mayor que el agujero de alfiler, y en consecuencia admite más luz en menos tiempo; de ahí viene el nombre de las fotos *instantáneas*.

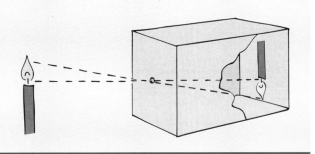

frente y llega a la página no se traslapa con la que sale del mentón. Es igual para el resto de la cara. Al no haber esas superposiciones, se forma una imagen de la cara en la página. Será muy oscura, porque es muy poca la luz que refleja la cara y que a la vez pasa por el agujero de alfiler. Para ver la imagen debes proteger esta página de otras fuentes de luz. Lo mismo sucede con el florero y las flores de la figura 28.47*b*.

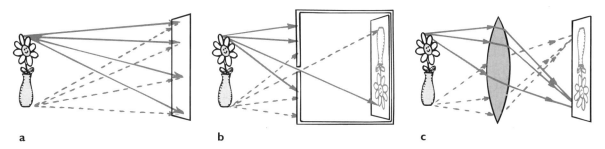

a   b   c

FIGURA 28.47 Formación de la imagen. a) No aparece imagen en el muro, porque los rayos de todas las partes del objeto se enciman en todas las partes del muro. b) Una sola abertura pequeña en una barrera evita que los rayos traslapados lleguen al muro; se forma una imagen débil e invertida. c) Una lente hace converger los rayos en el muro sin que se encimen; como hay más luz, la imagen es más brillante.

Las primeras cámaras no tenían lentes, y admitían la luz por un agujero pequeño. En la figura 28.47*b* y *c* puedes ver por qué la imagen que se forma está invertida (de cabeza) siguiendo los rayos de muestra. Se requerían largos tiempos de exposición por la pequeña cantidad de luz que admitía el agujero pequeño (y porque las emulsiones fotográficas eran mucho menos sensibles). Si el agujero fuera un poco más grande, admitiría más luz, pero se encimarían los rayos y producirían una imagen borrosa. Un agujero demasiado grande permitiría demasiado traslape y no se formaría imagen. Es donde entra una lente convergente (Figura 27.47*c*). La lente hace que la luz converja hacia la pantalla sin que haya el indeseable encimamiento de los rayos. Mientras que las primeras cámaras de agujero sólo se podían usar con objetos inmóviles, por el largo tiempo de exposición que se requería, con una lente se pueden fotografiar objetos en movimiento, porque el tiempo de exposición es corto y, como se dijo antes, las fotos que toman las cámaras con lente se llaman *instantáneas*.

El uso más sencillo de una lente convergente es en una lupa. Para comprender cómo funciona, imagina la manera en que examinas los objetos cercanos y lejanos. Sin ayuda en la visión, un objeto lejano se ve dentro de un ángulo relativamente angosto, y un objeto cercano se ve dentro de un ángulo de visión más amplio (Figura 28.48). Para ver los detalles de un objeto pequeño debes acercarte todo lo posible, para que tu ángulo de visión sea el máximo. Pero el ojo no puede enfocar estando muy cerca. Es donde entran en acción las lupas. Cuando se acerca al objeto, una lupa proporciona una imagen clara que sin ella sería borrosa.

FIGURA 28.48

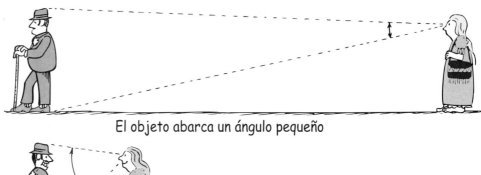

El objeto abarca un ángulo pequeño

El objeto abarca un ángulo grande

FIGURA 28.49 Cuando un objeto está cerca de una lente convergente (más cerca que su foco en f), la lente funciona como lupa y produce una imagen virtual. La imagen se ve más grande y más alejada de la lente que el objeto.

Al usar una lupa la sujetamos cerca del objeto que deseamos examinar. Esto se debe a que una lente convergente proporciona una imagen aumentada y derecha sólo cuando el objeto está entre el foco y la lente (Figura 28.49). Si se pone una pantalla a la distancia de la imagen no se forma imagen, porque no hay luz que se dirija hacia el lugar de la imagen. Sin embargo, los rayos que llegan al ojo se comportan *como si* provinieran de la posición de la imagen. A esta imagen la llamamos **imagen virtual**.

Cuando el objeto está suficientemente alejado y más allá del foco de una lente convergente, se forma una **imagen real**, en lugar de una imagen virtual. La figura 28.50 muestra un caso en el que una lente convergente forma una imagen real en la pared. Esa imagen real está invertida, o de cabeza. Se aprovecha un arreglo parecido para proyectar

FIGURA 28.50 Cuando un objeto está lejos de una lente convergente (más allá de su foco), se forma una imagen real e invertida.

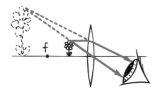

Imagen real sobre la pared

Lente

Objeto sobre la mesa

transparencias y películas en una pantalla, así como para proyectar una imagen real en la película de una cámara. Las imágenes reales producidas con una sola lente siempre están invertidas.

Una lente divergente, cuando se usa sola, produce una imagen virtual reducida. No importa lo alejado que esté el objeto. Cuando una lente divergente se usa sola, la imagen siempre es virtual, derecha y más pequeña que el objeto. Con frecuencia, una lente divergente se usa como "buscador" en una cámara. Cuando miras el objeto que vas a fotografiar a través de esa lente, lo que ves es una imagen virtual que tiene más o menos las mismas proporciones que saldrán en la fotografía.

EXAMÍNATE ¿Por qué la mayor parte de la fotografía en la figura 28.51 está fuera de foco?

FIGURA 28.51 Una lente divergente forma una imagen virtual y derecha de Jaimito y su gato.

COMPRUEBA TU RESPUESTA Jaimito y su gatito, y sus imágenes virtuales son "objetos" para el objetivo de la cámara que tomó esta foto. Como los objetos están a distintas distancias de la lente, sus imágenes respectivas están a diferentes distancias con respecto a la película de la cámara. Así, sólo se pudo enfocar una. Lo mismo sucede con los ojos. No puedes enfocar objetos cercanos y lejanos al mismo tiempo.

Defectos de las lentes

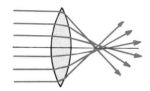

FIGURA 28.52 Aberración de esfericidad.

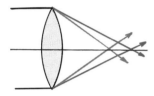

FIGURA 28.53 Aberración cromática.

Ninguna lente produce una imagen perfecta. A las distorsiones de la imagen se les llama **aberraciones**. Si se combinan las lentes en ciertas formas, las aberraciones se pueden reducir al mínimo. Por esta razón, la mayor parte de los instrumentos ópticos usan las "lentes compuestas", formadas cada una por varias lentes simples, en lugar de lentes sencillas.

La *aberración de esfericidad* se debe a que la luz que pasa por las orillas de una lente se enfoca en un lugar un poco distinto de donde se enfoca la luz que está cerca del centro de la lente (Figura 28.52). Eso se puede corregir cubriendo las orillas de la lente, como un diafragma en una cámara. La aberración de esfericidad se corrige en los buenos instrumentos ópticos mediante una combinación de lentes.

La *aberración cromática* se debe a que la luz de distintos colores tiene distintas rapideces y en consecuencia distintas refracciones en la lente (Figura 28.53). En una lente simple, al igual que en un prisma, los distintos colores de la luz no quedan enfocados en el mismo lugar. Los lentes *acromáticos*, que son una combinación de lentes simples de distintas clases de vidrios, corrigen este defecto.

La pupila cambia de tamaño para regular la cantidad de luz que le entra. La visión es más aguda cuando la pupila es más pequeña, porque entonces la luz sólo pasa por la parte central del cristalino, donde son mínimas las aberraciones de esfericidad y cromática. También, el ojo funciona entonces más como una cámara oscura, por lo que se requiere un enfoque mínimo para tener una imagen nítida. Ves mejor con luz brillante, porque bajo esa luz las pupilas son más pequeñas.[6]

El *astigmatismo* es un defecto causado cuando la córnea es más curva en una dirección que en otra, algo así como el costado de un barril. Por este defecto el ojo no forma imágenes nítidas. El remedio es usar anteojos con lentes cilíndricos que tengan más curvatura en una dirección que en otra.

EXAMÍNATE

1. Si la luz se propagara con la misma rapidez en el vidrio y en el aire, ¿las lentes de vidrio alterarían la dirección de los rayos de luz?

2. ¿Por qué hay aberración cromática en la luz que atraviesa una lente, pero no en la luz que se refleja de un espejo?

COMPRUEBA TU RESPUESTA

1. No.

2. Las diferentes frecuencias se propagan con distintas rapideces en un medio transparente, y en consecuencia se refractan con distintos ángulos, lo que produce aberración cromática. Sin embargo, los ángulos de reflexión de la luz no tienen nada que ver con su frecuencia. Un color se refleja igual que todos los demás. En consecuencia, en los telescopios se prefieren los espejos a las lentes, porque en los espejos no hay aberración cromática.

---

[6]Si usas anteojos y alguna vez los dejas olvidados, o si se te dificulta leer letras pequeñas, por ejemplo las de una guía telefónica, mira de reojo o, mejor aún, sostén un papel con un pequeño agujero frente a tu ojo y acércalo a la página que quieras leer. Verás la letra con claridad, y como estás cerca, parecerá que está aumentada. ¡Haz la prueba!

En la actualidad, una opción para quienes tienen mala visión es usar anteojos. Los anteojos se comenzaron a usar probablemente en China y en Italia, a fines del siglo XIII, (Es curioso que el telescopio fuera inventado sólo hasta 300 años después. Si en el intermedio alguien vio los objetos a través de un par de lentes alineados y separados, por ejemplo fijos en los extremos de un tubo, no dejó registro.) En tiempos recientes surgió una alternativa al uso de anteojos y lentes de contacto, para personas con mala visión. Hoy la tecnología láser permite a los cirujanos oftalmólogos "rasurar" la córnea hasta dejarla con una forma adecuada para la visión normal. En el mundo del futuro el uso de anteojos y lentes de contacto, cuando menos por parte de los jóvenes, será cosa del pasado. Realmente vivimos en un mundo que cambia rápidamente. Y eso puede ser bueno.

Resumen de términos

Aberración Distorsión de una imagen producida por una lente, la cual está presente hasta cierto grado en todos los sistemas ópticos.

Ángulo crítico El ángulo de incidencia mínimo en el interior de un medio en el cual un rayo de luz se refleja totalmente.

Imagen real Imagen formada por los rayos de luz que convergen en el lugar de la imagen. Una imagen real, a diferencia de una imagen virtual, se puede mostrar en una pantalla.

Imagen virtual Imagen formada por los rayos de luz que no convergen en el lugar de la imagen.

Lente convergente Una lente que es más gruesa en el centro que en las orillas, haciendo que los rayos paralelos se unan o enfoquen.

Lente divergente Una lente que es más delgada en el centro que en las orillas, haciendo que los rayos paralelos diverjan desde un punto.

Ley de la reflexión El ángulo de reflexión es igual al ángulo de incidencia.

Principio de Fermat del tiempo mínimo La luz toma la trayectoria que requiere el tiempo mínimo, para ir de un punto a otro.

Reflexión El regreso de los rayos de luz en una superficie.

Reflexión difusa Reflexión en direcciones irregulares desde una superficie irregular.

Reflexión interna total La reflexión total de la luz que viaja por un medio más denso y llega a la frontera con un medio menos denso, formando un ángulo mayor que el ángulo crítico.

Refracción La desviación de un rayo de luz oblicuo al pasar de un medio transparente a otro.

Lectura sugerida

Greenler, R. *Rainbows, Halos, and Glories*. New York: Cambridge University Press, 1980.

Preguntas de repaso

1. Describe la diferencia entre *reflexión* y *refracción*.

Reflexión

2. ¿Qué hace la luz incidente que llega a un objeto con los electrones en los átomos del objeto?

3. ¿Qué hacen los electrones en un objeto iluminado cuando son forzados a vibrar con mayor energía?

Principio del tiempo mínimo

4. ¿Cuál es el principio de Fermat del tiempo mínimo?

Ley de la reflexión

5. ¿Cuál es la ley de la reflexión?

Espejos planos

6. En relación con la distancia de un objeto frente a un espejo plano, ¿a qué distancia se encuentra la imagen detrás del espejo?

7. ¿Qué fracción de la luz que llega directa a una lámina de vidrio se refleja en la primera superficie?

Reflexión difusa

8. ¿Puede pulirse una superficie para reflejar unas ondas pero otras no?

Refracción

9. La luz se desvía al pasar de un medio a otro en dirección oblicua a la superficie que los separa, y toma un camino un poco más largo para ir de un punto en un medio a otro punto en el otro medio. ¿Qué tiene que ver ese camino más largo con el tiempo de recorrido de la luz?

10. ¿Cómo se compara el ángulo con el que llega la luz a un vidrio de ventana con el ángulo con el que sale por el otro lado?

11. ¿Cómo se compara el ángulo con el que llega un rayo de luz a un prisma con el ángulo que forma al salir por la otra cara?

12. La luz, ¿viaja más rápido por aire ligero que por aire denso? ¿Qué tiene que ver esa diferencia de rapideces con la duración de un día?

13. Un espejismo, ¿es producido por la reflexión o por la refracción?

Causa de la refracción

14. ¿Cuál es la causa de la refracción?

15. Cuando un carrito rueda por una banqueta lisa y pasa a un prado, la interacción de la rueda con las hojas del pasto desacelera a la rueda. ¿Qué desacelera a la luz cuando pasa del aire a un vaso con agua?

16. La refracción, ¿hace que una alberca parezca más honda o menos honda?

Dispersión

17. ¿Qué sucede con la luz de determinada frecuencia cuando llega a un material cuya frecuencia natural es igual que la frecuencia de la luz?

18. ¿Qué se propaga con menos rapidez en el vidrio, la luz roja o la luz violeta?

Arcoiris

19. ¿Qué es lo que impide que los arcoiris se vean como un círculo completo?

20. Describe las dos refracciones y una reflexión que dispersan la luz en una gota de lluvia.

21. Una sola gota de lluvia iluminada por la luz del Sol, ¿desvía la luz de un solo color, o dispersa un espectro de colores?

22. El espectador, ¿ve un solo color o un espectro de colores que provienen de una sola gota lejana?

23. ¿Por qué un arcoiris secundario es más débil que un arcoiris primario?

Reflexión interna total

24. ¿Qué quiere decir *ángulo crítico*?

25. Entre un vidrio y el aire, ¿a qué ángulo en el interior del vidrio se refleja totalmente la luz?

26. Entre un diamante y el aire, ¿a qué ángulo en el interior del diamante se refleja totalmente la luz?

27. La luz se propaga normalmente en línea recta, pero "se dobla" en una fibra óptica. Explica por qué.

Lentes

28. Describe la diferencia entre una *lente convergente* y una *lente divergente*.

29. ¿Qué es la *distancia focal* de una lente?

Formación de imagen por una lente

30. Describe la diferencia entre una *imagen virtual* y una *imagen real*.

31. ¿Qué clase de lente se puede usar para producir una imagen real? ¿Y una imagen virtual?

Defectos de las lentes

32. ¿Por qué la visión es más nítida cuando las pupilas están muy cerradas?

33. ¿Qué es astigmatismo y cómo se puede corregir?

Proyectos

1. Puedes producir un espectro si colocas una bandeja con agua a la luz solar. Recarga un espejo de bolsillo contra la orilla de la bandeja, y ajústala para que aparezca el espectro en la pared o en el techo. ¡Ajá, ya tienes un espectro sin usar prisma!

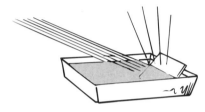

2. Para un par de espejos con sus caras paralelas entre sí. Coloca un objeto, por ejemplo una moneda, entre los espejos y examina las reflexiones en cada espejo. ¿Bonito, no?

3. Coloca dos espejos de bolsillo formando un ángulo recto, y coloca una moneda entre ellos. Verás cuatro monedas. Cambia el ángulo de los espejos y fíjate cuántas imágenes de las monedas puede ver. Con los espejos en ángulo recto, mira a la cara. A continuación guiña un ojo. ¿Qué ves? Ahora te ves como los demás te ven. Sujeta una página impresa frente a los espejos dobles, y ve la diferencia de su aspecto con el de la reflexión de un solo espejo.

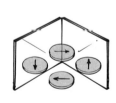

4. Mírate en un par de espejos que formen ángulo recto entre sí. Te verás como los demás te ven. Gira los espejos, siempre en ángulo recto entre sí. ¿Gira también tu imagen? Ahora coloca los espejos para que formen 60°, y mírate en ellos. De nuevo gira los espejos y ve si también gira tu imagen. ¿Asombroso?

5. Determina los aumentos de una lente enfocándolo en las líneas de un papel rayado. Cuenta los espacios entre las líneas que caben en el espacio aumentado, y será el aumento de la lente. Puedes hacer lo mismo con binoculares y una pared lejana de ladrillo. Sujeta los binoculares de tal modo que sólo veas los ladrillos por uno de los oculares mientras que con el otro ojo los veas directamente, sin binocular. La cantidad de hiladas de ladrillos que veas con el ojo y quepan en las hiladas de los ladrillos vistos por los binoculares es el aumento del instrumento.

Espacio aumentado

3 espacios caben en un espacio aumentado

6. Ve las reflexiones de las luces del techo en las dos superficies de unos anteojos, y verás dos imágenes distintas y fascinantes. ¿Por qué son distintas?

Ejercicios

1. El principio de Fermat es de tiempo mínimo, y no de distancia mínima. ¿Se aplicaría la distancia mínima también en la reflexión? ¿En la refracción? ¿Por qué tus respuestas son distintas?

2. El ojo en el punto P ve hacia el espejo. ¿Cuál de las tarjetas numeradas puede ver reflejada en el espejo?

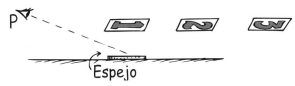

Espejo

3. El vaquero Joe quiere disparar al asaltante haciendo rebotar una bala en una placa metálica pulida a espejo. Para hacerlo, ¿debe simplemente apuntar a la imagen reflejada del asaltante? Explica por qué.

4. Con frecuencia, los camiones tienen letreros atrás que dicen "si no puedes ver mis espejos, yo no te puedo ver". Explica los procesos físicos involucrados aquí.

5. ¿Por qué las letras al frente de algunos vehículos están "al revés"?

AMBULANCIA

6. Cuando te ves en el espejo y agitas la mano derecha, tu bella imagen agita la mano izquierda. Entonces, ¿por qué no se agitan los pies de tu imagen cuando agitas la cabeza?

7. Los espejos retrovisores de los automóviles no están recubiertos en la primera superficie, y están plateados en la superficie trasera. Cuando el espejo se ajusta en forma correcta, la luz que llega de atrás se refleja en la superficie plateada y va hacia los ojos del conductor. Está bien. Pero no está tan bien durante la noche, con el brillo de las luces de los que vienen atrás. Este problema se resuelve porque el vidrio del espejo tiene forma de cuña (ve el esquema). Cuando el espejo se inclina un poco hacia arriba, a su posición de "noche", el brillo se dirige hacia arriba, hacia el techo del auto y se aleja de los ojos del conductor. Sin embargo, el conductor puede seguir viendo en el espejo los vehículos que vienen atrás. Explica por qué.

De día   De noche

8. Para reducir el resplandor de los alrededores, las ventanas de algunas tiendas de departamentos están inclinadas con el lado inferior hacia adentro, en lugar de ser verticales. ¿Cómo se reduce así el resplandor?

9. Una persona en un cuarto oscuro que ve por una ventana puede mirar con claridad a una persona a la luz del día, mientras que una persona en el exterior no puede ver la persona dentro del cuarto oscuro. Explica por qué.

10. ¿Qué clase de superficie de asfalto se ve con más facilidad al conducir por la noche, una áspera con piedras o una lisa como espejo? Explica por qué.

11. ¿Por qué es difícil ver la carretera frente a ti cuando conduces el auto en una noche lluviosa?

12. ¿Cuál debe ser la altura mínima de un espejo plano para que te veas todo en él?

13. En la pregunta anterior, ¿qué efecto tiene la distancia entre tú y el espejo plano? (¡Haz la prueba!)

14. Sujeta un espejo de bolsillo con el brazo extendido y observa qué tanto de la cara puedes ver. Para ver más de la cara, ¿debes acercar el espejo, alejarlo, o tener un espejo más grande? (¡Haz la prueba!)

15. En un espejo, limpia con vaho sólo lo suficiente para ver tu cara completa. ¿Qué altura tiene el área limpiada en comparación con la dimensión vertical de la cara?

16. El diagrama siguiente muestra una persona y su gemelo a distancias iguales en las caras opuestas de un muro delgado. Imagina que se va a hacer una ventana en el muro, para que cada gemelo mire una vista completa del otro. Indica el tamaño y el lugar de la ventana más pequeña que se pueda hacer en el muro para poder tener una vista completa. (*Sugerencia*: Traza rayos de la coronilla de cada gemelo hasta los ojos del otro. Haz lo mismo con los pies de cada uno hasta los pies del otro.)

17. Vemos un pájaro y su reflexión. ¿Por qué en la reflexión no se ven las patas del ave?

18. ¿Por qué la luz reflejada del Sol o de la Luna parecen una columna en el cuerpo de agua, como se ve en la figura? ¿Cómo se verían si la superficie del agua fuera perfectamente lisa?

19. ¿Qué error hay en la caricatura de un señor viéndose en el espejo? (Pide a un amigo que imite la caricatura, y ve lo que sucede.)

20. Un par de carritos de juguete ruedan en dirección oblicua, desde una superficie lisa hacia dos prados, uno rectangular y otro triangular, como se ve en la figura. El suelo está un poco inclinado, para que después de desacelerarse en el pasto, las ruedas se vuelvan a acelerar al salir a la superficie lisa. Termina cada esquema indicando algunas posiciones de las ruedas dentro de los prados y cuando pasen al otro lado, indicando así la dirección del recorrido.

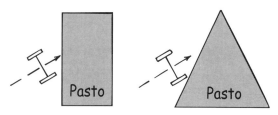

21. Un pulso de luz roja y un pulso de luz azul entran a un bloque de vidrio, normal a su superficie y al mismo tiempo. Después de atravesar el bloque, ¿cuál pulso sale primero?

22. Durante un eclipse lunar, la Luna no está totalmente negra, sino con frecuencia tiene un color rojo profundo. Explica lo que sucede en términos de la refracción en los ocasos y las auroras en todo el mundo.

23. Coloca un tubo de ensayo dentro de agua, y podrás verlo. Llénalo con aceite de soya limpio, y puede suceder que no lo veas. ¿Qué te dice eso acerca de la rapidez de la luz en el aceite y en el vidrio?

24. Un haz de luz se desvía como se ve en la parte *a*, mientras que las orillas del cuadrado sumergido se desvían como se muestra en *b*. ¿Se contradicen estas figuras? Explica por qué.

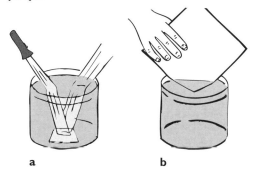

a   b

25. Si al estar parado a la orilla de un río quieres arponear a un pez que está frente a ti, ¿apuntas arriba de, abajo de o directamente hacia el pez? Si en lugar de ello pudieras atrapar al pez con un rayo láser, ¿apuntarías arriba de, abajo de o directamente hacia el pez? Defiende tus respuestas.

26. Si el pez del ejercicio anterior fuera pequeño y azul, y la luz del rayo láser fuera roja, ¿qué correcciones deberías hacer? Explica por qué.

27. Cuando un pez mira hacia arriba, en un ángulo de 45°, ¿ve el cielo o sólo la reflexión del fondo? Defiende tu respuesta.

28. Los rayos de luz en el agua que van hacia la superficie formando ángulos mayores de 48° con la normal, se reflejan totalmente. Ninguno de los rayos más allá de los 48° se refracta y sale al exterior. ¿Y al revés? ¿Hay un ángulo en el que los rayos de luz en el aire, que lleguen a una superficie del agua, se reflejan totalmente? O, ¿algo de la luz se refractará desde todos los ángulos?

29. Si fueras a mandar un rayo láser a una estación espacial sobre la atmósfera y justo encima del horizonte, ¿apuntarías el rayo láser arriba, abajo o hacia la estación espacial visible? Defiende tu respuesta.

30. ¿Cómo se explican las grandes sombras producidas por las patas del andarríos? ¿Cómo se explica el anillo brillante que rodea las sombras en el fondo?

31. Cuando estás parado de espaldas al Sol, ves un arcoiris en forma de arco circular. ¿Podrías salirte hacia un lado para ver el arcoiris con la forma de un segmento de elipse, y no como segmento de círculo (como parece indicar la figura 28.32)? Defiende tu respuesta.

32. Dos observadores separados entre sí no ven el "mismo" arcoiris. Explica por qué.

33. Un arcoiris visto desde un avión puede formar un círculo completo. ¿Dónde aparecerá la sombra del avión? Explica por qué.

34. ¿En qué se parece un arcoiris al halo que a veces se ve que rodea a la Luna en una noche en que cae una helada? ¿En qué se diferencian los arcoiris y los halos?

35. ¿Cuál es la causa de la franja irisada que se suele ver en la orilla de una mancha de luz blanca producida por un haz de una linterna o de un proyector de transparencias?

36. Las cubiertas de alberca, de plástico transparente, llamadas *láminas de calefacción solar* tienen miles de pequeñas lentes formados por burbujas llenas de aire. En los anuncios se dice que las lentes en esas láminas enfocan el calor del Sol en el agua, y elevan su temperatura. ¿Crees que las lentes de esas láminas dirigen más energía solar hacia el agua? Defiende tu respuesta.

37. La intensidad promedio de la luz solar, medida con un *fotómetro* (medidor de luz) en el fondo de la alberca de la figura 28.46, ¿sería distinta si el agua estuviera en calma?

38. Cuando los ojos se sumergen en agua, ¿la desviación de los rayos de luz del agua a los ojos es mayor, menor o igual que en el aire?

39. ¿Por qué los *goggles* permiten que un nadador bajo el agua enfoque con más claridad lo que está mirando?

40. Si un pez usara *goggles* sobre la superficie del agua, ¿por qué su visión sería mejor si estuvieran llenos de agua?

41. Un diamante bajo el agua, ¿destella más o menos que en el aire? Defiende tu respuesta.

42. Cubre la parte superior del objetivo de una cámara. ¿Qué efecto tiene eso sobre las fotografías que se toman?

43. ¿Tendrían aumento los telescopios refractores y los microscopios si la luz tuviera la misma rapidez en el vidrio y en el aire? Explica por qué.

44. Imagina una lupa simple bajo el agua. ¿Tendrá más o menos aumento? Explica por qué.

45. ¿Qué efecto tendría perforar un segundo agujero en una cámara oscura? (Inserto, Práctica de la física en este capítulo.) ¿Y varios agujeros?

46. ¿Puedes tomar una foto de tu imagen en un espejo plano y enfocar la cámara en tu imagen y en el marco del espejo al mismo tiempo? Explica por qué.

47. En términos de distancia focal, ¿a qué distancia está la película atrás de la lente de la cámara, al tomar fotos de objetos lejanos?

48. ¿Por qué debes poner al revés las transparencias en un proyector?

49. Los mapas de la Luna están de cabeza (igual que los mapas celestes). ¿Por qué?

50. ¿Por qué las personas de edad que no usan anteojos deben leer los libros más lejos que los jóvenes?

Problemas

1. Demuestra, con un diagrama sencillo, que cuando un espejo con un rayo fijo que incide en él gira determinado ángulo, el rayo reflejado gira un ángulo dos veces mayor. (Este aumento del desplazamiento al doble hace que sean más evidentes las irregularidades en los vidrios ordinarios de ventana.)

2. Una mariposa, al nivel de los ojos, está a 20 cm frente a un espejo plano. Estás detrás de la mariposa, a 50 cm del espejo. ¿Cuál es la distancia entre el ojo y la imagen de la mariposa en el espejo?

3. Si tomas una foto de tu imagen en un espejo plano, ¿a cuántos metros debes enfocar si estás a 2 metros frente al espejo?

4. Imagina que caminas hacia un espejo a 2 m/s. ¿Con qué rapidez se acercan tú y la imagen entre sí? La respuesta *no es* a 2 m/s.

5. Cuando la luz llega perpendicularmente al vidrio, se refleja en cada superficie más o menos el 4%. ¿Cuánta luz se transmite a través de una lámina de vidrio?

6. Ningún vidrio es perfectamente transparente. Principalmente debido a las reflexiones, un 92% de la luz atraviesa una

lámina promedio de vidrio transparente de ventana. La pérdida de 8% no se nota cuando sólo es una lámina, pero sí se nota a través de varias láminas. ¿Cuánta luz transmite una ventana "con vidrio doble" (una que tiene dos hojas de vidrio)?

7. El diámetro del Sol abarca, o *subtiende*, un ángulo de 0.53° desde la Tierra. ¿Cuántos minutos tarda el Sol en recorrer un diámetro solar en el cenit (el Sol directamente arriba de nosotros)? Recuerda que tarda 24 horas, o 1440 minutos, en recorrer 360°. ¿Cómo se compara tu respuesta con el tiempo que tarda el Sol en desaparecer desde que la orilla inferior toca el horizonte en el crepúsculo? ¿La refracción influyó sobre tu respuesta?

8. Imagina dos formas en las que la luz, hipotéticamente, va del punto de partida S, hasta el destino F, pasando por un espejo: reflejándose en el punto A o reflejándose en el

punto B. Como la luz se propaga con rapidez fija por el aire, la trayectoria de tiempo mínimo también será la de distancia mínima. Demuestra, con cálculos, que la trayectoria SBF es más corta que la trayectoria SAF. ¿Cómo tiende este resultado a respaldar el principio de tiempo mínimo?

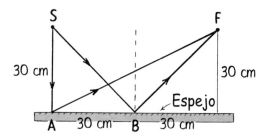

www.pearsoneducacion.net/hewitt
*Usa los variados recursos del sitio Web,
para comprender mejor la física.*

29

ONDAS LUMINOSAS

Bob Greenler, físico, autor de varios libros sobre la luz, demuestra los colores de interferencia con burbujas *grandes*.

Lanza una piedra a un estanque tranquilo y en la superficie del agua se forman ondas. Golpea un diapasón y las ondas sonoras se propagan por todas direcciones. Enciende un fósforo y las ondas luminosas se expanden, en forma parecida, por todas direcciones, a la enorme rapidez de la luz, de 300,000 kilómetros por segundo. En este capítulo estudiaremos la naturaleza ondulatoria de la luz. En el siguiente capítulo veremos que también la luz tiene una naturaleza de partículas o corpuscular. Aquí investigaremos algunas de las propiedades ondulatorias de la luz: la difracción, la interferencia y la polarización.

FIGURA 29.1   Ondas en el agua.

Principio de Huygens

Aunque se considera que Galileo fue quien primero diseñó un péndulo para accionar ruedas dentadas, fue Christian Huygens, un holandés, quien primero construyó un reloj de péndulo. Sin embargo, se recuerda más a Huygens por sus ideas acerca de las ondas.[1] Las crestas de las ondas que se ven en la figura 29.1 forman círculos concéntricos, llamados *frentes de onda*. Huygens propuso que los frentes de las ondas luminosas que se propagan desde una fuente puntual se pueden considerar como crestas encimadas de ondas secundarias diminutas (Figura 29.2). En otras palabras, los frentes de onda están formados por frentes de onda más pequeños. A esta idea se le llama **principio de Huygens**.

[1] En 1665, 20 años antes de que Huygens publicara su hipótesis acerca de los frentes de onda, Robert Hooke, físico inglés, propuso una teoría ondulatoria de la luz.

FIGURA 29.2 Estos dibujos se tomaron del libro de Huygens *Tratado sobre la luz*. La luz de A se propaga en frentes de onda, y cada punto del frente se comporta como si fuera una nueva fuente de ondas. Las ondas secundarias que comienzan en *b, b, b, b,* forman un nuevo frente de onda (*d, d, d, d*); las ondas secundarias que comienzan en *d, d, d, d,* forman otro frente de onda nuevo (DCEF).

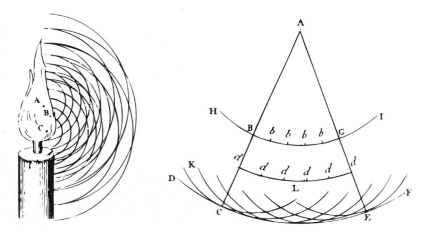

Examina el frente de onda esférica de la figura 29.3. Se puede ver que si todos los puntos a lo largo del frente de onda AA' son fuentes de nuevas ondas, unos momentos después las nuevas ondas encimadas formarán una nueva superficie, BB', que se puede considerar como la envolvente de todas las ondas pequeñas. En la figura sólo se indican unas cuantas de la cantidad infinita de ondas pequeñas que se originan en fuentes puntuales a lo largo de AA' que se combinan y producen la envolvente continua BB'. A medida que se extiende la onda, los segmentos de ella parecen menos curvos. A mucha distancia de la fuente original, las ondas casi forman un plano, como lo hacen, por ejemplo, las ondas que proceden del Sol. En la figura 29.4 se ve una construcción con ondas pequeñas de Huygens, para frentes de onda planos. Vemos las leyes de la reflexión y la refracción ilustradas mediante el principio de Huygens, en la figura 29.5.

FIGURA 29.3 El principio de Huygens aplicado a un frente de onda esférico.

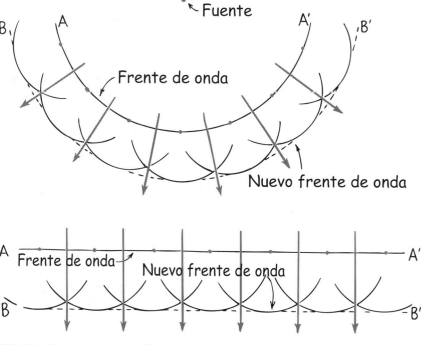

FIGURA 29.4 El principio de Huygens aplicado a un frente de onda plano.

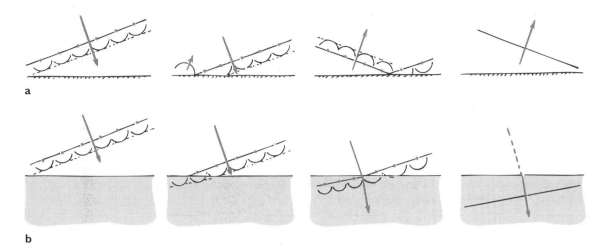

FIGURA 29.5 El principio de Huygens aplicado a a) la reflexión y b) a la refracción.

Se pueden generar ondas planas en el agua sumergiendo y sacando una regla horizontal, por ejemplo una regla de un metro (Figura 29.6). Las fotografías de la figura 29.7 son vistas superiores de un tanque de ondas en el que las ondas planas inciden sobre aberturas de diversos tamaños (no se ve la regla). En la figura 29.7*a*, donde la abertura es ancha, se ve que las ondas planas continúan a través de la abertura sin cambiar, excepto en los extremos, donde se desvían hacia la región sombreada, como indica el principio de Huygens. A medida que se hace más angosto el ancho de la abertura, como en la figura 29.7*b*, se transmite cada vez menos la onda incidente, y se hace más pronunciada la propagación de las ondas hacia la región sombreada. Cuando la abertura es pequeña en comparación con la longitud de la onda incidente, como en la figura 29.7*c*, se hace muy evidente la validez de la idea de Huygens, que cada parte de un frente de onda se puede considerar como una fuente de nuevas ondas pequeñas. Cuando las ondas inciden en la abertura angosta, se ve con facilidad que el agua que sube y baja en la abertura funciona como una fuente "puntual" de nuevas ondas que se dispersan en el otro lado de la barrera. Se dice que las ondas se *difractan* cuando se propagan en la región de la sombra.

FIGURA 29.6 La regla de un metro oscilante produce ondas planas en el tanque de agua. El agua que oscila en la abertura funciona como fuente de ondas que se reparten en el otro lado de la barrera. El agua se difracta por la abertura.

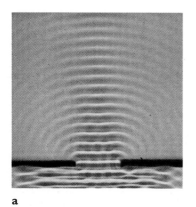
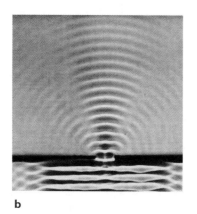

a   b   c

FIGURA 29.7 Ondas planas que pasan por aberturas de varios tamaños. Mientras menor es la abertura, la desviación de las ondas hacia las orillas es mayor; en otras palabras, la difracción es mayor.

Difracción

FIGURA 29.8 a) La luz produce una sombra nítida con algo de confusión en las orillas, cuando la abertura es grande en comparación con la longitud de onda de la luz. b) Cuando la abertura es muy angosta, se nota más la difracción, y la sombra es más difusa.

En el capítulo anterior vimos que la luz se puede desviar de su trayectoria normal rectilínea por reflexión y por refracción, y ahora vemos otra forma en que se desvía. A toda desviación de la luz por otro mecanismo que no sea reflexión y refracción se le llama **difracción**. La difracción de las ondas planas, que se ve en la figura 29.7, sucede en todas las clases de ondas, incluyendo las ondas luminosas.

Cuando la luz pasa por una abertura grande en comparación con la longitud de onda de la luz, forma una sombra como la que se ve en la figura 29.8a. Se ve una frontera bastante definida entre las zonas de luz y la sombra. Pero si se hace pasar luz a través de una rendija delgada, hecha con una navaja de rasurar en una pieza de cartón opaco, se ve que la luz se difracta (Figura 29.8b). Desaparece la frontera definida entre las áreas iluminadas y la sombra, y la luz se propaga como en abanico, produciendo un área iluminada que se debilita hasta llegar a la oscuridad, sin orillas definidas. La luz se difractó.

a   b

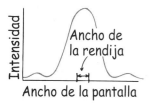

FIGURA 29.9 Interpretación gráfica de la luz difractada por una sola rendija angosta.

En la figura 29.9 se muestra una gráfica de la distribución de la intensidad de la luz difractada por una sola rendija delgada. Debido a la difracción hay un aumento gradual de intensidad luminosa, en lugar de un cambio abrupto de sombra a luz. Una fotocelda que recorriera la pantalla sentiría un cambio gradual desde falta de luz hasta luz máxima. (En realidad, hay unas franjas débiles de intensidad a ambos lados de la figura principal; en breve veremos que son una prueba de que la interferencia, que es más pronunciada con doble rendija o con varias rendijas.)

La difracción no se limita a rendijas ni aberturas pequeñas en general, sino se puede ver en todas las sombras. Al fijarse bien, aun la sombra más nítida es un poco borrosa en su orilla. Cuando la luz es de un solo color (monocromática), la difracción puede producir *franjas de difracción* o *bandas de difracción* en la orilla de la sombra, como en la figura 29.10. Con la luz blanca, las bandas se mezclan entre sí y forman una zona difusa en la orilla de la sombra.

La cantidad de difracción depende de la longitud de la onda en comparación con el tamaño de la obstrucción que causa la sombra. Las ondas más largas se difractan más. Son mejores para llenar las sombras, y es la causa de que los sonidos de las sirenas de niebla sean de ondas largas y de baja frecuencia, para propagarse a todos los "puntos ciegos". Sucede igual con las ondas de radio de la banda normal de AM que son muy largas, en comparación con el tamaño de la mayor parte de los objetos en sus trayectorias. En esa banda, la longitud de las ondas va de 180 a 550 metros, y se desvían con facilidad rodeando las construcciones y otros objetos que las estorben. Una onda de radio de gran longitud no "ve" una casa relativamente pequeña que esté en su camino, pero una de onda corta sí la ve. Las ondas de radio de la banda de FM van de 2.8 a 3.4 metros, y no se desvían bien rodeando a los edificios. Ésta es una de las razones por la que la recepción de FM suele ser mala en lugares donde la AM se escucha bien y fuerte. En el caso de la recepción de radio no se desea "ver" objetos en el camino de las ondas, por lo que la difracción ayuda mucho.

La difracción no ayuda tanto para ver objetos muy pequeños con un microscopio. Si el tamaño del objeto es más o menos el mismo de la longitud de onda de la luz, la difracción difumina la imagen. Si el objeto es menor que la longitud de onda de la luz, no se puede ver. Toda la imagen se pierde por difracción. Ningún aumento ni perfección del diseño del microscopio le puede ganar a este límite fundamental de la difracción.

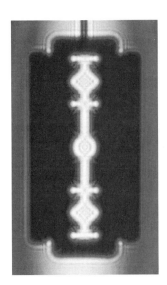

FIGURA 29.10   Las bandas de difracción se ven en las sombras producidas con luz láser monocromática (de una sola frecuencia). Estas franjas se llenarían con una multitud de otras franjas si la fuente fuera de luz blanca.

FIGURA 29.11   a) Las ondas tienden a esparcirse en la región de la sombra. b) Cuando la longitud de onda es más o menos del mismo tamaño que el objeto, pronto se llena la sombra. c) Cuando la longitud de onda es corta en relación con el tamaño del objeto, se produce una sombra más definida.

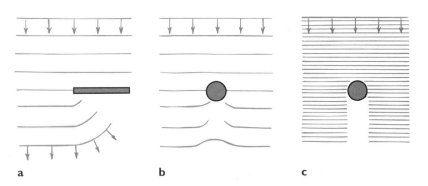

a   b   c

Para reducir al mínimo este problema, los microscopistas iluminan los objetos diminutos con haces de electrones, y no con luz. En relación con las ondas luminosas, los haces de electrones tienen longitudes de onda extremadamente cortas. En los *microscopios electrónicos* se aprovecha el hecho de que toda la materia tiene propiedades ondulatorias: un haz de electrones tiene una longitud de onda menor que la de la luz visible. En un microscopio electrónico se usan campos eléctricos y magnéticos en lugar de lentes para enfocar y aumentar las imágenes.

El hecho de que se puedan ver detalles más finos con longitudes de onda menores lo emplea muy bien el delfín, al explorar su ambiente con ultrasonido. Los ecos del sonido de gran longitud de onda le proporcionan una imagen general de los objetos que lo rodean. Para examinar más detalles, el delfín emite sonidos de menor longitud de onda. El delfín siempre ha hecho en forma natural lo que los médicos sólo han podido hacer hasta fechas recientes con los aparatos de imágenes ultrasónicas.

EXAMÍNATE ¿Por qué un microscopista usa luz azul y no blanca para iluminar los objetos que está viendo?

Interferencia

En la figura 29.12 se ven unos ejemplos espectaculares de la difracción. Chuck Manka, un físico, las hizo colocando película fotográfica en la sombra de un tornillo, iluminada con luz láser. En ambas figuras se ven unas bandas, que son producidas por **interferencia**, que ya describimos en el capítulo 18. Repasamos la interferencia constructiva y destructiva en la figura 29.13. Vemos que la suma o *superposición* de un par de ondas idénticas y en fase entre sí produce una onda de la misma frecuencia, pero con el doble de amplitud. Si las ondas están desfasadas exactamente media longitud de onda, al superponerse se anulan por completo. Si están fuera de fase en otras cantidades se produce anulación o refuerzo parcial.

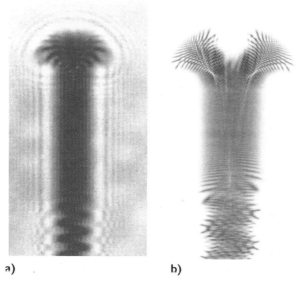

a)   b)

FIGURA 29.12 a) La sombra de un tornillo en luz de láser; muestra bandas de interferencia destructiva de la luz difractada. b) Una exposición más larga muestra bandas dentro de la sombra, producidas por interferencia constructiva y destructiva.

La interferencia de las ondas en el agua se ve con mucha frecuencia, y se nota en la figura 29.14. En algunos lugares las crestas se enciman con crestas, mientras que en otras, las crestas se enciman con los valles de otras ondas.

Bajo condiciones controladas con más cuidado se producen figuras interesantes cuando dos fuentes ondulatorias se ponen lado a lado (Figura 29.15). Se dejan caer gotas de agua a una frecuencia controlada en tanques poco profundos llenos de agua (tanques de ondas), y las ondas se fotografían desde arriba. Observa que las zonas de interferencia cons-

---

COMPRUEBA TU RESPUESTA Hay menos difracción con la luz azul, y el microscopista ve más detalle (así como un delfín investiga el detalle fino en su ambiente con ecos de sonido de onda ultracorta).

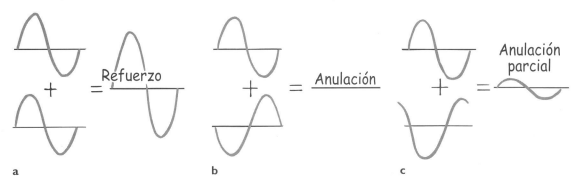

a   **b**   **c**

FIGURA 29.13 Interferencia de las ondas.

FIGURA 29.14 Interferencia de las ondas en el agua.

tructiva y destructiva se extienden hasta las orillas de los tanques de ondas, y la cantidad y el tamaño de esas regiones dependen de la distancia entre las fuentes de las ondas y de la longitud de onda (o frecuencia) de las mismas. La interferencia no se limita a las ondas en el agua, que se ven con facilidad, sino es una propiedad de todas las ondas.

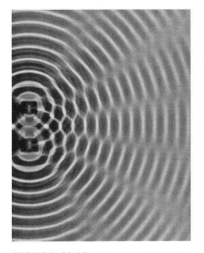 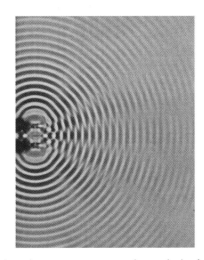 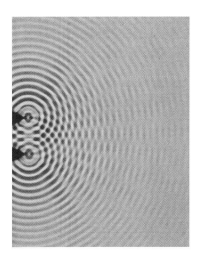

FIGURA 29.15 Patrones de interferencia de ondas superpuestas procedentes de dos fuentes vibratorias.

Thomas Young, físico y médico inglés, en 1810 demostró en forma muy convincente la naturaleza ondulatoria de la luz, al hacer su experimento de interferencia, ahora famoso.[2] Encontró que la luz que pasa por dos agujeros próximos hechos con alfiler, se recombina y produce bandas de claridad y oscuridad en una pantalla frente a ellos. Las bandas claras se forman cuando una cresta de la onda luminosa que pasó por un agujero llega al mismo tiempo a la pantalla que la cresta de la onda luminosa que pasa por el otro agujero. Las bandas oscuras se forman cuando una cresta de una onda y un valle de la otra llegan al mismo tiempo. La figura 29.16 muestra el dibujo de Young, del patrón de las ondas sobrepuestas procedentes de las dos fuentes. Cuando este experimento se hace con dos rendijas cercanas en lugar de agujeros de alfiler, las imágenes de las bandas son rectas (Figura 29.17).

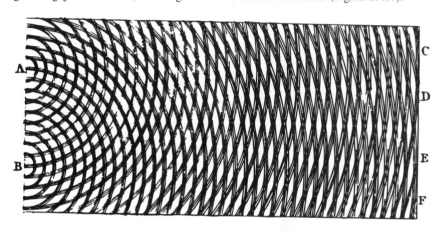

FIGURA 29.16 Dibujo original de Thomas Young, de un patrón de interferencia con dos fuentes. Los círculos oscuros representan crestas de onda, y los espacios en blanco entre las crestas representan los valles. Se produce interferencia constructiva donde las crestas se enciman con las crestas o los valles se enciman con los valles. Las letras C, D, E y F indican regiones de interferencia destructiva.

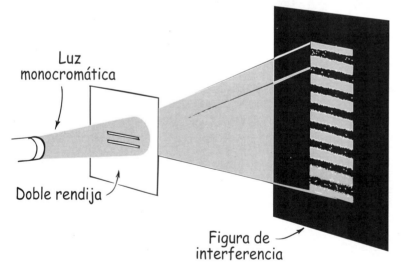

FIGURA 29.17 Cuando la luz monocromática pasa por dos rendijas muy cercanas se produce un patrón de bandas de interferencia.

En la figura 29.19 se ve la forma cómo se producen bandas claras y oscuras debidas a las distintas longitudes de trayectoria desde las dos rendijas hasta la pantalla. Para la banda central clara, las trayectorias desde las dos rendijas tienen la misma longitud, por lo que las ondas llegan en fase y se refuerzan entre sí. Las bandas oscuras a cada lado de la

---

[2]Thomas Young ya leía con fluidez a los 2 años; a los 4 ya había leído dos veces la Biblia. A los 14 sabía ocho idiomas. En su vida adulta fue médico y científico, y contribuyó a la comprensión de los fluidos, el trabajo y la energía, y las propiedades elásticas de los materiales. Fue quien hizo los primeros avances en el desciframiento de los jeroglíficos egipcios. ¡Sin duda Thomas Young fue una persona brillante!

FIGURA 29.18 Las bandas claras se producen cuando las ondas desde ambas rendijas llegan en fase; las zonas oscuras son el resultado del encimamiento de ondas que están fuera de fase.

banda central se deben a que una trayectoria es más larga (o más corta) en media longitud de onda, por lo que las ondas llegan desfasadas por media longitud de onda. Los otros conjuntos de bandas oscuras se presentan donde las trayectorias difieren en múltiplos impares de media longitud de onda: 3/2, 5/2, etcétera.

FIGURA 29.19 La luz que procede de O pasa por las rendijas M y N, y produce un patrón de interferencia en la pantalla S.

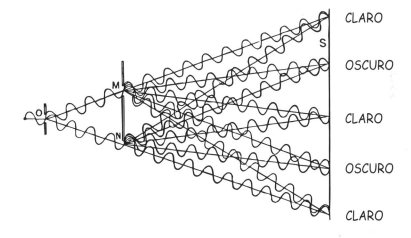

Examínate

1. Si se iluminaran las dos rendijas con luz monocromática (de una sola frecuencia) roja, ¿las franjas estarían a mayores o a menores distancias que si se iluminaran con luz monocromática azul?

2. ¿Por qué es importante usar luz monocromática?

Supongamos que al hacer este experimento con doble rendija cubrimos una de ellas, y entonces la luz sólo pasa por la que está descubierta. Entonces, la luz se dispersará e iluminará la pantalla formando una solo patrón de difracción, como describimos antes

---

Comprueba tu respuesta

1. A mayor distancia. Puedes ver en la figura 29.19 que una trayectoria un poco más larga, y en consecuencia más desplazada, de la rendija de entrada a la pantalla sería el resultado de que las ondas luminosas fueran más largas.

2. Si la luz de diversas longitudes de onda se difractaran en las rendijas, las franjas oscuras de una longitud de onda se llenarían con las franjas claras de otra, y no se obtendría un patrón definido de bandas. Si no lo has comprendido, pide a tu profesor que lo demuestre.

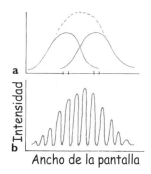

FIGURA 29.20 La luz que se difracta por cada una de las dos rendijas no forma una superposición de intensidades, como se sugiere en a). La distribución de intensidades, debido a la interferencia, es la que se muestra en b).

(Figuras 29.8b y 29.9). Si cubrimos la otra rendija y dejamos pasar luz sólo por la que acabamos de descubrir, obtendremos la misma iluminación en la pantalla, sólo que un poco desplazada, por la diferencia en el lugar de la rendija. Si no supiéramos el desenlace, esperaríamos que con ambas rendijas abiertas el patrón sólo sería la suma de los patrones de difracción con una rendija, como se sugiere en la figura 29.20a. Pero no sucede así. En su lugar, el patrón que se forma es de bandas claras y oscuras alternadas, como se ve en b. Es un patrón de interferencia. Por cierto, la interferencia de las ondas luminosas no crea ni destruye energía; tan sólo la distribuye.

Los patrones de interferencia no se limitan a una o dos rendijas. Una multitud de rendijas muy cercanas forma una *rejilla de difracción*. Estas rejillas, como los prismas, dispersan la luz blanca en sus colores. Mientras que un prisma separa los colores de la luz por refracción, una rejilla de difracción los separa por interferencia. Las rejillas se usan en aparatos llamados *espectrómetros* que describiremos en el siguiente capítulo, y con más frecuencia en cosas como bisutería y en etiquetas de parachoques en automóviles. Estas rejillas también se ven en los colores que dispersan las plumas de algunas aves, y en los bellos colores dispersos por los agujeros microscópicos en la superficie reflectora de un disco compacto (CD).

FIGURA 29.21 Debido a la interferencia que causa, una rejilla de difracción dispersa la luz en sus colores. Se puede usar en un espectrómetro, en lugar de un prisma.

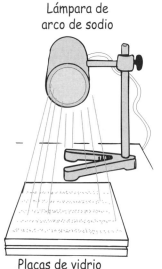

FIGURA 29.22 Bandas de interferencia producidas cuando la luz monocromática se refleja en dos placas de vidrio, con una cuña de aire entre ellas.

Interferencia en película delgada con un solo color

Otra forma de producir bandas de interferencia es por reflexión de la luz en las caras de una película delgada. Una demostración sencilla se hace con una fuente de luz monocromática y un par de láminas de vidrio. Una lámpara de vapor de sodio es una buena fuente de luz monocromática. Las dos láminas de vidrio se colocan una sobre otra, como se ve en la figura 29.22. Entre las placas, en una orilla de ellas, se pone una hoja muy delgada de papel. De esta forma se produce una película de aire muy delgada, en forma de una cuña, entre las placas. Si el ojo tiene una posición tal que pueda ver la imagen reflejada de la lámpara, esa imagen no será continua, sino estará formada por bandas oscuras y claras.

La causa de esas bandas es la interferencia entre las dos ondas reflejadas del vidrio, en las superficies superior e inferior de la cuña de aire, como se ve en el diagrama exagerado de la figura 29.23. La luz que se refleja del punto P llega al ojo siguiendo dos caminos distintos. En uno de esos caminos, la luz se refleja en la parte superior de la cuña de aire; en la otra trayectoria se refleja en el lado inferior. Si el eje se enfoca en el punto P, ambos rayos llegan al mismo lugar de la retina. Pero esos rayos han recorrido distintas distancias, y se pueden encontrar en fase o desfasados, dependiendo del espesor de la cuña de aire, esto es, dependiendo de cuánto más ha recorrido un rayo en comparación con el otro. Cuando vemos toda la superficie del vidrio se ven regiones claras y oscuras alternadas; las partes oscuras están donde el espesor del aire es el adecuado para producir interferencia destructiva, y las partes claras son donde la cuña de aire tiene el espesor adecuado, mayor o menor, para causar refuerzo de la luz. Así, las bandas oscuras y claras son causadas por la interferencia de las ondas luminosas reflejadas en las dos caras de la película delgada.[3]

FIGURA 29.23 Reflexión en las superficies superior e inferior de una "película delgada de aire".

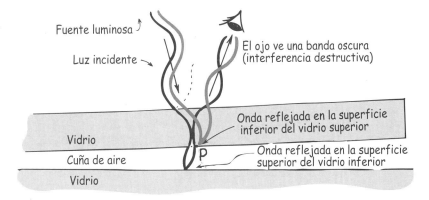

Si las superficies de las placas de vidrio que se usen son perfectamente planas, las bandas son uniformes. Pero si no son perfectamente planas, las bandas se distorsionan. La interferencia de la luz permite contar con un método extremadamente sensible para probar qué tan plana es una superficie. Se dice que las superficies que producen bandas uniformes son ópticamente planas; eso quiere decir que sus irregularidades son pequeñas en comparación con la longitud de onda de la luz visible (Figura 29.24).

FIGURA 29.24 Planos ópticos para probar qué tan planas están las superficies.

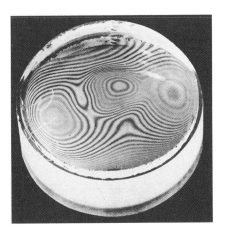

Cuando sobre una placa ópticamente plana se coloca una lente plana por arriba y con una ligera curvatura convexa por abajo, y se ilumina desde arriba con luz monocromática, se produce una serie de anillos claros y oscuros. A este patrón se le llama *anillos*

[3]Los desplazamientos de fase en algunas superficies reflectoras también contribuyen a la interferencia. En aras de la simplicidad y la brevedad, nuestra explicación de este tema se limitará a esta nota al pie. En resumen, cuando la luz en un medio se refleja en la superficie de un segundo medio en el que su rapidez es menor (cuando tiene mayor índice de refracción), se produce un desplazamiento de fase de 180° (esto es, de media longitud de onda). Sin embargo, no sucede desplazamiento de fase cuando el segundo medio transmite la luz a mayor rapidez (y tiene menor índice de refracción). En nuestro ejemplo de la cuña de aire no sucede desplazamiento de fase en la reflexión en la superficie superior aire-vidrio, y sí sucede un desplazamiento de 180° en la superficie inferior entre aire y vidrio. Así, en el vértice de la cuña de aire, donde su espesor tiende a cero, el desplazamiento de fase produce la anulación y la cuña es oscura. De igual manera sucede con una burbuja de jabón, tan delgada que su espesor sea bastante menor que la longitud de onda de la luz. Es la causa de que partes de una película muy delgada parezcan negras. Se anulan las ondas de todas las frecuencias.

de Newton (Figura 29.25). Estos anillos claros y oscuros están formados por bandas del mismo tipo que las que se producen en superficies planas. Permiten probar con precisión el tallado de los lentes.

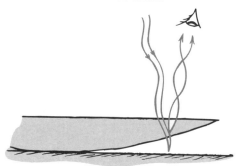 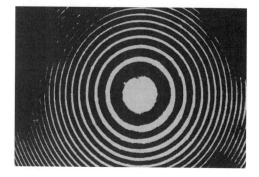

FIGURA 29.25   Anillos de Newton.

EXAMÍNATE   ¿En qué serían distintos los espacios entre los anillos de Newton al iluminar con luz roja y después con luz azul?

Colores de interferencia por reflexión en películas delgadas

Todos hemos visto el bello espectro de colores que refleja una burbuja de jabón o la gasolina en una calle mojada. Esos colores se producen por *interferencia* de las ondas luminosas. A este fenómeno se le suele llamar *iridiscencia*, y se observa en películas transparentes delgadas.

Una burbuja de jabón parece iridiscente en la luz blanca, cuando su espesor es más o menos igual al de la longitud de onda de la luz. Las ondas luminosas reflejadas por las superficies externas e internas de la película recorren distancias diferentes. Cuando la ilumina la luz blanca, la película puede tener el espesor exacto en un lugar para causar la interferencia destructiva de, por ejemplo, la luz amarilla. Cuando se resta la luz amarilla de la luz blanca, la mezcla que queda parecerá tener el color complementario. Lo mismo sucede con la gasolina sobre una calle mojada (Figura 29.26). La luz se refleja en la superficie superior de la gasolina y también en la superficie de la interfaz entre gasolina y agua. Si el espesor de la gasolina es tal que se anule el azul, como perece indicar la figura, su superficie se verá amarilla. Esto se debe a que se resta el azul del blanco y queda el color complementario, que es el amarillo. Así, los diferentes colores corresponden a distintos espesores de la película delgada, que forman un "mapa de curvas de nivel" a color, debido a diferencias microscópicas de "elevaciones" de las superficies.

Desde una perspectiva más amplia, se pueden ver distintos colores aun cuando el espesor de la película de gasolina sea uniforme. Eso tiene que ver con el espesor aparente de

COMPRUEBA TU RESPUESTA   Los anillos estarían más distanciados con la luz roja, de mayor longitud de onda, que con las ondas mas cortas de la luz azul. ¿Hay alguna razón geométrica para esto?

FIGURA 29.26 La película delgada de gasolina tiene exactamente el espesor correcto para anular las reflexiones de la luz azul procedente de las superficies superior e inferior. Si la película fuera más delgada, quizá se anularía el violeta, con menor longitud de onda. (Se representa una onda en negro para indicar cómo se desfasa respecto a la otra onda en la reflexión.)

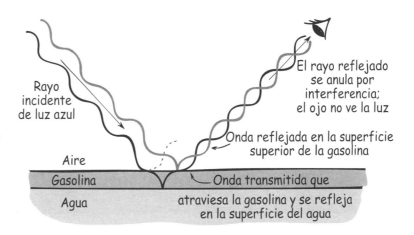

la película: la luz que llega al ojo procedente de distintas partes de la superficie se refleja con distintos ángulos y atraviesa distintos espesores. Por ejemplo, si la luz incide a un ángulo rasante, el rayo que llega a la superficie inferior de la gasolina recorre mayor distancia. En este caso se anularán las ondas más largas y aparecerán distintos colores.

La vajilla que se lava con jabonadura y que se enjuaga mal tiene una capa delgada de jabón. Sujeta un plato mal enjuagado y explora con él una fuente luminosa en forma tal que puedas ver los *colores de interferencia*. A continuación gíralo a una nueva posición, viendo la misma parte del plato, y cambiará el color. La luz que se refleja en la superficie inferior de la película transparente de jabón anula a la que se refleja en la superficie superior. Las ondas luminosas de distintas longitudes se anulan en distintos ángulos. Los colores de interferencia se observan mejor en las burbujas de jabón (Figura 29.27). Observarás que esos colores son, principalmente, azul verdoso, magenta y amarillo, debido a la anulación de los primarios rojo, verde y azul.

FIGURA 29.27 El color magenta de las burbujas de jabón de Simone se debe a la anulación de la luz verde. ¿Cuál color primario se anula para producir el verde?

La interferencia permite contar con un método de medir longitudes de onda de la luz y de otras radiaciones electromagnéticas. También hace posible medir distancias extremadamente cortas con gran exactitud. Los instrumentos más exactos que se conocen para medir distancias pequeñas son los *interferómetros*, que emplean el principio de la interferencia.

Práctica de la física

Este experimento lo puedes hacer en la tarja de la cocina. Sumerge una taza de café de color oscuro (los colores oscuros permiten ver mejor los colores de interferencia) en un detergente para loza; sácala y sostenla acostada. Ve la luz reflejada de la película de jabón que cubre la boca. Aparecen colores en movimiento, cuando el jabón se escurre y forma una cuña que se hace más gruesa en la parte inferior. La parte superior se adelgaza, hasta el grado que aparece negra. Esto te dice que su espesor es menor que un cuarto de la longitud de las ondas más cortas de la luz visible. Sea cual sea su longitud de onda, la luz que se refleja en la superficie interna invierte su fase y se une con la luz que

se refleja en la superficie externa, y la anula. La película se vuelve pronto tan delgada que se rompe.

EXAMÍNATE En la columna de la izquierda están los colores de algunos objetos. En la columna de la derecha hay varias formas de producir los colores. Determina la correspondencia entre las dos columnas.

a) narciso amarillo	1) interferencia
b) cielo azul	2) difracción
c) arcoiris	3) reflexión selectiva
d) plumas de pavo real	4) refracción
e) burbuja de jabón	5) dispersión

Polarización

FIGURA 29.28 Una onda plano polarizada vertical y una onda plano polarizada horizontal.

La interferencia y la difracción son la mejor prueba de que la luz es ondulatoria. Como vimos en el capítulo 19, las ondas pueden ser longitudinales o transversales. Las ondas sonoras son longitudinales, lo que significa que el movimiento de vibración es *a lo largo* de la dirección de propagación de la onda. Pero cuando movemos una cuerda, el movimiento vibratorio que se transmite por ella es perpendicular o *transversal* a la cuerda. Las ondas longitudinales y transversales tienen efectos de interferencia y difracción. Entonces, ¿las ondas luminosas son longitudinales o transversales? El hecho que las ondas luminosas se puedan **polarizar** demuestra que son transversales.

Si movemos hacia arriba y hacia abajo el extremo de una cuerda tensa, como en la figura 29.28, la onda transversal recorre la cuerda en un plano. Se dice que esa onda es *plano polarizada*,[4] o *polarizada en el plano*; eso quiere decir que las ondas se propagan por la cuerda confinadas en un solo plano. Si movemos la cuerda hacia arriba y hacia abajo, produciremos una onda plano polarizada verticalmente. Si la movemos hacia los lados, produciremos una onda plano polarizada horizontalmente.

COMPRUEBA TUS RESPUESTAS a-3; b-5; c-4; d-2; e-1.

---

[4]La luz también puede estar polarizada circular y elípticamente, que son combinaciones de polarizaciones transversales. Pero no estudiaremos esos casos.

Un solo electrón vibratorio puede emitir una onda electromagnética plano polarizada. El plano de polarización coincidirá con la dirección de vibración del electrón. Entonces, un electrón que acelera en dirección vertical emite luz que está polarizada verticalmente, mientras que uno que acelere horizontalmente emite luz que está polarizada horizontalmente (Figura 29.29).

FIGURA 29.29 a) Una onda plano polarizada en dirección vertical procede de una carga vibratoria en sentido vertical. b) Una onda plano polarizada en dirección horizontal procede de una carga que vibra horizontalmente.

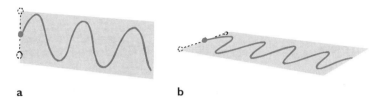

a   b

Una fuente común de luz, como una lámpara incandescente, una fluorescente, la llama de una vela o una luz de arco, emite luz que no está polarizada. Esto se debe a que no hay una dirección preferente de aceleración de los electrones que emiten la luz. Los planos de vibración podrían ser tan numerosos como los electrones que aceleran y los producen. En la figura 29.30a se representan algunos planos. Se pueden representar todos esos planos mediante líneas radiales (Figura 29.30b) o, en forma más sencilla, con vectores en dos direcciones perpendiculares entre sí (Figura 29.30c), como si hubiéramos descompuesto todos los vectores de la figura 29.30b en sus componentes horizontales y verticales. Este esquema más sencillo representa la luz no polarizada. La luz polarizada se representaría con un solo vector.

FIGURA 29.30
Representación de ondas plano polarizadas. Los vectores eléctricos representan la parte eléctrica de la onda electromagnética.

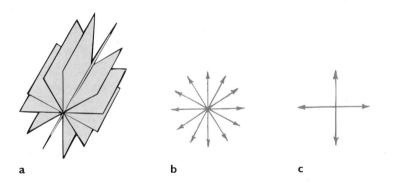

a   b   c

Todos los cristales transparentes de forma natural distinta a la cúbica tienen la propiedad de transmitir la luz de un sentido de polarización en forma distinta a la que tiene otra polarización. Ciertos cristales[5] no sólo dividen la luz no polarizada en dos rayos internos, polarizados en ángulos rectos entre sí, sino también absorben fuertemente un haz y transmiten el otro (Figura 29.31). La turmalina es uno de esos cristales, pero desafortunadamente la luz transmitida es de color. Sin embargo, la herapatita hace lo mismo sin coloraciones. Los cristales microscópicos de la herapatita se incrustan entre láminas de celulosa, con alineamiento uniforme, y se usan para fabricar los filtros Polaroid. Algunas películas Polaroid están formadas por ciertas moléculas alineadas, en lugar de cristales diminutos.[6]

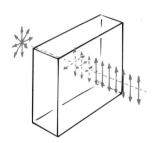

FIGURA 29.31 Un componente de la luz incidente no polarizada queda absorbido y la luz que sale está polarizada.

[5]Se llaman *birrefringentes*, y muestran la propiedad del *dicroísmo* o *pleocroísmo*: cambian de color según el ángulo con el que son conservados. Por consiguiente, también se llaman *dicroicos*.

[6]Esas moléculas son de yodo polimérico, en una lámina de alcohol polivinílico o polivinileno.

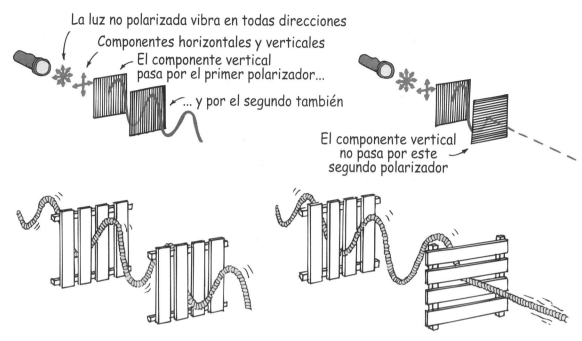

La luz no polarizada vibra en todas direcciones

Componentes horizontales y verticales

El componente vertical pasa por el primer polarizador...

... y por el segundo también

El componente vertical no pasa por este segundo polarizador

FIGURA 29.32 La analogía con una cuerda ilustra el efecto de los filtros polarizadores cruzados.

FIGURA 29.33 Los anteojos Polaroid para el Sol bloquean la luz con vibración horizontal. Cuando se encimen los lentes en ángulo recto, no pasa la luz por ellos.

Si ves una luz no polarizada a través de un filtro polarizador podrás girar el filtro en cualquier dirección y la luz se verá igual. Pero si esa luz está polarizada, entonces, a medida que giras el filtro, podrás bloquear cada vez más la luz, hasta bloquearla por completo. Un filtro polarizador ideal transmite el 50% de la radiación no polarizada que le llega. Naturalmente, ese 50% que pasa está polarizado. Cuando se disponen dos filtros Polaroid de tal manera que estén alineados sus ejes de polarización, la luz pasará por ambos (Figura 29.32). Si sus ejes están en ángulo recto entre sí (se dice que así los filtros están *cruzados*) no pasa luz por el par. (En realidad sí pasa algo de luz de longitudes menores de onda, pero no en forma importante.) Cuando se usan en pares los filtros polarizadores, al primero en el trayecto de la luz se le llama *polarizador* y al segundo *analizador*.

Gran parte de la luz reflejada en superficies no metálicas está polarizada. Un buen ejemplo es la que sale de un vaso de agua. Excepto cuando incide perpendicularmente, el rayo reflejado contiene más vibraciones paralelas a la superficie reflectora, mientras que el rayo transmitido contiene más vibraciones en ángulo recto a la superficie reflectora (Figura 29.34). Sucede lo mismo cuando se lanzan piedras rasantes sobre el agua, que rebotan

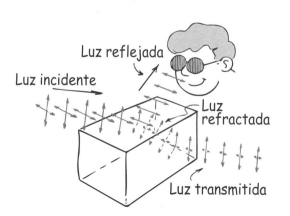

Luz reflejada

Luz incidente

Luz refractada

Luz transmitida

FIGURA 29.34 La mayor parte del resplandor de las superficies no metálicas está polarizado. Aquí vemos que los componentes de la luz incidente que son paralelos a la superficie se reflejan, y los perpendiculares a la superficie la atraviesan y entran al medio. Como la mayor parte del resplandor que vemos procede de superficies horizontales, los ejes de polarización de los anteojos Polaroid son verticales.

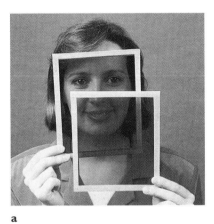
a

b

c

FIGURA 29.35 La luz se transmite cuando los ejes de los filtros polarizadores están alineados a), pero se absorbe cuando Ludmila gira uno para que los ejes queden perpendiculares entre sí b). Cuando introduce un tercer filtro polarizado oblicuo entre los dos anteriores, que están cruzados, de nuevo se transmite la luz c). ¿Por qué? Para dar con la respuesta, después de haber meditado el problema, consulta el apéndice D, "Más sobre vectores".

en ella. Cuando chocan con las caras paralelas a la superficie, se reflejan o rebotan, con facilidad; pero si llegan al agua con las caras inclinadas respecto al agua, se "refractan" y penetran al agua. El resplandor de las superficies reflectoras puede disminuirse mucho usando lentes Polaroid para el Sol. Los ejes de polarización de los lentes son verticales, porque la mayor parte del resplandor se refleja en superficies horizontales. Unos anteojos polarizados bien alineados nos permiten ver en tres dimensiones proyecciones de películas estereoscópicas, o de transparencias, sobre una pantalla plana.

EXAMÍNATE ¿Cuáles anteojos son los mejores para los conductores de automóvil? (Las líneas indican los ejes de polarización.)

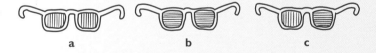
a   b   c

Visión tridimensional

La visión en tres dimensiones depende principalmente del hecho de que los ojos den sus impresiones en forma simultánea (o casi), y cada ojo viendo la escena desde un ángulo un poco distinto. Para convencerte de que cada ojo ve una perspectiva distinta, coloca un

COMPRUEBA TU RESPUESTA Los anteojos **a** son los más adecuados, porque los ejes verticales bloquean la luz polarizada horizontalmente, que forma gran parte del resplandor que despiden las superficies horizontales. Los anteojos **c** son adecuados para ver películas en 3-D (tercera dimensión).

FIGURA 29.36 La estructura cristalina del hielo en estereoscopía. Verás la profundidad cuando el cerebro combine lo que capta el ojo izquierdo al ver la figura de la izquierda y el ojo derecho al ver la figura de la derecha. Para verlo, antes de ver esta página enfoca los ojos para ver de lejos. Sin cambiar el foco ve la página, y cada figura aparecerá doble. Entonces ajusta el foco para que las dos imágenes interiores se encimen y formen una imagen compuesta. La práctica hace al maestro. (Si haces bizco para tratar de encimar las figuras ¡se invierten lo cercano y lo lejano!)

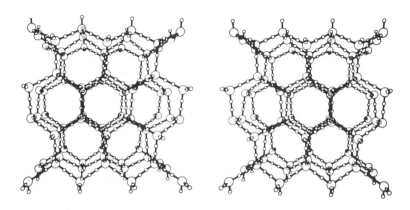

dedo en forma vertical, con el brazo extendido, y ve cómo parece desplazar su posición de izquierda a derecha, respecto al fondo, cuando cierras cada ojo en forma alterna. La figura 29.36 representa una vista estereoscópica de la estructura cristalina del hielo.

FIGURA 29.37 Vista estereoscópica de cristales de nieve. Mírala igual que la figura 29.36.

FIGURA 29.38 Con los ojos enfocados para ver a la distancia, los renglones segundo y cuarto se ven más lejanos. Si haces bizco, esos renglones se ven más cercanos.

La prueba de todo conocimiento
es el experimento.
El experimento es el *único juez*
de la "verdad" científica.
Richard P. Feynman

La prueba de todo conocimiento
es el experimento.
El experimento es el *único juez*
de la "verdad" científica.
Richard P. Feynman

FIGURA 29.39 Un visor estereoscópico.

El conocido visor estereoscópico (Figura 29.39) simula el efecto de la profundidad. En él, se colocan dos transparencias fotográficas tomadas desde posiciones un poco distintas. Al verlas al mismo tiempo, el arreglo es tal que el ojo izquierdo ve la escena que se fotografió desde la izquierda, y el ojo derecho la ve fotografiada desde la derecha. El resultado es que los objetos de la escena producen relieve en la perspectiva correcta, dando una profundidad aparente. El dispositivo se fabrica de tal modo que cada ojo vea la parte correcta. No hay posibilidad de que un ojo vea ambas tomas. Si quitas las transparencias del cartón donde están montadas, y las proyectas usando dos proyectores para que se sobrepongan las dos vistas, se produce una figura borrosa. Esto se debe a que cada ojo ve en forma simultánea ambas vistas. Aquí es donde entran los filtros polarizadores. Si los colocas frente a los proyectores de tal modo que uno esté horizontal y el otro vertical, y contemplas la imagen polarizada con anteojos polarizados en las mismas orientaciones, cada ojo captará la vista adecuada, como en el visor estereoscópico (Figura 29.40). Entonces verás una imagen en tres dimensiones.

FIGURA 29.40 Una sesión de transparencias con filtros polarizadores. El ojo izquierdo sólo ve la luz polarizada del proyector de la izquierda, y el ojo derecho sólo ve la luz del proyector de la derecha, y ambas figuras se funden en el cerebro y producen la sensación de profundidad.

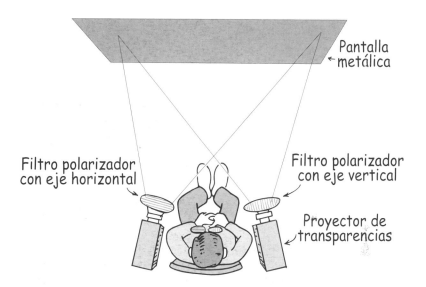

Pantalla metálica

Filtro polarizador con eje horizontal

Filtro polarizador con eje vertical

Proyector de transparencias

FIGURA 29.41 Un estereograma generado por computadora.

También se ve profundidad en los estereogramas generados por computadora, como el de la figura 29.41. Aquí, las figuras un poco distintas no son obvias a primera vista. Usa el procedimiento con que viste las figuras estereoscópicas anteriores. Una vez dominada la técnica de visión, ve al centro comercial y aprecia la diversidad de estereogramas en los "pósters" y en los libros.

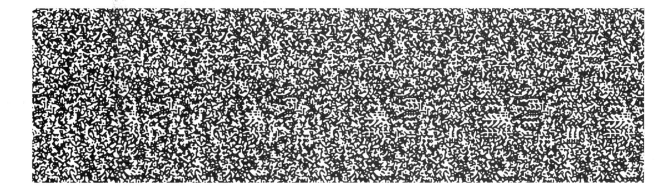

Holografía

Quizá el ejemplo más notable de la interferencia sea el **holograma**, una placa fotográfica bidimensional iluminada con luz de láser, que te permite ver una representación fiel de una escena en tres dimensiones. Dennis Gabor inventó el holograma en 1947, 10 años antes de inventarse los láseres. *Holo* quiere decir "todo" en griego, y *grama* significa "mensaje" o "información", también en griego. Un holograma contiene todo el mensaje, o toda la figura. Cuando lo ilumina una luz láser, la imagen es tan realista que puedes realmente ver por detrás de las aristas de objetos en la imagen, y ver los lados.

En la fotografía ordinaria se usa una lente para formar la imagen de un objeto en una película fotográfica. La luz reflejada por cada punto del objeto es dirigida por la lente sólo hasta un punto correspondiente en la película. Toda la luz que llega a la película proviene sólo del objeto que se está fotografiando. Sin embargo, en el caso de la holografía, no se utiliza una lente formadora de imagen. En lugar de ello, cada punto del objeto que se "fotografía" refleja la luz a *toda* la placa fotográfica, por lo que toda la placa queda expuesta a la luz que reflejan todas las partes del objeto. Lo más importante es que la luz que se usa para hacer un holograma debe ser de una sola frecuencia, y todas sus partes deben estar exactamente en fase: debe ser luz *coherente*. Por ejemplo, si se usara luz blanca, las bandas de difracción para una frecuencia se ocultarían con las de otras frecuencias. Sólo un láser puede producir, con facilidad, esa luz (en el siguiente capítulo describiremos los láseres con detalle). Los hologramas se hacen con luz de láser.

Una fotografía convencional es una grabación de una imagen, pero un holograma es una grabación del patrón de interferencia que resulta de la combinación de dos conjuntos de frentes de onda. Un conjunto de frentes de onda se forma con la luz reflejada por el objeto, y el otro conjunto es de un *haz de referencia* que se desvía del haz que ilumina y se manda en forma directa a la placa fotográfica (Figura 29.42). La fotografía, al revelarla, no tiene imagen que se pueda reconocer. Es simplemente un enredo de líneas onduladas, áreas diminutas con bandas de densidad variable: oscuras donde los frentes de onda procedentes del objeto y del haz de referencia llegaron en fase, y claras donde llegaron fuera de fase. El holograma es un patrón fotográfico de bandas microscópicas de interferencia.

FIGURA 29.42 Esquema simplificado de la producción de un holograma. La luz láser que expone la placa fotográfica consiste en dos partes: el rayo de referencia reflejado por el espejo, y la luz reflejada en el objeto. Los frentes de onda de esas dos partes se interfieren y producen bandas microscópicas en la placa fotográfica. Entonces, la placa expuesta y revelada es un holograma.

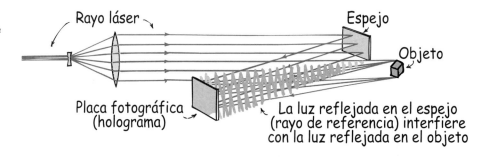

Cuando un holograma se coloca en un haz de luz coherente, las bandas microscópicas difractan la luz y producen frentes de onda de forma idéntica a las de los frentes de onda originales que reflejó el objeto. Cuando se ven a ojo o con cualquier instrumento óptico, los frentes de onda difractados producen el mismo efecto que los originales. Miras al holograma y ves una imagen completa, realista y tridimensional como si estuvieras viendo al objeto original por la ventana. La profundidad se hace evidente cuando mueves la cabeza y ves por los lados del objeto, o cuando bajas la cabeza y ves por debajo del objeto. Las fotografías holográficas son extremadamente realistas.

FIGURA 29.43 Cuando la luz láser se transmite por el holograma, la divergencia de la luz difractada produce una imagen tridimensional que se puede ver *a través* del holograma, como cuando se ve a través de la ventana. Es una *imagen virtual*, porque sólo parece estar atrás del holograma, como tu imagen virtual en un espejo. Al enfocar los ojos puede ver todas las partes de la imagen virtual, las cercanas y las lejanas, bien enfocadas. La luz convergente difractada produce una *imagen real* frente al holograma, que se puede captar en una pantalla. Como la imagen es tridimensional, no la puedes ver toda bien enfocada, en una sola posición de la pantalla plana.

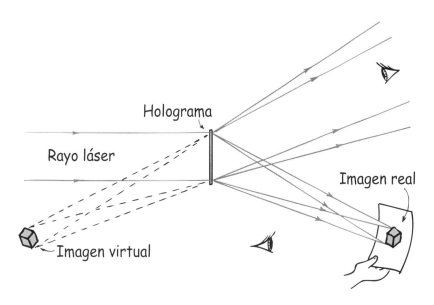

Es interesante el hecho de que si el holograma se toma en película, la puedes cortar a la mitad y seguir viendo la imagen completa en cada mitad. Y puedes cortar de nuevo a la mitad, una y otra vez. Esto se debe a que cada parte del holograma ha recibido y registrado la luz de todo el objeto. De igual modo, la luz fuera de una ventana abierta llena toda la ventana, de modo que puedes ver al exterior desde cada parte de la ventana abierta. Como en un área diminuta quedan grabadas grandes cantidades de información, la película que se usa para los hologramas debe tener un grano mucho más fino que la película fotográfica ordinaria de grano fino. El almacenamiento óptico de información, a través de hologramas, está teniendo muchas aplicaciones en las computadoras.

Es todavía más interesante el aumento (amplificación) holográfico. Si se ven hologramas hechos con luz de onda corta, con una luz de onda más larga, la imagen que resulta está aumentada en la misma proporción que las longitudes de onda. Los hologramas tomados con rayos X se podrían aumentar miles de veces al verlos con luz visible, con los arreglos geométricos adecuados. Como los hologramas no requieren lentes, son especialmente atractivas las posibilidades de un microscopio de rayos X.

Y en cuanto a la televisión, las pantallas bidimensionales podrían considerarlas tus hijos como antiguallas, así como consideras los radios de los abuelos.

La luz es fascinante, en especial cuando se difracta en las bandas de interferencia de un holograma.

Resumen de términos

Difracción   La desviación de la luz que pasa en torno a un obstáculo o a través de una rendija delgada, haciendo que se esparza la luz.

Holograma   Un patrón de interferencia microscópica, bidimensional, que produce imágenes ópticas tridimensionales.

Interferencia   El resultado de encimar distintas ondas, por lo general con la misma longitud. Se produce interferencia constructiva cuando hay refuerzo de cresta con cresta; se produce interferencia destructiva cuando hay anulación entre crestas y va-

lles. La interferencia de algunas longitudes de ondas luminosas produce los llamados *colores de interferencia*.

Polarización   El alineamiento de las vibraciones eléctricas transversales de la radiación electromagnética. Se dice que esas ondas de vibraciones alineadas son o están *polarizadas*.

Principio de Huygens   Todo punto de un frente de onda se puede considerar como una nueva fuente de ondas pequeñas, que se combinan y producen el siguiente frente de onda, y los puntos de este último son fuentes de las ondas que siguen, y así sucesivamente.

Lecturas sugeridas

Greenler, Robert. *Chasing the Rainbow — Recurrences in the Life of a Scientist.* Milwaukee: Elton-Wolf, 2000.

Falk, D. S., Brill, D. R. y Stork, D. *Seeing the Light: Optics in Nature.* New York: Harper & Row, 1985.

Preguntas de repaso

Principio de Huygens

1. Según Huygens, ¿cómo se comporta cada punto de un frente de onda?
2. Las ondas planas que inciden en una pequeña abertura en una barrera, ¿se extenderán o continuarán en forma de ondas planas?

Difracción

3. ¿Es la difracción más pronunciada a través de una abertura pequeña que a través de una grande?
4. Para una abertura de tamaño determinado, ¿la difracción es más pronunciada para una longitud de onda mayor que para una longitud de onda menor?
5. ¿Qué se difracta con más facilidad en torno a los edificios, las ondas de radio AM o las de FM? ¿Por qué?

Interferencia

6. ¿Se restringe la interferencia sólo a algunas clases de ondas, o sucede con todo tipo de ondas?
7. ¿Qué demostró exactamente Thomas Young en su famoso experimento con la luz?

Interferencia en película delgada con un solo color

8. ¿Qué explica las bandas claras y oscuras cuando la luz monocromática se refleja en un par de láminas de vidrio, una sobre otra?
9. ¿Qué quiere decir que una superficie es *ópticamente plana*?
10. ¿Cuál es la causa de los anillos de Newton?

Colores de interferencia por reflexión en películas delgadas

11. ¿Qué produce la iridiscencia?
12. ¿Qué produce el espectro de colores que se ven en los derrames de gasolina sobre las calles mojadas? ¿Por qué no se ven cuando la calle está seca?
13. ¿Qué explica los distintos colores en una burbuja de jabón o en una capa de gasolina sobre el agua?
14. ¿Por qué los colores de interferencia son principalmente azul verdoso, magenta y amarillo?

Polarización

15. ¿Qué fenómeno distingue a las ondas longitudinales de las transversales?
16. ¿Es característica de todas las clases de ondas la polarización?
17. ¿Cómo se compara la dirección de polarización de la luz con la dirección de vibración del electrón que la produce?
18. ¿Por qué la luz pasa por un par de filtros polarizadores cuando están alineados los ejes, pero no cuando los ejes están perpendiculares entre sí?
19. ¿Cuánta luz ordinaria transmite un filtro Polaroid?
20. Cuando la luz *ordinaria* incide formando un ángulo con el agua, ¿qué puedes decir acerca de la luz *reflejada*?
21. ¿Cuál es la ventaja de los anteojos Polaroid en comparación con los anteojos normales para el Sol?

Visión tridimensional

22. ¿Por qué no percibirías la profundidad si examinaras dos copias de transparencias ordinarias por un visor estereoscópico (Figura 29.40), y no cuando examinas los pares de transparencias tomadas con una cámara estereoscópica?
23. ¿Qué papel juegan los filtros polarizadores en una proyección de transparencias en 3-D (tercera dimensión)?

Holografía

24. ¿En qué difiere un holograma de una fotografía convencional?
25. ¿En qué difiere la luz *coherente* de la luz ordinaria?
26. ¿Cómo se puede obtener un aumento holográfico?

Proyectos

1. Con una hoja de rasurar corta una ranura en una tarjeta, y ve a través de ella, hacia una fuente luminosa. Puedes variar el tamaño de la abertura si doblas un poco la tarjeta. ¿Ves las bandas de interferencia? Haz la prueba con dos rendijas cercanas entre sí.
2. La próxima vez que estés en la tina, haz espuma y observa los colores en cada burbuja diminuta de la luz de la lámpara del techo, reflejadas en ellas. Observa que las distintas burbujas reflejan diferentes colores, debido a los espesores distintos de la película de jabón. Si se baña contigo un(a) amigo(a), comparen los distintos colores que ven cada uno reflejados en las mismas burbujas. Verán que son distintos, porque lo que tú ves ¡depende de tu punto de vista!
3. Cuando uses anteojos de Sol Polaroid, ve el resplandor de una superficie no metálica, como el asfalto o un cuerpo de agua. Inclina la cabeza de lado a lado y nota cómo cambia la intensidad del resplandor a medida que haces variar

la magnitud del componente del vector eléctrico alineado con el eje de polarización de los anteojos. También observa la polarización de distintas partes del cielo, teniendo los anteojos en las manos y haciéndolos girar.

4. Coloca una fuente de luz blanca en una mesa, frente a ti. A continuación coloca una hoja de Polaroid frente a la fuente, una botella de miel de maíz frente a la hoja, y una segunda hoja de Polaroid frente a la botella. Mira a través de las hojas de Polaroid a uno y otro lado de la melaza, y notarás colores espectaculares si haces girar una de las hojas.

5. En un microscopio de luz polarizada podrás ver una interferencia espectacular de colores. Cualquier microscopio, hasta uno de juguete, se puede convertir en un microscopio polarizador, colocando una pieza de Polaroid dentro del ocular y pegando la otra en la platina del microscopio. Mezcla gotas de naftaleno y benceno en un portaobjetos y contempla el crecimiento de los cristales. Si giras el ocular, los colores cambian.

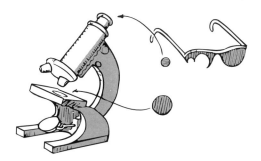

6. Haz algunas transparencias para proyector pegando celofán arrugado a trozos de Polaroid, del tamaño de una transparencia. (También prueba con bandas de celofán pegadas a distintos ángulos, y experimenta con distintas marcas de cinta transparente.) Proyéctalas en una pantalla grande, o en una pared blanca, y haz girar un segundo Polaroid, un poco mayor, frente al lente del proyector, al ritmo de tu música favorita. Tendrás tu propio juego de luz y sonido.

Ejercicios

1. ¿Por qué la luz solar que ilumina la Tierra se puede aproximar con ondas planas, mientras que la de una lámpara cercana no?

2. En nuestro ambiente cotidiano, la difracción es mucho más evidente en las ondas sonoras que en las ondas luminosas. ¿Por qué?

3. ¿Por qué las *ondas de radio* se difractan en torno a los edificios, mientras que las *ondas luminosas* no?

4. ¿Por qué las emisiones de TV en el intervalo de VHF se reciben con más facilidad en zonas de mala recepción, que las emisiones en la región de UHF? (*Sugerencia:* La UHF tiene mayores frecuencias que la VHF.)

5. ¿Puedes imaginar una razón por la que los canales de TV de número bajo pueden dar mejores imágenes en regiones de mala recepción de TV? (*Sugerencia:* Los canales bajos representan menores frecuencias de portadora.)

6. Las longitudes de onda de las señales de TV, para los canales 2 a 13, normales de VHF (muy alta frecuencia) van de unos 5.6 hasta 1.4 metros. Las señales de la nueva TV de alta definición están en la banda UHF (ultra alta frecuencia), con longitudes de onda bastante menores que 1 metro. Esas longitudes de onda menores ¿aumentarán o disminuirán la recepción en las "áreas de sombra" (suponiendo que no hay cable)?

7. Dos altavoces a una distancia aproximada de 1 metro emiten tonos puros de la misma frecuencia y sonoridad. Cuando un escucha pasa frente a ellos, en una trayectoria paralela a la línea que los une, oye que el sonido alterna de fuerte a débil. ¿Qué está sucediendo?

8. En el ejercicio anterior, sugiere una trayectoria para que el escucha que la siga camine sin oír los sonidos fuertes y débiles alternadamente.

9. ¿En qué se parecen las bandas de interferencia a la intensidad variable del sonido que percibes al pasar frente a un par de altavoces que emitan el mismo sonido?

10. Una luz ilumina dos rendijas pequeñas y próximas, y produce un patrón de interferencia en una pantalla más adelante. ¿En qué será diferente la distancia entre las bandas producidas por luz roja y por luz azul?

11. Con un arreglo de doble rendija se producen bandas de interferencia con la luz amarilla del sodio. Para producir bandas más cercanas ¿se debe usar luz roja o luz azul?

12. Cuando la luz blanca se difracta al pasar por una rendija delgada, como en la figura 29.8(b), los distintos colores se difractan en distintas cantidades, por lo que a la orilla de la figura aparece un arcoiris de colores. ¿Qué color se difracta con un ángulo mayor? ¿Qué color con el ángulo menor?

13. Imagina que colocas una rejilla de difracción frente a la lente de una cámara, y que tomas una foto del alumbrado encendido. ¿Qué crees que verás en la fotografía?

14. ¿Qué sucede a la distancia entre las bandas de interferencia cuando se aumenta la separación de las dos rendijas?

15. ¿Por qué el experimento de Young es más efectivo con rendijas que con agujeros de alfiler?

16. Se produce un patrón de bandas cuando pasa luz monocromática por un par de rendijas delgadas. ¿Se produciría ese patrón con tres rendijas delgadas y paralelas? ¿Con miles de esas rendijas? Describe un ejemplo que respalde tu respuesta.

17. Para que haya anulación completa de la luz reflejada fuera de fase en las dos superficies de una película delgada, ¿qué otra cosa, además de la frecuencia y la longitud de onda, debe ser igual en ambas partes de la onda recombinada?

18. Los colores de los pavos reales y de los colibríes se deben no a pigmentos, sino a elevaciones en las capas superficiales de las plumas. ¿Mediante qué principio físico producen colores esas elevaciones?

19. Las alas de colores de muchas mariposas se deben a pigmentaciones; pero en otras como en la *morfo* (mariposa azul; a veces se engastan en joyas), los colores no se deben a pigmentaciones. Cuando el ala se ve desde distintos ángulos, sus colores cambian. ¿Cómo se producen esos colores?

20. ¿Por qué los colores iridiscentes de algunas ostras (como las *abalón* o acamaya) cambian al verlas desde distintas posiciones?

21. Cuando los platos no se enjuagan bien después de lavarlos, se reflejan distintos colores en sus superficies. Explica cómo y por qué.

22. ¿Por qué los colores de interferencia se notan más en películas delgadas que en películas gruesas?

23. La luz de dos estrellas que estén muy cercanas, ¿producirán un patrón de interferencia? Explica por qué.

24. Si ves los patrones de interferencia en una película delgada de aceite o gasolina sobre agua, observarás que los colores forman anillos completos. ¿Cómo se parecen esos anillos a las curvas de nivel de un mapa topográfico?

25. Debido a la interferencia entre ondas, una película de aceite sobre el agua es amarilla, para los observadores directamente arriba, en un avión. ¿De qué color la ve un buceador directamente abajo de ella?

26. La luz polarizada es parte de la naturaleza, pero el sonido polarizado no. ¿Por qué?

27. Normalmente, las pantallas digitales de los relojes y otros aparatos son polarizadas. ¿Qué problema se presenta al usar también lentes polarizados para el Sol?

28. ¿Por qué un filtro polarizador ideal transmite el 50% de la luz incidente no polarizada?

29. ¿Por qué un filtro polarizador ideal transmite entre el cero y el 100% de la luz polarizada incidente?

30. ¿Qué porcentaje de la luz transmiten dos filtros polarizadores, uno tras otro, con sus ejes de polarización alineados? ¿Con sus ejes perpendiculares entre sí?

31. ¿Cómo puedes determinar el eje de polarización de una sola lámina de filtro Polaroid?

32. ¿Por qué los anteojos polarizados reducen el resplandor, mientras que los no polarizados sólo bajan la cantidad total de luz que llega a los ojos?

33. Para eliminar el resplandor de la luz procedente de un piso pulido, el eje de un filtro polarizador, ¿debe estar horizontal o vertical?

34. La mayor parte del resplandor de las sustancias no metálicas está polarizado, y el eje de polarización es paralelo a la superficie reflectora. ¿Esperas que el eje de polarización de los anteojos polarizados sea vertical u horizontal?

35. ¿Cómo se puede usar una sola lámina Polaroid para demostrar que la luz del cielo está parcialmente polarizada? (Es interesante que, a diferencia de los humanos, las abejas y muchos insectos pueden distinguir la luz polarizada, y usan esta facultad para navegar.)

36. La luz no pasa a través de un par de láminas Polaroid con ejes perpendiculares. Pero si entre las dos se intercala una tercera con su eje a 45° con los de las otras dos, algo de luz logra pasar. ¿Por qué?

37. ¿Por qué cuando te paras cerca de una pintura tienes mayor sentido del volumen viéndola con un ojo y no con dos? (Si no lo has observado, ve las pinturas de cerca con un ojo y nota la diferencia.)

38. ¿Por qué la holografía práctica tuvo que esperar a la llegada del láser?

39. ¿Cómo se obtienen las ampliaciones con los hologramas?

40. Si estás viendo un holograma y cierras un ojo, ¿percibirás todavía la profundidad? Explica por qué.

www.pearsoneducacion.net/hewitt
*Usa los variados recursos del sitio Web,
para comprender mejor la física.*

30

EMISIÓN DE LA LUZ

George Curtis separa la luz de una fuente de argón en sus frecuencias
componentes, con un espectroscopio.

FIGURA 30.1 Vista
simplificada de los electrones
en órbita, en capas distintas en
torno al núcleo de un átomo.

Si se inyecta energía a una antena metálica en forma tal que haga que los electrones
libres vibren de aquí para allá algunos cientos de miles de veces por segundo, se emite
una onda de radio. Si se pudiera hacer que los electrones libres vibraran de aquí para allá
del orden de un billón de billón de veces por segundo se emitiría una onda de luz visible.
Pero la luz no se produce en las antenas metálicas, ni en forma exclusiva en las antenas
atómicas por las oscilaciones de los electrones en los átomos, como se ha explicado en
los capítulos anteriores. Ahora podemos distinguir entre la luz reflejada, refractada,
dispersada y difractada por los objetos, y la luz emitida por éstos. En este capítulo
describiremos la física de las fuentes luminosas, la física de la *emisión* de la luz.

En los detalles de la emisión de luz por los átomos intervienen las transiciones de
los electrones, de estados de mayor energía a menor energía dentro del átomo. Este
proceso de emisión se puede comprender en términos del conocido modelo planetario
del átomo, que introdujimos en el capítulo 11. Así como cada elemento se caracteriza
por la cantidad de electrones que ocupan las capas que rodean a su núcleo atómico,
también cada elemento posee su distribución característica de capas electrónicas o
estados de energía. Esos estados sólo se encuentran a ciertos radios y ciertas energías.

587

Como esos estados sólo pueden tener ciertas energías, se dice que son estados *discretos*. A esos estados discretos se les llama *estados cuánticos*, y los trataremos en los dos capítulos siguientes. Por ahora sólo nos ocuparemos de su papel en la emisión de la luz.

Excitación

Un electrón más alejado de su núcleo tiene mayor energía potencial eléctrica con respecto al núcleo que uno más cercano. Se dice que el electrón más distante está en un estado de energía mayor, o más elevado. En cierto sentido esto se parece a la energía de una puerta de resorte o a la de un martinete. Mientras más se abre la puerta, la energía potencial del resorte es mayor; mientras más se sube el pilón del martinete, su energía potencial gravitacional es mayor.

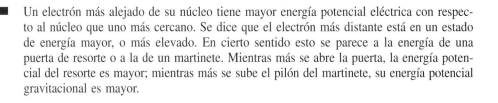
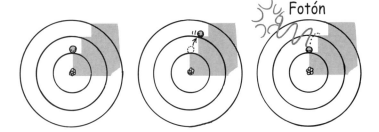

FIGURA 30.2 Cuando un electrón en un átomo salta a una órbita superior, el átomo se excita. Cuando el electrón regresa a su órbita original, el átomo se desexcita y emite un fotón de luz.

Cuando un electrón se eleva por cualquier medio a un estado de energía mayor, se dice que el átomo o el electrón están *excitados*. La posición superior del electrón sólo es momentánea, porque igual que la puerta de resorte que se abrió, pronto regresa a su estado de energía mínima. El átomo pierde la energía adquirida temporalmente, cuando el electrón regresa a un nivel más bajo y emite energía radiante. El átomo ha sufrido los procesos de **excitación** y de *desexcitación*.

Así como cada elemento eléctricamente neutro tiene su propia cantidad de electrones, cada elemento también tiene su propio conjunto característico de niveles de energía. Los electrones que bajan de niveles de energía mayores a menores en un átomo excitado emiten, con cada salto, un impulso palpitante de radiación electromagnética llamado *fotón*, cuya frecuencia se relaciona con la transición de energía en el salto. Nos imaginamos que ese fotón es un corpúsculo localizado de energía pura, una "partícula" de luz, que es expulsada del átomo. La frecuencia del fotón es directamente proporcional a su energía. En notación abreviada,

$$E \sim f$$

Cuando se introduce la constante de proporcionalidad h, esto se transforma en una ecuación exacta,

$$E = hf$$

siendo h la constante de Planck (la veremos en el próximo capítulo). Por ejemplo, un fotón de un haz de luz roja, lleva una cantidad de energía que corresponde a su frecuencia. Otro fotón con el doble de frecuencia tiene el doble de energía y se encuentra en el ultravioleta del espectro. Si se excitan muchos átomos en un material, se emiten demasiados fotones, con diversidad de frecuencias que corresponden a los varios y distintos niveles que se excitaron. Esas frecuencias corresponden a los colores característicos de la luz de cada elemento químico.

La luz que se emite en los letreros luminosos es una consecuencia familiar de la excitación. Los diversos colores en el letrero corresponden a la excitación de diferentes

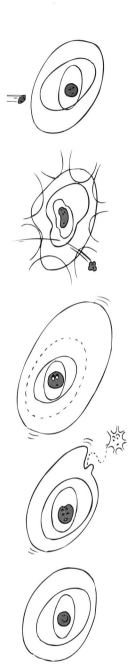

FIGURA 30.3 Excitación y desexcitación.

gases, aunque se acostumbra llamar a todos "neón". Sólo la luz roja es la del neón. En los extremos del tubo de vidrio que contiene al neón gaseoso hay electrodos. De esos electrodos se desprenden electrones, que salen despedidos yendo y viniendo a grandes rapideces debido a un alto voltaje de ca. Millones de los electrones de alta rapidez vibran de aquí para allá dentro del tubo de vidrio, y chocan con millones de átomos, haciendo que los electrones de las órbitas suban a mayores niveles de energía, una cantidad de energía igual a la disminución de la energía cinética del electrón que los bombardeó. Esta energía se irradia después en forma de la luz roja característica del neón, cuando los electrones regresan a sus órbitas estables. El proceso sucede y se repite muchas veces, cuando los átomos de neón sufren ciclos de excitación y desexcitación. El resultado general de este proceso es la transformación de energía eléctrica en energía radiante.

Varios colores de las llamas se deben a la excitación. Los átomos en ella emiten colores característicos de las distancias entre los niveles de energía. Por ejemplo, cuando se coloca sal común en una llama, se produce el color amarillo característico del sodio. Cada elemento, excitado en una llama o por cualquier método, emite un color o colores propios característicos.

Las luminarias del alumbrado público son otro ejemplo. Las calles ya no se alumbran con lámparas incandescentes, sino ahora se iluminan con la luz emitida por gases, por ejemplo el vapor de mercurio. No sólo es más brillante esta luz, sino que es menos costosa. Mientras que la mayor parte de la energía en una lámpara incandescente se convierte en calor, la mayor parte de la energía que entra a una lámpara de vapor de mercurio se convierte en luz. La luz de esas lámparas es rica en azules y violetas, y en consecuencia es de un "blanco" distinto que el de la luz de una lámpara incandescente. Pregunta al profesor si le sobra un prisma o una rejilla de difracción que te pueda prestar. Mira una lámpara de la calle a través del prisma o de la rejilla, y aprecia lo discreto de los colores, lo que indica lo discreto de los niveles atómicos. También observa que los colores de distintas lámparas de vapor de mercurio son idénticos, lo que indica que los átomos del mercurio son idénticos.

La excitación se aprecia en las auroras boreales. Los electrones de alta rapidez que se originan en el viento solar chocan con los átomos y las moléculas de la atmósfera superior. Emiten luz exactamente como lo hacen en un tubo de neón. Los diversos colores de la aurora corresponden a la excitación de gases diferentes: los átomos de oxígeno producen un color azul violeta, las moléculas de nitrógeno producen violeta y rojo y los iones de nitrógeno producen un color azul violeta. Las emisiones de las auroras no se limitan a la luz visible, sino también tienen radiación infrarroja, ultravioleta y de rayos X.

El proceso de excitación y desexcitación se puede describir muy bien sólo con la mecánica cuántica. Si se trata de examinar el proceso en términos de la física clásica se involucra uno en contradicciones. Clásicamente, una carga eléctrica acelerada produce radiación electromagnética. ¿Explica eso la emisión de luz por los átomos excitados? Un electrón sí es acelerado en una transición desde un nivel de energía más alto a uno más bajo. Así como los planetas interiores del sistema solar tienen mayores rapideces orbitales que los que están en órbitas externas, los electrones de las órbitas internas del átomo tienen mayores rapideces. Un electrón adquiere rapidez al caer a menores niveles de energía. Está bien, ¡el electrón que es acelerado irradia un fotón! Cuidado, esto no está tan bien, ya que el electrón siempre sufre aceleración, la aceleración centrípeta, en cualquier órbita que se encuentre, cambie o no niveles de energía. De acuerdo con la física clásica, debería irradiar energía en forma continua. Pero no lo hace. Todos los intentos de explicar la emisión de la luz por un átomo excitado usando el modelo clásico no han tenido éxito. Simplemente diremos que se emite luz cuando un electrón en un átomo da un "salto cuántico" de un nivel de energía mayor a uno menor, y que la energía y la frecuencia del fotón emitido se describen con la ecuación $E = hf$.

EXAMÍNATE Imagina que un amigo opina que para tener un funcionamiento de máxima calidad, los átomos del neón gaseoso en el interior de un tuvo de neón se reemplacen periódicamente por átomos frescos, porque la energía de los átomos tiende a consumirse por la excitación continua, y se produce luz cada vez menos intensa. ¿Qué le dices?

Espectros de emisión

Todo elemento tiene una distribución característica de niveles electrónicos de energía, y en consecuencia emite luz con su propia distribución de frecuencias, o sea su **espectro de emisión**, cuando se excita. Esta distribución se puede ver al hacer pasar la luz por un prisma o mejor, cuando primero pasa por una rendija delgada y después se enfoca en una pantalla, pasando primero por un prisma. A ese arreglo de rendija, sistema óptico de enfoque y prisma (o rejilla de difracción) se le llama **espectroscopio**, uno de los instrumentos más útiles para la ciencia moderna (Figura 30.4).

FIGURA 30.4 Espectroscopio sencillo. Las imágenes de la rendija iluminada se proyectan en una pantalla y forman un patrón de líneas. La distribución espectral es característica de la luz que ilumina la rendija.

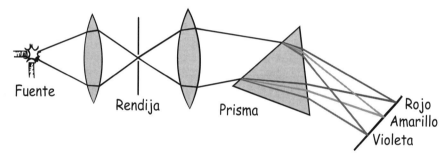

Cada color componente se enfoca en una posición definida, de acuerdo con su frecuencia, y forma una imagen de la rendija sobre la pantalla, película fotográfica o algún detector adecuado. Las imágenes de la rendija, de colores distintos, se llaman *líneas* o *rayas espectrales*. En la figura 30.5 se ven algunas líneas espectrales típicas, identificadas por sus longitudes de onda. Se acostumbra a indicar los colores por sus longitudes de onda y no por sus frecuencias. Una frecuencia determinada corresponde a una longitud de onda definida.[1]

Si la luz emitida por una lámpara de vapor de sodio se analiza en un espectroscopio, predomina una sola línea amarilla, una sola imagen de la rendija. Si disminuye el an-

COMPRUEBA TU RESPUESTA Los átomos de neón no ceden energía alguna que no se les imparta con la corriente eléctrica en el tubo, y en consecuencia no se "agotan". Cualquier átomo individual se puede excitar y volver a excitar sin límite. Si la luz se debilita cada vez más, es probable que se deba a una fuga. Por lo demás no se gana nada al cambiar el gas en el tubo, porque un átomo "fresco" es indistinguible de uno "usado". Ambos no tienen edad, y son más viejos que el sistema solar.

---

[1]Recuerda que vimos en el capítulo 19 que $v = f\lambda$, donde v es la rapidez de la onda, f es la frecuencia de la onda y λ (lambda) es la longitud de la onda. Para la luz, v es la constante c, por lo que se ve, a partir de $c = f\lambda$ la relación entre la frecuencia y la longitud de onda, que es $f = c/\lambda$ y que $\lambda = c/f$.

FIGURA 30.5 Espectros de algunos elementos.

cho de la rendija podremos notar que esta raya en realidad está formada por dos líneas muy cercanas. Esas líneas corresponden a las dos frecuencias predominantes de la luz emitida por los átomos excitados de sodio. El resto del espectro se ve negro (en realidad, hay muchas otras líneas, con frecuencia demasiado oscuras como para que las observe el ojo en forma directa).

Lo mismo sucede con todos los vapores incandescentes. La luz de una lámpara de vapor de mercurio produce un par de líneas brillantes cercanas, pero en distintos lugares que las de sodio; una línea verde muy intensa, y varias líneas azules y violetas. Un tubo de neón produce un patrón de líneas más complicada. Se ve que la luz emitida por cada elemento en fase vapor produce su propia y característica distribución de líneas. Esas líneas corresponden a las transiciones electrónicas entre los niveles atómicos de energía, y son tan características de cada elemento como las huellas digitales son características de las personas. En consecuencia, el espectroscopio se usa mucho en los análisis químicos.

La siguiente vez que veas evidencia de excitación atómica, quizá la llama verde producida cuando se pone un trozo de cobre en un fuego, cierra los ojos y ve si te puedes imaginar a los electrones saltando de un nivel de energía a otro, en un patrón característico del átomo que se excita, patrón que produce un color exclusivo de ese átomo. ¡Es lo que está sucediendo!

EXAMÍNATE Los espectros no son manchas informes de luz, sino están formados por líneas definidas y rectas. ¿Por qué?

COMPRUEBA TU RESPUESTA Las líneas espectrales no son más que imágenes de la rendija, que a su vez es una abertura recta a través de la cual se admite la luz antes de dispersarse en el prisma (o en la rejilla de difracción). Cuando se ajusta la rendija para hacer más angosta su abertura, se pueden resolver (distinguir entre sí) líneas muy cercanas. Una rendija más ancha admite más luz, lo cual permite una detección más fácil de la energía radiante menos luminosa. Pero el ancho perjudica la resolución, porque las líneas muy cercanas se confunden entre sí.

Incandescencia

FIGURA 30.6 El sonido de una campana aislada se escucha con una frecuencia clara y distinta, mientras que el sonido que procede de una caja llena de campanas es discordante. Del mismo modo se nota la diferencia entre la luz emitida por átomos en el estado gaseoso y los átomos en el estado sólido.

La luz que se produce como consecuencia de altas temperaturas tiene la propiedad de **incandescencia** (palabra latina que quiere decir "calentarse"). Puede tener un tinte rojizo, como el de una resistencia de tostador, o un tinte azulado, como el de una estrella muy caliente. También puede ser blanco, como la lámpara incandescente común. Lo que hace que la luz incandescente sea distinta de la luz de un tubo de neón o de una lámpara de vapor de mercurio, es que contiene una cantidad infinita de frecuencias, repartidas uniformemente en todo el espectro. ¿Quiere decir eso que una cantidad infinita de niveles de energía es lo que caracteriza a los átomos de tungsteno que forman el filamento de una lámpara incandescente? La respuesta es no; si el filamento se vaporizara y después se excitara, el gas de tungsteno emitiría una cantidad finita de frecuencias, y produciría un color azulado en general. La luz emitida por átomos alejados entre sí, en la fase gaseosa, es muy distinta a la que emiten los mismos átomos muy cercanos y empacados en la fase sólida. Esto se parece a las diferencias en el sonido de campanas aisladas, colgadas alejadas entre sí, y el sonido de las mismas campanas guardadas en una caja (Figura 30.6). En un gas, los átomos están alejados entre sí. Los electrones sufren transiciones entre los niveles de energía dentro de un átomo, y casi no los afecta la presencia de los átomos cercanos. Pero cuando los átomos están muy cercanos, como en un sólido, los electrones de las órbitas externas hacen transiciones no sólo entre los niveles de energía de sus propios átomos, sino también con los de los átomos vecinos. Van rebotando en dimensiones mayores que las de un solo átomo, y el resultado es que pueden hacer una variedad infinita de transiciones y por consiguiente la cantidad de frecuencias de energía radiante es infinita.

Como cabría esperar, la luz incandescente depende de la temperatura, porque es una forma de la radiación térmica. En la figura 30.7 se ve una gráfica de la energía irradiada dentro de amplios límites de frecuencias, para dos temperaturas distintas. Recuerda que explicamos la curva de radiación para la luz solar en el capítulo 27, y que describimos la radiación de un cuerpo negro en el capítulo 16. A medida que el sólido se calienta más, hay más transiciones de alta energía, y se emite radiación de mayor frecuencia. En la parte más brillante del espectro, la frecuencia predominante de la radiación emitida, o *frecuencia del máximo*, es directamente proporcional a la temperatura absoluta del emisor:

$$\bar{f} \sim T$$

Se pone la raya arriba de la *f* para indicar la frecuencia del máximo de intensidad, porque la fuente incandescente emite radiaciones de muchas frecuencias. Si sube al doble la temperatura (en kelvin) de un objeto, sube al doble la frecuencia de la intensidad máxima de la radiación emitida. Las ondas electromagnéticas de la luz violeta tienen casi el doble de frecuencia que las ondas de la luz roja.[2] En consecuencia, una estrella caliente y violeta tie-

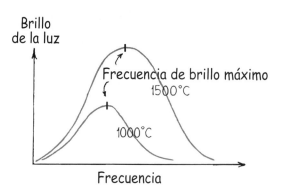

FIGURA 30.7 Curvas de radiación de un sólido incandescente.

---

[2]Si sigues estudiando este tema, verás que la "rapidez" con la que un objeto irradia energía (la potencia de su radiación) es proporcional a la cuarta potencia de su temperatura en kelvin. Así, si se duplica la temperatura sube al doble la frecuencia del máximo de intensidad de la energía radiante, pero sube 16 veces la rapidez de emisión de la energía radiante.

ne casi el doble de la temperatura de una estrella roja fría.[3] La temperatura de los cuerpos incandescentes sean estrellas o los interiores de los hornos, se puede determinar midiendo la frecuencia (o el color) de la máxima intensidad de la energía radiante que emiten.

EXAMÍNATE De acuerdo con las curvas de radiación de la figura 30.7, ¿qué emite la mayor frecuencia promedio de energía radiante, la fuente de 1000°C o la de 1500°C? ¿Cuál emite más energía radiante?

Espectros de absorción

Cuando se observa la luz blanca de una fuente incandescente con un espectroscopio, se aprecia un espectro continuo que forma todo el arcoiris. Sin embargo, si entre la fuente incandescente y el espectroscopio se coloca un gas, al mirar con detenimiento se ve que el espectro ya no es continuo. Es un **espectro de absorción**, y hay líneas oscuras distribuidas en él; esas líneas oscuras contra un fondo con los colores del arcoiris son como líneas de emisión en negativo. Son las *líneas* o *rayas de absorción*.

FIGURA 30.8 Arreglo experimental para demostrar el espectro de absorción de un gas.

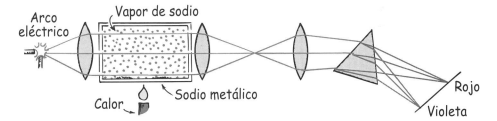

Los átomos absorben la luz, y también la emiten. Un átomo absorbe más la luz que tenga las frecuencias a las que esté sintonizado: algunas de las mismas frecuencias que las que emite. Cuando se hace pasar un haz de luz blanca por un gas, los átomos de éste absorben luz de ciertas frecuencias que haya en el rayo. Esta luz absorbida se vuelve a irradiar, pero en todas direcciones, en lugar que sólo en la dirección del rayo incidente. Cuando la luz que queda en el haz se reparte en el espectro, las frecuencias que fueron absorbidas aparecen como líneas oscuras contra el espectro, por lo demás continuo. Las posiciones de esas líneas oscuras corresponden con exactitud a las de las líneas de un espectro de emisión del mismo gas (Figura 30.9).

FIGURA 30.9 Espectros de emisión y de absorción.

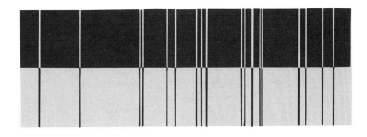

COMPRUEBA TU RESPUESTA La fuente que irradia a 1500°C emite las frecuencias promedio mayores, lo cual se ve por la prolongación de la curva hacia la derecha. La fuente de 1500°C es la más brillante, y también emite más energía radiante, como se ve por su mayor altura.

---

[3]N. del T.: Se dice que una estrella roja es "fría" sólo por su color, a pesar de que puede tener una temperatura de algunos miles de kelvin.

Aunque el Sol es una fuente de luz incandescente, el espectro que produce no es continuo, cuando se le examina con detenimiento. Hay muchas líneas de absorción, llamadas líneas de Fraunhofer, en honor de J. D. Fraunhofer, óptico bávaro que las observó por primera vez y las cartografió con exactitud. Se encuentran líneas parecidas en los espectros producidos por las estrellas. Esas líneas indican que el Sol y las estrellas están rodeados por una atmósfera de gases más fríos, que absorben algunas de las frecuencias de la luz que proviene del interior. El análisis de esas líneas revela la composición química de las atmósferas de esas fuentes. Al examinar los análisis se ve que los elementos en las estrellas son los mismos que los que existen en la Tierra. Un caso interesante se vio cuando en el eclipse solar de 1868 el análisis espectroscópico de la luz solar mostraba algunas líneas espectrales distintas de todas las que se conocían en la Tierra. Esas líneas identificaron un nuevo elemento, que se llamó Helio, o sea el Sol. Se descubrió el helio en el Sol, y después en la Tierra. ¿Qué opinas?

Se puede calcular la rapidez de las estrellas estudiando los espectros que emiten. Así como una fuente de sonido en movimiento produce un corrimiento Doppler en la altura de su tono (Capítulo 19), una fuente luminosa en movimiento produce un corrimiento Doppler en la frecuencia de su luz. La frecuencia (¡no la rapidez!) de la luz que emite una fuente que se acerca es mayor que la de una fuente estacionaria, mientras que la de una fuente que se aleja es menor que la estacionaria. Las líneas espectrales correspondientes se desplazan hacia el extremo rojo del espectro cuando las fuentes retroceden. Como el universo se está expandiendo, casi todas las galaxias muestran un corrimiento hacia el rojo en sus espectros.

En el capítulo 31 explicaremos cómo los espectros de los elementos nos permiten determinar su estructura atómica.

Fluorescencia

Vemos entonces que la agitación y el bombardeo térmico por partículas, como electrones de alta rapidez, no son los únicos medios para impartir a un átomo una energía de excitación. Un átomo puede excitarse al absorber un fotón de luz. De acuerdo con la ecuación $E = hf$, la luz de alta frecuencia, como la ultravioleta, que está fuera del espectro visible, entrega más energía por fotón que la luz de baja frecuencia. Hay muchas sustancias que sufren excitación cuando son iluminadas con luz ultravioleta.

Muchos materiales que son excitados por luz ultravioleta, al desexcitarse emiten luz visible. Esta acción en los materiales se llama **fluorescencia**. En ellos, un fotón de luz ultravioleta excita el átomo y sube un electrón a un nivel más alto de energía. En este salto cuántico hacia arriba, el átomo posiblemente retroceda pasando por una serie de estados intermedios de energía. Así, al desexcitarse, puede hacer saltos más pequeños y emitir fotones con menos energía.

FIGURA 30.10 En la fluorescencia, la energía del fotón ultravioleta absorbido impulsa al electrón de un átomo hasta un estado de mayor energía. Cuando después el electrón regresa a un estado intermedio, el fotón emitido tiene menos energía y en consecuencia menor frecuencia que el fotón ultravioleta.

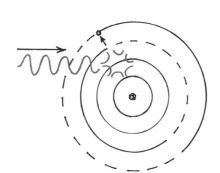
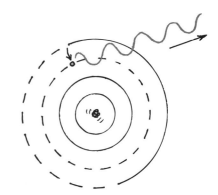

Este proceso de excitación y desexcitación es como subir de un brinco una pequeña escalera y bajar después con uno o dos escalones a la vez, en vez de dar un salto desde arriba hasta abajo. Como la energía del fotón que se libera en cada escalón es menor que la energía total que contenía originalmente el fotón ultravioleta, se emiten fotones de menor frecuencia. Así, al alumbrar el material con luz ultravioleta, se hace que brille con un color rojo, amarillo o el que sea característico del mismo. Los colorantes fluorescentes se usan en pinturas y telas para hacerlos resplandecer al ser bombardeados con fotones ultravioleta de la luz solar. Son los colores Day-Glo, espectaculares cuando se iluminan con una lámpara de rayos ultravioleta.

FIGURA 30.11 Un átomo excitado se puede desexcitar en varias combinaciones de saltos.

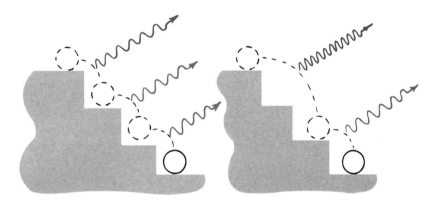

EXAMÍNATE ¿Por qué es imposible que un material fluorescente emita luz ultravioleta al ser iluminado por luz infrarroja?

Los detergentes que dicen que las prendas quedan "más blancas que el blanco" usan el principio de la fluorescencia. Contienen un colorante fluorescente que convierte la luz ultravioleta del Sol en luz visible, y así las prendas teñidas en esta forma parecen reflejar más luz azul que la que deberían. Es lo que hace que las prendas se vean más blancas.[4]

La próxima vez que visites un museo de historia natural, ve a la sección de geología y fíjate en los minerales iluminados con luz ultravioleta. Observarás que los distintos minerales irradian colores distintos. Era de esperarse, porque los minerales están formados por distintos elementos, que a su vez tienen distintos conjuntos de niveles electrónicos de energía. Observar los minerales irradiando es una bella experiencia visual, que todavía es más bella cuando se integra a tus conocimientos de los sucesos submicroscópicos en la naturaleza. Los fotones ultravioleta de alta energía chocan con los minerales, cau-

COMPRUEBA TU RESPUESTA La energía de los fotones producidos sería mayor que la de los fotones que llegaron, lo cual violaría la ley de la conservación de la energía.

---

[4]Es interesante que los mismos detergentes se vendan en México y algunos otros países, pero se ajustan para dar un efecto más cálido, más rojo.

sando la excitación de los átomos en su estructura. Las frecuencias de la luz que ves corresponden a diminutas distancias entre niveles de energía, a medida que ésta desciende como en una cascada. Cada átomo excitado emite frecuencias características, y no hay dos minerales distintos que emitan luz exactamente con el mismo color. La belleza está tanto a la vista como en la mente de quien la aprecia.

Lámparas fluorescentes

La lámpara fluorescente común consiste en un tubo cilíndrico de vidrio, con electrodos en cada extremo (Figura 30.12). En la lámpara, como en un tubo de un letrero de neón, los electrones se desprenden de uno de los electrodos y son forzados a vibrar de aquí para allá a grandes rapideces dentro del tubo, a causa del voltaje de corriente alterna. El tubo está lleno de vapor de mercurio, a muy baja presión, que se excita debido al impacto de los electrones de alta rapidez. Gran parte de la luz emitida está en la región del ultravioleta. Es el proceso primario de la excitación. El proceso secundario se produce cuando la luz ultravioleta llega a los *fósforos*, que son materiales pulverulentos (es decir, en polvo) que están en la superficie interior del tubo. Los fósforos se excitan por la absorción de los fotones ultravioleta y fluorescen, emitiendo una multitud de fotones de menor frecuencia que se combinan para producir luz blanca. Se pueden usar distintos fósforos (como el sulfuro de zinc) para producir diversos colores o "texturas" de la luz.

FIGURA 30.12 Un tubo fluorescente. El gas del tubo emite luz ultravioleta (UV) al ser excitado por una corriente eléctrica alterna. A su vez, la luz ultravioleta excita el fósforo en la superficie interna del tubo de vidrio, y el fósforo emite luz blanca.

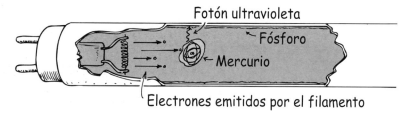

Fosforescencia

Cuando son excitados, algunos cristales y también algunas moléculas orgánicas grandes quedan en un estado de excitación durante largo tiempo. A diferencia de lo que sucede en los materiales fluorescentes, en este caso los electrones son impulsados a órbitas más externas donde se quedan "atorados". En consecuencia, pasa cierto tiempo entre el proceso de excitación y desexcitación. Los materiales que tienen esta peculiar propiedad se llaman **fosforescentes**. Un buen ejemplo es el del elemento fósforo, empleado en las carátulas de reloj luminosas, y en otros objetos que brillan en la oscuridad. En esos materiales, los átomos o las moléculas son excitados por la luz visible incidente. Más que desexcitarse de inmediato, como los materiales fluorescentes, muchos de los átomos quedan en un *estado metaestable*, un estado prolongado de excitación, que a veces dura horas, aunque la mayor parte se desexcita rápidamente. Si se elimina la fuente de excitación, por ejemplo, si se apagan todas las luces, se ve un brillo residual cuando millones de átomos sufren una desexcitación espontánea.

Una pantalla de TV es un poco fosforescente y su resplandor baja rápidamente, pero con la lentitud suficiente como para que los barridos sucesivos de la imagen se confundan entre sí. El brillo residual de algunos interruptores domésticos puede durar más de una hora. Es lo mismo con los relojes luminosos, excitados por la luz visible. Algunos relojes brillan en forma indefinida en la oscuridad, no porque tengan largo tiempo de desexcitación, sino porque contienen radio u otro material radiactivo que suministra continuamente energía y mantiene activo el proceso de excitación. Ya no se ven con frecuencia esos relojes, por el riesgo potencial que representa el material radiactivo para el usuario, si está en un reloj de pulso o en uno de bolsillo.[5]

Muchas criaturas, desde las bacterias hasta los cocuyos y otros animales más grande como las medusas, excitan químicamente algunas moléculas en sus organismos, que emiten luz. Se dice que esos seres son *bioluminiscentes*. Bajo ciertas condiciones, algunos peces se vuelven luminiscentes al nadar, pero cuando están alterados iluminan las profundidades con luces repentinas, formando una suerte de fuegos artificiales en las profundidades del mar. No se comprende bien el mecanismo de la bioluminiscencia, y se está investigando en la actualidad.

Láseres

Los fenómenos de excitación, fluorescencia y fosforescencia están presentes en el funcionamiento de un instrumento por demás misterioso, el **láser** (de *light amplification by stimulated emission of radiation*, amplificación de la luz por emisión estimulada de radiación).[6] Aunque el primer láser fue inventado en 1958, el concepto de emisión estimulada fue adelantado por Albert Einstein en 1917. Para comprender cómo funciona un láser debemos explicar primero la luz coherente.

La luz emitida por una lámpara ordinaria es incoherente, es decir, se emiten fotones de muchas frecuencias y fases de vibración. La luz es tan incoherente como las huellas en el piso de algún auditorio cuando una multitud de personas pasa sobre él. La luz incoherente es caótica. Un haz de luz incoherente se dispersa después de un corto tiempo, haciéndose cada vez más ancho y menos intenso cuando aumenta la distancia que recorre.

FIGURA 30.13 La luz blanca incoherente contiene ondas de muchas frecuencias (y longitudes de onda) que están fuera de fase entre sí.

Aun cuando se filtrara el rayo para que quedara formado por ondas de una sola frecuencia (monocromático), seguiría siendo incoherente, porque las ondas están fuera de fase entre sí. El rayo se extiende y se vuelve más débil cuando aumenta la distancia.

FIGURA 30.14 La luz de una sola frecuencia y longitud de onda todavía contiene muchas fases mezcladas.

Un haz de fotones con la misma frecuencia, fase y dirección, esto es, un haz de fotones que son copias idénticas entre sí, es *coherente*. Un haz de luz coherente se dispersa y se debilita muy poco.[7]

---

[5]Sin embargo, una forma radiactiva del hidrógeno, llamada *tritio*, puede mantener iluminados los relojes sin peligro alguno. Esto se debe a que la energía de su radiación no es la suficiente para penetrar en el metal o en el plástico de la caja.

[6]Una palabra formada por las iniciales de una frase se llama *acrónimo*.

[7]Lo angosto de un rayo láser se ve cuando se fija uno en un conferencista que produce una mancha roja diminuta y brillante en una pantalla, al usar un "apuntador" láser. Se ha mandado luz de un láser intenso a la Luna, de donde se ha reflejado y detectado su regreso a la Tierra.

FIGURA 30.15 Luz coherente. Todas las ondas son idénticas y están en fase.

Un láser es un aparato que produce un rayo de luz coherente. Cada láser tiene una fuente de átomos, llamados *medio activo*, que pueden ser de un gas, líquido o sólido. El primer láser construido fue de cristal de rubí. Los átomos en el medio son excitados hasta llegar a estados metaestables por una fuente externa de energía. Cuando la mayor parte de los átomos del medio están excitados, un solo fotón de un átomo que sufra una desexcitación puede iniciar una reacción en cadena. Ese fotón choca con otro átomo y lo estimula a emitir, y así sucesivamente, y se produce luz coherente. La mayor parte de esa luz se emite al principio en todas direcciones. Sin embargo, la luz que viaja a lo largo del eje del láser, es reflejada en espejos que reflejan en forma selectiva la luz de la longitud de onda deseada. Un espejo es totalmente reflector, mientras que el otro es parcialmente reflector. Las ondas reflejadas se refuerzan entre sí, después de cada viaje redondo por reflexión entre los espejos, y así se establece un estado de resonancia de ida y vuelta, donde la luz se acumula hasta llegar a una intensidad apreciable. La luz que escapa por el extremo con espejo más transparente es la que forma el rayo láser.

Además de los láseres de gas y de cristal, han ingresado otras clases a la familia de los láseres: de vidrio, químicos, líquidos y de semiconductor. Los modelos actuales producen haces que van desde el infrarrojo hasta el ultravioleta. Algunos se pueden sintonizar a diversos intervalos de frecuencias. Existe la esperanza de tener disponible un láser de rayos X.

El láser no es una fuente de energía. Es tan sólo un convertidor de energía que aprovecha el proceso de la emisión estimulada para concentrar cierta fracción de la energía (normalmente, el 1%) en forma de energía radiante, de una sola frecuencia y que tiene una sola dirección. Al igual que todos los aparatos, un láser no puede producir más energía que la que se le alimenta.

Los láseres han encontrado muchas aplicaciones en cirugía. Hacen cortes limpios. La luz láser puede ser lo bastante intensa y concentrada como para permitir a los cirujanos oftalmólogos "soldar" retinas desprendidas y ponerlas en su lugar, sin hacer incisión alguna. Simplemente la luz se enfoca en la región donde se va a soldar.

Si bien las longitudes de onda de radio son de cientos de metros y las de la televisión son de algunos centímetros, las longitudes de onda de la luz láser se miden en millonésimas de centímetro. En consecuencia, las frecuencias de la luz láser son mucho mayores que las de radio o de televisión. Así, la luz láser puede conducir una cantidad enorme de mensajes agrupados en una banda de frecuencias muy estrecha. Se pueden llevar a cabo comunicaciones con un rayo láser a través del espacio, de la atmósfera, o por medio de fibras ópticas que se pueden doblar como los cables.

El láser funciona en las cajas de los supermercados, donde las máquinas lectoras exploran el código universal de producto (UPC), un símbolo impreso en forma de código de barras en los paquetes y en la pasta posterior de este libro (Figura 30.18, página 600). La luz láser es reflejada en los espacios entre las barras y se convierte en una señal eléctrica, a medida que se *escanea* el símbolo. La señal tiene un valor alto cuando se refleja en una zona de espacio claro o blanco, y tiene un valor bajo cuando se refleja en una barra oscura o negra. La información sobre el grosor y las distancias entre las barras se "digitaliza" (se convierte a los 1 y 0 del código binario) y la procesa la computadora.

a

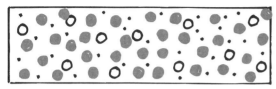

b

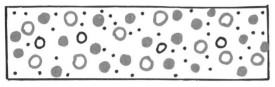

c

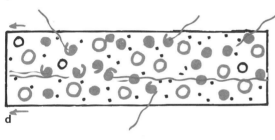

d

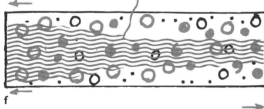

e

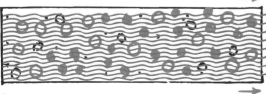

f

g

FIGURA 30.16 Acción en un láser de helio-neón. a) El láser consiste en un tubo angosto de *pyrex* que contiene una mezcla de gases a baja presión, formada por 85% de helio (puntos pequeños) y 15% de neón (puntos grandes).

b) Cuando por el tubo pasa una corriente producida por un alto voltaje, excita a los átomos de helio y de neón hasta sus estados excitados normales, que de inmediato se desexcitan, excepto un estado del helio, que se caracteriza por un retardo prolongado para desexcitarse; es decir, alcanza un *estado metaestable*. Como este estado es relativamente estable, se forma una cantidad apreciable de átomos de helio excitados (círculos negros abiertos). Esos átomos vagan por el tubo, y son fuente de energía para el neón, que tiene un estado metaestable difícil de alcanzar, muy cercano a la energía del helio excitado.

c) Cuando los átomos excitados de helio chocan con átomos de neón en su estado de energía mínima (estado fundamental), el helio cede su energía al neón, que es impulsado a su estado metaestable (círculos abiertos rojos más grandes). Este proceso continúa y pronto la cantidad de átomos excitados de neón es mayor que la de los átomos de neón excitados en niveles de menor energía. Esta población invertida de hecho está esperando irradiar su energía.

d) Al final, algunos átomos de neón se desexcitan e irradian fotones rojos en el tubo. Cuando esta energía radiante pasa a otros átomos de neón, éstos son estimulados a emitir fotones exactamente en fase con la energía radiante que estimuló la emisión. Los fotones salen del tubo en direcciones irregulares, haciendo que tenga un brillo rojo.

e) Los fotones que se mueven en dirección paralela al eje del tubo se reflejan en espejos paralelos con recubrimiento especial en los extremos del tubo. Los fotones reflejados estimulan la emisión de fotones de otros átomos de neón, y con ello producen una avalancha de fotones que tienen la misma frecuencia, fase y dirección.

f) Los fotones van de ida y vuelta entre los espejos, y se amplifican en cada pasada.

g) Algunos "se salen" de uno de los espejos, que sólo es parcialmente reflector. Son los que forman el rayo láser.

FIGURA 30.17 (izquierda) Un láser de helio-neón. (derecha) Los láseres son herramienta común en la mayor parte de los laboratorios escolares.

ISBN 970-26-0447-8

9 789702 604471

FIGURA 30.18 La única identificación de este libro es el código de barras que aparece en la pasta posterior de este libro.

Los topógrafos usan la luz láser reflejada para medir las distancias. Los científicos ambientales usan láseres para medir y detectar contaminantes en los gases de escape. Los distintos gases absorben luz con longitudes de onda características, y dejan sus "huellas digitales" en un rayo reflejado de luz láser. La longitud de onda específica y la cantidad de luz absorbida se analizan con ayuda de una computadora, y se produce una tabulación inmediata de los contaminantes.

Los láseres se han aposentado en una tecnología totalmente nueva, cuyos beneficios sólo hemos comenzado a aprovechar. De interés especial es que algún día se podrán usar para iniciar la fusión nuclear, cuando se funden isótopos de hidrógeno para formar helio, liberando grandes cantidades de energía. Parece ser ilimitado el futuro de las aplicaciones de los láseres.

Resumen de términos

Espectro de absorción Un espectro continuo, como el de la luz blanca, interrumpido por líneas o bandas oscuras debidas a la absorción de la luz de ciertas frecuencias, por una sustancia a través de la cual pasa la energía radiante.

Espectro de emisión La distribución de longitudes de onda de la luz producida por una fuente luminosa.

Espectroscopio Instrumento óptico que separa la luz en las longitudes de onda que la forman, en forma de líneas espectrales.

Excitación El proceso de impulsar a uno o más electrones de un átomo o molécula desde un nivel inferior de energía a uno superior. Un átomo en un estado excitado normalmente decaerá (se desexcitará)

rápidamente y pasará a un estado inferior emitiendo un fotón. La energía del fotón es proporcional a su frecuencia: $E = hf$.

Fluorescencia La propiedad que tienen ciertas sustancias de absorber la radiación de una frecuencia y reemitir radiación de menor frecuencia. Sucede cuando un átomo pasa a un estado excitado y pierde su energía en dos o más saltos de bajada hacia estados inferiores de energía.

Fosforescencia Una clase de emisión de luz igual que la fluorescencia, a excepción de una demora entre la excitación y la desexcitación, que produce un brillo posterior o residual. La demora se debe a que los átomos se excitan a niveles de energía que no decaen rápidamente. El brillo residual puede durar desde fracciones de segundo hasta horas, o hasta días, dependiendo de la clase de material, su temperatura y otros factores.

Incandescencia El estado de brillar a alta temperatura, causado por los electrones que rebotan distancias mayores que el tamaño de un átomo y emiten energía radiante en ese proceso. La frecuencia de intensidad máxima de la energía radiante es proporcional a la temperatura absoluta de la sustancia que se calienta:

$$\bar{f} \sim T$$

Láser Amplificación de la luz por emisión estimulada de radiación (*light amplification by stimulated emission of radiation*). Instrumento óptico que produce un haz de luz monocromática coherente.

Preguntas de repaso

1. Si se ponen a vibrar los electrones a algunos cientos de miles de hertz se emiten ondas de radio. ¿Qué clase de ondas se emitirían si los electrones se pusieran a vibrar a algunos miles de billones de hertz?

2. ¿Qué quiere decir que un estado de energía sea *discreto*?

Excitación

3. ¿Qué tiene la mayor energía potencial con respecto al núcleo atómico, los electrones en las capas electrónicas interiores, o los de las capas exteriores?

4. ¿Qué quiere decir que un átomo está *excitado*?

5. ¿Qué nombre se le da a un solo pulso de radiación electromagnética?

6. ¿Cuál es la relación entre la *diferencia de energía* de niveles de energía y la *energía del fotón* que se emite por una transición entre esos niveles?

7. ¿Cómo se relaciona la *energía* de un fotón con su frecuencia de vibración?

8. ¿Cuál tiene la mayor frecuencia, la luz roja o la luz azul? ¿Cuál tiene mayor energía por fotón, la luz roja o la luz azul?

9. Un electrón pierde algo de su energía cinética cuando bombardea a un átomo de neón en un tubo de vidrio. ¿En qué se transforma esa energía?

10. ¿Puede excitarse más de una vez un átomo de neón en un tubo de vidrio?

11. ¿Qué representa la variedad de colores de la llama de un madero ardiendo?

12. ¿Qué convierte mayor porcentaje de su energía en calor, una lámpara incandescente o una lámpara de vapor de mercurio?

Espectros de emisión

13. ¿Qué es lo que tiene cada elemento que lo hace emitir luz con sus propios colores característicos?

14. ¿Qué es un *espectroscopio* y qué hace?

15. ¿Por qué aparecen los colores de la luz en un espectroscopio como líneas?

Incandescencia

16. ¿Cuál es el "color" de todas las frecuencias de la luz visible mezcladas por igual?

17. Cuando un gas brilla, emite colores discretos. Cuando un sólido brilla, los colores se mezclan. ¿Por qué?

18. ¿Cómo se relaciona la frecuencia de intensidad máxima con la temperatura de una fuente incandescente?

Espectros de absorción

19. ¿En qué difiere la apariencia de un espectro de absorción de la de un espectro de emisión?

20. ¿Qué son las líneas de Fraunhofer?

21. ¿Cómo se descubrió el helio?

22. ¿Cómo pueden decir los astrofísicos que una estrella se aleja de, o se acerca a la Tierra?

Fluorescencia

23. Describe tres formas en que se pueden excitar los átomos.

24. ¿Por qué es más eficaz la luz ultravioleta que la infrarroja para hacer que fluorezcan ciertos materiales?

Lámparas fluorescentes

25. Describe la diferencia entre los procesos de excitación primaria y secundaria que se llevan a cabo en una lámpara fluorescente.

26. ¿Qué es lo que permite a una lámpara fluorescente emitir luz blanca?

Fosforescencia

27. Describe la diferencia entre *fluorescencia* y *fosforescencia*.

28. ¿Qué es lo que causa el brillo residual de los materiales fosforescentes?

29. ¿Qué es un *estado metaestable*?

Láseres

30. Describe la diferencia entre *luz monocromática* y *luz coherente*.

31. ¿En qué difiere la avalancha de fotones en un rayo láser de las hordas de fotones emitidas por una lámpara incandescente?

32. Un amigo dice que los científicos de cierto país han desarrollado un láser que produce mucho más energía que la que se le alimenta. Tu amigo pide opiniones. ¿Qué le contestas?

Proyecto

Pide al profesor que te preste una rejilla de difracción. Las que abundan más se ven como una transparencia fotográfica, y la luz que las atraviesa o que se refleja en ellas se difracta en sus colores componentes, mediante miles de líneas finamente grabadas. Mira a través de la rejilla, hacia la luz de una lámpara de alumbrado de vapor de sodio. Si es una de baja presión, verás la bella "línea" espectral que predomina en la luz de sodio (en realidad, son dos líneas muy juntas). Si la lámpara del alumbrado es redonda, verás círculos en lugar de líneas; ahora que si lo ves a través de una rendija cortada en un cartoncillo, verás las líneas. Es más interesante lo que sucede con las lámparas de vapor de sodio que ahora su uso es más frecuente, las de alta presión. A causa de los choques de los átomos excitados, verás un espectro borroso que casi es continuo, casi como el de una lámpara incandescente. En el lugar del amarillo donde cabría esperar la línea del sodio está una zona oscura. Es la banda de absorción del sodio. Se debe al sodio más frío que rodea a la región de emisión, que tiene alta presión. Deberás verla como a una cuadra de distancia para que la línea, o círculo, sea lo suficientemente pequeña como para que permita mantener la resolución. Haz la prueba. ¡Es muy fácil!

Ejercicios

1. ¿Por qué un fotón de rayos gamma tiene más energía que uno de rayos X?

2. ¿Alguna vez has presenciado un incendio y notado que con frecuencia al quemarse los distintos materiales, se producen llamas de diferentes colores? ¿Por qué sucede eso?

3. Cuando los electrones de una sustancia hacen una transición determinada de niveles de energía se emite luz verde. Si la misma sustancia emitiera luz azul, ¿correspondería a un cambio mayor o menor e energía en el átomo?

4. La luz ultravioleta causa quemaduras, mientras que la luz visible, aunque sea de mayor intensidad, no las causa. ¿Por qué?

5. Si sube al doble la frecuencia de la luz, sube al doble la energía de cada uno de sus fotones. Si sube al doble la longitud de onda de la luz, ¿qué pasa con la energía del fotón?

6. ¿Por qué a un letrero de neón no se le "agotan" los átomos excitados produciendo luz cada vez de menor intensidad?

7. Si se pasara la luz por un agujero redondo en lugar de por una rendija delgada en un espectroscopio, ¿cómo aparecerían las "líneas" espectrales? ¿Cuál es el inconveniente de un agujero en comparación con una rendija?

8. Si se usa un prisma o una rejilla de difracción para comparar la luz roja de un tubo de neón ordinario y la luz roja de un láser de helio y neón, ¿qué diferencia notable se aprecia?

9. ¿Cuál es la prueba de la afirmación de que existe hierro en la relativamente fría capa exterior del Sol?

10. ¿Cómo se podrían distinguir las líneas de Fraunhofer del espectro de la luz solar, debidas a absorción en la atmósfera solar, de las líneas debidas a la absorción por gases en la atmósfera terrestre?

11. ¿Cómo saben los astrónomos que en todo el universo existen los mismos átomos, al observar estrellas y galaxias lejanas? ¿Por qué con frecuencia a las líneas espectrales se les llama "dactiloscopias atómicas"?

12. ¿Qué diferencia aprecia un astrónomo entre el espectro de emisión de un elemento en una estrella que se aleja, y el espectro del mismo elemento en el laboratorio? (*Sugerencia*: Esto se relaciona con información del capítulo 19.)

13. Una estrella caliente azul tiene más o menos el doble de temperatura que una estrella roja fría. Pero las temperaturas de los gases en los letreros luminosos son más o menos las mismas, emitan luz roja o luz azul. ¿Cómo lo explicas?

14. ¿Qué tiene mayor energía, un fotón de luz infrarroja, de luz visible o de luz ultravioleta?

15. ¿Se presenta excitación atómica en los sólidos, igual que en los gases? ¿En qué difiere la energía radiante de un sólido incandescente de la energía radiante emitida por un gas excitado?

16. El filamento de una lámpara es de tungsteno. ¿Por qué se obtiene un espectro continuo y no un espectro de las líneas de tungsteno cuando se pasa la luz de una lámpara incandescente por un espectroscopio?

17. ¿Cómo puede tener tantas líneas el espectro del hidrógeno, si sólo tiene un electrón?

18. Si un gas absorbente reemite la luz que absorbe, ¿por qué hay líneas oscuras en un espectro de absorción? Esto es, ¿por qué no la luz reemitida simplemente llena los lugares oscuros?

19. Si los átomos de una sustancia absorben luz ultravioleta y emiten luz roja, ¿qué sucede con la energía "que falta"?

20. a) Se hace pasar la luz de una fuente incandescente por vapor de sodio, y a continuación se examina con un espectroscopio. ¿Cuál es la apariencia del espectro? b) Se apaga la fuente incandescente y se calienta el sodio hasta que resplandece. ¿Cómo se compara el espectro del vapor de sodio con el espectro que se observó antes?

21. Tu amigo dice que si la luz ultravioleta puede activar el proceso de *fluorescencia*, también debería poder activarlo la luz infrarroja. ¿Qué le respondes?

22. Cuando cae la luz ultravioleta sobre ciertos colorantes, se emite luz visible. ¿Por qué no sucede esto cuando la luz infrarroja alumbra esos colorantes?

23. ¿Por qué las telas que fluorescen al exponerlas a la luz ultravioleta son tan blancas a la luz solar?

24. ¿Por qué distintos minerales fluorescentes emiten distintos colores cuando se iluminan con luz ultravioleta?

25. Cuando cierto material se ilumina con luz visible, los electrones saltan de estados de energía más bajos a más altos en los átomos del material. Cuando los ilumina la luz ultravioleta, los átomos se ionizan, y algunos de ellos expulsan electrones. ¿Por qué las dos clases de iluminación producen resultados tan diferentes?

26. El precursor del láser manejaba microondas, y no luz visible. ¿Qué querrá decir *máser*?

27. El primer láser estaba formado por una barra de rubí (rojo) activada por una lámpara de destello (un *flash*) que emite luz verde. ¿Por qué no funcionaría un láser formado por una barra de cristal verde y una lámpara de destello que emite luz roja?

28. ¿En qué difieren las avalanchas de fotones de un rayo láser de las hordas de fotones emitidas por una lámpara incandescente?

29. En el funcionamiento de un láser de helio-neón, ¿por qué es importante que el estado metaestable del helio tenga una vida relativamente larga? (¿Cuál sería el efecto de que este estado se desexcitara muy rápidamente?) (Fíjate en la figura 30.16.)

30. En el funcionamiento de un láser de helio-neón, ¿por qué es importante que el estado metaestable del átomo de helio coincida mucho con el nivel de energía de un estado metaestable del neón, más difícil de obtener?

31. Un amigo dice que los científicos de cierto país han desarrollado un láser que produce mucho más energía que la que se le alimenta. Tu amigo pregunta lo que piensas sobre esta especulación. ¿Qué le contestas?

32. Un láser no puede dar más energía de la que se le alimenta. Sin embargo, un rayo láser puede producir pulsos de luz con más potencia que la potencia que se requiere para hacerlo funcionar. Explica por qué.

33. En la ecuación $\bar{f} \sim T$, ¿qué es $\bar{f}$? ¿Qué es T?

34. Sabemos que un filamento de lámpara a 2500 K irradia luz blanca. ¿También irradia energía cuando está a la temperatura ambiente?

35. Sabemos que el Sol irradia energía. ¿Irradia energía también la Tierra? En caso afirmativo, ¿cuál es la diferencia entre esas radiaciones?

36. Como todo objeto tiene cierta temperatura, todo objeto irradia energía. Entonces, ¿por qué no podemos ver los objetos en la oscuridad?

37. Si continuamos calentando un trozo de metal, inicialmente a temperatura ambiente, en un cuarto oscuro, comenzará a resplandecer visiblemente. ¿Cuál será su primer color visible, y por qué?

38. Podemos calentar un trozo de metal al rojo y al rojo blanco. ¿Lo podremos calentar hasta el azul?

39. ¿Cómo se comparan las temperaturas superficiales de las estrellas rojas, azules y blancas?

40. Si ves una estrella roja, podrás asegurar que su intensidad máxima está en la región del infrarrojo. ¿Por qué? Y si ves una estrella "violeta" puedes estar seguro de que su intensidad máxima está en el ultravioleta. ¿Por qué?

41. Las estrellas "verdes" no se ven verdes, sino blancas. ¿Por qué? (*Sugerencia:* Examina la curva de radiación de la figura 27.7.)

42. La parte *a* del esquema siguiente muestra una curva de radiación de un sólido incandescente y su espectro, obtenido con un espectroscopio. La parte *b* muestra la "curva de ra-

diación de un gas excitado y su espectro. La parte *c* muestra la curva producida cuando se intercala un gas frío entre una fuente incandescente y el espectroscopio; queda pendiente el espectro para que lo traces tú. La parte *d* muestra el espectro de una fuente incandescente, vista a través de un vidrio verde; debes trazar la curva correspondiente de radiación.

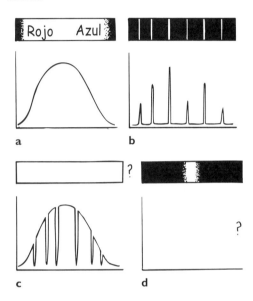

43. Examina sólo cuatro de los niveles de energía de cierto átomo, que se ven en el diagrama adjunto. ¿Cuántas líneas espectrales producirán todas las transiciones posibles entre esos niveles? ¿Cuál transición corresponde a la máxima frecuencia de la luz emitida? ¿Y cuál es la mínima frecuencia?

$$n = 4 \underline{\hspace{3cm}}$$
$$n = 3 \underline{\hspace{3cm}}$$
$$n = 2 \underline{\hspace{3cm}}$$

$$n = 1 \underline{\hspace{3cm}}$$

44. Un electrón se desexcita desde el cuarto nivel cuántico del diagrama de arriba, al tercero y después directamente al estado fundamental. Se emiten dos fotones. ¿Cómo se compara la suma de sus frecuencias con la frecuencia de un solo fotón que se emita por desexcitación desde el cuarto nivel directamente hasta el estado fundamental?

45. Para las transiciones descritas en el ejercicio anterior, ¿hay alguna relación entre las longitudes de onda de los fotones emitidos?

46. Imagina que los cuatro niveles de energía del ejercicio 43 estuvieran a las mismas distancias. ¿Cuántas líneas espectrales se obtendrían?

Problema

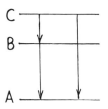

En el diagrama, la diferencia de energía entre los estados A y B es el doble de la diferencia entre los estados B y C. En una transición (salto cuántico) de C a B, un electrón emite un fotón de 600 nm de longitud de onda. a) ¿Cuál es la longitud de la onda que se emite cuando el electrón salta de B a A? b) ¿Cuando salta de C a A?

www.pearsoneducacion.net/hewitt
*Usa los variados recursos del sitio Web,
para comprender mejor la física.*

31

CUANTOS DE LUZ

Phil Wolf demuestra el efecto fotoeléctrico, dirigiendo luz de distintas frecuencias
a una fotocelda y midiendo la energía de los electrones expulsados.

La física clásica que hemos visto hasta ahora estudia dos categorías de fenómenos:
partículas y ondas. De acuerdo con nuestra experiencia cotidiana, las "partículas" son
objetos diminutos, como balas. Tienen masa y obedecen las leyes de Newton; *viajan* por
el espacio en línea recta, a menos que actúe sobre ellas una fuerza. De igual modo, de
acuerdo con nuestra experiencia cotidiana, las "ondas", como las olas del mar, son
fenómenos que se *extienden* en el espacio. Cuando una onda se propaga por una abertura
o rodea a una barrera, se difracta, y se interfieren algunas de sus partes. En consecuencia,
es fácil distinguir entre partículas y ondas. De hecho tienen propiedades mutuamente
excluyentes. Sin embargo, durante siglos el gran misterio fue cómo clasificar a la luz.

Una de las primeras teorías de la luz es la de Platón, quien pensó que estaba
formada por corrientes emitidas por el ojo. También Euclides coincidía con esta hipótesis.
Por otro lado, los pitagóricos creían que la luz emana de los cuerpos luminosos en forma
de partículas muy finas. Después, Empédocles, predecesor de Platón, enseñaba que la luz
está formada por ondas de cierta clase y de alta rapidez. Durante más de 2000 años esas
preguntas no encontraron respuesta. La luz, ¿consiste en partículas o en ondas?

Isaac Newton describió, en 1704, a la luz como una corriente de partículas o
corpúsculos. Sostuvo eso a pesar de que conocía la polarización, y a pesar de su
experimento de la luz que se refleja en placas de vidrio, cuando notó franjas de claridad

605

y de oscuridad (los anillos de Newton). No sabía que sus partículas luminosas también deberían tener ciertas propiedades ondulatorias. Christian Huygens, contemporáneo de Newton, promulgó una teoría ondulatoria de la luz.

Con todo este historial como fondo, Thomas Young efectuó el "experimento de la doble rendija" en 1801. Parecía demostrar, de una vez por todas, que la luz es un fenómeno ondulatorio. Esta idea fue reforzada en 1862 por la predicción de Maxwell, de que la luz conduce energía en forma de campos eléctricos y magnéticos oscilantes. Veinticinco años después, Hertz usó circuitos eléctricos productores de chispas para demostrar la realidad de las ondas electromagnéticas (de radiofrecuencia). Sin embargo, en 1905, Albert Einstein publicó un trabajo que le valió el Premio Nobel, donde desafiaba la teoría ondulatoria de la luz, diciendo que la luz interactúa con la materia no como ondas continuas, como Maxwell concebía, sino en forma de paquetes diminutos de energía que ahora se llaman *fotones*. Pero ese descubrimiento no borró las ondas luminosas. En lugar de ello indicó que la luz es al mismo tiempo una onda y una partícula. En este capítulo entraremos en el mundo de lo muy pequeño, y describiremos algunos de los aspectos extraños y emocionantes de la realidad cuántica.

Nacimiento de la teoría cuántica

Al iniciarse el siglo XX las nuevas tecnologías alcanzaron niveles que permitieron a los científicos diseñar experimentos para explorar el comportamiento de partículas muy pequeñas. Con el descubrimiento del electrón en 1897, y la investigación de la radiactividad más o menos en esos años, los experimentadores comenzaron a explorar la estructura atómica de la materia. Max Planck, físico teórico alemán, supuso en 1900 que los cuerpos calientes emiten energía radiante en paquetes discretos, que llamó *quanta* (*quanta* es el plural de *quantum*, y se castellanizan esas palabras como "cuantos" y "cuanto"). Según Planck, la energía de cada paquete es proporcional a la frecuencia de la radiación. Su hipótesis inició una revolución de ideas que cambiaron por completo nuestra forma de concebir el mundo físico. Veremos que las reglas que aplicamos a nuestro macromundo cotidiano, las leyes de Newton que funcionan tan bien con los objetos grandes, como pelotas de béisbol o planetas, simplemente no se aplican a eventos del micromundo del átomo. En el macromundo, al estudio del movimiento se le llama *mecánica*; en el micromundo, donde rigen leyes distintas, al estudio del movimiento se le llama *mecánica cuántica*. Con más generalidad, el cuerpo de las leyes, desarrollado entre 1900 y los últimos años de la década de 1920, que describen todos los fenómenos cuánticos del micromundo se llama *física cuántica*.

Cuantización y la constante de Planck

La *cuantización*, la idea de que el mundo natural es granular y no uniformemente continuo, desde luego no es una nueva idea en la física. La materia está cuantizada; por ejemplo, la masa de un tejo de oro es igual a cierto múltiplo entero de la masa de un solo átomo de oro. La electricidad está cuantizada, porque la carga eléctrica siempre es un múltiplo entero de la carga de un solo electrón.

La física cuántica establece que en el micromundo del átomo, la cantidad de energía en un sistema está cuantizada, que no son posibles todos los valores de la energía. Es análogo a afirmar que una fogata sólo puede tener ciertas temperaturas. Podría arder a 450°C, o podría arder a 451°C, pero no puede arder a 450.5°C. ¿Lo crees? No deberías creerlo, porque hasta donde pueden medir nuestros termómetros macroscópicos, una fogata puede arder a cualquier temperatura, siempre y cuando sea mayor que la necesaria para la combustión. Pero lo interesante es que la energía de la fogata es la energía de una

Max Planck (1858-1947)

gran cantidad y una gran variedad de unidades elementales de energía. Un ejemplo más sencillo es la energía en un rayo de luz láser, que es un múltiplo entero de un solo valor mínimo de la energía: un cuanto. Los cuantos de luz y en general de la radiación electromagnética, son los fotones.

Recuerda que en el capítulo anterior mencionamos que la energía de un fotón es $E = hf$, donde h es la **constante de Planck** (el número que se obtiene cuando se divide la energía de un fotón entre su frecuencia).[1] Veremos que la constante de Planck es una constante fundamental de la naturaleza, que establece un límite inferior de la pequeñez de las cosas. Junto con la velocidad de la luz y la constante de gravitación de Newton, se considera como una constante básica de la naturaleza y aparece una y otra vez en la física cuántica. La ecuación $E = hf$ expresa la mínima cantidad de energía que se puede convertir en luz de frecuencia f. La radiación de la luz no se emite en forma continua, sino en forma de una corriente de fotones, y cada fotón vibra a una frecuencia f y porta una energía hf.

EXAMÍNATE   ¿Cuánta energía total hay en un haz monocromático formado por n fotones de frecuencia f?

La ecuación $E = hf$ explica por qué la radiación de microondas no puede dañar las moléculas de las células vivas, y por qué sí pueden dañarlas la luz ultravioleta y los rayos X. La radiación electromagnética interactúa con la materia sólo en paquetes discretos de fotones. Así, la frecuencia relativamente baja de las microondas corresponde a baja energía por fotón. Por otra parte, la radiación ultravioleta puede entregar más o menos un millón de veces más energía a las moléculas, porque la frecuencia de la radiación ultravioleta es más o menos un millón de veces mayor que la de las microondas. Los rayos X, que tienen frecuencias todavía mayores, pueden entregar todavía más energía.

La física cuántica indica que el mundo físico es un lugar áspero y granulado en lugar del lugar liso y continuo con el que estamos familiarizados. El mundo del "sentido común" que describe la física clásica parece liso y continuo, porque la granulación cuántica es de muy pequeña escala comparada con los tamaños de las cosas en el mundo familiar. La constante de Planck es pequeña en términos de las unidades familiares. Pero no tienes que descender por completo al mundo cuántico para encontrarte con granulación donde aparentemente hay lisura. Por ejemplo, las zonas donde se encuentran las áreas del negro, el blanco y el gris en la fotografía de Max Planck, y de otras fotografías en este libro, no parecen lisas cuando se ven con una lupa. Con el aumento puedes apreciar que una fotografía impresa está formada por muchos puntos diminutos. En forma parecida, vivimos en un mundo que es una imagen borrosa del mundo granular de los átomos.

COMPRUEBA TU RESPUESTA   La energía de un haz de luz monocromática de frecuencia f formado por n fotones es

$$E = nhf$$

---

[1] El valor numérico de la constante de Planck es 6.6×10^{-34} J · s.

Los físicos se resistían a adoptar la revolucionaria noción cuántica de Planck. Antes de poderla tomar en serio se debería comprobar con algo más que la energía electromagnética que despiden los cuerpos calientes. Cinco años después Einstein proporcionó una verificación, al ampliar las ideas de Planck en la explicación del efecto fotoeléctrico, en el trabajo ganador del Premio Nobel que mencionamos antes. (Aún así, los científicos aceptaron con lentitud esa idea tan revolucionaria. Sólo después de los trabajos de Niels Bohr sobre la estructura atómica en 1913, que describiremos en el siguiente capítulo, el cuanto tuvo aceptación general. El Premio Nobel de Einstein se demoró hasta 1921.)

Efecto fotoeléctrico

A finales del siglo XIX, algunos investigadores notaron que la luz es capaz de expulsar electrones de diversas superficies metálicas. Es el **efecto fotoeléctrico**, el que ahora se usa en las celdas fotoeléctricas, en los exposímetros de las cámaras y para captar el sonido de la pista sonora en las películas.

En la figura 31.1 se presenta el esquema para observar el efecto fotoeléctrico. La luz cae sobre una superficie metálica fotosensible, cargada negativamente, y libera electrones. Los electrones liberados son atraídos a la placa positiva, y producen una corriente medible. Si ahora la placa se carga sólo con la carga eléctrica negativa para repeler electrones, se puede detener la corriente. Así se pueden calcular las energías de los electrones expulsados, a través de la diferencia de potencial entre los electrodos, que se mide con facilidad.

FIGURA 31.1 Aparato para observar el efecto fotoeléctrico. Si se invierte la polaridad y se detiene el flujo de electrones se podrá medir la energía de los electrones.

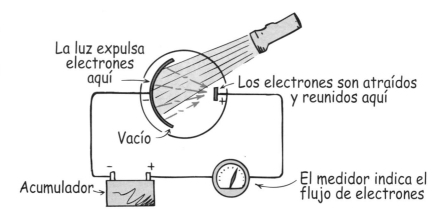

La luz expulsa electrones

Más luz expulsa más electrones con la misma energía cinética

FIGURA 31.2 El efecto fotoeléctrico depende de la intensidad.

Los primeros investigadores no se sorprendieron mucho con el efecto fotoeléctrico. Con física clásica se podía explicar la expulsión de los electrones, imaginando que las ondas de la luz incidente acumulan la vibración de un electrón en amplitudes cada vez mayores, hasta que al final se suelta de la superficie del metal, así como las moléculas de agua se desprenden de la superficie de agua caliente. Una fuente luminosa débil debería tardar mucho en dar a los electrones de la superficie metálica la energía suficiente para hacerlos desprender de la superficie. En lugar de ello se encontró que los electrones son expulsados tan pronto como se enciende la luz, pero que no se desprenden muchos más como con una fuente intensa. Al examinar con cuidado el efecto fotoeléctrico se llegó a varias observaciones, muy contrarias al cuadro ondulatorio clásico:

1. El retraso entre encender la luz y la expulsión de los primeros electrones no se afectaba por la brillantez ni la frecuencia de la luz.

2. Era fácil de observar el efecto con luz violeta o ultravioleta, pero no con luz roja.

3. La cantidad de electrones por unidad de tiempo era proporcional a la intensidad de la luz.

4. La energía máxima de los electrones expulsados no se afectaba por la intensidad de la luz. Sin embargo, había indicios de que la energía de los electrones sí dependía de la frecuencia de la luz.

Especialmente difícil era comprender la carencia de un retraso apreciable, en términos de la idea ondulatoria. Según la teoría ondulatoria, un electrón en luz débil debería, después de cierto retraso, acumular la energía vibratoria suficiente como para salir despedido, mientras que uno en luz brillante se debería expulsar casi de inmediato. Sin embargo, eso no sucedió. No fue raro observar que un electrón se expulsaba de inmediato, aun bajo la iluminación más mortecina. También causaba perplejidad la observación de que la brillantez de la luz afectaba las energías de los electrones expulsados. Los campos eléctricos más intensos de la luz más brillante no hacían que los electrones salieran despedidos a mayores rapideces. Con luz brillante se expulsaban más electrones, pero no a mayores rapideces. Por otra parte, un débil rayo de luz ultravioleta producía una pequeña cantidad de electrones expulsados, pero que tenían rapideces mucho mayores. Esto era de lo más confuso.

Einstein llegó a la respuesta en 1905, el mismo año en que explicó el movimiento browniano y estableció su teoría de la relatividad especial. Su indicio fue la teoría cuántica de la radiación, de Planck, quien había supuesto que la emisión de la luz en cuantos se debía a restricciones de los átomos vibratorios que la producían. Esto es, supuso que la energía está cuantizada en la *materia*, pero que la energía radiante es continua. Por otra parte, Einstein atribuyó propiedades cuánticas a la luz misma, y consideró que la radiación es una granizada de partículas. Para enfatizar este aspecto corpuscular, siempre que imaginamos la naturaleza corpuscular de la luz hablamos de fotones (en analogía con electrones, protones y neutrones). Un fotón se absorbe por completo en cada electrón expulsado del metal. La absorción es un proceso de todo o nada, y es inmediato; no hay demora mientras se acumulan las "energías ondulatorias".

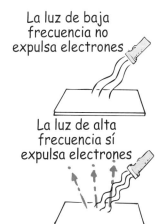

La luz de baja frecuencia no expulsa electrones

La luz de alta frecuencia sí expulsa electrones

FIGURA 31.3 El efecto fotoeléctrico depende de la frecuencia.

Una onda luminosa tiene un frente amplio, y su energía está repartida en ese frente. Para que la onda luminosa expulse a un solo electrón de una superficie metálica, toda su energía debería concentrarse en ese electrón. Pero eso es tan improbable como el caso de que una ola del mar lance una piedra hacia el continente, muy lejos, con una energía igual a toda la energía de la ola. En consecuencia, en lugar de imaginar que la luz se encuentra una superficie en forma de un tren de ondas continuo, el efecto fotoeléctrico sugiere concebir a la luz que encuentra la superficie de cualquier detector como una sucesión de corpúsculos, o fotones. La cantidad de fotones en un rayo de luz controla el brillo de *todo* el rayo, mientras que la frecuencia de la luz controla la energía de cada fotón *individual*.

Robert Millikan verificó experimentalmente la explicación de Einstein sobre el efecto fotoeléctrico, 11 años después. Es interesante el hecho de que Millikan pasó unos diez años tratando de demostrar que Einstein estaba equivocado con su teoría de los fotones, y sólo se convenció de ella por los resultados de sus propios experimentos, que le valieron un Premio Nobel. Se confirmó cada aspecto de la interpretación de Einstein, incluyendo la proporcionalidad directa entre la energía del fotón y su frecuencia. Por esto (y no por su teoría de la relatividad) fue que Einstein recibió el Premio Nobel.

El efecto fotoeléctrico es prueba concluyente de que la luz tiene propiedades de partículas. No podemos concebir al efecto fotoeléctrico con bases ondulatorias. Por otra parte, hemos visto que el fenómeno de la interferencia demuestra en forma convincente que la luz tiene propiedades ondulatorias. No podemos concebir la interferencia en términos de partículas. En física clásica parece y es contradictorio. Desde el punto de la física cuántica, la luz tiene propiedades afines a las dos. Es "como una onda" o "como una partícula", dependiendo del experimento en particular. Así, imaginamos que la luz es ambas cosas, un paquete de onda. ¿Será una "ondícula"? La física cuántica requiere una nueva forma de pensar.

Examínate

1. La luz más brillante, ¿expulsará más electrones de una superficie fotosensible que la luz más débil de la misma frecuencia?

2. La luz de alta frecuencia, ¿expulsará mayor cantidad de electrones que la luz de baja frecuencia?

Dualidad onda-partícula

La naturaleza ondulatoria y corpuscular de la luz es evidente en la formación de las imágenes ópticas. Se comprende la imagen fotográfica que produce una cámara en función de ondas de luz, que se propagan desde cada punto del objeto, se refractan al pasar por el sistema de lentes y convergen para enfocarse en la película fotográfica. La trayectoria de la luz, desde el objeto, pasando por el sistema de lentes y llegando hasta el plano focal se puede calcular con los métodos desarrollados a partir de la teoría ondulatoria de la luz.

Comprueba tus respuestas

1. Sí. La cantidad de electrones expulsados depende de la cantidad de fotones incidentes.

2. No necesariamente. La energía, y no la cantidad, de electrones expulsados depende de la frecuencia de los fotones que iluminan. Por ejemplo, una fuente de luz azul brillante puede expulsar más electrones con menor frecuencia que una fuente débil de luz violeta.

Pero ahora consideremos con cuidado cómo se forma la imagen fotográfica. La película fotográfica consiste en una emulsión de granos de halogenuro de plata cristalino, y cada grano contiene unos 10^{10} átomos de plata. Cada fotón que se absorbe cede su energía hf a un solo grano en la emulsión. Esta energía activa a los cristales cercanos de todo el grano y con el revelado se completa el proceso fotoquímico. Muchos fotones, cuando activan muchos granos, producen la exposición fotográfica común. Cuando una fotografía se toma con luz demasiado débil, se ve que la imagen se forma con fotones individuales que llegan en forma independiente y que aparentemente tienen una distribución aleatoria. Esto se ve muy bien en la figura 31.4, que muestra cómo aumenta la exposición, fotón por fotón.

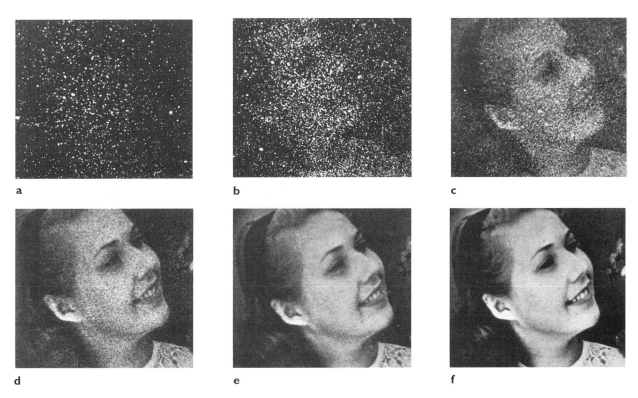

FIGURA 31.4 Etapas de exposición de una película, que indican la producción de una fotografía fotón por fotón. Las cantidades aproximadas de fotones en cada etapa son a) 3×10^3, b) 1.2×10^4, c) 9.3×10^4, d) 7.6×10^5, e) 3.6×10^6 y f) 2.8×10^7.

Experimento de la doble rendija

Regresemos al experimento de Young, de la doble rendija, que describimos en términos ondulatorios en el capítulo 29. Recuerda que al pasar luz monocromática por un par de rendijas delgadas cercanas, se produce un patrón de interferencia (Figura 31.5). Ahora examinemos el experimento en términos de fotones. Supongamos que debilitamos la fuente luminosa, de tal modo que sólo llegue un fotón tras otro a la barrera de las rendijas angostas. Si la película detrás de la barrera se expone a la luz, durante un tiempo muy corto, la película se expone como se simula en la figura 31.6a. Cada mancha representa el lugar donde un fotón expuso la película. Si se deja que la luz exponga la película durante más tiempo, comienza a formarse un patrón de bandas, como en la figura 31.6b y c.

FIGURA 31.5 a) Arreglo del experimento de doble rendija. b) Fotografía de la figura de interferencia. c) Representación gráfica de las figuras.

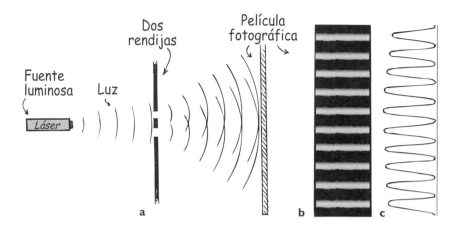

Esto es muy sorprendente. Se ve que las manchas en la película avanzan fotón por fotón y forman ¡el mismo patrón de interferencia que caracteriza a las ondas!

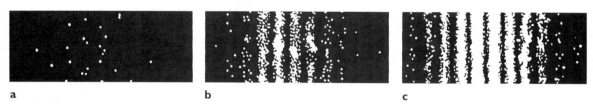

FIGURA 31.6 Patrón de interferencia de doble rendija. El patrón de los granos expuestos individualmente progresa de a) 28 fotones a b) 1000 fotones a c)10,000 fotones. Entre mayor número de fotones chocan con la pantalla, aparece un patrón de franjas

Si cubrimos una de las rendijas, para que los fotones que llegan a la película fotográfica sólo puedan pasar por la otra, las manchas diminutas en la película se acumulan y forman un patrón de difracción de una sola rendija (Figura 31.7). Se ve que los fotones llegan a la película ¡en lugares donde no llegarían si ambas rendijas estuvieran abiertas! Si consideramos todo esto desde el punto de vista clásico, quedamos perplejos y preguntaremos cómo "saben" los fotones que pasan por una sola rendija, que la otra rendija está cubierta, y en consecuencia se reparten y producen el patrón ancho de difracción de una sola rendija. O bien, si las dos rendijas están abiertas, ¿cómo "saben" los fotones que pasan por una rendija, que la otra está abierta y evitan llegar a ciertas regiones, llegando sólo hasta zonas que acabarán por llenarse y formar el patrón de bandas de interferencia con dos rendijas?[2] La respuesta actual es que la naturaleza ondulatoria de la luz no es una propiedad promedio que sólo se muestra cuando actúan juntos muchos fotones. Cada fotón tiene propiedades tanto de onda como de partícula. Pero el fotón muestra distintos aspectos en distintas ocasiones. *Un fotón se comporta como una partícula cuando se emite de un átomo o se absorbe en una película fotográfica o en otros detectores, y se comporta como una onda al propagarse desde una fuente hasta el lugar donde se detecta.* Así,

[2]Desde el punto de vista precuántico, esta dualidad de onda-partícula es en verdad misteriosa. Esto hace que algunas personas piensen que los cuantos tienen cierta clase de sentido y que cada fotón o electrón tiene su "mente propia". Sin embargo, el misterio es como la belleza. Está en la mente de quien la posee en vez de en la naturaleza misma. Invocamos a los modelos a que comprendan a la naturaleza, y cuando surjan las inconsistencias, hagan más severos o cambien nuestros modelos. La dualidad onda-partícula de la luz no encaja en el modelo construido en las ideas clásicas. Un modelo alterno es que los cuantos tienen mente propia, lo cual ciertamente no concuerca con los principios básicos de la física. Otro modelo es la física cuántica. En este libro estamos de acuerdo con este último modelo.

el fotón llega a la película como una partícula, pero viaja hasta su posición como una onda con interferencia constructiva. El hecho de que la luz tenga comportamiento de onda y de partícula a la vez fue una de las sorpresas más interesantes de principios del siglo XX. Todavía más sorprendente fue el descubrir que los objetos con masa también muestran un comportamiento doble, de onda y de partícula.

FIGURA 31.7 Figura de difracción con una sola rendija.

Partículas como ondas: difracción de electrones

Louis de Broglie (1892-1987)

Si un fotón de luz tiene propiedades de onda y de partícula a la vez, ¿por qué una partícula material (una con masa) no puede tener también propiedades de onda y de partícula a la vez. Louis de Broglie, físico francés, propuso esta pregunta cuando era estudiante graduado en 1924. Su respuesta llenó su tesis doctoral en física, y después le valió el Premio Nobel de Física. Según de Broglie, toda partícula de materia está relacionada con una onda que la guía al moverse. Entonces, bajo las condiciones adecuadas, toda partícula producirá un patrón de interferencia o de difracción. Todos los cuerpos, los electrones, los protones, los átomos, los ratones, tú, los planetas y los soles, tienen una longitud de onda que se relaciona con su cantidad de movimiento como sigue:

$$\text{Longitud de onda} = \frac{h}{\text{cantidad de movimiento}}$$

donde h es la constante de Planck. Un cuerpo de gran masa a rapidez ordinaria tiene una longitud de onda tan pequeña que la interferencia y la difracción no se notan. Las balas de un rifle vuelan recto, y no llegan a un blanco lejano formando patrones de interferencia detectables.[3] Pero con partículas más pequeñas, como los electrones, puede ser apreciable la difracción.

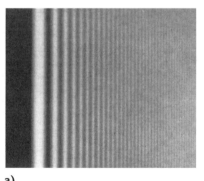

a)

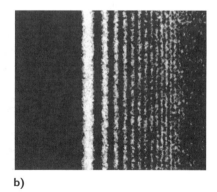

b)

FIGURA 31.8 Bandas producidas por la difracción de a) la luz y b) un haz de electrones.

[3]Una bala de 0.02 kg de masa que viaje a 330 m/s, por ejemplo, tiene una longitud de onda de de Broglie igual a

$$\frac{h}{mv} = \frac{6.6 \times 10^{-34}\text{J·s}}{(0.02 \text{ kg})(330\text{m/s})} = 10^{-34}\text{m},$$

es una dimensión increíblemente pequeña: una billonésima de billonésima del tamaño de un átomo de hidrógeno. Un electrón que se mueva a 0.2% de la velocidad de la luz, tiene una longitud de onda de 10^{-10} m, igual al diámetro de un átomo de hidrógeno. Los efectos de la difracción se pueden medir con los electrones, mientras que con las balas no.

Un haz de electrones se puede difractar de la misma manera que un haz de fotones, como se ve en la figura 31.8. Los haces de electrones dirigidos a rendijas dobles forman patrones de interferencia, igual que los fotones. El experimento de la doble rendija que describimos en la sección anterior se puede hacer con electrones, al igual que con fotones. Para los electrones el aparato es más complicado, pero el procedimiento es esencialmente el mismo. La intensidad de la fuente se puede reducir para que pasen los electrones uno por uno por una doble rendija, y se producen los mismos y notables resultados que con los fotones. Al igual que los fotones, los electrones llegan a la pantalla como partículas, pero la *distribución* de las llegadas es ondulatoria. La desviación angular de los electrones, para formar el patrón de interferencia, concuerda perfectamente con los cálculos cuando se aplica la ecuación de de Broglie, para la longitud de onda del electrón.

FIGURA 31.9 En un microscopio electrónico se aprovecha la naturaleza ondulatoria de los electrones. La longitud de onda de los haces de electrones suele ser miles de veces menor que la de la luz visible, y entonces con el microscopio electrónico se pueden distinguir detalles que no se observan con los microscopios ópticos.

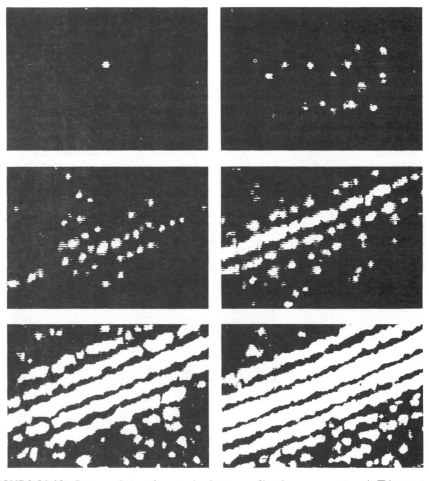

FIGURA 31.10 Patrones de interferencia de electrones, filmadas en un monitor de TV; muestran la difracción de un haz de microscopio electrónico, de muy baja intensidad, al atravesar un biprisma electrostático.

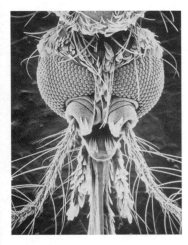

FIGURA 31.11 Detalle de la cabeza de un mosquito hembra, vista con un microscopio electrónico de barrido, a la "baja" amplificación de 200 veces.

Esta dualidad onda-partícula no se restringe a los fotones y a los electrones. En la figura 31.10 vemos el resultado de un procedimiento similar, cuando se usa un microscopio electrónico normal. El haz de electrones de muy poca densidad de corriente pasa por un biprisma electrostático que difracta el rayo. Paso a paso se forma un patrón de bandas, producidas por electrones individuales, que se muestra en una pantalla de TV. La imagen se llena en forma gradual de electrones que producen la figura de interferencia que se asocia con las ondas. Los neutrones, protones, átomos completos y hasta balas de rifle de alta velocidad (sin poder medirlo en estas últimas) muestran una dualidad de comportamientos como partícula y como onda.

Rendijas
Electrones
Pantalla
fluorescente

Principio de incertidumbre

La dualidad onda-partícula de los cuantos ha inspirado interesantes debates acerca de los límites de nuestras posibilidades de medir con exactitud las propiedades de objetos pequeños. Las discusiones se centran en la idea de que el acto de medir afecta de cierto modo la cantidad que se está midiendo.

Por ejemplo, sabemos que si colocamos un termómetro frío en una taza de café caliente, la temperatura del café se altera al ceder calor al termómetro. El dispositivo medidor altera la cantidad que mide. Pero si conocemos la temperatura del termómetro, las masas y los calores específicos que intervienen, se pueden corregir esos errores. Esas correcciones caen en el dominio de la física clásica; *no* son las incertidumbres de la física cuántica. Las incertidumbres cuánticas se originan en la naturaleza ondulatoria de la materia. Por su propia naturaleza, una onda ocupa algo de espacio y tarda cierto tiempo. No se puede comprimir en un punto en el espacio, no limitarse a un solo instante en el tiempo, porque entonces no sería una onda. Esta "borrosidad" inherente a una onda comunica una borrosidad a las medidas a nivel cuántico. Con innumerables experimentos se ha demostrado que toda medida que en cualquier forma explora un sistema, perturba al

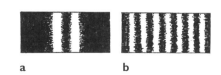

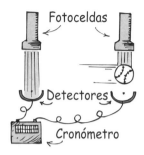

FIGURA 31.12 La rapidez de la pelota se mide dividiendo la distancia entre las fotoceldas entre la diferencia de los tiempos en los que la pelota cruza los rayos de luz. Los fotones que chocan con la pelota alteran su movimiento mucho menos que cuando algunas pulgas chocan con un buque supertanque.

Werner Heisenberg
(1901-1976)

sistema al menos en un cuanto de acción, h, la constante de Planck. Así, toda medida que implique la interacción entre el medidor y lo que se mide, está sujeta a esta inexactitud mínima.

Haremos una diferencia entre exploración y observación pasiva.[4] Imagina una taza de café al otro lado de un recinto. Si la ves en forma pasiva, y observas el vapor que se eleva de ella, en este acto de "medir" no interviene interacción física entre los ojos y el café. La mirada no agrega ni resta energía al café. Puedes asegurar que está caliente sin *explorarlo*. Si colocas un termómetro entonces la historia cambia. Interactuamos físicamente con el café, y en consecuencia lo sometemos a una alteración. Sin embargo, la contribución cuántica a esta alteración queda muy empequeñecida por las incertidumbres clásicas, y se puede despreciar. Las incertidumbres cuánticas sólo importan en los reinos atómico y subatómico.

Compara las acciones de hacer mediciones de una pelota de béisbol lanzada y de un electrón. Podemos medir la rapidez de la pelota lanzada haciendo que pase en el aire frente a dos fotoceldas que estén a determinada distancia (Figura 31.12). Se toma el tiempo cuando la pelota interrumpe los haces de luz en las fotoceldas. La exactitud de la rapidez de la pelota que se mide tiene que ver con incertidumbres en la distancia medida entre las fotoceldas, y los mecanismos de cronometraje. Pero no es así en el caso de medición de cosas submicroscópicas como los electrones. Aun un solo fotón que rebote en un electrón altera en forma apreciable el movimiento del electrón, y lo hace en forma impredecible. Si quisiéramos observar un electrón y determinar sus alrededores usando luz, la longitud de la onda luminosa debería ser muy corta. Llegamos a un dilema. Una longitud de onda corta que pueda "ver" mejor el electrón diminuto corresponde a un cuanto grande de energía, que tiene un efecto mayor de alterar el estado de movimiento del electrón. Si, por otro lado, usamos una gran longitud de onda que corresponda a un menor cuanto de energía, será menor el cambio que induzcamos en el estado de movimiento del electrón, pero será menos exacta la determinación de su posición, con la onda más larga. El acto de observar algo tan diminuto como un electrón explora al electrón, y al hacerlo produce una incertidumbre considerable en su posición o en su movimiento. Aunque esta incertidumbre es totalmente despreciable en mediciones de posición y de movimiento de objetos cotidianos (macroscópicos), es algo que predomina en el dominio atómico.

La incertidumbre de la medición en el dominio atómico fue enunciada por primera vez, en forma matemática, por Werner Heisenberg, físico alemán, y la llamó **principio de incertidumbre**. Es un principio fundamental de la mecánica cuántica. Heisenberg encontró que cuando se multiplican una por otra las incertidumbres en la medición de la cantidad de movimiento y la posición de una partícula, el producto debe ser igual o mayor que la constante de Planck, h, dividida entre 2π, que se representa con $\hbar$ (y se llama *ache barra*). Enunciaremos el principio de incertidumbre en una fórmula sencilla:

$$\Delta p \, \Delta x \geq \hbar$$

La Δ representa aquí "incertidumbre de": Δp es la incertidumbre de la cantidad de movimiento (el símbolo convencional para la cantidad de movimiento es p) y Δx es la incertidumbre de la posición. El producto de esas dos incertidumbres debe ser igual o mayor ($\geq$) que la magnitud de $\hbar$. Cuando las incertidumbres son mínimas, el producto será igual

---

[4]No todos los físicos ven la necesidad de distinguir entre exploración y observación pasiva, y adoptan la posición de que *cualquier* observación a nivel cuántico afecta al sistema que se está observando.

a $\hbar$. Pero por ningún motivo el producto de las incertidumbres puede ser menor que $\hbar$. La importancia del principio de incertidumbre es que aun en la mejor de las condiciones, el límite mínimo de incertidumbre es $\hbar$. Eso quiere decir que si deseamos conocer la cantidad de movimiento de un electrón con gran exactitud (pequeña Δp), la incertidumbre correspondiente en la posición será grande. O bien, si deseamos conocer la posición con gran exactitud (pequeña Δx), la incertidumbre correspondiente en la cantidad de movimiento será grande. Mientras más exacta sea una de esas cantidades, la otra será más inexacta.[5]

El principio de incertidumbre funciona de la misma forma con la energía y con el tiempo. No podemos medir la energía de una partícula, con precisión completa, en un intervalo infinitesimalmente corto de tiempo. La incertidumbre en nuestro conocimiento de la energía, ΔE, y la duración en la medición de la energía, Δt, se relacionan con la ecuación[6]

$$\Delta E \,\Delta t \geq \hbar$$

La máxima exactitud a la que podemos aspirar es en el caso en que el producto de las incertidumbres en la energía y el tiempo sea igual a $\hbar$. Mientras con más exactitud determinemos la energía de un fotón, un electrón o de una partícula de cualquier clase, tendremos más incertidumbre en el tiempo durante el cual tiene esa energía.

El principio de incertidumbre sólo es relevante en los fenómenos cuánticos. Como se dijo antes, las inexactitudes en la medición de la posición y la cantidad de movimiento de una pelota de béisbol, debidas a las interacciones con la observación son por completo despreciables. Pero las incertidumbres en la medición de la posición y la cantidad de movimiento de un electrón están muy lejos de ser despreciables, porque son comparables con las magnitudes mismas de las cantidades.[7]

Hay cierto peligro en la aplicación del principio de incertidumbre en áreas fuera de la mecánica cuántica. Algunas personas llegan a la conclusión, partiendo los postulados sobre la interacción entre el observador y lo observado, que el universo "allá afuera" sólo existe cuando se le observa. Otros interpretan al principio de incertidumbre como la protección de los secretos prohibidos de la naturaleza. Algunos críticos de la ciencia usan el principio de incertidumbre como prueba de que la ciencia misma es incierta. El estado del universo cuando no se le observa, los secretos de la naturaleza y las incertidumbres de la ciencia tienen poco que ver con el principio de incertidumbre de Heisenberg. La profundidad del principio de incertidumbre tiene que ver con la inevitable interacción entre la naturaleza a nivel atómico y el medio con que la observamos. Las aplicaciones erróneas del principio de incertidumbre son el punto de partida de la pseudociencia.

---

[5]Sólo en el límite clásico cuando $\hbar$ es cero, las incertidumbres simultáneas en posición y cantidad de movimiento podrían ser arbitrariamente pequeñas. La constante de Planck es mayor que cero y en principio no podemos conocer al mismo tiempo ambas cantidades con absoluta certidumbre.

[6]Se puede ver que esto es consistente con la incertidumbre en la cantidad de movimiento y la posición. Recuerda que Δcantidad de movimiento = fuerza $\times$ Δtiempo, y que Δenergía = fuerza $\times$ Δdistancia. Entonces

$$\begin{aligned} \hbar &= \Delta\text{cantidad de movimiento } \Delta\text{distancia} \\ &= (\text{fuerza} \times \Delta\text{distancia})\Delta\text{tiempo} \\ &= \Delta\text{energía } \Delta\text{tiempo} \end{aligned}$$

[7]Las incertidumbres en las mediciones de la cantidad de movimiento, posición, energía o tiempo que se relacionan con el principio de incertidumbre para una pelota de béisbol sólo son de una parte en 10^{-34}. Los efectos cuánticos son despreciables hasta para las bacterias más veloces, donde son más o menos de 1 parte en mil millones. Los efectos cuánticos se hacen evidentes en los átomos, donde las incertidumbres pueden ser hasta de 100%. Para los electrones que se mueven en un átomo, dominan las incertidumbres cuánticas, porque nos encontramos en el reino cuántico a escala completa.

Examínate

1. ¿Se aplica el principio de incertidumbre de Heisenberg al caso práctico de usar un termómetro para medir la temperatura de un vaso de agua?

2. Un contador Geiger mide el decaimiento radiactivo registrando los impulsos eléctricos que se producen en un tubo con gas, cuando pasan por él partículas de alta energía. Las partículas emanan de una fuente radiactiva, por ejemplo de radio. La acción de medir la razón de desintegración del radio, ¿altera al radio o a su rapidez de decaimiento?

3. ¿Se puede extrapolar razonablemente el principio cuántico, según el cual no podemos observar algo sin cambiarlo, para respaldar la afirmación que puedes hacer que un extraño se voltee y te vea si miras intensamente a su espalda?

Complementariedad

El reino de la física cuántica parece confuso. Las ondas luminosas que se interfieren y difractan entregan su energía en paquetes de energía o cuantos. Los electrones que se mueven por el espacio en línea recta y chocan como si fueran partículas, pero se distribuyen en el espacio y forman patrones de interferencia como si fueran ondas. En esta confusión hay un orden subyacente. El comportamiento de los electrones y de la luz ¡es confuso en un solo sentido! La luz y los electrones tienen características de ondas y de partículas.

Niels Bohr, físico danés y uno de los fundadores de la física cuántica, formuló una expresión explícita de la unicidad inherente en este dualismo. Llamó **complementariedad** a su expresión de la unicidad. Como dijo Bohr, los fenómenos cuánticos muestran propiedades complementarias (mutuamente excluyentes), y aparecen como partículas o como ondas, dependiendo de la clase de experimento efectuado. Los experimentos diseñados para exa-

Comprueba tus respuestas

1. No. Aunque hacemos cambiar la temperatura del agua con la acción de explorarla con un termómetro que inicialmente está más frío o más caliente que el agua, las incertidumbres que se relacionan con esta medición están en el dominio de la física clásica y se pueden, en principio, calcular y hacer las correcciones adecuadas. Las incertidumbres a nivel subatómico, aunque están presentes, son demasiado diminutas para tener alguna consecuencia sobre la medición de la temperatura.

2. Para nada, porque la interacción es entre el contador Geiger y las partículas, y no entre el contador Geiger y el radio. Lo que altera la medición es el comportamiento de las partículas, y no al radio de donde emanan. Ve cómo se relaciona este asunto con la siguiente respuesta.

3. Aquí se ve la distinción entre observación pasiva y exploración. Si nuestra observación implica explorar (una interacción entre el observador y lo observado, donde sucede una transferencia de energía), realmente cambiamos en cierto grado lo que observamos. Por ejemplo, si alumbramos la espalda de la persona, nuestra observación será una exploración que, aunque muy pequeña, altera físicamente la configuración de los átomos en su espalda. Si lo siente puede voltear. Pero el sólo ver intensamente su espalda es observar en sentido pasivo. Por ejemplo, la luz que recibes o bloqueas al parpadear, ha salido de la espalda, hayas volteado a verla o no. Si lo miras intensamente, lo miras de soslayo o cierras los ojos por completo, no interaccionas ni alteras la configuración atómica de la espalda. No es lo mismo alumbrar o explorar de alguna manera algo que verlo en forma pasiva. El no hacer la sencilla distinción entre *explorar* y *observación pasiva* es la raíz de gran cantidad de tonterías que se dicen están respaldadas por la física cuántica. Una prueba mejor de la afirmación anterior sería obtener resultados positivos en una prueba sencilla y práctica, y no la aseveración que se basa en la teoría cuántica, cuya reputación se ganó a pulso.

Posibilidad de predicción y caos

Se puede predecir un sistema ordenado cuando se conocen las condiciones iniciales. Por ejemplo, se puede decir con precisión dónde caerá una bala cuando se dispara un arma, o dónde estará determinado planeta en cierto momento, o cuándo habrá un eclipse. Son ejemplos de eventos en el macromundo newtoniano. De igual manera, en el micromundo cuántico podemos predecir dónde es probable que esté un electrón en un átomo, así como la probabilidad de que una partícula radiactiva se desintegre en determinado intervalo de tiempo. La posibilidad de predicción en sistemas ordenados, tanto newtonianos como cuánticos, depende del conocimiento de las condiciones iniciales.

Sin embargo, algunos sistemas, sean newtonianos o cuánticos, no son ordenados; en forma inherente son impredecibles. Se llaman "sistemas caóticos". Un ejemplo de ellos es el flujo turbulento del agua. Sin importar con qué precisión conozcamos las condiciones iniciales de un trozo flotante de madera en un río, no podremos predecir su posición más adelante, aguas abajo. Una propiedad de los sistemas caóticos es que pequeñas diferencias en las condiciones iniciales causan resultados muy distintos, más adelante. Dos piezas idénticas de madera, sólo con estar en posiciones muy poco distintas en cierto momento, pueden estar muy lejos en poco tiempo.

El clima es caótico. Pequeños cambios en el clima de un día pueden producir grandes (y casi impredecibles) cambios una semana después. Los meteorólogos hacen sus mejores esfuerzos, pero están manejando la realidad del caos en la naturaleza. Esta barrera contra la buena predicción condujo a Edward Lorenz, un científico, a preguntar, ¿el aleteo de las alas de una mariposa en Brasil produce un tornado en Texas? Ahora se habla del *efecto mariposa* al tratar casos en los que unos efectos muy pequeños se pueden amplificar y producir efectos muy grandes.

Es interesante el hecho de que el caos no sea de impredecibilidad sin esperanza. Hasta en un sistema caótico puede haber pautas de regularidad. Hay *orden en el caos*. Los científicos han aprendido a manejar matemáticamente al caos, y la forma de encontrar partes en él que sean ordenadas. Los artistas buscan pautas en la naturaleza en forma distinta. Tanto los científicos como los artistas buscan las relaciones en la naturaleza que siempre han existido, pero que hasta ahora no han sido armadas en nuestro pensamiento.

minar intercambios individuales de energía y de cantidad de movimiento resultan en propiedades de partículas, mientras que los experimentos diseñados para examinar la distribución espacial de la energía resultan en propiedades ondulatorias. Las propiedades ondulatorias de la luz y las propiedades corpusculares se complementan entre sí, y ambas son necesarias para comprenderla. La parte más importante depende de lo que pregunte uno a la naturaleza.

La complementariedad no es un compromiso, y no quiere decir que la verdad total acerca de la luz se encuentre en algún lugar entre las partículas y las ondas. Más bien es como ver las caras de un cristal. Lo que ves depende de en qué faceta te fijas, y es la cau-

FIGURA 31.13 Se ve que los opuestos se complementan en el símbolo yin-yang, de las culturas orientales.

sa dc que la luz, la energía y la materia se presenten comportándose como cuantos en algunos experimentos y como ondas en otros.

La idea de que los opuestos forman parte de una totalidad no es nueva. Las antiguas culturas orientales la incorporaron como parte integral de su perspectiva del mundo. Eso se demuestra en el diagrama yin-yang, de T'ai Chi Tu (Figura 31.13). A un lado del círculo se le llama *yin* y al otro *yang*. Donde hay yin hay yang. Sólo la unión del yin y el yang forma un todo. Donde hay bajo también hay alto. Donde hay noche también hay día. Donde hay nacimiento también hay muerte. Una persona integra al yin (emoción, intuición, caracteres femeninos, cerebro derecho) con el yang (razón, lógica, caracteres masculinos, cerebro izquierdo). Cada una tiene aspectos de la otra. Para Niels Bohr, el diagrama yin-yang simbolizaba el principio de complementariedad. Después, Bohr escribió ampliamente sobre las implicaciones de la complementariedad. En 1947, cuando fue armado caballero por sus contribuciones a la física, escogió al símbolo yin-yang como su escudo de armas.

Resumen de términos

Complementariedad   El principio enunciado por Niels Bohr que establece que los aspectos ondulatorios y corpusculares de la materia y la radiación son partes necesarias y complementarias de la totalidad. La parte que se subraya depende del experimento que se efectúe, es decir de lo que se pregunte a la naturaleza.

Constante de Planck   Una constante fundamental, h, que relaciona la energía de los cuantos de luz con su frecuencia:

$$h = 6.6 \times 10^{-34} \text{ joule-segundo}$$

Efecto fotoeléctrico   La emisión de electrones de una superficie metálica cuando es iluminada con luz.

Principio de incertidumbre   El principio formulado por Heisenberg, que establece que la constante de Planck, h, define un límite de la exactitud de la medición. Según el principio de incertidumbre, no es posible medir con exactitud la posición y la cantidad de movimiento de una partícula al mismo tiempo, ni la energía y el tiempo durante el cual la partícula tiene esa energía.

Teoría cuántica   La teoría que describe al micromundo, donde muchas cantidades son granulares (en unidades llamadas *cuantos*), no continuas, y donde las partículas de luz (fotones) y las partículas de materia, como los electrones, muestran propiedades ondulatorias y corpusculares al mismo tiempo.

Lectura sugerida

Cole, K. C. *First You Build a Cloud—And Other Reflections on Physics as a Way of Life*. Harcourt, 1999. Es una deliciosa explicación de las teorías de Bohr, Einstein y otros que desarrollaron la física cuántica, con énfasis en el lado humano de la física.

Preguntas de repaso

1. Los hallazgos de Young, Maxwell y Hertz, ¿respaldaron la teoría ondulatoria o la teoría corpuscular de la luz?
2. La explicación del efecto fotoeléctrico mediante los fotones de Einstein, ¿respaldó la teoría ondulatoria o la teoría corpuscular de la luz?

Nacimiento de la teoría cuántica

3. Exactamente, ¿qué fue lo que Max Planck consideraba cuantizado, la energía de los átomos vibratorios o la energía de la luz misma?
4. Describe la diferencia entre el estudio de la *mecánica* y el estudio de la *mecánica cuántica*.

Cuantización y la constante de Planck

5. ¿Qué quiere decir que una cantidad está *cuantizada*?
6. ¿Por qué la energía de una fogata no es un múltiplo entero de un solo cuanto, pero la energía de un rayo láser sí?
7. ¿Cómo se llama un cuanto de luz?
8. En el capítulo anterior aprendimos la fórmula $E \sim f$. En este capítulo aprendimos la fórmula $E = hf$. Explica la diferencia entre esas dos fórmulas. ¿Qué es h?
9. En la fórmula $E = hf$, ¿f representa la frecuencia de la onda, como se definió en el capítulo 19?
10. ¿Qué luz tiene menores cuantos de energía, la roja o la azul? ¿Las ondas de radio o los rayos X?

Efecto fotoeléctrico

11. ¿Qué pruebas puedes mencionar de la naturaleza corpuscular de la luz?
12. ¿Qué son más efectivos para desprender electrones de una superficie metálica, los fotones de luz violeta o los fotones de luz roja? ¿Por qué?

13. Por qué un haz muy brillante de luz roja no imparte más energía a un electrón expulsado que un débil haz de luz violeta?

14. Al estudiar la interacción de la luz con la materia, ¿cómo amplió Einstein la idea de Planck de los cuantos?

15. La brillantez de un rayo de luz, ¿depende principalmente de la frecuencia de los fotones, o de la cantidad de fotones?

16. Einstein propuso su explicación del efecto fotoeléctrico en 1905. ¿Cuándo se confirmaron sus hipótesis?

Dualidad onda-partícula

17. ¿Por qué las fotografías en un libro o en una revista parecen granuladas cuando se ven con lupa?

18. La luz, ¿se comporta principalmente como onda o como partícula cuando interactúa con los cristales de materia en la película fotográfica?

Experimento de la doble rendija

19. La luz se traslada de un lugar a otro, ¿en forma ondulatoria o en forma corpuscular?

20. La luz interacciona con un detector, ¿en forma ondulatoria o en forma corpuscular?

21. ¿Cuándo se comporta la luz como onda? ¿Cuándo se comporta como partícula?

Partículas como ondas: difracción de electrones

22. ¿Qué pruebas puedes citar de la naturaleza ondulatoria de las partículas?

23. Cuando los electrones son difractados por una doble rendija, ¿llegan a la pantalla en forma ondulatoria o en forma corpuscular? El patrón que forman con sus choques, ¿es de ondas o de partículas?

Principio de incertidumbre

24. ¿En cuál de los siguientes casos son importantes las incertidumbres cuánticas? ¿Al medir simultáneamente la rapidez y la ubicación de una pelota de béisbol, o de una bolita de papel, o de un electrón?

25. ¿Cuál es el principio de incertidumbre con respecto al movimiento y la posición?

26. Si con mediciones se determina una posición precisa de un electrón, ¿esas mediciones pueden determinar la cantidad precisa de movimiento, también?

27. Si con mediciones se determina un valor preciso de la energía irradiada por un electrón, ¿pueden esas mediciones determinar también el tiempo preciso de ese evento? Explica por qué.

28. ¿Hay una diferencia entre observar un evento en forma pasiva e investigarlo activamente?

Complementariedad

29. ¿Cuál es el principio de complementariedad?

30. Describe las pruebas de que la idea de los opuestos como componentes de una totalidad antecedió al principio de complementariedad de Bohr.

Ejercicios

1. Describe la diferencia entre *física clásica* y *física cuántica*.

2. ¿Qué quiere decir que algo está cuantizado?

3. ¿Cómo puede estar determinada la energía de un fotón con la fórmula $E = hf$, cuando f en esa fórmula es la frecuencia de una onda, y no parece ser la propiedad de una partícula?

4. La frecuencia de la luz violeta es más o menos el doble que la de la luz roja. ¿Cómo se compara la energía de un fotón violeta con la de un fotón rojo?

5. Podemos hablar de fotones de luz roja y fotones de luz verde. ¿Se puede hablar de fotones de luz blanca? ¿Por qué?

6. Si un rayo de luz roja y uno de luz azul tienen exactamente la misma energía, ¿cuál contiene la mayor cantidad de fotones?

7. Uno de los desafíos técnicos que encararon quienes desarrollaron la televisión a color, fue diseñar un tubo de imagen (cámara) para la parte roja de la imagen. ¿Por qué fue más difícil encontrar un material que respondiera a la luz roja que uno que respondiera a la luz verde y a la azul?

8. El bromuro de plata (AgBr) es una sustancia sensible a la luz, que se usa en algunas películas fotográficas. Para hacer la exposición, se debe iluminar con luz que tenga la energía suficiente para romper las moléculas. ¿Por qué crees que esta luz se puede manejar en un cuarto oscuro iluminado con luz roja sin que se "vele", es decir, que se exponga? ¿Qué hay respecto a la luz azul? ¿Qué hay respecto a una luz roja brillante en comparación con una luz azul muy débil?

9. Las quemaduras de Sol producen daños en la piel. ¿Por qué la radiación ultravioleta es capaz de dañar la piel, mientras que la radiación visible, aunque sea más intensa, no?

10. En el efecto fotoeléctrico, ¿la brillantez o la frecuencia determina la energía cinética de los electrones expulsados? ¿Determinan la cantidad de los electrones expulsados?

11. Una fuente muy brillante de luz roja tiene mucho más energía que una fuente muy débil de luz azul, pero la luz roja no puede expulsar los electrones de cierta superficie fotosensible. ¿Por qué?

12. ¿Por qué la luz sólo expulsa electrones y no protones al iluminar una superficie metálica?

13. Explica cómo funciona el efecto fotoeléctrico para abrir las puertas automáticas cuando uno se acerca a ellas.

14. Si alumbras con luz ultravioleta la esfera metálica de un electroscopio cargado negativamente (se muestra en el ejercicio 8 del capítulo 22), se descarga. Pero si el electroscopio tiene carga positiva, no se descarga. ¿Puedes proponer una explicación?

15. Describe cómo varía la indicación del medidor de la figura 31.1 cuando la placa fotosensible sea iluminada por luz de diversos colores con determinada intensidad, y con varias intensidades con un color determinado.

16. Explica brevemente por qué el efecto fotoeléctrico se usa en el funcionamiento de al menos dos de los aparatos si-

guientes: un ojo eléctrico, un exposímetro para fotografía, la pista sonora de una película de cine.

17. El efecto fotoeléctrico, ¿*demuestra* que la luz está hecha de partículas? ¿Los experimentos de interferencia prueban que la luz está hecha de ondas? ¿Hay una diferencia entre *qué es* una cosa y *cómo se comporta*?

18. La explicación del efecto fotoeléctrico, por parte de Einstein, ¿invalida la explicación del experimento de la doble rendija de Young?

19. La cámara que tomó la fotografía de la cara de la mujer (Figura 31.4) usaba lentes ordinarios, que bien se sabe que refractan las ondas luminosas. Sin embargo, la formación de la imagen por etapas es la prueba de los fotones. ¿Cómo es posible? ¿Cuál es tu explicación?

20. ¿Qué pruebas puedes describir para la naturaleza ondulatoria de la luz? ¿Para la naturaleza corpuscular de la luz?

21. Se ha dicho que la luz es una onda, y después que es una partícula, y después otra vez una onda. ¿Indica eso que es probable que la naturaleza de la luz esté en un término medio entre estos modelos?

22. ¿Qué instrumento de laboratorio usa la naturaleza ondulatoria de los electrones?

23. ¿Cómo podría obtener un átomo la energía suficiente para ionizarse?

24. Cuando un fotón choca con un electrón y le cede su energía, ¿qué sucede a la frecuencia del fotón después de rebotar en el electrón? (Eso sucede, y se llama *efecto Compton*.)

25. Si un protón y un electrón tienen rapideces idénticas, ¿cuál tiene la mayor longitud de onda?

26. Un electrón viaja con doble rapidez que otro. ¿Cuál tiene la mayor longitud de onda?

27. La longitud de onda de de Broglie de un protón, ¿se alarga o se acorta al aumentar su rapidez?

28. No percibimos la longitud de onda de la materia en movimiento, en nuestra vida cotidiana. ¿Se debe a que la longitud de onda es extraordinariamente larga o extraordinariamente corta?

29. Si una bala de cañón y una pelota de béisbol tienen la misma rapidez, ¿cuál tiene la mayor longitud de onda?

30. ¿Cuál es la ventaja principal de un microscopio electrónico respecto a un microscopio óptico?

31. Un haz de protones de un "microscopio protónico", ¿tendría mayor o menor difracción que los electrones de un microscopio electrónico con la misma rapidez? Defiende tu respuesta.

32. Imagina que la naturaleza fuera totalmente distinta, de tal manera que se necesitara una cantidad infinita de fotones para formar hasta la más diminuta cantidad de energía radiante, que la longitud de onda de las partículas materiales fuera cero, que la luz no tuviera propiedades corpusculares y que la materia no tuviera propiedades ondulatorias. Sería el mundo clásico descrito por la mecánica de Newton, y por la electricidad y el magnetismo de Maxwell. ¿Cuál sería el

valor de la constante de Planck en ese mundo sin efectos cuánticos?

33. Imagina que vives en un mundo hipotético, en el que un solo fotón te tirara al suelo, donde la materia fuera tan ondulatoria que se viera confusa y difícil de sujetar, y donde el principio de incertidumbre afectara las mediciones sencillas de posición y rapidez en un laboratorio, haciendo irreproducibles los resultados. En ese mundo, ¿cómo se compararía la constante de Planck con la de nuestro mundo?

34. Comenta sobre la idea de que la teoría que uno acepta determina el significado de las observaciones de uno, y no al revés.

35. Un amigo te dice "si el electrón no es una partícula, entonces debe ser una onda". ¿Qué le respondes? ¿Oyes con frecuencia que algo o es una cosa o es otra?

36. Imagina uno de los muchos electrones en la punta de la nariz. Si alguien lo ve, ¿se alterará su movimiento? ¿Y si alguien lo ve con un ojo cerrado? ¿Con los dos ojos, pero haciendo bizco? ¿Se aplica el principio de Heisenberg en este caso?

37. ¿Alteramos lo que tratamos de medir cuando hacemos una encuesta de opinión pública? ¿Se aplica el principio de Heisenberg en este caso?

38. Si se mide con exactitud y se comprende el comportamiento de un sistema durante algún tiempo, ¿se puede llegar a la conclusión de que se puede predecir exactamente el funcionamiento en el futuro? ¿Hay una diferencia entre las propiedades que son *medibles* y las que son *predecibles*?

39. Si una mariposa causa un tornado, ¿tendría sentido erradicar a las mariposas? Defiende tu respuesta.

40. Para medir la edad exacta del Matusalén, el árbol viviente más antiguo del mundo, un profesor de dendrología de Nevada, ayudado por un empleado del U.S. Bureau of Land Management, en 1965, cortó el árbol y contó sus anillos. ¿Es esto un ejemplo extremo de que uno cambia lo que mide, o un ejemplo de estupidez arrogante y criminal?

Problemas

1. Una longitud de onda normal para la radiación infrarroja que emite tu organismo es 25 μm (2.5×10^{-5} m). ¿Cuál es la energía de cada fotón de esa radiación?

2. ¿Cuál es la longitud de onda de de Broglie de un electrón que choca con la cara interior de una pantalla de TV a 1/10 de la rapidez de la luz?

3. Ruedas una pelota de 0.1 kg por el suelo, con tanta lentitud que tiene una cantidad de movimiento pequeña y una gran longitud de onda de de Broglie. Si la ruedas a 0.001 m/s, ¿cuál será su longitud de onda? ¿Cómo se compara con la longitud de onda de de Broglie del electrón con esta rapidez en el problema anterior?

Parte VII

FÍSICA ATÓMICA Y NUCLEAR

"¡Conoce los núcleos!" El calor natural de la Tierra que calienta este manantial tibio, o que produce géiseres o volcanes, proviene de la energía nuclear, la radiactividad de los minerales en el interior de la Tierra. La energía de los núcleos atómicos es tan vieja como la Tierra misma, y no se restringe a los reactores nucleares actuales. ¿Cómo ves?

32

EL ÁTOMO Y EL CUANTO

www.pearsoneducacion.net/hewitt
*Usa los variados recursos del sitio Web,
para comprender mejor la física.*

David Kagan modela un electrón en órbita con una cinta de plástico corrugado.

En el capítulo 11 describimos al átomo como elemento constructivo de la materia, y en los capítulos precedentes lo describimos como emisor de luz. Sabemos que el átomo está formado por un núcleo central, rodeado de un conjunto complicado de electrones. Al estudio de esta estructura atómica se le llama *física atómica*. En este capítulo describiremos algunos de los desarrollos que nos han conducido hasta nuestros conocimientos actuales sobre el átomo. Seguiremos la evolución de la física atómica, desde la física clásica hasta la física cuántica. En los dos capítulos siguientes aprenderemos *física nuclear*, el estudio de la estructura del núcleo atómico. Este conocimiento del átomo y sus implicaciones están teniendo un impacto profundo sobre la sociedad humana.

Iniciamos el estudio de la física atómica y nuclear con una breve mirada a algunos sucesos que tuvieron lugar a principios del siglo XX que condujeron a nuestra comprensión actual del átomo.

Descubrimiento del núcleo atómico

Seis años después de que Einstein anunciara el efecto fotoeléctrico, Ernest Rutherford, físico inglés, realizó el experimento de la hoja de oro, que ahora ya es famoso. Como mencionamos en el capítulo 11, ese experimento llevado a cabo en 1911, demostró que el átomo era casi totalmente espacio vacío, y que la mayor parte de su masa estaba concentrada en

Ernest Rutherford (1871-1937)

FIGURA 32.1 La dispersión ocasional de las partículas alfa, en ángulos grandes, al chocar con los átomos del oro condujo a Rutherford a descubrir los núcleos, pequeños y muy masivos, en los centros de los átomos.

la parte central, el núcleo. Rutherford y su equipo dirigieron un haz de partículas alfa, procedentes de una fuente radiactiva, a través de una hoja muy delgada de oro. Aunque la mayor parte de las partículas siguieron una línea recta, lo que indicaba el vasto espacio vacío en los átomos que formaban la lámina, algunas se desviaron mucho, indicando la presencia del núcleo central.

Espectros atómicos: claves de la estructura atómica

En la época de los experimentos de Rutherford, los químicos usaban el espectroscopio (que se describió en el capítulo 30) en los análisis químicos, mientras que los físicos se ocupaban en tratar de encontrar un orden en los conjuntos de líneas espectrales. Desde hacía tiempo se sabía que el hidrógeno, el elemento más ligero, tiene un espectro mucho más ordenado que los demás elementos (Figura 32.2). Una secuencia importante de líneas en el espectro del hidrógeno se inicia con una línea en la región del rojo, seguida por una en el azul, y después varias líneas en el violeta, y muchas en el ultravioleta. El espacio entre las líneas sucesivas se vuelve menor y menor, desde la primera en el rojo hasta la última en el ultravioleta, hasta que las líneas están tan cercanas que parecen fundirse. Un maestro de escuela suizo, J. J. Balmer, fue quien primero en 1884 expresó las longitudes de onda de esas líneas en una sola ecuación matemática. Sin embargo, no pudo explicar por qué su fórmula funcionaba tan bien. Creía que para otros elementos, las series podrían seguir una fórmula parecida, y que podrían predecir líneas que todavía no habían sido observadas.

FIGURA 32.2 Una porción del espectro del hidrógeno. Cada línea, una imagen de la rejilla en un espectroscopio, representa la luz de una frecuencia específica emitida por el gas hidrógeno cuando se le excita (la frecuencia más alta se observa a la derecha).

J. Rydberg observó otra regularidad en los espectros atómicos. Anunció que la suma de las frecuencias de dos líneas en el espectro del hidrógeno a veces es igual a la frecuencia de una tercera línea. Después, esta relación fue propuesta por Ritz como un principio general, que se llama **principio de combinación de Ritz**. Establece que las líneas espectrales de un elemento incluyen frecuencias que pueden ser la suma o la diferencia de las frecuencias de otras dos líneas. Al igual que Balmer, Ritz no pudo explicar esta regularidad. Esas regularidades fueron las pistas con las que Niels Bohr, físico danés, pudo comprender la estructura del átomo mismo.

Modelo del átomo de Bohr

Niels Bohr (1885-1962)

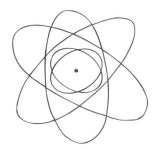

FIGURA 32.3 El modelo atómico de Bohr. Aunque es muy simplificado, se sigue usando para comprender la emisión de la luz.

En 1913 Bohr aplicó la teoría cuántica de Planck y Einstein al átomo nuclear de Rutherford y formuló el conocido modelo planetario del átomo.[1] Bohr dedujo que los electrones ocupan estados "estacionarios", de energía fija, pero no de posición fija, a distintas distancias del núcleo, y que hacen "saltos cuánticos" de un estado de energía a otro. Dedujo que se emite luz cuando suceden esos saltos cuánticos, de un estado de energía alto a uno bajo. Además, Bohr se dio cuenta de que la frecuencia de la radiación emitida está determinada por $E = hf$ (en realidad, $f = E/h$), donde E es la diferencia de energías del átomo cuando su electrón está en distintas órbitas. Esto fue un avance importante, porque equivalía a decir que la frecuencia del fotón emitido no es la frecuencia clásica a la cual vibra un electrón, sino más bien está determinada por *diferencias* de energía en el átomo. Partiendo de aquí, Bohr pudo dar el siguiente paso y calcular las energías de las órbitas individuales.

El modelo atómico planetario de Bohr resolvía una gran duda. De acuerdo con la teoría de Maxwell, los electrones acelerados emiten energía en forma de ondas electromagnéticas. Así, un electrón que acelere en torno a un núcleo debería irradiar energía continuamente. Esta irradiación de energía debería hacer que el electrón describiera una espiral hacia el núcleo (Figura 32.4). En forma ruda, Bohr rompió con la física clásica, al afirmar que el electrón no irradia luz al acelerar en torno al núcleo en una sola órbita, pero que hay radiación de luz sólo cuando el electrón salta de una órbita de mayor energía a una de menor energía. La energía del fotón emitido es igual a la *diferencia* de energías entre los dos niveles, $E = hf$. El color depende del salto. Así, la cuantización de la energía luminosa corresponde muy bien a la cuantización de la energía del electrón.

FIGURA 32.4 Según la teoría clásica, un electrón que acelera en torno a su órbita debería emitir radiación en forma continua. Esta pérdida de energía debería hacerlo ir rápidamente en espiral hacia el núcleo. Pero no es así.

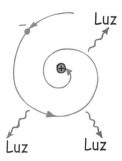

Los puntos de vista de Bohr, con todo y ser considerados extravagantes en esa época, explicaban las regularidades de los espectros atómicos. En la figura 32.5 se ilustra la explicación del principio de combinación de Ritz, según Bohr. Si un electrón sube al tercer nivel de energía, puede regresar a su nivel inicial con un solo salto, desde el tercer hasta el primer nivel, o en dos saltos, primero hasta el segundo nivel y después hasta el primer nivel. Esas dos trayectorias de salto producirán tres líneas espectrales. Observa que la suma de los saltos de energía por las rutas A y B es igual a la energía del salto C. Como la frecuencia es proporcional a la energía, las frecuencias de la luz emitida por la trayectoria A y la trayectoria B, al sumarse, debe ser igual a la frecuencia de la luz emitida en la transición por la trayectoria C. Ahora vemos por qué la suma de dos frecuencias en el espectro es igual a una tercera frecuencia del mismo espectro.

---

[1]Este modelo, como casi todos, tiene grandes defectos, porque los electrones no giran en planos como lo hacen los planetas. Después, el modelo fue corregido, las "órbitas" se transformaron en "capas" y en "nubes". Todavía se utiliza *órbita* por usos y costumbres. Los electrones no son sólo cuerpos como los planetas, sino más bien se comportan como ondas concentradas en determinadas partes del átomo.

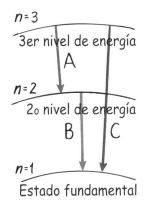

FIGURA 32.5 Tres de los muchos niveles de energía de un átomo. Se muestra un electrón que salta del tercer nivel al segundo, así como uno que salta del segundo nivel al estado fundamental. La suma de las energías (y de las frecuencias) de esos dos saltos es igual a la energía (y a la frecuencia) de un solo salto desde el tercer nivel al estado fundamental, que también se indica.

Bohr pudo explicar los rayos X en los elementos más pesados, demostrando que se emiten cuando los electrones saltan de las órbitas externas hasta las más internas. Predijo frecuencias de rayos X que después se confirmaron experimentalmente. También pudo calcular la "energía de ionización" de un átomo de hidrógeno, que es la energía necesaria para hacer que el electrón del átomo salga despedido por completo. Eso también se comprobó por medio de experimentos.

Usando las frecuencias medidas de rayos X, al igual que de luz visible, infrarroja y ultravioleta, los científicos pudieron cartografiar los niveles de energía de todos los elementos atómicos. En el modelo del átomo de Bohr, los electrones giraban en círculos (o elipses) definidas, ordenados en grupos o en capas. Este modelo del átomo explicaba las propiedades químicas generales de los elementos. También predijo que faltaba un elemento, lo cual condujo al descubrimiento del hafnio.

Bohr resolvió el misterio de los espectros atómicos, y a la vez permitió contar con un modelo extremadamente útil del átomo. De inmediato señaló que su modelo debería interpretarse como una introducción cruda, y que no se debería tomar al pie de la letra la imagen de los electrones revoloteando en torno al núcleo, como los planetas en torno al Sol (recomendación que no atendieron los divulgadores de la ciencia). Sus órbitas bien definidas eran representaciones conceptuales de un átomo, en cuya descripción posterior implicaba las ondas de la mecánica cuántica. Sus ideas de saltos cuánticos y energías proporcionales a diferencias de energía siguen siendo partes de la teoría moderna actual.

EXAMÍNATE

1. ¿Cuál es la cantidad máxima de trayectorias de desexcitación que hay en un átomo de hidrógeno excitado al nivel número 3, para pasar al estado fundamental?

2. Dos líneas predominantes del espectro del hidrógeno, una infrarroja y una roja, tienen frecuencias de 2.7×10^{14} Hz y 4.6×10^{14} Hz, respectivamente. ¿Puedes pronosticar alguna línea de mayor frecuencia en el espectro del hidrógeno?

Tamaños relativos de los átomos

Los diámetros de las órbitas electrónicas en el modelo de Bohr están determinados por la cantidad de carga eléctrica en el núcleo. Por ejemplo, el protón positivo en el átomo de hidrógeno sujeta a un electrón en una órbita de cierto radio. Si aumenta al doble la carga positiva del núcleo, el electrón en órbita será atraído a una órbita más estrecha, con la mitad del radio anterior, ya que la atracción eléctrica sube al doble. Eso sucede con un ion de helio: un núcleo con doble carga que atrae a un solo electrón. Es interesante que cuando se agrega un segundo electrón, no llega tan cerca, porque el primer electrón elimina en forma parcial la atracción del núcleo doblemente cargado. Entonces se tiene un átomo neutro de helio, que es un poco más pequeño que un átomo de hidrógeno.

Así, dos electrones en torno a un núcleo doblemente cargados asumen una configuración orbital característica del helio. Un tercer protón que se agregue al núcleo puede ti-

COMPRUEBA TUS RESPUESTAS

1. Dos (un solo salto y un salto doble), como se ve en la figura 32.5.

2. La suma de las frecuencias es $2.7 \times 10^{14} + 4.6 \times 10^{14} = 7.3 \times 10^{14}$ Hz, y sucede que está en la frecuencia de una línea violeta del espectro del hidrógeno. Tomando como modelo la figura 32.5, ¿puedes ver que si la línea infrarroja se produce con una transición similar a la trayectoria A y la línea roja corresponde a la trayectoria B, entonces la línea violeta corresponde a la trayectoria C?

rar de los dos electrones hacia una órbita todavía más cercana y, además, puede sujetar a un tercer electrón en una órbita un poco mayor. Es el átomo de litio, de número atómico 3. Podemos continuar con este proceso, aumentando la carga positiva del núcleo y agregando cada vez más electrones y más órbitas hasta llegar a los números atómicos mayores de 100, de los elementos radiactivos "sintéticos".[2]

Se observa que a medida que aumenta la carga nuclear y que se agregan más electrones en las órbitas externas, las órbitas internas encogen su tamaño por la mayor atracción nuclear. Esto significa que los elementos más pesados no tienen diámetros mucho mayores que los más ligeros. Por ejemplo, el diámetro del átomo de uranio sólo es más o menos tres veces mayor que el del átomo de hidrógeno, aunque su masa es 238 veces mayor. Los esquemas de la figura 32.6 se trazaron aproximadamente con la misma escala.

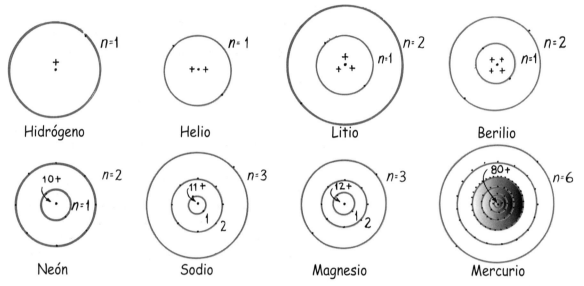

FIGURA 32.6   Modelos de orbitales para algunos átomos ligeros y pesados, trazados con una escala aproximada. Observa que los átomos más pesados no son mucho mayores que los átomos ligeros. (Adaptado de *Descriptive College Physics* por Harvey E. White. © 1971 Litton Educational Publishing, Inc. Reimpreso con autorización de D. Van Nostrand Co.)

Se ve que cada elemento tiene un arreglo de órbitas electrónicas exclusivo. Por ejemplo, los radios de las órbitas del átomo de sodio son iguales en todos los átomos de sodio, pero distintos de los de las órbitas de otras clases de átomos. Cuando se examinan los 92 elementos que se encuentran en la naturaleza, se ve que hay 92 configuraciones electrónicas distintas: una configuración para cada elemento.

EXAMÍNATE   ¿Qué fuerza fundamental determina el tamaño de un átomo?

COMPRUEBA TU RESPUESTA   La fuerza eléctrica.

---

[2]Cada órbita sólo contendrá cierta cantidad de electrones. Una regla de la mecánica cuántica dice que una órbita se llena cuando contiene una cantidad de electrones igual a $2n^2$, donde n es 1 para la primera órbita, 2 para la segunda, 3 para la tercera, y así sucesivamente. Para $n = 1$ hay dos electrones; para $n = 2$ hay $2(2^2) = 8$ electrones; para $n = 3$, hay un máximo de $2(3^2) = 18$ electrones, etc. Al número n se le llama *número cuántico principal*. Debido a las complejidades que surgen en los átomos pesados, la regla $2n^2$ sólo tiene estricta validez para los átomos más ligeros.

Explicación de los niveles de energía cuantizados: ondas electrónicas

Vemos entonces que se emite un fotón cuando un electrón hace una transición de un nivel de energía superior a uno inferior, y que la frecuencia del fotón es igual a la diferencia de energía en los niveles, dividida entre la constante de Planck, *h*. Si el electrón pasa por una gran diferencia de niveles de energía, el fotón emitido tiene una gran energía; quizá sea ultravioleta. Si el electrón hace una transición a través de una diferencia menor de energía, el fotón emitido tiene menor frecuencia; quizá sea un fotón de luz roja. Cada elemento tiene sus niveles de energía propios y característicos; así, las transiciones de electrones entre esos niveles dan como resultado que cada elemento emita sus propios y característicos colores. Cada uno de los elementos emite su propia y única distribución de líneas espectrales.

La idea de que los electrones sólo pueden ocupar ciertos niveles fue muy extraña para los primeros investigadores, incluyendo Bohr mismo. Era extraña porque se consideraba que el electrón era una partícula, como una diminuta pelota girando en torno al núcleo, como un planeta que gira alrededor del Sol. Así como un satélite puede describir órbitas a cualquier distancia del Sol, parecía que un electrón podía describir órbitas alrededor del núcleo en cualquier distancia radial, dependiendo, naturalmente de su propia rapidez, al igual que en el caso de un satélite. Si se movieran en todas las órbitas posibles, los electrones podrían emitir todas las energías luminosas. Pero no sucede así. No puede suceder así. La causa de que un electrón sólo ocupe niveles discretos se comprende imaginando que el electrón es una *onda* y no una partícula.

Louis de Broglie introdujo el concepto de ondas de materia en 1924. Supuso que una onda está asociada con toda partícula, y que la longitud de una onda de materia tiene una relación inversa con la cantidad de movimiento de la partícula. Estas **ondas de materia** de de Broglie se comportan igual que las demás ondas: pueden reflejarse, refractarse, difractarse e interferir entre sí. Aprovechando la idea de la interferencia, demostró de Broglie que los valores discretos de las órbitas de Bohr son una consecuencia natural de las ondas electrónicas estacionarias. Una órbita de Bohr existe cuando una onda electrónica se cierra en sí misma, en forma constructiva. La onda del electrón se transforma en una onda estacionaria, como la onda de una cuerda musical. En esta idea, el electrón no se representa como una partícula que esté en cierto lugar del átomo, sino como si su masa y su carga estuvieran repartidas en una onda estacionaria que rodea al núcleo del átomo, con una cantidad entera de longitudes de onda que caben en las circunferencias de las órbitas (Figura 32.7). La circunferencia de la órbita más interior, según esta imagen, es igual a la longitud de onda. La segunda órbita tiene circunferencia de dos longitudes de

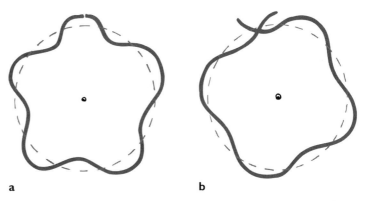

a   b

FIGURA 32.7 a) Un electrón en órbita forma una onda estacionaria sólo cuando la circunferencia de su órbita es igual a un múltiplo entero de la longitud de onda. b) Cuando la onda no cierra en si misma en fase, sufre interferencia destructiva. En consecuencia, la órbita sólo existe cuando las ondas se cierran en sí mismas estando en fase.

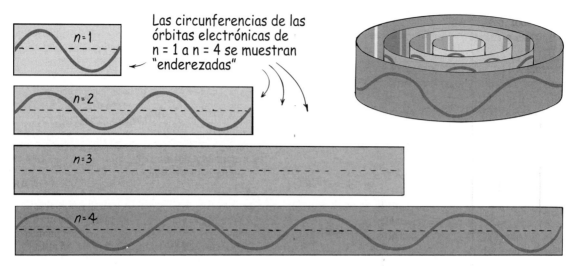

FIGURA 32.8 Las órbitas electrónicas de un átomo tienen radios discretos, porque sus circunferencias son múltiplos enteros de la longitud de onda del electrón. Eso da como resultado un estado de energía discreta para cada órbita. (La figura está muy simplificada, porque las ondas estacionarias forman capas esféricas y elipsoidales, y no capas planas y circulares.)

onda, la tercera tres, y así sucesivamente (Figura 32.8). Eso se parece a un collar de cadena formado por broches (*clips*) de papel. Sin importar de qué tamaño se haga el collar, su circunferencia es igual a algún múltiplo de la longitud de un solo broche.[3] Ya que las circunferencias de las órbitas electrónicas son discretas, entonces los radios de esas órbitas, y por consiguiente los niveles de energía, también son discretos.

Este modelo explica por qué los electrones no se acercan en espiral al núcleo, haciendo que los átomos se contraigan hasta llegar a ser puntos diminutos. Si cada órbita electrónica se describe con una onda estacionaria, la circunferencia de la órbita más pequeña no puede ser menor que una longitud de onda; ninguna fracción de longitud de onda es posible en una onda estacionaria circular (o elíptica). Mientras un electrón tenga la cantidad de movimiento necesaria para su comportamiento ondulatorio, los átomos no se contraen en sí mismos.

En el modelo ondulatorio más reciente, las ondas electrónicas no sólo se mueven en torno al núcleo, sino también entran y salen, hacia y alejándose del núcleo. La onda electrónica se reparte en tres dimensiones. Esto conduce a una imagen de una "nube" electrónica. Como veremos, es una nube de *probabilidad*, y no una formada por un electrón pulverizado disperso en el espacio. El electrón, cuando se detecta, sigue siendo una partícula puntual.

Mecánica cuántica

La mitad de la década de 1920 vio muchos cambios en física. No sólo se estableció la naturaleza ondulatoria de la luz, sino que se encontró que las partículas materiales tienen propiedades ondulatorias. Erwin Schrödinger, físico austriaco-alemán partió de las ondas de materia de de Broglie y formuló una ecuación que describe cómo varían las ondas de materia bajo la influencia de fuerzas externas. La ecuación de Schrödinger juega el mis-

[3]Para cada órbita, el electrón tiene una sola rapidez, que determina su longitud de onda. Las rapideces de los electrones son menores, y las longitudes de onda son mayores en las órbitas de radios crecientes; así, para hacer que nuestra analogía sea fiel, habría que usar no sólo más broches de papel para que los collares sean cada vez más grandes, sino también usar broches cada vez mayores.

Erwin Schrödinger (1887-1961)

mo papel en la **mecánica cuántica** que la ecuación de Newton (aceleración = fuerza/masa) juega en la mecánica clásica.[4] En la ecuación de Schrödinger, las ondas de materia son entidades matemáticas que no son observables directamente, por lo que la ecuación es un modelo matemático, y no visual, del átomo, lo cual la aparta del alcance de este libro. Por consiguiente, nuestra explicación de ella será breve.[5]

En la **ecuación de onda de Schrödinger** la cosa que "ondula" es la *amplitud de la onda de materia*, una entidad matemática llamada *función de onda*, representada por el símbolo ψ (la letra griega psi). La función de onda expresada por la ecuación de Schrödinger representa las posibilidades que puedan suceder a un sistema. Por ejemplo, la ubicación del electrón en un átomo de hidrógeno puede estar en cualquier lugar entre el centro del núcleo hasta una distancia radial muy lejana. La posición posible de un electrón y su posición probable en determinado momento no son iguales. Se puede calcular su posición probable multiplicando la función de onda por sí misma ($|\psi|^2$). Esto produce otra entidad matemática más llamada *función de densidad de probabilidad*, que indica en determinado momento la probabilidad de cada una de las posibilidades representadas por ψ, por unidad de volumen. Para un químico, el "orbital" es de hecho una representación gráfica tridimensional de $|\psi|^2$.

En forma experimental hay una probabilidad finita de encontrar a un electrón en determinada región en cualquier instante. El valor de esta probabilidad está entre los límites 0 y 1, donde 0 indica nunca y 1 equivale a siempre. Por ejemplo, si la probabilidad de encontrar a un electrón dentro de cierto radio es 0.4, eso quiere decir que las probabilidades son de 40% de que el electrón se encuentre allí. Así, la ecuación de Schrödinger no puede indicar a un físico dónde se puede encontrar un electrón en un átomo en cualquier momento, sino la *posibilidad* de encontrarlo allí; o bien, para una gran cantidad de mediciones, qué fracción de las mediciones determinarán que el electrón está en cada región. Cuando la posición de un electrón en su nivel (estado) de energía de Bohr se miden en forma repetida, y se grafica cada una de sus ubicaciones como un punto, la figura resultante se asemeja a una nube de electrones (Figura 32.9). Un electrón individual puede detectarse a veces en cualquier lugar de esta nube de probabilidad; hasta tiene una probabilidad extremadamente pequeña, pero finita, de existir dentro del núcleo en forma momentánea. Sin embargo, la mayor parte del tiempo se detecta cerca de una distancia promedio del núcleo, que coincide con el radio orbital descrito por Niels Bohr.

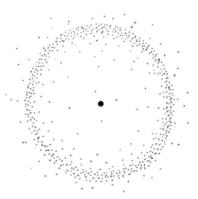

FIGURA 32.9 Distribución de probabilidades de una nube electrónica.

[4]Sólo para los amantes de las matemáticas, la ecuación de onda de Schrödinger es $\left(-\dfrac{\hbar^2}{2m}\nabla^2 + V\right)\psi = i\hbar\dfrac{\partial\psi}{\partial t}$

[5]Nuestra breve explicación de este tema tan complicado apenas puede conducir a una comprensión real de la mecánica cuántica. Cuando mucho, sirve como perspectiva general y posible introducción a un estudio posterior. Pueden ayudar bastante las lecturas sugeridas al final del capítulo.

FIGURA 32.10 Evolución del modelo atómico de Bohr al modelo modificado con ondas de de Broglie, y al modelo ondulatorio con los electrones distribuidos en una "nube" en todo el volumen del átomo.

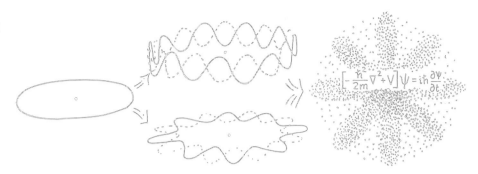

EXAMÍNATE

1. Imagina 100 fotones difractándose después de pasar por una rendija angosta, y formando un patrón de interferencia. Si se detectan cinco fotones en cierta región del patrón, ¿cuál es la probabilidad (entre 0 y 1) de detectar un fotón en esa región?

2. Si se abre una segunda rendija idéntica, la figura de difracción es de bandas claras y oscuras. Imagina que en la región donde llegaron los 5 fotones de antes ahora no hay ninguno. Una teoría ondulatoria establece que las ondas que llegaron antes ahora son anuladas por las ondas de la otra rendija, es decir, que las crestas y los valles se combinan para dar 0. Pero nuestras mediciones son de fotones que llegan o que no llegan. ¿Cómo se reconcilia con esto la mecánica cuántica?

La mayor parte de los físicos, pero no todos, consideran que la mecánica cuántica es una teoría fundamental de la naturaleza. Es interesante que Albert Einstein, uno de los fundadores de la física cuántica, nunca la aceptó como fundamental; consideraba que la naturaleza probabilista de los fenómenos cuánticos es el resultado de una física más profunda, pero todavía desconocida. Afirmó que "ciertamente la mecánica cuántica es imponente. Pero una voz interior me dice que todavía no es la buena. Dice mucho, pero en realidad no nos acerca al secreto del 'Viejo'".[6]

COMPRUEBA TUS RESPUESTAS

1. Hay una probabilidad aproximada de 0.05 de detectar un fotón en este lugar. En la mecánica cuántica se dice que $|\psi|^2 \approx 0.05$. La probabilidad correcta podría ser algo mayor o algo menor que 0.05. Visto desde otro ángulo, si la probabilidad real es 0.05, la cantidad de fotones detectados podría ser algo mayor o menor que 5.

2. La mecánica cuántica establece que los fotones se propagan como ondas, y se absorben como partículas, y que la probabilidad de absorción está determinada por los máximos y mínimos de interferencia de las ondas. Donde la onda combinada de las dos rendijas tiene amplitud cero, la probabilidad de detectar una partícula absorbida es cero.

---

[6] Aunque Einstein no practicó la religión, con frecuencia invocaba a Dios como el "Viejo" en sus afirmaciones sobre los misterios de la naturaleza.

Principio de correspondencia

Si una teoría nueva es válida, debe explicar los resultados comprobados de la teoría anterior. Éste es el **principio de correspondencia**, formulado primero por Niels Bohr. La nueva teoría y la anterior se deben corresponder, esto es, deben traslaparse y concordar en la región donde los resultados de la teoría anterior se han verificado en su totalidad. (Ésta es una regla general no sólo de la ciencia de calidad, sino de cualquier teoría de calidad, aun en los campos tan alejados de la ciencia como el gobierno, la religión y la ética.)

Cuando se aplicaron las técnicas de la mecánica cuántica se aplican a los sistemas macroscópicos, no a los sistemas atómicos, los resultados son esencialmente idénticos a los de la mecánica clásica. Para un sistema grande, como el sistema solar, donde la física clásica tiene éxito, la ecuación de Schrödinger conduce a resultados que sólo difieren de la teoría clásica en cantidades infinitesimales. Los dos dominios se unen cuando la longitud de onda de de Broglie es pequeña en comparación con las dimensiones del sistema o de las partículas de materia en el sistema. De hecho, es impráctico usar la mecánica cuántica en los dominios donde la física clásica ha tenido éxito. Pero en el nivel atómico, la física cuántica reina y es la única que produce resultados consistentes con lo que se observa.

Resumen de términos

Ecuación de onda de Schrödinger   Una ecuación fundamental de la mecánica cuántica, que relaciona las amplitudes de la onda de probabilidad con las fuerzas que actúan sobre un sistema. Es tan básica para la mecánica cuántica como las leyes del movimiento de Newton son para la mecánica clásica.

Mecánica cuántica   La teoría del micromundo basada en funciones de onda y probabilidades, desarrollada en especial por Werner Heisenberg (1925) y por Erwin Schrödinger (1926).

Principio de combinación de Ritz   La afirmación que las frecuencias de algunas líneas espectrales de los elementos son sumas o diferencias de las frecuencias de otras dos líneas.

Principio de correspondencia   La regla de que una teoría nueva debe dar los mismos resultados que la anterior teoría, en los casos en que se sabe que la teoría anterior es válida.

Lecturas sugeridas

Cline, Barbara L. *The Questioners: Physicists and the Quantum Theory*. New York: Crowell, 1973. Una explicación fascinante del desarrollo de la física cuántica con énfasis en los físicos que participaron.

Gamow, George, *Thirty Years That Shook Physics*. New York: Dover, 1985. Seguimiento histórico de la teoría cuántica, por uno que fue parte de esa historia.

Gribbin, John y Gribbin, Mary, *Richard Feynman—A Life in Science*. Plume, 1997. Física moderna muy amena entrelazada con una biografía inspiradora.

Pagels, H. R. *The Cosmic Code: Quantum Physics as the Language of Nature*. New York: Simon & Schuster, 1982. Un libro elegante y muy recomendable para el lector general.

Shermer, Michael. *The Borderlands of Science: Where Sense Meets Nonsense*. New York: Oxford University Press, 2001.

Trefil, J. *Atoms to Quarks*. New York: Scribner's, 1980. Un buen desarrollo de la teoría cuántica en los primeros capítulos, que conduce a la física de partículas.

Preguntas de repaso

1. Describe la diferencia entre *física atómica* y *física nuclear*.

Descubrimiento del núcleo atómico

2. ¿Por qué la mayor parte de las partículas alfa disparadas a través de una hoja de oro salen casi sin desviarse?

3. ¿Por qué unas pocas partículas alfa disparadas a una hoja de oro rebotan hacia atrás?

Espectros atómicos: claves de la estructura atómica

4. ¿Qué descubrió J. J. Balmer acerca del espectro del hidrógeno?

5. ¿Qué descubrieron J. Rydberg y W. Ritz acerca de los espectros atómicos?

Modelo del átomo de Bohr

6. ¿Qué relación entre las órbitas de los electrones y la emisión de luz postuló Bohr?

7. Según Bohr, ¿puede un solo electrón en un estado excitado emitir más de un fotón al saltar a un estado de energía menor?

8. ¿Cuál es la relación entre las diferencias de energía en las órbitas de un átomo, y la luz emitida por el átomo?

Tamaños relativos de los átomos

9. ¿Qué determina el tamaño de un átomo, su diámetro del núcleo o el diámetro de las órbitas de sus electrones?

10. ¿Por qué el átomo de helio es más pequeño que el átomo de hidrógeno?

11. ¿Por qué los átomos pesados no son mucho mayores que el átomo de hidrógeno?

Explicación de los niveles de energía cuantizados: ondas electrónicas

12. ¿Por qué cada elemento tiene su propia distribución de líneas espectrales?

13. ¿Cómo resuelve el rompecabezas de que las órbitas de los electrones sean discretas, considerar a los electrones como ondas y no como partículas?

14. Según el modelo sencillo de de Broglie, ¿cuántas longitudes de onda hay en una onda electrónica de la primera órbita? ¿En la *n*-ésima órbita?

15. ¿Cómo se puede explicar que los electrones no caigan en espiral hacia el núcleo que los atrae?

Mecánica cuántica

16. ¿Qué representa la función de onda ψ?

17. Describe la diferencia entre una *función de onda* y una *función de densidad de probabilidad*.

18. ¿Cómo se relaciona la nube de probabilidad del electrón en un átomo de hidrógeno con la órbita que describió Niels Bohr?

Principio de correspondencia

19. ¿Por qué el principio de correspondencia es una prueba de la validez de una idea nueva?

20. ¿Cómo funciona la ecuación de Schrödinger al aplicarla al sistema solar?

Ejercicios

1. Imagina los fotones emitidos de una lámpara ultravioleta y un transmisor de TV. ¿Cuál tiene mayor: a) longitud de onda? b) energía? c) frecuencia? d) cantidad de movimiento?

2. ¿Qué color se origina en una mayor transición de energía, el rojo o el azul?

3. ¿Cómo explica el modelo atómico de Rutherford el rebote de las partículas alfa dirigidas hacia la hoja de oro?

4. En la época del experimento de Rutherford con la hoja de oro, se sabía que los electrones con carga negativa existían dentro del átomo, pero no conocían dónde estaba la carga positiva. ¿Qué información proporcionó el experimento de Rutherford acerca de la carga positiva?

5. El uranio es 238 veces más masivo que el hidrógeno. Entonces, ¿por qué el diámetro del átomo de uranio no es 238 veces mayor que el del átomo de hidrógeno?

6. ¿Por qué la física clásica indica que los átomos se deberían contraer?

7. Si el electrón de un átomo de hidrógeno obedeciera la mecánica clásica y no la mecánica cuántica, ¿emitiría un espectro continuo o un espectro de líneas? Explica por qué.

8. ¿Por qué a las líneas espectrales se les llama con frecuencia "huellas dactilares atómicas"?

9. La figura 32.5 muestra tres transiciones entre tres niveles de energía, que producen tres líneas espectrales en un espectroscopio. Si la diferencia de energías entre los niveles fuera igual, ¿afectaría eso a la cantidad de líneas en el espectro?

10. ¿Cómo es posible que elementos con bajos números atómicos tengan tantas líneas en su espectro?

11. ¿Cómo explica el modelo ondulatorio de los electrones alrededor del núcleo los valores discretos de energía, y que no haya valores arbitrarios de energía?

12. ¿Por qué los átomos que tienen la misma cantidad de capas electrónicas disminuyen su tamaño al aumentar su número atómico?

13. ¿Por qué el helio y el litio tienen comportamientos químicos tan distintos, si sólo difieren en un electrón (y un protón y un neutrón)?

14. El principio de combinación de Ritz se puede considerar como un enunciado de la conservación de la energía. Explica por qué.

15. ¿Afirma el modelo de de Broglie que un electrón debe moverse para tener propiedades ondulatorias?

16. ¿Por qué no existen órbitas electrónicas estables en un átomo, con una circunferencia igual a 2.5 longitudes de onda de de Broglie?

17. Una órbita es una trayectoria definida que sigue un objeto alrededor de otro objeto. Un orbital atómico es un *volumen de espacio* donde es más probable encontrar a un electrón de determinada energía. ¿Qué tienen en común las órbitas y los orbitales?

18. ¿Se puede difractar una partícula? ¿Puede presentar interferencia?

19. ¿Qué tiene que ver la amplitud de una onda de materia con las probabilidades?

20. Si la constante de Planck h fuera mayor, ¿también serían mayores los átomos? Defiende tu respuesta.

21. Si el mundo atómico es tan incierto y está sujeto a las leyes de las probabilidades, ¿cómo se pueden medir con tanta exactitud cosas como la intensidad de la luz, la corriente eléctrica y la temperatura?

22. ¿Qué pruebas hay de la noción de que la luz tiene propiedades ondulatorias? ¿Qué pruebas respaldan la consideración de que la luz tiene propiedades de partículas?

23. Cuando decimos que los electrones tienen propiedades de partículas y después decimos que los electrones tienen propiedades ondulatorias, ¿no nos estamos contradiciendo? Explica por qué.

24. Cuando sólo se observan algunos pocos fotones, falla la física clásica. Cuando se observan muchos, la física clásica es válida. ¿Cuál de esos dos casos es consistente con el principio de correspondencia?

25. ¿Qué dice el principio de correspondencia de Bohr acerca de la mecánica cuántica en comparación con la mecánica clásica?

26. El principio de correspondencia ¿se aplica también a eventos macroscópicos en el macromundo cotidiano?

27. Richard Feynman, en su libro *The Character of Physical Law*, afirma que "una vez dijo un filósofo: 'es necesario que las mismas condiciones produzcan los mismos resultados siempre, para que la ciencia pueda existir'. Bueno, ¡no existen!" ¿Quién hablaba de física clásica y quién hablaba de física cuántica?

28. ¿Qué tiene que ver la naturaleza ondulatoria de la materia con el hecho que no podamos atravesar paredes macizas, como se ve con frecuencia en los efectos especiales de las películas de Hollywood?

29. Lo grande y lo pequeño sólo significan algo en relación con alguna otra cosa. ¿Por qué solemos decir que la rapidez de la luz es "grande" y que la constante de Planck es "pequeña"?

30. Redacta una pregunta de opción múltiple para comprobar la comprensión de tus compañeros acerca de la diferencia entre los dominios de la mecánica clásica y la mecánica cuántica.

Problemas

1. Mientras mayor sea el nivel de energía ocupado por un electrón en el átomo de hidrógeno, el átomo es más grande. El tamaño del átomo es proporcional a n^2, donde $n = 1$ indica el estado más bajo, o "estado fundamental"; $n = 2$ es el segundo estado, $n = 3$ es el tercero, y así sucesivamente. Si el diámetro del átomo es 1×10^{-10} m en su estado fundamental, ¿cuál es su diámetro en su estado número 50? ¿Cuántos átomos de hidrógeno no excitados cabrían en ese átomo gigante?

2. Se puede definir que la energía cero en el átomo de hidrógeno es la del estado fundamental. Las energías de los estados excitados sucesivos, arriba del estado fundamental, son proporcionales a $100 - (100/n^2)$, para los números cuánticos $n = 1, 2, 3$, etc. Así, en esta escala, el nivel de energía $n = 2$ es $[100 - (100/4)] = 75.0$; para $n = 3$ es $[100 - (100/9)] = 88.9$, para $n = 4$ es $[100 - (100/16)] = 93.8$, y así sucesivamente. a) Haz un diagrama aproximado a escala que muestre el estado fundamental y los cuatro estados excitados más bajos (de $n = 1$ a $n = 5$). b) La línea roja más prominente en el espectro del hidrógeno se debe a una transición electrónica del estado 3 al estado 2. La transición del estado 4 al 3 ¿producirá una línea espectral de frecuencia mayor o menor? c) ¿Y la transición de 2 a 1?

www.pearsoneducacion.net/hewitt
*Usa los variados recursos del sitio Web,
para comprender mejor la física.*

33

EL NÚCLEO ATÓMICO
Y LA RADIACTIVIDAD

Walter Steiger, precursor de los telescopios en Hawaii, examina las trazas de vapor en una pequeña cámara de niebla.

En el capítulo anterior nos ocupamos del estudio de las nubes de electrones que forman el átomo. Ésa fue *física atómica*. En este capítulo escarbaremos bajo los electrones y penetraremos más hondo en el átomo, hasta llegar al núcleo. Ahora estudiaremos *física nuclear*, tema de gran interés y de gran temor por parte del público. La fobia de la gente hacia todo lo que sea *nuclear* o *radiactivo* es mucho mayor que el temor provocado por la llegada de la electricidad y de los vehículos de gasolina, hace unos cien años. Así como los temores hacia la electricidad y los vehículos de gasolina se originaron por la ignorancia, muchos de los temores actuales a todo lo nuclear procede de la falta de conocimiento acerca del núcleo y de sus procesos.

El conocimiento del núcleo atómico comenzó con el descubrimiento casual de la radiactividad, en 1896, que a su vez se basó en el descubrimiento, dos meses antes, de los rayos X. Así, al comenzar a estudiar la física nuclear examinaremos primero los rayos X.

Rayos X y radiactividad

Antes de la llegada del siglo XX, Wilhelm Roentgen, físico alemán, descubrió "una nueva clase de rayo" producido por un haz de "rayos catódicos" (que después se vio que eran electrones) los cuales chocan con la superficie de vidrio de un tubo de descarga en gas. Los llamó **rayos X**, por ser de naturaleza desconocida. Encontró que los rayos X atraviesan materiales sólidos, pueden ionizar el aire, no tienen refracción en el vidrio y no los

FIGURA 33.1 Los rayos X emitidos por átomos metálicos excitados en el electrodo pasan con más facilidad a través de la carne que de los huesos, y producen una imagen en la película.

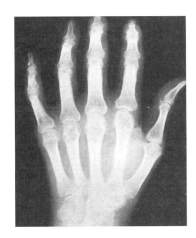

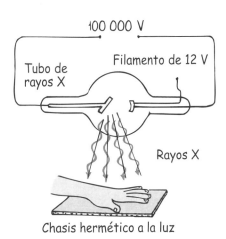

100 000 V

Tubo de rayos X

Filamento de 12 V

Rayos X

Chasis hermético a la luz

desvían los campos magnéticos. Hoy sabemos que los rayos X son ondas electromagnéticas de alta frecuencia, por lo general emitidas por desexcitación de los electrones orbitales más interiores en los átomos. Si bien la corriente electrónica de una lámpara fluorescente excita los electrones externos de los átomos, y produce fotones ultravioletas y visibles, un haz más energético de electrones que choca con una superficie sólida excita los electrones más internos y produce fotones de mayor frecuencia, fotones de radiación X.

Los fotones de rayos X tienen alta energía, y pueden atravesar muchas capas de átomos antes de ser absorbidos o dispersados. Los rayos X lo hacen al pasar por los tejidos blandos y producir imágenes de los huesos del interior del organismo (Figura 33.1). En un tubo moderno de rayos X, el blanco del haz de electrones es una placa metálica, y no la pared de vidrio del tubo.

Dos meses después de que Roentgen había anunciado su descubrimiento de los rayos X, Antoine Henri Becquerel, físico francés, trató de determinar si algunos elementos emitían rayos X en forma espontánea. Para este fin envolvió una placa fotográfica en papel negro, para impedir el paso de la luz, y colocó trozos de diversos elementos junto a la placa envuelta. De acuerdo con los trabajos de Roentgen, Becquerel sabía que si esos materiales emitieran rayos X, los rayos atravesarían el papel y velarían (ennegrecerían) la placa. Encontró que aunque la mayor parte de los elementos no produjeron ningún efecto, el uranio sí producía rayos. Pronto se descubrió que otros rayos parecidos son emitidos por otros elementos, como el torio, el actinio y dos nuevos elementos descubiertos por Marie y Pierre Curie: el polonio y el radio. La emisión de esos rayos fue la prueba de que en el átomo se efectúan cambios mucho más drásticos que la excitación atómica. Esos rayos fueron el resultado no de cambios en los estados de energía de electrones en el átomo, sino de cambios que sucedían dentro del núcleo atómico central. Esos rayos eran el resultado de una desintegración espontánea del núcleo atómico: la *radiactividad*.

Marie Curie (1867-1934)

Rayos alfa, beta y gamma

Todos los elementos de números atómicos mayores que 82 (el número del plomo) son radiactivos. Esos elementos emiten tres clases distintas de radiación, indicadas con las tres primeras letras del alfabeto griego: α, β y γ: *alfa, beta* y *gamma*, respectivamente. Los rayos alfa tienen carga eléctrica positiva, los rayos beta tienen carga negativa y los rayos gamma no tienen carga alguna. Los tres rayos se pueden separar si se coloca un campo magnético que atraviese sus trayectorias (Figura 33.3). Las investigaciones posteriores han mostrado que un rayo alfa es un flujo de núcleos de helio, y que un rayo beta es un flujo de electrones. Por consiguiente, con frecuencia se les llama **partículas alfa** y **partículas beta**. Un rayo gamma es radiación electromagnética (una corriente de fotones) cuya frecuencia es todavía mayor que la de los rayos X. Mientras que los rayos X se ori-

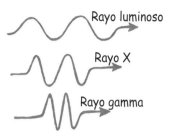

FIGURA 33.2 Un rayo gamma es parte del espectro electromagnético. Sólo es radiación electromagnética con frecuencia y energía mucho mayores que las de la luz y los rayos X.

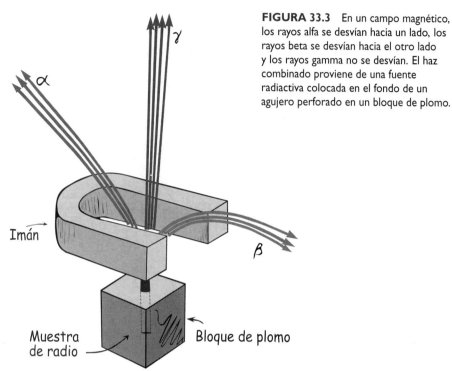

FIGURA 33.3 En un campo magnético, los rayos alfa se desvían hacia un lado, los rayos beta se desvían hacia el otro lado y los rayos gamma no se desvían. El haz combinado proviene de una fuente radiactiva colocada en el fondo de un agujero perforado en un bloque de plomo.

ginan en la nube de electrones fuera del núcleo atómico, los rayos gamma se originan en el núcleo. Los fotones gamma dan información acerca de la estructura nuclear, en igual forma que los fotones visibles y de rayos X proporcionan información acerca de la estructura atómica.

FIGURA 33.4 Las partículas alfa son las que menos penetran y pueden ser detenidas por unas cuantas hojas de papel. Las partículas beta atraviesan el papel con facilidad, pero no una lámina de aluminio. Los rayos gamma penetran en varios centímetros de plomo macizo.

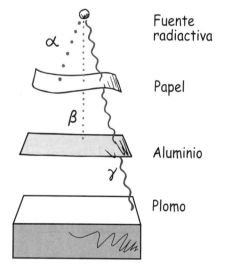

El núcleo

Como se describió en los capítulos anteriores, el núcleo atómico sólo ocupa unas pocas billonésimas del volumen de un átomo, y deja vacío la mayor parte del mismo. Las partículas que ocupan el núcleo se llaman **nucleones**, que cuando tienen carga eléctrica se llaman **protones**, y cuando son eléctricamente neutras se llaman **neutrones**. La carga positiva del protón es de igual magnitud que la carga negativa del electrón. Los nucleones tienen una masa casi 2000 veces mayor que la del electrón, por lo que la masa de un átomo casi es igual a la masa de su núcleo. La masa del neutrón es muy poco mayor que la del protón. Veremos que cuando se expulsa un electrón de un neutrón (emisión beta), el neutrón se transforma en protón.

Práctica de la física

Algunos relojes de bolsillo y de pulso tienen manecillas luminosas que brillan en forma continua. En algunos de ellos, lo que causa el resplandor son las trazas de bromuro de radio radiactivo mezclado con sulfuro de zinc. (Otros relojes, con carátulas más seguras, usan la luz y no la desintegración radiactiva como medio de excitación, y en consecuencia su brillo disminuye en la oscuridad.) Si te consigues un reloj de los que brillan todo el tiempo, llévalo a un cuarto totalmente oscuro y, después que se adapten los ojos a la oscuridad, examina las manecillas con una lupa muy potente, o con el ocular de un microscopio o de un telescopio. Debes poder ver destellos individuales diminutos, que en su conjunto y a ojo se ven como una fuente continua de luz. Cada destello tiene lugar cuando una partícula alfa, expulsada por un núcleo de radio, choca con una molécula de sulfuro de zinc.

Los radios nucleares van desde 10^{-15} metro para el hidrógeno, hasta unas siete veces mayor para el uranio. Algunos núcleos son esféricos, pero la mayor parte tienen formas distintas, como ovoide y algunos como "perilla de puerta". Los protones y los neutrones dentro del átomo se mueven con relativa libertad, pero forman una "piel" que le da al núcleo algunas de las propiedades como de una gota de líquido. Así como hay niveles de energía para los electrones orbitales de un átomo, hay niveles de energía dentro del núcleo. Mientras que los electrones que hacen transiciones a órbitas más bajas emiten fotones de luz, unos cambios parecidos de estados de energía dentro del núcleo dan como resultado la emisión de fotones de rayos gamma.

La emisión de partículas alfa es un fenómeno cuántico que se puede comprender en términos de ondas y de probabilidad. Así como los electrones orbitales forman una nube de probabilidad en torno al núcleo, dentro de un núcleo radiactivo hay una nube parecida de probabilidades de agrupamiento de los dos protones y los dos neutrones que forman una partícula alfa. Una parte diminuta de la onda de probabilidad de la partícula alfa se prolonga fuera del núcleo, lo que quiere decir que hay una pequeña probabilidad de que la partícula alfa esté afuera. Una vez afuera, sale despedida con violencia y se aleja, por la repulsión eléctrica. Por otra parte, el electrón emitido en el decaimiento beta no está "allí" antes de ser emitido. Se crea en el momento de la desintegración radiactiva, cuando un neutrón se transforma en protón.

Además de los rayos alfa, beta y gamma, se han detectado más de otras 200 diversas partículas que salen del núcleo cuando se le golpea con partículas energéticas. No se cree que esas llamadas partículas elementales estén enterradas en el núcleo, para después salir, de igual manera que no creemos que una chispa esté escondida dentro de un fósforo cuando se le frota. Esas partículas, como los electrones del decaimiento beta, comienzan a existir cuando se rompe el núcleo. Hay regularidades en las masas de esas partículas, así como en las características particulares de su creación. Casi todas las nuevas partículas que se crean en las colisiones nucleares se pueden imaginar como combinaciones tan sólo de seis partículas subnucleares: los **quarks**.

Como mencionamos en el capítulo 11, dos de los seis quarks son las piedras constructivas fundamentales de todos los nucleones. Una propiedad rara de los quarks es que portan cargas eléctricas fraccionarias. Una clase de ellos, el *quark up* (arriba) porta +2/3 de la carga del protón, y otra, de los *quarks down* (abajo) portan −1/3 de la carga del protón. El nombre *quark*, inspirado en una cita de *Finnegans Wake* por James Joyce, fue seleccionado en 1963 por Murray Gell-Mann, quien fue el primero en proponer su existencia. Cada quark tiene un antiquark con carga eléctrica opuesta. El protón consiste en la combinación *up* (arriba), *up* (arriba), *down* (abajo) y el neutrón en *up* (arriba), *down* (abajo), *down* (abajo). Los otros cuatro quarks tienen los absurdos nombres de *stranger* (extraño), *charm* (encanto), *top* (tapa) y *bottom* (fondo). Son varios centenares de partículas que sienten la fuerza nuclear fuerte, todas parecen estar formadas por alguna combinación de los seis quarks. Como sucede con los polos magnéticos, no se han aislado quarks ni observado experimentalmente. (En aceleradores de alta energía se llevan a cabo reacciones nucleares que han permitido detectar los quarks.) La mayoría de los investigadores creen que por su naturaleza, no se pueden aislar los quarks.

Las partículas más ligeras que los protones y los neutrones, como los electrones y los muones, y otras partículas todavía más ligeras llamadas *neutrinos* son miembros de una clase de seis partículas llamadas *leptones*. Los leptones no están formados por quarks. Hasta este momento, se cree que los seis quarks y los seis leptones son las verdaderas *partículas elementales*, que no están formadas por entidades más básicas. La investigación de las partículas elementales forma la frontera de nuestros conocimientos actuales, y es área de muchas de las actividades e investigaciones actuales.

Isótopos

El núcleo de un átomo de hidrógeno contiene un solo protón. Un núcleo de helio contiene dos protones; un núcleo de litio tiene tres, y así sucesivamente. Cada elemento sucesivo de la tabla periódica tiene un protón más que el elemento anterior. En los átomos neutrales hay tantos protones en el núcleo como electrones fuera de él. Como se mencionó en el capítulo 11, la cantidad de protones en el núcleo es igual al **número atómico**. El número atómico del hidrógeno es 1; el del helio es 2, el del litio es 3 y así sucesivamente.

Sin embargo, puede variar la cantidad de neutrones en el núcleo de determinado elemento. Por ejemplo, el núcleo de cada átomo de hidrógeno contiene un protón, pero algunos núcleos contienen un neutrón, además del protón. Y en casos muy raros, un núcleo de hidrógeno puede contener *dos* neutrones, además del protón. Como vimos en el capítulo 11, a los átomos que contienen iguales cantidades de protones, pero cantidades distintas de neutrones se les llama **isótopos** de un elemento dado. (Algunas personas confunden los isótopos con los iones. Un ion es una especie con carga eléctrica, donde la cantidad de electrones en torno al núcleo es distinta de la cantidad de protones en el núcleo. Un isótopo tiene determinada cantidad de protones *y también* determinada cantidad de neutrones en el núcleo.)

El isótopo más común del hidrógeno es el $_1^1 H$. El subíndice indica el número atómico y el superíndice indica el **número de masa atómica** (aproximadamente, pero no igual, a la *masa atómica*). El isótopo de hidrógeno con doble masa es $_1^2 H$ y se llama *deuterio*. El "agua pesada" es el nombre que se le suele dar al agua en la que uno o ambos átomos de H han sido sustituidos por átomos de deuterio. En todos los compuestos de hidrógeno que se encuentran en la naturaleza, como el hidrógeno gaseoso y el agua, hay 1 átomo de deuterio por cada 6000 átomos de hidrógeno, aproximadamente. El isótopo de hidrógeno con triple masa es $_1^3 H$, que es radiactivo y dura lo suficiente como para ser un componente conocido en el agua atmosférica, y se llama *tritio*. El tritio sólo existe en cantidades extremadamente diminutas, menores que 1 por cada 10^{17} átomos de hidrógeno ordinario. Es interesante el hecho de que el tritio que se usa para fines prácticos se fabrica en reactores o en aceleradores nucleares, y no se extrae de fuentes naturales.

FIGURA 33.5 Tres isótopos del hidrógeno. Cada núcleo tiene un solo protón, que atrae a un solo electrón orbital, y eso es lo que determina las propiedades químicas del átomo. La cantidad distinta de neutrones hace cambiar la masa del átomo, pero no sus propiedades químicas.

Todos los elementos tienen una variedad de isótopos. Por ejemplo, el uranio tiene tres isótopos que se encuentran en forma natural en la corteza terrestre; el más común es el $^{238}_{92}U$. Con una notación más abreviada se puede eliminar el número atómico y se puede decir simplemente uranio 238, o todavía con más brevedad, U 238. De los 83 elementos presentes en la Tierra en cantidades importantes, 20 tienen un solo isótopo estable (no radiactivo). Los demás tienen de 2 a 10 isótopos estables. Se conocen más de 2000 isótopos distintos, radiactivos y estables.

EXAMÍNATE Determina las cantidades de protones y neutrones en ^1_1H, $^{14}_6C$, $^{235}_{92}U$.

Por qué los átomos son radiactivos

FIGURA 33.6 La interacción nuclear fuerte es una fuerza de corto alcance. Para los nucleones muy cercanos o que están en contacto, es muy fuerte. Pero a unos pocos diámetros de nucleón de distancia, es casi cero.

Los protones con carga positiva, y muy próximos entre sí que hay en un núcleo tienen gigantescas fuerzas de repulsión entre ellos. ¿Por qué no salen despedidos por esa gran fuerza de repulsión? Porque hay una fuerza todavía más formidable dentro del núcleo: la fuerza nuclear. Tanto los neutrones como los protones están unidos entre sí por esta fuerza de atracción. La fuerza nuclear es mucho más complicada que la fuerza eléctrica, y sólo hasta ahora se está comprendiendo. La parte principal de la fuerza nuclear, la parte que mantiene unido al núcleo se llama *interacción fuerte*.[1] Es una fuerza de atracción que actúa entre los protones, neutrones y las partículas llamadas *mesones*; todos ellos se llaman *hadrones*. Esta fuerza sólo actúa a una distancia muy corta (Figura 33.6). Es muy fuerte entre los nucleones a más o menos 10^{-15} metros de distancia, pero cercana a cero a mayores separaciones. Así, la interacción nuclear fuerte es una fuerza de corto alcance. Por otra parte, la interacción eléctrica se debilita en función del inverso del cuadrado de la distancia, y es una fuerza relativamente de largo alcance. Así, mientras los protones estén cercanos en los núcleos pequeños, la fuerza nuclear supera con facilidad la fuerza eléctrica de repulsión. Pero para los protones lejanos, como los que están en lados opuestos de un núcleo grande, la fuerza nuclear de atracción puede ser pequeña en comparación con la fuerza eléctrica de repulsión. En consecuencia, un núcleo mayor no es tan estable como uno más pequeño.

La presencia de neutrones también desempeña un papel muy importante en la estabilidad nuclear. Sucede que un protón y un neutrón se pueden enlazar un poco más estrechamente, en promedio, que dos protones o dos neutrones. En consecuencia, muchos de los primeros 20 elementos, más o menos, tienen cantidades iguales de neutrones y de protones.

Para los elementos más pesados la historia es distinta, porque los protones se repelen entre sí eléctricamente, y los neutrones no. Si tienes un núcleo con 28 protones y 28 neutrones, por ejemplo, se puede hacer más estable reemplazando dos de los protones con neutrones, y se obtiene el Fe 56, el isótopo del hierro con 26 protones y 30 neutrones. La desigualdad de las cantidades de neutrones y protones se vuelve más pronunciada en los elementos más pesados. Por ejemplo, en el U 238, que tiene 92 protones, hay

COMPRUEBA TU RESPUESTA El número atómico expresa la cantidad de protones. La cantidad de neutrones es la masa atómica menos el número atómico. Vemos entonces que hay 1 protón y no hay neutrones en el ^1_1H; 6 protones y 8 neutrones en el $^{14}_6C$; y 92 protones y 143 neutrones en el $^{235}_{92}U$.

[1]La *fuerza de color* (que no tiene nada que ver con el color visible) es fundamental en la interacción fuerte. Esta fuerza de color interactúa entre los quarks y los mantiene unidos con el intercambio de "gluones". Puedes leer más acerca de ella en *The Cosmic Code: Quantum Physics as the Language of Nature* de H. R. Pagels (New York: Simon & Schuster, 1982). Es un libro algo antiguo pero muy bueno.

146 (238 − 92) neutrones. Si el núcleo de uranio tuviera cantidades iguales de protones y neutrones, es decir, 92 protones y 92 neutrones, explotaría de inmediato por las fuerzas eléctricas de repulsión. Los 54 neutrones adicionales se necesitan para mantener la estabilidad relativa. Aun así, el núcleo del U 238 es inestable, debido a las fuerzas eléctricas.

Visto desde otro ángulo: hay una fuerza de repulsión eléctrica entre *cada par* de protones en el núcleo, pero no hay una fuerza nuclear de atracción suficiente entre cada par (Figura 33.7). Cada protón del núcleo de uranio ejerce una repulsión sobre cada uno de los otros 91 protones, los que están cerca y los que están lejos. Sin embargo, cada protón (y cada neutrón) ejerce una atracción nuclear apreciable sólo sobre aquellos nucleones que están cerca de él.

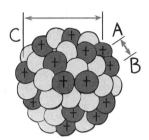

FIGURA 33.7 El protón A atrae (por fuerza nuclear) y repele al mismo tiempo (por fuerza eléctrica) al protón B, pero repele más al protón C, porque la atracción nuclear es más débil a mayores distancias. Mientras mayor sea la distancia entre A y C, el papel de la repulsión será más importante y el núcleo será más inestable. Por consiguiente, los núcleos más grandes son más inestables que los más pequeños. Las partículas claras son neutrones.

Todos los núcleos que tienen más de 82 protones son inestables. En este ambiente inestable se llevan a cabo las emisiones alfa y beta. La fuerza responsable de la emisión beta se llama *interacción débil*. Actúa sobre los leptones y también sobre los nucleones. Cuando un electrón se forma en un decaimiento beta, también se crea otra partícula ligera, llamada *antineutrino* y sale disparada del núcleo.

Vida media

La tasa de decaimiento radiactivo de un elemento se mide en términos de un tiempo característico, la **vida media**. Es el tiempo que tarda la mitad de una cantidad original de un isótopo radiactivo en decaer o desintegrarse. Visto desde otro ángulo, la vida media es el tiempo necesario para que una muestra tenga la mitad de la radiactividad que tenía al principio. Por ejemplo, el radio 226 tiene una vida media de 1620 años. Eso quiere decir que la mitad de cualquier muestra dada de radio 226 se convertirá en otros elementos cuando pasen 1620 años. En los siguientes 1620 años, decaerá la mitad del radio residual, y quedará sólo una cuarta parte de la cantidad original de radio. A las 20 vidas medias, la can-

FIGURA 33.8 Cada 1620 años la cantidad de radio disminuye a la mitad.

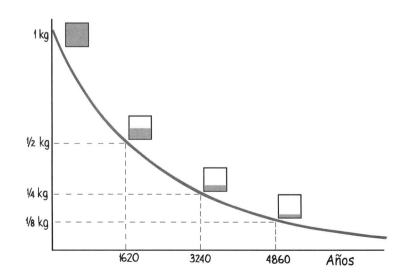

tidad original de radio 226 disminuirá en un factor aproximado de un millón. El cobalto 60, una fuente normal en la radioterapia, tiene una vida media de 5.27 años. Los isótopos de algunos elementos tienen una vida media de menos de una millonésima de segundo, mientras que el uranio 238, por ejemplo, tiene una vida media de 4,500 millones de años. Cada isótopo de cada elemento radiactivo tiene su propia y característica vida media.

Muchas partículas elementales tienen vidas medias muy cortas. El muón, que es un pariente cercano del electrón que se produce cuando los rayos cósmicos bombardean los núcleos atómicos en la alta atmósfera, tiene una vida media de 2 millonésimas de segundo (2×10^{-6} s). En realidad, ese es un tiempo muy largo a escala subnuclear. Las vidas medias más cortas de las partículas elementales son del orden de 10^{-23} segundos, el tiempo que tarda la luz en cruzar un núcleo.

Las vidas medias de los elementos radiactivos y de las partículas elementales parecen ser constantes en forma absoluta, sin que las afecten condiciones externas, por más drásticas que sean. Sobre la tasa de decaimiento de determinado elemento no tienen efecto detectable los grandes extremos de temperatura y presión, los fuertes campos eléctricos y magnéticos, ni siquiera las reacciones químicas violentas. Cualesquiera de esas influencias, aunque grandes según las normas ordinarias, es demasiado benigna como para afectar al núcleo, en las profundidades del átomo.

No es necesario esperar que transcurra la vida media para medirla. Se puede calcular en cualquier momento midiendo su tasa de decaimiento. Se hace con facilidad usando un detector de radiación. En general, mientras más corta es la vida media de una sustancia, se desintegra con más rapidez y su tasa de decaimiento es mayor.

Detectores de radiación

Los movimientos térmicos ordinarios, de los átomos chocando entre sí en un gas o en un líquido, no tienen bastante energía como para desprender electrones, por lo que los átomos permanecen neutros. Pero cuando una partícula energética, como una alfa o una beta, penetra en la materia, uno tras otro electrón sale despedido de los átomos, a lo largo de la trayectoria de la partícula. El resultado es una huella de electrones liberados y de iones con carga positiva. Este proceso de ionización es el responsable de los efectos dañinos de la radiación de alta energía en las células vivas. También, la ionización facilita el seguimiento de las trayectorias de las partículas de alta energía. Describiremos a continuación en forma breve los aparatos para detectar radiaciones.

1. Un *contador Geiger* consiste en un alambre central en el interior de un cilindro hueco de metal, lleno con gas a baja presión. Entre el cilindro y el alambre se aplica un voltaje eléctrico, de modo que el alambre sea más positivo que el cilindro. Si entra la radiación al tubo e ioniza a un átomo en el gas, el electrón liberado es atraído hacia el alambre central, con carga positiva. Al acelerar este electrón hacia el alambre,

FIGURA 33.9
Detectores de radiación. a) Contador Geiger; detecta la radiación que le llega por la forma en que ioniza un gas encerrado en el tubo. b) Contador de centelleo, que indica la radiación que le llega mediante destellos luminosos que se producen cuando las partículas con carga o los rayos gamma atraviesan el contador.

a

b

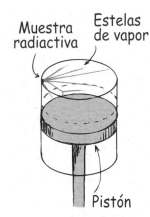

Muestra radiactiva

Estelas de vapor

Pistón

FIGURA 33.10 Cámara de niebla. Las partículas cargadas dejan trazas al moverse a través de vapor sobresaturado. Cuando la cámara se encuentra en un campo eléctrico o magnético intenso, la desviación de las estelas proporciona información acerca de la carga, la masa y la cantidad de movimiento de las partículas.

choca con otros átomos y desprende más electrones, lo que a su vez produce más electrones, y así sucesivamente, causando una cascada de electrones que se mueven hacia el alambre. Todos ellos causan un corto pulso de corriente eléctrica, que activa a un dispositivo contador conectado al tubo. Al amplificarse, este pulso de corriente provoca el conocido chasquido que se asocia con los contadores de radiación.

2. Una *cámara de niebla* muestra la trayectoria visible de la radiación ionizante en forma de trazas de niebla. Consiste en una cámara cilíndrica de vidrio, cerrada en su extremo superior por una ventana de vidrio, y en el otro extremo por un pistón móvil. La cámara se puede saturar de vapor de agua o de alcohol, ajustando el pistón.

   La muestra radiactiva se coloca dentro de la cámara, como se ve en la figura 33.10, o fuera de la ventana delgada de vidrio. Cuando la radiación pasa por la cámara, se producen iones a lo largo de su trayectoria. Si el aire saturado de la cámara se enfría de repente moviendo el pistón, unas gotitas diminutas de humedad se condensan en esos iones, y forman trazas de vapor que indican las trayectorias de la radiación. Son las versiones atómicas de las estelas de cristales de hielo que se forman en el cielo al paso de los aviones a reacción. En la foto que abre este capítulo se ve una cámara de niebla sencilla.

   La cámara de niebla continua es todavía más sencilla. Contiene continuamente un vapor sobresaturado, porque descansa en un bloque de hielo seco. Por consiguiente, hay un gradiente de temperatura desde cerca de la temperatura ambiente, en la parte superior de la cámara, hasta una temperatura muy baja en el fondo. En cualesquiera de las versiones, las trazas de niebla que se forman se iluminan con una lámpara y se pueden ver o fotografiar a través de la tapa de vidrio. La cámara se puede colocar en un campo eléctrico o magnético intenso, que harán desviar las trayectorias de tal forma que se obtiene información sobre la carga, la masa y la cantidad de movimiento de las partículas de radiación. Las partículas de carga positiva y negativa se desviarán en direcciones contrarias.

   Las cámaras de niebla, que tuvieron importancia crítica en las primeras investigaciones de rayos cósmicos, hoy se usan principalmente para demostraciones. Quizá el profesor te muestre una.

3. Las trazas de partículas que se ven en una *cámara de burbujas* son burbujas diminutas de gas en hidrógeno líquido (Figura 33.11). El hidrógeno líquido se calienta bajo presión dentro de una cámara de vidrio y acero inoxidable, hasta una temperatura justo abajo de su punto de ebullición. Si se baja de repente la presión en la cámara en el momento en que entre una partícula productora de iones, queda una delgada huella de burbujas a lo largo de la trayectoria de la partícula. Todo el líquido hace erupción y hierve, pero en las pocas milésimas de segundo antes de que esto suceda, se toman fotografías de la breve huella de la partícula. Como en la cámara de niebla, un campo magnético en la cámara de burbujas indica la carga y la masa relativas de las partículas que se estudian. Los investigadores han usado mucho las cámaras de burbujas en las décadas recientes, pero en la actualidad hay mayor interés en las cámaras de chispa.

4. Una *cámara de chispa* es un contador formado por un conjunto de placas paralelas próximas entre sí. Cada tercera placa, es decir, una placa sí y una no, se conecta a tierra, y las placas intermedias se mantienen a un alto voltaje, más o menos 10 kV. Se producen iones en el gas entre las placas, a medida que las partículas cargadas pasan por la cámara. La descarga a lo largo de la trayectoria de los iones produce una chispa visible entre pares de placas. Una huella de muchas chispas indica la trayectoria de la partícula. Un diseño distinto se llama *cámara de buscador*, formada sólo por dos placas alejadas entre las cuales una descarga eléctrica llamada *buscadora* (los rayos tienen esa descarga previa) sigue de cerca la trayectoria de la partícula cargada incidente. La ventaja principal de las cámaras de chispa y de buscador, respecto a la cámara de burbujas, es que en determinado tiempo se pueden vigilar más eventos.

FIGURA 33.11 Trazas de partículas elementales en una cámara de burbujas. El ojo diestro nota que dos partículas se destruyeron en el punto de donde emanan las espirales, y otras cuatro se crearon en la colisión.

5. Un *contador de centelleo* aprovecha que ciertas sustancias se excitan con facilidad y emiten luz cuando pasan por ellas partículas con carga o rayos gamma. Los destellos diminutos de luz, o centelleos, se convierten en señales eléctricas mediante tubos fotomultiplicadores especiales. Un contador de centelleo es mucho más sensible a los

FIGURA 33.12   a) Instalación de la Gran Cámara Europea de Burbujas en el centro CERN, cerca de Ginebra; es característica de las grandes cámaras de burbujeo que se usaban en la década de 1970, para estudiar las partículas producidas por aceleradores de alta energía. El cilindro de 3.7 m contenía hidrógeno líquido a −173°C. b) El detector de colisiones en Fermilab, que detecta y registra miríadas de eventos cuando chocan haces de partículas. Este detector tiene la altura de dos pisos, pesa 4500 toneladas y fue construido con la colaboración de más de 170 físicos de Estados Unidos, Japón e Italia.

rayos gamma que un contador Geiger y, además, puede medir la energía de las partículas con carga o de los rayos gamma absorbidos en el detector. El agua ordinaria, muy pura, puede servir como centellador o "escintilador".

EXAMÍNATE

1. Si una muestra de un isótopo radiactivo tiene un día de vida media, ¿cuánto queda al final del segundo día? ¿Del tercer día?

2. ¿Qué sucede con los isótopos que sufren decaimiento alfa?

3. ¿Qué produce mayor frecuencia de conteo en un detector de radiación: 1 gramo de un material con vida media corta, o un gramo con vida media larga?

Transmutación natural de los elementos

Cuando un núcleo emite una partícula alfa o una beta se forma un elemento distinto. A este cambio de un elemento químico en otro se le llama **transmutación**. Imagina el uranio 238, cuyo núcleo contiene 92 protones y 146 neutrones. Cuando expulsa una partícula alfa, en el núcleo quedan dos protones menos y dos neutrones menos, ya que una partícula alfa es un núcleo de helio formado por dos protones y dos neutrones. Un elemento se define con la cantidad de protones en su núcleo, así que los 90 protones y 144 neutrones que quedan atrás ya no son uranio, sino el núcleo de un elemento diferente: el *torio*. Esta reacción se expresa como sigue:

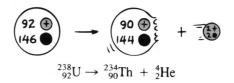

$$^{238}_{92}\text{U} \rightarrow \, ^{234}_{90}\text{Th} + \, ^{4}_{2}\text{He}$$

La flecha indica que el $^{238}_{92}$U se transforma en los dos elementos escritos a la derecha de la flecha. Cuando sucede esta transmutación se libera energía en tres formas: en parte como radiación gamma, la mayor parte como energía cinética de la partícula alfa ($^{4}_{2}$He), y en parte como energía cinética de retroceso del núcleo de torio. En ecuaciones como la anterior, los números de masa, los de arriba (238 = 234 + 4) y los números atómicos, lo de abajo (92 = 90 + 2) están balanceados.

El producto de esta reacción es torio 234, que también es radiactivo. Al decaer emite una partícula beta. Recuerda que una partícula beta es un electrón; no es un electrón

---

COMPRUEBA TUS RESPUESTAS

1. Al final del primer día decae hasta la mitad. Al final del segundo día decae hasta la mitad de esa mitad. La mitad de una mitad es la cuarta parte. Por consiguiente, decae hasta la cuarta parte, y quedará la cuarta parte de la muestra original. ¿Puedes ver que al final de tres días quedará 1/8 del isótopo original?

2. Se convierten en elementos totalmente distintos, con número atómico inferior en dos unidades.

3. El material con menor vida media produce una mayor frecuencia de conteo en un detector de radiaciones, porque decaerá totalmente en menos tiempo.

orbital, sino uno formado dentro del núcleo. Puedes ayudarte imaginando que un neutrón es un protón y un electrón combinados, aunque no sea realmente así, y que cuando se emite un electrón, un neutrón se transforma en un protón.[2] Un neutrón suele ser estable cuando está en un núcleo, pero un neutrón libre es radiactivo, y su vida media es de 12 minutos. Decae en un protón, por emisión beta. Así, en el caso del torio, que tiene 90 protones, la emisión beta deja al núcleo con un neutrón menos y un protón más. El nuevo núcleo tiene entonces 91 protones, y ya no es de torio, sino del elemento *protactinio*. Aunque el número atómico aumentó en 1 en este proceso, el número de masa (protones + neutrones) queda igual. La ecuación nuclear es

$$^{234}_{90}\text{Th} \rightarrow \, ^{234}_{91}\text{Pa} \, + \, ^{0}_{-1}e$$

El electrón se representa como $^{0}_{-1}e$. El 0 indica que la masa del electrón es más cercana a 0 que al 1 de los protones y neutrones, que son los que únicamente contribuyen al número de masa. El -1 es la carga del electrón. Recuerda que este electrón es una partícula beta del núcleo, y no un electrón procedente de la nube de electrones que rodea al núcleo.

Se puede ver que cuando un elemento expulsa de su núcleo a una partícula alfa, el número de masa del átomo que resulta disminuye en 4, y su número atómico *disminuye* en 2. El átomo que resulta es el de un elemento que está dos lugares antes en la tabla periódica. Cuando un elemento expulsa de su núcleo una partícula beta (un electrón), la masa del átomo casi no se afecta, por lo que no cambia su número de masa, pero su número atómico *aumenta* en 1. El átomo que resulta pertenece a un elemento que está un lugar adelante en la tabla periódica. La emisión gamma no produce cambios en el número de masa ni en el número atómico. Vemos así que la emisión de una partícula alfa o beta de un átomo produce un átomo distinto en la tabla periódica. La emisión alfa baja el número atómico, y la emisión beta lo sube. Los elementos radiactivos pueden retroceder o avanzar en la tabla periódica cuando se desintegran.[3]

En la tabla de la figura 33.13 se muestra, en forma esquemática, el decaimiento radiactivo de $^{238}_{92}\text{U}$ hasta llegar a $^{206}_{82}\text{Pb}$, que es un isótopo del plomo. Cada núcleo que interviene en el esquema de la desintegración se muestra como una explosión. La columna vertical que contiene la explosión indica su número atómico, y el renglón horizontal indica su número de masa. Cada flecha inclinada representa un decaimiento alfa, y cada fle-

---

[2]La emisión beta siempre se acompaña de la emisión de un neutrino (en realidad, de un antineutrino), que es una partícula neutra que viaja más o menos a la rapidez de la luz. El neutrino (lo bautizó Enrico Fermi, "pequeño neutro" en italiano) fue postulado para retener las leyes de conservación de Wolfgang Pauli en 1930, y fue detectado en 1956. Los neutrinos son difíciles de detectar, porque interactúan débilmente con la materia. Es extremadamente difícil capturar un neutrino. Mientras que un trozo de plomo macizo de algunos centímetros de espesor detiene la mayor parte de los rayos gamma, se necesitaría un trozo de plomo de unos 8 años luz de espesor para detener la mitad de los neutrinos producidos en los decaimientos nucleares normales. Millones de ellos te atraviesan cada segundo de cada día, porque el universo está lleno de ellos. Sólo una o dos veces al año interaccionan uno o dos neutrinos con la materia de tu organismo. Algunos físicos creen que los neutrinos pueden constituir gran parte de la materia oscura que forma la mayor parte de la masa del universo; quizá los bastantes para detener la expansión actual y al final cerrar el ciclo desde el Big Bang hasta el Big Crunch. Los neutrinos podrían ser el "pegamento" que mantiene unido al universo.

[3]A veces, un núcleo emite un positrón, que es la "antipartícula" del electrón. En este caso, un protón se transforma en un neutrón y disminuye el número atómico.

FIGURA 33.13 El U 238 decae hasta Pb 206 a través de una serie de desintegraciones alfa (flechas inclinadas) y beta (flechas horizontales).

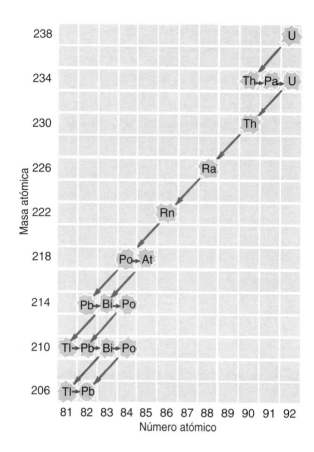

cha horizontal representa un decaimiento beta. Observa que algunos de los núcleos de la serie se desintegran en las dos formas. Esta serie es una de varias series radiactivas parecidas que se encuentran en la naturaleza.

EXAMÍNATE

1. Completa las siguientes reacciones nucleares:

   a) $^{228}_{88}\text{Ra} \rightarrow \,^{?}_{?}? + \,^{0}_{-1}e$

   b) $^{209}_{84}\text{Po} \rightarrow \,^{205}_{82}\text{Pb} + \,^{?}_{?}?$

2. Al final, ¿qué sucede con todo el uranio 238 que se desintegra radiactivamente?

COMPRUEBA TUS RESPUESTAS

1. **a)** $^{228}_{88}\text{Ra} \rightarrow \,^{228}_{89}\text{Ac} + \,^{0}_{-1}e$

   b) $^{209}_{84}\text{Po} \rightarrow \,^{205}_{82}\text{Pb} + \,^{4}_{2}\text{He}$

2. Todo el uranio 238 acabará transformándose en plomo 206. Al hacerlo existirán o se producirán varios isótopos de diversos elementos, como se indica en la figura 33.13.

Transmutación artificial de los elementos

Los antiguos alquimistas trataron en vano, durante más de 2000 años, en hacer la transmutación de un elemento para obtener otro. Se hicieron enormes esfuerzos y complicados rituales en intentos para transformar el plomo en oro, pero nunca lo consiguieron. De hecho, se puede transformar el plomo en oro, pero no con los métodos rudimentarios que empleaban los alquimistas. Las reacciones químicas implican alteraciones de las capas externas de nubes de electrones, de los átomos y de las moléculas. Para transformar un elemento en otro se debe ir a las profundidades de las nubes electrónicas y llegar al núcleo central, que es inmune a las reacciones químicas más violentas. Para cambiar el plomo en oro se deben extraer tres cargas positivas del núcleo. Es irónico el hecho de que las transmutaciones de los núcleos atómicos rodeaban constantemente a los alquimistas, como a nosotros en la actualidad. El decaimiento radiactivo de los minerales en las rocas ha tenido lugar desde su formación. Pero eso no lo sabían los alquimistas, que carecían de un modelo de la materia que pudiera conducirlos al descubrimiento de las radiaciones. Si los alquimistas hubieran usado partículas de alta rapidez expulsadas de los minerales radiactivos como balas, hubieran logrado transmutar algunos de los átomos de una sustancia. Pero lo más probable es que los átomos así transmutados hubieran escapado a su detección.

En 1919, Ernest Rutherford fue el primero de muchos investigadores en lograr transmutar un elemento químico. Bombardeó núcleos de nitrógeno con partículas alfa, y pudo transmutar el nitrógeno en oxígeno:

$$^{14}_{7}N + ^{4}_{2}He \rightarrow ^{17}_{8}O + ^{1}_{1}H$$

La fuente de partículas alfa de Rutherford fue un trozo de mineral. Con un cuarto de millón de trazas en cámara de niebla fotografiadas en una película de cine, mostró siete ejemplos de transmutación nuclear. El análisis de las trazas desviadas por un campo magnético intenso demostró que cuando una partícula alfa choca con un átomo de nitrógeno, sale despedido un protón y el átomo pesado retrocede una corta distancia. La partícula alfa había desaparecido, absorbida por el núcleo de nitrógeno y transformando el nitrógeno en oxígeno.

A partir del anuncio de Rutherford en 1919, los investigadores han logrado producir muchas de esas reacciones nucleares, primero con proyectiles naturales procedentes de minerales radiactivos y después con proyectiles todavía más energéticos, protones y electrones lanzados por gigantescos aceleradores de partículas. Con transmutación artificial se han producido los elementos desconocidos hasta fecha reciente, con números atómicos del 93 al 118 (todavía faltan por obtener los elementos de número atómico impar 113, 115 y 117). En la tabla 33.1 se ven los elementos conocidos hasta el año 2001, más allá del uranio. Todos esos elementos fabricados artificialmente tienen vidas medias cortas. Todos los elementos transuránidos que pudieran haber existido en forma natural cuando se formó la Tierra, hace mucho tiempo que desaparecieron.

Isótopos radiactivos

Todos los elementos se han transformado en radiactivos al bombardearlos con neutrones y otras partículas. Los materiales radiactivos son muy útiles en la investigación científica y en la industria. Por ejemplo, para evaluar la acción de un fertilizante, se combina una pequeña cantidad de material radiactivo con el fertilizante, y a continuación se aplica la combinación a algunas plantas. La cantidad del fertilizante radiactivo absorbida por las plan-

TABLA 33.1 Elementos transuránicos

Número atómico	Número de masa	Nombre	Símbolo	Fecha de descubrimiento
93	237	Neptunio	Np	1940
94	244	Plutonio	Pu	1940
95	243	Americio	Am	1945
96	247	Curio	Cm	1944
97	247	Berkelio	Bk	1949
98	251	Californio	Cf	1950
99	252	Einstenio	Es	1952
100	257	Fermio	Fm	1953
101	258	Mendelevio	Md	1955
102	259	Nobelio	No	1957
103	262	Laurencio	Lr	1961
104	261	Rutherfordio	Rf	1969
105	262	Dubnio	Db	1970
106	266	Seaborgio	Sg	1974
107	264	Bohrio	Bh	1976
108	269	Hassio*	Hs	1984
109	268	Meitnerio	Mt	1982
110	271	sin nombre		1987
111	272	sin nombre		1994
112	277	sin nombre		1996
114	285	sin nombre		1999
116	289	sin nombre		1999
118	293	sin nombre		1999

*El hassio se nombró por Hesse, el estado alemán donde está ubicado el laboratorio Darmstadt. Otros elementos se han nombrado por lugares como América, Berkeley, California y Dubna. Los elementos pesados en la tabla llevan el nombre de científicos como Marie Curie, Albert Einstein, Enrico Fermi, Dimitri Mendelev, Alfred Nobel, Ernest Lawrence, Ernest Rutherford, Glenn Seaborg, Niels Bohr y Lise Meitner, quienes representan a ocho países.

tas se puede medir con facilidad con detectores de radiación. A partir de esas mediciones los investigadores pueden informar a los campesinos la cantidad correcta de fertilizante que deben usar. Al aplicarlos en esta forma, a los isótopos radiactivos se les llama *trazadores* o *marcadores* radiactivos.

FIGURA 33.14 Localización de fugas en el tubo mediante isótopos radiactivos.

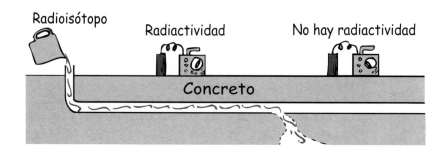

FIGURA 33.15 Con la radiactividad se puede medir la acción de los fertilizantes y el avance de los alimentos en la digestión.

Los trazadores radiactivos se usan mucho en medicina para diagnosticar enfermedades. Pequeñas cantidades de isótopos radiactivos determinados, después de inyectarse en el torrente sanguíneo, se concentran en los lugares problemáticos, por ejemplo en fracturas óseas o en tumores. Al usar detectores de radiación, el personal médico determina dónde se concentraron los isótopos.

Los técnicos pueden estudiar cómo se desgastan las partes de un motor automotriz, haciendo radiactivas las paredes de los cilindros. Mientras está trabajando el motor, los anillos del pistón se frotan contra esas paredes. Las diminutas partículas del metal radiactivo que se desprenden caen con el aceite lubricante, donde se pueden medir con un detector de radiaciones. Al repetir esta prueba con distintos aceites el investigador puede determinar cuál aceite es el que produce menos desgaste y prolonga más la vida del motor.

También los fabricantes de neumáticos emplean isótopos radiactivos. Si una proporción conocida de átomos de carbono en un neumático de automóvil es radiactiva, se puede estimar la cantidad de caucho que queda en el pavimento al frenar el vehículo, contando los átomos radiactivos.

Hay cientos de ejemplos más del uso de isótopos radiactivos trazadores. Lo importante es que esta técnica permite contar con una técnica para detectar y contar átomos en las muestras de materiales, que son demasiado pequeñas para verlas bajo el microscopio.

Cuando la radiactividad se usa en tratamientos médicos, en lugar de para diagnóstico, es necesario que sea intensa. Entonces se pueden usar fuentes de radiación intensa y de vida corta, para destruir, por ejemplo, las células cancerosas como en la glándula tiroides o en la próstata.

EXAMÍNATE Imagina que deseas determinar cuánta gasolina hay en un tanque subterráneo de almacenamiento. Viertes un galón de gasolina que tiene un material radiactivo de larga vida media, que emite 5000 conteos por minuto. Al día siguiente sacas un galón del tanque y al medir su radiactividad resulta 10 conteos por minuto. ¿Cuánta gasolina hay en el tanque?

Fechado con carbono

Los rayos cósmicos están bombardeando siempre a la atmósfera terrestre, y producen transmutaciones de muchos de los átomos en la alta atmósfera. Esas transmutaciones hacen que muchos protones y neutrones sean "rociados" en el ambiente. La mayor parte de los protones capturan electrones con rapidez, y se transforman en átomos de hidrógeno en la atmósfera superior. Sin embargo, los neutrones siguen avanzando mayores distancias, porque no tienen carga y en consecuencia no interactúan eléctricamente con la materia. Al final, muchos de ellos chocan con núcleos atómicos en la baja atmósfera, que es más densa. Cuando el nitrógeno captura a un neutrón se transforma en un isótopo del carbono, emitiendo un protón:

$$^{14}_{7}\text{N} + ^{1}_{0}n \rightarrow ^{14}_{6}\text{C} + ^{1}_{1}\text{H}$$

COMPRUEBA TU RESPUESTA Hay 500 galones en el tanque porque, después de mezclarse, el galón que sacaste contiene 10/5000 = 1/500 de las partículas radiactivas originales.

Irradiación de los alimentos

En Estados Unidos mueren unas 200 personas cada semana, la mayoría niños, por enfermedades que contraen por los alimentos. Cada semana, son millones las personas que enferman de padecimientos propagados por los alimentos, de acuerdo con los Centros para Control y Prevención de Enfermedades, en Washington, D.C. Pero los astronautas nunca se enferman. ¿Por qué? Porque la diarrea en órbita por ningún motivo se puede permitir, y los alimentos que se toman en las misiones espaciales están irradiados con rayos gamma de alta energía emitidos por una fuente de cobalto radiactivo (Co 60). Los astronautas, al igual que los pacientes en muchos hospitales y casas de asistencia, no tienen que luchar contra la salmonela, el *E. coli*, los microbios o los parásitos en los alimentos irradiados con Co 60. Entonces, ¿por qué no se consigue alimento irradiado en el mercado? La respuesta es por el temor de la gente a la palabra *radiación*.

La irradiación de los alimentos mata los insectos de los granos, harinas, frutas y verduras. Pequeñas dosis evitan que germinen las papas, las cebollas y los ajos almacenados, y aumentan en forma importante la vida en almacén de frutas suaves, como las cerezas. Las dosis mayores matan los microbios y los parásitos en las especias, el cerdo y las aves. La irradiación puede penetrar las latas y paquetes sellados. Lo que *no* hace la irradiación es dejar radiactividad en los alimentos. Los rayos gamma atraviesan el alimento como si fuera de vidrio, destruyendo la mayoría de las bacterias que causan enfermedades. Ningún material radiactivo toca los alimentos, y ningún alimento se vuelve radiactivo, porque los rayos gamma no tienen la energía necesaria para sacar neutrones de los núcleos atómicos.

En comparación con el enlatado y la refrigeración, la irradiación tiene menor influencia sobre los valores nutritivos y el sabor. Sin embargo, sí deja atrás trazas de compuestos fragmentados, idénticos a los que se forman en la pirólisis al tostar los alimentos que siempre hemos comido. La irradiación se ha usado durante la mayor parte del siglo XX y se ha probado durante más de 40 años, sin tener pruebas de que sea peligrosa para los consumidores. Todas las sociedades científicas principales avalan la irradiación de los alimentos, así como la Organización Mundial de la Salud, la Administración de alimentos y medicinas y la Asociación Médica Americana, en Estados Unidos. La irradiación es el método a elegir en 23 países en el mundo. Sin embargo, en Estados Unidos todavía continúa la controversia.

Esta controversia es otro ejemplo de la evaluación y administración de riesgos. ¿No se deberían juzgar y ponderar en forma racional los riesgos de daños o muerte por alimentos irradiados, contra los beneficios que aportan? ¿No debería ser la opción entre la cantidad de personas que *podrían* ser perjudicadas por los alimentos irradiados, contra la cantidad de quienes *son* dañados realmente, y que mueren porque el alimento no está irradiado?

Quizá lo que se necesite es un cambio de nombre, quitando la palabra con "r" como se hizo con la palabra con "n" cuando la resistencia al procedimiento médico llamado resonancia magnética nuclear (NMR) desapareció al cambiar al nombre más aceptable de imagen de resonancia magnética (MRI).

Éste es carbono 14, que es radiactivo y tiene 8 neutrones (el isótopo más estable y más común es el carbono 12, que tiene 6 neutrones). Menos de una millonésima del 1% del carbono en la atmósfera es carbono 14. Tanto el carbono 12 como el carbono 14 se unen al oxígeno para formar dióxido de carbono, que es absorbido por las plantas. Eso quiere decir que todas las plantas contienen una pequeña cantidad de carbono 14 radiactivo. Todos los animales comen plantas o animales herbívoros, y en consecuencia hay un poco de carbono 14 en ellos. En resumen, toda cosa viviente el la Tierra contiene algo de carbono 14.

El carbono 14 es emisor beta y se convierte en nitrógeno:

$$^{14}_{6}C \rightarrow \, ^{14}_{7}N + \, ^{0}_{-1}e$$

Como las plantas absorben carbono 14 mientras viven, todo carbono 14 que se pierde por desintegración se repone de inmediato con más carbono 14 de la atmósfera. De este modo se llega a un equilibrio radiactivo, en el que hay una relación de más o menos un átomo de carbono 14 por cada 0.1 billones de átomos de carbono 12. Cuando muere la planta, la reposición cesa. Entonces, el porcentaje de carbono 14 disminuye a una tasa constante, debido a su decaimiento radiactivo. Mientras más tiempo transcurre desde que muere la planta, contiene menos carbono 14. Como los animales comen plantas, también contienen carbono 14.

La vida media del carbono 14 es más o menos de 5730 años. Eso quiere decir que la mitad de los átomos de carbono 14 que hay en una planta o animal que muere ahora, se desintegrará en los próximos 5730 años. La mitad de los átomos restantes de carbono 14 decaerá en los siguientes 5730 años, y así sucesivamente. La radiactividad de la materia muerta que alguna vez fue viviente disminuye en forma gradual, con una tasa constante, desde el momento de la muerte.

FIGURA 33.16 Los isótopos radiactivos del carbono en el esqueleto se reducen a la mitad cada 5730 años.

Conociendo lo anterior, los arqueólogos pueden calcular la edad de objetos que contengan carbono, por ejemplo herramientas de madera o esqueletos, midiendo su contenido de radiactividad. Al proceso se le llama *fechado con carbono 14*, o *datación con carbono 14*, y permite investigar el pasado hasta de 50,000 años.

El fechado con carbono sería un método muy sencillo y muy exacto si a través de las edades hubiera permanecido constante la cantidad de carbono radiactivo en la atmósfera. Pero no es así. Las fluctuaciones de los campos magnéticos en el Sol y en la Tierra afectan las intensidades de los rayos cósmicos en la atmósfera terrestre, lo cual a su vez produce fluctuaciones de la cantidad de carbono 14 en la atmósfera, en determinado momento. Además, los cambios del clima en la Tierra afectan la cantidad de dióxido de carbono en la atmósfera. Los océanos son grandes acumuladores de dióxido de carbono. Cuando los mares son fríos, desprenden menos dióxido de carbono a la atmósfera que cuando se calientan. Debido a todas esas fluctuaciones de la producción de carbono 14 a lo largo de los siglos, el fechado con carbono tiene una incertidumbre aproximada de 15%. Esto quiere decir, por ejemplo, que la paja de un antiguo bloque de adobe cuya edad determinada es de 500 años, en realidad puede tener sólo 425 años cuando menos, o 575 años cuando mucho. Para muchos fines se puede aceptar esa incertidumbre. Con unas técnicas de enriquecimiento con láser, que emplean algunos miligramos de carbono, se obtienen menores incertidumbres, y se usan para fechar reliquias más antiguas. Una técnica que elimina por completo la medición radiactiva usa un espectrómetro de masas, que hace la cuenta directa de C 14/C 12.

EXAMÍNATE Imagina que un arqueólogo extrae 1 gramo de carbón del mango de un hacha antigua, y que determina que tiene la cuarta parte de la radiactividad que 1 gramo de carbón extraído de una rama de árbol recién cortada. Más o menos, ¿qué edad tiene ese mango de hacha?

COMPRUEBA TU RESPUESTA Suponiendo que la relación de C 14/C 12 fuera igual cuando se fabricó el hacha, ésta tiene dos vidas medias del C 14, más o menos 11,460 años de edad.

Fechado con uranio

El fechado de cosas antiguas, pero que no fueron vivientes, se hace con minerales radiactivos, por ejemplo con uranio. Los isótopos naturales U 238 y U 235 decaen con mucha lentitud y al final se transforman en isótopos del plomo; no del isótopo común del plomo Pb 208. Por ejemplo, el U 238 decae, después de varias etapas, y se transforma al final en Pb 206. Por otro lado, el U 235 decae y se transforma en el isótopo Pb 207. Así, todo el plomo 206 y el plomo 207 que existen ahora en una roca uranífera fueron alguna vez uranio. Mientras más antigua sea la roca, es mayor el porcentaje de esos isótopos residuales.

A partir de las vidas medias de los isótopos de uranio y del porcentaje de los isótopos de plomo en la roca uranífera, es posible calcular la fecha de formación de esa roca. Al fechar rocas con esta técnica se han encontrado que tienen hasta 3.7 *miles de millones* de años de edad. En muestras de la Luna, donde no ha habido erosión, se han encontrado antigüedades de 4.2 miles de millones de años, edad que concuerda muy bien con la edad estimada de la Tierra y del resto del sistema solar, de 4.6 miles de millones de años.

Efectos de la radiación en los humanos

Una idea errónea común es que la radiactividad es algo nuevo en el ambiente. Pero ha existido durante mucho más tiempo que la raza humana. Es parte de nuestro ambiente, igual que el Sol y la lluvia. Es lo que calienta y funde el interior de la Tierra. De hecho, la desintegración radiactiva en el interior de la Tierra es lo que calienta el agua que sale de un géiser, o la que sale de un manantial de aguas termales. Hasta el helio en un globo es hijo de la radiactividad. Sus núcleos no son más que las partículas alfa que algún día fueron lanzadas por los núcleos radiactivos.

Como se ve en la figura 33.17, casi la mitad de nuestra exposición anual a la radiación se debe a las fuentes no naturales, principalmente a los rayos X en la medicina y a la radioterapia. Los televisores, las precipitaciones debido a las pruebas nucleares y la generación eléctrica con carbón y con reactores nucleares, también contribuyen a la radiación. Lo sorprendente es que las centrales que queman carbón superan con mucho a la generación de electricidad con energía nuclear, como fuente de radiación. El consumo anual de carbón lanza a la atmósfera unas 9000 toneladas de torio radiactivo, y unas 4000 toneladas de uranio radiactivo. A nivel mundial, las plantas de energía nuclear generan unas 10,000 toneladas de desechos radiactivos cada año. Sin embargo, casi todos esos desperdicios están controlados y *no* pasan al ambiente.

La mayor parte de la radiactividad con la que nos encontramos se origina en los alrededores naturales. Está en el suelo donde nos paramos, y en los ladrillos y piedras de los edificios del entorno. Cada tonelada de granito común contiene unos 20 gramos de torio y 9 de uranio, en promedio. Debido al contenido de trazas de elementos radiactivos que hay en la mayor parte de las rocas, las personas que viven en casas de ladrillo, de concreto o de piedra se exponen a una mayor cantidad de radiación que las que viven en casas de madera. La radiación natural de fondo estaba presente desde antes que los humanos aparecieran en nuestro mundo. Si nuestros organismos no la pudieran tolerar, ya no estaríamos aquí. Además de la radiactividad, nos bombardean los rayos cósmicos. Al

FIGURA 33.17 Orígenes de la exposición a la radiación para una persona promedio en Estados Unidos.

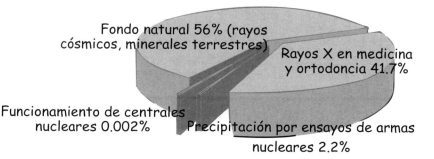

Fondo natural 56% (rayos cósmicos, minerales terrestres)

Rayos X en medicina y ortodoncia 41.7%

Funcionamiento de centrales nucleares 0.002%

Precipitación por ensayos de armas nucleares 2.2%

nivel del mar, la cubierta protectora de la atmósfera reduce la intensidad de esos rayos, mientras que a mayores altitudes es más intensa. En Denver, la "ciudad a una milla de altitud", una persona recibe más del doble de radiación de rayos cósmicos que a nivel del mar. Un par de viajes redondos entre Nueva York y San Francisco nos expone a tanta radiación como la que recibimos en una radiografía normal de tórax. Esta radiación adicional es uno de los factores que limitan las horas de vuelo del personal en las aerolíneas.

Hasta el cuerpo humano es fuente de radiación natural, principalmente por el potasio que ingerimos. Nuestro organismo contiene unos 200 gramos de potasio. De esta cantidad, más o menos 200 miligramos son de potasio 40, un isótopo radiactivo. Entre cada latido del corazón se desintegran radiactiva y espontáneamente unos 5000 átomos de potasio 40. Además, se agregan unas 3000 partículas beta cada segundo, emitidas por el carbono 14 en el organismo. Hasta cierto grado, nosotros y todas las criaturas vivas somos radiactivos.

La fuente principal de la radiación externa natural es el radón 222, un gas inerte que se produce en los depósitos de uranio. Es un gas denso que tiende a acumularse en los sótanos, después de filtrarse por las grietas del suelo. Las concentraciones de radón varían de una a otra región, dependiendo de la geología local. Puedes medir la concentración de radón en tu casa con un juego detector de radón. Si las concentraciones son anormalmente altas, se recomienda tomar medidas correctivas, como sellar los cimientos del sótano y mantener una ventilación adecuada.

FIGURA 33.18 Un equipo de prueba de radón en el hogar, que se puede conseguir en el comercio.

Se debe evitar exponerse a radiaciones mayores que la normal de fondo, por los daños que pueden provocar.[4] Las células de los tejidos vivos están formadas por moléculas de estructuras intrincadas en el seno de una salmuera acuosa, rica en iones. Cuando la radiación X o nuclear encuentra esta sopa muy ordenada, produce caos a escala atómica. Por ejemplo, una partícula beta que atraviese la materia viva y que choque con un pequeño porcentaje de las moléculas deja una huella punteada al azar de moléculas alteradas o rotas, junto con iones y radicales libres o fragmentos moleculares, recién formados y químicamente activos. Los iones y los radicales libres pueden romper todavía más enlaces moleculares, o pueden formar con rapidez nuevos enlaces fuertes y formar moléculas que pueden ser inútiles o dañinas para la célula. La radiación gamma produce un efecto parecido. Cuando un fotón de rayo gamma, de gran energía, atraviesa la materia, puede rebotar en un electrón y cederle una gran energía cinética. Entonces, el electrón puede vagar por los tejidos, creando el caos como se describió arriba. Todas las clases de radiación de alta energía rompen o alteran la estructura de algunas moléculas, y crean las condiciones en las que se formarán otras moléculas, que pueden ser dañinas para los procesos vitales.

Las células pueden reparar la mayor parte de los daños moleculares, si la radiación no es demasiado intensa. Una célula puede sobrevivir a una dosis letal de radiación si se reparte durante largo tiempo, para permitir intervalos de recuperación o cicatrización. Cuando la radiación es suficiente como para matar la células, las células muertas se pueden reponer con otras nuevas. Una excepción importante son casi todas las células nerviosas, que son irreemplazables. A veces, una célula irradiada sobrevive con una molécula dañada de ADN. La información genética defectuosa se transmitirá a las células descendientes al reproducirse la primera, y se presentará una *mutación* celular. En general, las mutaciones son insignificantes, pero si son importantes probablemente den como resultado células que no funcionen tan bien como las que no fueron dañadas. En casos raros una mutación producirá una mejora. Un cambio genético de esta clase también podría ser parte de la causa de un cáncer que se desarrolle después.

La concentración del desorden producido a lo largo de la trayectoria de una partícula depende de su energía, carga y masa. Los fotones de rayos gamma y las partículas beta con mucha energía difunden los daños en una trayectoria larga. Penetran profundamente

---

[4]En algunos pacientes de cáncer puede ser provechoso un gran nivel de radiación, dirigida con cuidado, que mate en forma selectiva las células cancerosas. Esto pertenece a la oncología con radiaciones.

FIGURA 33.19 Símbolo internacional para indicar una zona donde se esté manejando o produciendo un material radiactivo.

con interacciones distantes, como una bola rápida de béisbol lanzada a través de una granizada. Las partículas lentas, masivas y con mucha carga, por ejemplo las partículas alfa de baja energía, hacen daños en las distancias más cortas. Los choques son cercanos, como los de un toro que embiste a un rebaño de ovejas. No penetran mucho porque su energía es absorbida en muchas colisiones cercanas. Las partículas que producen daños muy concentrados son los núcleos diversos (llamados *primarios pesados*) que salen despedidos en las protuberancias solares, y los contenidos en un pequeño porcentaje en la radiación cósmica. Entre ellos están todos los elementos que se encuentran en la Tierra. Algunos de ellos son capturados por el campo geomagnético o se detienen por choques en la atmósfera, por lo que prácticamente ninguno llega a la superficie terrestre. Estamos blindados contra la mayor parte de esas peligrosas partículas, debido a su propiedad inherente que las hace peligrosas: su tendencia a tener choques cercanos entre sí.

Los astronautas no tienen esta protección, y absorben grandes dosis de radiación durante el tiempo que pasan en el espacio. En algunas décadas se produce una poderosa llamarada o protuberancia solar la cual con casi toda seguridad mataría a un astronauta con su protección convencional, por carecer de la protección de la atmósfera terrestre y del campo geomagnético.

Nos bombardea principalmente lo que menos nos perjudica: los neutrinos. Son las partículas que interactúan con más debilidad. Tienen una masa casi de cero, no tienen carga y se producen con frecuencia en los decaimientos radiactivos. Son las partículas de alta velocidad más comunes, atraviesan el universo y pasan sin ser estorbadas a través de nuestros cuerpos, muchos millones cada segundo. Atraviesan por completo la Tierra, sólo con algunos encuentros ocasionales. Se necesitaría un "trozo" de plomo de 6 años luz de espesor para absorber la mitad de los neutrinos que le llegaran. En promedio, sólo una vez al año un neutrino desata una reacción nuclear en un organismo. No escuchamos mucho acerca de los neutrinos porque éstos nos ignoran.

De las radiaciones que hemos descrito en este capítulo, la más penetrante y en consecuencia contra la que se protege con más dificultad, es la radiación gamma. Eso, combinado con la capacidad que tiene de interactuar con la materia del organismo, la hace potencialmente más dañina. Emana de los materiales radiactivos y forma una parte apreciable de la radiación natural de fondo. Se debe reducir al mínimo la exposición a ella.

Examínate

1. Las personas que trabajan con radiactividad usan dosímetros de gafete para vigilar los niveles de radiación que llegan al organismo. Esos dosímetros consisten en una pieza pequeña de película fotográfica encerrada en una envoltura hermética a la luz. ¿Qué clase de radiación vigilan esos dispositivos, y cómo se puede determinar con ellos la cantidad de radiación que recibe el organismo?

2. Imagina que te dan tres pastelillos radiactivos: uno emisor de alfa, otro emisor de beta y el tercero emisor de gamma. Debes comer uno, sostener otro en la mano y guardar el tercero en la bolsa. ¿Qué puedes hacer para reducir al mínimo tu exposición a la radiación?

Dosimetría de la radiación

Las dosis de radiación se expresan en "rad" (radiaciones, abreviado), Un rad es una unidad absorbida de radiación ionizante. La cantidad de rad indica la cantidad de energía de radiación absorbida por gramo de material expuesto. Sin embargo, cuando lo que interesa es la capacidad potencial de la radiación de afectar a los seres humanos, las dosis se miden en *rem* (*r*oentgen *e*quivalent *m*an, roentgen equivalente hombre). Para calcular la dosis en rem se multiplica la cantidad de rad por un factor que tiene en cuenta los distintos efectos de diferentes clases de radiación. Por ejemplo, 1 rad de partículas alfa lentas tiene el mismo efecto biológico que 10 rad de electrones rápidos. Las dos dosis son 10 rem.

En Estados Unidos, una persona promedio está expuesta más o menos a 0.2 rem por año. Esta radiación proviene del interior del organismo, del suelo, de las construcciones, de los rayos cósmicos, de los rayos X utilizados en diagnósticos, de la TV, etc. Varía mucho de un lugar a otro en el planeta, pero es mayor a mayores altitudes, donde la radiación cósmica es más intensa, y es máxima cerca de los polos, donde el campo geomagnético no brinda protección contra los rayos cósmicos.

La dosis letal de la radiación es del orden de 500 rem; esto es, una persona tiene una probabilidad aproximada de 50% de sobrevivir a una dosis de esta magnitud, si la recibe durante un tiempo corto. En la radioterapia, que es el uso de radiaciones para matar las células cancerosas, un paciente puede recibir dosis concentradas mayores de 200 rem cada día, durante semanas. Una radiografía normal de tórax expone a una persona a recibir entre 5 y 30 milirem, menos de la diezmilésima parte de la dosis letal. Sin embargo, aun las dosis pequeñas de radiación pueden producir efectos a largo plazo, debido a las mutaciones en los tejidos del organismo. Además, como una pequeña fracción de una dosis de rayos X llega a las gónadas, a veces causan mutaciones que pasan a la siguiente generación. Los rayos X medicinales, para el diagnóstico y la terapia, tienen un efecto mucho mayor sobre la herencia genética humana que cualquier otra fuente artificial de radiación. En perspectiva, se debe tener en cuenta que normalmente recibimos bastante más radiación de los minerales naturales en la Tierra que de las demás fuentes artificiales de radiación combinadas.

Tomando en cuenta todas las causas, la mayoría de nosotros recibirá una exposición de menos de 20 rem en nuestra vida, durante varias décadas. Eso nos hace un poco más susceptibles al cáncer y a otros padecimientos. Pero es más importante el hecho de que todos los seres vivos siempre han absorbido radiación natural, y que la radiación recibida en las células reproductoras ha producido cambios genéticos en todas las especies, generación tras generación. Pequeñas mutaciones que la naturaleza seleccionó por sus contribuciones a la supervivencia, a lo largo de miles de millones de años han dado como resultado algunos organismos interesantes —¡*nosotros*, por ejemplo!

COMPRUEBA TUS RESPUESTAS

1. Las radiaciones alfa y la mayor parte de las radiaciones beta no penetran la envoltura de la película, y por consiguiente, la clase de radiación que llega a la película es principalmente radiación gamma. Al igual que la luz sobre una placa fotográfica, una mayor intensidad produce una mayor exposición, que se nota por lo negra que se vuelve la película.

2. En el caso ideal, debes alejarte de esos pastelillos. Pero si debes comer uno, sostener otro en la mano y guardar el tercero en la bolsa, sostén el emisor alfa, porque la piel de la mano te protegerá. Guarda el emisor beta en la bolsa, porque es probable que la ropa te proteja. Come el emisor gamma, porque en cualquiera de los casos penetrará en tu cuerpo, y al menos te dejará un sabor agradable.

Resumen de términos

Isótopos Átomos cuyos núcleos tienen la misma cantidad de protones, pero distintas cantidades de neutrones.

Nucleón Un protón o neutrón en el núcleo; también el nombre genérico de ambos.

Número atómico Número asociado con un átomo, igual a la cantidad de protones en el núcleo o, lo que es lo mismo, a la cantidad de electrones en la nube electrónica de un átomo neutro.

Número de masa atómico Un número asociado a un átomo, igual a la cantidad de nucleones en su núcleo.

Partícula alfa El núcleo de un átomo de helio, formado por dos neutrones y dos protones, expulsado por ciertos elementos radiactivos.

Partícula beta Un electrón (o positrón) emitido durante el decaimiento radiactivo de ciertos núcleos.

Quarks Las partículas elementales constituyentes, o las piedras constructivas, de la materia nuclear.

Rayo gamma Radiación electromagnética de alta frecuencia, emitida por los núcleos de los átomos radiactivos.

Rayos X Radiación electromagnética de alta frecuencia mayor que la ultravioleta; la emiten los electrones que saltan hasta sus estados fundamentales de energía en los átomos.

Transmutación La conversión de un núcleo atómico de un elemento en un núcleo atómico de otro elemento, mediante una pérdida o ganancia de la cantidad de protones.

Vida media El tiempo requerido para que decaiga la mitad de los átomos en una muestra de un isótopo radiactivo.

Preguntas de repaso

Rayos X y radiactividad

1. ¿Qué descubrió Roentgen acerca de un rayo catódico que choca con una superficie de vidrio?
2. ¿Cuál es la semejanza y la diferencia principal entre un haz de rayos X y un haz luminoso?
3. ¿Qué descubrió Becquerel acerca del uranio?
4. ¿Cuáles fueron los dos elementos que descubrieron Pierre y Marie Curie?

Rayos alfa, beta y gamma

5. ¿Por qué los rayos alfa y beta son desviados en direcciones opuestas en un campo magnético? ¿Por qué los rayos gamma no se desvían?
6. ¿Cuál es el origen de un haz de rayos gamma? ¿De un haz de rayos X?

El núcleo

7. Escribe el nombre de dos nucleones distintos.
8. ¿Por qué la masa de un átomo es prácticamente igual a la masa de su núcleo?
9. ¿Qué son los *quarks*?
10. Escribe el nombre de tres leptones distintos.

Isótopos

11. Menciona el número atómico del deuterio y del tritio.
12. Menciona el número de masa atómica del deuterio y del tritio.
13. Describe la diferencia entre un *isótopo* y un *ion*.

Por qué los átomos son radiactivos

14. ¿Por qué la fuerza eléctrica de repulsión entre los protones del núcleo atómico no hace que salgan despedidos en todas direcciones?
15. Menciona los nombres de tres hadrones distintos.
16. ¿Por qué los protones de un núcleo muy grande tienen mayor probabilidad de explotar debido a la repulsión eléctrica?
17. ¿Por qué en general un núcleo grande es menos estable que uno más pequeño?

Vida media

18. ¿Qué quiere decir *vida media radiactiva*?
19. ¿Cuál es la vida media del Ra 226? ¿De un muón?
20. Para todo isótopo radiactivo, ¿cuál es la relación entre la tasa de decaimiento y la vida media?

Detectores de radiación

21. ¿Qué clase de rastro queda cuando una partícula energética atraviesa la materia?
22. ¿Cuáles son los dos detectores que funcionan principalmente detectando los rastros dejados por partículas energéticas disparadas a través de la materia?

Transmutación natural de los elementos

23. ¿Qué es transmutación?
24. Cuando el torio, con número atómico 90, decae emitiendo una partícula alfa, ¿cuál es el número atómico del núcleo que resulta?
25. Cuando el torio decae emitiendo una partícula beta, ¿cuál es el número atómico del núcleo que resulta?
26. ¿Qué cambio de masa atómica hay en cada una de las dos reacciones anteriores?
27. ¿Qué cambio de número atómico sucede cuando un núcleo emite una partícula alfa? ¿Una partícula beta? ¿Un rayo gamma?
28. ¿Cuál es el destino final del uranio que existe en el mundo?

Transmutación artificial de los elementos

29. Los alquimistas de la antigüedad creían que los elementos se podían transformar en otros elementos. ¿Estaban en lo correcto? ¿Tuvieron éxito? ¿Por qué?

30. ¿Cuándo, y quién llevó a cabo la primera transmutación intencional de un elemento?

31. ¿Por qué los elementos posteriores al uranio no son comunes en la corteza terretre?

Isótopos radiactivos

32. ¿Cómo se producen los isótopos radiactivos?

33. ¿Qué es un *trazador* radiactivo?

Fechado con carbono

34. ¿Qué sucede cuando un núcleo de nitrógeno captura un neutrón adicional?

35. ¿Cuál es radiactivo, el C 12 o el C 14?

36. ¿Cuántos átomos de carbono 14 hay en comparación con los de carbono 12 en la materia viva?

37. ¿Por qué hay más C 14 en los huesos recientes que en los fósiles, de la misma masa?

Fechado con uranio

38. ¿Por qué hay plomo en todos los depósitos de minerales de uranio?

39. ¿Qué indica la proporción de plomo y uranio en una roca, acerca de la edad de la roca?

Efectos de la radiación en los humanos

40. ¿Dónde se origina la mayor parte de la radiación que llega a ti?

41. ¿Es radiactivo el cuerpo humano?

42. ¿Qué clases de células corren más peligro al ser irradiadas?

43. ¿De qué espesor necesita ser una pieza de plomo para absorber la mitad de un haz de neutrinos?

Dosimetría de la radiación

44. ¿Cuál es la dosis anual media de radiación que recibe una persona promedio en Estados Unidos? ¿Cuál es la dosis promedio que recibe de rayos X? ¿Cuál es la dosis letal?

45. ¿Qué causa la máxima radiación para los humanos, los minerales naturales en la Tierra, o las fuentes artificiales?

Ejercicios

1. Los rayos X, ¿a qué de lo siguiente se parecen más: rayos alfa, beta o gamma?

2. ¿Por qué una muestra de material radiactivo siempre está un poco más caliente que los alrededores?

3. Algunas personas dicen que todo es posible. ¿Es posible que un núcleo de hidrógeno emita una partícula alfa? Defiende tu respuesta.

4. ¿Por qué los rayos alfa y beta se desvían en direcciones opuestas en un campo magnético? ¿Por qué no se desvían los rayos gamma en ese campo?

5. La partícula alfa tiene el doble de la carga eléctrica que la partícula beta, pero para la misma energía cinética, se desvía menos que la beta en un campo magnético. ¿Por qué?

6. ¿Cómo se comparan las trayectorias de los rayos alfa, beta y gamma en un campo eléctrico?

7. ¿Cuál clase de radiación, alfa, beta o gamma, produce el mayor cambio de *número de masa* al ser emitida por un núcleo atómico? ¿Cuál produce el mayor cambio en el *número atómico*?

8. ¿Cuál clase de radiación, alfa, beta o gamma, produce el menor cambio en el número de masa? ¿En el número atómico?

9. ¿Cuál clase de radiación, alfa, beta o gamma, predomina dentro de un elevador que desciende en una mina de uranio?

10. Al bombardear los núcleos atómicos con "balas" de protones, ¿por qué éstos se deben acelerar a grandes energías para poder hacer contacto con los núcleos?

11. Inmediatamente después de que una partícula alfa deja el núcleo, ¿crees que va a acelerar? Defiende tu respuesta.

12. ¿Por qué crees que las partículas alfa, con su mayor carga, puedan penetrar menos en los materiales que las partículas beta de la misma energía?

13. Un par de protones en el núcleo de un átomo se repelen entre sí, pero también se atraen. Explica por qué.

14. ¿Cuál interacción tiende a mantener unidas las partículas de un núcleo atómico, y cuál interacción tiende a separarlas?

15. ¿Qué pruebas respaldan la afirmación que la interacción nuclear fuerte puede dominar a la interacción eléctrica a cortas distancias dentro del núcleo?

16. ¿Se puede decir verdaderamente que siempre que un núcleo emite una partícula alfa o beta se transforma por necesidad en el núcleo de un elemento diferente?

17. Exactamente, ¿qué es un átomo de hidrógeno con carga positiva?

18. ¿Por qué los diferentes isótopos del mismo elemento tienen las mismas propiedades químicas?

19. Si sigues la pista a 100 personas nacidas en el año 2000 y vez que la mitad de ellas todavía viven en el 2060, ¿quiere decir que la cuarta parte de ellas todavía vivirán en el 2120, y que la octava parte vivirán en el 2180? ¿En qué se diferencian las tasas de mortalidad de las personas y las "tasas de mortalidad" de los átomos radiactivos?

20. La radiación desde una fuente puntual obedece la ley del inverso del cuadrado. Si un contador Geiger a 1 m de una muestra pequeña indica 360 cuentas por minuto, ¿cuál será su frecuencia de conteo a 2 m de la fuente? ¿A 3 m?

21. ¿Por qué las partículas cargadas que pasan por las cámaras de burbujas siguen trayectorias espirales y no las circulares o helicoidales que idealmente deberían seguir?

22. De acuerdo con la figura 33.13, ¿cuántas partículas alfa y cuántas partículas beta se emiten en la serie de desintegraciones radiactivas desde un núcleo de U 238 hasta un núcleo de Pb 206?

23. Si un átomo tiene 104 electrones, 157 neutrones y 104 protones, ¿cuál es su masa atómica aproximada? ¿Cuál es el nombre de este elemento?

24. Cuando un núcleo de $^{226}_{88}$Ra decae emitiendo una partícula alfa, ¿cuál es el número atómico del núcleo resultante? ¿Cuál es la masa atómica del núcleo resultante?

25. Cuando un núcleo de $^{218}_{84}$Po emite una partícula beta, se transforma en el núcleo de un nuevo elemento. ¿Cuáles son el número atómico y la masa atómica de este nuevo elemento? ¿Cuáles son si en lugar de ello el núcleo de polonio emite una partícula alfa?

26. Determina la cantidad de neutrones y de protones en cada uno de los siguientes núcleos: $^2_1$H, $^{12}_6$C, $^{56}_{26}$Fe, $^{197}_{79}$Au, $^{90}_{38}$Sr y $^{238}_{92}$U.

27. ¿Cómo es posible que un elemento decaiga y "avance en la tabla periódica", esto es, que se transforme en un elemento de mayor número atómico?

28. Cuando decae el fósforo radiactivo, emite un positrón. El núcleo que resulta, ¿será de otro isótopo del fósforo? Si no es así, ¿de qué será?

29. ¿Cómo podría alguien demostrar la siguiente afirmación: "el estroncio 90 es una fuente beta pura"?

30. Las personas que trabajan con la radiactividad usan dosímetros de gafete para vigilar su exposición a la radiación. Esos dosímetros son pequeñas piezas de película fotográfica encerradas en envoltura hermética a la luz. ¿Qué clase de radiación vigilan esos dispositivos?

31. Los elementos posteriores al uranio en la tabla periódica no existen en cantidades apreciables en la naturaleza, porque tienen vidas medias cortas. Sin embargo, hay algunos elementos antes del uranio cuyas vidas también son cortas que sí existen en cantidades apreciables en la naturaleza. ¿Cómo explicas eso?

32. Un amigo dice que el helio usado para inflar globos es un producto del decaimiento radiactivo. Otro amigo dice que no es cierto. ¿Con cuál de ellos estás de acuerdo?

33. Otro amigo, temeroso de vivir cerca de una central eléctrica de fisión nuclear, quiere alejarse de la radiación y se va a vivir las altas montañas y duerme sobre afloramientos de granito. ¿Qué le comentas?

34. Una amiga viaja hasta el pie de las montañas para escapar de los efectos de la radiactividad. Al bañarse en un manantial de aguas termales pregunta cómo se calienta el agua del manantial. ¿Qué le dices?

35. El carbón contiene cantidades diminutas de materiales radiactivos; sin embargo, debido a la gran cantidad de carbón que se quema hay más radiación emitida por una central eléctrica de carbón que por una central nuclear. ¿Qué te dice eso acerca de los métodos de prevenir la liberación de la radiactividad que se siguen normalmente en las dos clases de centrales eléctricas?

36. Un amigo se fabrica un contador Geiger para medir la radiación normal de fondo en la localidad. Este contador hace "clic" en forma aleatoria, pero repetida. Otro amigo, cuya tendencia es temer mucho a lo que comprende menos, hace intentos de apartarse del contador Geiger y te un pide consejo. ¿Qué le dices?

37. Cuando se irradia el alimento con rayos gamma de una fuente de cobalto 60, ¿se vuelve radiactivo el alimento? Defiende tu respuesta.

38. El fechado con carbono, ¿es adecuado para medir la edad de los materiales a) con algunos años de antigüedad, b) con algunos miles de años de antigüedad?, c) con algunos millones de años de antigüedad?

39. La edad de los rollos del Mar Muerto fue determinada por fechado con carbono. ¿Funcionaría esta técnica si los textos estuvieran esculpidos en tablillas de piedra? Explica por qué.

40. Redacta dos preguntas de opción múltiple para comprobar la comprensión de uno de tus compañeros acerca del fechado con carbono.

Problemas

1. Si una muestra de un isótopo radiactivo tiene un año de vida media, ¿qué cantidad de la muestra original quedará al final del segundo año? ¿Del tercer año? ¿Del cuarto año?

2. Una muestra de cierto isótopo se coloca cerca de un contador Geiger, y se observa que registra 160 conteos por minuto. Ocho horas después, el detector registra 10 conteos por minuto. ¿Cuál es la vida media del material?

3. El isótopo cesio 137 tiene una vida media de 30 años, y es un producto de las centrales nucleares. ¿Cuánto tardará ese isótopo en decaer hasta más o menos la dieciseisava parte de la cantidad original?

4. Cierto isótopo radiactivo tiene vida media de una hora. Si comienzas con 1 g del material a mediodía, ¿cuánto del isótopo original tendrá la mezcla a las 3:00 PM? ¿A las 6:00 PM? ¿A las 10:00 PM?

5. Imagina que mides la intensidad de la radiación del carbono 14 en un antiguo trozo de madera, y que es el 6% de la que tendría un trozo de madera recién cortada. ¿Qué edad tiene éste?

34

www.pearsoneducacion.net/hewitt
*Usa los variados recursos del sitio Web,
para comprender mejor la física.*

FISIÓN Y FUSIÓN NUCLEAR

Dean Zollman en una presentación de la física del núcleo atómico,
con PowerPoint.

En diciembre de 1938, Otto Hahn y Fritz Strassmann, dos científicos alemanes, por accidente hicieron un descubrimiento que iba a cambiar el mundo. Al bombardear una muestra de uranio con neutrones, tratando de crear nuevos elementos más pesados, quedaron asombrados al encontrar evidencia química de la producción de bario, elemento que tiene más o menos la mitad de la masa del uranio. Se resistían a creer en sus propios resultados. Hahn mandó la noticia de este descubrimiento a su colega, Lise Meitner, refugiada del nazismo que trabajaba en Suecia. Durante las vacaciones navideñas visitó y trató el asunto con su sobrino Otto Frisch, quien también era refugiado del nazismo en Dinamarca, donde trabajaba con Niels Bohr, y que por esos días la visitaba. Juntos llegaron a la explicación: el núcleo de uranio, activado por el bombardeo con neutrones, se había partido en dos. Frisch y Meitner llamaron *fisión* al proceso, recordando el proceso biológico parecido de la división celular.

Fisión nuclear

La **fisión nuclear** implica un equilibrio delicado dentro del núcleo, entre la atracción nuclear y la repulsión nuclear entre protones. En todos los núcleos conocidos, predominan las fuerzas nucleares. Sin embargo, en el uranio este dominio es tenue. Si el núcleo de uranio se estira y toma una forma alargada (Figura 34.1), las fuerzas eléctricas lo pueden

661

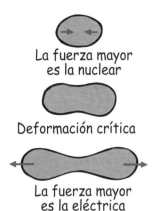

La fuerza mayor
es la nuclear

Deformación crítica

La fuerza mayor
es la eléctrica

FIGURA 34.1 La deformación nuclear puede dar como resultado que las fuerzas eléctricas de repulsión superen a la fuerza nuclear fuerte de atracción, en cuyo caso se produce la fisión.

impulsar a adquirir una fuerza todavía más alargada. Si el alargamiento rebasa un punto crítico, las fuerzas nucleares se ven dominadas por las fuerzas eléctricas y el núcleo se separa. Ésa es la fisión. La absorción de un neutrón en un núcleo de uranio suministra la energía suficiente para causar ese alargamiento. El proceso de fisión que resulta puede producir muchas combinaciones distintas de núcleos menores. Un ejemplo característico es el siguiente:

$$\,^{1}_{0}n + \,^{235}_{92}U \rightarrow \,^{91}_{36}Kr + \,^{142}_{56}Ba + 3(\,^{1}_{0}n)$$

Observa que en esta reacción un neutrón inicia la fisión del núcleo de uranio, y que la fisión produce tres neutrones (más claros).[1] Como los neutrones no tienen carga y no son repelidos por los núcleos atómicos, son buenas "balas nucleares" y causan la fisión de otros tres átomos de uranio, liberando un total de nueve neutrones o más. Si cada uno de esos neutrones parte un átomo de uranio, el siguiente paso en la reacción produce 27 neutrones, y así sucesivamente. A esa secuencia se le llama **reacción en cadena** (Figura 34.2).

Una reacción característica de fisión libera energía de unos 200 millones de electrón volts[2]. En comparación, la explosión de la molécula de TNT libera 30 electrón volts. La masa combinada de los fragmentos de la fisión y los neutrones que se producen en ella es menor que la masa del átomo original de uranio. La cantidad diminuta de masa faltante se convirtió en esa imponente cantidad de energía, y está de acuerdo con la ecuación de Einstein $E = mc^2$. Es notable que la energía de la fisión se presente principalmente en forma de energía cinética de los fragmentos de la fisión, que salen despedidos apartándose entre sí. Algo de la energía es la energía cinética que adquieren los neutrones expulsados, y una menor cantidad sale como radiación gamma.

El mundo científico se estremeció con la noticia de la fisión nuclear, no sólo por la enorme liberación de energía, sino también por los neutrones adicionales liberados en el proceso. Una reacción normal de fisión libera un promedio de dos o tres neutrones. Esos tres neutrones a su vez pueden causar la fisión de otros dos o tres núcleos atómicos, liberando más energía, y un total de cuatro a nueve neutrones más. Si cada uno de ellos sólo rompiera un núcleo, el siguiente paso de la reacción produciría de 8 a 27 neutrones, y así sucesivamente. De esta forma puede seguir toda una reacción en cadena, a una tasa exponencial.

Pero, ¿por qué una reacción en cadena no se inicia en los depósitos de uranio en la naturaleza?[3] Las reacciones en cadena no suceden de ordinario, porque la fisión se efectúa principalmente en el U 235, isótopo escaso que sólo forma el 0.7% del uranio natural metálico puro. El U 235 fisionable está muy diluido en los depósitos de uranio natural. El U 238, que es el isótopo predominante, absorbe neutrones, pero de ordinario no sufre

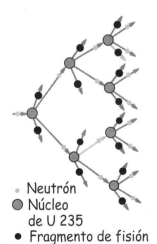

Neutrón

Núcleo de U 235

Fragmento de fisión

FIGURA 34.2 Una reacción en cadena.

---

[1] En la reacción que se describe aquí se expulsan tres neutrones en la fisión. En otras reacciones se pueden expulsar dos neutrones, y en forma ocasional, uno o cuatro. En promedio, la fisión produce 2.5 neutrones por reacción.

[2] El electrón volt, eV, se define como la energía que adquiere un electrón al acelerarse a través de una diferencia de potencial de 1 V.

[3] Hay pruebas de que al menos así sucedió una vez, hace casi dos mil millones de años, cuando eran distintas las abundancias isotópicas. Sucedió en materiales con concentración extraordinariamente rica, o bajo circunstancias muy poco comunes. Ve la revista *Scientific American* de julio de 1976.

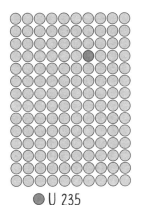

FIGURA 34.3 Sólo una parte en 140 (0.7%) del uranio natural es U 235.

○ U 235
○ U 238

la fisión, por lo que los núcleos de U 238 pueden amortiguar rápidamente la reacción en cadena. Con raras excepciones, el uranio en la naturaleza es demasiado "impuro" como para sufrir una reacción en cadena en forma espontánea.

Si sucediera una reacción en cadena en un trozo de U 235 puro, del tamaño de una pelota de béisbol, es probable que se produjera una enorme explosión. Sin embargo, si se iniciara la reacción en cadena en un trozo más pequeño de U 235 puro, no sucedería explosión alguna. Esto se debe a que un neutrón expulsado por un evento de fisión recorre cierta distancia promedio a través del material antes que encuentre otro núcleo de uranio y dispare otro evento de fisión. Si el trozo de uranio es demasiado pequeño, es probable que un neutrón escape por la superficie antes de que "encuentre" otro núcleo. En promedio, cuando hay menos de un neutrón por fisión disponible para causar más fisiones, la reacción en cadena cesa. En un trozo mayor, un neutrón puede moverse más lejos por el material antes de llegar a la superficie. Entonces habrá, en promedio, más de un neutrón por cada evento de fisión, disponible para disparar más fisión. La reacción en cadena se intensificará y se desprenderá una enorme cantidad de energía. Esto también se puede explicar en forma geométrica. Recuerda el concepto de escalamiento, que explicamos en el capítulo 12. Los trozos pequeños de material tienen más superficie en relación con su volumen, que los trozos grandes. Por ejemplo, hay más cáscara en un kilogramo de papas chicas que en una papa grande que pese un kilogramo. Mientras mayor sea la pieza de combustible de fisión, tendrá menos área en relación con su volumen.

FIGURA 34.4 Una reacción en cadena en un trozo pequeño de U 235 se extingue, porque los neutrones abandonan la superficie demasiado pronto. La pieza pequeña tiene mucha superficie en relación a su masa. En una pieza más grande, los neutrones encuentran más átomos de uranio y menos superficie.

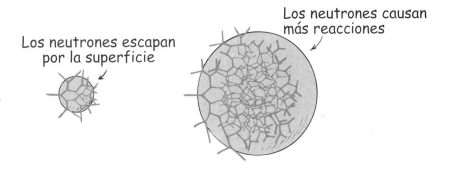

Los neutrones escapan por la superficie

Los neutrones causan más reacciones

La **masa crítica** es la cantidad de masa con la cual cada evento de fisión produce, en promedio, un evento de fisión más. Es sólo la suficiente para "mantenerse". Una masa *subcrítica* es aquella con la que la reacción en cadena cesa. Una masa *supercrítica* es aquella con la que la reacción en cadena aumenta en forma explosiva.

Imagina una cantidad de U 235 puro dividida en dos partes, cada una de las cuales con una masa subcrítica. Los neutrones llegan fácilmente a la superficie y escapan antes de que se establezca una reacción apreciable en cadena. Pero si una de las partes se aproxima de repente a la otra y forman una sola pieza, aumenta la distancia promedio que puede recorrer un neutrón dentro del material, y son menos los neutrones que escapan por la superficie. Baja el área de la superficie total. Si es correcta la sincronización y la masa combinada es mayor que la crítica, se efectúa una explosión violenta. El conjunto forma una bomba de fisión nuclear, del tipo de "cañón". La figura 34.5 muestra el esquema de esa bomba de fisión de uranio. Otro de los diseños es la bomba "de implosión", en la que un cascarón esférico de plutonio (otro material fisionable) se vuelve supercrítico al ser comprimido con explosivos.

En la explosión histórica de Hiroshima de 1945, se usó U 235 quizá un poco mayor que una pelota de sóftbol. Una de las tareas principales y más difíciles el Proyecto Manhattan, mantenido en secreto durante la Segunda Guerra Mundial, fue separar esa cantidad de material fisionable del uranio natural. Los científicos del proyecto usaron dos métodos de separación de los isótopos. En uno se empleó la difusión, en que el U 235, un

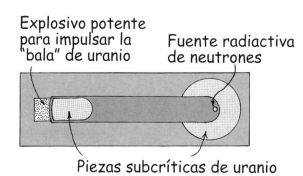

Explosivo potente para impulsar la "bala" de uranio

Fuente radiactiva de neutrones

FIGURA 34.5 Diagrama simplificado de una bomba de fisión de uranio, del tipo de "cañón".

Piezas subcríticas de uranio

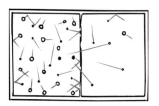

FIGURA 34.6 Las moléculas más ligeras se mueven con más rapidez que las más pesadas, a la misma temperatura, y se difunden con más rapidez por una membrana delgada.

poco más ligero, tiene una rapidez promedio ligeramente mayor que el U 238 a la misma temperatura. Combinado con flúor, para formar hexafluoruro de uranio, gaseoso, el isótopo más ligero que tiene una rapidez de difusión mayor a través de una membrana delgada, o de una abertura pequeña, dio como resultado un gas ligeramente enriquecido que contiene U 235 en el otro lado de la membrana. Por último, la difusión a través de miles de membranas produjo una muestra suficientemente enriquecida de U 235. El otro método, que sólo se usa para un enriquecimiento parcial, empleó la separación magnética de los iones uranio disparados a través de un campo magnético. Como tienen menor masa los iones de U 235, se desvían más debido al campo magnético que los iones de U 238, y se reunían átomo por átomo que atravesaba una rendija colocada de tal manera que los atrapaba (ve la figura 34.14, más adelante). Después de un par de años, los dos métodos juntos produjeron algunas decenas de kilogramos de U 235.

EXAMÍNATE

1. Una pelota de 10 kg de U 235 es supercrítica, pero la misma pelota partida en dos no lo es. Explica por qué.

2. ¿Por qué las moléculas del hexafluoruro de uranio gaseoso que contienen U 235 se mueven un poco más rápidamente que las que contienen U 238 a la misma temperatura?

Hoy en día, la separación de los isótopos de uranio se hace con más facilidad en una máquina centrífuga de gas. El hexafluoruro de uranio se centrifuga en un tambor, a rapideces periféricas tremendas, del orden de 1500 kilómetros por hora. El U 238, más pesado, pasa al exterior, como la leche en un descremador, y el U 235 más ligero se extrae en el centro. Dificultades técnicas que sólo se resolvieron en años recientes, evitaron el uso de este método durante el Proyecto Manhattan.

COMPRUEBA TUS RESPUESTAS

1. En pedazos pequeños, los neutrones salen demasiado pronto del material y no sostienen una reacción en cadena, la cual cesa. Visto desde la perspectiva geométrica, los trozos pequeños de U 235 tienen más área superficial combinada que la pelota de donde provienen (así como el área superficial combinada de la grava es mayor que la de una peña con la misma masa). Los neutrones escapan por la superficie antes de que se pueda formar una reacción en cadena sostenida.

2. A la misma temperatura, las moléculas de ambos compuestos tienen la misma energía cinética, $(1/2mv2)$. Así, la molécula que contiene el U 235 menos masivo, debe tener una rapidez correspondientemente mayor.

Reactores nucleares de fisión

Enrico Fermi (1901-1954). En forma divertida, se dijo que cuando Fermi salió de Estocolmo para regresar a Italia, su patria, después de recibir el Premio Nobel en diciembre de 1938, se perdió y terminó en Nueva York. Lo que sucedió fue que él y Laura, su esposa judía, planearon con cuidado su huida de la Italia fascista. Fermi se nacionalizó estadounidense en 1945.

Una reacción en cadena no tiene lugar, de ordinario, en uranio natural *puro*, porque está formado principalmente por U 238. Los neutrones liberados al fisionarse los átomos de U 235 son neutrones rápidos, que son capturados fácilmente por los átomos de U 238, que no se fisionan. Un hecho experimental básico es que los neutrones *lentos* son capturados con mucho más probabilidad por el U 235 que por el U 238.[4] Si se pueden desacelerar los neutrones, hay mayor probabilidad de que un neutrón liberado en la fisión cause la fisión de otro átomo de U 235, aunque se encuentre en medio de átomos de U 238, más abundantes pero que absorben menos a los neutrones. Este aumento de probabilidad puede ser suficiente para permitir que se lleve a cabo una reacción en cadena.

En menos de un año a partir del descubrimiento de la fisión, los científicos se dieron cuenta de que podría ser factible una reacción en cadena con uranio natural metálico, si éste se dividiera en porciones pequeñas, separadas por un material que desacelerara a los neutrones. Enrico Fermi, emigrado de Italia a Estados Unidos a principios de 1939, dirigió la construcción del primer reactor nuclear o *pila atómica*, como se le llamó, en un viejo campo de *squash* bajo las tribunas del Stagg Field, de la Universidad de Chicago. Él y su grupo usaron grafito, forma abundante del carbón, para desacelerar los neutrones. Lograron tener la primera liberación autosostenida y controlada de energía nuclear el 2 de diciembre de 1942.

FIGURA 34.7 Ilustración imaginaria del momento en que Enrico Fermi y sus colegas terminaron el primer reactor nuclear en la cancha de *squash* bajo las tribunas del Stagg Field, de la Universidad de Chicago.

Un neutrón tiene tres destinos en el uranio metálico natural. Puede 1) causar la fisión de un átomo de U 235, 2) escapar del metal a sus alrededores no fisionables o 3) ser absorbido por el U 238 sin causar la fisión. Para que el primer destino fuera el más probable, se usó grafito. Se dividió el uranio en porciones discretas y se incrustó a intervalos regulares en casi 400 toneladas de grafito. Una simple analogía aclara la función del

---

[4]Se parece a la absorción selectiva de distintas frecuencias de luz. Los distintos isótopos del mismo elemento son casi idénticos desde el punto de vista químico, pero sus propiedades nucleares pueden ser muy distintas, y absorben en forma distinta a los neutrones. De forma parecida, los átomos de distintos elementos absorben la luz de manera diferente.

FIGURA 34.8 La placa de Bronce en el estadio Stagg Field, en Chicago, para conmemorar la histórica reacción de fisión en cadena, de Enrico Fermi.

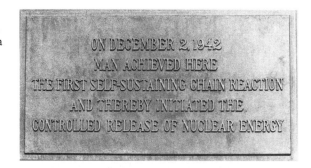

ON DECEMBER 2, 1942
MAN ACHIEVED HERE
THE FIRST SELF-SUSTAINING CHAIN REACTION
AND THEREBY INITIATED THE
CONTROLLED RELEASE OF NUCLEAR ENERGY

grafito: si una pelota de golf rebota en un muro masivo, casi no pierde rapidez; pero si rebota en una pelota de béisbol inmóvil, pierde considerable rapidez. El caso del neutrón es parecido. Si un neutrón rebota en un núcleo pesado, casi no pierde rapidez, pero si rebota en un núcleo de carbono, más ligero, pierde bastante rapidez. Se dice que el grafito "modera" a los neutrones.[5] A todo el aparato se le llama *reactor*.

En la actualidad, los reactores de fisión tienen tres componentes: el combustible nuclear, las varillas de control, y el líquido (que normalmente es agua) para transferir el calor generado por la fisión en el reactor, hasta la turbina. El combustible nuclear es principalmente U 238 más o menos con 3% de U 235. Como los isótopos del U 235 están tan diluidos con el U 238, no es posible que haya una explosión como la de una bomba nuclear.[6] La rapidez de reacción, que depende de la cantidad de neutrones disponibles para iniciar la fisión de otros núcleos de U 235, se controla con varillas que se insertan en el reactor. Estas varillas de control son de un material absorbente de neutrones, por lo general de cadmio o de boro. El agua que rodea al combustible nuclear se mantiene a alta presión, para que pueda tener altas temperaturas sin hervir. Esta agua se calienta por la fisión y a continuación transfiere su calor a un segundo sistema de agua a menor presión, que hace funcionar a una turbina y a un generador eléctrico. Se usan dos sistemas separados, para que la radiactividad no llegue a la turbina.

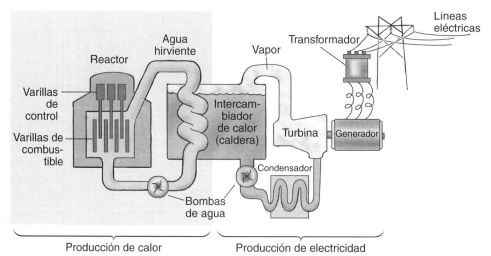

FIGURA 34.9 Diagrama de una central eléctrica de fisión nuclear.

[5]El *agua pesada*, que contiene deuterio, isótopo pesado del hidrógeno, es un moderador todavía más eficiente. Esto se debe a que en un choque elástico un neutrón transfiere más fracción de su energía al núcleo de deuterio que al núcleo del carbono, que es más pesado.

[6]Sin embargo, en el accidente del *peor de los casos*, es posible que se libere calor suficiente para fundir el núcleo del reactor y, si la construcción del reactor no es suficientemente resistente, que se disperse radiactividad en el ambiente. Uno de esos accidentes sucedió en un reactor de Chernobyl en 1986, en lo que ahora es Ucrania.

Plutonio

Cuando un núcleo de U 238 absorbe un neutrón no hay fisión. El núcleo que se forma es U 239, y es radiactivo. Tiene una vida media de 24 minutos, emite una partícula beta y se transforma en isótopo del primer elemento sintético más allá del uranio: el elemento transuránido llamado *neptunio* (Np, por el primer planeta descubierto con la ley de gravitación de Newton). Este isótopo del neptunio, el Np 239, también es radiactivo y su vida media es de 2.3 días. De inmediato emite una partícula beta y se transforma en un isótopo del *plutonio* (Pu, por Plutón, el segundo planeta descubierto con la ley de gravitación de Newton). La vida media de este isótopo, Pu 239, es de unos 24,000 años. Al igual que el U 235, el Pu 239 sufre una fisión al capturar un neutrón. Es interesante el hecho de que el Pu 239 sea todavía más fisionable que el U 235.

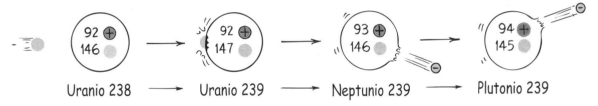

Uranio 238 ⟶ Uranio 239 ⟶ Neptunio 239 ⟶ Plutonio 239

FIGURA 34.10 Cuando un núcleo de U 238 absorbe un neutrón se transforma en un núcleo de U 239. Pasada una media hora, este núcleo emite una partícula beta y forma un núcleo con más o menos la misma masa pero con una unidad más de carga; ya no es uranio, es un nuevo elemento: el *neptunio*. Después el neptunio, a su vez, emite una partícula beta y se transforma en plutonio (en ambos eventos también se emite un antineutrino, que no se indica).

Aun antes de que la pila de Fermi entrara a la criticidad, los físicos se dieron cuenta de que se podían usar los reactores para fabricar plutonio, y emprendieron el diseño de grandes reactores para ese fin. Los reactores construidos en Hanford, Washington, para producción de plutonio durante la Segunda Guerra Mundial fueron 200 millones de veces más potentes que la pila de Fermi. A mediados de 1945 habían obtenido algunos kilogramos de este elemento, que no se encuentra en la naturaleza y era desconocido pocos años antes. Como el plutonio es un elemento distinto del uranio, se pude separar de éste mediante métodos químicos ordinarios de los "paquetes de combustible" sacados del reactor, para procesarlos. En consecuencia, el reactor permite contar con un proceso para fabricar material fisionable con más facilidad, que separando el U 235 del uranio natural. La bomba atómica que se probó en Nuevo México y la que se detonó en Nagasaki fueron bombas de plutonio.

Aunque en teoría el proceso de separación del plutonio y el uranio es sencillo, es muy difícil hacerlo en la práctica. Esto se debe a las grandes cantidades de productos radiactivos de fisión que se forman además del plutonio. Todo el procesamiento químico se debe hacer a control remoto, para proteger al personal contra la radiación. También el elemento plutonio es químicamente tóxico en el mismo sentido que el plomo y el arsénico. Ataca al sistema nervioso y puede causar parálisis; si la dosis es suficientemente grande puede ocasionar la muerte. Por fortuna, el plutonio no dura mucho en su forma elemental, sino que se combina rápidamente con el oxígeno y forma tres compuestos, PuO, PuO_2 y Pu_2O_3, y todos ellos son químicamente inertes. No se disuelven en el agua ni en los sistemas biológicos. Esos compuestos de plutonio no atacan al sistema nervioso y se ha determinado que son biológicamente innocuos.

Sin embargo, el plutonio en cualesquiera de sus formas es tóxico radiactivamente para los humanos y otros animales. Es más tóxico que el uranio, aunque menos que el radio. El Pu 239 emite partículas alfa de gran energía que matan las células, en lugar de sólo perturbarlas. Como son las células dañadas y no las muertas las que producen mutaciones y causan el cáncer, el plutonio es una sustancia muy poco productora de cáncer. El mayor peligro que presenta el plutonio para los humanos es por su uso en bombas de fisión nuclear. Su máximo beneficio potencial está en los reactores de cría.

EXAMÍNATE   ¿Por qué el plutonio no se encuentra en cantidades apreciables en depósitos minerales naturales?

El reactor de cría

Una propiedad notable de la energía de fisión es la *cría* de plutonio a partir del U 238, no fisionable. Se efectúa cuando se mezclan en un reactor pequeñas cantidades de isótopos fisionables con el U 238. La fisión libera neutrones que convierte el U-238 no fisionable en U 239, que decae por radiación beta y se transforma en Np 239, que a su vez, decae por emisión de radiación beta y forma el plutonio fisionable, Pu 239. Así, además de la mucha energía que se produce, en el proceso se forma combustible de fisión a partir del U 238, que es relativamente abundante.

FIGURA 34.11 El Pu 239, al igual que el U 235, sufre la fisión al capturar un neutrón.

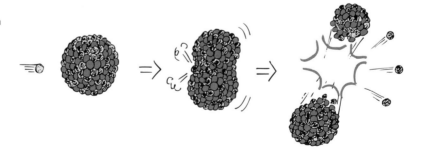

COMPRUEBA TU RESPUESTA   En la escala del tiempo geológico, el plutonio tiene una vida media relativamente corta, y entonces todo lo que habría sería producido por transmutaciones muy recientes de los isótopos del uranio.

En todos los reactores de fusión se produce algo de "cría", pero un **reactor de cría** está diseñado específicamente para crear más combustible fisionable que el que consume. Usar un reactor de cría es como llenar con agua el tanque de la gasolina de un auto, luego agregar algo de gasolina, manejarlo y al final tener más gasolina que al principio. El principio básico del reactor de cría es muy atractivo, porque después de algunos años de funcionamiento, una planta de energía nuclear con reactor de cría puede producir inmensas cantidades de energía mientras produce el doble de combustible que el que tenía al principio.

El lado malo de los reactores de cría es la enorme complejidad en su operación, para que sea buena y segura. Estados Unidos se dio por vencido con los reactores de cría en la década de 1980, y sólo Francia y Alemania siguen invirtiendo en ellos. Las autoridades de esos países llaman la atención sobre lo limitado del U 235 en la naturaleza. A las tasas actuales de consumo, todas las fuentes de U 235 se pueden agotar en un siglo. Los países que deciden usar reactores de cría podrían verse obligados a extraer los desechos radiactivos que alguna vez enterraron.[7]

EXAMÍNATE Completa estas reacciones, que se efectúan en un reactor de cría:

$$^{239}_{92}U \rightarrow \underline{\hspace{2cm}} + ^{\ 0}_{-1}e$$
$$^{239}_{93}Np \rightarrow \underline{\hspace{2cm}} + ^{\ 0}_{-1}e$$

Energía de fisión

La energía disponible en la fisión nuclear fue presentada al mundo en forma de bombas nucleares. Esta violenta imagen todavía sigue impactando nuestra imaginación en relación con la energía nuclear. Agrega el espantoso desastre de Chernobyl en 1986, en la Unión Soviética, y verás por qué muchas personas consideran que la energía nuclear es una tecnología siniestra. Sin embargo, 20% de la energía eléctrica se genera en Estados Unidos con reactores de fisión nuclear. No son más que calderas nucleares. Al igual que los combustibles fósiles no hacen más que hacer hervir agua y producir el vapor que impulse a una turbina. La gran diferencia práctica es la cantidad de combustible que se usa. Un kilogramo de uranio combustible, que es un trozo más pequeño que una pelota de béisbol, produce más energía que 30 furgones de carbón.

Una desventaja de la energía de fisión es la generación de productos de desecho radiactivos. Los núcleos atómicos ligeros son más estables cuando están formados por cantidades iguales de protones y neutrones, y son principalmente los núcleos pesados los que necesitan más neutrones en sus núcleos, para ser estables. Por ejemplo, en el U 235 hay 143 neutrones, pero sólo 92 protones. Cuando el uranio se fisiona y produce dos elementos de peso mediano, los neutrones adicionales de sus núcleos los hacen inestables. En consecuencia, esos fragmentos son radiactivos, y la mayor parte de ellos tienen vidas medias muy cortas. Sin embargo, algunos tienen vidas medias de miles de años. La disposición segura de esos productos de desecho, así como de los materiales que se volvieron ra-

---

COMPRUEBA TU RESPUESTA $^{239}_{93}Np$; $^{239}_{94}Pu$. (También se emiten antineutrinos en estos procesos de decaimiento beta, y escapan sin ser observados.)

---

[7]Muchos científicos nucleares consideran que enterrarlos en las profundidades no es una solución buena del problema de los desechos nucleares. En la actualidad se están estudiando dispositivos que, en principio, podrían convertir los átomos radiactivos de vida larga del combustible nuclear agotado en átomos radiactivos de vida corta, o no radiactivos. (Véase "Will New Tehcnology Solve the Nuclear Waste Problem?" en *The Physics Teacher*, vol. 35, febrero de 1997.) Para ello se necesitará energía, pero es posible que los desechos nucleares no afecten a las generaciones futuras por tiempo indefinido, como se ha pensado siempre.

FIGURA 34.12 Una planta típica generadora de energía eléctrica por fisión nuclear.

diactivos al producir los combustibles nucleares, requiere de latas y procedimientos especiales de almacenamiento. Aunque la energía de fisión ya cumplió medio siglo, la tecnología de disposición de los desechos nucleares todavía está en su etapa de desarrollo.

Los beneficios de la energía de fisión son: abundancia de electricidad; la conservación de muchos billones de toneladas de carbón, petróleo y gas natural que año con año se convierten en calor y en humo, y que a la larga van a ser más valiosos como fuentes de moléculas orgánicas que como fuentes de calor, así como la eliminación de las megatoneladas de óxidos de azufre y demás venenos que se descargan al aire cada año, al quemar esos combustibles.

Entre sus inconvenientes están los problemas de almacenamiento de los desechos radiactivos, la producción de plutonio y el peligro de la proliferación de armas nucleares, la liberación de materiales radiactivos de baja actividad al aire y al agua subterránea y, lo que es más importante, el riesgo de una liberación accidental de grandes cantidades de radiactividad.

El juicio razonado nos pide no sólo examinar las ventajas e inconvenientes de la energía de fisión, sino también compararlos con las ventajas e inconvenientes de las fuentes alternas de energía. Por varias razones, la opinión pública en Estados Unidos y en gran parte de Europa está ahora en contra de las centrales de energía de fisión. Los reactores van a la baja y las plantas de energía con combustible fósil están a la alza.[8]

EXAMÍNATE El carbón contiene cantidades diminutas de materiales radiactivos, las suficientes como para que haya más radiación en el ambiente que rodea a una central carboeléctrica típica, que el que rodea a una central de fisión. ¿Qué indica eso acerca del blindaje que suele rodear a las dos clases de centrales eléctricas?

COMPRUEBA TU RESPUESTA Las plantas carboeléctricas son tan comunes en Estados Unidos como los pays de manzana, y no requieren blindajes (costosos) que restrinjan las emisiones de partículas radiactivas. Por otra parte, los reactores nucleares deben contar con blindaje, para asegurar estrictamente que las emisiones radiactivas tengan bajos niveles.

[8]En el sigo XIX eran comunes las protestas del público contra la electricidad. Es posible que quienes tenían la voz más fuerte fueran quienes conocieran menos de electricidad. Hoy existe un rechazo público contra la energía nuclear. "¡No más reactores!" Sin embargo, la posición de este libro es "¡Conoce los reactores!", primero conocer algo sobre las ventajas y los inconvenientes de la energía nuclear, antes de decir sí o no al respecto.

Equivalencia entre masa y energía

FIGURA 34.13 Se requiere trabajo para sacar un nucleón de un núcleo atómico. Este trabajo se transforma en energía de masa.

Partiendo de la equivalencia de masa y energía, $E = mc^2$ según Einstein, se puede uno imaginar que la masa es energía concentrada. La masa es un súper acumulador. Almacena energía, cantidades vastas de energía, que se pueden liberar siempre y cuando disminuya la masa. Si apilas 238 ladrillos, la masa de la pila debería ser igual a la suma de las masas de los ladrillos. A nivel nuclear así no son las cosas. La masa de un núcleo no es sólo la suma de las masas de los nucleones individuales que lo forman. Imagina el trabajo que se necesitaría para separar los nucleones de un núcleo atómico.

Recuerda que el trabajo, que es una forma de transferir energía, es igual al producto de la fuerza por la distancia. Imagina que puedes llegar a un núcleo de U 238 y que, tirando con una fuerza todavía mayor que la fuerza nuclear de atracción, sacas un nucleón. Para eso se necesitaría una gran cantidad de trabajo. A continuación repite el proceso una y otra vez para terminar con 238 nucleones, estacionarios y bien separados. ¿Qué sucedió con el trabajo que hiciste? Comenzaste con un núcleo estacionario que tenía 238 partículas, y terminaste con 238 partículas estacionarias. El trabajo que hiciste debe verse en algún lugar como energía adicional. Se muestra como energía de *masa*. Los nucleones separados tienen una masa total mayor que la del núcleo original, y la masa adicional, multiplicada por el cuadrado de la rapidez de la luz, es exactamente igual a la energía que invertiste: $\Delta E = \Delta mc^2$.

Una forma de interpretar este cambio de masa es decir que un nucleón promedio dentro de un núcleo tiene menos masa que uno que está fuera del núcleo. Cuánto menos depende de cuál núcleo se trate. Para el uranio, la diferencia de masa es más o menos el 0.7%, es decir, 7 partes en 1000. La masa nucleónica reducida 0.7% en el uranio indica la energía de enlace del núcleo: cuánto trabajo se requiere para desarmar el núcleo.

La comprobación experimental de esta conclusión es uno de los triunfos de la física moderna. La masa de los nucleones y de los isótopos de los diversos elementos se puede medir con una exactitud de 1 parte por millón o mejor todavía. Una forma de hacerlo es con el *espectrómetro de masas* (Figura 34.14).

FIGURA 34.14 El espectrómetro de masas. Iones con determinada rapidez se dirigen hacia el "tambor" semicircular, donde adoptan trayectorias semicirculares mediante un fuerte campo magnético. Debido a las diferentes inercias, los iones más pesados describen curvas de radios mayores, y los iones más ligeros curvas de menores radios. El radio de una curva es directamente proporcional a la masa del ion. Se usa C 12 como patrón, y las masas de los isótopos de todos los elementos se determinan con facilidad.

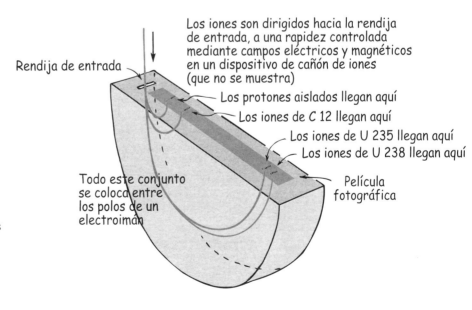

Rendija de entrada

Los iones son dirigidos hacia la rendija de entrada, a una rapidez controlada mediante campos eléctricos y magnéticos en un dispositivo de cañón de iones (que no se muestra)

Los protones aislados llegan aquí

Los iones de C 12 llegan aquí

Los iones de U 235 llegan aquí

Los iones de U 238 llegan aquí

Todo este conjunto se coloca entre los polos de un electroimán

Película fotográfica

En el espectrómetro de masas, unos iones cargados se dirigen al interior de un campo magnético, donde se desvían describiendo arcos circulares. Mientras mayor inercia tiene el ion, resiste más a ser desviado y será mayor el radio de su trayectoria curva. Todos los iones que entran a este aparato tienen la misma rapidez. La fuerza magnética dirige a los iones más pesados en arcos más grandes, y a los iones más ligeros en arcos más pequeños. Los iones pasan por rendijas de salida, donde se pueden reunir, o llegan a un detector que puede ser una película fotográfica. Se elige un isótopo como patrón, y se usa como referencia su posición en la película del espectrómetro de masas. El patrón es el isótopo común del carbono, C 12. Al núcleo del C 12 se le asigna una masa de 12.00000 unidades de masa atómica. Se define la unidad de masa atómica (uma) como exactamente igual a la doceava parte de la masa del núcleo del carbono 12. Con esta referencia se miden las uma de los demás núcleos atómicos. Las masas del protón y del neutrón son mayores cuando están aislados que cuando están en un núcleo. Respectivamente son 1.00728 y 1.00867 uma.

EXAMÍNATE ¡Un momento! Si los protones y neutrones aislados tienen masas mayores que 1.0000 uma, ¿por qué 12 de ellas en un núcleo de carbono tienen una masa combinada mayor que 12.0000 uma?

FIGURA 34.15 Esta gráfica muestra cómo aumenta la masa nuclear al aumentar el número atómico.

En la figura 34.15 se ve una gráfica de la masa nuclear en función del número atómico. Va hacia arriba al aumentar el número atómico, que era lo que se esperaba, indicando que los elementos son más masivos conforme aumenta su número atómico. La línea se curva debido a que hay proporcionalmente más neutrones en los átomos más masivos.

Se obtiene una gráfica más importante al evaluar la masa promedio *por nucleón* para los elementos desde el hidrógeno hasta el uranio (Figura 34.16). Es quizá la gráfica más importante de este libro, porque es la clave para comprender la energía asociada con los procesos nucleares, tanto la fisión como la fusión. Para calcular la masa promedio por nucleón se divide la masa total de un núcleo entre la cantidad de nucleones que contiene. (Si divides la masa total de las personas en una habitación entre la cantidad de personas, obtienes la masa promedio por persona.) Lo importante que se ve en la figura 34.16 es que la masa promedio por nucleón varía de un núcleo a otro.

La máxima masa por nucleón es la de un protón, cuando está solo en el núcleo de hidrógeno, porque allí no tiene energía de enlace que disminuya su masa. Al avanzar hacia los elementos después del hidrógeno, según la figura 34.16 la masa por nucleón se hace más pequeña y es mínima para un nucleón del núcleo del hierro. El hierro mantiene a sus nucleones más fuertemente unidos que cualquier otro núcleo. Después del hierro se invierte la tendencia a medida que los protones y los neutrones tienen cada vez más y más masa en los átomos, al aumentar el número atómico. Esa tendencia continúa hasta terminar la lista de los elementos.

COMPRUEBA TU RESPUESTA Cuando sacas un nucleón de un núcleo, efectúas trabajo en él y gana energía. Cuando ese nucleón regresa al núcleo, efectúa trabajo sobre los alrededores y pierde energía. La pérdida de energía equivale a pérdida de masa. Es como si cada nucleón, en promedio, adelgaza hasta tener una masa exactamente igual a 1.0000 uma cuando se une con otros 11 nucleones y forma el C-12. Si los vuelves a sacar, obtendrás la masa original. Es que verdaderamente $E = mc^2$.

FIGURA 34.16 La gráfica muestra que la masa por nucleón no es constante para todos los núcleos. Es máxima para los núcleos más ligeros, mínima para el hierro y tiene un valor intermedio para los núcleos más pesados. Cuando se funden los núcleos ligeros, el núcleo producido es menos masivo que la suma de sus partes; cuando los núcleos más pesados se fisionen, las partes tienen menos masa que el núcleo original. En ambos casos, el cambio de masa se convierte en energía. (La escala vertical es exagerada.)

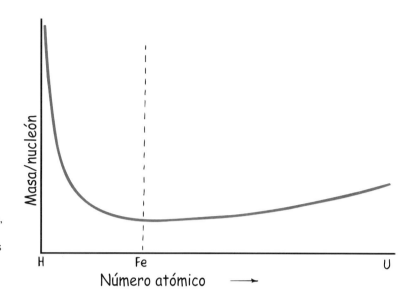

Se puede apreciar en la gráfica por qué se libera energía cuando un núcleo de uranio se parte y forma dos núcleos de menor número atómico. Cuando lo hace, las masas de los dos fragmentos de la fisión están más o menos a la mitad entre las masas del uranio y del hidrógeno, en la escala horizontal de la gráfica. Más importante aún, observa que la masa por nucleón en los fragmentos de fisión *es menor que* la masa por nucleón cuando los mismos nucleones estaban combinados en el núcleo del uranio. Cuando esta disminución de masa se multiplica por el cuadrado de la rapidez de la luz, resulta en 200,000,000 electrón volts, la energía que libera cada núcleo de uranio al fisionarse. Como se dijo antes, la mayor parte de esta energía está en la energía cinética de los fragmentos de la fisión.

TABLA 34.1   Masas relativas y masa/nucleón de algunos isótopos

Isótopo	Símbolo	Masa (uma)	Masa/nucleón (uma)
Neutrón	n	1.008665	1.008665
Hidrógeno	^1_1H	1.007825	1.007825
Deuterio	^2_1H	2.01410	1.00705
Tritio	^3_1H	3.01605	1.00535
Helio 4	^4_2He	4.00260	1.00065
Carbono 12	$^{12}_6C$	12.00000	1.000000
Hierro 58	$^{58}_{26}Fe$	57.93328	0.99885
Cobre 63	$^{63}_{29}Cu$	62.92960	0.99888
Kriptón 90	$^{90}_{36}Kr$	89.91959	0.99911
Bario 143	$^{143}_{56}Ba$	142.92054	0.99944
Uranio 235	$^{235}_{92}U$	235.04395	1.00019

FIGURA 34.17 La masa de un núcleo *no* es igual a la suma de las masas de sus partes. a) Los fragmentos de fisión de un núcleo pesado como el de uranio tienen menos masa que la del núcleo de uranio. b) Dos protones y dos neutrones tienen más masa cuando están libres que cuando están combinados y forman un núcleo de helio.

a

b

Podemos imaginar que la curva de masa por nucleón es un valle de energía que se inicia en su punto de mayor altura (hidrógeno), baja en forma pronunciada hasta el mínimo (hierro) y a continuación sube en forma gradual hasta el uranio. El hierro está en el fondo del valle de la energía, y es el núcleo más estable. También es el que está más fuertemente enlazado; en comparación de cualquier otro elemento, requiere más energía por nucleón para separar los nucleones de su núcleo. Toda transformación nuclear que combine los núcleos ligeros hacia el hierro, o que divida los núcleos más pesados y los aproxime hacia el hierro, desprende energía.

TABLA 34.2 Ganancia de energía en la fisión del uranio

Reacción:	$^{235}U + n \rightarrow \ ^{143}Ba + \ ^{90}Kr + 3n + \Delta m$
Balance de masa:	$235.04395 + 1.008665 = 142.92054 + 89.91959 + 3(1.008665) + \Delta m$
Defecto de masa:	$\Delta m = 0.186$ uma
Ganancia de energía:	$\Delta E = \Delta mc^2 = 0.186 \times 931$ MeV $= 173.6$ MeV
Ganancia de energía/nucleón:	$\Delta E/236 = 173.6$ MeV$/236 = 0.74$ MeV/nucleón
(Cuando m se expresa en uma, c^2 equivale a 931 MeV.)	

Entonces, la disminución de masa se puede detectar en forma de energía, mucha energía, cuando los núcleos pesados sufren la fisión. Un inconveniente de este proceso es el de los fragmentos de fisión. Son isótopos radiactivos, por la cantidad de neutrones mayor que la normal que tienen los elementos de grandes números atómicos. Se debe hallar una fuente de energía a largo plazo, más promisoria, en el lado izquierdo del valle de la energía.

EXAMÍNATE

1. Imagina una gráfica como la de la figura 34.16, no para nucleones microscópicos, sino para una casa u otra estructura formada por ladrillos normales. Esa gráfica, ¿iría hacia abajo o sería una recta horizontal?

2. Corrige la siguiente afirmación, que es incorrecta: cuando un elemento pesado como el uranio sufre fisión, quedan pocos nucleones después de la reacción que antes de ella.

Fusión nuclear

Al revisar la gráfica de la figura 34.16 se ve que la parte más pendiente del valle de energía está entre el hidrógeno y el hierro. Se gana energía cuando *se funden* (se combinan) los núcleos ligeros. Este proceso es la **fusión nuclear**, lo contrario de la fisión nuclear. En esa figura se ve que al avanzar por los elementos del hidrógeno hacia el hierro (la parte izquierda del valle de energía) disminuye la masa promedio por nucleón. Así, si se fundieran dos núcleos pequeños, la masa del núcleo resultante o fusionado sería menor que la masa de los dos núcleos separados antes de la fusión (Figura 34.18). Se gana energía al fundirse o combinarse los núcleos ligeros, y no al dividirse.

FIGURA 34.18 Ejemplo ficticio: los "imanes de hidrógeno" pesan más separados que juntos. (Adaptado de Albert V. Baez, *The New College Physics: A spiral Approach*. W. H. Freeman and Company, 1967.)

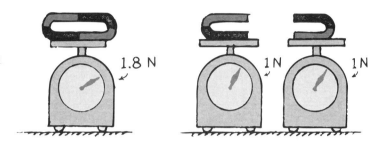

Veamos la fusión del hidrógeno. Para que suceda una reacción de fusión, los núcleos deben chocar a muy alta rapidez, para vencer la repulsión eléctrica mutua. Las rapideces necesarias equivalen a las extremadamente altas temperaturas que se encuentran en el Sol y en otras estrellas. La fusión obtenida con altas temperaturas se llama **fusión termonuclear**. A las altas temperaturas del Sol, cada segundo se funden unas 675 millones de toneladas de hidrógeno y forman 653 millones de toneladas de helio. Los 4 millones de toneladas "faltantes" en la masa se desprenden en forma de energía radiante. Esas reacciones son, literalmente, de combustión nuclear.

Es interesante el hecho de que la mayor parte de la energía producida en la fusión nuclear esté en la energía cinética de los fragmentos, principalmente de neutrones. Cuando los neutrones son detenidos y capturados, la energía de fusión se convierte en calor. En las reacciones de fusión del futuro, parte de ese calor será transformado en electricidad.

La fusión termonuclear es análoga a la combustión química ordinaria. En la combustión química y en la combustión nuclear una alta temperatura inicia la reacción; la liberación de la energía de reacción mantiene una temperatura suficientemente alta como para que el fuego se propague. El resultado neto de la reacción química es una combinación de átomos para formar moléculas enlazadas más fuertemente. En las reacciones nucleares, el resultado neto son núcleos enlazados más fuertemente. En ambos casos la masa disminuye cuando se emite la energía. La diferencia entre la combustión química y la combustión nuclear es más que nada cuestión de escala.

En las reacciones de fisión, la cantidad de materia que se convierte en energía, es aproximadamente 0.1%; en la fusión puede ser hasta de 0.7%. Esos números son válidos aunque el proceso se efectúe en bombas, en reactores o en las estrellas.

COMPRUEBA TU RESPUESTA

1. Sería una recta horizontal. La masa por ladrillo sería igual para todas las estructuras. Sin embargo, teóricamente no sería *exactamente* una recta horizontal, porque aun para los ladrillos, la energía de enlace tiene cierto efecto sobre su masa, efecto que es demasiado pequeño para poder medirlo.

2. Cuando un elemento pesado como el uranio sufre una fisión no hay menos nucleones después de la reacción. En cambio, hay menos *masa* en la misma cantidad de nucleones.

EXAMÍNATE

1. Primero dijimos que se libera energía nuclear cuando los átomos se parten. Ahora se dijo que la energía nuclear se desprende cuando se combinan los átomos. ¿Se trata de una contradicción? ¿Cómo se puede liberar energía en dos procesos opuestos?

2. Para obtener energía del elemento hierro ¿los núcleos de hierro se deberían fisionar o fusionar?

En la figura 34.19 se muestran algunas reacciones de fusión características. Observa que todas las reacciones producen al menos un par de partículas. Por ejemplo, un par de núcleos de deuterio que se funden produce un núcleo de tritio y un neutrón, y no un solo núcleo de helio. Cualesquiera de las reacciones está bien si se trata de agregar nucleones y cargas, pero no está bien la producción de un solo núcleo cuando se trata de la conservación de la cantidad de movimiento y la energía. Si despés de la reacción sale despedido sólo un núcleo de helio, aumentaría la cantidad de movimiento que no existía al principio. O bien, si queda inmóvil, no hay mecanismo para liberar energía. Así, como una sola partícula no puede moverse y quedarse quieta a la vez, no se forma. Normalmente en la fusión se requiere la creación de un mínimo de dos partículas para compartir la energía liberada.[9]

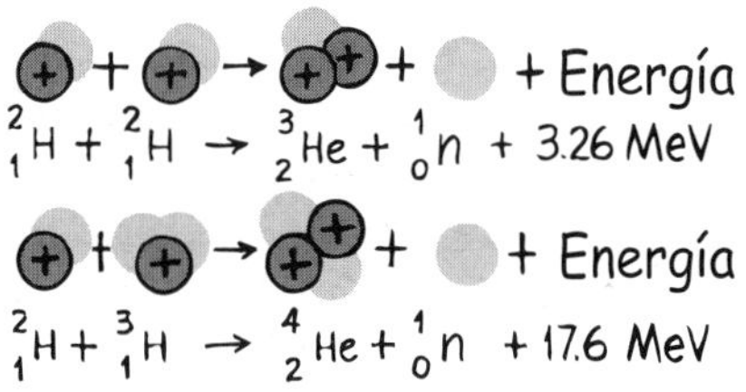

$$^2_1H + {}^2_1H \rightarrow {}^3_2He + {}^1_0n + 3.26\ MeV$$

$$^2_1H + {}^3_1H \rightarrow {}^4_2He + {}^1_0n + 17.6\ MeV$$

FIGURA 34.19 Dos de las muchas reacciones de fusión.

COMPRUEBA TUS RESPUESTAS

1. En toda reacción nuclear en la que las masas de los núcleos después de la reacción es menor que antes de ella, se libera energía. Cuando se funden núcleos ligeros, como de hidrógeno, para formar núcleos más pesados, disminuye la masa nuclear total. La fusión de los núcleos ligeros, entonces, libera energía. Los núcleos pesados, como el del uranio, se dividen y forman núcleos más ligeros, y la masa nuclear total también disminuye. En consecuencia, la división de los núcleos pesados libera energía. "Baja la masa" es el nombre del juego, cualquier juego, sea químico o nuclear.

2. En ninguna de esas formas vas a obtener energía alguna, porque el hierro está en el fondo de la curva (valle de energía). Si fundes dos núcleos de hierro, el producto quedará a la derecha del hierro en la curva, y eso quiere decir que tendrá más masa por nucleón. Si divides un núcleo de hierro, los productos quedarán a la izquierda del hierro en la curva, y eso equivale de nuevo a una mayor masa por nucleón. Como en cualquiera de esas reacciones no hay decremento de masa, no se gana energía en absoluto.

[9]Una de las reacciones en la fusión de dos protones en el Sol, tiene un estado final con una sola partícula. Es protón + deuterón = helio 3. Eso se debe a que la densidad en el centro del Sol es suficientemente alta como para que las partículas "espectadoras" tomen parte en el desprendimiento de energía. Así, aun en este caso, la energía liberada va a parar a dos o más partículas. En la fusión en el Sol intervienen reacciones más complicadas (¡y más lentas!) en las que una parte pequeña de la energía también aparece en forma de rayos gamma y de neutrinos. Los neutrinos escapan del centro del Sol sin ser estorbados, y bañan al sistema solar.

TABLA 34.3   Ganancia de energía en la fusión del hidrógeno

Reacción:	$^2H + {}^3H \rightarrow {}_2^4H + n + \Delta m$
Balance de masa:	$2.01410 + 3.01605 = 4.00260 + 1.008665 + \Delta m$
Defecto de masa:	$\Delta m = 0.01888$ uma
Ganancia de energía:	$\Delta E = \Delta mc^2 = 0.18888 \times 931$ MeV $= 17.6$ MeV
Ganancia de energía/nucleón:	$\Delta E/5 = 17.6$ MeV$/5 = 3.5$ MeV/nucleón

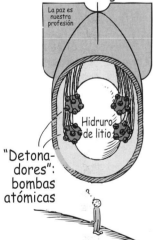

FIGURA 34.20   Bombas de fisión y de fusión.

Control de la fusión

La tabla 34.3 muestra la ganancia de energía en la fusión de deuterio y de tritio, que son isótopos del hidrógeno. Es la reacción que se propone para las centrales de energía de fusión en el futuro. Los neutrones de alta energía, según el plan, escaparán del plasma en el recipiente del reactor y calentarán una envoltura de material, para proporcionar energía útil. Los núcleos de helio que queden ayudarán a mantener caliente al plasma.

La energía de fusión por reacción de los átomos individuales de hidrógeno es menor que la que se emite al fisionar átomos individuales de uranio. Sin embargo, gramo por gramo, la fusión desprende varias veces más energía que la fisión. Se debe a que hay más átomos de hidrógeno en un gramo de hidrógeno, que átomos de uranio, más pesados, en un gramo de uranio.

Los elementos más pesados que el hidrógeno y más ligeros que el hierro emiten energía al fundirse. Pero desprenden mucho menos energía por reacción de fusión que el hidrógeno. La fusión de esos elementos más pesados sucede en las etapas avanzadas de la evolución estelar. La energía liberada por gramo durante las diversas etapas de fusión entre el helio y el hierro sólo equivale a la quinta parte de la energía liberada en la fusión del hidrógeno para formar helio. El hidrógeno, y en forma notable su isótopo deuterio, es el combustible a elegir para la fusión.

Antes del desarrollo de la bomba atómica no se podían alcanzar en la Tierra las temperaturas necesarias para iniciar la fusión nuclear. Cuando se vio que las temperaturas en el interior de una explosión atómica son de cuatro a cinco veces mayores que la temperatura del centro del Sol, la bomba termonuclear sólo estaba a un paso. La primera bomba de hidrógeno se detonó en 1952. Mientras que la masa crítica del material fisionable limita el tamaño de una bomba de fisión (bomba atómica), no existe ese límite de tamaño para una bomba de fusión (termonuclear, o bomba de hidrógeno). Así como no hay límite del tamaño de un depósito de almacenamiento de petróleo, se puede almacenar cualquier cantidad de combustible de fisión, con seguridad, hasta que se usa. Aunque sólo un fósforo puede encender un depósito de petróleo, a una bomba termonuclear no la enciende nada que tenga menos energía que una bomba de fusión. Se puede ver que no hay cosa tal como una bomba de hidrógeno "bebé". No puede tener menos energía que su detonador, que es una bomba atómica.

La bomba de hidrógeno es un ejemplo de un descubrimiento aplicado con fines destructivos, no constructivos. El lado constructivo potencial de la escena es la liberación controlada de inmensas cantidades de energía limpia.

Los océanos en el mundo contienen deuterio con potencial de producir mucho más energía que todos los combustibles fósiles que se conocen, y mucho más que las reservas mundiales de uranio. En consecuencia, se debe tener en cuenta a la fusión como posible satisfactor de las necesidades energéticas a largo plazo. Las reacciones de fusión requieren temperaturas de varios millones de grados. Hay algunas técnicas para alcanzar altas temperaturas. Sin importar cómo se produzca la energía, uno de los problemas tecnológicos es que todos los materiales se funden y evaporan a las temperaturas necesarias para la fusión. La solución de este problema es confinar la reacción en un *recipiente no material*.

Una clase de recipiente no material es un campo magnético, que puede existir a cualquier temperatura y ejercer grandes fuerzas sobre partículas cargadas en movimiento. Las "paredes magnéticas" proporcionan una clase de funda recta para los gases calientes llamados plasmas (Capítulo 14). La compresión magnética calienta más al plasma, hasta las temperaturas de fusión. Más o menos a un millón de grados algunos núcleos se mueven con la rapidez suficiente como para superar la repulsión eléctrica, y chocan entre sí y se funden. Sin embargo, la producción de energía todavía es pequeña en relación con la energía requerida para calentar al plasma. Aun hasta a 100 millones de grados se debe agregar más energía al plasma que la que produce la fusión. A unos 350 millones de grados, las reacciones de fusión producen suficiente energía para ser autosostenidas. A esa temperatura de ignición, todo lo que se necesita para producir energía en forma continua es una alimentación continua de núcleos. Es el estado tan buscado del *punto de equilibrio*.

Aunque se ha logrado el equilibrio durante menos de un segundo en diversos aparatos de fusión, hasta ahora las inestabilidades del plasma han evitado que se sostenga la reacción. Un gran problema ha sido el de encontrar un sistema de campo que pueda mantener al plasma en una posición estable y sostenida mientras se funde una gran cantidad de núcleos. El tema de la mucha investigación actual son una diversidad de dispositivos de confinamiento magnético.

En otro método se usan láseres de alta energía. Una de las técnicas propuestas es apuntar un conjunto de rayos láser a un punto común, y dejar caer píldoras de isótopos de hidrógeno congelados a través de ese fuego cruzado y sincronizado (Figura 34.21). La energía de los varios rayos debe aplastar las píldoras hasta alcanzar densidades 20 veces mayores que la del plomo, y calentarlas hasta las temperaturas necesarias. Esta "fusión láser" podría producir varios cientos de veces más energía que la que suministran los rayos láser al comprimir y encender las píldoras. Así como la sucesión de explosiones de la mezcla de combustible y aire en los cilindros de un motor automotriz, se convierte en un flujo uniforme de energía mecánica, la ignición sucesiva de píldoras en una central de energía de fusión podrá producir un flujo constante de energía eléctrica.[10] Para el éxito de esta técnica se requiere una sincronización precisa, porque la compresión necesaria se debe efectuar antes de que una onda de choque haga explotar la píldora. Todavía están por desarrollarse láseres de gran potencia que funcionen en forma confiable. Todavía no se ha alcanzado el punto de equilibrio con la fusión láser.

En otros métodos interviene el bombardeo de píldoras de combustible, no por luz láser, sino mediante haces de electrones e iones. Sea cual sea el método, todavía estamos esperando el gran día, en este siglo XXI, cuando la energía de fusión se haga realidad.

La energía de fusión, si se logra, será casi ideal. Los reactores de fusión no se pueden volver "supercríticos" y salirse de control, porque en la fusión no se requiere masa crítica. Además, no hay contaminación de aire porque el único producto de la combustión termonuclear es el helio (bueno para inflar los globos infantiles). A excepción de algo de radiactividad en el interior de la cámara del dispositivo de fusión, debida a neutrones de alta energía, los subproductos de la fusión no son radiactivos. La disposición de los desechos radiactivos no es gran problema. Además no hay contaminación atmosférica porque no hay combustión. El problema de la contaminación térmica, característico de las centrales convencionales y nucleares con turbina de vapor, se puede evitar con la generación directa de electricidad con generadores MHD, o con técnicas parecidas, usando ciclos de partículas cargadas de combustible que empleen una conversión directa de energía.

FIGURA 34.21 Cómo podría funcionar la fusión con láser. Se dejan caer rítmicamente píldoras de deuterio congelado dentro de un fuego cruzado y sincronizado de láseres. El calor producido se disipa por el litio fundido, y produce vapor.

[10]En la National Ignition Facility (Instalación Nacional de Ignición) del Laboratorio Nacional Lawrence Livermore, la tasa de fusión de píldoras es de unas 5 por segundo. Como comparación, en un motor de automóvil se efectúan unas 20 explosiones por segundo, cuando va en carretera. Una planta de fusión con estas características podría producir unos 1000 millones de W de energía eléctrica, la suficiente como para abastecer a una ciudad de 600,000 habitantes. Cinco combustiones de fusión por segundo proporcionarán más o menos la misma potencia que 60 L de combustible o 70 kg de carbón por segundo, en las centrales eléctricas convencionales.

FIGURA 34.22 Cámara de píldoras en el Lawrence Livermore National Laboratory. La fuente de láser es Nova, uno de los láseres más potentes del mundo, que dirige 10 haces hacia la región del blanco. (Cortesía de Lawrence Livermore National Laboratory.)

El combustible de la fusión nuclear es el hidrógeno, el elemento más abundante en el universo. La reacción más sencilla es la fusión del deuterio ($^{2}_{1}$H) y tritio ($^{3}_{1}$H), que son isótopos del hidrógeno. El deuterio se encuentra en el agua ordinaria, y el tritio se puede producir en el reactor de fusión. Treinta litros de agua de mar contienen 1 gramo de deuterio, que al fundirse libera tanta energía como 10,000 litros de gasolina u 80 toneladas de TNT. El tritio natural es mucho más escaso, pero una vez funcionando, un reactor termonuclear puede criarlo en grandes cantidades a partir del deuterio.

El desarrollo de la energía nuclear ha sido lento y difícil, y ya se ha prolongado más de 50 años. Es uno de los mayores desafíos científicos y técnicos que encaramos. Sin embargo, hay esperanzas de creer que se logrará y será una fuente primaria de energía para las generaciones futuras.

EXAMÍNATE

1. Por última vez: la fisión y la fusión son procesos opuestos, pero en cada uno de ellos se libera energía. ¿No es eso una contradicción?

2. ¿Esperas que la temperatura en el núcleo de una estrella aumente o baje como resultado de la fusión de los elementos intermedios, en la formación de elementos más pesados que el hierro?

COMPRUEBA TUS RESPUESTAS

1. ¡Por ningún motivo! Sólo es contradictorio si se dice que el mismo elemento libera energía mediante ambos procesos, fisión y fusión. Sólo la fusión de los elementos ligeros, y la fisión de los elementos pesados, dan como resultado una disminución de la masa nucleónica y un desprendimiento de energía.

2. Se absorbe energía, no se libera, cuando se funden elementos pesados, por lo que el núcleo de una estrella tiende a enfriarse en esa etapa de su evolución. Sin embargo, es interesante que así una estrella se puede colapsar (es decir, contraer), y eso produce una temperatura todavía mayor. El enfriamiento nuclear más que se contrarresta con el calentamiento gravitacional.

Soplete de fusión y reciclaje

Una aplicación fascinante de la abundante energía que puede proporcionar la fusión de cualquier tipo es el *soplete de fusión*, una llama o un plasma de alta temperatura, tan calientes como una estrella, en la que se podrían descargar todos los materiales de desecho, sea alcantarillado o residuos industriales sólidos. En la región de alta temperatura los materiales se reducirían a sus átomos componentes, ionizados, y se separarían con un aparato del tipo de un espectrómetro de masas, en varios silos, desde el hidrógeno hasta el uranio. De esta forma, una sola planta de fusión podría, en principio, no sólo procesar miles de toneladas de residuos sólidos por día, sino también proporcionar un suministro constante de materias primas nuevas, cerrando así el ciclo del uso al reuso.

Sería un avance muy grande en la economía de los materiales (Figura 34.23). Nuestra preocupación actual de reciclar materiales llegaría a cumplirse en forma grandiosa con este logro o con alguno equiparable, porque ¡sería reciclar con R mayúscula! Más que agotar los materiales de nuestro planeta, podríamos reciclar todo lo que hay ahora, una y otra vez, agregando nuevos materiales sólo para reponer las cantidades pequeñas que se pudieran perder. La energía de fusión tiene el potencial de producir energía eléctrica en abundancia, desalar el agua, ayudar a limpiar la contaminación de nuestro ambiente o reciclar nuestros materiales, y al hacerlo permitir el advenimiento de un mundo

mejor, no necesariamente en el futuro lejano, sino quizá en este siglo XXI. Siempre y cuando las centrales de energía de fusión se hagan realidad, es probable que tenga un impacto sobre casi todos los aspectos de la sociedad humana que sea todavía más profundo que el que tuvo el control de la energía electromagnética al final del siglo XIX.

Cuando recapacitamos en nuestra evolución continua podemos ver que el universo es adecuado para quienes vivirán en el futuro lejano. Si las personas algún día están a punto de partir por el universo de la misma forma que hoy podemos partir para todo el mundo, está asegurado su suministro de combustible. El combustible para la fusión se encuentra en todas partes del universo, no sólo en las estrellas, sino también en el espacio que las separa. Se calcula que 91% de los átomos en el universo son de hidrógeno. Para las personas de este futuro imaginado, también está asegurado el suministro de materias primas: todos los elementos conocidos son el resultado de la fusión de más y más núcleos de hidrógeno. Planteado con sencillez, si se funden 8 núcleos de deuterio se tendrá uno de oxígeno; con 26 se obtiene el de hierro, y así sucesivamente. Los humanos en el futuro podrán sintetizar sus propios elementos y en el proceso producir energía, así como siempre lo han hecho las estrellas. Algún día los humanos podrán viajar a las estrellas impulsados por la misma energía que hace brillar al universo.

FIGURA 34.23 Una economía cerrada en los materiales se puede lograr con ayuda del soplete de fusión. A diferencia de los sistemas actuales, a) que se basan en economías lineales en los materiales, que son dispendiosas en forma inherente, un sistema de estado estacionario b) podría reciclar el suministro limitado de recursos materiales, aliviando así la mayor parte de la contaminación ambiental asociada con los métodos actuales de utilización de energía. (Ilustración basada en una de "The Prospects of Fusion Power", por William C. Gough y Bernard J. Eastlund. Derecho de autor © febrero de 1971 por Scientific American, Inc. Todos los derechos reservados.) La comparación es tan profética y tan sugerente como hace 30 años.

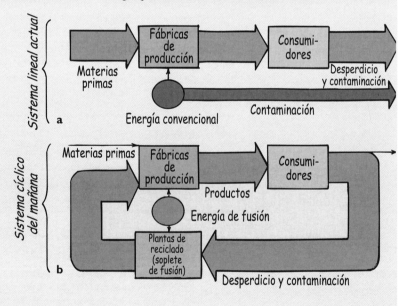

Resumen de términos

Fisión nuclear   La división del núcleo de un átomo pesado, por ejemplo de U 235, en dos partes principales, acompañada por la liberación de mucha energía.

Fusión nuclear   La combinación de núcleos de átomos ligeros para formar átomos más pesados, con la liberación de mucha energía.

Fusión termonuclear   Fusión nuclear producida por alta temperatura.

Masa crítica   La masa mínima de un material fisionable en un reactor o bomba nuclear, que sostenga una reacción en cadena.

Reacción en cadena   Una reacción autosostenida en la que los productos de un evento de reacción estimulan más eventos de reacción.

Reactor de cría   Un reactor de fisión diseñado para obtener más combustible fisionable que el que consume, convirtiendo isótopos no fisionables en isótopos fisionables.

Preguntas de repaso

Fisión nuclear

1. ¿Cuál es el papel de las fuerzas eléctricas en la fisión nuclear?
2. ¿Cómo se compara el desprendimiento de energía de una sola fisión de uranio con el de una molécula de TNT al explotar?
3. Cuando un núcleo sufre la fisión, ¿qué papel pueden desempeñar los neutrones expulsados?
4. ¿Por qué no hay explosiones nucleares en las minas de uranio?
5. ¿Por qué es más probable una reacción en cadena en una pieza grande de uranio que en una pequeña?
6. ¿Qué es la masa crítica?
7. ¿De dónde escaparán más neutrones, de dos trozos separados de uranio, o de los mismos trozos unidos?
8. ¿Se producirá con mayor probabilidad una reacción en cadena en dos trozos separados de U 235 que en los mismos trozos unidos?
9. ¿Cuáles son los dos métodos que se usaron para separar el U 235 del U 238 en el Proyecto Manhattan durante la Segunda Guerra Mundial?
10. ¿Cómo se separan actualmente los isótopos U 235 y U 238?

Reactores nucleares de fisión

11. ¿Cuál era la función del grafito en la primera pila atómica?
12. ¿Cuáles son los tres destinos de un neutrón en el uranio metálico?
13. ¿En qué forma modera a los neutrones la presencia de grafito en un reactor?
14. ¿Cuáles son las tres partes principales de un reactor de fisión?
15. ¿Por qué un reactor no puede explotar como una bomba de fisión?

Plutonio

16. ¿Qué isótopo se produce cuando el U 238 absorbe un neutrón?
17. ¿Qué isótopo se produce cuando el U 239 emite una partícula beta?
18. ¿Qué isótopo se produce cuando el Np 239 emite una partícula beta?
19. ¿Qué tienen en común el U 235 y el Pu 239?
20. ¿Por qué el plutonio se separa con mayor facilidad del uranio metálico, en comparación con la separación de los isótopos de uranio? ¿Qué es lo que hace difícil la separación del plutonio?
21. ¿Cuándo es tóxico químicamente el plutonio y cuándo no?
22. La radiactividad del plutonio ¿es más tóxica o menos tóxica que la del radio?

El reactor de cría

23. ¿Qué efecto tiene colocar pequeñas cantidades de isótopos fisionables junto con grandes cantidades de U 238?
24. Cita los nombres de tres isótopos que sufren fisión nuclear.
25. ¿Cómo se crea combustible nuclear en un reactor de cría?

Energía de fisión

26. ¿En qué se parece un reactor nuclear a una central convencional de energía con combustible fósil? ¿En qué es distinta?
27. ¿Por qué son radiactivos los fragmentos de la fisión?
28. ¿Cuál es el inconveniente principal de la energía de fisión?
29. ¿Cuál es la ventaja principal de la energía de fisión?

Equivalencia entre masa y energía

30. ¿Cuál es la célebre ecuación que muestra la equivalencia entre masa y energía?
31. ¿Se requiere trabajo para tirar de un nucleón y sacarlo de un núcleo atómico? Una vez fuera, ¿el nucleón tiene más energía que la que tenía dentro del núcleo? ¿En qué forma está esa energía?
32. ¿Cuáles iones se desvían menos en un espectrómetro de masas?
33. ¿Cuál es la diferencia básica entre las gráficas de las figuras 34.15 y 34.16?
34. ¿En cuál núcleo atómico los nucleones tienen la mayor masa? ¿En cuál tienen la masa mínima?
35. ¿Qué sucede con la masa faltante cuando un núcleo de uranio sufre una fisión?
36. Si se considera que la gráfica de la figura 34.16 es un valle de energía, ¿qué se puede decir de las transformaciones nucleares que avanzan hacia el hierro?

Fusión nuclear

37. Cuando se funde un par de isótopos de hidrógeno, ¿la masa del núcleo formado es mayor o menor que la suma de las masas de los dos núcleos de hidrógeno?

38. Para que el helio desprenda energía, ¿se debe fisionar o fusionar?

Control de la fusión

39. ¿Qué clase de recipientes se usan para contener plasmas a muchos millones de grados?

40. ¿En qué forma se libera energía inicialmente en la fusión nuclear?

Ejercicios

1. ¿Por qué el mineral de uranio no sufre una reacción en cadena espontánea?

2. Algunos núcleos pesados, que contienen todavía más protones que el núcleo de uranio, sufren "fisión espontánea" y se parten sin absorber un neutrón. ¿Por qué la fisión espontánea sólo se observa en los núcleos más pesados?

3. ¿Por qué es probable que la fisión nuclear no se use en forma directa para mover automóviles? ¿Cómo se podría usar en forma indirecta?

4. ¿Por qué un neutrón es mejor proyectil atómico que un protón o un electrón?

5. ¿Por qué el escape de neutrones es proporcionalmente menor en un gran trozo de material fisionable, que en trozo pequeño?

6. ¿Cuál forma es probable que necesite más material para llegar a la masa crítica, un cubo o una esfera? Explica por qué.

7. ¿Aumenta o disminuye la distancia promedio que recorre un neutrón a través de un material fisionable para escapar, cuando se arman dos piezas del material fisionable y forman una sola pieza? Este conjunto, ¿aumenta o disminuye la probabilidad de una explosión?

8. El U 235 desprende un promedio de 2.5 neutrones por fisión, mientras que el Pu 239 desprende un promedio de 2.7 neutrones por fisión. ¿Cuál de esos elementos crees entonces que tengan menor masa crítica?

9. ¿Por qué el plutonio no existe en cantidades apreciables en depósitos minerales naturales?

10. ¿Por qué, después de que una varilla de combustible de uranio llega al final de su vida como combustible (normalmente 3 años) la mayor parte de su energía proviene de la fisión de plutonio?

11. Si un núcleo de $^{232}_{90}$ Th absorbe un neutrón y el núcleo resultante sufre dos decaimientos beta (emitiendo electrones) sucesivos, ¿qué núcleo se forma?

12. El agua que pasa por el núcleo de un reactor no pasa a la turbina. En lugar de ello se transfiere a un ciclo de agua separado, que está totalmente afuera del reactor. ¿Por qué se hace eso?

13. ¿Por qué el carbón es mejor moderador que el plomo en los reactores nucleares?

14. La masa de un núcleo atómico, ¿es mayor o menor que la suma de las masas de los nucleones que lo forman? ¿Por qué no se suman las masas de los nucleones en la masa nuclear total?

15. El desprendimiento de energía en la fisión nuclear está sujeto a que los núcleos más pesados tienen más o menos 0.1% más de masa por nucleón que los núcleos cercanos a la parte media de la tabla periódica de los elementos. ¿Cuál sería el efecto, sobre el desprendimiento de energía, si cambiara ese número de 0.1 a 1 por ciento?

16. ¿En qué se parecen las reacciones de fisión y de fusión? ¿Cuáles son las diferencias principales de esas reacciones?

17. ¿En qué se parece la combustión química a la fusión nuclear?

18. Para calcular el desprendimiento aproximado de energía en una reacción de fisión o de fusión, explica cómo se usa la curva de la figura 34.16, o una tabla de masas nucleares, y la ecuación $E = mc^2$.

19. ¿Y si un núcleo de U 235, después de absorber un neutrón y transformarse en U 236, se partiera en dos fragmentos idénticos? ¿Cuáles serían esos dos fragmentos? ¿Y si en la fisión del U 236 se emitieran dos neutrones, antes de dividirse en dos fragmentos idénticos?

20. El reactor original de Fermi "apenas" era crítico, porque el uranio natural que usó contenía menos del 1% del isótopo fisionable U 235 (vida media 713 millones de años). ¿Y si en 1942 la Tierra hubiera tenido 9000 millones de años de edad, en lugar de 4500 millones? ¿Podría Fermi haber conseguido hacer que un reactor fuera crítico con uranio natural?

21. Los núcleos pesados pueden fundirse, por ejemplo, disparando un núcleo de oro contra otro. Ese proceso, ¿produce o consume energía? Explica por qué.

22. Los núcleos ligeros se pueden dividir; por ejemplo, se puede usar un deuterón, que es una combinación de protón y neutrón, se puede dividir en un protón y un neutrón separados. Ese proceso ¿produciría o absorbería energía? Explica por qué.

23. ¿Qué proceso liberaría energía del oro? ¿Fisión o fusión? ¿Del carbono? ¿Del hierro?

24. Si el uranio se dividiera en tres partes de igual tamaño, en lugar de dos, ¿se liberaría más o menos energía? Defiende tu respuesta con ayuda de la figura 34.16.

25. Imagina que la curva de la figura 34.16, de masa por nucleón en función de número atómico, tuviera la forma de la curva en la figura 34.15. En ese caso, ¿las reacciones de fisión nuclear producirían energía? ¿Las reacciones de fusión nuclear producirían energía? Defiende tus respuestas.

26. Los "imanes de hidrógeno" de la figura 34.18 pesan más cuando están separados que cuando están combinados. ¿Cuál sería la diferencia básica si el ejemplo ficticio fuera de "imanes nucleares" con la mitad del peso que el uranio?

27. ¿Qué produce más energía, la fisión de un solo núcleo de uranio, o la fusión de un par de núcleos de deuterio? La fisión de un gramo de uranio o la fusión de un gramo de deuterio? ¿Por qué tus respuestas son distintas?

28. Por qué no hay un límite de la cantidad de combustible de fusión que se puede guardar con seguridad en un lugar, a diferencia del combustible de fisión?

29. Si una reacción de fusión no produce isótopos radiactivos en cantidad apreciable, ¿por qué una bomba de hidrógeno produce una importante precipitación radiactiva?

30. Describe al menos dos ventajas potenciales de la producción de energía por fusión en comparación con la fisión.

31. La fusión nuclear sostenida todavía se debe lograr, y es una esperanza de que en el futuro la energía sea abundante. Sin embargo, la energía que siempre nos ha sostenido ha sido siempre la energía de fusión. Explica por qué.

32. Explica cómo el decaimiento radiactivo siempre ha calentado la Tierra desde su interior, y la fusión nuclear siempre la ha calentado desde el exterior.

33. ¿Qué efecto puedes prever que tenga tratar los desechos con un soplete de fusión acoplado a un espectrómetro de masas sobre la industria minera?

34. El mundo ya no es el mismo desde el descubrimiento de la inducción electromagnética y sus aplicaciones en los motores y los generadores eléctricos. Imagina y haz una lista de algunos de los cambios mundiales que probablemente sigan al advenimiento de los reactores de fusión.

35. Describe y compara la contaminación debida a las centrales eléctricas convencionales con combustible fósil y las de fisión nuclear. Toma en cuenta la contaminación térmica, contaminación química y contaminación radiactiva.

36. A veces se dice que el hidrógeno ordinario es el combustible perfecto, porque hay reservas casi ilimitadas del mismo en la Tierra, y cuando se quema produce agua, innocua, en su combustión. Entonces, ¿por qué no abandonamos la energía de fisión y la de fusión, para no mencionar la de combustibles fósiles, y sólo usamos hidrógeno?

37. En cuanto al soplete de fusión, si una llama tan caliente como una estrella se coloca entre un par de placas grandes y con carga eléctrica, una positiva y otra negativa, y los materiales que caen en la llama se disocian en núcleos aislados y electrones, ¿en qué dirección se moverán los núcleos? ¿En qué dirección se moverán los electrones?

38. Imagina que la placa negativa tuviera un agujero, para que los núcleos atómicos que se le acercaran pasaran por ella formando un haz. Además, imagina que a continuación el haz fuera dirigido entre las zapatas polares de un electroimán poderoso. ¿Seguiría el haz de núcleos cargados avanzando en línea recta, o sería desviado?

39. Suponiendo que el haz del ejercicio anterior se desvía, ¿se desviarán la misma cantidad todos los núcleos, tanto los pesados como los ligeros? ¿En qué se parecería este aparato a un espectrómetro de masas?

40. En una cubeta de agua de mar hay cantidades diminutas de oro. No las puedes separar con un imán ordinario, pero si vacías la cubeta en un soplete de fusión, como el que se describe en este capítulo, sí las separaría un imán. Si los átomos de hidrógeno se recolectan en el silo #1 y los de uranio en el silo #92, ¿qué número de silo le tocaría al oro?

Problemas

1. El kilotón, que se usa para medir la energía liberada en una explosión nuclear, es igual a 4.2×10^{12} J (más o menos la que se desprende en una explosión de 1000 toneladas de TNT). Recuerda que 1 kilocaloría de energía eleva 1°C la temperatura de 1 kg de agua, y que 4184 joules equivalen a 1 kilocaloría. Calcula a cuántos kilogramos de agua puede elevar su temperatura 50°C una bomba atómica de 20 kilotón.

2. El isótopo de litio que se usa en una bomba de hidrógeno es Li 6, cuyo núcleo contiene 3 protones y 3 neutrones. Cuando un núcleo de Li 6 absorbe un neutrón, se produce un núcleo del isótopo más pesado del hidrógeno, de tritio. ¿Cuál es el otro producto de esta reacción? ¿Cuál de los dos productos sostiene la reacción explosiva?

3. Una reacción de fusión importante tanto en bombas de hidrógeno como en reactores de fusión controlada es la "reacción DT", en la que se combinan un deuterón y un tritón (núcleos de deuterio y de tritio, respectivamente) y forman una partícula alfa y un neutrón, con desprendimiento de gran cantidad de energía. Aplica la conservación de la cantidad de movimiento para explicar por qué el neutrón producido en esta reacción lleva 80% de la energía, mientras que la partícula alfa sólo porta 20 por ciento.

RELATIVIDAD

Antes de la llegada de la relatividad especial, se creía que las estrellas están fuera del alcance de los humanos. Pero la distancia es relativa; depende del movimiento. En un marco de referencia que se mueva casi tan rápido como la luz, la distancia se contrae y el tiempo se alarga lo suficiente como para permitir que los futuros astronautas lleguen a las estrellas ¡y más allá! Estamos como el pollito de Sara, de la portada en la página 1, en el momento inicial de un comienzo totalmente nuevo. La física de Newton nos llevó hasta la Luna; la física de Einstein nos señala las estrellas. ¡Vivimos en una época estimulante!

www.pearsoneducacion.net/hewitt
*Usa los variados recursos del sitio Web,
para comprender mejor la física.*

35

TEORÍA DE LA RELATIVIDAD ESPECIAL

Ken Ford, anterior Director General del Instituto Americano de Física, expone la belleza de la relatividad a sus alumnos de preparatoria.

Siendo un joven y afanoso estudiante de física en la década de 1890, a Albert Einstein le preocupaba la diferencia entre las leyes newtonianas de la mecánica y las leyes de Maxwell del electromagnetismo. Las leyes de Newton eran independientes del estado de movimiento de un observador, y las leyes de Maxwell no lo eran, o al menos así parecía. Alguien en reposo y alguien en movimiento verían que se aplican las *mismas* leyes de la mecánica a un objeto en movimiento que se está estudiando, pero ellos verían que se aplican leyes *distintas* de electricidad y magnetismo al estudiar una carga en movimiento. Las leyes de Newton parecen indicar que no hay tal cosa de movimiento absoluto; que sólo importa el movimiento relativo. Pero las leyes de Maxwell parecían indicar que el movimiento es absoluto.

En una célebre publicación titulada "Sobre la electrodinámica de los cuerpos en movimiento", en 1905, cuando tenía 26 años, Einstein demostró que después de todo las leyes de Maxwell, al igual que las leyes de Newton, se pueden interpretar como independientes del estado de movimiento de un observador ¡pero con un costo! El costo de lograr esta perspectiva unificada de las leyes de la naturaleza es una revolución total de la forma en que captamos el espacio y el tiempo.

Einstein demostró que como las fuerzas entre las cargas eléctricas se afectan por el movimiento, las mismas mediciones del espacio y el tiempo también son afectadas por el movimiento. Todas las mediciones del espacio y del tiempo dependen del movimiento relativo.

Por ejemplo, la longitud de una nave espacial en su plataforma de lanzamiento y el tictac de los relojes en su interior, cambian cuando la nave se pone en movimiento a gran rapidez. Siempre se consideró como buen sentido común que cuando nos movemos cambiamos nuestra posición en el espacio. Pero Einstein despreció el sentido común y dijo que al movernos también cambiamos nuestra rapidez de avanzar hacia el futuro; que el tiempo mismo se altera. Einstein prosiguió demostrando que una consecuencia de la interrelación entre el espacio y el tiempo es una interrelación entre la masa y la energía, expresada por la famosa ecuación $E = mc^2$.

Son las ideas que se presentan en este capítulo, las ideas de la relatividad especial, tan remotas de la experiencia cotidiana que para comprenderlas se requiere forzar la mente. Bastará con que las conozcas, y ten paciencia contigo mismo, si no las comprendes de inmediato. Quizá en alguna era del futuro, cuando sean cotidianos los viajes interplanetarios a gran rapidez tus descendientes encuentren que la relatividad tiene sentido común.

El movimiento es relativo

Recuerda que en el capítulo 3, especificamos que cuando se habla del movimiento siempre debemos especificar el punto de referencia desde donde se observa y se mide ese movimiento. Por ejemplo, una persona que va por el pasillo de un tren en movimiento puede estar caminando con una rapidez de 1 kilómetro por hora en relación con los asientos, pero a 60 kilómetros por hora en relación con la estación del ferrocarril. Al lugar desde donde se observa y mide el movimiento se le llama **marco de referencia**. Un objeto puede tener distintas velocidades en relación con distintos marcos de referencia.

Para medir la rapidez de un objeto primero seleccionamos un marco de referencia e imaginamos que estamos inmóviles en él. A continuación medimos la rapidez con que se mueve el objeto con relación a nosotros, esto es, en relación con el marco de referencia. En el ejemplo anterior, si medimos desde una posición de reposo dentro del tren, la rapidez de la persona que camina es de 1 kilómetro por hora. Si la medimos desde una posición de reposo en el suelo, la rapidez de la persona que camina es de 60 kilómetros por hora. Pero en realidad el suelo no está inmóvil, porque la Tierra gira como un trompo en torno al eje polar. Dependiendo de qué tan cerca esté el tren del ecuador, la rapidez de la persona que camina puede llegar hasta 1600 kilómetros por hora en relación con un marco de referencia en el centro de la Tierra. Y el centro de la Tierra se mueve en relación con el Sol. Si colocamos nuestro marco de referencia en el centro del Sol, la rapidez de la persona que camina en el tren, que está en la Tierra en órbita, es casi de 110,000 kilómetros por hora. Y el Sol no está en reposo, porque describe una órbita en torno al centro de nuestra galaxia, que se mueve con respecto a otras galaxias.

El experimento de Michelson-Morley

¿Habrá algún marco de referencia que esté inmóvil? El espacio mismo, ¿no está inmóvil para poder hacer mediciones en relación con el espacio inmóvil? En 1887, los físicos estadounidenses A. A. Michelson y E. W. Morley trataron de contestar esas preguntas mediante un experimento diseñado para medir el movimiento de la Tierra a través del espacio. Como la luz se propaga como ondas, se suponía entonces que algo en el espacio vibra, un algo misterioso llamado *éter*, que se creía llenaba todo el espacio y podría servir como marco de referencia fijo al espacio mismo. Estos físicos usaron un aparato muy sensible llamado *interferómetro,* para hacer sus observaciones (Figura 35.1). En este instrumento, un rayo de una fuente de luz monocromática se separó en dos partes, con sus trayectorias formando ángulo recto entre sí; se reflejaban y se recombinaban para ver si había alguna diferencia en la rapidez promedio entre los dos caminos de ida y vuelta. El interferómetro se ajustó con una trayectoria paralela a la órbita de la Tierra; a continuación Michelson o Morley vigilaron con cuidado si había cambios en la rapidez promedio a medida que giraba el aparato, para poner la otra trayectoria paralela al movimiento de la Tierra. El interferómetro tenía la sensibilidad suficiente para medir la diferencia en los tiempos de viaje redondo, de la luz que iba en el sentido y contra el sentido de la velocidad orbital de la Tierra, de 30 kilómetros por segundo, durante la trayectoria de la Tierra en el espacio. Pero no observaron cambios. Ningún cambio. Algo estaba mal con la idea de que la rapidez de la luz medida por un receptor en movimiento debería ser su rapidez normal en el vacío, c, más o menos la contribución del movimiento de la fuente o del receptor. Muchos investigadores repitieron el experimento de Michelson y Morley, con muchas variaciones, y llegaron al mismo resultado. Fue uno de los hechos incomprensibles de la física a inicios del siglo XX.

FIGURA 35.1 El interferómetro de Michelson-Morley, que divide un rayo de luz en dos partes, para después recombinarlas y formar una figura de interferencia después de que han recorrido distintas trayectorias. En su experimento se realizó la rotación haciendo flotar una losa masiva de piedra arenisca sobre mercurio. Este esquema muestra cómo el espejo semiplateado divide el haz en dos rayos. El vidrio transparente aseguraba que ambos rayos atravesaran la misma cantidad de vidrio. Se usaron cuatro espejos, uno en cada esquina, para alargar las trayectorias.

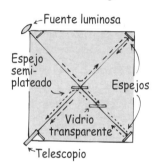
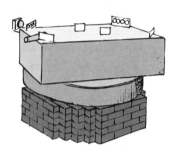

G. F. FitzGerald, físico irlandés, sugirió una interpretación del paradójico resultado, al proponer que la longitud del aparato en el experimento se contraía en la dirección de su movimiento, justamente la cantidad necesaria para contrarrestar la supuesta variación de la rapidez de la luz. El "factor de contracción" necesario, $\sqrt{1 - v^2/c^2}$ fue deducido por Hendrik A. Lorentz, físico holandés. Este factor aritmético explicaba la discrepancia, pero ni FitzGerald ni Lorentz contaban con una teoría adecuada que explicara por qué sucedía así. Es interesante el hecho de que Einstein dedujo ese mismo factor en su publicación de 1905, donde demostró que es el factor de contracción del espacio mismo, y no sólo de la materia en el espacio.

No se ha aclarado cuánto influyó el experimento de Michelson y Morley sobre Einstein, si es que influyó. En cualquier caso, Einstein propuso la idea que la rapidez de la luz en el espacio libre es igual en todos los marcos de referencia, una idea contraria a los conceptos clásicos del espacio y del tiempo. La rapidez es una relación de la distancia a través del espacio entre un intervalo correspondiente de tiempo. Para que la rapidez de la luz sea constante, había que desechar la idea clásica que el espacio y el tiempo son independientes entre sí. Einstein comprendió que el espacio y el tiempo están enlazados y, partiendo de postulados simples, desarrolló una relación profunda entre los dos.

Postulados de la teoría de la relatividad especial

Einstein no vio la necesidad del éter. Con la noción del éter estacionario se fue la noción de un marco de referencia absoluto. Todo movimiento es relativo, no respecto a un puesto de guardia arbitrario en el universo, sino con respecto a marcos de referencia arbitrarios. Una nave espacial no puede medir su rapidez con respecto al espacio vacío, sino sólo con respecto a otros objetos. Por ejemplo, si la nave A pasa junto a la nave B en el espacio vacío, el tripulante de A y la tripulante de B observarán que cada uno tiene un movimiento relativo, y a partir de esa observación cualesquiera de ellos no podrá determinar quién está en movimiento y quién está en reposo, si es que lo están.

FIGURA 35.2 La rapidez de la luz se mide y resulta igual en todos los marcos de referencia.

Esto lo conoce bien un pasajero de un tren que ve por la ventanilla que el tren en la otra vía pasa frente a él. Sólo percibe el movimiento relativo entre su tren y el otro tren, y no puede decir cuál de los trenes es el que se mueve. Puede estar en reposo en relación con el suelo, y el otro tren puede estar en movimiento, o bien puede estar moviéndose en relación con el suelo y el otro tren puede estar en reposo, o los dos pueden estar en movimiento con respecto al suelo. Lo que importa aquí es que si tú estuvieras en un tren sin ventanillas, no habría forma de determinar si el tren donde estás se mueve con velocidad uniforme o si está en reposo. Es el primero de los **postulados de la teoría de la relatividad especial** de Einstein:

Todas las leyes de la naturaleza son iguales en todos los marcos de referencia con movimiento uniforme.

Por ejemplo, en un avión a reacción que se desplaza a 700 kilómetros por hora, el café se sirve igual que como se sirve cuando el avión está en reposo; un péndulo oscila como lo haría si el avión estuviera detenido en la pista. No hay experimento físico que podamos hacer, ni siquiera con la luz, para determinar nuestro estado de movimiento uniforme. Las leyes de la física dentro de la cabina con movimiento uniforme son iguales que las que hay en un laboratorio inmóvil.

Cualquier cantidad de experimentos pueden ser diseñados para detectar el movimiento acelerado, pero ninguno puede diseñarse, según Einstein, para detectar un estado de movimiento uniforme. En consecuencia, no tiene significado el movimiento absoluto.

Sería muy peculiar que las leyes de la mecánica variasen según los observadores que se movieran con distintas rapideces. Querría decir, por ejemplo, que un jugador de billar en un trasatlántico en movimiento uniforme tendría que ajustar su estilo de juego a la rapidez del barco, o hasta según la estación, ya que la Tierra varía de rapidez orbital en torno al Sol. Nuestra experiencia es que no es necesario ese ajuste. Y, de acuerdo con Einstein, esta misma insensibilidad al movimiento abarca al electromagnetismo. Ningún experimento, ya sea mecánico, eléctrico u óptico, nunca ha revelado un movimiento absoluto. Esto es lo que significa el primer postulado de la relatividad.

Una de las preguntas que hacía el joven Einstein a su maestro de escuela fue: "¿Cómo se vería un rayo de luz si viajara usted a un lado de él?" Según la física clásica, el rayo estaría en reposo respecto a ese observador. Mientras más pensaba Einstein en eso, se convencía más de que uno no se puede mover con un rayo de luz. Finalmente, llegó a la conclusión de que independientemente de lo rápido que se muevan dos observadores entre sí, cada uno mediría que la rapidez del rayo de luz es de 300,000 kilómetros por segundo. Éste fue el segundo postulado de su teoría de la relatividad especial:

La rapidez de la luz en el espacio libre tiene el mismo valor medido por todos los observadores, independientemente del movimiento de la fuente o del movimiento del observador; esto es, la rapidez de la luz es una constante.

FIGURA 35.3 La rapidez de un destello de luz emitido por la estación espacial, se mide y resulta c, por los observadores tanto de la estación como de la nave cohete.

Para ilustrar esta afirmación, imagina una nave que sale de la estación espacial, como se ve en la figura 35.3. De la estación se emite un destello de luz, que viaja a 300,000 kilómetros por segundo. Independientemente de la velocidad de la nave, un observador en ella ve que el destello de luz lo rebasa con la misma rapidez, c. Si se dirige un destello a la estación, desde la nave en movimiento, los observadores en la estación medirán que la rapidez del destello es c. La rapidez de la luz se mide y resulta igual, independientemente de la rapidez de la fuente o del receptor. *Todos* los observadores que miden la rapidez de la luz determinarán el mismo valor c. Mientras más pienses en ello, más creerás que no tiene sentido. Veremos que la explicación tiene que ver con la relación entre el espacio y el tiempo.

Simultaneidad

Una consecuencia interesante del segundo postulado de Einstein, tiene que ver con el concepto de **simultaneidad**. Decimos que dos eventos son simultáneos si suceden al mismo tiempo. Imagina, por ejemplo, una fuente luminosa en el centro exacto del compartimiento de un cohete (Figura 35.4). Cuando se enciende la luz, se difunde en todas direcciones con la rapidez c. Como la fuente luminosa es equidistante de los extremos delantero y trasero del compartimiento, un observador dentro del compartimiento ve que la luz llega al extremo delantero en el mismo instante en que llega al extremo trasero. Esto sucede ya sea que el cohete esté en reposo o en movimiento a una velocidad constante. Los eventos de llegar al extremo delantero y llegar al extremo trasero suceden en forma *simultánea* para este observador dentro del cohete.

FIGURA 35.4 Desde el punto de vista del observador que viaja con el compartimiento, la luz de la fuente recorre distancias iguales a los dos extremos del compartimiento, y en consecuencia llega a los dos extremos en forma simultánea.

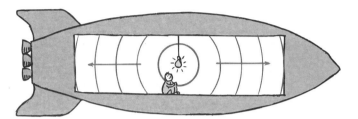

Pero, ¿y si otro observador, en el exterior de la nave, ve los mismos dos eventos en otro marco de referencia, por ejemplo desde un planeta que no se mueva con el cohete? Para ese observador los mismos dos eventos *no son* simultáneos. A medida que la luz se propaga desde la fuente, ese observador ve que el cohete avanza, por lo que la parte trasera del compartimiento se mueve hacia la luz, mientras que la parte delantera se aleja de ella. El rayo que va hacia la parte posterior del compartimiento tiene, en consecuencia, que recorrer menor distancia que el que va hacia adelante (Figura 35.5). Como la rapidez de la luz es igual en ambas direcciones, este observador externo ve el evento de cuando la luz llega a la parte trasera del compartimiento *antes* de ver el evento de cuando la luz llega a la parte delantera del compartimiento. (Naturalmente, suponemos que el observador puede distinguir entre estas diferencias tan pequeñas.) Con un poco de razonamiento se verá que un observador en otro cohete que pase junto al primero, pero en dirección contraria, diría que la luz llega primero al compartimiento delantero.

Dos eventos que son simultáneos en un marco de referencia no necesitan ser simultáneos en otro marco de referencia que se mueva en relación con el primero.

La no simultaneidad de los eventos en un marco de referencia cuando son simultáneos en otro es un resultado totalmente relativista; es una consecuencia de que la luz siempre tenga la misma rapidez para todos los observadores.

FIGURA 35.5 Los eventos de la llegada de la luz a la parte delantera y trasera del compartimiento no son simultáneos desde el punto de vista de un observador en un marco de referencia distinto. Debido al movimiento de la nave, la luz que llega a la parte trasera del compartimiento no tiene que ir tan lejos, y llega primero que la luz que alcanza la parte delantera del compartimiento.

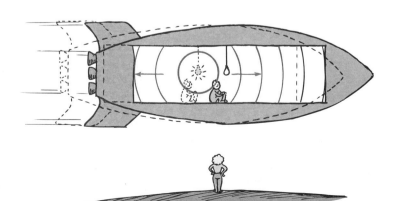

EXAMÍNATE

1. ¿En qué se parece la no simultaneidad de oír el trueno *después* de ver el rayo a la no simultaneidad relativista?

2. Imagina que el observador parado en un planeta de la figura 35.5 ve que un par de rayos caen en forma simultánea a los extremos delantero y trasero del compartimiento en la nave con gran rapidez. Esos rayos, ¿serán simultáneos de acuerdo con un observador a la mitad del compartimiento de esa nave? (Se supone aquí que un observador puede detectar diferencias muy pequeñas en el tiempo de recorrido de la luz de los extremos del compartimiento a la mitad del mismo.)

Espaciotiempo

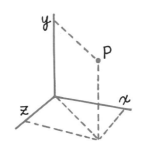

FIGURA 35.6 El punto P se puede especificar con tres números: las distancias a lo largo del eje *x*, del eje *y* y del eje z.

Cuando vemos las estrellas nos damos cuenta que en realidad estamos contemplando hacia atrás en el tiempo. Las estrellas que vemos más lejanas son las que observamos como eran hace tiempo. Mientras más pensamos en ello resulta más aparente que el espacio y el tiempo deben estar ligados entre sí en forma íntima.

El espacio en el que vivimos es tridimensional, esto es, podemos especificar la posición de cualquier lugar en el espacio con tres dimensiones. Por ejemplo, esas dimensiones podrían ser norte-sur, este-oeste y arriba-abajo. Si estuviéramos en la esquina de un recinto rectangular y deseáramos especificar la posición de cualquier punto en su interior, lo podríamos hacer con tres números. El primero sería la cantidad de metros hasta el punto, medidos a lo largo de una línea recta que es la línea donde se unen una pared y el piso; el segundo sería la cantidad de metros hasta el punto, a lo largo de una recta que une la pared adyacente con el piso, y el tercero sería la cantidad de metros hasta el punto, medidos del piso hasta el punto o bien medidos a lo largo de la recta vertical que une las dos paredes anteriores. Los físicos llaman *ejes coordenados* de un marco de referencia a esas tres líneas (Figura 35.6). Tres números, que son las distancias a lo largo del eje *x*, del eje *y* y del eje *z*, especifican la posición de un punto en el espacio.

También se usan tres dimensiones para especificar el tamaño de los objetos. Por ejemplo, una caja se puede describir por su longitud, ancho y altura. Pero las tres dimensiones no dan una imagen completa. Hay una cuarta dimensión, el tiempo. La caja no fue siempre una caja de longitud, ancho y altura determinados. Comenzó como una caja sólo en cierto momento en el tiempo; el día en que fue fabricada. Tampoco será siempre una caja. En cualquier momento se puede aplastar, quemar o destruir de cualquier otra forma. Así, las tres dimensiones del espacio son una descripción válida de la caja sólo durante determinado periodo especificado. No podemos hablar en forma coherente del espacio sin que intervenga el tiempo. Las cosas existen en el **espaciotiempo**. Cada objeto, cada persona, cada planeta, cada estrella, cada galaxia existe en lo que los físicos llaman "el continuo espaciotiempo" o el "espaciotiempo continuo".

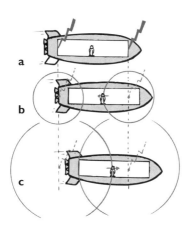

COMPRUEBA TUS RESPUESTAS

1. ¡No se parece! La duración entre ver el rayo y escuchar el trueno no tiene nada que ver con los observadores en movimiento ni con la relatividad. En ese caso sólo haces correcciones al tiempo que tardan las señales (sonido y luz) en llegar a ti. La relatividad de la simultaneidad es una discrepancia genuina entre observaciones hechas por personas en movimiento relativo, y no sólo una disparidad entre distintos tiempos de recorrido para las distintas señales.

2. No; un observador a la mitad del compartimiento verá primero el rayo que cae en el extremo delantero del compartimiento, y luego verá el que cae en el extremo trasero. Eso se ve en las posiciones a), b) y c) a la izquierda. En a) se ve que los dos rayos caen en forma simultánea en los extremos del compartimiento de acuerdo con el observador externo. En la posición b), la luz del rayo delantero llega al observador dentro de la nave. Un poco después, en c), la luz del rayo trasero llega a este observador.

FIGURA 35.7 Todas las mediciones de espacio y tiempo son unificadas por *c*.

Dos observadores, uno a lado de otro, comparten el mismo marco de referencia. Ambos concuerdan en sus mediciones de intervalos de espacio y de tiempo entre eventos determinados, por lo que se dice que comparten la misma región del espaciotiempo. Sin embargo, si hay entre ellos movimiento relativo, los observadores no concordarán en esas mediciones de espacio y tiempo. Cuando sus rapideces son "ordinarias", las diferencias entre sus mediciones son imperceptibles; pero cuando las rapideces son cercanas a la rapidez de la luz, cuando son las llamadas rapideces relativistas, las diferencias son apreciables. Cada observador está en una región distinta del espaciotiempo, y sus mediciones del espacio y del tiempo son distintas de las que hace un observador en otra región del espaciotiempo. Las mediciones no varían al azar, sino en tal forma que cada observador siempre medirá la misma relación entre espacio y tiempo para la luz; mientras mayor sea la distancia medida en el espacio, el intervalo de tiempo será mayor. Esta relación constante de espacio y tiempo para la luz, *c*, es el factor unificador entre las distintas regiones del espaciotiempo, y es la esencia del segundo postulado de Einstein.

Observación de un reloj en un viaje en tranvía

Imagina que eres Einstein a principios del siglo pasado, que vas en un tranvía que se aleja del reloj en la Plaza Mayor. El reloj indica las 12, al mediodía. Decir que son las 12 del día es decir que la luz que porta la información "12 del día" sale del reloj y viaja hacia ti a lo largo de tu visual. Si de repente mueves la cabeza a un lado, la luz que llevaba la información, en lugar de llegar a los ojos sigue avanzando, y quizá se pierda en el espacio. Allá lejos, un observador que reciba *después* la luz, dirá "ahora son las 12 del día en la Tierra". Pero desde tu punto de vista ahora ya es después del mediodía. Tú y el observador lejano ven las 12 del día en momentos distintos. Sigues meditando sobre esto. Si el tranvía viajara tan rápido como la luz, entonces iría al parejo de la información que dice "12 del día". Entonces, al viajar con la rapidez de la luz siempre sabrías que son las 12 del día en la Plaza Mayor. En otras palabras ¡se ha detenido el tiempo en la Plaza Mayor!

Si el tranvía no se mueve, podrás ver que el reloj avanza hacia el futuro, con una rapidez de 60 segundos por minuto; si te mueves con la rapidez de la luz verás que los segundos en el reloj tardan una infinidad de tiempo. Son los dos extremos. ¿Qué hay en medio? ¿Cómo se vería el movimiento de las manecillas del reloj a medida que te movieras con rapideces menores que la rapidez de la luz?

Con un poco de lógica verás que recibirás el mensaje "1 de la tarde" entre 60 minutos y un tiempo infinito después de recibir el mensaje "12 del día", dependiendo de cuál es tu rapidez entre los extremos cero y la rapidez de la luz. Desde tu marco de referencia rápido (pero menos rápido que *c*), ves que todos los eventos se llevan a cabo en el marco de referencia del reloj (que

es la Tierra) como si estuvieran en cámara lenta. Si inviertes la dirección y viajas con gran rapidez de regreso hacia el reloj, verás todos los eventos que suceden en el marco de referencia del reloj como si estuvieran acelerados. Cuando regresas y de nuevo te bajas del tranvía, ¿se compensarán los efectos de alejarte y regresar, entre sí? Lo sorprendente es que ¡no! Se alargará el tiempo. Tu reloj de muñeca, que ha estado contigo todo el tiempo, y el reloj de la Plaza no indicarán lo mismo. Ésta es la dilatación del tiempo.

Dilatación del tiempo

Examinemos la noción de que el tiempo se puede estirar. Imagina que tenemos la facultad de observar un destello de luz que rebota de aquí para allá entre un par de espejos paralelos, igual que una pelota rebota entre un piso y un techo. Si la distancia entre los espejos está fija, ese arreglo forma un *reloj de luz*, porque los viajes de ida y vuelta del destello tardan intervalos de tiempo iguales (Figura 35.8). Imagina que el reloj de luz está dentro de una nave espacial transparente, que viaja a gran rapidez. Un observador que vaya en la nave y vea el reloj de luz (Figura 35.9*a*) ve que el destello se refleja recto, y sube y baja entre los dos espejos, igual que si la nave estuviera en reposo. Este observador no percibe efectos extraños. Nota que, debido a que el observador está en la nave y se mueve con ella, no hay movimiento relativo entre el observador y el reloj de luz; se dice que el observador y el reloj comparten el mismo marco de referencia en el espaciotiempo.

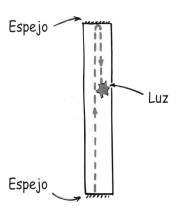

FIGURA 35.8 Un reloj de luz. Un destello de luz rebotará hacia arriba y hacia abajo, entre espejos paralelos y marcará intervalos iguales de tiempo.

Ahora imagina que estamos parados en el piso cuando la nave pasa frente a nosotros con gran rapidez; por ejemplo, a la mitad de la rapidez de la luz. Las cosas son muy distintas desde nuestro marco de referencia, porque no percibimos que la trayectoria de la luz como un movimiento sencillo de subida y de bajada. Como cada destello se mueve en sentido horizontal mientras se mueve verticalmente entre los dos espejos, vemos que describe una trayectoria diagonal. Observa que en la figura 35.9*b*, el destello recorre *mayor distancia* visto desde el marco de referencia de la Tierra, al hacer el viaje redondo en-

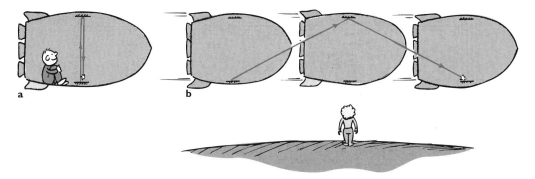

FIGURA 35.9 a) Un observador que vaya en la nave ve al destello de luz moverse en dirección vertical entre los espejos del reloj de luz. b) Un observador que vea pasar la nave frente a él, observa que el destello se mueve en una trayectoria diagonal.

FIGURA 35.10 La mayor distancia recorrida por el destello de luz al seguir la trayectoria diagonal más larga de la derecha se debe dividir entre un intervalo correspondientemente mayor de tiempo, para obtener un valor invariable de la rapidez de la luz.

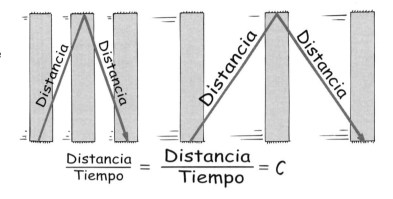

$$\frac{\text{Distancia}}{\text{Tiempo}} = \frac{\text{Distancia}}{\text{Tiempo}} = C$$

tre los espejos; es bastante mayor que la distancia que recorre en el marco de referencia del observador que va dentro de la nave. Como la rapidez de la luz es igual en todos los marcos de referencia (es el segundo postulado de Einstein), el destello debe tardar un tiempo correspondientemente más largo entre los espejos, desde nuestro marco de referencia, que en el marco de referencia del observador de a bordo. Esto es una consecuencia de la definición de la rapidez: la distancia dividida entre el tiempo. *La mayor distancia diagonal debe dividirse en un intervalo de tiempo correspondientemente mayor, para dar como resultado un valor constante para la rapidez de la luz.* A este estiramiento del tiempo se le llama **dilatación del tiempo**.

Hemos descrito a un reloj de luz en nuestro ejemplo, pero sucede lo mismo con cualquier clase de reloj. Todos los relojes se retrasan cuando están en movimiento, en comparación de cuando están en reposo. La dilatación del tiempo nada tiene que ver con la maquinaria de los relojes, sino con la naturaleza misma del tiempo.

La relación de dilatación del tiempo para distintos marcos de referencia en el espaciotiempo se puede deducir de la figura 35.10, con sencillas consideraciones geométricas y algebraicas.[1] La relación entre el tiempo t_0 (llamado el *tiempo propio*) en el marco de

---

[1] En la figura de abajo se muestra el reloj de luz en tres posiciones sucesivas. Las diagonales representan la trayectoria del destello de luz, al comenzar en la posición 1, en el extremo inferior; llega a la posición 2, del espejo superior, y regresa al espejo inferior en la posición 3. Las distancias en el diagrama se identifican como ct, vt y ct_0, ya que la distancia recorrida por un objeto en movimiento uniforme es igual a su rapidez multiplicada por el tiempo.

El símbolo t_0 representa el tiempo que tarda el destello en ir de un espejo a otro, medido en un marco de referencia fijo al reloj de luz. Es el tiempo del movimiento directo hacia arriba y directo hacia abajo. La rapidez de la luz es c, y la trayectoria de la luz se ve que recorre una distancia vertical ct_0. Esta distancia entre los espejos forma un ángulo recto con el movimiento del reloj de luz, y es igual en ambos marcos de referencia.

El símbolo t representa el tiempo que tarda el destello de ir de un espejo al otro, medido desde un marco de referencia en el que el reloj de luz se mueve con rapidez v. Como la rapidez del destello es c y el tiempo que tarda en ir de la posición 1 a la posición 2 es t, la distancia diagonal recorrida es ct. Durante ese tiempo t el reloj (que se mueve horizontalmente con la rapidez v) recorre una distancia horizontal de la posición 1 a la posición 2.

Como se ve en la figura, esas tres distancias forman un triángulo rectángulo, en el que ct es la hipotenusa y ct_0 y vt son los catetos. El teorema de Pitágoras, muy conocido en geometría, dice que el cuadrado de la hipotenusa es igual a la suma de los cuadrados de los dos catetos. Si aplicamos esa fórmula a la figura, obtendremos:

$$c^2t^2 = c^2t_0^2 + v^2t^2$$

$$c^2t^2 - v^2t^2 = c^2t_0^2$$

$$t^2[1 - (v^2/c^2)] = t_0^2$$

$$t^2 = \frac{t_0^2}{1 - (v^2/c^2)}$$

$$t = \frac{t_0}{\sqrt{1 - (v^2/c^2)}}$$

Trayectoria de la luz, vista desde el reposo

ct

ct_0

vt

Espejos en la posición 1

Espejos en la posición 2

Espejos en la posición B

referencia que se mueve con el reloj, y el tiempo t medido en otro marco de referencia (llamado el *tiempo relativo*) es

$$t = \frac{t_0}{\sqrt{1 - \dfrac{v^2}{c^2}}}$$

donde v representa la rapidez del reloj vista por el observador externo (igual que la rapidez relativa de los dos observadores) y c es la rapidez de la luz. La cantidad $1 - v^2/c^2$ es el mismo factor que usó Lorentz para explicar la contracción de la longitud. A la inversa de esta cantidad la llamaremos el *factor de Lorentz* γ (gamma). Esto es,

$$\gamma = \frac{1}{\sqrt{1 - \dfrac{v^2}{c^2}}}$$

Así podremos expresar la ecuación de la dilatación del tiempo en una forma más sencilla:

$$t = \gamma t_0$$

Examinemos los términos de γ. Con algo de esfuerzo mental se puede demostrar que γ siempre es mayor que 1, para cualquier rapidez v mayor que cero. Observa que como la rapidez v siempre es menor que c, la relación v/c siempre es menor que 1; sucede lo mismo con v^2/c^2. ¿Puedes ver que en consecuencia γ siempre es mayor que 1? Ahora imagina el caso en que $v = 0$. Esta relación v^2/c^2 es cero, y para las rapideces cotidianas, donde v es inmensamente pequeña en comparación con c, la relación es prácticamente cero. Entonces $1 - (v^2/c^2)$ tiene el valor 1, al igual que $\sqrt{1 - (v^2/c^2)}$, con lo cual $\gamma = 1$. Entonces se ve que $t = t_0$, por lo que los intervalos de tiempo parecen iguales en ambos marcos de referencia. Para mayores rapideces v/c queda entre cero y 1, y $1 - (v^2/c^2)$ es menor que 1; de igual manera $\sqrt{1 - (v^2/c^2)}$ es menor que 1. Por consiguiente γ es mayor que 1, y t_0 multiplicado por un factor mayor que 1 produce un valor mayor que t_0; un alargamiento o dilatación del tiempo.

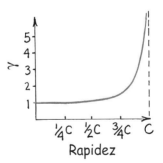

Para darnos una idea de los valores numéricos, imaginemos que v es el 50% de la rapidez de la luz. Entonces sustituimos $0.5c$ en lugar de v, en la ecuación de la dilatación del tiempo, y después de las operaciones aritméticas llegamos a que $\gamma = 1.15$; así que $t = 1.15t_0$. Eso quiere decir que si nos fijáramos en un reloj dentro de una nave espacial que viajara a la mitad de la velocidad de la luz, veríamos que el segundero tardaría 69 segundos en dar una vuelta, mientras que un observador que fuera junto al reloj la vería tardar 60 segundos. Si la nave pasara frente a nosotros al 87% de la rapidez de la luz, $\gamma = 2$ y $t = 2t_0$. Mediríamos que los eventos en el tiempo a bordo de la nave tardan el doble de los intervalos normales, porque las manecillas de un reloj en la nave girarían con la mitad de la rapidez que nuestro propio reloj. Parecería que los eventos en la nave van en cámara lenta. Al 99.5% de la rapidez de la luz, $\gamma = 10$ y $t = 10\,t_0$; veríamos que el segundero del reloj de la nave tarda 10 minutos en dar una vuelta que en nuestro reloj requiere 1 minuto.

696 Parte VIII: Relatividad

Estas cantidades se pueden considerar desde otro punto de vista: a 0.995 c, el reloj en movimiento parecería caminar la décima parte: sólo marcaría 6 segundos mientras que el nuestro marcara 60 segundos; a 0.87 c, se retrasaría la mitad, y marcaría 30 segundos cuando el nuestro marcara 60 segundos; a 0.5 c se retrasaría 1/1.15 y marcaría 52 segundos en nuestros 60 segundos. Los relojes en movimiento se retrasan.

No hay nada de raro acerca de un reloj en movimiento; sólo que camina al ritmo de un tiempo distinto. Mientras más rápidamente se mueva, a un observador que no se mueva con él le parecerá que se atrasa más. Si fuera posible que un reloj pasara frente a nosotros con la rapidez de la luz, parecería que no está funcionando. Mediríamos que el tiempo entre sus tictac es infinito. ¡El reloj no tendría edad! Sin embargo, si nos pudiéramos mover con ese reloj imaginario, no veríamos que se retrasara. En γ el término v sería cero, en ese caso, y $t = t_0$; nosotros y el reloj compartiríamos el mismo marco de referencia en el espaciotiempo.

Si una persona pasara rápidamente frente a nosotros y verificara un reloj que estuviera en nuestro marco de referencia, vería que nuestro reloj se retrasa tanto como nosotros vemos que se retrasa el de él. Cada quien ve que el reloj del otro se retrasa. En realidad en este caso no hay contracción, porque es físicamente imposible que los dos observadores en movimiento relativo se refieran al mismo y único espaciotiempo. Las mediciones hechas en una región del espaciotiempo no necesitan coincidir con las que se hagan en otro espaciotiempo. Sin embargo, la medición en la que todos los observadores concuerdan siempre es la de la rapidez de la luz.

En innumerables ocasiones se ha confirmado la dilatación del tiempo en el laboratorio, en los aceleradores de partículas. Las vidas medias de las partículas radiactivas en rápido movimiento aumentan al aumentar su rapidez, y el aumento es exactamente lo que indica la ecuación de Einstein.

La dilatación del tiempo también se ha confirmado en movimientos no tan rápidos. En 1971, para probar la teoría de Einstein, cuatro relojes atómicos de haz de cesio viajaron como pasajeros en vuelos comerciales normales, dando la vuelta al mundo: uno hacia el oriente y el otro hacia el oeste. Esos relojes marcaban horas distintas después de sus viajes redondos. En relación con la escala atómica del tiempo del Observatorio Naval en Estados Unidos, las diferencias observadas de tiempo, en millonésimas de segundo, coincidieron con la predicción de Einstein. Ahora, con relojes atómicos en órbita en torno a la Tierra, como parte del sistema de posicionamiento global, son esenciales los ajustes por los efectos de la dilatación del tiempo, para usar las señales de los relojes en la localización de puntos sobre la Tierra.

Todo esto nos parece muy extraño, sólo porque nuestra experiencia cotidiana no tiene que manejar mediciones hechas con rapideces relativistas, ni con mediciones con exactitudes de reloj atómico en las rapideces ordinarias. La teoría de la relatividad no parece tener sentido común. Pero según Einstein, el sentido común es el de un estrato de prejuicios que envuelve a la mente a los 18 años de edad. Si pasáramos nuestra juventud yendo de un lado al otro del universo, en naves espaciales rápidas, es probable que nos sintiéramos muy a gusto con los resultados de la relatividad.

EXAMÍNATE

1. Si te mueves en una nave espacial con gran rapidez respecto a la Tierra, ¿notarías una diferencia en la frecuencia de tu pulso? ¿En la frecuencia del pulso de la gente que se queda en la Tierra?

2. ¿Concordarán las mediciones de tiempo de los observadores A y B, si A se mueve a la mitad de la rapidez de la luz en relación con B? ¿Y si tanto A como B se mueven juntos a la mitad de la rapidez de la luz en relación con la Tierra?

3. La dilatación del tiempo, ¿quiere decir que el tiempo realmente pasa con más lentitud en los objetos en movimiento, o que sólo parece transcurrir con más lentitud?

El viaje del gemelo

Una ilustración notable de la dilatación del tiempo es la de unos gemelos idénticos, uno de los cuales es un astronauta que hace un viaje redondo con gran rapidez por la galaxia, mientras que el otro se queda en casa, en la Tierra. Cuando regresa el gemelo viajero, es más joven que el que se quedó en casa. Qué tanto más joven depende de las rapideces relativas que intervinieron. Si el que viaja mantiene una rapidez igual al 50% de la rapidez de la luz durante 1 año (según los relojes de a bordo), en la Tierra pasarán 1.15 años. Si mantiene una rapidez igual al 87% de la de la luz, habrán pasado 2 años en la Tierra. Al 99.5% de la rapidez de la luz, pasarían 10 años terrestres en un año espacial. A esta rapidez, el gemelo viajero envejecería un año mientras que el que se quedara en Tierra envejecería 10 años.

Surge entonces una pregunta, como el movimiento es relativo, ¿por qué no se presenta ese efecto por igual a la inversa? ¿Por qué el gemelo viajero no regresa y ve que su gemelo, que se quedó en casa, es 10 años más joven que él? Demostraremos que desde los marcos de referencia tanto del gemelo en Tierra como del gemelo viajero, el que está en la Tierra envejece más.

FIGURA 35.13 El gemelo viajero no envejece tanto como el que se queda en casa.

COMPRUEBA TUS RESPUESTAS

1. No hay rapidez relativa entre tú y el pulso, porque los dos comparten el mismo marco de referencia. En consecuencia no notas efectos relativistas en la frecuencia del pulso. Sin embargo, sí hay un efecto relativista entre tú y las personas que se quedaron en la Tierra. Verías que la frecuencia de su pulso es más lenta que la normal, y ellos verían que la frecuencia de tu pulso es más lenta que la normal. Los efectos de la relatividad siempre se atribuyen a los demás.

2. Cuando A y B se mueven relativamente entre sí, cada uno observa que el tiempo se vuelve lento en el marco de referencia del otro. Así, no concuerdan en sus mediciones del tiempo. Cuando se mueven al unísono comparten el mismo marco de referencia y concuerdan en las mediciones del tiempo. Ven que el tiempo de cada quien transcurre con normalidad, y cada uno de ellos ve que los sucesos en la Tierra transcurren con los mismos movimientos lentos.

3. El transcurso lento del tiempo en los sistemas en movimiento no sólo es una ilusión debida al movimiento. En realidad, el tiempo pasa con más lentitud en un sistema en movimiento en relación con uno en reposo relativo, como veremos en la siguiente sección. ¡Léela!

FIGURA 35.14 Cuando no interviene el movimiento, los destellos de luz se reciben con la misma frecuencia que los manda la nave.

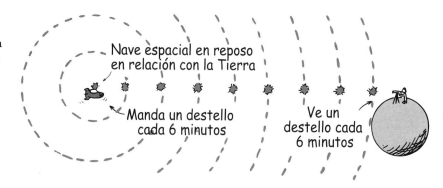

Primero, imagina una nave que esté suspendida, observada desde la Tierra. Imagina también que envía breves destellos de luz igualmente espaciados en el tiempo, al planeta (Figura 35.14). Pasará algún tiempo para que los destellos lleguen al planeta, así como pasan 8 minutos para que la luz del Sol llegue a la Tierra. Los destellos encontrarán al receptor en el planeta, con la rapidez c. Como no hay movimiento relativo entre el transmisor y el receptor, los destellos sucesivos serán recibidos con la misma frecuencia con que se mandaron. Por ejemplo, si de la nave se envía un destello cada 6 minutos, entonces después de cierto retraso inicial, el receptor recibirá un destello cada 6 minutos. Si no hay movimiento, no hay nada de raro en esto.

Cuando interviene el movimiento la situación es muy distinta. Es importante observar que la rapidez de los destellos seguirá siendo c, independientemente de cómo se mueva la nave o el receptor. Sin embargo, la frecuencia con que se ven los destellos depende mucho del movimiento relativo que haya. Cuando la nave viaje hacia el receptor, éste ve los destellos con más frecuencia. Eso sucede no sólo porque se altera el tiempo debido al movimiento, sino principalmente porque cada destello sucesivo debe recorrer menos distancia a medida que la nave se acerca al receptor. Si la nave emite un destello cada 6 minutos, los destellos serán vistos a intervalos menores de 6 minutos. Imagina que la nave viaja con la rapidez suficiente como para que los destellos se vean con el doble de frecuencia. Se verán entonces a intervalos de 3 minutos (Figura 35.15).

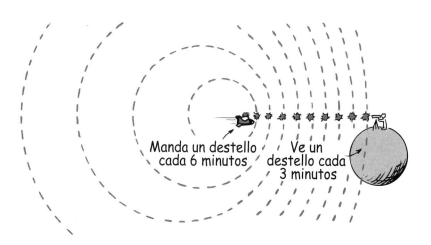

FIGURA 35.15 Cuando el transmisor se mueve hacia el receptor, los destellos se ven con más frecuencia.

FIGURA 35.16 Cuando el transmisor se aleja del receptor, los destellos se alejan y se ven con menos frecuencia.

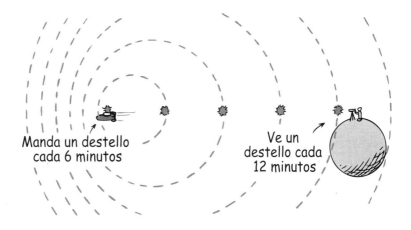

Manda un destello cada 6 minutos

Ve un destello cada 12 minutos

Si la nave se aleja del receptor con la misma rapidez y sigue emitiendo destellos a intervalos de 6 minutos, el receptor verá esos intervalos con la mitad de la frecuencia, esto es, a intervalos de 12 minutos (Figura 35.16). Esto se debe principalmente a que cada intervalo sucesivo tiene que recorrer mayor distancia a medida que la nave se aleja del receptor.

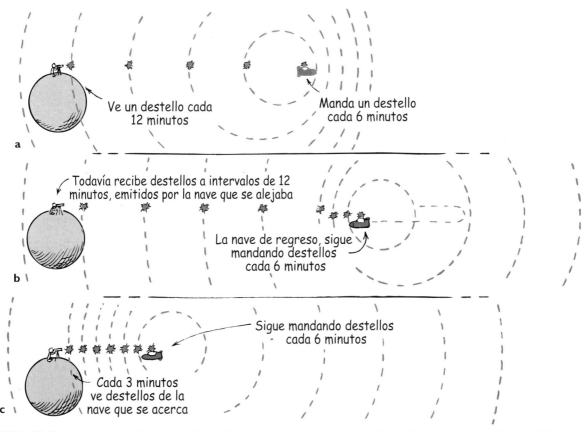

Ve un destello cada 12 minutos

Manda un destello cada 6 minutos

a

Todavía recibe destellos a intervalos de 12 minutos, emitidos por la nave que se alejaba

La nave de regreso, sigue mandando destellos cada 6 minutos

b

Sigue mandando destellos cada 6 minutos

Cada 3 minutos ve destellos de la nave que se acerca

c

FIGURA 35.17 La nave espacial emite destellos cada 6 minutos durante un viaje de 2 horas. Durante la primera hora se aleja de la Tierra. Durante la segunda hora se acerca a la Tierra.

El efecto de alejarse no es más que lo contrario de acercarse al receptor. Así, si los destellos se reciben con doble frecuencia al acercarse la nave (los destellos emitidos cada 6 minutos se ven cada 3 minutos), y se reciben con la mitad de la frecuencia que cuando se aleja (los destellos emitidos cada 6 minutos se ven cada 12 minutos).[2]

Eso quiere decir que si dos elementos están separados por 6 minutos de acuerdo con el reloj de la nave, cuando esa nave se aleje se verán separados por 12 minutos, y sólo por 3 minutos cuando la nave se acerque.

EXAMÍNATE

1. Si la nave espacial emite un "cañonazo de salida" seguido de un destello cada 6 minutos durante una hora, ¿cuántos destellos se emitirán?

2. La nave manda destellos igualmente espaciados cada 6 minutos mientras se aproxima al receptor a rapidez constante. ¿Estarán esos destellos igualmente espaciados cuando lleguen al receptor?

3. Si el receptor ve esos destellos a intervalos de 3 minutos, ¿cuánto tiempo transcurrirá entre la señal inicial y el último destello, en el marco de referencia del receptor?

Ahora aplicaremos este aumento al doble y reducción a la mitad de los intervalos de destello a los gemelos. Imagina que el gemelo que viaja se aleja del que se queda en Tierra a la misma y gran rapidez, durante 1 hora; consulta la figura 35.17. El gemelo viajero dura 2 horas en su viaje redondo, según los relojes de la nave. Sin embargo, visto desde la Tierra ese viaje redondo no durará 2 horas. Lo podemos visualizar con ayuda de los destellos del reloj de luz en la nave.

COMPRUEBA TUS RESPUESTAS

1. La nave emitirá un total de 10 destellos en 1 h, ya que (60 min)/(6 min) = 10 (11, si se cuenta la señal inicial).

2. Sí. Siempre que la nave se mueva con rapidez constante, los destellos a intervalos iguales serán vistos a intervalos iguales, pero con más frecuencia. Si la nave acelera mientras manda los destellos, no se vería a intervalos igualmente espaciados.

3. Treinta minutos, porque cada uno de los 10 destellos llega cada 3 min.

---

[2]La relación recíproca, reducción a la mitad de las frecuencias, o aumento al doble, es una consecuencia de la constancia de la rapidez de la luz, y se puede ilustrar con el siguiente efecto: imagina que un transmisor en la Tierra emite destellos cada 3 minutos, hacia un observador lejano en un planeta que está en reposo en relación con la Tierra. Entonces, el observador ve un destello cada 3 min. Ahora imagina que un segundo observador va en una nave espacial, de la Tierra al planeta, con una rapidez suficiente como para que vea los destellos con la mitad de la frecuencia: cada 6 minutos. Esta reducción de la frecuencia a la mitad sucede cuando la rapidez de recesión (de alejamiento) es 0.6 c. Se puede ver que la frecuencia aumentaría al doble en un acercamiento con una rapidez 0.6 c, suponiendo que la nave emita su propio destello cada vez que vea un destello de la Tierra, esto es, cada 6 min. ¿Cómo ve esos destellos el observador del planeta lejano? Como los destellos que vienen de la Tierra y de la nave espacial viajan con la misma rapidez c, el observador no sólo verá los destellos de la Tierra cada 3 minutos, sino también los destellos de la nave cada 3 min. Así, aunque una persona en la nave emita los destellos cada 6 min, el observador los ve cada 3 min, con el doble de la frecuencia con que se emitieron. Así, para una rapidez de recesión en que la frecuencia parezca reducida a la mitad, la frecuencia parecería aumentar al doble con esa rapidez de acercamiento. Si la nave viajara con más rapidez, de tal modo que la frecuencia de recesión fuera 1/3 o 1/4 de la anterior, la frecuencia en el acercamiento sería tres o cuatro veces mayor, respectivamente. Esta relación recíproca no es válida para ondas que necesiten un medio para propagarse. Por ejemplo, en el caso de las ondas sonoras, una rapidez que produce la elevación de la frecuencia emisora al doble en el acercamiento, produce una frecuencia de emisión igual a 2/3 (y no 1/2) de la frecuencia en la recesión.

Al alejarse la nave de la Tierra emite un destello de luz cada 6 minutos. Esos destellos se reciben en la Tierra cada 12 minutos. Durante la hora de alejamiento de la Tierra emite un total de 10 destellos (después del "cañonazo" de salida). Si sale de la Tierra a mediodía, los relojes de a bordo indican la 1 PM cuando se emite el décimo destello. ¿Qué hora será en la Tierra cuando ese décimo destello llegue a ella? La respuesta es las 2 PM ¿Por qué? Porque el tiempo que tardan 10 destellos en recibirse a intervalos de 12 minutos es 10 × (12 minutos), o sea 120 minutos = 2 horas.

Imagina que la nave puede virar de regreso en un tiempo muy corto, y regresar a la misma y gran rapidez. Durante la hora de regreso (según los relojes de a bordo) emite 10 destellos más a intervalos de 6 minutos. Esos destellos se reciben cada 3 minutos en la Tierra, por lo que todos llegan a Tierra en 30 minutos. Un reloj en la Tierra marcará las 2:30 PM cuando haya llegado la nave de su viaje de 2 horas (según ella). Vemos que ¡el gemelo que se quedó en la Tierra ha envejecido media hora más que el que estuvo en la nave!

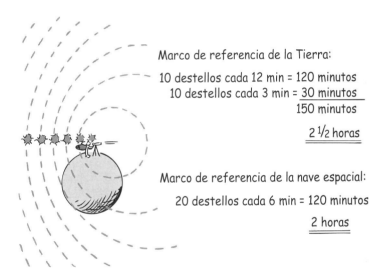

FIGURA 35.18 El viaje que dura 2 h en el marco de referencia de la nave espacial dura 2 1/2 horas en el marco de referencia de la Tierra.

Marco de referencia de la Tierra:

10 destellos cada 12 min = 120 minutos
10 destellos cada 3 min = 30 minutos
150 minutos

2 1/2 horas

Marco de referencia de la nave espacial:

20 destellos cada 6 min = 120 minutos

2 horas

El resultado es igual según cualesquiera de los marcos de referencia. Imagina el mismo viaje de nuevo, pero esta vez los destellos se emiten desde la Tierra a intervalos de 6 minutos, igualmente espaciados, según el reloj de la Tierra. Desde el marco de referencia de la nave que se aleja, esos destellos se reciben a intervalos de 12 minutos (Figura 35.19*a*). Eso quiere decir que se ven cinco destellos en la nave durante la hora (medida en Tierra) de alejamiento de la Tierra. Durante la hora de acercamiento a la Tierra (medida en Tierra), los destellos de luz se ven a intervalos de 3 minutos (Figura 35.19*b*), y entonces se verán 20 destellos.

Vemos entonces que la nave recibe un total de 25 destellos durante su viaje redondo. Sin embargo, según los relojes en Tierra, transcurrió un tiempo de emisión de los 25 destellos a intervalos de 6 minutos igual a 25 × (6 minutos), o sean 150 minutos = 2.5 horas. Eso se ve en la figura 35.20.

De este modo ambos gemelos concuerdan en los resultados, y no habrá dificultad acerca de quién es más viejo. Mientras que el gemelo que se quedó en casa permaneció en un solo marco de referencia, el que viajó estuvo en dos marcos de referencia, separados por la aceleración de la nave espacial cuando viró en redondo. De hecho, la nave experimentó dos dominios distintos en el tiempo, mientras que en la Tierra sólo se experimentó un solo dominio en el tiempo, aunque distinto a los anteriores. Los gemelos se pueden volver a encontrar en el mismo lugar en el espacio sólo a costa del tiempo.

FIGURA 35.19 Los destellos que se mandan desde la Tierra a intervalos de 6 min se ven a intervalos de 12 min en la nave cuando se aleja, y a intervalos de 3 min cuando se acerca.

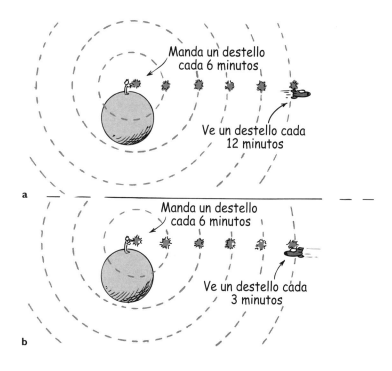

Manda un destello cada 6 minutos

Ve un destello cada 12 minutos

a

Manda un destello cada 6 minutos

Ve un destello cada 3 minutos

b

EXAMÍNATE Como el movimiento es relativo, ¿no podríamos decir también que la nave espacial está en reposo y que la Tierra se mueve, en cuyo caso el gemelo que está en la nave envejece más?

FIGURA 35.20 Un intervalo de 2 1/2 h en la Tierra se ve que dura 2 h en el marco de referencia de la nave espacial.

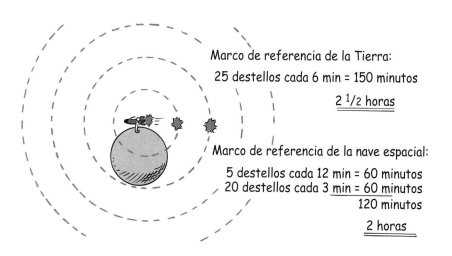

Marco de referencia de la Tierra:

25 destellos cada 6 min = 150 minutos

2 1/2 horas

Marco de referencia de la nave espacial:

5 destellos cada 12 min = 60 minutos
20 destellos cada 3 min = 60 minutos
120 minutos

2 horas

COMPRUEBA TUS RESPUESTAS No, no a menos que la Tierra entonces experimente la vuelta y regrese, como lo hizo la nave espacial en el ejemplo del viaje de los gemelos. La situación no es simétrica, porque un gemelo permanece en un solo marco de referencia en el espacio-tiempo durante el viaje, mientras que el otro gemelo hace un cambio distinto de marco de referencia, como se evidencia por la aceleración al dar la vuelta.

Suma de velocidades

La mayoría de las personas sabe que si caminas a 1 km/h por el pasillo de un tren que se mueve a 60 km/h, tu rapidez respecto al terreno es 61 km/h, si caminas en la misma dirección con la que se mueve el tren, y a 59 km/h si caminas en dirección contraria. Lo que sabe la mayoría de las personas es *casi correcto*. Si se tiene en cuenta la relatividad especial, esas rapideces serán *muy aproximadamente* de 61 y 59 km/h, respectivamente.

Para los objetos cotidianos en movimiento uniforme, sin aceleración, las velocidades se suelen combinar con la regla sencilla siguiente:

$$V = v_1 + v_2$$

Pero esta regla no se aplica a la luz, que siempre tiene la misma velocidad c. Hablando con propiedad, la regla anterior es una aproximación de la fórmula relativista para sumar velocidades. No describiremos su larga deducción, sino tan sólo diremos que es la siguiente:

$$V = \frac{v_1 + v_2}{1 - \dfrac{v_1 v_2}{c^2}}$$

El numerador de esta fórmula tiene sentido. Pero la suma simple de dos velocidades se altera por el segundo término del denominador, que sólo es importante cuando v_1 y v_2 son casi iguales a c.

Por ejemplo, imaginemos una nave espacial alejándose con una velocidad de 0.5 c. Dispara un cohete que la impulsa en la misma dirección, también de alejamiento, a una rapidez de 0.5 c con respecto a ella misma. ¿Con qué rapidez se mueve el cohete con relación a ti? La regla no relativista diría que el cohete se mueve con la rapidez de la luz en tu marco de referencia. Pero en realidad,

$$V = \frac{0.5\,c + 0.5\,c}{1 + \dfrac{0.25\,c^2}{c^2}} = \frac{c}{1.25} = 0.8c$$

lo que ilustra otra consecuencia de la relatividad: ningún objeto material puede viajar con la misma o con mayor rapidez que la luz.

Imagina que la nave espacial lanza un impulso de luz láser en dirección de su movimiento. ¿Con qué rapidez se mueve ese impulso en tu marco de referencia?

$$V = \frac{0.5\,c + c}{1 + \dfrac{0.5\,c^2}{c^2}} = \frac{1.5\,c}{1.5} = c$$

No importa cuáles sean las velocidades relativas entre los dos marcos; la luz que se mueve a c en un marco se verá moviéndose a c desde cualquier otro marco de referencia. Trata de cazar la luz y nunca podrás hacerlo.

Viaje espacial

Uno de los viejos argumentos contra la posibilidad de los viajes interestelares de los humanos era que nuestra vida es demasiado corta. Se decía, por ejemplo, que la estrella más cercana a la Tierra (después del Sol), que es Alfa Centauro, está a 4 años luz de distancia, y que un viaje redondo, aun a la rapidez de la luz, necesitaría 8 años.[3] Y que un viaje al centro de nuestra galaxia, a la rapidez de la luz necesitaría 25,000 años. Pero esos argumentos no tenían en cuenta la dilatación del tiempo. Para una persona en la Tierra y para otra persona en una nave de gran rapidez no son iguales.

---

[3] Un año luz es la distancia que recorre la luz en 1 año, 9.46×10^{12} km.

FIGURA 35.21 Desde el marco de referencia de la Tierra, la luz tarda 25,000 años en llegar desde el centro de nuestra Vía Láctea hasta nuestro sistema solar. Desde el marco de referencia de una nave espacial con alta rapidez, el viaje toma menos tiempo. Desde el marco de referencia de la misma luz, el viaje no toma tiempo. No hay tiempo en el marco de referencia de la luz.

El corazón de una persona late con el ritmo de la porción del espaciotiempo en donde se encuentre. Y para el corazón, una porción parece igual que otra, pero no para un observador que está fuera del marco de referencia del corazón. por ejemplo, los astronautas que viajen al 99% de c podrían ir a la estrella Procyon, a 10.4 años luz, y regresar a la Tierra en 21 años terrestres en total. Sin embargo, debido a la dilatación del tiempo, para los astronautas sólo habrían pasado 3 años. Es lo que sus relojes les indican, y biológicamente serían sólo 3 años más viejos. ¡Los empleados en Tierra que los saludaran a su regreso serían los que tendrían 21 años más!

A mayores rapideces, los resultados son todavía más impresionantes. A una rapidez de 99.99% de c los viajeros podrían recorrer una distancia un poco mayor que 70 años luz en un solo año de su propio tiempo; a 99.999% de c, esta distancia podría ser bastante mayor que 200 años luz. Para ellos un viaje de 5 años ¡les llevaría más lejos que lo que la luz recorre en 1000 años terrestres!

La tecnología actual no permite esas jornadas. El conseguir suficiente energía de propulsión y el blindarse contra la radiación son problemas insolubles hasta ahora. Las naves espaciales que viajen a rapideces relativistas necesitarían miles de millones de veces la energía usada para poner en órbita una estación espacial. Aun cuando alguna clase de autorreactor o estatorreactor interestelar pudiera juntar hidrógeno gaseoso interestelar para quemarlo en un reactor de fusión, debería superar el enorme efecto retardante de la recolección del hidrógeno a grandes rapideces. Y los viajeros espaciales encontrarían partículas interestelares como si fueran de un gran acelerador de partículas apuntado hacia ellos. No se conoce alguna forma de blindarse contra ese bombardeo tan intenso de partículas durante largos tiempos. Por el momento, los viajes por el espacio interestelar se deben quedar en la ciencia ficción. No porque sean una fantasía científica, sino porque no son prácticos. Viajar cerca de la rapidez de la luz para aprovechar la dilatación del tiempo, se apega totalmente a las leyes de la física.

Podemos ver hacia el pasado, pero no podemos ir hacia él. Por ejemplo, vemos hacia el pasado al contemplar los cielos nocturnos. La luz estelar que llega a los ojos salió de esas estrellas hace docenas, cientos y hasta millones de años. Lo que vemos son las estrellas tal como eran hace mucho. Así, somos testigos de la historia antigua, y sólo podemos especular sobre lo que les haya sucedido a esas estrellas en el ínterin.

Saltos de siglos

Elevemos nuestra ciencia ficción hasta un futuro posible cuando se hayan superado el problema de abastecimiento costosísimo de energía y de la radiación, cuando los viajes espaciales sean experiencias rutinarias. Las personas tendrán la opción de hacer un viaje y regresar a cualquier siglo del futuro que elijan. Por ejemplo, uno podría salir de la Tierra en una nave de alta rapidez, en el año 2100, viajar durante 5 años más o menos, y regresar en el año 2500. Se podría vivir entre los terrestres de ese periodo durante algún tiempo y salir de nuevo para tratar de ver cómo se vive en el año 3000.

Las personas podrían pasarse saltando hacia el futuro, consumiendo algo de su propio tiempo, pero no podrían viajar hacia el pasado. Nunca podrían regresar a la misma época en la Tierra que cuando se despidieron. El tiempo, tal como lo conocemos, avanza en una dirección, hacia adelante. Aquí en la Tierra nos movemos en forma constante hacia el futuro, a la tasa constante de 24 horas por día. Un astronauta que salga en un viaje al espacio profundo debe vivir con el conocimiento que a su regreso habrá pasado mucho más tiempo en la Tierra del que él, en forma subjetiva y física, sintió durante su viaje. El credo de todos los viajeros a las estrellas es que sean cuales fueren sus condiciones fisiológicas, será un adiós definitivo.

Si vemos una luz que salió de la estrella hace 100 años, por ejemplo, entonces todos los seres que avistemos en ese sistema solar nos están observando con la luz que salió de *aquí* hace 100 años y además, si poseyeran telescopios potentísimos, podrían atestiguar los eventos terrestres de hace 100 años, por ejemplo cuando Einstein trabajaba en su teoría. Verían nuestro pasado, pero seguirían viendo los eventos en progresión de avance; verían que las manecillas de nuestros relojes se mueven en el sentido de ellas.

Podemos imaginar la posibilidad de que el tiempo también pudiera avanzar en contra de las manecillas del reloj, hacia el pasado, al igual que con las manecillas del reloj hacia el futuro. ¿Por qué, preguntamos, en el espacio podemos movernos hacia adelante y hacia atrás, hacia la izquierda o hacia la derecha, hacia arriba o hacia abajo, pero sólo podemos movernos en una dirección en el tiempo? Es interesante que las matemáticas de las interacciones de partículas elementales permiten la "inversión del tiempo", aunque hay unas interacciones que sólo favorezcan una dirección en el tiempo. Las partículas hipotéticas que se mueven hacia atrás en el tiempo se llaman *taquiones*. En cualquier caso, para el organismo complejo llamado ser humano, el tiempo sólo tiene una dirección.[4]

Este detalle se ignora por descuido en una quintilla favorita de los científicos:

Había una vez una joven llamada Brillo
Que viajaba mucho más rápido que la luz.
Salió un día
En forma relativista
Y regresó la noche anterior.

Aun con la mente llena de relatividad, de forma inconsciente nos aferramos a la idea de que hay un tiempo absoluto y comparamos con él todos esos efectos relativistas, reconociendo que el tiempo cambia de esta y otra forma para esta y esa rapidez, pero sentimos que todavía hay algo de tiempo básico o de tiempo absoluto. Tenemos tendencia a pensar que el tiempo que experimentamos en la Tierra es fundamental, y que los demás tiempos están mal. Esto es comprensible, porque somos criaturas terrestres. Pero esa idea es limitante. Desde el punto de vista de los observadores en cualquier otro sitio del uni-

---

[4]Se ha dicho que si nos moviéramos hacia atrás en el tiempo no lo sabríamos, porque recordaríamos nuestro futuro ¡y creeríamos que fue en el pasado!

verso, nos movemos con rapidez relativista; nos observan como que vivimos en cámara lenta. Ven nuestra vida cientos de veces más larga que la de ellos, del mismo modo que, si tuviéramos telescopios potentísimos observaríamos que sus vidas duran cientos de veces más que las nuestras. No hay tiempo estándar universal. Ninguno.

Al pensar en el tiempo pensamos en el universo. Al pensar en el universo quisiéramos saber qué había antes de que se iniciara. Quisiéramos saber qué sucederá si el universo cesa de existir en el tiempo. Pero el concepto del tiempo se aplica a los eventos y las entidades dentro del universo, y no al universo en su conjunto. El tiempo está "en" el universo; el universo no está "en" el tiempo. Sin el universo no hay tiempo; no hay antes y no hay después. De igual manera, el espacio está "en" el universo; el universo no está "en" una región del espacio. No hay espacio "fuera" del universo. El espaciotiempo existe dentro del universo. ¡Piénsalo bien!

Contracción de la longitud

A medida que los objetos se mueven a través del espaciotiempo, cambian el espacio y el tiempo. En resumen, el espacio se contrae y hace que los objetos se vean más cortos al moverse frente a nosotros a rapideces relativistas. Esta **contracción de longitud** fue propuesta por primera vez por el físico George F. FitzGerald y Hendrick A. Lorentz, otro físico, fue quien la expresó matemáticamente (ya la describimos). Mientras estos físicos supusieron que la materia se contrae, Einstein vio que lo que se contrae es el espacio mismo. Sin embargo, como la fórmula de Einstein es igual que la de Lorentz, a ese efecto se le llama *contracción de Lorentz:*

$$L = L_0 \sqrt{1 - \frac{v^2}{c^2}}$$

donde v es la velocidad relativa entre el objeto observado y el observador, c es la rapidez de la luz, L es la longitud medida del objeto en movimiento y L_0 es la longitud medida del objeto en reposo.[5]

Imagina que un objeto está en reposo, de modo que $v = 0$. Al sustituir $v = 0$ en la ecuación de Lorentz, se ve que $L = L_0$, como era de esperarse. Al sustituir varios valores grandes de v en la ecuación de Lorentz se comienza a ver que la L calculada es cada vez menor. A un 87% de c, un objeto se contraería a la mitad de su longitud original. A 99.5% de c, se contraería a la décima parte de su longitud original. Si el objeto se pudiera mover a c, su longitud sería cero. Es una de las razones por que se dice que la luz es el límite superior de la rapidez de cualquier objeto en movimiento. Otro verso conocido en la ciencia dice así:

Había una vez un joven esgrimista llamado Ben
De extraordinaria agilidad
Y tan rápida era su acción
Que la contracción de Lorentz
Redujo su espada hasta darle forma de disco.

Como indica la figura 35.23, la contracción sólo es en la dirección del movimiento. Si un objeto se mueve en dirección horizontal, no hay contracción vertical.

FIGURA 35.22 La contracción de Lorentz. La regla de un metro se ve de la mitad de su longitud cuando se mueve al 87% de la rapidez de la luz, en relación con el observador.

---

[5]Esto se puede expresar en la forma $L = \frac{1}{\gamma} L_0$, donde $\frac{1}{\gamma}$ siempre es 1 o menor (porque γ siempre es 1 o mayor).

Observa que no explicamos cómo se deduce la ecuación de la contracción de la longitud (ni otras ecuaciones). Sólo presentamos las ecuaciones como "guías de pensamiento" acerca de las ideas de la relatividad especial.

FIGURA 35.23   A medida que aumenta la rapidez, disminuye la longitud en la dirección del movimiento. Las longitudes en la dirección perpendicular no cambian.

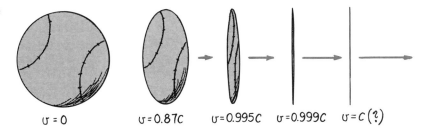

$\sigma = 0$ $\sigma = 0.87c$ $\sigma = 0.995c$ $\sigma = 0.999c$ $\sigma = c\,(?)$

La contracción de la longitud puede interesar mucho a los viajeros del espacio. El centro de nuestra Vía Láctea está a 25,000 años luz de distancia. ¿Quiere decir eso que si viajáramos en esa dirección, a la rapidez de la luz, tardaríamos 25,000 años en llegar? Desde un marco de referencia terrestre sí, pero para los viajeros ¡definitivamente no! A la rapidez de la luz, la distancia de 25,000 años luz se contraería hasta llegar a no ser distancia. ¡Los viajeros espaciales llegarían allá en un instante!

Para un viaje hipotético a la rapidez cercana a la de la luz, la contracción de la longitud y la dilatación del tiempo sólo son dos facetas del mismo fenómeno. Si los astronautas van con tanta rapidez que encuentran que la distancia a la estrella más cercana es sólo de un año luz, en lugar de los cuatro años luz medidos desde la Tierra, harán el recorrido en un poco más de un año. Pero en la Tierra, los observadores dirían que los relojes a bordo de la nave se retrasan tanto que sólo miden un año en cuatro años del tiempo terrestre. Las dos partes coinciden en lo que sucede: los astronautas sólo tendrán un poco más de un año más de edad cuando lleguen a la estrella. Un conjunto de observadores dirán que se debe a la contracción de la longitud, y el otro dirá que se debe a la dilatación del tiempo. Los dos tienen razón.

FIGURA 35.24   En el marco de referencia de nuestra regla de un metro, su longitud es un metro. Los observadores en un marco de referencia en movimiento ven que *nuestro* metro está contraído, y al mismo tiempo nosotros vemos que *su* metro está contraído. Los efectos de la relatividad siempre se atribuyen "al otro".

Si alguna vez los viajeros espaciales pueden impulsarse hasta rapideces relativistas, verán que se acercan las partes lejanas del universo debido a la contracción del espacio, mientras que en la Tierra, verán a los astronautas recorrer más distancia porque se mueven con más lentitud.

FIGURA 35.25 El acelerador lineal de Stanford tiene 3.2 km (2 millas) de longitud. Pero para los electrones que se mueven a 0.9999995 *c*, sólo tiene 3.2 metros de longitud. Comienzan su viaje en el extremo cercano y chocan con blancos, o se estudian de diversos modos, al otro lado de la carretera.

EXAMÍNATE Un letrero rectangular en el espacio tiene las dimensiones 10 m × 20 m. ¿Con qué rapidez y en qué dirección con respecto al letrero debe pasar un viajero espacial para que vea cuadrado ese letrero?

Cantidad de movimiento relativista

Recuerda nuestra explicación de la cantidad de movimiento en el capítulo 6. Vimos que el cambio de la cantidad de movimiento *mv* de un objeto es igual al impulso *Ft* que se le aplica: $Ft = \Delta mv$, o sea, $Ft = \Delta p$, donde $p = mv$. Al aplicar más impulso a un objeto libre de moverse, el objeto adquiere más cantidad de movimiento. Con el doble de impulso la cantidad de movimiento sube al doble. Con diez veces el impulso el objeto gana diez veces la cantidad de movimiento. ¿Quiere decir eso que la cantidad de movimiento puede crecer sin límite? La respuesta es sí. ¿Quiere decir que también la rapidez puede aumentar sin límite? La respuesta es ¡no! El límite de rapidez para los objetos materiales en la naturaleza es *c*.

Para Newton una cantidad de movimiento infinita equivaldría a una masa infinita o una rapidez infinita. Pero así no es en la relatividad. Einstein demostró que se necesitaba una nueva definición de la cantidad de movimiento:

$$p = \gamma mv$$

donde γ es el factor de Lorentz (recuerda que γ siempre es 1 o mayor). Esta definición generalizada de cantidad de movimiento es válida en todos los marcos de referencia en movimiento. La *cantidad de movimiento relativista* es mayor que *mv* en un factor de γ.

COMPRUEBA TU RESPUESTA Debería viajar a 0.87 *c*, en una dirección paralela al lado largo del letrero.

Para rapideces cotidianas mucho menores que c, γ es casi igual a 1, por lo que p es casi igual al mv de Newton. La definición de cantidad de movimiento según Newton es válida para bajas rapideces.

A mayores rapideces γ crece en forma dramática, y también la cantidad de movimiento relativista. Al acercarse la rapidez a c, ¡γ tiende al infinito! Sin importar lo cerca que esté de c un objeto al empujarlo, se seguiría necesitando un impulso infinito para darle la última fracción de la rapidez necesaria para alcanzar c; es imposible. En consecuencia se ve que ningún cuerpo que tenga masa puede impulsarse a la rapidez de la luz, y mucho menos a mayor rapidez que ella.

Las partículas subatómicas son impulsadas, en forma rutinaria, a casi la rapidez de la luz. Las cantidades de movimiento de esas partículas pueden ser miles de veces mayores que la mv que indica la ecuación de Newton. Desde el punto de vista clásico, las partículas se comportan como si sus masas aumentaran con la rapidez. Einstein favoreció al principio esta interpretación, pero después cambió de opinión y mantuvo la masa constante: es una propiedad de la materia que es la misma en todos los marcos de referencia. Así, lo que cambia con la rapidez es γ y no la masa. La mayor cantidad de movimiento de una partícula de alta rapidez se ve en la mayor "rigidez" de su trayectoria. Mientras más cantidad de movimiento tiene, su trayectoria será más "rígida" y será más difícil desviarla.

Esto se ve cuando un haz de electrones se dirige a un campo magnético. Las partículas con carga que se mueven dentro de un campo magnético sienten una fuerza que las desvía de sus trayectorias normales. Para cantidades de movimiento pequeñas, la trayectoria es muy curva. Para una cantidad de movimiento grande, hay mayor rigidez y la tra-

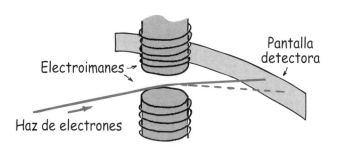

FIGURA 35.26 Si la cantidad de movimiento de los electrones fuera igual al valor newtoniano *mv*, el haz seguiría la línea interrumpida. Pero debido a que la cantidad de movimiento relativista γ*mv* es mayor, el haz sigue la trayectoria "más rígida" que indica la línea llena.

yectoria sólo es ligeramente curva (Figura 35.26). Aun cuando una partícula se pueda mover un poco más rápida que otra, por ejemplo a 99.9% de la rapidez de la luz en lugar de 99%, su cantidad de movimiento será mucho mayor y describirá una trayectoria más recta en el campo magnético. Esta rigidez se debe compensar en los aceleradores circulares como los ciclotrones y los sincrotrones, donde la cantidad de movimiento determina el radio de curvatura. En el acelerador lineal de la figura 35.25, el haz de partículas viaja en una trayectoria rectilínea, y los cambios de cantidad de movimiento no producen desviaciones de la recta. Las desviaciones se presentan cuando el haz de electrones es desviado en las puertas de salida mediante imanes (Figura 35.26). Sea cual fuere la clase de acelerador de partículas, los físicos que manejan todos los días con partículas subatómicas comprueban la validez de la definición relativista de la cantidad de movimiento y el límite de rapidez que impone la naturaleza.

Resumiendo, vemos que a medida que la rapidez de un objeto se acerca a la rapidez de la luz, su cantidad de movimiento tiende al infinito, y eso equivale a que no haya forma en que se pueda llegar a la rapidez de la luz. Sin embargo, al menos hay una cosa que llega a la rapidez de la luz. ¡Es la misma luz! Pero los fotones de luz no tienen masa, y las ecuaciones que se les aplican son distintas. La luz siempre se propaga con la misma rapidez. Así, lo cual es interesante, una partícula nunca se puede impulsar hasta la rapidez de la luz y ésta no puede detenerse hasta el reposo.

Masa, energía y $E = mc^2$

Einstein no sólo relacionó el espacio y el tiempo, sino también la masa y la energía. Un trozo de materia, aun cuando esté en reposo y no interactúe con algo más, tiene una "energía de existir". Se llama *energía en reposo*. Einstein llegó a la conclusión de que se necesita energía para hacer masa, y que se libera energía si desaparece la masa. La cantidad de energía *E* se relaciona con la cantidad de masa *m* con la ecuación más celebrada del siglo xx:

$$E = mc^2$$

El c^2 es el factor de conversión entre las unidades de energía y las unidades de masa. Debido a la gran magnitud de *c*, una masa pequeña corresponde a una enorme cantidad de energía.[6]

Recuerda que en el capítulo 34 mencionamos que unos decrementos diminutos de masa nuclear, tanto en la fisión como en la fusión nuclear, producen enormes liberaciones de energía, todas de acuerdo con $E = mc^2$. Para el público en general, $E = mc^2$ es sinónimo de la energía nuclear. Si pudiéramos pesar una central nuclear recién cargada de combustible y después de una semana volverla a pesar, encontraríamos que pesa un poco menos. Parte de la masa del combustible, más o menos 1 parte en mil, se ha convertido en energía. Ahora bien, es interesante que si pesáramos una central carboeléctrica con todo el carbón y el oxígeno que consume en una semana, y una semana después pesáramos

---

[6]Cuando *c* está en metros por segundo y *m* está en kilogramos, *E* se expresa en joules. Si la equivalencia entre masa y energía se hubiera comprendido hace mucho, cuando se formularon los primeros conceptos de la física, es probable que no hubiera unidades distintas para masa y energía. Además, con una redefinición de las unidades de espacio y tiempo, *c* podría ser igual a 1, y $E = mc^2$ simplemente sería $E = m$.

FIGURA 35.27 Decir a los consumidores que una central eléctrica entrega 90 millones de megajoules de energía equivale a decirles que entrega un gramo de energía, porque la masa y la energía son equivalentes.

la misma central con todo el dióxido de carbono y los demás productos de combustión que salieron durante la semana, también veríamos que pesa un poco menos. De nuevo, la masa se ha convertido en energía, más o menos se ha convertido 1 parte en mil millones. Lo que sucede es que si ambas centrales producen la misma cantidad de energía, el cambio de masa será igual en ambas, sea energía liberada por conversión nuclear o química de la masa, no importa. La diferencia principal está en la cantidad de energía liberada en cada reacción individual, y la cantidad de masa que interviene. Al fisionarse un solo núcleo de uranio se libera 10 millones de veces más energía que en la combustión de un solo átomo de carbón para producir una molécula de dióxido de carbono. En consecuencia, algunas cantidades de combustible de uranio bastarán para una central de fisión, mientras que la central carboeléctrica consume muchos cientos de furgones de carbón.

Al encender un fósforo, los átomos de éste se reordenan y combinan con el oxígeno del aire para formar nuevas moléculas. Las moléculas resultantes tienen una masa ligeramente inferior que las moléculas separadas de fósforo y oxígeno. Desde el punto de vista de la masa, el todo es un poco menor que la suma de sus partes, en cantidades que escapan a nuestra percepción. Para todas las reacciones químicas que desprenden energía hay una disminución correspondiente en la masa, más o menos de 1 parte en mil millones.

Para las reacciones nucleares la disminución de masa es del orden de una parte en mil, y se puede medir en forma directa con varios dispositivos. Esta disminución de la masa en el Sol, debido al proceso de fusión termonuclear, inunda al sistema solar con energía radiante y alimenta la vida. La etapa actual de fusión termonuclear en el Sol ha estado funcionando durante los últimos 5000 millones de años, y hay suficiente combustible de hidrógeno para que la fusión dure otros 5000 millones de años. ¡Qué bueno que el Sol sea tan grande!

La ecuación $E = mc^2$ no se limita a las reacciones químicas y nucleares. Un cambio de energía de cualquier objeto en reposo se acompaña con un cambio de su masa. El filamento de una lámpara incandescente energizada con electricidad tiene más masa que cuando se apaga. Una taza de té caliente tiene más masa que la misma taza de té fría.

FIGURA 35.28 En 1 segundo, 4.5 millones de toneladas de masa se convierten en energía radiante en el Sol. Sin embargo, el Sol es tan masivo que en 1 millón de años sólo se habrá convertido la diezmillonésima parte de su masa en energía radiante.

Una cuerda de reloj tensada tiene más masa que cuando al reloj se le acaba la cuerda. Pero en esos ejemplos intervienen cambios increíblemente pequeños de la masa, demasiado pequeños como para poder medirlos. Aun los cambios mucho mayores de masa en los cambios radiactivos no se midieron, sino hasta después que Einstein predijo la equivalencia entre masa y energía. Sin embargo, ahora las conversiones de masa en energía y de energía en masa se miden en forma rutinaria.

Imagina una moneda con 1 g de masa. Cabe esperar que dos de esas monedas tengan 2 g de masa, que 10 monedas tengan 10 g de masa, y que 1000 monedas en una caja tengan 1 kg de masa. Pero no es cierto si las monedas se atraen o se repelen entre sí. Imagina, por ejemplo, que cada moneda tiene carga negativa, por lo que cada una repele a todas las demás. Entonces, para juntarlas se requiere efectuar trabajo. Este trabajo se agrega a la masa del conjunto. Así, una caja con 1000 monedas con carga negativa tendría más de 1 kg de masa. Si por otra parte, las monedas se atrajeran entre sí, como lo hacen los nucleones en los núcleos, se necesita trabajo para separarlas; entonces, una caja donde hubiéramos colocado 1000 monedas una por una, tendría una masa menor que 1 kg. Así, la masa de un objeto no es necesariamente igual a la suma de las masas de las partes, como sucede al medir las masas de los núcleos. El efecto sería inmensamente enorme si pudiéramos manejar partículas independientes cargadas. Si pudiéramos juntar electrones cuyas masas separadas sumaran 1 g en una esfera de 10 cm de diámetro, la masa del conjunto sería de ¡10 billones de kilogramos! Verdaderamente, la equivalencia entre masa y energía es profunda.

Algunos físicos creen que la masa de un electrón es sólo la energía equivalente al trabajo necesario para comprimir su carga, y suponiendo que esa carga estuviera repartida, no tendría masa en absoluto.[7]

En las unidades ordinarias de medida, la rapidez de la luz c es una cantidad grande y su cuadrado es todavía más; por consiguiente, una pequeña cantidad de masa almacena una gran cantidad de energía. La cantidad c^2 es un "factor de conversión". Convierte la medición de la masa en medición de energía equivalente. O bien, es la relación de la energía en reposo entre la masa, $E/m = c^2$. La ecuación en cualesquiera de sus formas no tiene nada que ver con la luz ni con el movimiento. La magnitud de c^2 es 90,000 billones (9×10^{16}) de joules por kilogramo. Un kilogramo de materia tiene una "energía de existir" igual a 90,000 millones de joules. Aun una mota de materia, cuya masa sólo sea de un miligramo, tiene una energía en reposo de 90,000 millones de joules.

La ecuación $E = mc^2$ es más que una fórmula para convertir masa en otras clases de energía, o al revés. Indica algo más, que la energía y la masa son *la misma cosa*. La masa es energía congelada. Si quieres saber cuánta energía hay en un sistema, mide su masa. Para un objeto en reposo, su energía *es* su masa. La energía, al igual que la masa, tiene inercia. Agita un objeto masivo, verás que la energía misma es difícil de agitar.

EXAMÍNATE ¿Se puede considerar la ecuación $E = mc^2$ desde otro ángulo y decir que la materia se transforma en energía pura cuando viaja con la rapidez de la luz elevada al cuadrado?

---

[7]John Dobson, astrónomo de San Francisco, cree que así como un reloj adquiere más masa al efectuar trabajo sobre él cuando le damos cuerda contra la resistencia de su resorte, la masa de todo el universo no es más que la energía invertida en separarlo venciendo la gravitación mutua. Desde este punto de vista, la masa del universo equivale al trabajo efectuado en dispersarlo. Así, quizá cada electrón tiene masa porque su carga está confinada, y los átomos que forman el universo tienen masa porque están dispersos.

La primera prueba de la conversión de energía radiante en masa la obtuvo Carl Anderson, físico estadounidense, en 1932. Él y un colega en el Caltech descubrieron el *positrón*, por medio de la estela que dejó en una cámara de niebla. El positrón es la *antipartícula* del electrón, igual al electrón en masa y en spin, pero con carga contraria. Cuando un fotón de alta frecuencia se acerca a un núcleo atómico puede crear un positrón y un electrón al mismo tiempo, en forma de un par, creando masa en esta forma. Las partículas creadas salen despedidas alejándose entre sí. El positrón no es parte de la materia normal, y dura muy poco. Tan pronto como encuentra un electrón se aniquila con él y en el proceso se producen dos rayos gamma. Entonces, la masa se convierte de nuevo en energía radiante.[8]

El *principio de correspondencia*

En el capítulo 32 presentamos el principio de correspondencia. Dice que toda teoría nueva, o toda descripción nueva de la naturaleza, debe concordar con la anterior, cuando ésta da resultados correctos. Si las ecuaciones de la relatividad especial son válidas, deben corresponder a las de la mecánica clásica cuando se aplican a rapideces mucho menores que la rapidez de la luz.

Las ecuaciones relativistas del tiempo, longitud y cantidad de movimiento son:

$$t = \frac{t_0}{\sqrt{1 - \dfrac{v^2}{c}}} = \gamma\, t_0$$

$$L = L_0 \sqrt{1 - \frac{v^2}{c^2}} = \frac{L_0}{\gamma}$$

$$p = \frac{mv}{\sqrt{1 - \dfrac{v^2}{c^2}}} = \gamma\, mv$$

Observa que cada una de esas ecuaciones se reducen a sus expresiones newtonianas cuando las rapideces son muy pequeñas en comparación con la de c. Entonces, la relación v^2/c^2 es muy pequeña, y para las rapideces cotidianas se puede tomar como cero. En ese caso, las ecuaciones relativistas se transforman como sigue:

$$t = \frac{t_0}{\sqrt{1 - 0}} = t_0$$

$$L = L_0 \sqrt{1 - 0} = L_0$$

$$p = \frac{mv}{\sqrt{1 - 0}} = mv$$

COMPRUEBA TU RESPUESTA   ¡No y mil veces no! No se puede hacer que la materia se mueva con la rapidez de la luz, y mucho menos a la rapidez de la luz elevada al cuadrado ¡que no es una rapidez! La ecuación $E = mc^2$ sólo indica que la energía y la masa son "dos caras de la misma moneda".

---

[8]Recuerda que la energía de un fotón es $E = hf$, y que la masa energía de una partícula es $E = mc^2$. Los fotones de alta frecuencia convierten, en forma rutinaria, su energía en masa, al producir pares de partículas en la naturaleza; y en los aceleradores también, donde se pueden observar los procesos. ¿Por qué pares? Principalmente por que es la única forma en que no se viola la conservación de la carga. Así, cuando se crea un electrón, se crea también un positrón, su antipartícula. Al igualar las dos ecuaciones, $hf = 2mc^2$, donde m es la masa de una partícula (o antipartícula), se ve que la frecuencia mínima que debe tener un rayo gamma para producir un par de partículas es $f = 2mc^2/h$. Para producir partículas más pesadas se requiere más energía, y de ahí las altas energías de los aceleradores de partículas.

Biografía: Albert Einstein (1879-1955)

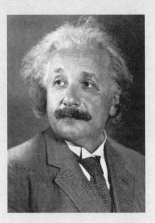

Albert Einstein nació en Ulm, Alemania, el 14 de marzo de 1879. Según una leyenda popular, fue un niño retrasado y aprendió a hablar mucho tiempo después que la mayoría de los otros niños; sus padres temieron en ocasiones que pudiera ser un retrasado mental. Sin embargo, sus calificaciones escolares demuestran que tenía grandes aptitudes para las matemáticas, la física y para tocar el violín. Sin embargo, se rebeló contra la educación por regimentación y decretos, y fue expulsado en el mismo momento en que se preparaba para dejar la escuela a los 15 años. Primordialmente por razones comerciales, su familia se mudó a Italia. El joven Einstein renunció a la ciudadanía alemana y fue a vivir con amigos de la familia en Suiza. Allá se le permitió tomar los exámenes de admisión al renombrado Instituto Federal Suizo de Tecnología, en Zurich, dos años antes de la edad normal. Pero como tuvo dificultades con el francés no aprobó el examen. Estuvo un año en una preparatoria en Aarau, Suiza, donde fue "promovido bajo protesta en el francés". Intentó de nuevo someterse al examen de admisión en Zurich y lo aprobó. Pero faltó mucho a clases, y prefirió estudiar por sí mismo, y en 1900 pudo aprobar los exámenes repasando apresuradamente los apuntes confiables de un amigo. Tiempo después

comentaba acerca de eso: "... una vez que aprobé el examen final encontré desagradable el examen de cualquier problema científico durante todo un año". En ese año obtuvo la ciudadanía suiza; aceptó un puesto temporal de enseñanza y fue tutor de dos jóvenes alumnos de preparatoria. Aconsejó al padre de uno de ellos, también profesor de preparatoria, que lo sacara de la escuela donde, decía, su curiosidad natural estaba siendo destruida. El trabajo de Einstein como tutor duró poco.

No fue sino hasta dos años después de graduarse que obtuvo un trabajo permanente, como examinador de patentes en la Oficina Suiza de Patentes, en Berna. Conservó ese puesto durante más de siete años. Encontró bastante interesante el trabajo, que a veces estimulaba su imaginación científica, pero principalmente porque lo liberaba de las preocupaciones financieras y le daba tiempo para pensar en los problemas de la física que lo tenían perplejo.

Sin relaciones académicas y esencialmente sin amistad con otros físicos, definió las principales líneas sobre las que se desarrolló la física teórica del siglo XX. En 1905, a los 26 años, obtuvo su doctorado en física y publicó tres trabajos principales. El primero fue sobre la teoría cuántica de la luz, incluyendo una explicación del efecto fotoeléctrico, por el cual ganó el Premio Nobel de Física en 1921. El segundo fue sobre los aspectos estadísticos de la teoría molecular y el movimiento browniano, una prueba de la existencia de los átomos. Su tercero y más famoso trabajo fue sobre la relatividad especial. En 1915 publicó un trabajo sobre la teoría de la relatividad general, donde presentó una nueva teoría de la gravitación que incluía a la teoría de Newton como caso especial. Esas tres deslumbrantes publicaciones afectaron mucho el curso de la física moderna.

Las preocupaciones de Einstein no se limitaron a la física. Vivió en Berlín durante la Primera Guerra Mundial, y denunció el militarismo alemán de la época. Expresó públicamente su profunda convicción de que se debe abolir la guerra y de que se fundase una organización internacional para dirimir las disputas entre las naciones. En 1933, cuando visitaba Estados Unidos, Hitler llegó al poder. Einstein se expresó contra las actitudes ra-

Así, para rapideces cotidianas, la cantidad de movimiento, la longitud y el tiempo de los objetos en movimiento no cambian en esencia, respecto a sus valores newtonianos. Las ecuaciones de la relatividad especial son válidas para todas las rapideces, aunque difieren bastante de las ecuaciones clásicas sólo cuando las rapideces se acercan a la de la luz.

La teoría de la relatividad de Einstein ha estimulado muchas cuestiones filosóficas. Exactamente, ¿qué es el tiempo? ¿Se puede decir que es la forma que tiene la naturaleza de ver que no suceda todo al mismo tiempo? Y, ¿por qué el tiempo parece transcurrir en una dirección? ¿Siempre ha *avanzado*? ¿Habrá otras partes del universo donde *retroceda*? ¿Es probable que nuestra percepción tridimensional de un mundo tetradimensional sólo sea el principio? ¿Podría haber una quinta dimensión? ¿Una sexta? ¿Una séptima? En caso afirmativo, ¿cuál sería la naturaleza de esas dimensiones? Quizá los físicos del mañana puedan contestar estas preguntas, todavía sin respuestas. ¡Vaya, qué emocionante!

el átomo de uranio, varios científicos prominentes húngaro-estadounidenses le solicitaron que escribiera la ahora famosa carta al presidente Roosevelt, señalando las posibilidades científicas de desarrollar una bomba nuclear. Einstein era un pacifista, pero al pensar en que Hitler podía lograrla se animó a escribir la carta. El resultado fue el desarrollo de la primera bomba nuclear, que en forma irónica, fue detonada en Japón, después de la caída de Alemania.

Einstein creía que el universo es indiferente a la condición humana, y afirmaba que si la humanidad debía continuar, tenía que crear un orden moral. Aconsejó, intensamente, que se lograra la paz mundial a través del desarme nuclear. Las bombas nucleares, decía Einstein, habían cambiado todo, menos nuestra forma de pensar.

C. P. Snow, amistad de Einstein, dijo lo siguiente, al revisar *The Born-Einstein Letters, 1916-1955*: "Einstein fue la mente más poderosa del siglo xx, y una de las más extraordinarias que hayan existido. Era más que eso. Era un hombre con una personalidad de enorme peso y quizá, principalmente, de enorme estatura moral.... He visto varias personas a quienes se juzga como grandes; de ellas él fue con mucho, por un orden de magnitud, el más impresionante. Era, a pesar de su calidez, de su humanidad y de su toque de comediante, el hombre más diferente a los demás."

Einstein fue más que un gran científico; fue un hombre de disposición no pretenciosa con una honda preocupación por el bienestar de sus congéneres. La elección de Einstein como la persona del siglo, por parte de la revista *Time* al final del siglo, fue la más adecuada —y no fue controvertida.

cistas y políticas de Hitler y renunció a su puesto en la Universidad de Berlín. Al no sentirse a salvo en Alemania, fue a Estados Unidos y aceptó un puesto de investigación en el Instituto de Estudios Avanzados de Princeton, Nueva Jersey.

En 1939, un año antes de que recibiera la nacionalidad estadounidense, y después de que los científicos alemanes fisionaran

Resumen de términos

Contracción de la longitud   La contracción del espacio en dirección del movimiento de un observador, como resultado de la rapidez.

Dilatación del tiempo   La desaceleración del tiempo causada por la rapidez.

Equivalencia masa-energía   La relación entre la masa y la energía, tal como la expresa la ecuación $E = mc^2$.

Espaciotiempo   El continuo tetradimensional en el que suceden todos los eventos y existen todas las cosas: tres dimensiones son las coordenadas de espacio y la cuarta es el tiempo.

Marco de referencia   Un punto de observación (por lo general un conjunto de ejes coordenados) con respecto al cual se pueden describir posiciones y movimientos.

Postulados de la teoría de la relatividad especial   1) Todas las leyes de la naturaleza son las mismas en todos los marcos de referencia con movimiento uniforme. 2) La rapidez de la luz en el espacio libre tiene el mismo valor medido, independientemente del movimiento de la fuente o el del observador; esto es, la rapidez de la luz es una constante.

Simultaneidad   Que sucede al mismo tiempo. Dos eventos que son simultáneos en un marco de referencia no necesariamente son simultáneos en un marco de referencia que se mueva en relación con el primero.

Lecturas sugeridas

Einstein, Albert, *The Meaning of Relativity*. Princeton, N.J.: Princeton University Press, 1950. Escrito por Einstein mismo para el lector promedio.

Epstein, Lewis C. *Relativity Visualized*. San Francisco: Insight Press, 1983.

Gamow, George: *The New World of Mr. Tompkins*. New York: Cambridge University Press, 1999.

Gardner, Martin: *The relativity Explosion*. New York: Vintage Books, 1976.

Taylor, Edwin F. y Wheeler, John A. *Spacetime Physics*. San Francisco: W.H. Freeman, 1966.

Preguntas de repaso

El movimiento es relativo

1. Si caminas a 1 km/h hacia atrás por el pasillo de un tren que avanza a 60 km/h, ¿cuál es tu rapidez relativa respecto al terreno?

2. En la pregunta anterior, ¿cuál es tu rapidez relativa con respecto al Sol, al caminar hacia atrás por el pasillo de un tren?

El experimento de Michelson-Morley

3. ¿Qué hipótesis propuso G. F. FitzGerald para explicar lo que encontraron Michelson y Morley?

4. ¿Cuál idea clásica acerca del espacio y del tiempo rechazó Einstein?

Postulados de la teoría de la relatividad especial

5. Describe dos ejemplos del primer postulado de Einstein.

6. Describe un ejemplo del segundo postulado de Einstein.

Simultaneidad

7. Dentro del compartimiento que se mueve en la figura 35.4, la luz viaja determinada distancia hacia el extremo delantero y cierta distancia hacia el extremo trasero del compartimiento. ¿Cómo se comparan esas distancias, vistas en el marco de referencia del cohete en movimiento?

8. ¿Cómo se comparan las distancias de la pregunta 7 vistas desde el marco de referencia de un observador en un planeta estacionario?

Espaciotiempo

9. ¿Cuántos ejes coordenados se suelen usar para describir el espacio tridimensional? ¿Qué mide la cuarta dimensión?

10. ¿Bajo qué condiciones tú y uno de tus amigos comparten la misma región del espaciotiempo? ¿Cuándo no comparten la misma región?

11. ¿Qué tiene de especial la relación de la distancia recorrida por un destello de luz y el tiempo que la luz tarda en recorrer esa distancia?

Dilatación del tiempo

12. Se requiere tiempo para que la luz vaya de un punto a otro, siguiendo una trayectoria. Si esa trayectoria se ve más larga debido al movimiento, ¿qué sucede con el tiempo que tarda la luz en recorrer esa trayectoria más larga?

13. ¿A qué se le llama "dilatación del tiempo"?

14. ¿Cuál es el valor del factor γ (gamma) de Lorentz?

15. ¿Cómo difieren las mediciones del tiempo para eventos en un marco de referencia que se mueve al 50% de la rapidez de la luz en relación con nosotros?

16. ¿Cómo difieren las mediciones del tiempo para eventos en un marco de referencia que se mueve al 99.5% de la rapidez de la luz en relación con nosotros?

17. Si vemos que el reloj de alguien se atrasa debido al movimiento relativo, ¿verá él que también nuestros relojes se atrasan? ¿O verá que nuestros relojes se adelantan?

18. ¿Cuál es la prueba de la dilatación del tiempo?

19. ¿Qué dice Einstein acerca del sentido común?

El viaje del gemelo

20. Cuando una luz destellante se te acerca, cada destello que te llega tiene que recorrer menor distancia. ¿Qué efecto tiene eso sobre la frecuencia con que recibes los destellos?

21. Cuando una fuente de luz destellante va hacia ti, ¿aumenta la rapidez de la luz o la frecuencia de la luz, o ambas?

22. Si una fuente luminosa destellante se te acerca con la suficiente rapidez para que la duración entre los destellos parezca reducida a la mitad, ¿cómo se verá la duración entre los destellos cuando la fuente se aleje de ti con la misma rapidez?

23. ¿Cuántos marcos de referencia tiene el gemelo que se queda en casa, durante el viaje de su gemelo? ¿Cuántos marcos de referencia tiene el gemelo viajero?

Suma de velocidades

24. Cuando dos velocidades v_1 y v_2 son ambas mucho menores que la rapidez de la luz, ¿es grande o pequeño el valor de $v_1 v_2 / c^2$?

25. ¿Cuál es el valor máximo de $v_1 v_2 / c^2$ en un caso extremo? ¿Cuál es el mínimo?

26. La regla sencilla $V = v_1 + v_2$, ¿es consistente con que la luz sólo puede tener una rapidez en todos los marcos de referencia con movimiento uniforme?

27. La regla relativista

$$V = \frac{v_1 + v_2}{1 + \dfrac{v_1 v_2}{c^2}}$$

¿es consistente con que la luz sólo puede tener una rapidez en todos los marcos de referencia con movimiento uniforme?

Viaje espacial

28. ¿Cuáles son los dos obstáculos principales que evitan viajar hoy al espacio, por la galaxia y a rapideces relativistas?

29. ¿Cuál es el patrón universal del tiempo?

Contracción de la longitud

30. ¿Qué longitud parecería tener una regla de un metro si se moviera como una jabalina bien lanzada, pero al 99.5% de la rapidez de la luz?

31. ¿Qué longitud parecería tener la regla de un metro de la pregunta anterior si se moviera con su longitud perpendicular a la dirección de su movimiento? ¿Por qué es distinta tu respuesta de la respuesta anterior?

32. Si estuvieras viajando en un cohete con gran rapidez, ¿te parecerían contraídas las reglas de un metro a bordo? Defiende tu respuesta.

Cantidad de movimiento relativista

33. ¿Cuál sería la cantidad de movimiento de un objeto impulsado hasta la rapidez de la luz?

34. Cuando un haz de partículas cargadas atraviesa un campo magnético, ¿cuál es la prueba de que la cantidad de movimiento de una de ellas es mayor que el valor de mv?

Masa, energía y $E = mc^2$

35. Compara la cantidad de masa convertida en energía en las reacciones nucleares y en las reacciones químicas.

36. ¿Cómo se compara la energía de fisión de un solo núcleo de uranio con la energía de combustión de un solo átomo de carbono?

37. La ecuación $E = mc^2$, ¿sólo se aplica a las reacciones químicas y nucleares?

38. ¿Cuál es la prueba de que $E = mc^2$ en las investigaciones de rayos cósmicos?

El principio de correspondencia

39. ¿Cómo se relaciona el principio de correspondencia con la relatividad especial?

40. Las ecuaciones relativistas del tiempo, longitud y cantidad de movimiento, ¿son válidas para las rapideces cotidianas? Explica por qué.

Ejercicios

1. La idea que la fuerza causa aceleración no parece extraña. Esta y otras ideas de la mecánica newtoniana son consistentes con nuestra experiencia cotidiana. Pero las ideas de la relatividad parecen extrañas. Son más difíciles de captar. ¿Por qué?

2. Si estuvieras en un tren de marcha suave sin ventanillas, ¿podrías sentir la diferencia entre el movimiento uniforme y el reposo? ¿Entre el movimiento acelerado y el reposo? Explica cómo lo podrías hacer con una cubeta llena de agua.

3. Una persona que va en el techo de un furgón dispara un arma apuntando hacia adelante. a) En relación con los rieles, ¿la bala se mueve más rápido o más lento cuando el tren se mueve que cuando está en reposo? b) En relación con el furgón, ¿la bala se mueve más rápido o más lento cuando el tren está en movimiento que cuando está parado?

4. Imagina que la persona que viaja en el techo del furgón enciende su linterna sorda en dirección en que se mueve el tren. Compara la rapidez del rayo de luz en relación con los rieles cuando el tren está parado, y cuando está moviéndose. ¿En qué difiere el comportamiento del rayo de luz del comportamiento de la bala en el ejercicio 3?

5. ¿Por qué consideraron Michelson y Morley primero que su experimento había fallado? ¿Te has encontrado con otros ejemplos en donde la falla no tiene que ver con la falta de capacidad para hacer una tarea, sino con la imposibilidad de hacerla?

6. Cuando vas en auto por la carretera te mueves a través del espacio. ¿A través de qué otra cosa también te mueves?

7. En el capítulo 26 aprendimos que la luz se propaga con más lentitud en el vidrio que en el aire. ¿Contradice eso la teoría de la relatividad?

8. Si dos rayos cayeran exactamente en el mismo lugar precisamente a la misma hora en un marco de referencia, ¿es posible que los observadores en otros marcos de referencia vean que los rayos caen en distintos tiempos o en distintos lugares?

9. El evento A sucede antes que el evento B en determinado marco de referencia. ¿Cómo podría suceder el evento B antes que el evento A en otro marco de referencia?

10. Imagina que la lámpara en la nave espacial de las figuras 35.4 y 35.5 está más cerca del frente que de la parte trasera del compartimiento, de modo que el observador en la nave vea que la luz llega al espejo delantero antes de llegar al espejo trasero. ¿Seguirá siendo posible que el observador externo vea que la luz llegue primero al espejo trasero?

11. La rapidez de la luz es un límite de rapidez en el universo, al menos en el universo tetradimensional que comprendemos. Ninguna partícula material puede alcanzar o rebasar ese límite, aun cuando sobre ella se ejerza una fuerza continua e inextinguible. ¿Por qué sucede así?

12. ¿Puede un haz de electrones recorrer la cara de un tubo de rayos catódicos con una rapidez mayor que la rapidez de la luz? Explica por qué.

13. Imagina la rapidez del punto donde se encuentran las cuchillas de una tijera cuando se cierra la tijera. Mientras más se acerca el momento de cierre de la tijera, ese punto se mueve con más rapidez. En principio, ese punto podría tener mayor rapidez que la de la luz. De igual forma en el caso de la rapidez del punto donde un hacha se encuentra con la madera, a penetrarla casi horizontalmente. De igual manera, un par de rayos láser que se cruzan y varían su dirección hacia el paralelismo, producen un punto de intersección que se mueve con más rapidez que la luz. ¿Por qué esos ejemplos no contradicen a la relatividad especial?

14. Como hay un límite superior de rapidez de una partícula, ¿quiere decir que también hay un límite superior de su cantidad de movimiento? ¿De su energía cinética? Explica por qué.

15. La luz recorre cierta distancia en, digamos, 20,000 años. ¿Cómo es posible que un astronauta que viaje con menos rapidez que la luz envejezca en 20 años de su viaje lo que la luz tarda 20,000 años en recorrer?

16. ¿Podría un hombre cuya expectativa de vida fuera 70 años hacer un viaje redondo hasta una parte del universo a miles de años luz de distancia? Explica por qué.

17. Un gemelo que hace un viaje largo a rapideces relativistas regresa y es más joven que su gemela que se quedó en casa. ¿Podría regresar antes de que naciera su hermana? Defiende tu respuesta.

18. ¿Es posible que un hijo o una hija sean biológicamente más viejos que los padres? Explica por qué.

19. Si estuvieras en una nave espacial que se alejara de la Tierra a una rapidez cercana a la de la luz, ¿qué cambios notarías en tu pulso? ¿En tu volumen? Explica por qué.

20. Si estuvieras en la Tierra, vigilando a una persona en una nave espacial que se aleja de la Tierra a una rapidez cercana a la de la luz, ¿qué cambios notarías en su pulso? ¿En su volumen? Explica por qué.

21. Si vivieras en un mundo donde las personas viajaran con frecuencia con rapideces cercanas a la de la luz, ¿por qué sería aventurado concertar una cita con el dentista para el próximo martes a las 10:00 AM?

22. ¿Cómo se comparan las densidades de un cuerpo medidas en reposo y en movimiento?

23. Si los observadores estacionarios miden que la forma de la cara de un objeto que da hacia ellos al pasar frente a ellos es exactamente circular, ¿cuál es la forma del objeto de acuerdo con los observadores que viajan con él?

24. La fórmula que relaciona la rapidez, frecuencia y longitud de las ondas electromagnéticas es $c = f\lambda$, ya se conocía antes de que se formulara la relatividad. La relatividad no cambió esa ecuación, sino le agregó una nueva propiedad. ¿Cuál es?

25. Una luz se refleja en un espejo en movimiento. ¿En qué difiere la luz reflejada de la luz incidente y en qué es igual?

26. Al pasar frente a ti una regla de un metro, tus mediciones indican que su cantidad de movimiento es el doble que la cantidad de movimiento clásica y que su longitud es 1 m. ¿En qué dirección apunta la regla?

27. En el ejercicio anterior, si la regla se mueve en dirección longitudinal a ella, como una jabalina bien lanzada, ¿qué longitud medirías en ella?

28. Si una nave espacial que avanza a gran rapidez parece encogida a la mitad de su longitud normal, ¿cómo se compara su cantidad de movimiento con la de la fórmula clásica $p = mv$?

29. El acelerador lineal de dos millas de longitud, de la Universidad Stanford en California, "parece" tener menos de un metro de longitud, según los electrones que viajan por él. Explica por qué.

30. Los electrones terminan su recorrido del acelerador de Stanford con una energía miles de veces mayor que su energía en reposo, cuando partieron. En teoría, si pudieras viajar con ellos, ¿notarías un aumento de su energía? ¿De su cantidad de movimiento? En tu marco de referencia en movimiento, ¿cuál sería la rapidez aproximada del blanco cuando estás a punto de llegar a él?

31. Dos alfileres de seguridad son idénticos, pero uno está asegurado y el otro no; se colocan en baños ácidos idénticos. Después de haberse disuelto esos alfileres, ¿cuál será, si es que hay, la diferencia entre los dos baños de ácido?

32. Un trozo de material radiactivo encerrado en un recipiente ideal, perfectamente aislante, se calienta cuando sus núcleos decaen y desprenden energía. ¿Cambia la masa del material radiactivo y del recipiente? En caso afirmativo, ¿aumenta o disminuye?

33. Los electrones que iluminan la pantalla de un televisor normal viajan más o menos a la cuarta parte de la rapidez de la luz, y tienen aproximadamente 3% más de energía que unos electrones hipotéticos, no relativistas, que viajen con la misma rapidez. El efecto relativista, ¿tiende a aumentar o a disminuir el recibo por la electricidad?

34. ¿Cómo se podría aplicar la idea del principio de correspondencia en otros campos que no sean la ciencia física?

35. ¿Qué significa la ecuación $E = mc^2$?

36. Los muones son partículas elementales que se forman en la alta atmósfera, por las interacciones entre los rayos cósmicos y los núcleos atómicos. Los muones son radiactivos y sus vidas medias promedio son de unas dos millonésimas de segundo. Aun cuando viajan casi con la rapidez de la luz deben recorrer tanta distancia por la atmósfera, que muy pocos se pueden detectar al nivel del mar, al menos de acuerdo con la física clásica. Sin embargo, las mediciones de laboratorio demuestran que grandes cantidades de muones llegan a la superficie terrestre. ¿Cómo explicas esta contradicción?

37. Cuando observamos el universo lo vemos como era en el pasado. John Dobson, fundador del grupo San Francisco Sidewalk Astronomers, dice que ni siquiera podemos ver nuestras manos *en este momento*; que de hecho, no podemos ver nada *en este momento*. ¿Estás de acuerdo? Explica por qué.

38. Una de las novedades en el futuro podrían ser los "saltos de siglos", donde los ocupantes de naves espaciales muy rápidas salen de la Tierra durante varios años y regresan varios siglos después. ¿Cuáles son los obstáculos actuales contra esas prácticas?

39. La afirmación del filósofo Kierkegaard de que "la vida sólo se puede comprender en retrospectiva, pero se debe vivir adelantada", ¿es consistente con la teoría de la relatividad especial?

40. Redacta cuatro preguntas de opción múltiple, cada una para evaluar la comprensión de tus condiscípulos acerca de a) la dilatación del tiempo, b) la contracción de la longitud, c) la cantidad de movimiento relativista y d) $E = mc^2$.

Problemas

Recuerda que se explicó en este capítulo que el factor gamma (γ) gobierna tanto la dilatación del tiempo como la contracción de la longitud, siendo

$$\gamma = \frac{1}{\sqrt{1 - (v^2/c^2)}}$$

Cuando multiplicas el tiempo en un marco de referencia en movimiento por γ, obtienes el tiempo mayor (dilatado) en tu marco de referencia fijo. Cuando divides la longitud en un marco de referencia en movimiento entre γ, obtienes la longitud más corta (contraída) en tu marco fijo.

1. Imagina una nave espacial rápida equipada con una fuente luminosa destellante. Si la frecuencia de los destellos cuando se aproxima es el doble de cuando estaba a una distancia fija, ¿en cuánto cambió el periodo (el intervalo de tiempo entre los destellos)? Este periodo, ¿es constante para una rapidez relativa constante? ¿Para el movimiento acelerado? Defiende tus respuestas.

2. La nave espacial Enterprise pasa frente a la Tierra a 80% de la rapidez de la luz, y manda una nave teledirigida, hacia adelante, a la mitad de la rapidez de la luz, según los del Enterprise. ¿Cuál es la rapidez de la nave automática respecto a la Tierra?

3. Imagina que la nave Enterprise del problema anterior viaja a c con respecto a la Tierra, y que dispara una nave teledirigida, hacia adelante con respecto a la Enterprise misma. Aplica la ecuación de la suma relativista de velocidades, para demostrar que la rapidez de la nave automática con respecto a la Tierra sigue siendo c.

4. Un pasajero de un exprés interplanetario que viaja a $v = 0.99\,c$ toma una siesta de 5 minutos, según su reloj. ¿Cuánto duró su siesta desde tu punto de observación, en un planeta fijo?

5. Según la mecánica de Newton, la cantidad de movimiento del exprés del problema anterior es $p = mv$. Según la relatividad, es $p = \gamma mv$. ¿Cómo se compara la cantidad de movimiento real del exprés que se mueva a 0.99 c con la que tendría si se calculara de acuerdo con la mecánica clásica? ¿Cómo se compara la cantidad de movimiento de un electrón que se mueve a 0.99 c, con su cantidad de movimiento clásica?

6. El expreso del problema anterior tiene 21 metros de largo, según los pasajeros y el conductor. ¿Cuál es su longitud, vista desde un punto de observación en un planeta fijo?

7. Si el expreso del problema 4 desacelerara hasta "sólo" el 10% de la rapidez de la luz, ¿cuánto habría durado la siesta del pasajero, medida por ti?

8. Si el conductor del expreso del problema 4 decidiera conducir a 99.99% de la rapidez de la luz, para compensar algo del tiempo perdido, ¿qué longitud del vehículo medirías desde tu puesto de observación?

9. Imagina que los taxis-cohete del futuro van por el sistema solar a la mitad de la rapidez de la luz. Por cada hora, determinada con un reloj en el taxi, se le paga al conductor 10 estélares. El sindicato de taxistas pide que la paga sea de acuerdo con el tiempo en la Tierra, y no con el tiempo en el taxi. Si se cumple esa demanda, ¿cuál será la nueva tarifa por un mismo viaje?

10. El cambio fraccionario de masa a energía en un reactor de fisión es 0.1%, aproximadamente. Por cada kilogramo de uranio que se fisiona, ¿cuánta energía se libera? Si la energía cuesta 30 centavos por megajoule, ¿cuánto vale la energía que libera cada kilogramo de uranio?

www.pearsoneducacion.net/hewitt
*Usa los variados recursos del sitio Web,
para comprender mejor la física.*

36

TEORÍA DE LA RELATIVIDAD GENERAL

Richard Crowe comienza su clase sobre relatividad general con una esfera celeste.

L a teoría de la relatividad especial es "especial" porque maneja marcos de referencia que se mueven uniformemente, esto es, que no aceleran. La **teoría de la relatividad general** es una nueva teoría de la gravitación, y abarca los marcos de referencia que aceleran. En la base está la idea de que los efectos de la gravitación y de la aceleración no se pueden distinguir entre sí. Einstein presentó una nueva teoría de la gravitación.

Recordamos que Einstein postuló en 1905 que ninguna observación hecha dentro de una cámara cerrada puede determinar si está en reposo, o si se mueve con velocidad constante, esto es, que ninguna medición mecánica, eléctrica, óptica o de cualquier otra índole física que se pueda hacer dentro de un compartimiento cerrado en un tren que se mueve suavemente por una vía recta (o dentro de un avión que vuela en aire tranquilo, con las cortinas de las ventanillas bajadas) puede dar una información acerca de si el tren está en movimiento o en reposo (o si el avión está en el aire o estacionado en la pista). Pero si la pista no fuera lisa y recta, o si el aire estuviera en turbulencia, la situación cambiaría por completo: el movimiento uniforme se transformaría en movimiento acelerado, que se notaría con facilidad. La convicción de Einstein, de que las leyes de la naturaleza se deben expresar en la misma forma en todo marco de referencia, acelerado o no acelerado, fue la principal motivación que lo condujo a la teoría de la relatividad general.

Principio de equivalencia

FIGURA 36.1 Nada tiene peso en el interior de una nave espacial con rapidez uniforme, alejada de influencias gravitacionales.

Mucho antes de que hubiera naves espaciales, Einstein se pudo imaginar en el interior de un vehículo, muy lejos de las influencias gravitacionales. En esa nave espacial en reposo o en movimiento uniforme, en relación con las estrellas lejanas, él y todo lo que hay dentro del vehículo flotarían libremente; no habría "arriba" ni "abajo". Pero cuando se encendieran los motores del cohete y acelerara la nave, las cosas serían diferentes: se observarían fenómenos parecidos a la gravedad. La pared adyacente a los motores empujaría contra los ocupantes, y se transformaría en el piso, mientras que la pared opuesta sería el techo. Los ocupantes de la nave podrían pararse en el piso y hasta saltar. Si la aceleración de la nave fuera igual a *g*, los ocupantes se convencerían de que la nave no aceleraría, sino que estaría en reposo en la superficie terrestre.

Para examinar esta nueva "gravedad" en una nave en aceleración, veamos la consecuencia de dejar caer dos pelotas dentro de ella, una de madera y la otra de plomo. Cuando se sueltan, continúan moviéndose lado a lado, con la velocidad que tenía la nave al momento de soltarlas. Si la nave se moviera con *velocidad constante* (aceleración cero), las pelotas quedarían suspendidas en el mismo lugar, porque tanto ellas como la nave recorrerían la misma distancia en cualquier intervalo de tiempo. Pero como la nave acelera, el piso se mueve hacia arriba con más rapidez que las pelotas, y el resultado es que el piso pronto las alcanza (Figura 36.3). Las dos pelotas, independientes de su masa, llegan al piso al mismo tiempo. Recordando la demostración de Galileo en la Torre Inclinada de Pisa, los ocupantes de la nave se inclinarían a atribuir sus observaciones a la fuerza de gravedad.

Las dos interpretaciones de la caída de las pelotas tienen igual validez, y Einstein incorporó esta equivalencia, o imposibilidad de distinguir entre gravitación y aceleración, en la base de su teoría de la relatividad general. El **principio de equivalencia** establece

FIGURA 36.2 Cuando la nave acelera, un ocupante en su interior siente una "gravedad".

FIGURA 36.3 Para un observador dentro de la nave que acelera, una esfera de plomo y una de madera parecen caer juntas al soltarlas.

que las observaciones hechas en un marco de referencia acelerado son indistiguibles de las hechas en un campo gravitacional newtoniano. Esta equivalencia hubiera sido interesante, pero no revolucionaria, si sólo se aplicara a los fenómenos mecánicos, pero Einstein fue más allá y afirmó que el principio es válido para todos los fenómenos naturales, y para fenómenos ópticos y también electromagnéticos.

Flexión de la luz por la gravedad

Una pelota lanzada hacia un lado (hacia la "pared cilíndrica") de una nave espacial estacionaria, en una región sin gravedad, seguirá una trayectoria rectilínea según tanto un observador dentro de la nave como también otro fuera de ella. Pero si la nave acelera, el piso alcanza a la pelota igual que en el ejemplo anterior. Un observador fuera de la nave sigue viendo una trayectoria rectilínea, pero un observador dentro de la nave que acelera la ve curva; es una parábola (Figura 36.4). Lo mismo sucede con la luz.

Imagina que un rayo de luz entra a la nave en dirección horizontal, por una ventanilla lateral, y pasa a través de una lámina de vidrio en la mitad de la cabina, dejando una huella visible, para después llegar a la pared opuesta; todo ello en un tiempo muy corto. El observador externo ve que el rayo entra a la ventanilla y se mueve en dirección horizontal a lo largo de una recta, con velocidad constante hacia la pared opuesta. Pero la nave espacial está acelerando hacia arriba. Durante el tiempo que tarda la luz en llegar a la lámina de vidrio, la nave subió alguna distancia, y durante el tiempo igual en que la luz continuó y llegó a la pared opuesta, la nave se movió mayor distancia que la anterior. Así, para los observadores dentro de la nave, la luz ha seguido una trayectoria que se curva hacia abajo (Figura 36.5). En este marco de referencia en aceleración, el rayo de luz se desvía hacia abajo, hacia el piso, de igual manera que se desvía la pelota lanzada como en la figura 36.4. La curvatura de la pelota, con movimiento lento, es muy pronunciado, pero si fuera lanzada horizontalmente a una velocidad igual a la de la luz, su curvatura coincidiría con la curvatura del rayo de luz.

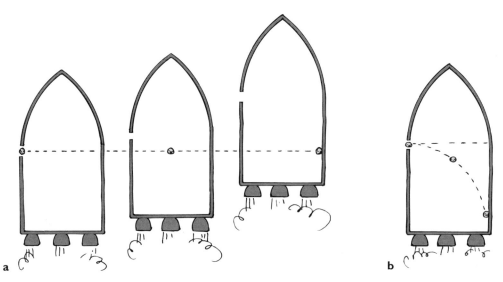

FIGURA 36.4 a) Un observador externo ve una pelota lanzada horizontalmente que se mueve en línea recta. Como la nave acelera hacia arriba mientras la pelota viaja horizontalmente, ésta llega a la segunda pared, en un punto abajo de la ventana. b) Según un observador en el interior, la pelota describe una trayectoria curva como si estuviera en un campo gravitacional.

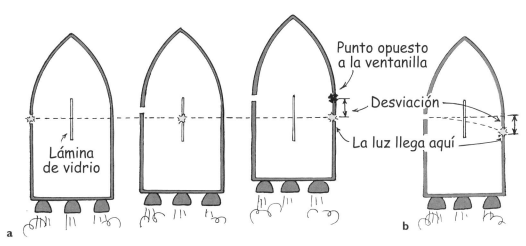

FIGURA 36.5 a) Un observador externo ve que la luz recorre una trayectoria horizontal, en línea recta; pero como la pelota de la figura anterior llega a la pared opuesta abajo de un punto opuesto a la ventanilla. b) Para un observador interno, la luz se desvía como si respondiera a un campo gravitacional.

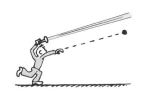

FIGURA 36.6 La trayectoria de un haz luminoso es idéntica a la trayectoria que tendría una pelota de béisbol si se pudiera "lanzar" con la rapidez de la luz. Las dos trayectorias de desviarían por igual en un campo gravitatorio uniforme.

FIGURA 36.7 La luz de las estrellas se desvía cuando pasa rozando al Sol. El punto A define la posición aparente, y el punto B indica la posición real.

Un observador dentro de la nave siente "gravedad", por la aceleración. No le sorprende la desviación de la pelota lanzada, pero podría llevar una sorpresa con la deflexión de la luz. De acuerdo con el principio de equivalencia, si la luz se desvía por la aceleración, debe desviarse por la gravedad. Pero, ¿cómo puede la gravedad desviar a la luz? De acuerdo con la física de Newton, la gravitación es la interacción entre masas; una pelota en movimiento se desvía por la interacción entre su masa y la masa de la Tierra. Pero, ¿y la luz, que es energía pura y no tiene masa? La respuesta de Einstein fue que la luz puede no tener masa, pero sí tiene energía. La gravedad tira de la energía de la luz, porque energía equivale a masa.

Ésta fue la primera respuesta de Einstein antes de terminar de desarrollar su teoría de la relatividad general. Después presentó una explicación más profunda: que la luz se desvía al propagarse por una geometría de espaciotiempo que está flexionada. Después en este capítulo veremos que la presencia de la masa provoca la flexión o torcimiento del espaciotiempo. La masa de la Tierra es demasiado pequeña como para torcer en forma apreciable el espaciotiempo que la rodea, que es prácticamente plano; así, cualquier flexión de la luz en nuestra cercanía inmediata no se detecta de ordinario. Pero cerca de cuerpos con masa mucho mayor que la de la Tierra, la flexión de la luz es suficientemente alta como para poderla detectar.

Einstein predijo que la luz de las estrellas que pase cerca del Sol sería desviada un ángulo de 1.75 segundos de arco, lo suficientemente grande como para poderlo medir. Aunque las estrellas no son visibles cuando el Sol está en el firmamento, la desviación de su luz se puede observar durante un eclipse solar. Desde las mediciones iniciales hechas durante un eclipse total en 1919, se ha vuelto práctica normal en cada eclipse solar total el medir esa desviación. Una fotografía tomada del firmamento oscurecido en torno al Sol eclipsado muestra la presencia de las estrellas brillantes cercanas a él. Las posiciones de las estrellas se comparan con las de otras fotografías de la misma zona tomadas en otras ocasiones, durante la noche, con el mismo telescopio. En todos los casos, la desviación de la luz de las estrellas ha respaldado la predicción de Einstein (Figura 36.7).

También la luz se desvía en el campo gravitacional terrestre, pero no tanto. No lo notamos porque el efecto es diminuto. Por ejemplo, en un campo gravitacional constante de 1 g, un rayo dirigido horizontalmente "caerá" una distancia vertical de 4.9 metros en 1 segundo (igual que una pelota de béisbol), pero recorrerá una distancia horizontal de 300,000 kilómetros en ese segundo. Apenas se notará su desviación estando cerca del punto de partida. Pero si la luz recorriera 300,000 kilómetros con reflexiones múltiples entre espejos paralelos ideales, el efecto sería muy notable (Figura 36.8). (Hacer esta demostración sería un gran proyecto casero para obtener una calificación extra, por ejemplo, ganarse un doctorado.)

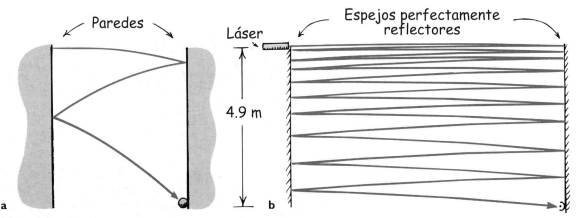

FIGURA 36.8 a) Si una pelota se lanza horizontalmente entre un par de paredes verticales paralelas, rebotará de uno a otro lado y caerá una distancia vertical de 4.9 m en 1 segundo. b) Si un rayo de luz horizontal se mueve entre un par de espejos perfectamente reflectores, ideales, se reflejará una y otra vez y caerá una distancia vertical de 4.9 m en 1 s. La cantidad de reflexiones se representa muy simplificada en el diagrama; por ejemplo, si los espejos estuvieran a una distancia de 300 km, habría 1000 reflexiones.

EXAMÍNATE

1. ¡Caramba! Antes aprendimos que el tirón de la gravedad es una interacción entre masas. Y también aprendimos que la luz no tiene masa. Ahora nos dicen que la gravedad puede desviar la luz. ¿No es una contradicción?
2. ¿Por qué no notamos desviaciones de la luz en nuestro ambiente cotidiano?

Gravedad y tiempo: corrimiento gravitacional al rojo

Según la teoría de la relatividad general de Einstein, la gravitación hace que el tiempo transcurra más despacio. Si te mueves en la dirección que actúa la fuerza gravitacional, desde el techo de un rascacielos hasta la calle, por ejemplo, o desde la superficie terrestre hasta el fondo de un pozo, el tiempo transcurrirá más despacio en el punto donde llegas que en el punto de donde saliste. Se puede comprender el retraso de los relojes debido a la gravedad, si se aplica el principio de la equivalencia y de la dilatación del tiempo a un marco de referencia acelerado.

Imagina que nuestro marco de referencia acelerado es un disco giratorio grande. Imagina también que se mide el tiempo con tres relojes idénticos, uno en el centro del disco, otro en la orilla del disco y el tercero en reposo en el piso, en un lugar cercano (Figura 36.9). De acuerdo con las leyes de la relatividad especial sabemos que el reloj que está en el centro, como no se mueve con respecto al piso, debe caminar al parejo del que está en el suelo, pero no al parejo del que está en la orilla. El reloj de la orilla está en movimiento con respecto al piso y en consecuencia se debe ver que se retrasa respecto al reloj que está en el piso, y en consecuencia que se retrasa con respecto al que está en el centro del disco. Aunque los relojes del disco está fijos a un mismo marco de referencia, no avanzan sincronizados; el de la periferia camina más lento que el del centro.

FIGURA 36.9 Los relojes 1 y 2 están en un disco giratorio, y el reloj 3 está en reposo en un marco de referencia inicial. Los relojes 1 y 3 caminan iguales, mientras que el reloj 2 se retrasa. Desde el punto de vista de un observador en el reloj 3, el reloj 2 se retrasa, porque está en movimiento. Desde el punto de vista del observador en el reloj 1, el reloj 2 se retrasa porque está en un campo de fuerzas centrífugas más intenso.

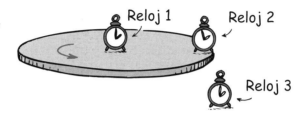

Un observador en el disco rotatorio, y uno en reposo en el piso, verán la misma diferencia en las marchas de los relojes, el del centro y el del piso con respecto al de la orilla. Sin embargo, las interpretaciones de la diferencia, según los dos observadores, no son iguales. Para el observador en el piso, el retraso del reloj de la orilla se debe a su movimiento. Pero para un observador sobre el disco giratorio, los relojes del disco no están en movimiento uno del otro; en lugar de ello hay una fuerza centrífuga que actúa sobre el reloj en la orilla, y sobre el del centro no actúa fuerza alguna. Es probable que el observador sobre el disco llegue a la conclusión de que la fuerza centrífuga tiene algo que ver con el retraso del tiempo. Observa que al avanzar en dirección de la fuerza centrífuga, alejándose del centro y acercándose al borde del disco, el tiempo transcurre más lento. Al aplicar el principio de equivalencia, que dice que cualquier efecto de la aceleración se puede copiar con la gravedad, se debe llegar a la conclusión de que al movernos en la dirección en la que actúa una fuerza gravitacional, también se atrasará el tiempo.

Este retraso se aplicará a todos los "relojes", sean físicos, químicos o biológicos. Un ejecutivo que trabaje en la planta baja de un rascacielos envejecerá con más lentitud que su hermana gemela que trabaje en el último piso. La diferencia es muy pequeña, só-

COMPRUEBA TUS RESPUESTAS

1. No hay contradicción cuando se comprende la equivalencia entre masa y energía. Es cierto que la luz no tiene masa, pero sí tiene energía. El hecho que la gravedad desvíe la luz es prueba de que la gravedad tira de la energía de la luz. En realidad ¡la energía equivale a la masa!

2. Sólo porque la luz se propaga tan rápido; así como en una distancia corta no notamos que la trayectoria de una bala es curva, no notamos la curvatura de un rayo de luz.

lo algunas millonésimas de segundo por década, porque de acuerdo con los patrones cósmicos, la distancia es pequeña y la gravitación es débil. Para mayores diferencias de gravitación, por ejemplo entre la superficie solar y la terrestre, las diferencias en el tiempo son mayores (aunque todavía diminutas). Un reloj en la superficie solar debe retrasarse en una cantidad medible respecto a uno en la superficie terrestre. Años antes de que Einstein terminara la teoría de la relatividad general, sugirió una forma de hacer la medición, cuando presentó su principio de equivalencia en 1907.

Todos los átomos emiten luz a frecuencias específicas características de la vibración de los electrones dentro del átomo. En consecuencia, cada átomo es un "reloj", y un retraso de la vibración electrónica indica el retraso de esos relojes. Un átomo en el Sol debe emitir luz de menor frecuencia (vibración más lenta) que la emitida por el mismo elemento en la Tierra. Como la luz roja está en el extremo de las bajas frecuencias del espectro visible, una disminución de la frecuencia desplaza el color hacia el rojo. A este efecto se le llama **corrimiento gravitacional al rojo**. Se observa en la luz solar, pero diversos efectos perturbadores evitan las mediciones exactas del corrimiento, el cual es diminuto. No fue sino hasta 1960 que se aplicó una técnica totalmente nueva, usando rayos gamma de átomos radiactivos, que al permitir las mediciones increíblemente precisas, se observó que se apegaban y confirmaban la dilatación gravitacional del tiempo entre los pisos superiores e inferiores de un edificio de los laboratorios en la Universidad de Harvard.[1]

Así, las mediciones del tiempo no sólo dependen del movimiento relativo, como vimos en el capítulo anterior, sino también de la gravedad. En la relatividad especial, la dilatación del tiempo depende de la *rapidez* de un marco de referencia en relación con otro. En la relatividad general, el corrimiento al rojo gravitacional depende de la localización de un punto sobre un campo gravitacional en relación con otro. Visto desde la Tierra, un reloj se atrasará en la superficie de una estrella respecto a uno en la Tierra. Si la estrella se contrae, su superficie se acerca al centro y la gravedad es todavía mayor, lo que causa que el tiempo sobre su superficie transcurra todavía con más lentitud. Mediríamos mayores intervalos entre los tictacs del reloj en la estrella. Pero si hiciéramos nuestras mediciones en la superficie misma de la estrella, no notaríamos nada raro en ese tictac.

Por ejemplo, imagina que un voluntario indestructible se para en la superficie de una estrella gigante que comienza a colapsarse. Nosotros, como observadores externos, notaremos un alentamiento progresivo del tiempo en el reloj del voluntario, a medida que la superficie de la estrella se contrae y pasa a regiones de gravedad más intensa. El voluntario mismo, sin embargo, no nota diferencia alguna en su propio tiempo. Ve los eventos dentro de su propio marco de referencia y no nota nada raro. A medida que sigue la contracción de la estrella y se transforma en un agujero negro, y el tiempo avanza con normalidad según el voluntario, nosotros, en el exterior, percibimos que el tiempo en el reloj del voluntario tiende a detenerse por completo. Lo vemos congelado en el tiempo, con una duración infinita entre los tictacs de su reloj, o los latidos de su corazón. Desde nuestra perspectiva, su tiempo se detiene por completo. El corrimiento gravitacional al rojo, en lugar de ser un efecto diminuto, es lo que domina.

Podemos comprender el corrimiento gravitacional hacia el rojo desde otro punto de vista: en términos de la fuerza gravitacional que actúa sobre los fotones. Cuando un fotón sale despedido de la superficie de una estrella, es "retardado" por la gravedad de la estrella. Pierde energía (pero no rapidez). Como la frecuencia de un fotón es proporcio-

FIGURA 36.10 Si te acercas desde un punto lejano hasta la superficie terrestre, te mueves en la misma dirección de la fuerza gravitacional: hacia un lugar donde los relojes caminan lentos. Un reloj en la superficie terrestre camina más despacio que otro más alejado.

---

[1] A finales de la década de 1950, poco después de la muerte de Einstein, Rudolf Mössbauer, físico alemán, descubrió un efecto importante en la física nuclear, que permite tener un método extremadamente exacto usando núcleos atómicos como relojes. El *efecto Mössbauer*, por el cual su descubridor recibió el Premio Nobel, tiene muchas aplicaciones prácticas. En 1959, Robert Pound y Glen Rebka, de la Universidad de Harvard, concibieron una aplicación que era una prueba de la relatividad general, y llevaron a cabo este experimento que la confirmó.

nal a su energía, la frecuencia disminuye a medida que su energía disminuye. Al observar el fotón vemos que tiene menor frecuencia que si fuera emitido por una fuente menos masiva. Su tiempo se ha prolongado, de igual modo que se prolonga el tictac de un reloj. En el caso de un agujero negro, un fotón no puede escapar. Pierde toda su energía y toda su frecuencia en el intento. Su frecuencia se corre gravitacionalmente más allá del rojo, hasta cero, y coincide con nuestra observación que el ritmo del paso del tiempo en una estrella en colapso tiende a cero.

Es importante notar la naturaleza relativista del tiempo tanto en la relatividad especial como en la relatividad general. En ambas teorías no hay forma de poder prolongar nuestra propia existencia. Otros que se muevan con distintas rapideces o en diferentes campos gravitacionales podrían atribuirte más longevidad, pero la longevidad vista desde *su* marco de referencia, nunca desde *tu* marco de referencia. Los cambios en el tiempo siempre se atribuyen "al otro".

EXAMÍNATE Una persona que viva en la azotea de un rascacielos, ¿envejecerá más o menos que una que vive al nivel de la calle?

Gravedad y espacio: movimiento de Mercurio

FIGURA 36.11 Una órbita elíptica con precesión.

De acuerdo con la teoría de la relatividad especial, sabemos que tanto las mediciones de espacio como de tiempo sufren transformaciones cuando interviene el movimiento. De igual manera sucede con la teoría general: las mediciones de espacio son diferentes en distintos campos gravitacionales; por ejemplo, cerca y lejos del Sol.

Los planetas describen órbitas elípticas en torno al Sol y las estrellas, y periódicamente se alejan del Sol y se acercan a él. Einstein dirigió su atención a los campos gravitacionales variables que sienten los planetas en órbita en torno al Sol, y calculó que siendo elípticas esas órbitas, deberían tener *precesión* (Figura 36.11), en forma independiente de la influencia newtoniana de los demás planetas. Cerca del Sol, donde es máximo el efecto de la gravitación sobre el tiempo, la rapidez de precesión debería ser máxima, y lejos del Sol, donde el tiempo se afecta menos, toda desviación respecto a la mecánica newtoniana debería ser virtualmente indetectable.

Mercurio, que es el planeta más cercano al Sol, está en la parte de mayor intensidad del campo gravitacional solar. Si la órbita de algún planeta mostrara una precesión medible, debería ser la de Mercurio, y el hecho de que la órbita de Mercurio sí tenga precesión, independiente de la debida a los efectos de los demás planetas, había sido un misterio para los astrónomos ¡desde principios de los años 1800! Las mediciones cuidadosas indicaban que la órbita de Mercurio precesa unos 574 segundos de arco por siglo. Las perturbaciones debidas a los demás planetas se calcularon como explicativas de toda precesión observada, excepto de 43 segundos por siglo. Aun después de haber aplicado todas las correcciones conocidas, debidas a perturbaciones posibles por otros planetas, los cálculos de los físicos y astrónomos no pudieron explicar los 43 segundos adicionales. O Venus era mucho más masivo, o había otro planeta, invisible (llamado Vulcano), que tiraba de Mercurio. Y entonces vino la explicación de Einstein, cuyas ecuaciones de campo de la relatividad general, al aplicarse a la órbita de Mercurio, predicen ¡43 segundos más de arco por siglo!

COMPRUEBA TU RESPUESTA Más; al ir de la azotea del rascacielos hasta la calle se va en dirección de la fuerza gravitacional, y es ir hacia un lugar donde el tiempo corre con más lentitud.

Se había resuelto el misterio de la órbita de Mercurio, y una nueva teoría de la gravedad había merecido el reconocimiento. La ley de la gravitación de Newton, que había sido un pilar inamovible de la ciencia durante más de dos siglos, resultó ser un caso límite especial de la teoría más general de Einstein. Si los campos gravitacionales son comparativamente débiles, sucede que la ley de Newton es una buena aproximación según la nueva ley, la suficiente como para que sea más fácil trabajar matemáticamente con la ley de Newton, y que sea la que más apliquen los científicos en la actualidad, excepto en casos donde intervengan campos gravitacionales enormes.

Gravedad, espacio y una nueva geometría

Podemos comenzar a comprender que las mediciones del espacio se alteran en un campo gravitacional si de nuevo examinamos el marco de referencia acelerado de nuestro disco giratorio. Imagina que medimos la circunferencia del borde con una regla. Recuerda la contracción de Lorentz, de la relatividad especial. La regla parecerá contraída a un observador que no se mueva con ella, mientras que una regla idéntica que se mueva con mucho menor rapidez cerca del centro casi no será afectada (Figura 36.12). Todas las mediciones de distancia a lo largo de un *radio* del disco rotatorio no deben afectarse en lo más mínimo debido al movimiento, porque éste es perpendicular al radio. Como sólo se afectan las mediciones de distancia paralelas a la circunferencia, o en torno a ella, la relación entre circunferencia y diámetro, cuando el disco gire, ya no será la constate fija π (3.14159. . .), sino será una variable que depende de la rapidez angular y del diámetro del disco. Según el principio de equivalencia, el disco rotatorio equivale a un disco estacionario con un fuerte campo gravitacional cerca de la orilla, y un campo gravitacional cada vez menor hacia el centro. Entonces, las mediciones de la distancia dependerán de la intensidad del campo gravitacional (o con más exactitud, para los entusiastas gravitacionales, del "potencial gravitacional"), aun cuando no haya movimiento relativo. La gravedad hace que el espacio sea no euclidiano: las leyes de la geometría euclidiana que hemos aprendido ya no son válidas al aplicarlas a objetos en presencia de campos gravitacionales intensos.

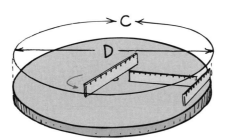

FIGURA 36.12 Una regla colocada en la dirección del borde del disco giratorio parece contraída, mientras que otra en el centro, que se mueve con más lentitud, no se contrae tanto. Una regla colocada a lo largo de un radio no se contrae nada. Cuando el disco no gira, C/D = π, pero cuando gira, C/D no es igual a π, y ya no es válida la geometría euclidiana. Sucede lo mismo en un campo gravitacional.

Las conocidas reglas de la geometría euclidiana son propias de diversas figuras que se pueden trazar sobre una superficie plana. La relación de la circunferencia de un círculo entre su diámetro es igual a π; todos los ángulos de un triángulo suman 180°; la distancia más corta entre dos puntos es una recta. Las reglas de la geometría euclidiana son válidas en un espacio plano, pero si trazas las figuras sobre una superficie curva, como la de una esfera o un objeto en forma de silla de montar, ya no valen las reglas euclidianas (Figura 36.13). Si mides los ángulos de un triángulo en el espacio y los sumas, dirás que el espacio es plano si la suma es 180°; que es esférico o con curvatura positiva si la suma es mayor que 180°, y que es en silla de montar, o con curvatura negativa si la suma es menor que 180°.

FIGURA 36.13 La suma de los ángulos de un triángulo depende de en qué superficie se trace el triángulo. a) En una superficie plana, la suma es 180°. b) En una superficie esférica, la suma es mayor que 180°. c) En una superficie como de silla de montar, la suma es menor que 180°.

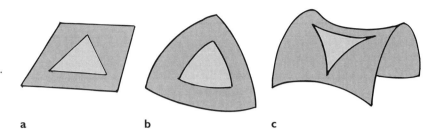

a   b   c

Naturalmente que las líneas que forman los triángulos de la figura 36.13 no son "rectas", desde una perspectiva tridimensional, pero son "las más rectas", o las distancias *más cortas* entre dos puntos, si nos confinamos a la superficie curva. A esas líneas de distancia mínima se les llama *líneas geodésicas*, o simplemente **geodésicas**.

La trayectoria de un rayo de luz describe una geodésica. Imagina que tres personas, una en la Tierra, otra en Venus y una tercera en Marte, midieran los ángulos del triángulo formado por los rayos de luz que viajan entre esos tres planetas. Al pasar por el Sol, los rayos se desvían, y resulta que la suma de esos ángulos es mayor que 180° (Figura 36.14). Así, el espacio en torno al Sol tiene curvatura positiva. Los planetas que giran en torno al Sol viajan a lo largo de geodésica tetradimensional en este espaciotiempo con curvatura positiva. Los objetos en caída libre, los satélites y los rayos de luz, todos se mueven a lo largo de geodésicas en el espaciotiempo tetradimensional.

Es posible que todo el universo tenga una curvatura general. Si la curvatura es negativa, tiene sus extremos abiertos, como la silla de montar de la figura 36.13c, y se prolonga sin límites. Si tiene curvatura positiva, se cierra en sí misma. Un ejemplo familiar de un espacio con curvatura positiva es la superficie de la Tierra. Nuestro planeta forma una curvatura cerrada tal que si viajas a lo largo de una geodésica regresas al lugar donde partiste. De igual manera, si el universo tiene curvatura positiva, es cerrado y podrías examinar el espacio con un telescopio ideal, hacia el infinito, y verías ¡tu propia nuca! (Suponiendo que esperaras el tiempo suficiente, o que la luz avanzara con rapidez infinita.)

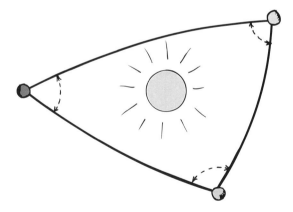

FIGURA 36.14 Los rayos de luz que unen los tres planetas forman un triángulo. Como la luz que pasa cerca del Sol se flexiona, la suma de los ángulos del triángulo que resulta es mayor que 180°.

Así, la relatividad general necesita una nueva geometría: más que ser el espacio una región de la nada, es un medio flexible que se puede doblar y torcer. La forma en que se dobla y se tuerce describe un campo gravitacional. La relatividad general es una geometría del espaciotiempo tetradimensional curvo. Las matemáticas que se usan en esta geometría son demasiado complejas como para presentarlas aquí. Sin embargo, lo esencial es

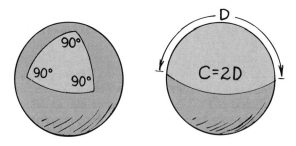

FIGURA 36.15 La geometría de la superficie curva de la Tierra es distinta de la geometría euclidiana del espacio plano. Observa que en el globo de la izquierda la suma de los ángulos de un triángulo equilátero, cuando cada lado es igual a 1/4 de la circunferencia de la Tierra, es claramente mayor que 180°. El globo de la derecha muestra que la circunferencia de la Tierra sólo es dos veces el diámetro (que en este caso es un meridiano) en lugar de 3.14 veces ese diámetro. La geometría euclidiana tampoco es válida en un espacio curvo.

que la presencia de la masa produce la curvatura o *deformación* del espaciotiempo. Por la misma razón, una curvatura del espaciotiempo se revela como una masa. En lugar de visualizar fuerzas de gravitación entre masas, se abandona por completo la noción de fuerza y se imaginan masas que en su movimiento son dirigidas por la distorsión del espaciotiempo que ocupan. Son las elevaciones, depresiones y torcimientos del espaciotiempo geométrico los que son fenómenos de la gravedad.

No podemos visualizar las elevaciones y depresiones tetradimensionales en el espaciotiempo, porque somos seres tridimensionales. Podemos tener una idea de ese torcimiento imaginando una analogía simplificada en dos dimensiones: una esfera pesada descansando a la mitad de un colchón de agua. Mientras más masiva sea la esfera, más penetra o tuerce la superficie bidimensional. Una canica que rueda por el colchón, alejada de la esfera, seguirá una trayectoria relativamente rectilínea, mientras que otra que rueda cerca de la esfera se desviará al atravesar la superficie deformada. Si la curva se cierra en sí misma, su forma recuerda a la de una elipse. Los planetas en órbita en torno al Sol recorren, en forma parecida, una geodésica tetradimensional en el espaciotiempo deformado que rodea al Sol.

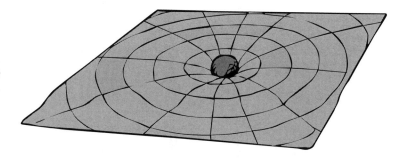

FIGURA 36.16 Una analogía bidimensional del espaciotiempo tetradimensional distorsionado. El espaciotiempo cercano a una estrella se curva en una forma parecida a la superficie de una cama de agua sobre la que descansa una esfera pesada.

Ondas gravitacionales

Todo objeto tiene masa, y en consecuencia deforma al espaciotiempo que lo rodea. Cuando un objeto sufre un cambio en su movimiento, la deformación a su alrededor se mueve, para reajustarse a la nueva posición. Esos ajustes producen ondulaciones en la geometría general del espaciotiempo. Es algo parecido a mover una esfera que descanse sobre la superficie de un colchón de agua. Una perturbación se propaga por la superficie del colchón en forma de ondulaciones; si se mueve una esfera más masiva, se provoca una mayor perturbación, y se producen ondas más pronunciadas. Es igual en el espaciotiempo del universo. Se propagan ondas similares, alejándose de una fuente gravitacional con la rapidez de la luz, y son las **ondas gravitacionales**.

Todo objeto que acelera produce una onda gravitacional. En general, mientras más masivo sea el objeto y mayor sea su aceleración, la onda gravitacional producida será más intensa. Pero hasta las ondas más fuertes, producidas por los eventos astronómicos ordinarios, son extremadamente débiles, las más débiles que se conocen en la naturaleza. Por ejemplo, las ondas gravitacionales que emite una carga vibratoria son billones de billones de veces más débiles que las ondas electromagnéticas que emite esa carga. Es enormemente difícil detectar las ondas gravitacionales, y hasta la fecha no se ha confirmado su detección. Se espera que unos detectores recién terminados detecten ondas gravitacionales producidas por las supernovas, que pueden irradiar hasta el 0.1% de su masa en forma de ondas gravitacionales, y quizá las producidas por eventos todavía más cataclísmicos, como choques entre los agujeros negros.

Con lo débiles que son, las ondas gravitacionales están en todas partes. Agita tu mano y producirás una onda gravitacional. No será muy fuerte, pero existe.

Gravitación según Newton y según Einstein

Cuando Einstein formuló su nueva teoría de la gravitación, se dio cuenta que si debía ser válida, sus ecuaciones de campo se deberían reducir a las ecuaciones de Newton para la gravitación en el límite de un campo débil. Demostró que la ley de gravitación de Newton es un caso especial de la más amplia teoría de la relatividad. La ley de la gravitación de Newton sigue siendo una descripción exacta de la mayor parte de las interacciones entre los cuerpos del sistema solar, o más allá. De acuerdo con la ley de Newton, se pueden calcular las órbitas de cometas y asteroides, y hasta predecir la existencia de planetas desconocidos. Aun hoy en día, al calcular las trayectorias de las sondas espaciales a la Luna y los planetas, sólo se usa la teoría ordinaria de Newton. Eso se debe a que el campo gravitacional de esos cuerpos es muy débil, y desde el punto de vista de la relatividad general, el espaciotiempo que los rodea es esencialmente plano. Pero para regiones de gravitación más intensa, donde el espacio tiempo se curva en forma más apreciable, la teoría newtoniana no puede explicar en forma adecuada diversos fenómenos, como la precesión de la órbita de Mercurio al pasar cerca del Sol y, en el caso de campos más intensos, el corrimiento gravitacional hacia el rojo y otras distorsiones aparentes en las mediciones de espacio y tiempo. Esas distorsiones llegan a su límite en el caso de una estrella que se colapsa y forma un agujero negro, donde el espaciotiempo se dobla por completo sobre sí mismo. Sólo la gravitación de Einstein llega hasta este ámbito.

En el capítulo 32 vimos que la física newtoniana se relaciona, por un lado, con la teoría cuántica, cuyo ámbito es lo muy ligero y lo muy pequeño: partículas diminutas y átomos. Y ahora hemos visto que la física newtoniana se relaciona por otro lado con la teoría de la relatividad, cuyo ámbito es lo muy masivo y lo muy grande.

Ya no vemos al mundo como lo veían los egipcios, los griegos o los chinos en la antigüedad. No es probable que las personas en el futuro vean al universo como lo vemos nosotros. Nuestra perspectiva del universo puede ser bastante limitada, y quizá plagada de errores, pero con toda probabilidad es más clara que la de otros que nos precedieron. La perspectiva actual se desarrolló con los hallazgos de Copérnico, Galileo, Newton y, más recientemente, Einstein; esos hallazgos fueron combatidos, con frecuencia en base a que disminuían la importancia de los humanos en el universo. En el pasado, ser importante equivalía a sobresalir de la naturaleza, apartarse de ella. Desde entonces hemos ampliado nuestra perspectiva, con enormes esfuerzos, penosas observaciones y un deseo inquebrantable de comprender lo que nos rodea. Vista desde nuestra comprensión actual del universo, encontramos nuestra importancia, que es en mucho una parte de la naturaleza, y no una cosa aparte. Somos la parte de la naturaleza que cada vez tiene más conciencia de sí misma.

Resumen de términos

Corrimiento gravitacional al rojo El alargamiento de las ondas de la radiación electromagnética que escapan de un objeto masivo.

Geodésica La distancia más corta entre dos puntos, en diversos modelos de espacio.

Onda gravitacional Una perturbación gravitacional generada por una masa acelerada, que se propaga por el espaciotiempo.

Principio de equivalencia Las observaciones hechas en un marco de referencia que acelera son indistinguibles de las observaciones hechas en un campo gravitacional. Así, todo efecto producido por la gravedad se puede copiar en un marco de referencia en aceleración.

Teoría de la relatividad general La segunda de las teorías de la relatividad de Einstein, que estudia los efectos de la gravedad sobre el espacio y el tiempo.

Lecturas sugeridas

Einstein, Albert, *Relativity: The Special and General Theory.* New York: Crown, 1961. (Publicado originalmente en 1916.)

Hawking, Stephen W. *A Brief Story of Time: From the Big Bang to Black Holes.* New York: Bantam Books, 1988.

Kaufmann, William J. *The cosmic Forntiers of General Relativity.* Boston: Little, Brown, 1977.

Taylor, Edwin F., Wheeler, John Archibald. *Exploring Black Holes.* San Francisco: Addison Wesley Longman, 2000.

Thorne, Kip S. *Black Holes and Time Warps, Einstein's Outrageous Legacy.* New York: Norton, 1994. Explicación comprensible de un experto acerca de agujeros negros, estrellas de neutrones, ondas gravitacionales, máquinas del tiempo y otras cosas más.

Preguntas de repaso

1. ¿Cuál es la diferencia principal entre la teoría de la relatividad especial y la teoría de la relatividad general?

Principio de equivalencia

2. En una nave espacial que acelere a *g*, lejos de la gravedad terrestre, ¿cómo se compara el movimiento de una pelota dejada caer con el de una pelota dejada caer en la Tierra?

3. Exactamente, ¿qué es lo *equivalente* en el principio de equivalencia?

Flexión de la luz por la gravedad

4. Compara las desviaciones de pelotas de béisbol y fotones debidas a un campo gravitacional.

5. ¿Por qué debe estar eclipsado el Sol para medir la desviación de la luz de las estrellas que pase cerca de él?

Gravedad y tiempo: corrimiento gravitacional al rojo

6. ¿Qué efecto tiene una gravitación intensa sobre las mediciones del tiempo?

7. ¿Qué camina más lento, un reloj sobre un gran rascacielos o uno en la puerta de entrada de la calle?

8. ¿Cómo se compara la frecuencia de determinada línea espectral observada en la luz del Sol, con la frecuencia de esa raya observada en una fuente sobre la Tierra?

9. Si vemos los eventos que suceden en una estrella que se esté colapsando hasta transformarse en un agujero negro, ¿vemos que el tiempo transcurre más aprisa o más lento?

Gravedad y espacio: movimiento de Mercurio

10. De todos los planetas, ¿por qué Mercurio es el mejor candidato para encontrar la prueba de la relación entre gravitación y espacio?

11. ¿En qué clase de campo gravitacional son válidas las leyes de Newton?

Gravedad, espacio y una nueva geometría

12. Una regla colocada en la circunferencia de un disco giratorio parecerá contraída, pero no si se orienta a lo largo de un radio. Explica por qué.

13. La relación de circunferencia entre diámetro para círculos trazados en un disco es igual a π cuando el disco está en reposo, pero no cuando el disco está girando. Explica por qué.

14. ¿Qué efecto tiene la masa sobre el espaciotiempo?

Ondas gravitacionales

15. ¿Qué sucede en el espacio vecino cuando un objeto masivo sufre un cambio en su movimiento?

16. Una estrella a 10 años luz de distancia explota y produce ondas gravitacionales. ¿Cuánto tardarán esas ondas en llegar a la Tierra?

17. ¿Por qué son tan difíciles de detectar las ondas gravitacionales?

Gravitación según Newton y según Einstein

18. La teoría de la gravitación de Einstein ¿invalida la teoría de la gravitación de Newton? Explica por qué.

19. La física newtoniana, ¿es adecuada para llevar un cohete a la Luna?

20. ¿Cómo se relaciona la física de Newton con la teoría cuántica y con la teoría de la relatividad?

Ejercicios

1. Una astronauta despierta en su cápsula cerrada, que está descansando en la Luna. ¿Puede decir si su peso se debe a la gravitación o a un movimiento acelerado? Explica por qué.

2. Te despiertas por la noche en una litera del tren, y te ves impulsado hacia un costado del mismo. Naturalmente, supones que el tren está tomando una curva, pero te inquieta no escuchar ruidos de movimiento. Describe otra explica-

ción posible que sólo implique a la gravedad, y no a la aceleración de tu marco de referencia.

3. Como la gravedad puede reproducir los efectos de la aceleración, también puede balancear esos efectos. Describe cómo y cuándo un astronauta puede no sentir la fuerza neta (medida por una báscula) porque se anulan los efectos de la gravedad y de la aceleración.

4. A un astronauta se le proporciona "gravedad" cuando se activan los motores de la nave para acelerarla. Para ello se requiere usar combustible. ¿Habrá forma de acelerar y proporcionar "gravedad", sin uso continuo de combustible? Explica cómo.

5. En su famosa novela *Viaje a la Luna*, Julio Verne afirmó que los ocupantes de una nave espacial cambiarían su sentido de arriba y abajo cuando la nave cruzara el punto en que la gravitación lunar se hiciera más grande que la de la Tierra. ¿Es eso correcto? Defiende tu respuesta.

6. ¿Qué sucede con la distancia entre dos personas si ambas caminan hacia el norte al mismo ritmo, partiendo de dos lugares distintos en el ecuador terrestre? Y sólo por diversión, ¿en qué lugar del mundo un paso en cualquier dirección es un paso al sur?

7. Notamos con facilidad la desviación de la luz por reflexión y por refracción pero, ¿por qué no notamos de ordinario la desviación de la luz debida a la gravedad?

8. ¿Por qué decimos que la luz se propaga en línea recta? Estrictamente, ¿es correcto decir que un rayo láser permite tener una línea perfectamente recta para usarla en topografía? Explica por qué.

9. Al cabo de 1 s, una bala disparada horizontalmente ha bajado una distancia vertical de 4.9 m respecto a su trayectoria rectilínea, en un campo gravitacional de 1 *g*. ¿Qué distancia bajará un rayo de luz de su trayectoria rectilínea si viajara por un campo uniforme de 1 *g* durante 1 s? ¿Durante 2 s?

10. La luz cambia su energía al "caer" en un campo gravitacional. Sin embargo, el cambio de energía no se traduce en cambio de rapidez. ¿Cuál es la prueba de ese cambio de energía?

11. ¿Notaríamos un retraso o un adelanto del reloj si lo pusiéramos en el fondo de un pozo muy hondo?

12. Si presenciamos eventos que sucedan en la Luna, donde la gravitación es más débil que en la Tierra, ¿esperaríamos observar un corrimiento gravitacional hacia el rojo o un corrimiento gravitacional hacia el azul?

13. Tienes un equipo de detección muy sensible, y te encuentras en la parte delantera de un furgón que acelera hacia adelante. Tu amigo en la parte posterior del furgón enciende una luz verde dirigida hacia ti. ¿Crees que la luz tendrá corrimiento hacia el rojo (bajará de frecuencia), corrimiento hacia el azul (aumentará de frecuencia) o nada de lo anterior? Explica por qué. (*Sugerencia:* Piensa en términos del principio de equivalencia. ¿A qué equivale tu furgón que acelera?)

14. ¿Por qué la intensidad del campo gravitacional aumenta en la superficie de una estrella que se contrae?

15. Un reloj en el ecuador, ¿se adelantará o se retrasará ligeramente con respecto a uno idéntico que se encuentre en uno de los polos terrestres?

16. Una persona muy preocupada por su envejecimiento, ¿debe vivir en el último piso o en la planta baja de un edificio alto de departamentos?

17. Prudencia y Caridad son gemelas que crecieron en el centro de un reino giratorio. Caridad va a vivir a la orilla del reino, durante algún tiempo, y después regresa a casa. Cuando se vuelvan a reunir, ¿cuál de las gemelas envejeció más? (No tengas en cuenta efecto alguno de dilatación del tiempo que pueda estar asociado con los viajes hacia la orilla y de regreso.)

18. Si diriges un rayo de luz de color hacia un amigo arriba de una torre alta, en el caso extremo, ¿será el color que ve el mismo que el que tú le mandas? Explica por qué.

19. La luz que se emite desde la superficie de una estrella masiva, ¿tiene corrimiento hacia el rojo o hacia el azul, debido a la gravedad?

20. Desde nuestro marco de referencia en la Tierra, los objetos se desaceleran y se detienen al acercarse a agujeros negros en el espacio, porque cerca de ellos el tiempo se estira en forma infinita debido a la fuerte gravedad en esos lugares. Si los astronautas que por accidente caen en un agujero negro trataran de mandar señales a Tierra con destellos de luz, ¿qué clase de "telescopio" necesitaríamos para ver las señales?

21. Un astronauta que cayera en un agujero negro, ¿vería el universo con corrimiento al rojo o con corrimiento al azul?

22. ¿Cómo podemos "observar" un agujero negro si ni la materia ni la radiación pueden escapar de él?

23. ¿Sería posible, en principio, que un fotón describiera círculos en torno a una estrella?

24. ¿Por qué varía la atracción gravitacional entre el Sol y Mercurio? ¿Variaría si la órbita de Mercurio fuera perfectamente circular?

25. En el triángulo astronómico que se ve en la figura 36.14, con sus lados definidos por rayos de luz, la suma de los ángulos interiores es mayor que 180 grados. ¿Hay algún triángulo astronómico cuyos ángulos interiores sumen menos de 180 grados?

26. Las estrellas binarias son sistemas de dos estrellas que giran en órbita en torno a un centro de masa común. ¿Irradian ondas gravitacionales esas estrellas? ¿Por qué sí o por qué no?

27. Con base en lo que conoce de la emisión y absorción de las ondas electromagnéticas, sugiere cómo se emiten las ondas gravitacionales y cómo se absorben. (Los científicos que tratan de detectar ondas gravitacionales deben diseñar equipos para tratar de absorberlas.)

28. ¿Se puede aplicar el principio de correspondencia para comparar las teorías de Newton y de Einstein?

29. Redacta una pregunta de opción múltiple para evaluar la comprensión de tus compañeros acerca del principio de equivalencia.

30. Redacta una pregunta de opción múltiple para evaluar la comprensión de tus compañeros acerca del efecto de la gravedad sobre el tiempo.

Epílogo

Espero que hayas disfrutado esta *Física conceptual* y que consideres que tus conocimientos de física son parte valiosa de tu educación general. En particular, espero que al ver la física como un estudio de las reglas de la naturaleza, refuerces tu capacidad de asombro y amplifique la forma en que ves el mundo físico: sabiendo que todo en la naturaleza está relacionado, a través de fenómenos que aparentemente son distintos y que con frecuencia siguen las mismas reglas básicas. ¡Qué intrigante es que las reglas que gobiernan la caída de una manzana también se apliquen a una estación en órbita terrestre; que los colores del crepúsculo se relacionen con el azul del cielo de mediodía, y que las leyes descubiertas por Faraday y Maxwell demuestren que la electricidad y el magnetismo se relacionen en la luz.

El máximo valor de la ciencia es más que su aplicación en los automóviles veloces, los DVD, los cepillos de dientes eléctricos y otros productos; su máximo valor está en los métodos de observar la naturaleza, que las ***hipótesis*** estén definidas de tal forma que se puedan refutar, y que los ***experimentos*** se diseñen para ser reproducibles. La ciencia es más que un cuerpo de conocimientos, es una forma de pensamiento. Aunque la ciencia de hoy se comprende mejor que nunca, la mayoría de la gente no la puede distinguir de la charlatanería. En esta edición, los insertos sobre pseudociencia tratan de contrarrestar eso. En la actualidad es de particular importancia poder distinguir entre las hipótesis científicas y la especulación, y entre los experimentos científicos y las afirmaciones sin fundamento, por tanta información y estímulos que se perciben públicamente como científicos, pero que no lo son. La pseudociencia abarata la ciencia. Florecen sus proveedores, que desean torcer la forma científica de ver al mundo y a nosotros, a medida que el razonamiento escéptico se erosiona.

El razonamiento escéptico, además de agudizar el sentido común, es un ingrediente esencial en la formulación de una hipótesis, donde se requiere una prueba de su falsedad. *Si estuviéramos equivocados, ¿cómo podríamos saberlo?* ¿No debe ser esta una pregunta clave que acompañara una idea importante, científica o no? Aplicada a las posiciones sociales, políticas y religiosas te fortaleces con ella. Socialmente, verás con más claridad los puntos de vista de los demás. Políticamente, considerarás a todos los movimientos sociales como experimentos. En religión, aprenderás que los supuestos conflictos entre la ciencia y la religión se deben principalmente a aplicaciones erróneas de ambas. Al aplicarla en forma correcta, la ciencia no sólo es compatible con la espiritualidad, sino que puede ser una fuente profunda de ella.

Al contemplar la enormidad del universo en la escala de tiempo geológico de nuestro planeta, se evoca un sentimiento abrumador que con seguridad es espiritual. Decir que los humanos son minúsculos y llegaron al último en el esquema de las cosas es subestimar las cosas. Hemos aprendido que hace cuatro mil millones de años, había peces mucho antes que los mamíferos; después aparecieron los anfibios, luego los reptiles y finalmente después de un enorme intervalo de tiempo llegaron los humanos. Durante este largo periodo y ese prodigioso ascenso, las formas de vida tuvieron tremendos conflictos; billones de billones vivieron y murieron, a veces haciendo cambios adaptativos por aquí y por allá. Nosotros los humanos somos benefactores de esta lucha colosal. ¿No se degrada esta asombrosa jornada de la vida cuando a los jóvenes se les enseña que fuimos creados en un solo día, afirmación que no tiene en cuenta los sacrificios de las innumerables vidas que nos trajeron hasta donde estamos? Estamos en un punto de observación donde está a nuestro alcance saber quiénes somos y cómo llegamos a ser, irónicamente cuando a muchos jóvenes se les enseña que la ciencia es irreverente y que la religión nos conecta mejor con nuestro lugar en el universo. Para una minoría, llamémosles escépticos, nada podría estar más alejado de la realidad. Muchos agnósticos y ateos sienten una profunda reverencia en relación con la perspectiva científica y sienten pavor por lo que les reveló la ciencia. Más que confiar en antiguos escritos para guiarnos en una ruta segura y positiva hacia nuestro futuro, investigan la naturaleza con las herramientas actuales que asombrarían a los visionarios del pasado. La ciencia, en cuanto a complementar la religión, ofrece medios modernos de establecer quiénes somos y qué podemos llegar a ser.

Apéndice A

Sistemas de medida

En el mundo actual prevalecen dos sistemas de medida: el *sistema común de Estados Unidos* (USCS; antes se llamaba *sistema inglés*), que se usa en Estados Unidos y en Burma, y el *Système International* (SI, que también se llama sistema internacional y sistema métrico), que se usa fuera de los dos países mencionados. Cada uno tiene sus propios patrones de longitud, masa y tiempo. A veces, a las unidades de longitud, masa y tiempo se les llama *unidades fundamentales* porque, una vez seleccionadas, se pueden expresar otras cantidades en términos de esas unidades fundamentales.

Sistema común de Estados Unidos

Se basa en el sistema inglés, y es muy familiar para todos en Estados Unidos. Usa el pie como unidad de longitud, la libra como unidad de peso o fuerza, y el segundo como unidad de tiempo. En la actualidad, el USCS está siendo sustituido rápidamente por el sistema internacional, en la ciencia y la tecnología (en todos los contratos del Departamento de la Defensa de Estados Unidos a partir de 1988) y en algunos deportes (pista y natación); pero con tanta lentitud en otras áreas y en algunas especialidades que parece que nunca llegará el cambio. Por ejemplo, en fútbol americano continuaremos comprando lugares en la yarda 50 del campo. La película de las cámaras está en milímetros, pero los discos de computadora están en pulgadas.

Para medir el tiempo no hay diferencia entre los dos sistemas, excepto que en el SI puro la única unidad es el *segundo* (s, no seg) con prefijos; pero en general, el USCS acepta el minuto, hora, día, año, etc., con dos o más letras de abreviatura (h, y no hr).

Sistema Internacional

Durante la Conferencia Internacional de Pesas y Medidas de 1960, efectuada en París, se definieron y establecieron las unidades SI. La tabla A.1 muestra las unidades SI con sus símbolos. El SI se basa en el *sistema métrico*, originado por los científicos franceses en 1791 tiempo después de la Revolución Francesa. Lo ordenado de ese sistema lo hace adecuado para los trabajos científicos, y lo usan los hombres de ciencia de todo el mundo. El sistema métrico se divide en dos sistemas de unidades. En uno de ellos, la unidad de longitud es el metro, la de masa es el kilogramo y la de tiempo es el segundo. Es el llama-

TABLA A.1 Unidades SI

Cantidad	Unidad	Símbolo
Longitud	metro	m
Masa	kilogramo	kg
Tiempo	segundo	s
Fuerza	newton	N
Energía	joule	J
Corriente	ampere	A
Temperatura	kelvin	K

do sistema *metro-kilogramo-segundo* (mks), que es el que se prefiere en física. La otra rama es la del sistema *centímetro-gramo-segundo* (cgs), que debido a los valores menores, es el que se prefiere en química. Las unidades cgs y mks se relacionan entre sí como sigue: 100 centímetros equivalen a 1 metro, 1000 gramos equivalen a 1 kilogramo. La tabla A.2 muestra la conversión de diversas unidades de longitud.

TABLA A.2 Tabla de conversiones entre distintas unidades de longitud

Unidad de longitud	Kilómetro	Metro	Centímetro	Pulgada	Pie	Milla
1 kilómetro	=1	1000	100,000	39,370	3280.84	0.62140
1 metro	=0.00100	1	100	39.370	3.28084	6.21×10^{-4}
1 centímetro	=1.0×10^{-5}	0.0100	1	0.39370	0.032808	6.21×10^{-6}
1 pulgada	=2.54×10^{-5}	0.02540	2.5400	1	0.08333	1.58×10^{-5}
1 pie	=3.05×10^{-4}	0.30480	30.480	12	1	1.89×10^{-4}
1 milla	=1.60934	1609.34	160,934	63,360	5280	1

Una de las ventajas principales de un sistema métrico es que emplea el sistema decimal, donde todas las unidades se relacionan con otras menores o mayores dividiéndolas entre, o multiplicándolas por 10. Los prefijos que muestra la tabla A.3 se usan para indicar la relación entre las unidades.

TABLA A.3 Algunos prefijos

Prefijo	Definición
micro-	Un millonésimo: un microsegundo es la millonésima parte de un segundo
mili-	Un milésimo: un miligramo es la milésima parte de un gramo
centi-	Un centésimo: un centímetro es la centésima parte de un metro
kilo-	Un kilogramo es 1000 gramos
mega-	Un millón: un megahertz es 1 millón de hertz

Metro

La unidad fundamental de longitud del sistema métrico se definió originalmente en términos de la distancia desde el Polo Norte hasta el ecuador. En esa época se creía que esa distancia era de 10,000 kilómetros. Se determinó con cuidado la diezmillonésima parte de esa distancia y se marcó haciendo rayas a una barra de aleación de platino-iridio. Esta barra se guarda en la Oficina Internacional de Pesas y Medidas, en Francia. Desde entonces, se ha calibrado el metro patrón de Francia en términos de la longitud de onda de la luz; es 1,650,763.73 veces la longitud de onda de la luz anaranjada emitida por los átomos del kriptón 86 gaseoso. Ahora se define al metro como la longitud de la trayectoria recorrida por la luz en el vacío durante un intervalo de tiempo de 1/299,792,458 de segundo.

FIGURA A.1   El kilogramo estándar.

Kilogramo

El kilogramo patrón de la masa es un cilindro de platino, que también se conserva en la Oficina Internacional de Pesas y Medidas, en Francia (Figura A.1). El kilogramo equivale a 1000 gramos. Un gramo es la masa de 1 centímetro cúbico (cc) de agua a una temperatura de 4° Celsius. La libra patrón se define en función del kilogramo patrón: la masa de un objeto que pesa 1 libra equivale a 0.4536 kilogramo.

Segundo

La unidad oficial de tiempo, para el USCS y para el SI es el segundo. Hasta 1956 se definía en términos del día solar medio, dividido en 24 horas. Cada hora se divide en 60 minutos, y cada minuto en 60 segundos. Así, hay 86,400 segundos por día, y el segundo se definía como la 1/86,400 parte del día solar medio. Esto resultó poco satisfactorio, porque la rapidez de rotación de la Tierra está disminuyendo en forma gradual. En 1956 se escogió al día solar medio del año 1900 como patrón para basar el segundo. En 1964 se definió al segundo, en forma oficial, como la duración de 9,192,631,770 periodos de la radiación correspondiente a la transición entre los dos niveles hiperfinos del estado fundamental del átomo de cesio 133.

Newton

Un newton es la fuerza necesaria para acelerar 1 kilogramo a 1 metro por segundo por segundo. El nombre de la unidad es en honor a Sir Isaac Newton.

Joule

Un joule equivale a la cantidad de trabajo efectuado por una fuerza de 1 newton actuando a través de una distancia de 1 metro. En 1948 el joule fue adoptado por la Conferencia Internacional de Pesas y Medidas como unidad de energía. En consecuencia, el calor específico del agua a 15°C se considera hoy como 4185.5 joules por kilogramo por grado Celsius. Esta cifra siempre se asocia con el equivalente mecánico del calor: 4.1855 joules por caloría.

Ampere

El ampere se define como la intensidad de la corriente eléctrica constante que, cuando se mantiene entre dos conductores paralelos de longitud infinita y sección transversal despreciable, colocados a 1 m de distancia en el vacío, produce entre ellos una fuerza igual a 2×10^{-7} newton por metro de longitud. En nuestra descripción de la corriente eléctrica, en este libro, hemos usado la definición no oficial, pero más fácil de comprender del ampere, como la rapidez de flujo de 1 coulomb de carga por segundo, siendo un coulomb la carga de 6.25×10^{18} electrones.

Kelvin

La unidad fundamental de temperatura lleva su nombre en honor al científico William Thomson, Lord Kelvin. Se define al Kelvin como la 1/273 parte de la temperatura termodinámica del punto triple del agua (que es el punto fijo en el que coexisten el hielo, el agua líquida y el vapor de agua en equilibrio). Se adoptó esta definición en 1968, al decidir cambiar el nombre *grado Kelvin* (°K) por sólo *kelvin* (K). La temperatura de fusión del hielo a la presión atmosférica es 273.15 K. La temperatura a la cual la presión de vapor del agua pura es igual a la presión atmosférica normal es 373.15 K: es la temperatura de ebullición del agua pura a la presión atmosférica normal.

Área

FIGURA A.2 Unidad de área.

La unidad de área es un cuadrado con la unidad patrón de longitud por lado. En el USCS es un cuadrado con lados de 1 pie de longitud cada uno, y se llama pie cuadrado; se escribe ft^2 o pie^2. En el sistema internacional es un cuadrado cuyos lados tienen 1 metro de longitud, que definen una unidad de área de 1 m^2. En el sistema cgs es 1 cm^2. El área de determinada superficie se especifica con la cantidad de pies cuadrados, metros cuadrados o centímetros cuadrados que caben en ella. El área de un rectángulo es igual a su base multiplicada por su altura. El área de un círculo es igual a πr^2, siendo $\pi = 3.1416$ y r el radio del círculo. Las fórmulas para calcular las áreas de las superficies de otras formas u objetos se pueden encontrar en los libros de texto de geometría.

Volumen

FIGURA A.3 Unidad de volumen.

El volumen de un objeto indica el espacio que ocupa. La unidad de volumen es el espacio que ocupa un cubo que tiene una unidad patrón de longitud por lado. En el USCS, una unidad de volumen es el espacio ocupado por un cubo de 1 pie por lado, y se llama 1 pie cúbico (se escribe 1 ft^3 o 1 pie^3). En el sistema métrico es el espacio ocupado por un cubo con lados de 1 metro (SI) o de 1 centímetro (cgs). Se escribe 1 m^3 o 1 cm^3 (o 1 cc). El volumen de determinado espacio se especifica con la cantidad de pies cúbicos, metros cúbicos o centímetros cúbicos que caben en él.

En el USCS también se miden los volúmenes en onzas fluidas, pintas líquidas, pintas secas, cuartos líquidos, galones, pecks, bushels y pulgadas cúbicas, además de los pies cúbicos. Hay 1728 (12 × 12 × 12) pulgadas cúbicas en 1 ft^3. Un galón americano tiene un volumen de 231 in^3. Cuatro cuartos equivalen a un galón. En el SI, los volúmenes también se miden en litros. Un litro es igual a 1000 cm^3.

Notación científica

Para expresar números grandes y pequeños conviene usar una abreviatura matemática. Se puede obtener el número 50,000,000 multiplicando 5 por 10, de nuevo por 10, de nuevo por 10, y así sucesivamente hasta que 10 se haya usado 7 veces como multiplicador. La forma abreviada de indicarlo es escribir el número 5×10^7. El número 0.0005 se puede obtener a partir de 5 usando a 10 como divisor cuatro veces. La forma abreviada de indicarlo es escribir 5×10^{-4} en vez de 0.0005. Así, 3×10^5 quiere decir $3 \times 10 \times 10 \times 10 \times 10 \times 10$, o también 300,000, y 6×10^{-3} quiere decir $6/(10 \times 10 \times 10)$, o 0.006. A los números expresados en esta notación abreviada se dice expresados en notación científica.

Apéndice B

Más acerca del movimiento

Cuando describimos el movimiento de algo especificamos cómo se mueve en relación con otra cosa (Capítulo 3). En otras palabras, el movimiento requiere de un marco de referencia (un observador, un origen y unos ejes). Tenemos libertad de elegir el lugar de ese marco de referencia y de hacerlo mover respecto a otro marco. Cuando nuestro marco de referencia tiene aceleración cero, se llama *marco de referencia inercial*. En un marco inercial la fuerza hace que un objeto acelere de acuerdo con las leyes de Newton. Cuando nuestro marco de referencia acelera, se observan fuerzas y movimientos ficticios (Capítulo 8). Por ejemplo, las observaciones desde un carrusel son distintas cuando gira que cuando está en reposo. Nuestra descripción del movimiento y de la fuerza depende de nuestro "punto de vista".

Se hace la diferencia entre *rapidez* y *velocidad* (Capítulo 3). La rapidez es lo rápido con que se mueve algo, o la tasa de cambio de la posición (excluyendo la dirección) con respecto al tiempo; es una *cantidad escalar*. La velocidad abarca la dirección del movimiento; es una cantidad *vectorial*, cuya magnitud es la rapidez. Los objetos que se mueven con velocidad constante recorren la misma distancia en el mismo tiempo y en la misma dirección.

Otra diferencia entre rapidez y velocidad tiene que ver con la diferencia entre distancia y distancia neta, o *desplazamiento*. La rapidez es la *distancia entre duración*, mientras que la velocidad es el *desplazamiento entre duración*. Por ejemplo, una persona que se transporte 10 kilómetros para ir al trabajo si consideramos el regreso, recorre 20 kilómetros, pero no ha "ido" a ninguna parte (desplazamiento cero). La distancia recorrida es 20 kilómetros, y el desplazamiento es cero. Aunque la rapidez instantánea y la velocidad instantánea tienen el mismo valor en el mismo instante, la rapidez promedio y la velocidad promedio pueden ser muy distintas. La rapidez promedio en el viaje redondo de esta persona es 20 kilómetros divididos entre el tiempo de recorrido; es un valor mayor que cero. Pero la velocidad promedio es cero. En la ciencia el desplazamiento suele ser más importante que la distancia. (Para evitar una sobrecarga de información no hemos descrito esta diferencia en el texto.)

La aceleración es la tasa con la que cambia la velocidad. Puede ser sólo un cambio de rapidez, o un cambio de dirección, o ambas cosas. A la aceleración negativa se le suele llamar *desaceleración* o *deceleración*.

En el espacio y el tiempo newtonianos, el espacio tiene tres dimensiones: longitud, ancho y alto, y cada una de ellas tiene dos direcciones. Podemos ir, detenernos y regresar en cualquiera de ellas. El tiempo tiene una dimensión con dos direcciones: pasado y futuro. No podemos detenernos ni regresar; sólo ir. En el espaciotiempo de Einstein esas cuatro dimensiones se unen (Capítulo 35).

Cálculo de la velocidad y la distancia recorrida en un plano inclinado

Recuerda los experimentos de Galileo con los planos inclinados, en el capítulo 2. En la página 46 describimos un plano inclinado de tal modo que la rapidez de una esfera que rueda aumenta a la tasa de 2 metros por segundo cada segundo, una aceleración de 2 m/s². Así, en el momento que comienza a moverse, su velocidad es cero y 1 segundo después rueda a 2 m/s; al final del siguiente segundo, a 4 m/s, y al final del siguiente segundo, a 6 m/s, y así sucesivamente. La velocidad de la esfera en cualquier instante no es más que

$$\text{Velocidad} = \text{aceleración} \times \text{tiempo}$$

O bien, en notación abreviada

$$v = at$$

741

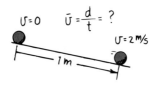

FIGURA B.1 La esfera rueda 1 m por el plano inclinado en 1 s, y alcanza una rapidez de 2 m/s. Sin embargo, su rapidez media es 1 m/s. ¿Ves por qué?

(Se acostumbra omitir el signo de multiplicación $\times$ al expresar las ecuaciones en forma matemática. Cuando se escriben dos símbolos uno junto a otro, como at en este caso, se sobreentiende que se multiplican.)

Una cosa es lo rápido que rueda la esfera y otra cosa es *hasta dónde* llega. Para comprender la relación entre la aceleración y la distancia recorrida se debe investigar primero la relación entre la velocidad instantánea y la *velocidad promedio*. Si la esfera de la figura B.1 parte del reposo, rodará 1 metro de distancia en el primer segundo. Pregunta: ¿cuál será su rapidez promedio al final de ese segundo? La respuesta es 1 m/s, porque recorrió 1 metro en el intervalo de 1 segundo. Pero hemos visto que la *velocidad instantánea* al final del primer segundo es 2 m/s. Como la aceleración es uniforme (es constante), el promedio, para cualquier intervalo de tiempo, se calcula de la misma forma en que se calcula el promedio de dos números cualesquiera: se suman y la suma se divide entre dos. (¡Ten cuidado de no hacerlo cuando la aceleración no sea constante!) Así, si sumamos la rapidez inicial (cero en este caso) y la rapidez final de 2 m/s, y dividimos la suma entre 2, obtendremos 1 m/s como velocidad promedio.[1]

En cada segundo siguiente se ve que la esfera rueda mayor distancia bajando la misma pendiente, como en la figura B.2. Observa que la distancia recorrida en el segundo intervalo de tiempo es 3 metros. Esto se debe a que la rapidez promedio de la esfera en este intervalo es 3 m/s. En el siguiente intervalo de 1 segundo, la rapidez promedio es 5 m/s, por lo que la distancia recorrida es 5 metros. Es interesante observar que los aumentos sucesivos de la distancia recorrida son una función de los *números impares*. ¡Es claro que la naturaleza se apega a reglas matemáticas!

FIGURA B.2 Si la esfera recorre 1 m durante su primer segundo, recorrerá en total la secuencia de 3, 5, 7, 9 m, etc. Observa que la distancia recorrida aumenta en función del tiempo total.

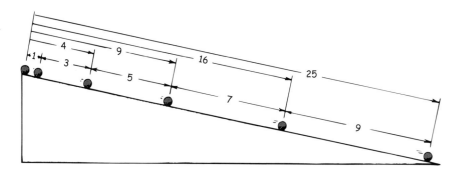

EXAMÍNATE Durante la duración del segundo intervalo de tiempo la esfera comienza a 2 m/s y termina a 4 m/s. ¿Cuál es la *rapidez promedio* de la esfera durante este intervalo de 1 s? ¿Cuál es su *aceleración*?

COMPRUEBA TU RESPUESTA

$$\text{Rapidez promedio} = \frac{(\text{rapidez inicial} + \text{rapidez final})}{2} = \frac{2 \text{ m/s} + 4 \text{ m/s}}{2} = 3 \text{ m/s}$$

$$\text{Aceleración} = \frac{(\text{cambio en la velocidad})}{(\text{intervalo de tiempo})} = \frac{4 \text{ m/s} - 2 \text{ m/s}}{1 \text{ s}} = \frac{2 \text{ m/s}}{1 \text{ s}} = 2 \text{ m/s}^2$$

[1] N. del R.T.: Como tenemos un movimiento rectilíneo, la dirección no cambia. La rapidez promedio es igual a la velocidad promedio. Recuerda que sólo en este caso del movimiento rectilíneo es válida la igualdad.

Investiga con cuidado la figura B.2 y observa la distancia *total* recorrida al acelerar la esfera de bajada por el plano inclinado. Las distancias van de 0 a 1 metro en 1 segundo, de 0 a 4 metros en 2 segundos, de 0 a 9 metros en 3 segundos, de 0 a 16 metros en 4 segundos, y así sucesivamente en los segundos posteriores. La sucesión de *distancias totales* recorridas es la de los *cuadrados del tiempo total*. Investigaremos con detalle la relación entre la distancia recorrida y el cuadrado del tiempo, cuando la aceleración es constante, en el caso de la caída libre.

Cálculo de la distancia cuando la aceleración es constante

¿Hasta dónde cae un objeto que es dejado caer[2] desde el reposo en determinado tiempo? Para contestar esta pregunta examinaremos el caso en el que cae libremente durante 3 segundos, partiendo del reposo. Sin tener en cuenta la resistencia del aire, el objeto tendrá una aceleración constante aproximada de 10 metros por segundo cada segundo (en realidad se parece más a 9.8 m/s^2, pero haremos que los números sean más fáciles de seguir).

$$\text{Velocidad al } principio = 0 \text{ m/s}$$

$$\text{Velocidad al } final \text{ de 3 segundos} = (10 \times 3) \text{ m/s}$$

$$\text{Velocidad } promedio = \tfrac{1}{2} \text{ de la suma de estas dos rapideces}$$

$$= \tfrac{1}{2} \times (0 + 10 \times 3) \text{ m/s}$$

$$= \tfrac{1}{2} \times 10 \times 3 = 15 \text{ m/s}$$

$$\text{Distancia recorrida} = \text{velocidad promedio} \times \text{tiempo}$$

$$= (\tfrac{1}{2} \times 10 \times 3) \times 3$$

$$= \tfrac{1}{2} \times 10 \times 3^2 = 45 \text{ m}$$

Se puede ver, por lo que representan estos números, que

$$\text{Distancia recorrida} = \tfrac{1}{2} \times \text{aceleración} \times \text{cuadrado del tiempo}$$

Esta ecuación es válida no sólo para un objeto que caiga 3 segundos, sino para cualquier intervalo de tiempo, mientras la aceleración sea constante. Si hacemos que *d* sea la distancia recorrida, que *a* sea la aceleración y que *t* sea el tiempo, la regla se puede escribir en notación matemática

$$d = \tfrac{1}{2} a t^2$$

Esta relación la dedujo Galileo por primera vez. Su razonamiento fue que si un objeto cae durante, por ejemplo, el doble del tiempo, caerá con *el doble de la rapidez promedio*. Como cae durante el *doble* del tiempo con el *doble* de la rapidez promedio, caerá *cuatro* veces más altura. De manera parecida, si un objeto cae durante *tres* veces el tiempo, tendrá una rapidez promedio *tres* veces mayor, y caerá *nueve* veces más. Dedujo Galileo que la distancia total de caída debería ser proporcional al *cuadrado* del tiempo.

En el caso de los objetos en caída libre se acostumbra usar la letra *g* para representar la aceleración, y no la letra *a* (*g* porque la aceleración se debe a la *gravedad*). Si bien el valor de *g* varía un poco en distintas partes del mundo, aproximadamente es igual a 9.8 m/s^2 (32 pies/s^2). Si se usa *g* para representar la aceleración de un cuerpo en caída libre (despreciando la resistencia del aire), las ecuaciones para los objetos que caen partiendo de una posición en reposo son:

$$v = gt$$

$$d = \tfrac{1}{2} g t^2$$

---

[2]N. del R.T.: El objeto se moverá en línea recta hacia abajo en la misma dirección y sentido que la aceleración.

EXAMÍNATE

1. Un coche parte del reposo y tiene la aceleración constante de 4 m/s². ¿Qué distancia recorrerá en 5 s?

2. ¿Qué altura caerá un objeto que parte del reposo en 1 s? En este caso, la aceleración es g 5 9.8 m/s².

3. Un objeto se tarda 4 s en caer al agua cuando se le suelta desde el puente Golden Gate. ¿Qué altura tiene el puente?

Gran parte de la dificultad en el aprendizaje de la física, como en cualquier otra disciplina, tiene que ver con el aprendizaje del lenguaje: de sus muchos términos y definiciones. La rapidez es algo distinto de la velocidad, y la aceleración es totalmente distinta de la rapidez o de la velocidad. La masa y el peso se relacionan, pero son distintos entre sí. Sucede igual con el trabajo, el calor y la temperatura. Ten paciencia contigo mismo al aprender las semejanzas y diferencias entre los conceptos de la física, porque no es fácil.

COMPRUEBA TU RESPUESTA

1. Distancia $= \frac{1}{2} \times 4 \times 5^2 = 50$ m

2. Distancia $= \frac{1}{2} \times 9.8 \times 1^2 = 4.9$ m

3. Distancia $= \frac{1}{2} \times 9.8 \times 4^2 = 78.4$ m

Observa que cuando se multiplican las unidades de medida dan como resultado las unidades correctas de la distancia, que en este caso son metros:

$$d = \frac{1}{2} \times 9.8 \text{ m/}s^2 \times 16\, s^2 = 78.4 \text{ m}$$

Apéndice C

Trazado de gráficas[1]

Gráficas: una forma de expresar relaciones cuantitativas

Las gráficas, como las ecuaciones y las tablas, indican cómo se relacionan entre sí dos o más cantidades. Como la investigación de las relaciones entre las cantidades constituye parte importante del trabajo en la física, las ecuaciones, las tablas y las gráficas son herramientas importantes en la física.

Las ecuaciones son la forma más concisa de describir las relaciones cuantitativas. Por ejemplo, tenemos la ecuación $v = v_0 + gt$. En forma compacta describe cómo depende la velocidad de un objeto en caída libre de su velocidad inicial, de la aceleración debida a la gravedad y del tiempo. Las ecuaciones son bellas expresiones taquigráficas de las relaciones entre las cantidades.

Las tablas muestran los valores de las variables en forma de lista. La dependencia de v respecto a t en $v = v_0 + gt$ se puede mostrar con una tabla que tenga una lista de diversos valores de v para los tiempos t correspondientes. La tabla 3.2 de la página 47 es un ejemplo. Las tablas son extremadamente útiles cuando no se conoce la relación matemática entre las cantidades, o cuando se deben asignar valores numéricos con gran exactitud. También las tablas son útiles para anotar datos experimentales.

Las gráficas representan *visualmente* las relaciones entre las cantidades. Al ver la forma de una gráfica puedes decir rápidamente mucho acerca de cómo se relacionan las variables. Por esta razón las gráficas pueden a ayudar a aclarar el significado de una ecuación o de los números de una tabla. Y cuando no se conoce la ecuación, una gráfica puede ayudar a revelar la relación entre las variables. Por esta razón los datos experimentales se suelen graficar.

También las gráficas son útiles por otra razón. Si una gráfica contiene los suficientes puntos, se puede usar para estimar valores entre puntos (interpolación) o para continuar los puntos (extrapolación).

Gráficas cartesianas

La gráfica más común y útil en las ciencias es la gráfica *cartesiana*. En ella se representan los valores posibles de una variable en el eje vertical (llamado *eje y*) y los valores posibles de la otra variable se grafican en el eje horizontal (*eje x*).

La figura C.1 muestra una gráfica de dos variables, x y y, que son *directamente proporcionales* entre sí. Una proporcionalidad directa es una clase de relación *lineal*. Las relaciones lineales tienen gráficas rectilíneas; es la clase de gráficas más fácil de interpretar. En la gráfica de la figura C.1 la recta continua sube desde la izquierda hacia derecha, y te indica que a medida que aumenta x, aumenta y. En forma más específica, muestra que y aumenta con tasa constante respecto a x. A medida que aumenta x aumenta y. La

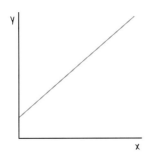

FIGURA C.1

[1]N. del T.: En algunos países latinoamericanos y en España se dice "el gráfico" y no "la gráfica".

745

gráfica de una proporcionalidad directa pasa con frecuencia por el "origen", que es el punto abajo a la izquierda donde $x = 0$ y $y = 0$. Sin embargo, en la figura C.1 se ve que la gráfica comienza donde y tiene un valor distinto de cero cuando $x = 0$. El valor de y es un "valor inicial".

La figura C.2 muestra una gráfica de la ecuación $v = v_0 + gt$. La rapidez v se grafica a lo largo del eje y y el tiempo t a lo largo del eje x. Como puedes ver hay una relación lineal entre v y t. Observa que la rapidez inicial es 10 m/s. Si la rapidez inicial fuera 0, como cuando se deja caer un objeto desde el reposo, la gráfica interceptaría el origen, donde tanto v como t fueran 0. Observa que esta gráfica comienza en $v = 10$ m/s cuando $t = 0$, que es un "valor inicial" de 10 m/s.

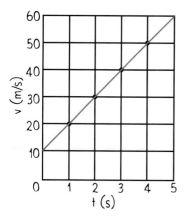

FIGURA C.2

Sin embargo, muchas relaciones físicas importantes son más complicadas que las relaciones lineales. Si elevas al doble el tamaño de un recinto, el área del piso aumenta cuatro veces; si triplicas el tamaño de un recinto, el área del piso aumenta nueve veces, y así sucesivamente. Es un ejemplo de una relación *no lineal*. La figura C.3 muestra una gráfica de una relación no lineal: la distancia en función del tiempo en la ecuación de la caída libre a partir del reposo, $d = \frac{1}{2}gt^2$.

La figura C.4 muestra una *curva de radiación*. La *curva* (gráfica) muestra la complicada relación no lineal entre la intensidad I y la longitud de onda de la radiación λ para un

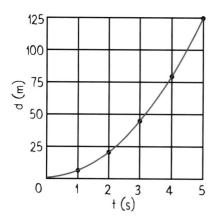

FIGURA C.3

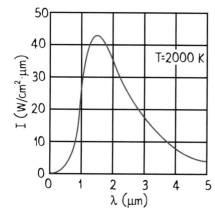

FIGURA C.4

objeto que brilla a 2000 K. Se ve que la radiación es más intensa cuando λ es igual más o menos a 1.4 μm. ¿Cuál es más brillante, la radiación a 0.5 μm o la radiación a 4.0 μm? La gráfica te puede decir rápidamente que la radiación a 4.0 μm es bastante más intensa.

Pendiente y *área bajo la curva*

De la *pendiente* y del *área bajo la curva* de una gráfica se puede obtener información cuantitativa. La pendiente de la gráfica, en la figura C.2, representa la tasa con la que aumenta v en relación con t. Se puede calcular dividiendo un segmento Δv a lo largo del eje y entre un segmento correspondiente Δt a lo largo del eje x. Por ejemplo, al dividir Δv de 30 m/s entre Δt de 3 s se obtiene $\Delta v/\Delta t = 10$ m/s·s $= 10$ m/s^2, la aceleración de la gravedad. En contraste, examina la gráfica de la figura C.5, que es una recta horizontal. La pendiente es cero, que representa una aceleración cero, esto es, una rapidez constante. La gráfica muestra que la rapidez es 30 m/s, y que es válida para todo el intervalo de cinco segundos. La tasa de cambio, o pendiente, de la rapidez con respecto al tiempo es cero; no hay cambio alguno de rapidez.

El área bajo la curva es una propiedad importante de una gráfica, porque con frecuencia tiene una interpretación física. Por ejemplo, veamos el área bajo la gráfica de v en función de t, de la figura C.6. La región sombreada es un rectángulo cuyos lados son 30 m/s y 5 s. Su área es 30 m/s $\times$ 5 s $= 150$ m. En este ejemplo, el área es la distancia recorrida por un objeto que se mueva a una rapidez constante de 30 m/s durante 5 s: $(d = vt)$.

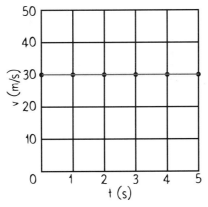

FIGURA C.5

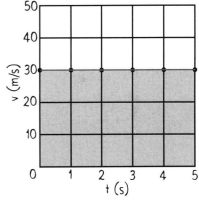

FIGURA C.6

El área no necesita ser rectangular. El área bajo cualquier curva de v en función de t representa la distancia recorrida en determinado intervalo de tiempo. De igual manera, el área de la curva de aceleración en función del tiempo representa el cambio de velocidad en el intervalo de tiempo. El área bajo una curva de fuerza en función del tiempo representa el cambio de la cantidad de movimiento. (¿Qué representa el área bajo una curva de fuerza en función de distancia?) El área no rectangular bajo diversas curvas, incluyendo las muy complicadas, se puede determinar aplicando una importante rama de las matemáticas: el *cálculo integral*.

EXAMÍNATE La figura C.7 es una representación gráfica de una pelota dejada caer en el tiro de una mina.

1. ¿Cuánto tardó la pelota en llegar al fondo?
2. ¿Cuál fue la rapidez de la pelota al llegar al fondo?
3. ¿Qué te dice la pendiente decreciente de la gráfica acerca de la aceleración de la pelota al aumentar la rapidez?
4. La pelota, ¿llegó a su rapidez terminal antes de llegar al fondo del tiro? En caso afirmativo, ¿cuántos segundos, aproximadamente, tardó en llegar a su rapidez terminal?
5. ¿Cuál es la profundidad aproximada del tiro de esa mina?

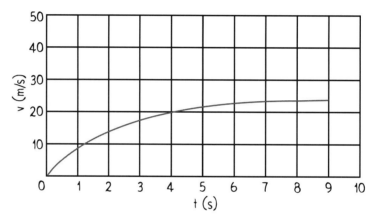

FIGURA C.7

COMPRUEBA TUS RESPUESTAS

1. 9 s
2. 25 m/s
3. La aceleración disminuye a medida que la rapidez aumenta (debido a la resistencia del aire).
4. Sí, ya que la pendiente tiende a cero; unos 7 s.
5. La profundidad aproximada es 170 m. El área bajo la curva es más o menos igual a la de 17 cuadros, y cada cuadro representa 10 m.

Apéndice D

Más acerca de vectores

Vectores y escalares

FIGURA D.1

Una cantidad *vectorial* es una cantidad dirigida, una para la que se debe especificar no sólo su magnitud (tamaño), sino también su dirección. Recuerda que dijimos en el capítulo 5 que la velocidad es una cantidad vectorial. Otros ejemplos de cantidades vectoriales son fuerza, aceleración y cantidad de movimiento. En contraste, una cantidad *escalar* se puede especificar sólo con su magnitud. Ejemplos de cantidades escalares son rapidez, tiempo, temperatura y energía.

Las cantidades vectoriales se pueden representar con flechas. La longitud de la flecha representa la magnitud de la cantidad vectorial, y la punta de la flecha indica la dirección de esa cantidad. A una de esas flechas, trazada a escala y apuntando en forma correcta, se le llama *vector*.

Suma de vectores

Los vectores que se suman se llaman *vectores componentes*. Recuerda que en el capítulo 5 dijimos que la suma de los vectores componentes se llama *resultante*.

Para sumar dos vectores, traza un paralelogramo con los dos vectores componentes formando dos de los lados adyacentes (Figura D.2). En este caso, nuestro paralelogramo es un rectángulo. A continuación traza una diagonal a partir del origen del par de vectores; es la resultante (Figura D.3).

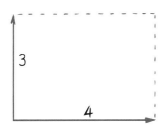

FIGURA D.2

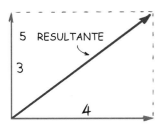

FIGURA D.3

Precaución: ¡No trates de mezclar los vectores! No se pueden sumar peras con manzanas, así que el vector velocidad sólo se combina con otro vector velocidad; el vector fuerza sólo se combina con otro vector fuerza, y el vector aceleración se combina sólo con otro vector aceleración; cada uno en sus propios diagramas vectoriales. Si alguna vez muestras distintas clases de vectores en el mismo diagrama, usa distintos colores o algún otro método para diferenciar esas distintas clases.

749

Determinación de componentes de vectores

En el capítulo 5 dijimos que para determinar un par de componentes perpendiculares de un vector, primero se traza una línea de puntos que pase por la cola de la flecha, que tenga la dirección de uno de los componentes que se busquen. Después, traza otra línea de puntos que pase por la cola del vector y forme ángulo recto con la primera línea de puntos. El tercer paso es formar un rectángulo cuya diagonal sea el vector dado. Traza los dos componentes. En este caso (figuras siguientes) sea **F** la "fuerza total", y entonces **U** es la "fuerza hacia arriba" y **S** es la "fuerza hacia la derecha".

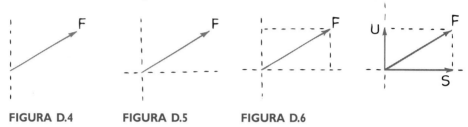

FIGURA D.4   **FIGURA D.5**   **FIGURA D.6**

Ejemplos

1. Juan Pérez, al empujar una podadora de pasto, aplica una fuerza que impulsa la máquina hacia adelante, y también contra el piso. En la figura D.7, **F** representa la fuerza aplicada por Juan. Podemos separar esa fuerza en dos componentes. El vector **D** representa el componente hacia abajo y **S** representa el componente horizontal, que es la fuerza que hace avanzar a la podadora. Si conocemos la magnitud y la dirección del vector **F**, se pueden estimar las magnitudes de los componentes, a partir del diagrama vectorial.

FIGURA D.7

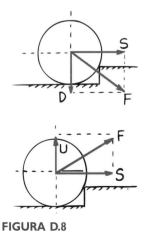

FIGURA D.8

2. ¿Sería más fácil empujar o tirar de una carretilla para hacerla subir un escalón? La figura D.8 muestra un diagrama vectorial de cada caso. Cuando empujas la carretilla, parte de la fuerza se dirige hacia abajo, y dificulta la subida de la carretilla sobre el escalón. Sin embargo, cuando tiras de ella, parte de la fuerza de tracción se dirige hacia arriba, y ayuda a subir la rueda sobre el escalón. Observa que el diagrama vectorial parece indicar que si empujas la carretilla no podrás hacer que suba el escalón. ¿Alcanzas a ver que la altura del escalón, el radio de la rueda y el ángulo de la fuerza aplicada determinan si al empujar la carretilla ésta puede subir el escalón. Puedes ver cómo los vectores ayudan a analizar una situación ¡y ver en qué consiste el problema!

3. Si se tienen en cuenta los componentes del peso de un objeto que rueda bajando por un plano inclinado, se puede ver por qué su rapidez depende del ángulo (Figura D.9). Observa que mientras más inclinado está el plano, el componente **S** es mayor y el objeto rueda con más rapidez. Cuando el plano es vertical, **S** se vuelve igual al peso y el objeto alcanza su máxima aceleración, 9.8 metros por segundo al cuadrado.

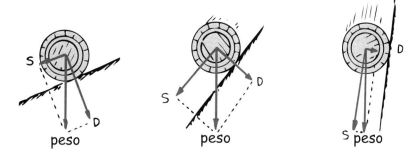

FIGURA D.9

Hay dos vectores fuerza más, que no se indican: la fuerza normal **N**, que es igual y con dirección opuesta a **D**, y la fuerza de fricción **f**, que actúa en el punto de contacto entre el barril y el plano inclinado.

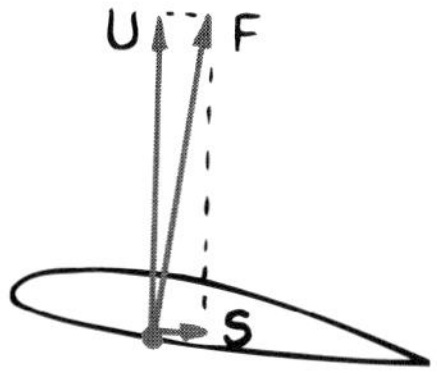

4. Cuando el aire en movimiento choca con la cara superior del ala de un avión, la fuerza del impacto del aire con el ala se puede representar con un solo vector perpendicular a la cara inferior del ala (Figura D.10). Representaremos al vector fuerza como actuando a la mitad de la cara inferior del ala, donde está el punto, y apuntando hacia arriba del ala, para indicar la dirección de la fuerza resultante de impacto del viento. Esta fuerza se puede descomponer en dos componentes, uno horizontal hacia la derecha y el otro vertical hacia arriba. El componente hacia arriba, **U**, se llama *sustentación*. El componente horizontal **S** se llama *resistencia* o *fricción*. Si el avión debe viajar a velocidad y altitud constantes, la sustentación debe ser igual al peso del avión y el empuje de los motores de la nave debe ser igual a la resistencia. La magnitud de la sustentación y de la resistencia se puede alterar cambiando la rapidez del avión, o cambiando el ángulo (que se llama *ángulo de ataque*) formado por el ala y la horizontal.

FIGURA D.10

5. Examina el satélite que se mueve en sentido de las manecillas del reloj, en la figura D.11. En cada punto de su trayectoria orbital, la fuerza gravitacional **F** lo impulsa hacia el centro del planeta. En la posición A se ve a *F* separada en dos componentes: *f* que es tangente a la trayectoria del proyectil, y *f′* que es perpendicular a esa trayectoria. Las magnitudes relativas de esos componentes, en comparación con la magnitud de *F*, se pueden ver en el rectángulo imaginario definido por ellas; *f* y *f′* son los lados y *F* es la diagonal. Se ve que el componente *f* está a lo largo de la trayectoria orbital, pero en contra del movimiento del satélite. Esta fuerza componente reduce la rapidez del satélite. El otro componente, *f′*, cambia la dirección del movimiento del satélite y lo aparta de su tendencia a seguir una línea recta. Así es como se desvía la trayectoria del satélite y forma una curva. El satélite pierde rapidez hasta que llega a la posición B. En este lugar, el más lejano (apogeo) del planeta, la fuerza gravitacional es algo más débil, pero perpendicular al movimiento del satélite, y el componente *f* se ha reducido a cero. Por otro lado, el componente *f′* ha aumentado y ahora se combina totalmente con, y forma a *F*. En este punto la rapidez no es suficiente para que la órbita sea circular, y el satélite comienza a caer hacia el planeta. Aumenta su rapidez, porque el componente *f* vuelve a aparecer y tiene la dirección del movimiento, como se ve en la posición C. El satélite aumenta

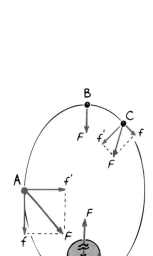

FIGURA D.11

su rapidez hasta que pasa por la posición D (el perigeo), donde de nuevo la dirección del movimiento es perpendicular a la fuerza gravitacional; *f'* se combina y se identifica con *F*, y *f* no existe. La rapidez es mayor que la necesaria para la órbita circular a esa distancia, y al pasar por ese punto repite el ciclo. Su pérdida de rapidez al ir de D a B es igual a su ganancia de rapidez al ir de B a D. Kepler descubrió que las trayectorias de los planetas son elipses, pero nunca supo por qué. ¿Lo sabes tú?

6. Este ejemplo es sobre los filtros polarizantes de Lundmila, en el capítulo 29, figura 29.34. En la primera foto a) se ve que la luz se transmite por el par de filtros, porque sus ejes están alineados. La luz que sale se puede representar por un vector alineado con los ejes de polarización de los filtros. Cuando los filtros están cruzados, en b), no pasa luz, porque la que pasa por el primero es perpendicular al eje de polarización del segundo, que no tiene componentes a lo largo (o paralelos) de su eje. En la tercera foto, c), vemos que la luz se transmite cuando se intercala un tercer filtro polarizante formando un ángulo con los filtros que estaban cruzados. En la figura D.12 se ve la explicación de esto.

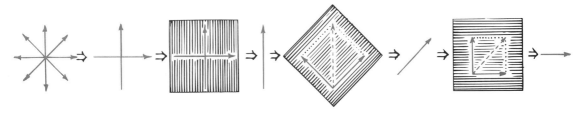

FIGURA D.12

Botes de vela

Los marineros siempre han sabido que un velero puede navegar a sotavento, o sea en la dirección del viento. Sin embargo, no siempre han sabido que también puede navegar a barlovento, es decir contra el viento. Una razón de ello tiene que ver con una propiedad común no sólo en los veleros modernos o sea una quilla como aleta que se prolonga muy por abajo del fondo del bote, para asegurar que éste sólo surque el agua en dirección de avance (o de reversa) del bote. Sin una quilla, un bote sería impulsado hacia un lado por el viento.

La figura D.13 muestra un velero que navega a sotavento. La fuerza del viento choca contra la vela y lo acelera. Aun cuando la resistencia del agua y todas las demás fuerzas de resistencia fueran despreciables, la rapidez máxima del bote sería la rapidez del viento. Esto se debe a que éste no chocará contra la vela si el bote se mueve con la rapidez del viento. El viento no tendría rapidez en relación con el bote, y la vela simplemente se colgaría. Si no hay fuerza no hay aceleración. El vector fuerza de la figura D.13 *disminuye* a medida que el bote viaja más rápido. El vector fuerza es máximo cuando el bote está en reposo, y el impacto total del viento hincha la vela, y es mínimo cuando el bote avanza tan rápido como el viento. Si el bote es impulsado de alguna forma con una rapidez mayor que la del viento (por ejemplo, con una hélice de motor), la resistencia del aire contra el lado delantero de la vela producirá un vector fuerza con dirección opuesta. Esa fuerza desacelerará al bote. Por consiguiente, el bote, cuando sólo lo impulsa el viento, no puede tener mayor rapidez que la de éste.

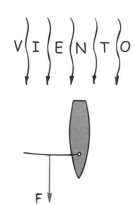

FIGURA D.13

FIGURA D.14

Si la vela está orientada en ángulo, como se ve en la figura D.14, el bote se moverá hacia adelante, pero con menor aceleración. Hay dos razones para ello:

1. La fuerza sobre la vela es menor, porque no intercepta tanto viento en esa posición inclinada.
2. La dirección de la fuerza del impacto del viento sobre la vela no tiene la dirección del movimiento del bote, sino que es perpendicular a la superficie de la vela. Hablando en general, siempre que cualquier fluido (líquido o gas) interactúa con una superficie lisa, la fuerza de interacción es perpendicular a la superficie lisa.[2] El bote no se mueve en la misma dirección que la fuerza perpendicular a la vela, sino está restringido a moverse en una dirección de avance (o de retroceso) por su quilla.

Podemos comprender mejor el movimiento del bote descomponiendo la fuerza del impacto del viento, *F*, en componentes perpendiculares. El componente importante es el que es paralelo a la quilla, que llamaremos *K*, y el otro componente es perpendicular a la quilla, al que llamaremos *T*. El componente *K*, como se ve en la figura D.15, es el responsable del movimiento de avance del bote. El componente *T* es una fuerza inútil que tiende a voltear el bote y a moverlo hacia un lado. Esta fuerza componente se compensa con la quilla profunda. De nuevo, la rapidez máxima del bote no puede ser mayor que la rapidez del viento.

Muchos veleros que navegan en direcciones que no son exactamente a sotavento (Figura D.16) con sus velas bien orientadas, pueden avanzar con mayor rapidez que la del viento. En el caso de un bote de vela que avanza perpendicular al viento, éste puede continuar chocando con la vela aun después de que el bote avance más rápido que el viento.

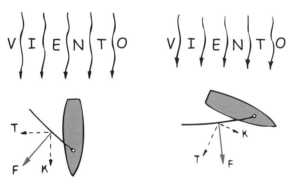

FIGURA D.15   **FIGURA D.16**

---

[2]Puedes hacer un ejercicio sencillo para comprobar esto. Trata de rebotar una moneda sobre otra en una superficie lisa, como se muestra. Observa que la moneda golpeada se mueve en ángulo recto, perpendicular a la orilla de contacto. Observa también que no importa si la moneda proyectada se mueve a lo largo de la trayectoria A o B. Consulta a tu maestro para que te explique esto más detenidamente, lo cual involucra a la conservación del momentum.

FIGURA D.17

En forma parecida, un *surfista* rebasa la velocidad de la ola que lo impulsa al poner la tabla inclinada con respecto a la ola. Los ángulos mayores respecto al medio impulsor (viento para el bote, ola para el surfista) producen mayores rapideces. Un velero puede navegar con más rapidez cortando el viento que yendo a favor de él.

Por extraño que parezca, la rapidez máxima para la mayor parte de los veleros se alcanza avanzando contra el viento, es decir ¡poniendo el velero en una dirección contraria a él! Aunque un velero no puede navegar directamente contra el viento, sí puede llegar a un destino a barlovento avanzando en zigzag. Imagina que el bote y la vela están como muestra la figura D.17. El componente **K** impulsará al bote en dirección de avance, en ángulo con respecto al viento. En la posición que se ve, el bote puede avanzar con más rapidez que la del viento, Aquí, a medida que el bote viaja más rápido, aumenta el impacto del viento. Esto se parece a correr bajo la lluvia que baja en ángulo. Cuando corres hacia la lluvia, las gotas te golpean con más fuerza y con más frecuencia, pero cuando corres alejándote de la dirección de la lluvia, las gotas no te golpean con tanta fuerza ni con tanta frecuencia. Del mismo modo, un bote que navega contra el viento siente más la fuerza del impacto del viento, mientras que uno que navega a sotavento siente menos fuerza de impacto del viento. En cualquier caso, el bote alcanza la rapidez terminal cuando se anulan las fuerzas contrarias y el impacto del viento. Las fuerzas que se oponen consisten principalmente en la resistencia del agua contra la quilla del bote. Las quillas de los botes de competencias tienen una forma que minimiza esta fuerza de resistencia, que es la principal oposición a las altas rapideces.

Los veleros para hielo, que tienen patines para deslizarse sobre éste, no se encuentran con la resistencia de agua y pueden avanzar con varias veces la rapidez del viento cuando se dirigen contra él. Aunque la fricción sobre el hielo casi no existe, este tipo de velero no acelera sin límites. La velocidad terminal de uno de estos veleros no sólo se determina por las fuerzas de fricción que se oponen, sino también por el cambio en la dirección relativa del viento. Cuando la orientación y la rapidez del viento son tales que parece que éste cambia de dirección, el viento avanza paralelo a la vela, en vez de ir a su encuentro; entonces cesa la aceleración hacia adelante, cuando menos en el caso de una vela plana. En la práctica, las velas son curvas y forman un perfil aerodinámico (un ala) que es tan importante para un velero como lo es para un avión. Los efectos se describen en el capítulo 14.

Apéndice E

Crecimiento exponencial y tiempo de duplicación[3]

Trata de doblar una hoja de papel a la mitad, después dóblala de nuevo a la mitad, así sucesivamente, hasta 9 veces. Verás que pronto se vuelve muy gruesa como para seguir doblándola. Y si pudieras doblar una hoja de tisú fino 50 veces sobre sí misma ¡tendría más de 20 millones de kilómetros de espesor! La duplicación continua de una cantidad crece en forma astronómica. Da una moneda de un peso a un niño en su primer cumpleaños, dos pesos en su segundo cumpleaños, cuatro pesos en su tercero, y así sucesivamente, multiplicando por dos la cantidad cada cumpleaños. Cuando llegue a los 30 le deberás dar ¡$536,870,913! Una de las cosas más importantes que se nos dificulta percibir es el proceso del crecimiento exponencial, y por qué se sale fuera de nuestro control.

Cuando una cantidad, por ejemplo una suma de dinero en el banco, una población o la tasa de consumo de un recurso crece continuamente a un porcentaje anual fijo, se dice que tiene un crecimiento *exponencial*. El dinero en el banco puede aumentar al 5 o 6% anual; la población mundial crece en estos momentos más o menos 2% anualmente; la capacidad de generación eléctrica en Estados Unidos ha crecido 7% anual durante las primeras tres cuartas partes del siglo XX. Lo importante acerca del crecimiento exponencial es que el tiempo necesario para que la cantidad que crece eleve al doble su tamaño (es decir, que aumente 100%) es constante. Por ejemplo, si la población de una ciudad que crece tarda 10 años en ir de 10,000 a 20,000 personas, y continúa con el crecimiento exponencial, en los siguientes 10 años la población subirá al doble, hasta 40,000, y los siguientes 10 años hasta 80,000 y así sucesivamente.

Hay una relación importante entre la tasa de crecimiento porcentual y el *tiempo de duplicación*, que es el tiempo que tarda la cantidad en subir al doble:[4]

$$\text{crecimiento de duplicación} = \frac{69.2\%}{\text{crecimiento porcentual por unidad de tiempo}}$$

$$\approx \frac{70\%}{\text{tasa de crecimiento porcentual}}$$

Esto quiere decir que para estimar el tiempo de duplicación de una cantidad que crece uniformemente tan sólo se divide 70% entre la tasa de crecimiento porcentual. Por ejemplo, cuando la capacidad de generación de energía eléctrica en Estados Unidos crecía al 7% anual, la capacidad se duplicaba cada 10 años, ya que 70%/(7%/año) = 10 años. Si la población mundial creciera continuamente al 2% anual, se duplicaría en 35 años, porque 70%/(2%/año) = 35 años. Una comisión de planeación urbana que acepte lo que parece ser una tasa anual de crecimiento modesta de 3.5% anual, puede no darse cuenta que eso equivale a que se duplicará la población en 20 años, ya que 70%/(3.5%/año) = 20 años. Esto quiere decir que se debe duplicar la capacidad de cosas como el abastecimiento de agua, las plantas de tratamiento de alcantarillado y otros servicios municipales, cada 20 años.

---

[3]Este apéndice ha sido adaptado del mateiral escrito por el profesor de física Albert A Barlett, de la Colorado University, quien afirma que: "La mayor deficiencia de la raza humana es nuestra incapacidad para comprender la función exponencial."

[4]Hablamos acerca de la desintegración o decaimiento exponencial como vida media, o sea la cantidad de una sustancia que se reduce a la mitad de su valor. Un ejemplo de este caso es la desintegración radiactiva, vista en el capítulo 33.

El crecimiento continuo y la duplicación continua conducen hacia números enormes. En dos tiempos de duplicación, una cantidad aumentará dos veces el doble ($2^2 = 4$), es decir, aumentará hasta cuatro veces; en tres tiempos de duplicación aumentará hasta 8 veces ($2^3 = 8$); en cuatro tiempos de duplicación aumentará hasta dieciséis veces ($2^4 = 16$) y así sucesivamente.

Esto se ilustra muy bien con la anécdota del matemático de una corte en la India, quien había inventado el juego de ajedrez para el rey. Éste quedó tan satisfecho con el juego, que ofreció pagarle al matemático lo que pedía y cuya demanda parecía modesta. Quería como pago sólo un grano de trigo por el primer cuadro del tablero, dos por el segundo, cuatro por el tercero, y así sucesivamente, duplicando la cantidad de granos en cada cuadrado sucesivo hasta haber usado todos los cuadros. A este ritmo había que poner 2^{63} granos de trigo sólo en el cuadro 63. Pronto se dio cuenta el rey que no podía pagar esta "modesta" petición, que ¡equivalía a más trigo del que se había cosechado en toda la historia de la Tierra!

Como se ve en la tabla E.1, la cantidad de granos en cualquier cuadro es uno más el total de granos en todos los cuadros anteriores. Esto es válido en cualquier cuadro del tablero. Por ejemplo, cuando se ponen cuatro granos en el tercer cuadro, la cantidad de granos es uno más el total de los tres granos que ya hay en el tablero. La cantidad de gra-

TABLA E.1 Llenado de los cuadros del tablero de ajedrez

Cuadrado número	Granos en el cuadrado	Granos totales hasta entonces
1	1	1
2	2	3
3	$4 = 2^2$	7
4	$8 = 2^3$	15
5	$16 = 2^4$	31
6	$32 = 2^5$	63
7	$64 = 2^6$	127
⋮	⋮	⋮
10	2^9	aproximadamente 1,000
⋮	⋮	⋮
20	2^{19}	aproximadamente 1,000,000
⋮	⋮	⋮
30	2^{29}	aproximadamente 1,000,000,000
⋮	⋮	⋮
40	2^{39}	aproximadamente 1,000,000,000,000
⋮	⋮	⋮
64	2^{63}	$2^{64} - 1$ (¡más de 10,000 millones!)

nos en el cuarto cuadro (ocho) es uno más el total de siete granos que ya estaban en el tablero. La misma pauta sucede en cualquier cuadro del tablero. En cualquier caso de crecimiento exponencial, una cantidad mayor que todo el crecimiento anterior está representada en un tiempo de duplicación. Eso tiene la importancia suficiente como para repetirlo con palabras distintas: siempre que hay crecimiento exponencial, la cuenta numérica de una cantidad que existe después de un solo tiempo de duplicación es uno más la cuanta total de esa cantidad en la historia completa del crecimiento.

El crecimiento continuo en un ambiente en aumento constante es una cosa, pero, ¿qué sucede cuando hay crecimiento continuo en un ambiente finito? Imagina el crecimiento de las bacterias, que se reproducen por división: una bacteria se transforma en dos, estas dos se dividen y se transforman en cuatro, las cuatro se dividen y se transforman en ocho, y así sucesivamente. Imagina que el tiempo de división, para ciertas bacterias, es un minuto. Entonces, ese es un crecimiento porcentual continuo: la cantidad de bacterias crece en forma exponencial y el tiempo de duplicación es un minuto. Además, imagina que se coloca una bacteria en una botella a las 11:00 AM, y que el crecimiento sigue en forma continua, hasta que la botella se llena de bacterias a las 12 del mediodía.

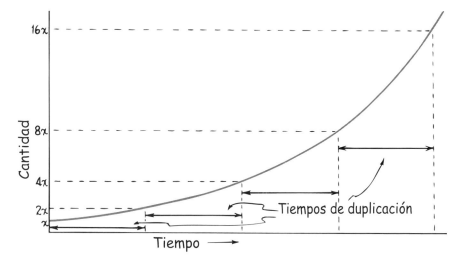

FIGURA E.1 Gráfica de una cantidad que crece con una tasa exponencial. Observa que la cantidad se duplica durante cada uno de los intervalos de tiempo iguales y sucesivos marcados en el eje horizontal. Cada uno de esos intervalos de tiempo representa el tiempo de duplicación.

EXAMÍNATE ¿Cuándo estaba la botella a la mitad?

Es asombroso saber que 2 minutos antes del mediodía, la botella sólo estaba llena hasta la cuarta parte, y que 3 minutos antes del mediodía tenía 1/8 de su capacidad. La tabla E.2 resume la cantidad de espacio vacío en la botella, en los últimos minutos antes del mediodía. Si las bacterias pudieran pensar y si les preocupara su futuro, ¿a qué hora crees que sentirían que se les agota el espacio? ¿Se haría evidente que hay un serio problema digamos a las 11:55 AM, cuando la botella sólo estuviera 3% llena (1/32) y tuviera el 97% de espacio abierto (apenas entrando al desarrollo)? El punto aquí es que no hay

COMPRUEBA TU RESPUESTA A las 11:59 AM, porque las bacterias ¡duplican su cantidad en cada minuto!

FIGURA E.2

mucho tiempo entre el momento en que se notan los efectos del crecimiento y el momento en que se vuelven abrumadores.

Imagina que a las 11:58 AM algunas bacterias previsoras ven que se les acaba el espacio, y lanzan una búsqueda a gran escala de más botellas. Y además imagina que se consideran afortunadas al encontrar tres botellas vacías. Es un espacio tres veces mayor que el que alguna vez conocieron. A las bacterias les parecería que están resueltos sus problemas, justo a tiempo.

TABLA E.2   Los últimos minutos en la botella

Hora	Parte llena	Parte vacía
11:54 AM	$\frac{1}{64}$ (1.5%)	$\frac{63}{64}$ (98.5%)
11:55 AM	$\frac{1}{32}$ (3%)	$\frac{31}{32}$ (97%)
11:56 AM	$\frac{1}{16}$ (6%)	$\frac{15}{16}$ (94%)
11:57 AM	$\frac{1}{8}$ (12%)	$\frac{7}{8}$ (88%)
11:58 AM	$\frac{1}{4}$ (25%)	$\frac{3}{4}$ (75%)
11:59 AM	$\frac{1}{2}$ (50%)	$\frac{1}{2}$ (50%)
12:00 mediodía	Llena (100%)	Nada (0%)

EXAMÍNATE   Si las bacterias pueden migrar a las nuevas botellas y su crecimiento sigue con la misma tasa, ¿a qué hora quedarán llenas las tres nuevas botellas?

La tabla E.3 ilustra que el descubrimiento de las nuevas botellas aumenta el recurso sólo dos tiempos de duplicación. En este ejemplo el recurso es el espacio, como el área cultivable para una población creciente. Pero podría ser carbón, petróleo, uranio o cualquier recurso no renovable.

TABLA E.3   Efectos del descubrimiento de las tres botellas nuevas

Hora	Efecto
La botella 1 está $\frac{1}{4}$ de llena; las bacterias se dividen en cuatro botellas, cada una $\frac{1}{16}$ llena	
11:59 AM	Las botellas 1, 2, 3 y 4 están $\frac{1}{8}$ llenas cada una
12:00 mediodía	Las botellas 1, 2, 3 y 4 están $\frac{1}{4}$ llenas cada una
12:01 PM	Las botellas 1, 2, 3 y 4 están $\frac{1}{2}$ llenas cada una
12:02 PM	Las botellas 1, 2, 3 y 4 están totalmente llenas cada una

COMPRUEBA TU RESPUESTA   ¡Las cuatro botellas estarán a toda su capacidad a las 12:02 PM!

COMPRUEBA TUS RESPUESTAS

1. Según un acertijo francés, un lirio acuático comienza con una sola hoja. Cada día aumenta al doble la cantidad de hojas hasta que el estanque está totalmente lleno el día 30. ¿En qué día estaba a la mitad el estanque? ¿En qué día estaba cubierta la cuarta parte?

2. En el año 2000, la población mundial creció hasta 6000 millones; probablemente será 7000 millones en 2013 y 8000 millones en 2027. A la tasa de crecimiento anual mundial de 1.2% por año, ¿cuánto tardará la población mundial en llegar a 12,000 millones?

3. ¿Qué porcentaje anual de crecimiento se necesitaría para que la población mundial aumentara en 100 años?

El crecimiento en las botellas vacías que descubrieron las bacterias puede proseguir sin restricción (hasta que se llenen las botellas); pero casi no sucede en la naturaleza. Aunque las bacterias y otros organismos tienen el potencial de multiplicarse en forma exponencial, en general hay factores limitantes que restringen el crecimiento. Por ejemplo, la cantidad de ratones en un campo no sólo depende de la tasa de natalidad y del abastecimiento alimenticio, sino también de la cantidad de gavilanes y otros depredadores en las cercanías. Se establece un "equilibrio natural" de factores de competencia. Si se eliminan los depredadores, puede efectuarse el crecimiento exponencial de los ratones durante cierto tiempo. Si quitas ciertas plantas de una región, otras tenderán a tener crecimiento exponencial. Todas las plantas, animales y criaturas que habitan la Tierra están en estados de equilibrio, que cambian al cambiar las condiciones. De aquí el adagio ambiental "Nunca cambias sólo una cosa".

FIGURA E.3 Un solo grano de trigo puesto en el primer cuadro del tablero de ajedrez aumenta al doble en el segundo cuadro, y ese número aumenta al doble en el tercer cuadro, y así sucesivamente. Observa que cada cuadro contiene un grano más que todos los anteriores combinados. ¿Existe en el mundo el trigo suficiente como para llenar los 64 cuadros en esta forma?

COMPRUEBA TUS RESPUESTAS

1. El estanque estaba cubierto a la mitad en el día 29; estaba cubierto la cuarta parte el día 28.

2. 2058, porque el tiempo de duplicación es 70%/(1.2%/año) ~ 58 años.

3. 0.7%, porque 70%/(0.7%/año) = 100 años. Puedes reordenar la ecuación para que indique tasa porcentual de crecimiento = 70%/(tiempo de duplicación). Con esa nueva ecuación se obtiene 70%/(100 años) = 0.7%/año.

El consumo de un recurso no renovable no puede crecer exponencialmente en forma indefinida, porque el recurso es finito y acaba por agotarse. Esto se ve en la figura E.4a, donde la tasa de consumo, por ejemplo barriles anuales de petróleo, se grafica en función del tiempo, digamos que en años. En esa gráfica, el área bajo la curva representa el suministro del recurso. Cuando el suministro se agota cesa por completo el consumo. Este cambio tan repentino casi nunca sucede, porque la tasa de extracción del suministro decrece a medida que se vuelve más escaso. Eso se ve en la figura E.4b. Observa que el área bajo la curva es igual al área bajo la curva de la figura E.4a. ¿Por qué? Porque el suministro total es igual en ambos casos. La diferencia es el tiempo empleado en extraer ese suministro. La historia nos dice que la tasa de producción de un recurso no renovable sube y baja en forma casi simétrica, como se ve en la figura 4c. El tiempo durante el cual suben las tasas de producción es aproximadamente igual al tiempo durante el cual esas tasas bajan a cero o casi a cero. Si se introducen los datos de la producción estadounidense de petróleo en los 48 estados contiguos en una curva como esas, se ve que ya se rebasó el máximo. Eso sugiere que ya se usó la mitad del petróleo recuperable que ha existido en Estados Unidos, y que en el futuro la producción de petróleo sólo puede decrecer. Ya lo veremos. Mientras tanto se ve que ese país importa cada vez más petróleo, y cada vez consume más petróleo que el año anterior.

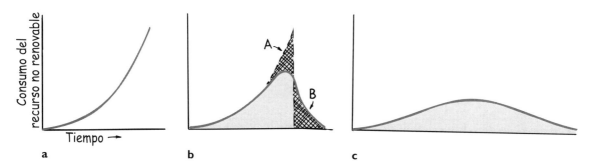

FIGURA E.4 a) Si continúa la tasa exponencial de consumo de un recurso no renovable hasta que se agote, ese consumo cae bruscamente a cero. El área bajo esta curva representa el suministro total del recurso. b) En la práctica, la tasa de consumo se nivela y después cae en forma menos abrupta hasta cero. Observa que el área achurada A es igual al área achurada B. ¿Por qué? c) Con una tasa de consumo menor, el mismo recurso dura más.

Las consecuencias del crecimiento exponencial no controlado son asombrosas. Es muy importante preguntar: ¿Realmente es bueno crecer? Para contestar, téngase en mente que el crecimiento humano está en una fase temprana de la vida, que normalmente continúa en la adolescencia. El crecimiento físico se detiene cuando se llega a la madurez física. ¿Qué decir del crecimiento que continúa en el periodo de la madurez física. Se dice que ese crecimiento es obesidad, o peor aún, que es cáncer.

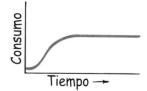

FIGURA E.5 Curva que muestra la tasa de consumo de un recurso renovable, como pueden ser los productos agrícolas o forestales, donde se puede mantener una rapidez constante de producción y de consumo, siempre que esa producción no dependa del uso de un recurso no renovable cuya existencia se vaya a desvanecer.

Preguntas para meditar

1. En una economía que tenga una tasa constante de inflación de 7% anual, ¿en cuántos años pierde un dólar la mitad de su valor?

2. A una tasa constante de inflación del 7% anual, ¿cuál será el precio de un boleto para el teatro que hoy cuesta $20, cada 10 años durante los próximos 50 años? ¿De una prenda que cuesta $200? ¿De un auto que cuesta $100,000? ¿De una casa que cuesta $800,000?

3. Si la población de una ciudad crece al 5% anual, y su planta de tratamiento de aguas negras está sobrecargada en este momento, ¿cuántas plantas de tratamiento de la misma capacidad y también sobrecargadas habrá 42 años después?

4. Si la población mundial se duplica en 40 años y la producción mundial de alimentos también se duplica en 40 años, ¿cuántas personas habrá en la miseria en comparación de las que hay ahora?

5. Imagina que la oferta de un patrón probable es que contrata tus servicios con un sueldo de un centavo en el primer día, dos centavos en el segundo día, y doble cantidad cada día que pase. Si el patrón se apega al convenio durante un mes, ¿cuáles serían tus ingresos totales en el mes?

6. En la pregunta anterior, ¿cómo se compara tu sueldo sólo para el día 30, respecto a tus ingresos totales los 29 días anteriores?

7. Si la energía de fusión fuera dominada hoy, es probable que la abundancia de energía sostenga y hasta siga impulsando nuestro actual apetito de crecer continuamente en el uso de energía, y que en unos pocos tiempos de duplicación se produzca una fracción apreciable de la energía solar que llega a la Tierra. Formula un argumento según el cual el retardo actual para dominar la energía de fusión sea una bendición para la raza humana.

Glosario

A a) Símbolo de *ampere*. b) Cuando está en minúscula y en cursiva, como *a*, es símbolo de *aceleración*.

aberración Distorsión de una imagen producida por un lente o un espejo, causada por limitaciones inherentes, en cierto grado, a todos los sistemas ópticos. Véase *aberración de esfericidad* y *aberración cromática*.

aberración cromática Distorsión de una imagen causada cuando la luz de distintos colores (por consiguiente con distintas velocidades y refracciones) se enfoca en distintos puntos al pasar a través de una lente. Las lentes acromáticas corrigen este defecto, con una combinación de lentes hechas con distintas clases de vidrio.

aberración de esfericidad Distorsión de una imagen debida a que la luz que pasa por la orilla de una lente se enfoca en puntos ligeramente distintos a donde se enfoca la luz que pasa por el centro de la lente. También se presenta en los espejos esféricos.

aceleración (a) Tasa con la que cambia la velocidad de un objeto al paso del tiempo; el cambio de velocidad puede ser en la magnitud (rapidez), en la dirección o en ambas.

$$\text{aceleración} = \frac{\text{cambio de velocidad}}{\text{intervalo de tiempo}}$$

aceleración de la gravedad (g) Aceleración de un objeto que cae libremente. Su valor cerca de la superficie terrestre es de unos 9.8 metros por segundo cada segundo.

acústica Es el estudio de las propiedades del sonido, en especial de su transmisión.

adhesión Atracción molecular entre dos superficies que están en contacto.

adiabático Término que se aplica a la expansión o compresión de un gas cuando no gana ni pierde calor.

agua pesada Agua (H_2O) que contiene el isótopo pesado del hidrógeno, el deuterio. En consecuencia, su fórmula es D_2O.

agujero de gusano Distorsión hipotética enorme del espacio y tiempo, parecida a un agujero negro, pero que se vuelve a abrir en otra parte del universo.

aislador a) Material mal conductor de calor, que demora la transferencia de calor. b) Material mal conductor de electricidad.

aleación Mezcla sólida formada por dos o más metales, o por un metal y un no metal.

alquimista Practicante de la alquimia, la forma antigua de la química, que se asociaba con la magia. La meta de la alquimia era transformar los metales comunes en oro, y descubrir una poción que pudiera producir la eterna juventud.

altura Término que se refiere a nuestra impresión subjetiva de lo "alto" o "bajo" de un tono, que se relaciona con la frecuencia del mismo. Una fuente vibratoria con alta frecuencia produce un sonido alto; una fuente vibratoria con baja frecuencia produce un sonido bajo.

AM Acrónimo de *amplitude modulation*, amplitud modulada.

ampere (A) Unidad SI de la corriente eléctrica. Un ampere es el flujo de un coulomb de carga por segundo, -6.25×10^{18} electrones (o protones) por segundo.

amperímetro Instrumento que mide la corriente eléctrica. Véase *galvanómetro*.

amplitud Para una onda o vibración, el desplazamiento máximo a ambos lados de la posición de equilibrio (el punto medio).

análisis de Fourier Método matemático que descompone cualquier onda periódica en una combinación de ondas senoidales simples.

ángulo crítico Ángulo de incidencia mínimo para el cual un rayo de luz se refleja totalmente dentro de un medio.

ángulo de incidencia Ángulo que forma un rayo incidente con la normal a la superficie a la que llega.

ángulo de reflexión Ángulo que forma un rayo reflejado con la normal a la superficie de reflexión.

ángulo de refracción Ángulo que forma un rayo refractado con la normal a la superficie del medio en que se refracta.

antimateria Materia formada por átomos con núcleos negativos y electrones positivos.

antinodo La parte de una onda estacionaria que tiene desplazamiento máximo y energía máxima.

antipartícula Partícula que tiene la misma masa que una partícula normal, pero con carga de signo contrario. La antipartícula de un electrón es un positrón.

antiprotón Antipartícula de un protón; un protón con carga negativa.

año luz La distancia que la luz recorre en el vacío en un año 0.46×10^{12} km.

apogeo Punto, en una órbita elíptica, que está más alejado del foco en torno al cual se hace el movimiento orbital. Véase también *perigeo*.

armadura Parte de un motor o generador eléctrico, donde se produce la fuerza electromotriz. Normalmente es la parte giratoria.

armónica Véase *tono parcial*.

astigmatismo Defecto del ojo debido a que la córnea está más curvada en una dirección que en otra.

átomo La partícula más pequeña de un elemento que tiene todas las propiedades de éste. Está formado por protones y neutrones en un núcleo rodeado por electrones.

audio digital Sistema de reproducción de audio que usa código binario para grabar y reproducir el sonido.

aurora boreal Resplandor de la atmósfera causado por iones que, desde arriba de ella se sumergen en ella. En el hemisferio sur se llama aurora austral.

autoinducción Inducción de un campo eléctrico en el interior de una bobina, causada por la interacción de las espiras o vueltas de la bobina. Este voltaje autoinducido siempre tiene una dirección que se opone al cambio de voltaje que lo produce, y se suele llamar fuerza contraelectromotriz.

banda bimetálica Dos bandas de distintos metales soldadas o remachadas entre sí. Como los dos metales se dilatan con distintas tasas al calentarlos o enfriarlos, la banda se flexiona; se usa en los termostatos.

barómetro Aparato para medir la presión de la atmósfera.

barómetro aneroide Instrumento para medir la presión atmosférica; se basa en el movimiento de la tapa de una caja metálica, y no en el movimiento de un líquido.

barrera del sonido El apilamiento de ondas sonoras frente a un avión que se acerca o que llega a la velocidad del sonido; en los primeros días de la aviación a reacción se creía que la debía romper un avión para ir más rápido que la velocidad del sonido. No existe la barrera del sonido.

bastones Véase *retina*.

bel o belio Unidad de intensidad de sonido, con su nombre en honor de Alexander Graham Bell. En español se usa mucho belio para facilidad de pronunciación. El umbral de la audición es 0 belios (10^{-12} watts por metro cuadrado). Con frecuencia se mide en decibelios (dB la décima parte de un belio).

Big Bang La Gran Explosión, explosión primordial que se cree la causa de la formación de nuestro universo en expansión.

bioluminiscencia Luz emitida por algunos entes vivientes que tienen la capacidad de excitar químicamente moléculas en sus organismos. A continuación, esas moléculas excitadas emiten luz visible.

biomagnetismo Material magnético que está en los organismos vivientes, que les puede ayudar a navegar, localizar alimento y afectar otros comportamientos.

brazo de palanca Distancia perpendicular entre un eje y la línea de acción de una fuerza que tiende a producir rotación respecto a ese eje.

BTU Iniciales de *british thermal unit,* unidad térmica británica.

C Símbolo del *coulomb.*

ca Abreviatura de *corriente alterna.*

caída libre Movimiento sólo bajo la influencia de la gravedad.

cal Símbolo de *caloría* (pequeña)

calentamiento global Véase *efecto invernadero.*

calidad Timbre característico de un sonido musical, determinada por la cantidad y las intensidades relativas de los tonos parciales.

calor Energía que pasa de un objeto a otro en virtud de una diferencia de temperatura. Se expresa en *calorías* o en *joules.*

calor de fusión Cantidad de energía que se debe agregar a un kilogramo de un sólido (que ya esté en su punto de fusión) para fundirlo.

calor de vaporización Cantidad de energía que se debe agregar a un kilogramo de un líquido (que ya esté en su punto de ebullición) para evaporarlo.

caloría (cal) Unidad de calor. Una caloría pequeña es el calor necesario para elevar 1 grado Celsius la temperatura de un gramo de agua. Una Caloría (con C mayúscula) es igual a mil calorías, y es la unidad que se usa para describir la energía que contiene un alimento. También se llama kilocaloría (kcal).

$$1 \text{ cal} = 4.184 \text{ J} \quad \text{o} \quad 1 \text{ J} = 0.24 \text{ cal}$$

campo Véase *campo de fuerzas.*

campo de fuerzas El que existe en el espacio que rodea una masa, carga eléctrica o imán, por el que otra masa, carga eléctrica o imán introducidos en esta región experimentan una fuerza. Como ejemplos de campos de fuerza están los campos gravitacionales, los campos eléctricos y los campos magnéticos.

campo eléctrico Campo de fuerzas que llena el espacio que rodea a toda carga o grupo de cargas eléctricas. Se expresa en fuerza por carga (newtons/coulomb).

campo gravitacional Campo de fuerzas que existe en el espacio en torno a toda masa o grupo de masas; se expresa en newtons por kilogramo.

campo magnético Región de influencia magnética que rodea a un polo magnético, o a una partícula cargada en movimiento.

cantidad de movimiento Inercia en movimiento. Es el producto de la masa por la velocidad de un objeto (siempre y cuando la velocidad sea mucho menor que la velocidad de la luz). Tiene magnitud y dirección, y en consecuencia es una cantidad vectorial. También se llama cantidad de movimiento lineal, y su símbolo es *p.*

$$p = mv$$

cantidad de movimiento lineal Producto de la masa y la velocidad de un objeto. (Esta definición se aplica a velocidades mucho menores que la de la luz.)

cantidad escalar Cantidad, en la física, como masa, volumen o tiempo, que se puede especificar por completo con su magnitud; no tiene dirección.

cantidad vectorial Cantidad, en física, que tiene tanto magnitud como dirección. Como ejemplos están la fuerza, velocidad, aceleración, par de giro y los campos eléctricos y magnéticos.

capacidad calorífica Véase *capacidad calorífica específica.*

capacidad calorífica específica Cantidad de calor necesaria para elevar un grado Celsius (o lo que es lo mismo, un kelvin) la temperatura de una unidad de masa de una sustancia. Con frecuencia sólo se dice capacidad calorífica o calor específico.

capacitor Dispositivo para almacenar carga en un circuito eléctrico.

capilaridad Ascensión de un líquido dentro de un tubo delgado, o en un espacio angosto.

carga Véase *carga eléctrica.*

carga eléctrica Propiedad eléctrica fundamental a la cual se atribuyen las atracciones o repulsiones mutuas entre electrones o protones.

carga por contacto Transferencia de carga eléctrica entre objetos, por frotamiento o simplemente por toque.

carga por inducción Redistribución de las cargas eléctricas dentro y sobre los objetos, causada por la influencia eléctrica de un cuerpo cargado cercano, pero no en contacto.

cd Abreviatura de *corriente directa.*

centro de gravedad (CG) Punto en el centro de la distribución del peso de un objeto, donde se puede considerar que actúa la fuerza de gravedad.

centro de masa Punto en el centro de la distribución de masa de un objeto, donde se puede considerar concentrada toda su masa. Para las condiciones ordinarias, es el mismo que el centro de gravedad.

cero absoluto La temperatura mínima posible que puede tener una sustancia; la temperatura a la cual los átomos de una sustancia tienen su energía cinética mínima. La temperatura del cero absoluto es $-273.15°C$, $-459.7°F$ o 0 K (kelvin).

CG Iniciales de *centro de gravedad.*

chinook Aire cálido y seco que baja de la vertiente oriental de las Montañas Rocallosas y cruza las Grandes Planicies.

choque elástico Choque o "colisión" en donde los objetos que chocan rebotan sin sufrir deformación permanente o sin que se genere calor.

choque inelástico Choque o colisión en el cual los objetos que chocan se distorsionan y/o generan calor durante ese choque; posiblemente se peguen entre sí.

ciclotrón Acelerador de partículas que imparte una gran energía a partículas cargadas, como protones, deuterones e iones de helio.

cinturones de radiación de Van Allen Dos cinturones de radiación en forma de dona, que rodean a la Tierra.

circuito eléctrico Toda trayectoria completa a lo largo de la cual puede fluir la carga eléctrica. Véase también *circuito en serie* y *circuito en paralelo.*

circuito en paralelo Circuito eléctrico con dos o más elementos conectados de tal manera que a través de cada uno de ellos hay el mismo voltaje, y cualquiera de ellos cierra el circuito, independientemente de los demás. Véase también *en paralelo.*

circuito en serie Circuito eléctrico con dispositivos conectados en tal forma que la corriente eléctrica que pasa a través de cada uno es la misma. Véase también *en serie.*

código binario Código basado en el sistema numérico binario (que usa la base 2). En el código binario se puede expresar cualquier número en forma de una sucesión de unos y ceros. Por ejemplo el número 1 es 1, el 2 es 10, el 3 es 11, el 4 es 100, el 5 es 101, el 17 es 10001, etc. A continuación, estos unos y ceros pueden interpretarse y transmitirse electrónicamente como una serie de impulsos "presentes" y "ausentes", que es la base de todas las computadoras y demás equipos digitales.

colores complementarios Dos colores cualquiera de luz que, cuando se suman, producen luz blanca.

colores primarios Véase *colores primarios aditivos* y *colores secundarios aditivos*.

colores primarios aditivos Tres colores de luz: rojo, azul y amarillo, que cuando se suman en ciertas proporciones producen cualquier color del espectro.

colores primarios sustractivos Los tres colores de pigmentos absorbedores de luz: magenta o morado, amarillo y cian (azul verde), que cuando se mezclan en ciertas proporciones reflejan cualquier color del espectro.

complementariedad Principio enunciado por Niels Bohr, que establece que los aspectos ondulatorio y de partícula tanto de la materia como de la radiación son partes necesarias y complementarias del todo. La parte que se destaque depende de qué experimento se haga (es decir, de que pregunte uno a la naturaleza).

componente Parte en la que se puede separar un vector y que puede actuar en direcciones distintas del vector. Véase *resultante*.

compresión a) En mecánica, el acto de aplastar un material y reducir su volumen. b) En sonido, la región de mayor presión en una onda longitudinal.

compuesto Sustancia química formada por átomos de dos o más elementos distintos, combinados en una proporción fija.

condensación Cambio de fase de un gas a un líquido; lo contrario de evaporación.

conducción a) En calor, transferencia de energía de una partícula a la siguiente, dentro de ciertos materiales, o de un material al siguiente cuando los dos están en contacto directo. b) En electricidad, el flujo de la carga eléctrica a través de un conductor.

conductor a) Material a través del cual puede transferirse el calor. b) Material, normalmente un metal, a través del cual puede fluir la carga eléctrica. En general, los buenos conductores de calor son buenos conductores de carga eléctrica.

conexión a tierra Permitir que las cargas se muevan libremente por una conexión desde un conductor al terreno.

congelación Cambio de fase de líquido a sólido; lo contrario de fusión.

conos Véase *retina*.

conservación de la cantidad de movimiento En ausencia de una fuerza externa neta, la cantidad de movimiento de un objeto o sistema de objetos no cambia.

$$mv_{\text{(antes del evento)}} = mv_{\text{(después del evento)}}$$

conservación de la carga La carga eléctrica neta no se crea ni se destruye, pero se puede transferir de un material a otro.

conservación de la energía La energía no se puede crear ni destruir. Se puede transformar de una en otra de sus formas, pero la cantidad total de energía nunca cambia.

conservación de la energía en las máquinas La producción de trabajo de cualquier máquina no puede ser mayor que el trabajo consumido.

conservación del momento angular Cuando no actúa par externo de giro sobre un objeto o un sistema de objetos, no sucede cambio alguno del momento angular. Por consiguiente, el momento angular antes de un evento donde sólo haya pares internos es igual al momento angular después del evento.

conservado Término que se aplica a una cantidad física, como la cantidad de movimiento, la energía o la carga eléctrica, que permanece invariable durante las interacciones.

constante de la gravitación universal La constante de proporcionalidad G que determina la fuerza de la gravedad en la ecuación de la ley de Newton de la gravitación universal.

$$F = G\frac{m_1 m_2}{d^2}$$

constante de Planck (h) Constante fundamental de la teoría cuántica que determina la escala del mundo microscópico. La constante de Planck, multiplicada por la frecuencia de la radiación, da como resultado la energía de un fotón de esa radiación.

$$E = hf, \quad h = 6.6 \times 10^{-34} \text{ joule-segundo}$$

constante solar 1400 J/m², recibidos del Sol cada segundo en la parte superior de la atmósfera terrestre; si se expresa como potencia, 1.4 kW/m².

contacto térmico Estado de dos o más objetos o sustancias en contacto tal que el calor puede pasar de uno de los objetos o sustancias al otro.

contaminación térmica Calor indeseable emitido por una máquina térmica u otra fuente.

contracción de la longitud Encogimiento del espacio, y en consecuencia de la materia, en un marco de referencia que se mueve a velocidades relativistas.

contracción de Lorentz Véase *contracción de la longitud*.

contraparte de Maxwell de la ley de Faraday Se crea un campo magnético en toda región del espacio en la que cambia un campo eléctrico a través del tiempo. La magnitud del campo magnético inducido es proporcional a la rapidez con que cambia el campo eléctrico. La dirección del campo magnético inducido forma ángulo recto con el campo eléctrico que cambia.

convección Forma de transferencia de calor por movimiento de la sustancia calentada misma, por ejemplo por corrientes en un fluido.

córnea Cubierta transparente del globo del ojo, que contribuye a enfocar la luz que entra.

corriente Véase *corriente eléctrica*.

corriente alterna (ca) Corriente eléctrica que invierte su dirección rápidamente. Las cargas eléctricas oscilan respecto a posiciones relativamente fijas, por lo general con una frecuencia de 60 hertz.

corriente directa (cd) En varios países de habla hispana se llama corriente continua. Corriente eléctrica donde la carga fluye sólo en una dirección.

corriente eléctrica Flujo de carga eléctrica que transporta energía de un lugar a otro. Se mide en amperes, siendo un ampere el flujo de 6.25×10^{18} electrones (o protones) por segundo.

corrimiento al azul Aumento de la frecuencia medida de la luz procedente de una fuente que se acerca; se llama corrimiento al azul porque el aumento aparente es hacia el extremo de alta frecuencia, o del azul, del espectro de colores. También se presenta cuando un observador se acerca a una fuente. Véase también *efecto Doppler*.

corrimiento al rojo Disminución de la frecuencia medida de la luz (o de otra radiación) procedente de una fuente que se aleja; se llama *corrimiento al rojo* porque la disminución es hacia el extremo de bajas frecuencias, o rojo, del espectro de colores. Véase también *efecto Doppler*.

corrimiento al rojo gravitacional Desplazamiento de longitud de onda hacia el extremo rojo del espectro, que sufre la luz que sale de un objeto masivo, como predice la teoría general de la relatividad.

cortocircuito Alteración en un circuito eléctrico causada por el flujo de la carga por una trayectoria de baja resistencia, entre dos puntos que no deberían estar conectados en forma directa, desviando así la corriente de su trayectoria adecuada; un "acortamiento" efectivo del circuito.

cosmología Estudio del origen y la evolución de todo el universo.

coulomb (C) Unidad SI de carga eléctrica. Un coulomb equivale a la carga total de 6.25×10^{18} electrones.

cresta Parte de una onda de la perturbación es más alta y máxima. Véase también *valle*.

cristal Forma geométrica regular en un sólido, en donde las partículas componentes están arregladas en una pauta ordenada, tridimensional y repetitiva.

cristal dicroico Cristal que divide la luz no polarizada y forma dos rayos internos polarizados en ángulo recto entre sí, y absorbe fuertemente un rayo mientras transmite el otro.

cuanto De la palabra latina *quantus*, que quiere decir "cuánto". Un cuanto es la unidad elemental más pequeña de una cantidad; la cantidad discreta mínima de algo. Un cuanto de energía electromagnética se llama fotón. Véase también *mecánica cuántica* y *teoría cuántica*.

curva de radiación de la luz solar Véase *curva de radiación solar*.

curva de radiación solar Gráfica del brillo en función de la frecuencia (o de la longitud de onda) de la luz solar.

curva senoide Curva cuya forma representa las crestas y valles de una onda, como la trazada por un péndulo que deja una huella en la arena al oscilar en ángulo recto respecto a, y sobre una banda transportadora en movimiento cubierta con una capa de arena.

dB Símbolo del decibelio. Véase *bel*.

DDT Abreviatura de **d**icloro **d**ifenil **t**ricloroetano, un plaguicida químico.

decibelio (dB) La décima parte de un *bel*.

declinación magnética Diferencia entre la orientación de una brújula que apunte al norte magnético y la dirección del norte geográfico verdadero.

densidad Masa de una sustancia por unidad de volumen. La densidad de peso o densidad gravimétrica es el peso por unidad de volumen. En general, cualquier entidad por elemento de espacio (por ejemplo, cantidad de puntos por área).

$$\text{densidad} = \frac{\text{masa}}{\text{volumen}}$$

$$\text{densidad gravimétrica} = \frac{\text{peso}}{\text{volumen}}$$

densidad gravimétrica véase *densidad*.

desexcitación Véase *excitación*.

desplazado Término que se aplica al fluido que sale para que ocupe su lugar un objeto que se coloca en un fluido. Un objeto sumergido desplaza siempre un volumen de fluido que es igual a su propio volumen.

deuterio Isótopo del hidrógeno, cuyo átomo tiene un protón, un neutrón y un electrón. El isótopo común del hidrógeno sólo tiene un protón y un electrón; en consecuencia, el deuterio tiene mayor masa.

deuterón Núcleo de un átomo de deuterio; tiene un protón y un neutrón.

diferencia parcial Diferencia en potencial eléctrico (votaje) entre dos puntos. La carga libre fluye cuando hay una diferencia, y continuará hasta que ambos puntos alcancen un potencial común.

difracción Flexión de la luz que pasa en torno a un obstáculo o a través de una rendija angosta, haciendo que la luz se disperse y produzca franjas claras y oscuras.

dilatación del tiempo Desaceleración del tiempo para un objeto que se mueve a velocidades relativistas.

diodo Dispositivo electrónico que restringe la corriente a una sola dirección en un circuito eléctrico; dispositivo que cambia la corriente alterna en corriente directa.

dipolo Véase *dipolo eléctrico*.

dipolo eléctrico Molécula en la que la distribución de la carga no es uniforme, y origina que haya cargas pequeñas opuestas en los lados opuestos de la molécula.

dispersar Absorber el sonido o la luz, y reemitirlos en todas direcciones.

dispersión Emisión en direcciones aleatorias, de luz que se encuentra con partículas pequeñas en comparación con su longitud de onda;

con más frecuencia con cortas longitudes de onda (azul) que con largas (rojo).

dispersión Separación de la luz en colores ordenados según su frecuencia; por ejemplo por interacción con un prisma o una rejilla de difracción.

distancia focal Distancia del centro de un lente a cualquiera de los focos; distancia de un espejo a su foco.

disyuntor Dispositivo en un circuito eléctrico que interrumpe el circuito cuando la corriente aumenta lo suficiente para poder causar un incendio.

dominio magnético Grupo microscópico de átomos cuyos campos magnéticos están alineados.

ebullición Cambio de líquido a gas que sucede bajo la superficie del líquido; evaporación rápida. El líquido pierde energía y el gas la gana.

EC Abreviatura de *energía cinética*. También KE, de *kinetic energy*.

eclipse lunar Evento en el cual la Luna llena pasa por la sombra de la Tierra.

eclipse solar Evento en el que la Luna bloquea la luz del Sol y proyecta su sombra sobre una parte de la Tierra.

eco Reflexión del sonido.

ecuación de onda de Schrödinger Ecuación fundamental de la mecánica cuántica, que interpreta la naturaleza ondulatoria de partículas materiales en términos de amplitudes de ondas de probabilidad. Es tan básica para la mecánica cuántica como las leyes de movimiento de Newton son para la mecánica clásica.

efecto Doppler Cambio en la frecuencia de una onda de sonido o de luz, debido al movimiento de la fuente o del receptor. Véase también *corrimiento al rojo* o *corrimiento al azul*.

efecto fotoeléctrico Emisión de electrones de ciertos metales cuando se exponen a ciertas frecuencias de luz.

efecto invernadero Efecto de calentamiento causado por la energía radiante de corta longitud de onda procedente del Sol, que entra con facilidad en la atmósfera y es absorbida por la Tierra, pero cuando se irradia a longitudes de onda mayores, no puede escapar con facilidad de la atmósfera terrestre.

efecto mariposa Caso en el que un cambio muy pequeño en un lugar puede amplificarse en un cambio grande en algún otro lugar.

eficiencia En una máquina, la relación de energía útil producida entre la energía total consumida, o porcentaje del trabajo consumido que se convierte en trabajo producido. En muchos países de habla hispana se llama "rendimiento".

$$\text{eficiencia} = \frac{\text{producción de energía útil}}{\text{consumo total de energía}}$$

eficiencia de Carnot El porcentaje máximo ideal de energía consumida que puede convertirse en trabajo, en una máquina térmica.

eficiencia ideal Límite superior de eficiencia para todas las máquinas térmicas; depende de la diferencia de temperatura entre la admisión y el escape.

$$\text{eficiencia ideal} = \frac{T_{\text{caliente}} - T_{\text{frío}}}{T_{\text{caliente}}}$$

eje a) Recta respecto a la cual se hace la rotación. b) Rectas de referencia en una gráfica, por lo general el eje x para medir desplazamientos horizontales y el eje y para medir desplazamientos verticales.

eje principal Línea que une los centros de curvatura de las superficies de un lente. La línea que une el centro de curvatura y el foco de un espejo.

elasticidad Propiedad de un sólido por la que se experimenta un cambio de forma cuando actúa sobre él una fuerza de deformación, y que regresa a su forma original al suspenderse la fuerza de deformación.

electricidad Término general para indicar fenómenos eléctricos, de manera parecida a la relación entre la gravedad con los fenómenos gravitatorios, o la sociología con los fenómenos sociales.

electrodinámica Estudio de la carga eléctrica en movimiento, en contraste con la electrostática.

electrodo Terminal, por ejemplo de un acumulador, a través de la cual puede pasar la corriente eléctrica.

electroimán Imán cuyas propiedades magnéticas se producen con corriente eléctrica.

electrón Partícula negativa en las capas de un átomo.

electrón volt (eV) Cantidad de energía igual a la que adquiere un electrón al acelerarse a través de una diferencia de potencial de 1 volt.

electrones de conducción Dentro de un metal, electrones que se mueven libremente y conducen carga eléctrica.

electrostática Estudio de las cargas eléctricas en reposo, en contraste con la electrodinámica.

elemento Sustancia formada por átomos con el mismo número atómico y, en consecuencia, con las mismas propiedades químicas.

elemento transuránido Elemento con un número atómico mayor que 92, que es el número atómico del uranio.

elipse Curva cerrada de forma ovalada, donde la suma de las distancias desde cualquier punto de la curva a dos focos internos es una constante.

en fase Término que se aplica a dos o más ondas cuyas crestas y valles llegan a un lugar al mismo tiempo, de manera tal que sus efectos se refuerzan entre sí.

en paralelo Término que se aplica a partes de un circuito eléctrico que están conectadas en dos puntos y proporcionan trayectorias alternativas a la corriente entre esos dos puntos.

en serie Término que se aplica a partes de un circuito eléctrico que están conectadas una tras otra, de tal modo que la corriente que pasa por una debe pasar por todas ellas.

energía Todo lo que puede cambiar el estado de la materia. Se suele definir como la capacidad de efectuar trabajo; en realidad sólo se puede describir con ejemplos (como la pornografía).

energía cinética (EC) Energía de movimiento, igual (en forma no relativista) a la mitad de la masa multiplicada por el cuadrado de la velocidad.

$$EC = \frac{1}{2}mv^2$$

energía de punto cero Cantidad extremadamente pequeña de energía que poseen las moléculas o átomos aún en el cero absoluto.

energía en reposo La "energía de estar" expresada por la ecuación

$$E = mc^2$$

energía interna La energía total almacenada en los átomos y las moléculas dentro de una sustancia. Los cambios de energía interna son tema principal en termodinámica.

energía mecánica Energía debida a la posición o al movimiento de algo; energía potencial o cinética, o una combinación de ambas.

energía potencial (EP) Energía de posición, por lo general relacionada con la posición relativa de dos cosas, como una piedra y la Tierra (EP gravitacional) o un electrón y un núcleo (EP eléctrica).

energía potencial eléctrica O energía eléctrica potencial. Es la energía que posee una carga en virtud de su ubicación en un campo eléctrico.

energía potencial gravitacional Energía que posee un cuerpo debido a su posición en un campo gravitacional. Sobre la Tierra, la energía potencial (EP) es igual a la masa (m) por la aceleración de la gravedad (g) por la altura (h) respecto a un nivel de referencia, que puede ser la superficie terrestre.

$$EP = mgh$$

energía radiante Toda la energía, incluyendo calor, luz y rayos X, que se transmite por irradiación. Se presenta en forma de ondas electromagnéticas.

enlazamiento atómico Unión de átomos entre sí para formar estructuras mayores, como moléculas y sólidos.

enrarecimiento Región de presión reducida en una onda longitudinal.

entropía Medida del grado de desorden en una sustancia o sistema.

EP Iniciales de *energía potencial*.

equilibrio En general, un estado de balance. Para el equilibrio mecánico, el estado en el cual no actúan fuerzas ni pares de giro netos. En los líquidos, el estado en el cual la evaporación es igual a la condensación. En forma más general, el estado en el que no sucede cambio alguno de energía.

equilibrio estable Estado de un objeto balanceado de tal modo que cualquier desplazamiento o rotación pequeños eleva su centro de gravedad.

equilibrio inestable Estado de un objeto balanceado de tal modo que cualquier desplazamiento o rotación pequeños hace bajar su centro de gravedad.

equilibrio mecánico Estado de un objeto o sistema de objetos para el cual se anulan las fuerzas aplicadas y no se produce aceleración. Esto es, $\Sigma F = 0$.

equilibrio térmico Estado de dos o más objetos o sustancias en contacto térmico cuando han alcanzado una temperatura común.

equivalencia masa-energía Relación entre la masa y la energía de acuerdo con la ecuación

$$E = mc^2$$

donde c es la velocidad de la luz.

escala En música, sucesión de notas o frecuencias que están en relaciones simples entre sí.

escala Celsius También se llama escala centígrada. Escala de temperatura que asigna 0 al punto de fusión o congelación del agua, y 100 al punto de ebullición o condensación del agua, a presión normal (una atmósfera a nivel del mar).

escala Fahrenheit Escala de temperatura de uso común en Estados Unidos. El número 32 se asigna al punto de fusión y congelación del agua, y el número 212 se asigna al punto de ebullición o condensación del agua a la presión normal (una atmósfera, al nivel del mar).

escala Kelvin Escala de temperatura medida en kelvins, K, cuyo cero (llamado cero absoluto) es la temperatura a la cual es imposible extraer más energía interna de un material. 0 K = $-273.16°C$. No hay temperaturas negativas en el escala Kelvin.

escalamiento Estudio de la forma en que el tamaño afecta la relación entre peso, resistencia y superficie.

espaciotiempo Continuo tetradimensional en el que suceden todos los eventos y existen todas las cosas. Tres dimensiones son las coordenadas del espacio, y la cuarta es el tiempo.

espectro Para la luz del Sol y otras luces blancas, la dispersión de los colores que se produce cuando esa luz pasa a través de un prisma o de una rejilla de difracción. Los colores del espectro, en orden de frecuencia menor (longitud de onda mayor) a mayor (longitud de onda menor) son rojo, naranja, amarillo, verde, azul, índigo, violeta. Véase también *espectro de absorción, espectro electromagnético, espectro de emisión* y *prisma*.

espectro de absorción Espectro continuo, como el que produce la luz blanca, interrumpido por rayas o bandas oscuras, causadas por la absorción de la luz de ciertas frecuencias en una sustancia a través de la cual pasa la luz.

espectro de emisión Distribución de longitudes de onda en la luz procedente de una fuente luminosa.

espectro de líneas   Serie de líneas o rayas distintas de color, correspondientes a longitudes de onda particulares, que se ven en un espectroscopio al examinar un gas caliente. Cada gas tiene su serie única de rayas.

espectro electromagnético   Intervalo de frecuencias dentro del cual se puede propagar la radiación electromagnética. Las frecuencias inferiores se asocian con las ondas de radio; las microondas tienen mayor frecuencia, y siguen en orden las ondas infrarrojas, la luz, la radiación ultravioleta, los rayos X y los rayos gamma.

espectro visible   Véase *espectro electromagnético.*

espectrómetro   Véase *espectroscopio.*

espectrómetro de masas   Dispositivo que separa magnéticamente los iones cargados de acuerdo con sus masas.

espectroscopio   Instrumento óptico que separa la luz en las frecuencias o longitudes de onda que la constituyen, en forma de rayas espectrales. Un *espectrómetro* es un instrumento que también puede medir las frecuencias o las longitudes de onda.

espejismo   Imagen falsa que aparece a la distancia, y se debe a la refracción de la luz en la atmósfera terrestre.

espejo cóncavo   Espejo que se ahueca como una "cueva".

espejo convexo   Espejo que se curva hacia afuera. La imagen virtual que forma es menor, y más cercana al espejo que el objeto. Véase también *espejo cóncavo.*

espejo plano   Espejo con superficie plana.

estado metaestable   Estado de excitación de un átomo que se caracteriza por una demora prolongada antes de desexcitarse.

estampido sónico   Sonido fuerte causado por la incidencia de una onda de choque.

estrella de neutrones   Estrella que ha sufrido un aplastamiento gravitacional, en la que los electrones se comprimieron contra los protones y se formaron neutrones.

éter   Medio hipotético invisible que antes se creía necesario para la propagación de las ondas electromagnéticas, y se creía que llenaba el espacio en todo el universo.

eV   Símbolo de *electrón volt.*

evaporación   Cambio de fase de líquido a gas, que se efectúa en la superficie de un líquido. Es lo contrario de condensación.

excitación   Proceso de impulsar uno o más electrones en un átomo o molécula, de un nivel inferior de energía a uno superior. Un átomo en un estado excitado normalmente decae (se desexcita) con rapidez hasta un estado más bajo, emitiendo radiación. La frecuencia y la energía de la radiación emitida se relacionan por

$$E = hf$$

excitado   Véase *excitación.*

fase   a) Una de las cuatro formas principales de la materia: sólido, líquido, gas y plasma. Se suele llamar *estado.* b) La parte de un ciclo que ha avanzado una onda en cualquier momento. Véase también *en fase* y *fuera de fase.*

fechamiento con carbono   También se llama datación con carbono. Proceso para determinar el tiempo que ha pasado desde la muerte, midiendo la radiactividad del carbono 14 restante.

fem   Abreviatura de *fuerza electromotriz.*

fibra óptica   Fibra transparente, por lo general de vidrio o de plástico, que puede transmitir luz por toda su longitud mediante reflexiones internas totales.

figura de interferencia   Figura formada por la superposición de dos o más ondas que llegan al mismo tiempo a una región.

física cuántica   Rama de la física que es el estudio general del micromundo de los fotones, átomos y núcleos.

fisión nuclear   División de un núcleo atómico, en particular de un elemento pesado como el uranio 235, para formar dos elementos más ligeros; se acompaña de la liberación de mucha energía.

flotación   Pérdida aparente de peso de un objeto sumergido en un fluido.

flotación   Véase *principio de flotación.*

fluido   todo lo que fluye; en particular, cualquier líquido o gas.

fluorescencia   Propiedad de ciertas sustancias, de absorber radiación de una frecuencia y reemitir radiación de una frecuencia menor.

FM   Abreviatura de *frequency modulation,* modulación de frecuencia.

foco   a) Para una elipse, uno de los dos puntos para los cuales la suma de sus distancias a cualquier punto de la elipse es constante. Un satélite que describe órbita en torno a la Tierra se mueve en una elipse que tiene a la Tierra en uno de sus focos. b) Para la óptica, véase *foco (de lente).*

foco (de lente)   Para un lente convergente o un espejo cóncavo, el punto en el cual convergen los rayos de luz paralelos al eje principal. Para un lente divergente o un espejo convexo, el punto desde el cual parecen provenir esos rayos.

fórmula química   Descripción mediante números y símbolos de los elementos, para indicar las proporciones de ellos en un compuesto o en una reacción.

fosforescencia   Tipo de emisión luminosa igual a la fluorescencia, excepto que hay una demora entre la excitación y la desexcitación, que produce un brillo residual. La demora se debe a que los átomos se excitan a niveles que no decaen con rapidez. El brillo residual puede durar desde fracciones de segundo hasta horas, o hasta días, dependiendo de factores como la clase de material y la temperatura.

fósforo   Material en polvo como el que se usa en la superficie interior de un tubo de luz fluorescente, que absorbe los fotones ultravioleta y a continuación emite luz visible.

fotón   Corpúsculo localizado de radiación electromagnética, cuya energía es proporcional a su frecuencia de radiación: $E \sim f$, o $E = hf$, donde h es la constante de Planck.

fóvea   Área de la retina que está en el centro del campo de visión. Es la región con la visión más nítida. También se llama "mancha amarilla".

frecuencia   Para un objeto o medio vibratorio, la cantidad de vibraciones por unidad de tiempo. Para una onda, la cantidad de crestas que pasan por determinado punto en la unidad de tiempo. La frecuencia se expresa en hertz.

frecuencia fundamental   Véase *Tono parcial.*

frecuencia natural   Frecuencia a la cual un objeto elástico tiende a vibrar si se le perturba y se quita la fuerza perturbadora.

frente de onda   Cresta, valle o cualquier parte continua de una onda bidimensional o tridimensional en la que todas las vibraciones tienen la misma dirección en el mismo momento.

fricción   Fuerza que actúa para resistir el movimiento relativo (o el movimiento intentado) de objetos o materiales que están en contacto.

fricción cinética o dinámica   Fuerza de contacto producida por el frotamiento mutuo de las superficies de un objeto en movimiento y la del material sobre el cual se desliza.

fricción estática   Fuerza entre dos objetos en reposo relativo, en virtud del contacto entre ellos, que tiende a oponerse al deslizamiento.

fuente de voltaje   Dispositivo, como una pila seca, acumulador o generador, que proporciona una diferencia de potencial.

fuera de fase   También desfasado. Término que se aplica a dos ondas para las cuales una cresta de una llega al mismo tiempo que un valle de la otra. Sus efectos tienden a anularse entre sí.

fuerza   Toda influencia que tiende a acelerar a un objeto; un impulso o una tracción; se expresa en newtons. La fuerza es una cantidad vectorial.

fuerza centrífuga Fuerza aparente hacia el exterior, sobre un cuerpo en rotatorio o en giro.

fuerza centrípeta Fuerza dirigida hacia el centro, que hace que el cuerpo siga una trayectoria curva o circular.

fuerza de acción Una del par de fuerzas que se mencionan en la tercera ley de Newton. Véase también *leyes del movimiento de Newton, 3ª ley*.

fuerza de reacción Fuerza igual en magnitud y con dirección contraria a la fuerza de acción; una fuerza que actúa en forma simultánea dondequiera que se ejerza la fuerza de acción. Véase también *tercera ley de Newton*.

fuerza de soporte Fuerza dirigida hacia arriba, que equilibra el peso de un objeto sobre una superficie.

fuerza débil También se llama interacción débil. La fuerza dentro de un núcleo que es responsable de la emisión beta (electrones). Véase *fuerza nuclear*.

fuerza eléctrica Fuerza que ejerce una carga sobre otra. Cuando las cargas tienen igual signo, se repelen; cuando tienen signo contrario, se atraen.

fuerza electromotriz (fem) Todo voltaje que origina una corriente eléctrica. Un acumulador o un generador son fuentes de fem.

fuerza fuerte Fuerza que atrae entre sí a los nucleones dentro del núcleo; una fuerza que es muy fuerte a pequeñas distancias, pero que disminuye con rapidez a medida que aumenta la distancia. También se llama interacción fuerte. Véase también *fuerza nuclear*.

fuerza magnética a) Entre imanes, la atracción recíproca de polos magnéticos distintos, y la repulsión entre polos magnéticos iguales. b) Entre un campo magnético y una partícula en movimiento, es una fuerza de desviación debida al movimiento de la partícula. Esta fuerza de desviación es perpendicular a las líneas de campo magnético, y a la dirección del movimiento. La fuerza es máxima cuando la partícula cargada se mueve en dirección perpendicular a la de las líneas de campo, y es mínima (cero) cuando se mueve en dirección paralela a las líneas de campo.

fuerza neta Combinación de todas las fuerzas que actúan sobre un objeto.

fuerza normal Componente de la fuerza de soporte, perpendicular a una superficie de soporte. Para un objeto en reposo sobre una superficie horizontal, es la fuerza hacia arriba que equilibra el peso de la fuerza.

fuerza nuclear Fuerza de atracción dentro de un núcleo, que mantiene unidos a los neutrones y los protones. Parte de la fuerza nuclear se llama interacción fuerte. La interacción fuerte es una fuerza de atracción que se manifiesta entre protones, neutrones y mesones (otras partículas nucleares); sin embargo, sólo actúa en distancias muy cortas, de 10^{-15} metros. La interacción débil es la fuerza nuclear responsable de la emisión beta (electrones).

fusible Dispositivo en un circuito eléctrico, que lo interrumpe cuando la corriente es suficientemente alta como para constituir un riesgo de incendio.

fusión Cambio de fase de sólido a líquido; lo contrario a la congelación. La fusión es un proceso distinto al de disolución, en el cual un sólido que se agrega se mezcla con un líquido y el sólido se disocia.

fusión nuclear Combinación de núcleos de átomos ligeros, como el hidrógeno, para formar núcleos más pesados; se acompaña de liberación de mucha energía. Véase también *fusión termonuclear*.

fusión termonuclear Fusión nuclear producida por temperaturas extremadamente altas; en otras palabras, la unión de núcleos atómicos debida a alta temperatura.

g a) Símbolo de *gramo*. b) Cuando está en minúscula y cursiva, *g* es el símbolo de la aceleración de la gravedad (en la superficie terrestre, 9.8 m/s^2). c) Cuando está en minúscula y negrita, **g** es el vector cam-

po gravitacional (en la superficie terrestre, 9.8 N/kg). d) Cuando está en mayúscula y cursiva, *G* es el símbolo de la *constante de gravitación universal* (6.67 $\times$ 10^{-11} Nm^2/kg^2).

galvanómetro Instrumento para detectar la corriente eléctrica. Con la combinación adecuada de resistores, se puede convertir en un amperímetro o en un voltímetro. Un amperímetro se calibra para medir la corriente eléctrica. Un voltímetro se calibra para medir el potencial eléctrico.

gas Fase de la materia más allá de la fase líquida, donde las moléculas llenan todo el espacio que esté a su disposición, sin tomar forma definida.

generador magnetohidrodinámico (MHD) Dispositivo para generar energía eléctrica por interacción de un plasma y un campo magnético.

generador Máquina que produce corriente eléctrica, casi siempre haciendo girar una bobina dentro de un campo magnético estacionario.

geodésica Camino más corto entre dos puntos de una superficie.

gramo (g) Unidad métrica de masa. Es una milésima parte de un kilogramo, y casi exactamente la masa de un centímetro cúbico de agua a 4° Celsius.

gravitación Atracción entre objetos debido a su masa. Véase también *ley de la gravitación universal* y *constante universal de la gravitación*.

gravitón Cuanto de gravedad, concepto parecido al fotón como cuanto de luz (no se había detectado cuando se escribió este libro).

grupo Elementos de la misma columna de la tabla periódica.

h a) Símbolo de hora (aunque con frecuencia se usa hr). b) Cuando está en cursiva, *h* es el símbolo de la *constante de Planck*.

hadrón Partícula elemental que puede participar en interacciones de fuerza fuerte.

hecho Concordancia externa entre observadores competentes respecto a una serie de observaciones de los mismos fenómenos.

hertz (Hz) Unidad SI de frecuencia. Un hertz es una vibración por segundo.

hipótesis Conjetura educada; una explicación razonable de una observación o resultado experimental que no se acepta totalmente como hecho, sino hasta que se prueba una y otra vez con experimentos.

holograma Figura de interferencia microscópica bidimensional que produce imágenes ópticas tridimensionales.

hoyo negro O agujero negro. Concentración de masa causada por el colapso gravitacional; en su cercanía la gravedad es tan intensa que ni siquiera la luz puede escapar.

humedad Medida de la cantidad de vapor de agua en el aire. La humedad absoluta es la masa de agua por volumen (o masa) de aire. La humedad relativa es la humedad absoluta dividida entre la humedad máxima posible a esa temperatura; se suele expresar en porcentaje.

humedad relativa Relación entre la cantidad de vapor de agua hay en el aire y la cantidad máxima que podría haber en el aire a la misma temperatura.

Hz Símbolo de *hertz*.

imagen real Imagen formada por rayos de luz que convergen en el lugar de la imagen. Una imagen real, a diferencia de una virtual, se puede mostrar en una pantalla.

imagen virtual Imagen formada por rayos de luz que no convergen en el lugar de la imagen. Los espejos y los lentes convergentes, cuando se usan como lupas, y los lentes y espejos divergentes producen imágenes virtuales. Un observador puede ver imágenes virtuales, pero no se pueden proyectar en una pantalla.

imán Todo objeto que tiene propiedades magnéticas, esto es, la capacidad de atraer objetos de hierro u otras sustancias magnéticas. Véase también *electromagnetismo* y *fuerza magnética*.

impulso Producto de la fuerza por el intervalo de tiempo durante el cual actúa. El impulso produce un cambio en la cantidad de movimiento.

$$\text{impulso} = Ft = \Delta (mv)$$

incandescencia Estado de resplandor con altas temperaturas, causado por electrones que rebotan distancias mayores que el tamaño de un átomo, emitiendo en el proceso energía radiante. La frecuencia máxima de la energía radiante es proporcional a la temperatura absoluta de la sustancia calentada

$$\bar{f} \sim T$$

índice de refracción (n) Relación de la rapidez de la luz en el vacío entre la rapidez de la luz en otro material

$$n = \frac{\text{rapidez de la luz en el vacío}}{\text{rapidez de la luz en otro material}}$$

inducción Carga de un objeto sin contacto directo. Véase también *inducción electromagnética.*

inducción electromagnética Fenómeno de inducir un voltaje en un conductor cambiando el campo magnético cerca del conductor. Si cambia en cualquier forma el campo magnético dentro de una espira cerrada, en ella se induce un voltaje. En realidad, la inducción de voltaje es el resultado de un fenómeno más fundamental: la inducción de un campo eléctrico. Véase también *ley de Faraday.*

inducido a) Término que se aplica a la carga eléctrica que se ha redistribuido sobre un objeto, debido a la presencia de un objeto cargado cercano. b) Término que se aplica a un voltaje, campo eléctrico o campo magnético que se forma debido a un cambio en, o por movimiento a través de un campo magnético o un campo eléctrico.

inelástico Término que se aplica a un material que no regresa a su forma original después de haberlo estirado o comprimido.

inercia Indolencia o resistencia aparente de un objeto a cambiar su estado de movimiento. La masa es la medida de la inercia.

inercia rotacional Reluctancia o resistencia aparente de un objeto para cambiar su estado de rotación; determinada por la distribución de la masa del objeto y el lugar del eje de rotación o revolución.

infrarrojo Ondas electromagnéticas de menores frecuencias que las del rojo de la luz visible.

infrasónico Término que se aplica a frecuencias sonoras de menos de 20 hertz, el límite inferior normal de la audición humana.

ingravidez Estado de caída libre hacia o en torno a la Tierra, en el que sobre un objeto no actúa fuerza de apoyo (y no ejerce fuerza sobre una báscula).

intensidad Potencia por metro cuadrado, conducida por una onda sonora; con frecuencia se expresa en decibelios.

interacción Acción mutua entre objetos, donde cada objeto ejerce una fuerza igual y opuesta sobre el otro.

interacción fuerte Véase *fuerza fuerte.*

interferencia Resultado de superponer distintas ondas, con frecuencia de la misma longitud. La interferencia constructiva resulta por refuerzos de creta con cresta; la interferencia destructiva se debe a anulación de cresta con valle. La interferencia de ciertas longitudes de onda de la luz produce los colores llamados colores de interferencia. Véase también *interferencia constructiva, interferencia destructiva, figura de interferencia* y *onda estacionaria.*

interferencia constructiva Combinación de ondas de tal modo que se traslapan dos o más ondas y producen una onda resultante de mayor amplitud. Véase también *interferencia.*

interferencia destructiva Combinación de ondas tal que las crestas de una onda se enciman con los valles de otra y producen una onda con menor amplitud. Véase también *interferencia.*

interferómetro Aparato que usa la interferencia de las ondas luminosas para medir distancias muy pequeñas con gran exactitud. Michelson y Morley usaron un interferómetro en sus famosos experimentos con la luz.

inversamente Cuando dos valores cambian en direcciones opuestas de tal modo que si uno aumenta y el otro disminuye la misma cantidad, se dice que son inversamente proporcionales entre sí.

inversión de polo magnético Cuando el campo magnético de un cuerpo astronómico invierte sus polos, esto es, el lugar donde estaba el polo norte magnético se transforma en polo sur magnético, y donde estaba el polo sur magnético cambia al polo norte magnético.

inversión de temperatura Caso en el cual se detiene la convección ascensional del aire, a veces porque hay una región en la atmósfera superior que está más caliente que la región abajo de ella.

ion Átomo o grupo de átomos enlazados entre sí, con una carga eléctrica neta, que se debe a la pérdida o ganancia de electrones. Un ion positivo tiene una carga neta positiva. Un ion negativo tiene una carga neta negativa.

ionización Proceso de agregar o quitar electrones a o de los átomos o moléculas.

iridiscencia Fenómeno por el cual la interferencia de las ondas luminosas de varias frecuencias se refleja en las caras superior e inferior de películas delgadas, produciendo una variedad de colores.

iris Parte coloreada del ojo que rodea a la abertura negra (pupila) a través de la cual pasa la luz. El iris regula la cantidad de luz que entra al ojo.

isótopos Átomos cuyos núcleos tienen la misma cantidad de protones, pero distintas cantidades de neutrones.

J Símbolo de *joule.*

joule (J) Unidad SI de trabajo y todas las demás formas de energía. Se efectúa un joule de trabajo cuando una fuerza de un newton se ejerce sobre un objeto y lo mueve un metro en dirección de esa fuerza.

K a) Símbolo de *kelvin.* b) Cuando es minúscula, k es la abreviatura del prefijo *kilo.* c) Cuando está en cursiva y en minúscula, *k* es el símbolo de la constante de proporcionalidad en la *ley de Coulomb.* Aproximadamente es igual a 9×10^9 N·m^2/C^2. d) Cuando está en minúscula y en cursiva, *k* es el símbolo de la constante del resorte en la *ley de Hooke.*

kcal Abreviatura de *kilocaloría.*

kelvin Unidad SI de temperatura. Una temperatura medida en kelvins (símbolo K) indica la cantidad de esas unidades arriba del cero absoluto. Las divisiones en la escala Kelvin y en la escala Celsius son del mismo tamaño, por lo que un cambio de temperatura de un kelvin es igual a un cambio de temperatura de un grado Celsius.

kg Símbolo de *kilogramo.*

kilo Prefijo que significa mil, como en kilowatt o kilogramo.

kilocaloría (kcal) Unidad de calor. Una kilocaloría es igual a 1000 calorías, o la cantidad de calor requerido para elevar 1°C la temperatura de un kilogramo de agua. Es igual a una Caloría dietética.

kilómetro (km) Mil *metros.*

kilowatt (kW) Mil *watts.*

kilowatt-hora (kWh) Cantidad de energía consumida durante una hora a la tasa de un kilowatt.

km Símbolo de *kilómetro.*

kPa Símbolo de *kilopascal.* Véase *pascal.*

kWh Símbolo de *kilowatt-hora.*

L Símbolo de *litro.* (En algunos libros se sigue usando l minúscula.)

láser Instrumento óptico que produce un haz de luz coherente, esto es, luz con todas las ondas de la misma frecuencia, fase y dirección. La palabra es acrónimo de *light amplification by stimulated emission of radiation*, amplificación de luz por emisión estimulada de radiación.

lente Pieza de vidrio u otro material transparente que puede reunir la luz en un foco. Es correcto decir *la* lente o *el* lente.

lente convergente Lente más grueso en su parte media que en sus orillas; refracta los rayos de luz paralelos que pasan por él y los dirige hacia un foco. Véase también *lente divergente*.

lente divergente Lente que es más delgado en su parte media que en sus bordes, haciendo que los rayos de luz que pasan a través de él diverjan, como si procedieran de un punto. Véase también *lente convergente*.

lente objetivo En un aparato óptico que use lentes compuestos, el lente que está más cerca del objeto observado.

lentes acromáticos Véase *aberración cromática*.

leptón Clase de partículas elementales que no intervienen con la fuerza nuclear. Incluye al electrón y su neutrino, al muón y su neutrino, y al tau y a su neutrino.

Ley Hipótesis o afirmación general acerca de las relaciones de cantidades naturales, que se han probado una y otra vez y que no se ha encontrado se contradigan. También se llama *principio*.

ley de Boyle El producto de la presión por el volumen es una constante para determinada masa de gas confinado, independientemente de cambios individuales en la presión o en el volumen, siempre y cuando la temperatura no cambie.

$$P_1V_1 = P_2V_2$$

ley de Coulomb Relación entre la fuerza eléctrica, las cargas y la distancia. La fuerza eléctrica entre dos cargas varía en función directa al producto de las cargas (q) y en función inversa al cuadrado de la distancia entre ellas. (k es la constante de proporcionalidad, 9×10^9 N·m^2/C^2.) Si las cargas tienen signo igual, la fuerza es de repulsión; si las cargas tienen signo distinto, la fuerza es de atracción.

$$F = k\frac{q_1q_2}{d^2}$$

ley de Faraday El voltaje inducido en una bobina es proporcional al producto de la cantidad de vueltas por la rapidez de cambio del campo magnético dentro de esas vueltas o espiras. En general, un campo eléctrico se induce en cualquier región del espacio en la que cambia un campo magnético al paso del tiempo. La magnitud del campo eléctrico inducido es proporcional a la tasa de cambio del campo magnético. Véase también *contraparte de Maxwell de la ley de Faraday*:

$$\text{voltaje inducido} \sim \text{número de espiras} \times \frac{\text{cambio de campo magnético}}{\text{cambio de tiempo}}$$

ley de Hooke La distancia de estiramiento o aplastamiento (extensión o compresión) de un material elástico es directamente proporcional a la fuerza aplicada. Si Δx es el cambio de longitud y k es la constante del resorte

$$F = k\Delta x$$

ley de la gravitación universal Para todo par de partículas (u objetos esféricos), cada una atrae a la otra con una fuerza que es directamente proporcional al producto de las masas de las partículas e inversamente proporcional al cuadrado de la distancia entre sus centros de masa. Cuando F es la fuerza, m es la masa, d es la distancia y G es la constante de la gravitación

$$F \sim \frac{m_1m_2}{d^2} \text{ o bien } F = G\,\frac{m_1m_2}{d^2}$$

ley de la inercia Véase *leyes de Newton del movimiento, primera ley*.

ley de Newton del enfriamiento La rapidez de enfriamiento de un objeto, sea por conducción, convección o radiación, es aproximadamente proporcional a la diferencia de las temperaturas del objeto y del medio que le rodea.

ley de Ohm La corriente en un circuito es directamente proporcional al voltaje a través del circuito, y es inversamente proporcional a la resistencia del circuito.

$$\text{corriente} = \frac{\text{voltaje}}{\text{resistencia}}$$

ley de reflexión El ángulo de incidencia de una onda que llega a una superficie es igual al ángulo de reflexión. Esto es cierto para las ondas parcial y totalmente reflejadas. Véase también *ángulo de incidencia* y *ángulo de reflexión*.

ley del inverso del cuadrado Ley que relaciona la intensidad de un efecto con el inverso del cuadrado de la distancia a la causa. Los fenómenos de gravedad, magnéticos, luminosos, sonoros y de radiación siguen la ley del inverso del cuadrado.

$$\text{intensidad} \sim \frac{1}{\text{distancia}^2}$$

leyes de Kepler del movimiento planetario

Primera ley: Cada planeta describe una órbita elíptica con el Sol en un foco.

Segunda ley: La línea que va del Sol a cualquier planeta barre áreas iguales de espacio en intervalos iguales de tiempo.

Tercera ley: Los cuadrados de los tiempos de revolución (en días, meses o años) de los planetas son proporcionales a los cubos de sus distancias promedio al Sol ($T^2 \sim R^3$ para todos los planetas).

leyes de Newton del movimiento

Primera ley: Todo cuerpo continúa en su estado de reposo, o de movimiento en línea recta a velocidad constante, a menos que sea forzado a cambiar ese estado a causa de una fuerza neta que se ejerza sobre él. También se le llama ley de la inercia.

Segunda ley: La aceleración producida por una fuerza neta sobre un cuerpo es directamente proporcional a la magnitud de la fuerza neta, tiene la misma dirección que la de la fuerza neta, y es inversamente proporcional a la masa del cuerpo.

Tercera ley: Siempre que un cuerpo ejerce una fuerza sobre un segundo cuerpo, el segundo cuerpo ejerce una fuerza igual y opuesta sobre el primero.

límite elástico Distancia, o alargamiento o compresión, más allá de la cual un material elástico no regresa a su estado original.

línea de corriente Trayectoria lisa de una pequeña región de fluido en flujo estable.

líneas de absorción Rayas oscuras que aparecen en un espectro de absorción. La pauta de las líneas es única para cada elemento.

líneas de campo Véase *líneas de campo magnético*.

líneas de campo magnético Líneas que muestran la forma de un campo magnético. Una brújula colocada en esa línea girará de tal modo que quedará alineada con ella.

líneas de Fraunhofer Rayas negras visibles en el espectro del Sol o de una estrella.

líneas espectrales Rayas de color que se forman cuando la luz pasa a través de una rendija y después por un prisma o rejilla de difracción; por lo general en un espectroscopio. El orden de las rayas es único para cada elemento.

líquido Fase de la materia intermedia entre las fases sólida y gaseosa, en la cual la materia posee un volumen definido, pero no tiene forma definida: toma la forma de su recipiente.

litro (L) Unidad métrica de volumen. Un litro es igual a 1000 mililitros (ml), y casi igual a 1000 cm^3.

logarítmico Exponencial.

longitud de onda Distancia entre crestas sucesivas, valles sucesivos o partes idénticas sucesivas de una onda.

luces del norte Traducción de la expresión en inglés *northern lights*. Véase *aurora boreal*.

luz Parte visible del espectro electromagnético.

luz blanca Luz, como la solar, que es una combinación de todos los colores. Bajo la luz blanca, los objetos blancos se ven blancos, y los objetos de color aparecen con sus colores individuales reales.

luz coherente Luz de una sola frecuencia, en la que todos los fotones están exactamente en fase y se mueven en la misma dirección. Los láseres producen luz coherente. Véanse también *luz no coherente* y *láser.*

luz incoherente Luz que contiene ondas con una diversidad de frecuencias, fases y quizá direcciones. Véase también *luz coherente* y *láser.*

luz monocromática Luz formada sólo de un color, y en consecuencia por ondas de una sola longitud y frecuencia.

luz visible Parte del espectro electromagnético que puede ver el ojo humano.

m a) Símbolo del *metro.* b) Cuando está en cursiva, *m* es el símbolo de *masa.*

magnetismo Propiedad de atraer objetos de hierro, acero o magnéticos. Véase también *electromagnetismo* y *fuerza magnética.*

máquina Dispositivo para aumentar (o disminuir) una fuerza, o simplemente para cambiar la dirección de una fuerza.

máquina térmica Dispositivo que transforma energía interna en trabajo mecánico.

marco de referencia Punto especial (por lo general un conjunto de ejes coordenados) con respecto al cual se pueden describir posiciones y movimientos.

marco de referencia inercial Punto especial no acelerado, en el cual las leyes de Newton son exactamente válidas.

marea muerta Marea que se presenta cuando la Luna está entre una Luna nueva y una Luna llena, en cualquier dirección. Las mareas debidas al Sol y a la Luna se anulan parcialmente, por lo que las pleamares son menores que el promedio, y las bajamares no son tan bajas como el promedio. Véase también *marea viva.*

marea viva Pleamar o bajamar (marea alta o baja) cuando el Sol, la Tierra y la Luna están alineados, de manera tal que coinciden las mareas debidas al Sol y a la Luna, haciendo que las pleamares sean más altas que el promedio, y las bajamares sean más bajas que el promedio. Véase también *marea muerta.*

masa (*m*) Cantidad de materia en un objeto; la medida de la inercia o indolencia que muestra un objeto como respuesta a algún esfuerzo para ponerlo en movimiento, detenerlo o cambiar de cualquier manera su estado de movimiento; es una forma de energía.

masa crítica Masa mínima de material fisionable en un reactor o bomba nuclear que sostiene una reacción en cadena. Una masa subcrítica es aquella con la que la reacción en cadena se extingue. Una masa supercrítica es aquella con la que la reacción en cadena aumenta en forma explosiva.

masa subcrítica Véase *masa crítica.*

masa supercrítica Véase *masa crítica.*

máser Instrumento que produce un haz de microondas. La palabra es acrónimo de *microwave amplification by stimulated emission of radiation,* amplificación de microondas por emisión estimulada de radiación.

materia oscura Materia invisible y no identificada, que se percibe por su atracción gravitacional sobre las estrellas en las galaxias; quizá forme el 90% de la materia del universo.

mecánica cuántica Rama de la física que se ocupa del micromundo atómico, basada en funciones de onda y probabilidades. La inició Max Planck (1900) y la desarrollaron Werner Heisenberg (1925), Erwin Schrödinger (1926) y otros.

mega- Prefijo que significa millón, como megahertz o megajoule.

mesón Partícula elemental con un peso atómico de cero; puede participar en la interacción fuerte.

método científico Método ordenado para adquirir, organizar y aplicar los nuevos conocimientos.

metro (m) Unidad patrón SI de longitud (3.28 pies).

MeV Símbolo de un millón de *electrón volts,* unidad de energía o, lo que es lo mismo, una unidad de masa.

mezcla Unión íntima de sustancias sin que haya combinación química.

MHD Iniciales de *magnetohidrodinámico.*

mi Símbolo de milla.

microondas Ondas electromagnéticas con frecuencias mayores que las de radio, pero menores que las de infrarrojo.

microscopio Instrumento óptico que forma imágenes amplificadas de objetos muy pequeños.

min Abreviatura de minuto.

MJ Símbolo de megajoules, millones de *joules.*

modelo Representación de una idea con objeto de hacerla más comprensible.

modelo de capas para el átomo Modelo en el que los electrones de un átomo se representan como agrupados en capas concéntricas en torno al núcleo.

modulación Adición de un sistema de onda de señal a una onda portadora de mayor frecuencia; modulación de amplitud (AM) para señales de amplitud, y modulación de frecuencia (FM) para señales de frecuencia.

modulación de amplitud (AM) Tipo de modulación en el que se hace variar la amplitud de la onda portadora arriba y abajo de su valor normal, en una cantidad proporcional a la amplitud de la señal impresa.

modulación de frecuencia (FM) Clase de modulación en la que se hace variar la frecuencia de la onda portadora, arriba y abajo de su frecuencia normal, en una cantidad que es proporcional a la amplitud de la señal impresa. En este caso, la amplitud de la onda portadora modulada permanece constante.

molécula Dos o más átomos de los mismos o distintos elementos, enlazados para formar una partícula mayor.

momento angular Producto de la inercia rotacional de un cuerpo por la velocidad rotatoria respecto a determinado eje. Para un objeto pequeño en comparación de la distancia radial, es el producto de la masa, la velocidad y la distancia radial de rotación.

$$\text{momento angular} = mvr$$

monopolo magnético Partícula hipotética que tiene un solo polo norte o sur magnético; es análoga a la carga eléctrica positiva o negativa.

movimiento armónico simple Movimiento vibratorio o periódico, como el de un péndulo, en el que la fuerza que actúa sobre el cuerpo vibratorio es proporcional a su desplazamiento respecto a su posición central de equilibrio, y esa fuerza se dirige hacia esa posición.

movimiento browniano Movimiento azaroso de partículas diminutas suspendidas en un gas o un líquido, debido al bombardeo por las moléculas veloces del gas o el líquido.

movimiento no lineal Todo movimiento que no es a lo largo de una trayectoria rectilínea.

movimiento oscilatorio Movimiento de ida y vuelta, como el de un péndulo.

movimiento rectilíneo Movimiento a lo largo de una trayectoria en línea recta.

muón Partícula elemental perteneciente a la clase llamada leptones. Es de vida corta, su masa es 207 veces la del electrón; puede tener carga positiva o negativa.

música En el sentido científico, sonido con tonos periódicos que aparecen como una figura regular en un osciloscopio.

N Símbolo del *newton.*

nanómetro   Unidad métrica de longitud, que equivale a 10^{-9} metro (una mil millonésima de metro).

neutrino   Partícula elemental de la clase de los leptones. No tiene carga y casi no tiene masa; hay tres clases de ella: neutrinos electrónico, muónico y tauónico; son las partículas más comunes de alta velocidad en el universo. Cada segundo atraviesan, sin ser estorbadas, más de mil millones de ellas a través de una persona.

neutrón   Partícula eléctricamente neutra que es una de las dos clases de nucleones que forman un núcleo atómico.

newton (N)   Unidad SI de fuerza. Un newton es la fuerza aplicada a un kilogramo masa que produce una aceleración de un metro por segundo por segundo.

nodo   Toda parte de una onda estacionaria que permanece estacionaria; una región de energía mínima o cero.

normal   En ángulo recto con, o perpendicular a. Una fuerza normal a una superficie actúa en ángulo recto a esa superficie. En óptica, una normal define la línea perpendicular a una superficie, y respecto a ella se miden los ángulos de los rayos de luz.

nucleón   Bloque constructivo principal del núcleo. Un neutrón o un protón; el nombre colectivo de ambos o de cualquiera de ellos.

número atómico   Número asociado con un átomo, igual a la cantidad de protones en el núcleo; también, igual a la cantidad de electrones en la nube electrónica de un átomo neutro.

Número de Avogadro 6.02×10^{23} moléculas.

número de Mach   Relación de la velocidad de un objeto entre la velocidad del sonido. Por ejemplo, un avión que viaje *a la* velocidad del sonido va a Mach 1.0; si va al *doble* de la velocidad del sonido, va a Mach 2.0.

número de masa atómica   Número asociado con un átomo, que es igual a la cantidad de nucleones (protones más neutrones) en el núcleo.

octava   En música, el octavo tono completo arriba o abajo de determinado tono. El tono que está una octava superior tiene el doble de vibraciones por segundo que el original; el tono que está una octava inferior tiene la mitad de vibraciones por segundo que el original.

ocular   Lente de un telescopio o microscopio que está más cerca del ojo; aumenta la imagen real que produce el primer lente, u objetivo.

ohm (Ω)   Unidad SI de resistencia eléctrica. Un ohm es la resistencia de un dispositivo por el que pasa una corriente de un ampere cuando se imprime a través de él un volt de potencial.

onda   Un "culebreo en el espacio y en el tiempo", una perturbación que se repite en forma periódica en el espacio y en el tiempo, y que se transmite en forma progresiva de un lugar al siguiente, sin transporte neto de materia.

onda de choque   Onda cónica producida por un objeto que se mueve a velocidad supersónica a través de un fluido.

onda de proa   Onda en forma de V, producida por un objeto en movimiento sobre una superficie líquida, cuando se mueve con más rapidez que la velocidad de la onda.

onda electromagnética   Onda portadora de energía, emitida por cargas en vibración (con frecuencia electrones), formada por campos eléctricos y magnéticos oscilantes que se regeneran entre sí. Las ondas de radio, microondas, radiación infrarroja, luz visible, radiación ultravioleta y los rayos gamma están formados por ondas electromagnéticas.

onda estacionaria   Distribución estable de ondas, formada en un medio cuando dos conjuntos de ondas idénticas atraviesan el medio en direcciones opuestas. La onda parece no moverse.

onda gravitacional   Perturbación gravitacional que se propaga por el espacio tiempo, debido a una masa en movimiento (no se había detectado cuando se escribió este libro).

onda longitudinal   Onda en la que las partículas individuales de un medio vibran hacia adelante y atrás, en la dirección en la cual la onda viaja; por ejemplo, el sonido.

onda plano polarizada   Una onda confinada a un solo plano.

onda portadora   Onda de radio de alta frecuencia, modificada por una onda de menor frecuencia.

onda transversal   Onda donde la vibración es en ángulo recto respecto a la dirección de propagación de la onda. La luz está formada por ondas transversales.

ondas de calor   Véase *ondas infrarrojas*.

ondas de materia   Véase *ondas de materia de de Broglie*.

ondas de materia de de Broglie   Todas las partículas tienen propiedades ondulatorias. En la ecuación de de Broglie, el producto de cantidad de movimiento por longitud de onda es igual a la constante de Planck.

ondas de radio   Ondas electromagnéticas con las longitudes de onda mayores.

ondas infrarrojas   Ondas electromagnéticas que tienen menor frecuencia que la luz roja visible.

opaco   Término que se aplica a materiales que absorben la luz sin reemitirla y, en consecuencia, no permiten pasar luz a través de ellos.

órbita geosincrónica   Órbita de satélites en la cual éstos giran alrededor de la Tierra una vez cada día. Al moverse hacia el oeste, el satélite permanece sobre (a unos 42,000 km) un punto fijo de la superficie terrestre.

oscilación   Igual que la vibración, un movimiento repetitivo de ir y venir en torno a una posición de equilibrio. La oscilación y la vibración se refieren a movimientos periódicos, esto es, movimientos que se repiten.

oxidación   Proceso químico en el que un elemento o molécula pierde uno o más electrones.

ozono   Gas que forma una capa delgada en la atmósfera superior; su molécula está formada por tres átomos de oxígeno. El oxígeno gaseoso de la atmósfera está formado por moléculas con dos átomos de oxígeno.

Pa   Símbolo de *pascal*, unidad SI de presión.

palanca   Máquina simple formada por una barra que gira respecto a un punto fijo, llamado punto de apoyo o pivote.

par de giro   También par de torsión, par, *torca* o *torque*. Producto de la fuerza por el brazo de palanca, cuando la fuerza tiende a producir aceleración rotatoria.

$$\text{par de giro} = \text{fuerza} \times \text{brazo de palanca}$$

parábola   Trayectoria curva que sigue un proyectil sobre el cual actúa sólo la fuerza de la gravedad.

paralaje   Desplazamiento aparente de un objeto al verlo un observador desde dos posiciones distintas; con frecuencia se usa para calcular distancias a las estrellas.

partícula alfa   Núcleo de un átomo de helio, formado por dos neutrones y dos protones, emitido por ciertos núcleos radiactivos.

partícula beta   Electrón (o positrón) emitido durante el decaimiento radiactivo de ciertos núcleos.

partículas elementales   Partículas subatómicas. Los bloques constructivos básicos de toda la materia; son de dos clases: quarks y leptones.

pascal (Pa)   Unidad SI de presión. Un pascal de presión ejerce una fuerza normal de un newton por metro cuadrado. Un kilopascal (kPa) es 1000 pascales.

penumbra   Sombra parcial que aparece donde algo de la luz se bloquea y otra parte de la luz puede llegar. Véase también *sombra*.

percusión   En los instrumentos musicales, el golpear un objeto contra otro.

perigeo   Punto de una órbita elíptica que está más cercano al foco de la órbita. Véase también *apogeo*.

periodo En general, el tiempo necesario para completar un ciclo. a) Para el movimiento orbital, el tiempo necesario para recorrer una órbita. b) Para vibraciones u ondas, el tiempo requerido por un ciclo completo; es igual a 1/frecuencia.

perturbación Desviación de un objeto en órbita (por ejemplo, un planeta) de su trayectoria en torno a un centro de fuerza (por ejemplo, el Sol), debida a la acción de otro centro más de fuerza (por ejemplo, otro planeta).

peso Fuerza sobre un cuerpo debido a la atracción gravitacional de otro cuerpo (normalmente la Tierra).

pigmento Partículas finas que absorben en forma selectiva la luz de ciertas frecuencias, y transmiten otras en forma selectiva.

plano focal Plano perpendicular al eje principal que pasa por un foco de un lente o espejo. Para un lente convergente o un espejo cóncavo, todos los rayos incidentes paralelos de luz convergen hacia un punto del plano focal. Para un lente divergente o un espejo convexo, los rayos parecen venir de un punto del plano focal.

plasma Cuarta fase de la materia, además de sólido, líquido y gas. En la fase de plasma, que existe principalmente a altas temperaturas, la materia está formada por iones con carga positiva y electrones libres.

polarización Alineamiento de vibraciones en una onda transversal, por lo general por eliminación de ondas de otras frecuencias por vibración. Véase también *onda plano polarizada* y *cristal dicroico*.

polarizado eléctricamente Término que se aplica a un átomo o molécula en donde las cargas se alinean de tal modo que un lado es un poco más positivo o negativo que el opuesto.

polea Rueda que funciona como palanca; se usa para cambiar la dirección de una fuerza. Una polea o sistema de poleas también multiplican las fuerzas.

positrón Antipartícula de un electrón; un electrón con carga positiva.

postulados de la relatividad especial

Primer postulado: Todas las leyes de la naturaleza son iguales en todos los marcos de referencia con movimiento uniforme.

Segundo postulado: La velocidad de la luz en el espacio libre tiene el mismo valor medido independientemente del movimiento de la fuente, o del movimiento del observador; esto es, la velocidad de la luz es invariante.

potencia Rapidez con la que se efectúa trabajo, o con la que se transforma la energía; es igual al trabajo efectuado o a la energía transformada divididos entre el tiempo. Se expresa en watts.

$$\text{potencia} = \frac{\text{trabajo}}{\text{tiempo}}$$

potencia eléctrica Tasa de transferencia de energía eléctrica, o tasa de efectuar trabajo, que se puede calcular con el producto de la corriente por el voltaje.

$$\text{potencia} = \text{corriente} \times \text{voltaje}$$

potencia solar Energía obtenida del Sol, por unidad de tiempo. Véase también *constante solar*.

potencial eléctrico Energía potencial eléctrica, en joules, por unidad de carga, en coulombs, en un lugar de un campo eléctrico; se expresa en volts y se con frecuencia se le llama voltaje o tensión.

$$\text{voltaje} = \frac{\text{energía eléctrica}}{\text{carga}} = \frac{\text{joules}}{\text{coulcomb}}$$

precesión Oscilación de un objeto giratorio, de tal modo que su eje de rotación describe un cono.

presión Fuerza entre área, donde la fuerza es normal (perpendicular) al área; se mide en pascales. Véase también *presión atmosférica*.

$$\text{presión} = \frac{\text{fuerza}}{\text{área}}$$

presión atmosférica Presión que se ejerce sobre los cuerpos inmersos en la atmósfera; se debe al peso del aire que oprime de arriba hacia abajo. Al nivel del mar, la presión atmosférica es de unos 101 kPa.

principio Hipótesis o afirmación general acerca de la relación de cantidades naturales, que se ha comprobado una y otra vez, y que no se le ha encontrado contradicción; también se conoce como ley.

principio de Arquímedes Relación entre la flotación y el fluido desplazado: un objeto sumergido sufre una fuerza ascensional que es igual al peso del líquido que desplaza.

principio de Avogadro Volúmenes iguales de todos los gases a la misma temperatura y presión contienen igual cantidad de moléculas, 6.02×10^{23} en una mol (masa en gramos que es igual a la masa molecular de la sustancia, en unidades de masa atómica).

principio de Bernoulli La presión en un fluido disminuye a medida que aumenta la velocidad del fluido.

principio de combinación de Ritz Para un elemento, las frecuencias de algunas rayas espectrales son la suma o la diferencia de las frecuencias de otras dos rayas en el espectro de ese elemento.

principio de correspondencia Si es válida una teoría nueva, debe explicar los resultados comprobados de la teoría anterior, en el ámbito donde se apliquen ambas teorías.

principio de equivalencia Las observaciones hechas en un marco de referencia en aceleración son indistinguibles de las hechas en un campo gravitacional.

principio de Fermat del tiempo mínimo La luz sigue la trayectoria que requiere el tiempo mínimo, cuando va de un lugar a otro.

principio de flotación Un objeto flotante desplaza una cantidad de fluido cuyo peso es igual al peso del objeto.

principio de Huygens Las ondas de luz que emanan de una fuente luminosa se pueden considerar como superposición de ondulaciones secundarias diminutas.

principio de incertidumbre Principio formulado por Heisenberg que afirma que h, la constante de Planck, establece un límite de exactitud de medición a nivel atómico. Según el principio de incertidumbre no es posible medir con exactitud y al mismo tiempo la posición y la cantidad de movimiento de una partícula, ni tampoco la energía y el tiempo asociado con una partícula.

principio de Pascal Los cambios de presión en cualquier punto de un fluido encerrado en reposo se transmiten inalterados a todos los puntos del fluido y actúan en todas direcciones.

principio de superposición En un caso donde más de una onda ocupa el mismo espacio al mismo tiempo, los desplazamientos se suman en todos los puntos.

prisma Cuerpo triangular de material transparente como vidrio, que separa la luz incidente, por refracción, en sus colores componentes. Con frecuencia, a estos colores componentes se les llama espectro.

proceso adiabático Proceso, con frecuencia una expansión o compresión rápida, donde no entra ni sale calor a o de un sistema. En consecuencia, un líquido o gas que sufra esta clase de expansión se enfría, o si sufre compresión se calienta.

protón Partícula con carga positiva que es una de las dos clases de nucleones en en núcleo de un átomo.

proyectil Cualquier objeto que se mueve a través del aire o del espacio, sobre el cual sólo actúa la gravedad (y la resistencia del aire, si lo hay).

pulida Describe una superficie que es tan lustrosa que las distancias entre sus elevaciones sucesivas son menores que más o menos un octavo de la longitud de onda de la luz u otra onda incidente de interés. El resultado es que hay muy poca reflexión difusa.

pulsaciones Secuencia de refuerzo y anulación alternadas de dos conjuntos de ondas superpuestas que difieren en su frecuencia; se oye como un sonido palpitante.

punto ciego Área de la retina en donde salen del ojo todos los nervios que llevan la información visual al cerebro; es una región sin visión.

punto de apoyo Pivote de una palanca.

pupila Abertura del globo ocular a través de la cual pasa la luz.

quark Una de las dos clases de partículas elementales. (La otra es la de los leptones.) Dos se los seis quarks (arriba y abajo) son los bloques constructivos fundamentales de los nucleones (protones y neutrones).

rad Unidad para medir una dosis de radiación; es la cantidad de energía (en centijoules) de radiación ionizante absorbida por kilogramo de material expuesto.

radiación a) Energía transmitida por ondas electromagnéticas. b) Las partículas emitidas por átomos radiactivos, como el uranio. No se debe confundir la radiación con la radiactividad.

radiación electromagnética Transferencia de energía mediante las oscilaciones rápidas de campos electromagnéticos, que viajan en forma de las ondas llamadas ondas electromagnéticas.

radiación terrestre Energía radiante emitida por la Tierra.

radiactividad Proceso del núcleo atómico que produce la emisión de partículas energéticas. Véase *radiación*.

radiactivo Término que se aplica a un átomo que tiene un núcleo inestable que puede emitir, en forma espontánea, una partícula y transformarse en el núcleo de otro elemento.

radical libre átomo o fragmento molecular no enlazado, eléctricamente neutro y con mucha actividad química.

radioterapia Uso de la radiación como tratamiento para matar células cancerosas.

rapidez La prontitud con que se mueve algo; la distancia que un objeto recorre por unidad de tiempo; la magnitud de la velocidad. Término que en uso común es sinónimo de velocidad. Véase también *velocidad instantánea, velocidad lineal, velocidad de rotación* y *velocidad tangencial.*

$$rapidez = \frac{distancia}{tiempo}$$

rapidez Lo rápido que sucede algo, o cuánto cambia algo por unidad de tiempo; un cambio de una cantidad dividido entre el tiempo que tarda en ocurrir el cambio.

rapidez de onda Rapidez con la que las ondas pasan por un punto determinado.

$$rapidez\ de\ onda = longitud\ de\ onda \times frecuencia$$

rapidez rotatoria Cantidad de rotaciones o revoluciones por unidad de tiempo; con frecuencia se expresa en rotaciones o revoluciones por segundo o por minuto.

rapidez tangencial Rapidez lineal a lo largo de una trayectoria curva.

rapidez terminal Rapidez alcanzada por un objeto, cuando las fuerzas de resistencia, con frecuencia la fricción del aire, equilibran a las fuerzas impulsoras, como la gravedad, de tal manera que el movimiento no tiene aceleración. Con frecuencia se usa el término "velocidad terminal".

rayo Haz delgado o lápiz de luz. También, líneas trazadas para indicar trayectorias de la luz en diagramas ópticos de rayos.

rayo alfa Chorro de partículas alfa (núcleos de helio) expulsados por ciertos núcleos radiactivos.

rayo beta Chorro de partículas beta (electrones o positrones) emitidos por ciertos núcleos radiactivos.

rayo cósmico Una de las diversas partículas de alta velocidad que viajan por el universo, y se originan en eventos estelares violentos.

rayo gamma Radiación electromagnética de alta frecuencia, emitida por núcleos atómicos.

rayos X Radiación electromagnética de mayor frecuencia que la ultravioleta; la emiten átomos cuando se excitan sus electrones orbitales más interiores.

reacción en cadena Reacción autosostenida que una vez iniciada suministra en forma continua la energía y la materia necesarias para continuar la reacción.

reacción química Proceso de redistribución de átomos, que transforma una molécula en otra.

reactor de cría Reactor de fisión nuclear que no sólo produce energía, sino también produce más combustible nuclear que el que consume, convirtiendo uranio no fisionable en un isótopo fisionable del plutonio. Véase también *reactor nuclear.*

reactor nuclear Aparato en el cual tienen lugar las reacciones de fisión o de fusión nuclear.

reflexión Regreso de los rayos de luz en una superficie, de tal manera que el ángulo con el cual regresa determinado rayo es igual al ángulo con el cual llegó a la superficie. Cuando la superficie reflectora es irregular, la luz regresa en direcciones irregulares, y a esto se le llama *reflexión difusa*. En general, el rebote de una partícula u onda que choca con la frontera entre dos medios.

reflexión difusa Reflexión de ondas en muchas direcciones en una superficie áspera. Véase también *pulida.*

reflexión interna total Reflexión 100% (sin transmisión) de la luz que llega a la frontera entre dos medios formando un ángulo mayor que el ángulo crítico.

refracción Desviación de un rayo oblicuo de luz al pasar de un medio transparente a otro. Se debe a una diferencia de la velocidad de la luz en los medios transparentes o dioptrios. En general, el cambio de dirección de una onda al cruzar la frontera entre dos medios a través de los cuales la onda viaja con distintas velocidades.

regelamiento Proceso de fusión bajo presión, y el congelamiento que sigue cuando se elimina la presión.

regla del equilibrio $\Sigma F = 0$. En un objeto o sistema de objetos en equilibrio mecánico, la suma de fuerzas es igual a cero. También, $\Sigma \tau = 0$, la suma de pares de giro es igual a cero.

rejilla de difracción Serie de rendijas o ranuras paralelas muy próximas entre sí, que se usa para separar, por interferencia, los colores de la luz.

relatividad Véase *teoría de la relatividad especial, postulados de la teoría de la relatividad especial* y *teoría de la relatividad general.*

relativista Perteneciente a la teoría de la relatividad; también, que se acerca a la velocidad de la luz.

relativo Considerado en relación de algo más, dependiendo del punto de vista o del marco de referencia. A veces se dice "con respecto a".

rem Acrónimo de *roentgen equivalent man*, roentgen equivalente hombre. Unidad para medir el efecto de la radiación ionizante en seres humanos.

resistencia Véase *resistencia eléctrica.*

resistencia del aire Fricción que actúa sobre algo que se mueve a través del aire.

resistencia eléctrica Resistencia que presenta un material al flujo de la corriente eléctrica a través de él; se expresa en ohms (símbolo Ω).

resistor Parte de un circuito eléctrico diseñada para resistir el flujo de la carga eléctrica.

resolución   a) Método para separar un vector en sus partes componentes. b) Capacidad de un sistema óptico para clarificar o separar los componentes del objeto que se examina.

resonancia   Fenómeno que sucede cuando la frecuencia de las vibraciones forzadas de un objeto coincide con la frecuencia natural del mismo, y produce un gran aumento en la amplitud.

resultante   Resultado neto de una combinación de dos o más vectores.

retina   Capa de tejido sensible a la luz en el fondo del ojo, formada por diminutas antenas fotosensibles llamados bastones y conos. Los bastones detectan la luz y la oscuridad. Los conos detectan los colores.

reverberación   Persistencia de un sonido, como en un eco, debido a reflexiones múltiples.

revolución   Movimiento de un objeto que gira en torno a un eje externo al objeto.

rotación   Movimiento giratorio que sucede cuando un objeto gira en torno a un eje dentro del mismo; por lo general un eje que pasa por su centro de masa.

RPM   Símbolo de rotaciones o revoluciones por minuto.

ruido   En términos científicos, sonido que corresponde a una vibración irregular del tímpano, producida por alguna vibración irregular, y que aparece en un osciloscopio como una figura irregular.

s   Símbolo del segundo.

satélite   Proyectil o cuerpo celeste pequeño que describe una órbita en torno de un cuerpo celeste mayor.

saturado   Término que se aplica a una sustancia, como el aire, que contiene la cantidad máxima de otra sustancia, como vapor de agua, a temperatura y presión determinadas.

semiconductor   Dispositivo de material que no sólo tiene propiedades intermedias entre las de un conductor y un aislador, sino con resistencia que cambia en forma abrupta cuando cambian otras condiciones, como temperatura, voltaje y campo eléctrico o magnético.

señal analógica   Señal que se basa en una variable continua; lo contrario de una señal digital formada por cantidades discretas.

señal digital   Señal formada por cantidades o señales discretas; lo contrario de señal analógica, que se basa en una señal continua.

SI   Iniciales del Sistema Internacional, sistema de unidades métricas de medida aceptadas y usadas por los científicos en todo el mundo. Véanse más detalles en el apéndice A.

simultaneidad   Que sucede al mismo tiempo. Dos eventos que son simultáneos en un marco de referencia no necesitan ser simultáneos en otro marco de referencia que se mueva en relación con el primero.

sobretono   Término musical cuando el primer sobretono es la segunda armónica. Véase también *tono parcial*.

solidificar   Transformarse en sólido, como en la congelación o el fraguado del concreto.

sólido   Fase de la materia caracterizada por tener volumen y forma definidos.

sombra   Región oscura que aparece donde los rayos de luz son bloqueados por otro objeto.

sonido   Fenómeno ondulatorio longitudinal que consiste en compresiones y enrarecimientos sucesivos del medio a través del cual viaja la onda.

sonoridad   Sensación fisiológica relacionada en forma directa con la intensidad o volumen del sonido. La sonoridad relativa, o nivel del sonido, se mide en decibelios.

sublimación   Conversión directa de una sustancia de la fase sólida a la fase vapor, o viceversa, sin pasar por la fase líquida.

superconductor   Material que es conductor perfecto, con resistencia cero al flujo de las cargas eléctricas.

supersónico   Que viaja más rápido que el sonido.

sustentación   En la aplicación del principio de Bernoulli, la fuerza neta de ascensión producida por la diferencia entre las presiones hacia arriba y hacia abajo. Cuando la sustentación es igual al peso, es posible el vuelo horizontal.

tabla periódica   Tabla que muestra los elementos ordenados por su número atómico y por sus configuraciones electrónicas, de tal modo que los elementos con propiedades químicas parecidas están en la misma columna (grupo). Véase la figura 11.15, páginas 214-215.

tangente   Línea que toca una curva sólo en un punto, y es paralela a ella en esa punto.

taquión   Partícula hipotética que puede viajar más rápido que la luz, y en consecuencia moverse hacia atrás en el tiempo.

tau   La partícula elemental más pesada en la clase de las partículas elementales llamadas leptones.

tecnología   Método y medio para resolver problemas prácticos, implementando lo establecido por la ciencia.

telescopio   Instrumento óptico que forma imágenes de objetos muy distantes.

temperatura   Medida de la energía cinética promedio de traslación, por molécula de una sustancia; se expresa en grados Celsius, Fahrenheit o kelvins.

tensión superficial   Tendencia de la superficie de un líquido a contraer su área y por consiguiente comportarse como una membrana elástica estirada.

teorema del trabajo y la energía   El trabajo efectuado sobre un objeto es igual a la energía cinética adquirida por el objeto.

$$\text{Trabajo} = \text{cambio de energía} \quad \text{o} \quad W = \Delta KE$$

teoría   Síntesis de un gran conjunto de información que abarca hipótesis bien probadas y verificadas acerca de los aspectos del mundo natural.

teoría cuántica   Teoría que describe el micromundo, cuando muchas cantidades son granulares (en unidades llamadas cuantos), y no continua, y hay partículas de luz (fotones) y partículas de materia (como electrones) que muestran propiedades ondulatorias y también de partículas.

teoría de la relatividad especial   Teoría detallada del espacio y el tiempo que sustituye a la mecánica newtoniana cuando las velocidades son muy grandes. La presentó Albert Einstein en 1905. Véase también *postulados de la teoría de la relatividad especial*.

teoría de la relatividad general   Generalización, por Einstein, de la relatividad especial, que estudia el movimiento acelerado y presenta una teoría geométrica de la gravitación.

termodinámica   Estudio del calor y sus transformación en energía mecánica. Se caracteriza por tener dos leyes principales:

Primera ley: Es un enunciado de la ley de la conservación de la energía, aplicada a sistemas que implican cambios de temperatura. Siempre que se agrega calor a un sistema, se transforma en una cantidad igual de alguna otra forma de energía.

Segunda ley: El calor no puede pasar de un cuerpo más frío a un cuerpo más caliente sin que se efectúe trabajo mediante un agente externo.

termómetro   Instrumento para medir la temperatura, por lo general en grados Celsius, Fahrenheit o kelvins.

termostato   Válvula o interruptor que responden a cambios de temperatura; se emplean para controlar la temperatura de algo.

tiempo mínimo   Véase *principio de Fermat del tiempo mínimo*.

tono parcial   Uno de los muchos tonos que forman un sonido musical. Cada parcial (o tono parcial) sólo tiene una frecuencia. El parcial más bajo de un sonido musical se llama frecuencia fundamental. Todo parcial cuya frecuencia sea un múltiplo de la frecuencia fundamental se llama armónico. La frecuencia fundamental también se llama primera armónica. La segunda armónica tiene el doble de frecuencia que la fundamental; la tercera armónica, tres veces la frecuencia de la fundamental, y así sucesivamente.

torbellino   Trayectorias cambiantes y retorcidas en el flujo turbulento de un fluido.

trabajo (*W*)   Producto de la fuerza sobre un objeto por la distancia que se mueve el objeto (cuando la fuerza es constante y el movimiento es rectilíneo, en dirección de la fuerza); se mide en joules.

$$\text{trabajo} = \text{fuerza} \times \text{distancia}$$

transformador   Dispositivo para aumentar o bajar el voltaje, o transferir potencia eléctrica de una bobina o conductor a otro, mediante inducción electromagnética.

transistor   Véase *semiconductor*.

transmutación   Conversión de un núcleo atómico de un elemento en el núcleo de otro elemento, ganando o perdiendo protones.

transparente   Término que se aplica a materiales que permiten el paso de la luz a través de ellos, en líneas rectas.

tritio   Isótopo radiactivo inestable del hidrógeno, cuyo átomo tiene un protón, dos neutrones y un electrón.

turbina   Rodete con álabes impulsado con vapor, agua, etc., que se usa para efectuar trabajo.

turbogenerador   Generador impulsado por una turbina.

ultrasónico   Término que se aplica a frecuencias de sonido mayores que 20,000 hertz, el límite superior normal de la audición humana.

ultravioleta (UV)   Ondas electromagnéticas de frecuencias mayores que la de la luz violeta.

uma   Símbolo de *unidad de masa atómica*.

umbra   Parte más oscura de una sombra donde se bloquea toda la luz. Véase también *penumbra*.

unidad de masa atómica (uma)   Unidad patrón de masa atómica. Se basa en la masa del átomo de carbono común, al que se le asigna arbitrariamente el valor exacto de 12. Una uma es la doceava parte de la masa de este átomo de carbono común.

unidad térmica británica (BTU)   Cantidad de calor necesaria para cambiar 1 grado Fahrenheit la temperatura de 1 libra de agua.

UV   Abreviatura de *ultravioleta*.

V   a) En minúscula y cursiva *v*, símbolo de *rapidez* o de *velocidad*. b) En mayúscula, V, símbolo de volt.

vacío   Ausencia de materia.

valle   También *seno* o *mínimo*. Uno de los lugares de una onda donde ésta es mínima, o la perturbación es máxima en dirección contraria desde una cresta. Véase también *cresta*.

vaporización   Proceso de cambio de fase de líquido a vapor; evaporación.

vector   Flecha cuya longitud representa la magnitud de una cantidad y cuya dirección representa la dirección de la cantidad.

velocidad   Rapidez de un objeto con su dirección de movimiento; es una cantidad vectorial.

velocidad de escape   Velocidad de un proyectil, sonda espacial, etc., que debe alcanzar para escapar de la influencia gravitatoria de la Tierra o del cuerpo celeste al cual es atraído.

velocidad de onda   Rapidez de onda con la dirección de propagación.

velocidad instantánea   Velocidad en cualquier momento.

velocidad lineal   Distancia en la trayectoria recorrida por unidad de tiempo. También se llama velocidad (únicamente).

velocidad promedio   Distancia recorrida dividida entre el intervalo de tiempo

$$\text{velocidad promedio} = \frac{\text{distancia total recorrida}}{\text{intervalo de tiempo}}$$

velocidad rotatoria   Rapidez rotatoria junto con una dirección, la del eje de rotación o revolución.

velocidad tangencial   Componente de la velocidad que es tangente a la trayectoria de un proyectil.

velocidad terminal   Rapidez terminal junto con la dirección de movimiento (hacia abajo, para los objetos que caen.

ventaja mecánica   Relación de la fuerza producida entre la fuerza aplicada, para una máquina.

vibración   Oscilación; movimiento repetitivo de ir y venir en torno a una posición de equilibrio. Un "culebreo en el tiempo".

vibración forzada   Vibración de un objeto causada por las vibraciones de un objeto cercano. El tablero sonoro de un instrumento musical amplifica el sonido mediante vibraciones forzadas.

vida media   Tiempo necesario para que decaiga la mitad de los átomos de un isótopo radiactivo de un elemento. También se usa este término para describir procesos de decaimiento en general.

volt (V)   Unidad SI de potencial eléctrico. Un volt es la diferencia de potencial a través de la cual un coulomb de carga gana o pierde un joule de energía. 1 V = 1 J/C.

voltaje   "Presión" eléctrica o medida de la diferencia de potencial. También se llama "tensión".

$$\text{voltaje} = \frac{\text{energía potencial eléctrica}}{\text{unidad de carga}}$$

voltímetro   Véase *galvanómetro*.

volumen   Cantidad de espacio que ocupa un objeto.

W   a) Símbolo de *watt*. b) Cuando está en cursiva, *W* representa *trabajo*.

watt   Unidad SI de potencia. Se gasta 1 watt cuando se efectúa un joule de trabajo en un segundo. 1 W = 1 j/s.

Créditos de fotografías

Todas las fotografías son propiedad de Addison Wesley Longman, a menos que se indique lo contrario.

1, Charles A. Spiegel; 2, Paul G. Hewitt; 5, Jay Pasachoff; 8 *(izquierda),* Jeu de Paume, Paris/Art Resource; 8 *(derecha),* Jay Pasachoff; 19, Paul G. Hewitt; 20, Paul G. Hewitt; 21, The Granger Collection, NY; 22, Erich Lessing/Art Resource; 23, The Granger Collection, NY; 27, The Granger Collection, NY; 50, Al Tielemans/DUOMO; 55, Paul G. Hewitt; 64, Fundamental Photographs; 69, Paul G. Hewitt; 75, John Suchoki; 76, Lillian Lee; 84, Paul G. Hewitt; 86, Paul G. Hewitt; 87, Craig Aurness/Westlight; 89, The Harold E. Edgerton 1992 Trust, cortesía de Palm Press, Inc.; 90, Glen Allison/Tony Stone Image; 91, Paul G. Hewitt; 92, Paul G. Hewitt; 96, Paul G. Hewitt; 99 *(izquierda y derecha),* DC Heath & Company con Educational Development Center, Inc., Newton, Mass; 104, Paul G. Hewitt; 105, Hubrich/The Image Bank; 106, cortesía de la NASA; 108, Paul G. Hewitt; 108, Paul G. Hewitt; 117, Jack Hancock; 117, Jack Hancock; 125, Paul G. Hewitt; 125, Meidor Hu; 129, Elliot Erwin/Magnum Photos; 131, Meidor Hu; 133, Richard Megna/Fundamental Photographs; 135, Tony Duffy/Allsport USA; 137, Paul G. Hewitt; 143, Figura por Don Davis/cortesía de la NASA; 144, Paul G. Hewitt; 146, Gerard Lacz/NHPA/Agencee Nature; 152, Paul G. Hewitt; 154, Lillian Lee; 154, Paul G. Hewitt; 177, Paul G. Hewitt; 179, Chuck Stone; 183, Focus on Sports; 185, cortesía de la NASA; 189, Diane Schiumo/Fundamental Photographs; 191, cortesía de la NASA; 192, John R. Freeman & Company; 192, Scripta Mathematica, Yeshiva University, NY; 198, cortesía de la NASA; 204, Paul G. Hewitt; 204, Paul G. Hewitt; 207, cortesía de la Universidad de Chicago; 208, Almaden Research Center, cortesía de IBM; 226, Manfred Kage/Peter Arnold, Inc.; 231, The Harold E. Edgerton 1992 Trust, cortesía de Palm Press, Inc.; 234, Meidor Hu; 235, Raymond V. Schoder, S.J.; 236 *(ambas),* Paul G. Hewitt; 237, Joe Sohm/Chromosohm/The Stock Market; 240 *(izquierda),* W. Geirsperger/Camerique/H. Armstrong Robersts; 240 *(derecha),* James P. Rowan; 244, Paul G. Hewitt; 244, Paul G. Hewitt; 246, Paul G. Hewitt; 248, William Waterfall/The Stock Market; 249, Robert Frerck/The Stock Market; 256 *(superior e inferior),* Milo Patterson; 260, Diane Schiumo/Fundamental Photographs; 263, Margaret Ellenstein; 263, Margaret Ellenstein; 267, Paul G. Hewitt; 269, The Granger Collection, NY; 272, David E. Hewitt; 278, Paul G. Hewitt; 279, William Waterfall/The Stock Market; 282, Vito Palmisano/Tony Stone Images; 289, Olan Mills; 290, Lillian Lee; 297 *(arriba),* cortesía de LU Engineers, Penfield, NY; 297 *(inferior),* Meidor Hu; 297, Wide World Photos; 298, Paul G. Hewitt; 305, Tracy Suchoki; 306, Cameramann International, Ltd.; 307, Nancy Rogers; 308 *(inferior),* Paul G. Hewitt; 314 *(izquierda y derecha),* Paul G. Hewitt; 315, David Cavagnaro; 316, Paul G. Hewitt; 319 *(derecha),* Sylvia Means; 319 *(izquierda),* Paul G. Hewitt; 323, Paul G. Hewitt; 325 *(arriba),* Paul G. Hewitt; 325 *(centro),* Paul G. Hewitt; 325 *(abajo),* Ralph A. Reinhold/Animals Animals; 326 *(arriba),* Paul G. Hewitt; 336 *(arriba),* Paul G. Hewitt; 336, Rick Povich Photography; 341, Paul G. Hewitt; 345, Paul G. Hewitt; 346, Thomas Ives/The Stock Market; 352, John Suchoki; 354, Natural Energy Labs of Hawaii Authority; 355, R. Krubner/H. Armstrong Roberts; 356, Paul G. Hewitt; 361, Paul G. Hewitt; 362, Paul G. Hewitt; 366, Gabe Palmer, Mul Shets, The Stock Market; 370, Educational Development Center; 375 *(arriba),* U.S. Navy; 375 *(abajo),* © The Harold E. Edgerton Trust, cortesía de Palm Press, Inc.; 381, Paul G. Hewitt; 383, Paul G. Hewitt; 386, Terrence McCarthy/S.F. Symphony; 387, Howard Sochurek/The Stock Market; 388, Laura Pike & Steve Eggen; 389, Paul G. Hewitt; 390 *(izquierda),* AP/Wide World; 390 *(centro),* UPI/Bettmann; 390 *(derecha),* AP/Wide World; 392 *(arriba),* Paul G. Hewitt; 392 *(abajo),* Norman Synnestvedt; 399, Paul Robinson; 400, Ivan Nikitin; 401 *(arriba),* David Atlas; 401 *(abajo),* Paul G. Hewitt; 401, David Atlas; 402, Roberta Parkin; 403, Liaison; 404 *(arriba),* Kelly Martin/Newsmakers; 404 *(abajo),* Ronald B. Fitzgerald; 404, Kelly Martin/Newsmakers; 406, Meidor Hu; 411, Bob Abrams; 412, Paul G. Hewitt; 418 *(derecha),* Camerique; 418 *(abajo),* Paul G. Hewitt; 422, Photos cortesía de Grant W. Goodge/National Climatic Data Center, Asheveille, NC; 426, Palmer Physical Laboratory/Princeton University; 428, BBC; 431, Paul G. Hewitt; 432, Paul G. Hewitt; 433, Paul G. Hewitt; 438, Paul G. Hewitt; 440, Zig Leszczynski/Animals Animals; 441, Dan McCoy/Rainbow; 458, Lillian Lee; 460, George Haling/photo Researchers, Inc.; 461 *(arriba),* Richard Megna/Fundamental Photographs; 463 *(abajo),* Meidor Hu; 465, Richard Megna/Fundamental Photographs; 466, cortesía de Magplane Technology, Inc.; 472, Pekka Parvianinen, Polar Image, Finland; 473 *(arriba),* cortesía de la NASA; 473 *(abajo),* FPG, International; 474, Mehau Kulyk/SPL/Photo Researchers, Inc.; 478, Lillian Lee; 485, Paul G. Hewitt; 490, Paul G. Hewitt; 495, Paul G. Hewitt; 496, Paul G. Hewitt; 497, Corbis-Bettmann; 502, Paul G. Hewitt; 503, Diane Schiumo/Fundamental Photographs; 504, Diane Schiumo/Fundamental Photographs; 507, Linnart Nilsson; 515, Paul G. Hewitt; 517, Meidor Hu; 521, Dave Vasquez; 522, Bob Abrahams; 522, John A. Suchoki; 523 *(arriba),* Dave Vasquez; 523 *(centro),* Paul G. Hewitt; 524, Meidor Hu; 527, H. Armstrong Roberts; 528 *(arriba),* Don King/The Image Bank; 528 *(abajo),* J.H. Robinson/Animals Animals; 532, Paul G. Hewitt; 535, Paul G. Hewitt; 537, Roger Ressmeyer/Starlight-Corbis; 538, Institute of Paper, Science & Technology; 541 *(arriba),* Ted Mahiew; 541 *(abajo),* Robert Greenler; 547, Paul G. Hewitt; 551, Will & Deni McIntyre/Photo Researchers, Inc.; 552, Ron Fitzgerald; 555, Paul G. Hewitt; 560, Camerique/H. Armstrong Roberts; 561, Milo Patterson; 563, Richard Megna/Fundamental Photographs; 563 *(arriba),* Paul G. Hewitt; 566, Education Development Center; 567, Ken Kay/Fundamental Photographs; 568, C.K. Menka; 569 *(arriba),* Paul G. Hewitt; 569 *(abajo),* Education Development Center; 569, Education Development Center; 569, Education Development Center; 570, Thomas Young, A Course of Lectures on Natural Philosophy & the Mechanical Arts (London: Taylor & Walton, 1845); 573, Bausch & Lomb; 574, Bausch & Lomb; 575, Suzanne Lyons; 578, Diane Schiumo/Fundamental Photographs; 579, Paul G. Hewitt; 587, Lillian Lee; 587, Paul G. Hewitt; 591, cortesía de Sargent-Welch Scientific Company; 600 *(izquierda),* cortesía de Uniphase; 605, Paul G. Hewitt; 607, Burndy Library; cortesía of AIP Niels Bohr Library; 611, cortesía de Albert Rose; 612 *(abajo),* Elisha Huggins; 613 *(arriba),* cortesía de AIP Niels Bohr Library; 613 *(centro),* Corbis-Bettmann; 613 *(abajo),* H. Raether, "Electrontinterferenzen," Handbuck der Physik, Vol. 32, 1957/Springer-Verlag, Berline & Heidelberg, NY; 613, H. Raether, "Electrontinterferenzen", Handbuck der Physik, Vol. 32, 1957/Springer-Verlag, Berline & Heidelberg, NY; 614 *(arriba),* H. Armstrong Roberts; 614 *(centro),* P.G. Merli, G.F. Missiroli, y G. Pozzo. "On the Statistical Aspect of Electron Interference Phenomena", American Journal of Physics, Vol. 44, No. 3, March 1976. Copyright © 1976 by the American Association of Physics Teachers.; 614 *(abajo),* Dr. Tony Brain/SPL/photo Researchers Inc.; 616, Archives for the History of Quantum/cortesía de AIP Niels Bohr Library.; 619, Superstock, Inc.; 619, NOAA/NSSL; 623, Paul G. Hewitt; 624, Bob Keith; 625, AIP Niels Bohr Library; 626, Margethe Bohr Collection/cortesía de AIP Niels Bohr Library; 631, Ullstein/cortesía de AIP Niels Bohr Library; 636, Lillian Lee; 637, cortesía de New York Hospital; 637, Wide World Photos; 643 *(izquierda),* cortesía de Bicran, Newberry, OH; 643 *(derecha),* Kevin Schaefer/Peter Arnold, Inc.; 645 *(arriba),* Lawrence Berkeley Lab, University of California; 645 *(abajo izquierda),* CERN/SPL/Photo Researchers, Inc.; 645 *(abajo derecha),* cortesía de Fermilab; 655, Richard Megna/Fundamental Photographs; 661, Lillian Lee; 665 *(izquierda),* Fermi Film Collection/cortesía de AIP Niels Bohr Library; 665 *(derecha),* Chicago Historical Society; 666, cortesía de National Argonne Library; 670, Roger Ress-meyer/Starlight; 679, Lawrence Livermore National Library; 685, Paul G. Hewitt; 686, Paul G. Hewitt; 704, figuras por Mark Paternostro; 708, SLAC/Photo Researchers, Inc.; 709, Paul G. Hewitt; 711, Camerique/H. Armstrong Roberts; 714, Library of Congress; 715, cortesía de California Institute of Technology Archives; 720, Lillian Lee.

Índice

JUN

LITOGRÁFICA INGRAMEX, S.A.
CENTENO No. 162-1
COL. GRANJAS ESMERALDA
09810 MÉXICO, D.F.

2004

I S O 9000
CALIDAD CERTIFICADA
Certificado No. 02-2082

Notas

Datos físicos

Categoría	Nombre	Valor
Rapideces	Rapidez de la luz en el vacío, c	2.9979×10^8 m/s
	Rapidez del sonido (20°C, 1 atm)	343 m/s
Aceleración	Aceleración normal de la gravedad, g	9.80 m/s^2
Presión	Presión atmosférica normal	1.01×10^5 Pa
Distancias	Unidad astronómica (U.A.), (distancia promedio de la Tierra al Sol)	1.50×10^{11} m
	Distancia promedio de la Tierra a la Luna	3.84×10^8 m
	Radio del Sol (promedio)	6.96×10^8 m
	Radio de la Tierra (ecuatorial)	6.37×10^6 m
	Radio de la órbita de la Tierra	1.50×10^{11} m = 1 U.A.
	Radio de la Luna (promedio)	1.74×10^6 m
	Radio de la órbita de la Luna	3.84×10^8 m
	Radio de Júpiter (ecuatorial)	7.14×10^7 m
	Radio (aprox.) del átomo de hidrógeno	5×10^{-11} m
Masas	Masa del Sol	1.99×10^{30} kg
	Masa de la Tierra	5.98×10^{24} kg
	Masa de la Luna	$7.36 = 10^{22}$ kg
	Masa de Júpiter	1.90×10^{27} kg
	Masa del protón, m_p	$1.6726231 \times 10^{-27}$ kg 938.27231 MeV
	Masa del neutrón, m_n	$1.6749286 \times 10^{-27}$ kg 939.56563 MeV
	Masa del electrón, m_e	$9.1093897 \times 10^{-31}$ kg 0.51099906 MeV
Carga	Carga del electrón, e	1.602×10^{-19} C
Otras constantes	Constante gravitacional, G	6.67259×10^{-11} m^3/kg $\cdot$ s^2
	Constante de Planck, h	$6.6260755 \times 10^{-34}$ J $\cdot$ s $4.1356692 \times 10^{-15}$ eV $\cdot$ s
	Número de Avogadro, N_A	6.0221367×10^{23}/mol
	Constante de radiación del cuerpo negro, σ	5.67051×10^{-8} W/m^2 $\cdot$ K^4

Abreviaturas estándar

A	ampere	g	gramo	min	minuto
amu	unidad de masa atómica	h	hora	mph	milla por hora
atm	atmósfera	hp	caballo de fuerza	N	newton
Btu	unidad térmica británica	Hz	hertz	Pa	pascal
C	coulomb	in.	pulgada	psi	libra por pulgada cuadrada
°C	grado Celsius	J	joule	s	segundo
cal	caloría	K	kelvin	u	unidad de masa atómica unificada
eV	electrón volt	kg	kilogramo	V	volt
°F	grado Fahrenheit	lb	libra	W	watt
ft	pie	m	metro	Ω	ohm